2008-2015年

中国农业科技奖励获奖成果信息分析

袁 雪 著

中国农业科学技术出版社

图书在版编目（CIP）数据

2008—2015年中国农业科技奖励获奖成果信息分析 / 袁雪著 .—北京：中国农业科学技术出版社，2016. 10
ISBN 978-7-5116-2748-3

Ⅰ. ①2… Ⅱ. ①袁… Ⅲ. ①农业技术-科技成果-统计分析-中国-2008-2015 Ⅳ. ①S-12

中国版本图书馆 CIP 数据核字（2016）第 222117 号

责任编辑　史咏竹
责任校对　李向荣　马广洋

出 版 者　中国农业科学技术出版社
　　　　　北京市中关村南大街 12 号　邮编：100081
电　　话　(010)82105169(编辑室)　(010)82109702(发行部)
　　　　　(010)82109709(读者服务部)
传　　真　(010)82106626
网　　址　http://www.castp.cn
经 销 者　各地新华书店
印 刷 者　北京科信印刷有限公司
开　　本　880mm×1 230mm　1/16
印　　张　49
字　　数　1 506 千字
版　　次　2016 年 10 月第 1 版　2016 年 10 月第 1 次印刷
定　　价　298. 00 元

《2008—2015年中国农业科技奖励获奖成果信息分析》项目组成员

主要研究人员：

袁　雪	馆员/博士	中国农业科学院农业信息研究所

参与研究人员（按姓氏拼音排序）：

陈建林	副研究员	上海市农业科学院农业科技信息研究所
冯海棠	副研究馆员	中国农业科学院农业信息研究所
郭海华	科员	北京市通州区动物卫生监督所
黄晓东	副研究馆员	浙江省农业科学院图书馆
李　扬	助理研究员	黑龙江省农业科学院信息中心
李　毅	政工师	安徽省农业科学院
刘敏娟	馆员	中国农业科学院农业信息研究所
刘学勋	研究馆员	河南省农业科学院农业经济与信息研究所
龙　海	助理研究员	贵州省农业科技信息研究所
苗　琦	馆员	中国农业科学院农业信息研究所
万红辉	副研究馆员	云南省农业科学院农业经济与信息研究所
王　琼	高级实验师	新疆畜牧科学院畜牧业经济与信息研究所
王　婷	研究馆员	中国农业科学院农业信息研究所
王鹭飞	副研究馆员	中国农业科学院农业信息研究所
谢静华	副研究馆员	宁夏农林科学院农业科技信息研究所
徐　艳	研究员	辽宁省农业科学院信息中心
颜　蕴	研究馆员	中国农业科学院农业信息研究所
张　捷	技师	中国农业科学院农业信息研究所
张　妤	馆员	吉林省农业科学院农业经济与信息研究所

前 言

《2008—2015年中国农业科技奖励获奖成果信息分析》涵盖了国家、部委、省市等多项权威农业科技奖励获奖成果，具体涉及国家科学技术奖励农业获奖成果328项、全国农牧渔业丰收奖获奖成果1 619项、神农中华农业科技奖获奖成果612项与省级（除西藏自治区、内蒙古自治区、港澳台地区）科学技术奖励农业获奖成果8 474项。本书按年度分布、奖项等级分布、农业学科分布、获奖主要机构分布、获奖数量分布等分析获奖项目并绘制了可视化图表，实现了农业科技获奖成果按项目名称、奖项类型、完成单位、获奖等级、年份等重要信息的分析及列表显示，清晰展示了中国农业科技获奖成果的全貌及在全行业中的重要地位，可为各地农业行政、推广、科研、教学等部门提供数据支持。

国家科学技术奖励是中国国家科学技术奖励委员会主办的在科学技术方面设立的国家级奖励。奖项类型包括国家最高科学技术奖、国家自然科学奖、国家技术发明奖、国家科学技术进步奖、中华人民共和国国际科学技术合作奖5个奖项，由国务院颁发证书和奖金，每年评奖一次，奖项分为一等奖、二等奖两个等级，对做出特别重大科学发现或者技术发明的公民，对完成具有特别重大意义的科学技术工程、计划、项目等做出突出贡献的公民或组织，可以授予特等奖。

全国农牧渔业丰收奖是中华人民共和国农业部（以下简称农业部）自1987年设立的农业技术推广奖，用于奖励在农业技术推广活动中做出突出贡献的集体和个人，由农业部科技教育司负责该奖的组织评审和日常管理工作，每3年评比一次，奖项类型包括农业技术推广成果奖、农业技术推广贡献奖、农业技术推广合作奖，奖项分为一等奖、二等奖、三等奖。

神农中华农业科技奖是经农业部、中华人民共和国科学技术部（以下简称科技部）批准设立的面向全国农业行业的综合性科学技术奖，接受全国农业行业（农业、畜牧、兽医、水产、农垦、农机、农业工程、农产品加工等）及其他行业与农业相关项目的申报，是原农业部科技进步奖的继承和延伸；主要奖励为我国农业科学技术进步和创新做出突出贡献的集体和个人，由中国农学会负责奖励评审工作，每年评奖一次，2010年起改为每2年评奖一次，奖项类型包括科学研究成果奖、科普成果奖和优秀创新团队成果奖，一等奖不超过 5 项，二等奖不超过 10 项，三等奖约 50 项。

省级科学技术奖励是省级政府直接授予的奖励，各省级奖项类型设置有一定差异，大部分省（区、市）都包括自然科学奖、技术发明奖，科技进步奖，但也有部分省（区、市）只设置科技进步奖等。

本书的编写得到了中国农业科学院农业信息研究所领导的大力支持，并邀请了相关学科专家与研究生参与获奖成果农业学科分类工作。许多工作人员为此付出了辛勤的劳动，收集有关农业科技成果资料。资料主要来自于国家科学技术奖励工作办公室、中国农业科学院科技管理局、中华人民共和国科学技术部、中华人民共和国农业部及各省（区、市）科技厅信息网等官方渠道，后期将发布于自建的“农业科技产出数据加工与发布平台”。但由于资料收集困难，整理编辑经验不足，不妥之处在所难免，敬请批评指正。本书内容不可作为获奖证明之用。

目　录

第一部分　2008—2015 年国家级农业科技奖励获奖成果情况

第二部分　2008—2014 年省级农业科技奖励获奖成果情况

第一部分

2008—2015 年国家级
农业科技奖励获奖成果情况

2008—2015 年国家级农业科技奖励获奖成果包括国家科学技术奖农业获奖成果、全国农牧渔业丰收奖、神农中华农业科技奖获奖成果。本书总结分析了以上三大奖项的获奖情况，数据来源为：

（1）2008—2015 年 8 届国家科学技术奖；

（2）2008—2013 年 2 届全国农牧渔业丰收奖；

（3）2008—2015 年 5 届神农中华农业科技奖。

2008—2015 年国家级农业科技获奖成果总体概况

2008—2015 年，共有 2 559项农业科技成果获得国家级科技奖励，其中，国家科学技术奖 328 项、全国农牧渔业丰收奖 1 619项、神农中华农业科技奖 612 项，历届获奖数量如表 1-1 所示。

表 1-1　2008—2015 年国家级农业科技获奖成果数量情况　　（单位：项）

年　份	国家科学技术奖		全国农牧渔业丰收奖总项数（3 年评选一次）	神农中华农业科技奖总项数（2010 年起 2 年评选一次）
	总项数	农业学科项目数		
2008	343	41		82
2009	365	42	712	86
2010	349	45		
2011	374	45		118
2012	330	42	907	142
2013	313	45		
2014	318	32	未评选	184
2015	295	36	未评选	
总　计	2 687	328	1 619	612

注：国家科学技术奖总项数包括国家自然科学奖、国家技术发明奖以及国家科学技术进步奖获奖项目

将获得国家级农业科技获奖成果按主要完成单位性质及特点进行归类，共涉及中国科学院、中国农业科学院及高等农（林）院校等九大类，如表 1-2 所示。从主要获奖完成单位来看，获奖科技成果数量最多的是其他单位，共 1 621项，其他单位一类中绝大多数是各省区市各级农业推广服务单位，这些推广服务单位为全国农牧渔业丰收奖的主要奖励对象。其次是省、自治区、直辖市农（林）业科学院获奖科技成果数量达 303 项，高等农（林）院校为 228 项，源于农业科学研究中这两类科研机构数量最多，位于基础研究的重要地位。中国农业科学院仅 1 家单位获得科技成果奖励 173 项，展示了中国农业科学院在农业学科科研

中的强劲实力。

表 1-2　2008—2015 年国家级农业科技获奖成果第一完成单位分布情况（单位：项）

第一完成单位	获奖成果总计	国家科学技术奖	全国农牧渔业丰收奖	神农中华农业科技奖
中国科学院	24	22		2
中国农业科学院	173	43	23	107
中国林业科学研究院	16	16		
中国水产科学研究院	48	8	8	32
中国热带农业科学院	45	3	6	36
省、自治区、直辖市农（林）业科学院	303	48	103	152
高等农（林）院校	228	84	38	106
其他高等院校	98	57	9	32
其他单位	1 621	44	1 432	145

将获得国家级农业科技获奖成果按地理区域分成 7 个大区，分别是华东地区、华北地区、华中地区、华南地区等，如表 1-3 所示。从获奖科技成果数量来看，华东地区获奖科技成果总数 672 项，位居第一，究其原因为全国农牧渔业丰收奖在该大区获奖科技成果数量方面贡献最多，江苏、山东、安徽、浙江等省农业技术种植及推广方面优势明显。华北地区国家科学技术奖农业科技获奖成果以 120 项位于该奖项的首位，而神农中华农业科技奖也以 205 项位居第一，其原因主要为北京市、天津市等重点高校、科研机构居多，科研实力优势明显，资源配置丰富。

表 1-3　2008—2015 年国家级农业科技获奖成果完成单位地区分布情况（单位：项）

地　区	获奖成果总计	国家科学技术奖	全国农牧渔业丰收奖	神农中华农业科技奖
华　北	532	120	207	205
华　东	672	85	423	164
华　南	197	16	105	76
华　中	314	47	231	36
东　北	282	18	211	53
西　北	282	14	226	42
西　南	277	25	216	36

2008—2015 年国家科学技术奖农业科技获奖成果情况

国家科学技术奖是为了奖励在科学技术进步活动中做出突出贡献的公民、组织，调动科学技术工作者的积极性和创造性，加速科学技术事业的发展，提高综合国力而设立的。国务院[①]设立下列国家科学技术奖：①国家最高科学技术奖；②国家自然科学奖；③国家技术发明奖；④国家科学技术进步奖；⑤中华人民共和国国际科学技术合作奖。本书中重点分析了 2008—2015 年国家自然科学奖、国家技术发明奖、国家科学技术进步奖三大类奖项、共 8 届国家科学技术奖中农业科技获奖成果情况。

一、农业科技获奖成果按数量分布情况

2008—2015 年，国家科学技术奖共评出自然科学奖、技术发明奖、科学技术进步奖 3 类奖项共计 2 687项，其中，农业科技获奖成果总数达 328 项，占所有科学技术奖总数的 12. 2%，包括自然科学奖 14 项，技术发明奖 39 项，科技进步奖 275 项。从各届农业学科获奖成果数量和在国家科学技术奖中的占比来看，数量集中在 30～45 项，总体具有一定波动性，占比位于 12%左右（图 1-1）。

二、农业科技获奖成果按类型、等级分布情况

国家自然科学奖、国家技术发明奖、国家科学技术进步奖分为一等奖、二等奖两个等级；且对做出特别重大科学发现或者技术发明的公民，对完成具有特别重大意义的科学技术工程、计划、项目等做出突出贡献的公民、组织，可以授予特等奖。从获奖类型和等级来看，2008—2015 年国家科学技术奖农业科技获奖成果涉及所有 3 个奖项等级，特等奖 1 项，

① 中华人民共和国国务院，全书简称国务院

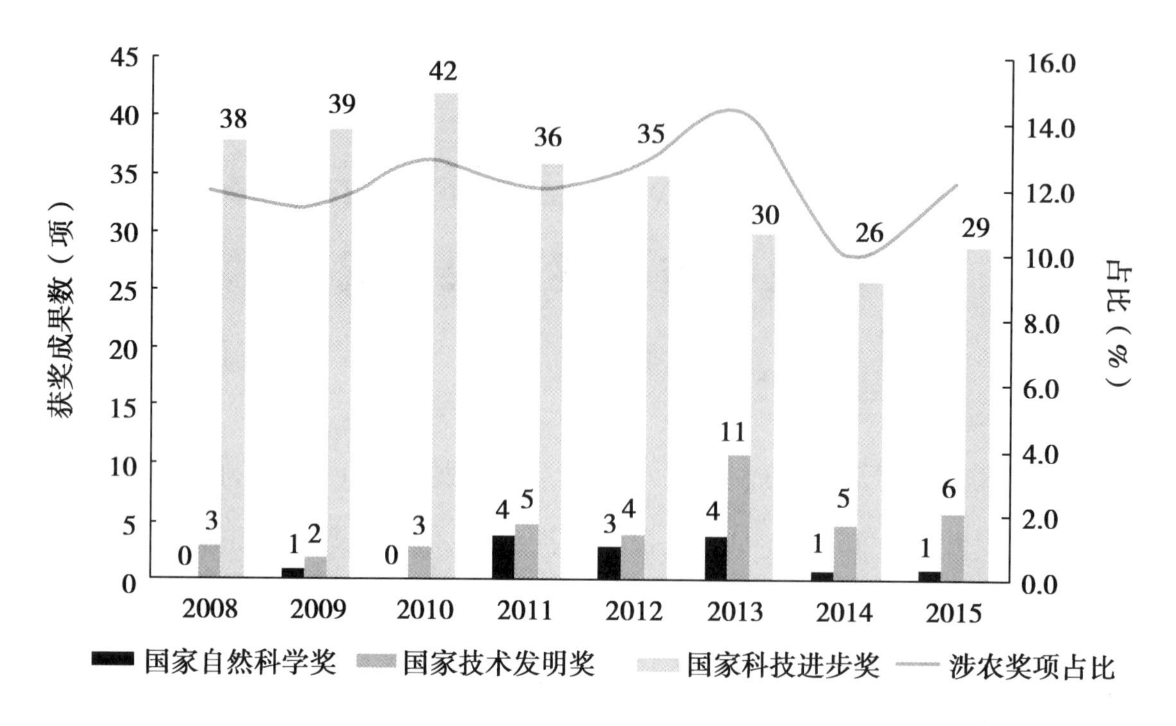

图 1-1　2008—2015 年国家科学技术奖农业科技获奖成果数量及占比情况

注：农业学科科技成果占比（%）$=\dfrac{\text{历届农业学科获奖成果项数}}{\text{历届科学技术奖总项数}}\times 100$，全书同

一等奖 11 项，二等奖 316 项；自然科学奖和技术发明奖获奖等级均为二等奖，科技进步奖包括 3 个奖项等级，如表 1-4 所示。其中，特等奖 1 项，由 2013 年湖南杂交水稻研究中心的袁隆平院士获得，项目名称为“两系法杂交水稻技术研究与应用”。一等奖历届获奖数量大多数集中在 1~2 项，2012 年获奖项目达 4 项，为 7 届国家科学技术奖农业科技获奖成果数量的历史高点。二等奖历届获奖数量平均为 40 项左右，仅 2014 年 32 项略低于平均水平。

表 1-4　2008—2015 年国家科学技术奖农业科技获奖成果按等级分布情况

奖项类型	奖项等级	获奖成果数量（项）							
		2008 年	2009 年	2010 年	2011 年	2012 年	2013 年	2014 年	2015 年
自然科学奖	特等奖								
	一等奖								
	二等奖		1		4	3	4	1	1
技术发明奖	特等奖								
	一等奖								
	二等奖	3	2	3	5	4	11	5	6
科技进步奖	特等奖						1		
	一等奖	1		2	1	4	2	1	
	二等奖	37	39	40	35	31	27	25	29

注：科学技术进步奖简称科技进步奖

三、农业科技获奖成果按学科分布情况

从各学科获奖数量及所占比例来看，8 届农业科技获奖成果总数位居首位的是作物学，共有 98 项，是唯一一个总数接近 100 项的学科，仅作物学一个学科就占据了农业学科获奖项目的近 1/3；获奖总数在 20 项以上的学科涉及林业、农产品加工与食品科技、畜牧学、植物保护、农业资源环境、水产，如图 1-2 所示。从各学科获奖等级分布情况来看，如图 1-3 所示，作物学获得特等奖 1 项，一等奖 8 项、二等奖 89 项；其余学科农业资源环境、植物保护、兽医学各有 1 项获一等奖。作物学的获奖数量和奖项等级均优于其他学科，进一步说明了其在农业学科中的重要地位。

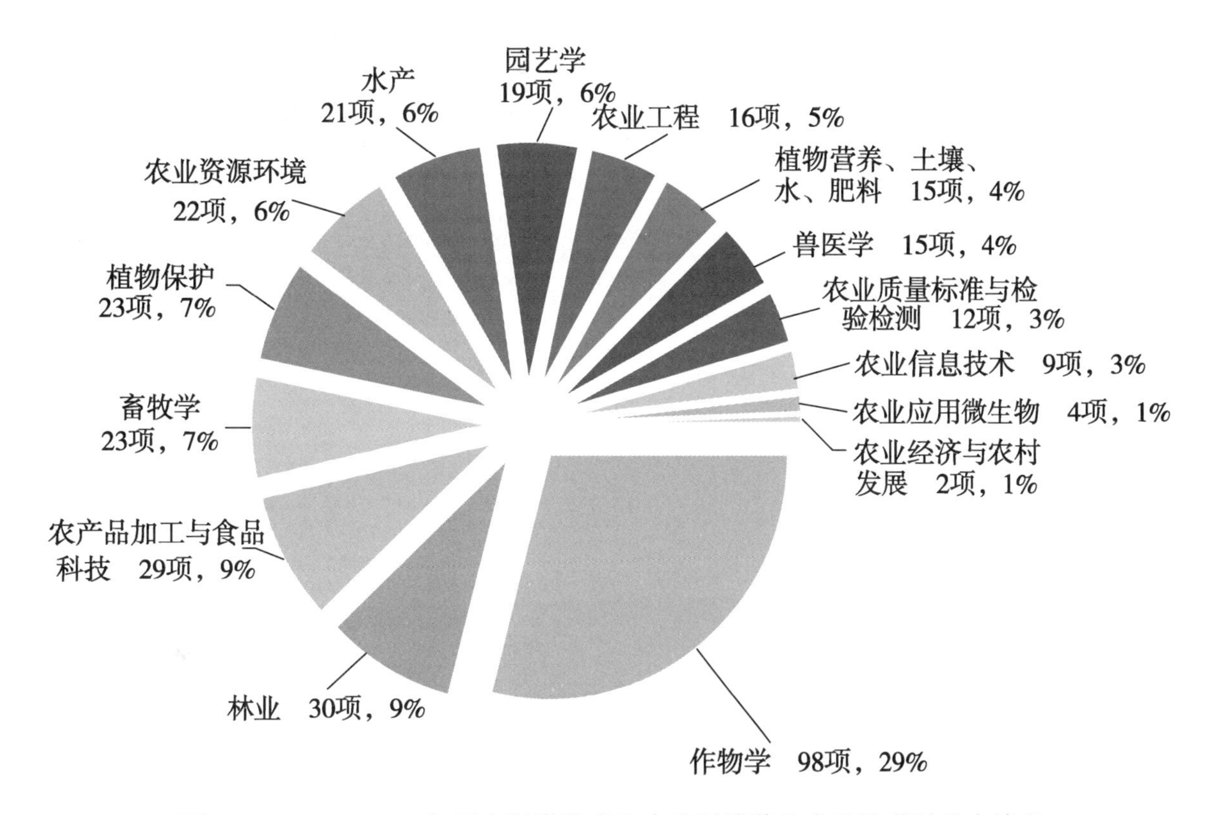

图 1-2　2008—2015 年国家科学技术奖农业科技获奖成果按学科分布情况

注：各农业学科科技成果占比（%）$=\dfrac{\text{各农业学科历届科技成果项数之和}}{\text{农业学科历届科技成果总项数之和}}\times 100$，全书同

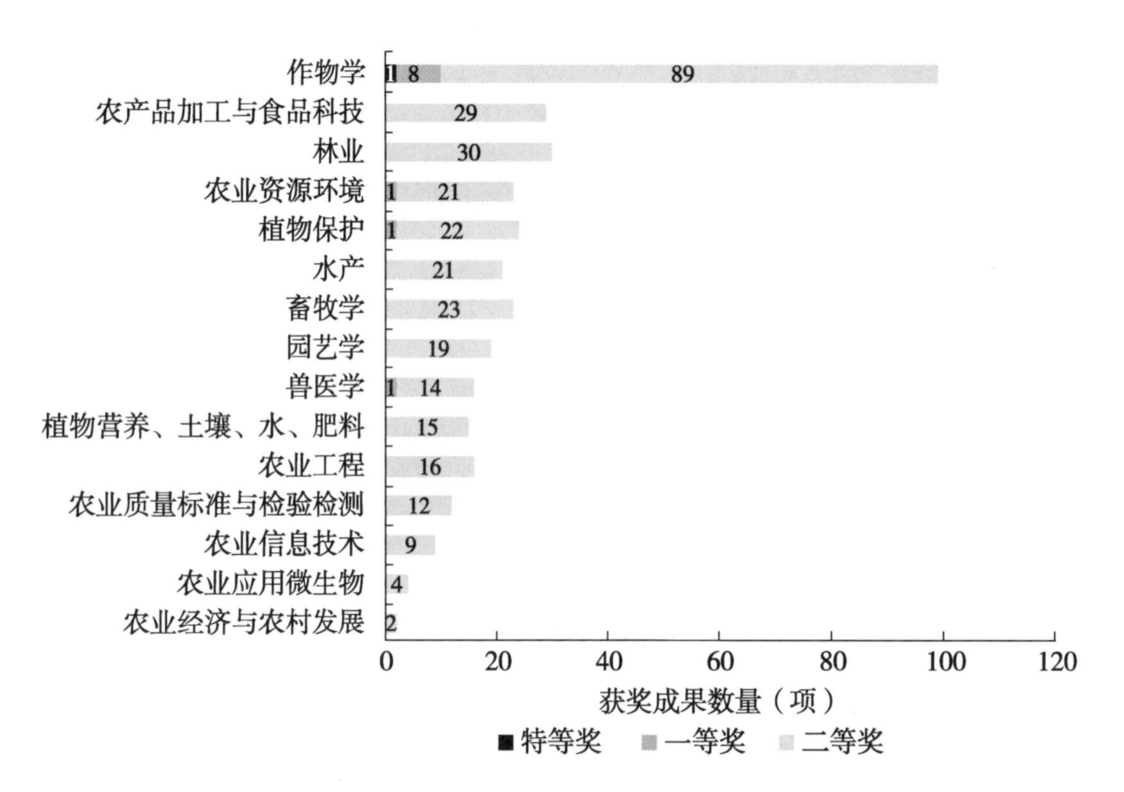

图 1-3　2008—2015 年国家科学技术奖农业科技获奖成果按学科和等级分布情况

2008—2013 年全国农牧渔业丰收奖获奖成果情况

全国农牧渔业丰收奖是农业部设立的农业技术推广奖，用于奖励在农业技术推广活动中做出突出贡献的集体和个人，包括下列奖项：①农业技术推广成果奖；②农业技术推广贡献奖；③农业技术推广合作奖。农业技术推广成果奖奖励取得显著经济、社会和生态效益的农业技术推广项目，设一等奖、二等奖、三等奖；农业技术推广贡献奖奖励长期在农业生产一线从事技术推广或直接从事农业科技示范工作，并做出突出贡献的农业技术推广人员和农业科技示范户；农业技术推广合作奖奖励在农业技术推广活动中做出重要贡献的农科教、产学研、相关组织等合作团队。丰收奖每 3 年开展一次。由于农业技术推广贡献奖和农业技术推广合作奖的数量较少，故本节在获奖科技成果学科分布内容中不做分析，仅分析农业技术推广成果奖获奖科技成果的学科分布情况。

一、全国农牧渔业丰收奖获奖成果数量情况

2008—2013 年，共评选了两届全国农牧渔业丰收奖，共评出推广成果奖、推广贡献奖、推广合作奖共计 1 619项，其中，农业技术推广成果奖共计 721 项，农业技术推广贡献奖共计 867 项，农业技术推广合作奖共计 31 项。从各届获奖科技成果数量来看，2008—2010 年度获奖项目总数量达 712 项，2011—2013 年度达 907 项，呈增长的趋势，2011—2013 年度获奖项目数量比 2008—2010 年度增长了 27.4%，各个奖项类型的获奖数量也都表现出上升的趋势（图 1-4）。

二、全国农牧渔业丰收奖农业技术推广成果奖按等级分布情况

2008—2013 年全国农牧渔业丰收奖农业技术推广贡献奖和农业技术推广合作奖均不分奖项等级，农业技术推广成果奖设一等奖、二等奖、三等奖 3 个奖项等级。2008—2013 年，

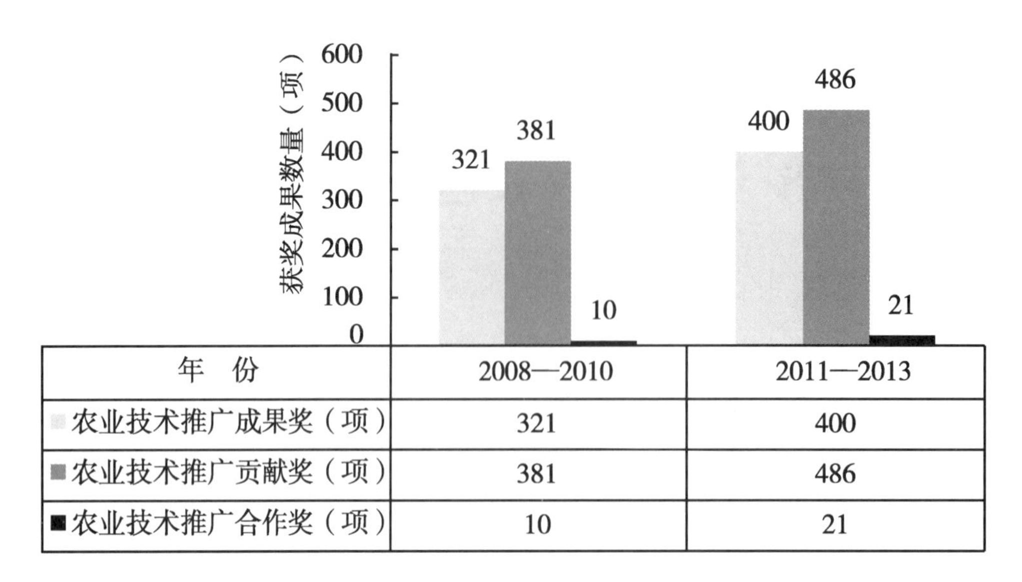

年　份	2008—2010	2011—2013
农业技术推广成果奖（项）	321	400
农业技术推广贡献奖（项）	381	486
农业技术推广合作奖（项）	10	21

图 1-4　2008—2013 年全国农牧渔业丰收奖各奖项类型数量分布情况

农业技术推广成果奖涉及了所有 3 个奖项等级，其中，一等奖共计 113 项，二等奖共计 297 项，三等奖共计 311 项。一等奖占比 15. 7%，二等奖占比 41. 2%，三等奖占比 43. 1%。随时间跨度，3 个奖项等级的数量均呈增加趋势（图 1-5）。

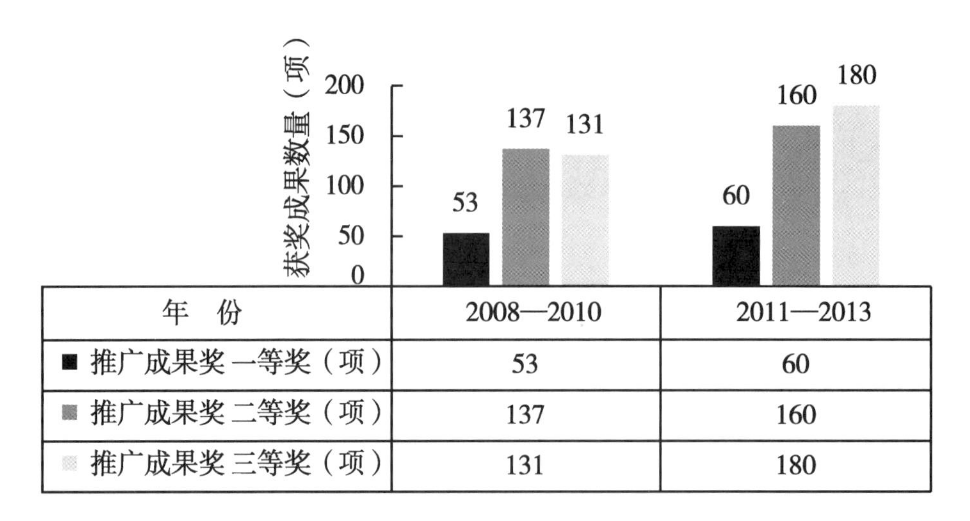

年　份	2008—2010	2011—2013
推广成果奖 一等奖（项）	53	60
推广成果奖 二等奖（项）	137	160
推广成果奖 三等奖（项）	131	180

图 1-5　2008—2013 年全国农牧渔业丰收奖推广成果奖等级分布情况

三、全国农牧渔业丰收奖推广成果奖获奖成果按学科分布情况

2008—2013 年全国农牧渔业丰收奖的农业技术推广成果奖获奖项目包含了除林业以外的其他 14 个学科类型。从各个学科的获奖数量及所占比例来看，2 届获奖总数位居首位的是作物学，共有 220 项，是唯一一个总数超过 200 项的学科，占比接近所有学科获奖科技成

果的 1/3；位居第二的是园艺学；位居第三的是畜牧学（图 1-6）。从各个学科的获奖等级分布情况来看，作物学不仅获奖项目数量远高于其他学科，且高奖项等级优势突出，说明此学科形成的研究成果众多，且位于重要地位。除此之外，园艺学和畜牧学的 2 届获奖总数也较多，说明这两个学科的实力也不容小觑（图 1-7）。

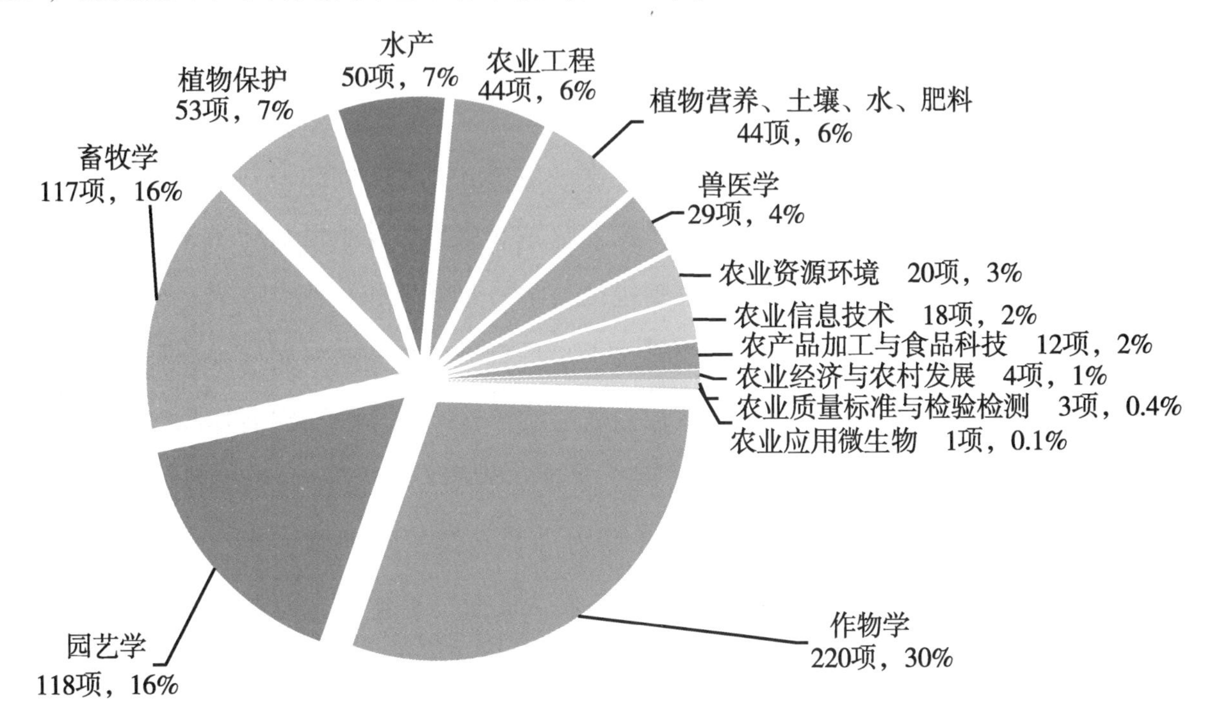

图 1-6　2008—2013 年全国农牧渔业丰收奖农业技术推广成果奖各学科分布情况

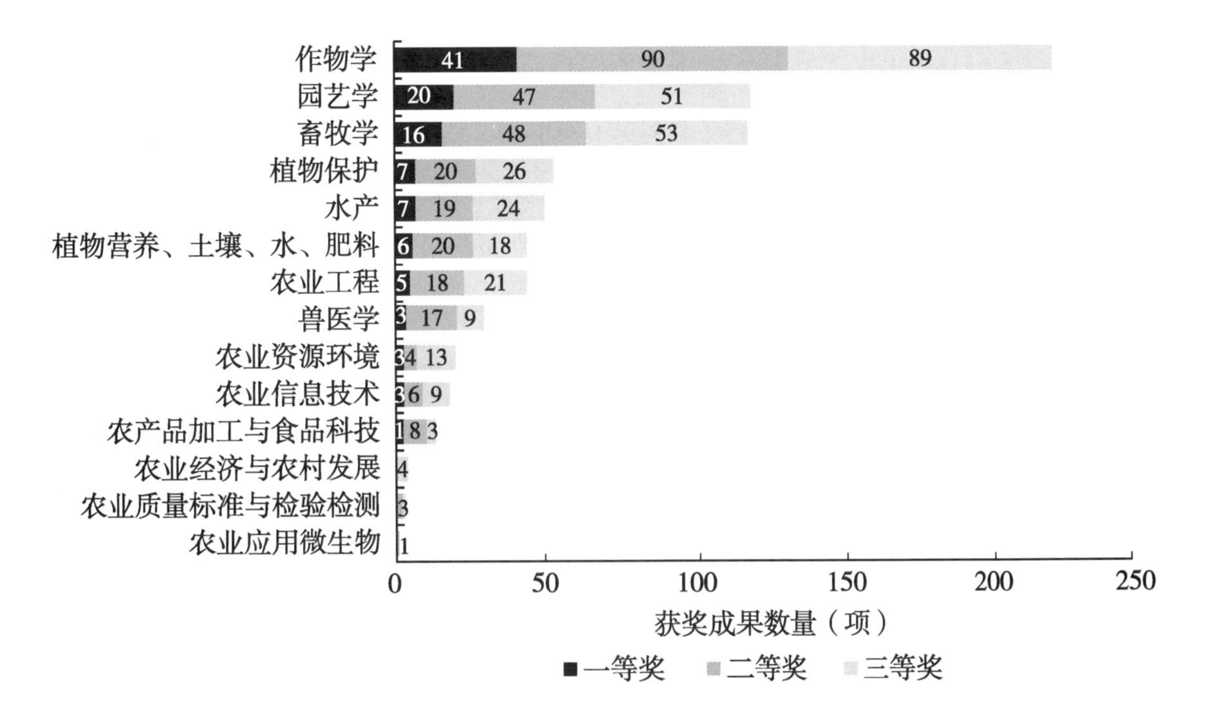

图 1-7　2008—2013 年全国农牧渔业丰收奖农业技术推广成果奖按学科和等级分布情况

2008—2015 年神农中华农业科技奖获奖成果情况

神农中华农业科技奖（简称中华农业科技奖）是经农业部[1]、科技部[2]批准设立的面向全国农业行业的综合性科学技术奖，主要奖励为我国农业科学技术进步和创新做出突出贡献的集体和个人。中华农业科技奖的奖励范围包括科学研究成果和科普类成果。科学研究成果奖励在农业科学研究与开发中取得对行业科技进步具有显著影响的科研成果；科普类成果奖励在农业科普活动中产生重要影响和显著社会效益的科普原创作品和编著作品。中华农业科技奖接受全国农业行业（农业、畜牧、兽医、水产、农垦、农机、农业工程、农产品加工等）及其他行业与农业相关项目的申报。中华农业科技奖每年评奖一次，一等奖不超过 5 项，二等奖不超过 10 项，三等奖约 50 项。对有特大贡献、产生巨大效益和影响的农业科技成果，可视情况设立特等奖。中华农业科技奖 2009 年之前为每年度举办一届，自 2010 年起每两年度举办一届。

2008—2015 年，共举办 5 届神农中华农业科技奖的评选，评出科学研究成果奖、优秀创新团队成果奖、科普成果奖 3 大类奖项共计 612 项，其中，科学研究成果奖共计 511 项，占 5 届获奖项目总数的 83. 5%；科普成果奖共计 38 项，占比 6. 2%；优秀创新团队成果奖共计 63 项，占比 10. 3%。从各届获奖项目数量来看，神农中华农业科技奖的项目数量呈逐年递增的趋势，2008 年度获奖项目数量为 82 项，到了 2014—2015 年度，获奖项目数量已达 184 项（图 1-8）。

从各届获奖类型看来，随时间跨度，科学研究成果奖数量逐年增加，以每年增加 20 项左右的速度稳步上升；科普成果奖数量呈现有升有降的趋势；优秀创新团队成果奖数量呈现先降低后上升的趋势。由此可见，各个奖项类型的获奖数量总体上都表现出上涨趋势（表 1-5）。

---

① 中华人民共和国农业部，全书简称农业部；

② 中华人民共和国科学技术部，全书简称科技部

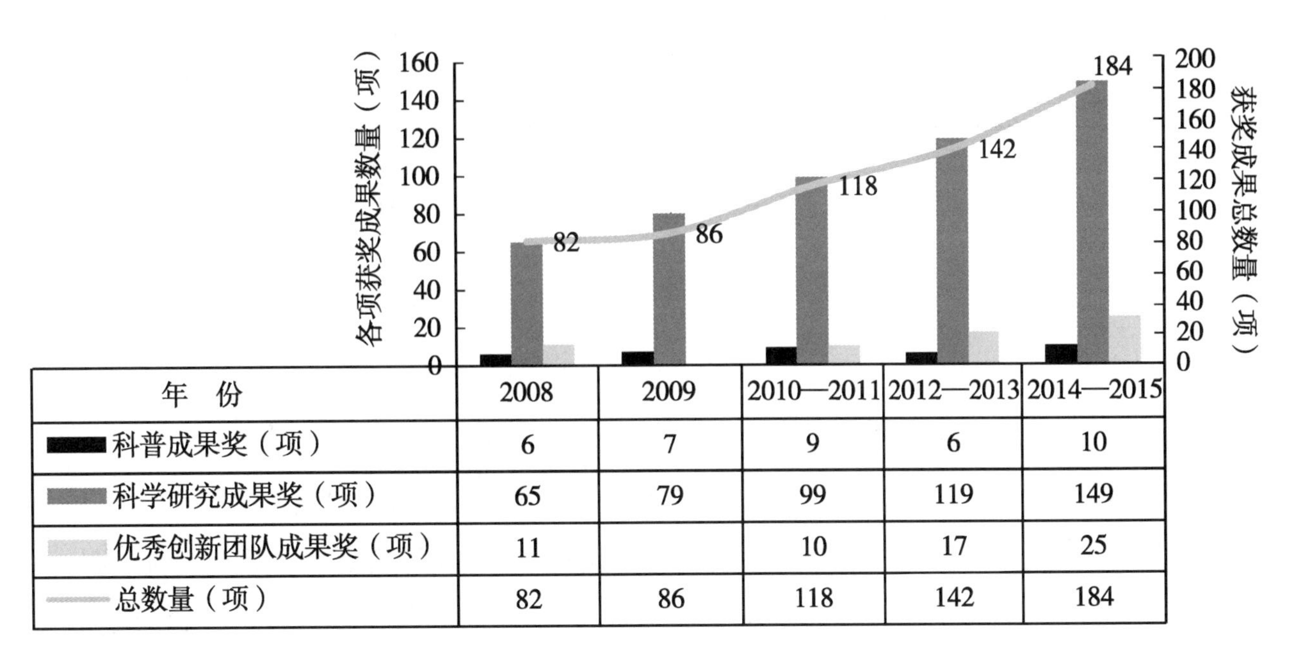

图 1-8　2008—2015 年神农中华农业科技奖各奖项类型获奖情况

表 1-5　2008—2015 年神农中华农业科技奖各奖项年度分布情况　（单位：项）

年　度	总项数	科学研究成果奖	科普成果奖	优秀创新团队成果奖
2008	82	65	6	11
2009	86	79	7	
2010—2011	118	99	9	10
2012—2013	142	119	6	17
2014—2015	184	149	10	25

由于科普成果奖、优秀创新团队奖奖项数量较少，本节将不做分析，仅对科学研究成果奖进行统计分析。科学研究成果奖设一等奖、二等奖、三等奖 3 个等级。从获奖等级来看，2008—2015 年科学研究成果奖涉及了所有 3 个奖项等级，其中，一等奖共计 110 项，二等奖共计 147 项，三等奖共计 254 项。一等奖占比 21.5%，二等奖占比 28.7%，三等奖占比 49.8%。从各届获奖等级来看，随时间跨度，一等奖数量逐年增加，以每年增加 10 项左右的速度增加，由 2008 年度的 5 项，增加到 2014—2015 年度的 43 项；二等奖数量也以每年增加 10 项左右的速度逐年递增，由 2008 年度的 11 项，增加到 2014—2015 年度的 47 项；三等奖数量呈现先缓慢降低后逐年上升的趋势。由此可见，各个奖项等级的获奖数量总体上都表现出上扬态势。一等奖、二等奖的增长速度快，增长幅度相近，三等奖增长较缓慢（表 1-6）。

表 1-6　2008—2015 年神农中华农业科技奖科学研究成果奖各等级分布情况

（单位：项）

等　级	2008 年	2009 年	2010—2011 年	2012—2013 年	2014—2015 年
一等奖	5	10	21	31	43
二等奖	11	20	31	38	47
三等奖	49	49	47	50	59

2008—2015 年的 5 届神农中华农业科技奖的科学研究成果奖获奖项目包含了除林业以外的其他 14 个学科类型。从各个学科的获奖科技成果数量及所占比例来看，5 届获奖总数位居首位的是作物学，获奖 137 项，总数超过 100 项，占比 26.4%；位居第二的是园艺学，位居第三的是畜牧学。位于前三甲的 3 个学科门类，5 届获奖科技成果数量之和为 268 项，占比之和为 51.6%，超过科学研究成果奖项数量的 1/2。而农业应用微生物、农业经济与农村发展这 2 个学科 5 届获奖总数均不足 10 项（图 1-9）。

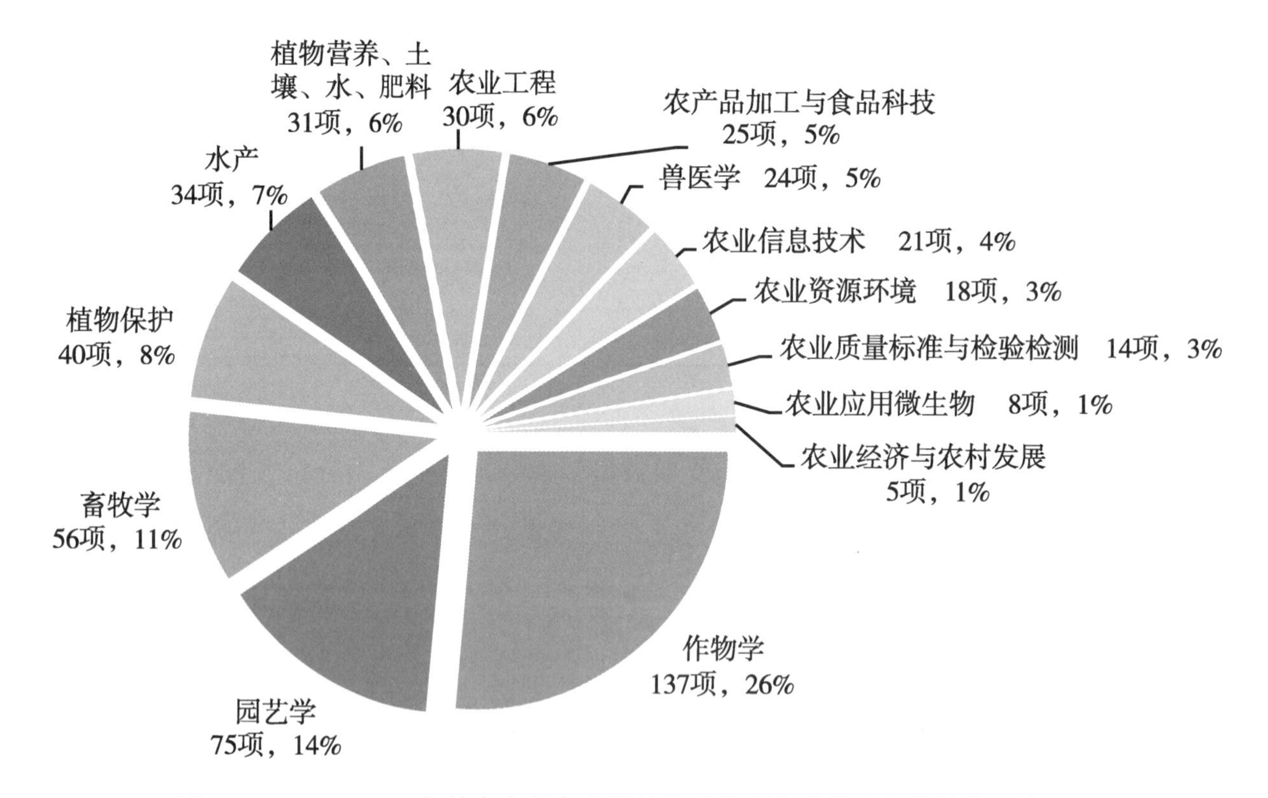

图 1-9　2008—2015 年神农中华农业科技奖科学研究成果奖各学科分布情况

由此可见，神农中华农业科技奖中作物学获奖科技成果数量，与其他国家级科学技术奖励类似，仍是该奖项获奖科技成果学科分布的主力军，量多且获高等级奖项项目数量优势明显。园艺学的获奖科技成果数量位居第二，但获高等级奖项的成果数量优势不明显，说明需进一步提升科技成果的研究水平；畜牧学获奖数量虽位居第三，也存在与园艺学相似的情况，获高级别奖项的科技成果数量较少。其他学科中，农业工程、农产品加工与食品科技的一等奖占比均较高，但获奖数量方面仍需加强；植物保护，水产，植物营养、土壤、水、肥料，兽医学，农业信息技术这6个学科门类，应在项目的数量和质量双方面都加大投入（图1-10）。

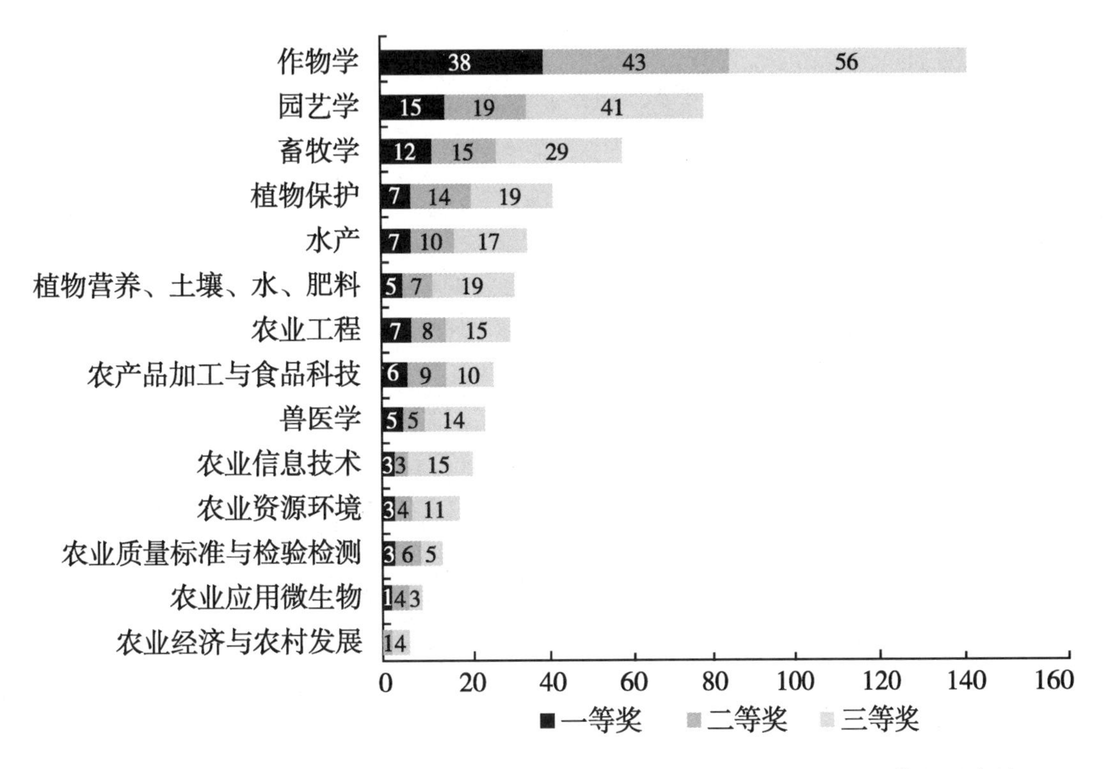

图1-10　2008—2015年神农中华农业科技奖科学研究成果奖按学科和等级分布情况

第二部分

2008—2014年省级农业科技奖励获奖成果情况

2008—2014 年北京市农业科技获奖成果情况

北京市人民政府设立北京市科学技术奖，每年评审奖励一次。北京市科学技术奖分设重大科技创新奖、一等奖、二等奖、三等奖。2008—2014 年北京市 7 届科学技术奖共评出涉及农业学科的获奖项目总计 188 项。从图 2-1 可知，历届获奖项目数量基本稳定在 20~40 项，呈现波浪式变化趋势，占科学技术奖总数的比例平均为 15%左右。从表 2-1 可知，历届获奖项目涵盖各个奖项等级，其中，一等奖为 3 项上下，二等奖为 6 项上下，三等奖为 20 项上下，数量相对稳定。从图 2-2 可知，农业信息技术 7 届获奖项目总数和占农业学科奖项总数的比例最高，历届获奖项目共计 26 项，占比 14%；位居第二的是农业资源环境，获奖 25 项，占比 13%；位居第三的是农业质量标准与检验检测，获奖 22 项，占比 11%。7 届获奖项目总数在 10~20 项的有 5 个学科，分别是作物学、农产品加工与食品科技、园艺学、畜牧学、兽医学；其他 7 个学科获奖项目总数不足 10 项。从图 2-3 可知，农业信息技术虽然获奖项目总数位居前列，但没有一等奖的项目。除此之外，北京市农业资源环境、农业质量标准与检验检测、作物学、园艺学、畜牧学、兽医学、植物保护、农业工程这 8 个学科都

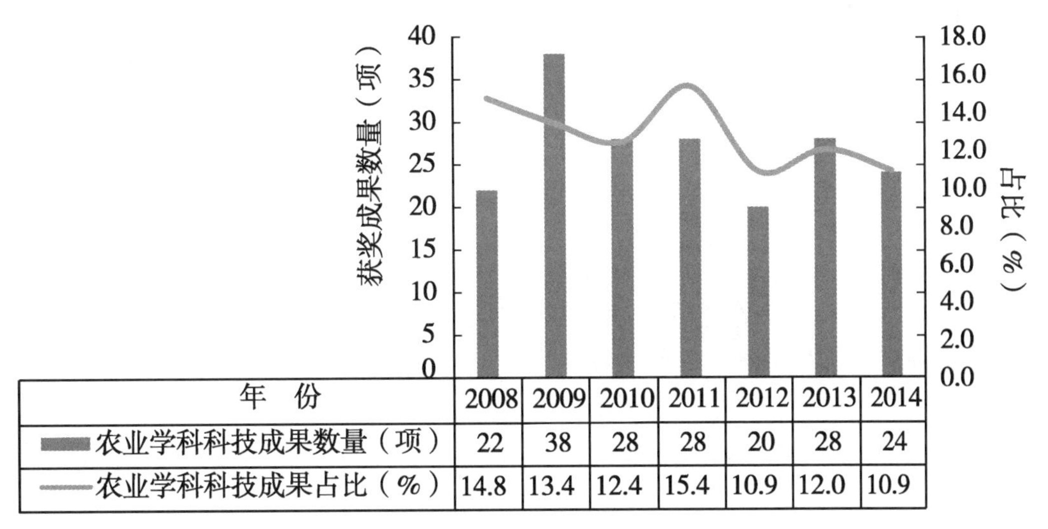

年　份	2008	2009	2010	2011	2012	2013	2014
农业学科科技成果数量（项）	22	38	28	28	20	28	24
农业学科科技成果占比（%）	14.8	13.4	12.4	15.4	10.9	12.0	10.9

图 2-1　北京市 2008—2014 年科学技术奖农业科技获奖成果数量与占比情况

注：农业学科科技成果占比（%）$=\frac{\text{历届农业学科获奖成果项数}}{\text{历届科学技术奖总项数}}\times 100$，全书同

有一等奖、二等奖，三等奖项目数量也相对较多。

表 2-1　北京市 2008—2014 年科学技术奖农业科技获奖成果按等级分布情况

（单位：项）

年　份	总项数	一等奖	二等奖	三等奖
2008	22	1	4	17
2009	38	2	8	28
2010	28	6	7	15
2011	28	5	8	15
2012	20	2	5	13
2013	28	3	7	18
2014	24	3	7	14
总　计	188	22	46	120

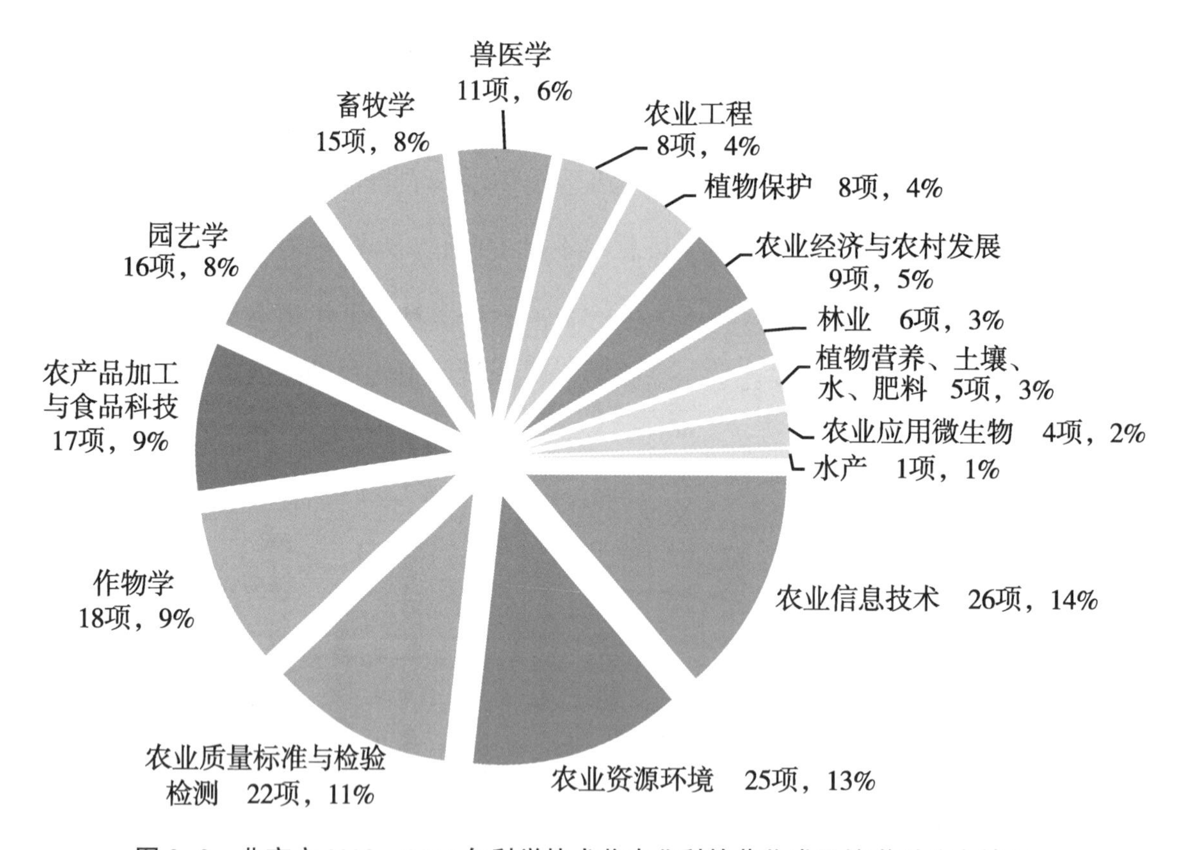

图 2-2　北京市 2008—2014 年科学技术奖农业科技获奖成果按学科分布情况

注：各农业学科科技成果占比（%）$=\frac{\text{各农业学科历届科技成果项数之和}}{\text{农业学科历届科技成果总项数之和}}\times 100$，全书同

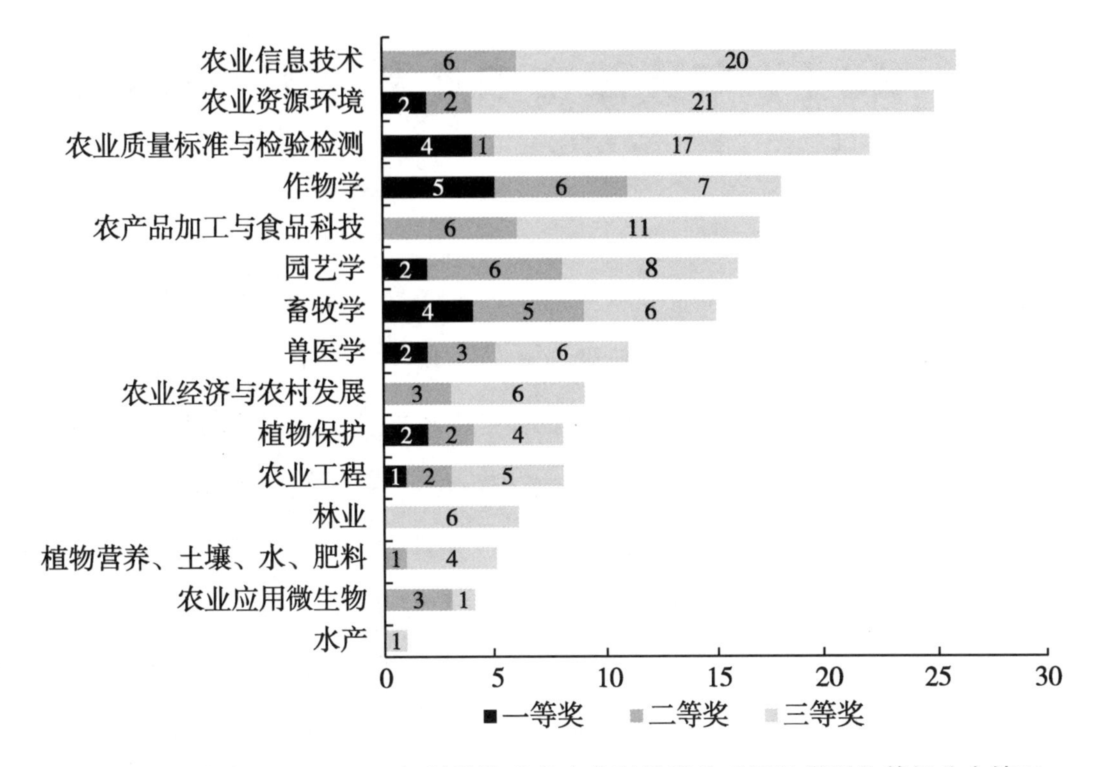

图 2-3　北京市 2008—2014 年科学技术奖农业科技获奖成果按学科和等级分布情况

2008—2014 年天津市农业科技获奖成果情况

天津市人民政府设立科学技术进步奖，每年评审一次。2008—2014 年天津市 7 届科学技术奖共评出涉及农业学科的获奖项目总计 209 项。从图 2-4 可知，历届获奖项目数量在 25~40 项，呈现出波动变化的趋势，占科学技术奖总数的比例平均为 15%左右。天津市科学技术奖的自然科学奖、技术发明奖、科学技术进步奖分为一等奖、二等奖、三等奖。从表 2-2 可知，2008—2014 年历届农业学科科技奖励成果涉及了所有的奖项类型。在 2009 年、2011 年、2014 年分别斩获一项自然科学奖，历届技术发明奖在 1~2 项，科技进步奖在 30 项上下；从等级看，只有科技进步奖项目涉及了一等奖，自然科学奖和技术发明奖项目均只涉及二等奖、三等奖，历届一等奖为 1~3 项，二等奖为 5~15 项，三等奖在 10~30 项。从图 2-5 可知，园艺学 7 届获奖项目总数和占农业学科奖项总数的比例均位居首位，历届获奖项目共计 27 项，占比 12%；位居第二的是农业资源环境以及农产品加工与食品科技，均获奖 25 项，占比 11%；位居第三的是作物学，获奖 21 项，占比 10%。7 届获奖项目总数在 10~20 项的有 7 个学科，分别是畜牧学，水产，农业质量标准与检验检测，植物保护，农业

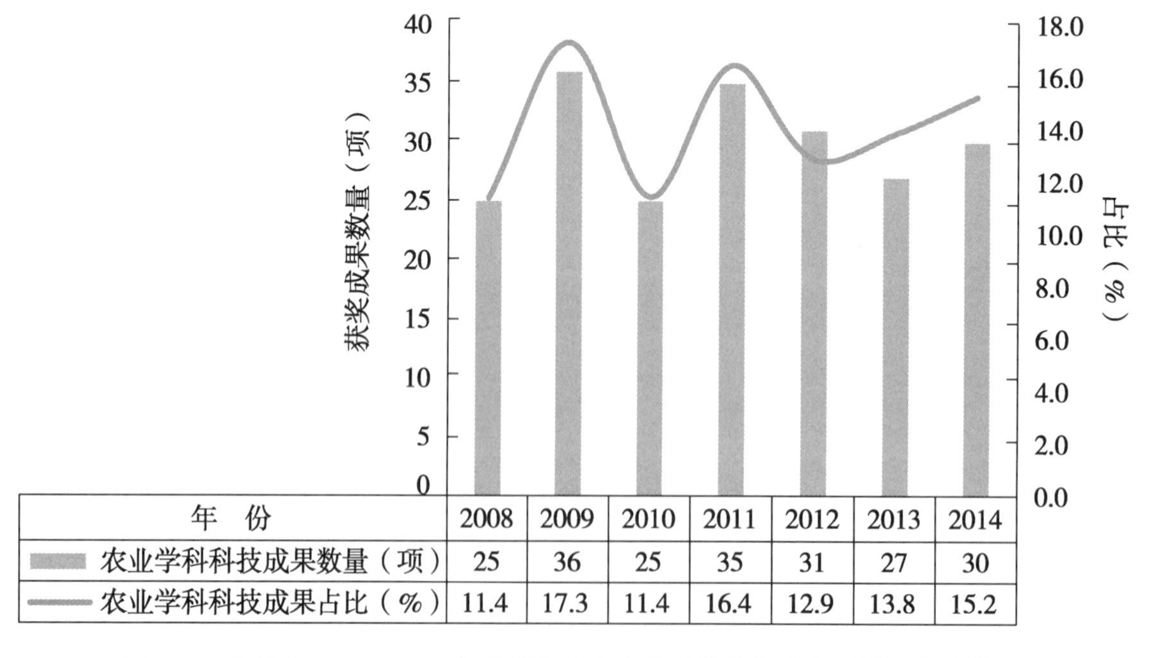

年　份	2008	2009	2010	2011	2012	2013	2014
农业学科科技成果数量（项）	25	36	25	35	31	27	30
农业学科科技成果占比（%）	11.4	17.3	11.4	16.4	12.9	13.8	15.2

图 2-4　天津市 2008—2014 年科学技术奖农业科技获奖成果数量及占比情况

工程，植物营养、土壤、水、肥料，兽医学；其他 4 个学科获奖项目总数不足 10 项，由此可见，各学科的获奖总数呈现整齐的梯度变化趋势。从图 2-6 可知，园艺学和作物学这两个学科不仅项目总数位居前列，获得的一等奖、二等奖的数量也较多，具有较明显的学科优势；而农业资源环境获得的二等奖明显多于其他学科；另外，水产、农业质量标准与检验检测、兽医学、农业信息技术这 4 个学科各获得一项一等奖。

表 2-2　天津市 2008—2014 年科学技术奖农业科技获奖成果按等级分布情况

奖项类型	奖项等级	获奖成果数量（项）							
		总　计	2008 年	2009 年	2010 年	2011 年	2012 年	2013 年	2014 年
自然科学奖	二等奖	1		1					
	三等奖	2				1			1
技术发明奖	二等奖	2	1					1	
	三等奖	6	1	2	2	1			
科技进步奖	一等奖	14	2	2	1	2	1	3	3
	二等奖	52	4	4	5	8	7	13	11
	三等奖	132	17	27	17	23	23	10	15

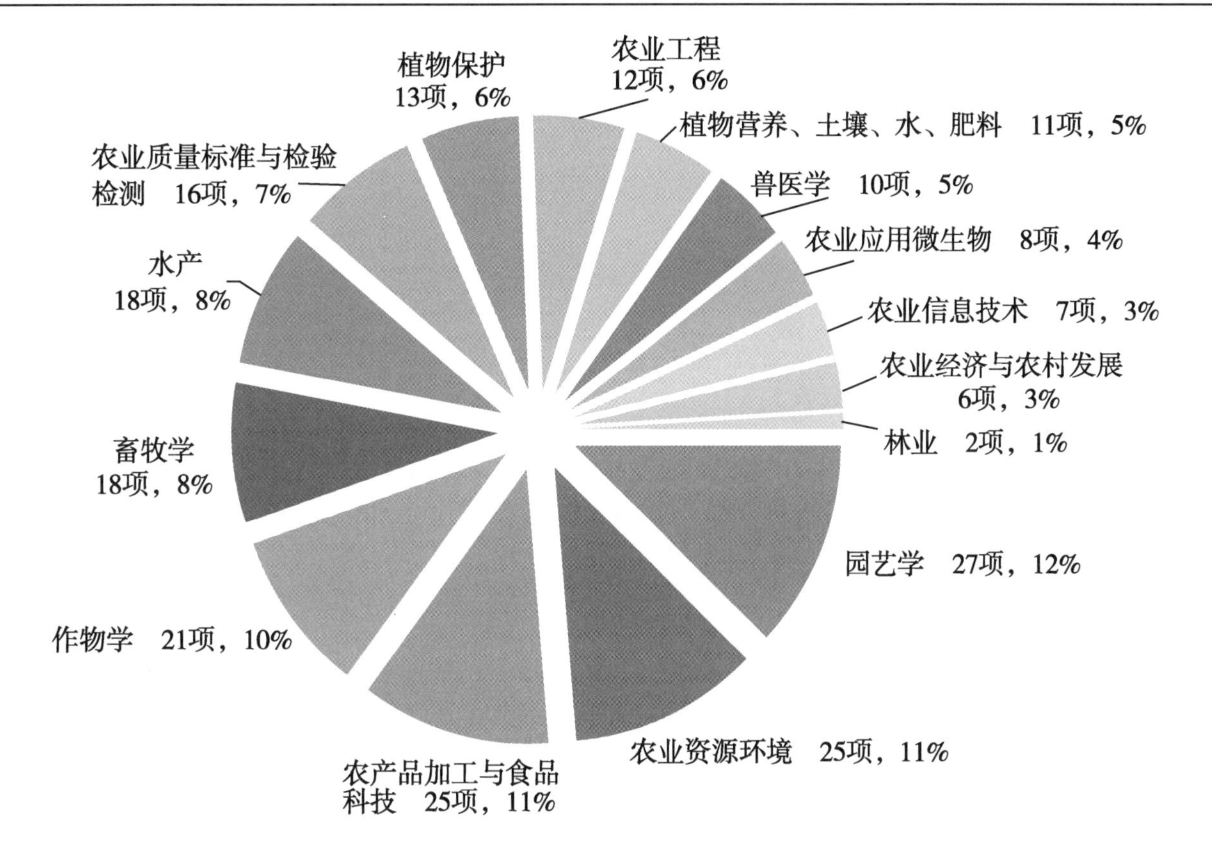

图 2-5　天津市 2008—2014 年科学技术奖农业科技获奖成果按学科分布情况

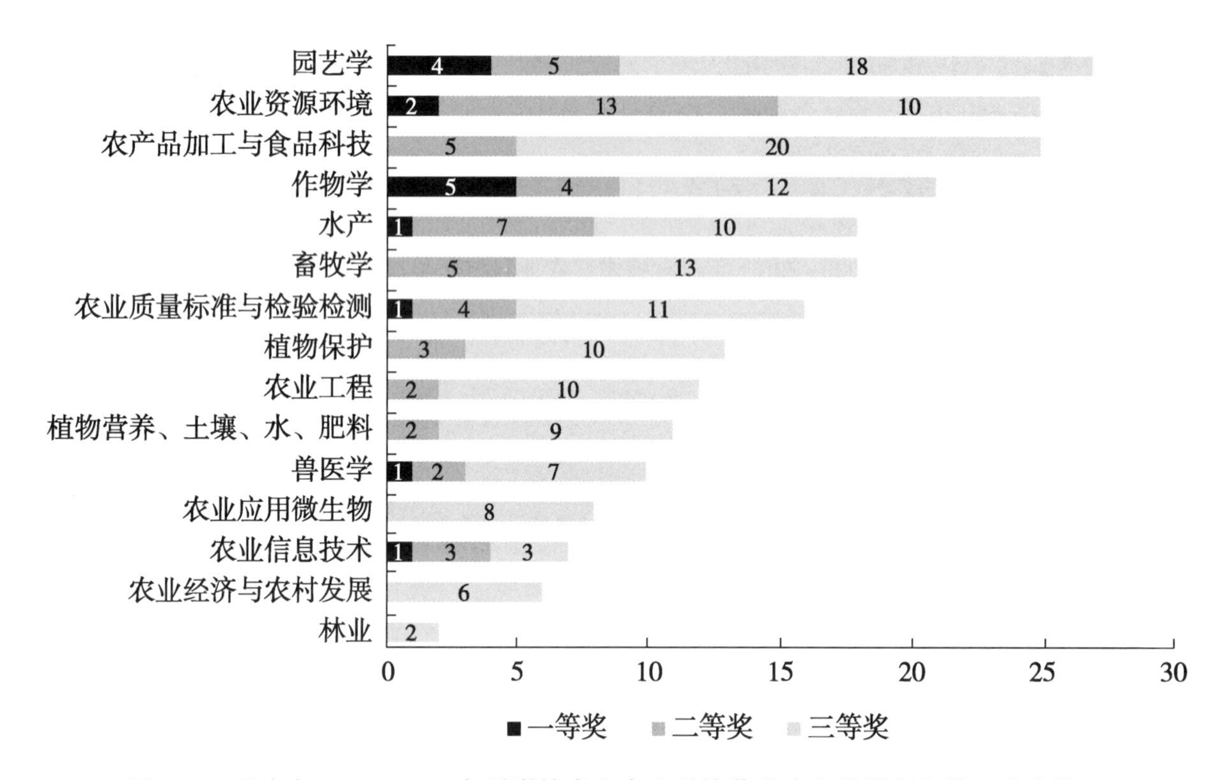

图 2-6　天津市 2008—2014 年科学技术奖农业科技获奖成果按学科和等级分布情况

2008—2014 年河北省农业科技获奖成果情况

河北省人民政府设立河北省科学技术奖，每年评审一次，每次奖励项目总数不超过 300 项。2008—2014 年河北省 7 届科学技术奖共评出涉及农业学科的获奖项目总计 360 项。从图 2-7 可知，历届获奖项目数量基本稳定在 45~58 项，呈现波浪式变化趋势，占科学技术奖总数的比例平均为 18%左右。从表 2-3 可知，历届获奖项目涵盖各个奖项等级，其中，一等奖为 4~6 项，二等奖为 14 项上下，三等奖为 30 项上下，数量相对稳定。从图 2-8 可知，作物学 7 届获奖项目总数和占农业学科奖项总数的比例均具有明显优势，历届获奖项目共计 85 项，占比 24%；位居第二的是园艺学，获奖 43 项，占比 12%；位居第三的是畜牧学，获奖 37 项，占比 10%。7 届获奖项目总数在 20~35 项的有 5 个学科，分别是农产品加工与食品科技，植物营养、土壤、水、肥料，兽医学，植物保护，农业资源环境；其他有 7 个学科获奖项目总数不足 20 项。从图 2-9 可知，作物学不仅获奖项目数量位居前列，且囊括一等奖、二等奖的项目数量也多于其他学科。除此之外，河北省园艺学，畜牧学，农产品加工与食品科技，植物营养、土壤、水、肥料这 4 个学科都有一等奖、二等奖，三等奖数量也较其他学科具有一定的优势。

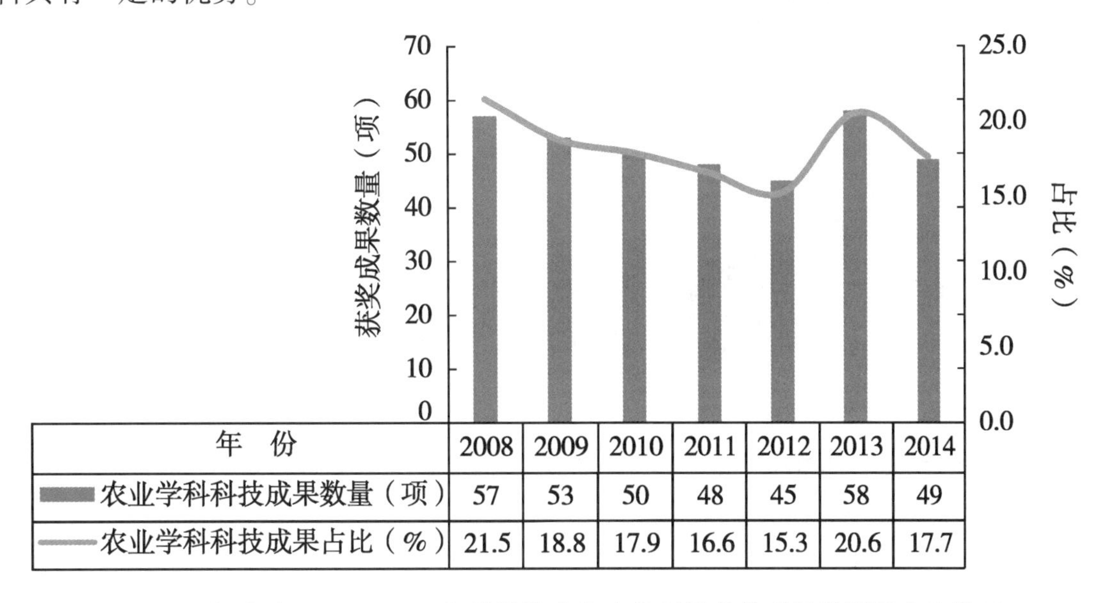

年　份	2008	2009	2010	2011	2012	2013	2014
农业学科科技成果数量（项）	57	53	50	48	45	58	49
农业学科科技成果占比（%）	21.5	18.8	17.9	16.6	15.3	20.6	17.7

图 2-7　河北省 2008—2014 年科学技术奖农业科技获奖成果数量及占比情况

表 2-3 河北省 2008—2014 年科学技术奖农业科技获奖成果按等级分布情况

奖项类型	奖项等级	获奖成果数量（项）							
		总 计	2008 年	2009 年	2010 年	2011 年	2012 年	2013 年	2014 年
自然科学奖	一等奖	3	1	1	1				
	二等奖	8	2	1	2		1		2
	三等奖	13	7	1		1		2	2
技术发明奖	一等奖	1							1
	二等奖								
	三等奖	6	1	1	1			2	1
科技进步奖	一等奖	30	3	4	4	6	4	5	4
	二等奖	87	10	13	15	11	12	14	12
	三等奖	212	33	32	27	30	28	35	27

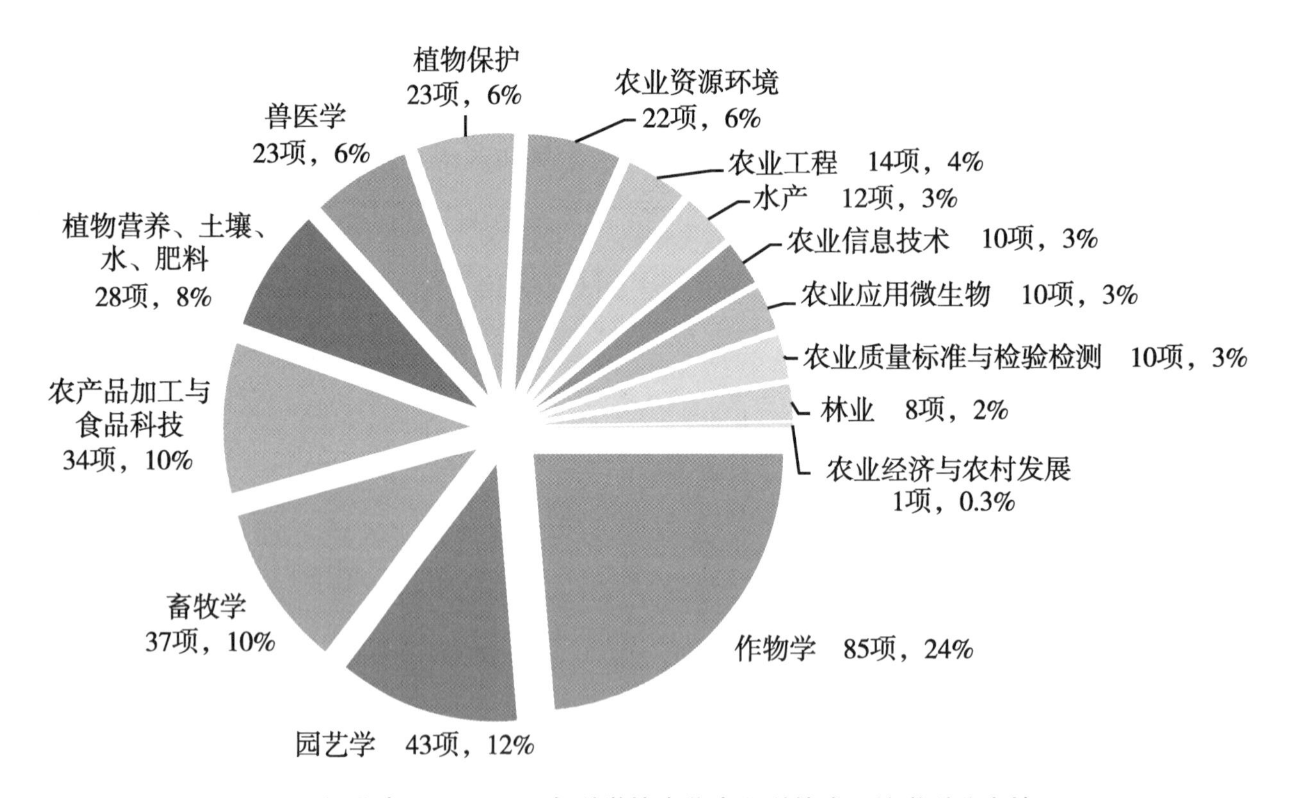

图 2-8 河北省 2008—2014 年科学技术奖农业科技成果按学科分布情况

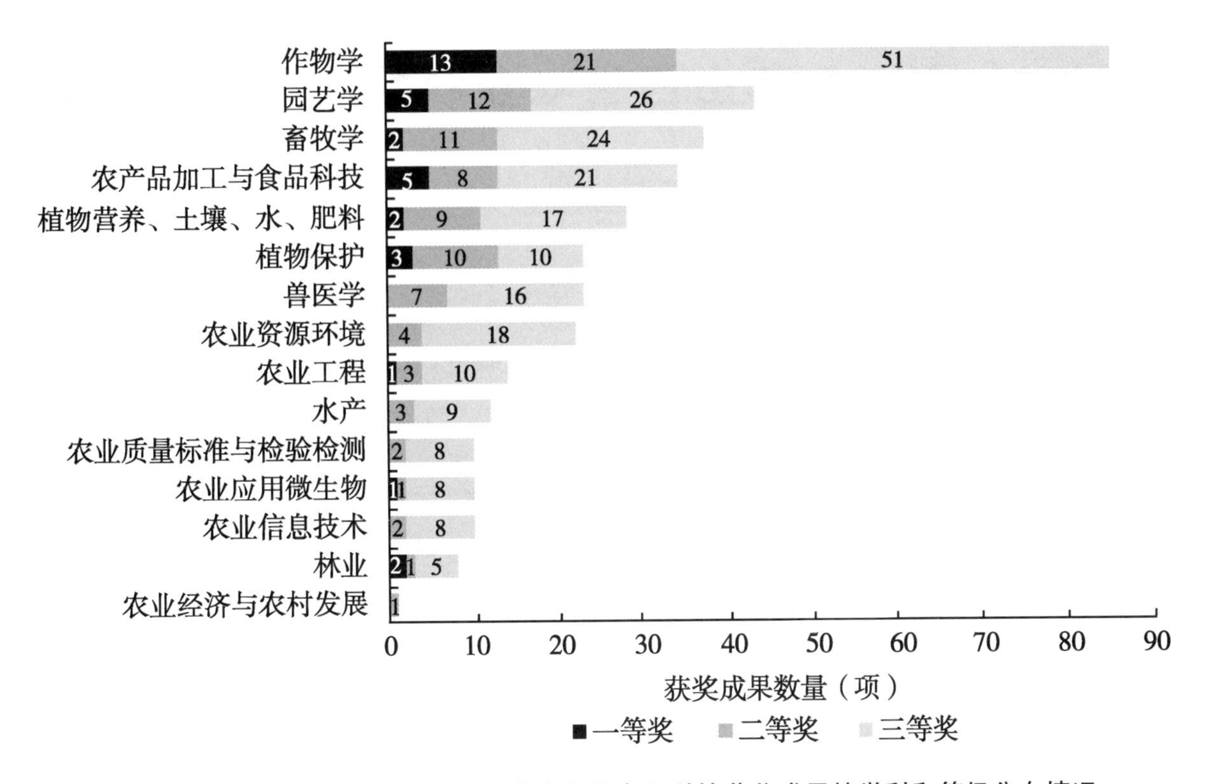

图 2-9　河北省 2008—2014 年科学技术奖农业科技获奖成果按学科和等级分布情况

2008—2014 年山西省农业科技获奖成果情况

山西省人民政府设立科学技术进步奖，每年评审一次，总数不超过 200 项。2008—2014 年山西省 7 届科学技术奖共评出涉及农业学科的获奖项目总计 237 项。从图 2-10 可知，历届获奖项目数量在 25～40 项，呈现出波动变化的趋势，占科学技术奖总数的比例平均为 18%左右。山西省科学技术奖的自然科学奖、技术发明奖、科学技术进步奖分为一等奖、二等奖、三等奖。从表 2-4 可知，历届获奖项目涵盖各个奖项等级，一等奖为 2～5 项，二等奖为 15 项上下，三等奖在 10～20 项。从图 2-11 可知，作物学 7 届获奖项目总数和占农业学科奖项总数的比例均位居首位，历届获奖项目共计 75 项，占比 31%；位居第二的是园艺学，获奖 42 项，占比 17%；位居第三的是畜牧学，获奖 25 项，占比 10%。7 届获奖项目总数在 10～20 项的有 4 个学科，分别是植物保护，植物营养、土壤、水、肥料，农产品加工与食品科技，农业资源环境；其他 7 个学科获奖项目总数不足 10 项。从图 2-12 可知，作物学不仅项目数量位居前列，获得的一等奖、二等奖的数量也明显多于其他学科；而园艺学获得一等奖 2 项，二等奖数量明显多于其他学科；畜牧学获得的一等奖数量为 6 项，相对多于其他学科；除此之外，植物营养、土壤、水、肥料，农业资源环境，农业经济与农村发展这

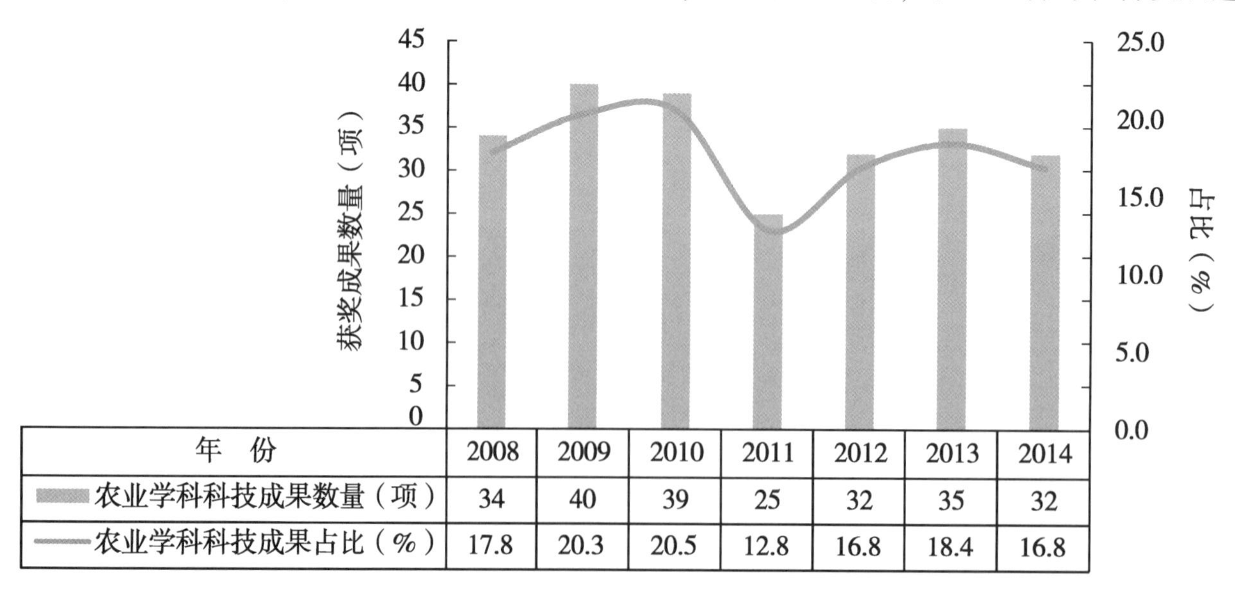

年　份	2008	2009	2010	2011	2012	2013	2014
农业学科科技成果数量（项）	34	40	39	25	32	35	32
农业学科科技成果占比（%）	17.8	20.3	20.5	12.8	16.8	18.4	16.8

图 2-10　山西省 2008—2014 年科学技术奖农业科技获奖成果数量及占比情况

3 个学科也获得了 1~2 项一等奖。由此可见，作物学在获奖数量和奖项等级上均具有明显的学科优势，而园艺学的学科优势主要体现在获奖数量上。

表 2-4　山西省 2008—2014 年科学技术奖农业科技获奖成果按等级分布情况

奖项类型	奖项等级	获奖成果数量（项）							
		总　计	2008 年	2009 年	2010 年	2011 年	2012 年	2013 年	2014 年
自然科学奖	一等奖	5			1		2	2	
	二等奖	4		2			1		1
	三等奖	8	3	2	2		1		
技术发明奖	二等奖	4				1	2	1	
科技进步奖	一等奖	18	3	3	2	3	3	2	2
	二等奖	98	12	16	17	11	13	16	13
	三等奖	100	16	17	17	10	10	14	16

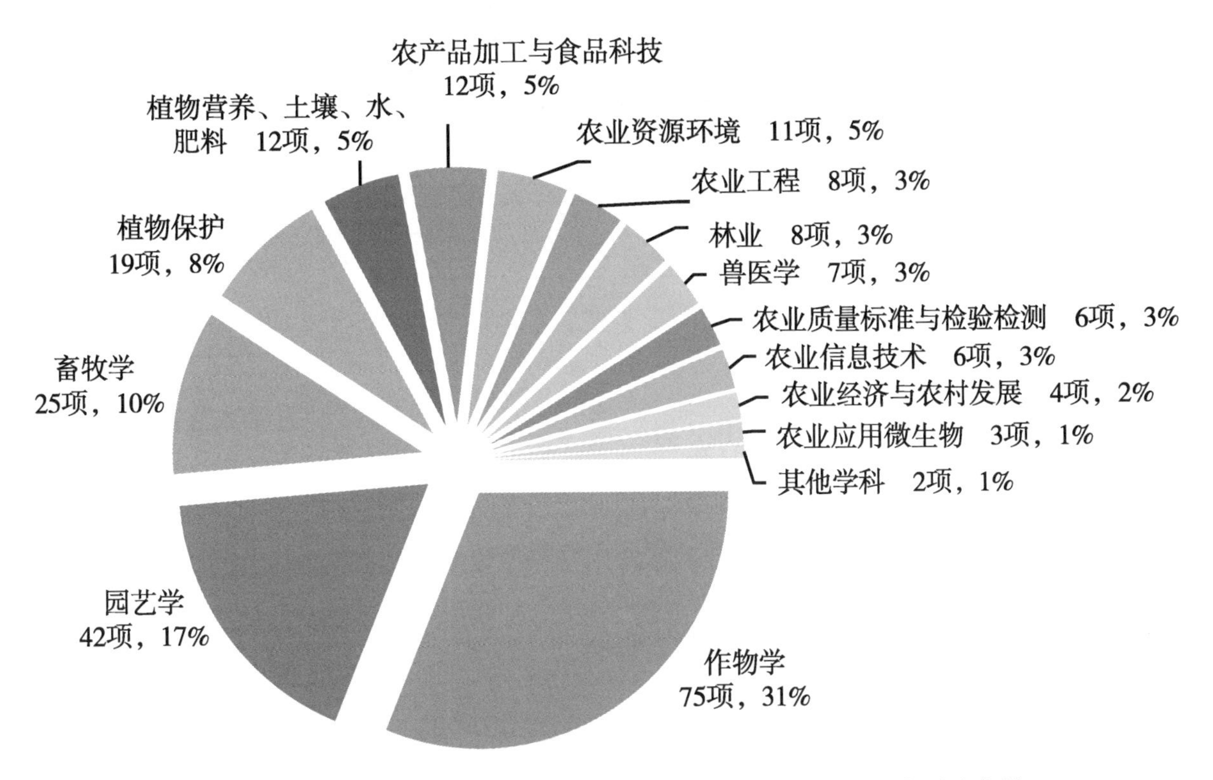

图 2-11　山西省 2008—2014 年科学技术奖农业科技获奖成果按学科分布情况

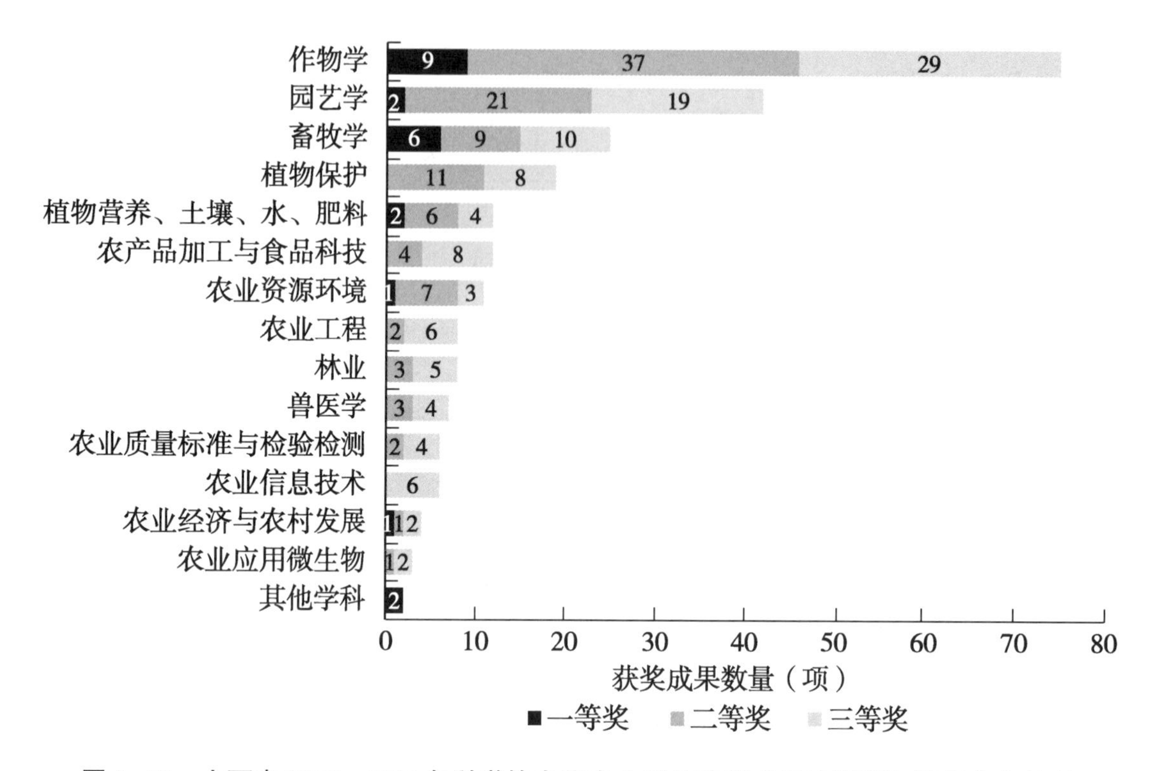

图 2-12　山西省 2008—2014 年科学技术奖农业科技获奖成果按学科和等级分布情况

2008—2014 年辽宁省农业科技获奖成果情况

辽宁省人民政府设立辽宁省科学技术奖，每年评审一次，每次奖励项目总数不超过 300 项。2008—2014 年辽宁省 7 届科学技术奖共评出涉及农业学科的获奖项目总计 318 项。从图 2-13 可知，历届获奖项目数量基本稳定在 40~50 项，呈现波浪式变化趋势，占科学技术奖总数的比例平均为 17%左右。从表 2-5 可知，历届获奖项目涵盖各个奖项等级，其中，一等奖为 3~9 项，二等奖为 15 项左右，三等奖为 23 项左右，数量相对稳定。从图 2-14 可知，作物学 7 届获奖项目总数和占农业学科奖项总数的比例均具有明显优势，历届获奖项目共计 66 项，占比 21%；位居第二的是园艺学，获奖 49 项，占比 15%；位居第三的是植物保护，获奖 24 项，占比 8%；位居第四的是畜牧学，获奖 23 项，占比 7%。农业信息技术 7 届获奖项目总数最少，为 9 项，占比 3%；其他有 10 个学科获奖项目总数均在 10~20 项，差距很小。从图 2-15 可知，作物学不仅获奖项目总数位居前列，且囊括一等奖、二等奖的项目数量也多于其他学科。除此之外，辽宁省园艺学、植物保护、畜牧学、水产等学科都有一等奖、二等奖、三等奖的涉猎。

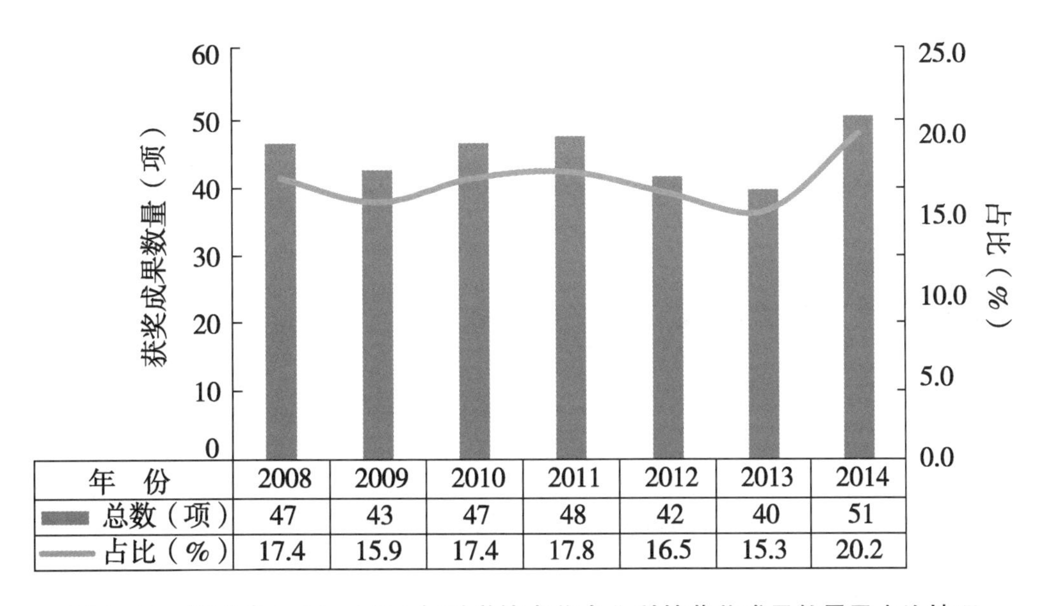

年　份	2008	2009	2010	2011	2012	2013	2014
总数（项）	47	43	47	48	42	40	51
占比（%）	17.4	15.9	17.4	17.8	16.5	15.3	20.2

图 2-13　辽宁省 2008—2014 年科学技术奖农业科技获奖成果数量及占比情况

表 2-5　辽宁省 2008—2014 年科学技术奖农业科技获奖成果按等级分布情况

奖项类型	奖项等级	获奖成果数量（项）							
		总　计	2008 年	2009 年	2010 年	2011 年	2012 年	2013 年	2014 年
自然科学奖	一等奖	1	1						
	二等奖	1							1
	三等奖	4		1				3	
技术发明奖	二等奖	7		2	1	1	1		2
	三等奖	6		1	1	1	1	1	1
科技进步奖	一等奖	40	8	5	4	6	6	3	8
	二等奖	109	15	14	16	17	15	15	17
	三等奖	150	23	20	25	23	19	18	22

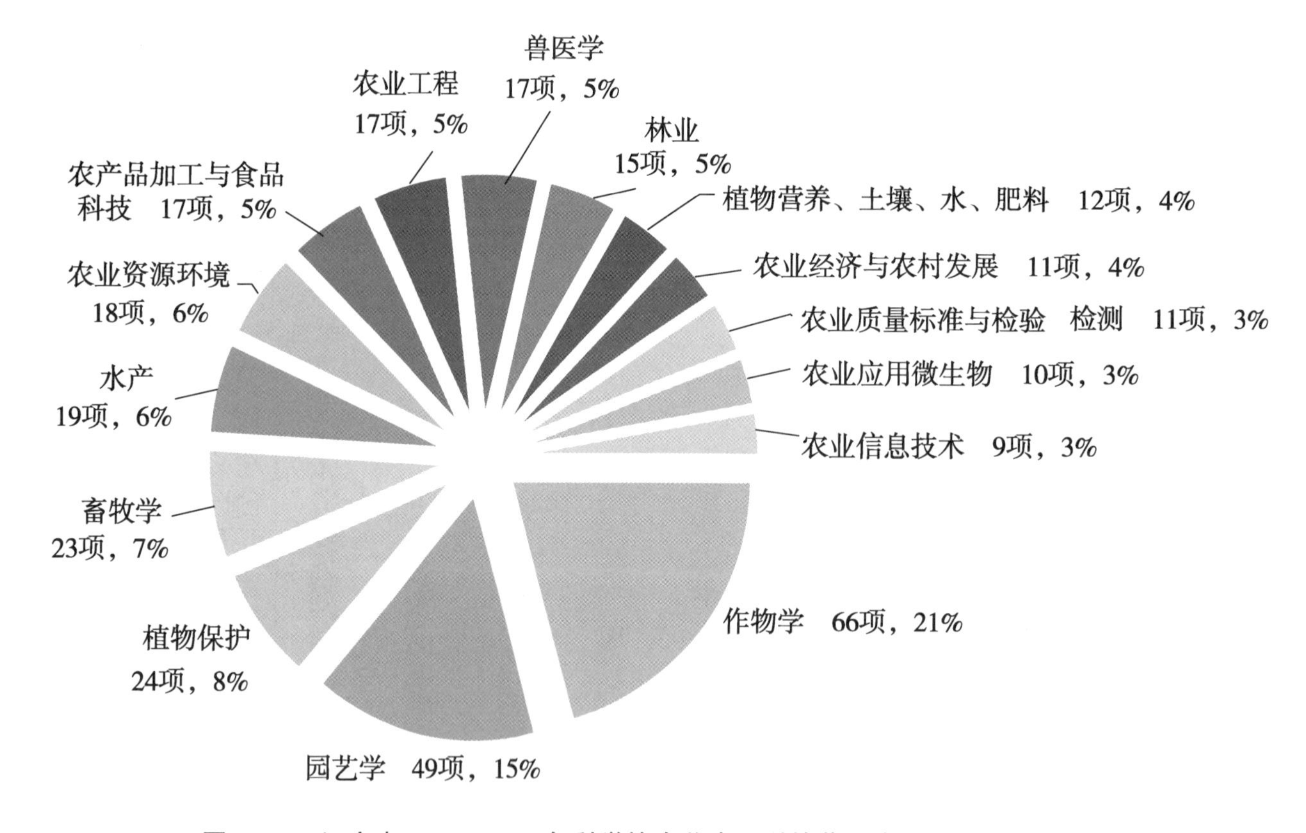

图 2-14　辽宁省 2008—2014 年科学技术奖农业科技获奖成果按学科分布情况

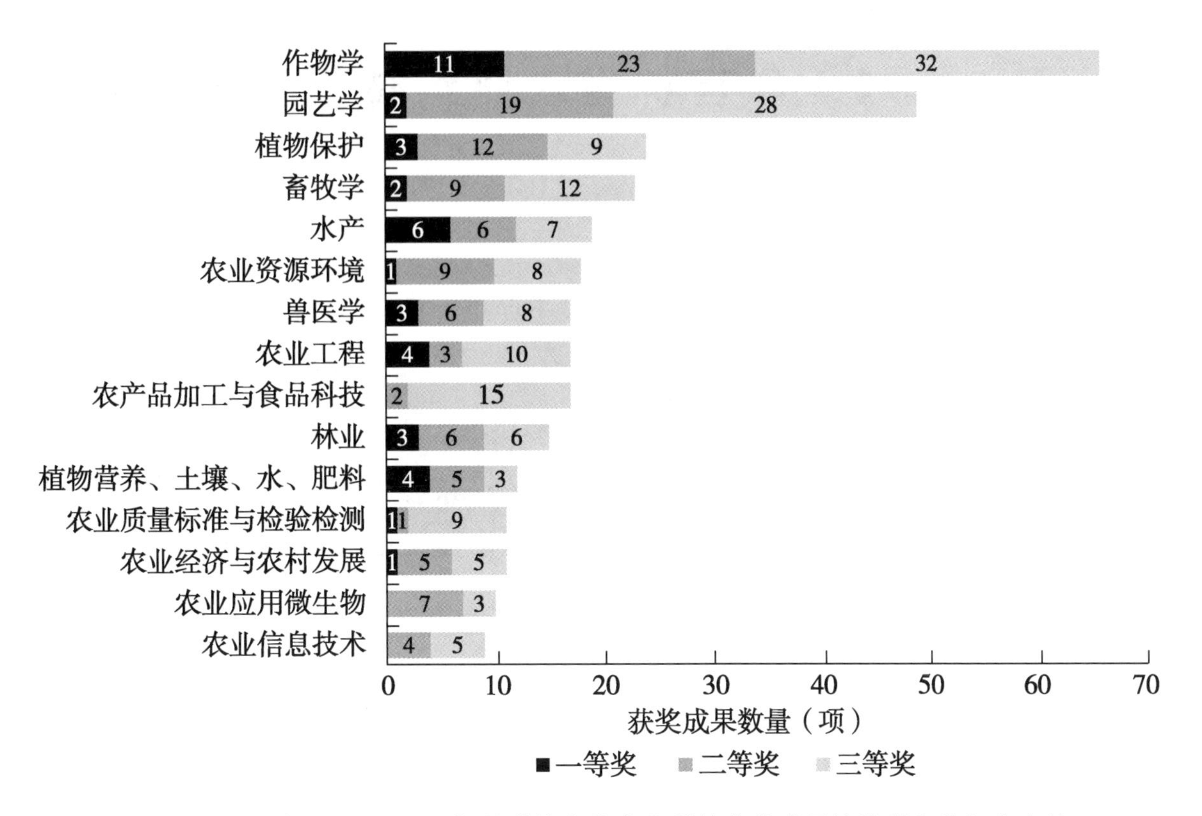

图 2-15　辽宁省 2008—2014 年科学技术奖农业科技获奖成果按学科和等级分布情况

2008—2014 年吉林省农业科技获奖成果情况

吉林省人民政府设立吉林省科学技术奖，每年评审一次。2008—2014 年吉林省 7 届科学技术奖共评出涉及农业学科的获奖项目总计 480 项。从图 2-16 可知，2008—2010 年获奖项目数量基本稳定在 45～60 项，2011—2014 年获奖项目数量基本稳定在 70～90 项，历届获奖项目数量占科学技术奖总数的比例平均为 27%左右。从表 2-6 可知，历届获奖项目涵盖各个奖项等级，其中，一等奖为 5～12 项，二等奖为 25 项左右，三等奖为 35 项左右，数量变化较大。从图 2-17 可知，作物学 7 届获奖项目总数和占农业学科奖项总数的比例均具有明显优势，历届获奖项目共计 168 项，占比 35%；位居第二的是畜牧学，获奖 49 项，占比 10%；位居第三的是农业资源环境，获奖 41 项，占比 9%。7 届获奖项目总数在 25～40 项的有 3 个学科，分别是兽医学、园艺学、林业；其他有 9 个学科获奖项目数量不足 25 项。从图 2-18 可知，作物学不仅获奖项目总数位居前列，且囊括一等奖、二等奖的项目数量也多于其他学科。除此之外，吉林省畜牧学、农业资源环境、兽医学、园艺学等学科都有一等奖、二等奖、三等奖的涉猎，其中 2014 年在畜牧学中有一项国际合作奖项目。

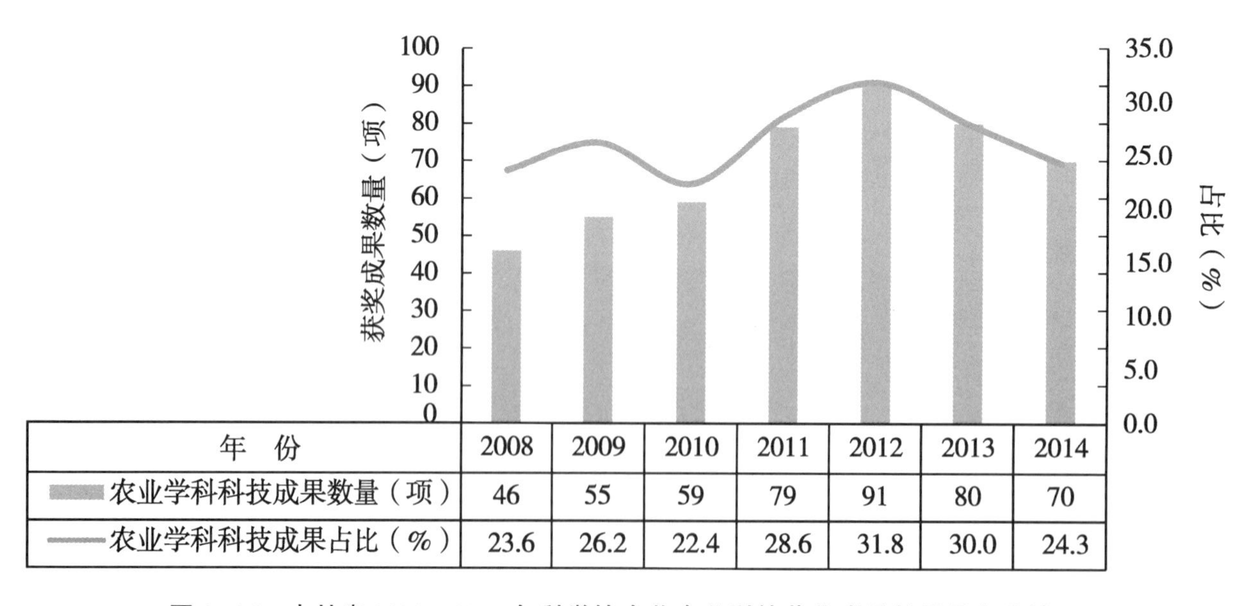

年　份	2008	2009	2010	2011	2012	2013	2014
农业学科科技成果数量（项）	46	55	59	79	91	80	70
农业学科科技成果占比（%）	23.6	26.2	22.4	28.6	31.8	30.0	24.3

图 2-16　吉林省 2008—2014 年科学技术奖农业科技获奖成果数量及占比情况

表 2-6　吉林省 2008—2014 年农业学科科学技术奖获奖项目按等级分布情况

奖项类型	奖项等级	获奖成果数量（项）							
		总　计	2008 年	2009 年	2010 年	2011 年	2012 年	2013 年	2014 年
科学技术奖	一等奖	7	7						
	二等奖	18	18						
	三等奖	21	21						
自然科学奖	一等奖	4						1	3
	二等奖	4						2	2
	三等奖	6						4	2
技术发明奖	一等奖	1							1
	二等奖	1					1		
	三等奖	4				1	1	1	1
科技进步奖	一等奖	40		7	5	7	6	7	8
	二等奖	158		20	21	28	36	27	26
	三等奖	215		28	33	43	47	38	26
国际合作奖	国际合作奖	1							1

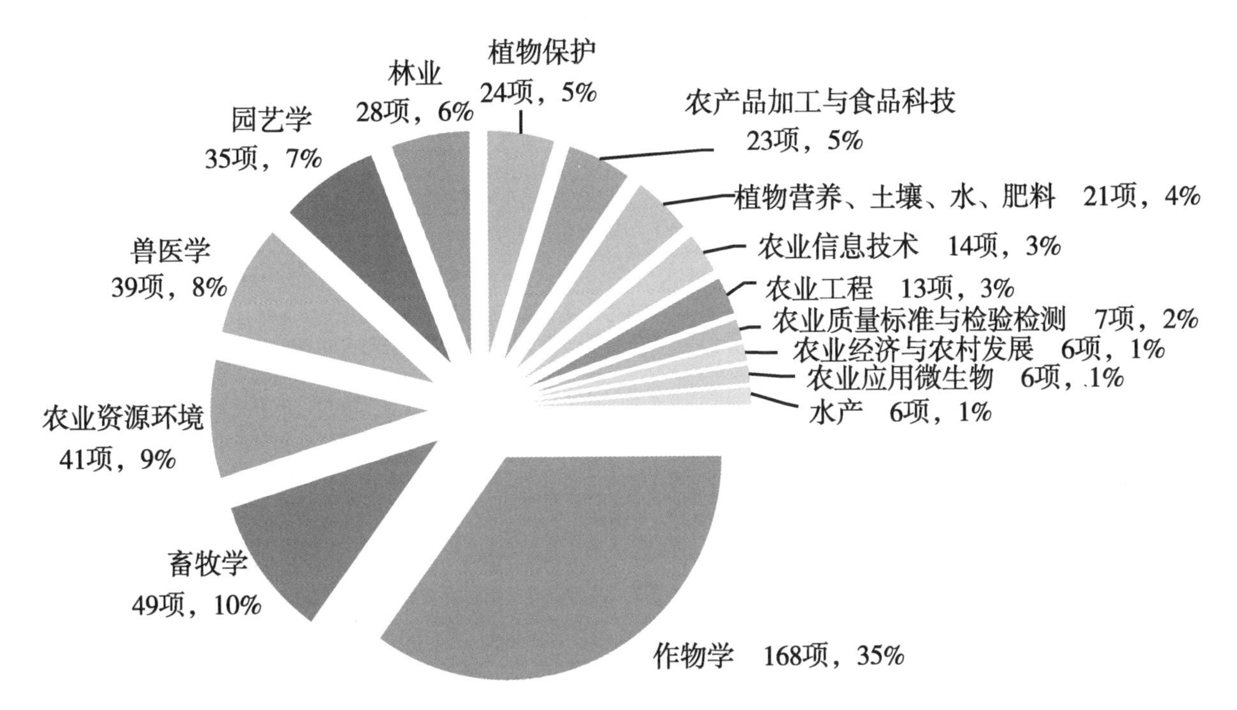

图 2-17　吉林省 2008—2014 年科学技术奖农业科技获奖成果按学科分布情况

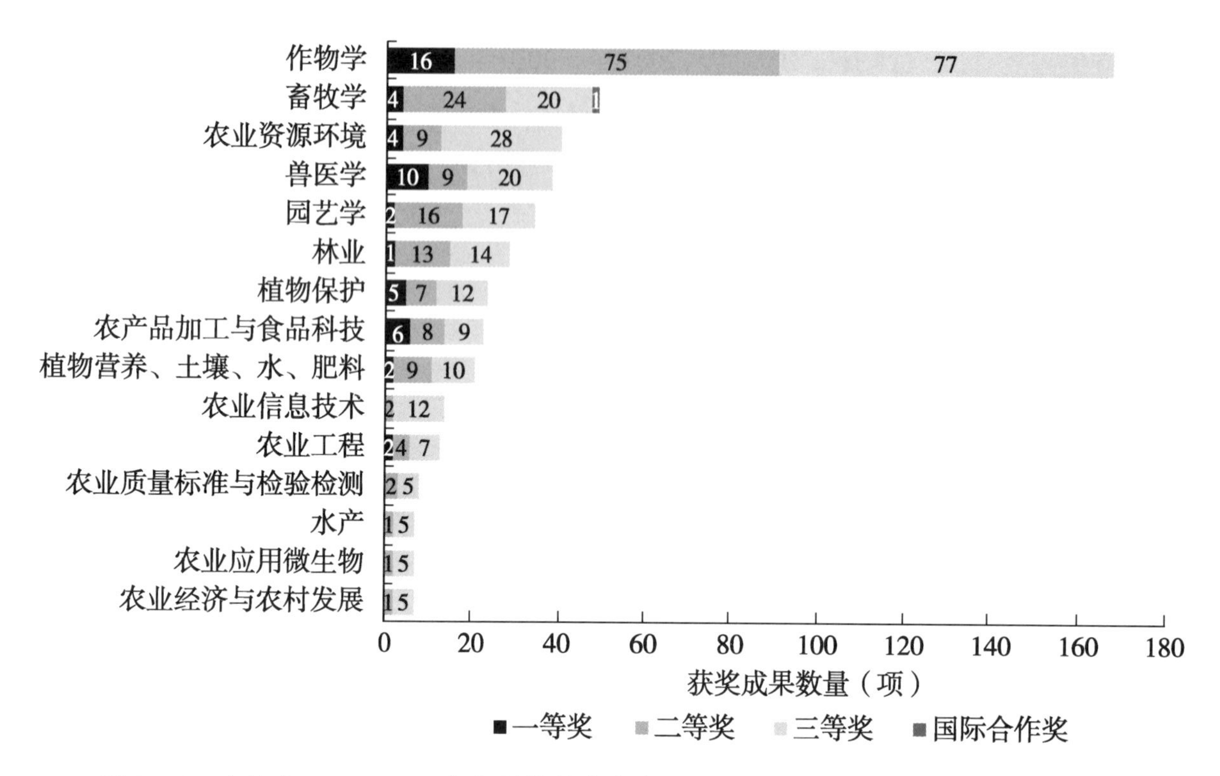

图 2-18　吉林省 2008—2014 年各科学技术奖农业科技获奖成果按学科和等级分布情况

2008—2014 年黑龙江省农业科技获奖成果情况

黑龙江省人民政府设立黑龙江省科学技术奖，每年评审一次，每次奖励项目总数不超过 400 项。2008—2014 年黑龙江省 7 届科学技术奖共评出涉及农业学科的获奖项目总计 535 项。从图 2-19 可知，历届获奖项目数量基本稳定在 70~80 项，呈现波浪式变化趋势，占科学技术奖总数的比例为 26%左右。从表 2-7 可知，历届获奖项目涵盖各个奖项等级，其中，一等奖为 5~8 项，二等奖为 25 项左右，三等奖为 40 项左右，数量相对稳定。从图 2-20 可知，作物学 7 届获奖项目总数和占农业学科奖项总数的比例均具有明显优势，历届获奖项目共计 138 项，占比 26%；位居第二的是林业，获奖 75 项，占比 14%；位居第三的是园艺学，获奖 52 项，占比 10%。7 届获奖项目总数在 20~50 项的有 7 个学科，分别是农业资源环境，兽医学，农产品加工与食品科技，畜牧学，植物营养、土壤、水、肥料，植物保护，农业工程；其他 5 个学科获奖项目总数不足 20 项。从图 2-21 可知，作物学不仅获奖项目总数位居前列，且囊括一等奖、二等奖的项目数量也多于其他学科。除此之外，黑龙江省林业、园艺学、畜牧学、农产品加工与食品科技、兽医学等学科都有一等奖、二等奖、三等奖的涉猎。

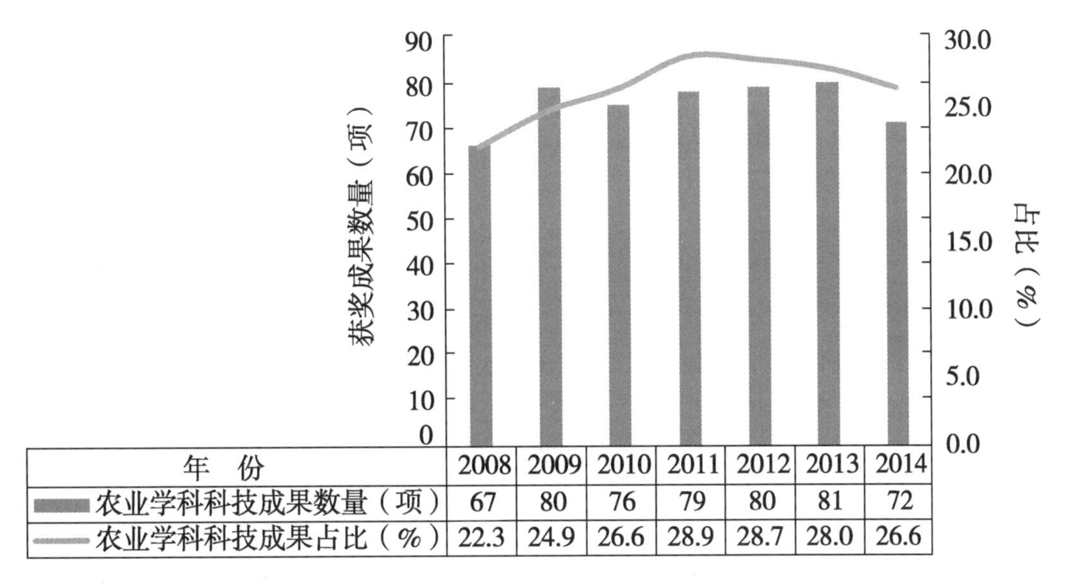

年 份	2008	2009	2010	2011	2012	2013	2014
农业学科科技成果数量（项）	67	80	76	79	80	81	72
农业学科科技成果占比（%）	22.3	24.9	26.6	28.9	28.7	28.0	26.6

图 2-19 黑龙江省 2008—2014 年科学技术奖农业科技获奖成果数量及占比情况

表 2-7　黑龙江省 2008—2014 年科学技术奖农业科技获奖成果按等级分布情况

奖项类型	奖项等级	获奖成果数量（项）							
		总　计	2008 年	2009 年	2010 年	2011 年	2012 年	2013 年	2014 年
科学技术奖	一等奖	5		5					
	二等奖	35		35					
	三等奖	40		40					
自然科学奖	一等奖	4	1					1	2
	二等奖	36	5		6	11	5	4	5
	三等奖	11	1		1	1		4	4
技术发明奖	一等奖	8	1			1	1	1	4
	二等奖	6			1		2	3	
	三等奖	3			1		1	1	
科技进步奖	一等奖	34	6		6	6	7	6	3
	二等奖	129	21		24	18	26	22	18
	三等奖	224	32		37	42	38	39	36

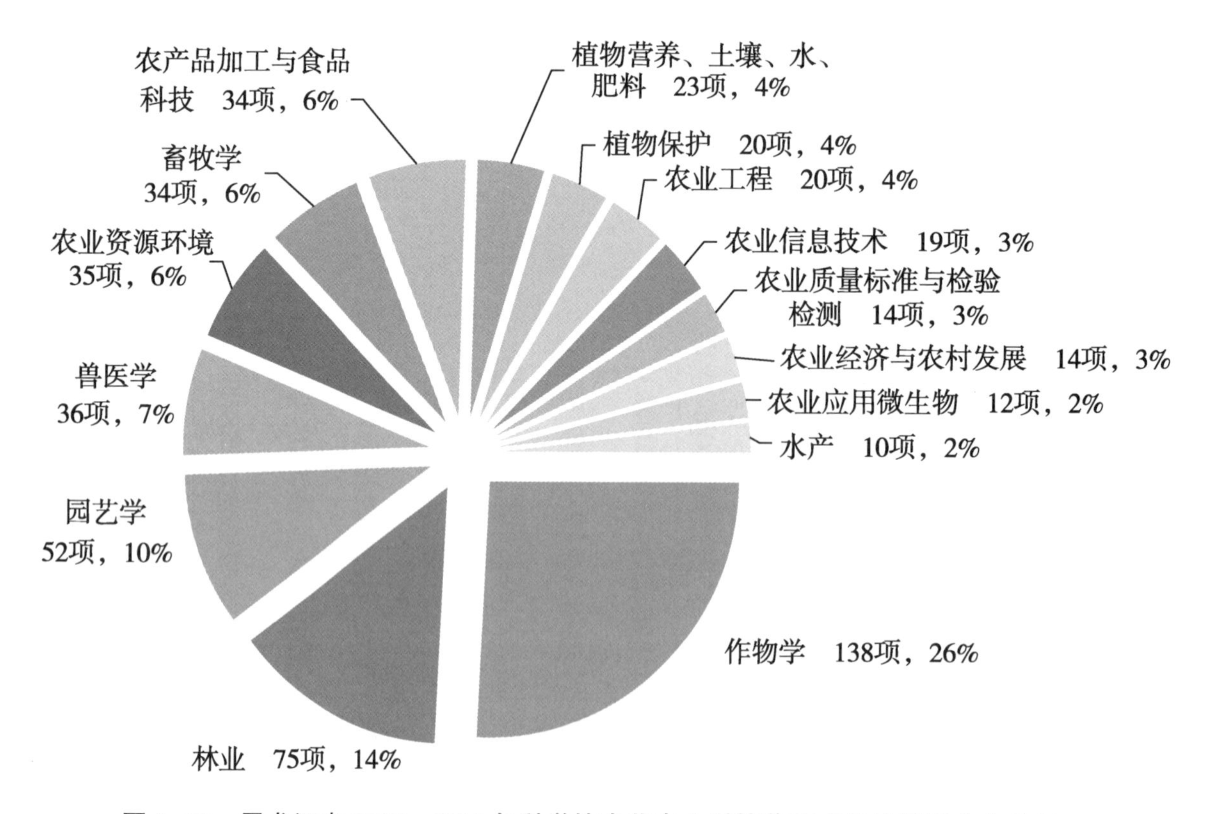

图 2-20　黑龙江省 2008—2014 年科学技术奖农业科技获奖成果按学科分布情况

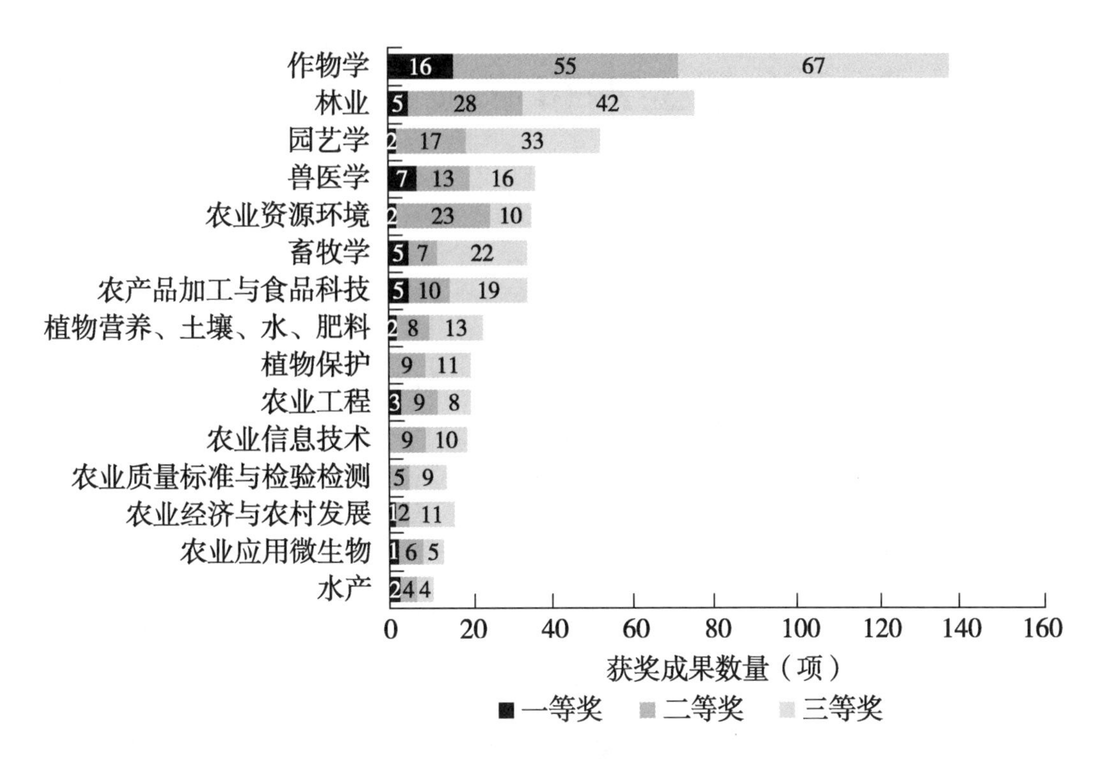

图 2-21 黑龙江省 2008—2014 年科学技术奖农业科技获奖成果按学科和等级分布情况

2008—2014 年上海市农业科技获奖成果情况

上海人民政府设立上海科学技术奖，每年评审一次。2008—2014 年上海市 7 届科学技术奖共评出涉及农业学科的获奖项目总计 140 项。从图 2-22 可知，历届获奖项目数量基本稳定在 15~25 项，呈现先下降后上升的变化趋势，占科学技术奖总数的比例平均为 7.0%左右。从表 2-8 可知，历届获奖项目涵盖各个奖项等级，其中，一等奖为 1~4 项，二等奖为 7 项左右，三等奖为 9 项左右，数量相对稳定。从图 2-23 可知，作物学 7 届获奖项目总数和占农业学科奖项总数的比例均具有明显优势，历届获奖项目共计 23 项，占比 16%；位居第二的是农业质量标准与检验检测，获奖 18 项，占比 13%；园艺学位居第三，获奖 17 项，占比 12%。7 届获奖项目总数在 10~15 项的有 2 个学科，分别是农业资源环境和水产；其他 10 个学科获奖项目总数不足 10 项。从图 2-24 可知，作物学获得的一等奖数量远多于其他学科，农业质量标准与检验检测虽然获奖项目数量位居前列，但只有 1 项一等奖项目。除此之外，园艺学、农业资源环境、水产、兽医学等，共 10 个学科都有一等奖、二等奖、三等

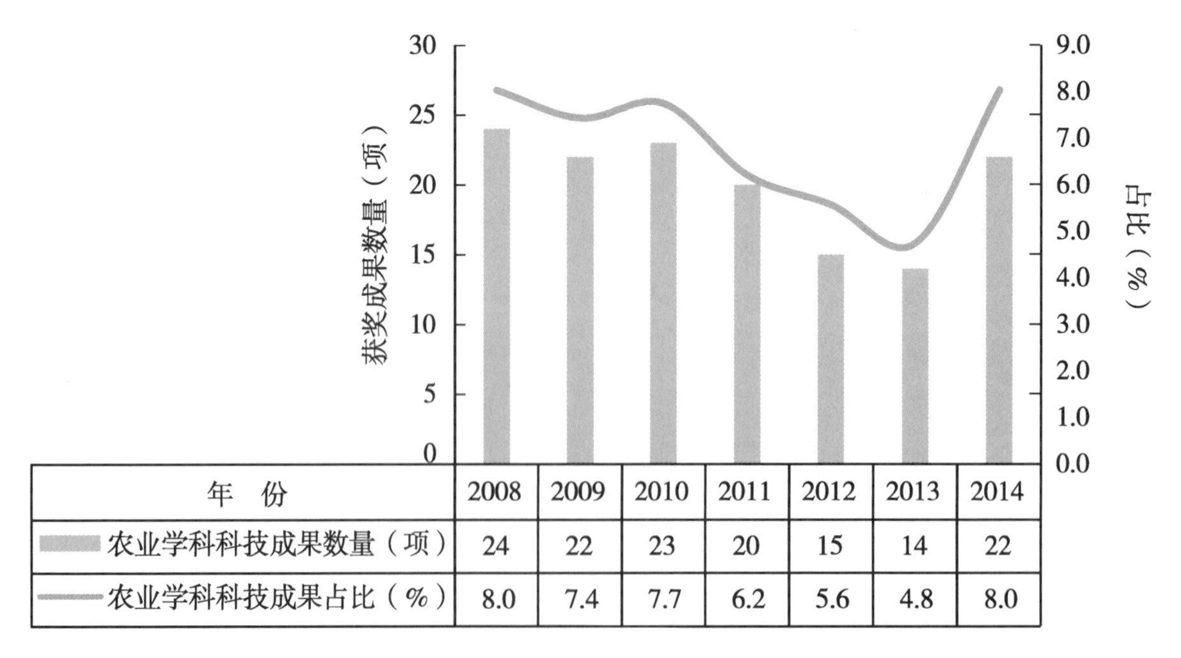

年　份	2008	2009	2010	2011	2012	2013	2014
农业学科科技成果数量（项）	24	22	23	20	15	14	22
农业学科科技成果占比（%）	8.0	7.4	7.7	6.2	5.6	4.8	8.0

图 2-22　上海市 2008—2014 年科学技术奖农业科技获奖成果数量及占比情况

奖的涉猎。

表 2-8　上海市 2008—2014 年科学技术奖农业科技获奖成果按等级分布情况

奖项类型	奖项等级	获奖成果数量（项）							
		总　计	2008 年	2009 年	2010 年	2011 年	2012 年	2013 年	2014 年
技术发明奖	一等奖	3	1		1		1		
	二等奖	9	2	1			1	2	3
	三等奖	7		2	2	1	1	1	
科技进步奖	一等奖	15	2	1	3	4	2	1	2
	二等奖	38	9	6	5	5	2	7	4
	三等奖	56	8	11	11	8	7	2	9
自然科学奖	一等奖	5		1		1	1	1	1
	二等奖	3	2						1
	三等奖	4			1	1			2

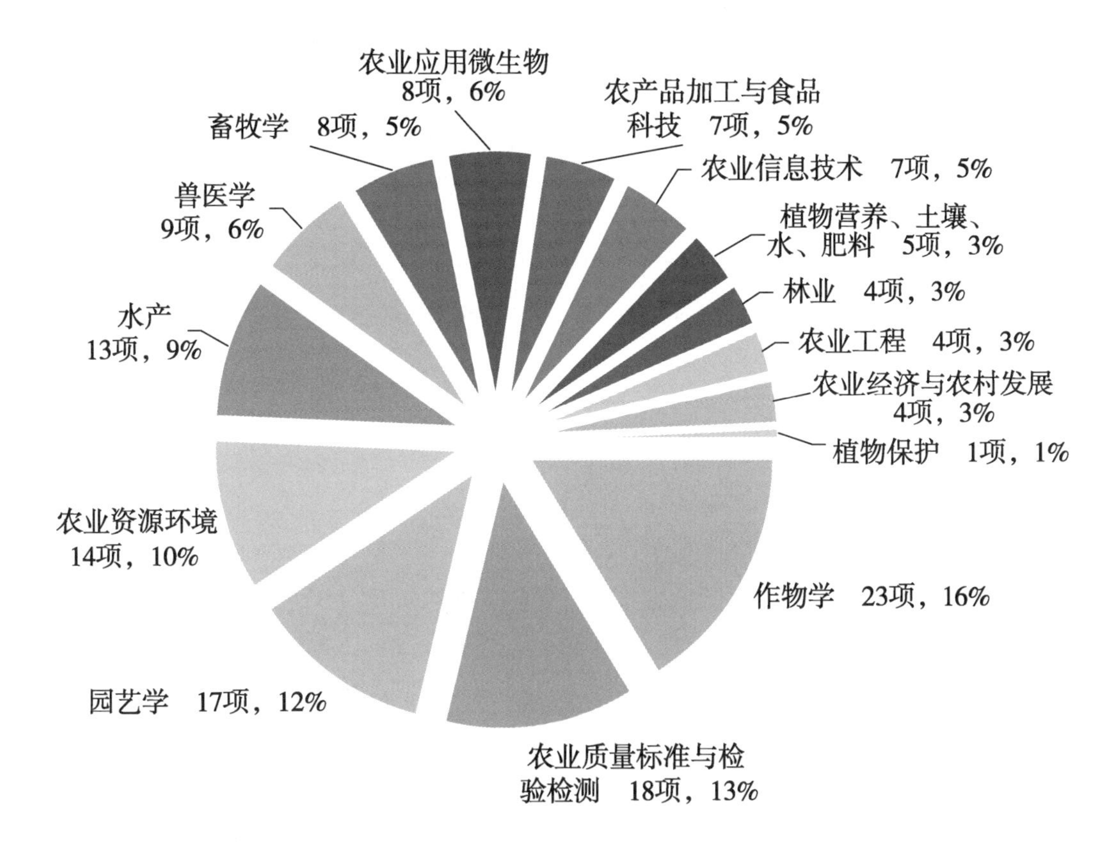

图 2-23　上海市 2008—2014 年科学技术奖农业科技获奖成果按学科分布情况

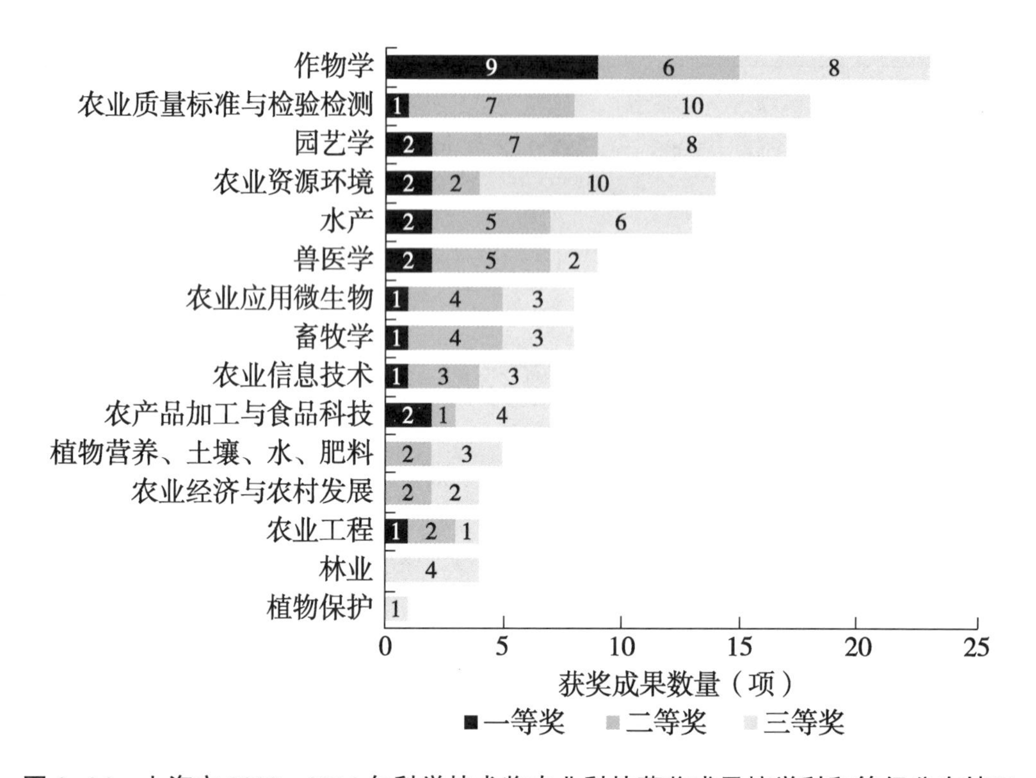

图 2-24　上海市 2008—2014 年科学技术奖农业科技获奖成果按学科和等级分布情况

2008—2014 年江苏省农业科技获奖成果情况

江苏省人民政府设立江苏省科学技术奖，每年评审一次，每次奖励项目总数不超过 200 项。2008—2014 年江苏省 7 届科学技术奖共评出涉及农业学科的获奖项目总计 168 项。从图 2-25 可知，历届获奖项目数量基本稳定在 20～30 项，呈现波浪式变化趋势，占科学技术奖总数的比例平均为 12%左右。从表 2-9 可知，历届获奖项目涵盖各个奖项等级，其中，一等奖为 1～4 项，二等奖为 8 项左右，三等奖为 15 项左右，数量相对稳定。从图 2-26 可知，作物学 7 届获奖项目总数和占农业学科奖项总数的比例均具有明显优势，历届获奖项目共计 25 项，占比 15%；位居第二的是植物保护，获奖 22 项，占比 13%；位居第三的是园艺学，获奖 21 项，占比 12%。7 届获奖项目总数在 10～20 项的有 4 个学科，分别是畜牧学、农产品加工与食品科技、农业资源环境、水产；其他有 8 个学科获奖项目总数不足 10 项。从图 2-27 可知，作物学不仅获奖项目总数位居前列，且囊括一等奖、二等奖的项目数量也基本多于其他学科。除此之外，江苏省植物保护、园艺学、农产品加工与食品科技、畜牧学等学科都有一等奖、二等奖、三等奖的涉猎。

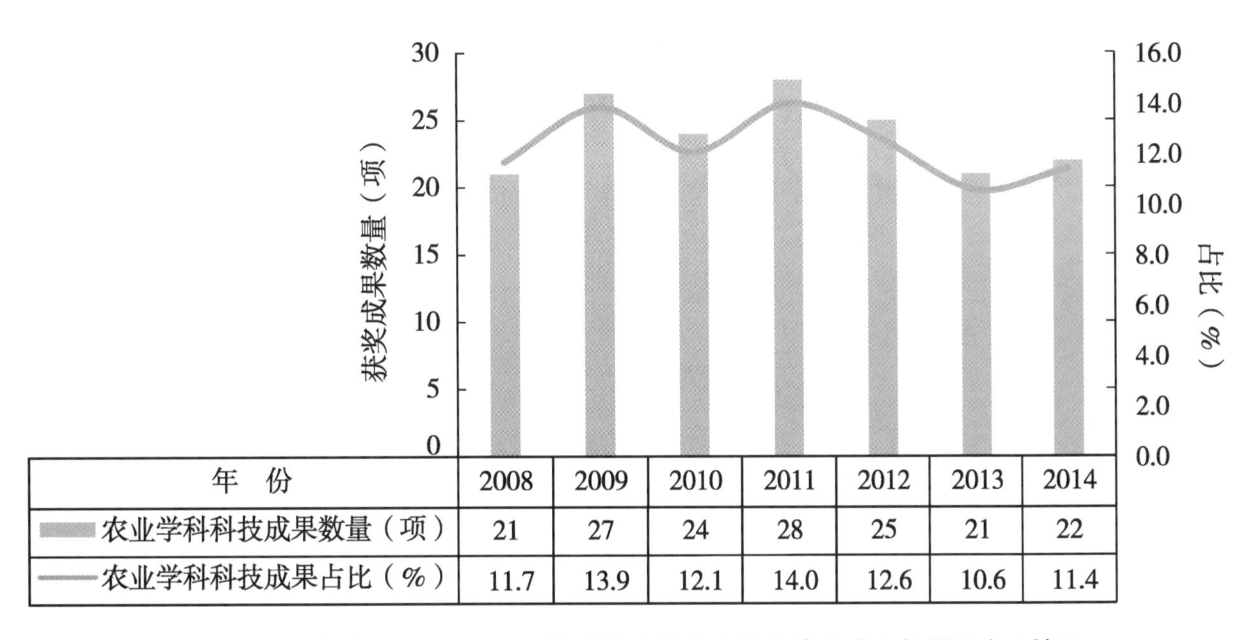

年　份	2008	2009	2010	2011	2012	2013	2014
农业学科科技成果数量（项）	21	27	24	28	25	21	22
农业学科科技成果占比（%）	11.7	13.9	12.1	14.0	12.6	10.6	11.4

图 2-25　江苏省 2008—2014 年科学技术奖农业科技获奖成果数量及占比情况

表 2-9 江苏省 2008—2014 年科学技术奖农业科技获奖成果按等级分布情况

奖项类型	奖项等级	获奖成果数量（项）							
		总 计	2008 年	2009 年	2010 年	2011 年	2012 年	2013 年	2014 年
科技进步奖	一等奖	3	2	1					
	二等奖	14	5	9					
	三等奖	31	14	17					
科学技术奖	一等奖	13			3	3	1	4	2
	二等奖	40			8	9	9	5	9
	三等奖	67			13	16	15	12	11

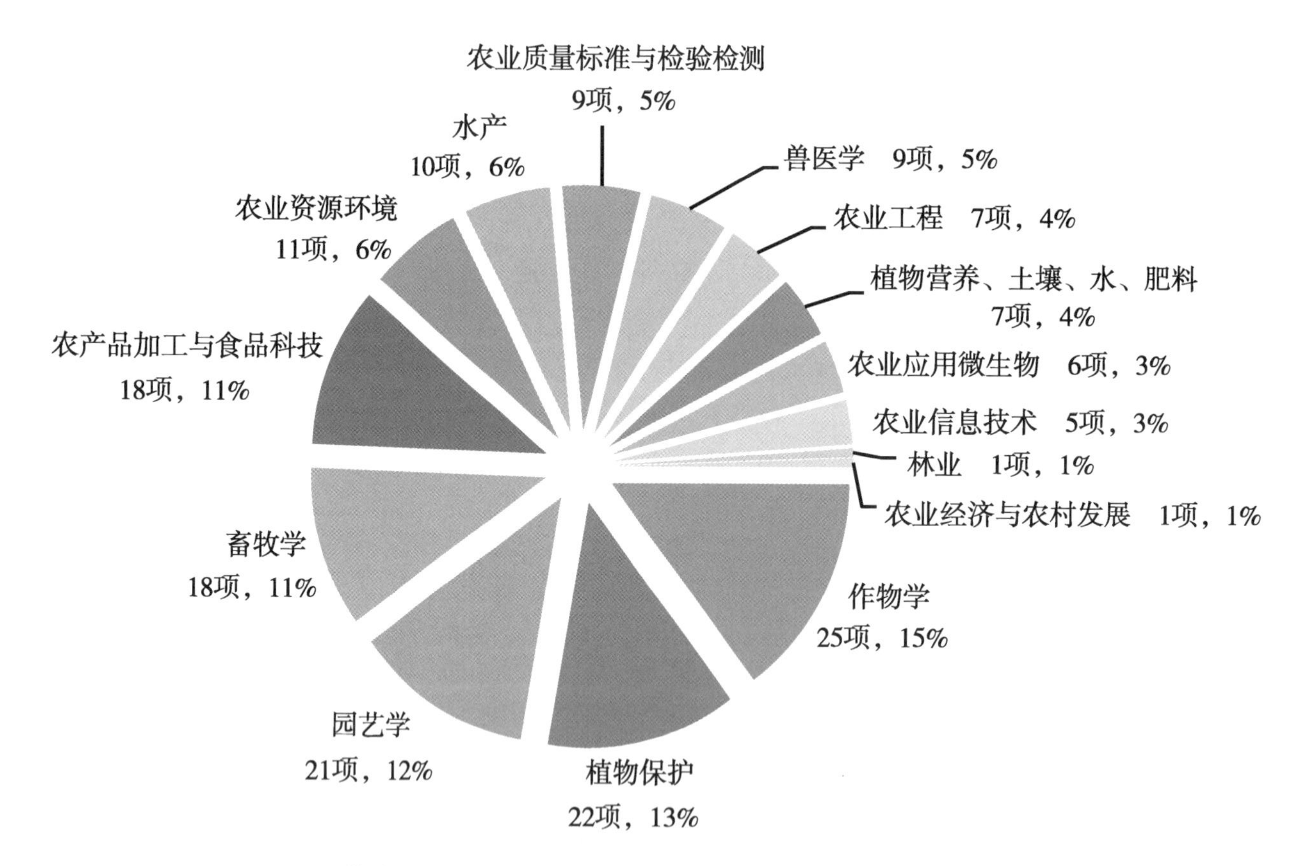

图 2-26 江苏省 2008—2014 年科学技术奖农业科技获奖成果按学科分布情况

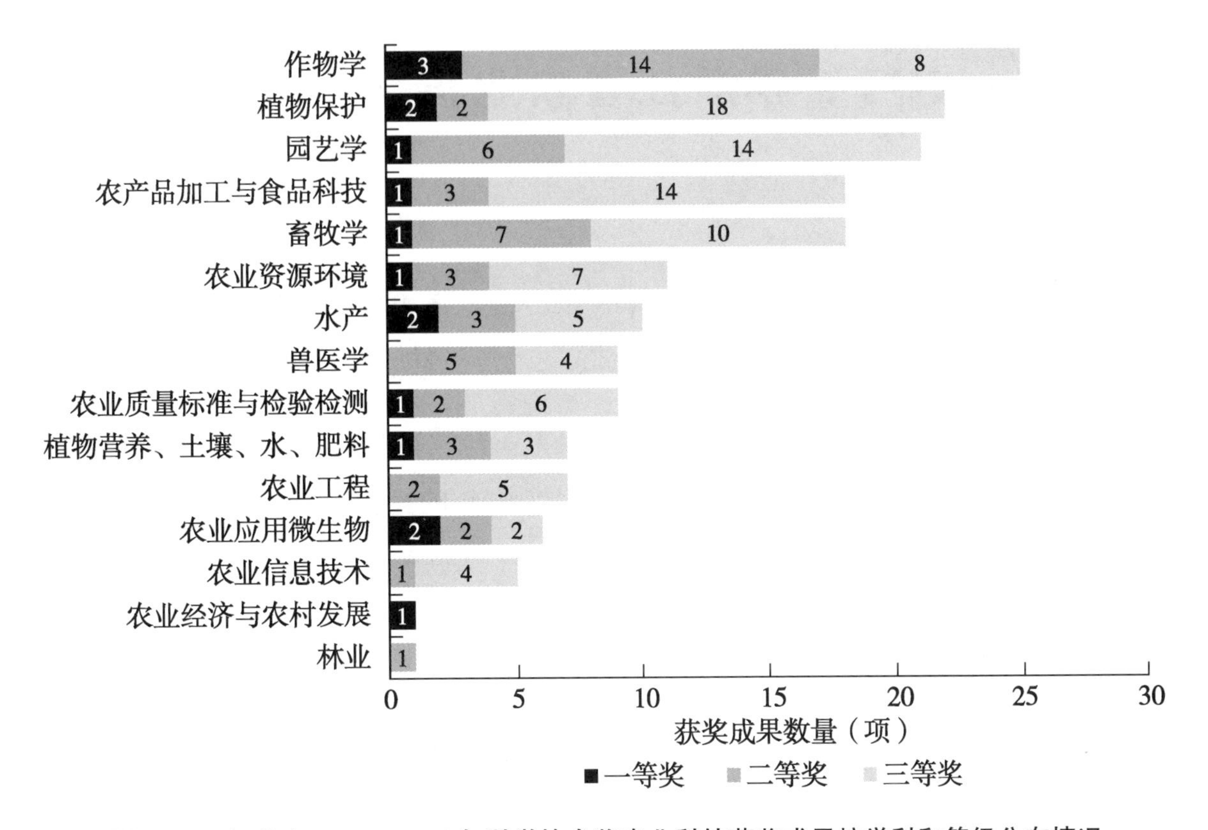

图 2-27　江苏省 2008—2014 年科学技术奖农业科技获奖成果按学科和等级分布情况

2008—2014 年浙江省农业科技获奖成果情况

浙江省人民政府设立科学技术奖，每年评审一次，每次奖励项目总数不超过 280 项。2008—2014 年浙江省 7 届科学技术奖共评出涉及农业学科的获奖项目总计 367 项。从图 2-28 可知，历届获奖项目数量基本稳定在 50 项左右，呈现波浪式变化趋势，占农业学科奖项总数的比例平均为 19%左右。从表 2-10 可知，除 2010 年的奖项类型涉及科学技术奖和科技成果转化奖两类外，2008—2013 年的农业学科科技成果只涉及科学技术奖一个奖项类型；2014 年的农业学科科技成果涉及两个奖项类型，分别为技术发明奖、科技进步奖。历届获奖项目涵盖各个奖项等级，其中，一等奖为 3~7 项，二等奖为 20 项左右，三等奖为 30 项左右，二等奖和三等奖的数量相对较稳定。从图 2-29 可知，园艺学 7 届获奖项目总数和占农业学科奖项总数的比例均具有明显优势，历届获奖项目共计 63 项，占比 17%；位居第二的是作物学，获奖 45 项，占比 12%；位居第三的是水产学，获奖 43 项，占比 12%。7 届获奖项目总数在 20~40 项的有 5 个学科，分别是农产品加工与食品科技、畜牧学、植物保护、农业经济与农村发展、林业；获奖项目总数在 10~20 项的有 4 个学科，分别是农业质量标

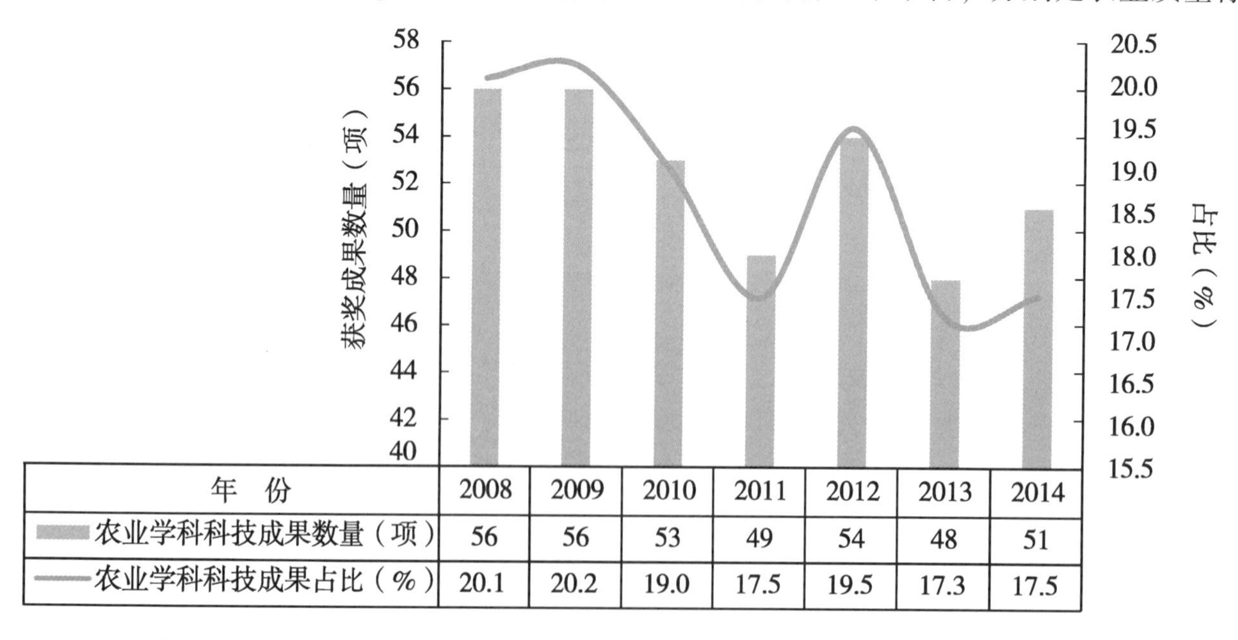

年　份	2008	2009	2010	2011	2012	2013	2014
农业学科科技成果数量（项）	56	56	53	49	54	48	51
农业学科科技成果占比（%）	20.1	20.2	19.0	17.5	19.5	17.3	17.5

图 2-28　浙江省 2008—2014 年科学技术奖农业科技获奖成果数量及占比情况

准与检验检测、农业信息技术、农业资源环境、兽医学；其他 3 个学科获奖项目总数不足 10 项。从图 2-30 可知，园艺学的获奖等级二等奖、三等奖居多，其学科优势主要体现在获奖总数上；而作物学、水产、农产品加工与食品科技、畜牧学、植物保护这 5 个学科不仅项目总数位居前列，囊括的一等奖、二等奖的项目数量也多于其他学科；除此之外，林业、农业质量标准与检验监测、兽医学这 3 个学科均有 2~3 项一等奖项目。

表 2-10 浙江省 2008—2014 年科学技术奖农业科技获奖成果按等级分布情况

奖项类型	奖项等级	获奖成果数量（项）							
		总 计	2008 年	2009 年	2010 年	2011 年	2012 年	2013 年	2014 年
科学技术奖	一等奖	33	6	7	4	4	6	6	
	二等奖	106	14	19	18	18	22	15	
	三等奖	175	36	30	29	27	26	27	
科技成果转化奖	二等奖	2			2				
技术发明奖	二等奖	2							2
科技进步奖	一等奖	3							3
	二等奖	19							19
	三等奖	27							27

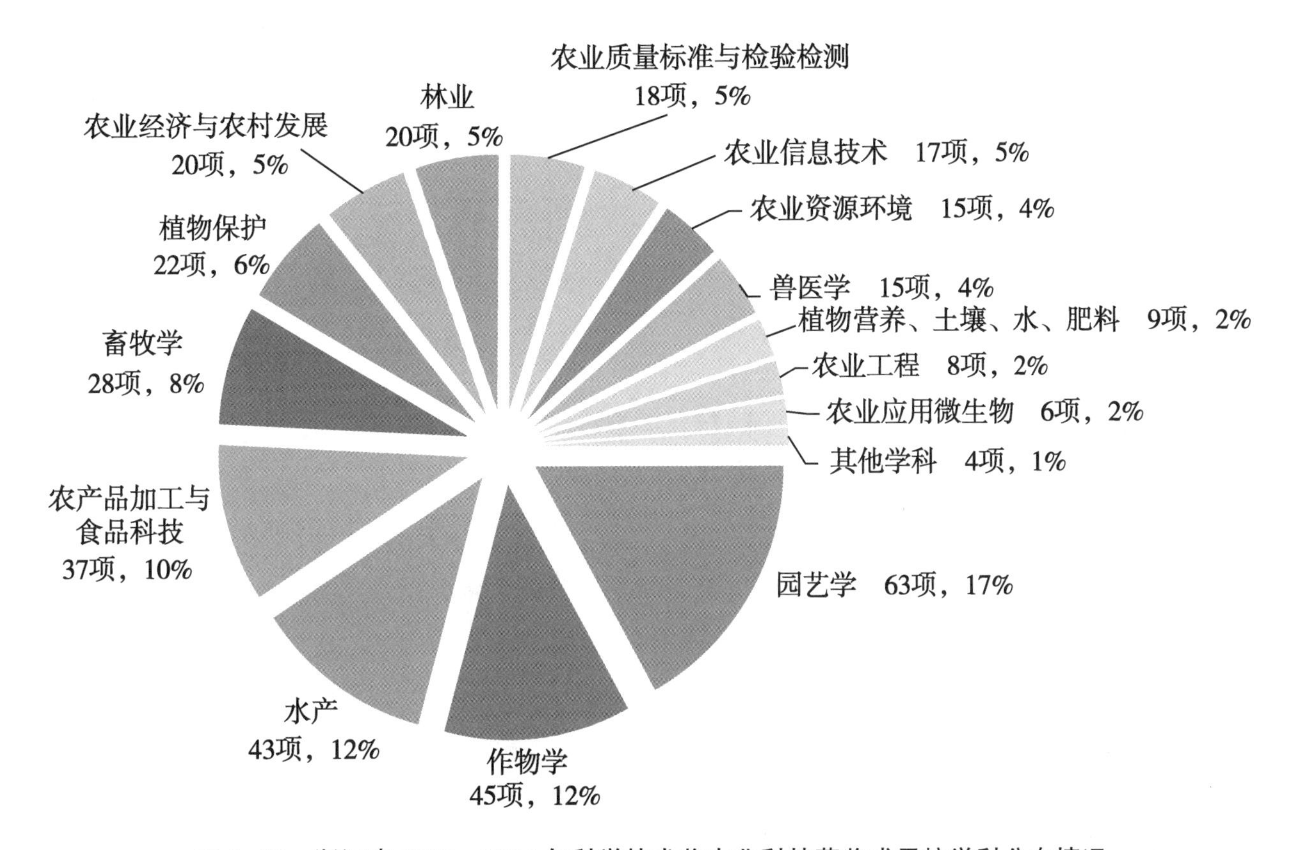

图 2-29 浙江省 2008—2014 年科学技术奖农业科技获奖成果按学科分布情况

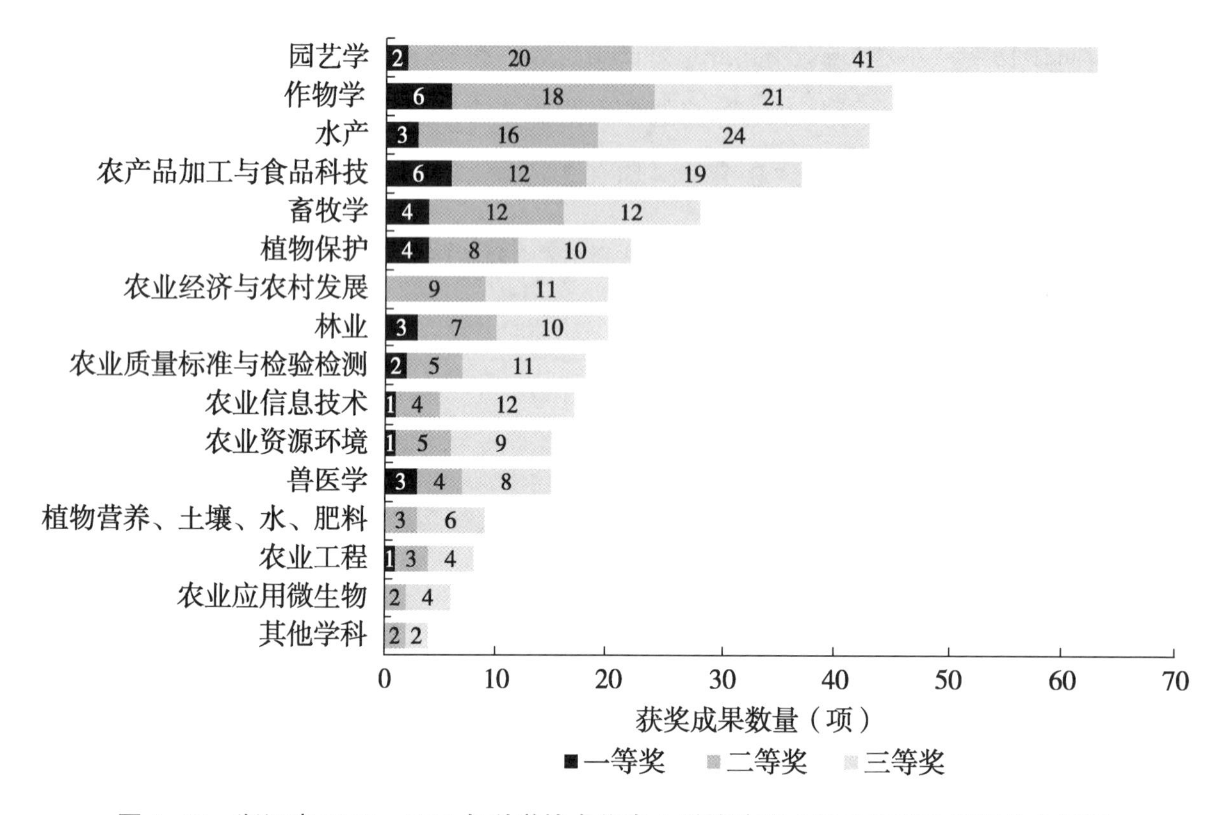

图 2-30　浙江省 2008—2014 年科学技术奖农业科技获奖成果按学科和等级分布情况

2008—2014 年安徽省农业科技获奖成果情况

安徽省人民政府设立安徽省科学技术奖，每年评审一次，每次奖励项目总数不超过 180 项。2008—2014 年安徽省 7 届科学技术奖共评出涉及农业学科的获奖项目总计 187 项。从图 2-31 可知，历届获奖项目数量基本稳定在 20~30 项，呈现波浪式变化趋势，占科学技术奖总数的比例平均为 15%左右。从表 2-11 可知，历届获奖项目涵盖各个奖项等级，其中，一等奖为 1~3 项，二等奖为 5 项左右，三等奖为 20 项左右，数量相对稳定。从图 2-32 可知，作物学 7 届获奖项目总数和占农业学科奖项总数的比例均具有明显优势，历届获奖项目共计 45 项，占比 24%；位居第二的是农产品加工与食品科技，获奖 24 项，占比 13%；位居第三的是园艺学，获奖 21 项，占比 11%。7 届获奖项目总数在 10~20 项的有 4 个学科，分别是畜牧学，植物保护，植物营养、土壤、水、肥料，农业资源环境；其他 8 个学科获奖项目总数不足 10 项。从图 2-33 可知，作物学不仅获奖项目总数位居前列，且囊括一等奖、二等奖的项目数量也多于其他学科。除此之外，安徽省农产品加工与食品科技、园艺学、植物保护、畜牧学这 4 个学科都有一等奖、二等奖涉猎，三等奖数量也较其他学科具有一定的优势。

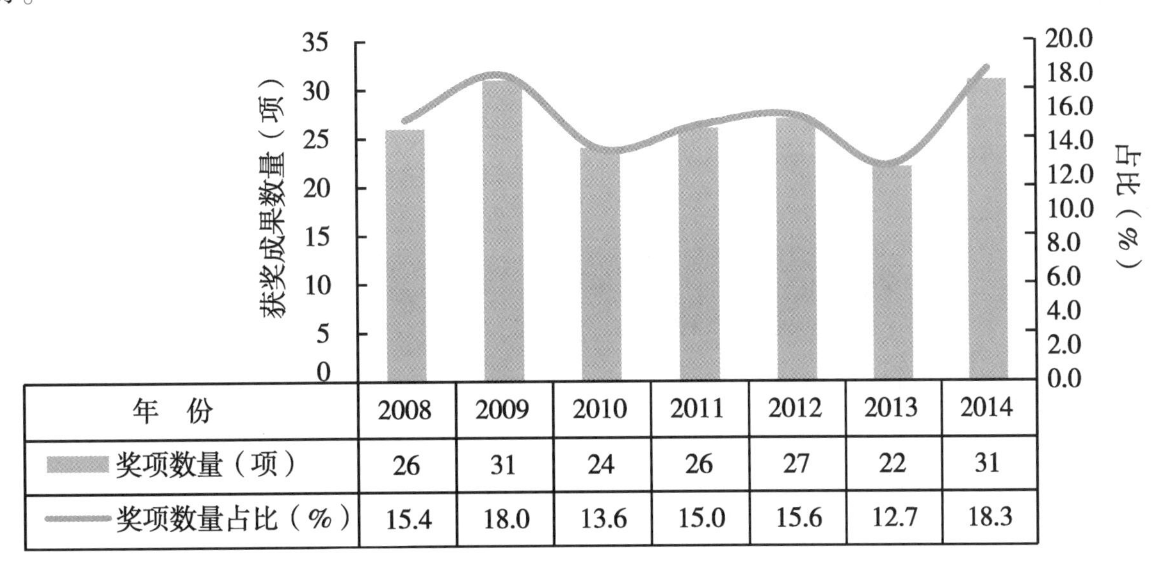

年　份	2008	2009	2010	2011	2012	2013	2014
奖项数量（项）	26	31	24	26	27	22	31
奖项数量占比（%）	15.4	18.0	13.6	15.0	15.6	12.7	18.3

图 2-31　安徽省 2008—2014 年科学技术奖农业科技获奖成果数量及占比情况

表 2-11 安徽省 2008—2014 年科学技术奖农业科技获奖成果按等级分布情况

年份	获奖成果数量（项）			
	总项数	一等奖	二等奖	三等奖
2008	26	1	5	20
2009	31	3	4	24
2010	24	2	5	17
2011	26	2	5	19
2012	27	1	7	19
2013	22	2	6	14
2014	31	3	7	21
总计	187	14	39	134

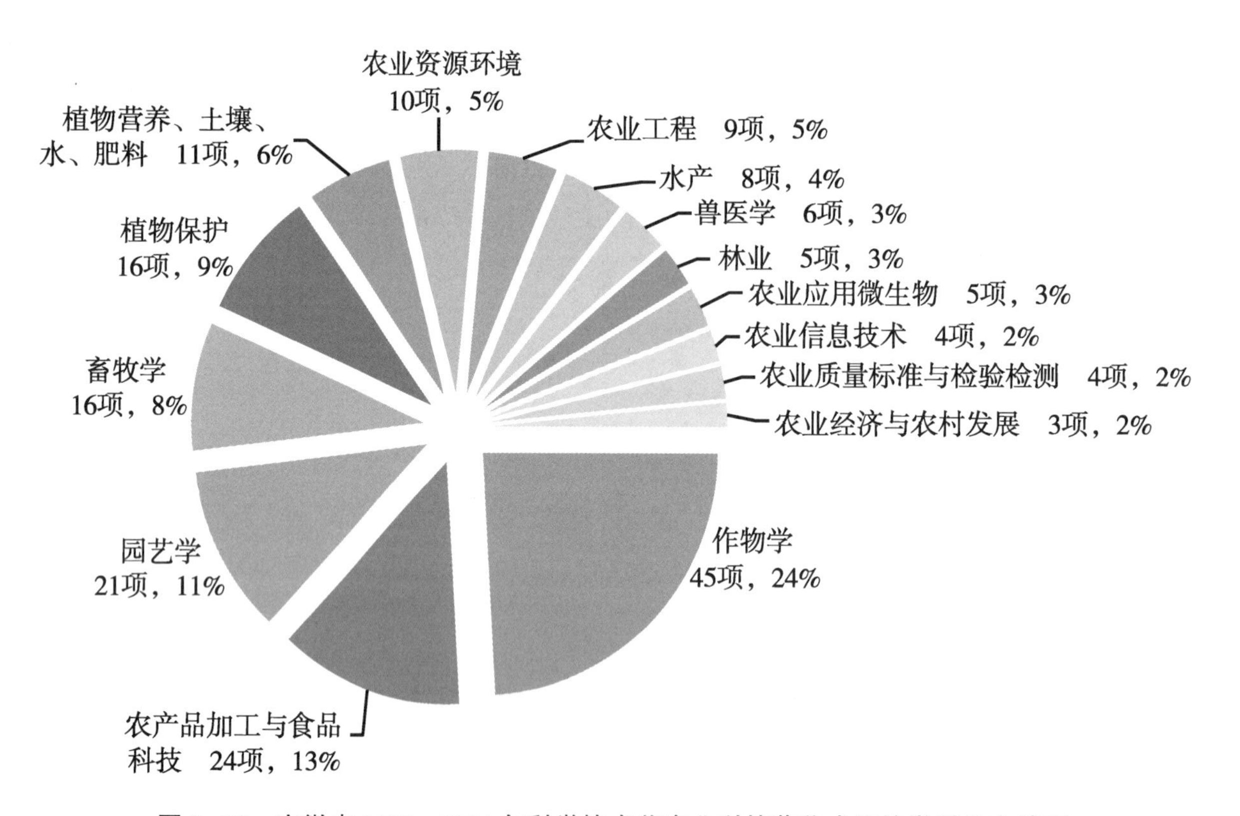

图 2-32 安徽省 2008—2014 年科学技术奖农业科技获奖成果按学科分布情况

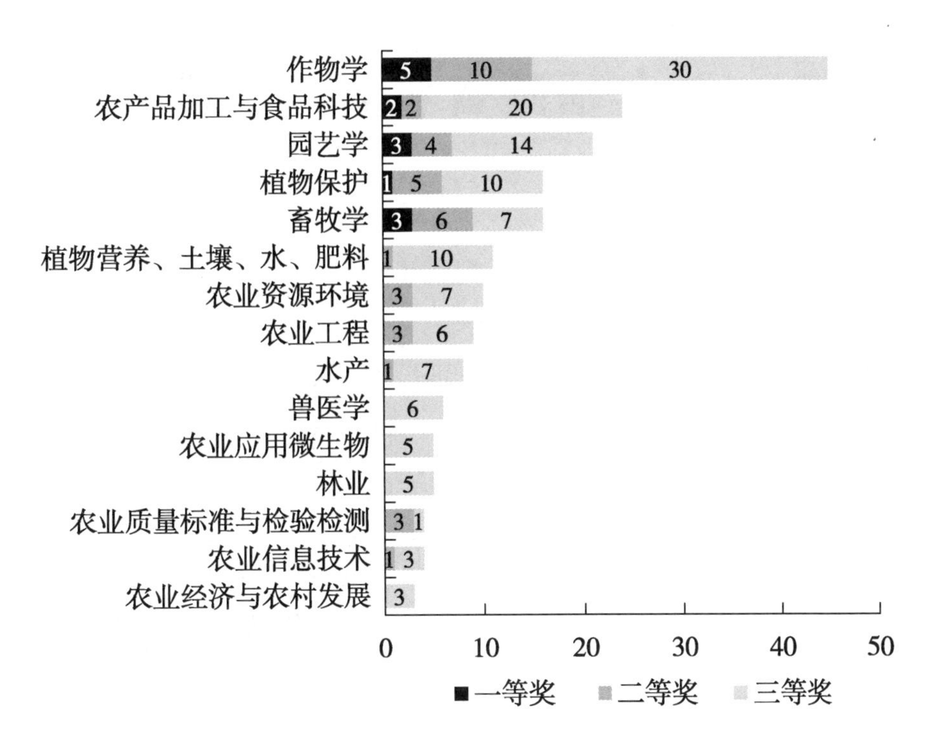

图 2-33　安徽省 2008—2014 年科学技术奖农业科技获奖成果按学科和等级分布情况

2008—2014 年福建省农业科技获奖成果情况

福建省人民政府设立福建省科学技术奖，每年评审一次。2008—2014 年福建省 7 届科学技术奖共评出涉及农业学科的获奖项目总计 399 项。从图 2-34 可知，历届获奖项目数量基本稳定在 50~60 项，呈现小幅震荡变化趋势，占科学技术奖总数的比例平均为 30%左右。从表 2-12 可知，历届获奖项目涵盖各个奖项等级，其中，一等奖为 1~4 项，二等奖为 20 项上下，三等奖为 35 项上下，数量相对稳定。从图 2-35 可知，林业 7 届获奖项目总数和占农业学科奖项总数的比例均具有优势，历届获奖项目共计 76 项，占比 19%；位居第二的是园艺学，获奖 71 项，占比 18%；位居第三的是农产品加工与食品科技，获奖 51 项，占比 13%。7 届获奖项目总数在 20~50 项的有 5 个学科，分别是作物学、水产、农业资源环境、植物保护、农业质量标准与检验检测；其他 7 个学科获奖项目总数不足 20 项。从图 2-36 可知，林业不仅获奖项目总数位居前列，且囊括一等奖、二等奖的项目数量也较其他学科具有一定优势。除此之外，福建省农产品加工与食品科技、作物学、水产、农业资源环境、植物保护、农业质量标准与检验检测、畜牧学、农业应用微生物这 8 个学科都有一等奖、二等奖

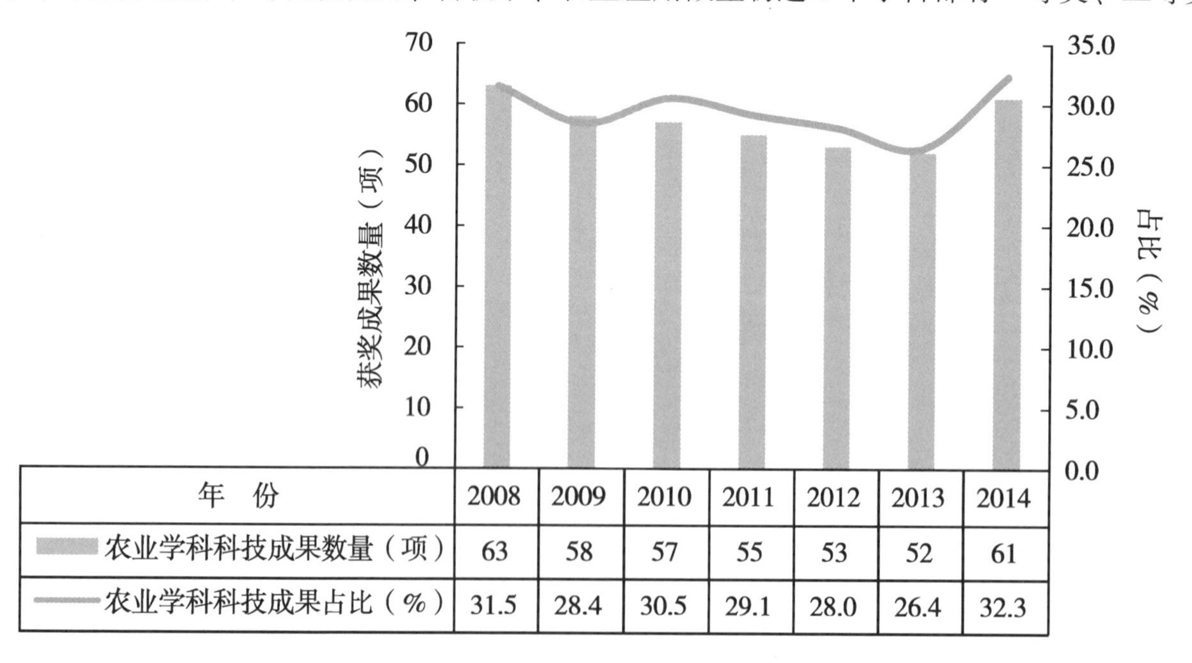

年　份	2008	2009	2010	2011	2012	2013	2014
农业学科科技成果数量（项）	63	58	57	55	53	52	61
农业学科科技成果占比（%）	31.5	28.4	30.5	29.1	28.0	26.4	32.3

图 2-34　福建省 2008—2014 年科学技术奖农业科技获奖成果数量及占比情况

涉猎。

表 2-12　福建省 2008—2014 年科学技术奖农业科技按等级分布情况

奖项类型	奖项等级	获奖成果数量（项）							
		总　计	2008 年	2009 年	2010 年	2011 年	2012 年	2013 年	2014 年
科学技术奖	一等奖	5	2	3					
	二等奖	41	24	17					
	三等奖	75	37	38					
自然科学奖	一等奖	1							1
	二等奖	2			1			1	
	三等奖	6			2	1		1	2
技术发明奖	一等奖	2				1		1	
	二等奖	6			1	1	2		2
	三等奖	9			2	3		2	2
科技进步奖	一等奖	15			4	2	3	3	3
	二等奖	86			16	19	16	17	18
	三等奖	151			31	28	32	27	33

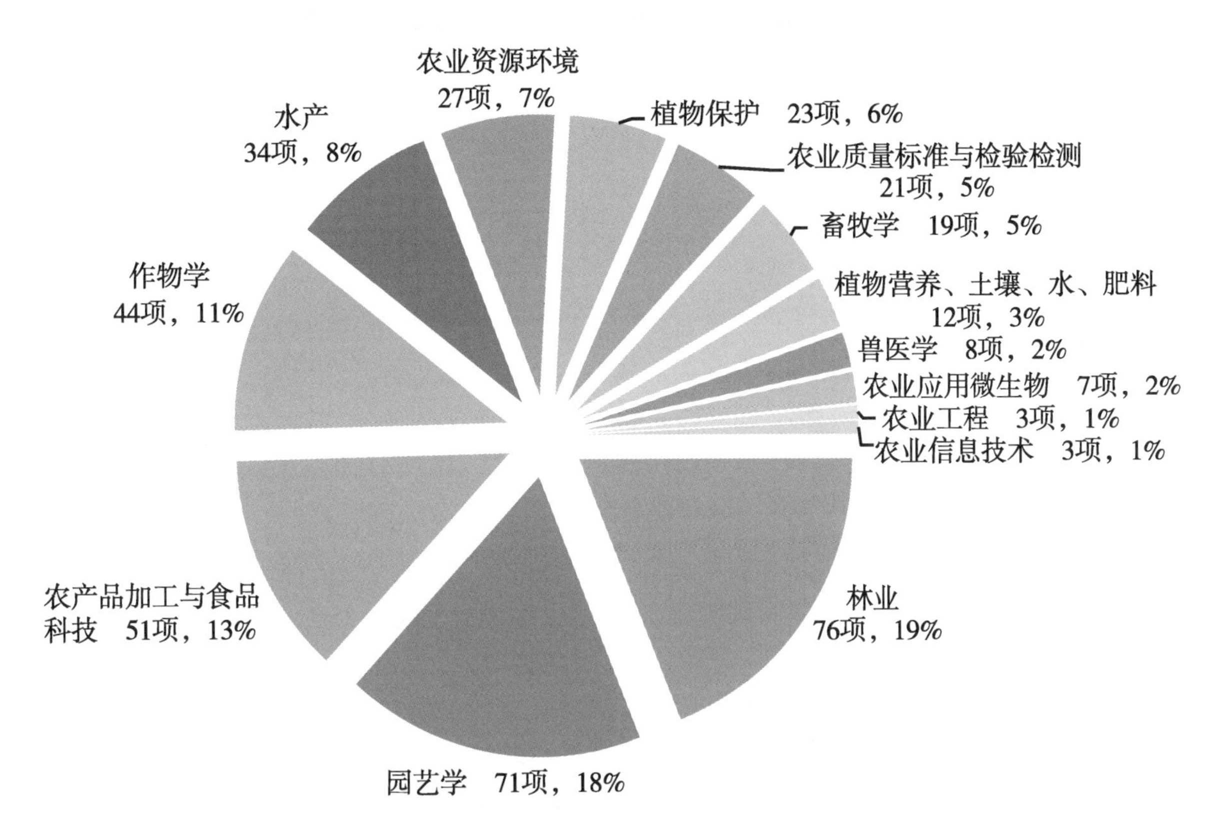

图 2-35　福建省 2008—2014 年科学技术奖农业科技获奖成果按学科分布情况

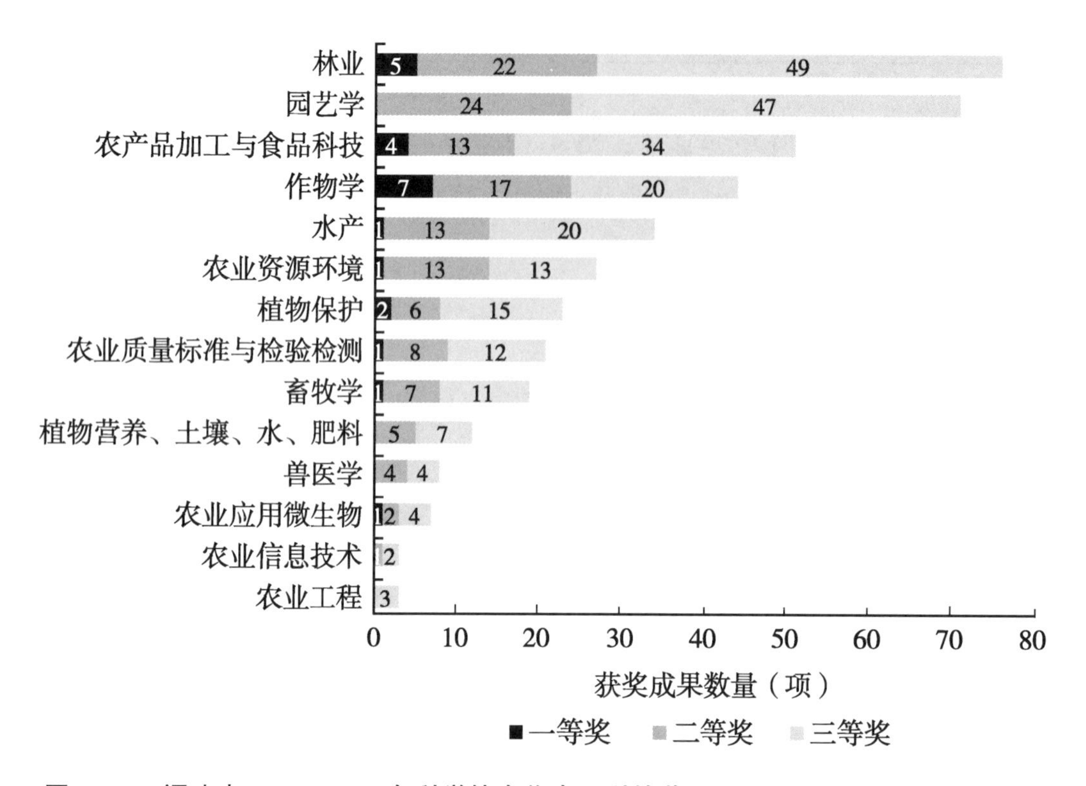

图 2-36　福建省 2008—2014 年科学技术奖农业科技获奖成果按学科和等级分布情况

2008—2014 年江西省农业科技获奖成果情况

江西省人民政府设立江西省科学技术奖，每年评审一次，每次奖励项目总数为 60 项左右。2008—2014 年江西省 7 届科学技术奖共评出涉及农业学科的获奖项目总计 155 项。从图 2-37 可知，历届获奖项目数量基本稳定在 15~25 项，呈现波浪式变化趋势，占科学技术奖总数的比例平均为 22%左右。从表 2-13 可知，历届获奖项目涵盖各个奖项等级，其中，一等奖为 1~2 项，二等奖为 5 项上下，三等奖为 14 项上下，数量相对稳定。从图 2-38 可知，作物学 7 届获奖项目总数和占农业学科奖项总数的比例均具有明显优势，历届获奖项目共计 35 项，占比 22%；位居第二的是园艺学，获奖 20 项，占比 13%；位居第三的是畜牧学，获奖 16 项，占比 10%。7 届获奖项目总数在 10~15 项的有 4 个学科，分别是农业资源环境，水产，植物保护，植物营养、土壤、水、肥料；其他有 8 个学科获奖项目总数不足 10 项。从图 2-39 可知，作物学不仅获奖项目总数位居前列，且囊括一等奖、二等奖的项目数量也基本多于其他学科。除此之外，江西省园艺学、畜牧学、农产品加工与食品科技这 3 个学科都有一等奖、二等奖、三等奖的涉猎。

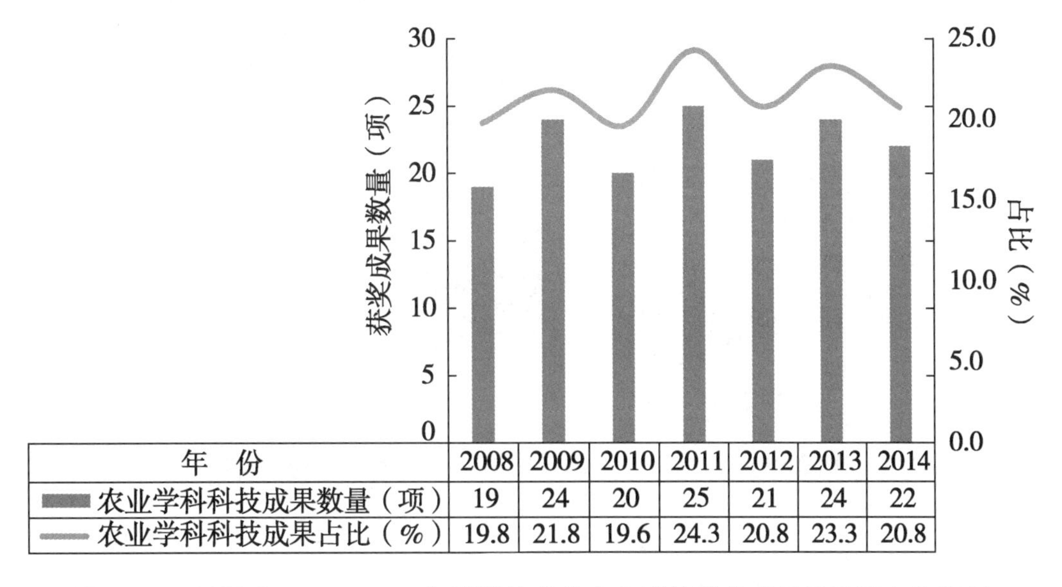

年　份	2008	2009	2010	2011	2012	2013	2014
农业学科科技成果数量（项）	19	24	20	25	21	24	22
农业学科科技成果占比（%）	19.8	21.8	19.6	24.3	20.8	23.3	20.8

图 2-37　江西省 2008—2014 年科学技术奖农业科技获奖成果数量及占比情况

表 2-13　江西省 2008—2014 年科学技术奖农业科技获奖成果按等级分布情况

奖项类型	奖项等级	获奖成果数量（项）							
		总　计	2008 年	2009 年	2010 年	2011 年	2012 年	2013 年	2014 年
技术发明奖	一等奖	1			1				
	二等奖	4			1			3	
科技进步奖	一等奖	6	1	1		1	2		1
	二等奖	43	4	10	5	6	5	3	10
	三等奖	92	13	12	13	16	13	16	9
自然科学奖	一等奖	1		1					
	二等奖	2	1					1	
	三等奖	6				2	1	1	2

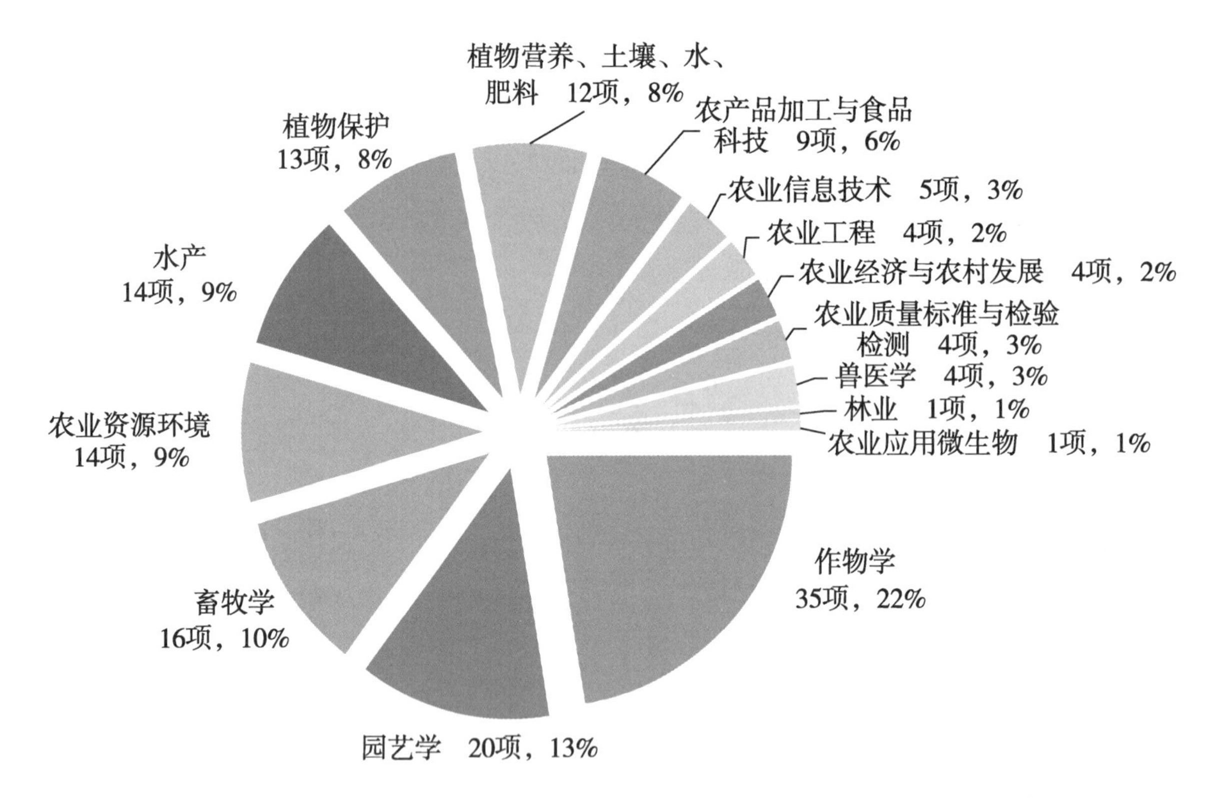

图 2-38　江西省 2008—2014 年科学技术奖农业科技获奖成果按学科分布情况

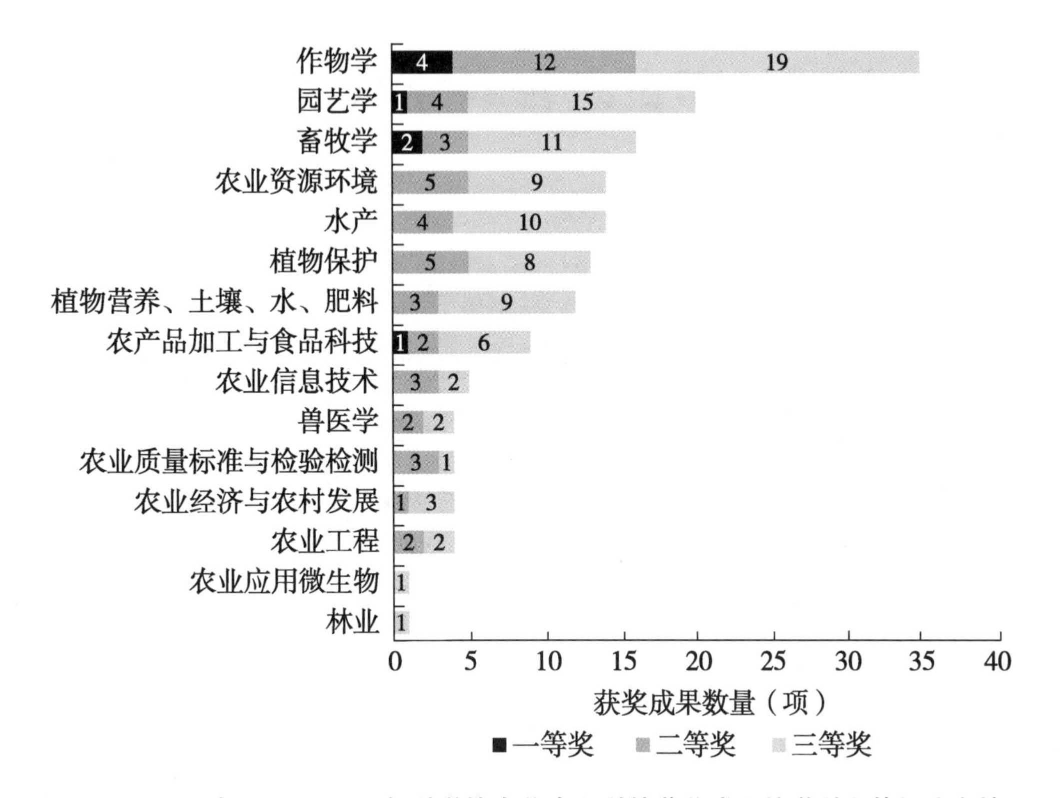

图 2-39　江西省 2008—2014 年科学技术奖农业科技获奖成果按学科和等级分布情况

2008—2014 年山东省农业科技获奖成果情况

山东省人民政府设立科学技术进步奖，每年度评审一次，总数不超过 500 项。2008—2014 年山东省 7 届科学技术奖共评出涉及农业学科的获奖项目总计 516 项。从图 2-40 可知，2008—2013 年历届获奖项目数量在 80 项左右，2014 年获奖数量较少，为 47 项，总体呈现出波动变化的趋势，占科学技术奖总数的比例平均为 16%左右。山东省科学技术奖的自然科学奖、技术发明奖、科学技术进步奖分为一等奖、二等奖、三等奖。从表 2-14 可知，2008—2014 年农业学科科技奖励成果涉及了所有的奖项类型和等级。历届自然科学奖数量在 1~2 项，技术发明奖数量为 1~4 项，科技进步奖基本在 70 项上下；从等级看，各类型奖项均涉及了一等奖、二等奖、三等奖，历届一等奖为 8 项上下，二等奖为 25 项上下，三等奖在基本在 45 项上下，2014 年的三等奖只有 9 项。从图 2-41 可知，园艺学 7 届获奖项目总数和占农业学科奖项总数的比例均位居首位，历届获奖项目共计 113 项，占比 22%；位居第二的是作物学，获奖 66 项，占比 13%；位居第三的是农产品加工与食品科技，获奖 60 项，占比 11%。7 届获奖项目总数在 30~40 项的有 4 个学科，分别是兽医学、水产、植

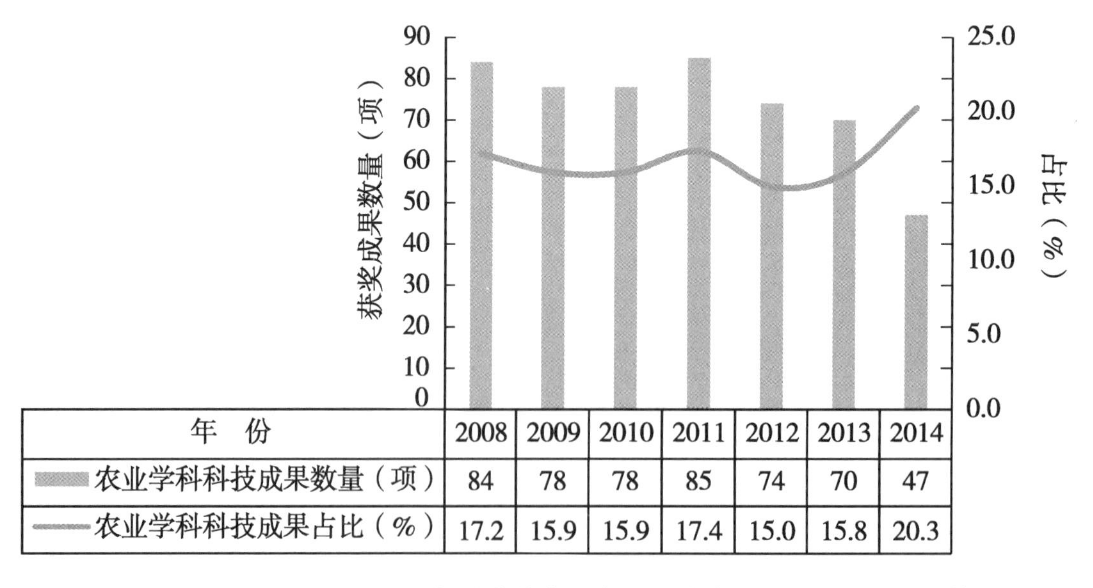

年　份	2008	2009	2010	2011	2012	2013	2014
农业学科科技成果数量（项）	84	78	78	85	74	70	47
农业学科科技成果占比（%）	17.2	15.9	15.9	17.4	15.0	15.8	20.3

图 2-40　山东省 2008—2014 年科学技术奖农业科技获奖成果数量及占比情况

物保护、农业资源环境；获奖项目总数在20~30项的有4个学科，分别是畜牧学，植物营养、土壤、水、肥料，农业质量标准与检验检测，农业工程；其他4个学科获奖项目总数不足20项。从图2-42可知，园艺学、作物学这2个学科不仅项目总数位居前列，而且获得的一等奖、二等奖的数量也较多，尤其是作物学，一等奖数量达13项；农产品加工与食品科技，兽医学，农业资源环境，畜牧学，植物营养、土壤、水、肥料，农业质量标准与检验检测这6个学科获得4~6项一等奖；除此之外，水产，植物保护，农业工程，林业这4个学科也获得了1~3项一等奖。由此可见，园艺学和作物学在获奖数量或奖项等级上具有明显的学科优势，园艺学的数量优势较显著，作物学的获奖等级优势较显著。

表2-14 山东省2008—2014年科学技术奖农业科技获奖成果按等级分布情况

奖项类型	奖项等级	获奖成果数量（项）							
		总　计	2008年	2009年	2010年	2011年	2012年	2013年	2014年
技术发明奖	一等奖	4		1	1	1			1
	二等奖	10	2		1	1	4		2
	三等奖	3	2					1	
科技进步奖	一等奖	50	5	7	10	7	8	6	7
	二等奖	168	22	19	23	28	17	32	27
	三等奖	270	51	50	43	46	43	29	8
自然科学奖	一等奖	2	1				1		
	二等奖	4				2	1		1
	三等奖	5	1	1				2	1

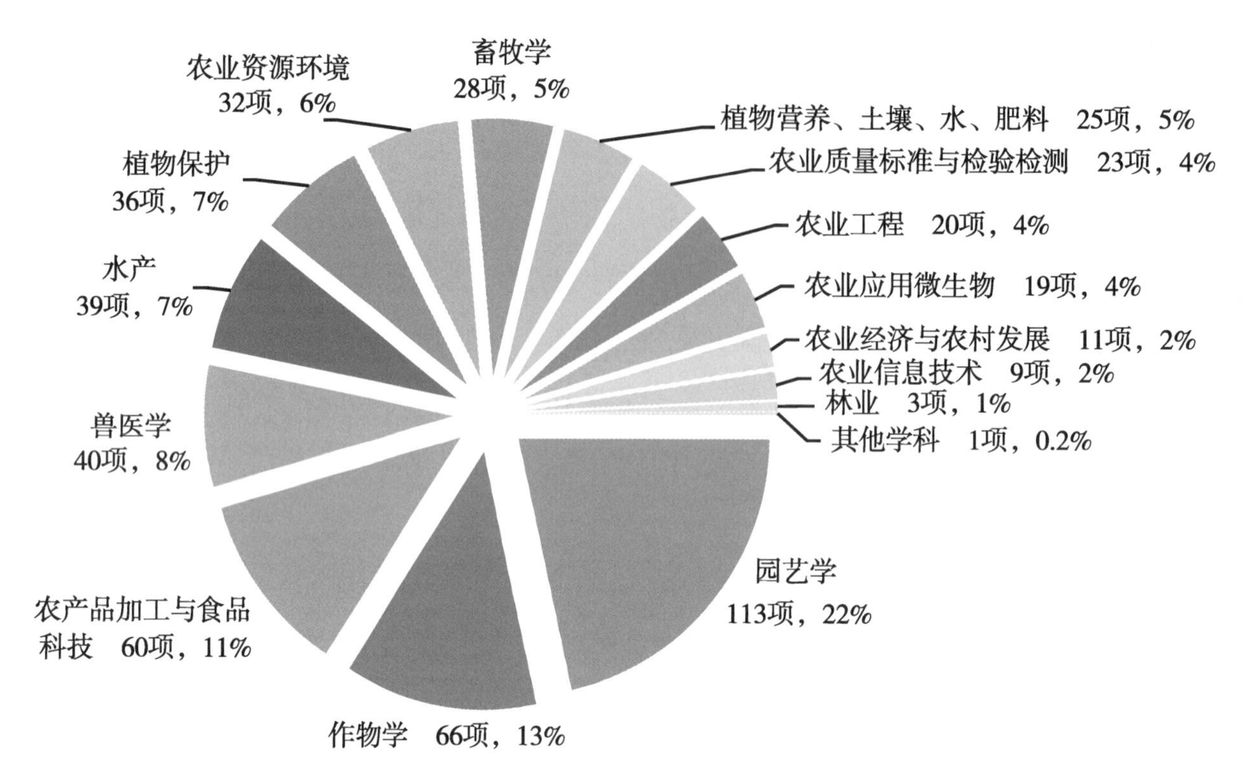

图 2-41 山东省 2008—2014 年科学技术奖农业科技获奖成果按学科分布情况

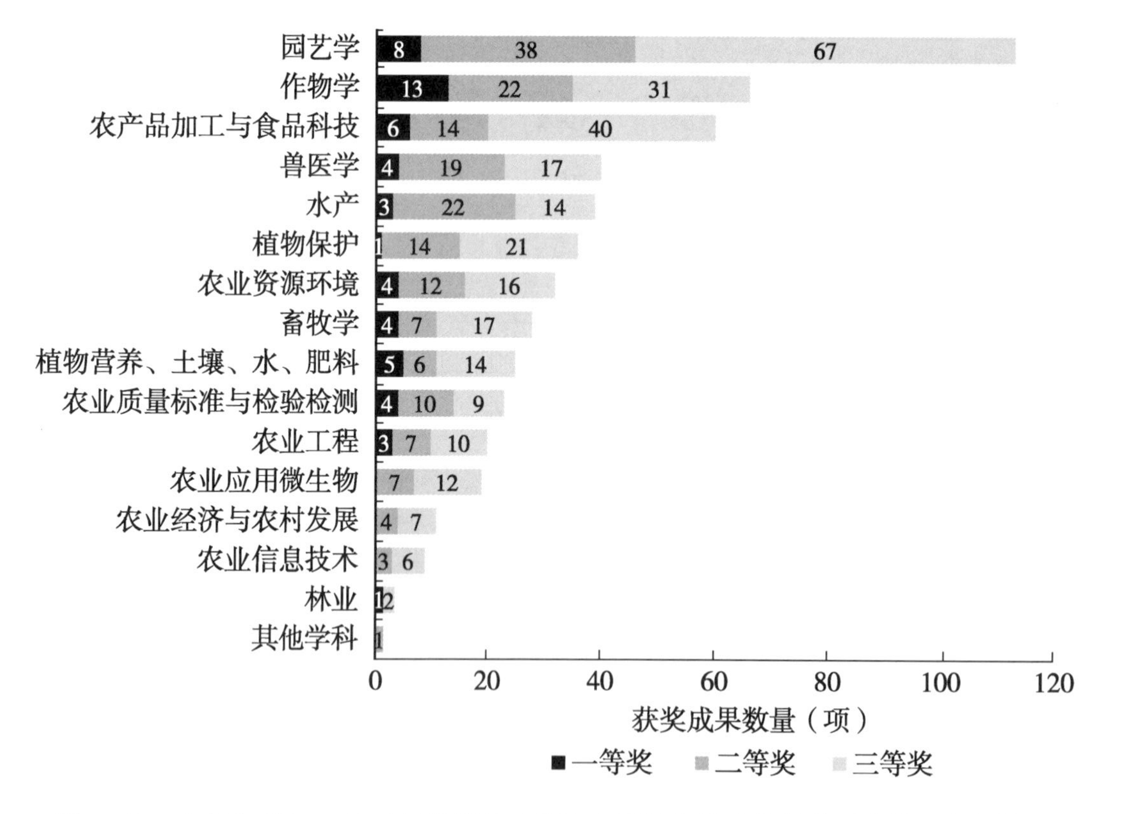

图 2-42 山东省 2008—2014 年科学技术奖农业科技获奖成果按学科和等级分布情况

2008—2014 年河南省农业科技获奖成果情况

河南省人民政府设立河南省科学技术奖，每年评审一次，每次奖励项目总数不超过 350 项。2008—2014 年河南省 7 届科学技术奖共评出涉及农业学科的获奖项目总计 531 项。从图 2-43 可知，2008—2010 年获奖项目数量基本稳定在 90 项左右，2010—2014 年获奖项目数量基本稳定在 60 项左右，7 年获奖项目数量占科学技术奖总数的比例平均为 22%左右。从表 2-15 可知，历届获奖项目涵盖各个奖项等级，其中，一等奖为 5 项上下，二等奖为 35 项上下，三等奖为 36 项上下，数量变化较大。从图 2-44 可知，作物学 7 届获奖项目总数和占农业学科奖项总数的比例均具有明显优势，历届获奖项目共计 157 项，占比 30%；位居第二的是园艺学，获奖 99 项，占比 19%；位居第三的是农产品加工与食品科技，获奖 46 项，占比 9%。7 届获奖项目总数在 20~40 项的有 4 个学科，分别是畜牧学，植物保护，植物营养、土壤、水、肥料，兽医学；其他 8 个学科获奖项目数量不足 20 项。从图 2-45 可知，作物学不仅获奖项目总数位居前列，且囊括一等奖、二等奖的项目数量也多于其他学科。除此之外，河南省园艺学、畜牧学、农产品加工与食品科技、植物保护、兽医学等学科都有一等奖、二等奖、三等奖的涉猎。

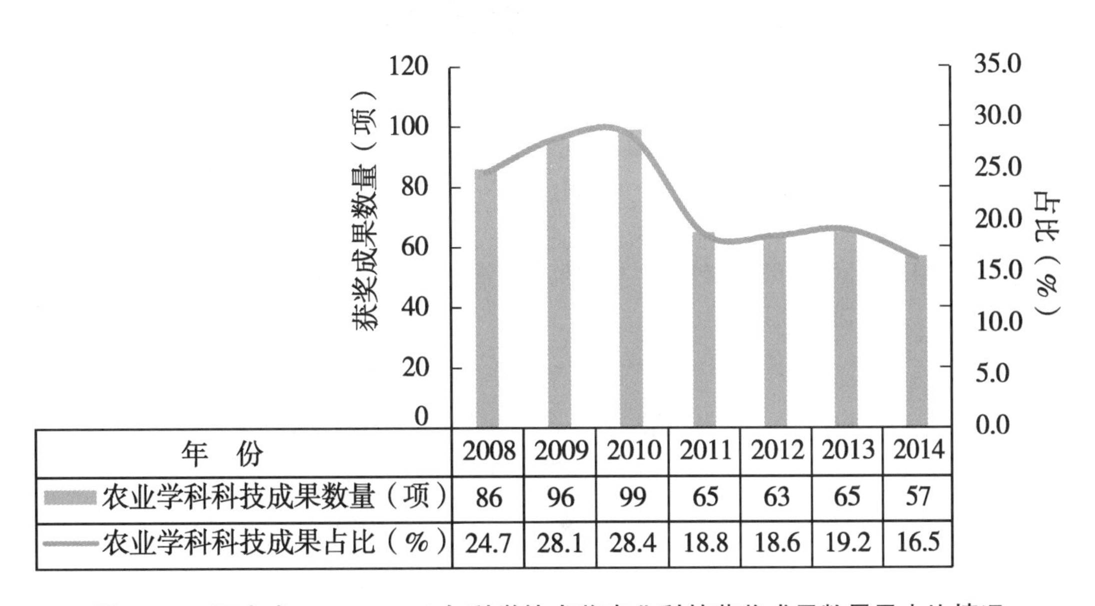

年　份	2008	2009	2010	2011	2012	2013	2014
农业学科科技成果数量（项）	86	96	99	65	63	65	57
农业学科科技成果占比（%）	24.7	28.1	28.4	18.8	18.6	19.2	16.5

图 2-43　河南省 2008—2014 年科学技术奖农业科技获奖成果数量及占比情况

表 2-15　河南省 2008—2014 年科学技术奖农业科技获奖成果按等级分布情况

奖项类型	奖项等级	获奖成果数量（项）							
		总　计	2008 年	2009 年	2010 年	2011 年	2012 年	2013 年	2014 年
科技进步奖	一等奖	33	6	6	8	5	3	2	3
	二等奖	248	38	48	51	28	35	25	23
	三等奖	250	42	42	40	32	25	38	31

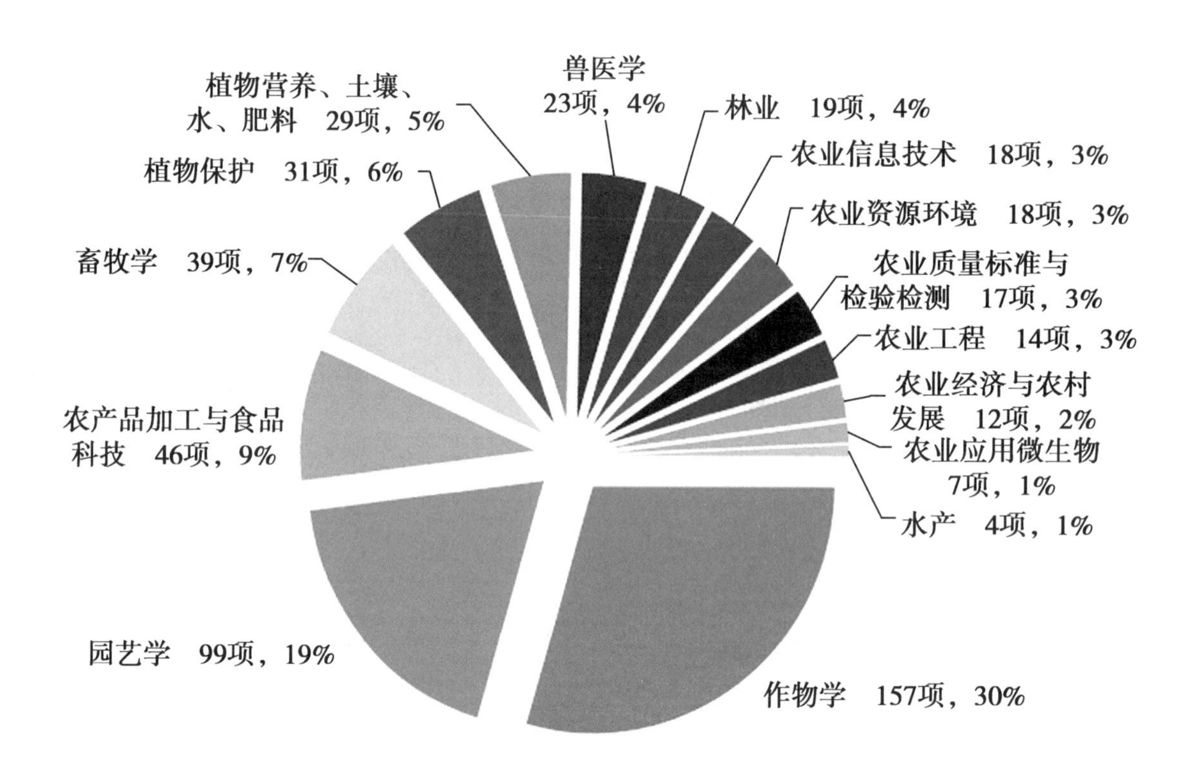

图 2-44　河南省 2008—2014 年科学技术奖农业科技获奖成果按学科分布情况

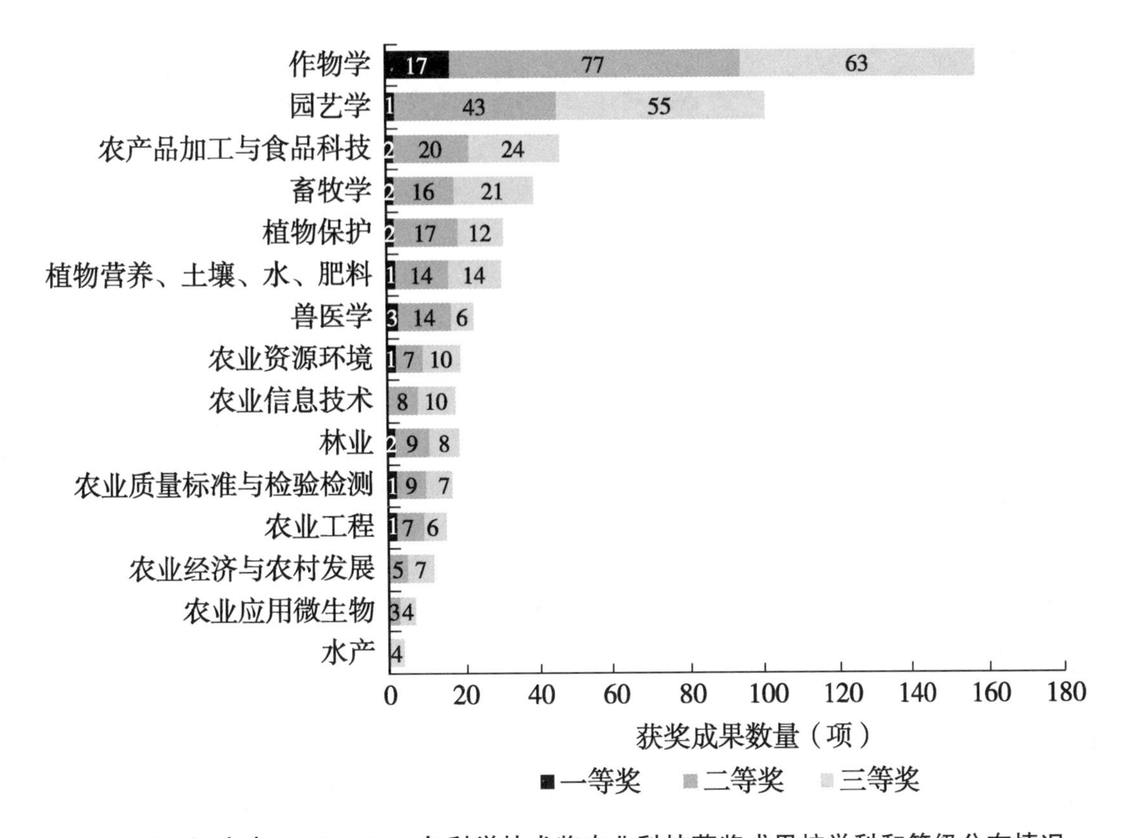

图 2-45 河南省 2008—2014 年科学技术奖农业科技获奖成果按学科和等级分布情况

2008—2014 年湖北省农业科技获奖成果情况

湖北省人民政府设立湖北省科学技术奖，每年评审一次。2008—2014 年湖北省 7 届科学技术奖共评出涉及农业学科的获奖项目总计 416 项。从图 2-46 可知，历届获奖项目数量基本稳定在 50~70 项，呈现平稳上升后逐渐下降趋势，占科学技术奖总数的比例平均为 19%左右。从表 2-16 可知，历届获奖项目涵盖各个奖项等级，其中，一等奖为 6~8 项，二等奖为 15 项上下，三等奖为 30 项上下，数量相对稳定。从图 2-47 可知，作物学 7 届获奖项目总数和占农业学科奖项总数的比例均具有明显优势，历届获奖项目共计 95 项，占比 23%；位居第二的是农产品加工与食品科技，获奖 54 项，占比 13%；位居第三的是园艺学，获奖 51 项，占比 12%。7 届获奖项目总数在 25~30 项的有 4 个学科，分别是植物保护、水产、畜牧学、林业；其他 8 个学科获奖项目总数不足 25 项。从图 2-48 可知，作物学不仅获奖项目总数位居前列，且囊括一等奖的项目数量多于其他学科。除此之外，湖北省农产品加工与食品科技、园艺学、植物保护、水产、林业等学科都有一等奖、二等奖的涉猎，其中 2013 年在园艺学中有一个特等奖项目。

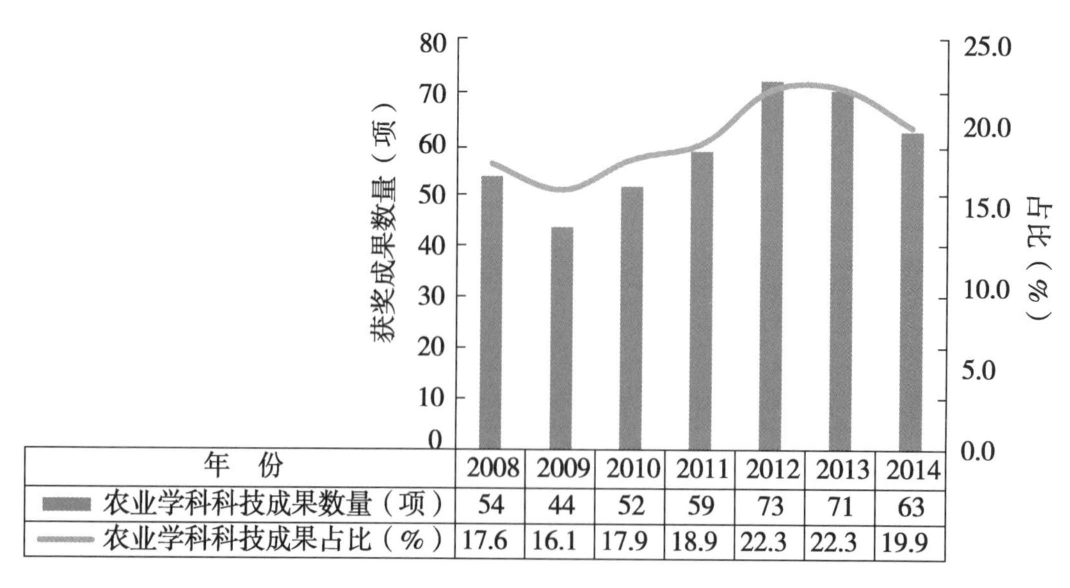

年　份	2008	2009	2010	2011	2012	2013	2014
农业学科科技成果数量（项）	54	44	52	59	73	71	63
农业学科科技成果占比（%）	17.6	16.1	17.9	18.9	22.3	22.3	19.9

图 2-46　湖北省 2008—2014 年科学技术奖农业科技获奖成果数量及占比情况

表 2-16　湖北省 2008—2014 年科学技术奖农业科技获奖成果按等级分布情况

奖项类型	奖项等级	获奖成果数量（项）							
		总　计	2008 年	2009 年	2010 年	2011 年	2012 年	2013 年	2014 年
自然科学奖	一等奖	3	1			1		1	
	二等奖	5	1			1	1		2
	三等奖	6	1			2		3	
技术发明奖	一等奖	9	1	2	1		2	1	2
	二等奖	8	1	2	1		2	1	1
	三等奖	7			1	1	1	2	2
科技进步奖	特等奖	1						1	
	一等奖	42	4	6	6	7	6	7	6
	二等奖	95	17	12	14	12	15	13	12
	三等奖	183	28	17	20	26	34	29	29
科技进步奖—企业技术创新	一等奖	1				1			
科技成果推广奖	一等奖	4			1		1	1	1
	二等奖	16		2	3	2	3	3	3
	三等奖	36		3	5	6	8	9	5

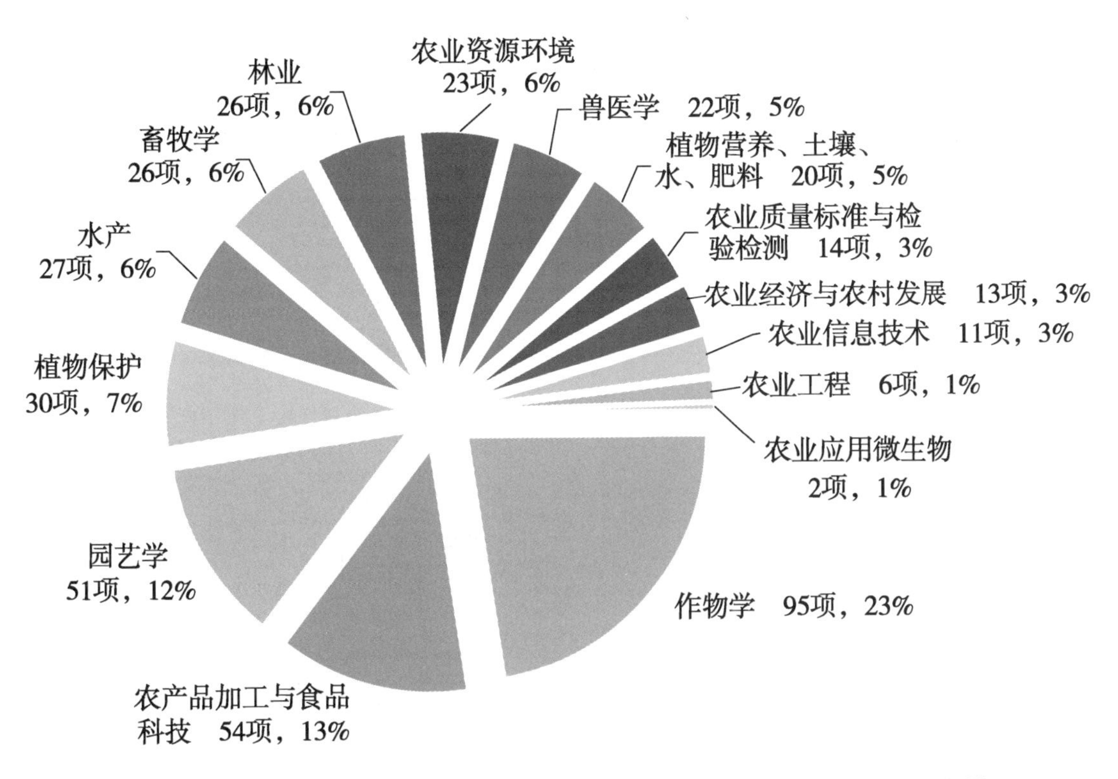

图 2-47　湖北省 2008—2014 年科学技术奖农业科技获奖成果按学科分布情况

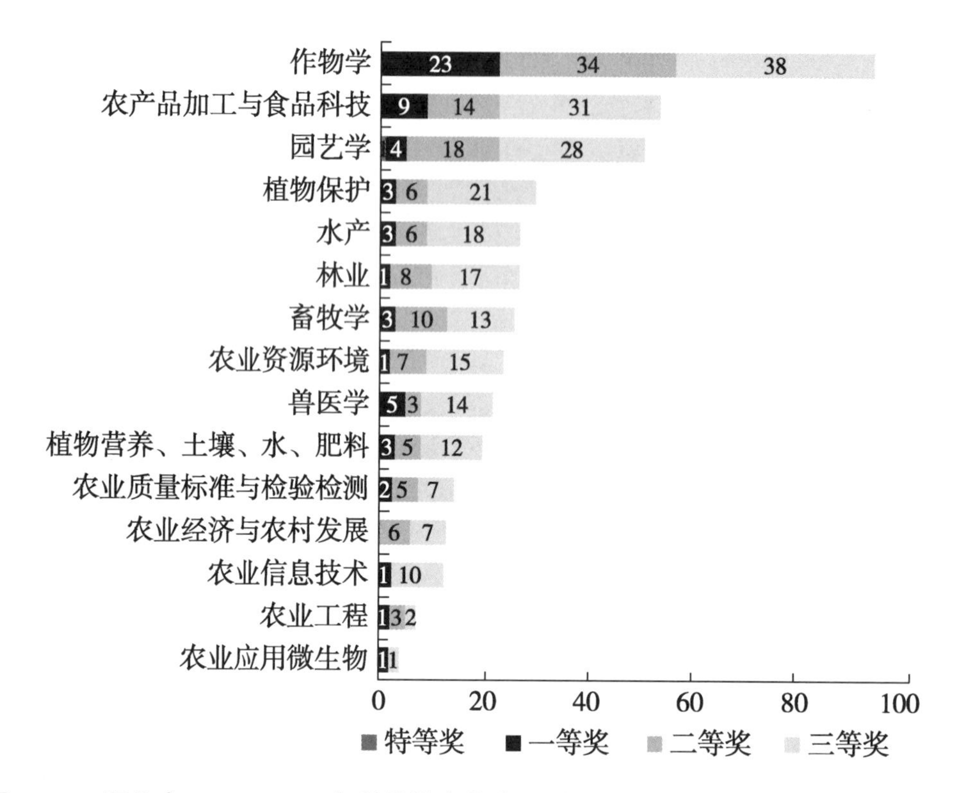

图 2-48 湖北省 2008—2014 年科学技术奖农业科技获奖成果按学科和等级分布情况

2008—2014 年湖南省农业科技获奖成果情况

湖南省人民政府设立湖南省科学技术奖，每年评审一次，每次奖励项目总数不超过 230 项。2008—2014 年湖南省 7 届科学技术奖共评出涉及农业学科的获奖项目总计 337 项。从图 2-49 可知，历届获奖项目数量基本稳定在 40~60 项，呈现波浪式变化趋势，占科学技术奖总数的比例平均为 23%左右。从表 2-17 可知，历届获奖项目涵盖各个奖项等级，其中，一等奖为 5 项上下，二等奖为 15 项上下，三等奖为 25 项上下，数量相对稳定。从图 2-50 可知，作物学 7 届获奖项目总数和占农业学科奖项总数的比例均具有明显优势，历届获奖项目共计 78 项，占比 23%；位居第二的是农产品加工与食品科技，获奖 50 项，占比 15%；位居第三的是园艺学，获奖 46 项，占比 14%。7 届获奖项目总数在 20~30 项的有 3 个学科，分别是畜牧学、农业资源环境、植物保护；其他有 9 个学科获奖项目总数不足 20 项。从图 2-51 可知，作物学不仅获奖项目总数位居前列，且囊括一等奖、二等奖的项目数量也多于其他学科。除此之外，湖南省农产品加工与食品科技、园艺学、畜牧学、农业资源环境这 4 个学科高等级获奖项目数量相对较多，三等奖数量也较其他学科具有一定的优势。

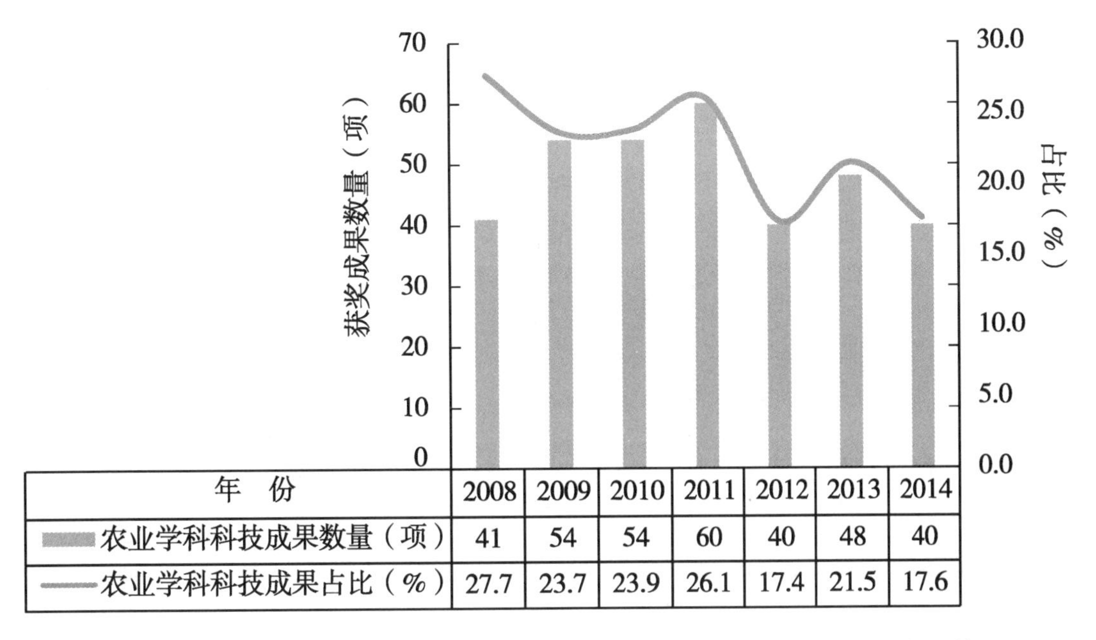

年　份	2008	2009	2010	2011	2012	2013	2014
农业学科科技成果数量（项）	41	54	54	60	40	48	40
农业学科科技成果占比（%）	27.7	23.7	23.9	26.1	17.4	21.5	17.6

图 2-49　湖南省 2008—2014 年科学技术奖农业科技获奖成果数量及占比情况

表 2-17　湖南省 2008—2014 年科学技术奖农业科技获奖成果按等级分布情况

奖项类型	奖项等级	获奖成果数量（项）							
		总　计	2008 年	2009 年	2010 年	2011 年	2012 年	2013 年	2014 年
自然科学奖	一等奖	4			1		2	1	
	二等奖	9		2	2	2	2	1	
	三等奖	14		2	1	3	3	4	1
技术发明奖	一等奖	5		1	1	2			1
	二等奖	8		1	2	2		1	2
	三等奖	9		1	2	2		1	3
科技进步奖	一等奖	33	5	4	4	8	2	5	5
	二等奖	96	11	17	13	14	12	15	14
	三等奖	159	25	26	28	27	19	20	14

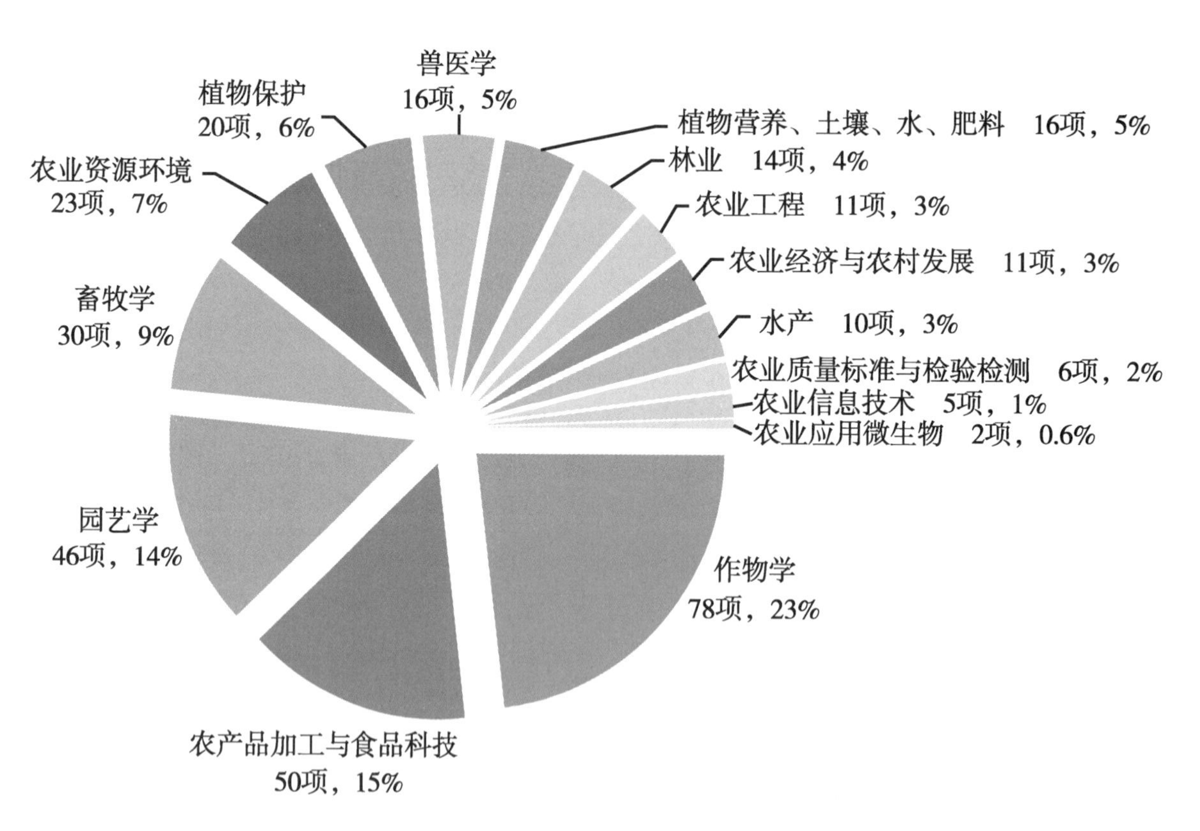

图 2-50　湖南省 2008—2014 年科学技术奖农业科技获奖成果按学科分布情况

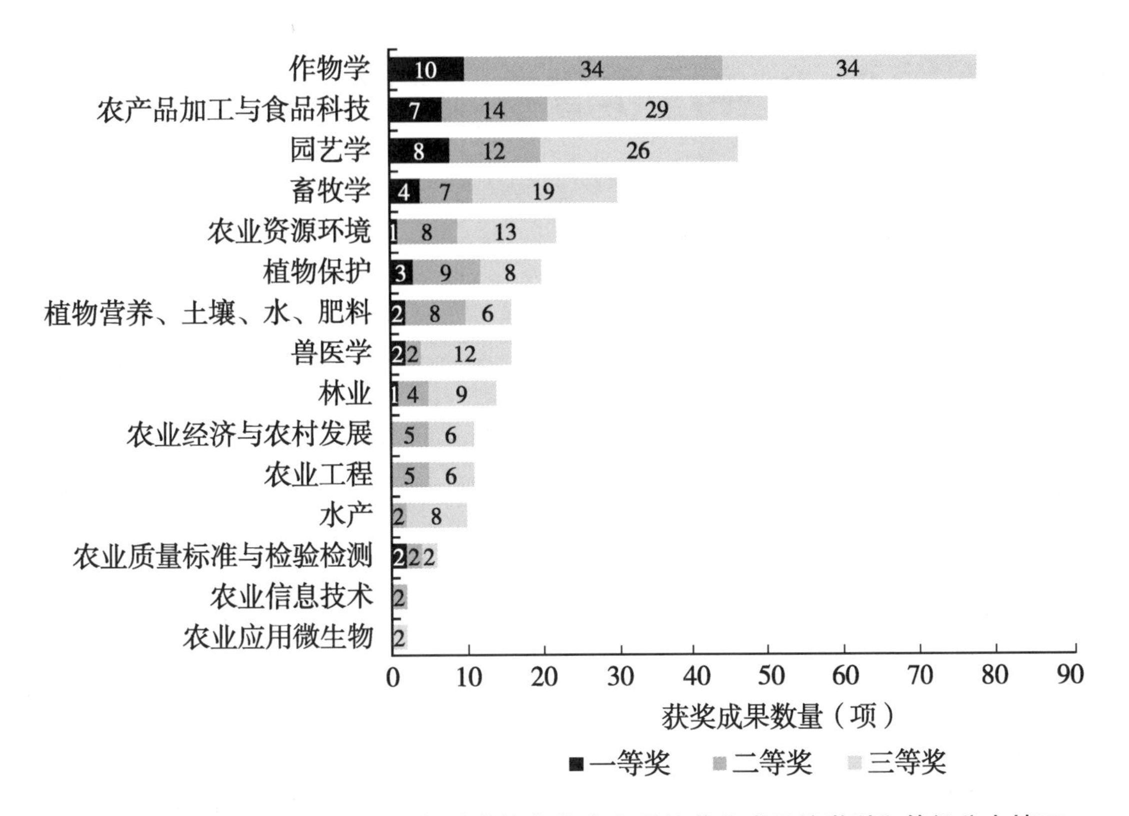

图2-51 湖南省2008—2014年科学技术奖农业科技获奖成果按学科和等级分布情况

2008—2014 年广东省农业科技获奖成果情况

广东省人民政府设立广东省科学技术奖，每年评审一次。2008—2014 年广东省 7 届科学技术奖共评出涉及农业学科的获奖项目总计 324 项。从图 2-52 可知，历届获奖项目数量基本稳定在 40~50 项，呈现小幅震荡变化趋势，占科学技术奖总数的比例平均为 17%左右。从表 2-18 可知，历届获奖项目涵盖各个奖项等级，其中，一等奖为 6~9 项，二等奖为 14 项上下，三等奖为 25 项上下，数量相对稳定。从图 2-53 可知，园艺学 7 届获奖项目总数和占农业学科奖项总数的比例均具有优势，历届获奖项目共计 52 项，占比 16%；位居第二的是农产品加工与食品科技，获奖 51 项，占比 15%；位居第三的是水产，获奖 36 项，占比 11%。7 届获奖项目总数在 20~30 项的有 5 个学科，分别是畜牧学、植物保护、作物学、林业、农业资源环境；其他 6 个学科获奖项目总数不足 20 项。从图 2-54 可知，园艺学不仅获奖项目总数位居前列，且囊括一等奖、二等奖的项目数量也较多。除此之外，广东省农产品加工与食品科技、水产、兽医学、植物保护、畜牧学、作物学、农业资源环境这 7 个学科的高等级获奖项目数量相对较多。

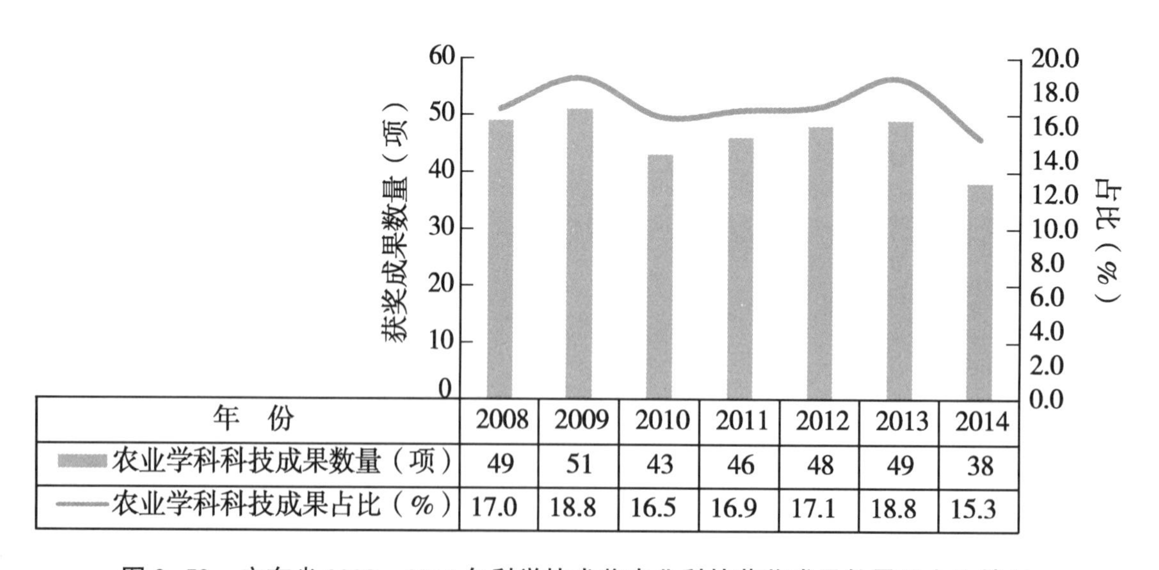

年　份	2008	2009	2010	2011	2012	2013	2014
农业学科科技成果数量（项）	49	51	43	46	48	49	38
农业学科科技成果占比（%）	17.0	18.8	16.5	16.9	17.1	18.8	15.3

图 2-52　广东省 2008—2014 年科学技术奖农业科技获奖成果数量及占比情况

表 2-18　广东省 2008—2014 年科学技术奖农业科技获奖成果按等级分布情况

奖项类型	奖项等级	获奖成果数量（项）							
		总　计	2008 年	2009 年	2010 年	2011 年	2012 年	2013 年	2014 年
科学技术奖	一等奖	50	6	6	6	9	9	7	7
	二等奖	95	15	10	14	15	15	15	11
	三等奖	179	28	35	23	22	24	27	20

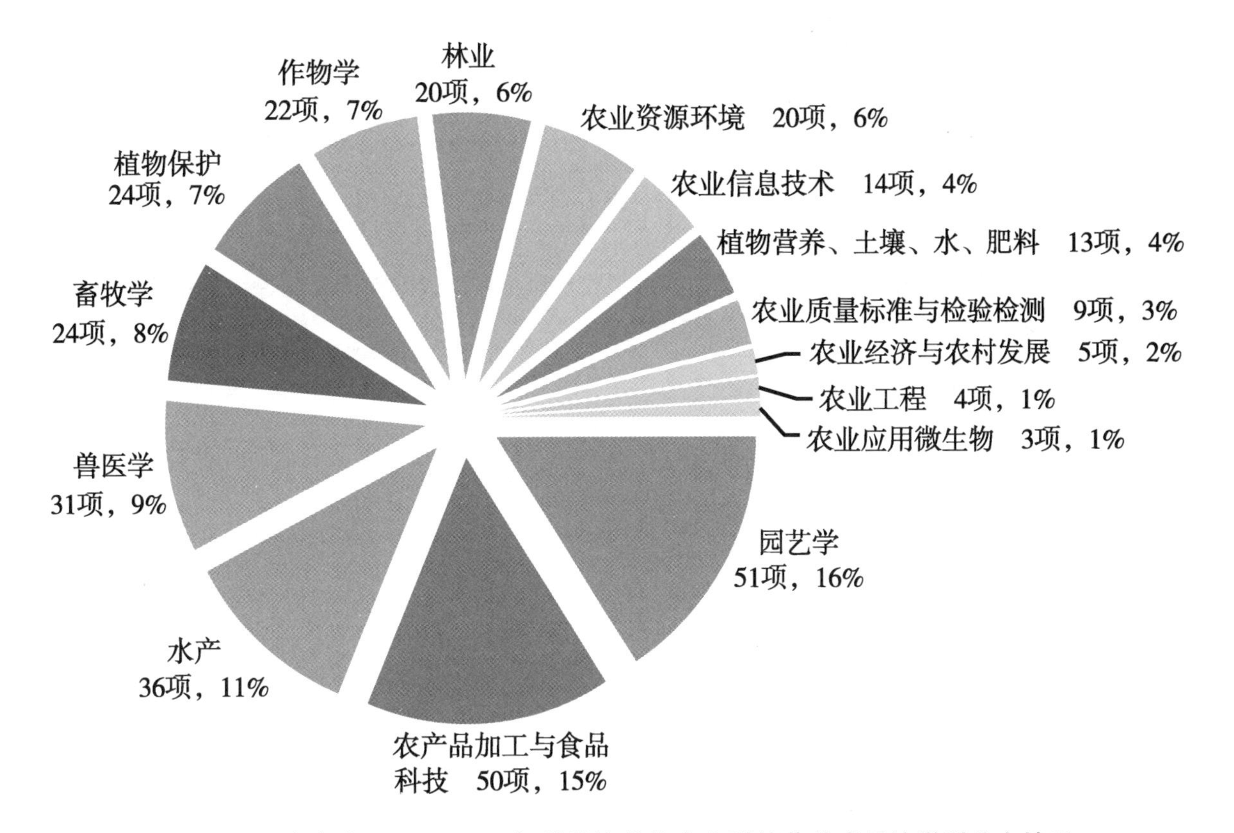

图 2-53　广东省 2008—2014 年科学技术奖农业科技获奖成果按学科分布情况

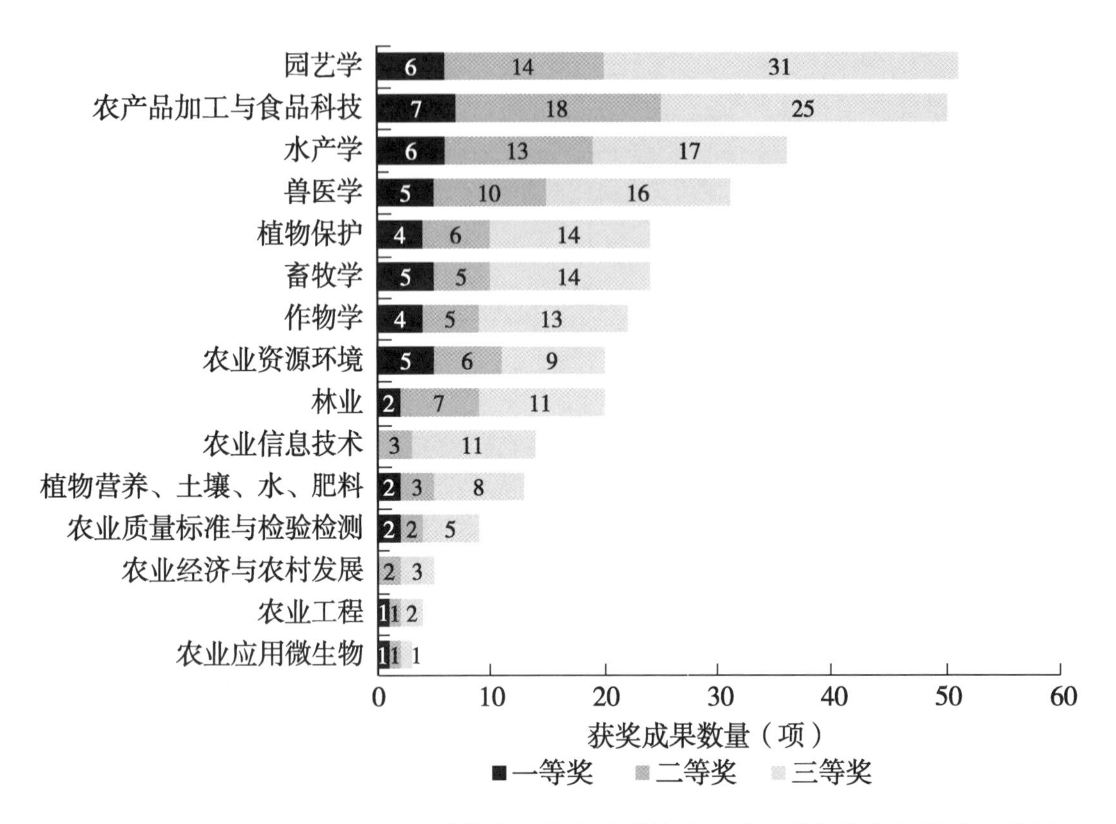

图 2-54　广东省 2008—2014 年科学技术奖农业科技获奖成果按学科和等级分布情况

2008—2014 年广西壮族自治区农业科技获奖成果情况

广西①人民政府设立广西科学技术奖，每年评审一次，每次奖励项目总数不超过 180 项。2008—2014 年广西 7 届科学技术奖共评出涉及农业学科的获奖项目总计 305 项。从图 2-55 可知，历届获奖项目数量基本稳定在 40~50 项，呈现波浪式变化趋势，占科学技术奖总数的比例平均为 30%左右。从表 2-19 可知，历届获奖项目涵盖各个奖项等级，其中，一等奖为 1~3 项，二等奖为 15 项上下，三等奖为 30 项上下，数量相对稳定。从图 2-56 可知，作物学 7 届获奖项目总数和占农业学科奖项总数的比例均具有优势，历届获奖项目共计 54 项，占比 18%；位居第二的是园艺学，获奖 53 项，占比 17%；位居第三的是农产品加工与食品科技，获奖 42 项，占比 14%。7 届获奖项目总数在 20~40 项的有 3 个学科，分别是畜牧学、植物保护、林业；其他 9 个学科获奖项目总数不足 20 项。从图 2-57 可知，作物学、园艺学不仅获奖项目总数位居前列，且囊括一等奖、二等奖的项目数量也基本多于其他学科。除此之外，广西畜牧学、植物保护、水产、农业资源环境这 4 个学科都有一等奖、二等奖、三等奖的涉猎。

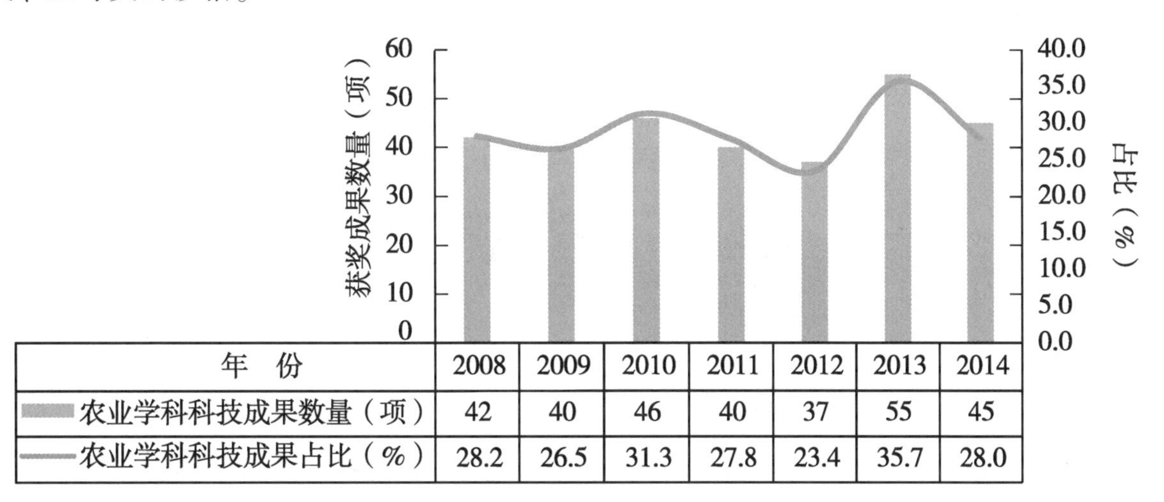

年　份	2008	2009	2010	2011	2012	2013	2014
农业学科科技成果数量（项）	42	40	46	40	37	55	45
农业学科科技成果占比（%）	28.2	26.5	31.3	27.8	23.4	35.7	28.0

图 2-55　广西 2008—2014 年科学技术奖农业科技获奖成果数量及占比情况

① 广西壮族自治区，全书简称广西

表 2-19　广西 2008—2014 年科学技术奖农业科技获奖成果按等级分布情况

奖项类型	奖项等级	获奖成果数量（项）							
		总　计	2008 年	2009 年	2010 年	2011 年	2012 年	2013 年	2014 年
技术发明奖	二等奖	5				1		2	2
	三等奖	4			1		2		1
科技进步奖	一等奖	10	1	2	1	3	1	1	1
	二等奖	88	14	12	10	9	8	19	16
	三等奖	184	27	25	31	27	23	28	23
特别贡献奖		2		1	1				
自然科学奖	二等奖	3					1	1	1
	三等奖	9			2		2	4	1

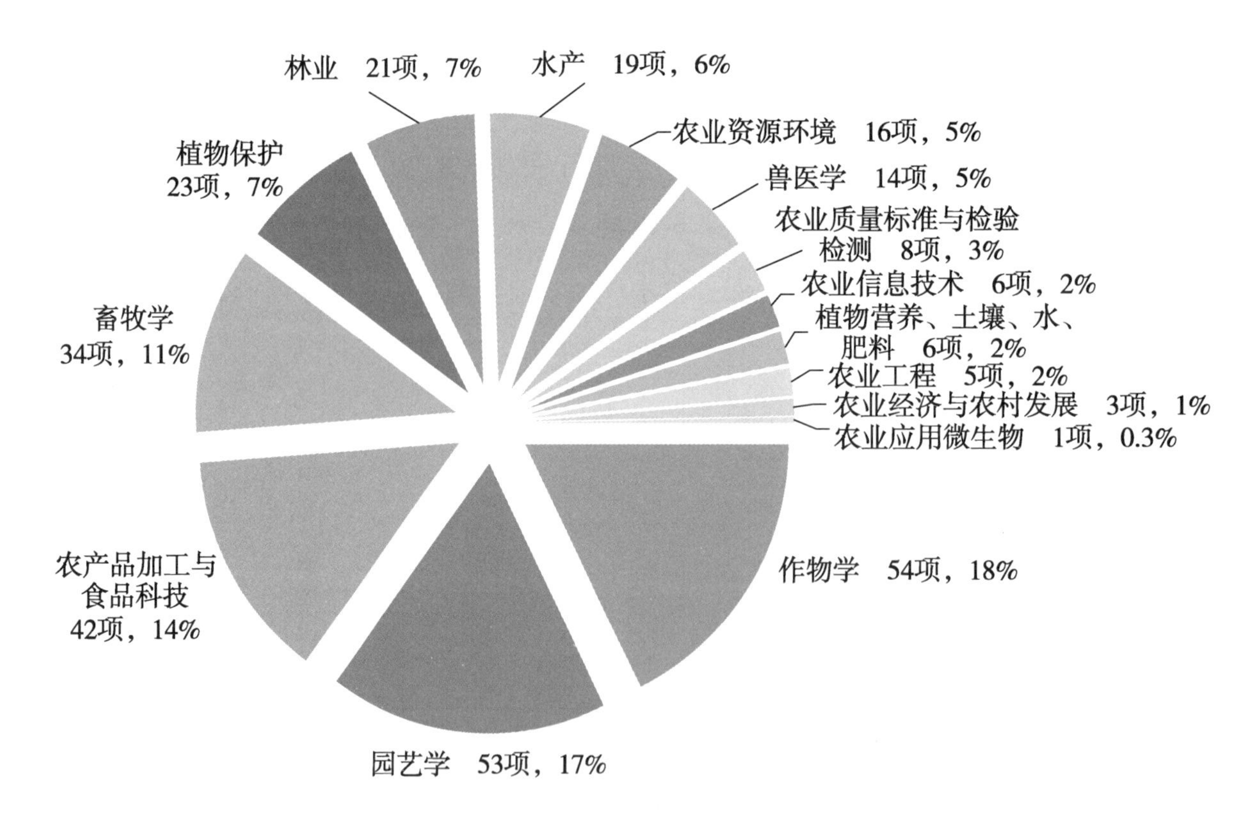

图 2-56　广西 2008—2014 年科学技术奖农业科技获奖成果按学科分布情况

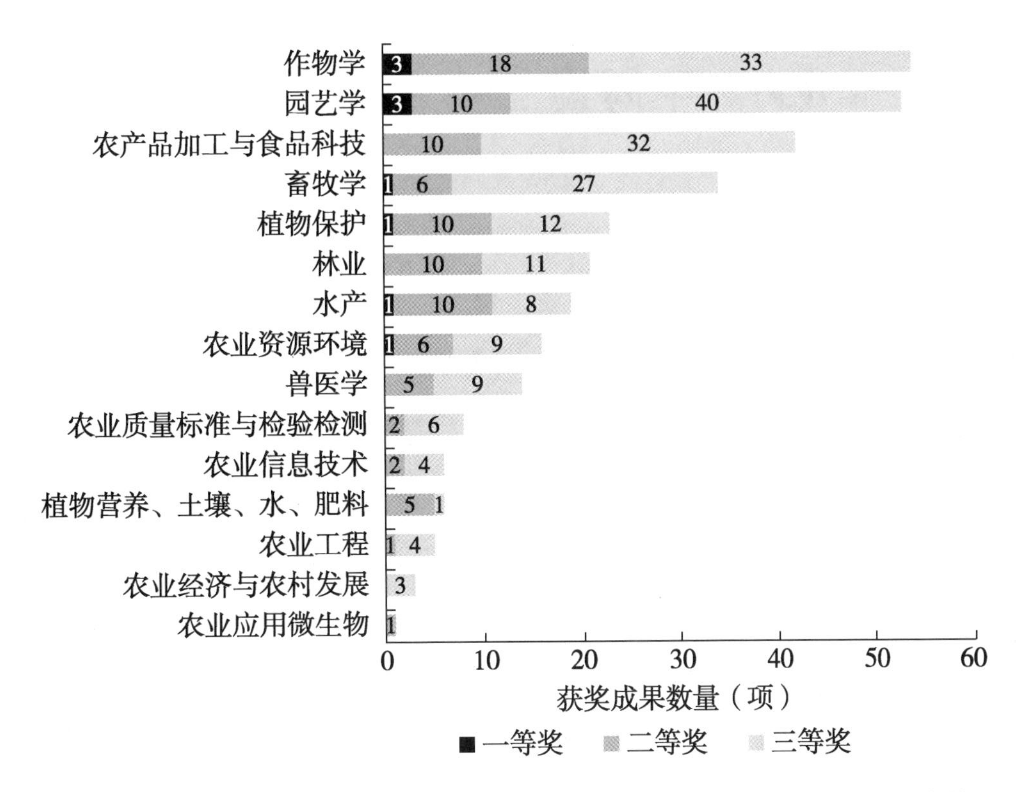

图 2-57 广西 2008—2014 年科学技术奖农业科技获奖成果按学科和等级分布情况

2008—2014 年海南省农业科技获奖成果情况

海南省人民政府设立海南省科学技术奖，每年评审一次。2008—2014 年海南省 7 届科学技术奖共评出涉及农业学科的获奖项目总计 275 项。从图 2-58 可知，历届获奖项目数量基本稳定在 35~45 项，呈现波浪式变化趋势，占科学技术奖总数的比例平均为 52%左右。从表 2-20 可知，历届获奖项目涵盖各个奖项等级，其中，特等奖为 1~2 项，一等奖为 7~11 项，二等奖为 14 项上下，三等奖为 16 项上下，数量相对稳定。从图 2-59 可知，园艺学 7 届获奖项目总数和占农业学科奖项总数的比例均具有明显优势，历届获奖项目共计 79 项，占比 29%；位居第二的是植物保护，获奖 48 项，占比 17%；位居第三的是作物学，获奖 29 项，占比 10%。7 届获奖项目总数在 10~20 项的有 3 个学科，分别是畜牧学，植物营养、土壤、水、肥料，林业；另外有 7 个学科获奖项目总数不足 10 项。从图 2-60 可知，园艺学不仅获奖项目总数位居前列，且囊括特等奖、一等奖、二等奖的项目数量也多于其他学科。除此之外，海南省植物保护、作物学、林业这 3 个学科都有特等奖和一等奖、二等奖、三等奖的涉猎。

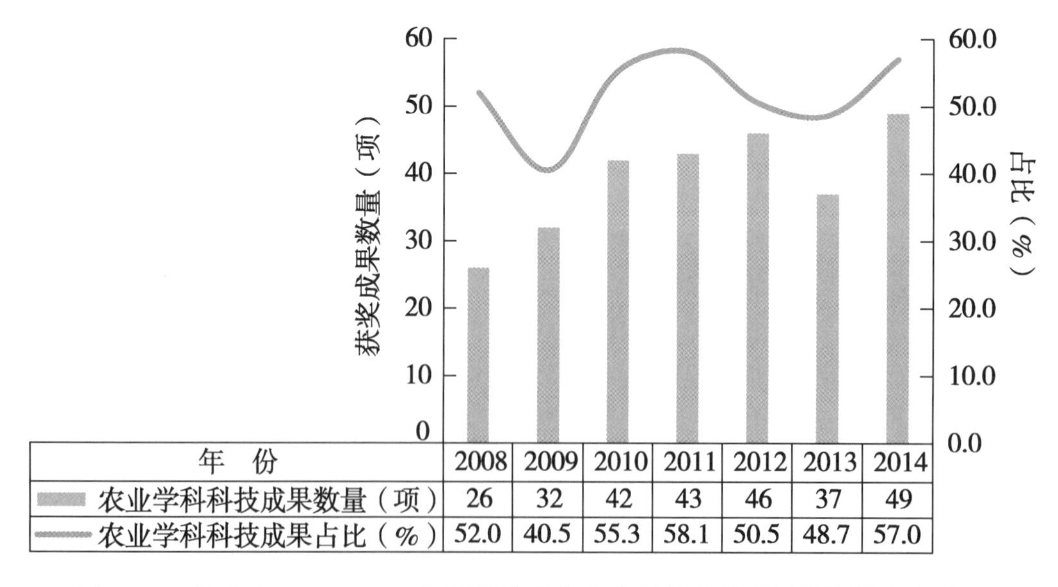

年　份	2008	2009	2010	2011	2012	2013	2014
农业学科科技成果数量（项）	26	32	42	43	46	37	49
农业学科科技成果占比（%）	52.0	40.5	55.3	58.1	50.5	48.7	57.0

图 2-58　海南省 2008—2014 年科学技术奖农业科技获奖成果数量及占比情况

表 2-20　海南省 2008—2014 年科学技术奖农业科技获奖成果按等级分布情况

奖项类型	奖项等级	获奖成果数量（项）							
		总　计	2008 年	2009 年	2010 年	2011 年	2012 年	2013 年	2014 年
科技成果转化奖	特等奖	2		2					
	一等奖	24	4	3	3	5	2	3	4
	二等奖	31	4	1	2	4	5	9	6
	三等奖	5	1	1			2		1
科技进步奖	特等奖	3			1	1		1	
	一等奖	37	4	6	8	4	7	4	4
	二等奖	64	4	8	11	9	9	9	14
	三等奖	109	9	11	17	20	21	11	20

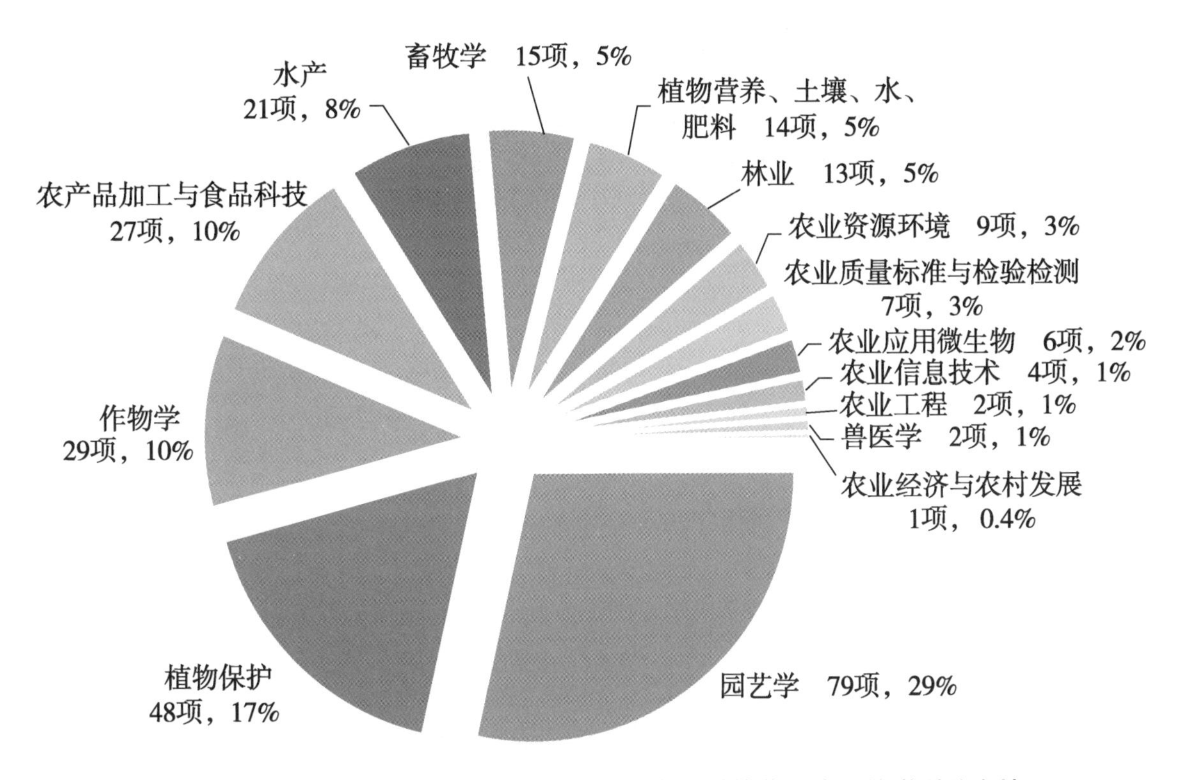

图 2-59　海南省 2008—2014 年科学技术奖农业科技获奖成果按学科分布情况

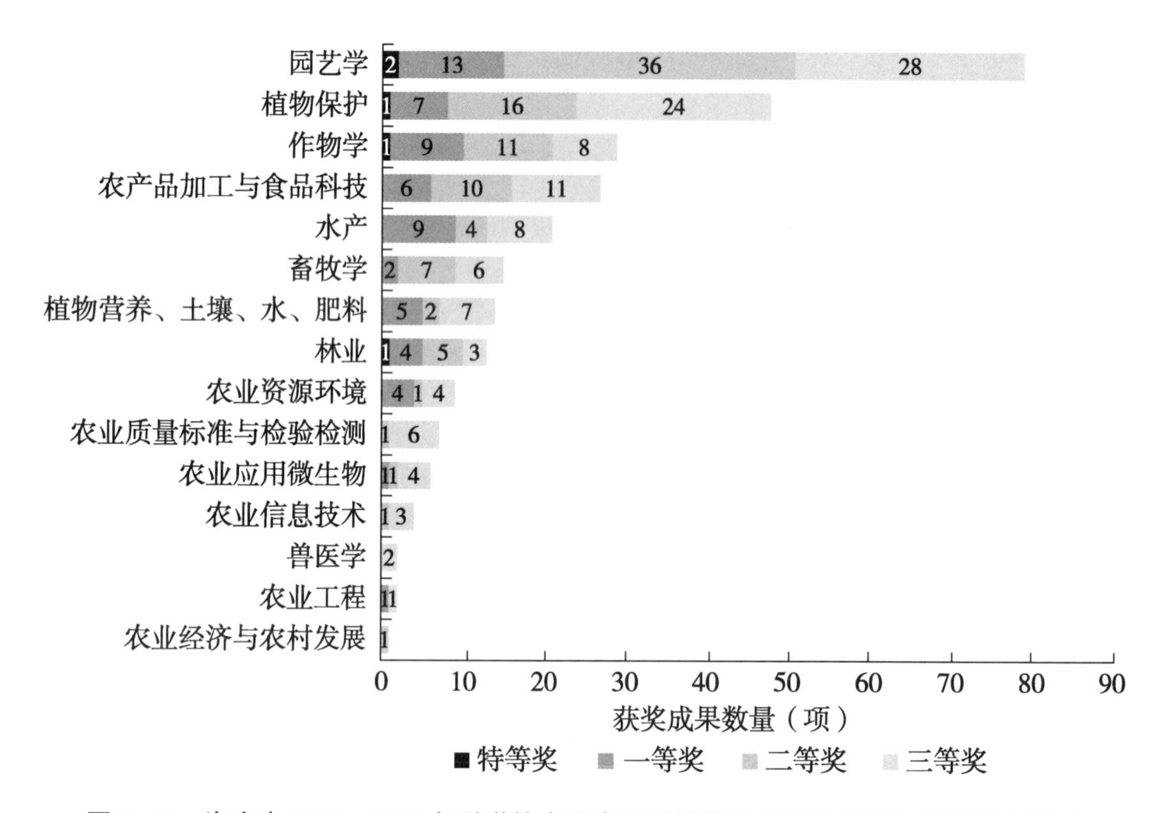

图 2-60　海南省 2008—2014 年科学技术奖农业科技获奖成果按学科和等级分布情况

2008—2014 年重庆市农业科技获奖成果情况

重庆市人民政府设立科学技术奖，每年评审一次，每次奖励项目总数不超过 180 项。2008—2014 年重庆市 7 届科学技术奖共评出涉及农业学科的获奖项目总计 178 项。从图 2-61 可知，历届获奖项目数量基本稳定在 20～35 项，呈现波浪式变化趋势，占科学技术奖总数的比例平均为 16%。从表 2-21 可知，历届获奖项目涵盖各个奖项等级，其中，一等奖为 1～3 项，二等奖为 5 项上下，2012 年、2013 年的二等奖较多，三等奖为 15～20 项上下。从图 2-62 可知，作物学 7 届获奖项目总数和占农业学科奖项总数的比例均具有明显优势，历届获奖项目共计 45 项，占比 24%；并列位居第二的是畜牧学和园艺学，均获奖 25 项，占比均为 14%。7 届获奖项目总数在 10～20 项的有 3 个学科，分别是农业经济与农村发展，农产品加工与食品科技，农业资源环境；其他 9 个学科获奖项目总数不足 10 项。从图 2-63 可知，作物学不仅获奖项目总数位居前列，且囊括一等奖、二等奖的项目数量也多于其他学科。其他学科中，畜牧学的一等奖、二等奖的数量较多；除此之外，农业经济与农村发展、农产品加工与食品科技、农业资源环境、兽医学、植物保护、水产这 6 个学科都有一等奖涉猎，其他学科均为二等奖、三等奖。

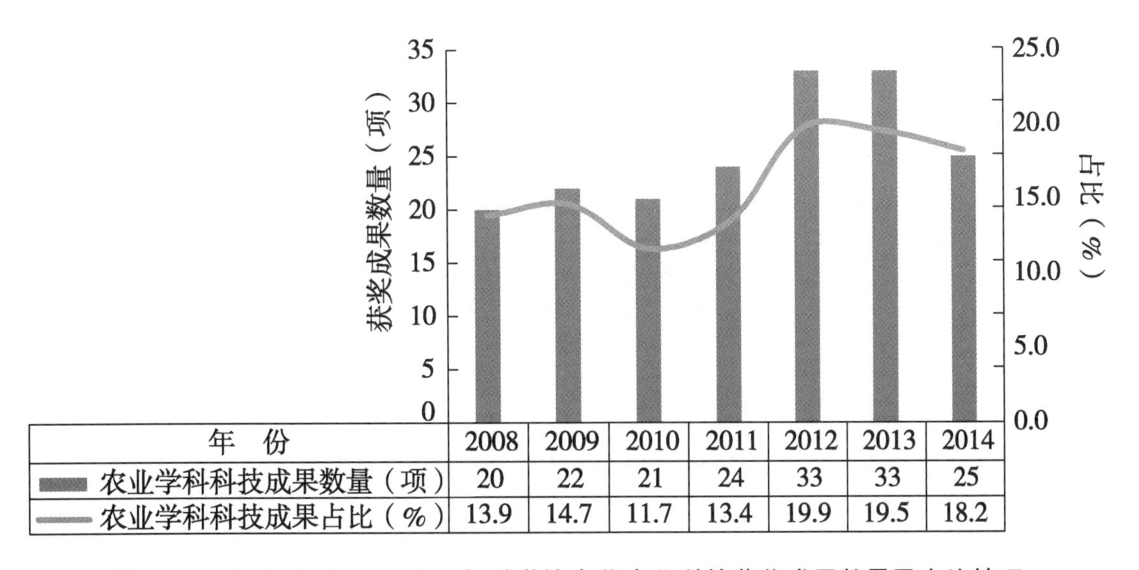

年　份	2008	2009	2010	2011	2012	2013	2014
农业学科科技成果数量（项）	20	22	21	24	33	33	25
农业学科科技成果占比（%）	13.9	14.7	11.7	13.4	19.9	19.5	18.2

图 2-61　重庆市 2008—2014 年科学技术奖农业科技获奖成果数量及占比情况

表 2-21 重庆市 2008—2014 年科学技术奖农业科技获奖成果按等级分布情况

奖项类型	奖项等级	获奖成果数量（项）							
		总 计	2008 年	2009 年	2010 年	2011 年	2012 年	2013 年	2014 年
自然科学奖	一等奖	3		1	1				1
	二等奖	6		1	1		2	2	
	三等奖	7	3	1	1			2	
技术发明奖	一等奖	1		1					
	二等奖	1							1
	三等奖	6		1	1	1		2	1
科技进步奖	一等奖	11	1	1	2	2	3		2
	二等奖	42	4	4	5	5	10	11	3
	三等奖	101	12	12	10	16	18	16	17

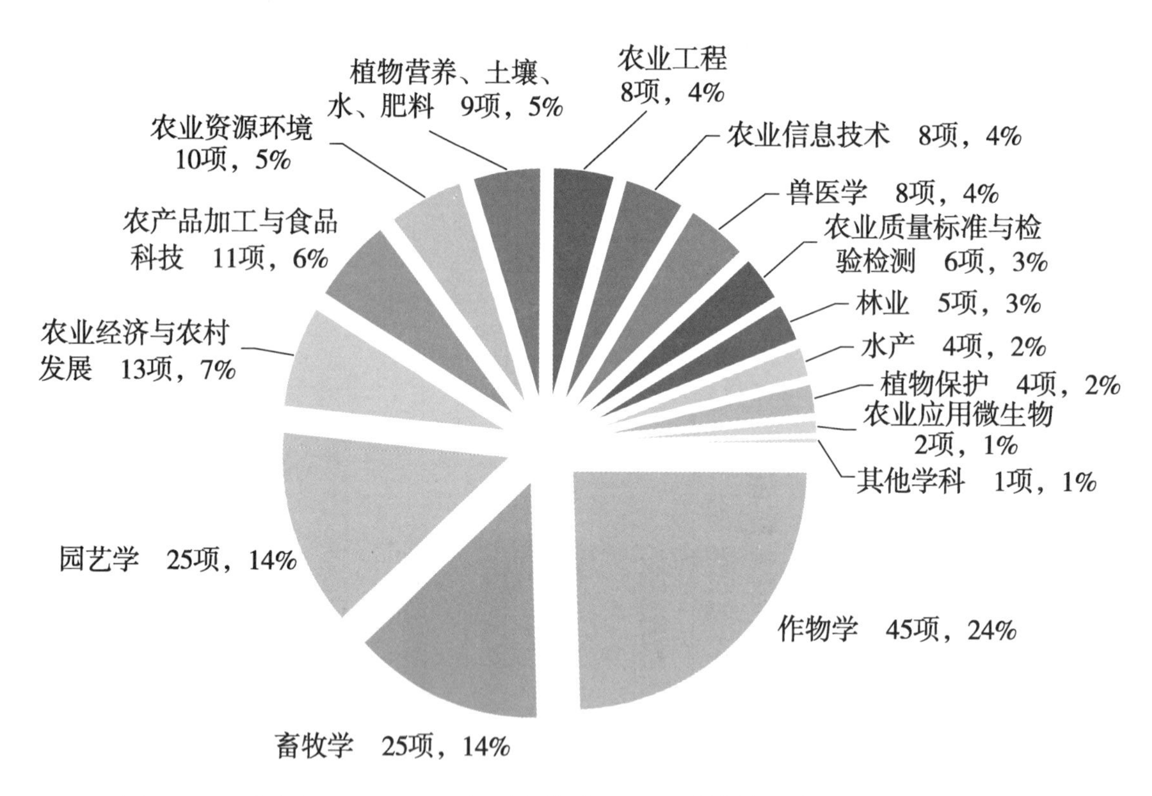

图 2-62 重庆市 2008—2014 年科学技术奖农业科技获奖成果按学科分布情况

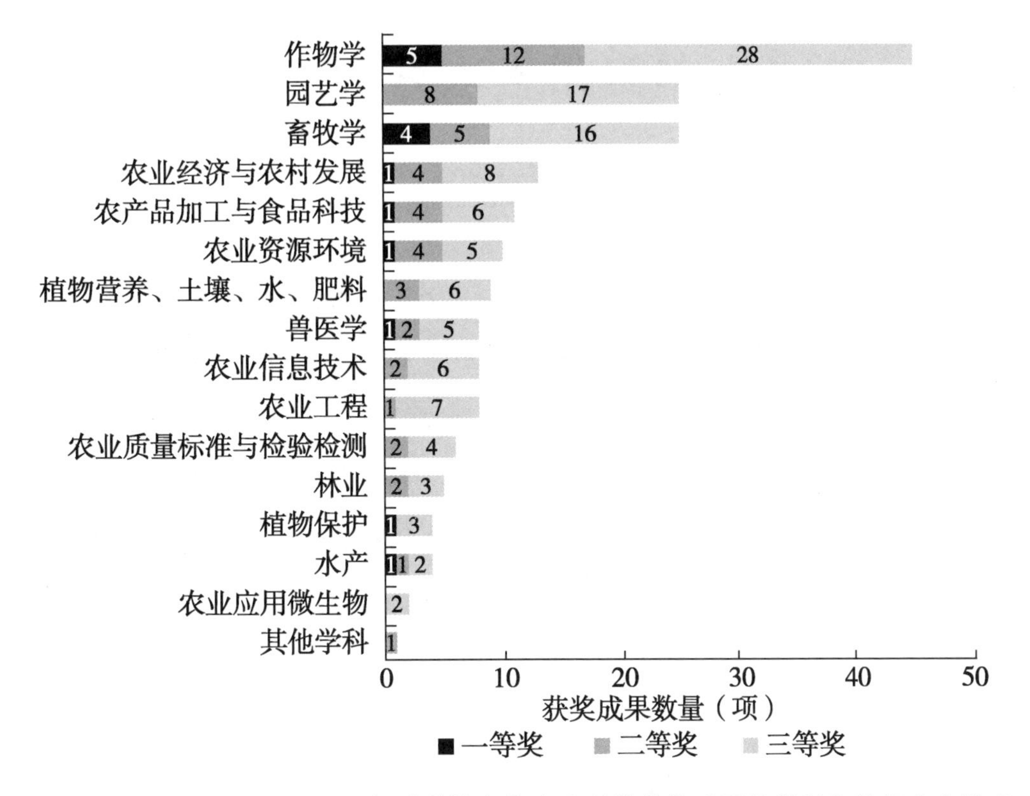

图 2-63 重庆市 2008—2014 年科学技术奖农业科技获奖成果按学科和等级分布情况

2008—2014 年四川省农业科技获奖成果情况

四川省人民政府设立科学技术奖，每年评审一次。2008—2014 年四川 7 届科学技术奖共评出涉及农业学科的获奖项目总计 348 项。从图 2-64 可知，历届获奖项目数量在 50 项左右，总体呈现出有升有降的趋势，占科学技术奖总数的比例平均为 20%左右。从表 2-22 可知，2008—2014 年历届获奖项目涵盖各个奖项等级，一等奖为 5 项左右，二等奖为 15 项左右，三等奖在 30 项左右。从图 2-65 可知，作物学 7 届获奖项目总数和占农业学科奖项总数的比例均具有明显优势，历届获奖项目共计 77 项，占比 22%；位居第二的是园艺学，获奖 49 项，占比 14%；位居第三的是畜牧学，获奖 44 项，占比 12%。7 届获奖项目总数在 20~40 项的有 3 个学科，分别是农产品加工与食品科技，农业资源环境，林业；获奖项目总数在 10~20 项的有 6 个学科，分别是植物保护，农业质量标准与检验检测，兽医学，植物营养、土壤、水、肥料，农业经济与农村发展，农业信息技术；其他 3 个学科获奖项目总数不足 10 项。从图 2-66 可知，作物学不仅项目总数位居前列，囊括的一等奖的数量也显著多于其他学科，具有明显的学科优势；园艺学获得 3 项一等奖，二等奖项目数量较多；畜牧学获

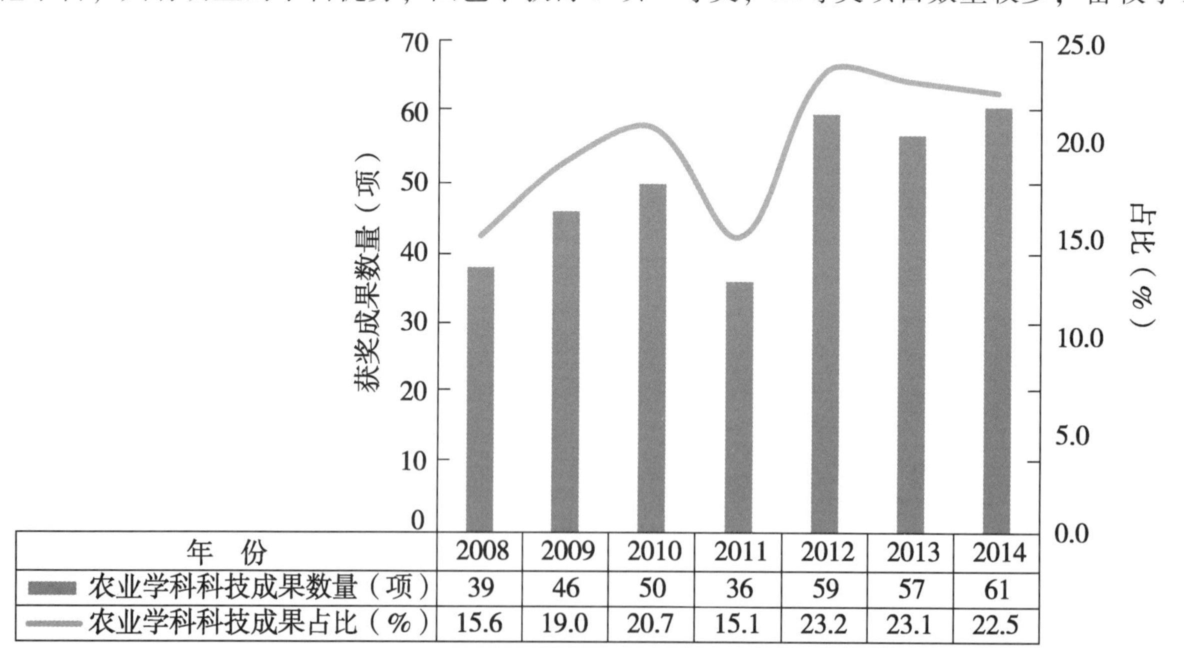

年 份	2008	2009	2010	2011	2012	2013	2014
农业学科科技成果数量（项）	39	46	50	36	59	57	61
农业学科科技成果占比（%）	15.6	19.0	20.7	15.1	23.2	23.1	22.5

图 2-64　四川省 2008—2014 年科学技术奖农业科技获奖成果数量及占比情况

得的一等奖、二等奖也相对多于其他学科；另外，除了植物保护、农业质量标准与检验检测、农业经济与农村发展这 3 个学科外，其他 9 个学科均获得了 1~2 项一等奖。

表 2-22　四川省 2008—2014 年科学技术奖农业科技获奖成果按等级分布情况

奖项类型	奖项等级	获奖成果数量（项）							
		总　计	2008 年	2009 年	2010 年	2011 年	2012 年	2013 年	2014 年
科技进步奖	一等奖	44	6	9	5	5	7	6	6
	二等奖	96	9	13	16	10	16	13	19
	三等奖	208	24	24	29	21	36	38	36

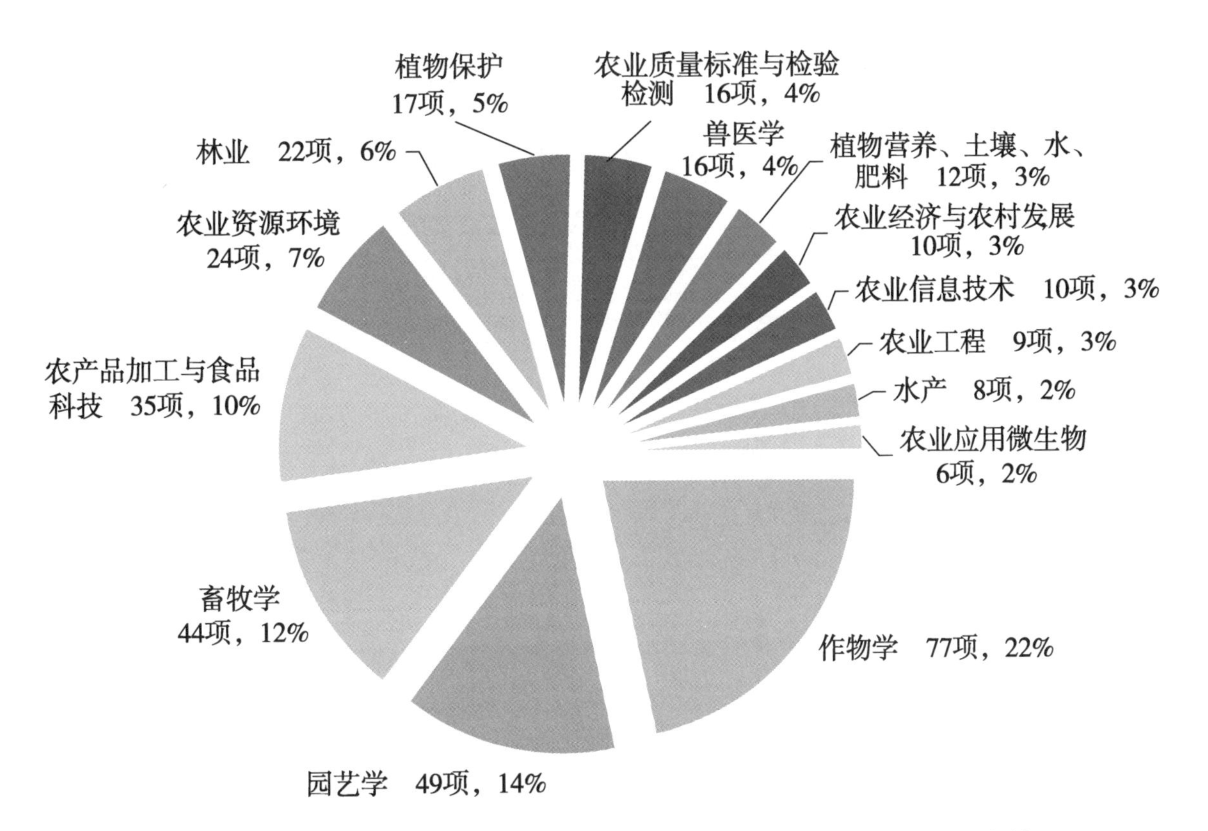

图 2-65　四川省 2008—2014 年科学技术奖农业科技获奖成果按学科分布情况

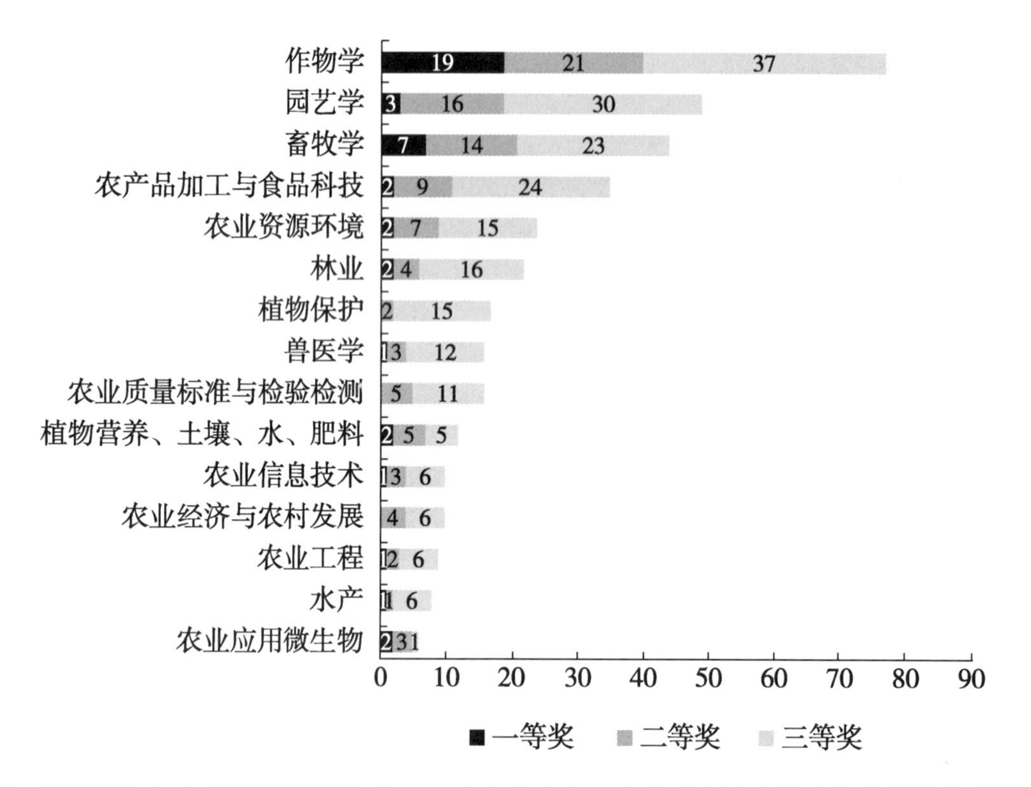

图 2-66　四川省 2008—2014 年科学技术奖农业科技获奖成果按学科和等级分布情况

2008—2014 年贵州省农业科技获奖成果情况

贵州省人民政府设立贵州省科学技术奖，每年评审一次，每次奖励项目总数不超过 80 项。2008—2014 年贵州省 7 届科学技术奖共评出涉及农业学科的获奖项目总计 180 项。从图 2-67 可知，历届获奖项目数量基本稳定在 20~30 项，呈现波浪式变化趋势，占科学技术奖总数的比例平均为 30%左右。从表 2-23 可知，历届获奖项目涵盖各个奖项等级，其中，一等奖为 1~3 项，二等奖为 4 项上下，三等奖为 20 项上下，数量相对稳定。从图 2-68 可知，作物学 7 届获奖项目总数和占农业学科奖项总数的比例均具有明显优势，历届获奖项目共计 51 项，占比 28%；位居第二的是园艺学，获奖 35 项，占比 19%；位居第三的是畜牧学，获奖 17 项，占比 9%。7 届获奖项目总数在 10~15 项的有 3 个学科，分别是兽医学，农业资源环境，植物营养、土壤、水、肥料；其他 9 个学科获奖项目总数不足 10 项。从图 2-69 可知，作物学不仅获奖项目总数位居前列，且囊括一等奖、二等奖的项目数量也多于其他学科。除此之外，贵州省园艺学、兽医学、植物保护、农业质量标准与检验检测这 4 个学科都有一等奖、二等奖、三等奖的涉猎。

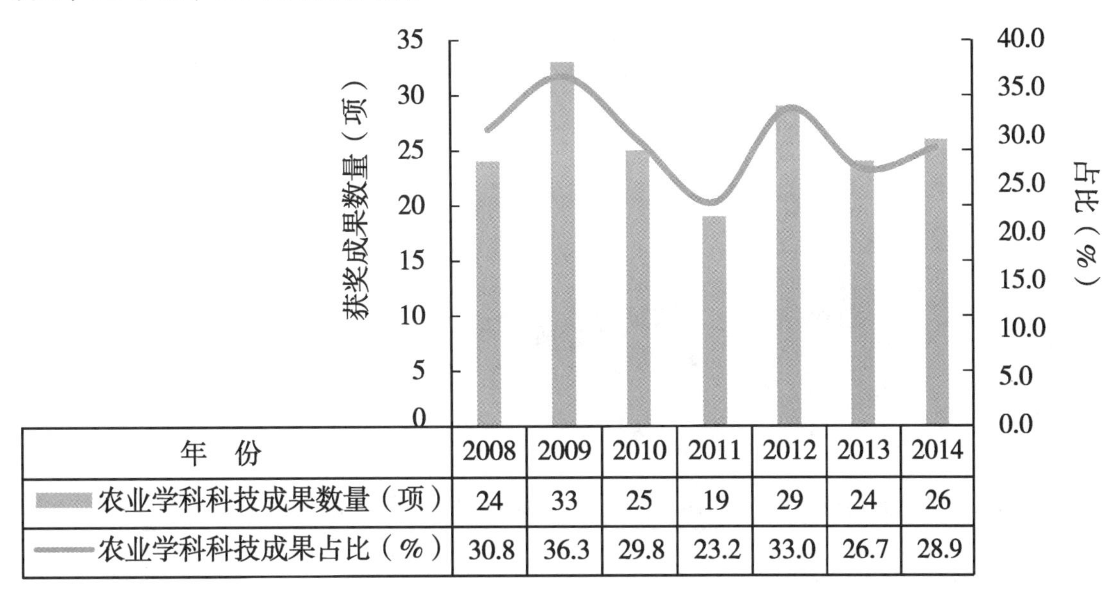

年　份	2008	2009	2010	2011	2012	2013	2014
农业学科科技成果数量（项）	24	33	25	19	29	24	26
农业学科科技成果占比（%）	30.8	36.3	29.8	23.2	33.0	26.7	28.9

图 2-67　贵州省 2008—2014 年科学技术奖农业科技获奖成果数量及占比情况

表 2-23　贵州省 2008—2014 年科学技术奖农业获奖成果按等级分布情况

奖项类型	奖项等级	获奖成果数量（项）							
		总　计	2008 年	2009 年	2010 年	2011 年	2012 年	2013 年	2014 年
成果转化奖	一等奖	5		1		1	1	1	1
	二等奖	20		6	3	3	2	1	5
科技进步奖	一等奖	4		2	1	1			
	二等奖	19		4	3	3	5	2	2
	三等奖	87		20	18	11		20	18
科学技术奖	一等奖	2	2						
	二等奖	4	4						
	三等奖	39	18				21		

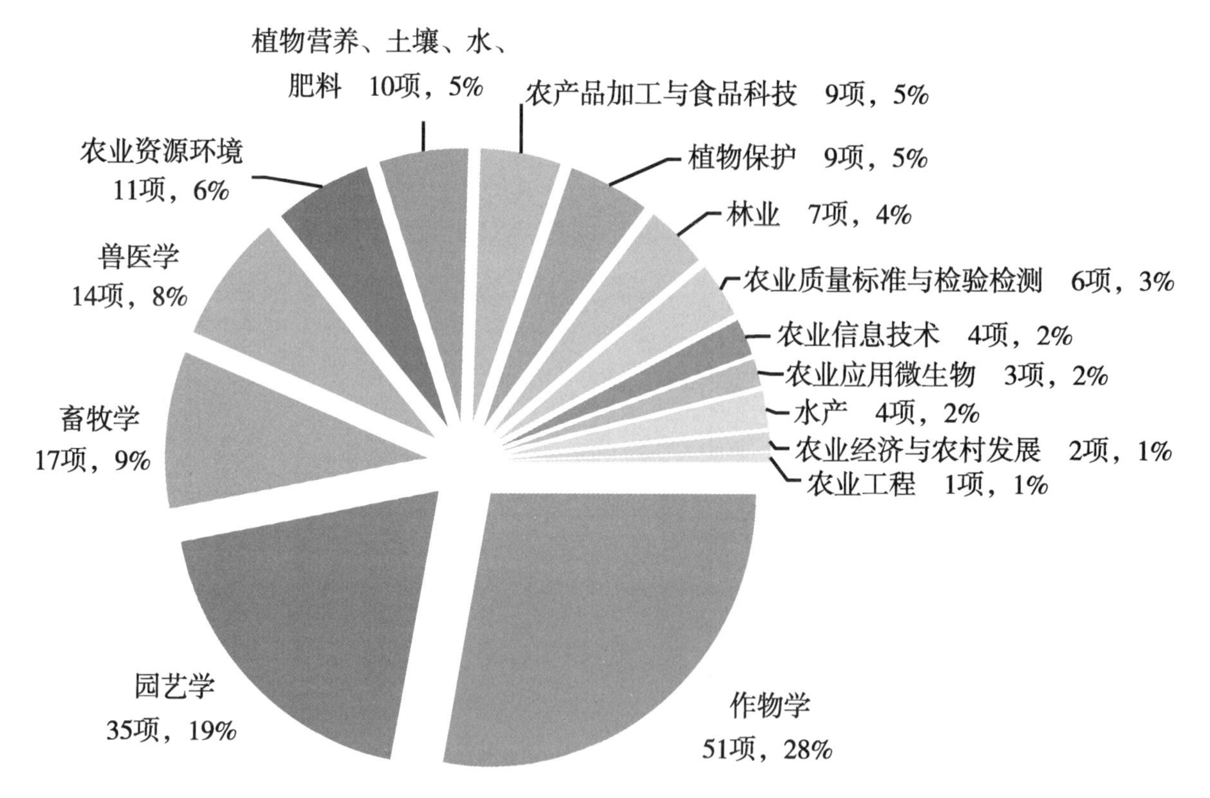

图 2-68　贵州省 2008—2014 年科学技术奖农业科技获奖成果按学科分布情况

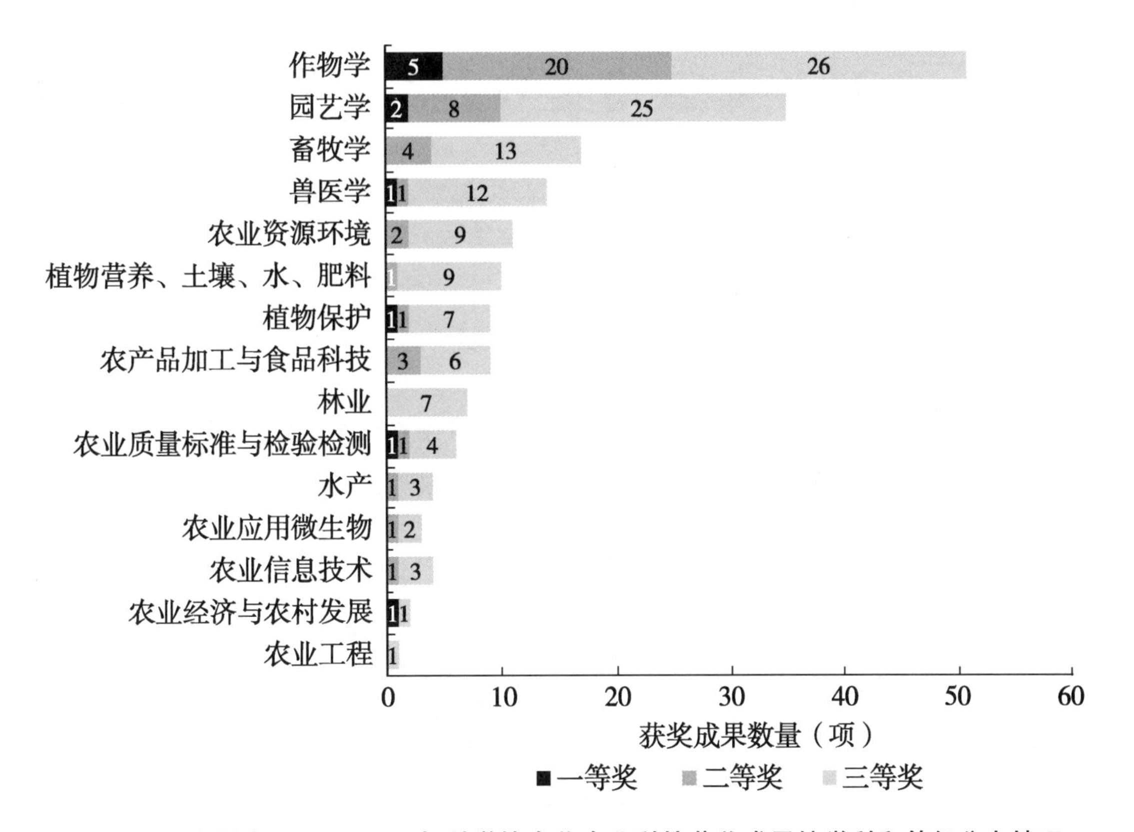

图 2-69　贵州省 2008—2014 年科学技术奖农业科技获奖成果按学科和等级分布情况

2008—2014 年云南省农业科技获奖成果情况

云南省人民政府设立科学技术奖，每年评审一次，奖励项目总数不超过 200 项。2008—2014 年云南省 7 届科学技术奖共评出涉及农业学科的获奖项目总计 370 项。从图 2-70 可知，历届获奖项目数量基本稳定在 50~60 项，占科学技术奖总数的比例平均为 30%左右，但 2010 年的获奖数量和占比均较低。各年份获奖项目数量和占比均呈现波浪式变化趋势。从表 2-24 可知，历届获奖项目涵盖各个奖项等级。一等奖为 5 项左右，二等奖为 10 项左右，三等奖基本在 40 项左右。从图 2-71 可知，作物学 7 届获奖项目总数和在农业学科奖项总数的比例均具有极其明显优势，历届获奖项目共计 117 项，占比 31%；位居第二的是园艺学，获奖 37 项，占比 10%；位居第三的是畜牧学，获奖 36 项，占比 9%。7 届获奖项目总数在 20~30 项的有 5 个学科，分别是林业，农产品加工与食品科技，植物保护，农业资源环境，农业经济与农村发展；获奖项目总数在 10~20 项的有 4 个学科，分别是兽医学，农业质量标准与检验检测，农业信息技术，植物营养、土壤、水、肥料；其他 3 个学科获奖项目总数不足 10 项。从图 2-72 可知，作物学不仅项目总数位居前列，囊括的一等奖、二等奖的项目数量也多于其他学科；除此之外，园艺学、畜牧学、农产品加工与食品科技、林业、

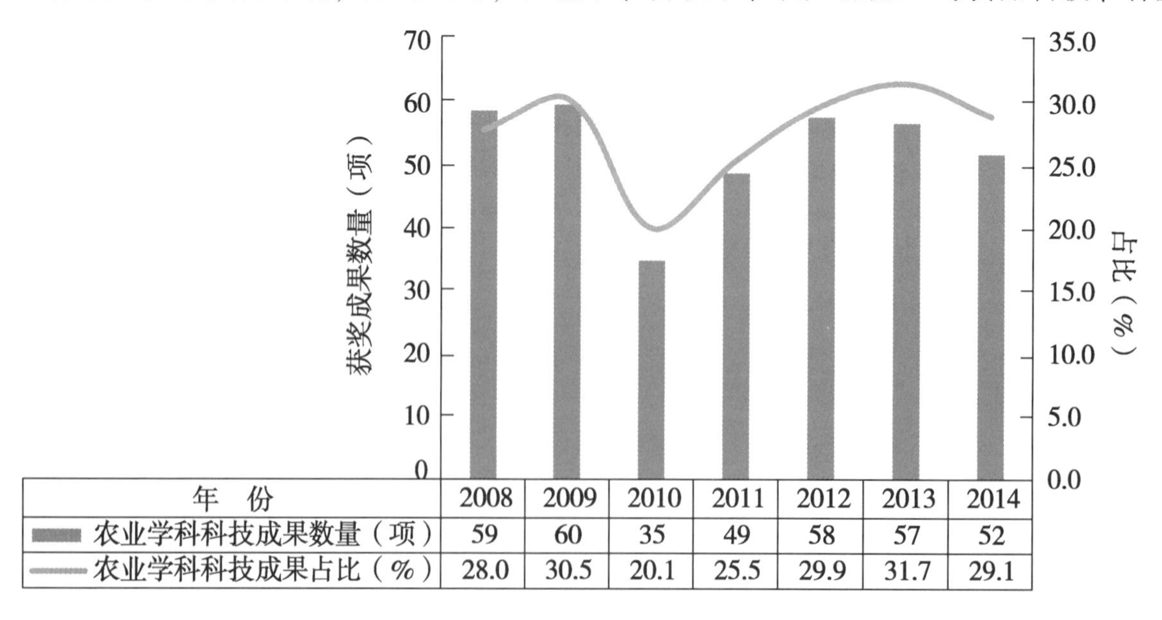

年　份	2008	2009	2010	2011	2012	2013	2014
农业学科科技成果数量（项）	59	60	35	49	58	57	52
农业学科科技成果占比（%）	28.0	30.5	20.1	25.5	29.9	31.7	29.1

图 2-70　云南省 2008—2014 年科学技术奖农业科技获奖成果数量及占比情况

植物保护、农业资源环境、农业质量标准与检验检测 7 个学科均有一等奖涉猎，且植物保护学科获得了 1 项特等奖。

表 2-24　云南省 2008—2014 年科学技术奖农业科技获奖成果按等级分布情况

奖项类型	奖项等级	获奖成果数量（项）							
		总　计	2008 年	2009 年	2010 年	2011 年	2012 年	2013 年	2014 年
技术发明奖	一等奖	2		1		1			
	二等奖	5	1		1	1	1		1
	三等奖	13	2	1	1		3	4	2
科技进步奖	特等奖	1					1		
	一等奖	19	2	3	1	4	5	2	2
	二等奖	50	6	8	6	7	9	7	7
	三等奖	223	33	37	24	28	31	38	32
自然科学奖	一等奖	7	3	2				2	
	二等奖	19	5	4	1	2	1	3	3
	三等奖	31	7	4	1	6	7	1	5

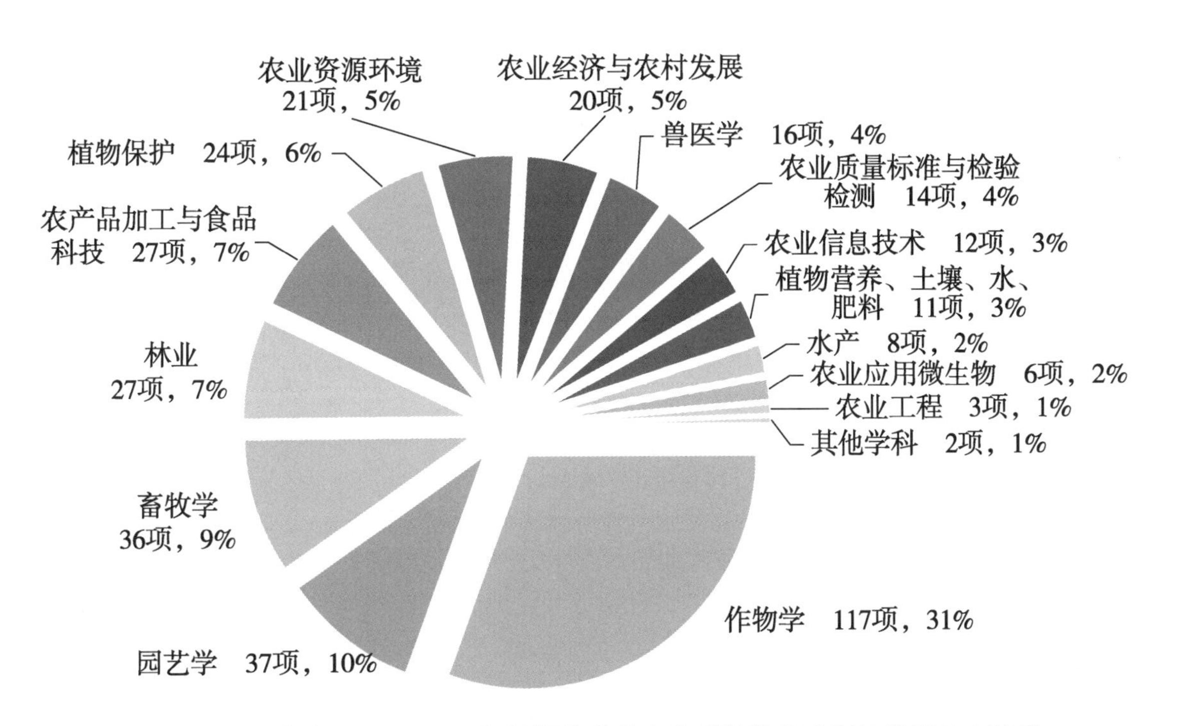

图 2-71　云南省 2008—2014 年科学技术奖农业科技获奖成果按学科分布情况

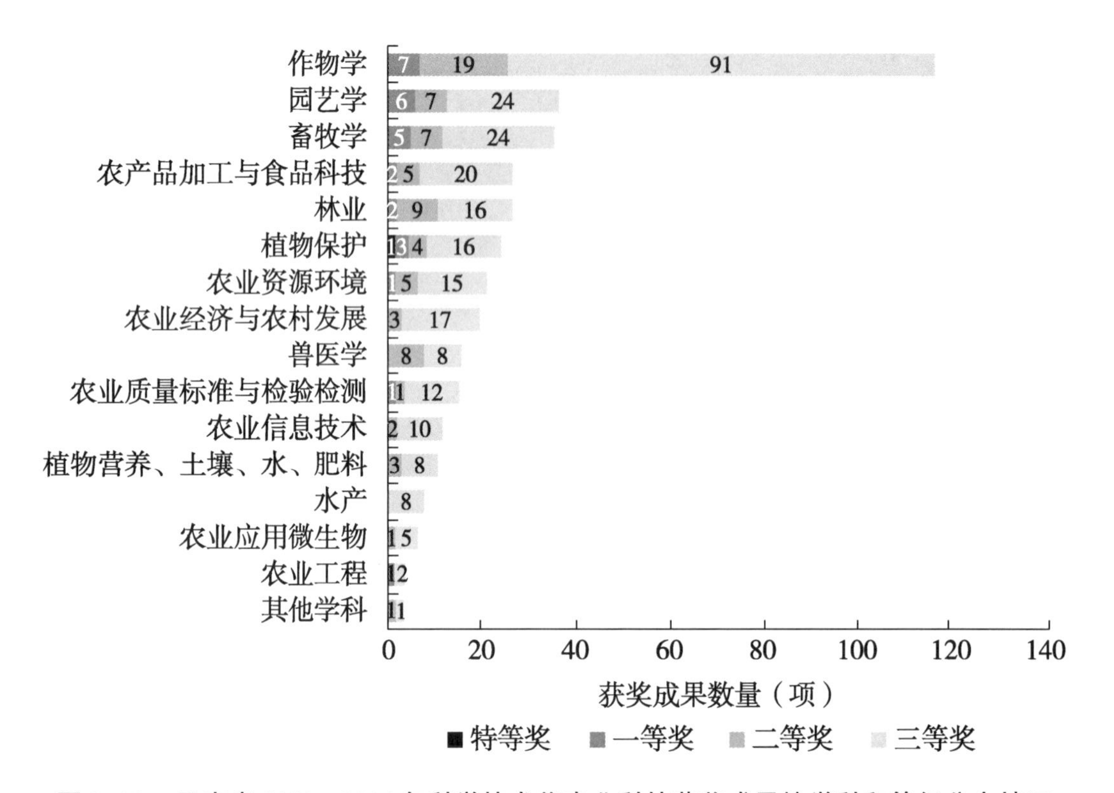

图 2-72　云南省 2008—2014 年科学技术奖农业科技获奖成果按学科和等级分布情况

2008—2014 年陕西省农业科技获奖成果情况

陕西省人民政府设立科学技术奖，每年评审一次。2008—2014 年陕西省 7 届科学技术奖共评出涉及农业学科的获奖项目总计 228 项。从图 2-73 可知，历届获奖项目数量在 30 项左右，呈现波动变化的趋势，占科学技术奖总数的比例平均为 14%左右。从表 2-25 可知，除 2009 年外，历届获奖项目涵盖各个奖项等级，一等奖为 5 项左右，二等奖为 15 项左右，三等奖在 13~20 项。从图 2-74 可知，作物学 7 届获奖项目总数和占农业学科奖项总数的比例均较其他学科具有明显优势，历届获奖项目共计 43 项，占比 19%；位居第二的是园艺学，获奖 40 项，占比 18%；位居第三的是畜牧学，获奖 26 项，占比 11%。7 届获奖项目总数在 10~20 项的有 5 个学科，分别是农业资源环境，农产品加工与食品科技，植物保护，植物营养、土壤、水、肥料，农业工程；其他 8 个学科获奖项目总数不足 10 项。从图 2-75 可知，作物学和园艺学不仅项目总数位居前列，囊括的一等奖的数量也多于其他学科，具有明显的学科优势；畜牧学、农业资源环境获得的二等奖较多；除此之外，农产品加工与食品科技，植物营养、土壤、水、肥料，农业工程，农业应用微生物，农业经济与农村发展这 5 个学科也获得了 1~2 项一等奖。

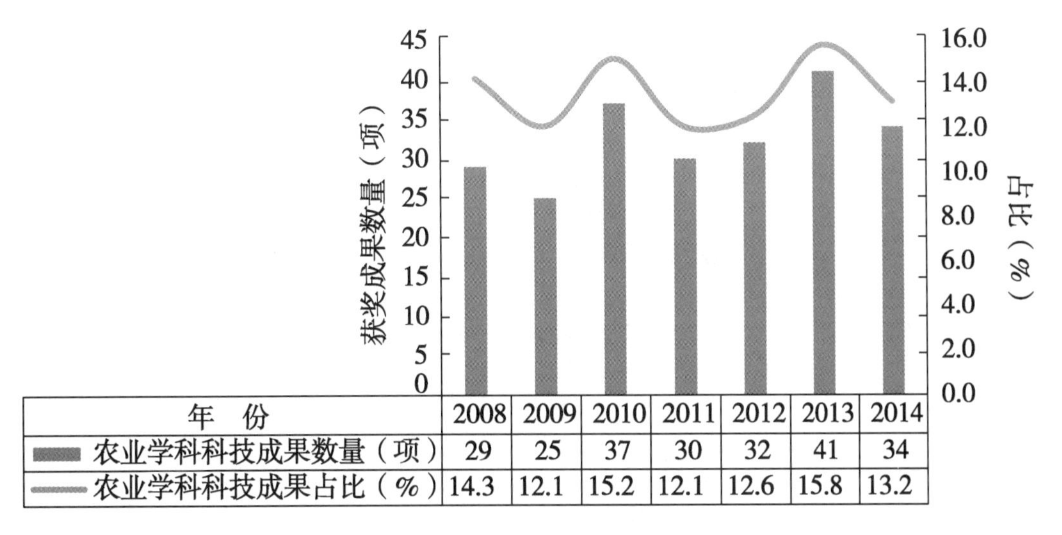

年　份	2008	2009	2010	2011	2012	2013	2014
农业学科科技成果数量（项）	29	25	37	30	32	41	34
农业学科科技成果占比（%）	14.3	12.1	15.2	12.1	12.6	15.8	13.2

图 2-73　陕西省 2008—2014 年科学技术奖农业科技获奖成果数量及占比情况

表 2-25　陕西省 2008—2014 年科学技术奖农业科技获奖成果按等级分布情况

奖项类型	奖项等级	获奖成果数量（项）							
		总　计	2008 年	2009 年	2010 年	2011 年	2012 年	2013 年	2014 年
科学技术奖	一等奖	24	2		5	5	2	6	4
	二等奖	93	12	9	12	12	14	18	16
	三等奖	111	15	16	20	13	16	17	14

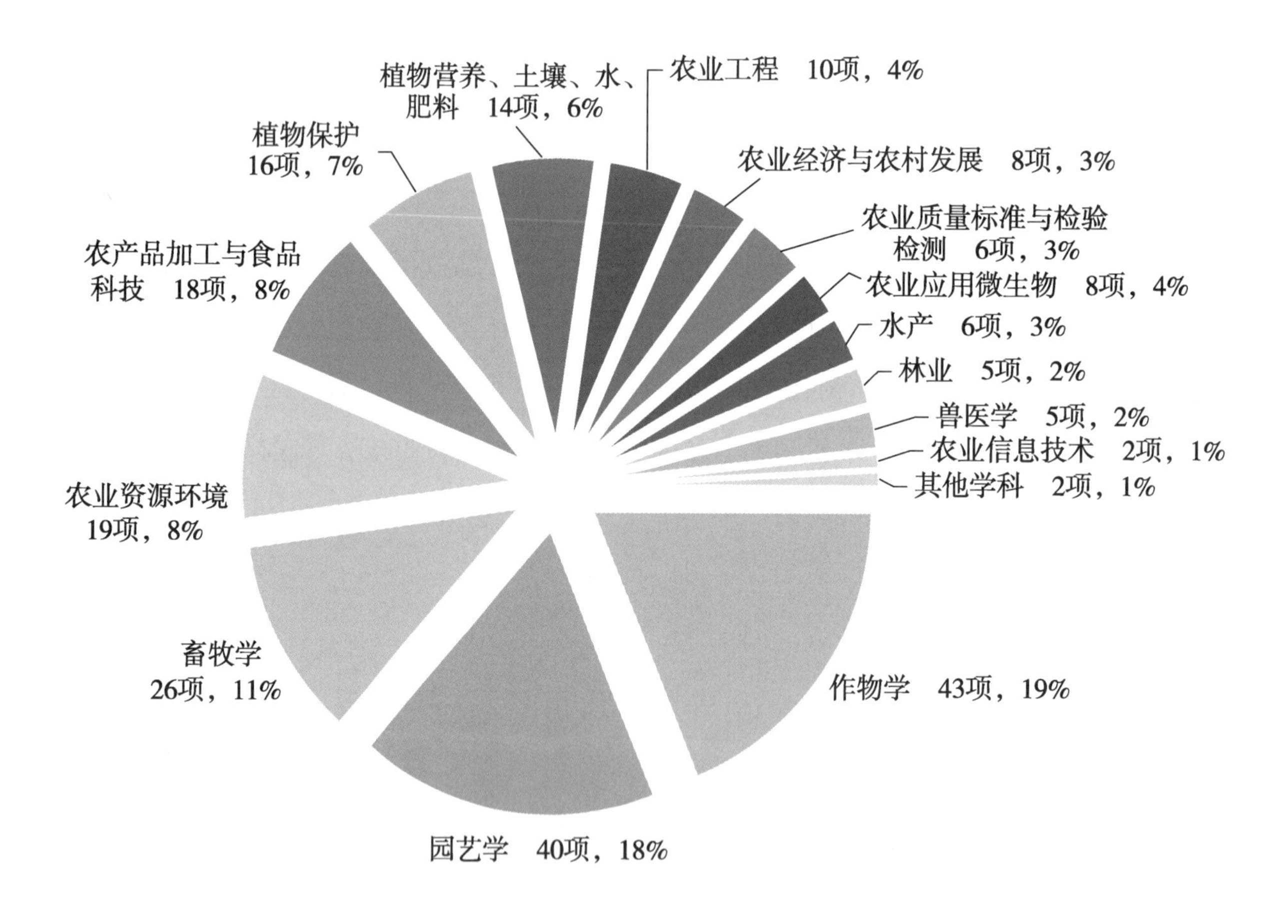

图 2-74　陕西省 2008—2014 年科学技术奖农业科技获奖成果按学科分布情况

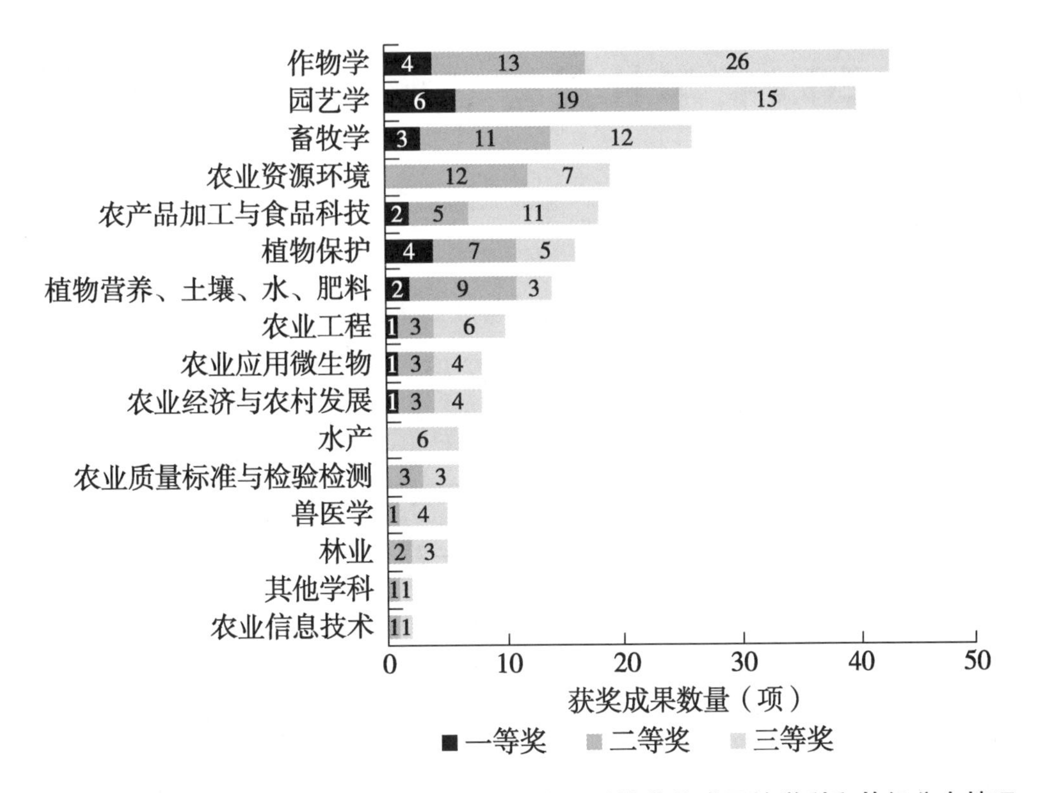

图 2-75　陕西省 2008—2014 年科学技术奖农业科技获奖成果按学科和等级分布情况

2008—2014 年甘肃省农业科技获奖成果情况

甘肃省人民政府设立甘肃省科学技术奖，每年评审一次。2008—2014 年甘肃省 7 届科学技术奖共评出涉及农业学科的获奖项目总计 377 项。从图 2-76 可知，历届获奖项目数量基本稳定在 45~60 项，呈现波浪式变化趋势，科学技术奖总数的比例平均为 32%左右。从表 2-26 可知，历届获奖项目涵盖各个奖项等级，其中，一等奖为 4~6 项，二等奖为 22 项上下，三等奖为 26 项上下，数量相对稳定。从图 2-77 可知，作物学 7 届获奖项目总数和占农业学科奖项总数的比例均具有明显优势，历届获奖项目共计 90 项，占比 24%；位居第二的是农业资源环境，获奖 50 项，占比 13%；位居第三的是园艺学，获奖 49 项，占比 13%；位居第四的是畜牧学，获奖 45 项，占比 12%。7 届获奖项目总数在 20~30 项的有 4 个学科，分别是农产品加工与食品科技，农业工程，兽医学，植物保护；其他 8 个学科获奖项目总数不足 20 项。从图 2-78 可知，作物学不仅获奖项目总数位居前列，且囊括一等奖、二等奖的项目数量也多于其他学科。除此之外，甘肃省农业资源环境、园艺学、畜牧学、农业工程、农产品加工与食品科技、兽医学、农业经济与农村发展、农业应用微生物这 8 个学科均有一等奖、二等奖、三等奖涉猎。

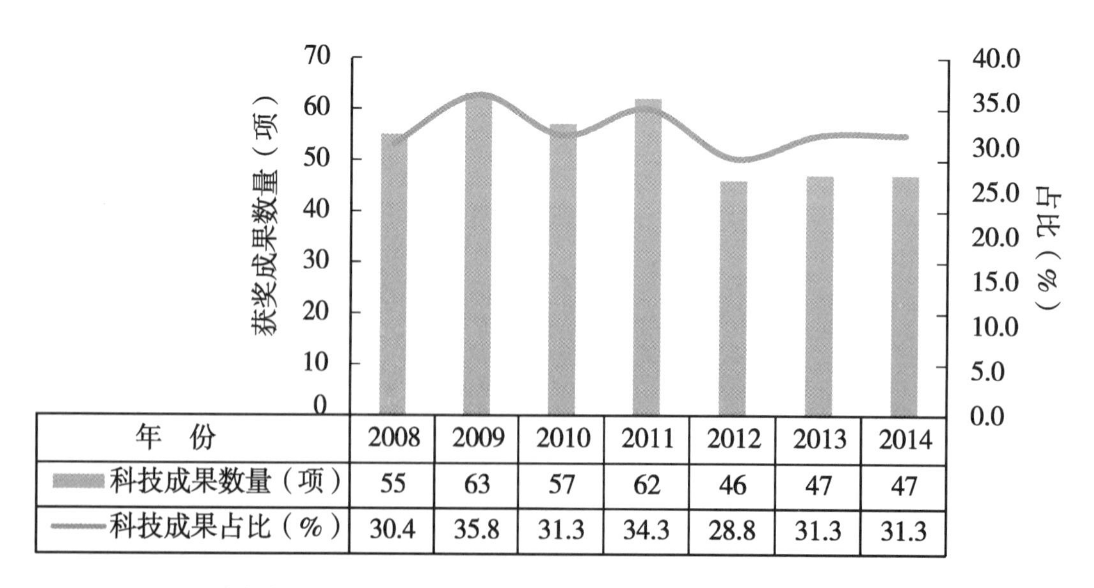

年 份	2008	2009	2010	2011	2012	2013	2014
科技成果数量（项）	55	63	57	62	46	47	47
科技成果占比（%）	30.4	35.8	31.3	34.3	28.8	31.3	31.3

图 2-76 甘肃省 2008—2014 年科学技术奖农业科技获奖成果数量及占比情况

表 2-26　甘肃省 2008—2014 年科学技术奖农业科技获奖成果按等级分布情况

奖项类型	奖项等级	获奖成果数量（项）							
		总　计	2008年	2009年	2010年	2011年	2012年	2013年	2014年
自然科学奖	一等奖	2	1			1			
	二等奖	4	1	2					1
	三等奖	3	1		1			1	
技术发明奖	一等奖	1						1	
	二等奖								
	三等奖	5	1		1		1	1	1
科技进步奖	一等奖	25	3	5	4	5	2	3	3
	二等奖	156	22	26	24	25	18	20	21
	三等奖	181	26	30	27	31	25	21	21

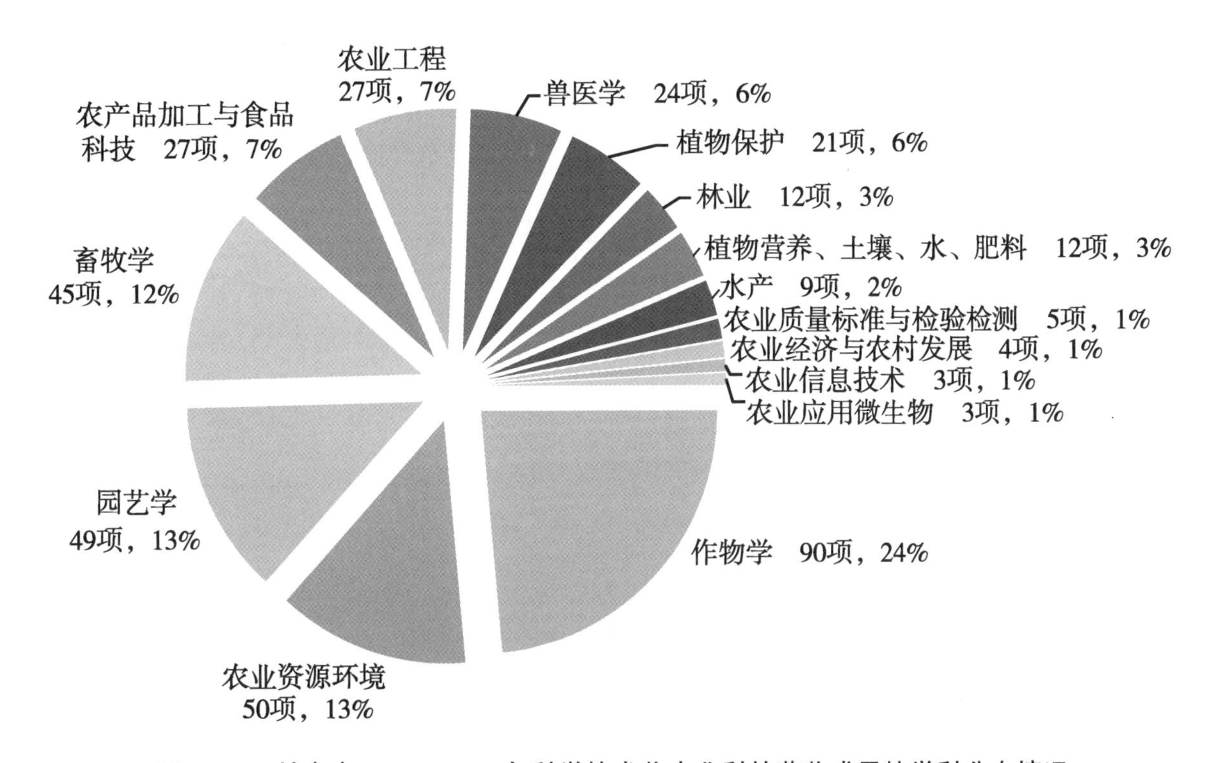

图 2-77　甘肃省 2008—2014 年科学技术奖农业科技获奖成果按学科分布情况

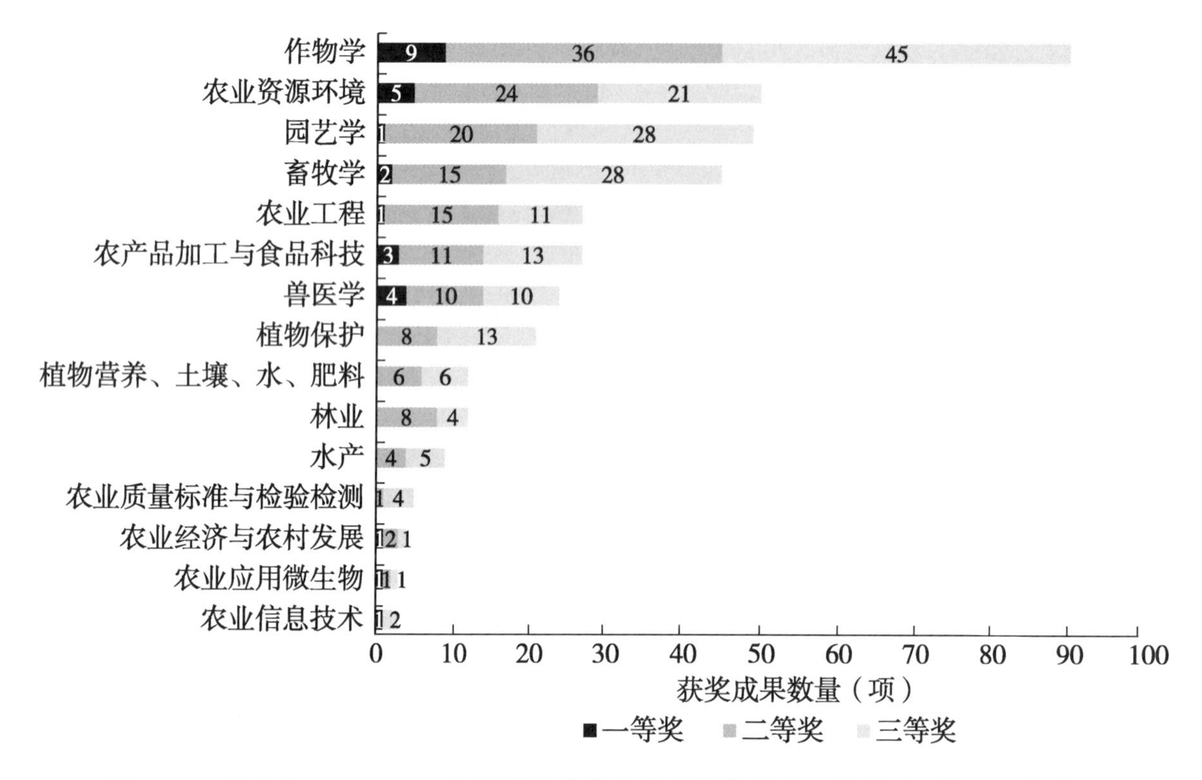

图 2-78　甘肃省 2008—2014 年科学技术奖农业科技获奖成果按学科和等级分布情况

2008—2014 年青海省农业科技获奖成果情况

青海省人民政府设立青海省科学技术奖，每年评审一次，每次奖励项目总数不超过 30 项。2008—2014 年青海省 7 届科学技术奖共评出涉及农业学科的获奖项目总计 48 项。从图 2-79 可知，历届获奖项目数量基本稳定在 3~10 项，呈现波浪式变化趋势，占科学技术奖总数的比例平均为 27%左右。从表 2-27 可知，历届获奖项目涵盖各个奖项等级，其中，一等奖为 1~3 项，二等奖为 1~4 项，三等奖为 3~5 项，数量相对稳定。从图 2-80 可知，农业资源环境和作物学 7 届获奖项目总数和占农业学科奖项总数的比例名列前茅，且均具有明显优势，历届获奖项目分别为 12 项、11 项，占比分别为 25%、23%；位居第三的是畜牧学，获奖 8 项，占比 17%；其他 7 个学科获奖项目总数不足 5 项。从图 2-81 可知，作物学和农业资源环境不仅获奖项目总数位居前列，且高奖项等级获奖项目数量有一定优势。除此之外，青海省园艺学在一等奖、二等奖、三等奖中均有涉猎。

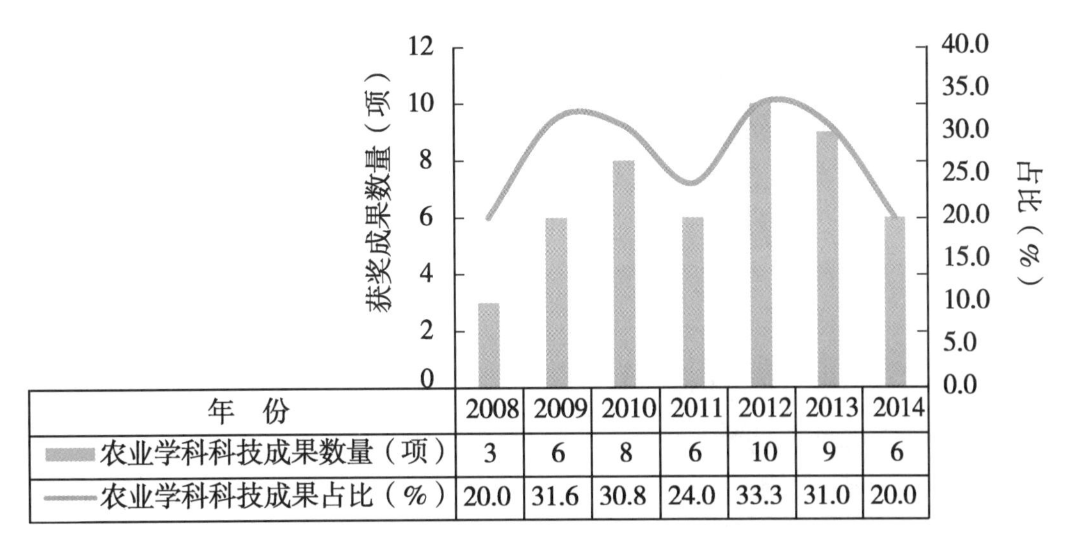

年　份	2008	2009	2010	2011	2012	2013	2014
农业学科科技成果数量（项）	3	6	8	6	10	9	6
农业学科科技成果占比（%）	20.0	31.6	30.8	24.0	33.3	31.0	20.0

图 2-79　青海省 2008—2014 年科学技术奖农业科技获奖成果数量及占比情况

表 2-27　青海省 2008—2014 年科学技术奖农业科技获奖成果按等级分布情况

奖项类项	奖项等级	获奖成果数量（项）							
		总　计	2008 年	2009 年	2010 年	2011 年	2012 年	2013 年	2014 年
科技奖	一等奖	8		2		1	3	1	1
	二等奖	17	3	1	4	2	2	4	1
	三等奖	23		3	4	3	5	4	4

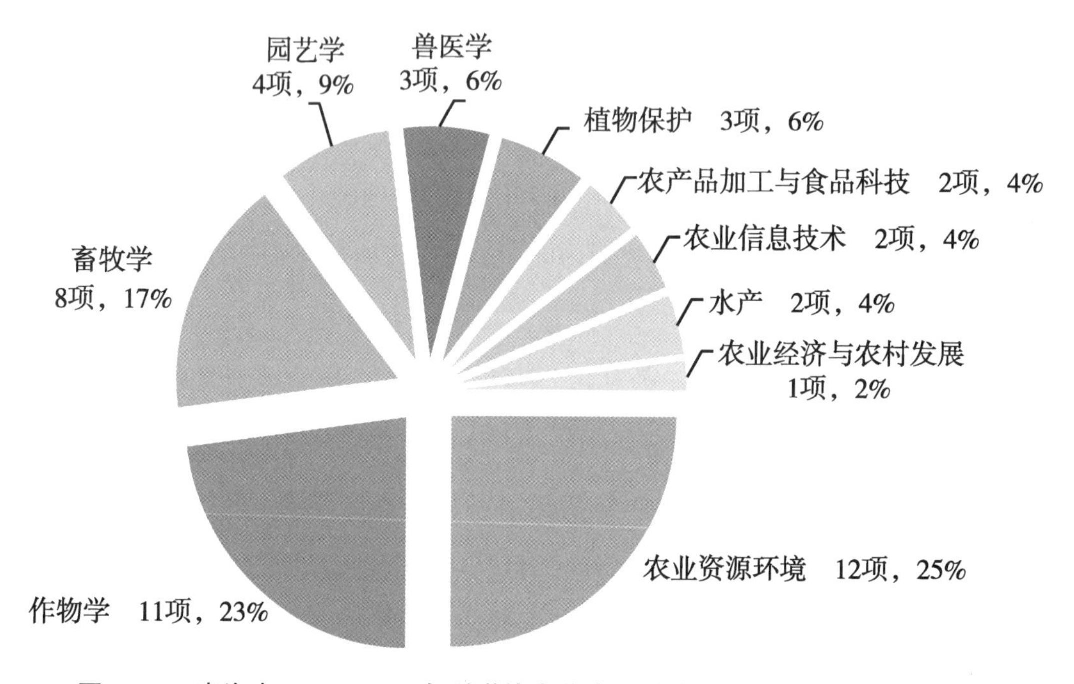

图 2-80　青海省 2008—2014 年科学技术奖农业科技获奖成果按学科分布情况

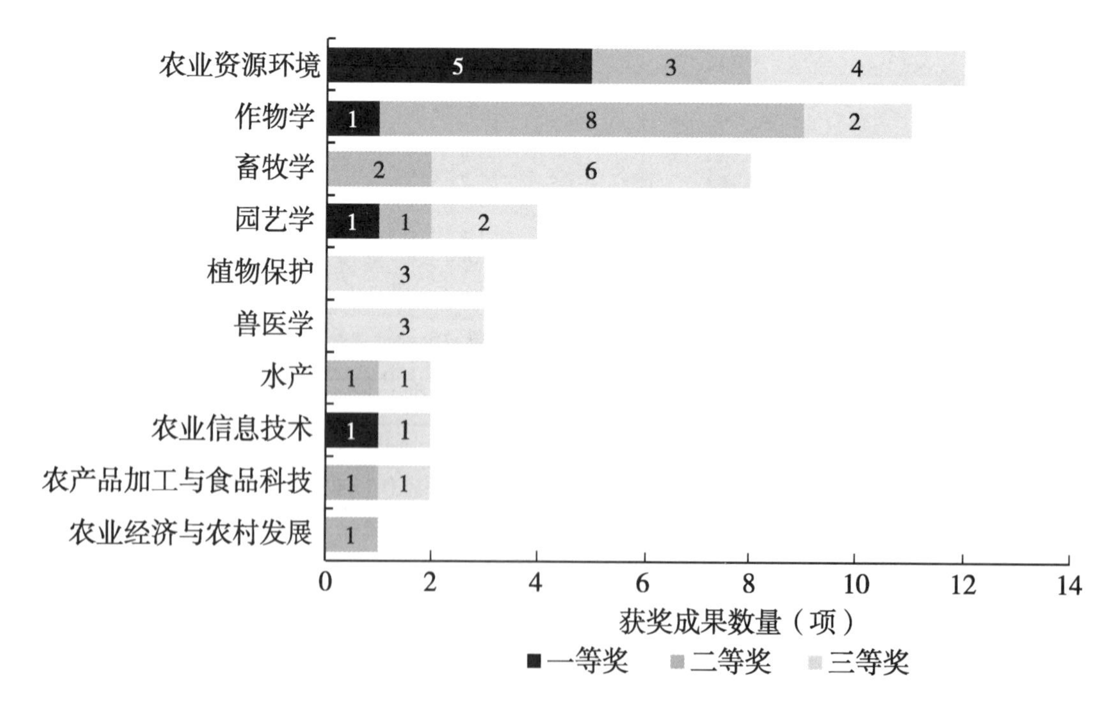

图 2-81　青海省 2008—2014 年科学技术奖农业科技获奖成果按学科和等级分布情况

2008—2012 年宁夏回族自治区农业科技获奖成果情况

宁夏回族自治区人民政府设立科学技术进步奖，2008—2012 年每年度评审、公布一次，2013 年起每年评审一次、每三年公布一次。2008—2012 年宁夏[①] 5 届科学技术奖共评出涉及农业学科的获奖项目总计 119 项。从图 2-82 可知，2008—2012 年历届获奖项目数量在 17~29 项，2010 年获奖数量较少，低于 20 项，总体呈现出先下降后上升的趋势，占科学技术奖总数的比例平均为 33%左右。从表 2-28 可知，2008—2012 年农业学科科技奖励成果涉及了所有的奖项等级，一等奖为 2 项，二等奖为 5~10 项，三等奖基本在 15 项上下，2010 年的三等奖只 6 项；另外，2011 年评选出 1 项科学技术重大创新团队奖。从图 2-83 可知，5 届作物学获奖项目总数和占农业学科奖项总数的比例具有明显优势，历届获奖项目共计 27 项，占比 21%；位居第二的是农业工程，获奖 16 项，占比 13%；位居第三的是农业资源环境，获奖 14 项，占比 11%。除此之外，5 届获奖项目总数在 10 项以上的还有 2 个学科，分别是园艺学，植物保护。其他 9 个学科获奖项目数量不足 10 项。从图 2-84 可知，作物学不仅项

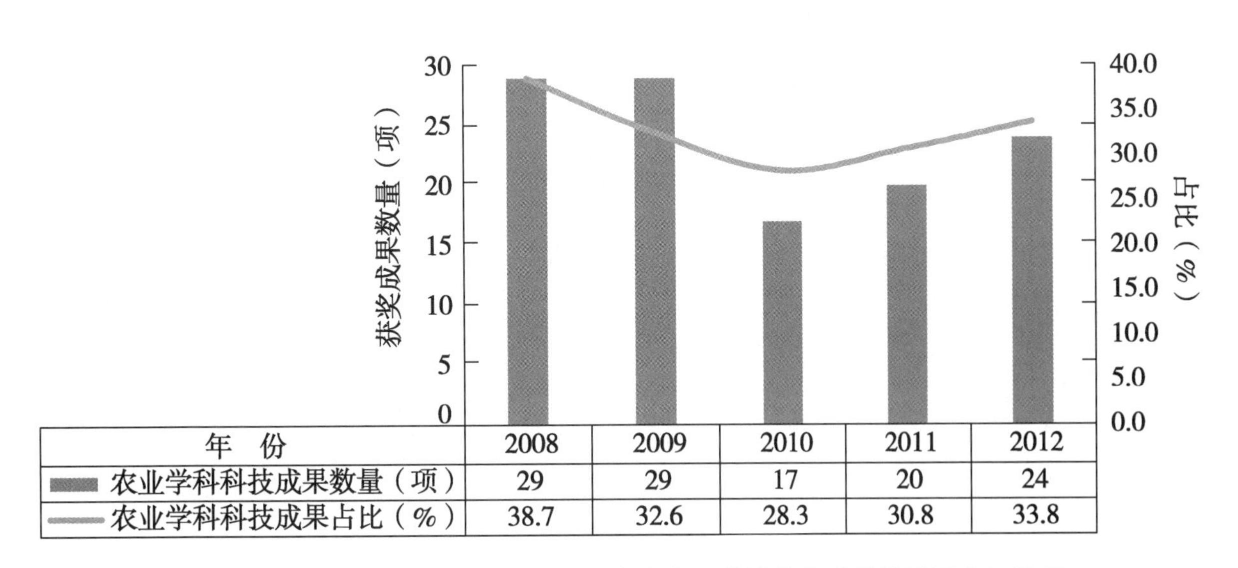

年　份	2008	2009	2010	2011	2012
农业学科科技成果数量（项）	29	29	17	20	24
农业学科科技成果占比（%）	38.7	32.6	28.3	30.8	33.8

图 2-82　宁夏 2008—2012 年科学技术奖农业科技获奖成果数量及占比情况

① 宁夏回族自治区，全书简称宁夏

目总数位居前列，而且获得的一等奖、二等奖的数量也较多，并获得了 1 项科学技术重大创新团队奖；农业资源环境的一等奖、二等奖的数量也较多；除此之外，园艺学，植物保护，农业信息技术，植物营养、土壤、水、肥料，水产 5 个学科也各获得了 1 项一等奖。

表 2-28　宁夏 2008—2012 年科学技术奖农业科技获奖成果按等级分布情况

奖项类型	奖项等级	获奖成果数量（项）					
		总　计	2008 年	2009 年	2010 年	2011 年	2012 年
科学技术进步奖	一等奖	10	2	2	2	2	2
	二等奖	40	10	9	9	5	7
	三等奖	68	17	18	6	12	15
科学技术重大创新团队奖		1				1	

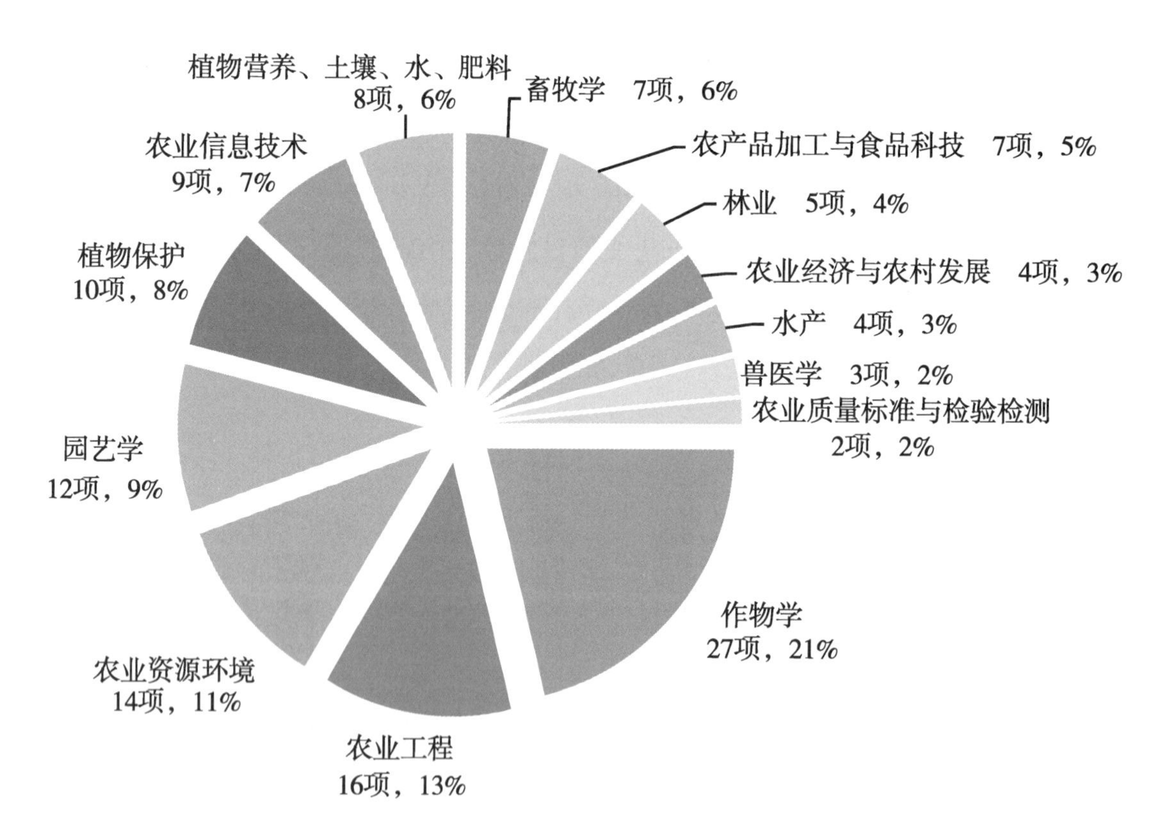

图 2-83　宁夏 2008—2012 年科学技术奖农业科技获奖成果按学科分布情况

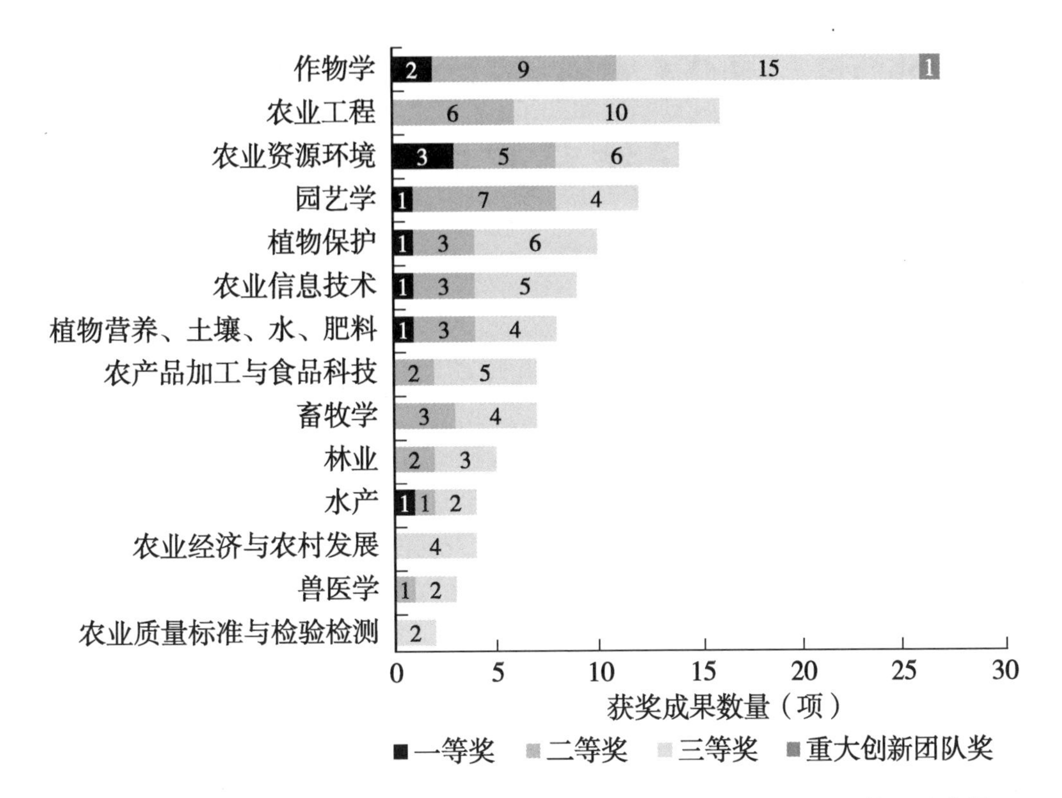

图 2-84 宁夏 2008—2012 年科学技术奖农业科技获奖成果按学科和等级分布情况

2008—2014 年新疆维吾尔自治区农业科技获奖成果情况

新疆维吾尔自治区人民政府设立科学技术进步奖，除 2008—2009 年外每年评审一次。2008—2014 年评选了 6 届，共评出涉及农业学科的获奖项目总计 179 项。从图 2-85 可知，新疆[①]历届获奖项目数量在 20 项到 42 项不等，呈现出先上升后下降的变化趋势，占科学技术奖总数的比例平均为 23%左右。从表 2-29 可知，2008—2014 年科学技术进步奖中的农业学科历届获奖项目涵盖各个奖项等级，其中，一等奖为 2~4 项，二等奖为 10 项上下，2013 年二等奖数量达 21 项，三等奖为 11~18 项。从图 2-86 可知，作物学 6 届获奖项目总数和占农业学科奖项总数的比例均具有明显优势，历届获奖项目共计 36 项，占比 20%；位居第二的是园艺学，获奖 25 项，占比 14%；位居第三的是畜牧学，获奖 22 项，占比 12%。6 届

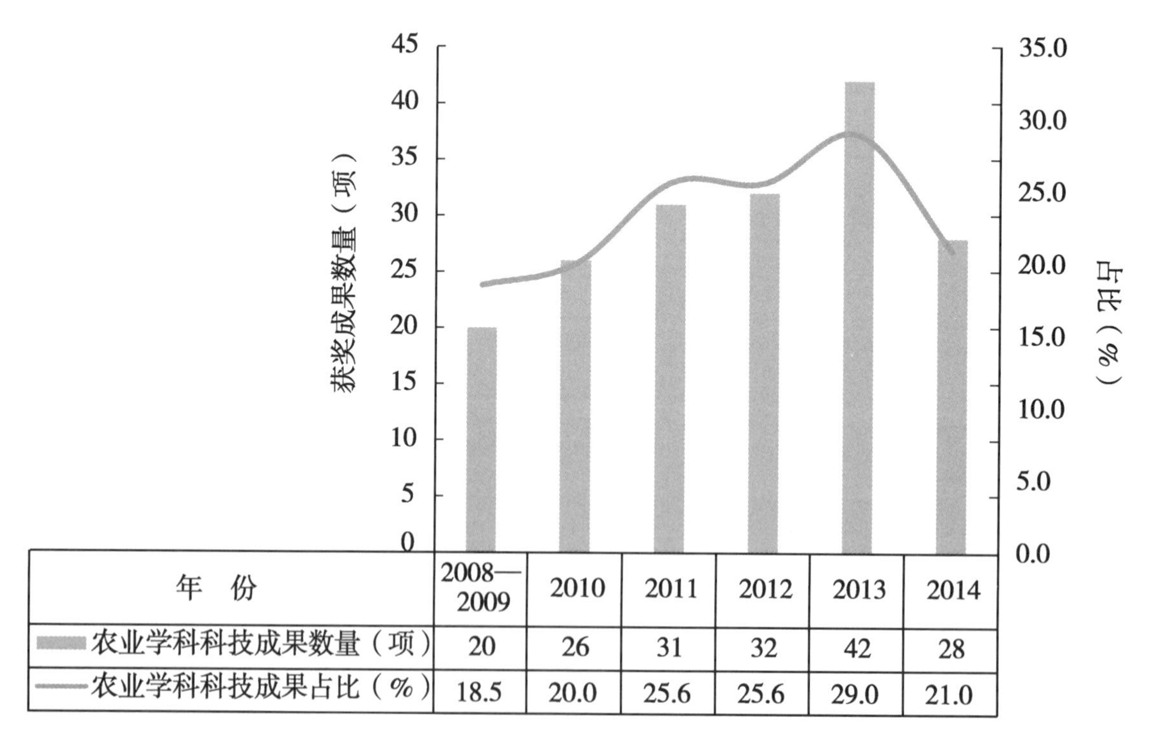

年　份	2008—2009	2010	2011	2012	2013	2014
农业学科科技成果数量（项）	20	26	31	32	42	28
农业学科科技成果占比（%）	18.5	20.0	25.6	25.6	29.0	21.0

图 2-85　新疆 2008—2014 年科学技术进步奖农业科技获奖成果数量及占比情况

① 新疆维吾尔自治区，全书简称新疆

获奖项目总数在 10~20 项的有 6 个学科，分别是农产品加工与食品科技，农业工程，植物营养、土壤、水、肥料，植物保护，农业资源环境，兽医学；其他 6 个学科获奖项目总数不足 10 项。从图 2-87 可知，作物学不仅项目总数位居前列，获得的一等奖、二等奖的数量多于其他学科，具有明显的学科优势；而园艺学、农业工程、农业资源环境这 3 个学科的一等奖、二等奖的数量相对较多；除此之外，畜牧学、农产品加工与食品科技、植物保护、兽医学、农业应用微生物、农业经济与农村发展这 6 个学科分别斩获 1 项一等奖。

表 2-29　新疆 2008—2014 年科学技术进步奖农业科技获奖成果按等级分布情况

奖项类型	奖项等级	获奖成果数量（项）						
		总　计	2008—2009 年	2010 年	2011 年	2012 年	2013 年	2014 年
科技进步奖	一等奖	18	2	3	3	3	4	3
	二等奖	73	7	10	10	12	21	13
	三等奖	88	11	13	18	17	17	12

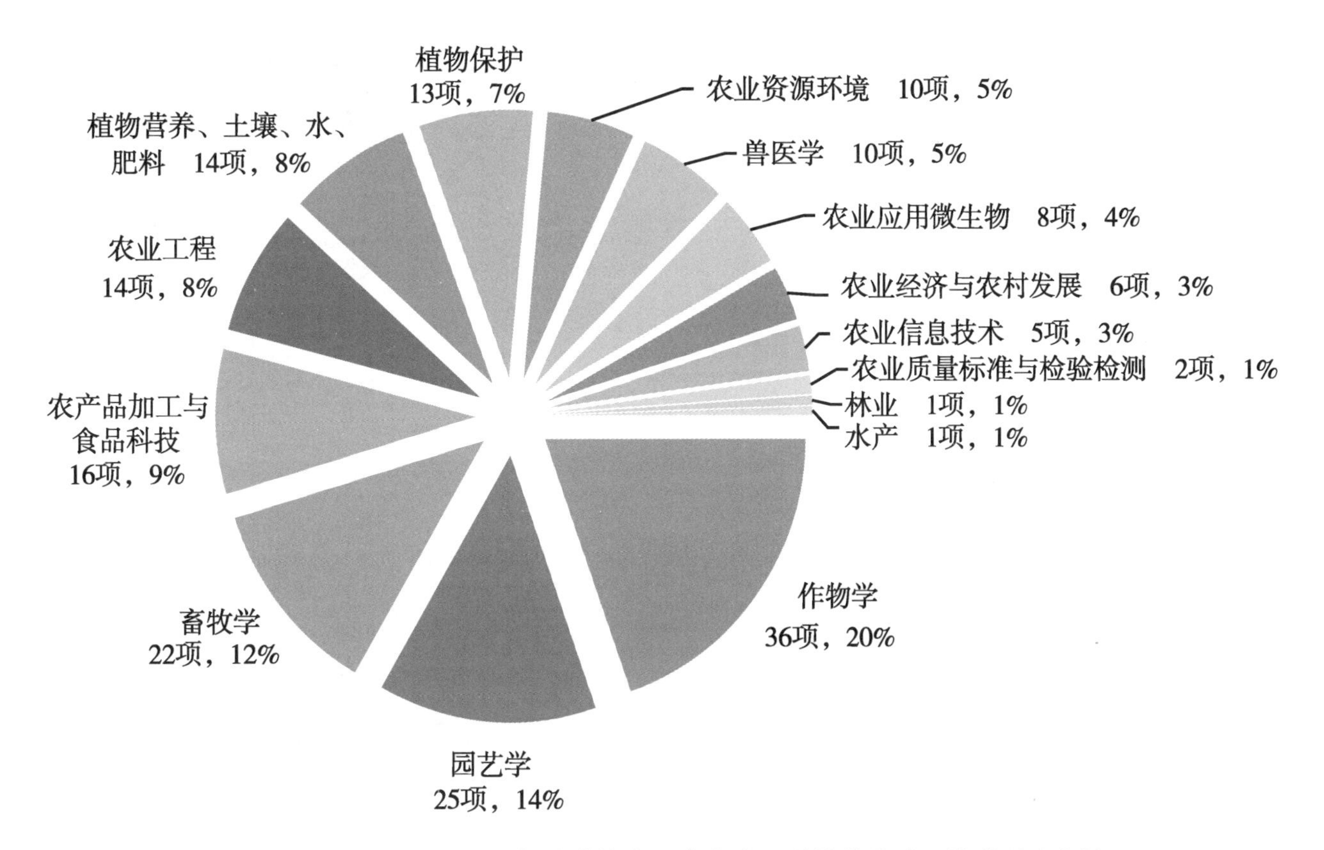

图 2-86　新疆 2008—2014 年科学技术进步奖农业科技获奖成果按学科分布情况

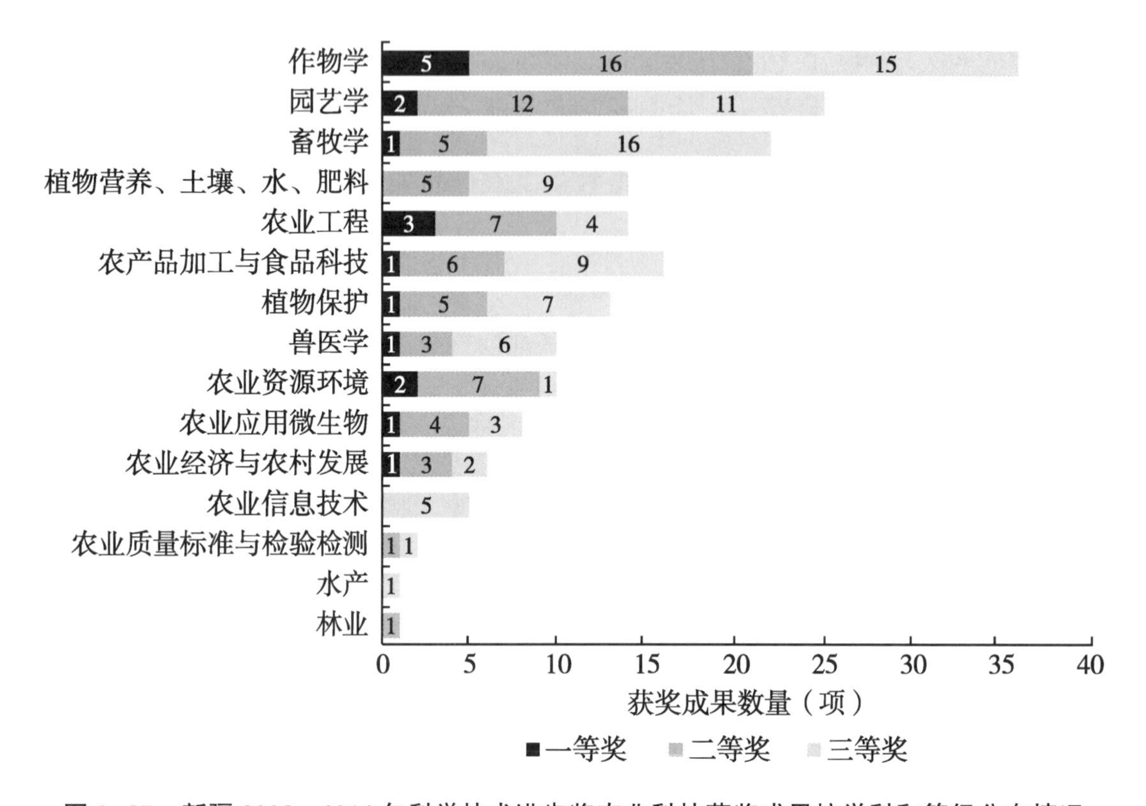

图 2-87　新疆 2008—2014 年科学技术进步奖农业科技获奖成果按学科和等级分布情况

附录 A

2008—2015 年国家级农业科技奖励获奖成果名录

附表 A-1 2008—2015 年国家科学技术奖农业获奖成果

年 份	奖 项	等 级	项目名称	主要完成单位	主要完成人
2008	国家技术发明奖	二等奖	西南地区玉米杂交育种第四轮骨干自交系 18-599 和 08-641	四川农业大学	荣廷昭，潘光堂，黄玉碧，曹墨菊，高世斌，兰海
2008	国家技术发明奖	二等奖	中国地方鸡种质资源优异性状发掘创新与应用	河南农业大学，河南省家禽种质资源创新工程研究中心	康相涛，王彦彬，田亚东，李明，孙桂荣，黄艳群
2008	国家技术发明奖	二等奖	食品、农产品品质无损检测新技术和融合技术的开发	江苏大学	赵杰文，黄星奕，邹小波，蔡健荣，刘木华，陈全胜
2008	国家科技进步奖	一等奖	中国小麦品种品质评价体系建立与分子改良技术研究	中国农业科学院作物科学研究所，首都师范大学，山西省农业科学院小麦研究所	何中虎，晏月明，夏先春，张艳，安林利，庄巧生，王德森，张勇，陈新民，夏兰芹，胡英考，蔡民华，王光瑞，阎俊
2008	国家科技进步奖	二等奖	黑色食品作物种质资源研究与新品种选育及产业化利用	广东省农业科学院农业生物技术研究所，中山大学，华中农业大学，陕西省水稻研究所，广西黑五类食品集团有限责任公司	张名位，赖来展，李宝健，池建伟，孙玲，彭仲明，吴升华，张瑞芬，徐志宏，陆振猷
2008	国家科技进步奖	二等奖	广适多抗高产稳产冬小麦新品种邯 6172	邯郸市农业科学院，中国科学院遗传与发育生物学研究所农业资源研究中心	马永安，陈冬梅，宋玉田，周进宝，刘保华，周瑾，吴智泉，宋香武，纪军，张长生
2008	国家科技进步奖	二等奖	黄瓜育种技术创新与优质专用新品种选育	天津利润农业科技股份有限公司黄瓜研究所	杜胜利，李淑菊，李加旺，马德华，张文珠，魏爱民，张桂华，哈玉洁，杨瑞环，王全
2008	国家科技进步奖	二等奖	高油双低杂交油菜秦优 7 号选育和推广	陕西省杂交油菜研究中心，陕西省秦丰杂交油菜种子有限公司	李殿荣，田建华，穆建新，周轩，陈文杰，任军荣，李永红，杨建利，张文学，管晓春
2008	国家科技进步奖	二等奖	香菇育种新技术的建立与新品种的选育	上海市农业科学院，三明市真菌研究所，华中农业大学，浙江省庆元县食用菌科学技术研究所中心，武义县真菌研究所，浙江省林业科学研究院	潘迎捷，黄秀治，林芳灿，吴克甸，李明焱，谭琦，曾金凤，陈俏彪，陈明杰，朱惠照
2008	国家科技进步奖	二等奖	优质高配合力重穗型杂交水稻恢复系绵恢 725 的选育和应用	绵阳市农业科学研究所	龙太康，胡运高，王志，肖龙，李成依，汪旭东，龙斌，刘定友，魏灵，王茂理
2008	国家科技进步奖	二等奖	松材线虫分子检测鉴定及媒介昆虫防治关键技术	南京林业大学，福建省林业科学研究院，江苏省林业科学研究院，福建省森林病虫害防治检疫总站，安徽省林业有害生物防治检疫局	叶建仁，黄金水，陈凤毛，吴小芹，李玉巧，何学友，解春霞，潘宏阳，魏初奖，郑华英
2008	国家科技进步奖	二等奖	名优花卉矮化分子、生理、细胞学调控机制与微型化生产技术	北京林业大学，中国农业大学，国家花卉工程技术研究中心，洛阳国家牡丹园，菏泽市牡丹区牡丹研究所，北京世纪牡丹园艺科技开发有限公司	尹伟伦，王华芳，段留生，徐兴友，彭彪，韩碧文，侯小改，刘改秀，王玉华，曾端香

（续表）

年份	奖项	等级	项目名称	主要完成单位	主要完成人
2008	国家科技进步奖	二等奖	松香松节油结构稳定化及深加工利用技术	中国林业科学研究院林产化学工业研究所，株洲松本林化有限公司	宋湛谦，赵振东，孔振武，商士斌，陈玉湘，高宏，王占军，李冬梅，王振洪，毕良武
2008	国家科技进步奖	二等奖	油茶高产品种选育与丰产栽培技术及推广	中国林业科学研究院亚热带林业研究所，中国林业科学研究院亚热带林业实验中心，中南林业科技大学，江西省林业科学院，广西壮族自治区林业科学研究院	姚小华，韩宁林，赵学民，徐林初，马锦林，王开良，李江南，何方，庄瑞林，龚春
2008	国家科技进步奖	二等奖	社会林业工程创新体系的建立与实施	中国林业科学研究院，北京大学数学科学学院，陕西省林业技术推广总站，青海省林业技术推广总站，湖南省林业科技推广总站，山西省林业技术推广总站，安徽省林业科技中心	王涛，胡德焜，孙靖，于海燕，葛汉栋，鲜宏利，徐生旺，翟庆云，王道金，孟祥彬
2008	国家科技进步奖	二等奖	北方防护林经营理论、技术与应用	中国科学院沈阳应用生态研究所，中国林业科学研究院，北京林业大学，东北林业大学，西北农林科技大学	朱教君，曾德慧，姜凤岐，刘世荣，范志平，朱清科，赵雨森，宗西德，周新华，金昌杰
2008	国家科技进步奖	二等奖	栉孔扇贝健康苗种培育技术体系建立与应用	中国海洋大学，中国水产科学研究院黄海水产研究所，长岛县水产研究所，荣成海洋珍品有限公司，烟台开发区常飞海产品养殖有限公司	包振民，王如才，于瑞海，胡景杰，方建光，胡晓丽，王昭萍，张群乐，张连庆，吴远起
2008	国家科技进步奖	二等奖	北太平洋鱿鱼资源开发利用及其渔情信息应用服务系统	中国水产科学研究院东海水产研究所，上海水产大学，中国科学院地理科学与资源研究所，国家海洋局第二海洋研究所	陈雪忠，陈新军，程家骅，邵全琴，毛志华，王尧耕，苏奋振，朱乾坤，沈新强，李圣法
2008	国家科技进步奖	二等奖	畜禽氮磷代谢调控及其安全型饲料配制关键技术研究与应用	中国科学院亚热带农业生态研究所，广东省农业科学院畜牧研究所，南昌大学，湖南省畜牧兽医研究所，湖南农业大学，长沙绿叶生物科技有限公司，广州天科科技有限公司	印遇龙，黄瑞林，李铁军，李丽立，林映才，方热军，戴求仲，文利新，李爱科，谭支良
2008	国家科技进步奖	二等奖	桑蚕良种开发与应用	广西壮族自治区蚕业技术推广总站	顾家栋，张明沛，胡乐山，闭立辉，陆瑞好，何彬，潘志新，韦伟，蒋满贵，罗坚
2008	国家科技进步奖	二等奖	猪健康养殖的营养调控技术研究与示范推广	中国农业大学，四川南方希望实业有限公司，湖南正虹科技发展股份有限公司，广东省农业科学院畜牧研究所，唐人神集团股份有限公司，海口农工贸（罗牛山）股份有限公司	李德发，谯仕彦，沈水宝，杨坤明，郑春田，曹云鹤，李俊波，陆文清，樊哲炎，王军军
2008	国家科技进步奖	二等奖	生猪主要违禁药物残留免疫试纸快速检测技术	河南省动物免疫学重点实验室，河南科技学院，河南百奥生物龚春有限公司	张改平，邓瑞广，杨艳艳，利学伍，王自良，王选年，王爱萍，肖治军，杨继飞，邢广旭

（续表）

年 份	奖 项	等 级	项目名称	主要完成单位	主要完成人
2008	国家科技进步奖	二等奖	中国北方草地退化与恢复机制及其健康评价	兰州大学，内蒙古大学，甘肃农业大学，内蒙古自治区阿拉善盟草原工作站，新疆维吾尔自治区畜牧科学院草业研究所，青海省草原总站，内蒙古锡林郭勒盟职业学院	南志标，任继周，博华，周志宇，侯扶江，刘钟龄，张自和，王彦荣，张卫国，陈秀蓉
2008	国家科技进步奖	二等奖	凡纳滨对虾引种、育苗、养殖技术研究与应用	中国科学院海洋研究所，中国科学院南海海洋研究所，海南省水产研究所，广西壮族自治区水产研究所，大连水产学院，广东省水产技术推广总站，山东省渔业技术推广站	张伟权，张乃禹，李向民，胡超群，陈晓汉，于琳江，王吉桥，姚国成，王春生，沈琪
2008	国家科技进步奖	二等奖	高产、优质、多抗、广适国审小麦新品种豫麦66、兰考矮早八	河南天民种业有限公司	沈天民
2008	国家科技进步奖	二等奖	高产、优质、多抗型玉米新品种金海5号的选育与应用	莱州市金海种业有限公司	翟延举
2008	国家科技进步奖	二等奖	茶叶功能成分提制新技术及产业化	湖南农业大学，湖南金农生物资源股份有限公司，中南大学	刘仲华，施兆鹏，黄建安，卢向阳，林亲录，朱旗，张胜，龚雨顺，肖文军，何小解
2008	国家科技进步奖	二等奖	南方主要易腐易褐变特色水果贮藏加工关键技术	浙江工商大学，浙江大学，中国科学院华南植物园，华南农业大学，海通食品集团股份有限公司，慈溪市横河镇农业服务总公司，广东广弘食品冷冻实业有限公司	励建荣，应铁进，蒋跃明，郑晓冬，张昭其，王向阳，梁新乐，孙金才，黄康盛，缪安民
2008	国家科技进步奖	二等奖	农业智能系统技术体系研究与平台研发及其应用	中国科学院合肥物质科学研究院	熊范纶，李淼，张建，王儒敬，张俊业，宋良图，李绍稳，胡海瀛，崔文顺，黄兴文
2008	国家科技进步奖	二等奖	世界常用1 000多种农药兽药残留检测技术与37项国际国家标准研究	中华人民共和国秦皇岛出入境检验检疫局，山东农业大学，中华人民共和国上海出入境检验检疫局，中华人民共和国深圳出入境检验检疫局，中华人民共和国河北出入境检验检疫局，中华人民共和国广东出入境检验检疫局检验检疫技术中心，中华人民共和国辽宁出入境检验检疫局检验检疫技术中心	庞国芳，范春林，刘永明，曹彦忠，张进杰，李学民，连玉晶，方晓明，谢丽琪，王凤池
2008	国家科技进步奖	二等奖	农业废弃物气化燃烧能源化利用技术与装置	中国科学院广州能源研究所，广州中科华源科技有限公司	吴创之，马隆龙，陈勇，李海滨，阴秀丽，陈坚，赵增立，周肇秋，蔡建渝
2008	国家科技进步奖	二等奖	花生高产高效栽培技术体系建立与应用	山东省农业科学院，山东农业大学，青岛农业大学，青岛万农达花生机械有限公司	万书波，王才斌，李向东，王铭伦，单世华，张建成，吴正锋，张伟，尚书旗，刘兆辉

（续表）

年 份	奖 项	等 级	项目名称	主要完成单位	主要完成人
2008	国家科技进步奖	二等奖	天敌捕食螨产品及农林害螨生物防治配套技术的研究与应用	福建省农业科学院植物保护研究所，全国农业技术推广服务中心，四川省农业厅植物保护站，浙江省植物保护检疫局，福建省植物保护站，新疆生产建设兵团农业技术推广总站，湖北省植物保护总站	张艳璇，林坚贞，李萍，季洁，罗林明，刘巧云，陈宁，罗怀海，姚文辉，杨普云
2008	国家科技进步奖	二等奖	重大外来入侵害虫——烟粉虱的研究与综合防治	中国农业科学院蔬菜花卉研究所，北京市农林科学院植物保护环境保护研究所，中国农业科学院植物保护研究所	张友军，罗晨，万方浩，张帆，吴青君，王素琴，朱国仁，徐宝云，于毅，褚栋
2008	国家科技进步奖	二等奖	双低油菜全程质量控制保优栽培技术及标准体系的建立与应用	中国农业科学院油料作物研究所，全国农业技术推广服务中心，湖北省种子管理站	李培武，李光明，张冬晓，刘汉珍，丁小霞，杨湄，张文，姜俊，谢立华，聂练兵
2008	国家科技进步奖	二等奖	棉花精量铺膜播种机具的研究与推广	新疆农垦科学院农机研究所，新疆科神农业装备科技开发有限公司，新疆兵团农机推广中心	陈学庚，李亚雄，温浩军，唐军，陈其伟，张光华，王士国，王浩，郭新刚，颜利民
2008	国家科技进步奖	二等奖	防治重大抗性害虫多分子靶标杀虫剂的研究开发与应用	中国农业科学院植物保护研究所，中国农业大学	冯平章，高希武，芮昌辉，陈昶，黄啟良，张刚应，郑永权，袁会珠，曹煜，蒋红云
2008	国家科技进步奖	二等奖	塔里木河中下游绿洲农业与生态综合治理技术	中国科学院新疆生态与地理研究所	张小雷，陈亚宁，田长彦，尹林克，黄子蔚，陈曦，杨德刚，杨兆萍，李卫红，严成
2008	国家科技进步奖	二等奖	协调作物高产和环境保护的养分资源综合管理技术研究与应用	中国农业大学，全国农业技术推广服务中心，河北农业大学，四川省农业科学院土壤肥料研究所，西北农林科技大学，华中农业大学，吉林农业大学	张福锁，陈新平，高祥照，江荣风，陈清，马文奇，吕世华，申建波，杜森，崔振岭
2008	国家科技进步奖	二等奖	长效缓释肥料研制与应用	中国科学院沈阳应用生态研究所，锦西天然气化工有限责任公司，黑龙江爱农复合肥料有限公司，施可丰化工股份有限公司，沈阳中科新型肥料有限公司	石元亮，武志杰，陈利军，张旭东，何兴元，高祥照，李忠，陈卫东，孙运生，张世强
2008	国家科技进步奖	二等奖	基于模型的作物生长预测与精确管理技术	南京农业大学	曹卫星，朱艳，戴廷波，孟亚利，刘小军，田永超，周治国，荆奇，姚霞，汤亮
2009	国家自然科学奖	二等奖	土壤—植物系统典型污染物迁移转化机制与控制原理	中国科学院生态环境研究中心	朱永官，王子健，张淑贞，王春霞，陈保冬
2009	国家技术发明奖	二等奖	鸡分子标记技术的发展及其育种应用	中国农业大学	李宁，杨宁，邓学梅，胡晓湘，吴常信，黄银花
2009	国家技术发明奖	二等奖	人工种植龙胆等药用植物斑枯病的无公害防治技术	黑龙江中医药大学，中国中医药大学	王喜军，曹洪欣，孙海峰，孙晖，马伟，王富龙

（续表）

年　份	奖　项	等　级	项目名称	主要完成单位	主要完成人
2009	国家科技进步奖	二等奖	棉花抗黄萎病育种基础研究与新品种选育	河南农业大学，邯郸市农业科学院	马峙英，张桂寅，杨保新，刘素娟，宋玉田，吴立强，王省芬，刘景山，刘占国，曲健木
2009	国家科技进步奖	二等奖	北方粳型优质超级稻新品种培育与示范推广	沈阳农业大学，吉林省农业科学院水稻研究所，辽宁省稻作研究所，黑龙江省农业科学院水稻研究所	陈温福，徐正进，张三元，邵国军，潘国君，隋国民，张俊国，华泽田，闫平，张文忠
2009	国家科技进步奖	二等奖	骨干亲本蜀恢 527 及重穗型杂交稻的选育与应用	四川农业大学，西南科技大学	李仕贵，马均，李平，黎汉云，周开达，高克铭，王玉平，陶诗顺，吴先军，周明镜
2009	国家科技进步奖	二等奖	高产、优质、多抗、广适玉米杂交种鲁单 981 选育	山东省农业科学院玉米研究所	孟昭东，汪黎明，郭庆法，刘治先，张发军，潘月胜，刘玉敬，赵宝和，王庆成，丁照华
2009	国家科技进步奖	二等奖	籼型系列优质香稻品种选育及应用	湖南水稻研究所，中国水稻研究所，湖南金健米业股份有限公司	胡培松，赵正洪，黄发松，唐绍清，龚超热，王建龙，周斌，罗炬，曾翔，段传嘉
2009	国家科技进步奖	二等奖	木薯品种选育及产业化关键技术研发集成与应用	中国热带农业科学院，广西明阳生化科技股份有限公司，广西壮族自治区亚热带作物研究所，广西壮族自治区农业科学院经济作物研究所，广西木薯产业协会，广西红枫淀粉有限公司	李开绵，黄洁，叶剑秋，韦爱芬，黄强，韦本辉，邵乃凡，王炽，李兆贵，王卫明
2009	国家科技进步奖	二等奖	油菜化学杀雄强优势杂种选育和推广	湖南农业大学	官春云，王国槐，陈社员，李栒，刘忠松，官梅，张琼瑛，刘宝林，田森林，康国章
2009	国家科技进步奖	二等奖	中国北方冬小麦抗旱节水种质创新与新品种选育利用	中国农业科学院作物科学研究所，西北农林科技大学，中国科学院遗传与发育生物学研究所农业资源研究中心，山西省农业科学院，洛阳市农业科学研究院，河北省农林科学院旱作农业研究所，甘肃省农业科学院	景蕊莲，谢惠民，张正斌，张灿军，孙美荣，陈秀敏，卫云宗，昌小平，李秀绒，樊廷录
2009	国家科技进步奖	二等奖	中国农作物种质资源本底多样性和技术指标体系及应用	中国农业科学院作物科学研究所，中国农业科学院茶叶研究所，中国农业科学院蔬菜花卉研究所，中国农业科学院草原研究所，中国农业科学院油料作物研究所，中国农业科学院麻类研究所，中国农业科学院果树研究所	刘旭，曹永生，董玉琛，江用文，李锡香，王述民，郑殿生，朱德蔚，方嘉禾，卢新雄
2009	国家科技进步奖	二等奖	高效广适双价转基因抗虫棉中棉所 41	中国农业科学院棉花研究所	郭香墨，李付广，郭三堆，张永山，刘金海，姚金波，李根源，张朝军，杨瑛霞，王远

（续表）

年份	奖项	等级	项目名称	主要完成单位	主要完成人
2009	国家科技进步奖	二等奖	北方抗旱系列马铃薯新品种选育及繁育体系建设与应用	河北省高寒作物研究所，山西省农业科学院高寒区作物研究所	尹江，马恢，张希近，杜珍，温利军，左庆华，齐海英，王晓明，杜培兵，高永龙
2009	国家科技进步奖	二等奖	高产优质抗逆杂交油菜品种华油杂5号、华油杂6号和华油杂8号的选育推广	华中农业大学	杨光圣，刘平武，洪登峰，何庆彪，段志红，瞿波，梅方竹，李艳军，张琼英，邢君
2009	国家科技进步奖	二等奖	面包面条兼用型强筋小麦新品种济麦20号	山东省农业科学院作物研究所，中国农业科学院作物科学研究所	刘建军，赵振东，何中虎，王法宏，曲辉英，宋健民，李豪圣，肖世和，刘爱峰，尹庆良
2009	国家科技进步奖	二等奖	真菌杀虫剂产业化及森林害虫持续控制技术	安徽农业大学，国家林业局森林病虫害防治总站，中国科学院过程工程研究所，中国科学院上海生命科学研究所，植物生理生态研究所，江西天人生态工业有限责任公司，广西壮族自治区森林病虫害防治与检疫总站	李增智，王成树，陈洪章，潘宏阳，樊美珍，罗基同，王滨，黄向东，丁德贵，梁小文
2009	国家科技进步奖	二等奖	马尾松良种选育及高产高效配套培育技术研究及应用	贵州大学，广西壮族自治区林业科学研究院，南京林业大学，中国林业科学研究院亚热带林业研究所，中国林业科学研究院热带林业实验中心，华中农业大学	丁贵杰，杨章旗，周志春，季孔庶，周运超，谌红辉，王鹏程，夏玉芳，谢双喜，洪永辉
2009	国家科技进步奖	二等奖	森林资源遥感监测技术与业务化应用	中国林业科学研究院资源信息研究所，国家林业局调查规划设计院，中国科学院地理科学与资源研究所，中国科学院遥感应用研究所	李增元，张煜星，周成虎，武红敢，黄国胜，陈尔学，韩爱惠，杨雪清，庞勇，骆剑承
2009	国家科技进步奖	二等奖	油茶雄性不育杂交新品种选育及高效栽培技术和示范	湖南省林业科学院，浏阳市林业局，浏阳市沙市镇林业管理服务站	陈永忠，杨小胡，彭邵锋，柏方敏，栗粒果，王湘南，王瑞，欧日明，李党训，喻科武
2009	国家科技进步奖	二等奖	活性炭微结构及其表面基团定向制备应用技术	中国林业科学研究院林产化学工业研究所，江西怀玉山三达活性炭有限公司	蒋剑春，邓先伦，刘石彩，刘军利，戴伟娣，孙康，郑晓红，张天健，应浩，龚建平
2009	国家科技进步奖	二等奖	稻/麦秸秆人造板制造技术与产业化	南京农业大学，郑国林业科学研究院木材工业研究所，万华生态板业（荆州）有限公司，山东同森木业有限公司，江苏鼎元科技发展有限公司，江苏洛基木业集团公司，苏州苏福马机械有限公司	周定国，于文吉，于文杰，张洋，梅长彤，周月，徐咏兰，周晓燕，任丁华，徐信武
2009	国家科技进步奖	二等奖	竹炭生产关键技术、应用机理及系列产品开发	浙江林学院，南京林业大学，遂昌县文照竹炭有限公司，衢州民心炭业有限公司，福建农林大学，浙江富来森中竹科技股份有限公司，浙江建中竹业科技有限公司	张齐生，周建斌，张文标，马灵飞，鲍滨福，陈文照，陆继圣，邵千钧，叶良明，钱俊

（续表）

年　份	奖　项	等　级	项目名称	主要完成单位	主要完成人
2009	国家科技进步奖	二等奖	鲟鱼繁育及养殖产业化技术与应用	中国水产科学研究院黑龙江水产研究所，中国水产研究院东海水产研究所，杭州千岛湖鲟龙科技开发有限公司，中国水产科学院研究院南海水产研究所，中国水产科学研究院长江水产研究所，华东师范大学，北京市水产科学研究所	孙大江，庄平，曲秋芝，章龙珍，王斌，马国军，张涛，李来好，叶维钧，朱华
2009	国家科技进步奖	二等奖	蛋白质饲料资源开发利用技术及应用	国家粮食局科学研究院，武汉工业学院，北京中锦紫光生物科技有限公司，国家粮食储备局武汉科学研究设计院，国家粮食储备局无锡科学研究设计院，江南大学，河南工业大学	李爱珍，金征宇，杨海鹏，王毓蓬，胡健华，周瑞宝，刁其玉，何武顺，黄庆德，刘多敏
2009	国家科技进步奖	二等奖	菲律宾蛤仔现代养殖产业技术体系的构建与应用	中国科学院海洋研究所，大连水产学院，福建省莆田市海源实业有限公司，国家海洋环境监测中心，中国水产科学研究院黄海水产研究所，庄河市海洋贝类养殖场，福建省水产研究所	张国范，闫喜武，林秋云，梁玉波，方建光，刘庆连，曾志南，翁国新，孙茂盛
2009	国家科技进步奖	二等奖	新兽药喹烯酮的研制与产业化	中国农业科学院兰州畜牧与兽药研究所，中国万牧新技术有限责任公司，北京中农发药业有限公司	赵荣材，李剑勇，王玉春，薛飞群，徐忠赞，李金善，严相林，张继瑜，梁剑平，苗小楼
2009	国家科技进步奖	二等奖	罗非鱼产业良种化、规模化、加工现代化的关键技术创新及应用	中国水产科学研究院淡水渔业研究中心，上海海洋大学，广东罗非鱼良种场，广西壮族自治区水产研究所，中国水产科学研究院南海水产研究所，青岛罗非鱼良种场，中国水产科学研究院珠江水产研究所	李思发，杨弘，夏德全，叶卫，李家乐，李来好，甘西，周培勇，姚国成，吴婷婷
2009	国家科技进步奖	二等奖	高产优质广适强抗倒小麦新品种豫麦49号、豫麦49-198选育与应用	河南平安种业有限公司	吕平安
2009	国家科技进步奖	二等奖	4YW-Q型全幅玉米收获机自主研发自行转化推广	天津富康农业开发有限公司	郭玉富
2009	国家科技进步奖	二等奖	粮食保质干燥与储运减损增效技术开发	武汉工业学院，江苏牧羊集团有限公司，国家粮食储备局郑州科学研究设计院，国家粮食储备局成都粮食储备科学研究所，中国农业大学，湖南金健米业股份有限公司	刘启觉，王继焕，范天铭，张明学，高峰，王双林，李栋，周坚，李杰，肖勋伟
2009	国家科技进步奖	二等奖	国家粮仓基本理论及关键技术研究与推广应用	河南工业大学，国贸工程设计院，国家粮食储备局郑州科学研究设计院，国家粮食储备局无锡科学研究设计院，郑州粮油食品工程建筑设计院	王录民，王振清，袁海龙，程四相，陈华定，赵小津，吴国胜，王薇，张来林，陈桂香

（续表）

年　份	奖　项	等　级	项目名称	主要完成单位	主要完成人
2009	国家科技进步奖	二等奖	畜禽养殖废弃物生态循环利用与污染减控综合技术	浙江大学，浙江省沼气太阳能科学研究所，江苏省农业科学院，福建农林大学	陈英旭，常志州，郑平，黄武，邓良伟，李延，吴伟祥，徐向阳，石伟勇，泮进明
2009	国家科技进步奖	二等奖	干旱沙区土壤水循环的植被调控机理、关键技术及其应用	中国科学院寒区旱区环境与工程研究所，中国林业科学研究院林业研究所	李新荣，肖洪浪，王新平，刘立超，卢琦，张景光，张志山，樊恒文，何明珠，龚家栋
2009	国家科技进步奖	二等奖	新型作物控释肥研制及产业化开发应用	山东农业大学，山东金正大生态工程股份有限公司	张民，万连步，史衍玺，杨越超，杨力，马丽，杨守祥，陈宝成，宋付朋，范玲超
2009	国家科技进步奖	二等奖	冬小麦根穗发育及产量品质协同提高关键栽培技术研究与应用	河南农业大学，河南省农业技术推广总站，湖北省农业技术推广总站，江苏省作物栽培技术指导站，河北省农业技术推广总站	郭天财，朱云集，王晨阳，周继泽，贺德先，王永华，马冬云，康国章，谢迎新，冯伟
2009	国家科技进步奖	二等奖	吉林玉米丰产高效技术体系	吉林省农业科学院，中国农业科学院作物科学研究所，吉林农业大学，中国农业大学，中国农业科学院农业资源与农业区划研究所，中国科学院沈阳应用生态研究所，吉林大学	王立春，边少锋，任军，刘武仁，马兴林，吴春胜，谢佳贵，朱平，刘慧涛，路立平
2009	国家科技进步奖	二等奖	玉米无公害生产关键技术研究与应用	山东农业大学，中国农业科学院作物科学研究所，中国农业科学院农业资源与农业区划研究所	董树亭，王空军，李少昆，赵秉强，赵明，姜兴印，张吉旺，刘鹏，王金信，高荣岐
2009	国家科技进步奖	二等奖	北方一年两熟区小麦免耕播种关键技术与装备	中国农业大学，河北农哈哈机械集团有限公司，河南豪丰机械制造有限公司，山东理工大学	李洪文，高焕文，王晓燕，李问盈，吴红丹，张焕民，刘少林，提案继来，胡伟，杨自栋
2009	国家科技进步奖	二等奖	南方红壤区旱地的肥力演变、调控技术及产品应用	中国农业科学院农业环境与可持续发展研究所，湖南省土壤肥料研究所，中国农业科学院农业资源与农业区划研究所，江西省农业科学院土壤肥料与资源环境研究所，广西壮族自治区农业科学院，广东省农业科学院土壤肥料研究所	曾希柏，罗尊长，徐明岗，刘广荣，杨少海，谭宏伟，高菊生，白玲玉，李菊梅，周志成
2009	国家科技进步奖	二等奖	温室关键装备及有机基质的开发应用	江苏大学，南京农业大学，上海市农业机械研究所，镇江世纪农业科技发展有限公司	毛罕平，李萍萍，郭世荣，陆春胜，胡永光，左志宇，胡建平，卜崇兴，卢道庆，宋丽萍
2009	国家科技进步奖	二等奖	都市型设施园艺栽培模式创新及关键技术研究与示范推广	中国农业科学院农业环境与可持续发展研究所，北京市农林科学院，中国农业大学，上海交通大学，丽水市农业科学研究院，北京中环易达设施园艺科技有限公司，上海交鑫生物科技有限公司	杨其长，李远新，宋卫堂，牛庆良，赵冰，黄丹枫，徐伟忠，魏灵玲，汪晓云，程瑞锋

（续表）

年　份	奖　项	等　级	项目名称	主要完成单位	主要完成人
2010	国家技术发明奖	二等奖	棉花组织培养性状纯化及外源基因功能验证平台构建	中国农业科学院棉花研究所	李付广，张朝军，武芝侠，刘传亮，张雪研，李凤莲
2010	国家技术发明奖	二等奖	人造板及其制品环境指标的检测技术体系	中国林业科学研究院木材工业研究所	周玉成，程放，井元伟，安源，张星梅，侯晓鹏
2010	国家技术发明奖	二等奖	对虾白斑症病毒（WSSV）单克隆抗体库的构建及应用	中国海洋大学	战文斌，姜有声，王晓洁，邢婧，绳秀珍，周丽
2010	国家科技进步奖	一等奖	矮败小麦及其高效育种方法的创建与应用	中国农业科学院作物科学研究所，江苏徐淮地区淮阴农业科学研究所，四川省农业科学院作物研究所，河南省农业科学研究院小麦研究中心，中国农业大学，山东农业大学，安徽省农业科学院作物研究所，北京市杂交小麦工程技术研究中心，新乡市中农矮败小麦育种技术创新中心，甘肃农业大学	刘秉华，翟虎渠，杨丽，孙苏阳，周阳，王山荭，蒲宗君，吴政卿，孙其信，甘斌杰，杨兆生，刘宏伟，孟凡华，赵昌平，位运粮
2010	国家科技进步奖	一等奖	抗条纹叶枯病高产优质粳稻新品种选育及应用	南京农业大学，江苏徐淮地区徐州农业科学研究所，江苏省农业科学院，中国农业科学院作物科学研究所，江苏里下河地区农业科学研究所，江苏沿海地区农业科学研究所，江苏徐淮地区淮阴农业科学研究所，连云港市农业科学院，江苏丘陵地区镇江农业科学研究所	万建民，王才林，刘超，李爱宏，姚立生，袁彩勇，徐大勇，胜生兰，钮中一，江玲，周春和，邓建平，何金龙，陈亮明，滕友仁
2010	国家科技进步奖	二等奖	水稻重要种质创新及其应用	中国水稻研究所	钱前，朱旭东，程式华，曾大力，杨长登，郭龙彪，李西明，胡慧英，曹立勇，张光恒
2010	国家科技进步奖	二等奖	枣林高效生态调控关键技术的研究与示范	北京农学院，山西省林业有害生物防治检疫局，山西省农业科学院果树研究所，北京林学会，山东农业大学，北京市林业保护站，内蒙古永业生物技术有限责任公司	王有年，师光禄，苗振旺，李登科，李照会，张铁强，甘敬，陶万强，张海明，何忠伟
2010	国家科技进步奖	二等奖	人工合成小麦优异基因发掘与川麦 42 系列品种选育推广	四川省农业科学院作物研究所，复旦大学，四川省农业科学院，西华师范大学，重庆市农业科学院	杨武云，汤永禄，卢宝荣，黄钢，彭正松，胡晓蓉，余毅，李俊，邹裕春，李朝苏
2010	国家科技进步奖	二等奖	高产优质多抗“丰花”系列花生新品种培育与推广应用	山东农业大学，中国农业科学院油料作物研究所	万勇善，刘风珍，廖伯寿，李向东，迟斌，姜慧芳，张昆，孙爱清，吕敬军，陈效东

（续表）

年 份	奖 项	等 级	项目名称	主要完成单位	主要完成人
2010	国家科技进步奖	二等奖	枇杷系列品种选育与区域化栽培关键技术研究应用	福建省农业科学院果树研究所，四川省农业科学院园艺研究所，华南农业大学，北京市农林科学院林业果树研究所，成都市龙泉驿区农村发展局，西南大学，云南省农业科学院园艺研究所	郑少泉，江国良，黄金松，林顺权，许秀淡，姜全，许家辉，周永年，梁国鲁，蒋际谋
2010	国家科技进步奖	二等奖	华南杂交水稻优质化育种创新及新品种选育	广西壮族自治区农业科学院水稻研究所，广西稻丰源种业有限责任公司	邓国富，粟学俊，陈彩虹，李丁民，梁世荣，覃惜阴，陈仁天，黄运川，李华胜，卢宏琮
2010	国家科技进步奖	二等奖	我国北方几种典型退化森林的恢复技术研究与示范	北京林业大学，北京建筑工程学院，中国林业科学研究院，东北林业大学，内蒙古自治区阿拉善盟林业治沙研究所，北京市园林绿化国际合作项目管理办公室，新疆维吾尔自治区防沙治沙工作协调领导小组办公室	李俊清，宋国华，卢琦，刘艳红，赵雨森，李景文，王襄平，田永祯，张力平，王小平
2010	国家科技进步奖	二等奖	东南部区域森林生态体系快速构建技术	浙江省林业科学研究院，浙江林学院，福建省林业科学研究院，广东省林业科学研究院，南京林业大学，中国林业科学研究院亚热带林业研究所，浙江省林业生态工程管理中心	江波，周国模，袁位高，叶功富，余树全，张方秋，张金池，周志春，李土生，朱锦茹
2010	国家科技进步奖	二等奖	泡桐丛枝病发生机理及防治研究	河南农业大学，河南省林业科学研究院，河南省林业技术推广站，郑州市环境保护科学研究所	范国强，翟晓巧，徐宪，何松林，尚忠海，孙中党，苏金乐，刘震，茹广欣，毕会涛
2010	国家科技进步奖	二等奖	落叶松现代遗传改良与定向培育技术体系	中国林业科学研究院林业研究所，东北林业大学，辽宁省林业科学研究院，湖北省林业科学研究院，洛阳市林业科学研究院，湖北省宜昌市林业科学研究所，甘肃省小陇山林业实验局林业科学研究所	张守攻，孙晓梅，李凤日，张含国，王军辉，韩素英，宋丛文，董健，齐力旺，赵鲲
2010	国家科技进步奖	二等奖	西藏藏羚羊生物生态学研究	西藏自治区林业调查规划研究院	刘务林，李炳章，吴晓民，朱雪林，赵建新，梁文业，丹丁，次仁平措，张涌，旦增
2010	国家科技进步奖	二等奖	仔猪肠道健康调控关键技术及其在饲料产业化中的应用	中国科学院亚热带农业生态研究所，北京伟嘉饲料集团，武汉工业学院，广东省农业科学院畜牧研究所，双胞胎（集团）股份有限公司，武汉新华扬生物股份有限公司，广东温氏食品集团有限公司	印遇龙，侯永清，林映才，李铁军，黄瑞林，廖峰，邓近平，孔祥峰，卢向阳，谭支良
2010	国家科技进步奖	二等奖	牛和猪体细胞克隆研究及应用	中国农业大学，北京济普霖生物技术有限公司	李宁，戴蕴平，李秋艳，张磊，汤波，卫恒习，龚国春，张运海，潘登科，马育芳

（续表）

年　份	奖　项	等　级	项目名称	主要完成单位	主要完成人
2010	国家科技进步奖	二等奖	鲁农Ⅰ号猪配套系、鲁烟白猪新品种培育与应用	山东省农业科学院畜牧兽医研究所，山东省莱芜猪原种场，莱州市畜牧兽医站，山东银宝食品有限公司	武英，郭建凤，魏述东，赵德云，徐云华，原丽丽，呼红梅，王继英，张印，王诚
2010	国家科技进步奖	二等奖	中华绒螯蟹育苗和养殖关键技术开发与应用	上海海洋大学，华东师范大学，中国科学院海洋研究所，上海市水产研究所，盘锦光合水产有限公司，南通巴大饲料有限公司	陈立侨，成永旭，王武，李晓东，吴嘉敏，王群，崔朝霞，张根玉，李应森，赵云龙
2010	国家科技进步奖	二等奖	海洋水产蛋白、糖类及脂质资源高效利用关键技术研究与应用	中国海洋大学，青岛明月海藻集团有限公司，山东东方海洋科技股份有限公司，浙江兴业集团有限公司，中国水产舟山海洋渔业公司	薛长湖，李兆杰，汪东风，马永钧，李八方，林洪，薛勇，张国防，周先标，赵玉山
2010	国家科技进步奖	二等奖	大洋金枪鱼资源开发关键技术及应用	中国水产科学研究院东海水产研究所，上海海洋大学，国家卫星海洋应用中心，中国科学院地理科学与资源研究所	陈雪忠，许柳雄，蒋兴伟，周成虎，樊伟，宋利明，林明森，苏奋振，崔雪森，戴小杰
2010	国家科技进步奖	二等奖	猪繁殖与呼吸综合征防制技术及应用	中国农业科学院哈尔滨兽医研究所	薛雪辉，童光志，郭宝清，刘永刚，田志军，王洪峰，柴文君，周艳君，仇华吉，刘文兴
2010	国家科技进步奖	二等奖	母猪系统营养技术与应用	四川农业大学，新希望集团有限公司，广东温氏食品集团有限公司，四川铁骑力士实业集团，广西商大科技有限公司	陈代文，吴德，杨凤，张克英，余冰，方正锋，罗旭芳，李芳溢，何健，李勇
2010	国家科技进步奖	二等奖	半滑舌鳎苗种规模化繁育及健康养殖技术开发与应用	中国水产科学研究院黄海水产研究所，莱州明波水产有限公司，海阳市黄海水产有限公司，青岛忠海水产有限公司	柳学周，陈松林，姜言伟，庄志猛，翟介明，刘寿堂，陈四清，万瑞景，马爱军，常青
2010	国家科技进步奖	二等奖	黑龙江农业新技术系列图解丛书	—	韩贵清，张相英，肖志敏，刘娣，陈伊里，矫江，王国春，贾立群，魏丽荣，周晓兵
2010	国家科技进步奖	二等奖	辣（甜）椒雄性不育转育及三系配套育种研究	四川省川椒种业科技有限责任公司	陈炳金
2010	国家科技进步奖	二等奖	农业装备技术创新工程	中国农业机械化科学研究院	—
2010	国家科技进步奖	二等奖	黄淮区小麦夏玉米一年两熟丰产高效关键技术研究与应用	河南农业大学，河南省农业科学院，中国农业科学院农田灌溉研究所，河南省土壤肥料站，洛阳市农业科学研究院，河南省农村科学技术开发中心	尹钧，李潮海，谭金芳，孙景生，王炜，季书勤，张灿军，王俊忠，李洪连，王化岑
2010	国家科技进步奖	二等奖	数字农业测控关键技术产品与系统	北京农业信息技术研究中心，北京农业智能装备技术研究中心，北京农产品质量检测与农田环境监测技术研究中心，北京派得伟业信息技术有限公司，北京农林科学院	赵春江，王成，郑文刚，黄文江，乔晓军，王秀，薛绪掌，陈立平，张馨，申长军

（续表）

年份	奖项	等级	项目名称	主要完成单位	主要完成人
2010	国家科技进步奖	二等奖	干旱半干旱农牧交错区保护性耕作关键技术与装备的开发和应用	内蒙古自治区农牧业科学院，内蒙古农业大学，内蒙古自治区农牧业机械技术推广站，内蒙古大学，中国农业大学，宁夏回族自治区农业机械化技术推广站，新疆维吾尔自治区农牧业机械化技术推广总站	路战远，赵满全，张德健，程国彦，张学敏，张建中，赵举，赵士杰，王洪兴，阿力戈代·贾库林
2010	国家科技进步奖	二等奖	特色热带作物产品加工关键技术研发集成及应用	中国热带农业科学院，椰树集团海南椰汁饮料有限公司，海南椰国食品有限公司，云南省农业科学院热带亚热带经济作物研究所	王庆煌，王光兴，钟春燕，张劲，刘光华，赵建平，谭乐和，赵松林，黄茂芳，黄家瀚
2010	国家科技进步奖	二等奖	农业化学节水调控关键技术与系列新产品产业化开发及应用	中国农业大学，中国科学院兰州化学物理研究所，胜利油田长安控股集团有限公司，新疆汇通旱地龙腐植酸有限责任公司，北京市水利局	杨培岭，王爱勤，李云开，康绍忠，任树梅，夏春良，毕玉春，刘洪禄，张文理，张元成
2010	国家科技进步奖	二等奖	棉铃虫对Bt棉花抗性风险评估及预防性治理技术的研究与应用	中国农业科学院植物保护研究所，南京农业大学	吴孔明，郭予元，吴益东，梁革梅，赵建周，杨亦桦，张永军，陆宴辉，王桂荣，武淑文
2010	国家科技进步奖	二等奖	细菌农药新资源及产业化新技术新工艺研究	福建农林大学，南开大学，福建浦城绿安生物农药有限公司，福建省农业科学院，武汉天惠生物工程有限公司	关雄，蔡峻，刘波，许雷，邱思鑫，陈月华，黄天培，张灵玲，翁瑞泉，黄勤清
2010	国家科技进步奖	二等奖	主要作物种子健康保护及良种包衣增产关键技术研究与应用	中国农业大学，全国农业技术推广服务中心，北农（海利）涿州种衣剂有限公司，河南中州种子科技发展有限公司，中种集团农业化学有限公司，新沂市永诚化工有限公司，云南省农业科学院粮食作物研究所	刘西莉，李健强，张世和，刘鹏飞，马志强，罗来鑫，张善翔，曹永松，李小林，房双龙
2010	国家科技进步奖	二等奖	芽孢杆菌生物杀菌剂的研制与应用	中国农业大学，江苏省农业科学院植物保护研究所，河北省农林科学院植物保护研究所，上海农乐生物制品股份有限公司，武汉天惠生物工程有限公司	王琦，陈志谊，马平，李社增，刘永锋，梅汝鸿，唐文华，张力群，冯镇泰，林开春
2010	国家科技进步奖	二等奖	小麦赤霉病致病机理与防控关键技术	西北农林科技大学，南京农业大学，浙江大学，陕西省植物保护工作总站，江苏省植物保护站	康震生，黄丽丽，周明国，马忠华，韩青梅，冯小军，陈长军，杨荣明，张宏昌，赵杰
2010	国家科技进步奖	二等奖	鱼藤酮生物农药产业体系的构建及关键技术集成	华南农业大学，中国科学院华南植物园，广东省植物保护总站，湖南农业大学，广西大学，深圳市华农生物工程有限公司，邯郸市凯米克化工责任公司	徐汉虹，赵善欢，张志祥，黄素青，魏孝义，曾鑫年，江膝辉，李有志，曾东强，黄少鸿
2010	国家科技进步奖	二等奖	贝类精深加工关键技术研究及产业化	大连工业大学，大连獐子岛渔业集团股份有限公司	朱蓓薇，董秀萍，李冬梅，吴厚刚，周大勇，孙黎明，杨静峰，吴海涛，辛丘岩，侯红漫

（续表）

年　份	奖　项	等　级	项目名称	主要完成单位	主要完成人
2010	国家科技进步奖	二等奖	大豆磷脂生产关键技术及产业化开发	河南工业大学，江南大学，东北农业大学，上海良友（集团）有限公司，九三粮油工业集团有限公司，郑州四维粮油工程技术有限公司，山东渤海油脂工业有限公司	谷克仁，王兴国，江连洲，刘元法，李桂华，张根旺，王波，汪学德，于殿宇，梁少华
2010	国家科技进步奖	二等奖	青藏高原牦牛乳深加工技术研究与产品开发	中国农业大学，甘肃农业大学，甘肃华羚干酪素有限公司，西藏农牧学院，西藏高原之宝牦牛乳业股份有限公司，青海青海湖乳业有限责任公司	任发政，甘伯中，韩北忠，敏文祥，王福清，罗章，童伟，毛学英，何林，郭慧媛
2010	国家科技进步奖	二等奖	食品微生物安全快速检测与高效控制技术	广东省微生物研究所，广东环凯微生物科技有限公司	吴清平，张菊梅，蔡芷荷，邓金花，陈素云，阚绍辉，吴慧清，张淑红，寇晓霞，郭伟鹏
2010	国家科技进步奖	二等奖	无烟不燃木基复合材料制造关键技术与应用	中南林业科技大学，广州市木易木制品有限公司，华南农业大学	吴义强，彭万喜，杨光伟，刘元，周先雁，李凯夫，刘君昂，胡云楚，吴志平，李新功，
2010	国家科技进步奖	二等奖	农业食品中有机磷农药等残留快速检测技术与应用	华南农业大学，广州绿洲生化科技有限公司，广州达元食品安全技术有限公司，中国疾病预防控制中心营养与食品安全所，珠海丽珠试剂股份有限公司	孙远明，雷红涛，卢新，黄晓钰，王林，曾振灵，石松，刘雅红，徐振林，杨金易
2011	国家自然科学奖	二等奖	晚中新世以来青藏高原东北部隆升与环境变化	兰州大学	方小敏，李吉均，潘保田，马玉贞，宋春晖
2011	国家自然科学奖	二等奖	棉纤维细胞伸长机制研究	北京大学	朱玉贤，秦咏梅，姬生健，施永辉，李鸿彬
2011	国家自然科学奖	二等奖	植物分子系统发育与适应性进化的模式与机制研究	中山大学	施苏华，吴仲义，唐恬，周仁超，曾凯
2011	国家自然科学奖	二等奖	《中华人民共和国植被图（1∶100 万）》的编研及其数字化	中国科学院植物研究所，内蒙古大学	侯学煜，张新时，李博，孙世洲，何妙光
2011	国家技术发明奖	二等奖	后期功能型超级杂交稻育种技术及应用	中国水稻研究所	程式华，曹立勇，庄杰云，占小登，倪建平，吴伟明
2011	国家技术发明奖	二等奖	森林计测信息化关键技术与应用	北京林业大学，哈尔滨师范大学，广州南方测绘设计研究院，北京市测绘设计研究院，北京农学院	冯仲科，臧淑英，马超，杨伯钢，余新晓，姚山
2011	国家技术发明奖	二等奖	仔猪断奶前腹泻抗病基因育种技术的创建及应用	江西农业大学，江西科技师范大学	黄路生，任军，晏学明，艾华水，肖石军，丁能水
2011	国家技术发明奖	二等奖	克服土壤连作生物障碍的微生物有机肥及其新工艺	南京农业大学，江苏新天地生物肥料工程中心有限公司，江苏江阴市联业生物科技有限公司	沈其荣，徐阳春，杨兴明，黄启为，单晓昌，陆建明

（续表）

年　份	奖　项	等　级	项目名称	主要完成单位	主要完成人
2011	国家技术发明奖	二等奖	玉米芯废渣制备纤维素乙醇技术与应用	山东大学，山东龙力生物科技股份有限公司	曲音波，程少博，朱明田，肖林，方诩，阎金龙
2011	国家科技进步奖	一等奖	玉米单交种浚单20选育及配套技术研究与应用	浚县农业科学研究所，河南农业大学，北京市农林科学院，河南省农业科学院	程相文，李潮海，张守林，赵久然，孙世贤，秦贵文，唐保军，张进生，程立新，常建智，刘天学，周进宝，刘存辉，徐献军，朱自宽
2011	国家科技进步奖	二等奖	高异交性优质香稻不育系川香29A的选育及应用	四川省农业科学院作物研究所，四川省农业科学院，四川华丰种业有限责任公司，四川大学，四川省农业科学院植物保护研究所，四川省种子站，四川省农业科学院水稻高粱研究所	任光俊，陆贤军，高方远，兰发蓝，郑家国，刘永胜，卢代华，熊洪，孙淑霞，李治华
2011	国家科技进步奖	二等奖	花生野生种优异种质发掘研究与新品种培育	河南省农业科学院，中国农业科学院油料作物研究所，广西壮族自治区农业科学院经济作物研究所	张新友，姜慧芳，汤丰收，唐荣华，任小平，董文召，徐静，雷永，王玉静，韩柱强
2011	国家科技进步奖	二等奖	冬小麦节水高产新品种选育方法及育成品种	石家庄市农林科学研究院，中国科学院遗传与发育生物学研究所，中国农业大学，河北省小麦工程技术研究中心	郭进考，史占良，童依平，石敬彩，王志敏，底瑞耀，何明琦，刘彦军，蔡欣，刘冬成
2011	国家科技进步奖	二等奖	高产、高含油量、广适应性油菜中油杂11的选育与应用	中国农业科学院油料作物研究所	李云昌，徐育松，李英德，胡琼，梅德圣，张冬晓，柳达，涂勇，李晓琴，余有桥
2011	国家科技进步奖	二等奖	枣育种技术创新及系列新品种选育与应用	河北农业大学，国家北方山区农业工程技术研究中心，山西省农业科学院果树研究所，北京市农林科学院林业果树研究所，河北省林业科学研究院，山西省林业科学研究院，新郑市红枣科学研究院	刘孟军，李登科，刘平，潘青华，王振亮，卢桂宾，赵旭升，王永康，王玖瑞，代丽
2011	国家科技进步奖	二等奖	梨自花结实性种质创新与应用	南京农业大学，中国农业科学院郑州果树研究所，河北省农林科学院石家庄果树研究所	张绍铃，李秀根，王迎涛，吴俊，吴华清，杨健，李勇，王龙，李晓，王苏珂
2011	国家科技进步奖	二等奖	南方砂梨种质创新及优质高效栽培关键技术	中南林业科技大学，浙江大学，湖北省农业科学院果树茶叶研究所，云南省农业科学院园艺作物研究所，株洲市地杰现代农业有限责任公司，云南红梨科技开发有限公司	谭晓风，周国英，滕元文，袁德义，胡红菊，舒群，刘君昂，乌云塔娜，张琳，曾艳玲
2011	国家科技进步奖	二等奖	核桃增产潜势技术创新体系	中国林业科学研究院林业研究所，河北农业大学，山西省林业科学研究院，北京市农林科学院，四川省林业科学研究院，云南省林业科学院，新疆林业科学院	裴东，张志华，王贵，郝艳宾，韩华柏，陆斌，张俊佩，王根宪，魏玉君，杨文忠

（续表）

年 份	奖 项	等 级	项目名称	主要完成单位	主要完成人
2011	国家科技进步奖	二等奖	防潮型刨花板研发及工业化生产技术	西南林业大学，昆明新飞林人造板有限公司，昆明人造板机械厂，昆明美林科技有限公司，河北金赛博板业有限公司，唐山福春林木业有限公司，郑国林业科学研究院木材工业研究所	杜官本，张建军，储键基，李学新，廖兆明，李宁，李君，张国华，雷洪，龙玲
2011	国家科技进步奖	二等奖	主要商品盆花新品种选育及产业化关键技术与应用	北京林业大学，广东省农业科学院花卉研究所，南京林业大学，中国科学院昆明植物研究所，北京林福科源花卉有限公司，云南远益园林工程有限公司，丹东天赐花卉有限公司	张启翔，朱根发，陈发棣，张长芹，高亦珂，房伟民，吕复兵，孙明，李奋勇，赵惠恩
2011	国家科技进步奖	二等奖	银杏等工业原料林树种资源高效利用技术体系创新集成及产业化	南京林业大学，中国林业科学研究院资源昆虫研究所，中国林业科学研究院经济林研究开发中心，扬子江药业集团有限公司，山东永春堂集团有限公司，江苏同源堂生物工程有限公司	曹福亮，段琼芬，李芳东，张往祥，杜红岩，郑璐，赵林果，颜廷和，张燕平，俞建国
2011	国家科技进步奖	二等奖	禽白血病流行病学及防控技术	山东农业大学，扬州大学，山东益生种畜禽股份有限公司	崔治中，秦爱建，孙淑红，曲立新，成子强，杜岩，郭慧君，金文杰，柴家前，朱瑞良
2011	国家科技进步奖	二等奖	新型和改良多倍体鱼研究及应用	湖南师范大学，湖南湘云生物科技有限公司	刘少军，周工健，罗凯坤，覃钦博，段巍，陶敏，张纯，姚占州，冯浩，刘筠
2011	国家科技进步奖	二等奖	仔猪健康养殖营养饲料调控技术及应用	中国农业科学院北京畜牧兽医研究所，南京农业大学，北京大北农科技集团股份有限公司，武汉邦之德牧业科技有限公司，建德市维丰饲料有限公司，辽宁禾丰牧业股份有限公司	张宏福，王恬，宋维平，顾宪红，卢庆萍，唐湘方，吴晓峰，洪作鹏，王振勇，丁洪涛
2011	国家科技进步奖	二等奖	坛紫菜新品种选育、推广及深加工技术	上海海洋大学，集美大学，厦门大学，中国海洋大学，福建省水产技术推广总站，福建申石蓝食品有限公司，厦门新阳洲水产品工贸有限公司	严兴洪，陈昌生，左正宏，茅云翔，黄健，谢潮添，李琳，宋武林，詹照雅，张福赐
2011	国家科技进步奖	二等奖	动物流感系列快速检测技术的建立及应用	华中农业大学，武汉科前动物生物制品有限责任公司，湖北省动物疫病预防控制中心，湖南省兽医局	金梅林，陈焕春，吴斌，张安定，周红波，邱伯根，宋念华，徐晓娟，郭学波，但汉并
2011	国家科技进步奖	二等奖	猪主要繁殖障碍病防控技术体系的建立与应用	山东省农业科学院畜牧兽医研究所，武汉中博生物股份有限公司，中国农业科学院哈尔滨兽医研究所，青岛农业大学	王金宝，漆世华，吴家强，崔尚金，任慧英，李俊，张秀美，周顺，舒银辉，李曦
2011	国家科技进步奖	二等奖	肉鸡健康养殖的营养调控与饲料高效利用技术	中国农业大学，河南省农业科学院畜牧兽医研究所，山东六和集团有限公司，河南大用实业有限公司，北京北农大动物科技有限责任公司	呙于明，张日俊，李绍钰，吕明斌，袁建敏，郝国庆，杨鹰，魏凤仙，张炳坤，王忠

（续表）

年 份	奖 项	等 级	项目名称	主要完成单位	主要完成人
2011	国家科技进步奖	二等奖	农作物重要病虫鉴别与治理原创科普系列彩版图书	—	郑永利，童英富，吴降星，吴华新，姚士桐，许渭根，朱金星，章云斐，吕先真，章建林
2011	国家科技进步奖	二等奖	节水滴灌技术创新工程	新疆天业节水灌溉股份有限公司	—
2011	国家科技进步奖	二等奖	大豆精深加工关键技术创新与应用	国家大豆工程技术研究中心，华南理工大学，河北工业大学，东北农业大学，哈高科大豆食品有限责任公司，黑龙江双河松嫩大豆生物工程有限责任公司，谷神生物科技集团有限公司	江连洲，赵谋明，陈复生，朱秀清，于殿宇，王哲，唐传核，田少君，马传国
2011	国家科技进步奖	二等奖	稻米深加工高效转化与副产物综合利用	中南林业科技大学，华南理工大学，万福生科（湖南）农业开发股份有限公司，华中农业大学，长沙理工大学，湖南润涛生物科技有限公司，湖南农业大学	林亲录，杨晓泉，赵思明，程云辉，谭益民，肖明清，黄立新，吴跃，杨涛，吴卫国
2011	国家科技进步奖	二等奖	木薯非粮燃料乙醇成套技术及工程应用	天津大学，广西中粮生物能源有限公司	岳国君，张敏华，吕惠生，柳树海，董秀芹，姜勇，李勇辉，李北，欧阳胜利，任连彬
2011	国家科技进步奖	二等奖	嗜热真菌耐热木聚糖酶的产业化关键技术及应用	中国农业大学，河南工业大学，山东龙力生物科技股份有限公司，北京工商大学，河南仰韶生化工程有限公司	李里特，江正强，程少博，闫巧娟，杨绍青，丁长河，李秀婷，肖林，苏东民，孙利鹏
2011	国家科技进步奖	二等奖	高效节能小麦加工新技术	河南工业大学，武汉工业大学，克明面业股份有限公司，河南东方食品机械设备有限公司，郑州智信实业有限公司，郑州金谷实业有限公司	卞科，陆启玉，郭祯祥，温纪平，王晓曦，郑学玲，林江涛，陈克明，李庆龙，吴存荣
2011	国家科技进步奖	二等奖	干旱荒漠区土地生产力培植与生态安全保障技术	中国科学院新疆生态与地理研究所，新疆农业大学，新疆农业科学院，新疆维吾尔自治区畜牧科学院草业研究所	陈亚宁，潘存德，钟新才，李卫红，田长彦，陈亚鹏，马兴旺，黄湘，李学森，叶朝霞
2011	国家科技进步奖	二等奖	人参新品种选育与规范化栽培及系列产品开发	吉林农业大学，中国农业科学院特产研究所，修正药业集团，吉林敖东药业集团股份有限公司	张学连，杨利民，冯家，王英平，张辉，王之光，沈育杰，赵杰，朱雁，孙光芝
2011	国家科技进步奖	二等奖	海河平原小麦玉米两熟丰产高效关键技术创新与应用	河北农业大学，河北省农林科学院，河北省农业技术推广总站，石家庄市农林科学研究院	马峙英，李雁鸣，崔彦宏，段玲玲，张月辰，张小风，甄文超，李瑞奇，张晋国，郑桂茹
2011	国家科技进步奖	二等奖	玉米高产高效生产理论及技术体系研究与应用	中国农业科学院作物科学研究所，四川省农业科学研究院作物研究所，西北农林科技大学，辽宁省农业科学院，山东农业大学，内蒙古农业大学，河南省土壤肥料站	李少昆，刘永红，薛吉全，王延波，谢瑞芝，王崇桃，王振华，高聚林，王俊忠，赵海岩

（续表）

年　份	奖　项	等　级	项目名称	主要完成单位	主要完成人
2011	国家科技进步奖	二等奖	水稻丰产定量栽培技术及其应用	扬州大学，南京农业大学，江苏省农业科学院，江苏省作物栽培技术指导站，安徽省农业技术推广总站，江西省农业技术推广总站，云南省农业科学院粮食作物研究所	张洪程，丁艳锋，凌启鸿，仲维功，邓建平，戴其根，王绍华，张瑞宏，杨惠成，周培建
2011	国家科技进步奖	二等奖	土壤作物信息采集与肥水精量实施关键技术及装备	上海交通大学，北京农业智能装备技术研究中心，中国科学院南京土壤研究所，南京农业大学，上海市农业机械研究所，上海恺擎软件开发有限公司	刘成良，陈立平，黄丹枫，张佳宝，苑进，朱艳，周俊，刘建政，徐富安，戎恺
2011	国家科技进步奖	二等奖	十字花科蔬菜主要害虫灾变机理及其持续控制关键技术	福建农林大学，福建省农业科学院植物保护研究所，漳州市英格尔农业技术有限公司，云南省农业科学院农业环境资源研究所，上海市农业科学院，扬州大学，浙江省农业科学院	尤民生，侯有朋，杨广，翁启勇，蒋杰贤，吕要斌，祝树德，林志平，陈言群，司升云
2011	国家科技进步奖	二等奖	玉米籽实与秸秆收获关键技术装备	中国农业机械化科学研究院	陈志，李树君，韩增德，王泽群，汪雄伟，方宪法，刘汉武，杨炳南，曹洪国，王俊友
2011	国家科技进步奖	二等奖	黄土高原旱地氮磷养分高效利用理论与实践	西北农林科技大学	李生秀，王朝辉，高亚军，李世清，田霄鸿，周建斌，曹翠玲，翟丙年，李文祥，梁东丽
2011	国家科技进步奖	二等奖	农产品高值化挤压加工与装备关键技术研究及应用	山东理工大学，江南大学，江苏牧羊集团有限公司	金征宇，申德超，陈善峰，徐学明，范天铭，李宏军，谢正军，申勋宇，马成业，童群义
2012	国家自然科学奖	二等奖	水稻复杂数量性状的分子遗传调控机理	中国科学院上海生命科学研究院	林鸿宣，高继平，任仲海，宋献军，金健
2012	国家自然科学奖	二等奖	年轻新基因起源和遗传进化的机制研究	中国科学院昆明动物研究所	王文，杨爽，周琦，蔡晶，李昕
2012	国家自然科学奖	二等奖	植物应答干旱胁迫的气孔调节机制	河南大学	宋纯鹏，张骁，苗雨晨，江静，安国勇
2012	国家技术发明奖	二等奖	小麦—簇毛麦远缘新种质创制及应用	南京农业大学，四川省内江市农业科学院，石家庄市农林科学研究院	陈佩度，王秀娥，刘大钧，黄辉跃，曹爱忠，郭进考
2012	国家技术发明奖	二等奖	猪产肉性状相关重要基因发掘、分子标记开发及其育种应用	中国农业科学院北京畜牧兽医研究所，华中农业大学	李奎，刘榜，赵书红，唐中林，樊斌，余梅
2012	国家技术发明奖	二等奖	水稻两用核不育系C815S选育及种子生产新技术	湖南农业大学	陈立云，唐文帮，肖应辉，刘国华，邓化冰，雷东阳
2012	国家技术发明奖	二等奖	基于胺鲜酯的玉米大豆新调节剂研制与应用	中国农业大学，福建浩伦农业科技集团有限公司	段留生，李召虎，吴少宁，何钟佩，董学会，张明才

（续表）

年 份	奖 项	等 级	项目名称	主要完成单位	主要完成人
2012	国家科技进步奖	一等奖	广适高产优质大豆新品种中黄13的选育与应用	中国农业科学院作物科学研究所	王连铮，赵荣娟，王岚，付玉清，胡献忠，夏英萍，李强，孙君明，陈映志，毛景英，马志强，廖琴，谢辉，曲辉英，石敬彩
2012	国家科技进步奖	一等奖	重要动物病毒病防控关键技术研究与应用	中国人民解放军军事医学科学院兽医研究所，华南农业大学，中国农业科学院特产研究所，华中农业大学，广西壮族自治区动物疫病预防控制中心，北京大北农科技集团股份有限公司	金宁一，廖明，程世鹏，涂长春，高玉伟，何启盖，刘棋，赵亚荣，任涛，闫喜军，肖少波，金扩世，鲁会军，辛朝安，吴威
2012	国家科技进步奖	一等奖	低纬高原地区天然药物资源野外调查与研究开发	云南省药物研究所	朱兆云，高丽，戚育芳，王京昆，符德欢，赵毅，邱斌，张人伟，李学芳，崔涛，任永福，张志清，杨生元，周培军，韦群辉
2012	国家科技进步奖	一等奖	中国小麦条锈病菌源基地综合治理技术体系的构建与应用	中国农业科学院植物保护研究所，西北农林科技大学，中国农业大学，全国农业技术推广服务中心，甘肃省农业科学院植物保护研究所，四川省农业科学院植物保护研究所，天水市农业科学研究所，甘肃省植保植检站，四川省农业厅植物保护站，甘肃省农业科学院小麦研究所	陈万权，康振生，马占鸿，徐世昌，金社林，姜玉英，蒲崇建，沈丽，宋建荣，王保通，张忠军，赵中华，彭云良，张跃进，刘太国
2012	国家科技进步奖	二等奖	特色热带作物种质资源收集评价与创新利用	中国热带农业科学院，广西壮族自治区亚热带作物研究所，广州市果树科学研究所，攀枝花市农林科学研究院，广东省湛江农垦集团公司，广西壮族自治区农业科学院园艺研究所，云南省德宏热带农业科学研究所	王庆煌，陈业渊，黄国弟，陈健，蔡泽祺，李贵利，刘业强，周华，李琼，陆超忠
2012	国家科技进步奖	二等奖	杂交水稻恢复系的广适强优势优异种质明恢63	福建省三明市农业科学研究所	谢华安，张受刚，郑家团，林美娟，杨绍华，余永安，姜兆华，许旭明，罗家密，张建新
2012	国家科技进步奖	二等奖	抗除草剂谷子新种质的创制与利用	河北省农林科学院谷子研究所，中国农业科学院作物科学研究所，张家口市农业科学院，山西省农业科学院谷子研究所，宣化巡天种业新技术有限责任公司	王天宇，程汝宏，赵治海，石云素，王慧军，师志刚，黎裕，张喜文，宋燕春，岳增良
2012	国家科技进步奖	二等奖	优质早籼高效育种技术研创及新品种选育应用	中国水稻研究所，湖南省水稻研究所，湖南金健米业股份有限公司	胡培松，赵正洪，唐绍清，黄发松，王建龙，罗炬，周斌，张世辉，应杰政，吕燕梅

（续表）

年　份	奖　项	等　级	项目名称	主要完成单位	主要完成人
2012	国家科技进步奖	二等奖	苹果矮化砧木新品种选育与应用及砧木铁高效机理研究	中国农业大学，山西省农业科学院果树研究所，吉林省农林科学院，西北农林科技大学	韩振海，杨廷桢，张冰冰，韩明玉，王忆，田建保，宋宏伟，张新忠，高敬东，李粤渤
2012	国家科技进步奖	二等奖	高产抗病优质杂交棉品种 GS 豫杂 35、豫杂 37 的选育及其应用	河南省农业科学院，中国农业科学院生物技术研究所，河南农业大学	房卫平，王家典，谢德意，郭三堆，唐中杰，李国海，霍晓妮，刘孝峰，赵元明，吕淑平
2012	国家科技进步奖	二等奖	热带、亚热带优质、高产玉米种质创新及利用	云南省农业科学院粮食作物研究所，广西壮族自治区玉米研究所，云南田瑞种业有限公司，会泽县农业技术推广中心，保山市农业科学研究所，云南足丰种业有限公司	番兴明，张述宽，谭静，黄开健，陈洪梅，谭华，顾平章，邵思全，赵吉奎，黄云霄
2012	国家科技进步奖	二等奖	双孢蘑菇育种新技术的建立与新品种 As2796 等的选育及推广	福建省农业科学院食用菌研究所，上海市农业科学院，浙江省农业科学院园艺研究所，四川省农业科学院土壤肥料研究所，华中农业大学，甘肃省农业科学院蔬菜研究所	王泽生，廖剑华，曾辉，谭琦，蔡为明，陈美元，王波，边银丙，张桂香，李洪荣
2012	国家科技进步奖	二等奖	超高产稳产多抗广适小麦新品种济麦 22 的选育与应用	山东省农业科学院作物研究所	刘建军，赵振东，宋健民，李豪圣，吴建军，邱若瑞，刘爱峰，王法宏，肖永贵，程敦公
2012	国家科技进步奖	二等奖	超低甲醛释放农林剩余物人造板制造关键技术与应用	北华大学，吉林辰龙生物质材料有限责任公司，吉林森林工业股份有限公司，湖北福汉木业有限公司，敦化市亚联机械制造有限公司，东北林业大学	时君友，顾继友，郭西强，李成元，朱丽滨，陈召应，张士成，郭立志，安秉华，南明寿
2012	国家科技进步奖	二等奖	与森林资源调查相结合的森林生物量测算技术	中国林业科学院资源信息研究所，国家林业局中南林业调查规划设计院	唐守正，张会儒，曾伟生，李海奎，胥辉，雷渊才，贺东北，徐济德，王琫瑜，陈永富
2012	国家科技进步奖	二等奖	天然林保护与生态恢复技术	中国林业科学院森林生态环境与保护研究所，中国科学院沈阳应用生态研究所，中国林业科学研究院资源信息研究所，四川省林业科学研究院，云南省林业科学院，东北林业大学，辽宁省森林经营研究所	刘世荣，臧润国，代力民，陆元昌，刘兴良，孟广涛，史作民，沈海龙，谭学仁，蔡道雄
2012	国家科技进步奖	二等奖	林木育苗新技术	中国林业科学院林业研究所，国家林业局桉树研究开发中心，浙江宁波鄞州区林业技术管理服务站，河北省林业科学研究院	张建国，许洋，王军辉，张俊佩，裴东，许传森，谢耀坚，袁冬明，徐虎智，毛向红

（续表）

年　份	奖　项	等　级	项目名称	主要完成单位	主要完成人
2012	国家科技进步奖	二等奖	木塑复合材料挤出成型制造技术及应用	东北林业大学，中国林业科学研究院木材工业研究所，南京林业大学，中国资源综合利用协会，南京赛旺科技发展有限公司，湖北普辉塑料科技发展有限公司，青岛华盛高新科技发展有限公司	王清文，秦特夫，李大纲，刘嘉，李坚，王伟宏，宋永明，许民，郭垂根，谢延军
2012	国家科技进步奖	二等奖	竹木复合结构理论的创新与应用	南京林业大学，新会中集木业有限公司，国际竹藤中心，南通新洋环保板业有限公司，湖南中集竹木业发展有限公司，嘉善新华昌木业有限公司，诸暨市光裕竹业有限公司	张齐生，陶仁忠，孙丰文，刘金蕾，蒋身学，费本华，吴植泉，朱一辛，许斌，关明杰
2012	国家科技进步奖	二等奖	优质乳生产的奶牛营养调控与规范化饲养关键技术及应用	中国农业科学院北京畜牧研究所，浙江大学，河南农业大学，天津市畜牧兽医研究所，中国农业大学，北京三元食品股份有限公司，天津梦得集团有限公司	王加启，刘建新，卜登攀，高腾云，王文杰，周凌云，杨红建，陈历俊，李胜利，于静
2012	国家科技进步奖	二等奖	海水池塘高效清洁养殖技术研究与应用	中国海洋大学，淮海工学院，大连海洋大学，好当家集团有限公司	董双林，田相利，王芳，阎斌伦，姜志强，马甡，高勤峰，唐聚德，赵文，吴雄飞
2012	国家科技进步奖	二等奖	禽用浓缩灭活联苗的研究与应用	河南农业大学，普莱柯生物工程有限公司，青岛易邦生物工程有限公司，辽宁益康生物股份有限公司	王泽霖，张许科，王川庆，孙进忠，赵军，陈陆，王新卫，王忠田，杜元钊，苗玉和
2012	国家科技进步奖	二等奖	猪鸡病原细菌耐药性研究及其在安全高效新兽药研制中的应用	四川大学，重庆大学，天津瑞普生物技术股份有限公司，洛阳惠中兽药有限公司，中国农业大学，四川农业大学	王红宁，王建华，曹薇，张安云，杨鑫，李守军，刘兴金，高荣，李保明，邹立扣
2012	国家科技进步奖	二等奖	中华鳖良种选育及推广	杭州金达龚老汉特种水产有限公司	龚金泉
2012	国家科技进步奖	二等奖	缓控释肥技术创新平台建设	山东金正大生态工程股份有限公司	—
2012	国家科技进步奖	二等奖	食品安全危害因子可视化快速检测技术	天津科技大学，中国检验检疫科学研究院，天津出入境检验检疫局动植物与食品检测中心，辽宁出入境检验检疫局检验检疫技术中心，天津生物芯片技术有限责任公司，天津九鼎医学生物工程有限公司	王硕，陈颖，郑文杰，曹际娟，王俊平，张燕，张宏伟，袁飞，曹勃阳，温雷
2012	国家科技进步奖	二等奖	高含油油料加工关键新技术产业化开发及标准化安全生产	山东鲁花集团有限公司，江南大学	王兴国，孙东伟，刘元法，宫旭洲，金青哲，李恒严，王珊珊，李秋，王晓玲，宫晓华
2012	国家科技进步奖	二等奖	全国生态功能区划	中国科学院生态环境研究中心，中国环境科学研究院	欧阳志云，傅伯杰，高吉喜，王效科，郑华，赵同谦，肖荣波，赵景柱，肖燚，徐卫华

（续表）

年　份	奖　项	等　级	项目名称	主要完成单位	主要完成人
2012	国家科技进步奖	二等奖	都市型现代农业高效用水原理与集成技术研究	北京市水利科学研究所，中国农业大学，北京农业智能装备技术研究中心，中国水利水电科学研究院，北京市农林科学院，西安理工大学，武汉大学	刘洪禄，吴文勇，杨培岭，郑文刚，李九生，李其军，武菊英，郝仲勇，张建平，王富庆
2012	国家科技进步奖	二等奖	果蔬食品的高品质干燥关键技术研究及应用	江南大学，宁波海通食品科技有限公司，中华全国供销合作总社南京野生植物综合利用研究院，山东鲁化集团有限公司，江苏兴野食品有限公司	张慜，张卫明，孙金才，孙晓明，孙东风，范柳萍，陈龙海，崔政伟，罗镇江，赵伯涛
2012	国家科技进步奖	二等奖	柑橘良种无病毒三级繁育体系构建与应用	西南大学，重庆市农业技术推广总站，广西壮族自治区柑桔研究所，全国农业技术推广服务中心	周常勇，熊伟，白先进，唐科志，吴正亮，李莉，赵小龙，李太盛，张才建，杨方云
2012	国家科技进步奖	二等奖	主要农作物遥感监测关键技术研究及业务化应用	中国农业科学院农业资源与农业区划研究所，中国科学院遥感应用研究所，国家气象中心，山西省农业遥感中心，黑龙江省农业科学遥感技术中心，四川省农业科学院遥感应用研究所，安徽省经济作物研究院	唐华俊，王长耀，周清波，毛留喜，刘海启，陈仲新，刘佳，张庆员，吴文斌，王利民
2012	国家科技进步奖	二等奖	畜禽粪便沼气处理清洁发展机制方法学和技术开发与应用	中国农业科学院农业环境与可持续发展研究所，中国农业大学，杭州能源环境工程有限公司，山东民和牧业股份有限公司，中国社科会科学院城市发展与环境研究所，清华大学，恩施土家族苗族自治州农业技术推广中心	董红敏，李玉娥，董泰丽，李倩，董仁杰，陈洪波，韦志平，万运帆
2012	国家科技进步奖	二等奖	重要作物病原菌抗药性机制及监测与治理关键技术	南京农业大学，江苏省农药研究所股份有限公司，全国农业技术推广服务中心，江苏省农业科学院，江苏省植物保护站	周明国，倪钰萍，邵振润，陈长军，陈怀谷，于淦军，王凤云，张洁夫，梁帝允，王建新
2012	国家科技进步奖	二等奖	水田杂草安全高效防控技术研究与应用	湖南农业大学，湖南人文科技学院，中国水稻研究所，华南农业大学，湖南省农药检定所，湖南振农科技有限公司，湖南农大海特农化有限公司	柏连阳，周小毛，王义成，余柳青，刘承兰，金晨钟，曾爱平，袁哲明，刘祥英，李富根
2013	国家自然科学奖	二等奖	黄土区土壤—植物系统水动力学与调控	中国科学院水利部水土保持研究所，香港中文大学，西北农林科技大学	邵明安，张建华，上官周平，黄明斌，康绍忠
2013	国家自然科学奖	二等奖	水稻质量抗性和数量的基因基础与调控机理	华中农业大学	王石平，储昭晖，丁新华，张启发，孙新立
2013	国家自然科学奖	二等奖	禽流感病毒进化、跨种感染及致病力分子机制研究	中国农业科学院哈尔滨兽医研究所	陈化兰，于康震，邓国华，周继勇，李泽君
2013	国家自然科学奖	二等奖	日本血吸虫寄生和致病分子基础的系统生物学研究	上海人类基因组研究中心，中国疾病预防控制中心寄生虫病预防控制所	韩泽广，胡薇，刘锋，王升跃，冯正

（续表）

年　份	奖　项	等　级	项目名称	主要完成单位	主要完成人
2013	国家技术发明奖	二等奖	鸭传染性浆膜炎灭火疫苗	四川农业大学，成都天邦生物制品有限公司	程安春，汪铭书，朱德康，贾仁勇，陈舜，黎渊
2013	国家技术发明奖	二等奖	高产高油酸花生种质创制和新品种培育	山东省花生研究所，青岛农业大学	禹山林，杨庆利，王晶珊，王积军，迟晓元，潘丽娟
2013	国家技术发明奖	二等奖	果实采后绿色防病保鲜关键技术的创制及应用	中国科学院植物研究所，中国科学院华南植物园，浙江省农业科学院	田世平，蒋跃明，秦国政，郜海燕，孟祥红，郑小林
2013	国家技术发明奖	二等奖	油菜联合收割机关键技术与装备	江苏大学，农业部南京农业机械化研究所	李耀明，徐立章，陈进，李萍萍，易中懿，赵湛
2013	国家技术发明奖	二等奖	水稻胚乳细胞生物反应器及其应用	武汉大学，武汉禾元生物科技有限公司	杨代常，谢婷婷，何洋，宁婷婷，施婧妮，欧吉权
2013	国家技术发明奖	二等奖	水稻抗旱基因资源挖掘和节水抗旱稻创制	上海市农业生物基因中心，华中农业大学，复旦大学，中国水稻研究所	罗利军，梅捍卫，熊立仲，余新桥，钟扬，王一平
2013	国家技术发明奖	二等奖	高效微生物及其固定化脱氢技术	北京大学	倪晋仁，叶正芳，籍国东，赵华章，陈倩，孙卫玲
2013	国家技术发明奖	二等奖	污染物微生物净化增强技术新方法及应用	南京大学，安徽华骐环保科技股份有限公司，云南大学，江苏三强环境工程有限公司	任洪强，郑俊，孙珮石，耿金菊，吕锡元，丁丽丽
2013	国家技术发明奖	二等奖	重大淀粉酶品的创制、绿色制造及其应用	江南大学，天津科技大学，山东隆大生物工程有限公司，福建福大百特科技发展有限公司	王正祥，路福平，郭庆文，石贵阳，叶秀云，刘逸寒
2013	国家技术发明奖	二等奖	基于风味导向的固态发酵白酒生产新技术及应用	江南大学，贵州茅台酒股份有限公司，山西杏花村汾酒厂股份有限公司，江苏洋河酒厂股份有限公司	徐岩，范文来，吴群，王莉，杜小威，周新虎
2013	国家技术发明奖	二等奖	生物法生产富马酸及其衍生物的关键技术及应用	南京工业大学，南京国海生物工程有限公司	黄和，李霜，徐晴，宋萍，李云政，高振
2013	国家科技进步奖	特等奖	两系法杂交水稻技术研究与应用	湖南杂交水稻研究中心，湖北省农业科学院粮食作物研究所，江苏省农业科学院，安徽省农业科学院水稻研究所，华中农业大学，武汉大学，广东省农业科学院水稻研究所，湖南师范大学，江西农业大学，广西壮族自治区农业科学院水稻研究所，中国水稻研究所，袁隆平农业高科技股份有限公司，江西省农业科学院水稻研究所，华南农业大学，福建省农业科学院水稻研究所，贵州省水稻研究所，北京金色农华种业科技有限公司，湖南省气象科学研究所	袁隆平

（续表）

年 份	奖 项	等 级	项目名称	主要完成单位	主要完成人
2013	国家科技进步奖	一等奖	矮秆高产多抗广适小麦新品种矮抗58选育及应用	河南科技学院，河南省农业科学院小麦研究所，河南金蕾种苗有限公司，江苏省农产品质量检测测试中心，安徽省农作物新品种引育中心	茹振刚，赵虹，李友勇，胡铁柱，邱军，牛立元，欧行奇，许学宏，刘明久，李淦，姚小凤，李笑慧，常萍，冯素伟，陈刚立
2013	国家科技进步奖	一等奖	中药安全性关键技术研究与应用	中国人民解放军军事医学科学院放射与辐射医学研究所，浙江大学，中国人民解放军总医院，天津中医药大学，中国中医科学院中药研究所，深圳微芯生物科技有限责任公司，河南中医学院	高月，杨明会，范晓辉，王宇光，程翼宇，高秀梅，梁爱华，宁志强，王书芳，苗明三，马增春，张晗，肖成荣，陆倍倍，谭洪玲
2013	国家科技进步奖	二等奖	棉花种质创新及强优势广适新品种培育与利用	华中农业大学，河间市国欣农村技术服务总会，湖北惠民农业科技有限公司	张献龙，聂以春，朱龙付，郭小平，卢怀玉，刘立清，林忠旭，涂礼莉，杨国正，金双侠
2013	国家科技进步奖	二等奖	桃优异种质发掘、优质广适新品种培育与利用	中国农业科学院郑州果树研究所	王力荣，王志强，朱更瑞，牛良，方伟超，鲁振华，曹珂，崔国朝，陈昌文，宗学普
2013	国家科技进步奖	二等奖	南方葡萄根域限制与避雨栽培关键技术研究与示范	上海交通大学，湖南农业大学，上海市农业科学院	王世平，杨国顺，李世诚，石雪晖，吴江，陶建敏，蒋爱丽，白先进，单传伦，许文平
2013	国家科技进步奖	二等奖	辽单系列玉米种质与育种技术创新及应用	辽宁省农业科学院，中国农业科学院作物科学研究所，辽宁东亚种业有限公司	王延波，陶承光，李新海，朱迎春，姜明月，李哲，刘志新，吴宇锦，王国宏，张洋
2013	国家科技进步奖	二等奖	杨梅枇杷果实贮藏物流核心技术研发及其集成应用	浙江大学，浙江省农业厅经济作物管理局，四川省农业科学院园艺研究所，福建省农业科学院果树研究所，全国农业技术推广服务中心，宁波市林特科技推广中心，仙居县林业特产开发服务中心	陈昆松，徐昌杰，孙钧，孙崇德，李莉，张泽煌，江国良，郑金土，张波，王康强
2013	国家科技进步奖	二等奖	紫胶资源高效培育与精加工技术体系创新集成	中国林业科学研究院资源昆虫研究所，昆明西莱克生物科技有限公司	陈晓鸣，李昆，陈又清，陈智勇，张弘，石雷，陈航，甘瑾，冯颖，王绍云
2013	国家科技进步奖	二等奖	农林剩余物多途径热解气化联产炭材料关键技术开发	中国林业科学研究院林产化学工业研究所，华北电力大学，福建农林大学，合肥天焱绿色能源开发有限公司，福建元力活性炭股份有限公司	蒋剑春，应浩，张锴，黄彪，邓先伦，刘勇，卢元健，许玉，孙康，孙云娟
2013	国家科技进步奖	二等奖	森林资源综合监测技术体系	中国林业科学研究院资源信息研究所，北京林业大学，东北林业大学，国家林业局调查规划设计院，中国科学院地理科学与资源研究所，中国科学院遥感应用研究所，内蒙古自治区林业科学研究院	鞠洪波，张怀清，唐小明，彭道黎，陆元昌，邸雪颖，庄大方，陈永富，武红敢，张煜星

（续表）

年 份	奖 项	等 级	项目名称	主要完成单位	主要完成人
2013	国家科技进步奖	二等奖	北京鸭新品种培育与养殖技术研究应用	中国农业科学院北京畜牧兽医研究所，北京金星鸭业有限公司，西北农林科技大学	侯水生，胡胜强，刘小林，黄苇，郝金平，谢明，李国臣，樊红平，闫磊，张慧林
2013	国家科技进步奖	二等奖	建鲤健康养殖的系统营养技术及其在淡水鱼上的应用	四川农业大学，四川省畜牧科学研究院，通威股份有限公司，四川省畜牧饲料有限公司，中国水产科学研究院淡水渔业研究中心，四川省德施普生物科技有限公司	周小秋，邝声耀，戈贤平，王尚文，冯琳，刘扬，唐凌，高启平，姜维丹，唐旭
2013	国家科技进步奖	二等奖	高致病性猪蓝耳病病因确诊及防控关键技术研究与应用	中国动物疫病预防控制中心，中国兽医药品监察所，北京世纪元亨动物防疫技术有限公司	田克恭，遇秀玲，徐百万，张仲秋，蒋桃珍，孙明，周智，倪建强，曹振，王传彬
2013	国家科技进步奖	二等奖	巴美肉羊新品种培育及关键技术研究与示范	内蒙古自治区农牧业科学院，巴彦淖尔市家畜改良工作站，内蒙古农业大学，内蒙古自治区家畜改良工作站，乌拉特中旗农牧业局	荣威恒，赵存发，李金泉，刘永斌，康凤祥，李虎山，高雪峰，吴明宏，王文义，王贵印
2013	国家科技进步奖	二等奖	南阳牛种质创新与夏南牛新品种培育及其产业化	河南省畜禽改良站，河南农业大学，西北农林科技大学，河南省南阳市黄牛研究所，河南省农业科学院畜牧兽医研究所，中国农业科学院北京畜牧兽医研究所，河南省纯种肉牛繁育中心	白跃宇，高腾云，陈宏，祁兴磊，李鹏飞，王冠立，徐照学，孙宝忠，谭旭信，张春晖
2013	国家科技进步奖	二等奖	保护性耕作技术	—	李洪文，李问盈，蒋和平，路战远，王相友，何进，程国彦，许英，张德健，王玉芬
2013	国家科技进步奖	二等奖	柠檬果综合利用关键技术、产品研发及产业化	重庆长龙实业（集团）有限公司	刘群
2013	国家科技进步奖	二等奖	发酵与代谢调控关键技术及产业化应用	华南理工大学，中国食品发酵工业研究院，佛山市海天（高明）调味食品有限公司，江南大学，金星啤酒集团有限公司，广东肇庆星湖生物科技股份有限公司，广州双桥股份有限公司	赵谋明，张五九，赵海锋，黄文彪，陆健，王海明，李国基，崔春，郑明英，徐正廉
2013	国家科技进步奖	二等奖	冷却肉品质控制关键技术及装备创新与应用	南京农业大学，江苏雨润肉类产业集团有限公司，江苏省食品集团有限公司	周光宏，祝义亮，徐幸莲，彭增起，李春保，徐宝才，张楠，章建浩，高峰，黄明
2013	国家科技进步奖	二等奖	干酪制造与副产物综合利用技术集成创新与产业化应用	中国农业大学，天津科技大学，甘肃农业大学，北京三元食品股份有限公司，上海光明奶酪黄油有限公司，内蒙古伊利实业集团股份有限公司，甘肃华羚生物科技有限公司	任发政，郭本恒，陈历俊，王昌禄，韩北忠，甘伯中，云战友，郭慧媛，冷小京，毛学英

（续表）

年　份	奖　项	等　级	项目名称	主要完成单位	主要完成人
2013	国家科技进步奖	二等奖	中国西北干旱气象灾害监测预警及减灾技术	中国气象局兰州干旱气象研究所，甘肃省气象局，南京信息工程大学，国家气候中心，中国科学院寒区旱区环境与工程研究所，兰州大学，宁夏回族自治区气象局	张强，张书余，李耀辉，罗哲贤，张存杰，李栋梁，王润元，王劲松，陈添宇，肖国举
2013	国家科技进步奖	二等奖	滨海盐碱地棉花丰产栽培技术体系的创建与应用	山东棉花研究中心，中国农业大学，山东农业大学，山东鲁壹棉业科技有限公司	董合忠，李维江，辛承松，段留生，张学振，唐薇，张冬梅，李振怀，孔祥强，代建龙
2013	国家科技进步奖	二等奖	苹果贮藏保鲜与综合加工关键技术研究及应用	中华全国供销合作总社济南果品研究院，中国农业大学，烟台北方安德利果汁股份有限公司，陕西海升果业发展股份有限公司，烟台泉源食品有限公司，烟台安德利果胶股份有限公司	胡小松，吴茂玉，廖小军，陈芳，倪元颖，冯建华，朱风涛，吴继红，曲昆生，高亮
2013	国家科技进步奖	二等奖	主要农业入侵生物的预警与监控技术	中国农业科学院植物保护研究所，中国科学院动物研究所，全国农业技术推广服务中心，环境保护部南京环境科学研究所，福建出入境检验检疫局检验检疫技术中心，中国农业大学，福建省农业科学院	万方浩，张润志，王福祥，徐海根，郭琼霞，李志红，赵健，冯洁，张绍红，周卫川
2013	国家科技进步奖	二等奖	旱作农业关键技术与集成应用	中国农业科学院农业环境与可持续发展研究所，辽宁省农业科学院，中国科学院沈阳应用生态研究所，中国农业大学，西北农林科技大学，四川省农业科学院，山西省农业科学院	梅旭荣，张燕卿，孙占祥，贾志宽，严昌荣，潘学标，刘永红，王庆锁，刘作新，同延安
2013	国家科技进步奖	二等奖	长江中游东南部双季稻丰产高效关键技术与应用	江西省农业科学院，江西农业大学，江西省农业技术推广总站，南昌县农业技术推广中心，进贤县农业技术推广中心	谢金水，石庆华，王海，刘光荣，潘晓华，周培建，彭春瑞，曾勇军，李祖章，李木英
2013	国家科技进步奖	二等奖	干旱内陆河流域考虑生态的水资源配置理论与调控技术及其应用	中国农业大学，西北农林科技大学，甘肃省水利厅石羊河流域管理局，武威市水利技术综合服务中心，武威市农业技术推广中心，武汉立方科技有限公司，武汉大学	康绍忠，杜太生，粟晓玲，杨东，冯绍元，蔡焕杰，石培泽，彭治云，霍再林，刘树波
2013	国家科技进步奖	二等奖	农业废弃物成型燃料清洁生产技术与整套设备	河南省科学院能源研究所有限公司，北京奥科瑞丰新能源股份有限公司，河南农业大学，大连理工大学	雷廷宙，石书田，张全国，何晓峰，沈胜强，李在峰，朱金陵，谢太华，王志伟，杨树华
2013	国家科技进步奖	二等奖	秸秆成型燃料高效清洁生产与燃料关键技术装备	农业部规划设计研究院，合肥天焱绿色能源开发有限公司，北京盛昌绿能科技有限公司	赵立欣，田宜水，孟海波，姚宗路，孙丽英，刘勇，曹秀荣，霍丽丽，袁艳文，罗娟
2014	国家自然科学奖	二等奖	水稻重要生理性状的调控机理与分子育种应用基础	中国科学院上海生命科学研究院，浙江省农业科学院	何祖华，王二涛，王建军，张迎迎，邓一文

（续表）

年　份	奖　项	等　级	项目名称	主要完成单位	主要完成人
2014	国家技术发明奖	二等奖	水稻籼粳杂种优势利用相关基因挖掘与新品种培育	南京农业大学，中国农业科学院作物科学研究所	万建民，赵志刚，江玲，程治军，陈亮明，刘世家
2014	国家技术发明奖	二等奖	油菜高含油量聚合育种技术及应用	中国农业科学院油料作物研究所	王汉中，刘贵华，王新发，华玮，刘静，胡志勇
2014	国家技术发明奖	二等奖	海水鲆鲽鱼类基因资源发掘及种质创新技术建立与应用	中国水产科学研究院黄海水产研究所，中国水产科学研究院北戴河中心实验站，中国科学院海洋研究所，深圳华大基因研究院，海阳市黄海水产有限公司	陈松林，刘海金，尤锋，王俊，田永胜，刘寿堂
2014	国家技术发明奖	二等奖	花生低温压榨制油与饼粕蛋白高值化利用关键技术及装备创制	中国农业科学院农产品加工研究所，山东省高唐蓝山集团总公司，河南省亚临界生物技术有限公司，中国农业机械化科学研究院	王强，许振国，刘红芝，祁鲲，朱新亮，相海
2014	国家技术发明奖	二等奖	热带海洋微生物新型生物酶高效转化软体动物功能肽的关键技术	中国科学院南海海洋研究所，广东海大集团股份有限公司	张偲，龙丽娟，齐振雄，尹浩，田新朋，钱雪桥
2014	国家科技进步奖	一等奖	流域水循环演变机理与水资源高效利用	中国水利水电科学研究院，清华大学，中国农业大学，水利部海河水利委员会	王浩，贾仰文，康绍忠，陈吉宁，王建华，曹寅白，陆垂裕，汪林，周祖昊，刘家宏，甘泓，仇亚琴，游进军，牛存稳，雷晓辉
2014	国家科技进步奖	二等奖	优质强筋高产小麦新品种郑麦366的选育及应用	河南省农业科学院，河南金粒麦业有限公司，新乡市新良粮油加工有限责任公司	雷振生，吴政卿，田云峰，杨会民，王美芳，赵献林，谷铁城，邓士政，吴长城，何盛莲
2014	国家科技进步奖	二等奖	甘蓝雄性不育系育种技术体系的建立与新品种的选育	中国农业科学院蔬菜花卉研究所	方智远，刘玉梅，杨丽梅，王晓武，庄木，张扬勇，孙培田，张合龙，高富欣，刘伟
2014	国家科技进步奖	二等奖	西瓜优异抗病种质创制与京欣系列新品种选育及推广	北京市农林科学院，北京京研益农科技发展中心，北京农学院	许勇，宫国义，张海英，郭绍贵，贾长才，李海真，丁海凤，任毅，孙宏贺，王绍辉
2014	国家科技进步奖	二等奖	小麦种质资源重要育种性状的评价与创新利用	中国农业科学院作物科学研究院，河北省农林科学院粮油作物研究所，江苏省农业科学院，西北农林科技大学，山东农业大学，中国科学院遗传与发育生物学研究所，四川农业大学	李立会，李杏普，蔡士宾，吉万全，李斯深，安调过，郑有良，王洪刚，余懋群，李秀全
2014	国家科技进步奖	二等奖	荔枝高效生产关键技术创新与应用	华南农业大学，广东省农业科学院果树研究所，中国热带农业科学院南亚热带作物研究所，深圳市南山区西丽果场	李建国，陈厚彬，黄旭明，欧良喜，谢江辉，吴振先，王惠聪，袁沛元，叶钦海，陈维信

（续表）

年 份	奖 项	等 级	项目名称	主要完成单位	主要完成人
2014	国家科技进步奖	二等奖	豫综 5 号和黄金群玉米种质创新与应用	河南农业大学，新疆农业科学院粮食作物研究所，四川农业大学，濮阳市农业科学院，漯河市农业科学院，上海科研食品合作公司，甘肃省敦煌种业股份有限公司	陈彦惠，李玉玲，库丽霞，吴连成，汤继成，梁晓玲，黄玉碧，董永彬，陈恭，王建现
2014	国家科技进步奖	二等奖	杨树高产优质高效工业资源材新品种培育与应用	中国林业科学研究院林业研究所，南京林业大学，北京林业大学，山东省林业科学研究院，辽宁省杨树研究所，安徽省林业科学研究院，黑龙江省森林与环境科学研究院	苏晓华，潘惠新，黄秦军，沈应柏，姜岳忠，王胜东，于一苏，赵自成，王福森，付贵生
2014	国家科技进步奖	二等奖	饲料用酶技术体系创新及重点产品创制	中国农业科学院饲料研究所，青岛蔚蓝生物集团有限公司，广东溢多利生物科技股份有限公司，武汉新华扬生物股份有限公司，北京挑战生物技术有限公司，新希望集团有限公司	姚斌，罗会颖，黄火清，杨培龙，柏映国，于会民，李阳源，詹志春，刘鲁民，李学军
2014	国家科技进步奖	二等奖	奶牛饲料高效利用及精准饲养技术创建与应用	中国农业大学，山东农业大学，河北农业大学，东北农业大学，北京首农畜牧发展有限公司，现代牧业（集团）有限公司，北京中地种畜股份有限公司	李胜利，冯仰廉，王中华，李建国，曹志军，张晓明，张永根，张振新，刘连超，高丽娜
2014	国家科技进步奖	二等奖	东海区重要渔业资源可持续利用关键技术研究与示范	浙江海洋学院，中国水产科学研究院东海水产研究所，浙江省海洋水产研究所，福建省水产研究所，江苏省海洋水产研究所，农业部东海区渔政局（中华人民共和国东海区渔政局）	吴常文，程家骅，徐汉祥，戴天元，汤建华，张秋华，俞存根，李圣法，周永东，王伟定
2014	国家科技进步奖	二等奖	大恒肉鸡培育与育种技术体系建立及应用	四川省畜牧科学研究院，四川农业大学，四川大恒家禽育种有限公司	蒋小松，朱庆，杜华锐，李晴云，刘益平，李小成，杨朝武，张增荣，万昭军，赵小玲
2014	国家科技进步奖	二等奖	优质草菇周年高效栽培关键技术及产业化应用	江苏江南生物科技有限公司	姜建新
2014	国家科技进步奖	二等奖	辣椒天然产物高值化提取分离关键技术与产业化	晨光生物科技集团股份有限公司，中华全国供销合作总社南京野生植物综合利用研究所，天津科技大学，北京工商大学，新疆晨光天然色素有限公司，营口晨光植物提取设备有限公司	卢庆国，张卫明，张泽生，曹雁平，连运河，赵伯涛，陈运霞，李凤飞，韩文杰，高伟
2014	国家科技进步奖	二等奖	高耐性酵母关键技术研究与产业化	安琪酵母股份有限公司，天津科技大学，湖北工业大学，华中科技大学	俞学锋，曾晓雁，陈雄，肖冬光，李知洪，张翠英，李志军，李祥友，陈叶福，王志

（续表）

年 份	奖 项	等 级	项目名称	主要完成单位	主要完成人
2014	国家科技进步奖	二等奖	新型香精制备与香气品质控制关键技术及应用	上海应用技术学院，中山大学，北京工业大学，漯河双汇生物工程技术有限公司，上海百润香精香料股份有限公司，深圳波顿香料有限公司，青岛花帝食品配料有限公司	肖作兵，纪红兵，佘远斌，牛云蔚，汪晨辉，谢华，王明凡，刘晓东，张福财，张树林
2014	国家科技进步奖	二等奖	农村污水生态处理技术体系与集成示范	同济大学，上海市政工程设计研究总院（集团）有限公司	徐祖信，李怀正，张辰，王晟，叶建锋，金伟，谭学军，尹海龙，杜晓丽，徐大勇
2014	国家科技进步奖	二等奖	防治农作物病毒病及媒介昆虫新农药研制与应用	贵州大学，全国农业技术推广服务中心，江苏安邦电化有限公司，广西田园生化股份有限公司，广西壮族自治区植保总站，云南省植保植检站，贵州省植保植检站	宋宝安，郭荣，季玉祥，李卫国，金林红，陈卓，王凯学，吕建平，金星，郑和斌
2014	国家科技进步奖	二等奖	新型天然蒽醌化合物农用杀菌剂的创新及其应用	湖北省农业科学院，中国农业大学，全国农业技术推广服务中心，农业部农药检定所，内蒙古清源保生物科技有限公司	喻大昭，倪汉文，赵清，顾宝根，梁佳梅，张帅，王少南，杨立军，杨小军，张宏军
2014	国家科技进步奖	二等奖	重要植物病原物分子检测技术、种类鉴定及其在口岸检疫中应用	浙江省农业科学院，宁波检验检疫科学技术研究院，宁波大学	陈剑平，陈炯，陈先锋，顾建锋，段维军，郑红英，闻伟刚，程晔，崔俊霞，张慧丽
2014	国家科技进步奖	二等奖	青藏高原青稞与牧草害虫绿色防控技术研发及应用	西藏自治区农牧科学院，西藏自治区农牧科学院农业研究所，中国农业科学院植物保护研究所，青海省农牧厅，青海省农业技术推广总站，西藏大学农牧学院	王保海，王文峰，张礼生，巩爱岐，陈红印，覃荣，王翠玲，李新苗，李晓忠，扎罗
2014	国家科技进步奖	二等奖	农业旱涝灾害遥感监测技术	中国农业科学院农业资源与农业区划研究所，中国水利水电科学研究院，中国气象科学研究院，中国科学院地理科学与资源研究所，浙江大学，安徽省经济研究院，河南省农业科学院	唐华俊，黄诗峰，霍治国，黄敬峰，陈仲新，吴文斌，杨鹏，李召良，刘海启，李正国
2014	国家科技进步奖	二等奖	黄淮地区农田地力提升与大面积均衡增产技术及其应用	中国科学院南京土壤研究所，河南省农业科学院，河南省土壤肥料站，河南农业大学，扬州市土壤肥料站，中国地质大学（北京）	张佳宝，黄绍敏，林先贵，曹志洪，孙笑梅，刘建立，谭金芳，张月平，丁维新，马政华
2014	国家科技进步奖	二等奖	花生品质生理生态与标准化优质栽培技术体系	山东省农业科学院，山东农业大学，青岛农业大学	万书波，王才斌，李向东，王铭伦，单世华，郭峰，张正，郭洪海，张智猛，陈殿绪
2014	国家科技进步奖	二等奖	超级稻高产栽培关键技术及区域化集成应用	中国水稻研究所，扬州大学，江西农业大学，湖南农业大学，吉林省农业科学院，广东省农业科学院水稻研究所，四川省农业科学院作物研究所	朱德峰，张洪程，潘晓华，邹应斌，侯立刚，黄庆，郑家国，吴文革，陈惠哲，霍中洋

（续表）

年 份	奖 项	等 级	项目名称	主要完成单位	主要完成人
2014	国家科技进步奖	二等奖	滴灌水肥一体化专用肥料及配套技术研发与应用	新疆农垦科学院，中国农业大学，新疆惠利灌溉科技股份有限公司，石河子开发区三益化工有限责任公司，河北丰旺农业科技有限公司	尹飞虎，陈云，李光水，关新元，尹强，王军，任奎东，柴付军，黄兴法，樊庆鲁
2015	国家自然科学奖	二等奖	家蚕基因组的功能研究	西南大学，深圳华大基因研究院	夏庆友，周泽扬，鲁成，王俊，向仲怀
2015	国家技术发明奖	二等奖	农产品黄曲霉毒素靶向抗体创制与高灵敏检测技术	中国农业科学院油料作物研究所	李培武，张奇，丁小霞，张文，姜俊，喻理
2015	国家技术发明奖	二等奖	农用抗生素高效发现新技术及系列新产品产业化	东北农业大学，浙江海正药业股份有限公司	向文胜，王相晶，王继栋，陈正杰，白骅，张继
2015	国家技术发明奖	二等奖	花生收获机械化关键技术与装备	农业部南京农业机械化研究所	胡志超，彭宝良，胡良龙，谢焕雄，吴峰，查建兵
2015	国家技术发明奖	二等奖	基于高性能生物识别材料的动物性产品中小分子化合物快速检测技术	中国农业大学	沈建忠，江海洋，吴小平，王战辉，温凯，丁双阳
2015	国家技术发明奖	二等奖	安全高效猪支原体肺炎活疫苗的创制及应用	江苏省农业科学院	邵国青，金洪效，刘茂军，冯志新，熊祺琰，何正礼
2015	国家技术发明奖	二等奖	国境转基因产品精准快速检测关键技术及应用	中国检验检疫科学研究院，辽宁出入境检验检疫局检验检疫技术中心，中国计量学院，山东出入境检验检疫局检验检疫技术中心	陈洪俊，黄新，曹际娟，俞晓平，林祥梅，高宏伟
2015	国家科技进步奖	二等奖	CIMMYT小麦引进、研究与创新利用	中国农业科学院作物科学研究所，四川省农业科学院作物研究所，新疆农业科学院核技术生物技术研究所，云南省农业科学院粮食作物研究所，宁夏农林科学院，甘肃省农业科学院小麦研究所，湖北省农业科学院粮食作物研究所	何中虎，夏先春，陈新民，邹裕春，吴振录，庄巧生，于亚雄，袁汉民，杨文雄，李梅芳
2015	国家科技进步奖	二等奖	高产稳产棉花品种鲁棉研28号选育与应用	山东棉花研究中心，中国农业科学院生物技术研究所，创世纪种业有限公司，山东银兴种业股份有限公司	王家宝，王留明，赵军胜，孟志刚，刘任重，陈莹，王秀丽，杨静，董合忠，赵洪亮
2015	国家科技进步奖	二等奖	晚粳稻核心种质测21的创制与新品种定向培育应用	浙江省农业科学院，浙江省嘉兴市农业科学研究院（所），中国科学院上海生命科学研究院	姚海根，张小明，姚坚，何祖华，石建尧，鲍根良，王淑珍，叶胜海，徐红星，管耀祖
2015	国家科技进步奖	二等奖	甘蓝型黄籽油菜遗传机理与新品种选育	西南大学，华中农业大学，江苏省农业科学院，中国农业科学院油料作物研究所	李加纳，涂金星，张学昆，傅廷栋，张洁夫，柴友荣，梁颖，唐章林，刘列钊，殷家明

（续表）

年 份	奖 项	等 级	项目名称	主要完成单位	主要完成人
2015	国家科技进步奖	二等奖	小麦抗病、优质多样化基因资源的发掘、创新和利用	中国农业大学	孙其信，刘志勇，刘广田，杨作民，梁荣奇，尤明山，李保云，解超杰，倪中福，杜金昆
2015	国家科技进步奖	二等奖	核果类果树新品种选育及配套高效栽培技术研究与应用	山东农业大学，沈阳农业大学，新疆农业大学	陈学森，姜远茂，毛志泉，吕德国，何天明，彭福田，王国政，杨保国，董胜利，秦嗣军
2015	国家科技进步奖	二等奖	高性能竹基纤维复合材料制造关键技术与应用	中国林业科学研究院木材工业研究所，南京林业大学，安徽宏宇竹木制品有限公司，浙江大庄实业集团有限公司，青岛国森机械有限公司，太尔胶粘剂（广东）有限公司	于文吉，李延军，余养伦，祝荣先，刘红征，张亚慧，任丁华，许斌，苏志英，宁其斌
2015	国家科技进步奖	二等奖	南方特色干果良种选育与高效培育关键技术	浙江农林大学，中国林业科学研究院亚热带林业研究所，南京绿宙薄壳山核桃科技有限公司，安徽农业大学，南京林业大学，江苏省农业科学院，诸暨市林业科学研究所	黄坚钦，姚小华，戴文圣，吴家胜，王正加，王开良，李永荣，郑炳松，傅松玲，夏国华
2015	国家科技进步奖	二等奖	四倍体泡桐种质创制与新品种培育	河南农业大学，河南省林业科学研究院，泰安市泰山林业科学研究院，阜阳市林业科学技术推广站，江西省林业科技推广总站，新乡市林业技术推广站	范国强，翟晓巧，尚忠海，王安亭，孙中党，赵振利，金继良，何长敏，王迎，邓敏捷
2015	国家科技进步奖	二等奖	荣昌猪品种资源保护与开发利用	重庆市畜牧科学院，中国农业大学，四川大学，西南大学，中国农业科学院饲料研究所，四川铁骑力士实业有限公司，重庆隆生农业发展有限公司	刘作华，王金勇，杨飞云，尹靖东，王红宁，李洪军，徐顺来，于会民，汪开益，冯光德
2015	国家科技进步奖	二等奖	农大 3 号小型蛋鸡配套系培育与应用	中国农业大学，北京北农大动物科技有限责任公司，北京中农榜样生物科技有限公司，湖北神丹健康食品有限公司，河南柳江生态牧业股份有限公司	杨宁，宁中华，张庆才，吴常信，曲鲁江，刘华桥，陈福勇，徐桂云，许殿明，郑丽敏
2015	国家科技进步奖	二等奖	鲤优良品种选育技术与产业化	中国水产科学研究院黑龙江水产研究所，中国水产科学研究院淡水渔业研究中心，河南省水产科学研究院，中国水产科学研究院	孙效文，石连玉，董在杰，冯建新，徐鹏，梁利群，俞菊华，李池陶，鲁翠云，白庆利
2015	国家科技进步奖	二等奖	畜禽饲料中大豆蛋白源抗营养因子研究与应用	中国农业大学，吉林农业大学，双胞胎（集团）股份有限公司，上海源耀生物股份有限公司，北京龙科方舟生物工程技术有限公司，江西农业大学	谯仕彦，秦贵信，李德发，贺平丽，马曦，孙泽威，王勇飞，曹云鹤，方华，陆文清

（续表）

年　份	奖　项	等　级	项目名称	主要完成单位	主要完成人
2015	国家科技进步奖	二等奖	刺参健康养殖综合技术研究及产业化应用	辽宁省海洋水产科学研究院，中国水产科学研究院黄海水产研究所，大连海洋大学，中国海洋大学，山东省海洋生物研究院，大连壹桥海洋苗业股份有限公司，山东安源水产股份有限公司	隋锡林，王印庚，常亚青，周遵春，包振民，李成林，孙慧玲，丁君，韩家波，宋坚
2015	国家科技进步奖	二等奖	玉米田间种植系列手册与挂图	中国农业科学院	李少昆，谢瑞芝，崔彦宏，高聚林，王克如，石洁，王永宏，舒薇，王俊忠，刘永红
2015	国家科技进步奖	二等奖	高产早熟多抗广适小麦新品种国审偃展4110选育及应用	河南省才智种子开发有限公司	徐才智
2015	国家科技进步奖	二等奖	营养代餐食品创制关键技术及产业化应用	广东省农业科学院蚕业与农产品加工研究所，华南理工大学，惠尔康集团有限公司，黑牛食品股份有限公司，广西黑五类食品集团有限责任公司，广州力衡临床营养品有限公司	张名位，杨晓泉，魏振承，张瑞芬，蔡福带，徐志宏，罗宝剑，唐小俊，赖学佳，尹寿伟
2015	国家科技进步奖	二等奖	苏打盐碱地大规模以稻治碱改土增粮关键技术创新及应用	中国科学院东北地理与农业生态研究所，吉林省农业科学院，吉林农业大学，吉林省白城市农业科学院，通化市农业科学研究院	梁正伟，杨福，侯立刚，王志春，张三元，马景勇，闫喜东，李彦利，黄立华，齐春艳
2015	国家科技进步奖	二等奖	生物靶标导向的农药高效减量使用关键技术与应用	中国农业大学，湖南省农业科学院，中国农业科学院植物保护研究所，河北省农林科学院粮油作物研究所，中国农业科学院蔬菜花卉研究所，农业部农药检定所，北京绿色农华植保科技有限责任公司	高希武，柏连阳，崔海兰，王贵启，张友军，郑永权，张宏军，徐万涛，张帅，戴良英
2015	国家科技进步奖	二等奖	长江中下游稻飞虱暴发机制及可持续防控技术	江苏省农业科学院，南京农业大学，扬州大学，全国农业技术推广服务中心，江苏省植物保护站	方继朝，刘泽文，韩召军，吴进才，郭慧芳，郭荣，王茂涛，刘向东，王利华，张谷丰
2015	国家科技进步奖	二等奖	新疆棉花大面积高产栽培技术的集成与应用	新疆农业科学院棉花工程技术研究中心，新疆农业科学院，石河子大学，新疆农业大学，新疆农垦科学院，新疆维吾尔自治区农业技术推广总站，新疆生产建设兵团农业技术推广总站	—
2015	国家科技进步奖	二等奖	主要粮食产区农田土壤有机质演变与提升综合技术及应用	中国农业科学院农业资源与农业区划研究所，黑龙江省农业科学院土壤肥料与环境资源研究所，河南省农业科学院植物营养与资源环境研究所，吉林省农业科学院，西北农林科技大学，湖南省土壤肥料研究所，西南大学	徐明岗，张文菊，魏丹，黄绍敏，朱平，杨学云，聂军，石孝均，辛景树，黄庆海

（续表）

年 份	奖 项	等 级	项目名称	主要完成单位	主要完成人
2015	国家科技进步奖	二等奖	玉米冠层耕层优化高产技术体系研究与应用	中国农业科学院作物科学研究所，黑龙江省农业科学院耕作栽培研究所，河南农业大学，山东省农业科学院作物研究所，沈阳农业大学，洛阳农林科学院，山东农业大学	赵明，董志强，钱春荣，李从锋，王群，张宾，齐华，王育红，刘鹏，马玮
2015	国家科技进步奖	二等奖	稻麦生长指标光谱监测与定量诊断技术	南京农业大学，江苏省作物栽培技术指导站，河南农业大学，江西省农业科学院	曹卫星，朱艳，田永超，姚霞，倪军，刘小军，邓建平，张娟娟，李艳大，王绍华
2015	国家科技进步奖	二等奖	有机肥作用机制和产业化关键技术研究与推广	南京农业大学，全国农业技术推广服务中心，江阴市联业生物科技有限公司，浙江省农业科学院，江苏省耕地质量保护站，北京市土肥工作站	沈其荣，徐阳春，杨帆，杨兴明，薛智勇，陆建明，徐茂，李荣，赵永志，黄启为
2015	国家科技进步奖	二等奖	农林废弃物清洁热解气化多联产关键技术与装备	天津大学，山东大学，山东理工大学，山东省科学院能源研究所，山东百川同创能源有限公司，张家界三木能源开发有限公司，广州迪森热能技术股份有限公司	陈冠益，董玉平，许敏，柏雪源，董磊，孙立，周松林，马革，颜蓓蓓，马文超
2015	国家科技进步奖	二等奖	精量滴灌关键技术与产品研发及应用	甘肃大禹节水集团股份有限公司，中国水利水电科学研究院，华北水利水电大学，水利部科技推广中心，中国农业科学院农田灌溉研究所，大禹节水（天津）有限公司	王栋，许迪，龚时宏，王冲，高占义，仵峰，黄修桥，王建东，张金宏，薛瑞清
2015	国家科技进步奖	二等奖	新型低能耗多功能节水灌溉装备关键技术研究与应用	江苏大学，中国农业科学院农田灌溉研究所，上海华维节水灌溉有限公司，江苏旺达喷灌机有限公司，徐州潜龙泵业有限公司，台州佳迪泵业有限公司，福州海霖机电有限公司	施卫东，李红，王新坤，刘建瑞，范永申，朱兴业，周岭，刘俊萍，陈超，李伟
2015	国家科技进步奖	二等奖	植物—环境信息快速感知与物联网实时监控技术及装备	浙江大学，北京农业信息技术研究中心，北京派得伟业科技发展有限公司，浙江睿洋科技有限公司，北京农业智能装备技术研究中心	何勇，杨信廷，史舟，刘飞，田宏武，罗斌，聂鹏程，冯雷，邵咏妮，张洪

附表 A-2　2008—2013 年全国农牧渔业丰收奖获奖成果

年　份	奖　项	等　级	项目名称	第一完成单位	第一完成人/主要完成人
2008—2010	农业技术推广成果奖	一等奖	高产高油油菜中油杂 11 的推广应用	中国农业科学院油料作物研究所	胡琼
2008—2010	农业技术推广成果奖	一等奖	特色水生蔬菜品种选育与示范推广	浙江省金华市农业科学研究院	郑寨生
2008—2010	农业技术推广成果奖	一等奖	贵州特色辣椒优质丰产技术推广	贵州省果树蔬菜工作站	张绍刚
2008—2010	农业技术推广成果奖	一等奖	宁夏设施蔬菜新技术集成推广	宁夏农业技术推广总站	吕鸿钧
2008—2010	农业技术推广成果奖	一等奖	奶牛无公害标准化生产新技术推广	河北省畜牧兽医研究所	李英
2008—2010	农业技术推广成果奖	一等奖	肉牛高效养殖技术集成推广	山西省牧草工作站	姚继广
2008—2010	农业技术推广成果奖	一等奖	种猪遗传评估技术研究与应用	北京市畜牧兽医总站	云鹏
2008—2010	农业技术推广成果奖	一等奖	黑龙江省猪人工授精技术推广应用	黑龙江省畜牧研究所	张宝荣
2008—2010	农业技术推广成果奖	一等奖	优质山羊健康养殖技术的示范推广	安徽省农业科学院畜牧兽医研究所	赵辉玲
2008—2010	农业技术推广成果奖	一等奖	福建省生态养猪模式研究与推广	福建农林大学动物科学学院	修金生
2008—2010	农业技术推广成果奖	一等奖	自然养猪法创新研究与示范推广	山东省畜牧总站	曲绪仙
2008—2010	农业技术推广成果奖	一等奖	农科种猪与健康养殖技术示范推广	广东省农业科学院畜牧研究所	黄庭汝
2008—2010	农业技术推广成果奖	一等奖	猪附红细胞体防控技术研究与应用	河南省动物疫病预防控制中心	闫若潜
2008—2010	农业技术推广成果奖	一等奖	大型猪场 PR 净化技术研究与应用	广西农垦永新畜牧集团有限公司	吴志君
2008—2010	农业技术推广成果奖	一等奖	北方地区优质黄羽肉鸡新品种推广	中国农业科学院北京畜牧兽医研究所	文杰
2008—2010	农业技术推广成果奖	一等奖	南美白对虾产业升级集成技术示范与推广	天津市水产技术推广站	张勤
2008—2010	农业技术推广成果奖	一等奖	智利外海茎柔鱼资源开发及推广	上海海洋大学	陈新军
2008—2010	农业技术推广成果奖	一等奖	中华鳖良种选育及产业化研究与应用	浙江省水产技术推广总站	何中央
2008—2010	农业技术推广成果奖	一等奖	青虾良种规模化繁育和产业化示范	中国水产科学研究院淡水渔业研究中心	傅洪拓
2008—2010	农业技术推广成果奖	一等奖	早籼稻优质高产新品种及配套技术	海南省种子站	蔡尧亲
2008—2010	农业技术推广成果奖	一等奖	云南高原水稻育种及推广	云南省楚雄州农业科学研究推广所	李开斌

（续表）

年　份	奖　项	等　级	项目名称	第一完成单位	第一完成人/主要完成人
2008—2010	农业技术推广成果奖	一等奖	油茬棉早发优质高产栽培技术推广	湖北省农业技术推广总站	羿国香
2008—2010	农业技术推广成果奖	一等奖	优质早熟京欣西瓜与砧木系列新品种的选育和推广	北京市农林科学院	许勇
2008—2010	农业技术推广成果奖	一等奖	优质大豆品种及配套技术示范推广	河北省农林科学院粮油作物研究所	赵双进
2008—2010	农业技术推广成果奖	一等奖	扬州数字化测土配方施肥技术推广	江苏省扬州市土壤肥料站	张炳宁
2008—2010	农业技术推广成果奖	一等奖	烟农 19 配套技术集成研究与应用	安徽省农业技术推广总站	邢君
2008—2010	农业技术推广成果奖	一等奖	小麦玉米高产栽培技术研究与开发	山东省泰安市农业技术推广站	高俊杰
2008—2010	农业技术推广成果奖	一等奖	夏玉米高产高效技术入户示范工程	河南省土壤肥料站	王俊忠
2008—2010	农业技术推广成果奖	一等奖	晚熟芒果生产关键技术研究与推广	中国热带农业科学院南亚热带作物研究所	詹儒林
2008—2010	农业技术推广成果奖	一等奖	水稻植质钵育栽植技术示范推广	黑龙江八一农垦大学	汪春
2008—2010	农业技术推广成果奖	一等奖	水稻无盘旱育抛秧技术集成与推广	全国农业技术推广服务中心	谢建华
2008—2010	农业技术推广成果奖	一等奖	水稻强化栽培技术研究与应用	浙江省农业厅农作物管理局	孙健
2008—2010	农业技术推广成果奖	一等奖	少耕穴灌聚肥节水技术推广	山西省土壤肥料工作站	张藕珠
2008—2010	农业技术推广成果奖	一等奖	山前平原区小麦玉米一体化技术	河北省农业技术推广总站	段玲玲
2008—2010	农业技术推广成果奖	一等奖	弱筋小麦扬麦 13 推广与产业化开发	江苏省作物栽培技术指导站	王龙俊
2008—2010	农业技术推广成果奖	一等奖	全膜双垄沟播玉米增产技术研究与推广	甘肃省农业技术推广总站	熊春蓉
2008—2010	农业技术推广成果奖	一等奖	农业害虫监测预警技术研发与应用	全国农业技术推广服务中心	张跃进
2008—2010	农业技术推广成果奖	一等奖	抗虫棉高效立体种植技术推广	山东省棉花生产技术指导站	赵洪亮
2008—2010	农业技术推广成果奖	一等奖	江西省超级稻示范推广	江西省农业科学院水稻研究所	陈大洲
2008—2010	农业技术推广成果奖	一等奖	吉林省中西部特色高效农业集成技术推广	吉林农业大学	吴春胜
2008—2010	农业技术推广成果奖	一等奖	吉林省超级稻生产技术集成与推广	吉林省农业科学院	赵国臣
2008—2010	农业技术推广成果奖	一等奖	红壤酸化防治技术推广与应用	中国农业科学院农业资源与农业区划研究所	徐明岗

（续表）

年　份	奖　项	等　级	项目名称	第一完成单位	第一完成人/主要完成人
2008—2010	农业技术推广成果奖	一等奖	旱地小杂粮优质高产技术集成与推广	西北农林科技大学	柴岩
2008—2010	农业技术推广成果奖	一等奖	关中灌区百万亩夏玉米双百示范工程	陕西省农业技术推广中心	任富平
2008—2010	农业技术推广成果奖	一等奖	柑橘非充分灌溉综合技术集成	重庆市农学会	张才建
2008—2010	农业技术推广成果奖	一等奖	冬季马铃薯免耕技术研究与应用	广西壮族自治区农业技术推广总站	李如平
2008—2010	农业技术推广成果奖	一等奖	大豆 45cm 双条密植栽培技术推广	黑龙江省农业技术推广站	杨微
2008—2010	农业技术推广成果奖	一等奖	川东北粮食丰产技术集成与应用	四川省南充市农业技术推广站	谢树果
2008—2010	农业技术推广成果奖	一等奖	超级粳稻生产技术集成与示范推广	沈阳农业大学	陈温福
2008—2010	农业技术推广成果奖	一等奖	北京市测土配方施肥技术推广应用	北京市土肥工作站	赵永志
2008—2010	农业技术推广成果奖	一等奖	半干旱农田草原免耕丰产高效技术	内蒙古农牧业机械技术推广站	路战远
2008—2010	农业技术推广成果奖	一等奖	百喜草的应用研究与示范推广	江西农业大学	董闻达
2008—2010	农业技术推广成果奖	一等奖	新优三号高效栽培技术应用与推广	新疆农业科学院哈密瓜研究中心	吴明珠
2008—2010	农业技术推广成果奖	二等奖	D 型肉毒灭鼠剂在草地鼠害防治中的推广应用	青海省畜牧兽医科学院	马有泉
2008—2010	农业技术推广成果奖	二等奖	蔬菜高效灌溉施肥技术研究与推广	北京市农业技术推广站	王克武
2008—2010	农业技术推广成果奖	二等奖	草原蝗虫综合防治技术推广	内蒙古草原工作站	高文渊
2008—2010	农业技术推广成果奖	二等奖	辣椒病虫害综合防治技术研究应用	贵州省植保植检站	夏忠敏
2008—2010	农业技术推广成果奖	二等奖	优质多抗高产系列黄瓜新品种推广	天津科润农业科技股份有限公司	王全
2008—2010	农业技术推广成果奖	二等奖	茄果类蔬菜特色品种选育与产业化	安徽省农业科学院园艺研究所	张其安
2008—2010	农业技术推广成果奖	二等奖	芦笋试管苗及其高效栽培技术推广	福建省热带作物科学研究所	陈振东
2008—2010	农业技术推广成果奖	二等奖	潍白系列大白菜新品种育成与推广	山东省潍坊市农业科学院	李成军
2008—2010	农业技术推广成果奖	二等奖	高山蔬菜新品种及标准生产技术示范推广	湖北省农业科学院经济作物研究所	邱正明
2008—2010	农业技术推广成果奖	二等奖	设施蔬菜提质增效综合技术推广	甘肃省张掖市经济作物技术推广站	张东昱

（续表）

年　份	奖　项	等　级	项目名称	第一完成单位	第一完成人/主要完成人
2008—2010	农业技术推广成果奖	二等奖	现代农业深冬蔬菜生产技术推广	青海省农业技术推广总站	马国福
2008—2010	农业技术推广成果奖	二等奖	草地牧草产量遥感监测研究与推广	内蒙古自治区农牧业科学院	刘爱军
2008—2010	农业技术推广成果奖	二等奖	外来入侵生物防控技术示范与推广	云南农业大学	李正跃
2008—2010	农业技术推广成果奖	二等奖	果蔬保鲜技术及设备示范推广	江苏省农机具开发应用中心	陈新华
2008—2010	农业技术推广成果奖	二等奖	牦牛皮蝇蛆病防治新技术示范推广	青海省畜牧兽医科学院	蔡进忠
2008—2010	农业技术推广成果奖	二等奖	新疆博格达绒山羊扩繁与推广	新疆乌鲁木齐市绒山羊研究所	叶尔夏提·马力克
2008—2010	农业技术推广成果奖	二等奖	猪肉质量数字化监控和可追溯技术	天津市畜牧业发展服务中心	傅润亭
2008—2010	农业技术推广成果奖	二等奖	标准化养猪“150”模式示范推广	湖北省畜牧兽医局	陈红颂
2008—2010	农业技术推广成果奖	二等奖	微生物发酵床养猪技术示范推广	湖南省微生物研究所	张德元
2008—2010	农业技术推广成果奖	二等奖	种草舍饲海南黑山羊综合技术开发	热带作物品种资源研究所	王东劲
2008—2010	农业技术推广成果奖	二等奖	牧草品种选育与高产技术集成示范	安徽省畜牧技术推广总站	董召荣
2008—2010	农业技术推广成果奖	二等奖	牧区免耕种草配套技术示范推广	四川省草原科学研究院	戴良先
2008—2010	农业技术推广成果奖	二等奖	规模肉牛良繁与育肥配套技术推广	山西省畜禽繁育工作站	曹宁贤
2008—2010	农业技术推广成果奖	二等奖	肉牛高效生产配套技术示范推广	甘肃省畜牧管理总站	李积友
2008—2010	农业技术推广成果奖	二等奖	蛋鸡高效规模养殖技术集成与推广	江苏省盐城市畜牧兽医站	王克华
2008—2010	农业技术推广成果奖	二等奖	安徽畜禽遗传资源保护利用与推广	安徽省畜禽遗传资源保护中心	汤洋
2008—2010	农业技术推广成果奖	二等奖	肉鸡球虫病综合防控体系推广应用	河北康利动物药业有限公司	褚耀诚
2008—2010	农业技术推广成果奖	二等奖	呼伦贝尔羊新品种推广应用	内蒙古呼伦贝尔市畜牧工作站	李疆
2008—2010	农业技术推广成果奖	二等奖	辽宁绒山羊新品系及配套技术推广	辽宁省辽宁绒山羊育种中心	张世伟
2008—2010	农业技术推广成果奖	二等奖	波尔山羊冷冻精液的开发利用	甘肃省畜牧兽医研究所	杨军祥
2008—2010	农业技术推广成果奖	二等奖	细羊毛质量控制技术及标准化生产推广应用	新疆种羊与羊毛羊绒质量安全监督检验中心	郑文新

（续表）

年　份	奖　项	等　级	项目名称	第一完成单位	第一完成人/主要完成人
2008—2010	农业技术推广成果奖	二等奖	优良种猪引进、选育与推广	山西省大同市种猪场	石建中
2008—2010	农业技术推广成果奖	二等奖	生猪优质安全高效生产技术推广	江苏省畜牧总站	掌子凯
2008—2010	农业技术推广成果奖	二等奖	猪肉产业链技术集成与可追溯示范	山东省农业科学院畜牧兽医研究所	王金宝
2008—2010	农业技术推广成果奖	二等奖	工厂化猪场人工授精技术集成与推广	华南农业大学	张守全
2008—2010	农业技术推广成果奖	二等奖	滇陆猪扩繁与推广	云南省畜牧兽医科学院养猪与动物营养研究所	杨凤鸣
2008—2010	农业技术推广成果奖	二等奖	猪蓝耳病防治技术研究与推广	浙江省畜牧兽医局	陆国林
2008—2010	农业技术推广成果奖	二等奖	青藏高原牦牛良种繁育及改良技术	中国农业科学院兰州畜牧与兽药研究所	闫萍
2008—2010	农业技术推广成果奖	二等奖	鸽子主要疫病防控技术研究与应用	中国农业大学	何诚
2008—2010	农业技术推广成果奖	二等奖	梅花鹿优质高效养殖技术示范	中国农业科学院特产研究所	杨福合
2008—2010	农业技术推广成果奖	二等奖	克氏原螯虾养殖关键技术集成推广	江苏省淡水水产研究所	唐建清
2008—2010	农业技术推广成果奖	二等奖	龟类养殖产业化关键技术应用推广	中国水产科学研究院珠江水产研究所	朱新平
2008—2010	农业技术推广成果奖	二等奖	四大家鱼等原良种亲本选育与更新	江苏省水产技术推广站	晁祥飞
2008—2010	农业技术推广成果奖	二等奖	黄鳝仿生态繁殖及规模化健康养殖技术研究与应用	江西省水产技术推广站	周秋白
2008—2010	农业技术推广成果奖	二等奖	水产养殖主要细菌病的监测与防治	广西壮族自治区水产技术推广总站	胡大胜
2008—2010	农业技术推广成果奖	二等奖	多类型水质健康养殖技术集成示范推广	全国水产技术推广总站	李可心
2008—2010	农业技术推广成果奖	二等奖	河蟹生态养殖技术研究与示范推广	江苏省高淳县固城湖中华绒螯蟹原种场	陈贤明
2008—2010	农业技术推广成果奖	二等奖	河蟹生态养殖“当涂模式”推广	安徽省当涂县水产技术推广站	石小平
2008—2010	农业技术推广成果奖	二等奖	作物生产信息化平台的构建与应用	中国农业科学院作物科学研究所	李少昆
2008—2010	农业技术推广成果奖	二等奖	苎麻丰产高效集成技术推广应用	四川省达州市经济作物技术推广站	宁孝勇
2008—2010	农业技术推广成果奖	二等奖	主要粮食作物高产集成技术示范推广	河南省农业技术推广总站	任洪志
2008—2010	农业技术推广成果奖	二等奖	中稻“壮足大”超高产栽培模式研究与应用	华中农业大学	曹凑贵

（续表）

年　份	奖　项	等　级	项目名称	第一完成单位	第一完成人/主要完成人
2008—2010	农业技术推广成果奖	二等奖	云南大叶茶茶树良种繁育与推广	云南省普洱茶树良种场	杨柳霞
2008—2010	农业技术推广成果奖	二等奖	玉米通透密植栽培集成技术推广	黑龙江省农业技术推广站	张相英
2008—2010	农业技术推广成果奖	二等奖	有机生物复合肥高效应用技术推广	湖北省土壤肥料工作站	胡群中
2008—2010	农业技术推广成果奖	二等奖	有机茶无公害茶标准化生产技术示范推广	湖北省果品办公室	宗庆波
2008—2010	农业技术推广成果奖	二等奖	优质高效特用玉米种子产业化工程	广东省广州市农业科学研究院	徐勋志
2008—2010	农业技术推广成果奖	二等奖	优质高产青贮玉米种植示范与推广	新疆兵团畜牧兽医工作总站	刘让
2008—2010	农业技术推广成果奖	二等奖	优质稻标准化栽培技术示范推广	重庆市农业技术推广总站	郭凤
2008—2010	农业技术推广成果奖	二等奖	优质大豆高产模式化栽培技术推广	山西省农业种子总站	杨健
2008—2010	农业技术推广成果奖	二等奖	新疆高致病性禽流感综合防控技术应用推广	新疆乌鲁木齐市动物疾病控制与诊断中心	成进
2008—2010	农业技术推广成果奖	二等奖	新疆保护性耕作技术示范与应用	新疆维吾尔自治区农牧业机械化技术推广总站	巴拉提·阿斯木
2008—2010	农业技术推广成果奖	二等奖	小麦玉米两茬轮作周年保护性耕作技术体系研究与应用	河南省农业机械技术推广站	夏放
2008—2010	农业技术推广成果奖	二等奖	小麦病虫草害综合防治技术示范与推广	河南省植物保护植物检疫站	吕国强
2008—2010	农业技术推广成果奖	二等奖	西南及武陵山区遵玉8号转化应用	贵州省遵义市种子管理站	曾祥忠
2008—2010	农业技术推广成果奖	二等奖	武运粳19号的育成与推广	江苏（武进）水稻研究所	钮中一
2008—2010	农业技术推广成果奖	二等奖	万公顷玉米高产创建技术集成推广	吉林省梨树县农业技术推广总站	赵丽娟
2008—2010	农业技术推广成果奖	二等奖	脱毒马铃薯春薯3号、春薯4号、春薯5号推广与应用	吉林省蔬菜花卉科学研究院	张志英
2008—2010	农业技术推广成果奖	二等奖	甜玉米粤甜、正甜系列新品种的推广	广东省农业科学研究院作物研究所	郑锦荣
2008—2010	农业技术推广成果奖	二等奖	特色甘薯苏薯8号大面积推广应用	江苏省南京市农业科学研究所	王庆南
2008—2010	农业技术推广成果奖	二等奖	饲草生产加工与高效利用轻简技术	中国农业科学院草原研究所	孙启忠
2008—2010	农业技术推广成果奖	二等奖	四种作物测土配方施肥技术推广	贵州省土壤肥料工作总站	高雪

（续表）

年　份	奖　项	等　级	项目名称	第一完成单位	第一完成人/主要完成人
2008—2010	农业技术推广成果奖	二等奖	四川枇杷周年应市集成技术推广	四川省农业科学院园艺研究所	谢红江
2008—2010	农业技术推广成果奖	二等奖	水稻高产高效施肥技术推广	黑龙江省土肥管理站	郭玉华
2008—2010	农业技术推广成果奖	二等奖	水稻、大豆种植与加工安全关键技术推广	黑龙江八一农垦大学	张东杰
2008—2010	农业技术推广成果奖	二等奖	陕南稻茬麦油免耕栽培技术推广	陕西省农业技术推广总站	赵广柱
2008—2010	农业技术推广成果奖	二等奖	山西省优质小麦综合配套技术推广	山西省农业技术推广站	董方红
2008—2010	农业技术推广成果奖	二等奖	桑树新品种湘桑 6 号的选育与推广	湖南省蚕桑科学研究所	李章宝
2008—2010	农业技术推广成果奖	二等奖	三个红色梨新品种选育及推广应用	中国农业科学院郑州果树研究所	王宇霖
2008—2010	农业技术推广成果奖	二等奖	禽流感综合防控技术研究与应用	黑龙江省兽医卫生防疫站	李书华
2008—2010	农业技术推广成果奖	二等奖	茄果蔬菜优质生产技术示范推广	河南省经济作物推广站	陈彦峰
2008—2010	农业技术推广成果奖	二等奖	强筋小麦标准化生产技术示范推广	陕西省咸阳市农业技术推广中心站	武明安
2008—2010	农业技术推广成果奖	二等奖	苹果轮纹病无公害综合防治技术推广	辽宁省果树科学研究所	王佳军
2008—2010	农业技术推广成果奖	二等奖	农田节水关键技术研究与应用	辽宁省土壤肥料总站	张玉龙
2008—2010	农业技术推广成果奖	二等奖	纽荷尔脐橙良种示范推广及无公害栽培技术研究与应用	江西省赣州市果业技术指导站	钟八莲
2008—2010	农业技术推广成果奖	二等奖	宁夏压砂瓜抗旱节水技术示范推广	宁夏农业技术推广总站	俞风娟
2008—2010	农业技术推广成果奖	二等奖	宁夏测土配方施肥技术示范推广	宁夏回族自治区农业技术推广总站	马玉兰
2008—2010	农业技术推广成果奖	二等奖	棉花新技术综合集成推广	新疆兵团农六师农业技术推广站	易正炳
2008—2010	农业技术推广成果奖	二等奖	棉花控害减药技术集成与推广	江西省植保植检局	钟玲
2008—2010	农业技术推广成果奖	二等奖	棉花高效灌溉施肥技术示范与推广	新疆土壤肥料工作站	董巨河
2008—2010	农业技术推广成果奖	二等奖	杧果优质高产栽培技术集成应用与示范推广	广西水果生产技术指导总站	覃如日
2008—2010	农业技术推广成果奖	二等奖	马铃薯大垄栽培优质高产配套技术	黑龙江省经济作物技术指导站	黄春峰
2008—2010	农业技术推广成果奖	二等奖	绿色水稻标准化生产技术推广	湖南省湘阴县农业局	李概明

（续表）

年　份	奖　项	等　级	项目名称	第一完成单位	第一完成人/主要完成人
2008—2010	农业技术推广成果奖	二等奖	绿色食品茶叶生产技术示范推广	福建省绿色食品发展中心	杨芳
2008—2010	农业技术推广成果奖	二等奖	洛阳市测土配方施肥技术研究与应用	河南省洛阳市农业技术推广站	郭新建
2008—2010	农业技术推广成果奖	二等奖	蔺草茬晚稻生态直播技术研究推广	浙江省宁波市鄞州区农业技术服务	杨筠文
2008—2010	农业技术推广成果奖	二等奖	辽粳 9 号丰产高效技术集成与推广	辽宁省稻作研究所	邵国军
2008—2010	农业技术推广成果奖	二等奖	辽豆系列高油大豆品种及配套技术	辽宁省农业科学院	宋书宏
2008—2010	农业技术推广成果奖	二等奖	荔浦芋、罗汉果质量安全标准化体系建设与推广应用	广西优质农产品开发服务中心	莫丽红
2008—2010	农业技术推广成果奖	二等奖	李杏优新品种的区试与示范	辽宁省果树科学研究所	刘威生
2008—2010	农业技术推广成果奖	二等奖	拉萨市测土配方施肥技术推广	西藏自治区拉萨市农业技术推广总站	毛浓文
2008—2010	农业技术推广成果奖	二等奖	抗病虫水稻新品种津原 45 推广应用	天津市原种场	于福安
2008—2010	农业技术推广成果奖	二等奖	秸秆栽培珍稀菇类技术集成与推广	山东省食用菌工作站	庞茂旺
2008—2010	农业技术推广成果奖	二等奖	江西省双季稻育插秧机械化技术示范推广	江西省农业机械技术推广站	叶厚专
2008—2010	农业技术推广成果奖	二等奖	江西省红壤综合开发与利用	江西省农业厅利用外资办公室	汤庆春
2008—2010	农业技术推广成果奖	二等奖	吉林省玉米垄侧保墒栽培技术推广	吉林省农业技术推广总站	岳本奇
2008—2010	农业技术推广成果奖	二等奖	吉林省等离子体种子处理技术推广	吉林省农业机械化技术推广总站	徐莉
2008—2010	农业技术推广成果奖	二等奖	湖南省水稻测土配方施肥技术推广	湖南省土壤肥料工作站	谢卫国
2008—2010	农业技术推广成果奖	二等奖	湖北省粮食作物品种引进研究与应用	湖北省种子管理站	付玲
2008—2010	农业技术推广成果奖	二等奖	黑龙江省等离子体种子处理技术推广	黑龙江省农业机械化技术推广总站	魏成礼
2008—2010	农业技术推广成果奖	二等奖	黑龙江省超级稻示范推广	黑龙江省农业技术推广站	董国忠
2008—2010	农业技术推广成果奖	二等奖	河北省食用菌周年化生产技术开发与推广	河北省农业环境保护监测站	唐铁朝
2008—2010	农业技术推广成果奖	二等奖	寒生旱生苜蓿产业化生产技术推广	甘肃省草原技术推广总站	韩天虎
2008—2010	农业技术推广成果奖	二等奖	寒地水稻秸秆还田培肥地力技术推广	黑龙江省农垦科学院	慕永红

（续表）

年　份	奖　项	等　级	项目名称	第一完成单位	第一完成人/主要完成人
2008—2010	农业技术推广成果奖	二等奖	海沃德猕猴桃栽培技术引进与推广	西北农林科技大学	刘旭峰
2008—2010	农业技术推广成果奖	二等奖	国审泛麦 5 号的繁育与推广应用	河南省黄泛区农场	张洁
2008—2010	农业技术推广成果奖	二等奖	灌区冬麦北移及套复种技术推广	宁夏农业技术推广总站	马金虎
2008—2010	农业技术推广成果奖	二等奖	高效绿色饲料生产关键技术研究与示范	西北农林科技大学	姚军虎
2008—2010	农业技术推广成果奖	二等奖	高产早结优良椰子新品种的引进与推广利用	中国热带农业科学院椰子研究所	赵松林
2008—2010	农业技术推广成果奖	二等奖	高产优质杂交棉生产关键技术创新研究与集成应用	安徽省农业技术推广总站	吴宁
2008—2010	农业技术推广成果奖	二等奖	高产优质大铃棉中棉所 48 的推广	中国农业科学院棉花研究所	杜雄明
2008—2010	农业技术推广成果奖	二等奖	高产蜜蜂良种养殖技术示范推广	吉林省养蜂科学研究所	薛运波
2008—2010	农业技术推广成果奖	二等奖	柑橘提质增效关键技术集成与推广	四川省园艺作物技术推广总站	党寿光
2008—2010	农业技术推广成果奖	二等奖	柑橘高接换种技术推广	贵州省果树蔬菜工作站	向青云
2008—2010	农业技术推广成果奖	二等奖	甘蔗副产物饲用研究与示范推广	云南省草地动物科学研究院	黄必志
2008—2010	农业技术推广成果奖	二等奖	甘薯龙岩 7-3 高产高效技术推广	福建省龙岩市农业科学研究所	林金虎
2008—2010	农业技术推广成果奖	二等奖	福建不同稻作区优质稻开发与推广	福建省农业科学院水稻研究所	陈双龙
2008—2010	农业技术推广成果奖	二等奖	鄂中 5 号配套技术应用及产业化	湖北省农业科学院粮食作物研究所	游艾青
2008—2010	农业技术推广成果奖	二等奖	定西市主栽中药材规范化技术推广	甘肃省定西市农业技术推广站	姚春兰
2008—2010	农业技术推广成果奖	二等奖	稻草还田快速腐熟技术推广	广西壮族自治区土壤肥料工作站	李少泉
2008—2010	农业技术推广成果奖	二等奖	大豆机械化生产技术推广	黑龙江省农垦科研育种中心	胡国华
2008—2010	农业技术推广成果奖	二等奖	成都市优质粮食丰产集成技术示范	四川省成都市农业技术推广总站	武迎
2008—2010	农业技术推广成果奖	二等奖	超级杂交稻Ⅱ优明 86 的示范与推广	福建省三明市农业科学研究所	乐开富
2008—2010	农业技术推广成果奖	二等奖	安徽水稻高产技术集成与推广	安徽省农业技术推广总站	汪新国
2008—2010	农业技术推广成果奖	二等奖	2ZK-630 型水稻快速插秧机研制与推广	黑龙江省农垦科学院	柳春柱

（续表）

年　份	奖　项	等　级	项目名称	第一完成单位	第一完成人/主要完成人
2008—2010	农业技术推广成果奖	二等奖	100 万亩①桑蚕优质高产综合配套技术	广西蚕业技术推广总站	陆瑞好
2008—2010	农业技术推广成果奖	二等奖	“多用一斤种增收百斤粮”技术集成示范与推广	江西省农业技术推广总站	周培建
2008—2010	农业技术推广成果奖	三等奖	优质油菜品种及高产保优技术推广	上海市农业技术推广服务中心	李秀玲
2008—2010	农业技术推广成果奖	三等奖	双低油菜“一菜两用”技术研究与应用	湖北省油菜办公室	田新初
2008—2010	农业技术推广成果奖	三等奖	黔东优质油菜基地及产业化开发	贵州省铜仁地区农业产业化办公室	吴仲珍
2008—2010	农业技术推广成果奖	三等奖	甘蓝黄叶病综合防治技术推广应用	山西省晋中市植物保护植物检疫站	赵永胜
2008—2010	农业技术推广成果奖	三等奖	山地蔬菜高效生产技术集成应用	浙江省丽水市农作物站	周锦连
2008—2010	农业技术推广成果奖	三等奖	两千公顷两瓜无公害节本增效技术	吉林省东丰县农业技术推广总站	吴平
2008—2010	农业技术推广成果奖	三等奖	胡萝卜节本高效技术集成与应用	福建省种植业技术推广总站	吴卫东
2008—2010	农业技术推广成果奖	三等奖	焉耆盆地加工辣椒高产技术推广	新疆巴音郭楞蒙古自治州农业技术推广中心	刘燕萍
2008—2010	农业技术推广成果奖	三等奖	高产优质金针菇品种的选育与应用	浙江省农业厅农作物管理局	何伯伟
2008—2010	农业技术推广成果奖	三等奖	广西无公害蔬菜技术示范与推广	广西农业技术推广总站	罗培敏
2008—2010	农业技术推广成果奖	三等奖	甬瓠系列瓠瓜品种选育及推广应用	浙江省宁波市农业科学研究院	皇甫伟国
2008—2010	农业技术推广成果奖	三等奖	辽宁蔬菜集约化育苗新技术推广	辽宁省农业技术推广总站	赵义平
2008—2010	农业技术推广成果奖	三等奖	优良大白菜新品种及配套技术推广	辽宁省沈阳市农业科学院	周帮福
2008—2010	农业技术推广成果奖	三等奖	宁夏草地保护建设综合技术推广	宁夏草原工作站	杨发林
2008—2010	农业技术推广成果奖	三等奖	牦牛、藏羊肉标准化生产技术推广	青海省动物疫病预防控制中心	刘海珍
2008—2010	农业技术推广成果奖	三等奖	蛋鸡标准化养殖关键技术集成示范	安徽省宿州市畜牧兽医技术推广中心	李尚敏
2008—2010	农业技术推广成果奖	三等奖	高产蛋种鸡引进及推广应用	河南省家禽育种中心	宋洛文

① 1 亩≈667 平方米，全书同

（续表）

年　份	奖　项	等　级	项目名称	第一完成单位	第一完成人/主要完成人
2008—2010	农业技术推广成果奖	三等奖	九嶷山兔综合养殖技术推广	湖南省宁远县畜牧水产局	李之平
2008—2010	农业技术推广成果奖	三等奖	红河州标准化生猪生产配套技术推广	云南省红河州畜牧兽医站	梁新民
2008—2010	农业技术推广成果奖	三等奖	重庆市牛羊标准化养殖技术推广	重庆市畜牧技术推广总站	景开旺
2008—2010	农业技术推广成果奖	三等奖	良种肉羊繁育及标准化生产技术	河北省动物疫病预防控制中心	王玉清
2008—2010	农业技术推广成果奖	三等奖	奶牛优质冻精及配套技术推广	北京奶牛中心	张胜利
2008—2010	农业技术推广成果奖	三等奖	肉羊舍饲育肥配套技术推广	吉林省畜牧总站	付殿国
2008—2010	农业技术推广成果奖	三等奖	牦牛腹泻病因及防治技术研究与应用	甘肃省动物疫病预防控制中心	卢旺银
2008—2010	农业技术推广成果奖	三等奖	提高羊非繁殖季节发情率及排卵数量研究与推广	河北省畜牧兽医研究所	张英杰
2008—2010	农业技术推广成果奖	三等奖	重庆高致病性猪蓝耳病病原变异与免疫技术研究推广	重庆市动物疫病预防控制中心	米自由
2008—2010	农业技术推广成果奖	三等奖	肉羊产业化技术推广	青海省畜牧总站	宁金友
2008—2010	农业技术推广成果奖	三等奖	优质肉羊生产集成配套技术的推广应用	新疆生产建设兵团农五师畜牧兽医工作站	孙延星
2008—2010	农业技术推广成果奖	三等奖	优质肉鸡配套技术推广	四川省乐山市畜牧站	唐眉
2008—2010	农业技术推广成果奖	三等奖	母猪繁殖成活率研究及技术推广应用	贵州省黔南州畜禽品种改良站	韦骏
2008—2010	农业技术推广成果奖	三等奖	猪多点分段饲养等技术的推广应用	上海市动物疫病预防控制中心	李建颖
2008—2010	农业技术推广成果奖	三等奖	生猪清洁养殖方式的研究与应用	安徽省畜牧技术推广总站	周玉刚
2008—2010	农业技术推广成果奖	三等奖	无公害猪肉生产技术研究与推广	广东省湛江农垦畜牧有限公司	卢荣洲
2008—2010	农业技术推广成果奖	三等奖	奶牛提质增效关键技术示范推广	中国农业科学院北京畜牧兽医研究所	周凌云
2008—2010	农业技术推广成果奖	三等奖	丘区肉兔生产配套技术示范与推广	四川省眉山市畜牧站	唐家
2008—2010	农业技术推广成果奖	三等奖	盐碱地水产养殖技术	河北省农业技术推广总站广站	王凤敏
2008—2010	农业技术推广成果奖	三等奖	东营市生态调控绿色养虾技术推广	山东省东营市渔业技术推广站	张士华
2008—2010	农业技术推广成果奖	三等奖	不投饵网箱生态养殖鲢鳙技术示范	贵州省水产技术推广站	王冲

（续表）

年　份	奖　项	等　级	项目名称	第一完成单位	第一完成人/主要完成人
2008—2010	农业技术推广成果奖	三等奖	乌鳢产业化技术研究与推广	江西省水产技术推广站	吴小平
2008—2010	农业技术推广成果奖	三等奖	克氏原螯虾生态养殖技术示范推广	湖北省武汉市新洲区水产技术推广中心	何晏开
2008—2010	农业技术推广成果奖	三等奖	泥鳅标准化健康养殖技术示范推广	安徽省怀远县水产技术推广中心	祖国掌
2008—2010	农业技术推广成果奖	三等奖	克氏原螯虾繁育及养殖技术研究与推广	江西省南昌市农业科学院	肖鸣鹤
2008—2010	农业技术推广成果奖	三等奖	优质河蟹标准化生产与产业化开发	安徽省巢湖市水产技术推广中心	赖年悦
2008—2010	农业技术推广成果奖	三等奖	云南省罗非鱼产业开发试验及推广	云南省渔业科学研究院	邱家荣
2008—2010	农业技术推广成果奖	三等奖	建鲤繁育及规模化高产养殖技术开发	福建省三明市水产技术推广站	陈熙春
2008—2010	农业技术推广成果奖	三等奖	新吉富罗非鱼养殖推广示范	山西省水产技术推广站	丁建华
2008—2010	农业技术推广成果奖	三等奖	草鱼疫苗免疫技术示范与推广	江西省水产技术推广站	欧阳敏
2008—2010	农业技术推广成果奖	三等奖	西施舌苗种生产技术的推广应用	中国水产科学研究院南海水产研究所	张汉华
2008—2010	农业技术推广成果奖	三等奖	紫花苜蓿优良品种示范推广	甘肃省天水市畜牧技术站	何振刚
2008—2010	农业技术推广成果奖	三等奖	中长绒棉品种生产技术体系与推广	新疆农业科学院经济作物研究所	李雪源
2008—2010	农业技术推广成果奖	三等奖	中草药防治果树腐烂病新技术推广	山西省临汾市植保植检站	梁岩华
2008—2010	农业技术推广成果奖	三等奖	枣庄白花豇豆高效栽培技术推广	山东省枣庄市农业技术推广中心	翟胜祥
2008—2010	农业技术推广成果奖	三等奖	杂交糯高粱“一种两收”技术研究与应用	四川省江安县农业技术推广站	潘世江
2008—2010	农业技术推广成果奖	三等奖	杂交棉新良种及综合配套增产技术	河北省经济作物技术指导站	王旗
2008—2010	农业技术推广成果奖	三等奖	云南省测土配方施肥技术推广	云南省土壤肥料工作站	段庆钟
2008—2010	农业技术推广成果奖	三等奖	玉米增密增效技术推广	内蒙古自治区种子管理站	季广德
2008—2010	农业技术推广成果奖	三等奖	优质水稻新品种垦稻17推广	黑龙江省农垦科学院	孟昭河
2008—2010	农业技术推广成果奖	三等奖	性诱剂为核心的甘蔗螟虫系统控制	广东省广州甘蔗糖业研究所	管楚雄
2008—2010	农业技术推广成果奖	三等奖	小麦土传病害综合治理技术研究与示范推广	河南省植物保护植物检疫站	于思勤

（续表）

年　份	奖　项	等　级	项目名称	第一完成单位	第一完成人/主要完成人
2008—2010	农业技术推广成果奖	三等奖	小麦超高产综合配套技术研究与示范推广	山东省兖州市农业科学研究所	武同华
2008—2010	农业技术推广成果奖	三等奖	西甜瓜优质安全集成栽培技术推广	黑龙江省经济作物技术指导站	于杰
2008—2010	农业技术推广成果奖	三等奖	西瓜优质高效生产技术集成与推广	河南农业大学园艺学院	李胜利
2008—2010	农业技术推广成果奖	三等奖	五种作物无公害生产标准基地建设	安徽省蚌埠市农业技术推广中心	潘虹
2008—2010	农业技术推广成果奖	三等奖	铜山区小麦高产创建技术集成创新与推广	江苏省徐州市铜山区作物栽培技术指导站	李世兴
2008—2010	农业技术推广成果奖	三等奖	甜油桃示范与推广	浙江省丽水市农业科学研究院	叶伟其
2008—2010	农业技术推广成果奖	三等奖	甜樱桃早果丰产技术集成与推广	陕西省西安市果业技术推广中心	郭晓成
2008—2010	农业技术推广成果奖	三等奖	甜橙基地建设及果园综合利用技术	四川省泸州市经济作物站	陈伟
2008—2010	农业技术推广成果奖	三等奖	特色谷子品种辽谷10号选育推广	辽宁省经济作物研究所	王子胜
2008—2010	农业技术推广成果奖	三等奖	特粮特经多元多熟高效生产技术	江苏省启东市农业技术推广中心	陈辉
2008—2010	农业技术推广成果奖	三等奖	朔州市玉米丰产方示范	山西省朔州市朔城区农业技术推广中心	李淑兰
2008—2010	农业技术推广成果奖	三等奖	水稻直播田草害综合防控配套技术推广应用	浙江省杭州市植保土肥总站	张莉丽
2008—2010	农业技术推广成果奖	三等奖	水稻优质高产高效节本技术	浙江省温州市农业站	林华
2008—2010	农业技术推广成果奖	三等奖	水稻新品种三江1号选育与推广	黑龙江省农垦总局建三江农业科学研究所	林秀华
2008—2010	农业技术推广成果奖	三等奖	水稻无盘简易规格化育秧技术应用	浙江省绍兴市农业技术推广总站	王锡金
2008—2010	农业技术推广成果奖	三等奖	水稻条纹叶枯病综合防控技术推广	浙江省嘉兴市植物保护站	钟雪明
2008—2010	农业技术推广成果奖	三等奖	水稻生态旱育秧技术试验示范推广	贵州省农业技术推广总站	熊玉唐
2008—2010	农业技术推广成果奖	三等奖	水稻节水栽培综合配套技术推广	吉林省九台市农业技术推广中心	邱信臣
2008—2010	农业技术推广成果奖	三等奖	水稻机械化育插秧技术示范推广	四川省成都市农业机械科研推广服务总站	周明军
2008—2010	农业技术推广成果奖	三等奖	水稻害虫频振诱控技术应用推广	贵州省植保植检站	刘晋
2008—2010	农业技术推广成果奖	三等奖	水稻病虫害防控新技术示范推广	吉林省长春市植物保护检疫站	姚凤

（续表）

年　份	奖　项	等　级	项目名称	第一完成单位	第一完成人/主要完成人
2008—2010	农业技术推广成果奖	三等奖	蔬菜病虫害绿色防控技术推广应用	四川省乐山市植保植检站	谷平
2008—2010	农业技术推广成果奖	三等奖	蔬菜斑潜蝇综合控制技术推广应用	黑龙江省大庆市农业技术推广中心	金辉
2008—2010	农业技术推广成果奖	三等奖	设施蔬菜安全生产配套技术示范	天津市蔬菜技术推广站	程子林
2008—2010	农业技术推广成果奖	三等奖	设施黄瓜、番茄高产高效技术试验示范与推广	北京市农业技术推广站	王永泉
2008—2010	农业技术推广成果奖	三等奖	上海市水稻螟虫综合防治技术的推广	上海市农业技术推广服务中心	蒋耀培
2008—2010	农业技术推广成果奖	三等奖	砂姜黑土配方施肥技术研究与应用	河南省驻马店市土肥利用管理站	吴显东
2008—2010	农业技术推广成果奖	三等奖	衢州农村信息共享与服务平台建设	浙江省衢州市农技110集团	潘云洪
2008—2010	农业技术推广成果奖	三等奖	青稞新品种柴青1号示范推广	青海省种子管理站	王焕强
2008—2010	农业技术推广成果奖	三等奖	脐橙52优质丰产示范与推广	福建省福州市农业科学研究所	陈雪金
2008—2010	农业技术推广成果奖	三等奖	频振杀虫新技术的推广应用	广西桂林市植物保护站	李安国
2008—2010	农业技术推广成果奖	三等奖	啤饲大麦新品种选育及示范推广	云南省保山市农业科学研究所	刘猛道
2008—2010	农业技术推广成果奖	三等奖	农艺节水综合技术集成研究与应用	山东省青岛市农业技术推广站	王军强
2008—2010	农业技术推广成果奖	三等奖	宁夏农村太阳能光热利用技术推广	宁夏农村能源工作站	马京军
2008—2010	农业技术推广成果奖	三等奖	耐高温优质稻渝优1号产业化应用	重庆金穗种业有限责任公司	王培华
2008—2010	农业技术推广成果奖	三等奖	棉花滴灌技术应用与推广	新疆生产建设兵团农一师农业技术推广中心	陆宝祖
2008—2010	农业技术推广成果奖	三等奖	棉秆收获加工及循环利用技术推广	天津市农业机械推广总站	谢敏
2008—2010	农业技术推广成果奖	三等奖	马铃薯生产机械化增产技术	内蒙古呼和浩特市农机管理总站	陈培义
2008—2010	农业技术推广成果奖	三等奖	马铃薯品种应用及配套栽培技术	河北省农业技术推广总站	董秀英
2008—2010	农业技术推广成果奖	三等奖	绿色食品小麦标准化生产技术应用	河南省延津县农业技术推广站	郭培宗
2008—2010	农业技术推广成果奖	三等奖	罗汉果组培苗推广应用	广西种子管理总站	唐忠平
2008—2010	农业技术推广成果奖	三等奖	辽沈系列日光温室研究与应用	沈阳农业大学	王铁良

（续表）

年 份	奖 项	等 级	项目名称	第一完成单位	第一完成人/主要完成人
2008—2010	农业技术推广成果奖	三等奖	粮油作物标准化栽培技术示范	西藏自治区农牧科学院农业研究所	冯海平
2008—2010	农业技术推广成果奖	三等奖	江西棉花除草剂安全使用技术推广	江西省棉花研究所	张兴华
2008—2010	农业技术推广成果奖	三等奖	江苏淮北测土配方施肥技术推广	江苏省淮安市农业技术推广中心	张杰
2008—2010	农业技术推广成果奖	三等奖	江汉平原绿色农业发展模式研究与示范	湖北省绿色食品管理办公室	黄金鹏
2008—2010	农业技术推广成果奖	三等奖	家蚕新品种繁育及示范	云南省农业科学院蚕桑蜜蜂研究所	黄平
2008—2010	农业技术推广成果奖	三等奖	加工型马铃薯基地建设及综合技术推广	云南省昆明市农业科学研究院	魏明
2008—2010	农业技术推广成果奖	三等奖	加工番茄半精量播种技术推广	新疆生产建设兵团农机技术推广站	林育
2008—2010	农业技术推广成果奖	三等奖	吉安市秸秆生物气化技术示范	江西省吉安市农村能源管理站	朱军平
2008—2010	农业技术推广成果奖	三等奖	鸡茶共生高效生态农业模式研究与推广	湖北省农业生态环境保护站	甘小泽
2008—2010	农业技术推广成果奖	三等奖	机插稻条纹叶枯病无公害综防技术	江苏省金坛市植保植检站	孙国俊
2008—2010	农业技术推广成果奖	三等奖	滑县测土配方施肥技术研究与推广	河南省滑县农业技术推广中心	卢中民
2008—2010	农业技术推广成果奖	三等奖	黑龙江省小麦优质栽培技术推广	黑龙江省农业技术推广站	刘宏伟
2008—2010	农业技术推广成果奖	三等奖	黑龙江省农田草害监测与预报	黑龙江省植检植保站	王春荣
2008—2010	农业技术推广成果奖	三等奖	旱地宽厢宽带高效技术示范推广	贵州省农业技术推广总站	朱怡
2008—2010	农业技术推广成果奖	三等奖	旱地节水精播技术开发与示范	河北省农机修造服务总站	江光华
2008—2010	农业技术推广成果奖	三等奖	哈密瓜东移品种甘蜜宝大面积推广	兰州蜜源种苗有限责任公司	李城德
2008—2010	农业技术推广成果奖	三等奖	耕水养殖机械化技术（耕水机）推广	广东省农业机械推广站	谭恩胜
2008—2010	农业技术推广成果奖	三等奖	高原绿色食品蚕豆生产技术推广	青海省绿色食品办公室	魏克家
2008—2010	农业技术推广成果奖	三等奖	高产早熟两系法杂交早稻新品种株两优1号推广	江西天涯种业有限公司	张少虎
2008—2010	农业技术推广成果奖	三等奖	高产优质小麦新品种聊麦16号、聊麦18号高效安全生产集成配套技术成果转化	聊城禾丰种业有限公司	褚丁印
2008—2010	农业技术推广成果奖	三等奖	高产抗病小麦内麦系列品种推广	四川省内江市农业技术推广站	姚朝友

（续表）

年 份	奖 项	等 级	项目名称	第一完成单位	第一完成人/主要完成人
2008—2010	农业技术推广成果奖	三等奖	高产抗病大豆新品种垦丰22号推广	黑龙江省农垦科学院	王德亮
2008—2010	农业技术推广成果奖	三等奖	柑桔新品种引进及品改低改示范推广	湖南省湘西州经济作物站	易强
2008—2010	农业技术推广成果奖	三等奖	冬种马铃薯优质高产栽培技术推广	福建省福安市农业技术推广站	苏培忠
2008—2010	农业技术推广成果奖	三等奖	德州市优质小麦高产创建综合配套技术推广	山东省德州市农业技术推广站	盖宇明
2008—2010	农业技术推广成果奖	三等奖	畜禽粪便无害化处理技术的开发与推广应用	福建省三明市农田建设与土肥技术推广站	翁俊基
2008—2010	农业技术推广成果奖	三等奖	超级小麦新品种临麦4号技术推广	山东省临沂市农业科学院	刘正学
2008—2010	农业技术推广成果奖	三等奖	测土配方施肥在旱坡地甘蔗上应用	广东省湛江农垦集团公司	蔡泽祺
2008—2010	农业技术推广成果奖	三等奖	板栗产业化关键技术体系集成示范	河北省农林科学院昌黎果树研究所	孔德军
2008—2010	农业技术推广成果奖	三等奖	延农小粒豆1号应用与推广	吉林省延边朝鲜族自治州农业科学研究院	黄初女
2008—2010	农业技术推广贡献奖	—	—	北京市延庆县植物保护站	—
2008—2010	农业技术推广贡献奖	—	—	北京市平谷区农机推广站	—
2008—2010	农业技术推广贡献奖	—	—	北京市昌平区畜牧技术推广站	—
2008—2010	农业技术推广贡献奖	—	—	北京市国营农场管理局南口农场	—
2008—2010	农业技术推广贡献奖	—	—	北京市房山区养殖业服务中心	—
2008—2010	农业技术推广贡献奖	—	—	天津市武清区种子管理站	—
2008—2010	农业技术推广贡献奖	—	—	天津市津南区农机化技术推广服务站	—
2008—2010	农业技术推广贡献奖	—	—	天津市宝坻区动物疫病预防控制中心	—
2008—2010	农业技术推广贡献奖	—	—	河北省赵县农业畜牧局无公害蔬菜办公室	—
2008—2010	农业技术推广贡献奖	—	—	河北省高碑店市农业技术推广中心	—
2008—2010	农业技术推广贡献奖	—	—	河北省围场县农牧局科技站	—
2008—2010	农业技术推广贡献奖	—	—	河北省黄骅市农业局科教站	—

（续表）

年 份	奖 项	等 级	项目名称	第一完成单位	第一完成人/主要完成人
2008—2010	农业技术推广贡献奖	—	—	河北省武邑县农牧局农技推广中心	—
2008—2010	农业技术推广贡献奖	—	—	河北省广平县农牧局	—
2008—2010	农业技术推广贡献奖	—	—	河北省藁城市绿生蔬菜专业合作社	—
2008—2010	农业技术推广贡献奖	—	—	河北省沧州市农业科技教育管理站	—
2008—2010	农业技术推广贡献奖	—	—	河北省盐山县兽医站	—
2008—2010	农业技术推广贡献奖	—	—	河北省唐海县水产技术推广站	—
2008—2010	农业技术推广贡献奖	—	—	河北省鹿泉市新能源办公室	—
2008—2010	农业技术推广贡献奖	—	—	河北省邯郸县农牧局土壤肥料站	—
2008—2010	农业技术推广贡献奖	—	—	山西省定襄县农业技术推广中心	—
2008—2010	农业技术推广贡献奖	—	—	山西省榆社县农业技术推广中心	—
2008—2010	农业技术推广贡献奖	—	—	山西省晋中市榆次区农业技术推广中心	—
2008—2010	农业技术推广贡献奖	—	—	山西省临猗县角杯乡上豆氏村	—
2008—2010	农业技术推广贡献奖	—	—	山西省大同县农业机械化技术推广站	—
2008—2010	农业技术推广贡献奖	—	—	山西省孝义市农业机械化管理局农机推广站	—
2008—2010	农业技术推广贡献奖	—	—	山西省平遥县畜牧兽医服务中心	—
2008—2010	农业技术推广贡献奖	—	—	山西省榆社县畜牧兽医局	—
2008—2010	农业技术推广贡献奖	—	—	山西省寿阳县畜牧兽医服务中心	—
2008—2010	农业技术推广贡献奖	—	—	山西省芮城县农业环保能源站	—
2008—2010	农业技术推广贡献奖	—	—	内蒙古和林格尔县种子管理站	—
2008—2010	农业技术推广贡献奖	—	—	内蒙古阿荣旗农业技术推广中心	—
2008—2010	农业技术推广贡献奖	—	—	内蒙古扎赉特旗巴岱乡五家子村	—

（续表）

年　份	奖　项	等　级	项目名称	第一完成单位	第一完成人/主要完成人
2008—2010	农业技术推广贡献奖	—	—	内蒙古阿荣旗霍尔奇镇霍尔奇村	—
2008—2010	农业技术推广贡献奖	—	—	内蒙古赤峰市农业多种经营管理站	—
2008—2010	农业技术推广贡献奖	—	—	内蒙古阿荣旗农牧业机械化培训推广服务工心	—
2008—2010	农业技术推广贡献奖	—	—	内蒙古武川县农牧机管理技术推广站	—
2008—2010	农业技术推广贡献奖	—	—	内蒙古鄂温克族自治旗动物疫病预防控制中心	—
2008—2010	农业技术推广贡献奖	—	—	内蒙古乌拉特中旗农区畜牧业专项推进办公室	—
2008—2010	农业技术推广贡献奖	—	—	内蒙古包头市九原区家禽改良站	—
2008—2010	农业技术推广贡献奖	—	—	内蒙古锡林郭勒盟正蓝旗那日图苏木高格斯台嘎查	—
2008—2010	农业技术推广贡献奖	—	—	内蒙古乌兰察布市家畜改良工作站	—
2008—2010	农业技术推广贡献奖	—	—	内蒙古五原县农村生态能源站	—
2008—2010	农业技术推广贡献奖	—	—	辽宁省凌海市农业技术推广中心	—
2008—2010	农业技术推广贡献奖	—	—	辽宁省大连金州新区农业技术推广中心	—
2008—2010	农业技术推广贡献奖	—	—	辽宁省彰武县农业机械化技术推广站	—
2008—2010	农业技术推广贡献奖	—	—	辽宁省大石桥市农机技术推广站	—
2008—2010	农业技术推广贡献奖	—	—	辽宁省灯塔市畜牧技术推广站	—
2008—2010	农业技术推广贡献奖	—	—	辽宁省凌源市畜牧技术推广站	—
2008—2010	农业技术推广贡献奖	—	—	辽宁省清原县农业技术推广中心	—
2008—2010	农业技术推广贡献奖	—	—	辽宁省彰武县动物疫病预防控制中心	—
2008—2010	农业技术推广贡献奖	—	—	辽宁省辽中县水产技术推广站	—
2008—2010	农业技术推广贡献奖	—	—	辽宁省东港市水产技术推广站	—

（续表）

年　份	奖　项	等　级	项目名称	第一完成单位	第一完成人/主要完成人
2008—2010	农业技术推广贡献奖	—	—	辽宁省黑山县农村能源办公室	—
2008—2010	农业技术推广贡献奖	—	—	辽宁省彰武县农业技术推广中心	—
2008—2010	农业技术推广贡献奖	—	—	吉林省梨树县农业技术推广总站	—
2008—2010	农业技术推广贡献奖	—	—	吉林省蛟河市农业技术推广总站	—
2008—2010	农业技术推广贡献奖	—	—	吉林省磐石市农业技术推广总站	—
2008—2010	农业技术推广贡献奖	—	—	吉林省乾安县农业技术推广中心	—
2008—2010	农业技术推广贡献奖	—	—	吉林省农安县农业技术推广中心	—
2008—2010	农业技术推广贡献奖	—	—	吉林省梨树县四棵树乡王家桥村	—
2008—2010	农业技术推广贡献奖	—	—	吉林省东丰县农业机械技术推广站	—
2008—2010	农业技术推广贡献奖	—	—	吉林省东辽县农业机械化技术推广站	—
2008—2010	农业技术推广贡献奖	—	—	吉林省蛟河市新站镇五家子村	—
2008—2010	农业技术推广贡献奖	—	—	吉林省梨树县畜牧总站	—
2008—2010	农业技术推广贡献奖	—	—	吉林省九台市畜牧总站	—
2008—2010	农业技术推广贡献奖	—	—	吉林省东辽县水产技术推广	—
2008—2010	农业技术推广贡献奖	—	—	吉林省大安市农业环境保护与农村能源管理站	—
2008—2010	农业技术推广贡献奖	—	—	黑龙江省绥化市北林区农业技术推广中心	—
2008—2010	农业技术推广贡献奖	—	—	黑龙江省安达市农业技术推广中心	—
2008—2010	农业技术推广贡献奖	—	—	黑龙江省汤原县农业科学技术推广中心	—
2008—2010	农业技术推广贡献奖	—	—	黑龙江省延寿县农业技术推广中心	—
2008—2010	农业技术推广贡献奖	—	—	黑龙江省青冈县祯祥镇农业服务中心	—
2008—2010	农业技术推广贡献奖	—	—	黑龙江省萝北县农业技术推广中心	—

（续表）

年　份	奖　项	等　级	项目名称	第一完成单位	第一完成人/主要完成人
2008—2010	农业技术推广贡献奖	—	—	黑龙江省东宁县道河镇农业技术推广站	—
2008—2010	农业技术推广贡献奖	—	—	黑龙江省肇州县农业技术推广中心	—
2008—2010	农业技术推广贡献奖	—	—	黑龙江省桦南县梨树乡	—
2008—2010	农业技术推广贡献奖	—	—	黑龙江省方正县农业机械化技术推广站	—
2008—2010	农业技术推广贡献奖	—	—	黑龙江省青冈县农业机械化技术推广站	—
2008—2010	农业技术推广贡献奖	—	—	黑龙江省克山县北联镇畜牧兽医综合服务站	—
2008—2010	农业技术推广贡献奖	—	—	黑龙江省安达市兽医卫生防疫站	—
2008—2010	农业技术推广贡献奖	—	—	黑龙江省望奎县畜牧站	—
2008—2010	农业技术推广贡献奖	—	—	黑龙江省宾县糖坊宝丰畜牧养殖场	—
2008—2010	农业技术推广贡献奖	—	—	黑龙江省尚志市鱼池朝鲜族乡农业技术综合服务中心	—
2008—2010	农业技术推广贡献奖	—	—	上海市金山区农业技术推广中心	—
2008—2010	农业技术推广贡献奖	—	—	上海市崇明县动物疫病预防控制中心	—
2008—2010	农业技术推广贡献奖	—	—	上海崇明县光明食品集团上海长江总公司	—
2008—2010	农业技术推广贡献奖	—	—	上海市奉贤区水产技术推广站	—
2008—2010	农业技术推广贡献奖	—	—	上海海洋大学	—
2008—2010	农业技术推广贡献奖	—	—	江苏省睢宁县粮食作物栽培技术指导站	—
2008—2010	农业技术推广贡献奖	—	—	江苏省如东县作物栽培指导站	—
2008—2010	农业技术推广贡献奖	—	—	江苏省姜堰市农业技术推广中心	—
2008—2010	农业技术推广贡献奖	—	—	江苏省淮安市淮阴区韩桥乡农技服务站	—
2008—2010	农业技术推广贡献奖	—	—	江苏省射阳县兴桥镇农业技术推广服务中心	—

（续表）

年　份	奖　项	等　级	项目名称	第一完成单位	第一完成人/主要完成人
2008—2010	农业技术推广贡献奖	—	—	江苏省宝应县柳堡镇农业技术推广服务中心	—
2008—2010	农业技术推广贡献奖	—	—	江苏省宿迁市宿城区耿车镇农业经济技术服务中心	—
2008—2010	农业技术推广贡献奖	—	—	江苏省常州市彩叶树种植园	—
2008—2010	农业技术推广贡献奖	—	—	江苏省灌南县农机化技术推广服务站	—
2008—2010	农业技术推广贡献奖	—	—	江苏省江阴市农业机械化技术推广服务中心	—
2008—2010	农业技术推广贡献奖	—	—	江苏省金湖县农机化技术推广服务站	—
2008—2010	农业技术推广贡献奖	—	—	江苏省东台市唐洋镇动物防疫站	—
2008—2010	农业技术推广贡献奖	—	—	江苏省扬中市动物疫病预防控制中心	—
2008—2010	农业技术推广贡献奖	—	—	江苏省南通市通州区四安镇农业服务中心	—
2008—2010	农业技术推广贡献奖	—	—	江苏省新沂市恒旺畜禽有限公司	—
2008—2010	农业技术推广贡献奖	—	—	江苏省黄海农场农机水利管理中心	—
2008—2010	农业技术推广贡献奖	—	—	江苏省常熟市水产技术推广站	—
2008—2010	农业技术推广贡献奖	—	—	江苏省高邮市三垛镇少游村	—
2008—2010	农业技术推广贡献奖	—	—	江苏省东海县农村能源办公室	—
2008—2010	农业技术推广贡献奖	—	—	浙江省桐乡市农业技术推广服务中心	—
2008—2010	农业技术推广贡献奖	—	—	浙江省海盐县农业技术推广中心	—
2008—2010	农业技术推广贡献奖	—	—	浙江省富阳市农业技术推广中心	—
2008—2010	农业技术推广贡献奖	—	—	浙江省富阳市农机技术推广站	—
2008—2010	农业技术推广贡献奖	—	—	浙江省丽水市莲都区丽新农业技术服务站	—
2008—2010	农业技术推广贡献奖	—	—	浙江省安吉县大山坞茶场	—
2008—2010	农业技术推广贡献奖	—	—	浙江省衢州市种子管理站	—

（续表）

年　份	奖　项	等　级	项目名称	第一完成单位	第一完成人/主要完成人
2008—2010	农业技术推广贡献奖	—	—	浙江省嵊州市三界永明农机专业合作社	—
2008—2010	农业技术推广贡献奖	—	—	浙江省兰溪市上华街道办事处	—
2008—2010	农业技术推广贡献奖	—	—	浙江省龙游县畜牧兽医局	—
2008—2010	农业技术推广贡献奖	—	—	浙江省宁波市鄞州区畜牧兽医站	—
2008—2010	农业技术推广贡献奖	—	—	浙江省温岭市水产技术推广站	—
2008—2010	农业技术推广贡献奖	—	—	浙江省舟山市普陀区登步乡海遨梭子蟹养殖专业合作社	—
2008—2010	农业技术推广贡献奖	—	—	浙江省宁波市海洋与渔业研究院	—
2008—2010	农业技术推广贡献奖	—	—	安徽省寿县农技推广中心	—
2008—2010	农业技术推广贡献奖	—	—	安徽省萧县农业技术推广中心	—
2008—2010	农业技术推广贡献奖	—	—	安徽省庐江县农业技术推广中心	—
2008—2010	农业技术推广贡献奖	—	—	安徽省芜湖传云绿色果品种植专业合作社	—
2008—2010	农业技术推广贡献奖	—	—	安徽省濉溪县农机化技术推广站	—
2008—2010	农业技术推广贡献奖	—	—	安徽省宁国市农业机械化技术推广站	—
2008—2010	农业技术推广贡献奖	—	—	安徽省肥西县严店乡严店社区	—
2008—2010	农业技术推广贡献奖	—	—	安徽省临泉县动物卫生监督所	—
2008—2010	农业技术推广贡献奖	—	—	安徽省肥西县动物卫生监督所第二分所	—
2008—2010	农业技术推广贡献奖	—	—	安徽省庐江县绿宝蛋鸭专业合作社	—
2008—2010	农业技术推广贡献奖	—	—	安徽省明光县潘村湖农场	—
2008—2010	农业技术推广贡献奖	—	—	安徽省阜阳市颍东区水产工作站	—
2008—2010	农业技术推广贡献奖	—	—	安徽省巢湖市居巢区农业环保工作站	—
2008—2010	农业技术推广贡献奖	—	—	安徽省桐城市种子管理站	—

（续表）

年　份	奖　项	等　级	项目名称	第一完成单位	第一完成人/主要完成人
2008—2010	农业技术推广贡献奖	—	—	安徽农业大学	—
2008—2010	农业技术推广贡献奖	—	—	福建省尤溪县农业技术推广中心	—
2008—2010	农业技术推广贡献奖	—	—	福建省顺昌县植保植检站	—
2008—2010	农业技术推广贡献奖	—	—	福建省宁德市蕉城区种子管理站	—
2008—2010	农业技术推广贡献奖	—	—	福建省莆田市荔城区黄石镇农业机械管理站	—
2008—2010	农业技术推广贡献奖	—	—	福建省晋江市畜牧站	—
2008—2010	农业技术推广贡献奖	—	—	福建省闽清县土壤肥料技术站	—
2008—2010	农业技术推广贡献奖	—	—	福建省漳浦县水产技术推广站	—
2008—2010	农业技术推广贡献奖	—	—	福建省清流县水产技术推广站	—
2008—2010	农业技术推广贡献奖	—	—	福建省宁德市官井洋大黄鱼养殖有限公司	—
2008—2010	农业技术推广贡献奖	—	—	江西省宁都县土壤肥料工作站	—
2008—2010	农业技术推广贡献奖	—	—	江西省会昌县种子管理站	—
2008—2010	农业技术推广贡献奖	—	—	江西省丰城市农技推广中心	—
2008—2010	农业技术推广贡献奖	—	—	江西省广昌县农业技术推广服务中心	—
2008—2010	农业技术推广贡献奖	—	—	江西省高安市农业局经济作物站	—
2008—2010	农业技术推广贡献奖	—	—	江西省信丰县植保植检站	—
2008—2010	农业技术推广贡献奖	—	—	江西省潘阳县粮油经作站	—
2008—2010	农业技术推广贡献奖	—	—	江西省余干县康山垦殖场	—
2008—2010	农业技术推广贡献奖	—	—	江西省浮梁县农业机械管理局	—
2008—2010	农业技术推广贡献奖	—	—	江西省进贤县农机局	—
2008—2010	农业技术推广贡献奖	—	—	江西省南昌县畜牧兽医管理站	—

（续表）

年　份	奖　项	等　级	项目名称	第一完成单位	第一完成人/主要完成人
2008—2010	农业技术推广贡献奖	—	—	江西绿环牧业有限公司	—
2008—2010	农业技术推广贡献奖	—	—	江西省国营恒湖综合垦殖场	—
2008—2010	农业技术推广贡献奖	—	—	江西省万安县水产局	—
2008—2010	农业技术推广贡献奖	—	—	江西省上高县水产技术推广站	—
2008—2010	农业技术推广贡献奖	—	—	山东省济阳县农业局	—
2008—2010	农业技术推广贡献奖	—	—	山东省莱西市农业技术推广站	—
2008—2010	农业技术推广贡献奖	—	—	山东省桓台县农业技术推广中心	—
2008—2010	农业技术推广贡献奖	—	—	山东省枣庄市市中区农业技术推广中心	—
2008—2010	农业技术推广贡献奖	—	—	山东省广饶县农业技术推广中心	—
2008—2010	农业技术推广贡献奖	—	—	山东省招远市大秦家镇农业技术服务站	—
2008—2010	农业技术推广贡献奖	—	—	山东省宁阳县经济作物站	—
2008—2010	农业技术推广贡献奖	—	—	山东省威海市环翠区蚕果技术指导站	—
2008—2010	农业技术推广贡献奖	—	—	山东省五莲县农业技术推广站	—
2008—2010	农业技术推广贡献奖	—	—	山东省阳谷县农业技术推广中心	—
2008—2010	农业技术推广贡献奖	—	—	山东省邹平县农业局科教站	—
2008—2010	农业技术推广贡献奖	—	—	山东省莱芜莱城区高庄街明利特色蔬菜种植专业合作社	—
2008—2010	农业技术推广贡献奖	—	—	山东省济宁市任城区农机化技术推广服务站	—
2008—2010	农业技术推广贡献奖	—	—	山东省蓬莱市农业机械技术推广站	—
2008—2010	农业技术推广贡献奖	—	—	山东省诸城市农业机械技术推广站	—
2008—2010	农业技术推广贡献奖	—	—	山东省烟台市牟平区畜牧兽医工作站	—
2008—2010	农业技术推广贡献奖	—	—	山东省沂南县畜牧站	—

（续表）

年 份	奖 项	等 级	项目名称	第一完成单位	第一完成人/主要完成人
2008—2010	农业技术推广贡献奖	—	—	山东省潍坊市高密乳肉兼用牛良种繁育改良中心	—
2008—2010	农业技术推广贡献奖	—	—	山东省广饶县大王镇动物疫病防治监控所	—
2008—2010	农业技术推广贡献奖	—	—	山东省五莲县动物疫病预防控制中心	—
2008—2010	农业技术推广贡献奖	—	—	山东省庆云县畜牧兽医局	—
2008—2010	农业技术推广贡献奖	—	—	山东省邹城市张庄镇高庄村	—
2008—2010	农业技术推广贡献奖	—	—	山东省滨州市渔业技术推广站	—
2008—2010	农业技术推广贡献奖	—	—	山东省郯城县渔业技术推广站	—
2008—2010	农业技术推广贡献奖	—	—	山东省济宁市水产技术推广站	—
2008—2010	农业技术推广贡献奖	—	—	山东省博兴县农村能源环保站	—
2008—2010	农业技术推广贡献奖	—	—	河南省荥阳市城关乡农村经济工作办公室	—
2008—2010	农业技术推广贡献奖	—	—	河南省淮阳县农业技术推广中心	—
2008—2010	农业技术推广贡献奖	—	—	河南省清丰县农业技术推广站	—
2008—2010	农业技术推广贡献奖	—	—	河南省确山县农业技术推广中心	—
2008—2010	农业技术推广贡献奖	—	—	河南省鄢陵县农业技术推广中心	—
2008—2010	农业技术推广贡献奖	—	—	河南省安阳县农业技术推广站	—
2008—2010	农业技术推广贡献奖	—	—	河南省南召县农业技术推广中心	—
2008—2010	农业技术推广贡献奖	—	—	河南省济源市农业技术推广中心	—
2008—2010	农业技术推广贡献奖	—	—	河南省浚县原种场	—
2008—2010	农业技术推广贡献奖	—	—	河南省滑县城关镇东孔庄	—
2008—2010	农业技术推广贡献奖	—	—	河南省西峡县人民政府农村能源办公室	—
2008—2010	农业技术推广贡献奖	—	—	河南省延津县水产技术推广站	—

（续表）

年　份	奖　项	等　级	项目名称	第一完成单位	第一完成人/主要完成人
2008—2010	农业技术推广贡献奖	—	—	河南省民权县水产养殖技术推广站	—
2008—2010	农业技术推广贡献奖	—	—	河南省灵宝市兽医院	—
2008—2010	农业技术推广贡献奖	—	—	河南省辉县市畜禽改良站	—
2008—2010	农业技术推广贡献奖	—	—	河南省临颍县杜曲动物防疫检疫中心站	—
2008—2010	农业技术推广贡献奖	—	—	河南省泌阳县家畜改良站	—
2008—2010	农业技术推广贡献奖	—	—	河南省淮阳县动物疫病预防控中心	—
2008—2010	农业技术推广贡献奖	—	—	河南省济源市畜牧技术推广站	—
2008—2010	农业技术推广贡献奖	—	—	河南省南阳市丰园禽业有限公司	—
2008—2010	农业技术推广贡献奖	—	—	河南省正阳县农业机械管理局	—
2008—2010	农业技术推广贡献奖	—	—	河南省光山县农业机械管理局	—
2008—2010	农业技术推广贡献奖	—	—	河南省濮阳县海通乡前康庄村	—
2008—2010	农业技术推广贡献奖	—	—	湖北省国营清河农场农业技术推广站	—
2008—2010	农业技术推广贡献奖	—	—	湖北省团风县农业机械技术推广站	—
2008—2010	农业技术推广贡献奖	—	—	湖北省武汉市新洲区农机技术推广站	—
2008—2010	农业技术推广贡献奖	—	—	湖北省仙桃市泉明渔业专业合作社	—
2008—2010	农业技术推广贡献奖	—	—	湖北省仙桃市水产技术推广中心	—
2008—2010	农业技术推广贡献奖	—	—	湖北省仙桃市干河街道办事处农技服务中心	—
2008—2010	农业技术推广贡献奖	—	—	湖北省五锋土家族自治县茶叶局	—
2008—2010	农业技术推广贡献奖	—	—	湖北省武穴市四望镇农业技术推广服务中心	—
2008—2010	农业技术推广贡献奖	—	—	湖北省石首市植物保护站	—
2008—2010	农业技术推广贡献奖	—	—	湖北省嘉鱼县农业技术推广中心	—

（续表）

年 份	奖 项	等 级	项目名称	第一完成单位	第一完成人/主要完成人
2008—2010	农业技术推广贡献奖	—	—	湖北省枣阳市杨垱镇农业技术推广服务中心	—
2008—2010	农业技术推广贡献奖	—	—	湖北省房县农业局农广校	—
2008—2010	农业技术推广贡献奖	—	—	湖北省恩施市屯堡乡马者村马者组	—
2008—2010	农业技术推广贡献奖	—	—	湖北省仙桃市生态能源局	—
2008—2010	农业技术推广贡献奖	—	—	湖北省秭归县农业环境保护监测站	—
2008—2010	农业技术推广贡献奖	—	—	湖北省房县畜牧兽医局	—
2008—2010	农业技术推广贡献奖	—	—	湖北省监利县畜牧兽医局	—
2008—2010	农业技术推广贡献奖	—	—	湖北省应城市畜牧兽医站	—
2008—2010	农业技术推广贡献奖	—	—	湖北省罗田县锦秀林牧专业合作社	—
2008—2010	农业技术推广贡献奖	—	—	湖北省孝感市兽疫防治站	—
2008—2010	农业技术推广贡献奖	—	—	湖北省钟祥市畜牧兽医局	—
2008—2010	农业技术推广贡献奖	—	—	湖北省宜昌市夷陵区畜牧兽医局	—
2008—2010	农业技术推广贡献奖	—	—	湖南省安化县冷市镇农业技术推广站	—
2008—2010	农业技术推广贡献奖	—	—	湖南省平江县伍市镇农业技术推广站	—
2008—2010	农业技术推广贡献奖	—	—	湖南省湘潭县石潭镇农业技术推广站	—
2008—2010	农业技术推广贡献奖	—	—	湖南省安乡县农业技术推广中心	—
2008—2010	农业技术推广贡献奖	—	—	湖南省溆浦县农业技术推广中心	—
2008—2010	农业技术推广贡献奖	—	—	湖南省浏阳市永安镇农业技术推广服务站	—
2008—2010	农业技术推广贡献奖	—	—	湖南省醴陵市农业技术推广中心	—
2008—2010	农业技术推广贡献奖	—	—	湖南省邵阳市农业科学研究所	—
2008—2010	农业技术推广贡献奖	—	—	湖南省平江县伍市镇礼门村	—

（续表）

年　份	奖　项	等　级	项目名称	第一完成单位	第一完成人/主要完成人
2008—2010	农业技术推广贡献奖	—	—	湖南省醴陵市畜牧水产局	—
2008—2010	农业技术推广贡献奖	—	—	湖南省泸溪县畜牧工作站	—
2008—2010	农业技术推广贡献奖	—	—	湖南省攸县畜牧水产局畜牧水产技术推广站	—
2008—2010	农业技术推广贡献奖	—	—	湖南省湘阴县水产技术推广站	—
2008—2010	农业技术推广贡献奖	—	—	湖南省长沙市开福区农林水利局农业科技推广站	—
2008—2010	农业技术推广贡献奖	—	—	湖南省衡南县农业机械化技术推广站	—
2008—2010	农业技术推广贡献奖	—	—	湖南省浏阳市农机技术推广服务站	—
2008—2010	农业技术推广贡献奖	—	—	湖南省益阳市大通湖区农业技术推广中心	—
2008—2010	农业技术推广贡献奖	—	—	湖南省益阳市赫山区农业局	—
2008—2010	农业技术推广贡献奖	—	—	湖南金宏莱业有限公司	—
2008—2010	农业技术推广贡献奖	—	—	湖南省益阳市资阳区茈湖口镇邹家村	—
2008—2010	农业技术推广贡献奖	—	—	湖南省浏阳市永安镇农业技术推广服务站	—
2008—2010	农业技术推广贡献奖	—	—	广东省惠阳区水果生产办公室	—
2008—2010	农业技术推广贡献奖	—	—	广东省饶平县新圩镇农业技术推广站	—
2008—2010	农业技术推广贡献奖	—	—	广东省惠来县农业局土肥站	—
2008—2010	农业技术推广贡献奖	—	—	广东省阳西县上洋镇农业技术推广站	—
2008—2010	农业技术推广贡献奖	—	—	广东省惠东县高潭畜牧兽医站	—
2008—2010	农业技术推广贡献奖	—	—	广东省平远县畜牧兽医技术推广站	—
2008—2010	农业技术推广贡献奖	—	—	广东省阳春市生猪繁育改良中心	—
2008—2010	农业技术推广贡献奖	—	—	广东省广州市番禺区农机技术推广服务站	—
2008—2010	农业技术推广贡献奖	—	—	广东省惠东县农机化技术推广服务站	—

（续表）

年份	奖项	等级	项目名称	第一完成单位	第一完成人/主要完成人
2008—2010	农业技术推广贡献奖	—	—	广西灌阳县植物保护站	—
2008—2010	农业技术推广贡献奖	—	—	广西北流市农业技术推广站	—
2008—2010	农业技术推广贡献奖	—	—	广西永福县罗锦镇农业技术推广站	—
2008—2010	农业技术推广贡献奖	—	—	广西昭平县农业技术推广站	—
2008—2010	农业技术推广贡献奖	—	—	广西农垦永新畜牧集团有限公司	—
2008—2010	农业技术推广贡献奖	—	—	广西贺州市八步区畜牧与饲料管理站	—
2008—2010	农业技术推广贡献奖	—	—	广西防城港市动物疫病预防控制中心	—
2008—2010	农业技术推广贡献奖	—	—	广西蒙山县动物疫病预防控制中心	—
2008—2010	农业技术推广贡献奖	—	—	广西容县畜牧技术推广站	—
2008—2010	农业技术推广贡献奖	—	—	广西富川县富阳镇铁耕村	—
2008—2010	农业技术推广贡献奖	—	—	海南省琼海市塔洋镇农业服务中心	—
2008—2010	农业技术推广贡献奖	—	—	重庆市荣昌县特色经济发展站	—
2008—2010	农业技术推广贡献奖	—	—	重庆市巴南区水产技术推广站	—
2008—2010	农业技术推广贡献奖	—	—	重庆市丰都县畜牧技术推广站	—
2008—2010	农业技术推广贡献奖	—	—	重庆市城口县畜牧技术推广站	—
2008—2010	农业技术推广贡献奖	—	—	重庆市南川区农业技术推广站	—
2008—2010	农业技术推广贡献奖	—	—	重庆市潼南县农业委员会农广校	—
2008—2010	农业技术推广贡献奖	—	—	重庆市奉节县农业生态能源站	—
2008—2010	农业技术推广贡献奖	—	—	重庆市梁平县农业机械化技术推广站	—
2008—2010	农业技术推广贡献奖	—	—	重庆市忠县畜牧生产技术推广站	—
2008—2010	农业技术推广贡献奖	—	—	重庆市巫溪县农业技术推广中心	—
2008—2010	农业技术推广贡献奖	—	—	四川省郫县唐元农业综合服务站	—

（续表）

年　份	奖　项	等　级	项目名称	第一完成单位	第一完成人/主要完成人
2008—2010	农业技术推广贡献奖	—	—	四川省荣县农业科教站	—
2008—2010	农业技术推广贡献奖	—	—	四川省昭觉县城北乡	—
2008—2010	农业技术推广贡献奖	—	—	四川省北川县农业科教站	—
2008—2010	农业技术推广贡献奖	—	—	四川省宣汉县农业技术推广站	—
2008—2010	农业技术推广贡献奖	—	—	四川省隆昌县龙市镇农业技术服务中心	—
2008—2010	农业技术推广贡献奖	—	—	四川省仁寿县土肥站	—
2008—2010	农业技术推广贡献奖	—	—	四川省广汉市连山镇乌木村四社	—
2008—2010	农业技术推广贡献奖	—	—	四川省乐山市五通桥区动物疫病预防控制中心	—
2008—2010	农业技术推广贡献奖	—	—	四川省金堂县畜牧食品产业推进办公室	—
2008—2010	农业技术推广贡献奖	—	—	四川省荣县望佳镇畜牧兽医站	—
2008—2010	农业技术推广贡献奖	—	—	四川省简阳市畜牧食品局	—
2008—2010	农业技术推广贡献奖	—	—	四川省泸县玄滩畜牧兽医站	—
2008—2010	农业技术推广贡献奖	—	—	四川省安岳县盛旺农牧业有限公司	—
2008—2010	农业技术推广贡献奖	—	—	四川省双流县农机技术推广站	—
2008—2010	农业技术推广贡献奖	—	—	四川省广汉市农机化技术推广站	—
2008—2010	农业技术推广贡献奖	—	—	贵州省威宁县果树蔬菜工作站	—
2008—2010	农业技术推广贡献奖	—	—	贵州省贵阳市白云区蔬菜办农技推广站	—
2008—2010	农业技术推广贡献奖	—	—	贵州省道真仡佬族苗族自治县农业技术推广站	—
2008—2010	农业技术推广贡献奖	—	—	贵州省天柱县农业局农业技术推广站	—
2008—2010	农业技术推广贡献奖	—	—	贵州省务川仡佬族苗族自治县饲草饲料站	—
2008—2010	农业技术推广贡献奖	—	—	贵州省盘县草地饲料管理站	—

（续表）

年 份	奖 项	等 级	项目名称	第一完成单位	第一完成人/主要完成人
2008—2010	农业技术推广贡献奖	—	—	贵州省麻江县农牧局草地工作站	—
2008—2010	农业技术推广贡献奖	—	—	贵州省德江县草地畜牧发展中心	—
2008—2010	农业技术推广贡献奖	—	—	贵州省松桃苗族自治县农村能源办公室	—
2008—2010	农业技术推广贡献奖	—	—	贵州省福泉市农村能源环保办公室	—
2008—2010	农业技术推广贡献奖	—	—	贵州省锦屏县农业和扶贫开发局水产站	—
2008—2010	农业技术推广贡献奖	—	—	贵州省兴义市农机管理站	—
2008—2010	农业技术推广贡献奖	—	—	云南省寻甸县畜牧兽医局饲草饲料站	—
2008—2010	农业技术推广贡献奖	—	—	云南省昭通市昭阳区畜牧兽医技术推广服务中心	—
2008—2010	农业技术推广贡献奖	—	—	云南省盐津县畜牧兽医站	—
2008—2010	农业技术推广贡献奖	—	—	云南省景洪市农业环境保护监测站	—
2008—2010	农业技术推广贡献奖	—	—	云南省宣威市渔业管理站	—
2008—2010	农业技术推广贡献奖	—	—	云南省施甸县农业技术推广所	—
2008—2010	农业技术推广贡献奖	—	—	云南省开远市种子管理站	—
2008—2010	农业技术推广贡献奖	—	—	云南省建水县农机化技术推广站	—
2008—2010	农业技术推广贡献奖	—	—	云南省文山县经济作物工作站	—
2008—2010	农业技术推广贡献奖	—	—	云南省宁洱县农业局农业技术推广中心	—
2008—2010	农业技术推广贡献奖	—	—	云南省景谷县畜牧兽医局威远镇畜牧兽医工作站	—
2008—2010	农业技术推广贡献奖	—	—	云南省永胜县农业局涛源农业技术推广站	—
2008—2010	农业技术推广贡献奖	—	—	云南省临沧市临翔区畜牧兽医工作站	—
2008—2010	农业技术推广贡献奖	—	—	云南省宾川县农业机械管理服务站	—
2008—2010	农业技术推广贡献奖	—	—	云南农垦陇川农场	—

（续表）

年　份	奖　项	等　级	项目名称	第一完成单位	第一完成人/主要完成人
2008—2010	农业技术推广贡献奖	—	—	西藏山南地区农业技术推广中心	—
2008—2010	农业技术推广贡献奖	—	—	陕西省泾阳县植保植检站	—
2008—2010	农业技术推广贡献奖	—	—	陕西省靖边县农业技术推广站	—
2008—2010	农业技术推广贡献奖	—	—	陕西省平利县女娲茗茶有限公司	—
2008—2010	农业技术推广贡献奖	—	—	陕西省合阳县畜牧产业发展局	—
2008—2010	农业技术推广贡献奖	—	—	陕西省神木县畜牧兽医技术推广站	—
2008—2010	农业技术推广贡献奖	—	—	陕西省千阳县种羊场	—
2008—2010	农业技术推广贡献奖	—	—	陕西省城固县畜牧兽医工作站	—
2008—2010	农业技术推广贡献奖	—	—	陕西省安康市畜牧兽医中心	—
2008—2010	农业技术推广贡献奖	—	—	西北农林科技大学	—
2008—2010	农业技术推广贡献奖	—	—	陕西省华县水产管理站	—
2008—2010	农业技术推广贡献奖	—	—	甘肃省国营敦煌农场	—
2008—2010	农业技术推广贡献奖	—	—	甘肃省会宁县农村能源项目办公室	—
2008—2010	农业技术推广贡献奖	—	—	甘肃省通渭县农业技术推广中心	—
2008—2010	农业技术推广贡献奖	—	—	甘肃省通渭县襄南乡东坪村孙坪社	—
2008—2010	农业技术推广贡献奖	—	—	甘肃省榆中县农业技术推广中心	—
2008—2010	农业技术推广贡献奖	—	—	甘肃省会宁县农业技术推广中心	—
2008—2010	农业技术推广贡献奖	—	—	甘肃省永昌县渔业技术服务中心	—
2008—2010	农业技术推广贡献奖	—	—	甘肃省积石山县畜牧技术推广站	—
2008—2010	农业技术推广贡献奖	—	—	甘肃省凉州区畜牧兽医局	—
2008—2010	农业技术推广贡献奖	—	—	甘肃省镇原县畜牧兽医局	—
2008—2010	农业技术推广贡献奖	—	—	青海省互助县种子管理站	—

（续表）

年　份	奖　项	等　级	项目名称	第一完成单位	第一完成人/主要完成人
2008—2010	农业技术推广贡献奖	—	—	青海省乐都县畜牧兽医站	—
2008—2010	农业技术推广贡献奖	—	—	青海省湟源县畜牧兽医站	—
2008—2010	农业技术推广贡献奖	—	—	青海省天峻县畜牧兽医工作站	—
2008—2010	农业技术推广贡献奖	—	—	宁夏海原县农业技术推广服务中心	—
2008—2010	农业技术推广贡献奖	—	—	宁夏青铜峡市农业机械化推广服务中心	—
2008—2010	农业技术推广贡献奖	—	—	宁夏贺兰县畜牧水产技术推广服务中心	—
2008—2010	农业技术推广贡献奖	—	—	宁夏石嘴山市大武口区农业畜牧技术推广服务中心	—
2008—2010	农业技术推广贡献奖	—	—	宁夏农垦贺兰山奶业有限公司	—
2008—2010	农业技术推广贡献奖	—	—	宁夏银川市兴庆区畜牧水产技术推广中心	—
2008—2010	农业技术推广贡献奖	—	—	新疆焉耆县包尔海乡包尔海村二组	—
2008—2010	农业技术推广贡献奖	—	—	新疆英吉沙县农机技术推广站	—
2008—2010	农业技术推广贡献奖	—	—	新疆库车县农牧机械技术推广站	—
2008—2010	农业技术推广贡献奖	—	—	新疆沙湾县农牧机械局	—
2008—2010	农业技术推广贡献奖	—	—	新疆富蕴县畜牧兽医站	—
2008—2010	农业技术推广贡献奖	—	—	新疆阿克苏地区山羊研究中心	—
2008—2010	农业技术推广贡献奖	—	—	新疆生产建设兵团农业建设第八师 149 团 19 连	—
2008—2010	农业技术推广贡献奖	—	—	新疆生产建设兵团农七师一二三团农业科	—
2008—2010	农业技术推广贡献奖	—	—	新疆生产建设兵团农七师一二四团农业科	—
2008—2010	农业技术推广贡献奖	—	—	新疆生产建设兵团农七师一二八团生产科	—
2008—2010	农业技术推广贡献奖	—	—	新疆生产建设兵团农业建设第八师 148 团农业科	—
2008—2010	农业技术推广贡献奖	—	—	新疆农垦科学院棉花研究所	—

（续表）

年　份	奖　项	等　级	项目名称	第一完成单位	第一完成人/主要完成人
2008—2010	农业技术推广贡献奖	—	—	黑龙江农垦总局九三分局植保植检站	—
2008—2010	农业技术推广贡献奖	—	—	黑龙江北大荒农业股份有限公司八五四分公司	—
2008—2010	农业技术推广贡献奖	—	—	黑龙江农垦总局牡丹江分局农业局	—
2008—2010	农业技术推广贡献奖	—	—	黑龙江省绥滨农场	—
2008—2010	农业技术推广贡献奖	—	—	黑龙江省八五零农场	—
2008—2010	农业技术推广贡献奖	—	—	黑龙江省建三江分局七星农场第一管理区37 作业站	—
2008—2010	农业技术推广贡献奖	—	—	黑龙江省农垦科学院植物保护研究所	—
2008—2010	农业技术推广贡献奖	—	—	广东省华海糖业发展有限公司	—
2008—2010	农业技术推广贡献奖	—	—	广东省国营湖光农场	—
2008—2010	农业技术推广贡献奖	—	—	中国农业科学院作物科学研究所	—
2008—2010	农业技术推广贡献奖	—	—	中国水产科学研究院南海水产研究所	—
2008—2010	农业技术推广贡献奖	—	—	中国热带农业科学院橡胶研究所	—
2008—2010	农业技术推广合作奖	—	中国对虾黄海 1 号技术集成与推广	中国水产科学研究院黄海水产研究所	王清印
2008—2010	农业技术推广合作奖	—	新疆设施农业标准化技术集成与示范	新疆农业科学院	王晓冬
2008—2010	农业技术推广合作奖	—	小麦超高产综合配套技术示范与推广	山东省农业技术推广总站	曲召令
2008—2010	农业技术推广合作奖	—	农村粮食生产信息化技术创新与应用	河北省农业技术推广总站	蒋晓茹
2008—2010	农业技术推广合作奖	—	江苏省挂县强农富民工程	江苏省农业产业发展研究中心	张玉庆
2008—2010	农业技术推广合作奖	—	黑龙江省农业科技成果转化机制创新	黑龙江省农业科学院	韩贵清
2008—2010	农业技术推广合作奖	—	河南省高产高效现代农业示范工程	河南省农业科学院	张玉亭
2008—2010	农业技术推广合作奖	—	超级稻品种配套栽培技术集成与示范应用	中国水稻研究所	朱德峰
2008—2010	农业技术推广合作奖	—	安徽江淮区域小麦高产技术集成与应用	安徽农业大学	李金才

（续表）

年　份	奖　项	等　级	项目名称	第一完成单位	第一完成人/主要完成人
2008—2010	农业技术推广合作奖	—	“巴渝新农网”农技推广机制创新与应用	重庆市农业信息中心	康雷
2011—2013	农业技术推广成果奖	一等奖	番茄黄化曲叶病毒病防控技术集成与推广应用	浙江省温州市植物保护站	陈再廖，许方程，刘树生，曹婷婷，李刚，王晓峨，林辉，李仲惺，罗利敏，宰文珊，孙继，卢启强，陆学峰，梁文勇，任典东，宁国云，陈文华，林济忠，雷大锋，朱洁，林观周，陈祖永，钱招德，潘友根，庞子千
2011—2013	农业技术推广成果奖	一等奖	宜香系列优质高产水稻的推广应用	四川省宜宾市农业科学院	林纲，杨从金，陈南标，罗利，李小玲，彭洪，包灵丰，王玉光，张杰，庞立华，江健，姜方洪，石卫东，刘道萍，刘燕强，袁维虎，刘灏，韦从勤，龚元全，吴清连，张世刚，李世慧，牟一平，严成家，王金铎
2011—2013	农业技术推广成果奖	一等奖	茶树新品种引选育及应用推广	四川省农业科学院茶叶研究所	王云，李春华，罗凡，戴杰帆，段新友，徐晓辉，吴祠平，孙道伦，彭建华，唐晓波，杜红，刘兆斌，余莲，廖长力，彭英，郭九武，李光华，代彬，熊联国，杨敏，杨崇蓉，李德平，樊显荣，代显臣，姜晏
2011—2013	农业技术推广成果奖	一等奖	广东省蔬菜小菜蛾综合防控技术的推广应用	广东省农业科学院植物保护研究所	冯夏，邹寿发，尹飞，林庆胜，周卓颖，胡珍娣，罗映鹏，李振宇，郑静君，张燕雄，陈兆进，李小忠，伦演鹏，李丽，赖汝波，黄利红，李国君，何永胜，黄健辉，伍一辉，胡锦荣，张振锋，梁居林，朱炯光，张锦池
2011—2013	农业技术推广成果奖	一等奖	北方稻田种养（蟹）新技术示范与推广	上海海洋大学	马旭洲，张士凯，张朝阳，蒋海山，王华，张赤，史福成，刘革，张作振，唐士桥，陈卫新，于永清，贾春艳，郭文瑞，隋洪霞，岳中海，刘俭，李敬亚，江航，姜文学，曹玉魁，张永科，付宝刚，张五星，王玉辉
2011—2013	农业技术推广成果奖	一等奖	绿洲农区多熟制高效种植模式推广	新疆维吾尔自治区农业技术推广总站	王浩，孟谦文，傅连军，刘恒德，秦刚，雷春军，熊黎黎，刘新兰，张继俊，杨晓清，龚松旺，田孟强，李海燕，王岩萍，于艳华，尹亚梅，张菊红，何新辉，沈建知，李红梅，王辉，艾尔肯·斯拉木，濮生成，王晓峰，李新林
2011—2013	农业技术推广成果奖	一等奖	早熟、高产、高效皖稻125的应用	安徽省农业科学院水稻研究所	罗志祥，王安东，施伏芝，阮新民，苏泽胜，刘良柏，蒋开锋，刘飞，徐秀娟，于淑琴，王淑芬，黄明永，许保权，张祥，熊忠炯，夏加发，桑亚松，佘德红，丁必华，占新春，杨文才，方忠坤，姚根喜，尚健，周汝群

（续表）

年份	奖项	等级	项目名称	第一完成单位	第一完成人/主要完成人
2011—2013	农业技术推广成果奖	一等奖	淮北地区旱作茬小麦超高产关键技术研究与示范推广	安徽省农业科学院作物研究所	曹承富，魏凤珍，黄婷，田灵芝，曹军，张友忠，田恒杰，赵德群，赵竹，曹文昕，周宗民，李春明，陈辉，马飞，朱克响，王祥胜，王小雷，葛军，夏中华，房蒙影，王森，张贺飞，程效飞，燕飞，徐淙祥
2011—2013	农业技术推广成果奖	一等奖	优质、环保型鱼类——细鳞斜颌鲴标准化养殖技术示范与推广	安徽省农业科学院水产研究所	江河，崔凯，邓朝阳，胡王，凌俊，卢文轩，李艳和，叶显峰，鲁斌，王晓斌，周爱民，王彬，李家政，马雪花，吴维平，柴继芳，董勇，周瑞龙，刘鑫，王开扬，吴玮，张桂芝，季曙春，王祖贵，陶胜
2011—2013	农业技术推广成果奖	一等奖	宁夏奶牛高效养殖关键技术推广	宁夏回族自治区畜牧工作站	罗晓瑜，温万，洪龙，封元，孙文华，黄霞丽，邵怀峰，王瑜，孙红玲，马振敏，周华，丁金龙，张建军，包玉珍，宁晓波，陈玲，拓守珍，谭俊，徐正国，马建成，马振盛，李艳艳，王忠明，郭永宁，胡华
2011—2013	农业技术推广成果奖	一等奖	宁夏马铃薯机械化生产技术示范推广项目	宁夏回族自治区农业机械化技术推广站	田建民，万平，李军，马兴华，王利，刘丰亮，杨极乾，张权，李进福，王攀峰，周建东，马金国，周蓉，薛振彦，马效林，金录国，陶维华，张喜旺，杨国海，闫雪琴，任俊林，马廷新，陈荣鑫，倪永，祁小军
2011—2013	农业技术推广成果奖	一等奖	农田高效节水技术示范与推广	山东省土壤肥料总站	李涛，万广华，李建伟，刘翠先，李金铭，侯小芳，于舜章，卢桂菊，李仁忠，张杰，付丽春，吕志宁，钟玉寨，李海涛，陈良，于洋池，李京远，梁俊江，徐晓丽，姜晓燕，臧运政，苗全亮，周桂丽，马艳华，闫悦敏
2011—2013	农业技术推广成果奖	一等奖	千万亩小麦高产新品种及集成配套栽培技术推广	山东省济宁市农业科学研究院	滑端超，杜亚君，陈晖，郭东坡，马登超，孙学海，于卿，周梅英，李富国，赵千里，马凌君，张秀花，张东玲，白相林，王军，屈庆伟，潘若春，刘向阳，赵永超，刘传峰，朱圣勇，吕秋云，朱庆荣，马秀玲，崔莉
2011—2013	农业技术推广成果奖	一等奖	长治市设施蔬菜安全高效生产技术推广	山西省长治市蔬菜研究所	郭刘斌，米燕平，王景盛，冯绍波，郭剑青，窦贵新，唐建莉，秦志清，杜鲜云，闫素青，杨录萍，李慧琴，梁建娥，许雪莉，刘巧英，杨慧波，郝庆华，鹿秀梅，苗开兰，任晓芳，石志忠，李斐，任军，武东，韩艳萍

（续表）

年　份	奖　项	等　级	项目名称	第一完成单位	第一完成人/主要完成人
2011—2013	农业技术推广成果奖	一等奖	雁门关区肉羊标准化高效生产关键技术研发、集成与示范项目	山西省生态畜牧产业管理站	白元生，张建新，杨子森，师周戈，刘晓妮，张春香，李俊平，韩香芙，马升华，高书文，武志军，高拖前，张卫东，项斌伟，王升，牛学谦，刘斌，赵建民，康志芳，刘志，张青蕊，高爱文，侯喜娥，杨兰枝，王天元
2011—2013	农业技术推广成果奖	一等奖	棉秆规模化栽培食用菌技术集成与推广	河北省农业环境保护监测站	通占元，唐铁朝，安艳阳，韩风晓，王建伟，李守勉，李冬梅，杜光旭，郭兰云，汪革新，刘建平，赵春玲，王红霞，陈爱萍，安振营，邸敬会，郝素芳，张彦进，王存国，王志恒，焦巧芳，于荣艳，姚振庄，逯忠，梁希才
2011—2013	农业技术推广成果奖	一等奖	乌龙茶新优茶树品种推广与应用	福建省种植业技术推广总站	何孝延，高峰，苏峰，田洪武，杜起洪，张翠香，林鸿，杨文俪，杨如兴，宋岸伟，姜能宝，陈联双，姜贞旺，颜涌泉，宋丹丹，厉黎明，蔡清平，魏高青，方守龙，刘国英，章忠明，冯添泉，郑科进，黄颜明，肖茂
2011—2013	农业技术推广成果奖	一等奖	优质大樱桃新品种及抗根癌矮化砧木选育示范与推广	西北农林科技大学	蔡宇良，邱蓉，王安柱，阮小凤，李平科，曹修翠，李晓燕，王雪英，郭缠俊，霍卫民，李淑侠，张崇民，刘院锋，华春玲，赵新明，杨麦存，李晓东，陈军平，王晓涛，温富平，李世军，周福乐，李泓，史前进，梅万兵
2011—2013	农业技术推广成果奖	一等奖	果树优质丰产光能、肥水高效利用技术推广应用	北京市农林科学院	魏钦平，张强，刘松忠，王志刚，康天兰，孙健，刘旭东，查养良，王艳玲，薛涛，徐月华，毕宁宁，李艳，喻永强，屈军涛，董丽梅，杨济民，马瑞满，于广水，张文江，高永军，张国强，蒋德新，张金明，辛选民
2011—2013	农业技术推广成果奖	一等奖	江苏水稻轻型高产高效生产技术集成与推广	江苏省作物栽培技术指导站	邓建平，杨洪建，许轲，刘正辉，葛自强，李杰，高金成，吴中华，盛焕银，张忠明，施积文，何永垠，顾宗福，陈兴惠，周正权，潘俊，徐宗进，董建强，李凤琪，晏来庆，张红梅，罗学超，赵庭军，谢忠萍，丁明
2011—2013	农业技术推广成果奖	一等奖	农区肉羊高床舍饲规模化养殖关键技术集成与推广	江苏省畜牧总站	掌子凯，周发亚，钱勇，臧胜兵，谭广梅，史经化，许静，戴攀文，张宗军，顾建明，李百忠，单学军，施彬彬，黄荣斌，许映祥，王潍波，钟声，王丹，胡永生，徐燕，储新生，顾玉泉，周健，严向东，陈健

（续表）

年　份	奖　项	等　级	项目名称	第一完成单位	第一完成人/主要完成人
2011—2013	农业技术推广成果奖	一等奖	大棚蔬菜集约化高效生产模式集成与推广	江苏省园艺技术推广站	周军，孙兴祥，倪宏正，曾晓萍，林红梅，王军，胥成刚，孟雷，詹国勤，顾卫中，谢燕萍，崔世明，徐炜民，顾桂华，夏建顺，沈永林，张德兰，王统源，李庆体，苏生平，陈正群，陈万玉，陈爱国，仇炳亚，王有斌
2011—2013	农业技术推广成果奖	一等奖	内蒙古测土配方施肥技术推广	内蒙古土壤肥料工作站	郑海春，郜翻身，臧健，程利，李学友，林利龙，邢杰，乌学敏，刘桂华，孙国梁，郭向利，李凤英，赵景芳，姜爱东，樊秀荣，刘文东，张宁，张万政，邬秀芳，赵光华，郝有生，刘国强，黄立军，贺凤荣，侯旭东
2011—2013	农业技术推广成果奖	一等奖	向日葵螟绿色防控技术应用与推广	内蒙古农牧业科学院	白全江，罗礼智，徐利敏，王军义，温埃清，云晓鹏，李杰，段小军，高占明，杜磊，郝永强，孙为民，赵强，李玉忠，闫素珍，李巧梅，武敏，韩艳茹，兰运财，任振明，徐守轩，刘建忠，赵斌，张海军，张建兵
2011—2013	农业技术推广成果奖	一等奖	主要北运蔬菜新品种选育引进及高效栽培技术研究集成与产业化示范	海南省农业科学院蔬菜研究所	肖日新，冯学杰，陈贻诵，周曼，梁振深，蔡兴来，伍壮生，伍书钦，陈培，黄宏磊，曾令发，庞业平，岑彩霞，林觉明，王世禧，许振敏，符河，许泉，薛英健，陈家壮，符儒民，潘家君，莫雄，傅启海
2011—2013	农业技术推广成果奖	一等奖	湖南省重点外来入侵物种调查及高危物种综合防控技术研究与应用	湖南省农业资源与环境保护管理站	尹丽辉，周建成，黄新，肖顺勇，谭琳，刘守龙，陈欣欣，张梦，燕惠民，刘玉春，周庆甦，唐飞峰，陈星卫，刘怀安，何跃进，李广军，盘红阳，彭方平，沈关新，戴金鹏，唐召平，彭思求，罗仕敏，张国政
2011—2013	农业技术推广成果奖	一等奖	高产优质水稻新品种湘早籼45号推广应用	湖南省益阳市农业科学研究所	龚光明，彭念军，周国峰，林金桥，吴凌云，陈德清，戴清，杨通洲，舒畅，汤洪，周建鹏，刘寅，赵耀，刘静波，曹永辉，徐国生，刘创业，谢乐强，李凛，龚元芳，曾令平，谭卫健，蔡自良，薛华良，李萍
2011—2013	农业技术推广成果奖	一等奖	棉花高效生产精准技术及产品开发与示范	石河子大学	吕新，马富裕，王克如，马蓉，王海江，陈剑，张泽，冯波，吕宁，王玲，林海荣，郭建国，安刚，王桂花

（续表）

年　份	奖　项	等　级	项目名称	第一完成单位	第一完成人/主要完成人
2011—2013	农业技术推广成果奖	一等奖	抗旱甘蔗新品种及配套技术推广应用	云南省农业科学研究院	张跃彬，吴才文，黄应昆，邓军，赵俊，张永港，乔继雄，赵兴东，侯忠，先掘，杨云伟，何文志，揭曙彦，罕明兴，穆宗华，王顺有，张鹏程，张彩菊，黄锐，张志云，杨继铭，杨久才，杨敏芳，王德亮，李庚阳
2011—2013	农业技术推广成果奖	一等奖	马铃薯高效栽培技术体系提升与示范	甘肃省农业科学院	陆立银，谢奎忠，罗爱花，徐福祥，刘小平，宋景东，邱翰武，吴二牛，潘从金，张新征，郭大权，杨子梅，毛元奎，冉平，赵思中，贾新德，李锦龙，蒋春明，周文娟
2011—2013	农业技术推广成果奖	一等奖	夏玉米高产高效集成技术示范与推广	河南省农业技术推广总站	郑义，李付立，李宁，王新华，郭太忠，张文才，申占保，张有成，魏凤梅，李小云，田文灿，胡彦奇，张格良，张爱中，何丽霞，王桂荣，张文国，刘素霞，杨春献，徐进玉，冯四庄，霍小翠，吴中义，姬同化，杨建平
2011—2013	农业技术推广成果奖	一等奖	小麦测土配方施肥技术集成与推广	河南省土壤肥料站	张桂兰，程道全，李晓梅，李惠文，刘秀伟，侯占领，武金果，吕根有，王庆安，宋士广，刘铁群，李必强，张银武，杜成喜，闻三峡，田冲，王顺叶，谭梅，王洪州，李虹建，王长富，王向前，李志刚，李建峰，武新梅
2011—2013	农业技术推广成果奖	一等奖	夏南牛生产技术集成与应用	河南省泌阳县家畜改良站	祁兴磊，谭旭信，林凤鹏，张秉慧，马桂变，孙秀玉，孙彦琴，王建华，李文徐，祁兴山，董宏伟，毛蕾，杜祥龙，牛桂玲，柏中林，刘保贺，宋正改，屈卫东，王世根，赵连甫，刘纪梅，祁兴运，杨黎明，石先华，赵哲
2011—2013	农业技术推广成果奖	一等奖	菜花制种技术创新及新品种推广	天津科润农业科技股份有限公司	孙德岭，姚星伟，单晓政，周彦辉，王钦，郭锐，张远芳，黄国清，李长增，刘殿功，陆建高，姚淑娟，杨云媛，陈树宏，王齐政，刘福娟，蔺明芬，郭淑玲，娄晓黎，李光伟，孟宪刚，王连伏，邵艳民，张桂兰
2011—2013	农业技术推广成果奖	一等奖	农技推广信息服务平台开发与推广	天津市农业信息中心	李洁，张保岩，王姝逸，李小刚，刘庆辰，张洪立，邵凤成，董家行，杨润德，顾承彬，吴东风，康双辉，张红玲，刘长生，辛永波，曹玉霞，崔桂霞，于广霞，孙书华，赵亚军，刘恩华，叶淑贤，宋学来，宁保生，赵仁顺

（续表）

年　份	奖　项	等　级	项目名称	第一完成单位	第一完成人/主要完成人
2011—2013	农业技术推广成果奖	一等奖	优质油菜丰产综合配套技术推广	贵州省农作物技术推广总站	冯泽蔚，冯文豪，苏跃，黄春利，刘辉，吴军，杨军，张万里，覃成，杨秀江，范成林，袁仁书，曾令琴，周世洋，田维德，向明，岑吉永，蒋清华，陈浩，王凌燕，熊国权，李丹红，胡绪琴，汪琴，陈光莉
2011—2013	农业技术推广成果奖	一等奖	籼粳型新质源水稻恢复系万恢88的创制及其系列组合推广应用	重庆三峡农业科学院	李杰，黄文章，陈守伦，严明建，谢必武，吕直文，雷树凡，袁天泽，张甲，商跃凤，董鹏，黄成文，晏承兴，张致力，郑桑，杨世文，陈道友，李贤宁，张世平，周洪兵，张业顺，熊敢权，刘兆俊，袁项成，刘乾毅
2011—2013	农业技术推广成果奖	一等奖	特用玉米优良自交系S181创制及其杂交种推广应用	重庆市农业科学院	唐洪军，杨华，蔡治荣，邱正高，周茂林，蔡成雄，李英奎，陈荣丽，皮竟，卢建文，柯剑鸿，张亚勤，叶志强，牟元华，周汝平，刘水泉，贺清秀，罗勇，祁志云，易红华，况良开，李大银，苟茂海，唐维超，胡林举
2011—2013	农业技术推广成果奖	一等奖	玉米螟大区全程绿色防控技术模式研究与应用	黑龙江省植检植保站	陈继光，王春荣，林正平，姜宇博，司兆胜，刘国军，刘颖，杨树龙，赵长龙，王志民，刘晓波，冯涛，刘英田，霍兴文，王朝晖，陈万春，朱玉芹，柏永军，李亚兰，丛焕春，吴春友，王维生，李逢春，李福生，陈士祥
2011—2013	农业技术推广成果奖	一等奖	黑龙江省奶牛生产性能测定技术推广与应用	黑龙江省家畜繁育指导站	李晓东，孙飞舟，韩冬，张庆刚，张敏，聂旭，陈博，刘思慧，冀玉祯，沈范珠，罗启富，郑福臣，苑德民，王秀伟，程云栋，李洪滨，杨臣，刘慧环，汪玉峰，刘俊，王广军，范永清，李合成，陆志洋
2011—2013	农业技术推广成果奖	一等奖	马铃薯高产高效技术集成与推广	湖北省农技推广总站	余贵先，谢从华，雷昌云，龙文莉，刘克文，韩庆忠，余文畅，朱洲，淡育红，程盛，席承龙，吴国文，胡显军，杨邦贵，黄斌，沈远明，曹邦志，鲁明柱，朱伯华，郝光辉，王玉芹，丁祖政，袁建平，胡显清，文新亚
2011—2013	农业技术推广成果奖	一等奖	柑橘优良新品种选育及其配套优质高效栽培技术研发与推广	湖北省果品办公室	鲍江峰，邓秀新，伊华林，蒋迎春，彭抒昂，蔡永喜，覃伟，吴述勇，刘春生，李述举，赵昆松，陈世林，黄先彪，赵顺卿，王大礼，何文芬，向丽，向舜德，王真元，吴黎明，彭东林，陈西芬，陈于权，张启斌，耿明仙

（续表）

年　份	奖　项	等　级	项目名称	第一完成单位	第一完成人/主要完成人
2011—2013	农业技术推广成果奖	一等奖	农村集约化生产信息技术开发与推广	黑龙江省农垦科学院	黄忠文，于蔚，杜雅刚，陈东升，金宝石，张会波，于涵，熊继东，杨福江，刘俭，蔡敦江，张景云，梁成双，张洪文，周志浩，赵珅，宣杰，杨博，于凤荣，李丹，关成宏，刘民，王焱
2011—2013	农业技术推广成果奖	一等奖	寒地水稻叶龄诊断栽培技术推广	黑龙江省农垦科学院	解保胜，那永光，顾春梅，穆娟微，王士强，赵黎明，王贺，王丽萍，陈淑洁，韩兆明，张玉军，赵井丰，赵永敬，于军华，张文秀，黄家安，孙刚，刘显清，董显生，梁贵林，胡金忠，杜新东，马振松，何正元，于小利
2011—2013	农业技术推广成果奖	一等奖	西藏青稞良种繁育技术集成与推广项目	西藏自治区农业技术推广服务中心	黄秀霞，张海芳，吴金次仁，张瑛，边巴次旦，白玛旺堆，毛浓文，土登，郝建伟，边巴穷达，边欧，达娃，土丹坚增，边巴琼达，戴恩菊，土登扎西，尼玛次吉，边巴次仁，王昌红，桑培，卓玛央金，扎西曲珍，次吉巴珠，忠贵，德吉卓玛
2011—2013	农业技术推广成果奖	一等奖	辽宁畜禽主要疫病综合防控技术集成与推广	辽宁省动物疫病预防控制中心	赵晓彤，顾贵波，魏澍，谷志大，魏金荣，张金松，李树博，刁贺军，李连昭，曹喜阳，于进勋，谢超，王春江，刘敏，王平安，李峰，王志国，于丹，张秉柱，刘春秀，刘书杰，姜涛，徐立民，赵鹏，隋鹏
2011—2013	农业技术推广成果奖	一等奖	蛋鸡健康安全养殖技术集成与推广	辽宁省畜产品质量安全研究所	李延山，田晓玲，王丽娜，曹东，宋丽萍，葛明伟，张明，李云龙，董立军，刘凤山，马海波，刘伟，张金英，郭洪伟，万凤武，马广仁，王云军，白子金，艾景彪，肖秀娟，杨师，马古峰，王德武，提博宇，刘兆富
2011—2013	农业技术推广成果奖	一等奖	辽单玉米品种配套技术集成与应用	辽宁省农业科学院玉米所	王延波，陈长青，马云祥，孙丽惠，郝楠，李月明，赵领恩，郭伟令，国泽新，张俊奇，寇永春，颜刚，许维辉，梁莉红，侯勤，李艳霞，刘雯雯，赵淑春，刘海荣，赵静峰，蔡庆，逯百新，王灏，王丽军
2011—2013	农业技术推广成果奖	一等奖	玉米区域配方精准调整施肥技术推广	吉林省伊通满族自治县农业技术推广总站	张玉欣，王剑峰，苏春辉，金青，宋立新，杜倩，孟繁君，高智明，鲍兴安，郑丽晨，宋国辉，丁佳艳，钱峰，薛守政，丁佳平，叶长会，张俊，丁爱雪，张盾，袁海燕，苏文坤，温晓平，刘爱东，苏刚，范玉香

（续表）

年　份	奖　项	等　级	项目名称	第一完成单位	第一完成人/主要完成人
2011—2013	农业技术推广成果奖	一等奖	主要农作物重大病虫害数字化监测预警技术研究与应用	全国农业技术推广服务中心	钟天润，刘万才，黄冲，曾娟，罗林明，武向文，朱军生，常钧，王学锋，周明明，刘志国，常宽，王艳辉，梅志坚，刘定忠，裴强，于海霞，熊桂和，张晨光，杨小红，张仲刚，张树文，刘华，张露露，王坤
2011—2013	农业技术推广成果奖	一等奖	草原虫害生物防控综合配套技术推广应用	全国畜牧总站	何新天，贠旭疆，洪军，杜桂林，马崇勇，苏红田，穆晨，王耀程，汪开旭，师永明，马德寿，李海山，王惠萍，辛方，马戈亮，李艳民，李小松，张爱玲，张起荣，李欣宁，吉如和，余勇，索南加，辛小云，李伟
2011—2013	农业技术推广成果奖	一等奖	稻田综合种养技术集成与示范	全国水产技术推广总站	李可心，朱泽闻，何中央，马达文，成永旭，唐建军，王有满，李文宽，王根连，周多勇，李建应，叶爱斌，梅新贵，王晓红，黄成，赵传洲，陈献稿，刘瑾冰，李敬伟，梁荣明，刘义霞，严满生，兰祖荣，李赛城，黄春生
2011—2013	农业技术推广成果奖	一等奖	水稻钵形毯状秧苗机插技术研究与示范推广	中国水稻研究所	朱德峰，徐一成，陈惠哲，马德全，张玉屏，寿建尧，霍立君，候立刚，殷延勃，金武昌，向镜，姜孝义，迟立军，邢春秋，戚航英，徐锡虎，赵力勤，金国强，何洪法，赵益福，孙雄彪，冯天佑，陈炎忠，王旭辉，王成川
2011—2013	农业技术推广成果奖	一等奖	中油杂16等优质高产多抗油菜菜油两用技术研究及推广	中国农业科学院油料作物研究所	刘贵华，王新发，杨庆，师家勤，陈吾新，黄毅，汪坤乾，胡海珍，刘慧，徐辉，李少斌，靖自能，查向斌，马海清，黄永铭，张继新，王辉，李景润，刘斌，查升，夏著斌
2011—2013	农业技术推广成果奖	一等奖	新型生物饲料添加剂产业化技术示范与推广	中国农业科学院饲料研究所	丁宏标，乔宇，陶正国，高秀华，张正凤，赵剑，冯猛，魏玉东，赵秀花，张守伟，徐东华，刘升伟，张进红，李秀岭，梁永晔，刘大勇，王晓睿，陈小兵，王海燕，黄辉，吴秀丽，黄俊，葛存芳，肖俊峰，廖一锋
2011—2013	农业技术推广成果奖	一等奖	食用菌对农业废弃物多级循环利用技术集成与示范推广	中国农业科学院农业资源与农业区划研究所	胡清秀，翁伯琦，黄秀声，张瑞颖，卢政辉，罗涛，雷锦桂，邹亚杰，林代炎，王煌平，张怀民，吴飞龙，谢艳丽，陈钟佃，侯桂森，李怡彬，韩林，刘志平，蔡建兴，雷建华，耿耿，杨涛，苏贵平，石神炳，刘兆辉

（续表）

年 份	奖 项	等 级	项目名称	第一完成单位	第一完成人/主要完成人
2011—2013	农业技术推广成果奖	一等奖	规范化农村生活污水处理技术模式研发与示范推广	农业部环境保护科研监测所	张克强，李军幸，杨莉，黄治平，沈丰菊，王昶，隆志方，朱丽娜，彭从元，曹鹏飞，黄伟丽，李叙斌，黄文洪，诸东海，高波，李友志，邹建芬，邓永华，王冬和，曹卢，曹光新，彭宗华，吴建平
2011—2013	农业技术推广成果奖	一等奖	乙烯灵刺激割胶技术在橡胶生产中的推广应用	中国热带农业科学院橡胶研究所	罗世巧，校现周，吴明，杨文凤，罗君，魏小弟，冯为桓，陆绍德，陀志强，李海彬，唐玲波，陈惠到，符石寿，王佳甫，蔡儒学，王捍东，刘超武，魏芳，仇键，刘卫国，欧广华，黄志，王睿窖，陈邓，沈希通
2011—2013	农业技术推广成果奖	一等奖	椰衣栽培介质产品开发关键技术研究、示范与推广	中国热带农业科学院椰子研究所	陈卫军，孙程旭，冯美利，陈华，赵松林，刘立云，范海阔，周文忠，唐跃东，符之学，林道迁，戴俊，朱杰，孙令福，颜广弟，陈美，曹琼坚，魏英智，杨皇清，翁书旭，周娇艳，符史廉，王玮，黄史桐
2011—2013	农业技术推广成果奖	一等奖	淡水池塘规范化改造和产业升级技术集成示范推广	中国水产科学研究院渔业机械仪器研究所	徐皓，刘兴国，谢骏，吴凡，张根玉，郁蔚文，杨菁，倪琦，郭焱，王健，朱浩，王广，程国锋，谷坚，陈琳，赵治国，顾兆俊，车轩，时旭，周寅，王小冬，韩永峰，青格勒
2011—2013	农业技术推广成果奖	二等奖	甬优12超高产栽培技术研究与示范推广	浙江省农业技术推广中心	王岳钧，陆惠斌，陈叶平，孙健，秦叶波，张建民，俞卫星，杨筠文，梁尹明，童相兵，曾孝元，苏柏元，周建祥，黄根元，胡红强，陈少杰，金志荣，马蕾，王珏，陈建瑜，何文苗，乐福明，邵根清，马红军，林义钱
2011—2013	农业技术推广成果奖	二等奖	宽皮柑橘不同熟期优新品种选育及产后鲜果处理技术研究与推广应用	浙江省农业技术推广中心	孙钧，徐云焕，沈其林，陈力耕，周慧芬，柯甫志，杨荣曦，金国强，王允镔，郑仕华，高洪勤，张林，徐阳，李学斌，颜丽菊，黄茜斌，黄海华，梁克宏，邱宝财，孙建敏，吴金发，黄伟军，陈龙国，郑灵卫，叶来飞
2011—2013	农业技术推广成果奖	二等奖	山地蔬菜产业发展和关键技术研究应用	浙江省种植业管理局	杨新琴，赵建阳，胡美华，邵泱峰，王惠娟，王建茂，周锦连，吕文君，高安忠，陈菊芳，王高林，吴学平，章心惠，张志军，吴旭江，黄洪明，金伟萍，张世法，郑华，王雪武，周杨，金龙心，姜家彪，俞光荣，边朱杭
2011—2013	农业技术推广成果奖	二等奖	衢豆系列优质高产夏秋大豆新品种选育与推广应用	浙江省衢州市农业科学研究院	汪惠芳，陈润兴，吴伟，颜贞龙，方蔚航，汪寿根，周明火，徐深江，洪永广，李增加，洪新耀，徐樟标，朱太有，詹良海

（续表）

年 份	奖 项	等 级	项目名称	第一完成单位	第一完成人/主要完成人
2011—2013	农业技术推广成果奖	二等奖	浙中西丘陵山区桃产业提升关键技术研究与示范	浙江省金华市农业科学研究院	沈建生，陈一帆，林贤锐，柳旭波，凌士鹏，刘旭宇，桑荣生，孔向军，朱和辉，王华新，邱晓文，王艳俏，施鸣峰，谢友祥，陈建明，阳卫清，莫钦勇，吕飞良，陈国宝，曹炎成，杨金云，祝一新，金友棠，宋肖琴
2011—2013	农业技术推广成果奖	二等奖	双季稻丰产高效技术集成示范与推广	江西省农业科学院	谢金水，程飞虎，刘增兵，邵彩虹，曾勇军，吴建富，孔令娟，彭玲，肖志强，虞新华，江水明，邓刚临，曾文高，朱毅成，陈国梁，曹睿，曹九龙，叶剑波，陶国华，刘圣长，刘功绍，李迈生，张永涛，胡卫卫，梁盛
2011—2013	农业技术推广成果奖	二等奖	棉花高产创建集成技术研究与应用	江西省经济作物技术推广站	梁木根，柯梁，高培喜，张玲芳，陈齐炼，张祥勇，余炼中，陈洁，易海荣，罗省根，陈艳，徐从辉，桂良强，盛国清，徐伟，柯长青，殷碧祥，谢平章，王军，吴胜利，汪旭东，周小华，徐文忠，张四根，谭武超
2011—2013	农业技术推广成果奖	二等奖	双低油菜免耕节本高效栽培技术研究与应用	江西省农业技术推广总站	周培建，骆赞磊，邹晓芬，刘诚，彭晓剑，徐荣，吴杰，程建宏，苏后汉，邱翠金，胡兴朵，黄梅梅，李书宇，郭江兰，王易平，李源华，黄祥光，余进，陈少梅，张晓元，吴爱民，谭国民，戴熙燕，徐常清，赖育斌
2011—2013	农业技术推广成果奖	二等奖	江西水稻病虫绿色防控技术集成推广	江西省植保植检局	钟玲，舒畅，施伟韬，何益民，宋建辉，钟勇，张天才，蔡德珍，徐荣仔，潘战胜，李驹，徐善忠，张建华，程秀莲，万新民，许思学，范轶斐，石剑英，淦城，朱启东，邹春江，韦赵海，窦桂河，周文辉，罗贤伟
2011—2013	农业技术推广成果奖	二等奖	中亚热带地区桂牧1号象草亩3万公斤①栽培技术集成研究与推广	江西省草地工作站	甘兴华，于徐根，管业坤，戴征煌，徐桂花，谢永忠，娄佑武，朱志远，彭建，孔育玲，王颖新，康小华，唐文富，王伟邦，樊建新，王昭海，曾五芽，叶赣明，刘夫寿，罗士仙，王长水，吴昧生，刘传吉，刘海明，夏瑞生
2011—2013	农业技术推广成果奖	二等奖	穗瘟抗性评价及抗瘟水稻品种推广	江西省农业科学院植物保护研究所	李湘民，黄凌洪，兰波，潘华，汪锐辉，黄瑞荣，赖艳，丁清龙，张国光，刘方义，王润群，赵险锋，刘剑青，殷玉明，熊春林，刘平安，李云行，刘经宝，江买主，余平，钟齐刚，颜振荣，吴玲娟，江永生，杨上勤

① 1公斤=1千克，全书同

（续表）

年 份	奖 项	等 级	项目名称	第一完成单位	第一完成人/主要完成人
2011—2013	农业技术推广成果奖	二等奖	黑芝麻优良新品种的选育与示范推广	江西省红壤研究所	叶川，肖国滨，余喜初，刘小三，郑伟，黄天宝，黄欠如，吴生根，余玉平，朱莉英，田子明，杨华，龙兰芳，倪永辉，吴长英，周捷，温六全，占亚英，邓名济，朱永胜，向毓，喻春林，罗小龙，焦保恩，谭启华
2011—2013	农业技术推广成果奖	二等奖	宁都黄鸡及配套技术示范推广	江西省宁都县畜牧兽医局	郭小鸿，刘三凤，李兴辉，杨德茂，何清华，李良鉴，李文，刘中云，曾令华，杨小波，杨红，李小卫，林春斌，黄美峰，苏传勇，邓榕梅，黄淑祯，李方新，陈振海，曾振峰，马颂华，周红霞，黄伟生，杨华英，王小蓉
2011—2013	农业技术推广成果奖	二等奖	红肉猕猴桃新品种选育及高效生产关键技术集成推广	四川省园艺作物技术推广总站	李明章，高瑛，陈栋，党寿光，涂美艳，乔建勇，王丽华，董官勇，马凤仙，陈文远，雷清良，冯木兴，闵军，赵永全，戴怀斌，刘发虹，袁麒，蒲仕华，孟毅，王海燕，刘旭，范家友，刘光斌，马平贵，赵学平
2011—2013	农业技术推广成果奖	二等奖	超级稻配套高产栽培技术集成与推广	四川省农业技术推广总站	李映福，李季航，马晖，周虹，舒长斌，邓茜，曾宪堂，唐永辉，莫太相，张绍强，钟思成，罗斌，唐茂斌，程刚，张志清，王益金，刘明兴，王永强，钟习兵，李蓉，雷大存，钟荣昌，林昌明，陈吉堂，刘长君
2011—2013	农业技术推广成果奖	二等奖	川草1号、川草2号老芒麦产业化技术集成及推广应用	四川省草原科学研究院	游明鸿，李达旭，张玉，罗晓林，李洪泉，傅平，桑更，汤富彬，陈立坤，李世林，邓永昌，刘斌，蒲珉锴，沙马黑则，马克珠，罗勇，孙德云，张敏，李明，何正军，蔡武杰，马玉花，陈天容，刘勇，拥忠彭错
2011—2013	农业技术推广成果奖	二等奖	强优势重穗型杂交中稻冈优188选育及推广应用	四川省乐山市农业科学研究院	李乾安，阎洪，周勇，魏应海，牟成君，罗林龙，龚芸，宋光荣，钟远光，王仁贵，曾云辉，邱学平，邓昌平，张侯毅，陈钢，沈邦琼，宋喜明，梁元明，唐丁，王茂群，周德永，杨克宁，张海军，向文安，李中华
2011—2013	农业技术推广成果奖	二等奖	四川水稻病虫绿色防控技术研究推广	四川省农业厅植物保护站	沈丽，毛建辉，徐翔，王胜，张伟，葛荣，冯礼斌，陈伦开，彭成林，张伦富，刘勇，徐兴全，何华健，邱明强，陈淑群，周尤凡，吴国斌，袁华军，余海，聂臣友，吴兴红，伍万林，李志兵，蹇玲君，游仲明

（续表）

年　份	奖　项	等　级	项目名称	第一完成单位	第一完成人/主要完成人
2011—2013	农业技术推广成果奖	二等奖	高抗条锈病绵麦系列小麦品种的选育与推广	四川省绵阳市农业科学研究院	李生荣，任勇，乔善宝，杜小英，周强，李芸，郭大明，邓先志，孙达义，黄科程，陈凯，刘金丹，任玉玺，李万聪，马安禄，羊梦，赵小君，兰汉军，张继龙，赵冰，曹云杰，何兴丰，刘明海，张以锋，陈伟
2011—2013	农业技术推广成果奖	二等奖	广东冬种马铃薯高产优质高效栽培关键技术集成与推广应用	华南农业大学	曹先维，全锋，张新明，吴宪火，贺春喜，刘朝东，罗建军，谭乾开，陈健，张惠荣，田广业，李水源，甄炳耀，杨扬帆，苏章标，孙淑葵，谭志，黄日光，冯焕棠，劳栋添，黄春林，张培康，王仕生，蔡志华，莫静
2011—2013	农业技术推广成果奖	二等奖	粤糖03-393等配套栽培技术示范推广	广东省广州甘蔗糖业研究所	李奇伟，江永，黄振瑞，敖俊华，杨俊贤，胡朝晖，卢颖林，陈明周，陈月桂，郑学文，陈毅兴，韩广勇，陈华文，莫澎，阮秋生，关经伦，龙伟斌，吴建涛，郑志坤，涂新财，周仁强，林宇，刘发森
2011—2013	农业技术推广成果奖	二等奖	智能型母猪群养管理系统（设备）的推广	广东省现代农业装备研究所	陈永志，黄瑞森，邹平，肖增亮，张楚昭，钟伟朝，黄镇龙，黄俊鹏，姚志翔，张荣波，钟日开，麦永强，黄妙珠，肖冬冬，王开云，陶灯，曾庆隆，姚楚伟，何喜林，姚伟彬
2011—2013	农业技术推广成果奖	二等奖	高产高油花生新品种的示范推广	广东省农业科学院作物研究所	周桂元，梁炫强，李少雄，汪云，李雄兵，邓小银，林国良，涂新红，梁启用，李作伟，谢季青，陈傲，邹华旭，单泽林，麦荣骥，吴冬云，陈少梦，罗敏文，陈世武，林子良，刘付玉俊，谢东升
2011—2013	农业技术推广成果奖	二等奖	特菜种质资源和食用研究及产业化	广东省广州市农业科学研究院	谢伟平，杨暹，林春华，郭巨先，贺东方，刘自珠，陈胜文，梁普兴，冯锦乾，康云艳，张文胜，谭雪，孙永平，李伯寿，钟国君，张华，单既亮，林鉴荣，黄亮华，王燕平，叶伟忠，潘启取，黄绍力，李向阳，秦晓霜
2011—2013	农业技术推广成果奖	二等奖	团头鲂浦江1号标准化生产技术集成示范	上海市松江区水产良种场	张友良，张飞明，张云平，俞宝根，谢志强，江芝娟，汤晓弟
2011—2013	农业技术推广成果奖	二等奖	种猪群健康保障与疫病净化技术的推广应用	上海市动物疫病预防控制中心	刘佩红，王建，孙泉云，周锦萍，张维谊，刘健，葛菲菲，叶承荣，成建忠，何水林，孙伟强，王根龙，鄢志刚，卫龙兴，李金龙，俞向前，叶慧萍，包金土，龚大弟，袁香明，乔月华，王永利，徐卫青，施友超，徐卫兵

（续表）

年　份	奖　项	等　级	项目名称	第一完成单位	第一完成人/主要完成人
2011—2013	农业技术推广成果奖	二等奖	新疆小麦条锈病发生规律研究与统防统治推广应用	新疆维吾尔自治区植物保护站	李晶，艾尼瓦尔·木沙，马占鸿，王惠卿，杨栋，买合吐木古丽，热依汗古丽，宛琼，阿布来提·吾买尔，祖力皮亚，唐福能，刘军，梁俊敏，马诗科，依米尔，曹伟，方斌，司红，王振坤，韩顺涛，塞旦，徐新年，吴伟，王国平，邓世豪
2011—2013	农业技术推广成果奖	二等奖	红枣机械化直播及采后加工关键技术与装备的研究与应用	新疆维吾尔自治区农业科学院	李忠新，刘振虎，裴新民，杨莉玲，阿布里孜·巴斯提，刘奎，刘佳，朱占江，崔宽波，徐麟，沈晓贺，马文强，韩秉勤，木拉提·尼加提，陈伟，陆克忠，阿曼古丽·伊布拉音，蒋昌来，艾力·买买提依明，闫圣坤，杨忠强，买合木江·巴吐尔
2011—2013	农业技术推广成果奖	二等奖	棉花全程养分调控技术集成与推广	新疆维吾尔自治区农业科学院	张炎，胡伟，李青军，汤明尧，邢海业，王新勇，胡国智，郭杰，祁永春，王爱莲，张昀，林萍，李月珍，杜友萍，曾雄，何玉玲，陈志，姜守军，陈红宇，阿布力克木·吐尔逊，袁国琦，张玉霞，杨金霞，李霞
2011—2013	农业技术推广成果奖	二等奖	新疆果树测土配方施肥技术示范与推广	新疆维吾尔自治区土壤肥料工作站	任力民，贾登泉，帕尔哈提·吾甫尔，郭江，陈华，阿曼古丽·艾孜子，阿布力米提·阿布拉，李俊玲，王宏伟，邝作玉，刘江涛，艾尼·买买提，阿瓦古丽·吐尔洪，亚森江·阿不都外力，李祥晔，程卫，张洋军，邓磊，翟德武，阿卜杜克热木·热杰普，阿依姑·那买提，罗章，海波，艾买提·艾不都拉，尔肯江·斯拉木
2011—2013	农业技术推广成果奖	二等奖	林果业机械化技术试验示范	新疆维吾尔自治区农业机械化技术推广总站	依米提·肉孜，鲁东，刘晨，张彩虹，张万军，吐尔逊·买合苏木，张友腾，司地克江·艾外力，丁志欣，邵艳英，卡日·阿不都热依木，张林桥，王剑，亚里坤·沙吾提，茹克娅·托乎提，刘宏涛，盛言忠
2011—2013	农业技术推广成果奖	二等奖	优质多抗辣椒系列品种选育与推广	安徽省农业科学院园艺研究所	张其安，方凌，严从生，江海坤，江洪泾，张均明，吴剑权，张涛，王军，汪小根，潘刚，邱化义，郭卫勇，李化武，张志鹏，陈小妹，胡黎明，戴丽玲，叶志尚，蒋荣华，李俊松，曹其会，许小龙，马绍鋆，张涛

（续表）

年 份	奖 项	等 级	项目名称	第一完成单位	第一完成人/主要完成人
2011—2013	农业技术推广成果奖	二等奖	安徽地方母鸡营养调控及专用饲料生产	安徽省农业科学院畜牧兽医研究所	夏伦志，吴东，汪丽，程玉冰，陈丽园，熊国远，何玉琴，夏明金，张远宾，陈圣军，张新，付凤，张永德，韩贤发，葛联合，居祥增，张其杰，周乃继，严磊，朱代斌，吴昌宏，高晶，邹长贵，吴葆谊，陈素荣
2011—2013	农业技术推广成果奖	二等奖	安徽省农业面源污染研究及其防控技术集成推广	安徽农业大学	马友华，石润硅，黄文星，路华忠，储茵，徐宏军，胡江湖，方兴龙，斯黔东，朱贤东，葛诗平，王德兵，娄云，朱海燕，丁继平，方海维，王飞，陈从海，胡平华，朱翠萍，高先峰，郑求学，刘尚武，王华跃，余先桃
2011—2013	农业技术推广成果奖	二等奖	安徽省优质蟹种规模化培育与生态高效养殖技术集成推广	安徽省水产技术推广总站	申德林，奚业文，徐薇，万明，陶红革，沈蓓杰，王旭，董星宇，方勃，刘小达，夏咸水，邢超美，汪祖军，汤红兵，赵小军，杨勇，白宏祥，侯长旺，刘红，于景海，王本龙，秦立奇，胡飞，谷雨，刘刚
2011—2013	农业技术推广成果奖	二等奖	新美系原种猪的引进、繁育与健康养殖技术推广	广东省湛江农垦畜牧有限公司	邹以文，卢荣洲，黄如渠，杨峰松，贺佳伟，钟日聪，才永娟，李佳，周少斌，钟志林，潘新猷，台凡力，林如镇，韦进光，徐成，冯芳草，徐杰，廖国坚，韩先桢，罗雪清，林耀霖，蔡华，关翔，邓东养，岑建明
2011—2013	农业技术推广成果奖	二等奖	葡萄一年两收栽培技术研究推广	广西壮族自治区农业科学院	白先进，陈爱军，文仁德，宋雅琴，王举兵，张瑛，何建军，阳志斌，秦继成，覃炳树，梁志全，李丁凤，邓光臻，李萍，唐艳梅，宋堆连，孙柳华，刘建玉，王博，郑远桥，唐荣良，林清，张星敏，张哲，廖丽萍
2011—2013	农业技术推广成果奖	二等奖	大水面生态健康养殖技术集成与推广应用	广西壮族自治区水产技术推广总站	肖珊，龙光华，李昭信，黄儒明，覃汉振，荣仕屿，伍善学，韦冠勇，黄松，林群英，李健华，吕小江，李莉，蒙森，何兴农，农月旭，覃安宁，覃瑞阳，吴秀菊，韦翠萍，罗仁生，黄波，樊仁刚，覃利媚，薛彦霞
2011—2013	农业技术推广成果奖	二等奖	高产优质木薯新品种选育与推广	广西大学	罗兴录，樊吴静，赵博伟，黄秋凤，莫凡，韦昌联，黄学华，陈仲南，韦家华，黄鸣安，蒙永绵，吴松，李汉章，黄鸿基，黄鸿华，陆佳乾，陈健超

（续表）

年　份	奖　项	等　级	项目名称	第一完成单位	第一完成人/主要完成人
2011—2013	农业技术推广成果奖	二等奖	杂交水稻博优 423 的选育与推广应用	广西壮族自治区玉林市农业科学研究所	莫振茂，梁心群，刘盛武，陈颖，易小林，黄春东，周国列，蒋慧萍，何懿，王艳婷，范世超，彭爱珍，李凤，黄和漂，黄清亮，宁裕南，钟光亮，周新华，蓝廷芳，梁琼科，黄治焕，蓝明全，李平，韦肖宇，覃庆炜
2011—2013	农业技术推广成果奖	二等奖	新美系种猪联合育种技术创新推广	广西壮族自治区柯新源原种猪有限责任公司	廖玲玲，杨厚德，肖正中，文崇利，陈田姣，蓝海恩，潘天彪，周莲英，黎文广，朱广龙，覃志贵，潘定业，周晓情，温斌华，陈祖照，张祖发，覃磊，韦坚胜，庞邦龙，王崇洲，兰家暖，谢守玉，蒙雯瑚，陈江伟，杨清容
2011—2013	农业技术推广成果奖	二等奖	宁夏蔬菜集约化穴盘育苗技术集成与示范推广	宁夏回族自治区农业技术推广总站	蒋学勤，赵玮，俞风娟，张桂芳，于丽，王继涛，吕鸿钧，马守才，贺学强，包长征，张翔，刘媛，李效仁，张守戈，杨宏波，屠彦峰，王霞，张志明，蔡卫国，王惠军，王海燕，张学科，赵金霞，刘师敏
2011—2013	农业技术推广成果奖	二等奖	稻蟹生态种养新技术研究与示范推广	宁夏回族自治区水产研究所	张锋，王远吉，黄波，刘彦斌，王旭军，白文贤，范慧香，周文强，张自龙，汪宏伟，宋卫斌，王建国，林萍，李斌，白淑萍，张志军
2011—2013	农业技术推广成果奖	二等奖	沂蒙山区果树优势树种现代栽培技术集成与产业化开发	山东省临沂市果茶技术推广服务中心	赵锦彪，管恩桦，钟呈星，谭子辉，马红梅，李文波，沈凌言，陆丰升，高兴永，齐芸芳，杨青龙，周文华，刘宗路，张明，李玉平，王恒华，曹洪强，赵启超，滕世辉，禚宝涛，潘金安，刘键，孙中华，孙连富
2011—2013	农业技术推广成果奖	二等奖	山东省 1 000万亩旱地小麦节本增效技术推广	山东省农业科学院作物研究所	孔令安，张宾，李升东，司纪升，冯波，王法宏，李华伟，赵连法，张成，宋兆文，田虎，张英，赵元森，仲伟升，王国飞，张西平，王秀娟，岳颖，栾波波，王文刚，曹春雷，王坤春，郑辉，秦兴国
2011—2013	农业技术推广成果奖	二等奖	山东省农作物病虫害监测预警新技术研究与推广	山东省植物保护总站	董保信，纪国强，关秀敏，刘庆年，王帅宇，范继强，董娟华，任晓云，刘麦丰，赵树英，马仁贵，王雪影，范红香，张美珍，刘甸胜，徐建国，王英，王鹏，姬小雪，徐冰，张贵森，吴丙才，张秀峰，李厚瑁，李勇
2011—2013	农业技术推广成果奖	二等奖	沿黄低洼盐碱地以渔改碱综合治理技术	山东省淡水水产研究所	杜兴华，段登选，张金路，陈述江，孙长江，匡柏林，夏学敏，杨军，张元哲，路兆宽，田功太，李绘青，刘飞，巩俊霞，王继强，孙逢振，焦爱民，张芬，蔡辉，张新峰，许士林，孙秀娟，张海洋，孟召普，伊文静

（续表）

年　份	奖　项	等　级	项目名称	第一完成单位	第一完成人/主要完成人
2011—2013	农业技术推广成果奖	二等奖	苹果病虫害安全防控药剂的研配与推广	山东省烟台市农业科学研究院	王英姿，王培松，张广和，刘保友，张伟，姜学玲，邵玉杰，张艳玲，马起林，栾瑞彦，孙行杰，孙素霞，张彦欣，董树华，于云政，张桂昌，于月芹，张爱荣，吕熙江，林东起，都兴政，李绍霞，李耀龙，周丽明，王洪涛
2011—2013	农业技术推广成果奖	二等奖	蔬菜绿色植保技术示范与推广	山东省农业科学院植物保护研究所	李长松，齐军山，张博，贾曦，张悦丽，张勇，曹长余，缪玉刚，辛增英，李美，赵玖华，张迎新，王勇，刘金智，孙明伟，徐加利，刘家魁，李国强，徐高，曹风展，高宗军，戴争，赵亚，韩宪东，王振昌
2011—2013	农业技术推广成果奖	二等奖	黄河三角洲地区对虾安全健康养殖技术集成与示范	山东省渔业技术推广站	赵厚钧，徐涛，梁瑞青，孙红梅，徐高峰，周家乐，王廷旺，陈淑玲，崔宝存，李建星，李德顺，王树海，于长玉，倪乐海，凌涛，温孟泉，李文霞，张振利，王学忠，赵凯，刘兆存，张洪文，王如房，闫雪崧，魏俊安
2011—2013	农业技术推广成果奖	二等奖	蔬菜生产全程质量控制与质量安全检测技术研究应用	山西省农产品质量安全检验监测中心	阎会平，苏菊萍，王慧兰，何淑青，马立强，王强，吴铁茜，范静波，冯桂平，原学忠，胡全平，刘彦斌，赵晋蓉，魏长安，张建军，史红玲，李云乐，悦波，牛伟平，郭晋襄，高锦卿，张云鹏，闫静，代秀莲，薛建龙
2011—2013	农业技术推广成果奖	二等奖	耕地综合生产能力提升技术集成与应用	山西省土壤肥料工作站	李铮，张国进，赵建明，杜文波，康宇，史俊民，雷震宇，李纪堂，王晋民，何振强，杨新莲，刘蝴蝶，王雅琼，王慧杰，王海景，王瑞，兰晓庆，徐竹英，武如心，白富丽，陈白凤，刘振钰，许新清，吕宏伟，李变梅
2011—2013	农业技术推广成果奖	二等奖	耐旱高产玉米系列品种及配套栽培技术示范与推广	山西省农业科学院谷子研究所	李洪，姚先玲，牛伟，姚宏亮，董红芬，李爱军，阎晓光，李霞，栗建枝，韩香平，武保德，赵建刚，赵俊彪，王书梅，张红亮，贾秀锦，李向东，郭红亮，郑向阳，陈先梅，夏郭虎，郭义堂，王斌，王青水，赵长明
2011—2013	农业技术推广成果奖	二等奖	蔬菜新优品种及病虫害绿色防控技术示范推广	山东省青岛市农业科学研究院	万述伟，崔健，李浙青，邵阳，赵爱鸿，张淑霞，阮桂丽，王福毅，潘孝玉，王瑛，张宪正，李正家，王晓萍，丁桂英，刘绍玉，王倩，荆世新，周龙龙，郭俊山，郭凯，王宝亮，卢栋，赵有绩，孟凡华，李忠晓

（续表）

年 份	奖 项	等 级	项目名称	第一完成单位	第一完成人/主要完成人
2011—2013	农业技术推广成果奖	二等奖	高产优质抗病大白菜新品种选育与推广	山东省青岛胶研种苗研究所	韩书荣，韩书辉，徐晓英，李登桥，韩书光，韩彩锋，马义喜，韩彩梅，宋辉，郝云萍，邵祝善，陈志珍，马玉键，刘乐昌，王荣祯，陈东昇，吕振平，赵青，刘福军，嵇林，魏志刚，胡文才，刘瑞风，陈志宝
2011—2013	农业技术推广成果奖	二等奖	优质龙眼品种凤梨穗的选育与高效栽培技术推广	厦门市农业技术推广中心	孙传芝，陈美暖，李舒婕，苏海军，蔡金镭，谢加木，姜平，苏国存，郭顺财，叶良约，王彬，高惠兰，陈荣空，王舒适，陈春松，蔡秋英，林国泰，李甘来，陈辉进，朱玉顺，蔡进步，刘胜利，叶琳堀，梁改进
2011—2013	农业技术推广成果奖	二等奖	坝上夏秋蔬菜优质高效生产技术集成与推广	河北省农业技术推广总站	狄政敏，郄东翔，王玉宏，高华山，张泽伟，韩鹏，史明静，张振清，刘树芳，尚玉儒，陶国锋，李强，郑旺，李春宁，刘茂清，赵振林，田志远，李自昌，王喜丰，杨艾英，王赫，王愧，冯丽荣，王春红，闫钢铸
2011—2013	农业技术推广成果奖	二等奖	DHI（奶牛生产性能测定）技术推广	河北省畜牧良种工作站	倪俊卿，马亚宾，杜勇，蒋桂娥，杨晨东，李建明，杜占宇，刘廷玉，吴云海，陈绍祜，李金杰，倪志广，王连杰，张玉荣，吴国成，解冰辉，平凡，李爱民，张铁芬，郭喜山，赵秀成，李林，于金波，骆月茹，东贤
2011—2013	农业技术推广成果奖	二等奖	冀北冷凉地区特色产业健康生态施肥技术示范应用	河北省农业广播电视学校承德市分校	张学东，蒋玉奎，李振举，李建刚，刘孟军，张铁铮，田春英，张建文，卢阳，李文忠，吴春秋，苏玉梅，郭旭彦，张艳华，陈忠生，李宏彦，王永生，滕浩然，曹冬梅，于晓娜，陈树民，王卿，原丽艳，王桂彬，方晓春
2011—2013	农业技术推广成果奖	二等奖	生态放养鸡生产优质产品关键技术示范推广	河北省畜牧兽医研究所	魏忠华，郑长山，李茜，谷新晰，王学静，王安忠，韩兴民，张琼，栾费明，李海涛，李子然，张克海，杨文臣，张庆东，冯福江，任永富，赵保林，魏长江，王亚东，杨栓柱，周聚梅，刘杰峰，连建石，冯玉珍，梁利峰
2011—2013	农业技术推广成果奖	二等奖	提高河北绒山羊绒肉性能关键技术研究与示范	河北省动物疫病预防控制中心	王玉清，王振来，朱裕穗，王碧秋，钟艳玲，刘庆学，刘天驹，傅常春，李久元，梁小东，贾连义，柳泉，马喜斌，方彦伦，赵福荣，白升，赵金华，李强，郝云，张文英，肖立丰，刘鹏飞，田彩云，孙秀芳，郝林青

（续表）

年 份	奖 项	等 级	项目名称	第一完成单位	第一完成人/主要完成人
2011—2013	农业技术推广成果奖	二等奖	规模猪场口蹄疫综合防控技术集成与示范	河北省动物疫病预防控制中心	李同山，张绍军，潘建斌，刘红，王珏，陆莉萍，陶茂晖，郭晓峰，白雪，马玉民，左瑞忠，闫学清，付小东，周建民，高峰，姚晓辉，刘永超，刘福刚，温贺飞，张宝强，赵亚梅，赵旭，牛明霞，贺建国，张建会
2011—2013	农业技术推广成果奖	二等奖	多抗节水高产小麦品种沧麦119示范推广	河北省沧州市农林科学院	王奉芝，蔡凤如，于亮，王玉萍，钮力亚，孙勇，刘彩玲，白锦利，张勃超，高正，丁强，韩玉芹，张永秀，刘婧婧，宋艳茹，刘富启，侯忠芳，吕洪雁，陈娟娟，王威，王春一，孟宪聪，金磊，张明娟，周瑜子
2011—2013	农业技术推广成果奖	二等奖	高油花生新品种及配套技术示范推广	河北省农林科学院粮油作物研究所	张强，岳增良，董秀英，宋亚辉，张嘉楠，刘绪法，贾新旺，裴广芬，吴书宝，王丽丽，杨佃卿，任淑艳，张东林，张肖林，杨树宗，李学文，杜金钟，孙海昆，孙运莲，何国梁，张彬，李玉霞，杨荣兰，梁金鹏
2011—2013	农业技术推广成果奖	二等奖	抗枯、黄萎病品种冀棉616配套技术推广	河北省经济作物技术指导站	王旗，范凤翠，刘敏彦，李俊兰，张彦芬，马立刚，甄云，温春爽，张晓瑜，赵海臣，张敬辉，王培江，孙国荣，张存霞，王书义，陈建中，陈会民，郭晓东，刘洪亮，刘琦，王保新，张芳，吴晋宁，王林芳，王冰
2011—2013	农业技术推广成果奖	二等奖	福建省地方特色蔬菜品种及配套技术研究与开发	福建省种子总站	唐航鹰，陈双龙，郑旋，林志强，林炎照，陈年镛，刘连生，张燕，卢锦荣，王克平，王志纯，黄玉淼，纪平，夏品蒲，吴新增，张惠平，施素秀，黄定银，黄达才，倪秋凉，陈福安，陈世镜，叶玉珍，谢毅钦，范良桂
2011—2013	农业技术推广成果奖	二等奖	福建农业用地优化利用信息管理系统研究与推广应用	福建农林大学	邢世和，周碧青，张黎明，黄倩，唐莉娜，沈金泉，陈国奖，陈宗献，张居德，华村章，张兴长，张清嫦，廖海霞，邓长华，庄招男，李招德，黄毓娟，施桂清，陈士伟，陈秋生，陈良锋，郭学清，吴荣生，李小龙
2011—2013	农业技术推广成果奖	二等奖	福建稻田土壤有机质提升技术集成与推广	福建省农田建设与土壤肥料技术总站	黄功标，王飞，刘志华，杨秉业，陈均，郑林华，丛艳静，高小华，康水英，严建辉，陈金英，吴凌云，张明来，张华，丁文，李林，林万树，刘珠，邓彩清，张寿南，罗财荣，危天进，姚福康，祝金虹，魏晓琼

（续表）

年　份	奖　项	等　级	项目名称	第一完成单位	第一完成人/主要完成人
2011—2013	农业技术推广成果奖	二等奖	超级稻高产栽培集成技术示范与推广	福建省种植业技术推广总站	徐倩华，林琼，郑莉，胡万星，王辉，刘正忠，孙传春，朱锦乐，王和阳，洪彬艺，林碧英，官贵德，肖步金，吕荣海，陈启生，李乡平，官德义，谢新旺，张准，吴德森，郭德基，孟飞，杨伦辉，许含冰，李兴华
2011—2013	农业技术推广成果奖	二等奖	陕南汉江流域双低油菜高产栽培技术集成创新应用及产业化开发	陕西省汉中市农业技术推广中心	葛红心，张万春，王阳峰，闫文学，赵建昌，王志荣，温晓霞，吴三桥，汪德义，史莉娜，刘建华，潘彦如，吴建祥，李成军，肖力，刘鑫，郭兴刚，宋建民，许起荣，翟志勇，武庆博，杨小侠，任琼芝，叶代朝
2011—2013	农业技术推广成果奖	二等奖	机械化保护性耕作技术示范与推广	陕西省宝鸡市农机管理推广中心	黄耀明，余建国，任文斌，权勤，张立，党启科，高培峰，王维，张建强，曹云芳，王静，仝洁，惠军强，井晓红，牛兴旺，张新忠，王勤太，曹剑波，魏冬东，陈晶，刘斐，张成军，何萍，林红梅，吴静
2011—2013	农业技术推广成果奖	二等奖	陕西主栽食用菌良种选育与标准化栽培技术集成推广	西北农林科技大学	李鸣雷，郑世清，刘萌娟，余仲冬，江新华，鱼智，韩根锁，王军利，张清杉，李翠莲，常晔，王录科，刘小刚，张振海，叶岚，李春彦，高军，艾荣，李文魁，周传金，李仲英，成群
2011—2013	农业技术推广成果奖	二等奖	猪人工授精技术集成创新与推广应用	北京市畜牧兽医总站	云鹏，孙德林，肖炜，薛振华，孟庆利，云国兵，谷传慧，周海深，廖跃华，王晓凤，杨宇泽，唐韶青，朱蕊，刘金霞，罗桂河，张文喜，李毅，王祥，张彩萍，张志锋，崔敏，符开星，殷志永，孙恒
2011—2013	农业技术推广成果奖	二等奖	北京地区养分资源综合管理技术推广应用	北京市土肥工作站	赵永志，贾小红，王胜涛，郭宁，闫连波，王崇旺，李昌伟，李旭军，杨涵默，哈雪姣，韩宝，赵懿，熊月梅，孟卫东，高春燕，张志刚，金丽华，郭月娥，王晓丽，李冲，赵旭，彭杏敏，李响，于宗刚，杨琳
2011—2013	农业技术推广成果奖	二等奖	赤眼蜂自动化生产与应用技术推广	北京市植物保护站	杨建国，徐美艳，王景峰，董杰，郭喜红，张永华，李清波，金红云，何立月，马永军，王泽民，岳瑾，张宁，张金良，王贺，尹哲，陈万清，李云龙，郑凤兴，刘小银，魏燕，靳春苗，杨东生，田瑞东，支跃宗
2011—2013	农业技术推广成果奖	二等奖	畜禽粪污与作物秸秆高效沼气生产技术研究与推广	农业部规划设计研究院	赵立欣，董保成，陈羚，张玉华，万小春，罗娟，宋成军，曹曼，李旭源，刘林，周建华，石岚峰，王立合，姚旭华，代树智，高骏，周勇，段宝，张旭东，尹建锋，王孝军，王丽岩，闻世常，臧海龙

（续表）

年　份	奖　项	等　级	项目名称	第一完成单位	第一完成人/主要完成人
2011—2013	农业技术推广成果奖	二等奖	温室设计、建造技术和性能评价标准化研究与应用	农业部规划设计研究院	周长吉，闫俊月，王莉，程勤阳，周新群，张学军，齐飞，张秋生，蔡峰，段静，张书谦，张秀剑，韩希震，周增产，周强，刘霓红，宋吉增，李广上，杨青海，桂金光，何衍萍，盛宝永，曲学忠，李彬，王晖
2011—2013	农业技术推广成果奖	二等奖	灰飞虱传水稻病毒病绿色防控技术集成与推广	江苏省植物保护站	朱叶芹，杨荣明，周彤，王风良，吴福民，张景飞，王云川，徐蕾，李毅，章东，丁旭，史明武，周训芝，赵迳连，徐广贤，张开朗，马学文，储寅芳，许改兰，陈建国，李广泽，毛艳芝，洪芳，孙以怀，吴正宝
2011—2013	农业技术推广成果奖	二等奖	河蟹产业化关键技术示范与推广	江苏省淡水水产研究所	周刚，朱清顺，徐跑，周军，邓燕飞，林海，宋长太，杭中才，王英雄，陈太丰，徐志南，李旭光，刘伟杰，许晓明，沈文平，张祥，曹迎庆，李生兴，倪春牛，顾根生，严爱平，胡良成，陆建娟，张日喜
2011—2013	农业技术推广成果奖	二等奖	江苏淮北地区粳稻丰产高效生产技术集成与推广	江苏省东海县农业技术推广中心	汪洪洋，王维屯，颜士敏，商蓉，卞曙光，胡曙鋆，苏兴智，孙妍，姜先梅，王艳，樊继刚，任立涛，花文苏，张立智，于松溪，徐士清，卢红，周怀乐，范宝光，陈贵宝，孙克仕，李耀立，李凤斌，郇林森，刘巧
2011—2013	农业技术推广成果奖	二等奖	内蒙古奶牛增产核心技术的应用与推广项目	内蒙古家畜改良工作站	呼格吉勒图，黄春华，乌日金，刘晓芳，钟罡，葛根，包和平，韩松，郭铁龙，小亮，康锁锁，张文斌，韩桂荣，银永峰，丁丽芳，孙振权，王飞，其其格，王海平，董福臣，王振起，王永军，程贺宇，哈斯巴特尔，聂飞
2011—2013	农业技术推广成果奖	二等奖	内蒙古草原生态本底监测及业务化应用	内蒙古草原勘察规划院	刘爱军，沙玉圣，常书娟，杨勇，王晶杰，郭艳玲，宋春英，郇东慧，王保林，李兰花，伊拉图，王利琴，于桩，萨仁高娃，格西格都仁，乌云其其格，陈喜梅，苏秦，建原，何凤艳，王卓，萨格萨，刘荣，刘利红，李晶洁
2011—2013	农业技术推广成果奖	二等奖	莲紫薯 1 号甘薯选育及推广	辽宁省大连市特种粮研究所	谢辉，李振，孙有毅，王人刚，王金双，孙锦花，董福玲，蒋春姬，申军，王文宏，张彪，姜国基，石德奎，纪长生，夏琳，李春蕴，谢晓萍，张月园，杜慧明，王德全，温广波，孙明升，王亿年，宋玉黎，张春财

（续表）

年　份	奖　项	等　级	项目名称	第一完成单位	第一完成人/主要完成人
2011—2013	农业技术推广成果奖	二等奖	高寒牧区放牧藏羊高效养殖综合配套技术示范与推广	青海大学	侯生珍，王志有，曹旭敏，李淑娟，宋永鸿，河生德，陈国林，尼玛，祁生元，马金云，宋永武，车发梅，陈晓霞，刘文清，冯欣，李芳芳，程德福，曹学安，韩玉兰，马清梅，李措毛，李万顺，余海霞，冶金福，许莉鲜
2011—2013	农业技术推广成果奖	二等奖	全膜双垄集雨栽培技术示范推广	青海省农业技术推广总站	李吉环，白惠义，王麦芬，姚雪洪，袁志成，蔡有华，马占林，王秀珍，李长春，李继发，袁翠梅，马国福，王春兰，祝元甲，于爱民，赵恒武，张云杰，吴建红，马鸿宾，贺诚，付晓萍，马成忠，李白家，刘玉玲，魏占君
2011—2013	农业技术推广成果奖	二等奖	白鲑鱼类引种繁育及产业化养殖技术研究	青海省渔业环境监测站	申志新，王国杰，王振吉，卢宝军，陆铭，星强华，朱仁强，李春雨，简生龙，南杰，马成林，郭又奇，陈海龙，颜中顺，王朝，肖勇，马海林，韩国忠，李海军，刘廷杰，权宁波，朱博，山排，马海龙
2011—2013	农业技术推广成果奖	二等奖	青海藏羊选育及良种推广	青海省畜牧总站	宁金友，颜寿东，王煜，周佰成，逯来章，吴成顺，张惠萍，李剑，李万财，薛生华，才让南杰，拉毛多杰，童延军，宋龙智，闫德财，张晓强，才让卓玛，马生元，李扎西才让，李军业，文昌，方有贵，赵生辉，赵霞，马福财
2011—2013	农业技术推广成果奖	二等奖	海南省测土配方施肥技术推广应用	海南省土壤肥料站	吕烈武，蔡德江，黄顺坚，王汀忠，袁辉林，钟昌柏，林世雄，韩英光，张磊，欧海，符史杰，张润，李博赈，吴景峰，蔡景山，张祚安，祁君凤，何彦，梁娟，龙笛笛，欧小惠，刘发和，邓海
2011—2013	农业技术推广成果奖	二等奖	海南深水网箱养殖产业化示范推广	海南省水产研究所	李向民，陈傅晓，唐贤明，刘天密，隋昕融，谭围，符书源，王永波，罗鸣，曾关琼，刘维，郑飞，王国福，黄达灵，王照庭，冯全英，郑立钢，黄海东，郭万裕，刘青利，王冬茹，陈世俊，杨守国
2011—2013	农业技术推广成果奖	二等奖	测土配方施肥技术在冬季瓜菜、热带水果等特色作物上的应用	海南省海口市农业技术推广中心	陈胜，吴宗礼，陈彩燕，吴光辉，王春甫，王家坤，王绥干，夏海洋，吴晨光，韩健，王仕彪，黄春，甘邓雯，陈衍勤，吴奋，郑真，吴运军，郭泽成，邱海，莫礼平，陈廷政，吴梅，冯君，朱模安，蒙渊

（续表）

年　份	奖　项	等　级	项目名称	第一完成单位	第一完成人/主要完成人
2011—2013	农业技术推广成果奖	二等奖	海南小菜蛾综合防控技术推广	海南省农业科学院农业环境与植物保护研究所	谢圣华，梁延坡，林珠凤，潘飞，吉训聪，陈海燕，秦双，符尚娇，吴学步，孔祥义，黄小清，吴桂林，罗宏伟，袁群雄，吴泽平，王俏俏，李唐谟，罗丰，张韦华，肖春雷，谭魁孙，陈奕蛟，彭振高，丁成云，周道雄
2011—2013	农业技术推广成果奖	二等奖	湖南省水稻病虫害专业化统防统治推广	湖南省植保植检站	唐会联，赵清，尹惠平，陈越华，李耀明，罗渡河，陈子喜，唐铁辉，谢爱军，李伟兵，刘新民，廖志勇，邓龙飞，张益夫，邓云辉，宋行军，李向群，潘峰，段科平，高美林，粟芳，付爱清
2011—2013	农业技术推广成果奖	二等奖	湖南省猪群疫病综合防控技术推广项目	湖南省动物疫病预防控制中心	欧燎原，郑文成，张朝阳，何世成，陈军，任利民，范仲鑫，冯晓华，刘建兵，胡德忠，谢二威，陈荣兵，唐云宪，何江鸿，肖强，刘庆益，谢松柏，杨坚，于利，黄冀，蒋蛟龙，王华，杜开桃，彭先卓，罗玄生
2011—2013	农业技术推广成果奖	二等奖	湖南肉牛生产综合配套技术推广	湖南省畜牧兽医研究所	傅胜才，易康乐，张佰忠，李剑波，李志才，谢菊兰，燕海峰，李雄，孙鏖，李昊帮，伍佰鑫，张翠永，朱立军，刘海林，高帅，段洪峰，王向林，姚茂清，苏铁，张松柏，王志军，吴新华，黄关华，宗占伟，隆定松
2011—2013	农业技术推广成果奖	二等奖	饲用凝结芽孢杆菌制剂关键技术研究与推广应用	湖南省微生物研究所	张德元，高书锋，周映华，郭照辉，胡新旭，周小玲，王升平，孔利华，吴胜莲，孙翔宇，刘惠知，曾艳，汪彬，舒燕，程刚毅，缪东，曾发姣，李慧，唐礼德，龚铁山，何万兵，余孟洋，宁乔珍，邬理洋
2011—2013	农业技术推广成果奖	二等奖	水貂主要疫病防控技术研究与推广应用	中国农业科学院特产研究所	闫喜军，程世鹏，吴威，赵建军，罗国良，张志明，张华山，胡博，赵支国，张贵贤，于蓬勃，刘俊平，郭召，曲学忠，王殿永，于一伟，李小娟，唐建萍，张秀兰，赵洪秋，邓福忠，王向阳，李焕明
2011—2013	农业技术推广成果奖	二等奖	设施蔬菜工厂化生产关键技术研究与示范推广	中国农业科学院农业环境与可持续发展研究所	魏灵玲，杨其长，程瑞锋，王启龙，隋申利，段发民，刘文科，葛一峰，赵利华，刘喜明，方慧，张义，仝宇欣，张珍，刘艳红，温涛，魏文华，李巍，郑维浩，杜晓烨，杨其旺，国秀霞，杨广灿，张文英，滕云飞

（续表）

年　份	奖　项	等　级	项目名称	第一完成单位	第一完成人/主要完成人
2011—2013	农业技术推广成果奖	二等奖	新型高效牛羊微量元素舔砖和缓释剂的研制与推广	中国农业科学院兰州畜牧与兽药研究所	刘永明，王胜义，潘虎，齐志明，刘世祥，王瑜，王慧，乔瑾，省新荣，郭彦强，孟伟，李大业，王国仓，扎西塔，康亮亮，拉毛索南，李升芳，张寿文，王保国，麻文林，高建平，杜雪林，曹贵忠，周瑞娟，马超龙
2011—2013	农业技术推广成果奖	二等奖	优质蜜蜂种质资源和蜂产品生产加工技术引进、创新与利用	中国农业科学院蜜蜂研究所	彭文君，田文礼，李继莲，赵亚周，王安，曾志将，陈廷珠，安建东，李海燕，王顺海，韩胜明，吴黎明，童越敏，罗其花，国占宝，吴忠高，吉挺，彭文健，高凌宇，王顺，郭跃进，李定顺，赵照林，王品红，国洪武
2011—2013	农业技术推广成果奖	二等奖	猪圆环病毒 2 型灭活疫苗产业化开发与推广应用	中国农业科学院哈尔滨兽医研究所	刘长明，危艳武，陆月华，张超范，黄立平，郭龙军，曲乃昌，刘全胜，成体鸽，陈连和，王云龙，郑新平，闫恒普，耿鸿霜，朱庸康，马平，杨瑞华，顾叶明，李文革
2011—2013	农业技术推广成果奖	二等奖	农村可寻址广播个性化信息传播关键技术研究	中国农业科学院农业信息研究所	刘世洪，郑火国，胡海燕，贺鹏举，牛信义，李燕燕，崔运鹏，苏晓路，刘增新，刘建英，王会霞，王陆涛，刘海霞，范正玉，吕洪庆，刘建钊，孙有宝，辛莹莹，程有萍，宋进库，肖锦
2011—2013	农业技术推广成果奖	二等奖	早熟陆地棉新品种新陆早 33 号推广应用	新疆农垦科学院	李保成，余渝，邓福军，董承光，韩焕勇，刘雪峰，杨宝玉，刘干，高杨，李发泰，张勇，张东，张勇，李正河，曾红军，刘雪羽，邵丽萍
2011—2013	农业技术推广成果奖	二等奖	冬小麦新品种新冬 33 号的示范推广	新疆石河子农业科技开发研究中心	洪雪梅，舍亚涛，高波，李支边，何蔚，李金霞，舍亚彪，毕永军，宣立中，刘金辉，吴庆红，姜松，舍强，辛锐平，朱昱，唐冬梅，林霞，马玉龙，张建国，刘金山，赵海菊，刘建喜，杨洪
2011—2013	农业技术推广成果奖	二等奖	云南省动物防疫整村推进模式推广应用	云南省动物疫病预防控制中心	张应国，周建国，张思东，杨余山，颜亨铭，陶汝宪，濮永华，莫晓俊，王赞，朱凤琼，李东欧，蔺立桥，张治国，杨品，段自军，左友川，田加红，赵君，董子军，阿初，吾堆，李光富，李正胤，杨应忠，岩空相
2011—2013	农业技术推广成果奖	二等奖	低纬高原优质高产杂交玉米新品种及配套技术的示范推广	云南省农业科学研究院	番兴明，李学智，罗黎明，高连彰，朱汉勇，陈美兰，姚文华，张晓梅，杨加玉，王邦海，胡明成，胡美静，陆进恒，罗荣华，施学忠，张学斌，王宝书，冯绍卫，张培高，王云美，冯家宝，王兴亮，周云全，张剑波，董云飞

（续表）

年　份	奖　项	等　级	项目名称	第一完成单位	第一完成人/主要完成人
2011—2013	农业技术推广成果奖	二等奖	水稻精确定量栽培技术在云南的应用示范与推广	云南省农业技术推广总站	道金荣，杨从党，李国生，周琰，李建华，李贵勇，付思明，杨旭，戈芹英，张兆麟，朱丽芬，王云华，罗正明，徐世林，胡家权，杨兆春，段朝建，高雄伟，金赛华，徐中艳，万卫东，冯祖卿，刀正祥，李丽华，李国栋
2011—2013	农业技术推广成果奖	二等奖	奶水牛综合养殖技术集成与示范应用	云南省家畜改良工作站	袁跃云，刘洪文，李大林，王鹏武，汤守锟，李瑞生，刘琴，王莉兴，许文坤，王友文，尚德林，杨云刚，罗在仁，周宏生，余选富，李建清，彭安发，黄永新，傅先海，黄宗林，张发宾，陈朝然，张应国，李弄桑，郭云然
2011—2013	农业技术推广成果奖	二等奖	云南土著鱼类繁育及推广养殖	云南省水产技术推广站	田树魁，李光华，杨辉明，石永伦，薛晨江，祁文龙，夏黎亮，赵树海，线德和，袁林聪，华泽祥，冷云，吴敬东，罗永新，陈莉，陈俊，张四春，韩东，杨光清，王宝云，宝建红，杨建才，林承一，李江红，邓秀梅
2011—2013	农业技术推广成果奖	二等奖	甘肃省羊梭菌病综合防控技术研究与应用	甘肃省动物疫病预防控制中心	贺奋义，郭慧琳，高静，孟林明，毋艳萍，宋建国，刘旭，吴志仓，鲁国锦，魏邦香，道吉草，张发珍，王小焱，邢文辉，唐秀芬，陈勇，贡保扎西，张志明，徐廷瑞，柴宏高，李光平，张福祥，童建伟，梁尚海，蒲禄喜
2011—2013	农业技术推广成果奖	二等奖	甘肃沿黄高原夏菜优质高效生产关键技术研究与集成推广	甘肃省经济作物技术推广站	赵贵宾，刘华，沈渭明，滕汉玮，王福国，杨海兴，樊东隆，彭秀玉，安永学，李金新，司才良，祁复绒，刘凯，李富贤，颜麒鲁，陶明森，杨洪贤，杨春美，韩泰清，王恒基，封保明，崔应龙，魏妍，孙银霞，高国录
2011—2013	农业技术推广成果奖	二等奖	草原资源与生态监测研究	甘肃省草原技术推广总站	韩天虎，孙斌，冯今，王炳煜，张贞明，王红霞，刘杰，宁德年，曹国顺，董高生，李启文，杨彦东，才让吉，董秀兰，葛怀贵，侯桂凤，陈旭东，马福海，赛尔考，韩良忠，张光辉，周智德，张兆虎，杨发山
2011—2013	农业技术推广成果奖	二等奖	甘肃主要灌区高效农田节水技术集成研究与示范推广项目	甘肃省农业节水与土壤肥料管理总站	崔增团，刘健，张志成，万伦，韩梅，马林，王乐光，陈建平，高飞，詹军华，张忠福，姚学竹，姜生林，李胜克，叶民华，赵明强，白玉宝，唐成顺，曹步虎，李龙，滕勇，刘光霞，马少祖，鲁学文，严天龙

（续表）

年 份	奖 项	等 级	项目名称	第一完成单位	第一完成人/主要完成人
2011—2013	农业技术推广成果奖	二等奖	信阳紫云英研究与推广应用	河南省信阳市蚕业试验站	杨俊岗，韩延如，黄华，王西成，余殿友，胡明阁，陈德凡，张生辉，张冰，马世民，丁文侠，刘照学，胡传中，吕峰顺，樊三省，赵玲，康春生，魏祖强，黄灵霞，杨博文，陈远平，陈祥明，陈家强，吴国霞，黄伟
2011—2013	农业技术推广成果奖	二等奖	豫南芝麻主要病害综合控制技术研究与应用	河南省驻马店市植物保护植物检疫站	陈诚，骆景霞，王素亭，李凤，王家润，湾晓霞，冯贺奎，刘启，王守国，刘玉霞，胡久义，张晓霞，陈小全，刘兰平，曹然，李勇，时军科，王建华，谢梅，杨森彬，杨锋，万保恒，刘国松，孟庆德，申晓宇
2011—2013	农业技术推广成果奖	二等奖	水稻机械化育插秧技术体系研究与应用	河南省农业机械技术推广站	刘小文，夏放，马勇，郭栋，李伟，王春峰，程丽红，易慧，李春节，柳玉林，郭胜学，李晓安，孟伟，刘国成，朱权，何曙光，张明伟，汪岱，毛齐柱，庆朝伟，董平，黄成，张松阵，李秋亭，刘成军
2011—2013	农业技术推广成果奖	二等奖	畜禽健康养殖关键技术集成示范与推广	天津市畜牧兽医研究所	王文杰，李千军，刘连超，韩志慧，穆淑琴，潘振亮，高荣玲，王作强，夏树立，马墉，朱树群，姜洪起，郑成江，李鹏，李俊奇，刘景喜，鄢明华，赵坤云，陈龙宾，郑瑞峰，张连洪，刘同贤，孙英峰，安建勇，王东
2011—2013	农业技术推广成果奖	二等奖	天津市测土配方施肥技术推广	天津市土壤肥料工作站	郭云峰，陈子学，刘志杰，郑育锁，侯正仿，肖波，荣庆武，于美荣，张颖，张鑫，张滈，刘淑君，王连芬，赵会娟，刘庆山，薛印革，马建芳，张文霞，张波，赵会芹，王树志，鲁民芳，蒋涛，刘娜，陈永利
2011—2013	农业技术推广成果奖	二等奖	茶叶有害生物无害化治理技术研究与应用	贵州省农药检定管理所	夏忠敏，吴琼，邵昌余，杨光灿，刘霞，姜星，余萍，殷成永，刘辉，罗秀，龙玲，李思梅，罗洪会，罗全丽，田飞军，苟敖军，韦青，江仕龙，朱德军，文顺刚，李勇，刘毅，蒋勇，陈明柳，罗芝洋
2011—2013	农业技术推广成果奖	二等奖	毕节樱桃良种选育与优质栽培示范	贵州省毕节市经济作物工作站	陈祖瑶，郑元红，肖莉，张军，徐富军，周启江，余慧明，杨鸣，高祥洪，武卿，牟东岭，李杨，葛琴，吴文庆，马西燕，何烨，王立新，林静，邓广伦，蔡安禄，李启华，杨华，祖贵东，彭正华，刘化军

（续表）

年　份	奖　项	等　级	项目名称	第一完成单位	第一完成人/主要完成人
2011—2013	农业技术推广成果奖	二等奖	稻水象甲疫情防控技术集成应用	贵州省植保植检站	张忠民，江兆春，耿坤，张斌，廖国会，胡吉峰，张慧，李添群，杨大勇，任明国，陈小均，文永刚，罗绍明，张雯晴，林艳，李安达，宋致书，倪家军，郭建英，陈雄，胡海，张红梅，韦明金，成林，姜遥
2011—2013	农业技术推广成果奖	二等奖	六盘水市生猪标准化规模养殖推广及应用	贵州省六盘水市畜牧技术推广站	葛发权，胡荣平，邓主权，陆时权，蒙燕，丁友庆，周定众，刘新，朱华，杨文萍，付强，杨春艳，肖开田，陈历俊，崔继鹏，王柱，陈刚，陈发祥，李跃宏，刘畅，夏祥国，王现科，骆科印，柴作福，杨朝昆
2011—2013	农业技术推广成果奖	二等奖	主要动物疫病防控技术集成创新与推广	贵州省遵义市动物疫病预防控制中心	毛以智，赵福葳，伍波涛，冉隆仲，何仁勇，陈能桥，蔡廷贵，刘英，毛光春，陈国清，陈长亮，严庆强，邹友强，朱大举，郑周敬，邹正举，刘永芬，周蔓，陈厚容，霍武林，许兴安，雷云军，徐全忠，宋代祥，何廷章
2011—2013	农业技术推广成果奖	二等奖	高致病性猪蓝耳病诊断技术研究与推广	重庆市动物疫病预防控制中心	米自由，贺德华，黄诚，肖性龙，梁望旺，丁平，苏亮，凌洪权，董春霞，徐斌，欧武海，张广权，翁昌龙，陈家杰，何国安，巫廷建，蒲智敏，邱引，甘国夫，黎朝燕，肖怀吉，韦庆禄，谭明万，陈兴杰，翁云
2011—2013	农业技术推广成果奖	二等奖	渝荣I号猪配套系种猪生产示范与推广	重庆市畜牧科学院	朱丹，潘红梅，白小青，王涛，郭宗义，彭毅，张凤鸣，霍祥刚，吴晓洪，刘晓勤，张清才，王道任，张月英，谢佳嫦，吴迪，文昌福，游浩，熊成洪，雷宏声，彭刚，李朝飞，周山高
2011—2013	农业技术推广成果奖	二等奖	马铃薯晚疫病数字化监测预警系统研发与应用	重庆市种子管理站	刘祥贵，赵中华，冯晓东，刘卫红，谈孝凤，车兴壁，袁文斌，伍亚琼，蒋祖跃，江金明，刘春，王行明，谢中才，邵旭平，胡光敏，蒋次兴，向术萍，谢应洪，陆金鹏，史克忠，石玉章，郭小文，文家斌，王儒国，魏敏
2011—2013	农业技术推广成果奖	二等奖	柑橘结构调整关键技术创新与应用	重庆市农学会	吴正亮，曾卓华，江东，熊伟，李莉，夏仁斌，黄明，李均，张利，郭继萱，王孟平，雷霆，伍加勇，曾映月，何涛，刘科宏，周贤文，黄涛江，肖劲松，杨灿芳，陈洪明，吕建学，张湧，刘兴亮，王雪生

（续表）

年　份	奖　项	等　级	项目名称	第一完成单位	第一完成人/主要完成人
2011—2013	农业技术推广成果奖	二等奖	蔬菜安全优质集成创新栽培技术推广	黑龙江省经济作物技术指导站	陶可全，于杰，马云桥，吕涛，王纯，李连文，赵勇，刘涛，王成云，夏兵，邹积清，杨晓庆，滕亚芳，金洪安，司振峰，孙凤霞，郑洪艳，赵淑敏，韩行成，毕昆鹏，孟凡志，毛军旗，富占坤，郑姗姗，马井山
2011—2013	农业技术推广成果奖	二等奖	龙园“LY-I”型日光节能温室研究与示范	黑龙江省农业科学院园艺分院	陈立新，耿月伟，毕洪文，尤海波，刘吉业，刘力勇，王娟，曾祥彬，乔丽英，丁元桂，唐秀华，孙秀丽，刘春发，张艳华，王晶，孙义春，张凤丽，刘长明，谢立河，付喜朋，郑双发，付荣革，范垂艳，衡国强，刘法学
2011—2013	农业技术推广成果奖	二等奖	水稻大棚钵育摆栽技术推广	黑龙江省农业技术推广站	董国忠，范铁丰，潘惠文，赵秋，孙淑云，王琳，王焕群，陈晓武，张润超，张跃发，罗有志，孙卫光，张明秀，张丽，佟立杰，刘秀清，张贵红，高俊，康红军，冯志栋，唐钰朋，水文义，陈双，宋长庚，黄春春
2011—2013	农业技术推广成果奖	二等奖	玉米密植综合高产栽培技术	黑龙江省农业技术推广站	许为政，刘宏伟，王长江，余志，李成全，赵伯福，周添，宋年生，陈光东，程鹏，朱连波，李省，董德锋，喻萌萌，薛福全，王彦华，肖礼君，李荣森，滕士学，孙晓丽，王希坤，张宗红，李铁友，王兹明，田丽荣
2011—2013	农业技术推广成果奖	二等奖	黑龙江省绿色（有机）食品水稻生产技术研究与推广	黑龙江省绿色食品发展中心	马加林，刘胜利，徐晓伟，宋茜，杨成刚，薛恩玉，单广玉，肖青玉，孙斌，李洪华，葛红霞，李晓冬，张玉华，彭大志，程守全，吕军，刘伟，肖威，刘桂萍，姚富俊，高志辉，宋智慧，朱道坤，董艳丽，赵行文
2011—2013	农业技术推广成果奖	二等奖	萝卜新品种雪单一号、雪单二号中试与示范	湖北省农业科学院	梅时勇，袁伟玲，甘彩霞，崔磊，黄来春，张锋，王晴芳，何文远，祝花，龙义武，李鹏程，韩玉萍，戴明伟，胡森，韦向阳，赵宝群，罗登兴，文兴贵，牟伦华，胡咬奇，刘冬明，汤春强，郭卫星，游艳华
2011—2013	农业技术推广成果奖	二等奖	优良种猪持续选育与配套技术推广应用	湖北省畜牧兽医局	黄京书，武华玉，汪明阳，彭先文，刘望宏，王振华，朱昌友，雷贤忠，丁山河，梅书棋，倪德斌，胡军勇，荣方，胡述翔，张继远，孙为忠，刘师利，朱曦，蔡珣，熊明清，余陵峰，杨本祥，刘燕学，尹晓黎

（续表）

年　份	奖　项	等　级	项目名称	第一完成单位	第一完成人/主要完成人
2011—2013	农业技术推广成果奖	二等奖	湖北省农田建设农艺工程技术集成与推广应用	湖北省土壤肥料工作站	何迅，梁华东，周先竹，易妍睿，姚强，田科虎，张国斌，徐祖宏，庞再明，王永健，聂卫民，肖习明，向永生，王时秋，吴家琼，李志坚，汪航，谢承雄，肖春梅，肖昌玉，赵同根，张剑峰，郭凯，关绍华，陈久传
2011—2013	农业技术推广成果奖	二等奖	瓜菜集约化健康育苗关键技术示范与推广	湖北省蔬菜办公室	彭金光，李青松，袁尚勇，周谟兵，李其友，周雄祥，别之龙，孙玉宏，胡正梅，梅波，苏可先，李爱成，秦冲，宋奎林，辛复林，胡江勇，殷明，陈祖平，窦保旗，杨皓琼，张安华，马冬梅，冯义，张凤英，祝菊红
2011—2013	农业技术推广成果奖	二等奖	油菜高产高效全程机械化生产技术推广	湖北省农机局	徐华侨，肖调范，俞雅静，陈鹏宇，周强，罗习文，袁占峰，任耀武，付明，钟鸣，王少琼，张达军，郑劲松，欧红梅，赵翠红，郑桥，童吉祥，易齐圣，龙运超，吴华平，吴俊辉，宋林，刘刚，胡庆辉，唐忠金
2011—2013	农业技术推广成果奖	二等奖	规模化养鸭场主要疫病防控技术集成与推广应用	湖北省农业科学院	罗青平，艾地云，方羽，邵华斌，罗玲，温国元，王红琳，张蓉蓉，胡福咏，宫时玉，彭公宽，魏军，柳谷春，汪宏才，张腾飞，田永祥，张定安，章娅琳，彭伏虎，王畏威，吴丽画，高炎坤，张红安，刘正旺，李诗权
2011—2013	农业技术推广成果奖	二等奖	鄂西北武当道茶标准化生产技术示范推广	湖北省十堰市农科院	潘亮，涂扬晟，彭家清，周华平，张岚，吴伟，周伟，汤维斌，王新，郭兴华，曾国清，杨耀军，尹巧云，谢家群，阮英东，韩士平，郭承君，丁葛，梁存香，唐小磊，瞿涛，杨正金，叶艳，邵曙光
2011—2013	农业技术推广成果奖	二等奖	优质抗病甜瓜及瓜类砧木新品种选育及推广应用	浙江省宁波市农业科学研究院	王毓洪，应泉盛，臧全宇，黄芸萍，王迎儿，金珠群，丁伟红，王旭强，朱勇，陈向阳，王伟，王驰，陈福权，魏章焕，李方勇，戚自荣，管军江，徐福兴，陶忠富，唐筱春，陈吉传，郑华章，茅孝仁，周焕兴，陈武健
2011—2013	农业技术推广成果奖	二等奖	寒地精准机械化保护性耕作技术	黑龙江八一农垦大学	汪春，李玉清，胡军，马永财，梁远，周桂霞，杨忠国，杨林，徐龙，朱士强，张晓青，王文富，曾祥成，何忠新，来永见，王国义，董永彬，苗兴民，信怀滨，刘繁华，张忠宣，褚金友，韩成新，李洪涛，邵前进

（续表）

年　份	奖　项	等　级	项目名称	第一完成单位	第一完成人/主要完成人
2011—2013	农业技术推广成果奖	二等奖	东北水稻调优栽培信息化技术推广	黑龙江省农垦科学院	刘卫东，张伟，慕永红，王立涛，王安东，武洪峰，孔宇，夏艳涛，陈少龙，赵姝，孟巧霞，卢百谦，刘庆巍，刘洋，刘赞林，吴惠云，王丹，王春生，李维峰，由洪江，刘培靖，任艳军，李鹏，李彩华
2011—2013	农业技术推广成果奖	二等奖	大豆全程机械化生产技术示范与推广	黑龙江省农垦科研育种中心	胡国华，马春梅，张力军，刘春燕，龚振平，姜占文，冯晓辉，于凤瑶，杨智超，孙立中，何琳，高雪林，李文江，李志强，高富，牛占东，刘业丽，董守坤，周传武，张小梅，郑良，徐晓东
2011—2013	农业技术推广成果奖	二等奖	福瑞鲤扩繁及高效养殖技术示范	中国水产科学研究院淡水渔业研究中心	董在杰，戈贤平，朱文彬，吴旭东，杨兴丽，李建光，姬伟，刘文军，胡世然，梁政远，连总强，张建平，刘化铸，田永华，李玉东，吴婷，任永斌，苏文峰，黄耀明，王晓奕，李志宏，吴如珍，石伟，何奇
2011—2013	农业技术推广成果奖	二等奖	西藏农作物标准化生产技术推广	西藏自治区农牧科学院农业研究所	尼玛扎西，徐平，禹代林，边巴，范春捆，桑布，扎西旺拉，李扬，卓玛，巴桑，陈卫得，刘海金，次旦吉巴，卓嘎，格桑曲珍，拉巴平措，格桑措姆，扎西，格桑德吉，旦增，旦增，平措扎西，巴桑普赤，参木拉，央拉
2011—2013	农业技术推广成果奖	二等奖	西藏幼畜氟中毒病防治技术成果转化	西藏自治区农科院畜牧兽医研究所	色珠，拉巴次旦，次仁多吉，吴金措姆，四郎玉珍，夏晨阳，罗布顿珠，德庆彭措，刘建枝，班旦，马兴斌，普布顿珠，但唐兴，普布潘多，桑布，云旦，扎西，欧普琼，次仁吉吉，次仁扎西，巴桑，央金，久美多吉，巴次，增嘎
2011—2013	农业技术推广成果奖	二等奖	彭波半细毛羊新品种及配套技术示范推广	西藏自治区农科院畜牧兽医研究所	央金，扎西，德庆卓嘎，普布次仁，洛桑崔成，次仁曲珍，尼玛平措，扎西，卓嘎，边罗，边篇，央宗，吉律次仁，洛桑，扎西顿珠，巴桑卓嘎，群培，洛桑亚培，扎西，贡觉次仁，普穷，扎西平措，普穷，洛桑次仁，次仁多吉
2011—2013	农业技术推广成果奖	二等奖	西藏自治区测土配方施肥	西藏自治区农业技术推广服务中心	席永士，隆英，李芳，胡俊，次旦，王小红，陈斌，达瓦扎西，次巴，隋永健，郭小刚，巴旦，尼玛次仁，格桑顿珠，扎西白珍，归桑旺姆，顿珠，单增卓玛，边珍，任伟，依斯玛，尼玛顿珠，索朗次仁，次仁琼达，旺姆

（续表）

年　份	奖　项	等　级	项目名称	第一完成单位	第一完成人/主要完成人
2011—2013	农业技术推广成果奖	二等奖	良玉系列高产高效玉米新品种选育与推广	辽宁省种子管理局	宋协良，宋雷，宋雨，孔庆伟，曹流，王占威，刘建忠，荣丽，王贺，缪玲敏，吴玲，郎梅，唐磊，张玲，鄂婧婧，李赞，宋萍，李世良，孙大军，刘佩锋，陈志强，张云峰，王东
2011—2013	农业技术推广成果奖	二等奖	农产品“三品”产地适宜性评价及其生产技术研究与应用	辽宁省农产品质量安全中心	张玉龙，刘权海，王颜红，李静，王建忠，辛绪红，党秀丽，许大志，姜毅，门红军，张福艳，温红，贾颖，翟春华，陈佳广，贾敏，朱玉廷，王军，朱霞，周绍军，杨文艳，郑万利，代丽丽，王洪军，张伟
2011—2013	农业技术推广成果奖	二等奖	辽宁省农作物病虫监测预警数字化平台的构建与应用	辽宁省植物保护站	王文航，王林，张万民，马辉，王小奇，朴静子，林文忠，赵荧彤，宋柏，李金栋，高莹，宋成国，刘英杰，张丽英，于乐，李国勇，史峰，陈磊，钟铁军，唐作昌，刘志云，金建和，赵福安，边长山，王立波
2011—2013	农业技术推广成果奖	二等奖	特色粮油作物新品种选育、有机生产与加工关键技术研究及应用	辽宁省农业科学院作物所	杨镇，葛维德，孟令文，李茉莉，赵阳，陈剑，王英杰，张庆芳，李韬，母长发，张淑辉，庄艳，石太渊，林立艳，李真，马树田，张丽莉，王秀英，李国，张达新，孔繁梅，王绍峰，杨广宽，欧阳文，李雪松
2011—2013	农业技术推广成果奖	二等奖	畜禽寄生虫病防控技术研究与推广	辽宁省动物卫生监督所	刘孝刚，于本良，陈大君，杨维成，刘子良，王克军，寇彩香，尚学东，郑连湖，王春荣，王强，王楠，佟桂玲，何宇喜，邹跃栋，刘晓静，季伟，郑付华，许传友，邓广庆，孙世齐，张文雯，刘冠强，王家祥，李福涛
2011—2013	农业技术推广成果奖	二等奖	辽西北草原生态综合治理技术集成与应用	辽宁省草原监理站	杨术环，陈冲，王国山，王文成，刘慧林，刘俊权，袁晓春，齐凤林，梁世坤，冀玉峰，陈旭东，部卫平，李振海，于海清，李桂秋，孙宝军，姚凤军，于海波，白云航，邹国富，姜海，谷岗，刘秀锋，刘江，卢铁华
2011—2013	农业技术推广成果奖	二等奖	设施专用吉杂 16、吉杂迷你二号黄瓜推广与应用	吉林省蔬菜花卉科学研究院	张志英，赵福顺，张建，崔长辉，李欣敏，吴慧杰，谭克，姜奇峰，李志民，马燕，金玉忠，徐丽鸣，辛淼，孙凯，杨云贵，李淑岩，费友，赵庆丽，李晓梅，李桂香，葛胜，刘晓丽，蔡春，周亚芹，孙国伟

（续表）

年　份	奖　项	等　级	项目名称	第一完成单位	第一完成人/主要完成人
2011—2013	农业技术推广成果奖	二等奖	水稻通系929、通禾836、通院513、通院11号推广应用	吉林省通化市农业科学研究院	赵磊，李彦利，曹海鑫，曹海珺，王成瑗，孟令君，宋涛，陈超，肖增民，侯文平，时羽，张学军，吴也夫，王晶，乔志一，李光淳，夏春，付宴泽，雷键，田文学，姚岚，杨涛，刘光涛，孙成思，刘洋
2011—2013	农业技术推广成果奖	二等奖	农作物秸秆综合利用农机化配套技术示范与推广	吉林省农业机械化技术推广总站	徐莉，霍光，侯兴芳，王学武，王超，张荣阁，孔令臣，刘书法，张淑娟，张明岩，苏凤舞，田忠华，周国辉，张荣光，李丽萍，郝春天
2011—2013	农业技术推广成果奖	二等奖	吉林省8 000万亩玉米螟生物防治技术推广	吉林省农业技术推广总站	陈立玲，吕跃星，薛争，张庆贺，白洪玉，高峰，毕长海，孙振宇，郭冬梅，潘显锋，刘学志，夏伟男，孙景宏，朱赛男，韩延权，梁爽，张立君，宋云峰，张勇，王大伟，董秋华，王洪秋，孙永利，王成志
2011—2013	农业技术推广成果奖	二等奖	玉米亩增粮200斤①技术集成与规模化经营推广	吉林省梨树县农业技术推广总站	王贵满，刘汉宇，郝学，刘茂宣，范中华，张静会，李颖，王欢，杜启顺，张淑红，吴金平，毕彭涛，张静新，周淑梅，李会来，曹艳波，杨丽萍
2011—2013	农业技术推广成果奖	二等奖	长春市机械深松整地技术推广	吉林省长春市农机技术推广总站	李社潮，姚淑先，于亚珍，宁文生，廉明杰，蔡迎生，李传弟，张兆军，张国明，周丽伟，孔繁金，任铁成，董礼峰，杨永春，杨立成，宋士忠，冯艳军，张晓龙，董振宏，王卫星，翟登发，薛恩达，张兴海，初玉琴
2011—2013	农业技术推广成果奖	二等奖	玉米密植高产栽培技术研究与推广	吉林省辽源市农业技术推广总站	赵连波，郭文景，王莉，王伟，常晓茹，高月霜，马添翼，王立华，姜文国，王玉春，王吉春，刘世娟，崔永顺，任志凯，邵丽，孙敏，郭桂玲，张丽，李佳，刘辉，李娟，袁洪新，王茂君，李伟，潘亚娟
2011—2013	农业技术推广成果奖	三等奖	“三位一体”农业公共服务体系模式构建与应用	浙江省仙居县农业技术推广管理中心	朱水星，吴玉勇，娄敏燕，周奶弟，陈卫国，郑方勇，俞爱英，张惠琴，杨俞娟，吴建民，彭俊莉，吴青华，陈旭平，吴立新，姜小磊，李金华，丁坦连，周忠明，彭佳龙，吴旦良，李淑春，金卫明，周建华

① 1斤=500克，全书同

（续表）

年　份	奖　项	等　级	项目名称	第一完成单位	第一完成人/主要完成人
2011—2013	农业技术推广成果奖	三等奖	柑橘提质增效综合技术应用与推广	浙江省丽水市农作物站	周晓音，吴全聪，叶伟奇，潘建义，纪国胜，饶建民，陈联和，李国斌，夏丽桂，朱志东，鲍金平，吴宝玉，潘正贤，张晓华，王霞，俞慧玲，朱文佩，官伟珍，徐发余，项云羽，刘丽华，叶建东，魏秀章，陈胜
2011—2013	农业技术推广成果奖	三等奖	桑园综合开发技术的研究与推广	浙江省嘉兴市林特技术推广总站	蔡玉根，周海明，张剑锋，张国平，刘丽月，吴纯清，董瑞华，钱贤明，敖成光，顾立明，陈伟国，姚丽娟，李民，吕立峰，姚李军，赵新华，姚新弟，张惠强，查世佳，姚荣昌
2011—2013	农业技术推广成果奖	三等奖	城郊农业污染控制技术优化研究与推广应用	浙江省台州市畜牧兽医局	王德刚，李小龙，李建伟，郑卫兵，钟列权，董荷玲，沈坚，唐文升，李克才，许海敏，叶峰，林小辉，蒋才力，程序，岳鹏，肖为民，洪文杰，周洪，李可富，王琪，林建平，钱凤燕，王迪
2011—2013	农业技术推广成果奖	三等奖	水稻与蔬菜生产基地主要病虫害综合防控技术推广	浙江省杭州市植保土肥总站	陈瑞，王道泽，洪文英，王国迪，汪彦欣，王国荣，汪爱娟，金立新，赵帅锋，李阿根，何丽娟，姜铭北，陈春华，杨玉星，鲁和友，吴燕君，王宝强，倪水员，徐晗，俞叶娣
2011—2013	农业技术推广成果奖	三等奖	双季两系杂交稻田丰S系列品种示范推广	江西省赣州市农业科学研究所	张红林，廖万琪，邹前锋，刘跃清，钟晓英，王莉红，罗潮洲，邓义彬，梁珍，严金明，吉平，黄良生，肖武，许于生，王东有，徐小明，黄兴作，张金鑫，郭善明，郭起平，李森源，郑冬梅，吕福生，王伟英，黄向荣
2011—2013	农业技术推广成果奖	三等奖	鄱阳湖克氏原螯虾资源持续利用及增养殖技术示范与推广	南昌大学	胡成钰，方春林，戴银根，黄羽，王建民，杜淑玫，曹春玲，李有根，万国才，刘强，曹烈，杨磊，蓝岚，谢美珍，汤瑞生，罗金华，江志强，张君，原立芳，金占友，于爱和，李靖峰，李军，卢传志
2011—2013	农业技术推广成果奖	三等奖	水稻旱育保姆育秧集成技术示范与推广	江西省农业技术推广总站	黄大山，刘清白，曾亮华，周军，钱卫华，张蓓玲，王开龙，邓振明，杨忠保，林益增，刘桅，方云梅，熊竹林，曹海华，龙梅芳，林志南，曾广初，魏延立，刘友胜，王笑湘，刘开泉，陈广山，涂芳泽，温昌顺，彭瑞祥
2011—2013	农业技术推广成果奖	三等奖	江西省水生动物防疫体系建设与监控技术研究	江西省水产技术推广站	欧阳敏，田飞焱，徐节华，刘文珍，谢世涛，谢世红，吴明传，裴建明，上官奕长，陈道印，宋爱昌，刘广根，俞瑞高，王美红，石梦龙，陈博，邹文岗，肖华根，张宝明，王志成，龙洪圣，吴建军，周贺民，罗建军，吴歪根

（续表）

年　份	奖　项	等　级	项目名称	第一完成单位	第一完成人/主要完成人
2011—2013	农业技术推广成果奖	三等奖	猪粪资源化利用技术集成与示范推广	江西省赣州市畜牧研究所	苏州，钟云平，郭礼荣，蔡华东，邱光忠，雷小文，刘瑞平，朱文有，吴寿生，明邦贵，朱才箭，廖章荣，朱堃，赖蕴，郭震洋，刘祥坤，吴华平，刘立新，邱吉安，李进英，张晓春，郭明，黄圣金，黄宗和
2011—2013	农业技术推广成果奖	三等奖	九江市测土配方施肥技术示范与推广	江西省九江市土壤肥料站	李传林，刘克东，余红英，刘亚非，徐建民，樊耀清，李光明，刘运广，吴家华，罗昭宾，杨文开，周君花，罗晓军，刘田田，熊彤彤，杜红霞，郭在斌，杨泽清，张春燕，彭章伟，李传经，陈洪，王能义，余自强，阳太羊
2011—2013	农业技术推广成果奖	三等奖	家蚕种茧育防微与省力化技术研究应用	江西省蚕桑茶叶研究所	叶武光，王军文，杜贤明，姚金宝，曾萍芳，李石松，王冬生，陈紫梅，钟利军，詹水龙，符昌红，吴建平，胡丽春，邹昕，王敏，桂干林，朱铭件，贺凤香，贺翔华，彭凌光，付邱，梁财，朱国风，莫春生，梁振荣
2011—2013	农业技术推广成果奖	三等奖	川南早春蔬菜优质高效集成技术与应用	四川省泸州市蔬菜管理站	刘小俊，宋华，张伦德，贺光伦，张乃周，杨斌，达庆波，徐怀平，肖毅，何彦华，周天平，章世荣，何大友，梁根云，淳修琼，辜润智，陈亮，邹才巨，刘道明，卢立斌，张永三，曾惠利，陈永才，邱中权，张俊
2011—2013	农业技术推广成果奖	三等奖	四川省阻断家畜血吸虫病传播技术集成及应用推广	四川省动物疫病预防控制中心	余勇，毛光琼，阳爱国，郭莉，池丽娟，刘宏晓，沈爱梅，杨俊凯，李娟，王文昆，唐红，翟建平，陈光和，陈英，周春果，谢伟，李茂禄，沙马社古，李俊明，胡雪梅，刘艳，兰远辉，许登其，刘步科，林盛春
2011—2013	农业技术推广成果奖	三等奖	四川白鹅均衡高效养殖技术推广	四川省畜牧总站	李强，马敏，何桦，王继文，毛国尧，陈世忠，张骏洪，陈朝康，耿长国，谢贤富，杨勇，熊华彰，王小强，廖远勤，胡永富，罗恺，左清明，赵明清，雷高明，施成元，钟胜彬，彭中良，刘凤治，邝从明，彭贤强
2011—2013	农业技术推广成果奖	三等奖	四川再生稻次适宜区中稻+再生稻两季丰产技术应用推广	四川省隆昌县农业技术推广中心	范琼勇，姚朝友，陈勇，刘岱，胡明清，蓝兵，熊远金，梁永霞，董长利，程颜，彭艳，王音，刘峰，陈才洪，林杨秀，邓成芬，罗庆明，张帮莲，周维东，赵多林，钟开莲，郑光寿，古涌，张洁，林波

（续表）

年　份	奖　项	等　级	项目名称	第一完成单位	第一完成人/主要完成人
2011—2013	农业技术推广成果奖	三等奖	“千斤粮万元钱”粮经复合种植模式及关键技术集成示范推广	四川省成都市农业技术推广总站	曾必荣，帅正彬，李浩，冯生强，郎梅，杨红宣，袁仕方，邓玲，卿太勇，范福全，唐敦义，张兵，卢戟，戴怀根，张安烈，张含根，龚财雄，岳军，陈春霞，周述永，陈胜，王媛媛，徐建，冯登成，刘银忠
2011—2013	农业技术推广成果奖	三等奖	四川丘区水稻机械化生产技术集成与应用	四川省农机化技术推广总站	任丹华，马均，张小军，张山坡，徐涵秋，谷剑，付利秋，路明德，牛关华，张培，付俊，魏建敏，曾庸元，李奎，万米良，胥厚强，戴冬梅，李兴洪，何虹，张勇刚，杨会珍，刘洪清，祝志文，詹洪，罗志义
2011—2013	农业技术推广成果奖	三等奖	旱地“麦/玉/豆”三熟综合配套技术研究与推广	四川省自贡市农业技术推广站	范昭能，杨航，杨华伟，曹可疑，钟顺清，郭燕梅，吕泽林，何丽平，李福贵，邓学东，杨国禄，陈洪宣，李彬，但旭平，黄恩齐，罗正明，杨远忠，邓榆千，陈永亮，杨永久，郑洪才，龚吉和，陆吉强，唐新媛，宋祥云
2011—2013	农业技术推广成果奖	三等奖	水稻避灾防灾增产配套技术推广	四川省广安市农业技术推广站	杨峰，彭政文，贺声明，寇正全，张仁惜，唐建平，付学林，胡荣，贺义国，王子华，谭桂华，肖国平，王化春，汪雪梅，梁夏林，文茂柏，陈俊，李春林，郑宏斌，彭良英，彭美富，刘晓林，李永国，段成超，兰先华
2011—2013	农业技术推广成果奖	三等奖	九龙牦牛利用关键技术研究与集成示范	四川省甘孜藏族自治州畜牧站	毛进彬，邵发亮，周光明，阿农呷，张永成，王鹏，程莲，陈勇，张月欢，孙文平，代舜尧，文俐，奉奇，李昭华，刘洪，成涛，杨鹏波，贺思宾，彭海云，肖文平，张德成，王平，刘成烈
2011—2013	农业技术推广成果奖	三等奖	广东蚕苗高效安全养殖技术推广应用	华南农业大学动物科学学院	孙京臣，吕建秋，李林山，叶学林，金鹏飞，刘吉平，朱常敬，黎武，陈列辉，王智，仰勇，李景新，李志东，林忠芬，王明贵，刘清明，罗永森，符妙婵，覃其春，王先燕
2011—2013	农业技术推广成果奖	三等奖	优质金柚种苗繁育与推广	广东省梅州市农业科学研究所	谢岳昌，李国华，林新，刘国辉，钟进良，黄海英，姚远华，曾蔚，魏雪辉，黄丽君，杜小珍，饶小珍，张雄基，陈宏达，温清英，刘蕊，钟引前，张向东，王昌喜，陈玉远，张婷，吴世梅，李婷，李建基
2011—2013	农业技术推广成果奖	三等奖	菜椒病虫害综合防治高产栽培技术的推广应用	广东省茂名市茂南区农业技术推广中心	郑光辉，杨允，范远丰，黄河，邝荣，牟杰，黄祥彪，任伟平，周振荣，柯金良，周少华，刘付冠文，梁文辉，蔡松珠，肖国亮

（续表）

年　份	奖　项	等　级	项目名称	第一完成单位	第一完成人/主要完成人
2011—2013	农业技术推广成果奖	三等奖	高产抗病棉花新品种选育及大面积推广	新疆农业科学院	师维军，蒋从军，李春平，张大伟，马君，朱家辉，沙迪克江，周晓晶，宁新民，吾买尔江·库尔班，张凤媛，司建伟，李翠梅，谢迪佳，张琼英，田文功，徐利民，刘素娟，乔坤云，牙生·玉努斯，赵其波，孙春梅，管吉钊，木哈拜提·托克逊
2011—2013	农业技术推广成果奖	三等奖	新疆奶牛高效养殖技术推广与示范	新疆畜牧科学院畜牧科学研究所	陈静波，王新平，郑新宝，胡小明，魏玉刚，杨会国，蒋超祥，张峰，王登峰，夏江涛，纪军，庞静，帕提古丽·吾麦尔，朱有明，徐侯华，朱香菱，阿卜杜热西提·艾散，金恩斯别克·加潘，买买提明·色提瓦尔得，张强，马国亮，玛依努尔·那买提，肖勇，阿布拉·吐啦
2011—2013	农业技术推广成果奖	三等奖	棉花大面积超高产技术示范与推广	新疆玛纳斯县农技推广中心	鲍玉琴，陈庆宽，刘安全，陆军，马忠孝，张纲岭，许尔银，胡帮武，刘爱萍，伏婷云，雷勇刚，朱彦花，林翠，孙玲，吕丽丽，吕晓庆，侯玲，石生香，曹翠，张风琴，潘晖，彭碧兰，孙广才，沙塔那提，李超
2011—2013	农业技术推广成果奖	三等奖	百万亩优质小麦高产高效综合配套技术集成示范推广	新疆塔城地区农业技术推广中心	周广顺，杨春昭，肖开提，杨方永，王秀珍，文勇林，郑伟，柴玉梅，舒雅琼，董庆国，徐建业，周红军，何新伟，陈宜礼，张建平，潘建春，路君红，梁新玲，郭飞，邱玲，胡艳红，丁文建，李国昉，苗向前，木尼拉
2011—2013	农业技术推广成果奖	三等奖	棉花高产示范工程	新疆巴州农业技术推广中心	刘燕萍，王光全，王祥金，陈霞，王冬梅，陈春霞，屈涛，曾卫东，王金国，段晓兰，吉秀梅，陈绪兰，刘宇，张孝峰，哈丽旦·毛敏，柴凤鸣，托乎提·阿合木力，宁君龙，谭忠宁，阿依古丽·牙合甫，王桂霞，吴默涵，欧图海，谭文君，程裕伟
2011—2013	农业技术推广成果奖	三等奖	黄山毛峰茶清洁生产研究集成与推广	安徽省谢裕大茶叶股份有限公司	宛晓春，吴卫国，张正竹，夏涛，谢一平，许家宏，谢昌瑜，房江育，胡红秋，方泽基，谢戎，李尚庆，宁井铭，唐茂贵，余利发，谢四十，余文英，桂利权，谢文君，谢伶刚，程自红，程劲松，蒋高升，蔡霞
2011—2013	农业技术推广成果奖	三等奖	安徽省克氏原螯虾良种选育与高效配套养殖技术集成与推广	安徽省农业科学院水产研究所	丁凤琴，陈宇，石小平，刘燚，宋光同，汪翔，陈景道，赖年悦，凌武海，侯冠军，余磊，胡从玉，马仁胜，曹全民，洪家春，周洵，章星明，祝儒水，陈静，王如峰，汪雷，杨万友，汪文彬，张静，郑慧

（续表）

年　份	奖　项	等　级	项目名称	第一完成单位	第一完成人/主要完成人
2011—2013	农业技术推广成果奖	三等奖	安徽省稻田土壤有机质提升关键技术及模式应用研究	安徽省农业科学院土壤肥料研究所	郭熙盛，邱宁宁，赵决建，武际，朱宏斌，程生龙，胡业功，王允青，李帆，桂召贵，唐杉，王向东，朱奎峰，王代平，刘作社，朱世鹏，方谋明，邢建国，茆邦根，赵燕洲，方珊清，吴翠筠，时英忠，潘有珍，许圣君
2011—2013	农业技术推广成果奖	三等奖	安徽省沿江地区双季稻周年增产技术集成研究与示范	安徽省池州市贵池区农业技术推广中心	刘春盛，康启忠，胡润，纪根学，包少科，史雨生，凌新军，石涛，胡仁健，郭才国，章辉，方晓林，查正亮，周少芳，郑国宝，喻卿，刘清顺，徐光荣，鲍燕来，桂四美，汪晓兵，檀甫学，包光荣，刘道贵，胡先进
2011—2013	农业技术推广成果奖	三等奖	安徽省主要粮油作物轻简高效栽培技术新模式研究与应用	安徽省农业技术推广总站	汪新国，吴文革，刘磊，冯骏，陈刚，孙如银，孟志伟，罗道宏，余水评，杨涛，王静，杨进华，史方祝，刘朝志，程小泼，张焰明，王秀娟，吴文彬，叶太平，李金生，袁凤云，张长春，王玉军，胡长安，韩玉芳
2011—2013	农业技术推广成果奖	三等奖	优质家禽生态健康养殖与富硒蛋生产技术利用推广	安徽省畜禽遗传资源保护中心	张伟，吴惠娟，杨秀娟，杨艳丽，胡凤林，吴永成，邬春华，丁家科，汪双喜，童维新，张金王，任俊涛，吴蓉，姚有根，汪美莲，叶圣山，于侠贞，范天林，罗联辉，王歆，钟国发，刘平，刘彪，舒宝屏
2011—2013	农业技术推广成果奖	三等奖	大别山高产优质茶园测土配方施肥技术推广与应用	安徽省六安市土壤肥料站	李军，邓威威，陈良松，马中文，陈文明，丁凌志，魏淑华，江启友，王丽，吴万春，朱学步，陆保国，姜中山，王怀槐，邬宗应，李典友，胡化如，汪海洋，李宏松，胡园园，赵冉，王彪，洪炜，陶伟，何刘
2011—2013	农业技术推广成果奖	三等奖	安徽水稻重大病虫害预警与安全防控技术应用推广	安徽省农业科学院植物保护与农产品质量安全研究所	高同春，叶正和，檀根甲，张启勇，袁艳，苏贤岩，王梅，沈言根，方向群，王开堂，王娥梅，郑圣年，罗嗣金，汪专政，吴民胜，薛祝广，张家喜，于成宝，颜明利，蔡军，贾训强，章守富，汪建国，黄继民，陆正银
2011—2013	农业技术推广成果奖	三等奖	阜阳市夏玉米高产优化栽培技术研究及集成示范应用	安徽省临泉县农业技术推广中心	杨涛，牛峰，张子福，张子学，刘雪敏，丁楠，高杰军，姚殿立，柳西玉，赵伟，谢中卫，李清海，刘清华，魏艳玲，张东新，刘玉玲，王子强，李存洋，杨海，张杰，吕颖华，张世红，李阜，宋坤，郭具成

（续表）

年　份	奖　项	等　级	项目名称	第一完成单位	第一完成人/主要完成人
2011—2013	农业技术推广成果奖	三等奖	生猪健康养殖关键技术研究与应用	广西农垦永新畜牧集团有限公司良圻原种猪场	肖有恩，伍少钦，卢永亮，韩定角，吴志君，邓志欢，梁书颖，秦荣香，吴细波，邓福昌，蒙春宁，周学光，曹玉美，黄克宏，于俊勇，陆江，张海瑛，兰云，李庆华，吴志诚，杨福任，苏华，农新跃，吴建国
2011—2013	农业技术推广成果奖	三等奖	国审豆科牧草品种山毛豆的配套技术开发及推广应用	广西壮族自治区畜牧研究所	赖志强，易显凤，蔡小艳，陈三有，王应芬，姚娜，赖大伟，罗贵标，赵华凯，谢永恒，郑建娟，邹达顺，闭荣业，邓玉娟，罗翔，黄福伦，欧可锋，赵静滨，李广平，邓都，罗光敏，廖茂权，刘英，席礼文，梁秀华
2011—2013	农业技术推广成果奖	三等奖	橘小实蝇监测预警与防控技术集成研究及推广	广西壮族自治区桂林市植物保护站	袁辉，李安国，曾沛繁，张武鸣，龙晶晶，廖国新，唐德方，全裕祥，石桥德，刘兆鸿，吕超燕，阳文军，李国英，欧寿玉，陆泉宇，黄木生，韦明英，毛顺华，邓金花，旷石头，张东山，宾莉，徐成生，刘爱英，陆发德
2011—2013	农业技术推广成果奖	三等奖	香蕉节本高效栽培综合配套技术集成研究与示范	广西壮族自治区南宁市水果站	欧桂兰，刘厚铭，粟继军，莫凯琳，陆丹，周凤城，马珍莲，莫海港，黄维杰，陆财铭，卢义贞，梁洁言，梁耀胜，曾之京，冯勇，卢荣楷，梁金鹏，黄明愿，莫帅，梁春
2011—2013	农业技术推广成果奖	三等奖	猪瘟病毒防控技术成果的转化与应用示范	广西壮族自治区兽医研究所	吴健敏，覃绍敏，马玲，陈凤莲，黄红梅，白安斌，闭炳芬，张恒博，林晓，曾毅，张伟，陈燕飞，陆祖金，谢瑞明，韦华梅，隆瑞贤，蓝金红，吕雨玲，韦芳，韦志敏，马桥凤，李东彪，戴良坚，林勇
2011—2013	农业技术推广成果奖	三等奖	百万亩番茄高效生产技术研究推广	广西壮族自治区百色市农业技术推广中心	叶靖平，农军，梁永游，欧丽萍，陈强，赵世海，韦尚会，陆春，李永维，覃红继，黄恒涛，岑立天，邓西华，韦敏群，李健伟，黄朝桂，杨超英，黄大勇，黄琦，叶东明，李红妹，黄宁，谢增秀，李爱丝，王庭金
2011—2013	农业技术推广成果奖	三等奖	超级稻高产栽培技术集成与示范推广	广西壮族自治区桂林市农业技术推广站	蒋德赏，王世杰，阳美秀，唐茂军，徐春荣，张学军，阳平平，陈爱平，唐进之，廖永发，唐荣化，伍存晟，蒋云飞，陈桂忠，吴其平，吕国成，谢田发，陆崇敬，秦致新，梁新发，王逢博，陈德汉，蒋卫红，李鸿昌，蒙秀英

（续表）

年　份	奖　项	等　级	项目名称	第一完成单位	第一完成人/主要完成人
2011—2013	农业技术推广成果奖	三等奖	桂林市循环农业技术模式示范推广	广西壮族自治区桂林市农业环境保护监测站	刘明，张新生，蒋冬荣，黄元芳，黄琳琳，王丹，莫思华，秦荣昆，李用能，欧水军，郑雪祯，杨雄生，王庆珍，唐三运，房家彦，李冬林，杨月兰，黎继通，杨昌建，赵爱国，张春荣，周开艳，唐宗仁，贝学武，蒋受志
2011—2013	农业技术推广成果奖	三等奖	宁夏覆膜保墒旱作农业技术创新集成与示范推广	宁夏回族自治区农业技术推广总站	徐润邑，杨发，王华，田恩平，张树海，李海洋，杨桂琴，李欣，陈世敏，刘春光，杜伟，孙发国，梁爱珍，郭忠富，马步朝，李强，马银香，王荣华，陈天喜，常富德，陈建军，田恩智，崔建荣，李耿弼
2011—2013	农业技术推广成果奖	三等奖	沼肥有机肥在宁夏现代农业中应用推广项目成果报告	宁夏回族自治区农村能源工作站	马京军，黄岩，杨巍，孙文春，何海霞，王明，张枫，王金宝，高莉，路学花，罗海军，丁学仁，李军，杜学金，柳国强，朱克勇，刘银安，王金燕，何锋，汪荣，李彦峰，杜海涛，吴建国，陈龙，薛春梅
2011—2013	农业技术推广成果奖	三等奖	宁夏猪场猪流感防治技术推广示范	宁夏回族自治区动物疾病预防控制中心	杨春生，王晓亮，王进香，李知新，张玉玲，张成莲，闫小芹，刘学军，李龙成，李永刚，段新文，朱向平，马秀霞，王复江，毛建国，沈佳，马建勤，周永利，赵淑霞，王珑，袁琦，杨晓龙，罗宏明，赵楠，邢燕
2011—2013	农业技术推广成果奖	三等奖	马铃薯标准化贮藏技术示范推广	宁夏大学	陈彦云，亢建斌，刘慧萍，苏林富，赵卫，柴忠良，刘超，李艳梅，丁虎银，黄秀琴，李玉红，杜辉，王永成，刘东川，宿文霞，陈彩芳，牛通，马福莲，杨瑞芹，高鸿飞，贾银录，雍纬基，王锐，尚自烨，朱建军
2011—2013	农业技术推广成果奖	三等奖	十万亩草莓立体与间套高效栽培技术研究与开发	山东省济南市农业环境保护站	任传猛，邹永洲，王光胜，刘红娟，崔全友，方志军，曲文亮，王秋堂，单保爽，孙桦，贾怀豹，王秀昭，史永晖，王芙蓉，刘喻敏，任帅，许彩虹，樊庆波，朱玉芳，崔乐义，李兆旺，李树行，吕多玉，颜丙强，王宗娟
2011—2013	农业技术推广成果奖	三等奖	高产抗逆耐密聊玉系列玉米新品种与安全生产关键技术示范	山东省聊城市农业科学研究院	侯廷荣，董树亭，褚丁印，张桂阁，李学杰，吴明泉，黄进勇，张徽，司立英，张新，连光艳，林国晨，肖俐，王志伟，李庆恩，向海生，由瑞丽，侯桂明，吕艳平，王洪山，邓国生，李娜，邱牧，张培云，周文芳

（续表）

年份	奖项	等级	项目名称	第一完成单位	第一完成人/主要完成人
2011—2013	农业技术推广成果奖	三等奖	蒜套棉高产高效安全生产技术研究与推广	山东省金乡县农业技术推广中心	翟登玉，安崇冠，田英才，杨以兵，刘爱美，高立中，代彦涛，李洁，王腾飞，刘奎成，周爱国，张楠，张建霞，李玉荣，郭翠兰，李月梅，李军，薛爱国，胡长稳，窦玉焕
2011—2013	农业技术推广成果奖	三等奖	优势珍稀食用菌林间标准化生产技术研究与开发	山东省济南市食用菌工作站	周学政，郭洪军，张甲生，霍秀娜，孙宗华，张根平，张树明，郭雷，万业晶，张雷，张恒义，赵勇，李虎，安玉燕，杨宪荣，范宝军，周本强，曹广仁，于瑞柱，贾恩茂
2011—2013	农业技术推广成果奖	三等奖	220 万亩蓖麻杂交种推广及深加工	山东省淄博市农业科学研究院	王光明，谭德云，张宝贤，刘红光，杨平，张含博，卜玉红，李敬忠，杨云峰，岳建国，孙宝权，兰海波，张占喜，邵广忠，杨发业，许亮，魏海飞，陈克凤，崔勤修，许盛彬，魏中友，王桂业，刘华，梁宗春，刘鹏飞
2011—2013	农业技术推广成果奖	三等奖	4 000 万亩专用小麦济南 17 和济麦 20 优质栽培技术示范与推广	山东鲁研农业良种有限公司	罗继春，阚天君，郭玉秋，陈晓霞，解树斌，刘和平，王美华，方会见，徐业平，薛春芝，刘健，撒德山，庞承良，周兴华，赵楠，王金龙，赵飞，王成超，黎海峰，王曰妍，郭钢，崔长胜，蒋明洋，赵宇栋，徐恒永
2011—2013	农业技术推广成果奖	三等奖	胶东玉米新品种筛选及配套技术研究集成与推广	山东省烟台市种子管理站	马京波，姜善涛，李安东，马淑丽，陈旭东，王丽敏，张富海，牟胜茂，张日萍，孙旭生，于旭红，孙美芝，李玖祚，张燕，夏振龙，赵福源，成强，李晓明，赵春生，梁雄伟，李卫青，谭业杰，刘孝俭，都秀俐，王胜敏
2011—2013	农业技术推广成果奖	三等奖	果园土壤养分综合管理研究推广	山东省烟台市土壤肥料工作站	王洪章，张培苹，徐东森，孙强生，王植义，邱东晓，赵莲芝，杨志峰，姜常松，曲家彩，姜兆伟，鲍吉红，张建青，王家祥，崔椿，董杰，王正芳，赵文静，柳忠恕，王东霞，杨志刚，李秋红，贺长映，李丰志，刘霞
2011—2013	农业技术推广成果奖	三等奖	山西省中南部蔬菜无公害高效技术集成推广	山西省蔬菜产业管理站	郭玉爱，秦潮，双树林，褚润根，元新娣，王引荣，刘瑞宇，宗晓琴，张玲霞，安永帅，尹林红，王世生，郝建忠，樊建东，于天富，宋枫春，王则田，王建元，续建花，茹伟民，梁郭栋，戴江瑜，王文刚，庞亨辉，闫丰彩

（续表）

年　份	奖　项	等　级	项目名称	第一完成单位	第一完成人/主要完成人
2011—2013	农业技术推广成果奖	三等奖	山西省设施农业机械化工程技术集成与示范	山西省农业机械化技术推广总站	张玉峰，李晋汾，薛平，许洪峰，赵菁，仇志强，刘丽芳，陈国兴，贺孝兵，刘小康，白仕君，王永宏，张晓军，李文革，王仙萍，丁东合，范永生，张兴平，王鹏飞，柴映波，李景胜，张循兵，王刚龙，田振燕，侯英敏
2011—2013	农业技术推广成果奖	三等奖	山西晋城农村节能减排技术推广	山西省农业生态环境建设总站	李文科，吴丽琴，赵少婷，田文善，刘玉祥，常家亮，李敏，牛晋鹏，张守萍，崔晓艳，毋俊芳，元学会，刘海军，魏文生，李苏强，阎宏毅，张璐，李菊花，侯利芳，刘沁波，王玉峰，上官学平，马云霞，郭永君
2011—2013	农业技术推广成果奖	三等奖	抗病丰产晋西葫芦 8 号高效集成栽培技术推广	山西省农业科学院蔬菜研究所	郭尚，柴生武，王秀英，张贵平，赵乘风，田如霞，张彦良，李清花，石维山，姚生才，郭促，李世成，臧天高，赵卫红，崔玉琴，卫安全，张先娥，曹新武，王艳梅，张琳，孙宇东，洪文志，王国华，邢鸿彦
2011—2013	农业技术推广成果奖	三等奖	山西省马铃薯脱毒种薯繁育与推广	山西省农业种子总站	张剑民，王拴福，郑戈文，许福民，王秉义，张春，刘志宏，曹成卓，张越，卢志俊，王永胜，王荣，张瑜，韩慧敏，曲伏光，武文斌，孙晶，杨东霞，李鹏，王建龙，徐向东，刘贵山，陈彩平，杨红平，张和声
2011—2013	农业技术推广成果奖	三等奖	奶牛优质高效生产集成技术推广应用	山西省畜牧遗传育种中心	李迎光，杨德成，邓锐强，李连友，杨志春，张鹏，刘建兵，解玉才，贺明艳，许芳珍，李帅，弓瑞娟，李勇，韩建欣，李爱哥，陈玉山，张茂华，王翠清，卫广来，方斌，王喜功，陈忠林，车文峰，杨忠，牛博
2011—2013	农业技术推广成果奖	三等奖	胡萝卜新品种引进应用与产业化	厦门市种子管理站	孙国坤，叶明鑫，黄永修，叶庆成，陈艺婷，陈龙杰，洪丽红，肖显超，叶志伟，杨彬元，邱国清，孙珍凉，颜慧莹，纪生疆，彭建兴，梁农，谢毅璇，李设，洪金条，李文北，蒋朝辉，邵建烈，许金滨，蔡文注，洪炳文
2011—2013	农业技术推广成果奖	三等奖	玉米新品种巡天 969 高产稳产综合配套栽培技术示范推广	河北省宣化巡天种业新技术有限责任公司	叶世峰，刘社平，王瑞兵，王激清，李素军，宋胜普，武少元，薛连珍，张宝悦，白秀英，王宝地，陈仲江，刘娜丽，许明丽，朱城平，白殿海，梁伟超，武贵林，李向东，张文博，杭启霞，张静，解学升，刘粤阳

（续表）

年　份	奖　项	等　级	项目名称	第一完成单位	第一完成人/主要完成人
2011—2013	农业技术推广成果奖	三等奖	生猪安全生产全程质量控制技术集成与示范	河北省石家庄市牧工商开发总公司	强慧勤，王荣申，王景顺，葛海芬，李钊，贾琳，张利峰，刘秀刚，刘晓丽，刘亚男，李超，王维新，武景红，李国辉，魏广，聂永强，梁洁诚，岳海祥，沈东，高春蔚，郭超，甄辉欣，董惠欣，陈二红，张梦雪
2011—2013	农业技术推广成果奖	三等奖	养殖池塘环境修复与生态调控	河北省沧州临港海益水产养殖有限公司	夏金树，宋学章，张青松，裴秀艳，李文敏，王继芬，李国信，张文举，蔡灵，倪红军，杨树娥，何树金，高淑慧，柴俊英，张连水，郭瑞成，邵长旺，王振怀，高才全，周庆华，宋凯，张连润，李贺，李文和，马星坤
2011—2013	农业技术推广成果奖	三等奖	蔬菜节水灌溉技术应用推广	河北省农业技术推广总站	宋建新，李志宏，刘少军，蔡淑红，张梅申，张忠义，王建威，赵洪波，何铁锁，马书昌，仝春娥，任肃科，贾建明，何铁柱，安文占，李江峰，商亚静，王泽侠，骆文忠，熊彦娣，王会娟，李娜，常瑞素，高红敏，魏巍
2011—2013	农业技术推广成果奖	三等奖	规模猪场标准化养殖技术体系研究与示范	河北省唐山市畜牧工作站	王桂柱，吕建国，李同洲，苗玉涛，史国翠，黄立新，李艳红，杨艳，戚继存，毕红全，侯建民，申淑君，刘艳凯，李俊勇，张德发，吴贵凌，朱冀宁，孙太福，张万兴，韩建军，段雪萍，王少军，王焕明，董建江
2011—2013	农业技术推广成果奖	三等奖	优质旱黄瓜新品种绿岛 3 号及标准生产技术示范推广	河北科技师范学院	闫立英，李晓丽，宋晓飞，冯志红，史庆文，项平，张翠荣，陈立田，王艳侠，樊庆林，臧春石，赵军会，崔继荣，赵丽娟，王晓辉，马永刚，王明远，满玉平，任玉娟，刘晓红，杨占国，杨振宏，张立永，孟素艳
2011—2013	农业技术推广成果奖	三等奖	标准池塘建设及高效养殖技术推广	福建省水产技术推广总站	张良松，宋武林，陈熙春，李万宝，林炳明，王云，陈茂辉，黄文华，陈超鸣，郑志坚，沈钦龙，黄志平，陈志援，黄远南，严志洪，夏清文，饶晓军，曾宪信，程宁，陈荣美，张克辉，徐绍荣，谢乾山，陈川辉，曾凡沛
2011—2013	农业技术推广成果奖	三等奖	蘑菇新品种 W192 高效综合技术推广	福建省食用菌技术推广总站	黄志龙，肖淑霞，陈传明，廖剑华，陈秀娟，黄聿善，朱明贞，李占伟，蔡志英，刘传森，杨志富，王钦良，高珠清，郑少玲，王财富，黄梅卿，许思亮，叶大春，陈凡，蒋文泽，周丽梅，何希业，吴美英，高美钿，林作龙

（续表）

年　份	奖　项	等　级	项目名称	第一完成单位	第一完成人/主要完成人
2011—2013	农业技术推广成果奖	三等奖	太子参良种应用和丰产优质集成技术推广	福建省宁德市经济作物技术推广站	袁韬，陈慕松，袁素华，黄冬寿，胡志强，王道平，王景先，许阿和，林仙金，张萍，张婷，张敬华，曾志芳，袁家雄，刘成涛，林挺兴，汪涌，林新容，陈世凤，缪麟群，陈勇，兰会权，陈生宝，李金明，游金顺
2011—2013	农业技术推广成果奖	三等奖	规模养殖场自循环治污模式推广	福建省莆田市荔城区农业环保能源站	林忠华，郑天和，戴国章，林雪娥，许晨昕，肖弘建，陈清霞，陈志浪，刘希蝶，陈勇红，原瑞芬，尤荔红，朱冬英，刘丽娜，黄双能，魏敦满，刘模华，王银松，陈玉山，林剑辉，祁黎熙，傅荔章，钟志珍，陈国飞，周建忠
2011—2013	农业技术推广成果奖	三等奖	奶水牛养殖集成技术与示范推广	福建省畜牧总站	陈玉明，张国奋，梁学武，赖清金，曹进国，张以宏，戴万源，陈天林，庄行良，黄海强，刘长木，叶清超，任播杨，林中阳，张婧兰，张美发，叶寄居，蔡仁龙，林青松，陈海洋，余幸福，郭友志，陈小华，高燕珍，叶东湖
2011—2013	农业技术推广成果奖	三等奖	琯溪蜜柚黑斑病综合防治技术应用与推广	福建省热带作物科学研究所	张汉荣，罗金水，陈振东，林秀香，赖跃先，黄天瑞，黄坤洋，林智明，卢松茂，杨尚庞，谢南松，江丽萍，黄双勇，曾保忠，卢友民，卢炳坤，林婷婷，周子坤，黄茂龙，蔡金炉，黄建凤，余智城，张汉城，林赞福，李河城
2011—2013	农业技术推广成果奖	三等奖	南方早熟梨高优栽培技术示范推广	福建省德化县经济作物技术推广中心	黄若展，黄美香，高俊杰，曾福汝，赖诗琛，林小端，陈伙顺，姜鼎煌，黄青峰，李崇高，宁火根，庄东萍，林思棕，罗菁菁，颜景达，张诚，李永红，许长敏，曾丽明，林清举，李小霞，池仰坤，陈金江，徐仁茂，郑清春
2011—2013	农业技术推广成果奖	三等奖	“福佑”佛手瓜新品种选育与示范推广	福建省尤溪县农业科学研究所	林大铨，吴光明，黄事暖，詹昌埜，杨长桃，谢特立，李齐向，康建坂，陈登云，范新单，尤有利，张荣枝，郑亨万，罗应贵，林昭政，何汉良，林隆锋，胡永灯，张秉涯，陈本令，张彩燕，胡巧芳，陈光林，郑宗策，陈洪均
2011—2013	农业技术推广成果奖	三等奖	姬松茸 AbML11 及其高产、低镉生产技术的示范推广	福建省农业科学院土壤肥料研究所	林新坚，羿红，林戎斌，杨淑云，刘叶高，陈政明，巫仁高，颜振兰，凌龙振，王忠宏，肖胜刚，钟祝烂，徐金龙，李上彬，曾绩，张闽春，林桂荣，江和金，杨彬，苏洪，陈高汕，黎忠，傅祖飞，张伍才，蔡建林

（续表）

年　份	奖　项	等　级	项目名称	第一完成单位	第一完成人/主要完成人
2011—2013	农业技术推广成果奖	三等奖	甘薯优质高效新品种秦薯5号、秦紫薯1号的应用与推广	陕西省宝鸡市农业科学研究所	刘明慧，王钊，高文川，朱渭兵，樊晓中，豆利娟，李建国，刘新江，赵芬，郑昭，王有莘，吕文科，车同安，胡世元，雷小青，王世军，何军锋，刘建民，胡小黎，陈显耀，李文军，蒲水龙，文定军，徐惊悌，朱发
2011—2013	农业技术推广成果奖	三等奖	设施草莓优质高效集成技术推广	陕西省西安市农业技术推广中心	李军见，王艳丽，张选厚，何昭，于艳梅，陈显兵，纪辉，许爽，陈琳，程晓博，张良，程爱红，邢国强，雒随洲，文平，王雅娟，张迎军，尹琰，李智勇，郑治平
2011—2013	农业技术推广成果奖	三等奖	黄腐酸土壤改良剂生土熟化技术推广	陕西省秦水生物科技有限公司	李泓辉，崔征良，姚鹏飞，安凤，武俊新，强秦，张慧成，李鹏，王四虎，赵江萌，李肯堂，王峰，王爱利，杜瑛，石磊，王超，张兴智，张琳，王永刚，张红侠，谭建平，冯周魁
2011—2013	农业技术推广成果奖	三等奖	渭北旱塬高效生态复合模式示范应用建设	陕西省林业技术工作站	宋宪虎，王锐，宋满栋，安帅，徐英武，韩宇，李林有，屈蓉蓉，卫红，高俊宏，赵剑颖，张夏芬，田建华，杨保平，王兴旺，郝世斌，来言刚，高列萌，刘晓林，袁永利，孔绿玉，郭亮，邓丽玲，苗宏义
2011—2013	农业技术推广成果奖	三等奖	农产品产地安全土壤环境质量监测评价技术推广应用	北京市农业环境监测站	欧阳喜辉，刘晓霞，孙江，张敬锁，郝建强，董文光，姜春光，李玉军，张庆旺，崔庆，郑雅莲，曹海龙，秦岭，武昭平，崔同华，何永建，肖延玉，赵艳，卢春权，赵建忠，王嵩，陈久海，田福利，田蒙生，赵宗利
2011—2013	农业技术推广成果奖	三等奖	偶蹄家畜口蹄疫、布病和主要寄生虫病防治配套技术改进与推广	北京市兽医实验诊断所	郑瑞峰，韩磊，李志军，张跃，傅彩霞，冯小宇，胡楠，杨军旗，邓友安，姚学军，王国良，王万福，黄兴华，郭洪静，王秀芹，杨龙峰，杨红杰，王金远，于海浪，杨秋生，关永超，李春刚，王金山，王振祥，张秀云
2011—2013	农业技术推广成果奖	三等奖	北京市农产品产销信息集成分析技术及综合服务系统应用示范	北京市农业局信息中心	王大山，赵友森，肖金科，孙伯川，左志丽，黄体冉，韩冰，鲁建斌，胡朝兴，韩玉芸，陈文芳，谢磊，刘满良，孙军，耿秋雨，赵稼详，王艳青，徐茂，贾玉霞，师清才，王永梅，闫英俊，施爱华，马战武，孙小青

（续表）

年 份	奖 项	等 级	项目名称	第一完成单位	第一完成人/主要完成人
2011—2013	农业技术推广成果奖	三等奖	水稻育插秧机械化技术示范推广	江苏省农业机械技术推广站	陈新华，雷恒群，马拯胞，张家华，沈有柏，相努堂，钟志堂，朱亚东，赵敏，崔军，潘九明，景闻，邱大召，祝开华，周洪竹，曹辉，刘玉娟，周福忠，张和荣，胡恒林，俞美话，陆海祥，叶银虎，常洪，杨军
2011—2013	农业技术推广成果奖	三等奖	落叶果树新品种筛选及关键生产技术集成与推广	江苏省徐州市果树服务站	朱守卫，陈宗元，陈绳良，于慧芹，魏闻东，盛宝龙，徐秀丽，牟日敏，渠慎春，王学良，徐卫东，高国峰，储祥宏，苏述红，韩驰，陈祖超，杨丽媛，彭鹏，高付永，朱守君，姚明，赵厚清，刘宗泉，吕宣升，卜庆魏
2011—2013	农业技术推广成果奖	三等奖	沿海啤酒大麦优质高产技术集成应用与产业化开发	江苏省盐城市粮油作物技术指导站	杨力，陈和，许如根，李旭，刘洪进，张红叶，周艳，王永超，张明，包相群，刘永，颜凤亚，龙庆海，王新华，朱傅祥，方怀信，赵国成，岳银华，李红飞，陈琪祥，陈勇，杨军，李武权，何昌飞，李德成
2011—2013	农业技术推广成果奖	三等奖	麦茬水稻全程机械化高产稳产配套技术	江苏省农垦农业发展股份有限公司	胡兆辉，许峰，陈培红，朱亚东，徐启来，陈占荣，王升，苏志富，傅龙光，秦龙，胡广彬，王灿明，朱祥林，冯卫东，秦建华，沈劲松，孙如俊，王建武，郭松林，张桂华，包加站，陈跃武，高定如，邢全道
2011—2013	农业技术推广成果奖	三等奖	高标准粮田地力提升技术集成与推广	江苏省淮安市土壤肥料技术指导站	张杰，杨用钊，祁石刚，王之虎，姜井军，庄春，王丽媛，王从赵，王仁华，钱飞跃，薛乐平，成军，张程，徐广辉，庄迎春，费秀华，刘萍英，刘正平，沈建华，徐庆琴，朱仰辉，施冠玉，孙远鑫，高定新，张华成
2011—2013	农业技术推广成果奖	三等奖	太湖1号青虾养殖技术集成与示范推广	江苏省水产技术推广站	陈焕根，傅洪拓，邹宏海，顾建华，王荣林，李文杰，颜慧，赵继民，许尤文，张倩，蒋造极，姜菊梅，熊文藻，王明荣，乐文俊，褚秋芬，董学洪，黄立民，万宽军，杨旭华，郜广伟，李庆红，史林华，吴春加，王国清
2011—2013	农业技术推广成果奖	三等奖	优质油菜超高产栽培技术示范与推广	江苏省启东市农业技术推广中心	顾圣林，曹顶华，陆益平，龚建生，倪韩燕，卢燕，黄陆飞，顾洪生，王小军，万燕，朱明华，张宏军，董友磊，茅圣英，陈柳，彭建强，季萍萍，王志进，赵晓燕，陈永卫，蔡冬雷，季松平，杨翠娥，杨娟，黄金金

（续表）

年　份	奖　项	等　级	项目名称	第一完成单位	第一完成人/主要完成人
2011—2013	农业技术推广成果奖	三等奖	淮北夏玉米高产高效技术集成推广	江苏省丰县农业技术推广中心粮食作物指导站	马行军，季春梅，韩兴华，李振宏，毛振荣，陈玉花，巩普亚，周为民，赵平，易媛，俞春涛，李琳，陆大雷，王全领，钱海艳，鲁守强，王海森，孙建春，耿立新，吴川，杨波，杜同庆，郭彩虹，李兆虎，吴超华
2011—2013	农业技术推广成果奖	三等奖	长三角地区发酵床养猪技术研究与推广应用	江苏省泰兴市畜牧兽医中心	吴春明，周家瑞，戴璐珺，郭年成，谢彦，叶渊，田宝庆，杨志生，何荣华，梅学理，朱永红，张春兰，丁岚，宋宏文，罗益民，许志广，孙俊峰，肖建东，徐晓军，顾玉云，翁晓春，黄苏华，陈新娟，陈萍，袁海青
2011—2013	农业技术推广成果奖	三等奖	内蒙古高寒区设施蔬菜技术集成推广	内蒙古经济作物工作站	陈春原，程玉琳，叶建全，胡有林，苏敏莉，靳玉荣，杨景杰，孙逊，潘润平，高俊山，李春峰，齐美歌，麻清泽，白玉英，梅春光，毕玉强，王瑞玲，周兴华，单永辉，张明，白艳玲，李艳哲，李金利，朱秀霞，彭海宽
2011—2013	农业技术推广成果奖	三等奖	规模化牧场全株玉米青贮合作化机械化生产技术推广应用	内蒙古奶联科技有限公司	李兆林，李正洪，杨保东，傅彤，贾玉山，徐元伦，姚家富，刘桂瑞，陈利娜，边桂云，曹玉平，索宝，温瑞强，王鹏宇，杨慧，陶华，王殿清，高民，曹有才，车玉媛，杨夏平，赵芳，王学峰，李玉霞，术明慧
2011—2013	农业技术推广成果奖	三等奖	牧区人工草地建设数字化管理技术推广与应用	内蒙古草原工作站	高文渊，郭振瀚，哈斯巴特尔，史永强，郜峰，苏佳楼，布和巴特尔，朝克图，赵云华，张建英，娜仁满都呼，于宏业，戈力兵，张晓华，宋琴，宝力道，李亚荣，孟根乌拉，于华清，朗巴达拉呼，乌英嘎，胡晓彬，额尔登巴图，李树森，特木尔
2011—2013	农业技术推广成果奖	三等奖	优质谷子系列新品种选育与高产栽培技术集成及推广应用	内蒙古赤峰市农牧科学研究院	李书田，赵敏，刘斌，柴晓娇，张立媛，赵禹凯，王显瑞，张国福，毛新颖，江泽，曹磊，杨学文，郝明杰，景振举，张志刚，孙凯旭，王燕春，郝永丽，贺磊，王盛男，娜日娜，王嘉兴，崔志强，刘忠，李文华
2011—2013	农业技术推广成果奖	三等奖	巴彦淖尔市测土配方施肥技术研究与推广	内蒙古巴彦淖尔市土肥站	刘晨光，王霞，张琛平，宿志安，侯玉明，李二珍，姜晓平，张文平，杨柳青，刘梅，韩春霖，王建，周青峰，闫洪，赵来云，贾秀婷，尚瑞斌，刘斯琴，王丽，秦晓燕，段海霞，陈强，刘二勇，郭佳兵，赵汝忠

（续表）

年　份	奖　项	等　级	项目名称	第一完成单位	第一完成人/主要完成人
2011—2013	农业技术推广成果奖	三等奖	罐藏黄桃“金露”的推广应用	辽宁省大连市农业科学研究院	关海春，徐冰，杨凤英，张政，郜日晶，孙鹏程，王景英，毕一立，郝瑞敏，姜广兴，张从慧，潘凤荣，刘爱华，王秋艳，王占君，桂巨德，尹同波，刘学，孔庆军，田光辉，李兴良，韩荣华，于永文，程慕芝，张增智
2011—2013	农业技术推广成果奖	三等奖	菲律宾蛤仔浅海增养殖技术推广应用	大连海洋大学	刘海映，闫喜武，许传才，宋立新，刘德坤，王忠菊，李成江，陈雷，杜萌萌，张义新，宋国斌，邵吉勇，曲学军，张焕，宋成东，陈永华，王阳
2011—2013	农业技术推广成果奖	三等奖	青海毛肉兼用细毛羊良种繁育与推广	青海省三角城种羊场	官却扎西，南木甲，祁全青，赵殿智，党海森，李光梅，李发林，裴全帮，薛航，张海刚，张文魁，德毛，杨更善，赵建军，晁文菊，刘启云，王群伟，东林，许正文，郭守国，王永军，李发海，旦增尼玛，李光平，才仁加
2011—2013	农业技术推广成果奖	三等奖	青海加什科羊选育提高技术研究	青海省畜牧总站	郭继军，付弘赟，王得元，张亚君，杨全秀，陈永伟，冯玉瑶，张积英，文进明，南太，尹相虎，东主加，拉加，多杰，朱国军，李德胜，多杰措，吴国涛，曹学法，高继，申大钊，刘永兰，叶万福，刘延芳，喇红青
2011—2013	农业技术推广成果奖	三等奖	春小麦新品种通麦 2 号选育、示范及推广项目	青海省大通回族土族自治县农业技术推广中心	杨源鸿，马麟，谢德庆，王启明，马吉权，贺双成，张海晖，祁生兰，史黎红，米六存，李生全，李宏茹，陈红，陈秋云，杨立诚，张成海，姜秀清，伊雄昌，杨占彪，雷延庆，刘存福，汪军，黎兴昌，马国泰，祁盛仓
2011—2013	农业技术推广成果奖	三等奖	青海省农区鼠害监测及综合防控技术示范推广	青海省农业技术推广总站	蔡月风，李新苗，张宇卫，祁生源，俞向荣，刘景丽，任利平，余国平，李勇，张可田，李存桂，张剑，刘得国，徐淑华，吴玉栋，罗铭莲，祁建，韩生录，马俊义，祁增兰，马振君，雷生财，孙长礼，周建峰，刘菊春
2011—2013	农业技术推广成果奖	三等奖	青海省机械化深松技术项目	青海省农牧机械推广站	徐建，恩克，魏学庆，田文庆，李全宇，许振林，赵永德，赵凤勇，李增科，张富英，祁顺，童玉良，杜生钰，王育海，汪文，王占魁，朵永胜，师存坚，候代辉，李荣德，宋生禄，张学林，许正友，张仲军，靳伟

（续表）

年　份	奖　项	等　级	项目名称	第一完成单位	第一完成人/主要完成人
2011—2013	农业技术推广成果奖	三等奖	农作物专用BB肥的示范与推广应用	海南省农业科学院	谢良商，吴曼峰，张文，王永造，胡春花，张冬明，李悦麟，王为辉，曾建华，潘孝忠，符传良，陈圣龙，许林坚，陈旭，符以芳，曾勇，崔敏标，陈正祥，杨子林，陈有义，符伟访，郭开煌，王佐昌，李艺，陈光晶
2011—2013	农业技术推广成果奖	三等奖	国家水产新品种芙蓉鲤鲫的推广应用	湖南省水产科学研究所	伍远安，李传武，王金龙，曾国清，高四新，蔡正才，刘寅初，徐永福，李成，廖命忠，李少清，李木华，李绍明，麦友华，李红炳，汤江山，曾春芳，何志刚，李小玲，刘丽，麻和才，张贵财，唐攀，张在永，黄华伟
2011—2013	农业技术推广成果奖	三等奖	湘杂棉15号、湘杂棉19号高产高效示范推广	湖南省棉花科学研究所	贺云新，杨晓萍，梅正鼎，李毅，陈银华，蒋杰，巩养仓，王洪，李建国，欧阳秋波，潘小兵，程泽新，李玉华，周良平，符艳春，黄庆，丁立君，杨建，朱春生，李玉芳，黎波涛，朱海山，郭利双，周德桂
2011—2013	农业技术推广成果奖	三等奖	超级杂交中稻标准化栽培技术	湖南省怀化市粮油作物工作站	王泽军，王圣爱，周金玉，吴晓金，杨原，张廷清，吴泳晖，张克健，马良田，袁信才，杨红桃，吴艳君，黄世聪，尹先正，张利民，杨东生，吴庆军，蒋怀妹，杨志勇，叶传典，易君
2011—2013	农业技术推广成果奖	三等奖	泥鳅人工繁殖关键技术研究及应用技术	湖南省永州市顺康生态农业发展有限公司	卞国民，杨姝，钟辉，罗永波，唐亚亮，彭贵凤，尹文英
2011—2013	农业技术推广成果奖	三等奖	中方县葡萄综合开发技术项目	湖南省怀化市中方县农业局	杨稷，袁云艳，杨绍裕，邓运华，舒平，罗小玉，潘仁全，杨付前，阎琳，杨满妹，杨魏，彭满香，欧阳春霞，杨美红，王忠良，李芳，曾涤平，周庆莲，高波，张少华
2011—2013	农业技术推广成果奖	三等奖	长沙市高致病性禽流感综合防治技术的研究与推广	湖南省长沙市动物卫生监督所	宁华杰，罗冬生，谭镜明，王志明，吴杰，王洪亮，柳斌，郑冠伟，朱振，龙燕，袁晓宇，廖世文，廖建萍，黄志广，杨程东，吴敏，周园，唐曼科，罗宇，熊伟，杨智勇，金正伟，张冬初，张富华，南建辉
2011—2013	农业技术推广成果奖	三等奖	优质高产三系杂交晚籼T优118栽培技术研究与应用推广	湖南省永州市农业科学研究所	李成业，桂爱军，唐杰，陶卫，吕远刚，卢朝军，蒋小军，陈小华，吴晓峰，倪小兰，王泽秋，吕志勇，唐少东，王松柏，唐集祥，邓兆玉，李海英，罗继进，唐炳章，蒋志鹏，秦新国，秦志舫，张湘辉，何增，林涛

（续表）

年　份	奖　项	等　级	项目名称	第一完成单位	第一完成人/主要完成人
2011—2013	农业技术推广成果奖	三等奖	常德市水稻优质高产栽培技术研究与推广	湖南省常德市粮油作物工作站	邓正春，刘克勤，吴平安，吴仁明，张运胜，杨宇，杜登科，陈杰，杨才兵，向小平，陈毅刚，郑文凯，廖林凤，刘国平，何维君，伍志明，李虎，彭杰，刘冬兰，孙芳
2011—2013	农业技术推广成果奖	三等奖	奶牛标准化规模养殖技术示范与推广	新疆兵团畜牧兽医工作总站	司建军，王英姿，周培校，杨红卫，江宇，殷涛，陈少平，刘新元，王学进，汪建萍，彭安业，王学，缪文革，邓红江，杨文刚，王东保，蒲敬伟，魏勇，王众，陆敬文，石琴，杨华，徐义民，陈建新，沙力塔娜提
2011—2013	农业技术推广成果奖	三等奖	优质红枣密植丰产栽培技术推广应用	新疆兵团第十四师二二四团	刘惠明，黄然，刘多红，田成，唐志华，黄光辉，党学敏，朱春江，薛秋红，何彦军，王海婵，李祖芳，马丽荣，史小勇，张宁宁，王长超，孙勇
2011—2013	农业技术推广成果奖	三等奖	杂交肉用羊高效生产技术研究与应用	新疆兵团第六师五家渠市畜牧兽医工作站	刘彩虹，吴荷群，陈文武，王忠山，刘向鹏，付秀珍，张子荣，王新生，王建荣，宋文富，尹劲
2011—2013	农业技术推广成果奖	三等奖	云南高原特色作物绿色防控技术集成与推广	云南省植保植检站	汪铭，李永川，罗嵘，赵云柱，窦秦川，沐卫东，罗刚，马庭矗，徐明春，韩忠良，朱建良，罗承燕，李咏梅，赵洪，罗有兴，何立元，李克华，马春旺，雷海祥，董雄君，和玉龙，赵正文，胡明德
2011—2013	农业技术推广成果奖	三等奖	云南部分地区猪主要呼吸道疫病防控技术研究与示范	云南农业大学	舒相华，宋春莲，杨志雷，尹革芬，赵桂英，毕保良，李卫真，杨忠富，舒相益，杨学明，张桂生，吴永新，杨奎，杨武洪，王艳芬，邵正红，吕继荣，张翔，刘洁，毕润，者文华，王春立，矣学亮，李登峰，杨军
2011—2013	农业技术推广成果奖	三等奖	推广增粮技术 650 万亩促进德宏粮食“三连增”	云南省德宏州农业局	黄廷祥，顾中量，徐文果，黄国龙，赵保国，李香连，赵丽娟，尹兴祥，李良，赵霁，赵剑锋，肖卫华，余选礼，刘鑫鹏，周文昌，段学聪，马义昌，曹兴富，侯跃，孙艳双，岩所，杨双权，张春艳，张艳春，马丽
2011—2013	农业技术推广成果奖	三等奖	生猪高效繁殖技术的推广与应用	云南省曲靖市农业局	高春国，尤如华，沈元春，杨丽仙，权本才，余宗寿，张宝花，魏斌，许泽现，邓燕粉，邓德富，刘俊武，缪祥虎，丁艳，杨建学，殷鸭书，陆宝成，黎国锦，周详，段爱红，晏华维，李腾，莫云贵，杨路宝，张路凤

（续表）

年份	奖项	等级	项目名称	第一完成单位	第一完成人/主要完成人
2011—2013	农业技术推广成果奖	三等奖	云南省薇甘菊防治与预警监测	云南省农业环境保护监测站	岳英，张付斗，泽桑梓，孙治旭，张国云，邵革贤，赵跃植，王美凤，李正洪，杨荣权，杨保住，柳树国，李国瑞，陈贵平，李云华，黄德安，尹培昌，兰时康，腾富金，杨良，尹仁惠，陈应宏，段培林，王明艳，腊桩
2011—2013	农业技术推广成果奖	三等奖	昭通市马铃薯晚疫病综合防治技术推广	云南省昭通市农业局	石安宪，马永翠，宋家雄，龚声信，李平松，吉勇，张金学，何德萍，唐明凤，田丽华，杨毅娟，贾仕康，樊朝芬，林世金，张汉学，赵庆友，杨进荣，管彦荣，陶琼，刘洪翠，余曲，涂云超，周礼兴，姚光禄，马高蕾
2011—2013	农业技术推广成果奖	三等奖	北方旱寒区超强抗寒冬油菜试验示范	甘肃农业大学	孙万仓，刘自刚，陈其鲜，王学芳，曾秀存，徐秉良，陆祥生，李强，张晓阳，何军良，张杰，李会宾，李云虎，刘翠荣，李愚超，王春峰，王利军，曹天海，杨文元，王永辉，侯纪军，马全保，赵文祥，李建红
2011—2013	农业技术推广成果奖	三等奖	三倍体虹鳟育种与养殖技术集成与示范	甘肃省水产研究所	张艳萍，娄忠玉，王太，焦文龙，虎永彪，秦懿，史小宁，魁海刚，李世华，刘耀祥，曹伟，杨顺文，赵贤花，李坤，娄刚玉，罗中华，唐平，左永忠，邹惠全，陈克兰，司秀芳，李玉良，刘春平，杜岩岩
2011—2013	农业技术推广成果奖	三等奖	张掖市肉羊健康高效养殖技术研究与示范	甘肃省张掖市畜牧兽医局	魏玉明，何彦春，袁涛，高仰平，郑学雄，王宏芳，孙延林，乔红梅，刘严华，周勃，李旭蓉，齐明，段华宾，张文波，姬宏伟，魏姗，宋建林，张翠花，任天武，祁国军，赵瑞善，程继宏，张自银，陈伟，朱胜智
2011—2013	农业技术推广成果奖	三等奖	甘肃优质肉牛规模化生产技术集成研究与示范	甘肃省畜牧业产业管理局	赵国琳，韩登武，鲁光贵，韦鹏，田贵丰，蔡周山，杨孟军，马占虎，李进珍，葛英红，杨增新，戴德荣，马志宁，袁勇，王延宏，董江，孔吉有，兰娉，韩拾珠，马彪，杨自新，杨玉诚，李俊莲，安权
2011—2013	农业技术推广成果奖	三等奖	沿祁连山冷凉区域马铃薯优质高产综合技术推广	甘肃省张掖市农业局	张东昱，张文斌，夏叶，徐进，周晓丽，宋学林，段志山，李建华，魏开军，杜天顺，段宏山，单波，于琼，王玺国，张仁兵，李文德，钱增新，周志龙，柴武高，李长忠，李乐，赵振乾，巴兰清，周建忠，刘忠
2011—2013	农业技术推广成果奖	三等奖	甜瓜新品种及标准化栽培技术示范推广	甘肃农业大学	陈年来，朱长征，韩国君，陶永红，陈菁菁，常智善，王海军，陆春梅，安梅，梁立中，康波，李金霞，张文杰，侯政权，康富文

（续表）

年 份	奖 项	等 级	项目名称	第一完成单位	第一完成人/主要完成人
2011—2013	农业技术推广成果奖	三等奖	马铃薯主要病虫害研究与综合防治技术示范推广	甘肃省定西市农业局	魏周全，陈爱昌，邓成贵，漆文选，张振军，季绪霞，孙兴明，牛旭东，王琳，陈如宽，师增胜，范爱平，杜玺，张廷义，杜仲龙，崔元红，王彦彪，杜立和，张颖，谢强，卢学智，侯振明，张建伟，岳震，李永祥
2011—2013	农业技术推广成果奖	三等奖	梨优良品种引进繁育及简约化无公害生产综合配套技术示范推广	河南省经济作物推广站	郑乃福，陈英照，叶霞，吕波，刘丽，胡波，王桂芳，姚国胜，郑明立，宋爱莲，张崇振，陈传哲，王彦斌，刘伟，宁海峡，李广岑，郝建奎，田克海，任少娟，李振泰，周喜争，谢波逊，王路线，许颖杰，王万周
2011—2013	农业技术推广成果奖	三等奖	种子包衣在主要粮油作物病虫防治中的推广应用	河南省植物保护植物检疫站	张国彦，程相国，马洌扬，杨新志，李建仁，李金锁，王卫，胡敏，张慧远，马巍，史永森，刘林业，吴凌飞，张飞跃，董彦防，常春梅，王更新，许保才，李中印，王建英，肖占伟，党焕芝，赵传旗，彭绍锋，杜士云
2011—2013	农业技术推广成果奖	三等奖	河南无公害优质柞蚕茧生产技术集成与推广	河南省蚕业科学研究院	包志愿，朱绪伟，周其明，崔自学，周志栋，冯春营，潘茂华，赵时祥，郭剑，张瑜，郭有玲，吴运生，刚志锋，郭亚光，宋祎莹，王慎娜，杨朝改，韩鸿鹏，魏彩侠，李延河，黄金全，付廷玉，王宪昌，靳立伟，常小霞
2011—2013	农业技术推广成果奖	三等奖	绿色大蒜标准化生产技术规程研究及产业化开发	河南省开封市植物保护植物检疫站	沙广乐，党增青，吴营昌，王振跃，李延伦，李丽霞，柴升，李元杰，李庆林，樊会丽，苏聪玲，杨树春，周圆，时运岭，司德智，王超，高玉红，李月瑞，阎建梅，沙品洁
2011—2013	农业技术推广成果奖	三等奖	耕地地力指标建立与评价及其在种植业结构调整中的应用	河南省洛阳市农业技术推广站	郭新建，马明，王秀存，武从安，张占胜，邓旭先，蒋春涛，王颖辉，张伟，马现伟，杜同年，赵健飞，孙太安，刘尚伟，赵满魁，王哲武，段小玲，李静丽，陈彩红，刘要辰，李文彬，李书芳，李逸，党永照，刘毅华
2011—2013	农业技术推广成果奖	三等奖	泥鳅人工繁殖关键技术研究与推广	河南省信阳市南湾水库管理局	胡安华，叶新太，汪利，吴良成，张晔，贺海战，曾鹏，马超，魏廷，岳克华，傅政卿，杨志刚，何琛，钟光春，刘娟，盛艳，赵娟，龙家庆，江开清，曹运刚，张焰磊，汪磊，靖富俊，刘超，李宏

（续表）

年　份	奖　项	等　级	项目名称	第一完成单位	第一完成人/主要完成人
2011—2013	农业技术推广成果奖	三等奖	小麦高产及养分高效管理技术体系的研究与应用	河南省许昌市土壤肥料站	牛银霞，苗小红，张玉昌，康永亮，袁迎现，李保明，宋建军，尚大朋，宋国华，师小周，艾晓凯，段松霞，陈会玲，张浩，彭潮，王喜民，李新华，赵寒梅，吴爱丽，王新阳，王磊，刘淑红，刘会娟，张亚永，王浩然
2011—2013	农业技术推广成果奖	三等奖	小麦新品种邓麦 996 的选育及应用	河南先天下种业有限公司	冯俊荣，李金良，左学玲，李晓丽，李花云，曹风阁，李烨，房培渊，邓玉傲，薛书钦，高申军，刘华济，冯俊波，王志亭，董全雄，曲良梅，李瑞梅，张丽萍，鲁丰阳，王海波，刘林策，李阳飞，陈淅迁，孙博，冯大宗
2011—2013	农业技术推广成果奖	三等奖	卢氏绿壳蛋鸡资源保护与产业开发	河南省卢氏县畜牧兽医工作站	莫占民，苏建方，高灵照，白剑，肖赞奇，张长旺，宁国伟，郝治红，张世刚，王丽娟，张春花，黄留柱，王君明，罗新民，郭新春，赵生武，徐新月，牛晓铁，马爱芹，张冬梅，王玉民，杜卢铁，肖成楼，胡明君，杜洋
2011—2013	农业技术推广成果奖	三等奖	豫南黑猪新品种应用与推广	河南省畜禽改良站	吉进卿，李莉，过效民，李新建，李学辉，陈立新，李凯，夏继会，魏锟，付兆生，王晓锋，陈建平，梁莹，王德荣，叶章运，江涛，朱锐广，严平，余祖峰，张恩香，张军，叶丛华，祁宏伟，任灵芝，丁宁
2011—2013	农业技术推广成果奖	三等奖	耐盐碱水旱两用稻新品种选育及配套技术集成推广	天津市原种场	于福安，张伯良，王振起，刘文政，辛艳，吴建金，陈玉春，王东军，韩春洪，赵晓宇，付从贵，李文琴，孙淑琴，李晓芬，刘浩，刘文洲，龚海生，赖立松，赵丽萍，刘桂萍，赵丽华，朱照明，李伟，郑久明，孙辉
2011—2013	农业技术推广成果奖	三等奖	激光平地机械化技术示范推广	天津市农业机械试验鉴定站	贾军，陈芳，李纪周，丁润进，任长青，秦瑞海，李万才，刘玉恒，宋樱，陈杉，任绍杰，马晓媛，孟令宇，韩金华，赵丽，安净，陈颖，何庆祥，王秋利，于文千，刘玉华，张芳，楚宝坤，倪道明，李万成
2011—2013	农业技术推广成果奖	三等奖	铜仁市“双杂”新品种推广应用	贵州省铜仁市种子管理站	李朝霞，廖雪红，陈正福，刘智勇，黄文美，王显权，汪泽辉，安兴智，樊丽容，王朝坤，姚力，李永凤，甘坤俊，张羽军，王安华，吴兰英，罗贤君，刘红军，王安康，安强，徐文霞，刘宣强，杨绿英，张晓波，刘秀强

（续表）

年　份	奖　项	等　级	项目名称	第一完成单位	第一完成人/主要完成人
2011—2013	农业技术推广成果奖	三等奖	贵州黑山羊高效养殖配套技术研究与示范推广	贵州省毕节市畜牧兽医科学研究所	宋德荣，周大荣，彭华，张琼娣，江兴美，涂鑫，帅亮洪，田松，肖明举，宋安兴，黎志勇，刘清木，唐丹霞，苏芳，黄鹤，詹永利，张守文，周训海，李家贵，杨思维，费文贤，朱珍谋，吴蕊汝，刘世远，魏之义
2011—2013	农业技术推广成果奖	三等奖	水稻、玉米综合集成丰产技术	贵州省毕节市农业技术推广站	胡建风，聂宗顺，袁恒新，聂晓文，王志远，邱兴，吕泽华，王榜列，姚芸，周仕英，成马丽，葛刚，王显立，翟玉玲，向明贵，陈森林，李红艳，李文武，龙尚鹏，涂元正，蔡仕耘，邱维元，李华，王荣芳，赵忠明
2011—2013	农业技术推广成果奖	三等奖	黔南州动物疫病普查及应用项目	贵州省黔南布依族苗族自治州动物疫病预防控制中心	董保豫，犹银俊，周启泽，邓猛，皮泉，王兴辉，覃克勋，王松国，陆开洪，刘保群，黎桂云，罗德彪，刘兵，覃倩，陈波，甘光禄，陈素芬，申高菊，陆兴明，张中义，张光玺，钟永富，胡光俊，尤永庆，王之飞
2011—2013	农业技术推广成果奖	三等奖	肉牛肉猪高效工程技术集成与示范	贵州省毕节市畜牧技术推广站	蒋会梅，张义玲，王明进，向成举，刘章忠，易鸣，杨开，张纯新，任益，叶松，张贵祥，袁军，周光元，李朝英，徐光佑，曾红平，张芸芳，陈凯，沈霞，陈耳开，马廷先，徐明书，康远林，古黔海，张以富
2011—2013	农业技术推广成果奖	三等奖	优质饲草生产及加工利用技术推广	重庆市畜牧技术推广总站	李发玉，刘学福，尹权为，张璐璐，潘晓，邬仕能，方亚，陈文俊，魏长虹，唐臣学，孙松柏，陈骁详，贺忠友，石化银，尹思明，段兵，李舸，李小姝，石海桥，吴春燕，马勇，陈永飞，刘均兵，余开勇
2011—2013	农业技术推广成果奖	三等奖	早生、兼制茶树系列良种选育及名优茶开发关键技术创新与应用	重庆市农业技术推广总站	贺鼎，冷杨，陈明成，汪淮，解娟，刘素强，陈如寨，李伟，熊静丹，罗亚玲，薛红，邹勇，王远全，王帅，李红，成萍，钟应富，范晓伟，杨谊昌，黄道先，王建国，叶宗平，张节明，罗应金，施信煌
2011—2013	农业技术推广成果奖	三等奖	优质土鸡繁育及生态养殖配套技术研究与推广	重庆市畜牧技术推广总站	王永康，刘昌良，张学成，屈治权，陈天银，谭千洪，游斌，朱燕，张晶，熊碧波，钟银祥，邵明安，杨由富，王晓，姚启军，杨杰，樊吉林，张瑞江，刘进，曾祥芬
2011—2013	农业技术推广成果奖	三等奖	生猪标准化规模养殖技术研究与示范	重庆市巫山县畜牧生产站	黎远伦，胡永慧，向明，王存华，陈恢科，谢兰霞，杨明友，胡永松，杨书轩

（续表）

年　份	奖　项	等　级	项目名称	第一完成单位	第一完成人/主要完成人
2011—2013	农业技术推广成果奖	三等奖	东北黑蜂优良种源培育及规模化养殖技术研究	黑龙江省蚕蜂技术指导总站	王淑芬，马良，韩伟，杨劲松，张庆良，高清，魏钦，董艳娟，杨春敏，崔长日，赵希富，董辉，朱玉国，胡学银，朱晓冬，徐向文，张靖奎，褚宏丽，陈玲玲，国雅文，邹天才，罗立新，孙庆超，石研辉
2011—2013	农业技术推广成果奖	三等奖	黑龙江省农田统一灭鼠	黑龙江省植检植保站	崔长春，肖迪，贾建伟，李鹏，黄丽杰，苗春瑞，朱宇耀，权明顺，闫强，李霞，孙秀杰，王春媛，李彦，李彦斌，尹淑莲，骆生，毕春彦，吴瑞华，董智军，尹绍丰，韩文梅，李云宏，李玉梅，赵芳，李纯伟
2011—2013	农业技术推广成果奖	三等奖	大豆灰斑病综合防治技术研究与推广	黑龙江省农业科学院佳木斯分院	丁俊杰，顾鑫，杨晓贺，赵海红，蒋佰福，牛忠林，顾秀田，赵志，徐柏富，赵志艳，乔新，董福长，刘翠霞，刘立岩，侯晶，吕兆鑫，王坤鹏，张海峰，吴萍，肖凯战，宋琦，李凤芹，孙荣政
2011—2013	农业技术推广成果奖	三等奖	玉米机械化收获技术推广	黑龙江省农业机械化技术推广总站	刘波，陈实，迟德龙，刘昆，刘宝，贾正东，周宏军，王明俊，迟玉杰，崔东杰，范瑞萍，初江，韩玉福，于芳，陈立春，温璞，张春艳，周传友，李骢驰，刘爱娟，赵革，张忠侠，于坤，张晋栋，臧东慧
2011—2013	农业技术推广成果奖	三等奖	农作物生长情况监测系统建设	黑龙江省哈尔滨市农业技术推广服务中心	王崇生，周新宇，张俊宝，艾民，安浩，陈微，柴赫男，刘淑香，杨合成，温广发，郭荣利，张剑秋，李颖，郑金山，李树男，吴贵忠，郭才，邱发英，甘洪滨，苏志国，刘景龙，何志龙，张阳，郝常友，曹立奇
2011—2013	农业技术推广成果奖	三等奖	黑龙江省农业污染源普查与应用（种植业源）	黑龙江省农业环境保护监测站	李占军，杜传德，赵瑾，王晓辉，张浩，李瑜，韩成新，邢新，陈海山，薛鸿雁，王喜斌，陈然，李胜军，李春琪，关升禄，陈明刚，凌会芳，姜立峰，朱丽娟，赵洪池，李宝玉，赵忠志，丛丽华，胡晓莉，赵玉清
2011—2013	农业技术推广成果奖	三等奖	大豆窄行密植综合机械化技术	黑龙江省农业机械化技术推广总站	唐云涛，崔宏磊，孙征权，高岩，张凤波，邓丽娟，陈永琴，葛鸿燕，高同华，范宝红，胡彦春，丁玉福，王洪伟，张宝成，陈志力，张志斌，罗妍，李辉，张庆福，尹春红，伊建全，王海波，尹荣海，郑东辉，张春生

（续表）

年　份	奖　项	等　级	项目名称	第一完成单位	第一完成人/主要完成人
2011—2013	农业技术推广成果奖	三等奖	黑龙江省奶牛全混日粮饲喂技术应用与推广	黑龙江省畜牧兽医总站	王宏光，许北弘，孙晓玉，张闯，韩鹏，刘殿杰，刘东华，王春梅，刘再河，李蔚，刘万钢，李鹏飞，王淑杰，吕继艳，曾凡玲，王晓东，郭会彦，王春辉，陈中峰，张立军，李宏钧，刘艳红，刘文涛
2011—2013	农业技术推广成果奖	三等奖	蛋鸡153标准化养殖模式示范推广	湖北省畜牧技术推广总站	李朝国，陈红颂，洪齐，杨宏，蔡传鹏，王建国，王军，金本华，沈红升，刘涛，胡道俊，戴小方，汪木祥，朱爽爽，熊军陵，朱德江，张妙李，沈莉，蔡莹丽，董以良，汪又萍，徐军，陈建国，陈志森，江学俊
2011—2013	农业技术推广成果奖	三等奖	水稻育插秧机械化技术示范推广项目	湖北省农业机械工程研究设计院	杨如辉，秦少兰，冯天玉，金书男，曾晨曦，程志刚，汪克俭，万家华，陆育华，刘继梅，邓敬文，王峰，李家普，唐满，王方城，彭新海，叶森，张德智，程海洋，赵援非，张玉江，蒋志军，黄建设，吴黎波，詹志华
2011—2013	农业技术推广成果奖	三等奖	系列甘薯新品种的配套栽培技术研究与推广应用	湖北省农业科学院	杨新笋，王连军，曹清河，程航，雷剑，苏文瑾，张立华，周宏，邓辉，郑彬，唐小兵，吴继洪，李红斌，陈新举，李波，吴永红，赵天忠，沈兴国，魏先尧，王建元，耿明仙，余中伟，张瑞，李明亮
2011—2013	农业技术推广成果奖	三等奖	优质杂交水稻广两优35推广应用	湖北省襄阳市农科院	余华强，李有明，田永宏，黄大明，曹国长，陈波，房振兵，范兵，方遵超，余晓强，付清菊，张勇，魏德文，陈斌，唐清华，魏静，张爱丽，周爱国，高雄文，张侃侃，曾道荣，李正武，聂发国，崔炳清，牛贵勤
2011—2013	农业技术推广成果奖	三等奖	高氮污染区脱氮沟工程治理技术研究与示范	湖北省农业生态环境保护站	樊丹，范修远，朱端卫，戢正华，王清，李涛，童存银，王丽娜，闫仁凯，李志红，方明生，熊佳林，安维彬，董明锋，康俊安，肖杰，汪荣勇，杨顺忠，王刚，胡云峰，刘林涛，何剑，李勇，樊萍，陈淑兰
2011—2013	农业技术推广成果奖	三等奖	黑龙江大豆安全施肥与优质高效生产技术示范与推广	黑龙江八一农垦大学	张玉先，王孟雪，金喜军，张有利，郑殿峰，冯乃杰，杜吉到，王晓燕，彭东君，王宝生，张国军，彭继峰，秦传东，魏贤斌，刘建生，惠希滨，佛明珠，霍庆民，周雅芳，侯仰芝，杨燕江，高世杰，赵玉福

（续表）

年　份	奖　项	等　级	项目名称	第一完成单位	第一完成人/主要完成人
2011—2013	农业技术推广成果奖	三等奖	高油高产耐逆大豆垦丰 17 推广	黑龙江省农垦科学院	杨丹霞，姜玉久，蒋红鑫，王淑荣，王继亮，李华，王德亮，汤凤兰，丁兆禄，王平，吴名璋，王长溪，吴跃奇，张佩升，曹娟华，王庆利，金延斌，李忠财，董元香，管建华，杨帆，高海军，路广海，李秀峰，张宝龙
2011—2013	农业技术推广成果奖	三等奖	寒区羊优质高效养殖综合技术的推广与示范	黑龙江八一农垦大学	耿忠诚，张爱忠，倪宏波，马群山，耿进怡，姜宁，杨隽，靳明武，孙本海，司建成，何晶，王海林，王彬，李健，宋立国，王亮，林洁，施长喜，边庆宽，金胜柱，胡柏东，李徐延，张雷，姚春波，黄兴亚
2011—2013	农业技术推广成果奖	三等奖	优质油菜新品种山油 4 号示范推广	西藏自治区山南地区农业技术推广中心	次仁，司志强，扎西次仁，次杰，卓玛，杨涛，巴果，支张，普布拉珍，拉巴，巴桑卓玛，白玛群宗，索朗次旦，巴桑次仁，益西边巴，才毛措，边巴，丹增次旦，巴珠，罗布多吉
2011—2013	农业技术推广成果奖	三等奖	北方池塘鱼类安全越冬新技术集成与示范	辽宁省水产技术推广总站	郑怀东，徐广宏，刘学光，赵文，方朝辉，徐小雅，何连生，张鹏，王志滨，阴惠义，李成军，由广军，吴长春，王兴刚，李辽红，朴元植，赵玉勇，刘善成，张岩岩，王德生，李小进，陈洪大，王新革，唐治宇，李威
2011—2013	农业技术推广成果奖	三等奖	水稻优质高产高效栽培技术集成与推广	辽宁省水稻研究所	侯守贵，代贵金，于广星，陈盈，李海波，张新，付亮，赵琦，马亮，张满利，郑玉辉，王之旭，闵忠鹏，张起范，周素云，杨淑勤，苏立坚，王平，高晓云，佟建坤，王银河，李晓伟，崔永刚，刘伟，王文杰
2011—2013	农业技术推广成果奖	三等奖	保护性耕作关键技术研究与应用	辽宁省农业机械化技术推广站	刘安东，樊金鑫，滕平，赵文平，于君，程万里，崔昕，奚佳有，侯志宏，赵文义，董万乐，尤丹，滕鸿雁，王晓霞，甄世成，刘刚，石晓丽，孔桂玲，刘阳，李宏哲，周波，黄正林，韩锋，张秀艳，陈丹
2011—2013	农业技术推广成果奖	三等奖	高产水稻盐丰 47 选育与示范推广	辽宁省盐碱地利用研究所	李振宇，卓亚男，王东阁，付立东，于亚辉，万春雷，贾慧群，王福全，籍平，王德清，徐丽蕻，詹贵生，李在林，闫春林，孙桥，李忠武，王安国，李冬梅，姜宝龙，左荣伟，金日男，王明君，李乃谦，赵志强，许国柱

（续表）

年 份	奖 项	等 级	项目名称	第一完成单位	第一完成人/主要完成人
2011—2013	农业技术推广成果奖	三等奖	蜜浆胶高产蜜蜂良种选育及推广	吉林省养蜂科学研究所	牛庆生，薛运波，历延芳，曲庆学，葛凤晨，姚真良，柏建民，高洪学，刘福广，高启臣，兰凤明，张建忠，卢帮甫，张国义，王成军，王作新，赵克军，杨明福，谷振甲，刘洪义，宋金金，吴道顺，魏金安，王大方
2011—2013	农业技术推广成果奖	三等奖	吉林市北方单季稻区水稻机械化育插秧技术推广	吉林省吉林市农业机械化技术推广中心	洪杰，曹卫军，徐枫，温鑫，李再臣，邓吉鹰，金东哲，李宏光，杨代莒，潘继红，李立忠，戚国富，梁洪伟，文哲学，辛太国，李振辉，谢辉，郑秀丽，李斌，卢晓玲，齐春霞，阎石，禚元春，李井全，郑顺
2011—2013	农业技术推广成果奖	三等奖	优质高产大豆延农11号的应用与推广	吉林省延边朝鲜族自治州农业科学院	黄初女，王亮，王光达，朱浩哲，崔东成，朴光一，张庆宇，朴成日，丁洪玲，林新尚，张晓红，金星海，张吉福，申延国，李敏，崔龙万，黄忠烈，郑桂歧，张吉子，白红女，金英玉，李明姬，姚玉春，崔龙云，朴京珠
2011—2013	农业技术推广成果奖	三等奖	水稻免耕轻耙节水栽培技术	吉林省松原市土壤肥料工作站	刘国东，温天赤，王成彩，张海波，王振，蔡艳梅，唐丽丽，肖欣刚，孙立新，于艳芬，段良敏，李元元，王雪松，梁晓辉，吴进成，刘勇，张春雨，于晶，姚孝先，高培宇，葛巨秋，李义广，孙建利，赵春雨，姜威
2011—2013	农业技术推广成果奖	三等奖	农安县100万亩紧凑型玉米增密高产栽培技术推广	吉林省农安县农业技术推广中心	辛敏纲，邹志新，郑哲，马凤华，廉忠华，梁万龙，王保才，曹晓红，朱海峰，高越，张广菊，王立新，吕冬梅，杨修青，董春霖，尹广喜，刘义，夏雨宏，张晓林，于东，张崇慧
2011—2013	农业技术推广贡献奖	—	—	全国畜牧总站	杨泽霖
2011—2013	农业技术推广贡献奖	—	—	浙江省桐乡市农业机械化技术开发推广站	刘炳浩
2011—2013	农业技术推广贡献奖	—	—	浙江省诸暨市农机管理总站	金晓敏
2011—2013	农业技术推广贡献奖	—	—	浙江省义乌市义宝农庄（义乌市义和粮食机械化专业合作社）	冯泽宝
2011—2013	农业技术推广贡献奖	—	—	浙江省海盐县沈荡畜牧兽医站	彭建祥
2011—2013	农业技术推广贡献奖	—	—	浙江省龙游县畜牧兽医局	朱珉
2011—2013	农业技术推广贡献奖	—	—	浙江省缙云县畜牧兽医局	陶忠连

（续表）

年　份	奖　项	等　级	项目名称	第一完成单位	第一完成人/主要完成人
2011—2013	农业技术推广贡献奖	—	—	浙江省杭州市余杭区农业技术推广中心	胡剑光
2011—2013	农业技术推广贡献奖	—	—	浙江省南浔区农技推广服务中心	曹泉方
2011—2013	农业技术推广贡献奖	—	—	浙江省兰溪市土壤肥料工作站	陶云彬
2011—2013	农业技术推广贡献奖	—	—	浙江省临海市涌泉镇农业综合服务中心	应明再
2011—2013	农业技术推广贡献奖	—	—	浙江省金华市农业科学研究院	郑寨生
2011—2013	农业技术推广贡献奖	—	—	浙江省绍兴市水桥粮食农机专业合作社	章水桥
2011—2013	农业技术推广贡献奖	—	—	浙江省杭州市萧山区农业技术推广中心	卜利源
2011—2013	农业技术推广贡献奖	—	—	浙江省玉环县万丰水产养殖有限公司	黄小祝
2011—2013	农业技术推广贡献奖	—	—	浙江省水产技术推广总站	张海琪
2011—2013	农业技术推广贡献奖	—	—	江西省农业技术推广总站	曹开蔚
2011—2013	农业技术推广贡献奖	—	—	江西省南昌县粮油生产管理站	熊多根
2011—2013	农业技术推广贡献奖	—	—	江西省修水县蚕桑局技术推广中心	徐俊
2011—2013	农业技术推广贡献奖	—	—	江西省都昌县植保植检站	刘初生
2011—2013	农业技术推广贡献奖	—	—	江西省抚州市南丰县农技推广中心	邱晓花
2011—2013	农业技术推广贡献奖	—	—	江西省永新县种子管理站	左晓斌
2011—2013	农业技术推广贡献奖	—	—	江西省婺源县茶叶技术推广中心	程根明
2011—2013	农业技术推广贡献奖	—	—	江西省奉新县农业局土壤肥料站	阴小刚
2011—2013	农业技术推广贡献奖	—	—	江西省寻乌县澄江镇人民政府	凌志明
2011—2013	农业技术推广贡献奖	—	—	江西省安福县农机技术推广站	刘团基
2011—2013	农业技术推广贡献奖	—	—	江西省九江县农业局农机化管理站	刘文成
2011—2013	农业技术推广贡献奖	—	—	江西省南康市畜牧兽医站	严由南
2011—2013	农业技术推广贡献奖	—	—	江西省吉水县畜牧兽医局	刘党生

（续表）

年　份	奖　项	等　级	项目名称	第一完成单位	第一完成人/主要完成人
2011—2013	农业技术推广贡献奖	—	—	江西省峡江县畜牧兽医局	胡永东
2011—2013	农业技术推广贡献奖	—	—	江西赣玉林农业开发有限公司	赵林
2011—2013	农业技术推广贡献奖	—	—	江西省南昌市五星垦殖场	葛光明
2011—2013	农业技术推广贡献奖	—	—	江西省万安县水产局	王显明
2011—2013	农业技术推广贡献奖	—	—	江西省峡江县渔业局	习宏斌
2011—2013	农业技术推广贡献奖	—	—	四川省阆中市农业科技教育管理站	何加平
2011—2013	农业技术推广贡献奖	—	—	四川省仁寿县农业科教站	罗斌
2011—2013	农业技术推广贡献奖	—	—	四川省理县植保植检站	杨孝君
2011—2013	农业技术推广贡献奖	—	—	四川省射洪县农业服务中心（农技站）	陈明祥
2011—2013	农业技术推广贡献奖	—	—	四川省泸州市江阳区农林局	殷光洪
2011—2013	农业技术推广贡献奖	—	—	四川省简阳市东溪镇农业服务中心	袁勇
2011—2013	农业技术推广贡献奖	—	—	四川省邻水县柑子农业技术推广站	钟合清
2011—2013	农业技术推广贡献奖	—	—	四川省眉山市东坡区太和镇农业服务中心	王晴宇
2011—2013	农业技术推广贡献奖	—	—	四川省双流县农业机械技术推广站	杜长明
2011—2013	农业技术推广贡献奖	—	—	四川省绵竹市农业机械化技术推广站	魏含斌
2011—2013	农业技术推广贡献奖	—	—	四川省岳池县九龙农机技术推广站	马建辉
2011—2013	农业技术推广贡献奖	—	—	四川省泸县方洞畜牧兽医站	秦长富
2011—2013	农业技术推广贡献奖	—	—	四川省西昌市畜牧工作站	蒋朝龙
2011—2013	农业技术推广贡献奖	—	—	四川省仁寿县钟祥中心畜牧兽医站	刘泽君
2011—2013	农业技术推广贡献奖	—	—	四川省广元市昭化区石井铺畜牧兽医站	陆登仁
2011—2013	农业技术推广贡献奖	—	—	四川省井研县畜牧局	方兴云
2011—2013	农业技术推广贡献奖	—	—	四川省若尔盖县红星乡畜牧兽医站	达哇

（续表）

年　份	奖　项	等　级	项目名称	第一完成单位	第一完成人/主要完成人
2011—2013	农业技术推广贡献奖	—	—	四川省广安市广安区枣山镇畜牧兽医站	莫兴华
2011—2013	农业技术推广贡献奖	—	—	四川省资中县畜禽繁育改良站	曾华富
2011—2013	农业技术推广贡献奖	—	—	四川省安岳县水产渔政局	曾航
2011—2013	农业技术推广贡献奖	—	—	四川省成都市三溪农业综合开发有限责任公司	孙泽富
2011—2013	农业技术推广贡献奖	—	—	四川省森福农业发展有限公司	胡远兵
2011—2013	农业技术推广贡献奖	—	—	四川省南充市农业科学院	张明荣
2011—2013	农业技术推广贡献奖	—	—	四川省宜宾市农业机械研究所	冯传烈
2011—2013	农业技术推广贡献奖	—	—	四川省广安市广安区农村能源建设办公室	李正林
2011—2013	农业技术推广贡献奖	—	—	广东省梅县农业技术推广中心	钟利萍
2011—2013	农业技术推广贡献奖	—	—	广东省饶平县农业技术推广中心	林伟秋
2011—2013	农业技术推广贡献奖	—	—	广东省惠州市惠阳区农业技术推广中心	古幸福
2011—2013	农业技术推广贡献奖	—	—	广东省湛江市吴川市吴阳农业技术推广站	林土均
2011—2013	农业技术推广贡献奖	—	—	广东省广州市白云区农业科学试验中心	曹学文
2011—2013	农业技术推广贡献奖	—	—	广东省河源市龙川县畜牧兽医技术推广站	刘华营
2011—2013	农业技术推广贡献奖	—	—	上海市崇明县蔬菜科学技术推广站	陈德章
2011—2013	农业技术推广贡献奖	—	—	上海市奉贤区动物疫病预防控制中心	沈强
2011—2013	农业技术推广贡献奖	—	—	上海市崇明县水产技术推广站	杨锦英
2011—2013	农业技术推广贡献奖	—	—	上海市水产技术推广站	李建忠
2011—2013	农业技术推广贡献奖	—	—	新疆玛纳斯县乐土驿镇乐源合作社	张学礼
2011—2013	农业技术推广贡献奖	—	—	新疆昌吉市农业技术推广中心	李文鹏
2011—2013	农业技术推广贡献奖	—	—	新疆特克斯县农业技术推广中心	杨莉

（续表）

年　份	奖　项	等　级	项目名称	第一完成单位	第一完成人/主要完成人
2011—2013	农业技术推广贡献奖	—	—	新疆博乐市种子管理站	洪渊萍
2011—2013	农业技术推广贡献奖	—	—	新疆吐鲁番市农业技术推广中心	李风春
2011—2013	农业技术推广贡献奖	—	—	新疆巩留县伊中养殖专业合作社	郭金彪
2011—2013	农业技术推广贡献奖	—	—	新疆阜康市城关镇畜牧兽医站	徐全武
2011—2013	农业技术推广贡献奖	—	—	新疆阜康市动物疾病预防控制中心	王秀丽
2011—2013	农业技术推广贡献奖	—	—	新疆阿克苏地区库车县畜禽品种改良繁育中心	吾斯曼托来克
2011—2013	农业技术推广贡献奖	—	—	新疆昌吉回族自治州玛纳斯县动物疾病预防控制中心	尹启宝
2011—2013	农业技术推广贡献奖	—	—	新疆巴音郭楞蒙古自治州畜牧工作站	管永平
2011—2013	农业技术推广贡献奖	—	—	新疆沙湾县宏基农机服务专业合作社	韩波
2011—2013	农业技术推广贡献奖	—	—	新疆莎车县农机化技术推广站	涂良斌
2011—2013	农业技术推广贡献奖	—	—	新疆托克逊县夏乡农机管理服务站	吐尔逊纳依・巴拉提
2011—2013	农业技术推广贡献奖	—	—	新疆吉木萨尔县农机技术推广站	徐声彪
2011—2013	农业技术推广贡献奖	—	—	安徽省芜湖良金高效农业研究所	杨良金
2011—2013	农业技术推广贡献奖	—	—	安徽省濉溪县五沟镇农业技术综合服务站	周奇
2011—2013	农业技术推广贡献奖	—	—	安徽省舒城县农业科学研究所	葛自兵
2011—2013	农业技术推广贡献奖	—	—	安徽省池州市贵池区农业技术推广中心	毕春发
2011—2013	农业技术推广贡献奖	—	—	安徽省肥东县畜牧兽医技术服务推广中心	杨德康
2011—2013	农业技术推广贡献奖	—	—	安徽省利辛县农业技术推广中心	马连
2011—2013	农业技术推广贡献奖	—	—	安徽省灵璧县韦集镇农村经济技术工作站	鲁冬
2011—2013	农业技术推广贡献奖	—	—	安徽省宿州市埇桥区灰古镇农机化技术推广服务中心	吴军
2011—2013	农业技术推广贡献奖	—	—	安徽省固镇县农机技术推广站	王计洋

（续表）

年　份	奖　项	等　级	项目名称	第一完成单位	第一完成人/主要完成人
2011—2013	农业技术推广贡献奖	—	—	安徽省五河县头铺农业技术推广站	王志刚
2011—2013	农业技术推广贡献奖	—	—	安徽省阜南县农业科学研究所	丁广礼
2011—2013	农业技术推广贡献奖	—	—	安徽省临泉县动物疫病预防与控制中心	李静
2011—2013	农业技术推广贡献奖	—	—	安徽省明光市古沛镇农业技术服务站	赵子津
2011—2013	农业技术推广贡献奖	—	—	安徽省芜湖县水产技术推广站	王万兵
2011—2013	农业技术推广贡献奖	—	—	安徽省广德县畜牧兽医水产局	徐东晨
2011—2013	农业技术推广贡献奖	—	—	安徽省潜山县种植业管理局	李国忠
2011—2013	农业技术推广贡献奖	—	—	安徽省东至县农村能源技术推广站	何大海
2011—2013	农业技术推广贡献奖	—	—	安徽省歙县农业技术推广中心土肥站	凌国宏
2011—2013	农业技术推广贡献奖	—	—	安徽省大圹圩农场	王玉虎
2011—2013	农业技术推广贡献奖	—	—	安徽省农业技术推广总站	杨惠成
2011—2013	农业技术推广贡献奖	—	—	安徽省全椒县富民农机专业合作社	陆维其
2011—2013	农业技术推广贡献奖	—	—	安徽省望江县百果园生态养殖专业合作社	袁源
2011—2013	农业技术推广贡献奖	—	—	安徽省霍山县源生蔬菜农民专业合作社	何鹏飞
2011—2013	农业技术推广贡献奖	—	—	广东省湛江农垦科学研究所	李强有
2011—2013	农业技术推广贡献奖	—	—	广西都安瑶族自治县农业技术推广站	唐艾金
2011—2013	农业技术推广贡献奖	—	—	广西岑溪市农业技术推广站	程健超
2011—2013	农业技术推广贡献奖	—	—	广西来宾市兴宾区农业技术推广站	黄恒掌
2011—2013	农业技术推广贡献奖	—	—	广西北海市合浦县农业技术推广站	叶家敏
2011—2013	农业技术推广贡献奖	—	—	广西百色市畜牧技术中心推广站	言天久
2011—2013	农业技术推广贡献奖	—	—	广西隆安县动物疫病预防控制中心	李常挺
2011—2013	农业技术推广贡献奖	—	—	广西陆川县动物疫病预防控制中心	何国青

（续表）

年　份	奖　项	等　级	项目名称	第一完成单位	第一完成人/主要完成人
2011—2013	农业技术推广贡献奖	—	—	广西来宾市兴宾区畜牧站	黄明优
2011—2013	农业技术推广贡献奖	—	—	广西陆川县马坡镇水产畜牧兽医站	叶帆
2011—2013	农业技术推广贡献奖	—	—	广西柳城县渔业技术推广站	周生礼
2011—2013	农业技术推广贡献奖	—	—	广西武鸣县农机化技术推广服务站	莫清贵
2011—2013	农业技术推广贡献奖	—	—	广西合山市农业机械化技术推广站	谭福球
2011—2013	农业技术推广贡献奖	—	—	广西南宁市横县良圻农场	蒋志疆
2011—2013	农业技术推广贡献奖	—	—	宁夏贺兰县畜牧水产技术推广服务中心	张淑萍
2011—2013	农业技术推广贡献奖	—	—	宁夏固原市养蜂试验站	王彪
2011—2013	农业技术推广贡献奖	—	—	宁夏固原市良种繁育推广服务中心	李自强
2011—2013	农业技术推广贡献奖	—	—	宁夏盐池县农业技术推广服务中心	高国强
2011—2013	农业技术推广贡献奖	—	—	宁夏石嘴山市惠农区农业技术推广服务中心	朱建祥
2011—2013	农业技术推广贡献奖	—	—	宁夏农垦沙湖实业有限公司暖泉农业分公司	袁志明
2011—2013	农业技术推广贡献奖	—	—	宁夏西吉县农业机械化技术推广服务中心	单思诚
2011—2013	农业技术推广贡献奖	—	—	宁夏贺兰县畜牧水产技术推广服务中心	刘欣
2011—2013	农业技术推广贡献奖	—	—	山东省淄博市临淄区农业技术推广中心	张克禄
2011—2013	农业技术推广贡献奖	—	—	山东省招远市农业技术推广中心	刘建军
2011—2013	农业技术推广贡献奖	—	—	山东省宁阳县农业技术推广站	王祥峰
2011—2013	农业技术推广贡献奖	—	—	山东省乳山市果茶蚕工作站	曹洪建
2011—2013	农业技术推广贡献奖	—	—	山东省博兴县蔬菜办公室	刘永志
2011—2013	农业技术推广贡献奖	—	—	山东省枣庄市市中区农业技术推广中心	冯传荣
2011—2013	农业技术推广贡献奖	—	—	山东省昌邑市卜庄镇农业技术推广站	王家盛

（续表）

年　份	奖　项	等　级	项目名称	第一完成单位	第一完成人/主要完成人
2011—2013	农业技术推广贡献奖	—	—	山东省日照市东港区农业技术推广中心	娄锋
2011—2013	农业技术推广贡献奖	—	—	山东省费县农业技术推广中心	刘吉元
2011—2013	农业技术推广贡献奖	—	—	山东省莱芜市六福果业有限公司	谢宜福
2011—2013	农业技术推广贡献奖	—	—	山东省农业技术推广总站	柴兰高
2011—2013	农业技术推广贡献奖	—	—	山东省章丘市农机技术推广站	宋占奎
2011—2013	农业技术推广贡献奖	—	—	山东省莱州市农业机械化技术推广服务站	孙建章
2011—2013	农业技术推广贡献奖	—	—	山东省菏泽市牡丹区农业机械技术推广站	张红梅
2011—2013	农业技术推广贡献奖	—	—	山东省农业机械技术推广站	窦乐智
2011—2013	农业技术推广贡献奖	—	—	山东省章丘市畜牧技术推广站	石传林
2011—2013	农业技术推广贡献奖	—	—	山东省桓台县动物疫病预防与控制中心	李明贤
2011—2013	农业技术推广贡献奖	—	—	山东省济宁市任城区畜牧兽医站	张成训
2011—2013	农业技术推广贡献奖	—	—	山东省肥城市畜牧兽医局	王振平
2011—2013	农业技术推广贡献奖	—	—	山东省莱芜市莱城区畜牧兽医局兽医站	张奉刚
2011—2013	农业技术推广贡献奖	—	—	山东省滕州联众生态养殖技术服务中心	徐宜刚
2011—2013	农业技术推广贡献奖	—	—	山东省菏泽市动物疫病预防控制中心	王慧军
2011—2013	农业技术推广贡献奖	—	—	山东省微山县渔业综合管理委员会	张保彦
2011—2013	农业技术推广贡献奖	—	—	山东省海水养殖研究所	郭文
2011—2013	农业技术推广贡献奖	—	—	山东省临朐县农村能源环境保护办公室	孟祥军
2011—2013	农业技术推广贡献奖	—	—	山西省运城市稷山县农业技术推广中心	何秀院
2011—2013	农业技术推广贡献奖	—	—	山西省清徐县孟封镇农业技术推广站	武学斌
2011—2013	农业技术推广贡献奖	—	—	山西省定襄县农业技术推广中心	王利春
2011—2013	农业技术推广贡献奖	—	—	山西省社县农业技术推广中心	张俊斌

（续表）

年 份	奖 项	等 级	项目名称	第一完成单位	第一完成人/主要完成人
2011—2013	农业技术推广贡献奖	—	—	山西省晋中市昔阳县农业技术推广中心	李云生
2011—2013	农业技术推广贡献奖	—	—	山西省侯马市农业委员会	李晓玲
2011—2013	农业技术推广贡献奖	—	—	山西省农业广播电视学校河津市分校	陈效庚
2011—2013	农业技术推广贡献奖	—	—	山西省长治市襄垣县农业技术推广中心	李永宏
2011—2013	农业技术推广贡献奖	—	—	山西省阳泉市平定县畜牧业发展中心	任和平
2011—2013	农业技术推广贡献奖	—	—	山西省吕梁市汾阳市畜牧技术推广站	魏海森
2011—2013	农业技术推广贡献奖	—	—	山西省太原市清徐县动物卫生监督所	洛金德
2011—2013	农业技术推广贡献奖	—	—	山西省临猗县农业委员会	常世刚
2011—2013	农业技术推广贡献奖	—	—	山西省朔州市山阴县农业机械技术推广站	张跃龙
2011—2013	农业技术推广贡献奖	—	—	山西省太原市阳曲县农业机械管理局推广站	韩慧
2011—2013	农业技术推广贡献奖	—	—	山西省运城市河津市柴家乡农业技术推广站	闫晓强
2011—2013	农业技术推广贡献奖	—	—	山西省运城市永济市水利局水产技术推广站	冯广红
2011—2013	农业技术推广贡献奖	—	—	山西省长治市长子县方兴现代农业有限公司	张红民
2011—2013	农业技术推广贡献奖	—	—	山东省青岛青农种子产销专业合作社	侯元江
2011—2013	农业技术推广贡献奖	—	—	山东省青岛胶州市农业局果茶花卉工作站	鹿明芳
2011—2013	农业技术推广贡献奖	—	—	山东省青岛市农业技术推广站	李松坚
2011—2013	农业技术推广贡献奖	—	—	河北省唐山市曹妃甸区农林畜牧水产局	陈洪存
2011—2013	农业技术推广贡献奖	—	—	河北省吴桥县农业局	赵凤娟
2011—2013	农业技术推广贡献奖	—	—	河北省鹿泉市农业机械化技术推广站	李建永
2011—2013	农业技术推广贡献奖	—	—	河北省康保县植保植检站	康爱国

（续表）

年 份	奖 项	等 级	项目名称	第一完成单位	第一完成人/主要完成人
2011—2013	农业技术推广贡献奖	—	—	河北省昌黎县水产技术推广站	陈秀玲
2011—2013	农业技术推广贡献奖	—	—	河北省唐山市农牧局	冯自军
2011—2013	农业技术推广贡献奖	—	—	河北省廊坊市农机技术推广站	杨月超
2011—2013	农业技术推广贡献奖	—	—	河北省永年县农业环境保护监测站	杜丽美
2011—2013	农业技术推广贡献奖	—	—	河北省永年县农牧局南大堡区域站	贡冬梅
2011—2013	农业技术推广贡献奖	—	—	河北省玉田县农牧局	薛双
2011—2013	农业技术推广贡献奖	—	—	河北省围场满族蒙古族自治县畜牧工作站	李雪峰
2011—2013	农业技术推广贡献奖	—	—	河北省石家庄市动物疫病预防控制中心	赵洪明
2011—2013	农业技术推广贡献奖	—	—	河北省青县新能源办公室	李砚飞
2011—2013	农业技术推广贡献奖	—	—	河北省围场满族蒙古族自治县农牧局科教站	刘春玉
2011—2013	农业技术推广贡献奖	—	—	河北省永清县畜牧兽医局	刘俊强
2011—2013	农业技术推广贡献奖	—	—	河北省遵化市崔家庄畜牧兽医站	刘晓芳
2011—2013	农业技术推广贡献奖	—	—	河北省滦南县水产局	王英光
2011—2013	农业技术推广贡献奖	—	—	河北省玉田县集强农民专业合作社	冯立田
2011—2013	农业技术推广贡献奖	—	—	河北省冀州市农牧局城关农业技术推广综合区域站	汤新凯
2011—2013	农业技术推广贡献奖	—	—	河北省沙河市农业局	姚延双
2011—2013	农业技术推广贡献奖	—	—	河北省承德县农机综合管理站	杨志强
2011—2013	农业技术推广贡献奖	—	—	河北省任丘市动物防疫监督站永丰路分站	田学敏
2011—2013	农业技术推广贡献奖	—	—	河北省辛集市畜牧工作站	肖亚彬
2011—2013	农业技术推广贡献奖	—	—	福建省永泰县大洋农业技术推广站	吴俊卫
2011—2013	农业技术推广贡献奖	—	—	福建省古田县科兴食用菌研究所	阮毅

（续表）

年　份	奖　项	等　级	项目名称	第一完成单位	第一完成人/主要完成人
2011—2013	农业技术推广贡献奖	—	—	福建省屏南县反季节蔬菜发展中心	李关发
2011—2013	农业技术推广贡献奖	—	—	福建省莆田市荔城区农业技术推广站	朱玉树
2011—2013	农业技术推广贡献奖	—	—	福建省漳浦县石榴镇农业技术推广站	兰亚图
2011—2013	农业技术推广贡献奖	—	—	福建省上杭县才溪农业技术推广站	林家波
2011—2013	农业技术推广贡献奖	—	—	福建省永安市小陶农业技术推广站	邓文财
2011—2013	农业技术推广贡献奖	—	—	福建省南平市延平区太平镇农业技术推广站	杨家建
2011—2013	农业技术推广贡献奖	—	—	福建省建宁县客坊乡农机管理服务站	刘方华
2011—2013	农业技术推广贡献奖	—	—	福建省长汀县河田镇畜牧兽医站	罗胜洪
2011—2013	农业技术推广贡献奖	—	—	福建省漳州市水产技术推广站	蔡葆青
2011—2013	农业技术推广贡献奖	—	—	福建省邵武市水产技术推广站	张永红
2011—2013	农业技术推广贡献奖	—	—	福建省连江县长龙镇建庄村	林圣端
2011—2013	农业技术推广贡献奖	—	—	福建省惠安县友兴水产业开发有限公司	郭炳坚
2011—2013	农业技术推广贡献奖	—	—	陕西省农业技术推广总站	王晨光
2011—2013	农业技术推广贡献奖	—	—	陕西省榆阳区补浪河乡畜牧兽医工作站	马建文
2011—2013	农业技术推广贡献奖	—	—	陕西省合阳县水产技术推广站	梁卫东
2011—2013	农业技术推广贡献奖	—	—	陕西省西安市临潼区交口畜牧兽医站	王平定
2011—2013	农业技术推广贡献奖	—	—	陕西省宝鸡市陇县东南镇畜牧兽医站	薛宝林
2011—2013	农业技术推广贡献奖	—	—	陕西省周至县农业机械化学校	段眉会
2011—2013	农业技术推广贡献奖	—	—	陕西省汉中市勉县周家山镇畜牧兽医站	王少禹
2011—2013	农业技术推广贡献奖	—	—	陕西省石泉县池河镇畜牧兽医站	廖元江
2011—2013	农业技术推广贡献奖	—	—	北京市密云县农业服务中心	张林武

（续表）

年 份	奖 项	等 级	项目名称	第一完成单位	第一完成人/主要完成人
2011—2013	农业技术推广贡献奖	—	—	北京市畜牧兽医总站	刘晓冬
2011—2013	农业技术推广贡献奖	—	—	北京市怀柔区水产技术推广站	常宝全
2011—2013	农业技术推广贡献奖	—	—	北京市怀柔区农机具研究所	孙继臣
2011—2013	农业技术推广贡献奖	—	—	北京市大兴区瀛海镇动物防疫畜牧水产技术推广站	李孟洲
2011—2013	农业技术推广贡献奖	—	—	北京市国营农场管理局	周炜
2011—2013	农业技术推广贡献奖	—	—	北京市国营农场管理局北京绿荷牛业有限责任公司	马翀
2011—2013	农业技术推广贡献奖	—	—	江苏省南通市作物栽培技术指导站	周宇
2011—2013	农业技术推广贡献奖	—	—	江苏省南京市高淳区农业技术推广中心	陈德刚
2011—2013	农业技术推广贡献奖	—	—	江苏省常熟市古里镇农技推广服务中心	王文青
2011—2013	农业技术推广贡献奖	—	—	江苏省溧阳市天目湖镇农业服务中心	嵇卫星
2011—2013	农业技术推广贡献奖	—	—	江苏省盐城市亭湖区南洋镇农业综合服务中心	杨明
2011—2013	农业技术推广贡献奖	—	—	江苏省丹阳市珥陵镇农业服务中心	史志清
2011—2013	农业技术推广贡献奖	—	—	江苏省泰州市姜堰区华港镇农业技术服务中心	马玉乾
2011—2013	农业技术推广贡献奖	—	—	江苏省无锡市现代茶叶技术创新中心	徐德良
2011—2013	农业技术推广贡献奖	—	—	江苏省徐州市贾汪区畜牧兽医站	刘刚
2011—2013	农业技术推广贡献奖	—	—	江苏省泰兴市畜牧兽医中心	陈君
2011—2013	农业技术推广贡献奖	—	—	江苏省仪征市新集镇畜牧兽医站	张绍祥
2011—2013	农业技术推广贡献奖	—	—	江苏省泗洪县青阳畜牧兽医站	陈杰
2011—2013	农业技术推广贡献奖	—	—	江苏省灌云县东王集乡动物防疫检疫站	史友华
2011—2013	农业技术推广贡献奖	—	—	江苏省金湖县农村能源办公室	邹勇

（续表）

年 份	奖 项	等 级	项目名称	第一完成单位	第一完成人/主要完成人
2011—2013	农业技术推广贡献奖	—	—	江苏省水产技术推广站	龚培培
2011—2013	农业技术推广贡献奖	—	—	江苏省海门市水产技术指导站	张英
2011—2013	农业技术推广贡献奖	—	—	江苏省南京市浦口区永宁镇农业发展服务中心	阮世民
2011—2013	农业技术推广贡献奖	—	—	江苏省金坛市水产技术指导站	王桂民
2011—2013	农业技术推广贡献奖	—	—	江苏省淮安市淮安区农业委员会	唐卫红
2011—2013	农业技术推广贡献奖	—	—	江苏省南通市通州区农业机械管理局	陈树清
2011—2013	农业技术推广贡献奖	—	—	江苏省无锡市锡山区鹅湖镇农业服务中心	王祖华
2011—2013	农业技术推广贡献奖	—	—	江苏省盐城市盐都区秦南镇农机管理服务站	郭德林
2011—2013	农业技术推广贡献奖	—	—	内蒙古阿鲁科尔沁旗家畜改良工作站	魏景钰
2011—2013	农业技术推广贡献奖	—	—	内蒙古通辽市科左中旗畜牧工作站	吴敖其尔
2011—2013	农业技术推广贡献奖	—	—	内蒙古喀喇沁旗农业多种经营管理站	杨素荣
2011—2013	农业技术推广贡献奖	—	—	内蒙古通辽市开鲁县农业技术推广中心	赵瑞凡
2011—2013	农业技术推广贡献奖	—	—	内蒙古扎赉特旗农业技术推广中心	齐雪兰
2011—2013	农业技术推广贡献奖	—	—	内蒙古呼伦贝尔市海拉尔区农业技术推广中心	王彩灵
2011—2013	农业技术推广贡献奖	—	—	内蒙古四子王旗农牧业机械推广站	郭凌云
2011—2013	农业技术推广贡献奖	—	—	内蒙古扎赉特旗农牧业机械技术推广服务站	曹义
2011—2013	农业技术推广贡献奖	—	—	内蒙古呼伦贝尔农垦集团大兴安岭农场局欧肯河农场	黄金平
2011—2013	农业技术推广贡献奖	—	—	内蒙古锡盟乌拉盖管理区农牧林业科技局畜牧工作站	陈秀亮
2011—2013	农业技术推广贡献奖	—	—	内蒙古巴彦淖尔市杭锦后旗水产管理站	赵文云

（续表）

年 份	奖 项	等 级	项目名称	第一完成单位	第一完成人/主要完成人
2011—2013	农业技术推广贡献奖	—	—	内蒙古通辽市科尔沁区农业技术推广中心	葛耀
2011—2013	农业技术推广贡献奖	—	—	内蒙古自治区农牧业科学院	李元清
2011—2013	农业技术推广贡献奖	—	—	内蒙古呼和浩特市农牧业局家畜改良站	毛允飞
2011—2013	农业技术推广贡献奖	—	—	内蒙古正蓝旗农牧业局	赵兰庭
2011—2013	农业技术推广贡献奖	—	—	内蒙古开鲁县农业技术推广中心	于永文
2011—2013	农业技术推广贡献奖	—	—	辽宁省大连普兰店市农业技术推广中心	任厚彬
2011—2013	农业技术推广贡献奖	—	—	辽宁省大连普兰店市安波镇农业技术服务中心	许金群
2011—2013	农业技术推广贡献奖	—	—	辽宁省大连德宝果菜专业合作社	孙德宝
2011—2013	农业技术推广贡献奖	—	—	辽宁省大连普兰店市水产技术推广站	张澎
2011—2013	农业技术推广贡献奖	—	—	辽宁省大连市金州区鹿鸣岛渡假村	王新征
2011—2013	农业技术推广贡献奖	—	—	辽宁省大连市水产技术推广总站	刘彤
2011—2013	农业技术推广贡献奖	—	—	青海省乐都县农业技术推广中心	李存业
2011—2013	农业技术推广贡献奖	—	—	青海省民和回族土族自治县畜牧兽医技术服务中心	胡永杰
2011—2013	农业技术推广贡献奖	—	—	青海省湟中县草原站	白生贵
2011—2013	农业技术推广贡献奖	—	—	青海省化隆回族自治县农业和科技局水产站	马玉花
2011—2013	农业技术推广贡献奖	—	—	青海省湟中县种子经营管理站	相文德
2011—2013	农业技术推广贡献奖	—	—	青海省民和回族土族自治县农业技术推广中心	王国兰
2011—2013	农业技术推广贡献奖	—	—	青海省互助土族自治县农业技术推广中心	王发忠
2011—2013	农业技术推广贡献奖	—	—	海南省海口琼山牧榕文昌鸡养殖基地	王绥仕
2011—2013	农业技术推广贡献奖	—	—	海南省琼海鹏业红龙果农民专业合作社	卢业锋

（续表）

年　份	奖　项	等　级	项目名称	第一完成单位	第一完成人/主要完成人
2011—2013	农业技术推广贡献奖	—	—	海南省琼中黎族苗族自治县农业技术推广服务中心	卓焕福
2011—2013	农业技术推广贡献奖	—	—	海南省临高县波莲镇农业服务中心	梁跃龙
2011—2013	农业技术推广贡献奖	—	—	海南省琼海市长坡镇农业服务中心	雷涛
2011—2013	农业技术推广贡献奖	—	—	湖南省长沙县畜牧兽医水产局	陈军燕
2011—2013	农业技术推广贡献奖	—	—	湖南省湘潭县畜牧工作站	符利辉
2011—2013	农业技术推广贡献奖	—	—	湖南省常德市鼎城区农业局	彭庆华
2011—2013	农业技术推广贡献奖	—	—	湖南省石门县农业局	贺艳艳
2011—2013	农业技术推广贡献奖	—	—	湖南省宁乡县农业技术推广中心	王立华
2011—2013	农业技术推广贡献奖	—	—	湖南省醴陵市鑫达水稻种植农民专业合作社	文明
2011—2013	农业技术推广贡献奖	—	—	湖南省平江县农业局	晏红安
2011—2013	农业技术推广贡献奖	—	—	湖南省宜章县农业技术推广中心	廖加冬
2011—2013	农业技术推广贡献奖	—	—	湖南省中方县农业局	潘玉美
2011—2013	农业技术推广贡献奖	—	—	湖南省平江县浯口镇农业技术推广服务中心	胡德辉
2011—2013	农业技术推广贡献奖	—	—	湖南省张家界市永定区农业科教站	李春萍
2011—2013	农业技术推广贡献奖	—	—	湖南省吉首市金叶绿色产业开发有限公司	梁通尧
2011—2013	农业技术推广贡献奖	—	—	湖南省双峰县农机技术推广培训中心	刘晓泉
2011—2013	农业技术推广贡献奖	—	—	湖南省平江县农机化技术推广服务站	刘早林
2011—2013	农业技术推广贡献奖	—	—	湖南省桃源县农村能源办	聂爱平
2011—2013	农业技术推广贡献奖	—	—	湖南省益阳中晶农业科技发展有限责任公司	汤海林
2011—2013	农业技术推广贡献奖	—	—	湖南省双牌县农业技术推广中心	王柏景

（续表）

年 份	奖 项	等 级	项目名称	第一完成单位	第一完成人/主要完成人
2011—2013	农业技术推广贡献奖	—	—	湖南省株洲县农技推广中心	吴松林
2011—2013	农业技术推广贡献奖	—	—	湖南省吉首市隘口茶叶专业合作社	向天顺
2011—2013	农业技术推广贡献奖	—	—	湖南省醴陵市农业局	易建平
2011—2013	农业技术推广贡献奖	—	—	湖南省湘西自治州吉太养殖专业合作社	张明权
2011—2013	农业技术推广贡献奖	—	—	中国农业科学院茶叶研究所	曾建明
2011—2013	农业技术推广贡献奖	—	—	新疆兵团第七师一二七团	张凤英
2011—2013	农业技术推广贡献奖	—	—	新疆兵团农六师奇台农场农业技术推广站	俞万兵
2011—2013	农业技术推广贡献奖	—	—	新疆兵团第八师一四二团	颜俊
2011—2013	农业技术推广贡献奖	—	—	新疆兵团第四师七十一团	韩冬生
2011—2013	农业技术推广贡献奖	—	—	新疆兵团第七师一三零团	文秀金
2011—2013	农业技术推广贡献奖	—	—	新疆兵团第十师一八四团	程新果
2011—2013	农业技术推广贡献奖	—	—	石河子大学	赵宝龙
2011—2013	农业技术推广贡献奖	—	—	云南省保山市隆阳区农业技术推广所	陆顺生
2011—2013	农业技术推广贡献奖	—	—	云南省勐海县水产技术推广站	段绍卫
2011—2013	农业技术推广贡献奖	—	—	云南省武定县农田建设与农村能源工作站	李自清
2011—2013	农业技术推广贡献奖	—	—	云南省石林彝族自治县畜牧兽医总站	徐红平
2011—2013	农业技术推广贡献奖	—	—	云南省德宏热带农业科学研究所	周华
2011—2013	农业技术推广贡献奖	—	—	云南省师宗县农业局农业技术推广中心	杨鲁生
2011—2013	农业技术推广贡献奖	—	—	云南省玉溪市新平彝族傣族自治县农村环保能源工作站	王德林
2011—2013	农业技术推广贡献奖	—	—	云南省祥云县畜牧兽医局	熊文福
2011—2013	农业技术推广贡献奖	—	—	云南省丽江市玉龙县白沙镇畜牧兽医站	赵红伟

（续表）

年　份	奖　项	等　级	项目名称	第一完成单位	第一完成人/主要完成人
2011—2013	农业技术推广贡献奖	—	—	云南省永德县农业技术推广中心	王玉田
2011—2013	农业技术推广贡献奖	—	—	云南省砚山县农业技术推广中心	梁昌禹
2011—2013	农业技术推广贡献奖	—	—	云南省怒江州泸水县经济作物推广站	广波付
2011—2013	农业技术推广贡献奖	—	—	云南省普洱市澜沧县农业机械安全监理站	李国平
2011—2013	农业技术推广贡献奖	—	—	云南省大关县木杆镇畜牧兽医站	龙朝平
2011—2013	农业技术推广贡献奖	—	—	云南省盈江县农机技术推广培训站	董毅书
2011—2013	农业技术推广贡献奖	—	—	甘肃省定西市安定区农业技术推广服务中心	王成刚
2011—2013	农业技术推广贡献奖	—	—	甘肃省甘州区平山湖乡畜牧站	魏玉兵
2011—2013	农业技术推广贡献奖	—	—	甘肃省永登县农业技术推广中心	郭振斌
2011—2013	农业技术推广贡献奖	—	—	甘肃省通渭县平襄镇农技区域站	王凤山
2011—2013	农业技术推广贡献奖	—	—	甘肃省金塔县畜牧业服务中心	谭凤喜
2011—2013	农业技术推广贡献奖	—	—	甘肃省临夏县畜牧技术推广中心	唐永昌
2011—2013	农业技术推广贡献奖	—	—	甘肃省武威市凉州区农业机械化技术推广站	马生庆
2011—2013	农业技术推广贡献奖	—	—	甘肃省文县水产技术推广站	贾博
2011—2013	农业技术推广贡献奖	—	—	甘肃省酒泉市肃州区农业环境保护管理站	刘惠贤
2011—2013	农业技术推广贡献奖	—	—	甘肃条山农工商（集团）有限责任公司	牛济军
2011—2013	农业技术推广贡献奖	—	—	甘肃省凉州区农牧局	胡义忠
2011—2013	农业技术推广贡献奖	—	—	河南省嵩县种子管理站	董广同
2011—2013	农业技术推广贡献奖	—	—	河南省内黄县农业技术推广中心	武贵州
2011—2013	农业技术推广贡献奖	—	—	河南省浚县农业技术推广站	胡振方
2011—2013	农业技术推广贡献奖	—	—	河南省泌阳县土壤肥料工作站	侯民

（续表）

年　份	奖　项	等　级	项目名称	第一完成单位	第一完成人/主要完成人
2011—2013	农业技术推广贡献奖	—	—	河南省汝州市植物保护检疫站	陈信周
2011—2013	农业技术推广贡献奖	—	—	河南省滑县农业技术推广中心	孙彩霞
2011—2013	农业技术推广贡献奖	—	—	河南省新乡县农业技术推广站	刘清瑞
2011—2013	农业技术推广贡献奖	—	—	河南省舞阳县植保植检站	徐新利
2011—2013	农业技术推广贡献奖	—	—	中央农业广播电视学校河南省渑池分校	王保民
2011—2013	农业技术推广贡献奖	—	—	河南省桐柏县农业技术推广站	张旭培
2011—2013	农业技术推广贡献奖	—	—	河南省固始县农业技术推广中心	张晓峰
2011—2013	农业技术推广贡献奖	—	—	河南省济源市园艺工作站	冯亮
2011—2013	农业技术推广贡献奖	—	—	河南省驻马店市农业技术推广站	彭春喜
2011—2013	农业技术推广贡献奖	—	—	河南省温县农业科学研究所	薛世跃
2011—2013	农业技术推广贡献奖	—	—	河南省濮阳县农业机械技术推广站	杨勇民
2011—2013	农业技术推广贡献奖	—	—	河南省登封市农机技术推广站	刘国强
2011—2013	农业技术推广贡献奖	—	—	河南省商丘市农业机械化技术推广鉴定站	宋彦军
2011—2013	农业技术推广贡献奖	—	—	河南省泌阳县夏南牛研究推广中心	王之保
2011—2013	农业技术推广贡献奖	—	—	河南省林州市畜牧兽医技术推广站	郝瑞芳
2011—2013	农业技术推广贡献奖	—	—	河南省沈丘县畜牧工作站	王拥庆
2011—2013	农业技术推广贡献奖	—	—	河南省陕县畜牧技术推广中心	戚守登
2011—2013	农业技术推广贡献奖	—	—	河南省太康县畜禽改良站	冯海洋
2011—2013	农业技术推广贡献奖	—	—	河南省新野县前高庙乡动物防疫检疫站	董应臣
2011—2013	农业技术推广贡献奖	—	—	河南省黄泛区农场	何景新
2011—2013	农业技术推广贡献奖	—	—	河南省确山县水产技术推广站	黄桂梅
2011—2013	农业技术推广贡献奖	—	—	河南省中牟县水产办公室	夏建锋

（续表）

年　份	奖　项	等　级	项目名称	第一完成单位	第一完成人/主要完成人
2011—2013	农业技术推广贡献奖	—	—	河南省安阳县农业局农村能源环境保护站	张金富
2011—2013	农业技术推广贡献奖	—	—	河南省正阳县鑫源循环农业研究示范中心	贺新德
2011—2013	农业技术推广贡献奖	—	—	河南省永城市阳光农机专业合作社	夏光
2011—2013	农业技术推广贡献奖	—	—	河南省郑州万滩锦华牧业有限公司	齐成锁
2011—2013	农业技术推广贡献奖	—	—	天津市农业机械推广总站	谢敏
2011—2013	农业技术推广贡献奖	—	—	天津市静海县蔡公庄镇农科站	金庆春
2011—2013	农业技术推广贡献奖	—	—	天津市水产技术推广站	王彦怀
2011—2013	农业技术推广贡献奖	—	—	贵州省铜仁市饲草饲料工作站	张进国
2011—2013	农业技术推广贡献奖	—	—	贵州省长顺县畜牧兽医办公室	吴红燕
2011—2013	农业技术推广贡献奖	—	—	贵州省安龙县万亩牧场	陈万祥
2011—2013	农业技术推广贡献奖	—	—	贵州省镇宁县动物疫病预防控制中心	程晓敏
2011—2013	农业技术推广贡献奖	—	—	贵州省六枝特区农业技术推广站	何世兰
2011—2013	农业技术推广贡献奖	—	—	贵州省凤冈县茶叶产业发展中心	张天明
2011—2013	农业技术推广贡献奖	—	—	贵州省黄平县农业技术推广站	苏昌龙
2011—2013	农业技术推广贡献奖	—	—	贵州省黔南州茶叶产业化发展管理办公室	李应祥
2011—2013	农业技术推广贡献奖	—	—	贵州省黎平县农业技术推广站	王德美
2011—2013	农业技术推广贡献奖	—	—	贵州省六盘水市钟山区蔬菜产业服务中心	张亚莉
2011—2013	农业技术推广贡献奖	—	—	贵州省赤水市农业区划站	蔡兰英
2011—2013	农业技术推广贡献奖	—	—	贵州省赤水市石堡乡农业服务中心	袁中成
2011—2013	农业技术推广贡献奖	—	—	重庆市农业科学院	李经勇
2011—2013	农业技术推广贡献奖	—	—	重庆市合川区农业环境保护监测站	邹彪
2011—2013	农业技术推广贡献奖	—	—	重庆市梁平县农能环保土肥站	唐平

（续表）

年 份	奖 项	等 级	项目名称	第一完成单位	第一完成人/主要完成人
2011—2013	农业技术推广贡献奖	—	—	重庆市垫江县农村能源环境保护管理站	黄丕娇
2011—2013	农业技术推广贡献奖	—	—	重庆市合川区植保植检站	刘志华
2011—2013	农业技术推广贡献奖	—	—	重庆市梁平县农业机械化技术推广站	颜其德
2011—2013	农业技术推广贡献奖	—	—	重庆市开县农业机械化技术推广站	张余
2011—2013	农业技术推广贡献奖	—	—	重庆市开县动物疫病预防控制中心	冉宇生
2011—2013	农业技术推广贡献奖	—	—	重庆市城口县畜牧技术推广站	王武
2011—2013	农业技术推广贡献奖	—	—	重庆市忠县农业技术推广站	陈林
2011—2013	农业技术推广贡献奖	—	—	重庆市武隆县植保植检站	杨忠武
2011—2013	农业技术推广贡献奖	—	—	重庆市梁平县水产站	成世清
2011—2013	农业技术推广贡献奖	—	—	重庆市梁平县畜牧技术推广站	何发贵
2011—2013	农业技术推广贡献奖	—	—	黑龙江省农业机械化技术推广总站	任晓东
2011—2013	农业技术推广贡献奖	—	—	黑龙江省绿色食品发展中心	朱佳宁
2011—2013	农业技术推广贡献奖	—	—	黑龙江省萝北县农业技术推广中心	李洪军
2011—2013	农业技术推广贡献奖	—	—	黑龙江省方正县农业技术推广中心	蒋立德
2011—2013	农业技术推广贡献奖	—	—	黑龙江省海伦市农业技术推广中心	王志华
2011—2013	农业技术推广贡献奖	—	—	黑龙江省肇源县农业机械化技术推广站	于亚学
2011—2013	农业技术推广贡献奖	—	—	黑龙江省巴彦县水产技术推广站	夏宝东
2011—2013	农业技术推广贡献奖	—	—	黑龙江省五常市红旗满族乡农业综合服务中心	伊子成
2011—2013	农业技术推广贡献奖	—	—	黑龙江省绥化市北林区东兴办事处农牧业综合服务中心	姚淑珍
2011—2013	农业技术推广贡献奖	—	—	黑龙江省方正县会发镇农业综合服务中心	边海生
2011—2013	农业技术推广贡献奖	—	—	黑龙江省抚远县农业技术推广中心驻抚远镇农业技术指导站	姜欣

（续表）

年 份	奖 项	等 级	项目名称	第一完成单位	第一完成人/主要完成人
2011—2013	农业技术推广贡献奖	—	—	黑龙江省鸡西市麻山区麻山乡农业技术综合服务中心	陈玉萍
2011—2013	农业技术推广贡献奖	—	—	黑龙江省孙吴县奋斗乡农业技术推广站	宋玉梅
2011—2013	农业技术推广贡献奖	—	—	黑龙江省富锦市上街基镇西安村	杜国东
2011—2013	农业技术推广贡献奖	—	—	黑龙江省安达市畜牧兽医局	赵海全
2011—2013	农业技术推广贡献奖	—	—	黑龙江省望奎县畜牧站	那宏宇
2011—2013	农业技术推广贡献奖	—	—	黑龙江省龙江县草原监理站	王新奇
2011—2013	农业技术推广贡献奖	—	—	黑龙江省肇东市凯达种猪场	艾国斌
2011—2013	农业技术推广贡献奖	—	—	湖北省武汉市江夏区蔬菜技术推广站	张耀
2011—2013	农业技术推广贡献奖	—	—	湖北省现代农业展示中心	杨艳斌
2011—2013	农业技术推广贡献奖	—	—	湖北省五峰土家族自治县现代农业育种（展示）中心	王业红
2011—2013	农业技术推广贡献奖	—	—	湖北省云梦县农业局科教站	彭兴文
2011—2013	农业技术推广贡献奖	—	—	湖北省恩施农业技术推广中心	李车书
2011—2013	农业技术推广贡献奖	—	—	湖北省汉川市分水镇农业服务中心	熊运发
2011—2013	农业技术推广贡献奖	—	—	湖北省荆州区农业技术推广中心	李学武
2011—2013	农业技术推广贡献奖	—	—	湖北省安陆市烟店镇农业水产服务中心	吴新宝
2011—2013	农业技术推广贡献奖	—	—	湖北省武穴市石佛寺农技推广中心	廖继雨
2011—2013	农业技术推广贡献奖	—	—	湖北省武穴市大法寺农技推广中心	雷存灯
2011—2013	农业技术推广贡献奖	—	—	湖北省农业技术推广总站	汤颢军
2011—2013	农业技术推广贡献奖	—	—	湖北省黄陂区王家河街农业服务中心	缪斌
2011—2013	农业技术推广贡献奖	—	—	湖北省枣阳市农业技术推广中心	张刚
2011—2013	农业技术推广贡献奖	—	—	湖北省国营三湖农场	陈和平

（续表）

年　份	奖　项	等　级	项目名称	第一完成单位	第一完成人/主要完成人
2011—2013	农业技术推广贡献奖	—	—	湖北省团风县农村能源建设领导小组办公室	章金海
2011—2013	农业技术推广贡献奖	—	—	湖北省浠水县农业环保站	高立
2011—2013	农业技术推广贡献奖	—	—	湖北省农机局	周立明
2011—2013	农业技术推广贡献奖	—	—	湖北省京山县农机科教推广中心	张忠新
2011—2013	农业技术推广贡献奖	—	—	湖北省宜都市农机技术推广站	王家宏
2011—2013	农业技术推广贡献奖	—	—	湖北省武汉市江夏区水产技术推广站	戈光华
2011—2013	农业技术推广贡献奖	—	—	湖北省武汉市汉南区水产技术推广站	陈锦文
2011—2013	农业技术推广贡献奖	—	—	湖北省宜城市郭家台生态甲鱼养殖专业合作社	郭忠成
2011—2013	农业技术推广贡献奖	—	—	湖北省动物疫病预防控制中心	宋念华
2011—2013	农业技术推广贡献奖	—	—	湖北省恩施土家族苗族自治州巴东县畜牧兽医局	杨兴槐
2011—2013	农业技术推广贡献奖	—	—	湖北省武汉市新洲区畜牧局	叶汉珍
2011—2013	农业技术推广贡献奖	—	—	湖北省竹溪县中峰镇畜牧兽医服务中心	陈斌
2011—2013	农业技术推广贡献奖	—	—	湖北省随州市随县基层动物防疫监督管理站	汪先军
2011—2013	农业技术推广贡献奖	—	—	湖北省鄂州市临江畜牧兽医站	万连胜
2011—2013	农业技术推广贡献奖	—	—	湖北省阳新县畜牧枝术推广站	李春华
2011—2013	农业技术推广贡献奖	—	—	湖北省老河口市畜牧局	陈娟
2011—2013	农业技术推广贡献奖	—	—	浙江省宁波市植物检疫站	张松柏
2011—2013	农业技术推广贡献奖	—	—	浙江省宁波市慈溪市农业技术推广中心	许开华
2011—2013	农业技术推广贡献奖	—	—	浙江省宁波市鄞州区洞桥南瑞粮机专业合作社	许跃进
2011—2013	农业技术推广贡献奖	—	—	黑龙江省农垦宝泉岭管理局军川农场	王智然

（续表）

年　份	奖　项	等　级	项目名称	第一完成单位	第一完成人/主要完成人
2011—2013	农业技术推广贡献奖	—	—	黑龙江省农垦红兴隆管理局八五三农场	孙衍林
2011—2013	农业技术推广贡献奖	—	—	黑龙江省农垦省牡丹江农垦管理局八五〇农场	贾春水
2011—2013	农业技术推广贡献奖	—	—	黑龙江省农垦九三管理局	张宏雷
2011—2013	农业技术推广贡献奖	—	—	黑龙江省农垦哈尔滨管理局庆阳农场	朱法林
2011—2013	农业技术推广贡献奖	—	—	黑龙江省农垦牡丹江农垦管理局八五〇农场	薛博文
2011—2013	农业技术推广贡献奖	—	—	黑龙江省农垦北安管理局二龙山农场	姜立国
2011—2013	农业技术推广贡献奖	—	—	黑龙江八一农垦大学	王伟东
2011—2013	农业技术推广贡献奖	—	—	黑龙江省农垦科学院水稻研究所	李建华
2011—2013	农业技术推广贡献奖	—	—	辽宁省海城市腾鳌镇农业技术推广站	刘辉
2011—2013	农业技术推广贡献奖	—	—	辽宁省桓仁满族自治县农业技术推广中心	娄福贵
2011—2013	农业技术推广贡献奖	—	—	辽宁省丹东市高冠蓝莓研究开发中心	高建华
2011—2013	农业技术推广贡献奖	—	—	辽宁省宽甸满族自治县农业行政综合执法大队	安淑云
2011—2013	农业技术推广贡献奖	—	—	辽宁省北镇市农业技术推广中心	谭久新
2011—2013	农业技术推广贡献奖	—	—	辽宁省盖州市果树技术研究推广中心	孙启振
2011—2013	农业技术推广贡献奖	—	—	辽宁省昌图县农业技术推广中心	黄慧光
2011—2013	农业技术推广贡献奖	—	—	辽宁省建平县农产品检验检测站	柳让
2011—2013	农业技术推广贡献奖	—	—	辽宁省绥中县农业技术推广中心	霍伦
2011—2013	农业技术推广贡献奖	—	—	辽宁省彰武县果树工作总站	李敬岩
2011—2013	农业技术推广贡献奖	—	—	辽宁省康平县农业技术推广中心	孟庆平
2011—2013	农业技术推广贡献奖	—	—	辽宁省北镇市农业机械化技术推广站	张怀明
2011—2013	农业技术推广贡献奖	—	—	辽宁省宽甸满族自治县农机技术推广站	侯文隆

（续表）

年　份	奖　项	等　级	项目名称	第一完成单位	第一完成人/主要完成人
2011—2013	农业技术推广贡献奖	—	—	辽宁省大洼县水产技术推广站	迟秉会
2011—2013	农业技术推广贡献奖	—	—	辽宁省兴城市刘台子乡龙泉水产养殖有限公司	贾素文
2011—2013	农业技术推广贡献奖	—	—	吉林省农业技术推广总站	卢红
2011—2013	农业技术推广贡献奖	—	—	吉林省洮南市农业技术推广中心	王庆革
2011—2013	农业技术推广贡献奖	—	—	吉林省农安县农业技术推广中心	郝彦德
2011—2013	农业技术推广贡献奖	—	—	吉林省东丰县农业技术推广总站	仇长礼
2011—2013	农业技术推广贡献奖	—	—	吉林省伊通满族自治县农业技术推广总站	史海鹏
2011—2013	农业技术推广贡献奖	—	—	吉林省双辽市水稻研究所	牛庆国
2011—2013	农业技术推广贡献奖	—	—	吉林省延边朝鲜族自治州汪清县农业技术推广中心	高树育
2011—2013	农业技术推广贡献奖	—	—	吉林省长春市双阳区畜牧总站	张瑞年
2011—2013	农业技术推广贡献奖	—	—	吉林省扶余市畜牧总站	郭木金
2011—2013	农业技术推广贡献奖	—	—	吉林省伊通县畜牧总站	李伟勋
2011—2013	农业技术推广贡献奖	—	—	吉林省洮南市畜牧总站	郑长华
2011—2013	农业技术推广贡献奖	—	—	吉林省梨树县水产技术推广站	吴再平
2011—2013	农业技术推广贡献奖	—	—	吉林省德惠市农村能源技术服务站	王玉刚
2011—2013	农业技术推广贡献奖	—	—	吉林省梨树县小宽镇双亮农机质保农民专业合作社	郝双
2011—2013	农业技术推广贡献奖	—	—	吉林省乾安县赞字乡四父村	马志华
2011—2013	农业技术推广贡献奖	—	—	吉林省九台市上河湾镇庆山农业机械专业合作社	刘庆山
2011—2013	农业技术推广合作奖	—	奶牛场标准化规模饲养关键技术示范与推广	全国畜牧总站	李胜利，杨军香，曹志军，刘长春，杨敦启，路永强，李锡智，脱征军，叶建敏，孙玺珉，邹阿玲，黄文明，都文，姚琨，毕研亮，黄萌萌，李蕾蕾

（续表）

年　份	奖　项	等　级	项目名称	第一完成单位	第一完成人/主要完成人
2011—2013	农业技术推广合作奖	—	马铃薯周年生产技术体系构建与推广	四川省农业科学院	黄钢，何卫，谢开云，蒋凡，王西瑶，李艳，桑有顺，沈学善，余金龙，喻春莲，卢学兰，周全卢，王宏，刘绍文，陈涛，徐成勇，谢江，郑顺林，屈会娟，曹晋福，李华鹏，邓金贵，冯琳，胡巧娟，李春荣，何松，张雪，付洪，刘帆，韦献雅
2011—2013	农业技术推广合作奖	—	高校农业科技推广机制创新与应用	上海交通大学	沈健英，车生泉，王新华，杜华平，张耀良，王世平，朱建国，刘志诚，邹华松，张才喜，孙向军，孙涛，袁琪，杜文尉，刘文莲，王笑，姚愚，陆晓莉，金耀忠，张忠海，万世平，王黎娜
2011—2013	农业技术推广合作奖	—	山西省 12316 三农热线合作服务	山西省农牧业信息中心	王海啸，庞全海，潘大丰，梁全，胡子华，史民康，李云飞，张界军，李忠文，吴临平，杨晓明，刘勇，李生才，薛村波，姚敬明，马丽娜，任钰，张鹏程，杨彩萍，苏永强，姚增荣，范磊，刘涌泉，刁书中，李武强，常素红，解睿，张晓瑞，薛立兵，姚继唐
2011—2013	农业技术推广合作奖	—	皮肉兔繁育技术集成与示范推广	河北北方学院	吴占福，孙全文，马旭平，田树飞，刘海斌，李寸欣，吴淑琴，穆秀明，史宝林，官丽辉，任飞，龚丽丽，魏玉文，许秀红，武二斌，李冠军，武红长，贺忠海，李敬，郑志新，崔宏宇，李占丽，张俊，郭田顺，裴国锋，王大伟，贾化生，薄玉琨，李海明，郝飞
2011—2013	农业技术推广合作奖	—	生猪生态养殖技术集成创新与推广应用	福建农林大学	修金生，吴顺意，周伦江，叶耀辉，王隆柏，陈智敏，苏荣茂，陈如敬，胡崇伟，曹波，吴波平，阮妙鸿，吴玉华，吴秋玉，陈碧红，吴悌霖，林少秋，李应丰，曾显成，王有木，高炳钟，孙瑞銮，郭长明，李贺来，吴学敏，许培文，林上槐，杨得胜，张占春，李春景
2011—2013	农业技术推广合作奖	—	微孔增氧高效健康养殖技术示范推广	全国水产技术推广总站	魏宝振，顾海涛，钱银龙，蒋宏斌，黄太寿，张永江，丁雪燕，李鲁晶，韩广建，易翀，叶翚，丁建华，吴郁丽，李坚明，戴习林，江为民，张祝利，王明宝，金中文，景福涛，蒋静，程咸立，马平，王振芳，何丰，汤亚斌，陈凡，丁仁祥，孔才春，李健

（续表）

年　份	奖　项	等　级	项目名称	第一完成单位	第一完成人/主要完成人
2011—2013	农业技术推广合作奖	—	农民田间学校北京模式建设与发展——合作共建参与式农技推广平台	北京市畜牧兽医总站	魏荣贵，张丽红，王德海，朱岩，吴建繁，陈瑜，张涛，潘卫凤，聂青，史文清，曾建波，石尚柏，胡春蕾，邓柏林，周吉红，朱法江，魏金康，谢实勇，田满，朱晓静，张雪梅，郑书恒，张松阳，贾亚雄，郭江鹏，杨秀环，张乃锋，王楚端，刘林，赵迪
2011—2013	农业技术推广合作奖	—	马铃薯贮藏保鲜关键技术推广示范	农业部规划设计研究院	朱明，蔡学斌，王希卓，沈瑾，田世龙，孙洁，冯琰，田恒林，尹玉和，张胜利，尹江，张远学，韩忠才，李守强，戴露颖，贾海滨，李梅，李彦军，高剑华，葛霞，陈海军，孙静，沈艳芬，于延申，杨琴，林团荣，程建新，石汝娟，王亚君
2011—2013	农业技术推广合作奖	—	农业科技综合示范与推广	江苏省作物栽培技术指导站	倪玉峰，曹光亮，谢成林，朱新开，黄保健，杨四军，吴爱国，陈之政，蒋小忠，李必忠，冯同强，包卫红，金国良，苏仕华，赵伯康，张亚，孔祥英，潘恩飞，陈谋，张小祥，吴传万，李春燕，李亚伟，何井瑞，方书亮
2011—2013	农业技术推广合作奖	—	青藏高原燕麦新品种培育及产业化生产技术集成	青海省畜牧兽医科学院	周青平，杨力军，颜红波，雷生春，刘延香，孙明德，陈建林，刘文辉，贾志锋，张春梅，韩晓亮，田玉智，李积海，陶延英，包成兰，赵志刚，彭中山，段彦敏，赵恒军，李成光，赵明义，黎明，李启良，何孝德，韩志林，韩启龙，苟桂香，张学功，辛富元
2011—2013	农业技术推广合作奖	—	新疆兵团现代农业农技推广机制创新与应用	新疆农垦科学院	刘辉，黄波，魏建军，李国庆，李铭，王刚，余建军，王建，杨国江，郭绍杰，闫洪山，王建江，樊庆鲁，张亚琳，刘辉，姜文斌，李新建，孔新
2011—2013	农业技术推广合作奖	—	攀枝花市优质晚熟芒果产业化	中国热带农业科学院	黄宗道，王建芳，明建鸿，詹儒林，余让水，邱小强，张春燕，许树培，赵家华，刘国道，钟方祥，李贵利，陈业渊，蒲金基，李利军，王松标，夏敏，胡美姣，范辉建，李桂珍，马蔚红，高爱平，张莉芝，韩冬银，欧阳定平，何代帝，武红霞，姚全胜，齐文华，马小卫
2011—2013	农业技术推广合作奖	—	吉祥一号玉米新品种产业化关键技术集成研究与示范	敦煌种业	闫治斌，王建华，秦嘉海，张建平，马世军，田宝华，赵芸晨，王利民，杨彦忠，肖占文，张英，薛洋，张小燕

（续表）

年 份	奖 项	等 级	项目名称	第一完成单位	第一完成人/主要完成人
2011—2013	农业技术推广合作奖	—	河南省“万名科技人员包万村科技服务行动”	河南省农业技术推广总站	任洪志，杨海蛟，张光辉，李保全，刘源，孙笑梅，尹钧，马海生，林同保，马新明，胡彦民，刘京宝，毛凤梧，侯殿明，刘中平，杨占平，楚桂芬，刘玉堂，郝军虹，郭线茹，张传龙，周新保，王永华，李向东，韩绍庆，韩世平，周孟飞，李浩贤，赵霞，何宁
2011—2013	农业技术推广合作奖	—	天津市农业技术推广运行机制创新与应用	天津市农业技术推广站	王瑞卿，王志敏，毛树春，高金权，刘强，邓永卓，高灵旺，钱建平，耿以工，王璞，韩迎春，李洪云，杨靖峰，李季，刘伟，魏长俊，徐建坡，张云鹤，王国平，周顺利，范正义，孙想，李亚兵，吴众望，刘恩海，王研卿，王维，王海荣，张碧海怡
2011—2013	农业技术推广合作奖	—	重庆市晚熟柑橘产量和质量提升示范推广	重庆市农业科学院	谭平，陈正华，张才建，曾维友，顾维，李玮娟，毛英杰，阮光伦，周心智，袁建中，李宏华，毕方美，王瑜，何梅，何洪委，王晓东，刘汝乾，袁美明，王虹，郑全会，韩准安，向伟，杨海健，谭鑫，周大禹，易永文，弓亚林，程杨，张云贵
2011—2013	农业技术推广合作奖	—	油料耕作栽培新模式集成创新与示范	全国农业技术推广服务中心	王积军，汤松，赵建兴，周广生，刘宪，雍太文，方永丰，熊迎，陈海涛，陈四龙，曾英松，魏亦文，贾利欣，张长生，杨大俐，王忠义，黄继武，贾东海，刘芳，陈震，曾庆涛，栗维兴，刘代银，牟英辉，吴海亚，白应刚，胡鹏，高世海，程勇，尚鸿雁
2011—2013	农业技术推广合作奖	—	技术主导型成果转化体系建设与应用	湖北省农业科学院	焦春海，郭英，张俊，丁自立，刘翠君，张平，张兴中，张银岭，聂杨梅，吴运明，何昭民，陈二龙，孟祥生，叶良阶，谢春甫，肖能武，丁坤明，李清歌，汪光友，陈威，程志红，许贤超，郑明川，郭栋林，魏华，沈杰，周富忠，王克有
2011—2013	农业技术推广合作奖	—	大宗淡水鱼全产业链的技术创新与示范建设	中国水产科学研究院长江水产研究所	袁科平，毛涛，韦扬帆，蒋明，代进军，李守荣，文华，何爱民，邹世平，陈虎，姚雁鸿，易大军，王凯，吴凡，圣华夫，江慧，白遗胜，许弟新，叶雄平，吴洪
2011—2013	农业技术推广合作奖	—	安徽省夏玉米丰产高效技术集成与应用	安徽农业大学	程备久，李金才，陈洪俭，刘正，马庆，王世济，蔡志明，丁克坚，陈黎卿，李猛，李东安，崔广海，周福红，蔡士兵，李学章，汪德尚，苏培民，樊洪金，孙世彦，李友星，高峰，张北群，孙枫，周林，刘光荣，孙建强，任仲，徐德明，晁林海，李秦

附表 A-3　2008—2015 年神农中华农业科技奖获奖成果

年　份	奖　项	等　级	项目名称	主要完成单位	主要完成人
2008	科学研究成果奖	一等奖	优质超级稻吉粳 88 号选育及配套栽培技术研究与推广	吉林省农业科学院	张三元，张俊国，赵国臣，徐虹，赵劲松，全成哲，杨春刚，孙强，苏君，刘振蛟，郭桂珍，林秀云，全东兴，张学君，李彻，严光彬，李朝峰
2008	科学研究成果奖	一等奖	鸡传染性法氏囊病超强毒变异机制及防制技术研究与应用	中国农业科学院哈尔滨兽医研究所	王笑梅，高宏雷，高玉龙，付朝阳，祁小乐，王秀荣，陈冠春，邱冬，孔令达，贾华强，王蕴敏，史会敏
2008	科学研究成果奖	一等奖	体细胞克隆猪和转基因体细胞克隆猪技术平台的建立与应用	中国农业大学，北京济普霖生物技术有限公司	李宁，李秋艳，卫恒习，戴蕴平，张运海，潘登科，张磊，汤波，娄彦坤，李燕，马育芳，李俊，郭英，王莉莉，张坤，赵蕊
2008	科学研究成果奖	一等奖	大田作物专用缓/控释肥料技术	中国农业科学院农业资源与农业区划研究所，广东深圳市芭田生态工程股份有限公司，天津康龙生态农业有限公司，山东烟台五洲施得富肥料有限公司，天津市福升肥料有限公司	张夫道，王玉军，张建峰，史春余，刘秀梅，肖强，王茹芳，何绪生，张树清，邹绍文，杨俊诚，刘蕴贤，徐庆海，黄培钊，段继贤，王学江，于华熙，徐德威，鲁守尊，黄滨
2008	科学研究成果奖	一等奖	中国农作物及其野生近缘植物多样性研究	中国农业科学院作物科学研究所，中国农业科学院蔬菜花卉研究所，中国科学院植物研究所，中国农业科学院果树研究所，中国农业科学院草原研究所，中国农业大学	董玉琛，刘旭，郑殿升，朱德蔚，方嘉禾，费砚良，贾敬贤，蒋尤泉，杨庆文，王述民，黎裕，王德槟，常汝镇，刘青林，贾定贤，武保国，葛红，李锡香，任庆棉
2008	科学研究成果奖	二等奖	玉米自交系丹 1324 种质创新与应用研究	丹东农业科学院	刘春增，关国志，郭永才，鲁宝良，景希强，刘日尊，赵文媛，吕春波，梁晓俐，王孝华，杨孝忱，丁立国，程玉荣，吕彦，陈得义
2008	科学研究成果奖	二等奖	中国北方冬小麦抗旱节水种质创新与新品种选育利用	中国农业科学院作物科学研究所，西北农林科技大学，中国科学院遗传与发育生物学研究所农业资源研究中心，洛阳市农业科学研究院，山西省农业科学院，河北省农林科学院旱作农业研究所，甘肃省农业科学院	景蕊莲，谢惠民，张正斌，张灿军，孙美荣，陈秀敏，卫云宗，昌小平，李秀绒，樊廷录，郭进考，肖世和，高海涛，王宏礼，董宝娣
2008	科学研究成果奖	二等奖	鱼藤酮资源植物及鱼藤酮杀虫剂的研究应用	华南农业大学	徐汉虹，张志祥，赵善欢，江定心，黄素青，张业光，胡林，黄继光，魏孝义，田永清，杨晓云，李有志，曾东强，周利娟，雷玲

（续表）

年份	奖项	等级	项目名称	主要完成单位	主要完成人
2008	科学研究成果奖	二等奖	优质高产杂交籼稻丰优香占选育与应用	江苏里下河地区农业科学研究所，广东省农业科学院水稻研究所	张洪熙，李传国，李爱宏，黄年生，刘晓斌，周长海，包月红，刘晓静，谢成林，朱兆兵，梁世胡，徐卯林，许美刚，李群，郭伦
2008	科学研究成果奖	二等奖	木薯品种选育及产业化关键技术研究与应用	中国热带农业科学院热带作物品种资源研究所，广西明阳生化科技股份有限公司，广西亚热带作物研究所，广西农业科学院经济作物研究所，广西木薯产业协会，武鸣县科学技术局，云南省红河州畜牧技术推广站	林雄，李开绵，叶剑秋，黄洁，韦爱芬，黄强，田益农，韦本辉，邵乃凡，刘建平，蒋盛军，张振文，陆小静，闫庆祥，欧文军
2008	科学研究成果奖	二等奖	香稻骨干亲本的筛选利用与高档优质香稻研发	中国水稻研究所，湖南省水稻研究所，湖南金健米业股份有限公司	胡培松，赵正洪，唐绍清，罗炬，黄发松，王建龙，龚超热，周斌，余应弘，段传嘉，应杰政，张世辉，朱国奇，焦桂爱
2008	科学研究成果奖	二等奖	鲟鱼鱼籽酱产业链关键技术研究与应用	中国水产科学研究院东海水产研究所，杭州千岛湖鲟龙科技开发有限公司，中国水产科学研究院南海水产研究所，浙江省出入境检验检疫局	张显良，王鲁民，李来好，王斌，郝淑贤，夏永涛，杨贤庆，毕士川，吴志刚，李庆，杜英杰，李岩
2008	科学研究成果奖	二等奖	油菜生产机械化成套装备研究	上海市农业机械研究所，上海向明机械有限公司，农业部规划设计研究院，上海市松江区农机管理所，上海市奉贤区农机管理站，湖北省农业机械化技术推广总站	刘建政，李长兴，谢奇珍，吴福良，项冠凡，刘明华，金英，汤发明，沈瑾，朱建勋，周宗良，张春华，陈海英，於建雄，师建芳
2008	科学研究成果奖	二等奖	特色热带香料作物产品加工关键技术研究	中国热带农业科学院香料饮料研究所，国家重要热带作物工程技术研究中心	王庆煌，赵建平，谭乐和，邬华松，卢少芳，刘爱芳，宗迎，朱红英
2008	科学研究成果奖	二等奖	大中型种子加工成套技术装备的研制与集成	农业部南京农业机械化研究所，中国农业机械化科学研究院，甘肃酒泉奥凯种子机械有限公司，江苏省洪泽湖农场	胡志超，刘国定，彭宝良，郭恩华，谢焕雄，田立佳，王正平，胡良龙，计福来，王广万，张礼钢，赵成美，陈友林，黄卫平，王志刚
2008	科学研究成果奖	二等奖	野生大豆优异基因资源的挖掘及新种质创制	黑龙江省农业科学院耕作栽培研究所，黑龙江省农业科学院育种研究所	来永才，林红，李炜，齐宁，杨雪峰，刘广阳，张必弦，姜宇博，梁贵林，李明贤，王晓楠
2008	科学研究成果奖	三等奖	隐性白羽鸡种质创新利用及其产业化	江苏省家禽科学研究所，常州市立华畜禽有限公司，扬州翔龙禽业发展有限公司	王克华，高玉时，童海兵，邹剑敏，黎寿丰，苏一军，李碧春，杨恒东，卜柱，扶国才

（续表）

年 份	奖 项	等 级	项目名称	主要完成单位	主要完成人
2008	科学研究成果奖	三等奖	农区水污染调查评价与富营养化水体治理技术研究	中国农业科学院农业资源与农业区划研究所	任天志，邱建军，王立刚，王道龙，王迎春，张士功，屈宝香，周旭英，白可喻，王宗礼
2008	科学研究成果奖	三等奖	罗非鱼、对虾加工技术与质量控制的研究	中国水产科学研究院南海水产研究所，广东省中山食品水产进出口集团有限公司	李来好，杨贤庆，吴燕燕，刁石强，陈培基，李刘冬，石红，周婉君，郝淑贤，陈胜军
2008	科学研究成果奖	三等奖	食物安全信息共享与公共管理体系研究	中国农业科学院农业信息研究所	许世卫，李志强，李哲敏，陈永红，孙君茂，王启现，刘自杰，李干琼，刘宏，赵瑞雪
2008	科学研究成果奖	三等奖	国家级农情遥感监测信息服务系统研究与开发	中国农业科学院农业资源与农业区划研究所	周清波，陈仲新，王长耀，刘佳，李林，姚艳敏，邹金秋，王利民，杨鹏，王道龙
2008	科学研究成果奖	三等奖	低成本激光控制平地技术与装备	中国农业大学，华南农业大学，中国水利水电科学研究院	汪懋华，罗锡文，刘刚，李益农，毛恩荣，李庆，赵祚喜，李福祥，宋正河，司永胜
2008	科学研究成果奖	三等奖	蚕桑资源创新利用研究及产业化	广东省农业科学院蚕业与农产品加工研究所	肖更生，廖森泰，陈卫东，徐玉娟，刘学铭，罗国庆，吴继军，邹宇晓，李升锋，姚锡镇
2008	科学研究成果奖	三等奖	中国魔芋产业的关键技术研究与推广应用	西南大学	刘佩瑛，张盛林，陈劲枫，孙远明，王存仁，王就光，张兴国，苏承刚，孙佳江，向朝学
2008	科学研究成果奖	三等奖	鲜切花新品种选育及产业化技术研究与应用	云南省农业科学院花卉研究所，农业部花卉产品质量监督检验测试（昆明）中心，云南格桑花卉有限责任公司，云南丽都花卉发展有限公司	唐开学，王继华，张颢，李绅崇，吴丽芳，吴学尉，王祥宁，莫锡君，李涵，瞿素萍
2008	科学研究成果奖	三等奖	天津青麻叶大白菜育种技术体系创建及专用型新品种选育与应用	天津科润农业科技股份有限公司蔬菜研究所	闻凤英，张斌，刘晓晖，赵冰，罗智敏，刘惠静，孟庆良，吴峰，宋连久，王超楠
2008	科学研究成果奖	三等奖	三个优质早中熟梨新品种选育与应用推广	中国农业科学院郑州果树研究所	魏闻东，王宇霖，李秀根，田鹏，夏莎玲，郭俊英，陈继峰，房付林，陆爱华，聂芸
2008	科学研究成果奖	三等奖	纳米硅基氧化物（SiOx）保鲜果蜡创新研究与技术开发	甘肃省农业科学院农产品贮藏加工研究所，中国科学院兰州化学物理研究所，甘肃省润源农产品开发公司	张永茂，田世龙，刘刚，刘元寿，颉敏华，康三江，葛霞，李玉新，李玉梅，黄铮
2008	科学研究成果奖	三等奖	绿茶清洁化加工技术和装备的研究与应用	安徽农业大学，浙江上洋机械有限公司，黄山市徽州漕溪茶厂，黄山市汪满田茶业有限公司	宛晓春，李尚庆，张正竹，夏涛，杨庆，吴卫国，程玉明，汪智利，谢一平，方世辉

（续表）

年　份	奖　项	等　级	项目名称	主要完成单位	主要完成人
2008	科学研究成果奖	三等奖	梨矮化砧木选育及配套栽培技术示范推广	中国农业科学院果树研究所	姜淑苓，贾敬贤，马力，丛佩华，陈长兰，方成泉，冯霄汉，张红军，龚欣，纪宝生
2008	科学研究成果奖	三等奖	柑橘病毒病分子检测及无病毒三级繁育体系技术	中国农业科学院柑桔研究所，重庆市经济作物技术推广站	周常勇，熊伟，唐科志，张才建，李太盛，吴正亮，杨方云，夏平友，吴厚玖，周彦
2008	科学研究成果奖	三等奖	热带高油优质蛋白玉米种质创新及新产品选育	云南省农业科学院粮食作物研究所，云南省德宏傣族景颇族自治州农业科学研究所，云南省红河哈尼族彝族自治州农业科学研究所，云南省临沧市农业科学研究所，云南省曲靖市农业科学研究所	番兴明，谭静，陈洪梅，张培高，黄云霄，段智利，郭琼华，田俊明，汪燕芬，徐春霞
2008	科学研究成果奖	三等奖	猪传染性胸膜肺炎防控技术研究	中国农业科学院兰州兽医研究所	逯忠新，赵萍，邵英德，储岳峰，高鹏程，鲁炳义，贺英
2008	科学研究成果奖	三等奖	我国几种危害严重的群发性畜禽营养代谢病的防控研究	南京农业大学，东北农业大学	王小龙，黄克和，刘家国，孙卫东，徐世文，谭勋，张海彬，石发庆，向瑞平，潘家强
2008	科学研究成果奖	三等奖	退化草地植被恢复关键技术研究与应用	中国农业大学，河北沽源草地生态系统国家野外科学观测研究站	王堃，韩建国，龚元石，戎郁萍，邵新庆，赵景锋，冯雨锋，李连术，黄顶，辛有俊
2008	科学研究成果奖	三等奖	獭兔新品系选育及产业化开发研究	四川省草原科学研究院，四川天元兔业科技有限责任公司，四川内江益东兔业有限责任公司，成都西澳贸易公司，四川省哈哥兔业有限公司	陈琳，范成强，刘汉中，何贵明，泽柏，余志菊，邓永昌，文斌，汪平，陈芸莹
2008	科学研究成果奖	三等奖	饲料和畜产品安全关键检测技术的研究和推广应用	上海市动物疫病预防控制中心，上海赛群生物科技有限公司，上海市鼎安生物科技有限公司，上海市农业科学院	沈富林，黄士新，王蓓，顾欣，曹莹，邱列群，何玫，樊生超，潘爱虎，金凌艳
2008	科学研究成果奖	三等奖	毛皮动物犬瘟热疫苗毒株驯化和产业化配套关键技术	中国农业科学院特产研究所，吉林中特生物技术有限责任公司	闫喜军，吴威，程世鹏，聂金珍，柴秀丽，丛丽，赵传芳，王凤雪，邵西群，易立
2008	科学研究成果奖	三等奖	辽宁绒山羊常年长绒型新品系选育	辽宁省辽宁绒山羊育种中心，吉林农业大学，辽宁省辽宁绒山羊原种场有限公司，岫岩满族自治县万都养殖场，盖州市辽宁绒山羊种羊场	张世伟，宋先忱，姜怀志，王世权，刘兴伟，吕忠江，关绵来，王连生，张文军，杨文凯

（续表）

年 份	奖 项	等 级	项目名称	主要完成单位	主要完成人
2008	科学研究成果奖	三等奖	江西家禽品种保护、评价及开发利用	江西省农业科学院畜牧兽医研究所，中国农业科学院家禽研究所，江西省种畜种禽管理站	李慧芳，谢金防，陈宽维，舒希凡，吾豪华，厉宝林，徐文娟，顾华兵，谢明贵，刘林秀
2008	科学研究成果奖	三等奖	番鸭种质资源创新与综合配套技术推广	江苏畜牧兽医职业技术学院，江苏丰达种鸭场，泰州市畜牧兽医站，宝应县农林局	杨廷桂，吉文林，赵旭庭，段修军，张鸿，刘靖，朱达文，王健，陈章言，谢献胜
2008	科学研究成果奖	三等奖	D型肉毒灭鼠剂的研制及其应用	青海省畜牧兽医科学院	马有泉，张西云，刘生财，李生庆，李秀萍，王亭亭，张生民，赵永来，张生合，侯秀敏
2008	科学研究成果奖	三等奖	冬小麦高产高效应变栽培技术研究与应用	中国农业科学院作物科学研究所	赵广才，常旭虹，杨玉双，段玲玲，段艳菊，徐兆春，崔彦生，鞠正春，李振华，于广军
2008	科学研究成果奖	三等奖	中国牛遗传资源分子遗传多样性、起源分化及保护利用	全国畜牧总站，扬州大学，西北农林科技大学，中国农业大学	谷继承，陈伟生，张桂香，王志刚，何新天，郑友民，刘丑生，常洪，张沅，昝林森
2008	科学研究成果奖	三等奖	新型缓控释肥料研究与产业化	北京市农林科学院植物营养与资源研究所，河北省农林科学院农业资源环境研究所，河南省农业科学院植物营养与资源环境研究所，吉林省土壤肥料总站，江西省农业科学院土壤肥料与资源环境研究所	刘宝存，徐秋明，曹兵，李亚星，邹国元，李吉进，孙焱鑫，刘孟朝，沈阿林，马洪波
2008	科学研究成果奖	三等奖	橡胶幼态微型芽条及其籽苗芽接苗的培育技术	中国热带农业科学院热带生物技术研究所	陈雄庭，张秀娟，王颖，彭明，吴坤鑫
2008	科学研究成果奖	三等奖	假眼小绿叶蝉和茶蚜等害虫及其天敌引诱技术的研究及应用	中国农业科学院茶叶研究所	韩宝瑜，周鹏，崔林，付建玉，王仕超，周孝贵，周成松，陈银方，段玉舟，徐泽
2008	科学研究成果奖	三等奖	红壤旱地的肥力演变与调控技术研究	中国农业科学院农业环境与可持续发展研究所，湖南省土壤肥料研究所，中国农业科学院农业资源与农业区划研究所，江西省农业科学院土壤肥料与资源环境研究所，广西壮族自治区农业科学院土壤肥料研究所	曾希柏，罗尊长，徐明岗，刘光荣，谭宏伟，高菊生，白玲玉，魏湘林，王伯仁，孙楠

（续表）

年　份	奖　项	等　级	项目名称	主要完成单位	主要完成人
2008	科学研究成果奖	三等奖	规模化养殖场固废生物堆肥处理及有机肥产业化	中国农业大学，中国农业机械化科学研究院畜禽机械研究所，北京沃土天地生物科技有限公司，广东省农业科学院土壤肥料研究所，诸城金土地有机肥有限责任公司	李季，李国学，吴德胜，彭生平，张发宝，李彦明，许艇，孙长征，钟辉，徐维烈
2008	科学研究成果奖	三等奖	优质高产两系杂交水稻新品种丰两优一号的选育与产业化	合肥丰乐种业股份有限公司，北方杂交粳稻工程技术中心	杨振玉，张国良，徐继萍，华泽田，高前宝，张忠旭，蒋继武，汪华春，陈祥付，陈会中
2008	科学研究成果奖	三等奖	水稻品种豫粳 6 号选育及应用	河南省新乡市农业科学院	孙彦常，王书玉，张栩，薛应征，张忠臣，赵启学，张长顺，黄群策，刘贺梅，周新保
2008	科学研究成果奖	三等奖	高产、优质、节本高效杂交中籼协优 9019 的选育与应用	安徽省农业科学院水稻研究所，安徽绿雨农业有限责任公司，肥东县农业技术推广中心	罗志祥，王安东，苏泽胜，施伏芝，章玉松，阮新民，陈周前，孟志伟，吴文革，马慧玲
2008	科学研究成果奖	三等奖	重要滩涂贝类养殖产业化关键技术研究示范	中国水产科学研究院东海水产研究所，江苏省海洋水产研究所，天津市水产研究所，江苏省通州市水产指导站，江苏省东台市渔业指导站	庄平，王慧，吉红九，乔庆林，周凯，么宗利，姜朝军，来琦芳，冯广朋，陈淑吟
2008	科学研究成果奖	三等奖	中国对虾抗 WSSV 的筛选育种及配套生产工艺	中国水产科学研究院黄海水产研究所	孔杰，刘萍，张庆文，王伟继，孟宪红，费日伟，王清印
2008	科学研究成果奖	三等奖	水产品质量安全监控技术研究与推广	江苏省淡水水产研究所，江苏省水产质量检测中心，扬州市水产生产技术指导站，宜兴市水产指导站	吴光红，张美琴，沈美芳，孟勇，杨洪生，朱晓华，韩晓冬，陆全平，薛晖，丁正峰
2008	科学研究成果奖	三等奖	罗氏沼虾无公害养殖技术研究与示范	中国水产科学研究院淡水渔业研究中心，浙江省淡水水产研究所，江苏省苏微微生物研究有限公司	徐跑，谢骏，邴旭文，刘波，何义进，钱冬，周群兰，夏冬，匡群，赵晓联
2008	科学研究成果奖	三等奖	大口鲇高效规模化人工育苗技术研究与应用	中国水产科学研究院长江水产研究所，华中农业大学	邹桂伟，罗相忠，樊启学，梁宏伟，李忠，潘光碧，黄峰，张家波，杨锐斌，周剑光
2008	科学研究成果奖	三等奖	海南土壤—地体数字化数据库系统建立及在海南土地资源可持续管理中的应用	中国热带农业科学院热带作物品种资源研究所，中国科学院南京土壤研究所	陈秋波，张甘霖，龚子同，漆智平，赵玉国，周建南，张学雷，赵文君，白昌军，陈志诚
2008	科学研究成果奖	三等奖	玉米收获机械化技术推广	天津富康农业开发有限公司，天津市农业机械推广总站	胡伟，郭玉富，薄克明，谢敏，刘玉乐，高宝成，鲁保栓，杨晓萍，任永生，段久祥

（续表）

年　份	奖　项	等　级	项目名称	主要完成单位	主要完成人
2008	科学研究成果奖	三等奖	集约化养禽场粪便无害化处理技术的完善及设备中试	四川省农业机械研究设计院	蒋立茂，罗志伟，刘小谭，郭曦，张凌风，唐荣英，杨宗良，吴香强
2008	科学研究成果奖	三等奖	1LZ系列联合整地机的研制与推广	新疆农垦科学院，新疆生产建设兵团农机技术推广站，新疆维吾尔自治区农牧机械化技术推广总站，新疆科神农业装备科技开发有限公司，克拉玛依五五机械制造有限责任公司	王序俭，汤智辉，唐军，阿历戈代，刘云，曹肆林，郭新刚，鲁滨，陈其伟，包建刚
2008	科学研究成果奖	三等奖	新疆维吾尔自治区棉花发展战略研究	新疆维吾尔自治区农业厅，农业部农村经济研究中心	关锐捷，龙文军，王京梁，陈胜辉，马玄，辛涛，万开亮，吴良，黎凌，郑建军
2008	科学研究成果奖	三等奖	优质高产抗病大豆新品种选育推广	黑龙江八一农垦大学	朱洪德，费志宏，李佐同，周彦春，朱桂华，胡远富，王密金，李海燕，冯丽娟，王春凤
2008	科学研究成果奖	三等奖	高油高产大豆新品种吉育47、吉育57、吉育67选育与推广	吉林省农业科学院	富健，孟凡钢，王新风，王丽，梁志业，陈砚，杨桂华，刘敏，马巍，宋志峰
2008	科学研究成果奖	三等奖	淀粉型甘薯品种苏渝303的选育及应用	江苏省农业科学院，西南大学	谢一芝，张启堂，傅玉凡，郭小丁，卢跃华，吴问胜，刘小平，刘志坚，吴纪中，尹晴红
2008	优秀创新团队成果奖	—	柑橘遗传改良与栽培技术创新团队	华中农业大学	邓秀新，彭抒昂，伊华林，郭文武，刘继红，李国怀，徐娟，程运江，姜玲，夏仁学，胡春根，邓伯勋，刘永忠，龙超安，徐强，王国平，洪霓，祁春节，张宏宇，潘思轶
2008	优秀创新团队成果奖	—	禽流感防控优秀创新团队	中国农业科学院哈尔滨兽医研究所	陈化兰，步志高，田国彬，姜永萍，李雁冰，邓国华，王秀荣，乔传玲，施建忠，刘丽玲，葛金英，杨焕良，包红梅，陈艳，曾显营，关云涛，刘全贵，尹逊滨，古计春
2008	优秀创新团队成果奖	—	超级杂交稻育种创新团队	中国水稻研究所	程式华，曹立勇，陈深广，彭应财，沈希宏，吴伟明，章善庆，庄杰云，朱德峰，林贤青，陶龙兴，王熹，张慧廉，闵绍楷，占小登，张玉萍，童汉华，樊叶扬
2008	优秀创新团队成果奖	—	黑龙江省院县共建创新团队	黑龙江省农业科学院	韩贵清，闫文义，张志，苏俊，肖志敏，刘娣，刘德，马冬君，矫江，任利军，王贵江，张月学，来永才，张树权，魏新民，韩永嘉，王谦玉，曹靖生，潘国君，刘峰
2008	优秀创新团队成果奖	—	对虾育种与健康养殖创新团队	中国水产科学研究院黄海水产研究所	王清印，李健，黄倢，孔杰，刘萍，宋晓玲，史成银，王伟继，孟宪红，刘淇，王群，何玉英，李吉涛，陈萍，王秀华，栾生，张天时，杨冰，刘庆慧，梁艳

（续表）

年　份	奖　项	等　级	项目名称	主要完成单位	主要完成人
2008	优秀创新团队成果奖	—	棉花早熟育种创新团队	中国农业科学院棉花研究所	喻树迅，范术丽，宋美珍，原日红，庞朝友，魏恒玲，黄祯茂，吴嫚，孟艳艳，谭荣花，王晖
2008	优秀创新团队成果奖	—	人兽共患病预防与控制创新团队	华南农业大学	廖明，辛朝安，朱兴全，任涛，郭霄峰，张桂红，陈金顶，李国清，罗开健，曹伟胜，袁少华，徐成刚，宁章勇，罗满林，贺东生，王林川，樊惠英，亓文宝，焦培荣，黄毓茂
2008	优秀创新团队成果奖	—	小麦遗传育种创新团队	山东省农业科学院作物研究所	刘建军，何中虎，黄承彦，赵振东，宋健民，楚秀生，李根英，刘爱峰，隋新霞，李豪圣，樊庆琦，程敦公，高洁
2008	优秀创新团队成果奖	—	籼型杂交水稻种质创新与新品种选育创新团队	福建省农业科学院	谢华安，王乌齐，郑家团，黄庭旭，张建福，杨惠杰，肖承和，张海峰，陈福如，翁国华，游晴如，黄洪河，杨东，吴方喜，张水金，涂诗航，蔡秋华，王颖姮，朱永生，董瑞霞
2008	优秀创新团队成果奖	—	热带作物种质资源收集整理、评价、共享及创新利用创新团队	中国热带农业科学院	陈业渊，刘国道，李开绵，王祝年，尹俊梅，黄华孙，金志强，郭建春，张树珍，王文泉，马子龙，赵松林，龙宇宙，唐龙祥，孙光明，陆超忠，白昌军，高爱平，李琼，李志英
2008	优秀创新团队成果奖	—	水产生物育种新技术创新团队	中国水产科学研究院黑龙江水产研究所	孙效文，梁利群，尹洪滨，闫学春，张晓峰，曹顶臣，鲁翠云，耿波，常玉梅，匡友谊，薛淑群，葛彦龙，李超，卢建国，李丽坤
2008	科普成果奖	—	《农村沼气技术 500 问》	山西省农村可再生能源办公室	任济星，田文善，马军，赵少婷，王宝宏，王虎，吕少玲，牛翠芳，王海啸，刘文涌，武铁平，张伟基，张明忠，辛玉梅
2008	科普成果奖	—	《伪劣农机具快速鉴别》	农业部农业机械试验鉴定总站，四川省农业机械鉴定站，江苏省农业机械试验鉴定站	刘宪，陈海燕，张山坡，蔡国芳，李英杰，卢建强，米洪友，孙啸萍，柯朝阳，戚锁红，徐涵秋，朱虹，王国梁，杨蓉，罗文嫚，祁福长
2008	科普成果奖	—	无公害蔬菜病虫害防治实战丛书	河北省农林科学院植物保护研究所	孙茜，张洪光，潘文亮，袁章虎，王振庄，刘俊田，于凤玲，戴东权，孙慕君，董灵迪，张勇，聂承华，阚晓君，张梁，韩秀英
2008	科普成果奖	—	《新疆棉花苗情诊断图谱》	新疆农垦科学院棉花所	陈冠文，邓福军，余渝
2008	科普成果奖	—	种粮大户系列音像教材	中央农业广播电视学校	曾一春，刘永泉，吴国强，刘天金，郭智奇，田桂山，陆荣宝，张瑞慈，尤为华，郑建英，蔡晓楠，袁平，随建英，高虹，杨慧，张晓华，张娣红，李瑜，张爽

（续表）

年　份	奖　项	等　级	项目名称	主要完成单位	主要完成人
2008	科普成果奖	—	《农民安全科学使用农药必读》	全国农业技术推广服务中心	梁桂梅，梁帝允，赵清，李永平，束放
2009	科学研究成果奖	一等奖	矮败小麦在遗传育种中的应用	中国农业科学院作物科学研究所，江苏省徐淮地区淮阴农业科学研究所，四川省农业科学院作物研究所，河南省农业科学院小麦研究中心，安徽省农业科学院作物研究所，中国农业大学农学与生物技术学院，新乡市中农矮败小麦育种技术创新中心，山东农业大学，北京杂交小麦工程技术研究中心，山西省农业科学院高寒区作物研究所	刘秉华，翟虎渠，杨丽，孙苏阳，周阳，孙其信，王山荭，蒲宗君，张保明，杨兆生，刘宏伟，孟凡华，郭凤琴，任根深，买春艳
2009	科学研究成果奖	一等奖	杂交水稻野栽型恢复系系列与组合的选育及其推广应用	广西大学，广西壮族自治区种子公司，广西支农种业有限公司	莫永生，韦政，黄琳，文信连，杨经良，蒋德书，黎志方，陈壬生，黄鹂，赵博伟，卢文倍，李华胜，李永青，李春生，何礼健，农定国，吴大明，杨培忠，陈勇
2009	科学研究成果奖	一等奖	白菜高效育种技术研究及春夏秋播系列配套品种的选育和推广	北京市农林科学院蔬菜研究中心，北京京研益农科技发展中心，北京市种子管理站	张凤兰，余阳俊，徐家炳，赵青春，张德双，赵岫云，于拴仓，张雪平，丁海凤，陈广，孙继志，屈广琪，刘立功，卢桂香，李长田
2009	科学研究成果奖	一等奖	人α-乳清白蛋白转基因奶牛的生产和应用	中国农业大学，北京济普霖生物技术有限公司	李宁，戴蕴平，汤波，张磊，王建武，李荣，丁方荣，王莉莉，王海萍，郑敏，龚国春，赵建敏，李秋艳，王美丽，李京，李松，李燕，赵蕊，高凤磊
2009	科学研究成果奖	一等奖	海水养殖鱼类遗传资源发掘与推广应用	中国水产科学研究院黄海水产研究所，莱州明波水产有限公司，海阳黄海水产有限公司	陈松林，庄志猛，翟介明，沙珍霞，王清印，田永胜，姜言伟，李波，刘云国，刘寿堂，廖小林，王娜，邓寒，邵长伟，李静，马洪雨，张玉喜，刘洋，邓思平，徐田军
2009	科学研究成果奖	一等奖	主要作物种子健康保护及良种包衣增产关键技术研究与应用	中国农业大学，全国农业技术推广服务中心，北农（海利）涿州种衣剂有限公司，河南中州种子科技发展有限公司，中种集团农业化学有限公司，新沂市永诚化工有限公司	刘西莉，李健强，张世和，刘鹏飞，马志强，曹永松，张善翔，张宗军，罗来鑫，房双龙，应冰如，宁明宇，王维峰，王彦军，王红梅，黄中乔，赵小群，朱春雨，李小林，宋晓宇

（续表）

年　份	奖　项	等　级	项目名称	主要完成单位	主要完成人
2009	科学研究成果奖	一等奖	中国草原植被遥感监测关键技术研究与应用	中国农业科学院农业资源与农业区划研究所，农业部草原监理中心，中国科学院地理科学与资源研究所，南京大学	徐斌，杨秀春，覃志豪，刘海启，陶伟国，缪建明，王道龙，杨智，朱晓华，杨季，刘佳，高懋芳，陈佑启，张莉，居为民
2009	科学研究成果奖	一等奖	多种功能高效生物肥料研究与应用	中国农业科学院农业资源与农业区划研究所，南京农业大学，吉林省农业科学院，中国农业大学，河北省农林科学院农业资源环境研究所，	范丙全，李顺鹏，吴海燕，隋新华，杨苏声，龚明波，刘巧玲，邢少辰，何健，崔凤俊，王磊，李力，蒋建东，曾昭海，孙淑荣
2009	科学研究成果奖	一等奖	主要麻类作物专用品种选育与推广应用	中国农业科学院麻类研究所，黑龙江省农业科学院经济作物研究所，福建农林大学，达州市农业科学研究所，华中农业大学，湖南华升株洲雪松有限公司	熊和平，关凤芝，祁建民，魏刚，彭定祥，喻春明，唐守伟，臧巩固，李德芳，王玉富，刘政，吴广文，林荔辉，张中华，汪波
2009	科学研究成果奖	一等奖	橡胶树早熟高产品种热研 8-79 的选育	中国热带农业科学院橡胶研究所	黄华孙，李维国，张伟算，方家林，高新生，程汉，吴春太，张晓飞
2009	科学研究成果奖	二等奖	超级两系杂交籼稻扬两优 6 号选育与应用	江苏里下河地区农业科学研究所，北京金色农华种业科技有限公司，辽宁省稻作研究所	张洪熙，杨振玉，周长海，赵步洪，谭春平，胡小军，徐卯林，谭长乐，王宝和，张忠旭，苏东，吉健安，朱兆兵，鲁孟海，田玉斌
2009	科学研究成果奖	二等奖	水稻温敏核不育系株 1S 的选育与应用	株洲市农业科学研究所，袁隆平农业高科技股份有限公司，湖南亚华种业科学研究院	杨远柱，凌文彬，唐平徕，杨文才，陈良碧，王伟成，石天宝，陈运泉，符辰建，程建强，杨广，刘爱民，龚建华，单彭义，周永祥
2009	科学研究成果奖	二等奖	优良玉米自交系丹 9046 的选育及创新利用研究	丹东农业科学院	李思烈，景希强，李芳志，徐文伟，时俊光，陈得义，刘旭，吕春波，曲江波，李媛，曲岗，高义海，武翠，吕东梅，李鹏
2009	科学研究成果奖	二等奖	猪繁殖与呼吸综合征防制技术的研究及应用	中国农业科学院哈尔滨兽医研究所	蔡雪辉，童光志，郭宝清，刘永刚，柴文君，王洪峰，周艳君，仇华吉，刘文兴，孙刚，王志国，王淑杰，姜成刚，赵晓春，唐力
2009	科学研究成果奖	二等奖	无土草坪高效生产技术的研究与应用	江苏农林职业技术学院，江苏山水建设集团有限公司，江苏星火草坪联合开发公司，上海绿亚景观工程有限公司	俞禄生，朱洪生，姚锁平，王福银，田玉斌，巫建新，史云光，鲍荣静，何任红，王润贤，田地，郭丽虹，郑凯，陈志明，周兴元

（续表）

年　份	奖　项	等　级	项目名称	主要完成单位	主要完成人
2009	科学研究成果奖	二等奖	热研 4 号王草选育及产业化推广利用	中国热带农业科学院热带作物品种资源研究所，广西壮族自治区畜牧研究所，广东省畜牧技术推广总站，福建省农业科学院农业生态研究所，云南省德宏州恒升生物科技开发有限公司，全国畜牧总站，昆明理工大学化工学院	刘国道，白昌军，王东劲，赖志强，陈三有，黄毅斌，涂旭川，何华玄，韦家少，应朝阳，李晓芳，刘晓波，陈志权，侯冠彧，虞道耿
2009	科学研究成果奖	二等奖	滚动回交法抗白粉病扬麦系列品种选育及应用	江苏里下河地区农业科学研究所	程顺和，高德荣，张勇，吴宏亚，陆成彬，陈佩度，吕国锋，张伯桥，冷苏凤，吴荣林，马谈斌，别同德，张晓祥，朱冬梅，张晓
2009	科学研究成果奖	二等奖	水生蔬菜种质资源保护、发掘与利用研究	武汉市蔬菜科学研究所	柯卫东，李峰，刘义满，黄新芳，彭静，刘玉平，李双梅，丁毅，叶元英，黄来春，朱红莲，傅新发，李明华，赵春，孙亚林
2009	科学研究成果奖	二等奖	扬州鹅培育与推广	扬州大学，扬州市农业局，扬州市润扬水特禽研究所有限公司，扬州市华鸿扬州鹅种鹅场有限公司，江苏畜牧兽医职业技术学院，中国农业科学院家禽研究所，扬州天歌鹅业发展有限公司	赵万里，丁涛，王志跃，温广宝，谢恺舟，田野，张军，戴国俊，居继光，龚道清，居勇，吉文林，段宝法，段修军，秦定益
2009	科学研究成果奖	二等奖	玉米宽窄行留高茬种植技术与配套农机具研究示范	吉林省农业科学院	刘武仁，郑金玉，罗洋，冯艳春，郑洪兵，李伟堂，邹琦，边少锋，邱贵春，李瑞平，杨伟泽，邱成，赵晓霞，安玉石，金玄吉
2009	科学研究成果奖	二等奖	植物性螨类控制剂的开发研究与应用	西南大学，中国农业科学院柑桔研究所，重庆市农业技术推广总站	丁伟，张永强，冉春，刘洪，王进军，李鸿筠，罗金香，孙彭寿，周刚，胡军华，雷慧德，刘怀，郭文明，孙现超，岑小惜
2009	科学研究成果奖	二等奖	乳酸菌发酵剂制造核心技术创新及应用	南京农业大学，江苏省农业科学院，南京奶业（集团）有限公司，徐州恒基生命科技有限公司	董明盛，周剑忠，陈晓红，姜梅，綦国红，刘小莉，冯美琴，热合曼·努尔古丽，藏光楼，卢俭，袁金牛，孔红忠
2009	科学研究成果奖	二等奖	涡旋式多功能果蔬干燥技术与装备	农业部规划设计研究院，北京西达农业工程科技发展中心，北京先农达农业设备有限公司，潍坊兴农达农业机械设备有限公司	朱明，张利群，沈瑾，高学敏，王新民，刘春和，向欣，蔡学斌，朱国光，周晓东，庞中伟，郭淑珍，张鹏，彭建旗，冯伟

（续表）

年份	奖项	等级	项目名称	主要完成单位	主要完成人
2009	科学研究成果奖	二等奖	甘蓝型油菜新材料绵7MB-1与核三系育种方法的创制及应用	绵阳市农业科学研究所，四川省农科院作物研究所	袁代斌，蒋梁材，蒙大庆，郭子荣，胥岚，李芝凡，蒲定福，张体刚，蒲晓斌，杨从容，向君碧，李浩杰，张锦芳，张跃非，汤天泽
2009	科学研究成果奖	二等奖	有机磷农药及“瘦肉精”等残留快速检测技术与应用	华南农业大学，广州达元食品安全技术有限公司，广州绿洲生化科技有限公司，珠海丽珠试剂股份有限公司	孙远明，雷红涛，王弘，沈玉栋，黄晓钰，石松，杨金易，卢新，宋小冬，吴青，徐振林，曾振灵，谌国莲，潘科，肖治理
2009	科学研究成果奖	二等奖	滩涂底栖贝类高效人工繁育及健康养殖技术体系建立与应用	浙江省海洋水产养殖研究所，宁波大学，宁波市海洋与渔业研究院，温州大学	林志华，尤仲杰，谢起浪，严小军，柴雪良，吴洪喜，王一农，施祥元，竺俊全，张永普，骆其君，王国良，张振敏，张炯明，方军
2009	科学研究成果奖	二等奖	不同营养遗传类型玉米营养特性及其规律研究	吉林省农业科学院，中国农业科学院农业资源与农业区划研究所	谢佳贵，王立春，何萍，张国辉，尹彩侠，侯云鹏，秦裕波，王秀芳，张宽，于雷，杨建，刘春光
2009	科学研究成果奖	二等奖	大洋金枪鱼渔场速预报关键技术研究及推广应用	中国水产科学研究院东海水产研究所，国家卫星海洋应用中心，中国科学院地理科学与资源研究所，上海开创远洋渔业有限公司	陈雪忠，樊伟，林明森，崔雪森，张寒野，周甦芳，林龙山，苏奋振，周为峰，伍玉梅，张晶，程家骅，沈建华，沈新强，王成
2009	科学研究成果奖	二等奖	菠萝叶纤维提取与加工及叶渣利用技术研究	中国热带农业科学院农业机械研究所，国家重要热带作物工程技术研究中心	张劲，李明福，邓干然，欧忠庆，连文伟，王金丽
2009	科学研究成果奖	二等奖	果树优质综合农艺节水技术体系研究	北京市农林科学院林业果树研究所	魏钦平，王小伟，刘军，张强，刘松忠，马明，姬谦龙，张继祥，尚志华，李松涛，刘凤琴，刘旭东，杨廷祯，查养良，王志成
2009	科学研究成果奖	三等奖	香蕉遗传改良的基因资源挖掘与应用基础研究	中国热带农业科学院热带生物技术研究所，农业部热带作物生物技术重点开放实验室，中国热带农业科学院海口实验站	金志强，徐碧玉，张建斌，贾彩红，刘菊华，李美英，杨小亮，王家保
2009	科学研究成果奖	三等奖	集约化农区氮磷污染负荷解析与污染防控模式	中国科学院南京土壤研究所，云南农业大学，中国科学院研究生院	杨林章，张乃明，胡正义，吴永红，夏运生，史静，李运东，段永蕙，张仕颖，颜蓉
2009	科学研究成果奖	三等奖	农产品产地安全监测与评价技术	农业部环境保护科研监测所，江苏省农业环境监测与保护站，广西壮族自治区农业环境监测管理站，辽宁省农业环境保护监测站，湖北省农业生态环境保护站	刘凤枝，李玉浸，蔡彦明，郑向群，徐亚平，师荣光，战新华，王跃华，万晓红，杨天锦

（续表）

年　份	奖　项	等　级	项目名称	主要完成单位	主要完成人
2009	科学研究成果奖	三等奖	草地螟发生危害规律及测报、防治技术的研究	中国农业科学院植物保护研究所，全国农业技术推广服务中心，吉林省农业科学院，北京市植物保护站	罗礼智，张跃进，姜玉英，程登发，江幸福，尹姣，孙雅杰，金晓华，康爱国，张蕾
2009	科学研究成果奖	三等奖	特色果品杨梅，枇杷采后贮运关键技术研究与集成应用	浙江大学，仙居县林业特产开发服务中心，浙江省农业厅经济作物局，台州市农业局经济作物总站，台州市环宇园艺技术有限公司	陈昆松，孙崇德，徐昌杰，李鲜，王康强，张望舒，蔡冲，何桂娥，孙钧，鲍雨林
2009	科学研究成果奖	三等奖	观光蔬菜景观创意及配套栽培技术研究与应用	北京市农业技术推广站，中国农业大学，中国农业科学院蔬菜花卉研究所，北京市顺义区种植业服务中心，北京市大兴区人民政府蔬菜办公室	曹华，王永泉，任华中，韩亚钦，徐进，孙奂明，蒋卫杰，张丽红，王红霞，商磊
2009	科学研究成果奖	三等奖	抗旱耐低温糖化加工型马铃薯育种材料创新和品种选育	甘肃农业大学，甘肃省作物遗传改良与种质创新重点实验室，甘肃省马铃薯工程技术中心	王蒂，张俊莲，司怀军，张金文，张峰，王清，张宁，于品华，李学才，陈勇胜
2009	科学研究成果奖	三等奖	奶牛优质高效产业化配套技术体系研究与示范	西北农林科技大学，杨凌职业技术学院，西安银桥生物科技有限公司	昝林森，李青旺，呼天明，姚军虎，田西化，吕嘉枋，胡建宏，田万强，辛亚平，龚月生
2009	科学研究成果奖	三等奖	饲料及畜产品中重要违禁/限量药物检测的关键技术与产品研发	中国农业科学院农业质量标准与检测技术研究所，农业部饲料质量监督检验测试中心（济南），上海市兽药饲料监察所，农业部饲料质量及畜产品安全监督检验测试中心（沈阳），杭州迪恩科技有限公司	杨曙明，杨振海，王旻子，李祥明，沈富林，刘全，杨晓慧，李云，曾平，于洪侠
2009	科学研究成果奖	三等奖	中国沙化退化草地飞播种草恢复改良技术的研究与推广	全国畜牧总站，内蒙古自治区草原工作站，新疆维吾尔自治区草原总站，四川省草原工作总站，甘肃省草原技术推广总站，河北省饲草饲料工作站，青海省草原总站，山西省牧草工作站，陕西省草原工作站，云南省草山饲料工作站	谷继承，贠旭疆，李晓芳，李元华，张焕强，余晓光，刘国荣，王立耕，张新跃，乔安海

（续表）

年 份	奖 项	等 级	项目名称	主要完成单位	主要完成人
2009	科学研究成果奖	三等奖	牙鲆全雌化技术研究及其应用	中国水产科学研究院北戴河中心实验站，中国水产科学研究院黑龙江水产研究所，河北省水产科技开发公司，中国水产科学研究院，河北省水产研究所	刘海金，于清海，周海涛，薛玲玲，王玉芬，姜秀凤，唐晓宇，杨立更，常玉梅，孙桂清
2009	科学研究成果奖	三等奖	淡水池塘养殖生态工程技术研究	中国水产科学研究院长江水产研究所，中国水产科学研究院渔业机械仪器研究所	李谷，吴恢碧，刘兴国，姚雁鸿，陶玲，刘晃，李晓莉，曾梦兆，赵巧玲
2009	科学研究成果奖	三等奖	O 型和亚洲 1 型口蹄疫抗体检测液相阻断 ELISA 研究及试剂盒研制	中国农业科学院兰州兽医研究所	马军武，祁淑芸，林密，靳野，周广青，冯霞，尚佑军，刘湘涛，才学鹏，刘在新
2009	科学研究成果奖	三等奖	我国西南地区规模养殖家畜寄生虫病防控技术研究与应用	四川省畜牧科学研究院，新希望乳业控股有限公司，眉山市畜牧局，凉山州畜牧局	廖党金，曹冶，李江凌，谢晶，文豪，叶健强，魏甬，赵素君，曹昕，徐文福
2009	科学研究成果奖	三等奖	主要农作物定量遥感研究与应用	北京农业信息技术研究中心，河南农业大学，扬州大学，河北省农业技术推广总站	王纪华，黄文江，赵春江，李存军，宋晓宇，潘瑜春，徐新刚，谭昌伟，王晨阳，蔡淑红
2009	科学研究成果奖	三等奖	数字化玉米种植管理系统	中国农业科学院农业信息研究所，北京农业信息技术研究中心	诸叶平，郭新宇，李世娟，孙开梦，鄂越，刘升平，周国民，王纪华，丘耘，严定春
2009	科学研究成果奖	三等奖	节水灌溉控制与远程监测关键技术研究与示范	北京农业信息技术研究中心	赵春江，郑文刚，申长军，张海明，张京开，孙刚，吴文彪，闫华，秦向阳，王丽洁
2009	科学研究成果奖	三等奖	优势农产品保鲜技术示范推广	国家农产品保鲜工程技术研究中心（天津）	杨卫东，张平，李丽秀，李家政，孙延玲，王莉，王世军，高凯，黄艳凤，陈丽
2009	科学研究成果奖	三等奖	作物产量分析体系构建及其高产技术创新与集成	中国农业科学院作物科学研究所，山东农业大学，中国水稻研究所，华中农业大学植物科学技术学院，扬州大学农学院	赵明，董志强，董树亭，章秀福，边少峰，黄见良，杨建昌，唐启源，王美云，齐华
2009	科学研究成果奖	三等奖	优质广适型超级稻新品种辽星 1 号选育与推广	辽宁省农业科学院	陶承光，张艳芝，隋国民，王昌华，韩勇，邹吉承，郑文静，李建国，代贵金，侯守贵
2009	科学研究成果奖	三等奖	Q 优耐热优质杂交水稻品种培育与应用	重庆中一种业有限公司，重庆市农业科学院	李贤勇，王楚桃，钟世良，何永歆，杨勋毅，李顺武，黄中伦，文守云，陈世全，刘剑飞
2009	科学研究成果奖	三等奖	水稻航天育种研究与新品种选育应用	华南农业大学	陈志强，王慧，梅曼彤，张建国，郭涛，刘永柱，梁克勤，唐湘如，刘向东，陈益培

（续表）

年　份	奖　项	等　级	项目名称	主要完成单位	主要完成人
2009	科学研究成果奖	三等奖	优质高产高效大豆新品种选育及应用	吉林省农业科学院	富健，王新风，孟凡钢，王丽，马巍，张丽伟，王巍巍，吉野，尹航，宋志峰
2009	科学研究成果奖	三等奖	优质、丰产、抗病中籼稻新品种选育与推广应用	安徽省农业科学院水稻研究所，安徽省芜湖市农业技术推广中心，安徽省六安市裕安区农业科学研究所，安徽华安种业有限责任公司	李泽福，夏加发，王安东，王元垒，章玉松，苏泽胜，成洪，刘礼明，董双庆，张效忠
2009	科学研究成果奖	三等奖	强优势杂交棉组合的筛选配套技术集成与推广	安徽省农技推广总站，安徽省种子管理总站	吴宁，夏静，王优旭，周桃华，夏风，韩文兵，张灿，黄乃泰，王斌，周伟
2009	科学研究成果奖	三等奖	抗病虫棉花种质的创制与应用	江苏省农业科学院	倪万潮，纵瑞收，张保龙，李峰，沈新莲，张香桂，杨郁文，李华，李洪祥，郭书巧
2009	科学研究成果奖	三等奖	特早熟双低杂交油菜青杂3号产业化示范	青海省农林科学院，青海省农业技术推广总站	杜德志，蔡月凤，李吉环，唐国永，王维，王瑞生，史瑞琪，张启芳，袁翠梅，王发忠
2009	科学研究成果奖	三等奖	秸秆还田经济型种植新模式及对土壤质量影响的研究与应用	四川省农业科学院土壤肥料研究所，四川省农业厅土壤肥料与生态建设站，四川省农业科学院	刘定辉，吴晓军，赵小蓉，冯文强，蒲波，王昌桃，秦鱼生，陈尚洪，陈胜，冯娜娜
2009	科学研究成果奖	三等奖	北方浅山丘陵区雨水优化利用节水补灌技术研究	河南省农业科学院植物营养与资源环境研究所，华北水利水电学院，河南省农村科学技术开发中心	武继承，徐建新，刘万兴，杨占平，严大考，潘晓东，陈南祥，王志勇，屈俊峰，郑惠军
2009	科学研究成果奖	三等奖	粮果作物掺混肥料应用技术研究与推广	陕西省土壤肥料工作站，铜川市农业科学研究所，凤翔县农业技术推广中心，临渭区农业技术推广中心，蒲城县农业技术推广中心	李茹，李文祥，张亚健，刘英，刘惠荣，黄文敏，刘斐，王粉萍，师海斌，赵晓进
2009	科学研究成果奖	三等奖	农药残留快速检测专用胆碱酯酶的研究与应用	华南农业大学，农业部农药检定所，广东省植物保护总站，东莞绿健市生物科技有限公司，	徐汉虹，侯学文，廖美德，刘光学，杨晓云，江腾辉，黄素青，张志祥，江定心，周利娟
2009	科学研究成果奖	三等奖	西瓜染色体易位育种技术研究及少籽优质新品种选育与应用	天津科润农业科技股份有限公司蔬菜研究所	焦定量，张艳宁，刘莉，王武台，商纪鹏，黄国清，郝建全，王洲，胡存，张慧勇
2009	科学研究成果奖	三等奖	超高产杂交桑选育与配套技术研究和推广	广西壮族自治区蚕业技术推广总站	朱方容，胡乐山，雷扶生，陆瑞好，潘志新，白景彰，林强，祁广军，韦波，莫现会

（续表）

年 份	奖 项	等 级	项目名称	主要完成单位	主要完成人
2009	科学研究成果奖	三等奖	三峡库区柑橘非充分灌溉综合技术集成	重庆市农学会，重庆市经济作物技术推广站，全国农业技术推广服务中心	王越，熊伟，成世坤，张钟灵，李莉，张才建，刘红雨，夏仁斌，吴雪梅，夏平友
2009	科学研究成果奖	三等奖	大白菜新品种郑早60、郑早55的选育及应用研究	郑州市蔬菜研究所，河南省农业科学院，信阳市农业科学研究所，武陟县土壤肥料工作站，郑州市植保植检站	刘卫红，王从亭，路翠玲，曾维银，吴海东，田朝辉，曾凯，宋小南，樊会丽，张笑千
2009	科学研究成果奖	三等奖	中国美利奴羊超细型培育和细型羊毛产业技术开发	新疆维吾尔自治区畜牧科学院，新疆农垦科学院，新疆维吾尔自治区纤维监察局，新疆萨帕乐科技有限责任公司	张继慈，石国庆，王光雷，路伟，郑文新，杨永林，陶卫东，王琪，倪建宏，陈玉芬
2009	科学研究成果奖	三等奖	柞蚕大型茧新品种选育及配套繁育应用技术研究与示范	吉林省蚕业科学研究所，吉林农业大学，吉林吉农高新技术发展股份有限公司	朱兴友，孙光芝，凌宏敏，阮长春，郝大东，徐家辉，毛刚，陈立玲，李金志，徐哲
2009	科学研究成果奖	三等奖	蛋鸡新配套系（新品种）选育及产业化技术研究与应用	北京市华都峪口禽业有限责任公司，北京华都集团有限责任公司良种基地	孙皓，周宝贵，刘爱巧，刘长青，石凤英，刘宪礼，张立昌，吴桂琴，汪全生，韩忠栋
2009	科学研究成果奖	三等奖	大洋性重要经济种类资源开发及高效捕捞技术研究	上海海洋大学，上海水产（集团）总公司，浙江省远洋渔业集团有限公司，广东广远渔业集团有限公司，大连远洋渔业金枪鱼钓有限公司	陈新军，张敏，许柳雄，宋利明，钱卫国，邹晓荣，戴小杰，朱建忠，朱义锋，方健民
2009	科学研究成果奖	三等奖	罗非鱼种质改良与产品出口关键技术研究	中国水产科学研究院珠江水产研究所，中国水产科学研究院南海水产研究所，广东省茂名市海洋科技创新中心，广东省高要市水产技术推广中心	卢迈新，李来好，黄樟翰，杨贤庆，林东年，叶星，吴燕燕，白俊杰，朱华平，郝淑贤
2009	科学研究成果奖	三等奖	篮子鱼全人工繁育及养殖技术研究与应用	中国水产科学研究院东海水产研究所	章龙珍，庄平，刘鉴毅，乔振国，赵峰，张涛，冯广朋，黄晓荣，闫文罡，侯俊利
2009	科学研究成果奖	三等奖	鲷科鱼类种质资源与利用	中国水产科学研究院南海水产研究所	江世贵，苏天凤，夏军红，张殿昌，周发林，区又君，杨慧荣，刘红艳，李建柱，黄巧珠
2009	科学研究成果奖	三等奖	星突江鲽（Platichthys Stellatus）苗种规模化繁育与健康养殖技术推广	中国水产科学研究院黄海水产研究所，青岛龙湾生物科技有限公司	庄志猛，陈四清，刘长琳，马爱军，宋宗诚，邹健，张少华，刘淇，常青，张盛农

（续表）

年　份	奖　项	等　级	项目名称	主要完成单位	主要完成人
2009	科学研究成果奖	三等奖	鱼类淋巴囊肿病毒单克隆抗体研制及检测诊断技术与流行病学研究	中国海洋大学	战文斌，绳秀珍，邢婧，周丽，程顺峰，李强，刁菁，唐小千，韦秀梅，李永芹
2009	科学研究成果奖	三等奖	主要肉蛋奶产品和蜂产品安全限量及控制标准研究	中国兽医药品监察所，中国农业大学，农业部畜禽产品质量监督检验测试中心，中国农业科学院蜜蜂所	冯忠武，沈建忠，郭筱华，刘素英，赵静，黄齐颐，徐士新，张素霞，刘智宏，仲锋
2009	科学研究成果奖	三等奖	我国胡椒标准化生产技术体系建立与应用	中国热带农业科学院香料饮料研究所，琼海市热带作物服务中心，文昌市热带作物技术服务中心	邢谷杨，林鸿顿，邬华松，谭乐和，郑维全，欧阳欢，陈德政，林道迁
2009	科学研究成果奖	三等奖	芒果炭疽病生物学基础及其可持续防控关键技术研究与应用	中国热带农业科学院南亚热带作物研究所，海南大学环境与植物保护学院，广西壮族自治区农业科学院植物保护研究所，中国热带农业科学院环境与植物保护研究所，广东省农业科学院植物保护研究所	詹儒林，何衍彪，郑服丛，黄思良，肖倩莼，晏卫红，孙光明，林壁润，岑贞陆，雷新涛
2009	科学研究成果奖	三等奖	高效生物质燃气化利用技术及设备	四川省农业机械研究设计院	谢祖琪，庹洪章，余满江，易文裕，姚金霞，熊昌国，刘建辉
2009	科学研究成果奖	三等奖	牛初乳活性 IgG 的分离纯化及新产品开发与产业化	沈阳农业大学	岳喜庆，刘长江，武俊瑞，何剑斌，郑艳，吴朝霞，乌日娜，常雪妮，李斌，韩春阳
2009	科普成果奖	—	农作物重要病虫鉴别与治理原创科普系列彩版图书	浙江省植物保护检疫局，宁波市农业技术推广总站，金华市植物保护站，建德市水果服务站，磐安县植物保护站，慈溪市农业监测中心，上虞市农业技术推广中心，海宁市植保土肥技术服务站，萧山区农业局，长兴县粮食总站	郑永利，许渭根，童英富，吴降星，姚士桐，吴华新，王国荣，朱金星，吕先真，章云斐，冯新军，李东，宁国云，吴增军，吴永汉，谢以泽，盛仙俏，陈国祥，杨筠文，廖益民
2009	科普成果奖	—	农民致富关键技术问答丛书	安徽省农业科学院情报研究所，安徽经纬农业科技信息有限责任公司	朱永和，郭书普，罗守进，吕凯，陈磊，李立虎，王云平，吕友保，张立平，何增明，李惟，董伟，孔娟娟
2009	科普成果奖	—	《优质专用小麦生产关键技术百问百答》	中国农业科学院作物科学研究所	赵广才，常旭虹，杨玉双，段玲玲，崔彦生，段艳菊，鞠正春，张文彪，刘清瑞，毕玉强，曹刚，李振华，武同华，周双月，于广军，李辉利

（续表）

年　份	奖　项	等　级	项目名称	主要完成单位	主要完成人
2009	科普成果奖	—	江苏省农民培训工程系列教材	江苏省农业广播电视学校	翁为民，巫建华，李胜强，田玉斌，胡宁霞，蒋平，王汉林，陈茂学，苏振彪，苏娜，齐乃敏，韩梅，王卉卉，杨书华
2009	科普成果奖	—	测奶养牛——奶牛生产性能测定（DHI）技术	中国奶业协会	陈绍祜，公维嘉，李栋，姚远，范云琳
2009	科普成果奖	—	《农业的十万个为什么》	中国农影音像出版社	李振中，刘国华，付晓青，李伟波
2009	科普成果奖	—	《橡胶树栽培与利用》	中国热带农业科学院橡胶研究所	黄慧德，张惜珠，王秀全，张志扬
2010—2011	科学研究成果奖	一等奖	抗旱节水高产广适型冬小麦新品种衡观35的选育及应用	河北省农林科学院旱作农业研究所，中国科学院遗传与发育生物学研究所	陈秀敏，王道文，王金明，孙书娈，乔文臣，张坤普，魏建伟，谢俊良，孟祥海，李科江，谷良治，刘冬成，王有增，李丁，李伟，杜润生，苏文华，赵磊，张满义
2010—2011	科学研究成果奖	一等奖	高油酸花生种质创制研究与应用	山东省花生研究所，全国农业技术推广服务中心，广东省农业科学院作物研究所，青岛农业大学	禹山林，杨庆利，王积军，梁炫强，张互助，崔凤高，汤松，王晶珊，吴修，潘丽娟，俞春涛，迟晓元，朱柯鑫，曲明静，陈志德，刘立峰，孙旭亮，陈明娜，和亚男，杨珍
2010—2011	科学研究成果奖	一等奖	奶牛优质高效产业化配套技术体系研究与示范	西北农林科技大学，西安银桥生物科技有限公司，杨凌职业技术学院，北京中地种畜有限公司	昝林森，李青旺，呼天明，姚军虎，田西华，田万强，吕嘉枥，胡建宏，辛亚平，龚月生，张慧林，李志成，杨培志，李长安，来航线，王晶钰，张恩平，杜双田，刘永峰，刘洪瑜
2010—2011	科学研究成果奖	一等奖	畜禽粪便沼气处理清洁发展机制（CDM）方法学和技术研究与示范	中国农业科学院农业环境与可持续发展研究所，杭州能源环境工程有限公司，山东民和牧业股份有限公司，中国社会科学院城市发展与环境研究所，清华大学，湖北省恩施土家族苗族自治州农业局	董红敏，李玉娥，董泰丽，李倩，陈洪波，韦志洪，陈树生，朱志平，万运帆，蔡磊，蔡昌达，陈永杏，高清竹
2010—2011	科学研究成果奖	一等奖	施肥与改良剂修复Pb、Cd污染土壤技术研究与产品应用	中国农业科学院农业资源与农业区划研究所，福建省农业科学院土壤肥料研究所，广东省农业科学院土壤肥料研究所	徐明岗，罗涛，曾希柏，杨少海，李菊梅，黄东风，艾绍英，王伯仁，宋正国，何盈，包耀贤，张青，张文菊，刘平，王艳红，张晴，孙楠，武海雯，申华平，张会民

（续表）

年 份	奖 项	等 级	项目名称	主要完成单位	主要完成人
2010—2011	科学研究成果奖	一等奖	热带作物种质资源收集保存、评价与创新利用	中国热带农业科学院热带作物品种资源研究所，中国热带农业科学院橡胶研究所，广西农业科学院园艺研究所，广西壮族自治区亚热带作物研究所，云南省德宏热带农业科学研究所，中国热带农业科学院环境与植物保护研究所，华南农业大学园艺学院，广州市果树科学研究所，福建省农业科学院农业生态研究所，琼州学院	陈业渊，王庆煌，刘国道，李琼，黄华孙，刘业强，尹俊梅，徐立，黄国弟，王祝年，李开绵，周华，王家保，符悦冠，陈厚彬，林冠雄，应朝阳，党选民，武耀廷，梁李宏
2010—2011	科学研究成果奖	一等奖	鸡遗传资源研究与创新利用	扬州大学，常州市立华畜禽有限公司	陈国宏，常国斌，程立力，张康宁，徐琪，李碧春，吴信生，袁青妍，许盛海，焦库华，吴圣龙，赵文明，包文斌，叶敬礼，王伟，侯庆文，宋成义，吉挺，张依裕，张海波
2010—2011	科学研究成果奖	一等奖	野生大豆种质资源研究及优异种质挖掘与利用	吉林省农业科学院	董英山，杨光宇，王玉民，庄炳昌，赵洪锟，王洋，李启云，赵丽梅，安岩，刘晓冬，马晓萍，沈波，刘宝，李海云，王英男，张春宝，王跃强，杨春明，董岭超，胡金海
2010—2011	科学研究成果奖	一等奖	主要水产养殖种微卫星标记开发与鲤的分子育种	中国水产科学研究院黑龙江水产研究所	孙效文，鲁翠云，张晓峰，梁利群，匡友谊，曹顶臣，闫学春，常玉梅，耿波，李超，佟广香
2010—2011	科学研究成果奖	一等奖	水稻优质丰产综合配套技术研究	吉林省农业科学院	侯立刚，赵国臣，郭希明，隋鹏举，刘亮，齐春雁，张世忠，朱秀霞，孙洪娇，车立梅，马巍，李朝锋
2010—2011	科学研究成果奖	一等奖	猪支原体肺炎疫苗的研制与综合防控技术的集成应用	江苏省农业科学院，南京天邦生物科技有限公司	邵国青，刘茂军，冯志新，何孔旺，侯继波，张小飞，张道华，王海燕，熊祺琰，周勇岐，尹秀凤，刘耀兴，兰邹然，董永毅，余勇，吴志明，陆国林，丁美娟，甘源，赵国民
2010—2011	科学研究成果奖	一等奖	优质丰产抗病大白菜新品种豫新 60、豫新 6 号的选育及应用	河南省农业科学院园艺研究所	原玉香，蒋武生，姚秋菊，张晓伟，张菊平，耿建峰，赵跃峰，毋玉兰，赵小忠，王志勇，董海英，齐茹，杨雪芹，张宝光，杨立衡
2010—2011	科学研究成果奖	一等奖	花生机械化收获技术装备研发与示范	农业部南京农业机械化研究所，江苏宇成动力集团有限公司，开封市茂盛机械有限公司	胡志超，彭宝良，田立佳，谢焕雄，胡良龙，计福来，王海鸥，吴峰，陈有庆，张会娟，钟挺，朱怀东，蒯杰，赵治永，朱桂生，王建楠，顾峰玮，于向涛，曹士锋，王冰

（续表）

年　份	奖　项	等　级	项目名称	主要完成单位	主要完成人
2010—2011	科学研究成果奖	一等奖	资源高效利用型设施蔬菜安全生产关键技术研究与应用	中国农业大学，中国农业科学院蔬菜花卉研究所，沈阳农业大学，上海市农业科学院	张振贤，李天来，张志斌，余纪柱，高丽红，尚庆茂，孙周平，任华中，齐明芳，陈青云，卜崇兴，贺超兴，齐红岩，眭晓蕾，朱玉英，张志刚，须辉，余宏军，曲梅，葛春生
2010—2011	科学研究成果奖	一等奖	早籼稻产后精深加工和高效利用关键技术与推广应用	江南大学，南昌大学，中粮（江西）米业有限公司，中国农业科学院农产品加工研究所，湖南金健米业股份有限公司，国家粮食储备局武汉科学研究设计院，江苏牧羊集团有限公司	陈正行，刘成梅，谢健，程国强，周素梅，张晖，徐学明，林利忠，马晓军，王东，刘伟，谢爱民，李晓瑄，王莉，张晓娟
2010—2011	科学研究成果奖	一等奖	荔枝高产高效关键生产技术的集成与推广应用	中国热带农业科学院南亚热带作物研究所，华南农业大学园艺学院，海南省农业科学院热带果树研究所	谢江辉，王泽槐，李伟才，陈菁，陈厚彬，王祥和，陈佳瑛，莫亿伟，何衍彪，李建国，胡玉林，胡桂兵，黄旭明，陆超忠，詹儒林，孙德权，孙光明，吕华强
2010—2011	科学研究成果奖	一等奖	青虾优良品种的培育及产业化示范推广	中国水产科学研究院淡水渔业研究中心，江苏省淡水水产研究所，南京市水产科学研究所，无锡施瑞水产科技有限公司，扬州市水产生产技术指导站，无锡市水产技术推广站	傅洪拓，戈贤平，龚永生，周国勤，陆全平，吴滟，蔡永祥，葛家春，蒋速飞，熊贻伟，朱银安，陈树桥，凌立彬，叶金明，张宪中，丛宁，潘建林
2010—2011	科学研究成果奖	一等奖	高配合力优质新质源水稻不育系 803A 的创制及应用	西南科技大学，四川省农业科学院水稻高粱研究所，四川农业大学，四川大学，重庆市涪陵区农业科学研究所，四川西科种业有限公司，四川竹丰种业有限公司，四川绵丰种业有限公司	谢崇华，郑家奎，陈永军，李仕贵，胡运高，杨国涛，张致力，刘永胜，何希德，何其明，李天银，何芳，李天春，魏东，李兵伏，高大林，眢利，曹静波，曾卓华，陆江
2010—2011	科学研究成果奖	一等奖	冬小麦节水、省肥、高产、简化栽培“四统一”技术体系	中国农业大学	王志敏，王璞，周顺利，李建民，鲁来清，张英华，崔彦生，曹刚，李世娟，李绪厚，龚金港，薛绪掌，鞠正春，耿以工，方保停，董方红，吴海岩，张胜全，张永平，王润正
2010—2011	科学研究成果奖	一等奖	植物微生态制剂的研制与应用	中国农业大学，康坦生物技术（山东）有限公司，新疆天物科技发展有限公司，江苏苏滨生物农化有限公司，中农绿康（北京）生物技术有限公司	王琦，蔡元呈，李燕，郭喜红，赵中华，杨普云，梅汝鸿，杨合同，李建生，蔡宜东，李伟，田涛，温学标，韩丽洁，梅宁，赵兼全，周慧玲，付学池，赵丽萍，梁华荣

（续表）

年 份	奖 项	等 级	项目名称	主要完成单位	主要完成人
2010—2011	科学研究成果奖	一等奖	小麦条锈病菌源基地生态治理技术研究与应用	中国农业科学院植物保护研究所，甘肃省农业科学院植物保护研究所，甘肃省植保植检站，全国农业技术推广服务中心，甘肃省农业科学院小麦研究所，天水市农业科学研究所	陈万权，徐世昌，金社林，蒲崇建，赵中华，周祥椿，宋建荣，刘太国，姜玉英，曹世勤，张秋萍，吴立人，张耀辉，段霞瑜，蔺瑞明
2010—2011	科学研究成果奖	二等奖	抗逆高产小麦育种技术研究与应用	中国农业科学院作物科学研究所	肖世和，张秀英，闫长生，马志强，游光霞，孙果忠，张海萍，赵松山，王瑞霞，吴科，常成，郭会君，王奉芝，福德平，张秋芝
2010—2011	科学研究成果奖	二等奖	京科糯 2000 等系列糯玉米品种选育与推广	北京市农林科学院玉米研究中心，北京农科玉育种开发有限公司	赵久然，卢柏山，史亚兴，杨国航，王玉良，陈哲，霍庆增，闫明明，王凤格，王惠星，李生有，耿东梅，王辉，薛菲，白琼岩
2010—2011	科学研究成果奖	二等奖	广适性光温敏不育系 Y58S 的选育与应用	湖南杂交水稻研究中心	邓启云，袁隆平，吴俊，庄文，熊跃东，周开业，谭新跃，杨乾，李建武，石祖兴，董仲文，周川广
2010—2011	科学研究成果奖	二等奖	早恢 R458 的创制及其超级杂交早稻新组合的选育与应用	江西省农业科学院水稻研究所	蔡耀辉，颜满莲，颜龙安，李瑶，毛凌华，李永辉，焦长兴，付高平，程飞虎，彭从胜，吴晓峰，万勇，聂元元，邱在辉，邓辉民
2010—2011	科学研究成果奖	二等奖	棉苗代谢调控及无钵移栽技术研究	河南省农业科学院	杨铁钢，房卫平，黄树梅，郭红霞，夏文省，梁桂梅，王素真，代丹丹，李彦鹏，郝西，刘梦林，胡颖，王军亮，李伶俐，马娜
2010—2011	科学研究成果奖	二等奖	优质棉新品种的创制、栽培及其产业化	南京农业大学，江苏省作物栽培技术指导站，江苏科腾棉业有限公司，新疆康地农业科技发展有限公司，江苏省农业科学院	张天真，邹芳刚，陈树林，周宝良，朱协飞，史伟，陈爱民，郭旺珍，潘宁松，胡保民，纪从亮，宋锦花，陈松，陈德华，承泓良
2010—2011	科学研究成果奖	二等奖	棉花育种南繁和品种纯度南繁鉴定技术研究	中国农业科学院棉花研究所	王坤波，张西岭，宋国立，黎绍惠，刘方，杨伟华，王清连，王春英，张香娣，李建萍，王延琴，许红霞，周大云，樊秀华，汪若海
2010—2011	科学研究成果奖	二等奖	优质高产抗病油菜新品种华双 5 号的选育和应用	华中农业大学，全国农业技术推广服务中心，湖北省农业技术推广总站	吴江生，张毅，汤松，鄂文弟，涂勇，王积军，张冬晓，姜福元，田新初，黄继武，卢明，程飞虎，刘磊，周广生，刘超
2010—2011	科学研究成果奖	二等奖	奶牛优质饲草生产技术研究与示范	中国农业科学院草原研究所，甘肃农业大学，中国农业大学，中国农业科学院北京畜牧兽医研究所，内蒙古农业大学，中国农业科学院饲料研究所，北京林业大学	侯向阳，曹致中，布库，毛培胜，时建忠，孙启忠，卢欣石，米福贵，韩建国，刁其玉，韩雪松，张晓庆

（续表）

年　份	奖　项	等　级	项目名称	主要完成单位	主要完成人
2010—2011	科学研究成果奖	二等奖	福利化健康养猪关键技术研究与应用	中国农业大学，浙江大学，云南神农农业产业集团，郑州牧业工程高等专科学校，重庆市畜牧科学院，江苏省农业科学院畜牧研究所，天津市畜牧兽医研究所	李保明，施正香，陈安国，陈刚，席磊，饶婷，林保忠，滕光辉，马启军，任守文，李千军，王朝元，杨彩梅，郭建文，李光相
2010—2011	科学研究成果奖	二等奖	国家种猪遗传评估系统关键技术研发、建立及应用	华南农业大学，中山大学，中国农业大学，四川农业大学，北京中地美加种猪有限公司，全国畜牧总站，华中农业大学	李加琪，陈瑶生，张勤，李学伟，刘小红，刘海良，王爱国，王立贤，潘玉春，雷明刚，王志刚，王翀，薛明，张豪，吴秋豪
2010—2011	科学研究成果奖	二等奖	安全高效蜂产品加工关键技术的研究及产业化示范	中国农业科学院蜜蜂研究所，北京中蜜科技发展有限公司，北京中农蜂蜂业技术开发中心	彭文君，田文礼，韩胜明，董捷，高凌宇，何薇莉，闫继红，国占宝，方小明，张宝德，胡长安，童越敏，张杨，邹兴，石艳丽
2010—2011	科学研究成果奖	二等奖	优质肉鸡新配套系的选育与产业化技术示范	广东温氏食品集团有限公司，华南农业大学	陈峰，温志芬，张德祥，张祥斌，薛春宜，谭会泽，汪汉华，王建兵，覃健萍，彭志军，季从亮，梁国雄，黄瑞林，周庆丰，吴珍芳
2010—2011	科学研究成果奖	二等奖	干酪加工及乳清综合利用关键技术研究及产业化	中国农业大学，甘肃农业大学，天津科技大学，北京三元食品股份有限公司，甘肃华羚生物科技有限公司	任发政，陈历俊，甘伯中，冷小京，李丽丽，隋欣，郭慧媛，赵征，毛学英，郝彦玲，敏文祥，王昌禄，蒋菁莉，姜鹭，王芳
2010—2011	科学研究成果奖	二等奖	植物蛋白挤压组织化技术研究与推广	中国农业科学院农产品加工研究所，江苏牧羊集团有限公司，谷神生物科技集团有限公司，济南赛百诺科技开发有限公司，中国食品发酵工业研究院，吉林省农业科学院，滁州学院	魏益民，张波，康立宁，张余，陈锋亮，范天铭，李世伟，张业民，涂顺明，马亮，王建忠，李建，郭世锋，严军辉，生广伦
2010—2011	科学研究成果奖	二等奖	生态基质无土栽培关键技术研究示范及在非耕地上规模化应用	中国农业科学院蔬菜花卉研究所，北京市京圃园生物工程有限公司，河南农业大学，山东农业大学，河南省农业科学院园艺研究所，甘肃省酒泉市肃州区蔬菜技术服务中心，宁夏中青农业科技有限公司	蒋卫杰，余宏军，孙治强，王秀峰，张国森，王晋华，禹宙，冯锡鸿，魏珉，刘伟，李胜利，赵文怀，曹桂凤，朱余清，郑光华
2010—2011	科学研究成果奖	二等奖	双孢蘑菇育种新技术的建立与新品种As2796的选育及推广	福建省农业科学院食用菌研究所	王泽生，廖剑华，曾辉，陈美元，王波，李洪荣，卢政辉，戴建清，郭仲杰，程翊，陈军，柯家耀，王贤樵

（续表）

年　份	奖　项	等　级	项目名称	主要完成单位	主要完成人
2010—2011	科学研究成果奖	二等奖	微生物降解褐煤生产黄腐酸技术及作物专用新产品研制	中国农业大学，福建超大集团有限公司，内蒙古永业农丰生物科技有限责任公司，山西广大化工有限公司，新疆天枣源龟兹生物技术责任有限公司	袁红莉，杨金水，陈文新，李宝珍，罗立津，周涛，马建桥，李犇，段留生，董莲华，姜峰，高同国，张雪花，刘波，吕志伟
2010—2011	科学研究成果奖	二等奖	西北旱作节水农业关键技术研究与应用	甘肃省农业科学院，甘肃农业大学，甘肃镇原县农牧局	樊廷录，宋尚有，王勇，罗俊杰，李尚中，唐小明，张建军，黄高宝，李兴茂，牛俊义，赵刚，王淑英，王立明，党翼，高育锋
2010—2011	科学研究成果奖	二等奖	华北集约化农田循环高效生产技术模式研究与应用	农业部环境保护科研监测所，天津市农业环境保护管理监测站，河北省农业环境保护监测站，山东省农业环境保护总站	杨殿林，高尚宾，李刚，赖欣，赵建宁，张静妮，张贵龙，贾兰英，吴洪斌，聂岩，修伟明，刘红梅，皇甫超河，乌云格日勒，张明
2010—2011	科学研究成果奖	二等奖	生态农业标准体系及重要技术标准研究与应用	中国农业科学院农业资源与农业区划研究所，辽宁省农村能源办公室，四川省农村能源办公室，浙江省农村能源办公室，河北省新能源办公室	邱建军，任天志，王立刚，唐春福，屈锋，黄武，张士功，李金才，高春雨，李哲敏，李惠斌，甘寿文，徐兆波，窦学诚，谢列先
2010—2011	科学研究成果奖	二等奖	刺参良种培育与健康养殖技术研究和应用	大连海洋大学，中国水产科学研究院黄海水产研究所，中国海洋大学，山东省海水养殖研究所	常亚青，王印庚，胡景杰，李成林，丁君，荣小军，李华，陆维，孙慧玲，宋坚，王秀利，胡炜，廖梅杰，张峰，马悦欣
2010—2011	科学研究成果奖	二等奖	大菱鲆疾病综合控制技术及示范推广	中国水产科学研究院黄海水产研究所，中国科学院海洋研究所，中国海洋大学	王印庚，莫照兰，张正，史成银，陈吉祥，雷霁霖，李秋芬，梁萌青，高淳仁，荣小军，曲江波，刘寿堂，常青，朱建新，陈霞
2010—2011	科学研究成果奖	二等奖	淡水鱼类种质分子鉴定研究与应用	中国水产科学研究院珠江水产研究所	白俊杰，叶星，简清，罗建仁，宋红梅，全迎春，刘宇飞，劳海华，吴淑勤，李胜杰，牟希东，于凌云，卢迈新，王培欣，樊佳佳
2010—2011	科学研究成果奖	二等奖	橡胶树精准化施肥技术研究与应用	中国热带农业科学院橡胶研究所，海南省农垦科学院，海南天然橡胶产业集团股份有限公司，云南农垦集团有限责任公司，云南省热带作物科学研究所，广东省农垦集团公司，广东省湛江农垦科学研究所	罗微，刘志崴，茶正早，李智全，林清火，陈勇，王文斌，陈叶海，陈秋波，李春丽，李强有，唐群锋，何鹏，张培松，华元刚

（续表）

年 份	奖 项	等 级	项目名称	主要完成单位	主要完成人
2010—2011	科学研究成果奖	二等奖	海南热带药用植物及其共附生微生物资源研究与开发	中国热带农业科学院热带生物技术研究所，农业部热带作物生物技术重点开发实验室	戴好富，梅文莉，吴娇，曾艳波，洪葵，彭明，林海鹏，韩壮
2010—2011	科学研究成果奖	二等奖	热带作物技术标准体系研究与应用	中国热带农业科学院科技信息研究所，云南省农业科学院质量标准与检测技术研究所，农业部蔬菜水果质量监督检验测试中心（广州），中国热带农业科学院分析测试中心	方佳，李玉萍，黎其万，王富华，吴莉宇，古小玲，邹艳虹，万凯，梁伟红，徐志，宋启道，刘燕群，董定超，章程辉，王强
2010—2011	科学研究成果奖	二等奖	家畜日本血吸虫病控制技术	中国农业科学院上海兽医研究所，中国动物疫病预防控制中心，湖南省动物卫生监督所，江西省家畜血吸虫病防治站，湖北省动物疫病预防控制中心，安徽省动物疫病预防控制中心，四川省动物疫病预防控制中心	林矫矫，李长友，徐百万，刘金明，宋俊霞，朱维琴，王兰平，贺亮，周煜，刘一平，秦德超，向顺禄，董国栋，高式伟，傅志强
2010—2011	科学研究成果奖	二等奖	硫酸头孢喹肟的研制与推广应用	江苏畜牧兽医职业技术学院，江苏倍康药业有限公司，江苏省动物药品工程技术研究中心	蒋春茂，吉文林，徐向明，杨廷桂，李勇军，陆广富，杨海峰，金礼琴，肖文华，葛兆宏，戴建华，葛竹兴，平星，徐春仲，钱建中
2010—2011	科学研究成果奖	二等奖	超高产人工三倍体新桑品种嘉陵20号选育推广	西南大学	余茂德，周金星，吴存容，王茜龄，赵爱春，鲁成，毛业炀，郑琳，敬成俊，隆文洪，苏政荣，徐立，孙波，张太云，蒋贵兵
2010—2011	科学研究成果奖	二等奖	秋子梨特色良种选育及规范化栽培技术推广	吉林省农业科学院	张茂君，王强，丁丽华，闫兴凯，冯美琦，姚环宇，邢国杰，马洪民，孙文祥，刘文
2010—2011	科学研究成果奖	三等奖	东海、黄海渔业资源产出能力研究与应用	中国水产科学研究院东海水产研究所	程家骅，李圣法，张寒野，刘勇，严利平，林龙山，李建生，凌建忠，李惠玉，胡芬
2010—2011	科学研究成果奖	三等奖	农作物病虫害数字化诊断和监测预警的关键技术研发与应用	中国农业大学，中国科学院新疆生态与地理研究所，太原市星火技术发展中心，黑龙江省植检植保站，新疆建设兵团农业技术推广总站	沈佐锐，高灵旺，吕照智，刘伟，陈继光，宋继辉，翁启勇，李洁，王学武，于新文
2010—2011	科学研究成果奖	三等奖	春丰007等系列甘蓝品种的选育与应用	江苏省农业科学院，江苏省江蔬种苗科技有限公司，江苏中江种业股份有限公司	李建斌，丁万霞，刁阳隆，严继勇，吴强，王神云，万雁玲，王红，黄真治，徐鹤林

（续表）

年 份	奖 项	等 级	项目名称	主要完成单位	主要完成人
2010—2011	科学研究成果奖	三等奖	渝荣Ⅰ号猪配套系的培育及其产业化技术开发	重庆市畜牧科学院	王金勇，范首君，张凤鸣，陈四清，徐顺来，谷山林，王涛，林保忠，王可甜，钟正泽
2010—2011	科学研究成果奖	三等奖	甘薯新品种培育及产量调控机理研究	山东省农业科学院作物研究所	张立明，郗光辉，王庆美，朱金亭，李爱贤，张海燕，侯夫云，董顺旭，王建军，陈月秀
2010—2011	科学研究成果奖	三等奖	水产养殖业污染源产排污系数测算	中国水产科学研究院，环境保护部南京环境科学研究所，中国水产科学研究院东海水产研究所，中国水产科学研究院南海水产研究所，中国水产科学研究院黄海水产研究所	刘晴，李继龙，沈新强，李绪兴，沈公铭，林钦，倪朝辉，张毅敏，陈碧鹃，陈家长
2010—2011	科学研究成果奖	三等奖	中华鳖良种选育及优质高效养殖模式的研究与示范	浙江省水产技术推广总站，浙江万里学院，杭州萧山天福生物科技有限公司，浙江清溪鳖业有限公司，绍兴市中亚水产养殖中心	何中央，钱国英，张海琪，张建人，王根连，殷黎明，徐晓林，杜建明，王忠华，丁雪燕
2010—2011	科学研究成果奖	三等奖	中苜3号耐盐苜蓿新品种选育及其推广应用	中国农业科学院北京畜牧兽医研究所，中国农业大学	杨青川，孙彦，康俊梅，侯向阳，郭文山，张铁军，吴明生，荀桂荣，晁跃辉，云继业
2010—2011	科学研究成果奖	三等奖	西北高淀粉马铃薯新品种选育及应用	甘肃省农业科学院马铃薯研究所	宋尚有，陆立银，何三信，王一航，文国宏，李高峰，张武，齐恩芳，李掌，李建武
2010—2011	科学研究成果奖	三等奖	大豆深加工关键技术研究及应用	沈阳农业大学	刘长江，张春红，孙晓荣，李长彪，赵秀红，孟宪军，陈永胜，代兴梅，李斌，梁爽
2010—2011	科学研究成果奖	三等奖	家禽重大疫病分子变异趋势和诊断以及疫苗防控技术研究	山东省农业科学院家禽研究所	秦卓明，徐怀英，黄兵，王友令，张伟，袁小远，欧阳文军，于可响，李玉峰，张玉霞
2010—2011	科学研究成果奖	三等奖	生猪健康养殖模式及其关键技术研究与示范	浙江省农业科学院，浙江省畜牧兽医局，浙江省畜产品质量安全检测中心，浙江绿嘉园牧业有限公司，宁波舜大股份有限公司	徐子伟，李永明，鲍国连，王一成，华卫东，邓波，俞国乔，陈慧华，刘敏华，逄春泰
2010—2011	科学研究成果奖	三等奖	优质烤烟生产的土壤环境调控关键技术研究	河南省农业科学院植物营养与资源环境研究所，中国烟草总公司河南省公司烟叶分公司	张翔，黄元炯，范艺宽，毛家伟，杨宇熙，张汴生，芦海灵，李富欣，王守刚，石凤英

（续表）

年　份	奖　项	等　级	项目名称	主要完成单位	主要完成人
2010—2011	科学研究成果奖	三等奖	淡水龟养殖产业化关键技术的研究与应用	中国水产科学研究院珠江水产研究所，广东绿卡实业有限公司，广东省龟鳖养殖行业协会，茂名海洋科技创新中心	朱新平，陈永乐，黄启成，魏成清，郑光明，周贵谭，陈昆慈，钟金香，刘毅辉，林东年
2010—2011	科学研究成果奖	三等奖	茭白新品种选育及其周年供应配套技术研究与示范	金华市农业科学研究院，桐乡市农业技术推广服务中心，浙江省农业厅农作物管理局，浙江大学蔬菜研究所，浙江省农业科学院植物保护与微生物研究所	张尚法，郑寨生，沈学根，杨新琴，陈建明，寿森炎，陈加多，陈可可，方顺民，孔向军
2010—2011	科学研究成果奖	三等奖	北京都市型现代农业区域养分综合管理及调控技术的研究与应用	北京市土肥工作站，中国农业大学，全国农业技术推广服务中心，顺义区农业科学研究所，大兴区农业科学研究所	赵永志，张福锁，高祥照，贾小红，王胜涛，曲明山，贺建德，廖洪，金强，李旭军
2010—2011	科学研究成果奖	三等奖	葡萄新品种“香妃”和“峰后”的选育及应用	北京市农林科学院林业果树研究所，北京京林创新园艺科技有限公司	徐海英，张国军，闫爱玲，魏钦平，郑书旗，刘军，孙磊
2010—2011	科学研究成果奖	三等奖	超级稻新品种淮稻9号的选育与应用	江苏徐淮地区淮阴农业科学研究所，淮安市种子管理站，江苏天丰种业有限公司，江苏省环洪泽湖农业生态生物技术重点实验室	袁彩勇，张涛，张进成，谢忠谊，王伟中，邢国文，许明，杨荣伟，王玉龙，袁志章
2010—2011	科学研究成果奖	三等奖	凉山清甜香优质烟叶研究与推广	中国农业科学院烟草研究所，四川省烟草公司凉山州公司	刘好宝，宋俊，史万华，邢小军，戴培刚，殷英，窦玉青，陈学壮，张成省，余祥文
2010—2011	科学研究成果奖	三等奖	新型植物生长调节剂噻苯隆开发应用技术研究与试验示范推广	咸阳德丰有限责任公司	刘承德，宁殿林，陈凌江，李智文，宋锋惠，成磊，史彦江，竞中梅，钟建明，徐会善
2010—2011	科学研究成果奖	三等奖	温—热带种质玉米自交系YA3237和YA3729选育与应用	四川雅玉科技开发有限公司，四川省雅安市农业科学研究所	胡学爱，刘世建，杨荣，张志明，刘勇，方晓燕，梁燕，杜世灿，王玉涛，李波
2010—2011	科学研究成果奖	三等奖	西藏牦牛生产性能改良技术研究	西藏自治区农牧科学院畜牧兽医研究所，云南中科胚胎工程生物技术有限公司，西藏自治区拉萨市林周县牦牛选育场，西藏自治区拉萨市当雄畜牧局	姬秋梅，达娃央拉，苏雷，云旦，张成福，张强，马晓宁，阚向东，向巴卓嘎，洛桑

（续表）

年 份	奖 项	等 级	项目名称	主要完成单位	主要完成人
2010—2011	科学研究成果奖	三等奖	生物质固体成型燃料成型工艺与设备	农业部规划设计研究院，北京盛昌绿能科技有限公司，合肥天焱绿色能源开发有限公司	赵立欣，孟海波，田宜水，姚宗路，孙丽英，傅玉清，刘勇，袁艳文，霍丽丽，罗娟
2010—2011	科学研究成果奖	三等奖	畜禽粪便无公害资源化利用研究	北京农学院，北京航宇华盟科技有限公司	刘克锋，王红利，玉红，王顺利，刘永光，金珠理达，石爱平，陈学珍，王亮，孙俊丽
2010—2011	科学研究成果奖	三等奖	优质、高产小豆新品种吉红 7 号、吉红 8 号选育及配套技术研究与示范	吉林省农业科学院	郭中校，王明海，曲祥春，包淑英，徐宁，王桂芳，叶青江，窦忠玉，王佰众，栾天浩
2010—2011	科学研究成果奖	三等奖	等离子体种子处理技术与设备	吉林省农业科学院，大连博事等离子体有限公司	边少锋，方向前，孟祥盟，张丽华，谭国波，赵洪祥，许东恒，吴策，薛飞，武志海
2010—2011	科学研究成果奖	三等奖	安湘 S 系列两系杂交稻组合的选育与应用	江西农业大学，江西现代种业有限责任公司，宁都县良种推广站	贺浩华，郭柏生，徐小红，贺晓鹏，余秋英，陈隆添，邓聚成，曾俊，余厚理，朱昌兰
2010—2011	科学研究成果奖	三等奖	热带设施哈密瓜品种选育与配套栽培技术研究与推广	三亚市南繁科学技术研究院，海南省热带设施农业工程技术研究中心，三亚腾农科技发展有限公司	李劲松，曹兵，陈冠铭，杨小锋，孔祥义，雷新民，许如意，林亚琼，任红，柳唐镜
2010—2011	科学研究成果奖	三等奖	猪伪狂犬病快速诊断及综合防制技术的研究	广西壮族自治区兽医研究所，军事医学科学院野战输血研究所	吴健敏，章金刚，黄红梅，覃绍敏，赵武，吕茂民，陈凤莲，廖文军，马玲，白安斌
2010—2011	科学研究成果奖	三等奖	高效价细胞毒猪瘟活疫苗关键技术研究	武汉中博生物股份有限公司	漆世华，吕长军，温文生，舒银辉，姜玲玲，陈立新，张志学，程敏华，王小红，杨思谊
2010—2011	科学研究成果奖	三等奖	蘑菇周年高效栽培品种选育及其关键技术研究与产业化应用	浙江省农业科学院，浙江省农业厅农作物管理局，浙江省平湖市农业经济局，浙江省嘉善县农业经济局	蔡为明，金群力，陈青，冯伟林，何伯伟，龚佩珍，张晖，范丽军，盛保龙，李发勇
2010—2011	科学研究成果奖	三等奖	食用菌害虫无公害防治技术研究与推广	西北农林科技大学，陕西省植保工作总站，陕西省咸阳市植物检疫站，陕西省西安市植保植检站，陕西省宝鸡市农业技术推广中心植保站	仵均祥，周靖华，李长青，李怡萍，胡煜，徐进，李泉厂，孙立娟，杜娟，张国辉
2010—2011	科学研究成果奖	三等奖	桑树辐射诱变育种的研究与应用	四川省农业科学院蚕业研究所，四川省农业科学院，四川省三台蚕种场	刘刚，任作瑛，肖金树，杨建宁，佟万红，何希德，黄盖群，殷浩，危玲，李俊

（续表）

年 份	奖 项	等 级	项目名称	主要完成单位	主要完成人
2010—2011	科学研究成果奖	三等奖	南方红壤区豆科牧草的引进筛选及综合利用研究	福建省农业科学院农业生态研究所，中国农业科学院农业资源与农业区划研究所，江西农业大学，广西草业开发中心，中国热带农业科学院热带作物品种资源研究所	翁伯琦，文石林，徐国忠，徐明岗，苏荣茂，谢国强，黄海波，刘国道，常嵩华，卓坤水
2010—2011	科学研究成果奖	三等奖	早熟高产“绥玉”系列玉米新品种选育和推广应用	黑龙江省农业科学院绥化分院	魏国才，南元涛，金振国，高利，孙艳杰，石运强，薛英会，孙中华，周兴武，张明秀
2010—2011	科学研究成果奖	三等奖	海南岛主要园艺作物根结线虫病研究与综合防治	海南省农业科学院农业环境与植物保护研究所，海南大学环境与植物保护学院，华南农业大学资源环境学院，海南力智生物工程有限责任公司	陈绵才，肖彤斌，芮凯，符美英，王会芳，谢圣华，吴凤芝，王三勇，黄伟明，廖金铃
2010—2011	科学研究成果奖	三等奖	心土培肥改良白浆土效果及机理的研究	黑龙江省农业科学院土壤肥料与环境资源研究所	刘峰，匡恩俊，高中超，李波，申惠波，杜福成，富相奎，张肃声，宿庆瑞，张久明
2010—2011	科学研究成果奖	三等奖	马铃薯环腐病菌NCM-ELISA检测试剂盒的研制与推广	黑龙江省农业科学院植物脱毒苗木研究所	李学湛，胡林双，魏琪，董学志，刘振宇，吕典秋，白艳菊，何云霞，郭梅，马纪
2010—2011	科学研究成果奖	三等奖	新疆家庭养殖型沼气生态模式研究与推广	新疆维吾尔自治区农村能源工作站	马跃峰，张富年，吾甫尔·热西提，涂振东，刘德江，田新平，杨炳元，王军，买买提·达吾提，洪德成
2010—2011	科学研究成果奖	三等奖	优质高效吉杂旱黄瓜新品种推广与应用	吉林省蔬菜花卉科学研究院	张志英，赵福顺，张建，李欣敏，谭克，王利波，孙希卓，李志民，金玉忠，李淑岩
2010—2011	科学研究成果奖	三等奖	秸秆还田提升土壤有机质的综合效应与技术模式	全国农业技术推广服务中心，中国农业科学院农业资源与农业区划研究所，四川省农业厅土壤肥料与生态建设站，广西壮族自治区土壤肥料工作站，江苏省土壤肥料技术指导站	杨帆，李荣，崔勇，孙钊，徐明岗，周志成，彭福茂，赵建勋，殷广德，杨文兵
2010—2011	科学研究成果奖	三等奖	除草剂减量使用新技术	农业部农药检定所，河北省农林科学院粮油作物研究所，北京市农药检定所，河北省农药检定所，黑龙江省农药检定站	叶纪明，刘学，张宏军，张文君，王贵启，杨卫东，李常平，杨殿贤，赵郁强，陈亿兵

（续表）

年　份	奖　项	等　级	项目名称	主要完成单位	主要完成人
2010—2011	科学研究成果奖	三等奖	禽畜粪便快速处理及资源化利用新技术研究	浙江省农业科学院环境资源与土壤肥料研究所，慈溪市中慈生态肥料有限公司，平湖市神农肥料生产有限公司，上海宇辉机械制造有限公司	符建荣，马军伟，陈红金，姜丽娜，王强，汪建妹，叶静，季天委，钱忠龙，俞巧钢
2010—2011	科学研究成果奖	三等奖	高等级兽医生物安全实验室设计、建设与管理技术	中国动物疫病预防控制中心，中国农业科学院哈尔滨兽医研究所	王宏伟，李明，李文京，刘伟，吴东来，关云涛，董昕欣，王传彬，张杰
2010—2011	科学研究成果奖	三等奖	中国动物源细菌耐药状况调查和耐药性监测技术平台建设	中国兽医药品监察所，辽宁省兽药饲料畜产品质量安全检测中心，上海市兽药饲料检测所，广东省兽药与饲料监察总所，四川省兽药监察所	宁宜宝，宋立，张纯萍，张秀英，高光，李欣南，金凌艳，肖田安，岳秀英，曲志娜
2010—2011	科学研究成果奖	三等奖	油茶籽系列产品生产技术的集成创新研究及推广应用	华南农业大学，广东新大地生物科技股份有限公司	吴雪辉，黄永芳，王浩，黄运江，陈北光，何庭玉，樊和平，成莲，李丽
2010—2011	科学研究成果奖	三等奖	柑橘介类害虫生物防治技术研究及应用	西南大学，重庆市经济作物技术推广站，四川省成都市龙泉驿区农村发展局，重庆东方农药有限公司	冉春，李鸿筠，胡军华，王进军，张才健，丁伟，刘怀，杨伟，胡智泉，吴涛
2010—2011	科普成果奖	—	《保护性耕作技术》	中国农业大学	李洪文，李问盈，王庆杰，何润兵，张进，王勇毅，何明，何进，方红梅，程国彦，黄虎，梁井林，阚睿斌，陈浩，姚宗路，王晓燕，吴红丹，程海富，路战远
2010—2011	科普成果奖	—	《农业科技巧应用》10 集电视科普片	北京市农林科学院农业科技信息研究所	孙素芬，张峻峰，孟鹤，沈建宇，孔都，李振中，罗长寿，龚晶，郑怀国，王富荣，程金宝，宋彬，邱琳，魏清凤，郭建鑫，赵继春，郭强，杨春，沈应功，孙磊
2010—2011	科普成果奖	—	科普惠农工程之农机科普丛书	北京市农业机械试验鉴定推广站	秦贵，张艳红，常晓莲，唐朝，闫子双，张莉，乔光明，李小龙，秦国成，王晓平，沈瀚，何建军，张武斌，宋爱敏，王丽洁，张京开
2010—2011	科普成果奖	—	胡椒栽培科普图书及应用	中国热带农业科学院香料饮料研究所	邬华松，邢谷杨，郑维全，谭乐和，杨建峰，林鸿顿，张籍香，鱼欢，赖剑雄，刘爱勤，桑利伟，孙世伟，李志刚
2010—2011	科普成果奖	—	高效农业先进实用技术丛书	河南省农业科学院，中原农民出版社有限公司	张新友，李保全，乔鹏程，田云峰，段敬杰，白献晓，周军，孟月娥，汪大凯，侯传伟，闫文斌，刘京宝，雷振生，梁永红，刘焕民，李茜茜，蔺锋，黎世民，赵博，苏磊

（续表）

年　份	奖　项	等　级	项目名称	主要完成单位	主要完成人
2010—2011	科普成果奖	—	新型农民科技培训系列教材	安徽省农业广播电视学校，安徽省农委科教处	周世其，梁仁枝，高宗霞，张甦，张长青，赵继平，郭高，吴金芳，李东升，赵伟，许振钦，张云，胡瑞，施玲，盛成佑，董曼薇，潘宏星，方勃，李亨
2010—2011	科普成果奖	—	《优质水稻生产关键技术百问百答》	安徽省农业科学院水稻研究所	张培江，王守海，陈周前，苏泽胜，李泽福，吴爽，黄忠祥，袁平荣，占新春，舒薇，赵立山，黄宇，李成荃
2010—2011	科普成果奖	—	农村实用人才带头人培训系列教材	中央农业广播电视学校，农业部农民科技教育培训中心	郭智奇，齐国，朱闻军，李景涛，常英新，童濛濛，常青，范巍，唐美健
2010—2011	科普成果奖	—	阳光工程农业科技培训用书——农业实用技术	河北省沧州市农牧局	滕国胜，饶之华，王国柱，孙锡生，王玉萍，孙广明，张晴
2010—2011	优秀创新团队成果奖	—	小麦栽培生理与遗传改良创新团队	山东农业大学	于振文，王洪刚，田纪春，高庆荣，于元杰，田奇卓，王振林，孔令让，李安飞，贺明荣，付道林，张永丽，王东，封德顺，李兴锋
2010—2011	优秀创新团队成果奖	—	油菜遗传育种创新团队	华中农业大学	傅廷栋，孟金陵，吴江生，周永明，杨光圣，李再云，涂金星，沈金雄，刘克德，徐芳森，马朝芝，熊秋芳，张椿雨，范楚川，刘平武，葛贤宏，洪登峰，易斌，文静，龙艳
2010—2011	优秀创新团队成果奖	—	小麦品质遗传改良创新团队	中国农业科学院作物科学研究所	何中虎，夏先春，陈新民，晏月明，马武军，陈锋，庄巧生，张勇，张艳，阎俊，王德森，李思敏，沈丙权，彭居俐，张运鸿，王忠伟，王凤菊，田宇宾，王金梅
2010—2011	优秀创新团队成果奖	—	水稻资源创新团队	中国水稻研究所	钱前，杨长登，朱旭东，魏兴华，郭龙彪，付亚萍，曾大力，马良勇，张光恒，高振宇，王一平，刘文真，孙宗修，黄大年，朱丽，胡江，徐群，陈红旗
2010—2011	优秀创新团队成果奖	—	棉花遗传改良与栽培技术创新团队	山东棉花研究中心	王留明，李汝忠，董合忠，张军，刘任重，王芙蓉，刘勤红，李维江，辛承松，夏晓明，王广明，赵军胜，韩宗福，孔祥强，唐薇，王宗文，王家宝，王秀丽，李庆珍，李振怀
2010—2011	优秀创新团队成果奖	—	特色热带作物产品加工关键技术及产品研发创新团队	中国热带农业科学院	王庆煌，王光兴，钟春燕，张劲，刘光华，赵建平，谭乐和，赵松林，黄茂芳，黄家瀚，邬华松，宋应辉，朱红英，宗迎，卢少芳，刘爱芳，初众，刘红，魏来，吴桂苹

（续表）

年　份	奖　项	等　级	项目名称	主要完成单位	主要完成人
2010—2011	优秀创新团队成果奖	—	渔业资源遥感信息技术创新团队	中国水产科学研究院东海水产研究所	陈雪忠，程家骅，沈新强，樊伟，崔雪森，张寒野，周甦芳，周为峰，伍玉梅，戴阳，张衡，张胜茂，王栋，郑仰桥，沈建华，杨胜龙，唐峰华
2010—2011	优秀创新团队成果奖	—	精准农业技术创新团队	北京农业信息技术研究中心	赵春江，陈立平，孟志军，王秀，薛绪掌，郭建华，乔晓军，王成，郑文刚，陈天恩，邓巍，杨月英，杜小鸿，黄文倩，付卫强，张瑞瑞，武广伟，马伟，郜允兵，张弛
2010—2011	优秀创新团队成果奖	—	非热力加工与技术创新团队	中国农业大学	胡小松，廖小军，黄卫东，倪元颖，李全宏，汪政富，吴继红，沈群，陈芳，张燕，孙志健，郑如力，李淑燕
2010—2011	优秀创新团队成果奖	—	粮棉作物重大害虫监测预警与控制技术创新团队	中国农业科学院植物保护研究所	吴孔明，郭予元，冯平章，程登发，王振营，何康来，张杰，梁革梅，张永军，宋福平，侯茂林，韩兰芝，林克剑，刘玉娣，陆宴辉，白树雄，张云慧，束长龙，于惠林，徐蓬军
2012—2013	科学研究成果奖	一等奖	甘蓝雄性不育系育种技术体系的建立与新品种选育	中国农业科学院蔬菜花卉研究所	方智远，刘玉梅，杨丽梅，王晓武，庄木，张扬勇，孙培田，高富欣，张合龙，刘伟，李瑞云，杨宇红，徐念宁，贠文俊，黄建新，苏裕源，许中棉，曹孟梁，李维明，王国强
2012—2013	科学研究成果奖	一等奖	小麦种质资源中重要育种目标性状的评价与创新利用	中国农业科学院作物科学研究所，河北省农林科学院粮油作物研究所，江苏省农业科学院粮食作物研究所，西北农林科技大学，山东农业大学，中国科学院遗传与发育生物学研究所，四川农业大学，中国科学院成都生物研究所，四川省农业科学院作物研究所，青海省农林科学院	李立会，李杏普，蔡士宾，吉万全，李斯深，安调过，郑有良，王洪刚，余懋群，李秀全，张相岐，杨武云，宋凤英，马晓岗，杨欣明
2012—2013	科学研究成果奖	一等奖	水稻和茶叶等 6 项国际食品法典农药残留标准的研制与应用	农业部农药检定所，黑龙江省农药管理检定站，广东省农业科学院植物保护研究所，浙江省农业科学院农产品质量标准研究所，湖北省农业科学院农业质量标准与检测技术研究所	隋鹏飞，单炜力，简秋，叶纪明，段丽芳，朴秀英，宋稳成，郑尊涛，龚勇，秦冬梅，朱光艳，孟宪科，孙海滨，李振，沈菁，柯昌杰，孙建鹏

（续表）

年　份	奖　项	等　级	项目名称	主要完成单位	主要完成人
2012—2013	科学研究成果奖	一等奖	棉花抗黄萎病中植棉2号等系列品种的选育及应用	中国农业科学院农产品加工研究所，中国农业科学院植物保护研究所，南京农业大学	戴小枫，张永军，李修立，张天真，陈捷胤，郭予元，李方顺，陆宴辉，周增强，李蕾，张新明，李松科，包郁明，马雪峰，孔志强，梁革梅，梁世珍，王武刚，杨宗新，张慧英
2012—2013	科学研究成果奖	一等奖	寒地早粳耐冷抗病新品种选育及推广应用	黑龙江省农业科学院佳木斯水稻研究所，黑龙江省农垦科学院水稻研究所，黑龙江省农业科学院耕作栽培研究所，东北农业大学，黑龙江省农业科学院绥化分院，黑龙江省农业科学院五常水稻研究所，黑龙江省农业科学院牡丹江分院	潘国君，徐希德，李建华，张凤鸣，邹德堂，张淑华，张广彬，闫平，孙海正，吕彬，柴永山，王瑞英，刘乃生，孙淑红，孟昭河，孙世臣，宋福金，牟凤臣，赵凤民，张兰民
2012—2013	科学研究成果奖	一等奖	155种重要抗菌药物及其他有害化合物残留检测关键技术与产业化	中国农业大学，中国兽医药品监察所，北京维德维康生物技术有限公司，内蒙古伊利实业集团股份有限公司	沈建忠，江海洋，汪霞，吴小平，王战辉，张文，仲锋，徐飞，李翠枝，刘智宏，肖希龙，李向梅，丁双阳，孙雷，张素霞，王世恩，毕言锋，温凯，赵宁，王照鹏
2012—2013	科学研究成果奖	一等奖	高效减量精准施药技术与机具研发应用	中国农业大学，全国农业技术推广服务中心，北京丰茂植保机械有限公司，农业部南京农业机械化研究所，中国农业机械化科学研究院，山东省农业环境保护总站，山东华盛农业药械股份有限公司，江苏农业药械有限公司，江苏大学，北京圣明瑞农业科技有限公司	何雄奎，邵振润，赵今凯，薛新宇，杨学军，刘培军，李凤军，汪建，吴春笃，宋坚利，郭永旺，曾爱军，刘亚佳，严荷荣，方宝林，周立新，张京，张义，储金宇，邓捷
2012—2013	科学研究成果奖	一等奖	奶牛饲料资源高效利用与生态养殖关键技术研究及示范	中国农业大学，山东农业大学，河北农业大学，东北农业大学，北京三元绿荷奶牛养殖中心，天津嘉立荷牧业有限公司，现代牧业（集团）有限公司，北京中地种畜有限公司，全国畜牧总站	李胜利，冯仰廉，王中华，李建国，曹志军，张永根，张晓明，马翀，刘连超，高丽娜，宋乃社，黄文明，杨军香，林雪彦，高艳霞，都文，姚琨，杨敦启，毕研亮
2012—2013	科学研究成果奖	一等奖	白菜型冬油菜超强抗寒系列品种的选育与应用	甘肃农业大学，全国农业技术推广服务中心	孙万仓，张长生，刘自刚，汤松，曾秀存，窦学诚，王学芳，王积军，李福，张芳，耿以工，周吉红，董云，胡靖明，刘春光，张冬梅，李秀华，丁宁平，田斌，张腾国

（续表）

年　份	奖　项	等　级	项目名称	主要完成单位	主要完成人
2012—2013	科学研究成果奖	一等奖	苹果优质丰产资源高效利用关键技术研究与应用	北京市农林科学院林业果树研究所，山东农业大学，西北农林科技大学，中国农业科学院果树研究所	魏钦平，姜远茂，马锋旺，程存刚，张强，刘松忠，彭福田，邹养军，赵德英，刘军，金万梅，孙健，魏绍冲，李翠英，查养良
2012—2013	科学研究成果奖	一等奖	南方传统粮油食品品质改良关键技术与新产品研发	广东省农业科学院蚕业与农产品加工研究所，华南理工大学，深圳职业技术学院，广州酒家集团利口福食品有限公司，黑牛食品股份有限公司，广西黑五类食品集团有限责任公司，广东霸王花食品有限公司，广东汇香源生物科技股份有限公司，广东趣园食品有限公司	张名位，魏振承，杨晓泉，刘冬，唐小俊，张瑞芬，徐志宏，邓媛元，李健雄，罗宝剑，张雁，池建伟，左敏儿，孔令会，赖学佳，张业辉，马永轩，杨春英，朱荣业，麦兆峰
2012—2013	科学研究成果奖	一等奖	重要土传病害（青枯病、枯萎病、线虫病）生防制剂的创制与应用	福建省农业科学院农业生物资源研究所，福建福农生化有限公司，福建凯立生物制品有限公司，福建省诏安县绿洲生化有限公司，开创阳光环保科技发展（北京）有限公司	刘波，唐建阳，朱育菁，肖荣凤，史怀，朱昌雄，车建美，黄素芳，李芳，张海峰，郑雪芳，蓝江林，苏明星，林营志，葛慈斌，刘芸，陈建华，赵立平，李瑞波，俞晓芸
2012—2013	科学研究成果奖	一等奖	我国迁移性蝗害绿色防控技术研究与示范	中国农业大学，全国农业技术推广服务中心，北京大学，中国科学院动物研究所，北京来福林生物技术有限公司，山东省植物保护总站，河南省植物保护植物检疫站，河北省植保植检站，新疆维吾尔自治区植物保护站，天津市植保植检站	张龙，杨普云，李林，鲁文高，郝树广，张杰，朱景全，林彦茹，翟辩清，张书敏，马恩波，梁小文，艾尼瓦尔·木沙，张志武，游银伟，黄俊霞，封传红，高倩，王贵强，王利民
2012—2013	科学研究成果奖	一等奖	松嫩平原黑土可持续高效利用技术体系	吉林省农业科学院	王立春，刘武仁，朱平，王永军，刘慧涛，边少锋，任军，高洪军，谢佳贵，马虹，罗洋，赵洪祥，谭国波，刘剑钊，梁晓斐，张洪喜，张磊，李素琴，侯云鹏，窦金刚
2012—2013	科学研究成果奖	一等奖	超早熟谷子新种质创制及超早熟系列谷子新品种的选育	河北省农林科学院谷子研究所	刘正理，何艳琴，张梅申，黄文胜，刘君馨，张树发，杜海霞，师志刚，夏雪岩，王增梅，章彦俊，张淑英，闵婷宁，陈宝珠，王晓天，陈媛，栾素荣，张勤，任晓利，张喜瑞

（续表）

年　份	奖　项	等　级	项目名称	主要完成单位	主要完成人
2012—2013	科学研究成果奖	一等奖	高淀粉多抗广适甘薯新品种徐薯 22 的选育和利用	江苏徐州甘薯研究中心，湖北省农业科学院粮食作物研究所，湖南省作物研究所	马代夫，谢逸萍，邱军，李洪民，李强，杨新笋，王欣，张超凡，曹清河，刘玉恒，唐忠厚，吴问胜，彭汉良，卢跃华，周新保，傅玉凡，张爱君，孙厚俊，后猛，孙健
2012—2013	科学研究成果奖	一等奖	芒果种质资源收集保存、评价与创新利用	中国热带农业科学院热带作物品种资源研究所，中国热带农业科学院南亚热带作物研究所，广西壮族自治区亚热带作物研究所，云南省农业科学院热带亚热带经济作物研究所，四川省攀枝花市农林科学研究院，中国热带农业科学院环境与植物保护研究所，福建省农业科学院果树研究所	陈业渊，雷新涛，高爱平，尼章光，黄国弟，李贵利，张欣，余东，姚全胜，朱敏，李日旺，解德宏，杜邦，马蔚红，贺军虎，张存岭，陈豪军，王松标，黄强，罗海燕
2012—2013	科学研究成果奖	一等奖	花生低温压榨制油及饼粕高效利用关键技术研究与示范	中国农业科学院农产品加工研究所，中国农业机械化科学研究院油脂装备设计研究所，山东省高唐蓝山集团总公司，山东龙大植物油有限公司，山东玉皇粮油食品有限公司	王强，相海，许振国，刘红芝，刘丽，赵冠里，吴海文，张宇昊，胡淑珍，马铁铮，任嘉嘉，王丽，许海，张俊辉，张守民，段玉权，胡晖，张建书，杜寅，詹斌
2012—2013	科学研究成果奖	一等奖	华南特色瓜类蔬菜新品种选育及产业化推广应用	广东省农业科学院蔬菜研究所	罗少波，彭庆务，何晓明，陈清华，罗剑宁，谢大森，林毓娥，张长远，黄智文，郭巨先，普玲芝，郭汉权，龚浩，何裕志，黄河勋，郑晓明，何晓莉，黎庭耀，梁肇均，黄涛
2012—2013	科学研究成果奖	一等奖	番茄加工产业化关键技术研究与应用	中国农业大学，中粮屯河股份有限公司，新疆九禾种业有限责任公司	廖小军，李风春，胡小松，周国强，陈芳，吴继红，张燕，舍亚玲，吴国平，刘凤霞，彭刚，鲜季玲
2012—2013	科学研究成果奖	一等奖	新农村信息化理论、关键技术与平台设备研究及应用	中国农业大学，北京市农林科学院，北京市科学技术委员会农村发展中心	高万林，刘竹青，于丽娜，胡金有，王文信，孙素芬，李志军，郭敏，侯云先，张峻峰，田志宏，李桢，张港红，刘广利，陈瑛，杨颖，陈雷，雷宏洲，方雄武，王海华
2012—2013	科学研究成果奖	一等奖	农业废弃生物质高效厌氧转化关键技术创新及应用	农业部规划设计研究院，北京盈和瑞环保工程有限公司，青岛天人环境股份有限公司，河北省青县新能源办公室，河北耿忠生物质能源有限公司	赵立欣，董保成，向欣，陈羚，韩捷，郑毅，刘林，张玉华，万小春，高新星，罗娟，宋成军，李砚飞，姚旭华，李旭源，代树智，郭冰瑜，李想，张旭东，程红胜

（续表）

年　份	奖　项	等　级	项目名称	主要完成单位	主要完成人
2012—2013	科学研究成果奖	一等奖	稻田绿肥—水稻高产高效清洁生产体系集成及示范	中国农业科学院农业资源与农业区划研究所，江西省农业科学院土壤肥料与资源环境研究所，湖南省土壤肥料研究所，华中农业大学，福建省农业科学院土壤肥料研究所，河南省农业科学院植物营养与资源环境研究所，安徽省农业科学院土壤肥料研究所，信阳市农业科学研究所，浙江省农业科学院环境资源与土壤肥料研究所，中国农业科学院衡阳红壤实验站	曹卫东，徐昌旭，聂军，耿明建，林新坚，刘春增，郭熙盛，鲁剑巍，王允青，潘兹亮，王建红，高菊生，张辉，陈云峰，鲁明星，吕玉虎，苏金平，廖育林，刘英，谢志坚
2012—2013	科学研究成果奖	一等奖	大豆杂交种的创制与应用	吉林省农业科学院，吉林省养蜂科学研究所	赵丽梅，彭宝，张伟龙，张伟，张春宝，张井勇，闫昊，李楠，孙寰，葛凤晨，历延芳，张连发，姚福山，闫德斌，宋延明，李洪来，徐长洪，韩喜国，付蕾，张吉选
2012—2013	科学研究成果奖	一等奖	柱花草种质创新及利用	中国热带农业科学院热带作物品种资源研究所，广西壮族自治区畜牧研究所，广东省畜牧技术推广总站，海南大学，华南农业大学，福建省农业科学院农业生态研究所	刘国道，白昌军，赖志强，陈三有，罗丽娟，蒋昌顺，田江，易克贤，卢小良，王东劲，梁英彩，周汉林，何华玄，王文强，唐军，虞道耿，应朝阳，刘建营，易显凤，陈志权
2012—2013	科学研究成果奖	一等奖	口蹄疫病毒毒株库创建及疫苗研究与应用	中国农业科学院兰州兽医研究所，中农威特生物科技股份有限公司	张永光，王永录，方玉珍，潘丽，吕建亮，周鹏，张中旺，刘新生，刘在新，刘湘涛，黄银君，张云德，高世杰，郭建宏，尚佑军，蒋守田
2012—2013	科学研究成果奖	一等奖	中国对虾黄海 2 号新品种培育与扩繁技术	中国水产科学研究院黄海水产研究所	孔杰，王清印，孟宪红，罗坤，栾生，张庆文，张天时，王伟继，刘萍，费日伟，曹宝祥，刘宁
2012—2013	科学研究成果奖	一等奖	资源创新与优质抗病高产棉花新品种选育及产业化	河北省农林科学院棉花研究所	张香云，耿军义，崔瑞敏，王兆晓，刘存敬，刘素恩，郭宝生，张建宏，师树新，付会期，王凯辉，迟吉娜，葛朝红，田海燕，赵洪亮，刘晓峰，王旗，杜海英，王连芬，张学艳
2012—2013	科学研究成果奖	一等奖	优质鸡选育与利用研究	江苏省家禽科学研究所，江苏省畜牧总站，如皋市畜牧兽医站，无锡市祖代鸡场有限公司，扬州翔龙禽业发展有限公司	王克华，邹剑敏，王勇，童海兵，高玉时，窦套存，侯庆永，曲亮，陆俊贤，陈泉，潘如芳，李尚民，苏一军，赵东伟，胡培全，屠云洁，洪军，李百忠，黎寿丰，陈宽维

（续表）

年　份	奖　项	等　级	项目名称	主要完成单位	主要完成人
2012—2013	科学研究成果奖	一等奖	甘蓝型油菜 JA 系列不育系的创制与应用	四川省农业科学院作物研究所，四川省农业科学院土壤肥料研究所，四川省农业科学院植物保护研究所，四川省农业科学院农产品加工研究所，四川农业大学，成都润普油菜工程技术有限责任公司	蒋梁材，张锦芳，李浩杰，刘勇，刘平，何希德，刘定辉，蒲晓斌，李奇，蒋俊，柴靓，李映福，舒长斌，陈红琳，吴春，刘培，黄驰，蒋碧芬，蒋建明，何平
2012—2013	科学研究成果奖	一等奖	番茄系列品种选育与产业化	安徽省农业科学院园艺研究所	张其安，方凌，王志好，江海坤，严从生，董言香，杨龙斌，张勇，袁艳，张太明，奚邦圣，齐连芬，田学飞，宋炳彦，张长俭，邵飞，刘茂，刘才宇，王晔，周群喜
2012—2013	科学研究成果奖	二等奖	超级稻区域化高产栽培理论及技术应用	中国水稻研究所，扬州大学，江西农业大学，湖南农业大学，吉林省农业科学院，广东省农业科学院水稻研究所，四川省农业科学院作物研究所	朱德峰，张洪程，潘晓华，邹应斌，赵国臣，黄庆，郑家国，吴文革，陈惠哲，赵全志，霍中洋，李木英，张凯，苏泽胜，张玉屏
2012—2013	科学研究成果奖	二等奖	江苏粳稻机插高产高效栽培技术集成研究与应用	江苏省作物栽培技术指导站，扬州大学，南京农业大学，江苏省农业科学院粮食作物研究所，江苏里下河地区农业科学研究所，淮安柴米河农业科技发展有限公司，太仓市作物栽培指导站	邓建平，杜永林，许轲，王强盛，杨洪建，陈涛，张耘祎，高金成，杨力，李杰，方明奎，张红叶，黄连生，王其传，吴建国
2012—2013	科学研究成果奖	二等奖	小麦抗条锈育种研究及抗锈品种应用	甘肃省农业科学院植物保护研究所，甘肃省农业科学院小麦研究所，甘肃省农业科学院旱地农业研究所，甘肃农业职业技术学院，甘肃省天水市农业科学研究所，陇东学院，甘肃省平凉市农业科学研究所	金社林，杜久元，张国宏，曹世勤，杨俊海，李金昌，张成，任根深，鲁清林，刘荣清，李永平，赵池铭，李怀德，张援文，赵多长
2012—2013	科学研究成果奖	二等奖	青藏高原一年生野生大麦特异种质及其在大麦育种中的应用	华中农业大学	孙东发，赵玲，徐廷文，汤颢军，李爱青，任喜峰，龚德平，胡国祥
2012—2013	科学研究成果奖	二等奖	稻油轮作区油菜免耕直播高产增效技术体系研究与示范	华中农业大学，全国农业技术推广服务中心，湖北省油菜办公室，江苏省作物栽培技术指导站，四川省农业技术推广总站	周广生，王积军，傅廷栋，段志红，张长生，陈爱武，鄂文弟，周培建，刘代银，冯泽蔚，陈震，张琼英，刘磊，刘雪基，张毅

（续表）

年　份	奖　项	等　级	项目名称	主要完成单位	主要完成人
2012—2013	科学研究成果奖	二等奖	鲜食玉米新品种选育及产业化配套技术研究与应用	广东省农业科学院作物研究所，广州市农业科学研究院，广东省农业科学院土壤肥料研究所，广东省农业科学院植物保护研究所，华南农业大学，广东省农业科学院蚕业与农产品加工研究所，广东省农作物技术推广总站	郑锦荣，刘建华，赵守光，徐培智，胡建广，陈炳旭，王振中，王子明，陈智毅，韩福光，陈建生，陈伟光，吴妃华，李余良，李高科
2012—2013	科学研究成果奖	二等奖	饲料资源营养增效新技术研究与应用	四川农业大学，四川国凤生物科技有限公司	王之盛，宋思凤，蔡景义，周安国，宋斯军，任守国，邹华围，邓绍祥，刘光芒，薛白，王立志，王成，刘惠芳，王元元，车丽涛
2012—2013	科学研究成果奖	二等奖	反刍动物几种重要群发性营养代谢病防控技术的研究与应用	扬州大学，甘肃农业大学	刘宗平，卞建春，刘学忠，马小军，曲亚玲，袁燕，顾建红，朱家桥，熊桂林，刘俊栋，付志新，刘海霞，钱晨，卞红春，狄志钢
2012—2013	科学研究成果奖	二等奖	犊牛、羔羊生理营养与早期培育关键技术研究与应用	中国农业科学院饲料研究所，北京精准动物营养研究中心	刁其玉，屠焰，张乃锋，姜成钢，秦玉昌，杜红芳，段学民，王黎文，李艳玲，聂明非，于会民，吴子林，周怿，魏秀莲，张永发
2012—2013	科学研究成果奖	二等奖	苏淮猪新品种培育与推广应用	南京农业大学，淮阴种猪场，江苏省畜牧总站，江苏省淮安市农业委员会	王林云，黄瑞华，刘红林，王钧顺，于传军，吴建海，何正东，掌子凯，周波，韦习会，聂绍利，侯庆文，蒋锁俊，潘雨来，李强
2012—2013	科学研究成果奖	二等奖	早熟高产适宜机采棉花新品种新陆早33号、新陆早42号的选育与应用	新疆农垦科学院	李保成，李生秀，周小凤，李景慧，董承光，韩焕勇，马晓梅，肖光顺，余渝，邓福军，林海，刘雪峰，张光华，杨利勇，孔宪辉
2012—2013	科学研究成果奖	二等奖	菜豆种质创新与系列新品种选育及栽培技术应用	吉林省蔬菜花卉科学研究院	张志英，徐丽鸣，赵福顺，张建，辛淼，王利波，李志民，李欣敏，金玉忠，石晓华，吴慧杰，姜奇峰，谭克，马燕，王会志
2012—2013	科学研究成果奖	二等奖	甜瓜育种技术创新与设施专用新品种选育及应用	天津科润农业科技股份有限公司蔬菜研究所	李秀秀，吕敬刚，李海燕，彭冬秀，耿以工，张若纬，董家行，王立宾，韩志慧，任凤华，王钦，陈颖，陈其鲜，李思英，李文琴
2012—2013	科学研究成果奖	二等奖	水生蔬菜品种选育及其产业提升关键技术研究与示范	金华市农业科学研究院，浙江省农业厅农作物管理局，丽水市农作物站，衢州市农业科学研究所	郑寨生，杨新琴，张尚法，何洪法，章心惠，周小军，周锦连，陈可可，夏声广，金龙心，陈加多，王凌云，赵洪，寿森炎，林贤锐
2012—2013	科学研究成果奖	二等奖	苹果品质提升关键技术集成与推广	山东省果茶技术指导站，山东省种子管理总站，山东省农业管理干部学院	迟斌，王志刚，秦旭，崔秀峰，高文胜，于国合，徐金强，徐亚平，任少蓉，蔡卫东，李玉胜，李强，魏丙尧，王振波，刘文宝

（续表）

年　份	奖　项	等　级	项目名称	主要完成单位	主要完成人
2012—2013	科学研究成果奖	二等奖	砀山酥梨配套新品种选育及规范化高效栽培关键技术研究与应用	安徽省农业科学院园艺研究所，山西省农业科学院果树研究所，安徽农业大学生命科学学院，西北农林科技大学，河南省农业科学院园艺研究所，江苏省农业科学院园艺研究所	徐义流，张金云，郭黄萍，蔡永萍，伊兴凯，徐凌飞，潘海发，高正辉，齐永杰，王东升，郝国伟，束冰，盛宝龙，王少敏，张晓玲
2012—2013	科学研究成果奖	二等奖	梨橙选育与高效栽培示范推广	重庆市农业科学院，重庆市农业技术推广总站，重庆市园艺学会，重庆市渝北区经济作物技术推广站，重庆市永川区经济作物技术推广站	程昌凤，廖聪学，吴纯清，文泽富，郭树民，张云贵，洪林，魏召新，韩刚，黄明，胡东明，刘玉芳，刘昌文，唐晓华，韩爱华
2012—2013	科学研究成果奖	二等奖	椰子种质资源创新与新品种培育	中国热带农业科学院椰子研究所	赵松林，唐龙祥，覃伟权，李和帅，范海阔，黄丽云，曹红星，吴多扬，刘立云，王萍，刘蕊，吴翼，马子龙，周焕起，冯美利
2012—2013	科学研究成果奖	二等奖	热带作物几种重要病虫害绿色防控技术研究与应用	中国热带农业科学院环境与植物保护研究所，华南农业大学，海南博士威农用化学有限公司，海南正业中农高科股份有限公司，海南利蒙特生物农药有限公司，中国热带农业科学院南亚热带作物研究所，海南出入境检验检疫局热带植物隔离检疫中心	黄俊生，杨腊英，王振中，王国芬，詹儒林，李伟东，张善学，杨照东，刘国忠，郭立佳，梁昌聪，刘磊，彭军，黄华平，覃和业
2012—2013	科学研究成果奖	二等奖	天然橡胶高性能化技术研发	中国热带农业科学院农产品加工研究所	彭政，罗勇悦，汪月琼，杨昌金，李永振，余和平，曾宗强，陈鹰
2012—2013	科学研究成果奖	二等奖	水稻条纹叶枯病灾变规律与持续控制技术	江苏省农业科学院，农业部全国农业技术推广服务中心，江苏省植物保护站，浙江大学，南京农业大学	周益军，周雪平，周彤，刁春友，刘万才，熊如意，李硕，陶小荣，孙枫，吴建祥，杨荣明，王华弟，武向文，郑兆阳，任春梅
2012—2013	科学研究成果奖	二等奖	北方农田主要害物低剂量化控技术应用与示范	中国农业大学，农业部农药检定所，河北省农林科学院粮油作物研究所，中国农业科学院植物保护研究所，河北省农林科学院植物保护研究所，中国农业科学院蔬菜花卉研究所，北京绿色农华植保科技有限责任公司	高希武，张宏军，王贵启，崔海兰，张文君，王文桥，郑永权，王少丽，张佳，叶纪明，刘学，闫振领，金岩，贠和平，梁沛

（续表）

年　份	奖　项	等　级	项目名称	主要完成单位	主要完成人
2012—2013	科学研究成果奖	二等奖	噻虫啉原药产业化与制剂应用	天津市农药检定所，天津市兴光农药厂	胡敏，吴兵兵，刘绍仁，张强，王东军，曾强，贺水济，李二虎，李立斌，李国利，赵作朋，王硕，张武，张耕，赵丽萍
2012—2013	科学研究成果奖	二等奖	呼伦贝尔生态草业技术模式研究及应用	农业部环境保护科研监测所，呼伦贝尔市草原科学研究所，沈阳农业大学，内蒙古鄂温克族自治旗草原工作站，陈巴尔虎旗草原工作站，新巴尔虎左旗草原工作站，新巴尔虎右旗草原工作站	杨殿林，高海滨，李刚，郎巴达拉呼，宋晓龙，蒋立宏，修伟明，陈申宽，赵建宁，王彩灵，刘红梅，赖欣，张贵龙，王慧，皇甫超河
2012—2013	科学研究成果奖	二等奖	规模化畜禽养殖场污水处理新技术和新工艺的研究及应用	福建新科真绿能生态科技有限公司	何仁真，陈敏，蔡元呈，林忠华，王雷廷，钟乃曜，柯海波，沈艺周，肖灵，郑时选，范达茂，林其雄，陈克雄，林旭，向军
2012—2013	科学研究成果奖	二等奖	瘠薄土壤熟化过程及定向快速培育技术研究与应用	中国农业科学院农业资源与农业区划研究所，湖南省土壤肥料研究所，河北省农林科学院农业资源与环境研究所	卢昌艾，高菊生，孙建光，李菊梅，张会民，田有国，孙楠，聂军，韩宝文，徐明岗，张淑香，张文菊，王伯仁，段英华，李桂花
2012—2013	科学研究成果奖	二等奖	我国粮食产区耕地质量主要性状演变规律研究	全国农业技术推广服务中心，中国农业科学院农业资源与区划研究所	辛景树，徐明岗，马常宝，任意，王俊忠，张淑香，卢昌艾，周志成，郑磊，慕兰，李昆，辛洪生，田有国，曲华，王绪奎
2012—2013	科学研究成果奖	二等奖	江苏稻麦测土配方施肥技术研究与应用	江苏省土壤肥料技术指导站，扬州市土壤肥料站，南通市土壤肥料站，徐州市土肥站，淮安市土壤肥料技术指导站，盐城市土壤肥料技术指导站，泰州市土壤肥料技术指导站	徐茂，陈光亚，殷广德，王绪奎，周蓉蓉，潘国良，孙洋，郁伟，张振文，朱莲，刘庆淮，马玉军，孙进，郭宗祥，吴息正
2012—2013	科学研究成果奖	二等奖	当代世界农业研究	中国农业科学院农业信息研究所，中国林业科学研究院，中国水产科学研究院，中国热带农业科学院科技信息研究所，农业部规划设计研究院，中国农业大学	许世卫，宋闯，李杰人，朱明，孟宪学，聂凤英，董晓霞，方辉，王秀东，施昆山，周爱莲，方佳，杨晓光，王川，李先德
2012—2013	科学研究成果奖	二等奖	重要转基因作物及其产品检测方法标准化研究与应用	吉林省农业科学院，农业部科技发展中心	张明，周云龙，宋贵文，李飞武，赵欣，李葱葱，刘信，沈平，邵改革，夏蔚，厉建萌，付仲文，闫伟，董立明，邢珍娟

（续表）

年　份	奖　项	等　级	项目名称	主要完成单位	主要完成人
2012—2013	科学研究成果奖	二等奖	花生加工副产品高值化利用技术	山东省花生研究所，沂水县农业技术推广中心	杨庆利，于丽娜，孙杰，董建军，刘阳，冯健雄，吴修，邢福国，杨伟强，高俊安，张初署，毕洁，朱凤，彭美祥，娄华敏
2012—2013	科学研究成果奖	二等奖	植物LED光环境精准调控及节能高效生产技术研究与应用	中国农业科学院农业环境与可持续发展研究所，中国科学院半导体研究所，南京农业大学，浙江大学，北京中环易达设施园艺科技有限公司，黑龙江省农业科学院耕作栽培研究所	杨其长，陈弘达，徐志刚，魏灵玲，周泓，刘文科，宋昌斌，来永才，程瑞锋，王国宏，刘晓英，杨华，叶章颖，焦学磊，张义
2012—2013	科学研究成果奖	二等奖	益生菌及其发酵乳加工关键技术与产业化	扬州大学，南京师范大学，中国农业科学院农产品加工研究所，光明乳业股份有限公司，南京卫岗乳业有限公司，维维食品饮料股份有限公司，宁波大学	顾瑞霞，潘道东，吕加平，刘振民，陈霞，黄玉军，郭宇星，杨振泉，张书文，卢俭，周坤，王琴，印伯星，鲁茂林，肖丽霞
2012—2013	科学研究成果奖	二等奖	金华火腿高值化深加工关键技术研究与产业化开发	浙江省农业科学院，中国肉类食品综合研究中心，中国农业大学，金字火腿股份有限公司	陈黎洪，唐宏刚，肖朝耿，施延军，王守伟，孙键，刘美玉，郭慧媛，任发政，张治国，王启辉，单春阳，薛长煌，乔晓玲，吴月肖
2012—2013	科学研究成果奖	二等奖	蓖麻杂交育种及加工利用	山东省淄博市农业科学研究院	王光明，谭德云，张宝贤，刘红光，马汇泉，杨平，张含博，卜玉红，李敬忠，杨云峰，刘婷婷，孙慧博，孙丽娟
2012—2013	科学研究成果奖	二等奖	节能型拖网结构与网材料新工艺及应用	中国水产科学研究院东海水产研究所	王鲁民，陈雪忠，黄洪亮，王明彦，石建高，张勋，马海有，周爱忠，周皓明，郁岳峰，汤振明，徐宝生，项忆军，柴秀芳，陈晓蕾
2012—2013	科学研究成果奖	二等奖	水产集约养殖数字化关键技术及装备	中国农业大学，全国水产技术推广总站，扬州特安科技有限公司	李道亮，傅泽田，位耀光，陈英义，李振波，李可心，丁启胜，马道坤，朱泽闻，孙国华，杜尚丰，贺冬仙，段青玲，王剑秦，刘春红
2012—2013	科学研究成果奖	二等奖	罗非鱼产业关键技术升级研究与应用	中国水产科学研究院淡水渔业研究中心，中国水产科学研究院珠江水产研究所，广西壮族自治区水产研究所，中山大学，百洋水产集团股份有限公司，茂名市茂南三高良种繁殖基地	杨弘，卢迈新，甘西，刘永坚，徐跑，袁永明，叶星，陈家长，邹芝英，罗永巨，董在杰，孙忠义，李瑞伟，田丽霞，朱华平
2012—2013	科学研究成果奖	三等奖	北方优质粳稻超高产栽培技术研究与推广	吉林省农业科学院	赵国臣，侯立刚，齐春艳，刘亮，郭晞明，隋朋举，孙洪娇，马巍，李保柱，付胜

（续表）

年 份	奖 项	等 级	项目名称	主要完成单位	主要完成人
2012—2013	科学研究成果奖	三等奖	抗赤霉病高产优质小麦新品种扬麦 14 的选育与应用	江苏里下河地区农业科学研究所	张伯桥，吴宏亚，张晓，张勇，许学宏，高德荣，吕国锋，别同德，夏斯飞，王波
2012—2013	科学研究成果奖	三等奖	松辽黑猪新品种选育	吉林省农业科学院	张树敏，金鑫，李娜，秦贵信，姜海龙，李兆华，陈群，张嘉保，于永生，刘庆雨
2012—2013	科学研究成果奖	三等奖	猪圆环病毒疫苗及配套诊断技术的研究与产业化	中国农业科学院哈尔滨兽医研究所	刘长明，危艳武，陆月华，张超范，黄立平，郭龙军
2012—2013	科学研究成果奖	三等奖	系列风送式喷雾机及其测控系统的研究与应用	华南农业大学，广东风华环保设备有限公司	洪添胜，梁华新，宋淑然，李震，杨洲，陈木源，孙道宗，刘志壮，朱余清，岳学军
2012—2013	科学研究成果奖	三等奖	鄂马铃薯 5 号选育与应用	湖北恩施中国南方马铃薯研究中心	田祚茂，黄大恩，李卫东，沈艳芬，陈家吉，向常青，郭光耀，程群，朱云芬，高剑华
2012—2013	科学研究成果奖	三等奖	家庭阳台蔬菜种植装置及配套栽培技术研究与推广	北京市农业技术推广站，北京市金福腾科技有限公司，新疆维吾尔自治区和田市农业技术推广站，北京市昌平区蔬菜技术推广站，北京市大兴区蔬菜技术推广站	王永泉，曹华，李红岑，徐进，李新旭，商磊，兰焱，常久田，曹之富，许国明
2012—2013	科学研究成果奖	三等奖	蕨麻新品种选育、人工驯化栽培及相关生物学基础研究	青海民族大学，青海大学	李军乔，李宁，包锦渊，韦梅琴，沈宁东，白世俊，王生全，李军茹，宋萍，雷强
2012—2013	科学研究成果奖	三等奖	大葱育种技术创新及辽葱系列新品种选育与应用	辽宁省农业科学院，辽宁园艺种苗有限公司，辽宁省种子管理局	王永成，崔连伟，郭晓雷，佟成富，唐萍，唐成英，金秀玲，王国政，刘健，杜雪晶
2012—2013	科学研究成果奖	三等奖	盐碱地枣产业优质高效配套技术体系研究与示范	中国农业科学院郑州果树研究所，山西农业科学院生物技术研究中心	王志强，曹尚银，郭俊英，孟玉平，薛华柏，冯宝山，王宏明，曹秋芬，刘学增，乔宪生
2012—2013	科学研究成果奖	三等奖	优质、高产、耐寒鄂茶系列茶树品种选育及应用	湖北省农业科学院果树茶叶研究所	贾尚智，金孝芳，陈勋，石亚亚，闵彩云，龚自明，陈福林，甘宗义，饶漾萍，项先志
2012—2013	科学研究成果奖	三等奖	产杀虫抗生素米尔贝霉素冰城链霉菌的发现及原料药产业化	东北农业大学，浙江海正药业股份有限公司	向文胜，王相晶，白骅，王继栋，张继，陈正杰，李继昌，廖建维，尹明星，刘重喜
2012—2013	科学研究成果奖	三等奖	我国重要沿湖地区农业面源污染防控与综合治理技术研究与应用	北京市农林科学院，湖北省农业科学院，西南大学，湖南农业大学，云南省农业科学院农业环境资源研究所	刘宝存，赵同科，马友华，熊桂云，谢德体，刘强，洪丽芳，刘兆辉，张国印，彭春瑞

（续表）

年　份	奖　项	等　级	项目名称	主要完成单位	主要完成人
2012—2013	科学研究成果奖	三等奖	高粱杂交种凤杂4号选育与推广	公主岭国家农业科技园区高科作物育种研究所，吉林省壮亿种业有限公司	张岩，郭晓英，徐丽萍，任启彪，刘亚仙，王冰，王振雷，刘先贺，郭磊，刘天朋
2012—2013	科学研究成果奖	三等奖	热带玉米种质改良创新与育种利用	南充市农业科学院，四川农业大学玉米研究所，四川神龙科技有限公司，四川科茂种业有限公司	郑祖平，谢树果，李钟，刘代惠，张国清，何川，罗阳春，蒲全波，吴迅，何素兰
2012—2013	科学研究成果奖	三等奖	转基因抗虫杂交棉皖杂棉9号的选育与应用	安徽省农业科学院棉花研究所，中国农业科学院生物技术研究所	路曦结，叶泗洪，孙国清，郑曙峰，任茂智，胡积送，添长久，朱加保，刘方志，王维
2012—2013	科学研究成果奖	三等奖	高产抗病耐密大豆新品种垦丰16选育与推广	黑龙江省农垦科学院农作物开发研究所	王德亮，杨丹霞，姜玉久，蒋红鑫，王继亮，王平，姜翠兰，李华，巩宝凤，金延斌
2012—2013	科学研究成果奖	三等奖	芦笋全程覆盖二次留茎三次采笋栽培方法研究及示范应用	杭州佳惠农业开发有限公司，杭州市农业科学研究院，浙江省植物保护检疫局，萧山区农业局	施渭尧，柴伟国，施建军，曹婷婷，应金耀，王国荣，王华英，米晓洁，张旭娟，李鉴方
2012—2013	科学研究成果奖	三等奖	太行山道地中药材生产关键技术研究与示范	河北省农林科学院经济作物研究所	谢晓亮，王旗，刘铭，田伟，温春秀，刘灵娣，武会来，吕日新，尹玉山，边建波
2012—2013	科学研究成果奖	三等奖	甘肃省双孢蘑菇栽培关键技术研究与示范	甘肃省农业科学院蔬菜研究所	张桂香，任爱民，杨建杰，刘明军，耿新军，王英利，杨琴，王晓巍，李元万，王萍
2012—2013	科学研究成果奖	三等奖	云贵高原特色植物新品种DUS测试技术的研究与应用	云南省农业科学院质量标准与检测技术研究所	张建华，张新明，王江民，徐岩，杨晓洪，刘艳芳，管俊娇，张惠，李彦刚，肖卿
2012—2013	科学研究成果奖	三等奖	甘蔗高毒农药替代产品研发及推广应用	广州甘蔗糖业研究所，广东省湛江市甘丰农药厂，广东省翁源县茂源糖业有限公司，广东省丰收糖业发展有限公司，广西灵山县武利制糖有限公司	龚恒亮，陈月桂，周仁强，孙东磊，彭冬永，杨春强，安玉兴，管楚雄，杨俊贤，陈子京
2012—2013	科学研究成果奖	三等奖	植物硫代葡糖苷酶基因家族的研究与应用	中国热带农业科学院热带生物技术研究所	张家明，谭德冠，汪萌，李定琴，马帅，林盛，孙雪飘，农汉，伍祚斌，吴宇佳
2012—2013	科学研究成果奖	三等奖	南方果树五种重大害虫生物防治关键技术创制与应用	广东省农业科学院植物保护研究所，华南农业大学，广东省湛江农垦局，翁源县农业技术推广办公室	李敦松，陆永跃，章玉苹，张宝鑫，邹寿发，宋子伟，黄立胜，岑伊静，冼继东，文尚华
2012—2013	科学研究成果奖	三等奖	土壤修复对作物根茎病害防控作用的研究与应用	西南大学，重庆市植物保护植物检疫站，镇江贝思特有机活性肥料有限公司	丁伟，张永强，刘祥贵，杜根平，董鹏，成国义，王振国，郑世燕，罗金香，王泽乐

（续表）

年　份	奖　项	等　级	项目名称	主要完成单位	主要完成人
2012—2013	科学研究成果奖	三等奖	农药、重金属、微生物危害控制与风险评估	山东省农业科学院农业质量标准与检测技术研究所	滕葳，柳琪，张树秋，王磊，谷晓红，丁蕊艳，黎香兰，王玉涛，董崭，郭栋梁
2012—2013	科学研究成果奖	三等奖	新外来入侵植物黄顶菊防控技术与应用	中国农业科学院农业环境与可持续发展研究所，农业部环境保护科研监测所，中国农业大学，北京化工大学，河北省农业环境保护监测站	张国良，付卫东，杨殿林，倪汉文，魏芸，吴鸿斌，李香菊，郑长英，张燕卿，沈佐锐
2012—2013	科学研究成果奖	三等奖	生态与农业双重安全目标下的农业资源永续利用问题研究	华中农业大学	张俊飚，刘渝，巩前文，张晓妮，李波，黄文清，程胜，田云，张晴
2012—2013	科学研究成果奖	三等奖	农村沼气产业化研究	福建省农业科学院农业工程技术研究所	林斌，徐庆贤，官雪芳，林碧芬，黄惠珠，钱疆，魏敦满，徐平，黄鹤，钱蕾
2012—2013	科学研究成果奖	三等奖	利用生物质废渣开发植物培育基质及其产业化	江苏恒顺集团有限公司，江苏大学，南京农业大学，南京林业大学	李萍萍，郭世荣，沙爱国，胡永光，朱咏莉，叶有伟，孙锦，张西良，赵青松，刘超杰
2012—2013	科学研究成果奖	三等奖	农业废弃物资源化技术集成与示范	河北农业大学	刘俊良，张立勇，刘京红，王霞，张铁坚，张小燕，任铁蕾，焦昆，张慧，石志建
2012—2013	科学研究成果奖	三等奖	菜田水肥一体化精量控制关键技术研究与应用	北京市农业技术推广站，中国农业大学，北京农业信息技术研究中心，北京普泉科技有限公司，北京东方互联生态科技股份有限公司	王克武，高丽红，周继华，陈清，程明，安顺伟，诸钧，程周海，王志平，田宏武
2012—2013	科学研究成果奖	三等奖	甘肃高山细毛羊细型品系和超细品系培育及推广应用	中国农业科学院兰州畜牧与兽药研究所，甘肃省绵羊繁育技术推广站，甘肃省金昌市永昌种羊场，甘肃省肃南裕固族自治县农牧业委员会，甘肃省天祝藏族自治县畜牧技术推广站	郭健，李文辉，孙晓萍，牛春娥，郎侠，李范文，李桂英，苏文娟，冯瑞林，刘建斌
2012—2013	科学研究成果奖	三等奖	淮猪优质特色商品猪扩繁与养殖新技术研究	国营江苏省东海种猪场	任同苏，姜建兵，王韶山，季香，高新瑞，李景忠，陈新华，杨慈新，李陆陆，朱洪欣
2012—2013	科学研究成果奖	三等奖	高效瘦肉型猪新配套系培育与产业化应用	华南农业大学，广东温氏食品集团有限公司，中国农业大学，华中农业大学，北京养猪育种中心	吴珍芳，李宁，罗旭芳，蔡更元，王爱国，李长春，胡晓湘，范学珊，张守全，刘德武

（续表）

年　份	奖　项	等　级	项目名称	主要完成单位	主要完成人
2012—2013	科学研究成果奖	三等奖	宁夏粗饲料生产技术研究与产业化示范	宁夏回族自治区畜牧工作站，宁夏大学，固原市原州区畜牧技术推广服务中心，同心县畜牧技术推广服务中心，固原市畜牧技术推广服务中心	张凌青，陈亮，李爱华，封元，罗晓瑜，李高文，张建勇，脱征军，杨正义，孙文华
2012—2013	科学研究成果奖	三等奖	池塘生态修复及循环水养殖技术研究与应用	江苏省淡水水产研究所，中国水产科学研究院淡水渔业研究中心，苏州大学，苏州市水产技术推广站，常州市水产技术指导站	潘建林，陈家长，蔡春芳，顾建华，吴国民，彭刚，黄成，李蒙英，胡庚东，张晓伟
2012—2013	科学研究成果奖	三等奖	优质高产谷子新品种选育与应用	河北省农林科学院谷子研究所，山西省农业科学院谷子研究所，山西省农业科学院作物科学研究所，黑龙江省农业科学院作物育种研究所，泌州黄小米集团有限公司	宋银芳，李顺国，何艳琴，郭二虎，马建萍，李延东，刘恩魁，马金丰，李霞，杜运生
2012—2013	科学研究成果奖	三等奖	低温条件下沼气池持续高效产气关键技术研究	山东省农业科学院农业资源与环境研究所	王艳芹，姚利，袁长波，李彦，刘英，曹德宾，边文范，柳洪艇，徐延熙，张昌爱
2012—2013	科学研究成果奖	三等奖	新疆特色干果机械化生产及采后加工技术研究与应用	新疆农业科学院农业机械化研究所，新疆维吾尔自治区农牧业机械化技术推广总站，阿克苏精准农机制造有限责任公司，阿克苏大洋农机有限公司，新疆新农食品有限公司	李忠新，邵艳英，杨莉玲，裴新民，刘佳，朱占江，王冰，崔宽波，刘奎，杨忠强
2012—2013	科学研究成果奖	三等奖	茭白贮藏保鲜与深加工技术研究	浙江省台州市农业科学研究院，浙江大学	朱良其，潘仙鹏，应铁进，赵永彬，王娇阳，王会福，项玉英，冯寅洁，杨冬梅，陆仙英
2012—2013	科学研究成果奖	三等奖	生物质成型燃料加工装备技术	农业部南京农业机械化研究所，农业部农业机械化技术开发推广总站	肖宏儒，宋卫东，曹曙明，郭建辉，钟成义，秦广明，毕海东，张广云，任彩红，朱廷
2012—2013	科学研究成果奖	三等奖	传统肉脯现代化关键技术研究与应用	江苏畜牧兽医职业技术学院，靖江双鱼食品有限公司	刘靖，褚洁明，姚芳，展跃平，钱建中，杨士章，李志方，赵瑞靖，刘宏华，姚恒珍
2012—2013	科学研究成果奖	三等奖	全膜覆土穴播小麦栽培的增产机理及关键技术研究与示范推广	甘肃省农业科学院旱地农业研究所，甘肃省农业技术推广总站，甘肃省农业科学院小麦研究所	郭天文，刘广才，李福，鲁清林，李城德，张平良，周德录，谭雪莲，崔增团，吕军峰

（续表）

年 份	奖 项	等 级	项目名称	主要完成单位	主要完成人
2012—2013	科学研究成果奖	三等奖	脱毒马铃薯种薯标准化生产技术的研究与推广	黑龙江省农业科学院植物脱毒苗木研究所	胡林双，李学湛，吕典秋，白艳菊，李勇，王绍鹏，刘尚武，刘振宇，魏琪，董学志
2012—2013	科学研究成果奖	三等奖	百色优质烟叶生产综合技术研究与推广	中国农业科学院烟草研究所，广西壮族自治区烟草公司百色市公司	王允白，梁开朝，管辉，黄瑾，王凤龙，钟二昌，贾兴华，林北森，王传义，唐忠倚
2012—2013	科学研究成果奖	三等奖	“中国新疆与中亚农业合作及农产品贸易”等系列研究	新疆农业大学，新疆自治区农业厅	马惠兰，刘英杰，戴泉，吴良，颜璐，董伟，王承武，马瑛，夏咏，赵达君
2012—2013	科学研究成果奖	三等奖	农业综合生产能力与资源保障研究	中国农业科学院农业资源与农业区划研究所	罗其友，高明杰，姜文来，张晴，屈宝香，周旭英，周振亚，唐曲，陶陶，李建平
2012—2013	科学研究成果奖	三等奖	面向农业科技创新的信息服务关键技术与集成应用	中国农业科学院农业信息研究所	赵瑞雪，孟宪学，寇远涛，鲜国建，朱亮，赵颖波，李文炬，金晨，颜蕴，皮介郑
2012—2013	科学研究成果奖	三等奖	农业知识产权战略决策支撑系统	中国农业科学院农业资源与农业区划研究所，农业部环境保护科研监测所，农业部科技发展中心，江苏省农业科学院，南京农业大学	宋敏，朱岩，寇建平，林祥明，吕波，刘平，孙洪武，陈超，刘丽军，孙俊立
2012—2013	优秀创新团队成果奖	—	海洋渔业资源与生态环境研究团队	中国水产科学研究院黄海水产研究所	唐启升，金显仕，方建光，庄志猛，赵宪勇，曲克明，孙耀，王俊，张继红，张波，毛玉泽，左涛，柳淑芳，朱玲，李忠义，单秀娟，蒋增杰，张旭志，崔正国
2012—2013	优秀创新团队成果奖	—	种猪遗传改良团队	江西农业大学	黄路生，任军，丁能水，陈从英，艾华水，郭源梅，麻骏武，幸宇云，高军，杨斌，晏学明，任冬仁，张志燕，肖石军，李琳，彭家江，段艳宇，李完波
2012—2013	优秀创新团队成果奖	—	动物免疫学研究团队	河南省农业科学院	张改平，邓瑞广，李学伍，郭军庆，乔松林，罗俊，郝慧芳，职爱民，胡骁飞，卢清侠，邢广旭，周玲，程娜，王建中
2012—2013	优秀创新团队成果奖	—	北方粳稻核心科技与关键技术研究团队	沈阳农业大学	徐正进，陈温福，张文忠，张树林，孟军，王晓雪，马殿荣，王嘉宇，徐海，赵明辉，唐亮，兰宇，徐凡，张伟明，高继平，江琳琳，刘丽霞，洪晶华
2012—2013	优秀创新团队成果奖	—	玉米遗传育种和栽培生理研究团队	山东省农业科学院玉米研究所	孟昭东，汪黎明，郭庆法，叶金才，刘治先，高新学，都森烈，张秀清，王庆成，王春英，韩志景，张发军，穆春华，刘铁山，徐立华，刘霞，鲁守平，徐相波，丁照华，李宗新

（续表）

年　份	奖　项	等　级	项目名称	主要完成单位	主要完成人
2012—2013	优秀创新团队成果奖	—	畜禽营养与饲料研究团队	广东省农业科学院畜牧研究所	蒋宗勇，林映才，郑春田，蒋守群，陈庄，胡友军，马现永，王丽，张罕星，汪仕奎，陈芳，高开国，杨雪芬，陈伟，阮栋，洪平，王爽，李大刚，王志林，苟钟勇
2012—2013	优秀创新团队成果奖	—	大豆遗传改良研究团队	河北省农林科学院粮油作物研究所	张孟臣，杨春燕，赵双进，张梅申，秦君，蒋春志，王贵起，闫龙，史晓蕾，杨永庆，赵青松，刘兵强，邸锐，马志民，冯燕，唐晓东，谷峰，王运杰，王涛，陈强
2012—2013	优秀创新团队成果奖	—	花生遗传育种与栽培生理研究团队	山东省花生研究所	禹山林，王才斌，张建成，王传堂，杨庆利，焦坤，曲明静，迟玉成，陈静，迟晓元，杨珍，王通，陈娜，孙杰，于丽娜，江晨，吴正锋，潘丽娟，陈明娜，王冕
2012—2013	优秀创新团队成果奖	—	油料质量安全研究团队	中国农业科学院油料作物研究所	李培武，李光明，廖伯寿，姜慧芳，江木兰，陈洪，雷永，吴刚，张奇，张文，丁小霞，曹应龙，晏立英，黄家权，王秀嫔，马飞，张兆威，李冉，罗军玲，刘芳
2012—2013	优秀创新团队成果奖	—	棉纤维发育的基因组学与分子育种研究团队	南京农业大学	张天真，陈增建，郭旺珍，周宝良，朱协飞，王凯，胡艳，蔡彩平，丁林云，高蓓，叶文雪
2012—2013	优秀创新团队成果奖	—	动物源性食品安全检测与控制技术研究团队	中国农业大学	沈建忠，肖希龙，张素霞，丁双阳，吴聪明，江海洋，李建成，史为民，曹兴元，王战辉，夏曦，汤树生，汪洋，刘金凤，李晓薇，程林丽，赵坤霞，王春梅，宋建平，杜瑞良
2012—2013	优秀创新团队成果奖	—	新型禽用疫苗与诊断试剂研究团队	中国农业科学院哈尔滨兽医研究所	王笑梅，刘胜旺，王云峰，刘长军，高玉龙，祁小乐，秦立廷，高宏雷，韩宗玺，邵昱昊，刘晓丽，李慧昕，张艳萍，李志杰，崔红玉，赵妍，王永强
2012—2013	优秀创新团队成果奖	—	果树发育生物学及种质研究团队	中国农业大学	韩振海，张新忠，贾文锁，李天红，冷平，马会勤，胡建芳，李天忠，孔瑾，王忆，张常青，李冰冰，孙扬吾，关爱农，姚爱华
2012—2013	优秀创新团队成果奖	—	设施蔬菜生长发育调控研究团队	中国农业大学	张振贤，陈青云，郭仰东，高丽红，沈火林，杨文才，王倩，任华中，赵冰，李志芳，眭晓蕾，曲梅，张小兰，汪玉清，姚爱华，宋生印，李建明
2012—2013	优秀创新团队成果奖	—	木薯种质资源收集、保存及应用研究团队	中国热带农业科学院热带作物品种资源研究所	李开绵，陈松笔，叶剑秋，黄洁，陆小静，张振文，闫庆祥，欧文军，蒋盛军，朱文丽，蔡坤，安飞飞，许瑞丽，薛茂富，韦卓文，吴传毅

（续表）

年　份	奖　项	等　级	项目名称	主要完成单位	主要完成人
2012—2013	优秀创新团队成果奖	—	保护性耕作技术与装备研究团队	中国农业大学	李洪文，王晓燕，张东兴，王德成，徐丽明，宋正河，何进，张学敏，吴红丹，杨丽，王庆杰，张凯良，董向前，毛宁，王树东
2012—2013	优秀创新团队成果奖	—	农作物收获与产后加工技术装备研究团队	农业部南京农业机械化研究所	胡志超，谢焕雄，彭宝良，胡良龙，王海鸥，吴峰，张延化，顾峰玮，陈有庆，王建楠，田立佳，钟挺，曹明珠，张会娟，曹士锋，王冰，刘敏基，吕小莲，计福来，于向涛
2012—2013	科普成果奖	—	《北方水稻生产技术问答》	沈阳农业大学	陈温福，张文忠，徐正进，张三元，潘国君，华泽田，王疏，霍立君，张凤鸣，姜孝义，陈健，严光彬，张玉江，唐亮，张树林，马殿荣，王嘉宇，徐海，赵明辉，张丽
2012—2013	科普成果奖	—	农药识假辨劣科普读物	农业部农药检定所，江西省农药管理局，天津市农药检定所，河北省农药检定所，山东省农药检定所	刘绍仁，魏启文，李光英，孙艳萍，李鑫，陶岭梅，周喜应，刘亮，潘华，张强，刘保峰，李洪刚，王志民，陈振华，杨峻，嵇莉莉，杨锚，董记萍，张小梅，张洪光
2012—2013	科普成果奖	—	《现代农业技术实用教程》系列科普丛书	广东省农业科学院	陈栋，黄洁容，刘建峰，胡建广，王富华，曹干，曹健，刘彩霞，何晓明，黎振兴，周桂元，许林兵，林志雄，赵超艺，刘岩，欧良喜，潘学文，潘建平，马培恰，李淑玲
2012—2013	科普成果奖	—	《水产养殖经济动物病害图谱诊治实用技术》	中国水产科学研究院珠江水产研究所	余德光，王广军，黄志斌，龚望宝，谢骏，王海英，郁二蒙，李志斐，魏南，夏耘
2012—2013	科普成果奖	—	《小四轮拖拉机与农用运输车常见故障诊断排除图解》	南京农业大学	鲁植雄，陈明江，赵兰英，刘奕贯
2012—2013	科普成果奖	—	《无籽沙糖橘低投入高效益栽培技术图说》	华南农业大学	叶自行，胡桂兵，秦永华，许建楷，罗志达，林顺权，季作梁
2014—2015	科学研究成果奖	一等奖	猪氨基酸营养功能的研究与技术集成推广	中国科学院东北地理与农业生态研究所，中国科学院亚热带农业生态研究所，黑龙江省兽药饲料监察所，黑龙江省农业科学院畜牧研究所	印遇龙，刘春龙，吴信，黄瑞林，谭碧娥，李铁军，孔祥峰，姚康，李凤娜，任延铭，张宇喆，邓敦，李忠秋，于洪福，孙金艳，彭福刚
2014—2015	科学研究成果奖	一等奖	茶叶中农药残留安全评价及应对	中国农业科学院茶叶研究所	陈宗懋，王运浩，罗逢健，楼正云，刘光明，汤富彬，张新忠，周利，姜亚萍
2014—2015	科学研究成果奖	一等奖	高产优质多抗小麦新品种扬16	江苏里下河地区农业科学研究所	高德荣，程顺和，范金平，吴宏亚，张伯桥，王龙俊，张勇，别同德，陆成彬，吴荣林，程晓明，吴素兰，胡文静，王君婵，高致富，江伟，程凯，赵仁慧

（续表）

年　份	奖　项	等　级	项目名称	主要完成单位	主要完成人
2014—2015	科学研究成果奖	一等奖	旱地冬小麦高产高效技术体系与应用	青岛农业大学	林琪，赵长星，刘义国，穆平，张玉梅，张洪生，张延胜，李夕梅，王娟，李玲燕，韩伟，王志葵，张凤玲，孙旭生，朱伯良，师长海，赵海波，商健，张晓龙，李晓凤
2014—2015	科学研究成果奖	一等奖	杂交水稻机插栽培关键技术研究与应用	安徽省农业科学院水稻研究所，安徽省农业机械技术推广总站，安徽农业大学，安徽省农业技术推广总站，扬州大学，江西省农业科学院土壤肥料与资源环境研究所，安徽省农业科学院土壤肥料研究所，天长市农业科技推广中心，肥西县农业技术推广中心，安庆市农业委员会	吴文革，朱德泉，杨剑波，张健美，汪新国，魏海燕，钱银飞，黄大山，何超波，许有尊，章玉松，徐长斌，冯骏，胡鹏，潘学锋，汤颢军，李胜群，孙坚政，纪根学，王寿春
2014—2015	科学研究成果奖	一等奖	早中晚兼用型广适性优质稻新品种黄华占的选育及其应用研究	广东省农业科学院水稻研究所，广东省农业科学院植物保护研究所	周少川，李宏，黄道强，曾列先，卢德城，李康活，司徒志谋，王家生，周德贵，赖穗春，陈深，胡学应，王志东，吴基党，裴树珍
2014—2015	科学研究成果奖	一等奖	抗病耐冻早熟马铃薯育种技术的建立及新品种选育	中国农业科学院蔬菜花卉研究所	金黎平，屈冬玉，庞万福，卞春松，金石桥，段绍光，李广存，李飞，部刚，谢开云，连勇，徐利群，徐建飞，刘杰，杨宏福，吴绍岩
2014—2015	科学研究成果奖	一等奖	棉花品种中棉所 49 的选育及配套技术应用	中国农业科学院棉花研究所，新疆维吾尔自治区种子管理总站，新疆中棉种业有限公司	严根土，佘青，黄群，潘登明，赵淑琴，匡猛，卢守文，金石桥，付小琼，王宁，王延琴，苏桂兰，许庆华，杨杰，周红，佘楠，邹长松，许红霞，李运海，唐淑荣
2014—2015	科学研究成果奖	一等奖	高产高蛋白大豆冀豆 12 选育与应用	河北省农林科学院粮油作物研究所	张孟臣，刘兵强，张丽亚，何艳琴，张磊，闫龙，赵青松，杨中路，黄志平，孟小莽，陈强，唐晓东，王涛，王勤，李砚，李金荣，史晓蕾，冯燕，胡阿丽，刘晓燕
2014—2015	科学研究成果奖	一等奖	中国玉米标准 DNA 指纹库构建及关键技术研究与应用	北京市农林科学院玉米研究中心，全国农业技术推广服务中心，中国农业大学，农业部科技发展中心，中国农业科学院作物科学研究所，四川省农业科学院作物研究所，吉林省种子管理总站，扬州大学	赵久然，王凤格，易红梅，孙世贤，王守才，吕波，杨国航，王天宇，郭景伦，闫明明，田红丽，胡小军，杨俊品，陆大雷，于晓芳，李磊鑫，陈学军，堵苑苑，云晓敏，任洁

（续表）

年 份	奖 项	等 级	项目名称	主要完成单位	主要完成人
2014—2015	科学研究成果奖	一等奖	绿豆优异基因资源挖掘与创新利用	中国农业科学院作物科学研究所，河北省农林科学院粮油作物研究所，山西省农业科学院作物科学研究所，江苏省农业科学院，安徽省农业科学院作物研究所，南阳市农业科学院，保定市农业科学院	程须珍，王素华，王丽侠，田静，张耀文，陈新，陈红霖，张丽亚，刘长友，朱旭，蔡庆生，孙蕾，梅丽，徐宁，刘振兴，李彩菊，王海霞
2014—2015	科学研究成果奖	一等奖	黄羽肉鸡节粮、优质和抗病新品系选育关键技术及应用	中国农业科学院北京畜牧兽医研究所，安徽农业大学，上海市农业科学院畜牧兽医研究所，安徽五星食品有限公司，广西金陵农牧集团有限公司	文杰，赵桂苹，耿照玉，陈继兰，郑麦青，李东，姜润深，黄启忠，刘冉冉，胡祖义，黄雄，李小华，毛传国
2014—2015	科学研究成果奖	一等奖	高效饲用氨基酸研制及其在猪低氮排放日粮技术体系中的应用	中国农业大学，长春大成实业集团有限公司，北京大北农科技集团股份有限公司，河南农业大学，宁夏大学，新希望六和股份有限公司，广西扬翔股份有限公司，河北旺族饲料集团有限公司，辽宁禾丰牧业股份有限公司，北京龙科方舟生物工程技术有限公司	谯仕彦，王德辉，曾祥芳，王丹玉，魏大勇，李振田，张桂杰，朱正鹏，谭家健，李旭辉，岳隆耀，赖长华，张海燕，刘桂兰，聂代邦，莫宏建，张子平，王洪彬，高晶
2014—2015	科学研究成果奖	一等奖	规模化养鸡环境控制关键技术创新及其设备研发与应用	中国农业大学，山东民和牧业股份有限公司，广州广兴牧业设备集团有限公司，中国农业科学院农业环境与可持续发展研究所，青岛大牧人机械股份有限公司，北京德清源农业科技股份有限公司	李保明，陈刚，施正香，滕光辉，陶秀萍，赵淑梅，赖成幕，郑树利，孙宪法，袁正东，周东，张天柱，尚斌，冷建卫，郑炜超
2014—2015	科学研究成果奖	一等奖	传代细胞源猪瘟活疫苗和猪瘟防控技术研究与应用	中国兽医药品监察所，广东永顺生物制药股份有限公司	宁宜宝，林旭埜，张毓金，吴文福，冯忠武，王琴，冯忠泽，岑小清，范学政，杨傲冰，徐璐，任向阳，杨劲松，游启有，沈青春，张国丽，赵启祖，赖月辉，顾进华，丘惠深
2014—2015	科学研究成果奖	一等奖	蜂王浆优质高效生产和质量安全评价新技术及其应用	中国农业科学院蜜蜂研究所，浙江大学，浙江省平湖市种蜂场，杭州蜂之语蜂业有限公司，四川省蜂业管理站	吴黎明，胡福良，薛晓锋，彭文君，郑火青，赵静，金水华，周萍，李熠，陈兰珍，张翠平，陈芳，周金慧，张金振，王建文，王鹏，黄京平

（续表）

年 份	奖 项	等 级	项目名称	主要完成单位	主要完成人
2014—2015	科学研究成果奖	一等奖	牛轮状病毒腹泻等传染病防控技术研究与应用	山东省农业科学院奶牛研究中心，山东奥克斯生物技术有限公司，山东师范大学	何洪彬，王洪梅，何成强，杨宏军，高运东，陈令梅，宋玲玲，侯佩莉，刘文浩，孙涛，武建明，刘晓，赵贵民，程凯慧，郇延军，张锡全，崔笑梅，贾春涛，朱彤，付开强
2014—2015	科学研究成果奖	一等奖	霉菌毒素生物降解机理及饲料污染控制技术	中国农业大学，河南亿万中元生物技术有限公司，北京市畜牧总站，环山集团有限公司，深圳市金新农饲料股份有限公司，辽宁禾丰牧业股份有限公司，河南华英禽业集团，四川铁骑力士实业有限公司，天蓬集团有限公司	计成，马秋刚，陈余，赵丽红，郑文革，陈俊海，鲍英慧，周建川，张家明，贾亚雄，张建云，邵彩梅，关舒，姚巧粉，王志祥，赵国先，张勇，刘来亭，雷元培，范彧
2014—2015	科学研究成果奖	一等奖	淡水鱼保鲜与精深加工关键技术研究及产业化	华中农业大学，湖北土老憨生态农业科技股份有限公司，中国农业大学，湖北省农业科学院农产品加工与核农技术研究所，浙江工商大学，德炎水产食品股份有限公司，绍兴外婆家食品有限公司，杭州千岛湖发展有限公司，湖北大明水产科技有限公司，武汉梁子湖水产品加工有限公司	熊善柏，罗永康，汪兰，戴志远，陈世贵，卢德炎，方松林，郑玉林，王宏海，雷传松，姚洪正，蔡方保，何秋生，胡勤斌，熊光权，刘友明，尤娟，付彩霞
2014—2015	科学研究成果奖	一等奖	水产动物系列功能性添加剂及配合饲料的研发与应用	广东省农业科学院动物科学研究所，广东恒兴饲料实业股份有限公司，通威股份有限公司，中山大学，广州飞禧特水产科技有限公司	曹俊明，黄燕华，刘永坚，朱选，王华朗，赵红霞，张璐，陈冰，田丽霞，胡俊茹，王国霞，张海涛，李国立，米海峰，莫文艳，梁海鸥，朱喜锋，陈鲜花，陈晓瑛，陈效儒
2014—2015	科学研究成果奖	一等奖	三疣梭子蟹的良种选育及规模化养殖	中国水产科学研究院黄海水产研究所，宁波大学，中国科学院海洋研究所，中国海洋大学，全国水产技术推广总站，象山县水产技术推广站，昌邑市海丰水产养殖有限责任公司，江苏裕丰林农业开发有限公司，宁波鑫亿鲜活水产有限公司，日照开航水产有限公司	李健，王春琳，崔朝霞，潘鲁青，刘萍，母昌考，刘媛，高保全，高勇，陈学洲，陈萍，张岩，刘长军，王学忠，黄昱棣，韩昌茂，张纪建，刘磊，吕建建，任宪云

（续表）

年　份	奖　项	等　级	项目名称	主要完成单位	主要完成人
2014—2015	科学研究成果奖	一等奖	淡水池塘养殖生态调控关键技术与应用	中国水产科学研究院渔业机械仪器研究所，中国水产科学研究院淡水渔业研究中心，中国水产科学研究院珠江水产研究所，喃嵘水产（上海）有限公司	徐皓，刘兴国，陈军，戈贤平，谢骏，郁蔚文，王健，杨菁，张拥军，车轩，朱浩，郭益顿，王广军，王小冬，胡庚东，顾兆俊，苗雷，时旭，田昌凤，程果锋
2014—2015	科学研究成果奖	一等奖	黄瓜优质多抗分子标记聚合技术及系列新品种选育	中国农业科学院蔬菜花卉研究所	顾兴芳，张圣平，苗晗，王烨，谢丙炎，方秀娟，杨宇红，刘伟，梁洪军，李竹梅，徐彩清，闫书鹏，冯锡刚，郑启功，马宾生，张殿明，高华山，王树忠，叶翠玉，文国栋
2014—2015	科学研究成果奖	一等奖	食用菌菌种资源及其利用的技术链研究与产业化应用	中国农业科学院农业资源与农业区划研究所，四川省农业科学院土壤肥料研究所，福建农林大学，云南省农业科学院生物技术与种质资源研究所	张金霞，黄晨阳，陈强，高巍，王波，谢宝贵，赵永昌，赵梦然，张瑞颖，黄忠乾，江玉姬，陈卫民，邬向丽，刘秀明，鲜灵
2014—2015	科学研究成果奖	一等奖	蔬菜集约化育苗技术体系建立与应用	中国农业科学院蔬菜花卉研究所，全国农业技术推广服务中心，中国农业大学，北京京鹏环球科技股份有限公司，浙江博仁工贸有限公司，寿光市新世纪种苗有限公司，台州隆基塑业有限公司	尚庆茂，梁桂梅，李平兰，周增产，张志刚，冷杨，尤匡标，魏家鹏，田真，董春娟，桑毅振，尤匡永，卜云龙，陈佳峰，王娟娟
2014—2015	科学研究成果奖	一等奖	基于省力高效的梨栽培模式及其技术体系的创建与示范	河北农业大学，河北天丰农业集团有限公司	张玉星，魏文纪，张建光，乔进春，王国英，许建锋，杜国强，崔惠英，张江红，石海燕，李英丽，赵书岗，李政红，张振力，史世军，高志货，胡江川，杨馥霞，黄雄，吕润航
2014—2015	科学研究成果奖	一等奖	生态观光果园建设关键技术研究与应用	北京农学院，北京市果树产业协会，内蒙古农业大学，新疆林科院园林绿化研究所，山西省果业工作总站	姚允聪，付占芳，宋备舟，吕瑞，张杰，张东亚，卢艳芬，田佶，王焕英，李连国，姬谦龙，宋婷婷，张瑞
2014—2015	科学研究成果奖	一等奖	农药高效低风险技术体系研究与应用	中国农业科学院植物保护研究所，农业部农药检定所，全国农业技术推广服务中心，江苏省农业科学院，广东省农业科学院植物保护研究所	郑永权，张宏军，董丰收，黄啟良，陈昶，刘学，蒋红云，李永平，顾中言，袁会珠，刘新刚，孙海滨，陈福良，芮昌辉，张兰，赵永辉，徐军，曹立冬，张燕宁，刘光学

（续表）

年　份	奖　项	等　级	项目名称	主要完成单位	主要完成人
2014—2015	科学研究成果奖	一等奖	小菜蛾成灾机制研究及抗药性治理技术体系构建与应用	广东省农业科学院植物保护研究所，华南农业大学，中国农业科学院蔬菜花卉研究所，南京农业大学，华中农业大学，湖南省植物保护研究所，海南省农业科学院农业环境与植物保护研究所，浙江省农业科学院，云南省农业科学院农业环境资源研究所，福建农林大学	冯夏，章金明，李振宇，符伟，胡珍娣，林庆胜，尹飞，王兴亮，何余容，吴青君，范兰兰，谌爱东，陈焕瑜，周小毛，梁延坡，游红，侯有明，李建洪，徐健，钟国华
2014—2015	科学研究成果奖	一等奖	玉米重大新害虫二点委夜蛾暴发机制及治理技术研究与应用	河北省农林科学院谷子研究所，河北省植保植检站，中国农业科学院植物保护研究所，全国农业技术推广服务中心，河北农业大学，中国科学院动物研究所，邢台市植物保护检疫站	董志平，姜京宇，王振营，姜玉英，董立，马继芳，李秀芹，王勤英，盛承发，何运转，王强，苏增朝，许昊，李智慧，郝延堂，杨利华，闫文江，王维莲，李素平，霍书珍
2014—2015	科学研究成果奖	一等奖	重要入侵害虫螺旋粉虱检测、监测与控制技术研究与应用	中国热带农业科学院环境与植物保护研究所，华南农业大学，广东省农业科学研究院植物保护研究所，广东省昆虫研究所，北京市农林科学院植物保护环境保护研究所，海南省植保植检站，广西大学，海南出入境检验检疫局热带植物隔离检疫中心，海南大学，海南省农业科学院农业环境与植物保护研究所	符悦冠，吴伟坚，刘奎，张扬，韩冬银，郑丽霞，韩诗畴，虞国跃，李伟东，张方平，张茂新，李鹏，程立生，曾东强，牛黎明，马子龙，肖彤斌
2014—2015	科学研究成果奖	一等奖	玉米种子规模化加工技术装备集成与产业化应用	农业部规划设计研究院，酒泉奥凯种子机械股份有限公司，无锡耐特机电技术有限公司	朱明，贾生活，陈海军，王广万，贾峻，冯志琴，刘文利，张晓传，刘国春，李永磊，孙文浩，吴涛，俞晋涛，付秋峰，宋宇泰
2014—2015	科学研究成果奖	一等奖	羊肉加工增值关键技术创新与应用	中国农业科学院农产品加工研究所，内蒙古蒙都羊业食品有限公司，内蒙古农业大学，新疆西部牧业股份有限公司，宁夏涝河桥清真食品有限公司，内蒙古草原兴发食品有限公司	张德权，张春晖，陈丽，王振宇，靳烨，高远，张泓，李欣，沈清武，倪娜，丁楷，穆国锋，辛海波，徐义民，周学河，张春江，李侠，贾伟，黄峰

（续表）

年　份	奖　项	等　级	项目名称	主要完成单位	主要完成人
2014—2015	科学研究成果奖	一等奖	油料功能脂质高值化利用关键技术研究及应用	中国农业科学院油料作物研究所，无限极（中国）有限公司，嘉必优生物工程（武汉）有限公司，西安中粮工程研究设计院有限公司，湖南大三湘油茶科技有限公司，武汉轻工大学	黄凤洪，邓乾春，汪志明，马忠华，曹万新，刘晔，赖琼玮，许继取，郑明明，李翔宇，杨宜婷，周强，唐青涛，葛亚中，黄庆德，杨湄，李文林，郭萍梅，万楚筠，周琦
2014—2015	科学研究成果奖	一等奖	主要肉品品质光学无损实时检测关键技术研发与应用	中国农业大学，中国农业科学院北京畜牧兽医研究所，临沂新程金锣肉制品集团有限公司，北京御香苑畜牧有限公司	彭彦昆，孙宝忠，李永玉，汤修映，黄岚，江发潮，徐杨，王伟，张京茂，李艳荣
2014—2015	科学研究成果奖	一等奖	干坚果氧化劣变控制关键技术创制与产业化应用	浙江省农业科学院，广东广益科技实业有限公司，杭州姚生记食品有限公司，四川徽记食品股份有限公司，杭州紫香食品集团有限公司	郜海燕，房祥军，穆宏磊，周拥军，陈杭君，陶菲，梁嘉臻，赵文革，李长江，单高峰，何松，陈文烜，Tony，Jin，袁亚，毛金林，来明乔，李文娟，杨建华，严芳，李炎松
2014—2015	科学研究成果奖	一等奖	全国农田面源污染监测技术体系的创建与应用	中国农业科学院农业资源与农业区划研究所，湖北省农业科学院植保土肥研究所，北京市农林科学院，云南省农业科学院农业环境资源研究所，农业部农业生态与资源保护总站，吉林省农业科学院，重庆市农业环境监测站，北京市农业环境监测站，湖北省农业生态环境保护站，广东省农业科学院农业资源与环境研究所	任天志，刘宏斌，刘申，范先鹏，邹国元，雷宝坤，翟丽梅，张富林，彭畅，杜连凤，王洪媛，胡万里，欧阳喜辉，黄宏坤，李盟军，曾荣，甘小泽，成振华，张学军，周柳强
2014—2015	科学研究成果奖	一等奖	北方农牧交错风沙区农艺农机一体化可持续耕作技术创新与应用	内蒙古自治区农牧业科学院，内蒙古大学，呼和浩特市得利新农机制造有限责任公司，农业部农业机械化技术开发推广总站	路战远，张德健，程玉臣，张向前，张建中，王玉芬，翟琇，杨彬，景振举，王秀杰，张园，赵于东，刘兴华，平翠枝，白海，咸丰，赵彦栋，杨建强，李晋汾，李艳艳
2014—2015	科学研究成果奖	一等奖	农产品市场信息采集关键技术及设备研发	中国农业科学院农业信息研究所	许世卫，李哲敏，孔繁涛，李志强，袁宏永，李干琼，张永恩，吴建寨，张建华，于海鹏，王东杰，王盛威，陈威，张玉梅，喻闻

（续表）

年　份	奖　项	等　级	项目名称	主要完成单位	主要完成人
2014—2015	科学研究成果奖	一等奖	南药种质资源收集保存、鉴定评价与开发利用	中国热带农业科学院热带作物品种资源研究所	王祝年，晏小霞，徐立，王茂媛，王建荣，庞玉新，李志英，王清隆，董志超，郑玉，邹冬梅，黎明，何际婵，张洪溢，丁书仙，邓必玉，罗海燕，姚庆群，陈丽珍
2014—2015	科学研究成果奖	一等奖	规模化养殖场粪污安全化处理关键技术创新集成及产业化	北京农学院，北京市土肥工作站，北京林业大学，北京师范大学，北京市北郎中有机肥料厂，北京京林科源科技有限公司，北京东祥环境科技有限公司，北京大地聚龙蚯蚓养殖专业合作社，北京市兽药监察所	刘克锋，李艳霞，赵永志，孙向阳，蒋林树，刘钧，王红利，王顺利，李华，刘笑冰，王胜涛，陈洪伟，高程达，石爱平，于娟，何忠伟，安利清，郭宁，文方芳，李昌伟
2014—2015	科学研究成果奖	一等奖	绿色高效肥料的创制及其应用	南京市耕地质量保护站，中国科学院南京土壤研究所，南京市园艺技术推广站，江苏中东化肥股份有限公司，仪征多科特水性化学品有限公司，南京宁粮生物工程有限公司，南京恒康肥业有限公司	杜昌文，马宏卫，徐生，周健民，申亚珍，袁登荣，高福新，周一波，夏金保，狄恒荣，刘健明，何建桥，刘敖根，佘义斌，邢红飞，刘军，梁晓辉，袁丽敏，陈卫宇，陈其军
2014—2015	科学研究成果奖	一等奖	玉米精深加工关键技术研究与产业化应用	吉林农业大学	刘景圣，闵伟红，郑明珠，王玉华，张大力，蔡丹，修琳，刘回民，于美红，刘鹤，郑鸿雁，朴春红，许秀成，佟毅，方丽，代伟长，王金枝，王喜臣，李久仁，刘惠麟
2014—2015	科学研究成果奖	二等奖	水稻高产与稻田减排的耕层调控关键技术及应用	中国农业科学院作物科学研究所，中国农业大学，南京农业大学，沈阳农业大学，中国水稻研究所，江西省农业科学院土壤肥料与资源环境研究所，湖南省土壤肥料研究所	张卫建，陈阜，张文忠，张海林，宋振伟，路明，谭淑豪，张斌，王丹英，陈金，肖小平，杨忠良，邓艾兴，郑成岩，黄山
2014—2015	科学研究成果奖	二等奖	水稻抗条纹叶枯病优异种质资源的创制与新品种选育	江苏丘陵地区镇江农业科学研究所	景德道，盛生兰，林添资，钱华飞，余波，李闯，曾生元，龚红兵，周义文，杨图南，王华为，顾炳朝，岳绪国，朱福官，朱金兰
2014—2015	科学研究成果奖	二等奖	优质高产广适型水稻新品种连粳 6 号和连粳 7 号的选育及应用	连云港市农业科学院，连云港市黄淮农作物研究所	徐大勇，秦德荣，方兆伟，卢百关，王宝祥，潘长虹，樊继伟，李健，杨波，仇贵才，周振玲，刘艳，迟铭，宋兆强，刘金波

（续表）

年　份	奖　项	等　级	项目名称	主要完成单位	主要完成人
2014—2015	科学研究成果奖	二等奖	鲜食糯玉米核心种质创制及系列品种选育与产业化应用	江苏沿江地区农业科学研究所，江苏省农业科学院，扬州大学，南京市蔬菜科学研究所，南京农业大学	袁建华，管晓春，薛林，李大婧，陈艳萍，陆卫平，石明亮，毛从亚，刘春泉，戴惠学，徐勇，黄小兰，郝德荣，孟庆长，赵文明
2014—2015	科学研究成果奖	二等奖	青贮玉米育种体系的构建及新品种选育与推广	北京农学院，北京市农林科学院玉米研究中心，河南省大京九种业有限公司，北京农科院种业科技有限公司	潘金豹，王元东，王荣焕，张秋芝，邢锦丰，丁光省，蒋林树，杨国航，南张杰，张玉强，孙清鹏，段民孝，任伟，韩俊，刘秀芝
2014—2015	科学研究成果奖	二等奖	棉花专用配方缓释肥的研制与应用	安徽省农业科学院棉花研究所，安徽省司尔特肥业股份有限公司，合肥工业大学，湖南省棉花科学研究所	郑曙峰，金国清，韩效钊，金政辉，洪怀中，路曦结，徐道青，王维，李景龙，刘画春，别墅，徐为宁，阚画春，刘小玲，李捷
2014—2015	科学研究成果奖	二等奖	高配合力油菜杂交种亲本创制及中油杂 12 的选育与应用	中国农业科学院油料作物研究所	梅德圣，李云昌，胡琼，李英德，徐育松，张毅，鲁剑巍，张春雷，马霓，李子钦，谭祖猛，李必钦，陈遵东，郭建靖，李晓琴
2014—2015	科学研究成果奖	二等奖	耐荫高产高蛋白套作大豆新品种的选育及配套技术研究与应用	南充市农业科学院，四川农业大学，四川省农业技术推广总站	张明荣，雍太文，吴海英，于晓波，刘卫国，谢树果，梁南山，陈静，杨洪理，韩文斌，王小春，戴杰帆，任胜茂，杨峰，武晓玲
2014—2015	科学研究成果奖	二等奖	特种动物遗传资源收集、保存、优异种质挖掘与利用	中国农业科学院特产研究所，中国农业科学院饲料研究所，大连明华经济动物有限公司，新疆昌吉市盛华商贸有限公司，吉林省东丰药业股份有限公司，内蒙古健元鹿业有限责任公司，黑龙江农垦兴凯湖裕鹿集团有限公司	杨福合，邢秀梅，高秀华，吴琼，张志明，李一清，周婷，李光玉，杨颖，巴恒星，刘汇涛，郑兴涛，任二军，荣敏，王雷
2014—2015	科学研究成果奖	二等奖	退化草原恢复及适应性利用关键技术研究与示范	中国农业大学，内蒙古农业大学，新疆畜牧科学院，四川省草原科学研究院，兰州大学	张英俊，王成杰，邵新庆，罗海玲，李学森，刘刚，沈禹颖，黄顶，玉柱，刘桂霞，泽柏，刘楠，邓波，高文渊，尚永成
2014—2015	科学研究成果奖	二等奖	猪主要传染病流行病学调查与混合感染综合防治技术	青岛农业大学，青岛易邦生物工程有限公司，山东信得科技股份有限公司，中国动物卫生与流行病学中心	单虎，范根成，李明义，李晓成，黄娟，秦晓冰，韩先杰，李芳，李晓林，单学强，冯晶晶

（续表）

年　份	奖　项	等　级	项目名称	主要完成单位	主要完成人
2014—2015	科学研究成果奖	二等奖	吉林特色肉牛新品种（系）培育与开发	吉林省农业科学院，延边畜牧开发集团有限公司，延边大学，吉林大学，通榆县三家子种牛繁育场，延边东兴种牛科技有限公司，延边东盛黄牛资源保种有限公司	赵玉民，严昌国，金海国，张嘉保，张国梁，吕爱辉，赵志辉，吴健，吕福玉，方南洙，曹阳，袁宝，柳春喜，胡成华，李玉林
2014—2015	科学研究成果奖	二等奖	国审新品种皖系长毛兔选育及配套技术的研究与应用	安徽省农业科学院畜牧兽医研究所，安徽省畜牧技术推广总站，安徽省畜禽遗传资源保护中心	赵辉玲，郑久坤，陈胜，杨永新，谢俊龙，王恒，汤继顺，章薇，许大凤，苏世广，程智中，赵瑞宏，王俊生，黄冬维，江喜春
2014—2015	科学研究成果奖	二等奖	青藏高原东部牧草种质资源收集评价、新品种选育及产业化示范	四川省草原科学研究院，四川农业大学，四川大学，中国农业大学，西华师范大学，四川省草原工作总站，阿坝藏族羌族自治州草原工作站	白史且，泽柏，李达旭，鄢家俊，马啸，张蕴薇，张昌兵，游明鸿，卞志高，张杰，泽让东洲，张玉，吴婍，季晓菲，杨满业
2014—2015	科学研究成果奖	二等奖	禽用系列灭活联苗的研究与应用	北京市农林科学院畜牧兽医研究所，乾元浩生物股份有限公司	姜北宇，章振华，李林，景小冬，张建伟，沈佳，刘彦，郑小兰，史爱华，王昌青，黄凤军，刘月焕，王宏俊，李海鹰，潘裕华
2014—2015	科学研究成果奖	二等奖	功能性饲料研究开发与利用	东北农业大学，大连理工大学，江苏三仪动物营养科技有限公司，谷实农牧股份有限责任公司，哈尔滨远大牧业有限公司	单安山，徐永平，徐世文，江国托，李建平，徐良梅，梁代华，陈文彬，石宝明，毕重朋，程宝晶
2014—2015	科学研究成果奖	二等奖	复合微生态饲料添加剂金生素的研制与应用	沈阳金科丰牧业科技有限公司，辽宁省动物疫病预防控制中心，沈阳爱地生物科技有限公司，沈阳科丰牧业科技有限公司	高林，冯波，宋良敏，白春生，高学文，贾卿，富维纳，杨作丰，曹明慧，赵培，隋继国，潘秀东，张雅为，韩玉奎，高忠武
2014—2015	科学研究成果奖	二等奖	大口黑鲈良种培育和产业关键技术研究与应用	中国水产科学研究院珠江水产研究所，广东何氏水产有限公司，广东省水产技术推广总站，佛山市南海区九江镇农林服务中心，苏州市水产技术推广站，广东海大集团股份有限公司	白俊杰，李胜杰，吴锐全，何华先，马冬梅，樊佳佳，陈昆慈，于培松，汪洪永，李小慧，陈文怡，邓国成，谢骏，于凌云，罗建仁
2014—2015	科学研究成果奖	二等奖	福瑞鲤综合选育及良种良法配套技术应用	中国水产科学研究院淡水渔业研究中心，南京农业大学，贵州省水产研究所	董在杰，俞菊华，刘文斌，杨兴，朱文彬，戈贤平，徐维娜，李建光，唐永凯，胡世然，蒋广震，李建林，苏胜彦，李红霞，周岩民

（续表）

年　份	奖　项	等　级	项目名称	主要完成单位	主要完成人
2014—2015	科学研究成果奖	二等奖	条斑紫菜新品种（系）培育及推广应用	江苏省海洋水产研究所，常熟理工学院，海安县兰波实业有限公司，江苏瑞达海洋食品有限公司，南通华莹海苔食品有限公司，赣榆县润雨海藻培植场，南通海益苔业有限公司	陆勤勤，朱建一，沈宗根，周伟，胡传明，张涛，张美如，张岩，许广平，陈国耀，姜红霞，朱庙先，丁亚平，姜波，程滨
2014—2015	科学研究成果奖	二等奖	中华绒螯蟹螺原体性“颤抖病”研究及防控	南京师范大学，江苏省水生动物疫病预防控制中心，宝应县水生动物疫病预防控制中心，江苏水仙实业有限公司，南京市水产科学研究所，泗洪县水产技术推广站，苏州市水产技术推广站	王文，陈辉，孟庆国，顾伟，吴霆，华伯仙，任乾，尹绍武，方苹，李文杰，周国勤，张祥，张茂友，丁彩霞，陆文浩
2014—2015	科学研究成果奖	二等奖	食用农产品风险因子快速检测关键技术研究及推广应用	中国农业大学，北京福德安科技有限公司，北京智云达科技有限公司	罗云波，黄昆仑，许文涛，车会莲，翟百强，桑华春，贺晓云，田文莹，何景，徐瑗聪，郝彦玲，朱本忠，傅达奇，朱鸿亮，梁志宏
2014—2015	科学研究成果奖	二等奖	优质高附加值化小米加工关键技术及产业化示范	中国农业大学，山西沁州黄小米（集团）有限公司，山西省农业科学院谷子研究所，中国农业科学院作物科学研究所	郭顺堂，石耀武，刁现民，郭二虎，曹永庆，任建华，沈群，徐婧婷，李景妍，陈振家，韩云会，王根全，吕艳春，张艾英，魏宝中
2014—2015	科学研究成果奖	二等奖	草地机械化破土切根复壮促生技术及机具研发应用	中国农业大学，中国农业机械化科学研究院呼和浩特分院，农业部农业机械化技术开发推广总站，石家庄鑫农机械有限公司，四川省草原科学研究院，河北北方学院，黑龙江省农业科学院草业研究所	王德成，王光辉，尤泳，王振华，李安宁，胡建良，赵建柱，黄顶，邓波，刘亮东，张淑敏，王国业，刘刚，刘贵河，辛晓平
2014—2015	科学研究成果奖	二等奖	中小型西瓜系列专用型品种选育与应用	安徽省农业科学院园艺研究所，和县蔬菜产业发展局，宿州种苗研究所，安徽科乐园艺科技有限公司	张其安，方凌，严从生，江海坤，王明霞，王艳，俞飞飞，刘茂，江洪泾，杨凯文，孙鹏，李金宝，陆卫明，邱化义，杨许琴
2014—2015	科学研究成果奖	二等奖	番茄遗传改良基础和育种技术创新及东农系列新品种选育与推广	东北农业大学，浙江大学，山东省寿光市新世纪种苗有限公司	李景富，许向阳，王傲雪，卢钢，姜景彬，张贺，陈秀玲，李烨，康立功，桑毅振，由天赋，谢立波，于振华，宋建军，孙树明

（续表）

年 份	奖 项	等 级	项目名称	主要完成单位	主要完成人
2014—2015	科学研究成果奖	二等奖	莲藕优质高效生产关键技术集成创新及应用	武汉大学，南京农业大学，湖北省农业科学院农产品加工与核农技术研究所，广昌县白莲科学研究所，武汉大全高科技开发有限公司，湖北工业大学	胡中立，周明全，韩永斌，谢克强，何建军，徐金星，刁英，靳素荣，桑子芳，杨良波，张金木，汪超，徐丽，许金蓉，关健
2014—2015	科学研究成果奖	二等奖	都市型西甜瓜系列新品种选育与栽培技术应用	北京市农业技术推广站，北京市大兴区农业技术推广站，北京市顺义区种植业服务中心，北京市顺义区农业科学研究所，北京市延庆县农业技术推广站，北京市通州区农业技术推广站，北京北农种业有限公司	朱莉，曾剑波，李琳，穆生奇，陈艳利，芦金生，张雪梅，马超，徐茂，周永香，李婷，孙超，曾雄，相玉苗，杨殿伶
2014—2015	科学研究成果奖	二等奖	南方酿酒葡萄新品种选育与产业化应用	广西壮族自治区农业科学院园艺研究所，广西壮族自治区农业科学院葡萄与葡萄酒研究所，广西都安密洛陀野生葡萄酒有限公司	彭宏祥，白先进，黄凤珠，张瑛，秦献泉，徐宁，陆贵锋，李冬波，朱建华，李鸿莉，卢江，林玲，管敬喜，文仁德，黄羽
2014—2015	科学研究成果奖	二等奖	香蕉新品种选育与产业化技术集成创新	广西壮族自治区农业科学院生物技术研究所，广西植物组培苗有限公司，广西美泉新农业科技有限公司	林贵美，邹瑜，韦绍龙，牟海飞，李朝生，韦弟，李小泉，吴代东，张进忠，林茜，黄素梅，龙盛风，田丹丹，覃柳燕，周维
2014—2015	科学研究成果奖	二等奖	小麦黄矮病流行监测及防控关键技术	中国农业科学院植物保护研究所，中国农业科学院作物科学研究所，山西省农业科学院小麦研究所，全国农业技术推广服务中心，西北农林科技大学，山西省农业科学院棉花研究所	王锡锋，刘艳，张增艳，曹亚萍，赵中华，周广和，吴云锋，张刚应，李莉，柴永峰，林志珊，张文蔚，吴蓓蕾，冯小军，张东霞
2014—2015	科学研究成果奖	二等奖	草原蝗虫可持续防控技术研究与示范	中国农业科学院植物保护研究所，全国畜牧总站，内蒙古自治区草原工作站	张泽华，贠旭江，高文渊，农向群，洪军，张卓然，李春广，单丽燕，马崇勇，王广君，杜桂林，吴惠惠，苏红田，曹广春，董永平
2014—2015	科学研究成果奖	二等奖	几种热带瓜菜重要害虫绿色综合防控技术研究与示范	中国热带农业科学院环境与植物保护研究所，海南正业中农高科股份有限公司，海南大学，云南省农业科学院热带亚热带经济作物研究所	陈青，卢辉，张善学，卢芙萍，徐雪莲，楚小强，侯华民，刘光华，张银东，宋记明，彭正强，唐超，黄华平，温海波，金启安

（续表）

年　份	奖　项	等　级	项目名称	主要完成单位	主要完成人
2014—2015	科学研究成果奖	二等奖	农业纳米药物制备新技术及应用	中国农业科学院农业环境与可持续发展研究所，深圳诺普信农化股份有限公司，中国农业科学院兰州畜牧与兽药研究所，中国农业科学院兰州兽医研究所，中国农业大学，中国农业科学院植物保护研究所，中国农业科学院哈尔滨兽医研究所	崔海信，李谱超，张继瑜，景志忠，周文忠，刘国强，宁君，曹明章，吴东来，孙长娇，王琰，李正，崔博，赵翔，刘琪
2014—2015	科学研究成果奖	二等奖	防治水稻重大病害生物杀菌剂的创制与推广应用	江苏省农业科学院，江苏省苏科农化有限责任公司，江苏省植物保护站，四川省农业厅植物保护站，安徽省农业科学院植物保护与农产品质量安全研究所，江西省农业科学院植物保护研究所，辽宁省农业科学院	陈志谊，顾中言，刘永峰，邱光，胡婕，沈丽，高同春，李湘明，刘晓舟，刘邮洲，陆凡，罗楚平，王晓宇，聂亚峰，徐德进
2014—2015	科学研究成果奖	二等奖	葡萄重要病害发生机理和控制技术的研究与应用	北京市农林科学院植物保护环境保护研究所，北京市农林科学院林业果树研究所，中国农业科学院植物保护研究所，中国农业大学，广西壮族自治区农业科学院，辽宁省农业科学院植物保护研究所	李兴红，燕继晔，王忠跃，徐海英，王琦，白先进，张玮，王国珍，赵晓军，张国军，刘长远，刘崇怀，郝燕，梁春浩，杨顺林
2014—2015	科学研究成果奖	二等奖	水稻重大病虫害信息化测报与分区治理模式	全国农业技术推广服务中心，四川省农业科学院植物保护研究所，南京农业大学，江苏省农业科学院，江苏省农作物病虫测报站	刘万才，何忠全，翟保平，周彤，毛建辉，陆明红，黄冲，陈德西，封传红，郑永利，杨荣明，钟宝玉，谢茂昌，孔丽萍，王标
2014—2015	科学研究成果奖	二等奖	农田地膜残留污染防控技术与产品	中国农业科学院农业环境与可持续发展研究所，山东天壮环保科技有限公司，新疆农垦科学院，北京理工大学，金发科技股份有限公司，广东上九生物降解塑料有限公司，新疆石河子农业科学研究院	严昌荣，何文清，梅旭荣，张青山，王丽红，曹肆林，祝光富，徐依斌，王序俭，周经纶，刘爽，刘勤，刘恩科，李云政，吕军

（续表）

年　份	奖　项	等　级	项目名称	主要完成单位	主要完成人
2014—2015	科学研究成果奖	二等奖	豆科决明属草种选育及其在南方红壤山地生态修复中集成应用	福建省农业科学院农业生态研究所，中国农业科学院农业资源与农业区划研究所，中国热带农业科学院热带作物品种资源研究所，福建省农业科学院畜牧兽医研究所，福建省农业科学院食用菌研究所	翁伯琦，黄毅斌，徐国忠，应朝阳，王义祥，高菊生，白昌军，黄秀声，黄勤楼，郑向丽，罗旭辉，蔡泽江，雷锦桂，钟珍梅，陈志彤
2014—2015	科学研究成果奖	二等奖	西北旱地集雨种植高效用水技术与应用	甘肃省农业科学院，西北农林科技大学，甘肃农业大学，甘肃洮河拖拉机制造公司	樊廷录，贾志宽，王勇，李尚中，赵刚，刘广才，张建军，唐小明，王磊，韩清芳，党翼，任小龙，王淑英，马海军，赵武云
2014—2015	科学研究成果奖	二等奖	北京农药肥料面源污染综合防控技术研究与应用	北京市植物保护站，北京市土肥工作站，中国农业大学，精韬伟业（天津）环保能源科技发展有限公司，北京市大兴现代农业技术创新服务中心，北京市大兴区植保植检站，通州区植物保护站	郑建秋，赵永志，李健强，李云龙，王晓青，曹永松，郑炜，何雄奎，胡彬，郑翔，曲明山，张桂娟，牛木森，孙海，李旭军
2014—2015	科学研究成果奖	二等奖	有机无机缓控释多养分肥料研制与应用	西南大学，重庆天建化工有限公司，重庆市土壤肥料测试中心，重庆瑞隆生化制品有限公司，重庆市九龙坡区农林水利局，重庆市中药研究院，重庆市江津区农业技术推广中心	王正银，苏胜齐，李会合，叶进，董燕，刘天寿，李振轮，李伟，徐卫红，向华辉，何开君，王帅，陈仕江，张国平，王洋
2014—2015	科学研究成果奖	二等奖	蔬菜中农药残留风险评估与管控关键技术研究与应用	农业部农药检定所，安徽农业大学，上海市农业科学院农产品质量标准与检测技术研究所，河北省农药检定所，山东省农药检定所	隋鹏飞，叶贵标，简秋，季颖，顾宝根，郑尊涛，朱光艳，龚勇，秦冬梅，叶纪明，单炜力，武丽芬，周力，花日茂，王伟民
2014—2015	科学研究成果奖	二等奖	花生品质评价及标准指标体系的建立	山东省农业科学院农业质量标准与检测技术研究所，山东省花生研究所	滕葳，万书波，柳琪，单世华，张树秋，王磊，谷晓红，王玉涛，聂燕，董崭，丁蕊艳，高磊
2014—2015	科学研究成果奖	二等奖	菠萝产期调节与品质调控的研究与应用	中国热带农业科学院南亚热带作物研究所，广东伊齐爽食品实业有限公司	张秀梅，刘胜辉，孙伟生，魏长宾，孙光明，姚艳丽，谢江辉，吴青松，李运合，陆新华，杜丽清，张红娜，王京，陈南学

（续表）

年　份	奖　项	等　级	项目名称	主要完成单位	主要完成人
2014—2015	科学研究成果奖	二等奖	橡胶树新型增产素研发及产业化生产	中国热带农业科学院橡胶研究所，海南天然橡胶产业集团股份有限公司，海南热农橡胶科技服务中心	林钊沐，罗微，林清火，李智全，茶正早，黄华孙，魏小弟，吴小平，何鹏，范高俊，刘俊良，王秀全，华元刚，贝美容，张培松
2014—2015	科学研究成果奖	二等奖	我国低纬高原甘蔗产业化关键技术应用	云南省农业科学院甘蔗研究所，贵州省亚热带作物研究所，四川省植物工程研究院，中国农业科学院甘蔗研究中心	张跃彬，范源洪，吴才文，黄应昆，刘少春，郭家文，蔡青，李文凤，陈学宽，刘家勇，应雄美，雷朝云，李远潭，李杨瑞，杨荣仲
2014—2015	科学研究成果奖	三等奖	超级杂交稻节氮抗倒均衡高产栽培技术研究与应用	湖南杂交水稻研究中心，长江大学，金正大生态工程集团股份有限公司，湖南农业大学，中国科学院亚热带农业生态研究所	马国辉，龙继锐，张运波，田小海，陈安磊，宋春，芳，向平安，陈宏坤，牟小峰，黄国龙
2014—2015	科学研究成果奖	三等奖	我国高原粳稻新品种选育及推广应用	云南省农业科学院粮食作物研究所，大理白族自治州农业科学推广研究院，丽江市农业科学研究所，曲靖市农业科学院，保山市农业科学研究所	赵国珍，袁平荣，戴陆园，苏振喜，宋天庆，杨洪，世荣，蒲波，朱振华，康洪灿
2014—2015	科学研究成果奖	三等奖	优质高产多抗广适籼稻107的选育和应用	湖北省恩施土家族苗族自治州农业科学院，全国农业技术推广服务中心，湖北省农业技术推广总站	李洪胜，张毅，涂勇，袁明山，秦辉，张强，万克江，李继辉，鄢竞哲，朱永生
2014—2015	科学研究成果奖	三等奖	中国小麦种植生态区划研究与应用	中国农业科学院作物科学研究所	赵广才，常旭虹，杨玉双，王德梅，张保东，曲召令，郑义，崔彦生，刘月洁，王艳菊
2014—2015	科学研究成果奖	三等奖	旱地春小麦西旱系列新品种的选育与推广应用	甘肃农业大学，通渭县农业技术推广中心	柴守玺，杨德龙，常磊，程宏波，黄彩霞，逄蕾，王凤山，包正育，何致强，马军民
2014—2015	科学研究成果奖	三等奖	内蒙古平原灌区玉米高产超高产高效栽培生理机制及技术研究与应用	内蒙古农业大学，通辽市农业技术推广站，赤峰市农业技术服务中心，巴彦淖尔市农牧业技术推广中心	高聚林，王志刚，孙继颖，于晓芳，苏治军，肖华，胡树平，刘景秀，谢岷，张永清
2014—2015	科学研究成果奖	三等奖	玉米新品种精准推广信息技术研究与示范	中国农业大学，北京金色农华种业科技股份有限公司，全国农业技术推广服务中心	张晓东，李绍明，朱德海，谭春平，刘哲，胡小军，苏伟，黄健熙，宁明宇，林勇
2014—2015	科学研究成果奖	三等奖	优质高产抗逆广适大豆新品种石豆1号和石豆4号的选育及应用	石家庄市农林科学研究院，中国科学院遗传与发育生物学研究所农业资源研究中心	田国英，王玉岭，李占军，金素娟，赵璇，王志国，牛宁，徐秋良，张丽玲，边晓晔

（续表）

年　份	奖　项	等　级	项目名称	主要完成单位	主要完成人
2014—2015	科学研究成果奖	三等奖	特异抗逆基因的发掘及在棉花遗传改良中的应用	新疆农业科学院经济作物研究所，新疆石河子大学生命科学学院	李雪源，祝建波，艾先涛，王俊铎，郑巨云，梁亚军，龚照龙，郭江平，郝秀英，孙国清
2014—2015	科学研究成果奖	三等奖	高产抗虫棉品种瑞杂816、银瑞361和鑫杂086的选育与应用	济南鑫瑞种业科技有限公司，山东省棉花生产技术指导站，中国农业科学院生物技术研究所	张晓霞，赵洪亮，孙国庆，于谦林，王宝峰，刘全营，孟志刚，徐勤青，赫明涛，杜中民
2014—2015	科学研究成果奖	三等奖	全国生猪遗传改良技术体系建立和应用	全国畜牧总站，中国农业大学，中国农业科学院北京畜牧兽医研究所，华中农业大学	郑友民，王志刚，丁向东，邱小田，张勤，王爱国，张金松，王立贤，倪德斌，关龙
2014—2015	科学研究成果奖	三等奖	奶牛非常规粗饲料资源营养优化与高效利用关键技术及应用	北京农学院，浙江大学，北京市奶业协会，北京市兽药监察所，河南农业大学	蒋林树，王佳堃，刘文奇，刘建新，刘克锋，刘钧，潘金豹，赵广永，高腾云，张永红
2014—2015	科学研究成果奖	三等奖	中卫山羊营养需要与舍饲适应性研究	宁夏中卫山羊选育场，宁夏大学	李文波，闫宏，刘占发，石绘陆，张振伟，王金保，黄惠玲，原秦英，俞春山，马虎
2014—2015	科学研究成果奖	三等奖	猪链球菌病流行病学调查和防治技术体系的建立与应用	山东省健牧生物药业有限公司，中国动物卫生与流行病学中心，山东省动物疫病预防与控制中心	陈静，王贵升，王楷宬，徐怀英，黄迪海，张喜悦，张慧，李玉杰，赵鹏，武军
2014—2015	科学研究成果奖	三等奖	中药提取物治疗仔猪黄白痢的试验研究	甘肃省畜牧兽医研究所，中国农业科学院兰州畜牧与兽药研究所，甘肃省动物疫病预防控制中心，甘肃省农业广播电视学校	郭慧琳，张保军，杨明，于轩，容维中，张登基，陈伯祥，朱新强，杨楠，常亮
2014—2015	科学研究成果奖	三等奖	国家兽药追溯系统的开发集成与应用	中国兽医药品监察所	刘业兵，徐肖君，李晓平，朱明文，冯忠泽，张积慧，郝毫刚，唐军，高艳春，高录军
2014—2015	科学研究成果奖	三等奖	重要动物疫病监测及诊疗信息化技术创新与应用	广东省农业科学院动物卫生研究所，广东省动物疫病预防控制中心，华南农业大学，佛山科学技术学院，广东村村通科技有限公司	陈琴苓，魏文康，卢受昇，白挨泉，樊惠英，钟小军，罗胜军，张建峰，翟少伦，孙彦伟
2014—2015	科学研究成果奖	三等奖	石斑鱼种业创新与产业化工程建设	福建省水产研究所，厦门大学，福建省淡水水产研究所	黄种持，王涵生，方琼珊，郑乐云，林克冰，蔡良候，丁少雄，林建斌，钟建兴，苏展
2014—2015	科学研究成果奖	三等奖	建设项目对水产种质资源保护区影响评估研究与示范	中国水产科学研究院黄海水产研究所，中国水产科学研究院	曲克明，陈碧鹃，崔正国，夏斌，李应仁，崔毅，赵俊，陈聚法，张艳，乔向英

（续表）

年　份	奖　项	等　级	项目名称	主要完成单位	主要完成人
2014—2015	科学研究成果奖	三等奖	机插水稻壮秧培育技术创新集成与应用	淮安市农业技术推广中心，江苏徐淮地区淮阴农业科学研究所，淮安市农业科技实业总公司，淮安信息职业技术学院，淮安诚信肥业有限公司	章安康，庄春，陈川，王兴龙，孙春梅，钟平，张锦萍，邵文奇，纪力，方书亮
2014—2015	科学研究成果奖	三等奖	环塔里木盆地特色果树微灌技术应用	新疆农业大学，新疆农业科学院土壤肥料与农业节水研究所	马英杰，赵经华，洪明，柴仲平，孙宁川，马亮，陶洪飞，刘国宏，李磐，穆哈西
2014—2015	科学研究成果奖	三等奖	氦气介质下冷等离子体种子播前处理技术及装备	山东省种子有限责任公司，中国农业大学，常州中科常泰等离子体科技有限公司，山东农业工程学院	邵长勇，王德成，梁凤臣，邵汉良，尤泳，赵立静，唐欣，张丽丽，王光辉，李艳
2014—2015	科学研究成果奖	三等奖	土壤墒情监测关键技术研究与应用	北京农业智能装备技术研究中心，北京市农业技术推广站，全国农业技术推广服务中心，北京农业信息技术研究中心，三门峡市农业信息中心	郑文刚，杜森，赵灵芝，高祥照，张石锐，周继华，钟永红，吴文彪，吴勇，费玉杰
2014—2015	科学研究成果奖	三等奖	农田土壤水资源精细管理与高效利用关键传感技术与应用	中国农业大学，北京林业大学，北京联创思源测控技术有限公司	孙宇瑞，马道坤，林剑辉，程强，孟繁佳，蔡祥，曾庆猛，盛文溢，王聪颖，周海洋
2014—2015	科学研究成果奖	三等奖	多源数据集成、系列比例尺“数字土壤”构建与应用	浙江省农业科学院，浙江省农业技术推广中心，浙江大学，宁波市种植业管理总站，衢州市土肥与农村能源技术推广站	倪治华，吕晓男，任周桥，麻万诸，章明奎，单英杰，陈晓佳，邓勋飞，徐进，陈一定
2014—2015	科学研究成果奖	三等奖	大田作物农情监测物联网系统集成关键技术与应用服务平台	安徽农业大学，安徽朗坤物联网有限公司，中国科学院合肥物质科学研究院	李绍稳，徐珍玉，吴仲城，李刚，许高建，朱诚，张俊，张武，陶竹海，方进
2014—2015	科学研究成果奖	三等奖	小麦玉米一次性施肥技术与产品研制及应用	中国农业科学院农业资源与农业区划研究所，北京市农林科学院，四川好时吉化工有限公司，深圳市中肥兴农科技有限公司	逄焕成，衣文平，李玉义，肖强，周明贵，吴江，王婧，李华，周小薇，梁业森
2014—2015	科学研究成果奖	三等奖	华北典型农田土壤碳氮调控技术研究与应用	山东省农业科学院农业资源与环境研究所，山东沃地丰生物肥料有限公司，山东亿安生物工程有限公司	江丽华，谭德水，高新昊，徐钰，李虎申，魏建林，石璟，陈淑娟，高燕，李国生

（续表）

年　份	奖　项	等　级	项目名称	主要完成单位	主要完成人
2014—2015	科学研究成果奖	三等奖	滨海盐土盐分淡化与高效利用关键技术及应用	浙江省农业科学院，江苏省农业科学院，杭州锦海农业科技有限公司	傅庆林，丁能飞，张永春，郭彬，陈红金，刘琛，林义成，潘永苗，吴健平，应永庆
2014—2015	科学研究成果奖	三等奖	幼龄林果园地红壤退化生态修复关键技术研究与应用	中国农业科学院农业资源与农业区划研究所，中国科学院南京土壤研究所，湖南农业大学，福建省农业科学院土壤肥料研究所，江西省农业科学院土壤肥料与资源环境研究所	文石林，孙楠，王兴祥，张杨珠，戴传超，周卫军，张璐，罗涛，孙刚，申华平
2014—2015	科学研究成果奖	三等奖	四川坡耕地水土养分流失及防治技术研究与应用	四川省农业科学院土壤肥料研究所，四川省农学会，四川省农业科学院，成都市土壤肥料测试中心，雅安市农业科学研究所	林超文，朱永群，罗付香，刘俊豆，张建华，张庆玉，黄晶晶，阳路芳，刘海涛，李体芳
2014—2015	科学研究成果奖	三等奖	太湖流域农业面源污染治理关键技术与应用	江苏省农业环境监测与保护站，江苏花海种苗科技有限公司，沃邦（江苏）生态肥业有限公司，南京宏博环保实业有限公司，宜兴市金琪洋生物质环境治理有限公司	管永祥，梁永红，吴昊，马国胜，沈晓昆，王子臣，马爱军，陈瑾，何俊，秦伟
2014—2015	科学研究成果奖	三等奖	甘薯高花青素特异种质创制与新品种选育应用	山东省烟台市农业科学研究院，中国农业大学	辛国胜，刘庆昌，林祖军，韩俊杰，翟红，商丽丽，邱鹏飞，柳璇，何绍贞，杜清福
2014—2015	科学研究成果奖	三等奖	抗旱高产胡麻新品种选育及推广应用	甘肃省农业科学院作物研究所	赵利，赵玮，王利民，党照，李闻娟，叶春雷，王兴荣，张建平，党占海
2014—2015	科学研究成果奖	三等奖	瓜菜品种资源引进利用及新品种示范推广	湖北省农业科学院经济作物研究所，湖北蔬谷农业科技有限公司	吴金平，王运强，丁自立，王晴芳，符家平，聂启军，矫振彪，袁伟玲，汪红胜，贾秋蕊
2014—2015	科学研究成果奖	三等奖	燕白黄瓜新品种选育	重庆市农业科学院	张洪成，张谊模，蒋长春，钟建国，曾志红，张宗美，张泳明，郭军，刘晓波，王鹤冰
2014—2015	科学研究成果奖	三等奖	优质桃新品种选育及西北高旱桃区优质安全生产关键技术研究与应用	甘肃省农业科学院林果花卉研究所，秦安县果业管理局，靖远县农业技术推广中心，皋兰县林业技术推广站，兰州市七里河区林业局	王发林，陈建军，王鸿，徐保祥，王晨冰，顾淑琴，曾述春，沈建强，李玉珍，徐池明

（续表）

年 份	奖 项	等 级	项目名称	主要完成单位	主要完成人
2014—2015	科学研究成果奖	三等奖	早熟甜橙“渝早橙”的选育及高效种植技术集成与示范	重庆市农业科学院，忠县农业综合开发办公室，重庆市江津区农业委员会，长宁县农业局，开县果品技术推广站	漆巨容，吴纯清，刘正富，洪林，魏召新，谭平，武峥，张义刚，杨毅，周贤文
2014—2015	科学研究成果奖	三等奖	杨梅矮化优质栽培关键技术研究与应用	浙江省农业科学院，温岭市特产技术推广站，舟山市定海区农业技术推广中心站	戚行江，梁森苗，郑锡良，王涛，谢小波，邱立军，求盈盈，颜丽菊，张启，张泽煌
2014—2015	科学研究成果奖	三等奖	芹菜育种新技术研究及设施新品种选育与应用	天津科润农业科技股份有限公司	王武台，高国训，吴锋，刘惠静，王立宾，张国华，何伟，郑华森，郎朗，王洲
2014—2015	科学研究成果奖	三等奖	特色水生蔬菜新型实用栽培技术研究与应用	金华水生蔬菜产业科技创新服务中心，金华市农业科学研究院，浙江大学，义乌市种植业管理总站，开化百分百农业有限公司	郑寨生，郭得平，张尚法，王凌云，徐应英，陈可可，何洪法，陈海荣，杨新琴，张雷
2014—2015	科学研究成果奖	三等奖	松花菜小孢子培养高效育种技术创建及其应用	浙江省农业科学院，温州科技职业学院	顾宏辉，赵振卿，杨加付，盛小光，虞慧芳，王建升，邹宜静，徐少波，杨清华，许映君
2014—2015	科学研究成果奖	三等奖	黑木耳优质生产技术集成创新与产业化示范	黑龙江省经济作物技术指导站，黑龙江省科学院微生物研究所，黑龙江省绿色食品发展中心	陶可全，张介驰，于杰，李旭，马云桥，张丕奇，李莉，戴肖东，潘绍英，姜宇博
2014—2015	科学研究成果奖	三等奖	食用菌循环生产模式研究和技术集成推广	浙江省农业技术推广中心，浙江省种植业管理局，浙江大学，浙江省农业科学院，杭州市农业科学研究院	陈青，何伯伟，陈再鸣，蔡为明，袁卫东，金群力，龚佩珍，吴邦仁，叶晓菊，李强
2014—2015	科学研究成果奖	三等奖	高产优质抗锈病咖啡品种选育及标准化生产技术集成与应用	中国热带农业科学院香料饮料研究所，云南省德宏热带农业科学研究所，云南省农业科学院热带亚热带经济作物研究所	张洪波，董云萍，闫林，李锦红，孙燕，王晓阳，程金焕，吕玉兰，白学慧，肖兵
2014—2015	科学研究成果奖	三等奖	草莓标准化安全生产集成技术应用推广	建德市农业技术推广中心，浙江省植物保护检疫局，绍兴市农业科学研究院，宁波市种植业管理总站	孔樟良，郑永利，戴余有，许燎原，童英富，王国荣，汪爱娟，毛杭军，姚莉英，干大木
2014—2015	科学研究成果奖	三等奖	以“全根苗技术”为核心的椰子种苗繁殖技术体系研究与推广利用	中国热带农业科学院椰子研究所	刘蕊，范海阔，张军，弓淑芳，黄丽云，曹红星，赵松林，唐龙祥，刘立云，孙程旭

（续表）

年　份	奖　项	等　级	项目名称	主要完成单位	主要完成人
2014—2015	科学研究成果奖	三等奖	西北寒区旱区苜蓿适宜品种选育及生产关键技术研究与示范	甘肃农业大学，甘肃杨柳青牧草饲料开发有限公司，夏河永杰草畜有限责任公司，定西市畜牧兽医局种草饲料站	师尚礼，曹文侠，胡桂馨，曹致中，贺春贵，李锦华，李剑峰，祁娟，李玉珠，南丽丽
2014—2015	科学研究成果奖	三等奖	甘肃河西走廊荒漠区日光温室蔬菜栽培技术研究集成与示范	张掖市经济作物技术推广站，河西学院，临泽县农业技术推广中心，肃州区蔬菜技术服务中心，高台县经济作物技术推广站	张文斌，王勤礼，张东昱，夏叶，许耀照，王鼎国，丁明元，李成春，姚敏霞，徐昀通
2014—2015	科学研究成果奖	三等奖	果蔬冷链流通共性核心技术创新及推广	国家农产品保鲜工程技术研究中心（天津），天津商业大学，礼泉县化工有限实业公司，天津新技术产业园区大远东制冷设备工程技术有限公司	陈绍慧，张平，鲁晓翔，李丽秀，李江阔，张要武，梁科权，孙学良，王世军，朱志强
2014—2015	科学研究成果奖	三等奖	北方温室观光采摘型南方果树关键栽培技术	北京市农业技术推广站，中国热带农业科学院南亚热带作物研究所，北京市植物保护站，北京农业职业学院	王俊英，刘永霞，谢江辉，王克武，周春江，许永新，雷新涛，宗静，侯福强，张猛
2014—2015	科学研究成果奖	三等奖	生物快速凝固天然鲜胶乳新技术的开发与应用	中国热带农业科学院农产品加工研究所	张北龙，刘培铭，丁丽，陆衡湘，邓维用，黄红海，彭政
2014—2015	科学研究成果奖	三等奖	我国粳稻区黑条矮缩病暴发成因与防控关键技术	江苏省农业科学院，全国农业技术推广服务中心，浙江大学，江苏省农作物病虫测报站	程兆榜，周雪平，刘万才，田子华，周彤，吴建祥，姜军，任春梅，兰莹，孙雪梅
2014—2015	科学研究成果奖	三等奖	玉米粗缩病发生规律及综合防控技术研究与应用	济宁市农业科学研究院，济宁市植物保护工作站，河北省农林科学院植物保护研究所，山东农业大学	孔晓民，韩成卫，胡英华，石洁，刘保申，曾苏明，吴秋平，蒋飞，宋春林，王守义
2014—2015	科学研究成果奖	三等奖	烟草病毒病有效防控技术构建与应用	中国农业科学院烟草研究所，河南省农业科学院烟草研究所，山东省植物保护总站，河南省植物保护植物检疫站，中国烟草总公司山东省公司	王凤龙，李淑君，杨金广，王海涛，李春广，肖云丽，宋国华，陈德鑫，蔡聪，尹东升
2014—2015	科学研究成果奖	三等奖	烟草叶部病害系统控制的关键技术研究与应用	西南大学，中国烟草总公司重庆市公司奉节分公司，广西中烟工业有限责任公司	丁伟，肖鹏，王学杰，韦建玉，罗建钦，李承荣，张钦松，李常军，李栋梁，王飞

（续表）

年　份	奖　项	等　级	项目名称	主要完成单位	主要完成人
2014—2015	科学研究成果奖	三等奖	甘蔗螟虫绿色防控技术集成与推广	广州甘蔗糖业研究所，广东省丰收糖业发展有限公司，扶绥县糖业发展局，广东省翁源县茂源糖业有限公司，广东省广前糖业发展有限公司	管楚雄，许汉亮，林明江，黄志武，安玉兴，何宏胜，郭庆泽，涂新财，余龙，刘胜利
2014—2015	科学研究成果奖	三等奖	陕西猕猴桃溃疡病综合防控技术研究、示范与推广	陕西眉县农业技术推广服务中心	郝来成，朱岁层，赵辉，严福祥，邵海婷，韩养贤，杜建平，李剑，刘宁娟，李建明
2014—2015	科学研究成果奖	三等奖	印楝的生物农药开发及其资源高效利用技术研究与示范	中国农业大学，农业部农药检定所，成都绿金生物科技有限责任公司	吴学民，李富根，丁城峰，张宏军，黄耿，刘宝会，刘艳，宗伏霖，徐妍，穆兰
2014—2015	优秀创新团队成果奖	—	水稻生产机械化关键技术与装备创新团队	华南农业大学	罗锡文，李长友，王在满，曾山，胡炼，臧英，周志艳，张智刚，杨洲，洪添胜，唐湘如，蒋恩臣，肖德琴，李志伟，赵祚喜，李庆，可欣荣，杨文武，宋淑然，班华
2014—2015	优秀创新团队成果奖	—	食品添加剂绿色生产技术研究创新团队	北京工商大学	孙宝国，李秀婷，曹雁平，宋焕禄，徐宝财，王成涛，郑福平，王静，杨贞耐，张敏，田红玉，谢建春，陈存社，刘玉平，陈海涛，韩富，辛秀兰，廖永红，黄明泉，王凤寰
2014—2015	优秀创新团队成果奖	—	作物分子育种技术创新团队	中国农业科学院生物技术研究所	郭三堆，张锐，孙国清，王远，孟志刚，周焘，吴燕民，程红梅，刘德虎，郭惠明，李刚强，王楠，唐益雄，张永强，李为民，张超，周美亮
2014—2015	优秀创新团队成果奖	—	小麦育种科研创新团队	河南科技学院	茹振钢，胡铁柱，牛立元，李淦，冯素伟，董娜，李小军，姜小苓，陈向东，丁位华，胡喜贵，王玉泉，吴晓军
2014—2015	优秀创新团队成果奖	—	热带亚热带玉米遗传育种创新团队	云南省农业科学院粮食作物研究所	番兴明，陈洪梅，刘丽，黄云霄，汪燕芬，张玉东，张培高，徐春霞，罗黎明，姚文华，Daniel P. Jeffers，于丽娟，田俊明，陈秀华，毕亚琪
2014—2015	优秀创新团队成果奖	—	野生棉研究创新团队	中国农业科学院棉花研究所	王坤波，杜雄明，彭仁海，刘方，周忠丽，王星星，武芝侠，蔡小彦，龚文芳
2014—2015	优秀创新团队成果奖	—	棉花耕作栽培与生理生态创新团队	山东棉花研究中心	董合忠，李维江，辛承松，孔祥强，代建龙，罗振，卢合全，唐薇，张冬梅，李振怀，陈雪梅，张晓洁，李霞，赵鸣，马惠，王红艳，陈莹，徐士振

（续表）

年 份	奖 项	等 级	项目名称	主要完成单位	主要完成人
2014—2015	优秀创新团队成果奖	—	粮油加工与综合利用创新团队	中国农业科学院农产品加工研究所	王强，魏益民，周素梅，刘红芝，钟葵，张波，刘丽，石爱民，胡晖，段玉权，佟立涛，刘丽娅，张影全，周闲容，林伟静，王丽，李宁，朱捷，詹斌，刘兴训
2014—2015	优秀创新团队成果奖	—	猪繁殖与呼吸综合征防控创新团队	中国农业科学院哈尔滨兽医研究所，中国农业科学院上海兽医研究所	蔡雪辉，童光志，刘永刚，田志军，周艳君，王洪峰，柴文君，安同庆，彭金美，涂亚斌，王刚，翁长江，王靖飞，何希君，姜成刚，王淑杰，孙明霞，李江南，黄丽
2014—2015	优秀创新团队成果奖	—	猪基因工程与种质创新团队	中国农业科学院北京畜牧兽医研究所	李奎，冯书堂，唐中林，苗向阳，王彦芳，敖红，杨述林，潘登科，牟玉莲，崔文涛，周荣，刘志国，高红梅，吴添文，樊俊华，马磊，白立景，侯欣华，阮进学，刘岚
2014—2015	优秀创新团队成果奖	—	奶牛营养与饲料科学创新团队	中国农业大学，北京中地种畜股份有限公司，北京首农畜牧发展有限公司，现代牧业（集团）有限公司，河南牧业经济学院，旗帜婴儿乳品股份有限公司	李胜利，张晓明，曹志军，杨红建，王雅晶，杨敦启，都文，姚琨，夏建民，宋乃社，李锡智，韩春林，杨建平，董永，翟瑞娜，张龙凤，刘凯，刘潇，杜云，康道桐
2014—2015	优秀创新团队成果奖	—	肉牛奶牛遗传改良与种质创新团队	西北农林科技大学，杨凌职业技术学院，陕西师范大学	昝林森，李青旺，刘小林，呼天明，胡建宏，辛亚平，田万强，王洪宝，赵春平，成功，刘永峰，李安宁，杨武才，孙秀柱，江中良，贾存灵，王淑辉，王兴平，张莺莺，王洪程
2014—2015	优秀创新团队成果奖	—	优质肉鸡遗传育种创新团队	广东省农业科学院动物科学研究所	舒鼎铭，瞿浩，郭福有，王劼，罗成龙，王艳，马杰，杨纯芬，徐斌，李重生，张厂，黄爱珍，陈鹏，刘天飞，李莹，计坚，严霞，邹娴
2014—2015	优秀创新团队成果奖	—	热带牧草资源与育种创新团队	中国热带农业科学院热带作物品种资源研究所	刘国道，白昌军，王文强，郇恒福，黄春琼，虞道耿，唐军，黄冬芬，杨虎彪，丁西朋，严琳玲，张瑜，董荣书，林照伟
2014—2015	优秀创新团队成果奖	—	海水鱼类种质资源与生物技术创新团队	中国水产科学研究院黄海水产研究所	陈松林，沙珍霞，田永胜，王娜，邵长伟，邓寒，徐文腾，贾晓东，李仰真，李希红，莫苏东
2014—2015	优秀创新团队成果奖	—	桃种质资源与遗传育种创新团队	中国农业科学院郑州果树研究所	王力荣，王志强，曹珂，朱更瑞，牛良，方伟超，陈昌文，鲁振华，崔国朝，王新卫，曾文芳
2014—2015	优秀创新团队成果奖	—	作物化学调控创新团队	中国农业大学	李召虎，段留生，田晓莉，王保民，董学会，张明才，谭伟明，杜明伟，何钟佩，李建民，翟志席，袁红莉，李学锋，张建军，陈文峰，张立祯，逄森，姜峰

（续表）

年　份	奖　项	等　级	项目名称	主要完成单位	主要完成人
2014—2015	优秀创新团队成果奖	—	植物病原菌与杀菌剂互作及病害防控技术创新团队	中国农业大学	刘西莉，覃兆海，周立刚，曹永松，李健强，刘鹏飞，马占鸿，肖玉梅，凌云，张国珍，张力群，董燕红，王海光，罗来鑫，侯玉霞，张莉，张世和，段红霞，徐彦军，赖道万
2014—2015	优秀创新团队成果奖	—	设施植物环境工程创新团队	中国农业科学院农业环境与可持续发展研究所	杨其长，孙忠富，刘文科，宋吉青，魏灵玲，程瑞锋，张义，仝宇欣，杜克明，方慧，白文波，郑飞翔，李琨，肖平，魏强，雷波
2014—2015	优秀创新团队成果奖	—	农牧交错区旱作农田可持续耕作技术创新团队	内蒙古农牧业科学院，内蒙古大学，呼和浩特市得利新农机制造有限公司	路战远，程玉臣，张德健，张建中，张向前，王玉芬，程国彦，智颖飙，白海，咸丰，张荷亮，杨彬，孙鸿举，田玉华，李艳艳，李娟
2014—2015	优秀创新团队成果奖	—	功能乳品与益生菌创新团队	中国农业大学	任发政，郭慧媛，冷小京，毛学英，韩北忠，赵广华，李平兰，赵亮，张昊，陈尚武，罗永康，郑丽敏，郝彦玲，许文涛，崔建云，葛克山，侯彩云，李博，景浩，陈晶瑜
2014—2015	优秀创新团队成果奖	—	油料品质化学与营养创新团队	中国农业科学院油料作物研究所	黄凤洪，陈洪，江木兰，黄庆德，李文林，邓乾春，杨湄，万霞，郑明明，钮琰星，魏芳，许继取，龚阳敏，胡传炯，郭萍梅，刘昌盛，万楚筠，董绪燕，郭勉，时杰
2014—2015	优秀创新团队成果奖	—	农村信息服务技术与装备研究创新团队	中国农业大学	高万林，陈瑛，冀荣华，王建仑，郑立华，刘云玲，安冬，陈昕，张彦娥，张荣群，肖宁，李丽，彭波，张莉，杨颖，石庆兰，徐云，董乔雪，杨丽丽，李想
2014—2015	优秀创新团队成果奖	—	有机肥与土壤微生物创新团队	南京农业大学	沈其荣，徐阳春，张瑞福，邹建文，杨兴明，黄启为，冉炜，郭世伟，余光辉，沈标，李荣，Raza W.，刘东阳，凌宁，韦中，张楠，王敏，陈巍，梅新兰，瞿红叶
2014—2015	优秀创新团队成果奖	—	根茎类作物生产装备研发创新团队	青岛农业大学，中机美诺科技股份有限公司，山东五征集团有限公司，河南豪丰机械制造有限公司	尚书旗，王东伟，王延耀，连政国，杨然兵，王家胜，于艳，蒋金琳，龚丽农，赵丽清，李建东，王方艳，林悦香，殷元元，李瑞川，胡彩旗，杨德秋，刘少林，王至秋
2014—2015	科普成果奖	—	《躲不开的食品添加剂——院士、教授告诉你食品添加剂背后的那些事》	北京工商大学，化学工业出版社，浙江大学，中国海洋大学，福州大学，中国农业大学，浙江万里学院	孙宝国，曹雁平，赵玉清，叶兴乾，汪东风，叶秀云，王静，景浩，戚向阳，傅红

（续表）

年　份	奖　项	等　级	项目名称	主要完成单位	主要完成人
2014—2015	科普成果奖	—	现代农业科普系列视频	中国农业大学	高万林，胡金有，王建仑，何计国，张晴，张漫，王庆，于丽娜，张港红，陶莎，王文信，肖宁，孙小燕，王一，李俐，吕春利，孙娜，李桢，阚道宏，胡慧，陶红燕
2014—2015	科普成果奖	—	南方农区畜牧业实用技术丛书	中国热带农业科学院热带作物品种资源研究所	刘国道，白昌军，王文强，刘永花，周汉林，王东劲，虞道耿，唐军，侯冠彧，孙卫平，荣光，管松，徐铁山，郇恒福，黄春琼
2014—2015	科普成果奖	—	《畜禽标准化养殖技术图册》系列丛书	全国畜牧总站	何新天，刘长春，杨军香，陈瑶生，李胜利，曹兵海，杨宁，逯岩，魏彩虹，闫庆健，黄萌萌，李蕾蕾，刘小红，曹志军，王之盛，黄仁录，曹顶国，杜立新，杨汉春，曲鲁江
2014—2015	科普成果奖	—	渔业科技入户主推品种和主推技术	全国水产技术推广总站，湖北省水产技术推广中心，山东省渔业技术推广站，浙江省水产技术推广总站，江苏省渔业技术推广中心，福建省水产技术推广总站，广东省水产技术推广总站，河南省水产技术推广站，四川省水产技术推广站	魏宝振，高勇，钱银龙，陈学洲，李苗，倪伟锋，马达文，李鲁晶，王飞，樊宝洪，游宇，魏震，何丰，蔡云川，陈焕根，景福涛，丁仁祥，钟金香，薛辉利，刘燕飞
2014—2015	科普成果奖	—	《秸秆（根茬）粉碎还田机使用、维护与选购指南》	农业部农业机械试验鉴定总站，河北神耕机械有限公司，河北双天机械制造有限公司	朱良，兰心敏，李民，孙丽娟，杜金，张晓晨，刘圣伟，卢占喜，石文海，陈兴和
2014—2015	科普成果奖	—	《农药安全使用知识》	农业部农药检定所，黑龙江省农药管理检定站，山西省农药检定所	张宏军，张文君，陶传江，嵇莉莉，陶岭梅，朱春雨，李敏，李贤宾，段丽芳，丁东，穆兰，宗伏霖，贠和平，金焕贵，魏启文
2014—2015	科普成果奖	—	《常见蔬菜病虫害防治技术》	中央农业广播电视学校，农业教育声像出版社	刘天金，郭智奇，袁平，陈永民，陈艳红，郑建英，秦宁
2014—2015	科普成果奖	—	农民增收工程植保技术丛书	陕西省植物保护工作总站	严勇敢，张战利，周靖华，卫军锋，杨桦，雷虹，王亚红，文耀东，刘俊生，冯小军，吴金亮，王周平，郭海鹏，王雅丽，梁春玲，郭萍，李兰，王渊，谢飞舟
2014—2015	科普成果奖	—	新疆设施农业生产技术丛书及系列光盘	新疆农业科学院	王浩，崔元玗，王晓冬，张升，王继勋，翟文强，魏鹏，高纯玲，刘光宏，孙祁娟，孙晓军，马彩雯，杨华，潘明启，马艳明，刘娟，肖林刚，冯炯鑫，郝庆，李俊华

附录 B

2008—2014 年各省区市科学技术奖农业科技奖励获奖成果名录

附表 B-1　2008—2014 年北京市农业科技获奖成果

年　份	奖　项	等　级	项目名称	主要完成单位
2008	科学技术奖	一等奖	中国农作物种质资源技术规范研制与应用	中国农业科学院作物科学研究所，中国农业科学院茶叶研究所，中国农业科学院蔬菜花卉研究所，北京市农林科学院蔬菜研究中心，中国农业科学院草原研究所，中国农业科学院油料作物研究所，中国农业科学院麻类研究所，中国农业科学院果树研究所，中国农业科学院郑州果树研究所，武汉市蔬菜科学研究所
2008	科学技术奖	二等奖	都市型设施园艺栽培模式创新与配套装备研究	中国农业科学院农业环境与可持续发展研究所，北京市农林科学院，中国农业大学，浙江省丽水市农业科学研究所，北京市农业技术推广站
2008	科学技术奖	二等奖	房山区数字林业平台关键技术与实用效果	北京市房山区林业局，北京农业信息技术研究中心
2008	科学技术奖	二等奖	智能决策精量灌溉施肥系统研发与应用	中国农业大学，中农先飞（北京）农业工程技术有限公司
2008	科学技术奖	二等奖	家禽视觉回路的形成及单色光对鸡生产性状表达和免疫功能的影响	中国农业大学
2008	科学技术奖	三等奖	北京湿地监测技术方法与生物多样性研究	首都师范大学，北京市野生动物保护自然保护区管理站
2008	科学技术奖	三等奖	节水灌溉控制与远程监测关键技术研究与示范	北京农业信息技术研究中心，北京派得伟业信息技术有限公司
2008	科学技术奖	三等奖	数字化农业	中国农业大学，中央农业广播电视学校
2008	科学技术奖	三等奖	国家级农情遥感监测信息服务系统研究与开发	中国农业科学院农业资源与农业区划研究所，中国科学院遥感应用研究所，中国农业大学
2008	科学技术奖	三等奖	粮食与食物安全早期预警系统研究	中国农业科学院农业信息研究所，中国人民大学环境学院，中国科学院农业政策研究中心，农业部信息中心，中国农业科学院农业经济与发展研究所
2008	科学技术奖	三等奖	饲料及畜产品中重要违禁/限量药物检测的关键技术与产品研发	中国农业科学院农业质量标准与检测技术研究所，山东省饲料质量检验所，上海市兽药饲料检测所，辽宁省兽药饲料监察所，杭州迪恩科技有限公司，四川省饲料工作总站
2008	科学技术奖	三等奖	中国北方草地监测管理数字技术平台研究与示范	中国农业科学院农业资源与农业区划研究所，甘肃省草原生态研究所
2008	科学技术奖	三等奖	奶牛合成优质活性蛋白的机理及其应用技术研究	中国农业科学院北京畜牧兽医研究所
2008	科学技术奖	三等奖	草地螟越冬迁飞规律及测报防治技术的研究与应用	中国农业科学院植物保护研究所，全国农业技术推广服务中心，吉林省农业科学院，北京市农林科学院
2008	科学技术奖	三等奖	北京市生物多样性保护研究	北京林业大学，北京市园林科学研究所
2008	科学技术奖	三等奖	手性农药分离分析及环境行为	中国农业大学
2008	科学技术奖	三等奖	人 α-乳清白蛋白转基因奶牛的生产和应用	中国农业大学，北京济普霖生物技术有限公司
2008	科学技术奖	三等奖	早熟高产、多抗、优质玉米杂交种京玉 7 号、京玉 11 号选育与推广	北京市农林科学院玉米研究中心，北京金色农华种业科技有限公司

（续表）

年　份	奖　项	等　级	项目名称	主要完成单位
2008	科学技术奖	三等奖	主要落叶果树种质资源收集、保存、评价与创新	北京市农林科学院林业果树研究所
2008	科学技术奖	三等奖	鸽等动物禽流感流行病学与免疫防治的研究	北京市农林科学院畜牧兽医研究所，北京市畜牧兽医总站，中国农业大学
2008	科学技术奖	三等奖	北京山区土地利用变化规律及持续利用模式研究	中国农业大学，北京市国土资源局
2008	科学技术奖	三等奖	WTO 框架下我国国内农业支持水平与结构优化研究	中国农业大学
2009	科学技术奖	一等奖	禽畜鹦鹉热衣原体基因工程亚单位疫苗和检测技术的研究	中国人民解放军军事医学科学院微生物流行病研究所，北京市兽医生物药品厂
2009	科学技术奖	一等奖	植物杀螨活性物质的研究与示范	北京农学院，山西农科院果树所，北京市园林绿化局，北京市林业保护站，内蒙古永业生物技术有限责任公司，山东农业大学，北京市平谷区果品办，新疆天海绿洲农业科技有限公司
2009	科学技术奖	二等奖	微生物高效生物降解微囊藻毒素研究	北京科技大学，中国科学院生态环境研究中心
2009	科学技术奖	二等奖	基于 MODIS 的中国草原植被遥感监测关键技术研究与应用	中国农业科学院农业资源与农业区划研究所，农业部草原监理中心，中国科学院地理科学与资源研究所，南京大学
2009	科学技术奖	二等奖	农业管理决策支持系统	北京市农业局信息中心，北京林业大学，北京地拓科技发展有限公司
2009	科学技术奖	二等奖	北京市再生水灌溉利用示范研究	北京市水利科学研究所，中国科学院生态环境研究中心，中国科学院地理科学与资源研究所，中国农业大学，北京市农林科学院，北京市大兴区水务局，北京市通州区水务局
2009	科学技术奖	二等奖	大型养鸡场循环经济关键技术集成与产业化示范	北京德青源农业科技股份有限公司，中国农业大学，杭州能源环境工程有限公司，中国农业科学院农业资源与农业区划研究所
2009	科学技术奖	二等奖	北京山区生态公益林高效经营关键技术与示范	北京林业大学，北京市园林绿化局
2009	科学技术奖	二等奖	泛环渤海地区地下水硝酸盐时空变异研究及脆弱性评价	北京市农林科学院植物营养与资源研究所，河北省农林科学院农业资源环境研究所，天津市农业资源与环境研究所，山东省农业科学院土壤肥料研究所，辽宁省农业科学院，河南省农业科学院
2009	科学技术奖	二等奖	A 型流感研究及防控技术	中国检验检疫科学研究院，中国人民解放军军事医学科学院微生物流行病研究所
2009	科学技术奖	三等奖	北京市农村建筑节能关键技术研究和示范	清华大学，北京市可持续发展促进会
2009	科学技术奖	三等奖	农村地区环境卫生标准及规范研究	北京市海淀区环境卫生科学研究所，北京城市管理科技协会
2009	科学技术奖	三等奖	通州区全生物无电力农村污水处理技术示范应用	通州区水务局，北京绿色家园环境保护技术工程研究所，北京市通州区生产力促进中心
2009	科学技术奖	三等奖	华北地区污染处理湿地与湿地生境构建技术	中国林业科学研究院林业研究所，北京市园林绿化局

（续表）

年　份	奖　项	等　级	项目名称	主要完成单位
2009	科学技术奖	三等奖	新型农村合作医疗计算机管理技术研究及推广应用	中国卫生经济学会，卫生部卫生经济研究所
2009	科学技术奖	三等奖	生态农业标准体系及重要技术标准研究	中国农业科学院农业资源与农业区划研究所，辽宁省农村能源办公室，四川省农村能源办公室，浙江省农村能源办公室，河北省新能源办公室
2009	科学技术奖	三等奖	土面液膜覆盖保墒技术	中国农业科学院农业资源与农业区划研究所，北京城市系统工程研究中心（首都山区新农村发展研究中心）
2009	科学技术奖	三等奖	紫茎泽兰综合治理技术研究与示范	中国农业科学院植物保护研究所，北京师范大学，昆明科宝饲料科技有限公司，北京清源保生物科技有限公司
2009	科学技术奖	三等奖	食用菌品种多相鉴定鉴别技术体系	中国农业科学院农业资源与农业区划研究所
2009	科学技术奖	三等奖	奶牛优质饲草生产技术研究与示范	中国农业科学院草原研究所，甘肃农业大学，中国农业大学，中国农业科学院北京畜牧兽医研究所，内蒙古农业大学，中国农业科学院饲料研究所
2009	科学技术奖	三等奖	矫正推荐施肥技术	中国农业科学院农业资源与农业区划研究所，上海市农业科学院，北京市农林科学院，云南省农业科学院，河南省农业科学院
2009	科学技术奖	三等奖	玉米雨养旱作节水技术研究与示范推广	北京市农业技术推广站，北京市农林科学院玉米研究中心，北京市气候中心，北京市通州区农业技术推广站，北京市昌平区农业技术推广站，北京市顺义区种植业服务中心
2009	科学技术奖	三等奖	膜技术的研究及其在乳制品加工中的产业化应用	北京三元食品股份有限公司
2009	科学技术奖	三等奖	北京地区稻谷绿色储藏技术研究及推广应用	北京市粮食局，北京市粮油食品检验所，北京市通州区粮油贸易公司，北京市房山窦店粮食收储库，北京宝益粮油储备库，北京市延庆粮油总公司
2009	科学技术奖	三等奖	牡丹新品种选育与产业化开发	北京林业大学，北京植物园，洛阳国家牡丹园（洛阳市中心苗圃），北京世纪牡丹园艺科技开发有限公司，甘肃武阳奥凯牡丹园艺开发有限公司，洛阳市土桥花木种苗公司
2009	科学技术奖	三等奖	腐乳生产关键技术研究及其应用	中国农业大学，北京王致和食品集团有限公司，北京市食品酿造研究所
2009	科学技术奖	三等奖	食品质量安全检测方法与可追溯体系建设	中国农业大学，北京信息科技大学，上海出入境检验检疫局，北京市质量技术监督信息研究所，深圳市计量质量检测研究院，北京海雷信息技术有限公司
2009	科学技术奖	三等奖	有机牛奶关键技术研究与产业化开发	中国农业大学，延庆县科学技术委员会，延庆县动物卫生监督管理局，北京归原生态农业发展有限公司
2009	科学技术奖	三等奖	经济林抗旱栽培关键技术研究与应用	北京农学院，北京林业大学，北京市园林绿化局
2009	科学技术奖	三等奖	大豆膨化提高 PUFA 转化为 CLA 的作用机理研究及产业化开发	北京农学院，北京市奶业协会，北京三元绿荷奶牛养殖中心

（续表）

年　份	奖　项	等　级	项目名称	主要完成单位
2009	科学技术奖	三等奖	优质锦鲤繁育及养殖关键技术研究与应用	北京市水产科学研究所
2009	科学技术奖	三等奖	果树优质综合农艺节水技术体系研究	北京市农林科学院林业果树研究所，北京市园林绿化局，北京农学院
2009	科学技术奖	三等奖	奥运蔬菜安全供应保障体系技术研究与应用	北京市农林科学院蔬菜研究中心，北京市农业局，北京首都农业集团有限公司，北京二商集团有限责任公司
2009	科学技术奖	三等奖	重大动物疫病实时荧光 *PCR* 检测试剂盒研究与应用	北京市检验检疫科学技术研究院，深圳匹基生物工程有限公司，中国兽医药品监察所
2009	科学技术奖	三等奖	新型纳米材料在动植物病毒检测中的开发和应用研究	北京出入境检验检疫局，北京金纳信生物科技有限公司
2009	科学技术奖	三等奖	疯牛病防御策略及特殊风险物质检测技术的研究	北京市检验检疫科学技术研究院
2009	科学技术奖	三等奖	农村生活垃圾源头分类、资源化利用模式研究	北京市农村经济研究中心
2009	科学技术奖	三等奖	医疗救助与新农合衔接问题研究	卫生部卫生经济研究所
2010	科学技术奖	一等奖	禽流感病毒 *RNA* 聚合酶 *PA* 亚基的结构生物学研究	中国科学院生物物理研究所，清华大学，南开大学
2010	科学技术奖	一等奖	北京鸭种质资源创新与应用	中国农业科学院，北京畜牧兽医研究所，北京金星鸭业中心
2010	科学技术奖	一等奖	广适应高产优质大豆新品种中黄13的选育与应用	中国农业科学院作物科学研究所
2010	科学技术奖	一等奖	首都农林绿地系统综合节水技术示范研究	北京市水利科学研究所，北京农业信息技术研究中心，中国农业大学，北京市农林科学院，中国水利水电科学研究院，北京市公园管理中心，北京林业大学，中国科学院地理科学与资源研究所，北京市园林科学研究所，北京市通州区水务局
2010	科学技术奖	一等奖	京津风沙源区生态林修复关键技术的研究与示范	北京农学院，中国林业科学研究院林业研究所，北京林业大学，北京市园林绿化局防沙治沙办公室，北京市大兴区林业工作站，北京北农科技有限公司
2010	科学技术奖	一等奖	大流行流感疫苗、诊断试剂评价关键技术平台体系的建立和应用	中国药品生物制品检定所，国家食品药品监督管理局药品审评中心，北京科兴生物制品有限公司，北京天坛生物制品股份有限公司
2010	科学技术奖	二等奖	设施蔬菜根结线虫病综合治理技术研究与应用	北京市植物保护站，中国农业大学，北京市农林科学院蔬菜研究中心，中国农业科学院植物保护研究所，北京市大兴现代农业技术创新服务中心，北京市通州区植物保护站，北京市大兴区植保植检站，密云县植保植检站，北京市顺义区植保植检站，北京市房山区植物保护站
2010	科学技术奖	二等奖	蛋鸡新配套系（新品种）选育及产业化技术研究与应用	北京市华都峪口禽业有限责任公司，北京华都集团有限责任公司
2010	科学技术奖	二等奖	中国荷斯坦牛分子育种关键技术研究与应用	中国农业大学，北京奶牛中心，中国农业科学院北京畜牧兽医研究所，中国奶业协会

（续表）

年　份	奖　项	等　级	项目名称	主要完成单位
2010	科学技术奖	二等奖	观赏草新品种选育与开发应用	北京草业与环境研究发展中心，北京市公园管理中心，北京市花木公司
2010	科学技术奖	二等奖	京科糯 2000 等系列特色糯玉米品种选育与推广	北京市农林科学院玉米研究中心，北京农科院种业科技有限公司，北京农科玉育种开发有限责任公司
2010	科学技术奖	二等奖	设施农业生物环境数字化测控技术研究应用	北京农业信息技术研究中心，北京农业智能装备技术研究中心，北京派得伟业科技发展有限公司
2010	科学技术奖	二等奖	北京市都市型现代农业 221 信息平台研发与应用	北京农业信息技术研究中心，北京市农林科学院，北京市城乡经济信息中心，北京市大兴区农村工作委员会，北京市农业局信息中心，北京农业智能装备技术研究中心，北京农产品质量检测与农田环境监测技术研究中心
2010	科学技术奖	三等奖	城市典型退化湿地功能恢复技术体系	中国林业科学研究院林业新技术研究所，北京市园林绿化局
2010	科学技术奖	三等奖	农村固体废弃物处理成果推广应用技术	轻工业环境保护研究所
2010	科学技术奖	三等奖	北京农村管理信息化建设	北京市农村合作经济经营管理站
2010	科学技术奖	三等奖	桃树长枝修剪技术的生物学基础研究与应用推广	中国科学院植物研究所，中国科学院武汉植物园，中国农业大学，北京市平谷区人民政府果品办公室，北京市园林绿化局，青岛农业大学
2010	科学技术奖	三等奖	中苜 3 号苜蓿新品种选育及其推广应用	中国农业科学院北京畜牧兽医研究所，中国农业大学，北京农学院
2010	科学技术奖	三等奖	绿僵菌生物农药规模化生产技术	中国农业科学院植物保护研究所，全国畜牧总站
2010	科学技术奖	三等奖	京郊粮田机械化保护性耕作技术体系研究与应用	北京市农业局，中国农业大学，北京市农业技术推广站，北京市植物保护站，北京市农业机械试验鉴定推广站，北京市大兴区农机服务中心
2010	科学技术奖	三等奖	石榴皮精深加工成套技术的研究及工业应用	北京化工大学
2010	科学技术奖	三等奖	人工林自动整枝技术及设备	北京林业大学，石家庄经济技术开发区中博科技发展有限公司
2010	科学技术奖	三等奖	华北土石山区防护林体系建设关键技术研究	北京林业大学，北京市水源保护林试验工作站，北京市园林绿化国际合作项目管理办公室
2010	科学技术奖	三等奖	新型戊糖乳杆菌素的高效制备及其在低温食品中的防腐保鲜应用	中国农业大学，北京第五肉类联合加工厂，哈尔滨美华生物技术股份有限公司
2010	科学技术奖	三等奖	奶及奶制品中重要化合物残留快速检测技术及应用	中国农业大学，北京维德维康生物技术有限公司
2010	科学技术奖	三等奖	禽流感 H5 亚型血凝抑制试验抗原与阴、阳性血清的研究	北京市农林科学院畜牧兽医研究所
2010	科学技术奖	三等奖	进境有害生物检测关键技术研究	北京出入境检验检疫局检验检疫技术中心，中国检验检疫科学研究院，湖南出入境检验检疫局检验检疫技术中心，宁波检验检疫科学技术研究院，江苏出入境检验检疫局

（续表）

年 份	奖 项	等 级	项目名称	主要完成单位
2010	科学技术奖	三等奖	食品安全快速高通量检测与体外毒理新技术研究与应用	中国检验检疫科学研究院，中华人民共和国北京出入境检验检疫局，广东出入境检验检疫局检验检疫技术中心，上海交通大学，辽宁出入境检验检疫局检验检疫技术中心，山西出入境检验检疫局检验检疫技术中心
2011	科学技术奖	一等奖	沙漠硅砂生态透水与防水材料研制及城市与农村雨洪利用成套技术	北京仁创科技集团有限公司，中国人民解放军总后勤部建筑设计研究院
2011	科学技术奖	一等奖	中国中生代晚期昆虫与植物协同演化研究	首都师范大学，中国农业大学，中山大学
2011	科学技术奖	一等奖	中国—CIMMYT小麦合作育种研究与新品种培育	中国农业科学院作物科学研究所，四川省农业科学院作物研究所，河南省农业科学院，云南省农业科学院粮食作物研究所，新疆农业科学院核技术生物技术研究所，首都师范大学，宁夏农林科学院，甘肃省农业科学院小麦研究所，辽宁省农业科学院
2011	科学技术奖	一等奖	早期断奶犊牛生理营养与饲料配制关键技术研究与应用	中国农业科学院饲料研究所，北京精准动物营养研究中心
2011	科学技术奖	一等奖	中国二系杂交小麦技术体系创建	北京杂交小麦工程技术研究中心，绵阳市农业科学研究院，云南省农业科学院粮食作物研究所
2011	科学技术奖	二等奖	北京农村地区污水治理规划、技术及管理保障体系研究与科技示范	北京市水土保持工作总站总装备部工程设计研究总院，北京市水利科学研究所，北京碧水源科技股份有限公司，中国科学院生态环境研究中心，首都师范大学
2011	科学技术奖	二等奖	北京市新型农村合作医疗制度绩效及其健康持续发展因素研究	北京大学
2011	科学技术奖	二等奖	食品化学污染物限量标准和检测技术	中国疾病预防控制中心营养与食品安全所，中国科学院生态环境研究中心
2011	科学技术奖	二等奖	承载型竹基复合材料制造关键技术与装备开发应用	国家林业局，北京林业机械研究所，南京林业大学，湖南省林业科学院，镇江中福马机械有限公司，中国林业科学研究院木材工业研究所，湖南恒盾集团有限公司
2011	科学技术奖	二等奖	新一代动物专用大环内酯类抗生素酒石酸乙酰异戊酰泰乐菌素的开发	中牧实业股份有限公司
2011	科学技术奖	二等奖	新型乳制品加工关键技术研究与产业化应用	中国农业大学，天津科技大学，北京林业大学，北京三元食品股份有限公司，光明乳业股份有限公司，内蒙古伊利实业集团股份有限公司，蒙牛乳业（北京）有限责任公司
2011	科学技术奖	二等奖	中国玉米标准*DNA*指纹库构建及关键技术研究与应用	北京市农林科学院玉米研究中心，全国农业技术推广服务中心，中国农业大学
2011	科学技术奖	二等奖	优质多抗耐贮运秋播大白菜品种京秋3号的选育和推广	北京市农林科学院蔬菜研究中心，北京京研益农科技发展中心，北京市种子管理站
2011	科学技术奖	三等奖	北京市农田土壤环境质量监测评价与应用	北京市农业环境监测站，北京市房山区农业环境和生产监测站，北京市通州区农业技术推广站，北京市大兴区能源办公室，北京市昌平区土肥站

（续表）

年　份	奖　项	等　级	项目名称	主要完成单位
2011	科学技术奖	三等奖	生物物种基因资源查验技术研究	中国检验检疫科学研究院，山东出入境检验检疫局检验检疫技术中心，深圳出入境检验检疫局动植物检验检疫技术中心，中华人民共和国云南出入境检验检疫局，北京出入境检验检疫局检验检疫技术中心
2011	科学技术奖	三等奖	人工林精准经营与信息化管理关键技术	北京林业大学，广州南方测绘仪器有限公司，广东南方数码科技有限公司，北京市水源保护林试验工作站
2011	科学技术奖	三等奖	中国蜜蜂主要寄生螨种类鉴定及防治技术研究	中国农业科学院蜜蜂研究所
2011	科学技术奖	三等奖	农业信息智能服务关键技术创新与应用	中国农业科学院农业信息研究所，山东省农业科学院科技信息工程技术研究中心，广东省农业科学院科技情报研究所，全国农业技术推广服务中心，河北省农业信息中心
2011	科学技术奖	三等奖	设施蔬菜生态高值无土栽培关键技术研究与规模化示范	中国农业科学院蔬菜花卉研究所，北京市京圃园生物工程有限公司，河南农业大学，山东农业大学，肃州区蔬菜技术服务中心，宁夏中青农业科技有限公司
2011	科学技术奖	三等奖	恶性入侵杂草豚草的生物学与综合治理	中国农业科学院植物保护研究所，南京农业大学，北京市植物保护站，湖南省植物保护研究所
2011	科学技术奖	三等奖	现代农业养分综合利用与分区调控技术的研究与应用	北京市土肥工作站，中国农业大学，北京嘉博文生物科技有限公司，北京史坦纳生物动力农业有限责任公司，北京市房山区农业科学研究所，北京市通州区农业技术推广站
2011	科学技术奖	三等奖	植物工厂关键技术与装备的研发示范	北京市农业机械研究所，北京京鹏环球科技股份有限公司，北京工业大学
2011	科学技术奖	三等奖	生态灌区建设的支撑技术体系与综合模式研究及应用	中国农业大学，河海大学，北京市水利水电技术中心，中国水利水电科学研究院，巴彦淖尔市水利科学研究所
2011	科学技术奖	三等奖	北京市农村现代远程教育平台研发与应用	北京市农林科学院农业科技信息研究所
2011	科学技术奖	三等奖	食用菌优良品种选育与高效栽培技术研究应用	北京市农林科学院植物保护环境保护研究所，北京市房山区种植业服务中心，北京市房山区科学技术委员会，北京格瑞拓普生物科技有限公司，北京市通州区种植业服务中心，北京必洁仕环保新技术开发有限责任公司
2011	科学技术奖	三等奖	仔猪安全高效养殖技术研究与应用	北京市农林科学院畜牧兽医研究所
2011	科学技术奖	三等奖	分类食品中农兽药物残留模块化检测方法建立及样品处理设备研发	中国检验检疫科学研究院，北京市疾病预防控制中心，中国农业大学，中华人民共和国湖北出入境检验检疫局，湖南省检验检疫科学技术研究院，吉林出入境检验检疫局检验检疫技术中心
2011	科学技术奖	三等奖	京产中药质量标准的提高与应用	北京市药品检验所
2012	科学技术奖	一等奖	基于逆流色谱的天然活性物质新型分离系统及分离方法研究	北京工商大学

（续表）

年　份	奖　项	等　级	项目名称	主要完成单位
2012	科学技术奖	一等奖	便携拉曼光谱仪及免疫快检产品研发与乳品安全速测应用	中国检验检疫科学研究院，北京勤邦生物技术有限公司，山西出入境检验检疫局检验检疫技术中心，宁夏出入境检验检疫局检验检疫综合技术中心，辽宁出入境检验检疫局检验检疫技术中心
2012	科学技术奖	二等奖	秸秆等木质纤维素原料炼制关键技术与产业化示范	中国科学院过程工程研究所
2012	科学技术奖	二等奖	设施蔬菜安全高效生产的根区改良关键技术研究与应用	中国农业科学院蔬菜花卉研究所，东北农业大学，宁夏回族自治区农业技术推广总站，北京市大兴区蔬菜技术推广站
2012	科学技术奖	二等奖	一种植物免疫蛋白诱抗剂的研究与利用	中国农业科学院植物保护研究所，北京市农林科学院植物保护环境保护研究所
2012	科学技术奖	二等奖	酵母源葡萄糖耐量因子（GTF）的结构解析与功能评价	中国农业科学院农产品加工研究所
2012	科学技术奖	二等奖	玉米产量性能优化及其高产技术创新与应用	中国农业科学院作物科学研究所，北京市农林科学院，吉林省农业科学院，山东农业大学，北京市农业技术推广站，河南农业大学，西北农林科技大学，内蒙古农业大学，中国农业大学
2012	科学技术奖	三等奖	草原植被及其水热生态条件遥感监测理论方法与应用	中国农业科学院农业资源与农业区划研究所，农业部草原监理中心，中国科学院地理科学与资源研究所
2012	科学技术奖	三等奖	《玉米高产新技术》的出版及普及应用	北京农学院，中国农业科学院作物科学研究所，长春市农业科学院，金盾出版社
2012	科学技术奖	三等奖	蜂王浆优质高效生产和质量安全评价新技术研究与应用	中国农业科学院蜜蜂研究所，浙江大学，浙江省平湖市种蜂场杭州蜂之语蜂业股份有限公司
2012	科学技术奖	三等奖	基于分子印迹技术的高效识别样品前处理技术及应用	中国农业科学院农业质量标准与检测技术研究所
2012	科学技术奖	三等奖	肉鸡动态营养需要与生产性能预测模型技术研究与应用	中国农业科学院饲料研究所
2012	科学技术奖	三等奖	古树（大树）衰亡原因诊断与保健技术研究	北京市公园管理中心，北京市园林科学研究所，北京市颐和园管理处，北京市天坛公园管理处，北京市香山公园管理处，北京市中山公园管理处
2012	科学技术奖	三等奖	芍药科植物迁地保护及开发利用	北京林业大学，北京牡丹芍药科技开发有限公司
2012	科学技术奖	三等奖	芭蕾苹果新品种选育与应用	中国农业大学
2012	科学技术奖	三等奖	果园生态系统改良与控制技术研究	北京农学院北京市园林绿化局
2012	科学技术奖	三等奖	苹果优质丰产资源高效利用关键技术研究与应用	北京市农林科学院林业果树研究所，山东农业大学，西北农林科技大学，中国农业科学院果树研究所
2012	科学技术奖	三等奖	熊蜂周年繁殖技术研究与授粉应用示范	北京市农林科学院农业科技信息研究所

（续表）

年　份	奖　项	等　级	项目名称	主要完成单位
2012	科学技术奖	三等奖	食品中添加剂和中药中农残、重金属及毒素的筛查及检测技术	中华人民共和国北京出入境检验检疫局，中国检验检疫科学研究院，北京市疾病预防控制中心
2012	科学技术奖	三等奖	常见食品过敏原的检测技术体系研究	中国检验检疫科学研究院，中华人民共和国辽宁出入境检验检疫局，内蒙古出入境检验检疫局检验检疫技术中心，山东出入境检验检疫局检验检疫技术中心，天津出入境检验检疫局动植物与食品检测中心，江苏出入境检验检疫局动植物与食品检测中心
2013	科学技术奖	一等奖	高等植物光合膜蛋白复合物的结构与功能研究	中国科学院生物物理研究所，中国科学院植物研究所
2013	科学技术奖	一等奖	新型饲料用非淀粉多糖酶制剂产品的创制	中国农业科学院饲料研究所，北京挑战生物技术有限公司
2013	科学技术奖	一等奖	西瓜优异抗病种质创制与京欣系列新品种选育及推广	北京市农林科学院蔬菜研究中心，北京京研益农科技发展中心，北京市农业技术推广站，北京农学院
2013	科学技术奖	二等奖	农业经济空间信息服务关键技术与应用平台（中国农业经济电子地图）	中国农业科学院农业信息研究所
2013	科学技术奖	二等奖	蜂王浆高产机理及蜂王浆生化特征的研究	中国农业科学院蜜蜂研究所
2013	科学技术奖	二等奖	高性能竹基纤维复合材料制造技术	中国林业科学研究院木材工业研究所，北京太尔化工有限公司，廊坊市双安结构胶合板研究所，安徽宏宇竹木制品有限公司，福建篁城科技竹业有限公司，青岛国森机械有限公司，洪雅竹元科技有限公司，湖北巨宁竹业科技股份有限公司
2013	科学技术奖	二等奖	禽用保健型中兽药关键技术研究开发与应用	中国农业大学，北京农学院，保定冀中药业有限公司，华南农业大学，北京伟嘉人生物技术有限公司，成都乾坤动物药业有限公司，沈阳伟嘉牧业技术有限公司
2013	科学技术奖	二等奖	农药残留安全评价研究	中国农业大学
2013	科学技术奖	二等奖	生菜周年安全生产关键技术研究与应用	北京农学院，北京市植物保护站，北京市优质农产品产销服务站，山西省农业种子总站，北京市裕农优质农产品种植公司，北京金六环农业园
2013	科学技术奖	二等奖	早熟、耐密、抗倒玉米品种京单 28 的选育及示范推广	北京市农林科学院玉米研究中心，北京农科院种业科技有限公司，北京华农伟业种子科技有限公司，北京市农业技术推广站，内蒙古农业大学
2013	科学技术奖	三等奖	农村污水低成本生态处理成套技术与装备	中国环境科学研究院，北京市水科学技术研究院，北京科林皓华环境科技发展有限责任公司，北京大学，北京国环清源环境工程咨询有限责任公司
2013	科学技术奖	三等奖	重金属污染农田污染物阻隔技术集成及应用	清华大学，中国科学院地理科学与资源研究所，北京市农林科学院植物营养与资源研究所

（续表）

年　份	奖　项	等　级	项目名称	主要完成单位
2013	科学技术奖	三等奖	农业知识产权战略决策支撑信息系统	中国农业科学院农业资源与农业区划研究所，农业部环境保护科研监测所，农业部科技发展中心，中国种子集团有限公司
2013	科学技术奖	三等奖	我国林业重点工程与消除贫困问题研究	北京农学院，国家林业局经济发展研究中心，北京林业大学，中国社会科学院农村发展研究所
2013	科学技术奖	三等奖	《果树三高栽培技术丛书》的出版及普及应用	北京农学院，中国农业大学出版社
2013	科学技术奖	三等奖	病原微生物生物安全操作规范与检测能力评价关键技术研究及应用	中华人民共和国北京出入境检验检疫局
2013	科学技术奖	三等奖	多渠道农业信息获取系统及应用	首都师范大学，中国农业科学院农业信息研究所，中国科学院软件研究所
2013	科学技术奖	三等奖	小麦优势蘖理论及高产高效应变栽培技术	中国农业科学院作物科学研究所，河北省农林科学院粮油作物研究所，北京市农业技术推广站
2013	科学技术奖	三等奖	食品变温压差膨化组合干燥技术研究与应用	中国农业科学院农产品加工研究所，江苏省农业科学院，天津农学院，北京凯达恒业农业技术开发有限公司
2013	科学技术奖	三等奖	羊肉品质提升关键技术装备研发与示范	中国农业科学院农产品加工研究所，内蒙古农业大学，北京农业职业学院，北京卓宸畜牧有限公司，内蒙古草原兴发食品有限公司，宁夏涝河桥清真肉食品有限公司
2013	科学技术奖	三等奖	羊优异繁殖性状分子遗传标记筛选及应用	中国农业科学院北京畜牧兽医研究所
2013	科学技术奖	三等奖	环境安全型木塑复合人造板及其制品关键制造技术	中国林业科学研究院木材工业研究所，北京盼宝宝木业有限公司，徐州美林森木业有限公司，郑州兴旺木业有限公司，江阴延利汽车饰件有限公司
2013	科学技术奖	三等奖	北京地区林业碳汇关键技术研究与试验示范	北京市林业碳汇工作办公室，北京凯来美气候技术咨询有限公司，北京林业大学，北京农学院
2013	科学技术奖	三等奖	主要木本观赏植物的种质资源收集及创新研究与示范	北京市植物园
2013	科学技术奖	三等奖	主要农作物调优栽培信息化技术	北京农业信息技术研究中心，北京农产品质量检测与农田环境监测技术研究中心，北京市农业技术推广站
2013	科学技术奖	三等奖	我国重要沿湖地区农业面源污染防控与综合治理技术研究与应用	北京市农林科学院植物营养与资源研究所，安徽农业大学，湖北省农业科学院，西南大学，湖南农业大学，云南省农业科学院农业环境资源研究所
2013	科学技术奖	三等奖	转基因产品检测新技术新方法的研究与应用	中国检验检疫科学研究院，深圳出入境检验检疫局动植物检验检疫技术中心，福建出入境检验检疫局检验检疫技术中心，深圳市检验检疫科学研究院，北京邮电大学，北京化工大学

（续表）

年　份	奖　项	等　级	项目名称	主要完成单位
2013	科学技术奖	三等奖	人用动物源性生物技术药物病毒检测关键技术平台的建立及其应用	中国食品药品检定研究院，中国人民解放军军事医学科学院野战输血研究所，中国农业大学，中国动物疫病预防控制中心，武汉大学，武汉三利生物技术有限公司
2014	科学技术奖	一等奖	黄瓜优质多抗分子标记技术研究及配套新品种选育	中国农业科学院蔬菜花卉研究所，北京市农业技术推广站
2014	科学技术奖	一等奖	农大 3 号小型蛋鸡配套系培育与应用	中国农业大学，北京北农大动物科技有限责任公司，湖北神丹健康食品有限公司，河南柳江生态牧业股份有限公司
2014	科学技术奖	一等奖	微纳生物传感增敏及多靶同检技术与应用	中国检验检疫科学研究院，北京出入境检验检疫局检验检疫技术中心，北京勤邦生物技术有限公司，广州万孚生物技术股份有限公司，中国计量科学研究院，秦皇岛出入境检验检疫局检验检疫技术中心
2014	科学技术奖	二等奖	农用海洋褐藻生物产品创新研究及产业化应用	北京雷力海洋生物新产业股份有限公司，北京农学院，北京市大兴区园林绿化局，北京市裕农优质农产品种植公司，北京市土肥工作站
2014	科学技术奖	二等奖	农业纳米药物制备新技术及应用	中国农业科学院农业环境与可持续发展研究所，中国农业科学院植物保护研究所，中国农业科学院兰州畜牧与兽药研究所，中国农业科学院兰州兽医研究所，中国农业大学，深圳诺普信农化股份有限公司，中国农业科学院哈尔滨兽医研究所，中国农业科学院北京畜牧兽医研究所
2014	科学技术奖	二等奖	新型生物饲料关键技术研究与产业化应用	中国农业科学院饲料研究所，南京农业大学，山东农业大学，辽宁禾丰牧业股份有限公司，福建傲农生物科技集团有限公司，广州立达尔生物科技股份有限公司，北京惠欣纯益养殖有限公司
2014	科学技术奖	二等奖	玉米黄粉酶解制备玉米肽技术开发	中国食品发酵工业研究院，北京中食海氏生物技术有限公司
2014	科学技术奖	二等奖	优质低耗鲜啤生产关键控制技术体系开发与应用	中国食品发酵工业研究院，北京燕京啤酒股份有限公司，中国农业科学院作物科学研究所
2014	科学技术奖	二等奖	中科 11 号等系列玉米新品种选育与产业化开发	北京联创种业股份有限公司
2014	科学技术奖	二等奖	北京重要园林宿根花卉品种选育与产业化	北京林业大学，中国农业科学院蔬菜花卉研究所，北京市植物园，北京林大林业科技股份有限公司，北京市花木有限公司，北京绿之星植物技术有限公司，北京利松花卉种植中心
2014	科学技术奖	三等奖	村镇废弃地生态恢复与整治关键技术开发及示范应用	中国土地勘测规划院
2014	科学技术奖	三等奖	基于植被生态恢复的密云水库饮用水源地保护技术研究	北京林业大学，北京市园林绿化局，北京市水源保护林试验工作站
2014	科学技术奖	三等奖	蔬菜高产栽培技术丛书	北京农学院，中国农业大学出版社有限公司
2014	科学技术奖	三等奖	豆粕发酵核心菌种构建、工艺创新、评价方法及推广应用	中国农业科学院饲料研究所，北京金泰得生物科技股份有限公司
2014	科学技术奖	三等奖	先进农产品市场信息采集设备（农信采）的研制与应用	中国农业科学院农业信息研究所

（续表）

年 份	奖 项	等 级	项目名称	主要完成单位
2014	科学技术奖	三等奖	高产多抗广适绿豆新品种选育及应用	中国农业科学院作物科学研究所
2014	科学技术奖	三等奖	特色乳制品现代化加工关键技术研究与产业化	北京三元食品股份有限公司，北京勤邦生物技术有限公司，中国农业大学，北京三元恒泰乳品机械有限公司
2014	科学技术奖	三等奖	拟长毛钝绥螨和巴氏新小绥螨规模化繁育与田间应用技术研究	北京市植物保护站，中国农业科学院植物保护研究所
2014	科学技术奖	三等奖	食品中有毒有害物质智能化应急筛查装备研发	北京市食品安全监控和风险评估中心，北京倍肯恒业科技发展有限责任公司，北京六角体科技发展有限公司
2014	科学技术奖	三等奖	葡萄重要病害发生机理和控制技术的研究与应用	北京市农林科学院植物保护环境保护研究所，北京市农林科学院林业果树研究所，中国农业科学院植物保护研究所，中国农业大学
2014	科学技术奖	三等奖	系列专用青贮玉米种质创新、品种选育及应用	北京市农林科学院玉米研究中心，北京农科院种业科技有限公司
2014	科学技术奖	三等奖	营养和功能成分标示的基标准方法及标准物质关键技术研究与应用	中国计量科学研究院，北京市营养源研究所，北京三元食品股份有限公司
2014	科学技术奖	三等奖	食品主要化学性有害物控制技术研究与开发	中国检验检疫科学研究院，中国科学院大连化学物理研究所，华东理工大学，福建出入境检验检疫局检验检疫技术中心，山东出入境检验检疫局检验检疫技术中心，厦门出入境检验检疫局检验检疫技术中心
2014	科学技术奖	三等奖	动物源性食品分子鉴伪关键技术研究及标准平台构建与应用	中国检验检疫科学研究院，辽宁出入境检验检疫局检验检疫技术中心，深圳出入境检验检疫局动植物检验检疫技术中心，山东出入境检验检疫局检验检疫技术中心

附表 B-2　2008—2014 年天津市农业科技获奖成果

年　份	奖　项	等　级	项目名称	主要完成单位
2008	技术发明奖	二等奖	黄瓜主要病害分子标记的研制及应用	天津科润农业科技股份有限公司
2008	技术发明奖	三等奖	便携式微型保鲜冷库研制与应用	国家农产品保鲜工程技术研究中心（天津）
2008	科技进步奖	一等奖	甜瓜育种技术创新及设施专用型新品种选育	天津科润农业科技股份有限公司
2008	科技进步奖	一等奖	优质高产多抗广适水稻新品种津原 45 选育与应用	天津市原种场
2008	科技进步奖	二等奖	淡水水产品健康养殖技术研究与示范	天津市水产技术推广站，天津市水产研究所，天津农学院，天津科技大学，天津市武清区水产技术推广站
2008	科技进步奖	二等奖	反刍家畜专用高能高效饲料生产技术研究	天津市畜牧兽医研究所
2008	科技进步奖	二等奖	海水工厂化养殖鱼类主要病害综合控制技术研究与示范	天津市水产研究所，天津市海发珍品实业发展有限公司
2008	科技进步奖	二等奖	天津市种猪良繁体系示范工程与推广	天津市畜牧兽医局
2008	科技进步奖	三等奖	春保护地甜椒育种资源创新及专用型新品种选育	天津科润农业科技股份有限公司
2008	科技进步奖	三等奖	动植物检疫实验室能力验证技术规范的研究	中华人民共和国天津出入境检验检疫局
2008	科技进步奖	三等奖	黄瓜种质资源创造与新品种选育研究——露地黄瓜新品种津优 40 号	天津科润农业科技股份有限公司
2008	科技进步奖	三等奖	酵母菌表达风味强化肽的研究与开发	天津春发食品配料有限公司，天津科技大学
2008	科技进步奖	三等奖	酒精浓醪发酵生产技术的研究与应用	天津科技大学
2008	科技进步奖	三等奖	利用生物土壤添加剂克服连作障碍的研究	天津市植物保护研究所，天津市农业资源与环境研究所
2008	科技进步奖	三等奖	棉花秸秆机械化收获加工及循环利用技术集成示范推广	天津市农业机械推广总站，宁河县农机化技术推广服务站，天津市武清区农机化技术推广服务站，天津市津南区农机化技术推广服务站，天津市北辰区农机化技术推广站
2008	科技进步奖	三等奖	奶牛饲料营养知识咨询及配方优化网络系统开发与应用	天津农学院，中国农业科学院北京畜牧兽医研究所
2008	科技进步奖	三等奖	逆流提取与超滤纯化联用制备中兽药注射液蒲地蓝的研究	天津瑞普生物技术集团有限公司
2008	科技进步奖	三等奖	农业抗旱保水技术应用推广	天津市农业技术推广站，静海县农业技术推广中心，天津市武清区农业技术推广中心，天津市林木种子管理站，蓟县农业技术推广中心
2008	科技进步奖	三等奖	肉羊产品加工与生产配套技术产业化示范及推广	天津农学院
2008	科技进步奖	三等奖	渗灌节水关键技术研究	天津市水利科学研究所

（续表）

年 份	奖 项	等 级	项目名称	主要完成单位
2008	科技进步奖	三等奖	食品中农药残留多组分测定——GC/MS法系列地方标准的制定与应用	天津市农业科学院中心实验室
2008	科技进步奖	三等奖	天津市畜禽饲养小区建设规范	天津市畜牧总站，天津市畜牧兽医局
2008	科技进步奖	三等奖	天津市生态农业试验与示范	天津市农业环境保护管理监测站
2008	科技进步奖	三等奖	天津市蔬菜危险性有害生物监测及综合治理	天津市植保植检站
2008	科技进步奖	三等奖	盐藻生物资源综合开发与产业化研究	中盐制盐工程技术研究院
2009	自然科学奖	二等奖	食品安全化学危害物检测新方法研究	天津科技大学
2009	技术发明奖	三等奖	畜禽肉加热终点温度的溯源检测方法	中华人民共和国天津出入境检验检疫局，中华人民共和国山东出入境检验检疫局检验检疫技术中心
2009	技术发明奖	三等奖	微生物发酵绿色奶牛饲料开发	天津科技大学
2009	科技进步奖	一等奖	强筋专用春小麦新品种津强5号、津强6号的选育及产业化	天津市农作物研究所
2009	科技进步奖	一等奖	少籽西瓜育种技术创新及新品种选育	天津科润农业科技股份有限公司
2009	科技进步奖	二等奖	北方都市绿地植物耗水规律与生态用水研究	北京林业大学，天津市格瑞花苗木经营有限公司，天津泰达园林建设有限公司，华南农业大学，农业部环境保护科研监测所
2009	科技进步奖	二等奖	农田畜禽粪便消纳技术模式研究与应用	农业部环境保护科研监测所
2009	科技进步奖	二等奖	饮水和食品安全快速检测技术和现场系列检验装备研究	中国人民解放军军事医学科学院卫生学环境医学研究所
2009	科技进步奖	二等奖	再生水农田利用安全性检验与评估技术研究	农业部环境保护科研监测所，天津市农业环境保护管理监测站，天津医科大学，天津科技大学
2009	科技进步奖	三等奖	滨海盐土快速高效改良及植被构建技术	天津海林园艺环保科技工程有限公司，北京林业大学
2009	科技进步奖	三等奖	城市和农村非点源污染控制研究	天津市环境保护科学研究院
2009	科技进步奖	三等奖	犊牛、羔羊高效健康养殖标准化生产技术推广	天津农学院，中国农业科学院饲料研究所，天津市畜牧兽医研究所
2009	科技进步奖	三等奖	果蔬冰温保鲜关键技术研究	天津商业大学，天津市天商冰源科技发展有限公司
2009	科技进步奖	三等奖	果蔬采后病害与生物保鲜技术研究	天津科技大学
2009	科技进步奖	三等奖	灵芝多糖高效提取技术开发	天津市林业果树研究所
2009	科技进步奖	三等奖	绿色木霉制剂化及其协调防控设施蔬菜主要病害技术研究与应用	天津市植物保护研究所
2009	科技进步奖	三等奖	农业废弃物高得率制浆生产高档纸质材料产业化	天津科技大学

（续表）

年 份	奖 项	等 级	项目名称	主要完成单位
2009	科技进步奖	三等奖	乳品质量与安全控制技术产学研联合研究	天津商业大学，天津海河乳业有限公司，天津市乳品食品监测中心
2009	科技进步奖	三等奖	山楂中活性物质的提取研究及开发	天津科技大学
2009	科技进步奖	三等奖	设施果树标准化栽培技术示范应用	天津市林业果树研究所，天津市金谷农业高新技术开发中心
2009	科技进步奖	三等奖	设施农业信息技术应用示范工程与推广	天津市农业技术推广站，天津市农业信息中心，中国农业大学
2009	科技进步奖	三等奖	设施蔬菜节本增效技术推广	天津市蔬菜技术推广站
2009	科技进步奖	三等奖	设施蔬菜潜叶蝇的多措施协控技术研究与示范应用	天津市植物保护研究所
2009	科技进步奖	三等奖	生态设施渔业健康养殖技术开发	天津市天祥水产有限责任公司，中国水产科学院淡水渔业研究中心
2009	科技进步奖	三等奖	特种毛皮动物养殖技术示范与推广	天津市津南区正大特种动物养殖厂，天津农学院
2009	科技进步奖	三等奖	天红系列胡萝卜新品种选育和规模制种技术研究	天津市园艺工程研究所，天津市农业生物技术研究中心
2009	科技进步奖	三等奖	天津市农业高效节水技术研究与示范	静海县农业技术推广中心，天津市水利科学研究院，天津市农业技术推广站
2009	科技进步奖	三等奖	无公害蔬菜流通保鲜关键技术开发与集成应用示范	天津市黑马工贸有限公司，天津科技大学，国家农产品保鲜工程技术研究中心（天津）
2009	科技进步奖	三等奖	无公害蔬菜生产关键技术集成与产业化示范	天津市金谷农业高新技术开发中心，天津市植物保护研究所，天津市农业资源与环境研究所
2009	科技进步奖	三等奖	益生菌营养素研制及生猪健康养殖技术	天津天农康嘉生态养殖有限公司
2009	科技进步奖	三等奖	优质粮食作物良种产业化示范工程与推广	天津市农业局，天津市农作物研究所
2009	科技进步奖	三等奖	原子经济反应生产高效抗旱保水剂	天津三农金科技有限公司
2009	科技进步奖	三等奖	重组鸡基因工程 α-干扰素	天津瑞普生物技术股份有限公司
2009	科技进步奖	三等奖	猪场废水厌氧无害化处理技术研究与示范	天津市益利来养殖有限公司，农业部环境保护科研监测所
2009	科技进步奖	三等奖	猪繁殖障碍性疾病综合防治技术示范推广	天津市动物疫病预防控制中心
2009	科技进步奖	三等奖	主要猪病综合防控技术的开发应用与推广	天津市动物疫病预防控制中心，中国农科院哈尔滨兽医研究所
2010	技术发明奖	三等奖	丹参基因组三倍化优势利用技术及其应用	南开大学
2010	技术发明奖	三等奖	浓缩红薯清汁加工产业化技术	天津科技大学，国投中鲁果汁股份有限公司
2010	科技进步奖	一等奖	食品质量安全全程监控技术体系的建立与产品开发	天津科技大学，中国检验检疫科学研究院，中华人民共和国天津出入境检验检疫局，天津生物芯片技术有限责任公司

（续表）

年　份	奖　项	等　级	项目名称	主要完成单位
2010	科技进步奖	二等奖	冬枣低产园优质高效关键栽培技术集成、创新与应用	天津农学院，静海县科技兴农办公室
2010	科技进步奖	二等奖	果蔬汁加工产业节能降耗技术	天津科技大学，国投中鲁果汁股份有限公司，中国农业科学院郑州果树研究所，北京市农林科学院
2010	科技进步奖	二等奖	黄瓜抗病育种技术研究与应用	天津科润农业科技股份有限公司
2010	科技进步奖	二等奖	天津市优质原料奶生产技术集成与示范	天津梦得集团有限公司，中国农业科学院北京畜牧兽医研究所，天津市畜牧兽医研究所
2010	科技进步奖	二等奖	猪肉质量安全数字化监控和可追溯技术	天津市畜牧业发展服务中心，中国农业科学院北京畜牧兽医研究所
2010	科技进步奖	三等奖	“津农”系列糯玉米新品种繁育示范和中试	天津农学院
2010	科技进步奖	三等奖	高产专用玉米新品种和玉米自交系的引进、改良及利用	天津市种子管理站，天津农学院
2010	科技进步奖	三等奖	高效节能型内保温日光温室结构的研究与示范	天津市渔桥蔬菜研究所
2010	科技进步奖	三等奖	机械致孔微孔保鲜膜的研制与应用	国家农产品保鲜工程技术研究中心（天津）
2010	科技进步奖	三等奖	快速老化鼠在延缓衰老试验系统中的应用研究	天津市疾病预防控制中心
2010	科技进步奖	三等奖	粮饲兼用玉米新品种津单2和津单8的选育	天津市农作物研究所
2010	科技进步奖	三等奖	绿色、无药残兽用中药制剂——腹水净颗粒的开发与产业化	天津瑞普生物技术股份有限公司
2010	科技进步奖	三等奖	棉花枯黄萎病综合防治技术示范推广	宁河县农业技术推广中心，中国农业科学院植物保护研究所
2010	科技进步奖	三等奖	农产品产地安全质量监测与评价技术	农业部环境保护科研监测所，天津市农业环境保护管理监测站
2010	科技进步奖	三等奖	茄子耐低温资源创新及新品种选育	天津科润农业科技股份有限公司
2010	科技进步奖	三等奖	全自动挤压非膨化杂粮速食面加工技术与设备	圣昌达机械（天津）有限公司，中国农业大学
2010	科技进步奖	三等奖	沙窝萝卜产业技术链延伸及产业升级	天津科润农业科技股份有限公司，天津市西青区辛口镇农业服务中心
2010	科技进步奖	三等奖	双孢蘑菇高效立体栽培技术及多糖分离方法研究	天津市金三农农业科技开发有限公司，天津农学院
2010	科技进步奖	三等奖	特种蔬菜无公害栽培技术研究与应用	天津市植物保护研究所
2010	科技进步奖	三等奖	天津市水库健康渔业生态技术研究	天津市水产研究所
2010	科技进步奖	三等奖	现代海水高效养殖工程技术集成与创新及产业化示范	天津市海发珍品实业发展有限公司
2010	科技进步奖	三等奖	小麦玉米两作超吨粮栽培技术研究	天津市农业技术推广站，天津市武清区农业技术推广中心，蓟县农业技术推广中心

（续表）

年　份	奖　项	等　级	项目名称	主要完成单位
2011	自然科学奖	三等奖	我国重要经济虾蟹类的免疫与内分泌学基础研究	天津师范大学，中国科学院海洋研究所
2011	技术发明奖	三等奖	兰花的遗传改良与种质创新研究	南开大学
2011	科技进步奖	一等奖	黄瓜良种产业升级技术研究与应用	天津科润农业股份有限公司
2011	科技进步奖	一等奖	农林废弃物制备高品质生物燃料关键技术及应用	天津大学，天津市天人世纪科技有限公司，天津市天鼓机械制造有限公司，天津益生能生物能源技术有限公司，天津德芃科技集团有限公司，国家燃气用具质量监督检验中心
2011	科技进步奖	二等奖	CO_2 诱导植物修复技术研究与污染农田修复试验示范	农业部环境保护科研监测所
2011	科技进步奖	二等奖	潮白新河下游流域畜禽养殖面源污染控制示范	天津市环境保护科学研究院
2011	科技进步奖	二等奖	高抗条纹叶枯病优质高产糯稻新品种津糯 1 号选育与应用	天津市原种场
2011	科技进步奖	二等奖	农田土壤重金属污染钝化修复技术	农业部环境保护科研监测所
2011	科技进步奖	二等奖	天津市农业 110 科技信息共享与服务平台建设	天津市农业科学院信息研究所
2011	科技进步奖	二等奖	天津市优良牧草及饲料作物新品种示范推广及应用	天津市饲草饲料工作站
2011	科技进步奖	二等奖	微型冷库系统优化及葡萄保鲜产业化技术	天津科技大学，国家农产品保鲜工程技术研究中心，天津绿新低温科技有限公司，天津商业大学，天津农科食品生物科技有限公司
2011	科技进步奖	二等奖	优秀种质奶牛培育技术集成与推广应用	天津市奶牛发展中心，中国农业科学院北京畜牧兽医研究所，天津市畜牧兽医局，天津市栋天信息技术有限公司
2011	科技进步奖	三等奖	滨海缺水地区微咸水与再生水安全高效灌溉技术	天津农学院，中国科学院地理科学与资源研究所，天津奥特思达灌溉科技有限公司
2011	科技进步奖	三等奖	滨海盐碱地绿化技术集成	天津市园林绿化研究所
2011	科技进步奖	三等奖	出口型蔬菜及甘薯新品种引进与安全高产栽培技术示范	天津市农业高新技术示范园区管理中心
2011	科技进步奖	三等奖	非洲猪瘟快速检测技术研究	天津出入境检验检疫局动植物与食品检测中心
2011	科技进步奖	三等奖	果品双控运输保鲜纸与配套运输保鲜技术开发	国家农产品保鲜工程技术研究中心（天津）
2011	科技进步奖	三等奖	红掌、蝴蝶兰基因工程育种体系的建立及新种质创新与利用	天津大学
2011	科技进步奖	三等奖	棉秆高得率浆废液生物转化物用于土壤生物修复	天津科技大学
2011	科技进步奖	三等奖	禽呼吸道疾病的快速诊断和综合防治技术的熟化与推广	天津农学院
2011	科技进步奖	三等奖	设施农业滴灌施肥智能化控制系统中试	天津市水利科学研究院

（续表）

年 份	奖 项	等 级	项目名称	主要完成单位
2011	科技进步奖	三等奖	设施蔬菜重要病虫防御技术体系及其集成示范	天津市植物保护研究所
2011	科技进步奖	三等奖	树莓新品种引进及加工技术研究与开发	天津市林业果树研究所
2011	科技进步奖	三等奖	水肥一体化高效节水技术集成	天津市土壤肥料工作站
2011	科技进步奖	三等奖	天津港适种绿化植物筛选与应用研究	天津港（集团）有限公司，南开大学
2011	科技进步奖	三等奖	天津市无公害蔬菜产品“电子身份证”的建立与示范	天津市蔬菜技术推广站，北京农业信息技术研究中心
2011	科技进步奖	三等奖	天津市县级农村非点源污染防治模式研究——以宁河县为例	天津市环境保护科学研究院
2011	科技进步奖	三等奖	外来入侵植物黄顶菊生态影响和防控关键技术研究与应用	农业部环境保护科研监测所，中国农业科学院农业环境与可持续发展研究所，中国农业科学院植物保护研究所
2011	科技进步奖	三等奖	微生物固态发酵法制备凝乳酶	天津科技大学
2011	科技进步奖	三等奖	乌克兰鳞鲤良种繁育及健康养殖技术推广	天津市水产技术推广站，天津市换新水产良种场，天津农学院，天津市水产研究所，天津市宝坻区畜牧水产局水产技术推广站
2011	科技进步奖	三等奖	小麦节水省肥高产简化“四统一”技术体系示范与推广	天津市农业技术推广站，中国农业大学
2011	科技进步奖	三等奖	养殖鲆鱼和石斑鱼重大疾病免疫防治关键技术研发与集成	天津市水产研究所
2011	科技进步奖	三等奖	优质棉新品种引进及栽培技术研究与推广	天津市农业技术推广站，天津市宝坻区农业技术推广服务中心，天津市武清区农业技术推广中心
2011	科技进步奖	三等奖	杂交粳稻品种创新及良种产业化（二）	天津天隆种业科技有限公司
2011	科技进步奖	三等奖	杂交新品种——黄金鲫	天津市换新水产良种场
2012	科技进步奖	一等奖	水产养殖先进传感与智能处理关键技术及产品	天津农学院，中国农业大学
2012	科技进步奖	二等奖	保护地主要蔬菜安全生产技术的研究与示范	天津市农业资源与环境研究所，天津市植物保护研究所，天津市农业科学院中心实验室
2012	科技进步奖	二等奖	贝、虾活性成分研究及高值化利用技术开发	天津科技大学
2012	科技进步奖	二等奖	高产优质多抗广适杂交粳稻组合选育	国家杂交水稻工程技术研究中心天津分中心，江苏省农业科学院粮食作物研究所，上海市农业科学院，吉林省农业科学院，常熟市农业科学研究所
2012	科技进步奖	二等奖	果蔬冷链流通关键技术创新及保鲜技术推广	国家农产品保鲜工程技术研究中心（天津），天津商业大学，天津市农业科学院信息研究所，天津市黑马工贸有限公司
2012	科技进步奖	二等奖	食品中致病菌与过敏原成分检测方法的研究及应用	天津出入境检验检疫局动植物与食品检测中心，中国检验检疫科学研究院，辽宁出入境检验检疫局检验检疫技术中心

（续表）

年份	奖项	等级	项目名称	主要完成单位
2012	科技进步奖	二等奖	重要转基因作物检测与监测技术研究与应用	农业部环境保护科研监测所，山东省农业科学院植物保护研究所
2012	科技进步奖	二等奖	猪重要病毒性疾病分子诊断及免疫防控技术	天津市畜牧兽医研究所，中国农业科学院哈尔滨兽医研究所
2012	科技进步奖	三等奖	310 种农药多残留检测技术研究与新型固相萃取微柱研制	天津市农业质量标准与检测技术研究所
2012	科技进步奖	三等奖	白色金针菇工厂化低碳高效生产技术开发	天津绿洲庄园农业技术发展有限公司，天津市林业果树研究所，天津农学院
2012	科技进步奖	三等奖	滨海盐碱地土壤改良关键技术的研究	天津市农业资源与环境研究所，天津海林园艺环保科技工程有限公司，天津泰达园林建设有限公司
2012	科技进步奖	三等奖	草坪草腥黑粉菌新种的确立及其近似种检疫技术研究	中华人民共和国天津出入境检验检疫局
2012	科技进步奖	三等奖	杜泊羊的引进、选育与示范	天津奥群牧业有限公司
2012	科技进步奖	三等奖	果蔬采后生防保鲜剂的应用开发	天津科技大学，国家农产品保鲜工程技术研究中心，天津市食品加工工程中心
2012	科技进步奖	三等奖	海洋生态环境多参数现场快速监测新技术集成及应用	国家海洋技术中心
2012	科技进步奖	三等奖	鸡重组干扰素 γ 生产工艺的优化及产品稳定性研究	天津农学院，鼎正动物药业（天津）有限公司，清华大学深圳研究生院
2012	科技进步奖	三等奖	进出境重大健康危害因子快速检测技术研究和应用	天津出入境检验检疫局，天津出入境检验检疫局工业产品安全技术中心，杭州优思达生物技术有限公司
2012	科技进步奖	三等奖	抗氧化功能食品的研究与产业化	天津天狮生物发展有限公司，天津科技大学
2012	科技进步奖	三等奖	枯草芽孢杆菌 B579 制剂化及其控制设施蔬菜土传病害技术研究与示范	天津市植物保护研究所，天津科技大学
2012	科技进步奖	三等奖	利用育种新技术创新苤蓝种质资源及选育优质高产杂交新品种	天津科润农业科技股份有限公司
2012	科技进步奖	三等奖	农村环境卫生监测与污染控制技术的系列研究与应用	中国人民解放军军事医学科学院卫生学环境医学研究所
2012	科技进步奖	三等奖	农业子午线轮胎成套生产技术开发及应用	天津国际联合轮胎橡胶有限公司
2012	科技进步奖	三等奖	设施果菜标准化栽培技术推广及生态基质栽培技术示范	天津农学院，中国农业科学院蔬菜花卉研究所
2012	科技进步奖	三等奖	石灰氮与免疫激活蛋白在蔬菜病害绿色防控中的创新研究与应用	天津市植物保护研究所
2012	科技进步奖	三等奖	蔬菜病虫害绿色防控技术引进与示范	天津市植保植检站
2012	科技进步奖	三等奖	现代化生猪养殖关键技术集成示范与推广	天津市畜牧兽医局，天津市动物疫病预防控制中心
2012	科技进步奖	三等奖	新型封闭养殖生态系统的优化与产业化工程	天津市天祥水产有限责任公司，中国水产科学研究院黑龙江水产研究所，天津农学院

（续表）

年　份	奖　项	等　级	项目名称	主要完成单位
2012	科技进步奖	三等奖	芽孢杆菌修复池塘底泥与芽孢杆菌沉床复合改善水质技术及应用研究	天津农学院，天津城市建设学院
2012	科技进步奖	三等奖	有机硒鸡蛋生产与蛋白粉有机硒含量测定和安全评价研究	天津市食品研究所有限公司，天津市德馨斋路记烧鸡食品有限公司
2012	科技进步奖	三等奖	玉米优异资源创制与新品种选育	天津市农作物研究所
2012	科技进步奖	三等奖	植酸酶和生物肥料技术	天津师范大学
2013	技术发明奖	二等奖	农村生活污水厌氧好氧一体化处理技术	天津市农业资源与环境研究所
2013	科技进步奖	一等奖	滨海盐碱地生态绿化技术创新工程	天津泰达园林建设有限公司
2013	科技进步奖	一等奖	蔬菜良种科技创新工程	天津科润农业科技股份有限公司
2013	科技进步奖	一等奖	杂交粳稻育种及两系杂交稻现代繁种技术研究	国家粳稻工程技术研究中心，湖南杂交水稻研究中心，中国水稻研究所，辽宁省水稻研究所，湖南农业大学，湖南金健种业有限责任公司
2013	科技进步奖	二等奖	滨海工业园产业布局优化与节水控源减排技术及工程示范	天津市环境保护科学研究院
2013	科技进步奖	二等奖	滨海型盐碱地半咸水池塘养殖容量优化技术研究	天津市水产研究所
2013	科技进步奖	二等奖	多种检疫性有害生物快速检测及处理技术研究与应用	中华人民共和国天津出入境检验检疫局
2013	科技进步奖	二等奖	高标准设施蔬菜栽培新技术研究与示范	天津市农业资源与环境研究所，天津农学院，天津市滨海华明农业有限公司
2013	科技进步奖	二等奖	高附加值功能性鱼糜制品的中试	天津市宽达水产食品有限公司，天津科技大学
2013	科技进步奖	二等奖	农产品质量安全分子检测技术研究与应用	天津市农业质量标准与检测技术研究所
2013	科技进步奖	二等奖	石油污染土壤革新修复技术与应用	南开大学
2013	科技进步奖	二等奖	双层壁材芳香微胶囊整理剂的制备方法及其应用	天津市双马香精香料新技术有限公司，天津城市建设学院
2013	科技进步奖	二等奖	提高海水鱼工厂化养殖产量和质量新技术的研究应用	天津市海发珍品实业发展有限公司，中国科学院海洋研究所，中国科学院微生物研究所
2013	科技进步奖	二等奖	提高母猪繁殖性能的饲料营养关键技术研究及应用	天津市畜牧兽医研究所，北京龙科方舟生物工程技术有限公司，中国农业大学
2013	科技进步奖	二等奖	天津农技推广信息服务平台开发与应用	天津市农业技术推广站，天津市农业信息中心，天津市农村工作委员会信息中心
2013	科技进步奖	二等奖	天然咸味食品香精绿色生物制备技术	天津春发生物科技集团有限公司，中国科学院天津工业生物技术研究所
2013	科技进步奖	二等奖	饮用水源地营养盐综合控制技术研究与示范	天津市环境保护科学研究院
2013	科技进步奖	三等奖	PVC 保鲜膜粉料吹塑设备研制及其保鲜膜开发	国家农产品保鲜工程技术研究中心（天津），天津科技大学，天津捷盛东辉保鲜科技有限公司

（续表）

年　份	奖　项	等　级	项目名称	主要完成单位
2013	科技进步奖	三等奖	测土配方施肥技术推广	天津市土壤肥料工作站，天津市蓟县农业技术推广中心，天津市静海县种植业发展服务中心，天津市武清区种植业发展服务中心，天津市宝坻区农业技术推广服务中心
2013	科技进步奖	三等奖	大米 LOX3 代谢调控与规模气调储藏技术集成创新	天津科技大学，天津塘沽国家粮食储备库，天津捷盛东辉保鲜科技有限公司
2013	科技进步奖	三等奖	犊牛健康饲养关键技术的研究与应用	天津市畜牧兽医研究所，天津嘉立荷牧业有限公司，天津市稼粒禾农产科学有限公司
2013	科技进步奖	三等奖	进出口食品检测关键技术体系的研究与集成应用	中华人民共和国天津出入境检验检疫局
2013	科技进步奖	三等奖	卵寄生蜂传递病毒防治林果重要害虫新技术引进示范	蓟县林业局，中国科学院武汉病毒研究所，天津市蓟县森林植物检疫站
2013	科技进步奖	三等奖	设施菜地连作障碍综合控制技术的集成与示范	天津农学院，中国农业大学，天津市黑马工贸有限公司
2013	科技进步奖	三等奖	提高奶牛合成乳蛋白能力技术集成与示范工程建设	天津梦得集团有限公司
2013	科技进步奖	三等奖	天津市食用菌高效生产配套技术示范与推广	天津市蔬菜技术推广站，中国农业科学院农业资源与农业区划研究所
2013	科技进步奖	三等奖	天然 V_E 和植物甾醇研发创新工程	中粮天科生物工程（天津）有限公司
2014	自然科学奖	三等奖	植物叶片衰老信号传递机制的研究	南开大学
2014	科技进步奖	一等奖	高效、安全系列禽流感疫苗产业化开发	天津瑞普生物技术股份有限公司，扬州大学，江苏省农业科学院
2014	科技进步奖	一等奖	天津中药资源普查及数据库的建设	天津中医药大学
2014	科技进步奖	一等奖	杂交粳稻种质创新及应用	天津市农作物研究所，天津市丰美种业科技开发有限公司，天津市国瑞谷物科技发展有限公司
2014	科技进步奖	二等奖	滨海平原区咸水安全灌溉关键技术研究与集成示范	天津市农业资源与环境研究所
2014	科技进步奖	二等奖	城郊环保型高效农业关键技术研究与应用	农业部环境保护科研监测所，中国农业科学研究院农业资源与农业区划研究所，苏州市绿色食品行业协会，天津市农业环境保护管理监测站
2014	科技进步奖	二等奖	高端自走式玉米收获机研发及产业化技术创新平台建设	天津勇猛机械制造有限公司
2014	科技进步奖	二等奖	果蔬相温保鲜技术与装备研发	天津科技大学，中国科学院理化技术研究所，天津捷盛东辉保鲜科技有限公司，新兴际华伊犁农牧科技发展有限公司，宁夏红枣工程技术研究中心
2014	科技进步奖	二等奖	奶牛乳腺健康生物保障技术的研究与应用	天津市畜牧兽医研究所
2014	科技进步奖	二等奖	耐盐碱水旱两用稻育种体系创建及新品种津原 85 选育应用	天津市原种场

（续表）

年 份	奖 项	等 级	项目名称	主要完成单位
2014	科技进步奖	二等奖	芹菜育种技术创新及保护地新品种选育	天津科润农业科技股份有限公司
2014	科技进步奖	二等奖	天津市植物废弃物再利用技术工程中心建设	天津市尖峰天然产物研究开发有限公司
2014	科技进步奖	二等奖	围海造陆吹填土绿地系统建设技术创新工程	天津海林园艺环保科技工程有限公司
2014	科技进步奖	二等奖	养殖水体微生物修复技术研发与示范	天津市农业生物技术研究中心
2014	科技进步奖	二等奖	植物油渣油中甾醇提取和生物柴油制备关键技术及产业化	天津工业大学，中粮天科生物工程（天津）有限公司
2014	科技进步奖	三等奖	滨海盐碱退化湿地修复与高盐景观水体水质改善技术研究	天津市环境保护可以研究院
2014	科技进步奖	三等奖	大型智能温室工厂化生产技术创新与示范	天津滨海国际花卉科技园区股份有限公司
2014	科技进步奖	三等奖	高产奶牛集约化高效养殖技术集成与应用	天津嘉立荷牧业有限公司，天津市畜牧兽医研究所，天津农学院
2014	科技进步奖	三等奖	革胡子鲶设施化高产养殖技术示范与推广	天津市德仁农业发展有限公司，天津农学院
2014	科技进步奖	三等奖	工厂化养殖石斑鱼的营养需求及人工配合饵料研究	天津农学院，天津市海发珍品实业发展有限公司
2014	科技进步奖	三等奖	酱油发酵优良菌种的构建及其机理的研究与开发	天津科技大学
2014	科技进步奖	三等奖	节能环保型缓控释复合肥料的研发与创新工程建设	天津芦阳化肥股份有限公司
2014	科技进步奖	三等奖	利用侵染性克隆技术鉴定TY抗性研究及番茄新组合选育	天津市农业生物技术研究中心
2014	科技进步奖	三等奖	食品中有害微生物及元素检测技术的研究应用	天津出入境检验检疫局动植物与食品检测中心，深圳出入境检验检疫局食品检验检疫技术中心
2014	科技进步奖	三等奖	食用菌绿色保鲜技术研究与集成应用	国家农产品保鲜工程技术研究中心（天津），天津商业大学，天津市天寿食用菌科技有限公司
2014	科技进步奖	三等奖	蔬菜种子纯度分子鉴定技术研究与应用	天津市农业质量标准与检测技术研究所，天津市蔬菜研究中心
2014	科技进步奖	三等奖	新兽药柴葛解肌颗粒的研制与开发	天津生机集团股份有限公司
2014	科技进步奖	三等奖	新型复合饲用益生菌的研发与应用	天津市畜牧兽医研究所
2014	科技进步奖	三等奖	雪梨无硫护色加工技术研究及其工业化生产应用	天津科技大学，赵县旭海果汁有限公司，天津市食品加工工程中心
2014	科技进步奖	三等奖	应用生物工程技术酿制高端浓香型白酒	天津挂月酿酒股份有限公司

附表 B-3 2008—2014 年河北省农业科技获奖成果

年 份	奖 项	等 级	项目名称	主要完成单位
2008	自然科学奖	一等奖	作物细菌人工染色体文库构建新方法及其应用	河北农业大学，中国农业科学院棉花研究所
2008	自然科学奖	二等奖	南方红豆杉和东北红豆杉化学活性成分抗肿瘤细胞增殖实验研究	河北医科大学
2008	自然科学奖	二等奖	提高农田水分利用效率的界面调控机理	中国科学院遗传与发育生物学研究所
2008	自然科学奖	三等奖	胞间连丝结构组成及其修饰与有机物的再分配	河北农业大学
2008	自然科学奖	三等奖	基于固相和液相微萃取新技术对几种药物和农药的新分析途径研究	河北农业大学
2008	自然科学奖	三等奖	耐低磷小麦高效吸磷机理和遗传	河北农业大学，河北省国家救灾备荒种子管理中心
2008	自然科学奖	三等奖	土壤—植物生态系统中有益有害元素形态分析及其对作物生长的影响	河北大学
2008	自然科学奖	三等奖	植物病原真菌除草活性物质的分离与鉴定	河北农业大学，西北农林科技大学
2008	自然科学奖	三等奖	转基因杨树生态抗虫效应及安全性评价	河北农业大学，河北科技示范学院
2008	自然科学奖	三等奖	组织培养诱导小麦—簇毛麦异源易位及兼抗白粉病和黄矮病种质创造	河北省粮油作物研究所，廊坊市种子检验站，河北省农林科学院粮油作物研究所
2008	技术发明奖	三等奖	仓转式精位穴播机	河北农哈哈机械集团有限公司
2008	科技进步奖	一等奖	不同形态氮素营养对棉花生长、生理与产量的效应及其应用	河北农业大学
2008	科技进步奖	一等奖	节水冬小麦新品种石家庄 8 号选育与应用	石家庄市农业科学研究院
2008	科技进步奖	一等奖	四倍体大白菜种质资源创新和系列品种选育	河北省农林科学院经济作物研究所
2008	科技进步奖	二等奖	转基因棉花新品种邯郸 109 的选育与应用	邯郸市农业科学院
2008	科技进步奖	二等奖	规模化生态养鸡技术示范与推广	河北省畜牧兽医研究所，河北农业大学
2008	科技进步奖	二等奖	河北平原盐渍化类型区农业优势产业发展关键技术研究	中国科学院遗传与发育生物学研究所农业资源研究中心，沧州市科学技术局
2008	科技进步奖	二等奖	河北省近岸海洋渔业资源结构变化及可持续利用研究	河北省水产研究所
2008	科技进步奖	二等奖	老白干香型白酒国家标准制订及十八酒坊酒的生产工艺研究与应用	河北衡水老白干酿酒（集团）有限公司，中国食品发酵工业研究院
2008	科技进步奖	二等奖	冷季型草坪草营养特性及合理施肥技术	河北农业大学
2008	科技进步奖	二等奖	耐盐碱、抗光肩星天牛、工业用材廊坊 4 号的选育及应用	廊坊市农林科学院

（续表）

年 份	奖 项	等 级	项目名称	主要完成单位
2008	科技进步奖	二等奖	禽卵黄和血清禽流感免疫抗体差异及相关性研究与应用	河北省动物疫病预防控制中心
2008	科技进步奖	二等奖	肉羊快速繁殖技术研究、集成与推广	河北农业大学
2008	科技进步奖	二等奖	小麦抗逆种质创新、鉴定和利用研究	河北省农林科学院粮油作物研究所
2008	科技进步奖	三等奖	菜豆杂交育种技术与抗热52新品种选育研究	河北省农林科学院经济作物研究所
2008	科技进步奖	三等奖	高产省工、广适型棉花新品种邯4849的选育与应用	邯郸市农业科学院
2008	科技进步奖	三等奖	移动式森林防火辅助指挥系统	华北电力大学
2008	科技进步奖	三等奖	板栗工程化食品分离重组技术研究与应用	河北科技师范学院，河北美客多食品集团有限公司（原遵化市美客多食品有限公司）
2008	科技进步奖	三等奖	板栗鲜食产品开发技术与产业化利用研究	河北省燕山科学试验站，迁西县林业局
2008	科技进步奖	三等奖	半无叶型早熟、高产豌豆新品种保丰5号选育及产业化开发	河北科技师范学院
2008	科技进步奖	三等奖	低温条件下鸡粪无害化生物处理技术研究	河北省生物研究所，河北省动物卫生监督所
2008	科技进步奖	三等奖	断乳仔兔低纤维型腹泻发生机制及生物调控技术	河北农业大学
2008	科技进步奖	三等奖	高产、优质、多抗转基因抗虫棉GK-12选育及应用	石家庄市农业科学研究院
2008	科技进步奖	三等奖	高产抗旱谷子新品种冀谷22的选育与应用	河北农林科学院谷子研究所
2008	科技进步奖	三等奖	高产早熟绿豆冀绿9239、冀绿9309的选育与应用	河北省农林科学院粮油作物研究所，中国农业科学院作物科学研究所
2008	科技进步奖	三等奖	海水鱼工厂化养殖技术推广	河北省水产技术推广站，河北师范大学，唐山市水产技术推广站
2008	科技进步奖	三等奖	海水鱼系列配合饲料的研制	河北师范大学，河北省水产技术推广站，河北海科技有限公司
2008	科技进步奖	三等奖	海湾扇贝健康养殖体系构建及应用技术研究	河北省水产研究所
2008	科技进步奖	三等奖	河北省粮棉气候条件监测评估技术	河北省气象科学研究所
2008	科技进步奖	三等奖	基于现场总线农业种植大棚分布式测控系统的研究	北华航天工业学院
2008	科技进步奖	三等奖	梨果产后商品化处理及贮藏保鲜技术	河北省林业科学研究院
2008	科技进步奖	三等奖	芦笋新品种筛选及标准生产技术推广	河北省农业技术推广总站
2008	科技进步奖	三等奖	绿僵菌M105-32选育及防治蝗虫的研究	河北省生物研究所

（续表）

年　份	奖　项	等　级	项目名称	主要完成单位
2008	科技进步奖	三等奖	米糠多糖对鸡生长于免疫调控研究	河北省畜牧兽医研究所，广东海洋大学，河北省动物卫生监督所
2008	科技进步奖	三等奖	棉花前重式简化栽培集成技术	河北省农林科学院棉花研究所，河北省农林科学院农业资源环境研究所
2008	科技进步奖	三等奖	免耕玉米专用肥及简化施肥技术研究	河北农林科学院农业资源环境研究所
2008	科技进步奖	三等奖	山区水土资源综合可持续利用技术研究	河北师范大学，保定市水土保持试验站
2008	科技进步奖	三等奖	设施蔬菜连作土壤养分供应障碍与平衡施肥技术	河北农林科学院农业资源环境研究所
2008	科技进步奖	三等奖	食用菌冻干加工技术研究与示范	河北国宾食品有限公司
2008	科技进步奖	三等奖	特技珍酿葡萄酒创新工艺技术研究	中粮华夏长城葡萄酒有限公司
2008	科技进步奖	三等奖	晚熟桃新品种的选育及配套栽培技术	唐山职业技术学院
2008	科技进步奖	三等奖	稳质高效超强筋优质小麦藁优 9415 选育与应用	藁城市农业科学研究所
2008	科技进步奖	三等奖	新城疫病毒胶体金免疫层析快速检测试纸条的研究	河北省动物卫生监督所，河北农业大学
2008	科技进步奖	三等奖	早熟、优质、耐热、抗病樱桃番茄新品种红宝石的选育及应用	河北省农林科学院经济作物研究所
2008	科技进步奖	三等奖	长城庄园霞多丽香槟法起泡葡萄酒的研制开发	中国长城葡萄酒有限公司
2008	科技进步奖	三等奖	猪鸡主要疫病监测与免疫技术研究	唐山市动物疫病预防控制中心，唐山市动物卫生监督所
2008	科技进步奖	三等奖	转 BT 基因抗棉铃虫、高产、抗病棉花新品种冀丰 197 的选育与应用	河北省农林科学院棉花研究所，河北省农林科学院粮油作物研究所
2009	自然科学奖	一等奖	中国主要地方山羊和绵羊品种遗传多样性和重要性状候选基因研究	河北农业大学
2009	自然科学奖	二等奖	体细胞核移植牛中基因表达与 DNA 甲基化研究	河北农业大学，中国农业大学，河北科技大学
2009	自然科学奖	三等奖	利用昆虫病原线虫防治蜱类的研究	河北师范大学
2009	技术发明奖	三等奖	桃人工解除休眠提早促成栽培技术	河北省农业科学院昌黎果树研究所，昌黎县人民医院
2009	科技进步奖	一等奖	高产高油花生新品种冀花 4 号选育及应用	河北省农林科学院粮油作物研究所
2009	科技进步奖	一等奖	辣椒红色素、辣椒素的规模化生产工艺技术	晨光生物科技集团股份有限公司
2009	科技进步奖	一等奖	梨栽培标准化及产业化技术与示范	河北农业大学

（续表）

年 份	奖 项	等 级	项目名称	主要完成单位
2009	科技进步奖	一等奖	特种优良发酵菌种选育及高效发酵剂研制	河北农业大学，河北科技大学，中国农业科学院北京畜牧兽医研究所
2009	科技进步奖	二等奖	矮秆大穗抗旱节水高产广适型冬小麦新品种衡观35的选育及应用	河北省农林科学院旱作农业研究所
2009	科技进步奖	二等奖	冬枣和赞皇大枣采后生理及贮藏保鲜技术	河北省农林科学院遗传生理研究所，河北科技大学
2009	科技进步奖	二等奖	河北省耕地质量评价与生产能力核算及关键保控技术体系	河北农业大学
2009	科技进步奖	二等奖	河北省主要农作物精准农业关键技术研究与集成示范	中国科学院遗传与发育生物学研究所，农业资源研究中心
2009	科技进步奖	二等奖	山区万只肉羊无公害舍饲集约化养殖技术开发示范	河北农业大学
2009	科技进步奖	二等奖	适宜不同栽培形式的系列草莓新品种选育及应用	河北省农林科学院石家庄果树研究所
2009	科技进步奖	二等奖	蔬菜全覆盖栽培根层灌溉节水关键技术及配套设备集成研究与示范	河北省农林科学院农业信息与经济研究所，河北省农林科学院经济作物研究所
2009	科技进步奖	二等奖	太行山区优质核桃产业化技术及深加工系列产品开发	河北绿岭果业有限公司，河北农业大学，河北晶品果业有限公司
2009	科技进步奖	二等奖	甜椒核雄性不育资源创新及系列新品种选育	河北省农林科学院经济作物研究所
2009	科技进步奖	二等奖	小麦蛋白质成分和淀粉特性对加工品质的影响与优质专用新品种选育	河北农业大学
2009	科技进步奖	二等奖	新耕作制度下河北小麦玉米病虫草害种类及防控技术体系研究与应用	河北农业大学，河北省农林科学院植物保护研究所，河北省植保植检站
2009	科技进步奖	二等奖	优质高端食品——鸡蛋生产技术体系研究与应用	河北省畜牧兽医研究所，河北农业大学，辛集市新绿科技发展有限公司
2009	科技进步奖	二等奖	鱼类及其他水产养殖动物细菌性病害与病原细菌学研究	河北科技师范学院
2009	科技进步奖	三等奖	国内外刺槐资源评价及引种应用研究	河北农业大学
2009	科技进步奖	三等奖	河北省水土保持大示范区建设技术研究	河北省水土保持工作总站
2009	科技进步奖	三等奖	河北省主要人兽共患传染病病原生态流行病学初步研究	河北科技师范学院
2009	科技进步奖	三等奖	太行山丘陵区可持续发展的农业生态工程技术体系研究	中国科学院遗传与发育生物学研究所农业资源研究中心，河北省土地整理服务中心，井陉县天山绿色食品有限公司
2009	科技进步奖	三等奖	咸淡水混合灌溉工程技术规范	河北省防汛抗旱指挥部办公室，河北省水利科学研究院
2009	科技进步奖	三等奖	黄海1号中国对虾引进及养殖技术推广	河北省水产技术推广站

（续表）

年　份	奖　项	等　级	项目名称	主要完成单位
2009	科技进步奖	三等奖	4YB-3 玉米联合收获机	河北省农机修造服务总站，河北省农业机械化研究所有限公司，河北农哈哈机械集团有限公司
2009	科技进步奖	三等奖	保护地专用优质丰产旱黄瓜新品种绿岛 3 号的选育	河北科技师范学院
2009	科技进步奖	三等奖	动物性食品安全检测和癌症早期诊断蛋白芯片的研究	河北大学，河北大学附属医院，保定市凯斯达科技有限公司
2009	科技进步奖	三等奖	高产、稳产、优质杂交抗虫棉新品种冀创棉 1 选育及应用	石家庄市农业科学院，河北创世纪科技股份有限公司
2009	科技进步奖	三等奖	高寒半干旱区提高饲草品质和产量及高效益舍饲养羊研究	河北北方学院
2009	科技进步奖	三等奖	高抗矮花叶病毒玉米新品种承玉 15 选育及推广	承德裕丰种业有限公司
2009	科技进步奖	三等奖	高油大豆栽培技术研究及其应用	河北省农林科学院粮油作物研究所，石家庄市农业技术推广中心
2009	科技进步奖	三等奖	河北丰宁满族自治县主要乔灌良种及其造林配套技术示范	河北省林业科学院，河北省丰宁满族自治县林业局
2009	科技进步奖	三等奖	河北省生态功能区划研究	河北省环境科学研究院，河北省水环境科学实验室
2009	科技进步奖	三等奖	冀东平原区小麦玉米两熟丰产高效技术集成研究与示范	河北科技师范学院
2009	科技进步奖	三等奖	抗条纹叶枯病节水高产优质水稻新品种垦育 20 号选育与应用	河北省农林科学院滨海农业研究所
2009	科技进步奖	三等奖	抗吸浆虫冬小麦新品种石麦 12 号	石家庄市农业科学院，河北省小麦工程技术研究中心
2009	科技进步奖	三等奖	马铃薯小型化脱毒种薯生产关键技术研究及其应用	石家庄市农业科学院，中国农业科学院蔬菜花卉研究所
2009	科技进步奖	三等奖	奶牛健康养殖中药应用关键技术研究与示范	河北农业大学
2009	科技进步奖	三等奖	耐热优质茄子新品种黑帅圆茄的选育	河北农业大学
2009	科技进步奖	三等奖	牛病毒性腹泻病毒 *E*2 基因体外表达及应用	河北农业大学
2009	科技进步奖	三等奖	农作物土壤水质无机成分的光谱测试	河北大学
2009	科技进步奖	三等奖	禽流感免疫防控技术研究与应用	河北省畜牧兽医研究所，河北农业大学
2009	科技进步奖	三等奖	塞北乌骨鸡蛋用品系的选育	河北北方学院
2009	科技进步奖	三等奖	套袋黄冠梨果面花斑病成因及综合防控技术研究	河北省农林科学院石家庄果树研究所
2009	科技进步奖	三等奖	系列专用裸燕麦新品种选育与推广	河北省高寒作物研究所
2009	科技进步奖	三等奖	优质高产抗病抗旱大豆新品种邯豆五号的选育及应用	邯郸市农业科学院

（续表）

年份	奖项	等级	项目名称	主要完成单位
2009	科技进步奖	三等奖	优质高产抗虫棉花杂交种冀优01的选育及应用研究	河北省农林科学院棉花研究所
2009	科技进步奖	三等奖	植酸酶生物发酵自动控制系统	河北衡水老白干酒业股份有限公司生物技术工程分公司
2009	科技进步奖	三等奖	中药在生态型养鸡中的应用技术研究	河北农业大学
2009	科技进步奖	三等奖	主要设施蔬菜病虫害预防性控制技术	河北省农林科学院植物保护研究所
2010	自然科学奖	一等奖	大白菜和甘蓝初级三级的创建及遗传分析	河北农业大学
2010	自然科学奖	二等奖	细胞外钙调素调控花粉细胞内钙离子动态变化的信号转导机制	河北师范大学，邢台学院，中国农业大学，河北师范大学附属中学
2010	自然科学奖	二等奖	小麦玉米高效利用磷的生理机制研究	河北农业大学，中国农业大学
2010	技术发明奖	三等奖	棉花种子丸粒化技术	河北省农林科学院农业资源环境研究所，河北省农业机械化研究所有限公司
2010	科技进步奖	一等奖	海河平原冬小麦节水超高产栽培技术体系	河北农业大学
2010	科技进步奖	一等奖	枯草芽孢杆菌 NCD-2 防治作物黄萎病生物农药的研制和产业化	河北省农林科学院植物保护研究所
2010	科技进步奖	一等奖	小麦—玉米两熟农田除草剂安全高效技术研究与应用	河北省农林科学院粮油作物研究所，中国农业科学院植物保护研究所，农业部农药检定所，国家农业信息化工厂技术研究中心
2010	科技进步奖	一等奖	转单双价基因抗虫三系杂交棉邯系 98-1 和邯杂 429 选育与应用	邯郸市农业科学院
2010	科技进步奖	二等奖	规模猪场口蹄疫综合防控技术集成与示范	河北省动物疫病预防控制中心
2010	科技进步奖	二等奖	国产橡木桶及贮存高档干红葡萄酒的研究	河北科技大学，朗格斯酒庄有限公司
2010	科技进步奖	二等奖	河北省海洋经济品种高效健康增养殖技术集成于产业化示范	河北省水产研究所
2010	科技进步奖	二等奖	河北省外来入侵植物黄顶菊的发生规律及综合治理	河北农业大学，河北植物保检站
2010	科技进步奖	二等奖	鸡主要疾病中药防治技术体系的构建及应用	河北农业大学
2010	科技进步奖	二等奖	节水高产型冬小麦新品种选育及育成品种	石家庄市农林科学研究院，河北省小麦工程技术研究中心
2010	科技进步奖	二等奖	抗黄萎病、专基因抗虫国审棉花新品种邯 5158	邯郸市农业科学院，河北农业大学
2010	科技进步奖	二等奖	棉花抗病、优质、高产多类型新品种选育及应用	河北省农林科学院棉花研究所，中国农业科学院生物技术研究所
2010	科技进步奖	二等奖	农产品加工用高效微生物菌种培育及菌种资源库建设	河北农业大学，河北科技大学

（续表）

年 份	奖 项	等 级	项目名称	主要完成单位
2010	科技进步奖	二等奖	设施主要蔬菜土传病害无害化综合治理技术	河北省农林科学院经济作物研究所
2010	科技进步奖	二等奖	适合不同类型棉田种植的系列抗虫棉新品种选育与应用	河北省农林科学院棉花研究所，河北省农林科学院粮油作物研究所
2010	科技进步奖	二等奖	夏玉米光热资源高效利用与超高产栽培技术体系	河北农业大学
2010	科技进步奖	二等奖	羊克隆、高效超排及精液冷冻研究与产业化示范	河北农业大学，河北省牛羊胚胎工程技术研究中心，河北省畜牧良种工作站
2010	科技进步奖	二等奖	优质、耐贮、黄肉桃新品种美锦的选育及应用	河北省农林科学院石家庄果树研究所
2010	科技进步奖	二等奖	圆茄周年生产系列优质专用品种选育及应用	河北省农林科学院经济作物研究所，河北冀蔬科技有限公司
2010	科技进步奖	三等奖	渤海湾水产良种选育及池塘生态养殖技术	唐山市水产技术推广站，河北大学，唐海县紫天水产有限责任公司
2010	科技进步奖	三等奖	承德风沙区桑树生态林建设及桑叶饲喂畜禽技术	承德医学院
2010	科技进步奖	三等奖	多功能多茎收获机	河北省农业机械化研究所有限公司
2010	科技进步奖	三等奖	多类型水质健康养殖技术集成示范推广河北省盐碱地池塘健康养殖技术示范	河北省水产技术推广站
2010	科技进步奖	三等奖	高白度高抗白粉病高产冬小麦新品种邯麦 11 号	邯郸市农业科学院
2010	科技进步奖	三等奖	高产酒精酵母育种及应用研究	河北农业大学
2010	科技进步奖	三等奖	高产稳产优质抗逆大豆新品种化诱 5 号的选育及应用	中国科学院遗传与发育生物学研究所农业资源研究中心，石家庄市农林科学研究院
2010	科技进步奖	三等奖	广适、早熟、高产稳产、优质红小豆新品种保红 947	保定市农业科学研究所
2010	科技进步奖	三等奖	规模猪场猪呼吸道疾病综合征（PRDC）相关病原分析及综合防治研究	唐山市动物卫生监督所，河北省动物疫病预防控制中心，唐山市动物疫病预防控制中心
2010	科技进步奖	三等奖	国欣棉 3 号、国欣棉 6 号选育与应用	河间市国欣农村技术服务总会，中国农业大学，中国农业科学院生物技术研究所
2010	科技进步奖	三等奖	河北地平原高产小麦玉米养分运移供需规律及施肥技术	河北农业大学
2010	科技进步奖	三等奖	河北省农田土壤养分资源持续利用及管理技术	河北省土壤肥料总站，河北农业大学
2010	科技进步奖	三等奖	环渤海飞蝗气象监测预警技术推广应用	河北省气象科学研究所
2010	科技进步奖	三等奖	鸡源抗腹泻芽孢益生菌的筛选鉴定、发酵工艺优化及应用	河北农业大学
2010	科技进步奖	三等奖	冀北沙土化土地生物综合治理技术研究	河北省林业科学研究院
2010	科技进步奖	三等奖	抗旱耐瘠高产棉花新品种衡科棉 369 选育及应用	河北省农林科学院旱作农业研究所

（续表）

年　份	奖　项	等　级	项目名称	主要完成单位
2010	科技进步奖	三等奖	绵羊肺炎支原体抗原蛋白生物学特性及其综合防治技术	河北农业大学
2010	科技进步奖	三等奖	农作物水产信息化关键技术集成与应用	河北省农业技术推广中心，中国农业大学曲周实验站，中国科学院遗传与发育生物学研究所农业资源研究中心
2010	科技进步奖	三等奖	群体个体并重夺高产型优质谷子新品种——冀谷 26 的选育与应用	河北省农林科学院谷子研究所
2010	科技进步奖	三等奖	无公害优质鲜食葡萄栽培技术研究	河北省林业科学研究院
2010	科技进步奖	三等奖	小麦新品种邢麦 4 号选育及应用	邢台市农业科学研究院
2010	科技进步奖	三等奖	优质高产小麦藁优 9618 选育与应用	藁城市农业科学研究所
2010	科技进步奖	三等奖	早熟丰产抗病优质设施栽培黄瓜新品种冀杂 1 号的选育与应用	河北省农林科学院经济作物研究所
2010	科技进步奖	三等奖	长城桑干赤霞珠珍藏级干红葡萄酒研制与开发	中国长城葡萄酒有限公司
2010	科技进步奖	三等奖	中国马铃薯晚疫病监测预警系统的研发与应用	河北农业大学
2010	科技进步奖	三等奖	中药材连翘生产关键技术及质量控制研究	河北省农林科学院经济作物研究所，河北省农业大学
2010	科技进步奖	三等奖	中药预防奶牛围产期疾病应用技术研究	河北农业大学
2011	自然科学奖	三等奖	盐胁迫下植物根系构型可塑性发育的生理和分子机理	中国科学院遗传与发育生物学研究所农业资源研究中心，青岛中烟种子有限责任公司，中国科学院心理研究所
2011	科技进步奖	一等奖	光温敏两系法杂交谷子技术研究与应用	张家口市农业科学院
2011	科技进步奖	一等奖	华北灌溉农田减蒸降耗增效节水技术集成与示范	河北省农林科学院，中国科学院遗传与发育生物学研究所农业资源研究中心，中国地质科学院水文地质环境地质研究所，中国农业大学，河北省水利科学研究院
2011	科技进步奖	一等奖	强优势棉花新品种邯棉 802 和邯郸 885 的选育及应用	邯郸市农业科学院，河北农业大学
2011	科技进步奖	一等奖	燕山板栗产业化开发关键技术研究与示范	河北科技师范学院
2011	科技进步奖	一等奖	优异大豆种质发掘、创新及利用	河北省农林科学院粮油作物研究所，邯郸市农业科学院，河北省承德市农业科学研究所，河北农业大学
2011	科技进步奖	一等奖	枣果中多酚类物质的分离纯化工艺及抗氧化活性功能研究	河北沛然世纪生物食品有限公司，河北农业大学
2011	科技进步奖	二等奖	高产优质与早熟广适棉花新品种选育及应用	河北省农林科学院棉花研究所
2011	科技进步奖	二等奖	国家二类新兽药——盐酸沃尼妙林原料及预混剂	河北远征药业有限公司

（续表）

年　份	奖　项	等　级	项目名称	主要完成单位
2011	科技进步奖	二等奖	河北省太行山片麻岩山地综合开发治理技术	河北农业大学，邢台市山区经济技术开发办公室，石家庄市山区经济技术开发办公室
2011	科技进步奖	二等奖	华北农区高产奶牛良种繁育体系建立与示范	河北省畜牧兽医研究所，河北农业大学
2011	科技进步奖	二等奖	韭菜病虫无害化防控与硝酸盐累积调控技术	廊坊市农林科学院，河北农业大学
2011	科技进步奖	二等奖	抗病、抗早衰高产棉花新品种冀棉 616 的选育与应用	河北省农林科学院棉花研究所
2011	科技进步奖	二等奖	马铃薯晚疫病菌群体变异规律及病害综合防控技术体系建立	河北农业大学，围场满族蒙古族自治县马铃薯研究所
2011	科技进步奖	二等奖	太行鸡（河北柴鸡）选育技术与应用研究	河北省畜牧兽医研究所，河北农业大学
2011	科技进步奖	二等奖	太行山区柿良种筛选及标准化栽培技术体系研究与示范	河北农业大学
2011	科技进步奖	二等奖	早熟、耐寒、抗旱、高产多类型冬小麦新品种选育与应用	河北农业大学
2011	科技进步奖	二等奖	中华甲虫蒲螨的发现、大量繁殖与释放技术	河北省农林科学院昌黎果树研究所，河北省森林病虫害防治检疫站
2011	科技进步奖	三等奖	TMR 饲料加工成套设备关键技术研究及产品开发	石家庄万通机械制造有限公司，河北科技大学
2011	科技进步奖	三等奖	北方麦田杂草抗药性的发生、机制与治理	河北省农林科学院粮油作物研究所，中国农业科学院植物保护研究所
2011	科技进步奖	三等奖	出口肉鸡药物残留控制技术研究	秦皇岛市动物卫生监督所，秦皇岛正大有限公司
2011	科技进步奖	三等奖	大铃优质广适应型抗虫杂交棉新品种选育与应用	河北省农林科学院棉花研究所，河北省农林科学院粮油作物研究所
2011	科技进步奖	三等奖	动物胚胎生物技术在规模化奶牛场的应用研究	石家庄天泉良种奶牛有限公司，北京安伯胚胎生物技术中心，河北省农林科学院粮油作物研究所
2011	科技进步奖	三等奖	堆型艾美耳球虫特异性单抗-pE40 重组毒素构建及应用	河北农业大学
2011	科技进步奖	三等奖	高产广适水高效冬小麦新品种冀 5265 选育及应用	河北省农林科学院粮油作物研究所
2011	科技进步奖	三等奖	高产优质强筋冬小麦新品种师栾 02-1 选育与应用	河北师范大学，栾城县原种场
2011	科技进步奖	三等奖	高山杜鹃引种栽培及花期调控技术的开发应用	石家庄市农林科学研究院，石家庄市神州花卉研究所，河北农业大学
2011	科技进步奖	三等奖	河北强筋小麦调优栽培信息化技术	河北省农业技术推广总站，北京农业信息技术研究中心，藁城市农业技术推广中心
2011	科技进步奖	三等奖	河北省鸡主要疫病防治关键技术研究与示范	河北农业大学，河北省畜牧兽医研究所
2011	科技进步奖	三等奖	河北省芦笋品种资源及抗病优质高效栽培技术研究与应用	河北省农林科学院经济作物研究所，河北省农林科学院植物保护研究所，河北省农业技术推广总站

（续表）

年 份	奖 项	等 级	项目名称	主要完成单位
2011	科技进步奖	三等奖	河北省特色食用菌系列新品种选育及配套栽培技术	河北省农林科学院遗传生理研究所，河北农业大学，河北师范大学
2011	科技进步奖	三等奖	花椒新品种选育及区域化试验	河北省林业科学研究院
2011	科技进步奖	三等奖	黄淮海地区有机养分资源及其新型沼肥开发利用技术	河北农业大学，张家口市泓都生物技术有限公司
2011	科技进步奖	三等奖	基于云模式的农村科技信息综合服务平台	廊坊市大华夏神农信息技术有限公司，农业部信息中心，河北省农村信息化工程技术研究中心
2011	科技进步奖	三等奖	冀西北坝上地区农田降水资源化与水土保育技术体系	河北农业大学
2011	科技进步奖	三等奖	家兔生物饲料及中草药下脚料资源开发和饲料配方库建立及应用技术	河北农业大学
2011	科技进步奖	三等奖	江鳕全人工养殖技术研究与应用	河北省水产研究所
2011	科技进步奖	三等奖	秸秆还田腐熟菌剂的研制	河北农业大学，河北民得富生物技术有限公司，河北众邦生物技术有限公司
2011	科技进步奖	三等奖	奶牛病原性腹泻综合防治技术	河北农业大学
2011	科技进步奖	三等奖	裘皮优化加工技术开发	华斯农业开发股份有限公司，肃宁县皮草行业生产力促进中心
2011	科技进步奖	三等奖	肉羊高效健康养殖关键技术	河北农业大学
2011	科技进步奖	三等奖	肉用绵羊培育关键技术研究	河北省畜牧兽医研究所
2011	科技进步奖	三等奖	生态安全型乳猪饲料的研究与示范	石家庄科瑞德饲料有限公司，河北农业大学
2011	科技进步奖	三等奖	蔬菜节水关键技术集成与推广	河北省农业技术推广总站，河北省农林科学院农业信息与经济研究所，河北华微节水设备有限公司
2011	科技进步奖	三等奖	太行山生态稳定机制与生态产业技术研究	中国科学院遗传与发育生物学研究所农业资源研究中心
2011	科技进步奖	三等奖	优质、抗逆核桃优良品种——西岭	石家庄市果树站，河北省林业科学研究院
2011	科技进步奖	三等奖	预防仔猪腹泻基因工程菌株的构建及其免疫原性研究	河北师范大学
2011	科技进步奖	三等奖	中草药在蛋鸡安全健康养殖中应用关键技术研究	河北科技师范学院
2012	自然科学奖	二等奖	土壤—根际—植物体系中砷迁移转化规律及调控机制研究	中国科学院生态环境研究中心，河北农业大学
2012	科技进步奖	一等奖	谷子简化栽培的育种与配套技术研究与应用	河北省农林科学院谷子研究所
2012	科技进步奖	一等奖	优质抗病丰产大白菜新品种油绿3 号的选育与应用	河北农业大学
2012	科技进步奖	一等奖	玉米优异种质创新及抗逆广适杂交种选育应用	河北农业大学，邯郸市农业科学院，石家庄蠡玉科技开发有限公司，河北工程大学

（续表）

年 份	奖 项	等 级	项目名称	主要完成单位
2012	科技进步奖	一等奖	转基因抗虫棉早衰的生理生态机制及调控技术	河北农业大学，山东棉花研究中心
2012	科技进步奖	二等奖	2BMSQFY-4玉米免耕深松全层施肥精量播种机	河北农业大学
2012	科技进步奖	二等奖	草畜界面生物学转化增效技术研究	河北省农林科学院农业资源环境研究所，中国农业大学，农业部全国草业产品质量监督检验测试中心，上海交通大学
2012	科技进步奖	二等奖	封闭式循环海水养殖技术开发与产业化示范	河北省海洋与水产科学研究院，河北省水产技术推广站，河北农业大学海洋学院
2012	科技进步奖	二等奖	高产稳产广适绿豆新品种冀绿7号、冀绿8号选育与应用	河北省农林科学院粮油作物研究所，中国农业科学院作物科学研究所
2012	科技进步奖	二等奖	河北省中低产粮田养分高效利用及培肥技术	河北省农林科学院农业资源环境研究所
2012	科技进步奖	二等奖	克仑特罗等三种β-受体激动剂（瘦肉精）检测技术集成与示范	唐山市畜牧水产品质量监测中心，江西中德生物工程有限公司
2012	科技进步奖	二等奖	皮兔新品种选育技术研究	河北农业大学
2012	科技进步奖	二等奖	葡萄防雹防鸟网关键技术研究与示范	河北省林业科学研究院
2012	科技进步奖	二等奖	适应气候变化的河北省农业节水技术集成与保障措施	河北省水利科学研究院
2012	科技进步奖	二等奖	甜瓜育种技术创新及唐甜2号新品种选育与应用	唐山市农业科学研究院，中国农业科学院农产品加工研究所，北京大学重离子物理研究所
2012	科技进步奖	二等奖	枣树重大害虫绿盲蝽蟓和皮暗斑螟综合治理技术	河北农业大学，河北省林业科学研究院
2012	科技进步奖	二等奖	枣系列产品加工关键技术研究与产业化示范	河北农业大学
2012	科技进步奖	三等奖	贝类、虾类深加工关键技术的研究	河北农业大学
2012	科技进步奖	三等奖	蛋鸡标准化生产技术集成示范与推广	河北凯特饲料有限公司
2012	科技进步奖	三等奖	蛋鸡规模化健康养殖关键技术研究与示范	石家庄华牧牧业有限责任公司，河北省畜牧兽医研究所，河北农业大学
2012	科技进步奖	三等奖	多抗优质黄瓜砧木冀砧10号的选育及应用	河北省农林科学院经济作物研究所，乐亭县农业局蔬菜种籽繁育站
2012	科技进步奖	三等奖	放射形根瘤菌生产可得然胶新技术及其产品开发	河北鑫合生物化工有限公司
2012	科技进步奖	三等奖	甘蓝雄性胞质不育关键技术研究及应用	邢台市蔬菜种子公司
2012	科技进步奖	三等奖	高产550公斤氮高效优质强筋冬小麦新品种邯00-7086	邯郸市农业科学院，河北工程大学
2012	科技进步奖	三等奖	高产优质抗病虫转基因棉花新品种邯棉103、邯685选育及应用	邯郸市农业科学院
2012	科技进步奖	三等奖	河北平原土壤墒情变化规律及旱情预报研究	河北省水文水资源勘测局

（续表）

年 份	奖 项	等 级	项目名称	主要完成单位
2012	科技进步奖	三等奖	河北省棉花生态地质地球化学比配与优质施肥技术应用	河北省农林科学院农业资源环境研究所，河北省农林科学院棉花研究所
2012	科技进步奖	三等奖	河北省山地丘陵区土地整理生态工程关键技术及示范	河北省科学院地理科学研究所
2012	科技进步奖	三等奖	河北省石灰岩山区蓄水成土综合治理关键技术研究	保定市水土保持试验站，河北省水土保持工作总站，河北农业大学
2012	科技进步奖	三等奖	河北省退耕还林工程综合技术研究与示范	河北农业大学
2012	科技进步奖	三等奖	基于白洋淀水体质量保护的农作物水肥管理技术研究与应用	河北省农林科学院农业资源环境研究所
2012	科技进步奖	三等奖	胶冻样类芽孢杆菌肥料制剂生产工艺及其应用	河北农业大学，河北大学，河北众邦生物技术有限公司
2012	科技进步奖	三等奖	奶牛精细饲养技术研究与应用	河北省畜牧兽医研究所
2012	科技进步奖	三等奖	耐盐、抗旱、抗盲蝽蟓棉花新品种衡棉 4 号选育及应用	河北省农林科学院旱作物农业研究所
2012	科技进步奖	三等奖	喷灌系统运行的智能模拟与优化控制理论及其应用	河北农业大学
2012	科技进步奖	三等奖	气候变化对河北省粮食安全的影响	河北省气象局
2012	科技进步奖	三等奖	仁用杏霜冻害综合防御关键技术	河北农业大学
2012	科技进步奖	三等奖	乳及乳制品中 β-内酰胺酶标准化检测技术研究	河北省食品质量监督检验研究院，河北省科学院生物研究所
2012	科技进步奖	三等奖	生猪健康养殖与质量追溯技术集成与示范	石家庄市畜牧兽医技术开发中心
2012	科技进步奖	三等奖	四种兽用违禁药物残留快速检测技术	河北省兽药监察所，河北农业大学
2012	科技进步奖	三等奖	现代灌区信息化系统	唐山现代工控技术有限公司
2012	科技进步奖	三等奖	新一代农村卫星电视安全接收系统	中国电子科技集团公司第五十四研究所，华亚微电子（上海）有限公司，陕西如意广电科技有限公司
2012	科技进步奖	三等奖	芽球菊苣工厂化周年生产技术研究与应用	河北省农林科学院经济作物研究所
2012	科技进步奖	三等奖	优质早熟高产大豆品种冀豆 15 选育和应用	河北省农林科学院粮油作为研究所
2012	科技进步奖	三等奖	玉米深松精量播种机研制与应用	河北省农业机械化研究所有限公司，中国科学院遗传与发育生物学研究所农业资源研究中心，河北省农机修造服务总站
2013	自然科学奖	三等奖	水稻质外体盐胁迫反应蛋白的鉴定和功能研究	河北师范大学
2013	自然科学奖	三等奖	植物对重金属胁迫耐受和累积的生理及分子机理	中国科学院遗传与发育生物学院研究所农业资源研究中心，中国科学院大学
2013	技术发明奖	三等奖	菊黄东方鲀（雌）与红鳍东方鲀（雄）杂交育种技术研究与应用	河北省海洋与水产科学研究院

（续表）

年　份	奖　项	等　级	项目名称	主要完成单位
2013	技术发明奖	三等奖	利用微藻养殖减排二氧化碳技术	新奥科技发展有限公司
2013	科技进步奖	一等奖	彩色植物新品种——中华金叶榆（美人榆）选育及产业化技术	河北省林业科学研究院，石家庄市绿缘达园林工程有限公司，河北新星林业科技开发有限责任公司
2013	科技进步奖	一等奖	华北平原缺水区保护性耕作技术集成研究与示范	中国科学院遗传与发育生物学院研究所农业资源研究中心，河北省农业机械化研究所有限公司，河北省农业技术推广总站
2013	科技进步奖	一等奖	抗病、抗虫、高产棉花新品种农大棉 7 号、农大棉 8 号选育及应用	河北农业大学
2013	科技进步奖	一等奖	棉籽综合利用关键技术创新及产业化	晨光生物科技集团股份有限公司，中机康元粮油装备（北京）有限公司，营口晨光植物提取设备有限公司，晨光集团喀什天然色素有限公司
2013	科技进步奖	一等奖	奶牛高效及生态饲养关键技术研究与示范推广	河北农业大学，河北凯特饲料有限公司
2013	科技进步奖	二等奖	畜禽常见重要细菌病致病机制及综合防控关键技术研究	河北科技师范学院，吴桥大成养鸡合作社
2013	科技进步奖	二等奖	冬枣新品种选育及栽培技术创新与应用	河北省林业科学研究院
2013	科技进步奖	二等奖	高产油用大果花生新品种冀花 5 号、冀花 6 号的选育及应用	河北省农林科学院棉花研究所
2013	科技进步奖	二等奖	国审双抗优质棉花品种冀杂 2 号、冀 228 的选育及应用	河北省农林科学院棉花研究所
2013	科技进步奖	二等奖	基于物联网的果蔬安全生产智能监控技术系统集成与应用	国家半干旱农业工程技术研究中心，廊坊市惠农农业技术研究所，廊坊市思科农业技术有限公司
2013	科技进步奖	二等奖	冀北山地植被恢复与主要森林类型经营关键技术研究与示范	河北农业大学
2013	科技进步奖	二等奖	秸秆发酵饲料复合菌剂的研制及其生产工艺	河北农业大学，河北众邦生物技术有限公司
2013	科技进步奖	二等奖	抗寒耐盐优质高产冀草 1 号、冀草 2 号高丹草新品种选育及应用	河北省农林科学院旱作农业研究所
2013	科技进步奖	二等奖	抗逆、抗病、优质设施黄瓜新品种及嫁接砧木新品种的选育及应用	河北省农林科学院经济作物研究所
2013	科技进步奖	二等奖	奶牛主要疾病综合防控关键技术研究与应用	河北农业大学
2013	科技进步奖	二等奖	农业废弃物沼气资源化高效利用关键技术开发与集成示范	河北省枣强玻璃钢集团有限公司，河北省科学院生物研究所，河北耿忠生物质能源开发有限公司
2013	科技进步奖	二等奖	燕山低山丘陵平原耕地养分演变及其持续高效利用关键技术	河北农业大学，鹤岛生物工程集团有限公司，中国-阿拉伯化肥有限公司
2013	科技进步奖	二等奖	以葡萄园生态要素为主导的产区特色葡萄酒生产技术开发	河北科技大学，中粮华夏长城葡萄酒有限公司

（续表）

年　份	奖　项	等　级	项目名称	主要完成单位
2013	科技进步奖	二等奖	玉米叶斑病病原菌变异及早期综合防治技术研究	河北省农林科学院植物保护研究所
2013	科技进步奖	三等奖	“三优”苹果栽培起苗、打药机械装备	河北农业大学，邯郸市升华机械制造有限公司
2013	科技进步奖	三等奖	β-葡萄糖苷酶生产工艺技术及其在葡萄酒中的应用	河北科技师范学院
2013	科技进步奖	三等奖	多抗玉米新品种冀农 1 号的选育及技术集成与推广	河北省农业技术推广总站，河北冀农种业有限公司
2013	科技进步奖	三等奖	非灌溉农田提高土壤水利用效率技术	河北省国家救灾备荒种子管理中心
2013	科技进步奖	三等奖	高产稳产、广适型国审棉花新品种邯 7860 选育与应用	邯郸市农业科学院
2013	科技进步奖	三等奖	高产优质抗逆广适大豆新品种石豆 1 号选育与应用	石家庄市农林科学研究院，中国科学院遗传与发育生物学研究所农业资源研究中心
2013	科技进步奖	三等奖	高抗枯萎病、高产、适简栽培棉花新品种冀 3927 的选育与应用	河北省农林科学院棉花研究所
2013	科技进步奖	三等奖	河北省不同生态类型区设施蔬菜高效种植模式及配套关键技术	河北省农林科学院经济作物研究所
2013	科技进步奖	三等奖	河北省冬季不同光温区蔬菜棚室的设计依据及建造	河北省农林科学院经济作物研究所
2013	科技进步奖	三等奖	洁蛋生产关键技术与设备集成研究开发	河北工程大学，南京农业大学，河北金凯牧业有限责任公司
2013	科技进步奖	三等奖	美乐半甜桃红葡萄酒酿造技术研发	怀来县贵族庄园葡萄酒业有限公司
2013	科技进步奖	三等奖	棉杆规模化栽培木腐菌配套技术研究与示范	河北省农业环境保护监测站
2013	科技进步奖	三等奖	纳米膜与活性物对棉花黄萎病的调控作用机理及应用研究	河北工程大学，河北大学，河北省农林科学院棉花研究所
2013	科技进步奖	三等奖	耐运早熟优质抗病番茄新品种冀番 135、冀番 136 的选育及应用	河北省农林科学院经济作物研究所，河北冀蔬科技有限公司
2013	科技进步奖	三等奖	农药残留与微生物检测技术	石家庄开发区达为医药科技有限公司，石家庄大为生物技术有限公司
2013	科技进步奖	三等奖	农作物灾变监测预警与河北省农业数据库及地理信息系统的研建	石家庄铁道大学，河北省农业信息中心，河北省农业技术推广总站
2013	科技进步奖	三等奖	禽源大肠杆菌耐药基因检测及中药防治技术研究	河北大山动物药业有限公司，河北农业大学
2013	科技进步奖	三等奖	日光温室黄瓜番茄肥料减施增效机制及施肥技术	河北省农林科学院农业资源环境研究所，中国农业科学院农业资源与农业区划研究所
2013	科技进步奖	三等奖	日光温室硬果型番茄无公害丰产栽培关键技术及集成	河北农业大学
2013	科技进步奖	三等奖	塞北乌骨鸡种质创新及配套养殖技术与应用	河北北方学院，宣化县利生牧业有限责任公司
2013	科技进步奖	三等奖	桑天牛无公害控制技术集成与示范	河北农业大学

（续表）

年　份	奖　项	等　级	项目名称	主要完成单位
2013	科技进步奖	三等奖	生猪健康养殖关键技术研究与集成示范	河北农业大学，河北裕丰京安养殖有限公司，保定市远方农牧有限公司
2013	科技进步奖	三等奖	石优 17 号等小麦品质评价及加工技术应用	石家庄市农林科学研究院，河北省小麦工程局技术研究中心
2013	科技进步奖	三等奖	适宜简约化栽培的节水抗旱稳产冬小麦新品种邯麦 12 号选育及应用	邯郸市农业科学院
2013	科技进步奖	三等奖	太行山东麓甜樱桃引种及丰产栽培技术研究与示范	河北农业大学
2013	科技进步奖	三等奖	太行山—平原类地区水资源调控技术研究	河北工程大学
2013	科技进步奖	三等奖	污水资源化生态处理集成技术研究与示范	河北农业大学，河北加华工程设计有限公司
2013	科技进步奖	三等奖	鸭梨红酒加工关键技术研究与产业化示范	河北农业大学，河北夏都葡萄酿酒有限公司
2013	科技进步奖	三等奖	沿白洋淀高风险农业面源污染综合防控技术研究与应用	河北省农林科学院农业资源环境研究所，中国科学院大学，河北省农林科学院植物保护研究所
2013	科技进步奖	三等奖	一种枯草芽孢杆菌生防菌剂的研究与开发应用	河北师范大学，河北省农业技术推广总站
2013	科技进步奖	三等奖	抑制素和光控提高绵、山羊繁殖性能技术研究与示范推广	河北农业大学，河北省畜牧兽医研究所
2013	科技进步奖	三等奖	优质、多抗国审转基因抗虫棉石抗 126 选育及应用	石家庄市农林科学研究院，中国科学院遗传与发育生物学研究院
2013	科技进步奖	三等奖	优质、抗病苹果新品种“苹帅”“苹艳”选育及应用	河北省农林科学院昌黎果树研究所
2013	科技进步奖	三等奖	优质广适性小麦新品种藁优 2018 选育与应用	藁城市农业科学研究所
2013	科技进步奖	三等奖	中药高效节能减排检测技术创新研究及在中国药典 2010 年版应用	河北省食品药品检验院
2014	自然科学奖	二等奖	牛产奶基因及 MHC-Ⅱ类基因抗病位点的挖掘与鉴定	河北省农林科学院粮油作物研究所，中国农业大学
2014	自然科学奖	二等奖	适应气候变化的作物高效用水调控机制	中国科学院遗传与发育生物学研究所农业资源研究中心
2014	自然科学奖	三等奖	水稻油菜素内酯调控蛋白的鉴定及功能分析	河北农业大学
2014	自然科学奖	三等奖	我国畜牧业氮磷流动特征与温室气体甲烷排放规律	河北农业大学，中国农业大学
2014	技术发明奖	一等奖	生物农药高效微生物杀菌剂的创制及应用	河北省农林科学院植物保护研究所，中国农业大学
2014	技术发明奖	三等奖	冬虫夏草菌液研究及其在养鸡业的应用	河北工程大学，北京天壤冬虫夏草科技开发有限公司
2014	科技进步奖	一等奖	北方丘陵山地生态经济型水土保持林体系建设关键技术	河北农业大学

（续表）

年　份	奖　项	等　级	项目名称	主要完成单位
2014	科技进步奖	一等奖	高产高油无腥大豆品种五星 2 号选育及应用	河北省农林科学院粮油作物研究所
2014	科技进步奖	一等奖	高活性益生菌发酵乳关键技术研发及产业化	石家庄君乐宝乳业有限公司，中国农业大学，河北科技大学
2014	科技进步奖	一等奖	生鲜乳质量安全控制关键技术及应用	唐山市畜牧水产品质量监测中心，中国农业科学院北京畜牧兽医研究所，河北农业大学，杭州南开日新生物技术有限公司
2014	科技进步奖	二等奖	高产、优质、抗病虫棉花新品种石杂 101 和石早 98 的选育及应用	石家庄市农林科学研究院
2014	科技进步奖	二等奖	高产高效协调适应型冬小麦新品种邢麦 6 号育与应用	邢台市农业科学研究院
2014	科技进步奖	二等奖	华北主要粮食作物抗旱节水鉴定指标体系创建与应用	河北省农林科学院旱作农业研究所
2014	科技进步奖	二等奖	芦笋副产物高效利用关键技术与应用	秦皇岛长胜营养健康科技有限公司，河北科技师范学院，中国科学院过程工程研究所，中国农业大学
2014	科技进步奖	二等奖	耐低温弱光茄子品种茄杂 8 号、茄优 1 号的选育及应用	河北省农林科学院经济作物研究所
2014	科技进步奖	二等奖	农村医疗卫生知识库及远程医学研究	河北北方学院
2014	科技进步奖	二等奖	农业新害虫二点委夜蛾暴发机制及治理研究与应用	河北省农林科学院谷子研究所，河北省植保植检站，河北农业大学，邢台市植物保护检疫站
2014	科技进步奖	二等奖	适宜简化种植的高稳产抗病虫广适棉花新品种冀丰 554 选育与应用	河北省农林科学院粮油作物研究所
2014	科技进步奖	二等奖	无公害药物防治鸡呼吸道传染病关键技术研究与应用	河北科技师范学院，河北新华科极兽药有限公司
2014	科技进步奖	二等奖	优质大粒抗病葡萄新品种月光无核、霞光的选育及应用	河北省农林科学院昌黎果树研究所
2014	科技进步奖	二等奖	幼羔超排缩短世代间隔的快速繁育关键技术	河北农业大学，河北省牛羊胚胎工程技术研究中心，河北省畜牧兽医研究所
2014	科技进步奖	二等奖	玉米粗缩病抗性资源创制和防控技术体系研究及应用	河北省农林科学院植物保护研究所，中国农业大学
2014	科技进步奖	三等奖	白酒色谱分析、水分测定仪标准物质的研制	河北省计量科学研究所，河北省计量监督检测院
2014	科技进步奖	三等奖	本土化乳酸菌的筛选及其在葡萄酒发酵中的应用研究	怀来县绿色田园葡萄产业有限公司，燕山大学
2014	科技进步奖	三等奖	超高产稳产优质抗病虫杂交棉邯杂 306 的选育与应用	邯郸市农业科学院
2014	科技进步奖	三等奖	德国鸢尾新品种引进、栽培及产业化配套技术	河北省林业科学研究院，河北省花卉管理中心
2014	科技进步奖	三等奖	冬枣、草莓采后臭氧去感染保鲜技术研究与应用	河北省林业科学研究院

（续表）

年　份	奖　项	等　级	项目名称	主要完成单位
2014	科技进步奖	三等奖	动物用活疫苗耐热保护技术的研发与产业化	瑞普（保定）生物药业有限公司
2014	科技进步奖	三等奖	海河平原小麦—玉米轮作区地力特征及其定向培育关键技术	河北农业大学，河北中恒肥业有限公司
2014	科技进步奖	三等奖	海水高经济品种繁育及增养殖技术集成与示范	河北省海洋与水产科学研究院，河北省海洋生物资源重点实验室
2014	科技进步奖	三等奖	河北省荷斯坦种公牛培育技术研究	河北省畜牧良种工作站，河北品元畜禽育种有限公司
2014	科技进步奖	三等奖	河北省粮食赭曲霉毒素 A 污染现状和 OTA 对肾细胞损伤研究	河北医科大学第一医院，河北医科大学，北京市顺义区疾病预防控制中心
2014	科技进步奖	三等奖	核桃乳饮料新工艺技术集成	河北养元智汇饮品股份有限公司
2014	科技进步奖	三等奖	花椒风味物质高效提制关键技术开发及产业化应用	晨光生物科技集团股份有限公司
2014	科技进步奖	三等奖	花生蛴螬为害规律及生物防治可持续治理技术研究	沧州市农林科学院，中国农业科学院植物保护研究所
2014	科技进步奖	三等奖	华北地区森林水文规律及水源保护林营建关键技术	河北农业大学，北京市农林科学院
2014	科技进步奖	三等奖	冀南设施蔬菜安全高效关键技术研究、集成与示范	河北工程大学
2014	科技进步奖	三等奖	京津冀森林火灾遥感监测与精细化火险等级预报预警推广应用	河北省气象科学研究所
2014	科技进步奖	三等奖	棉花黄萎病拮抗芽孢菌剂的研制及应用	河北农业大学，河北众邦生物技术有限公司
2014	科技进步奖	三等奖	纳米乳与微生物降解技术在畜禽健康养殖中的研究及应用	河北农业大学，保定市冀农动物药业有限公司
2014	科技进步奖	三等奖	奶牛优质饲草高效栽培与质量评价关键技术	河北农业大学
2014	科技进步奖	三等奖	强筋高产小麦新品种的选育与应用	河北农业大学
2014	科技进步奖	三等奖	山区特定林业废弃物适宜分解药用真菌筛选及培养关键技术研究	河北大学
2014	科技进步奖	三等奖	设施蔬菜抗逆机制及无公害丰产技术集成研究与应用	河北工程大学
2014	科技进步奖	三等奖	柿子单宁提取新工艺及深加工产品开发与产业化示范	河北农业大学，满城县柿柿红食品有限公司
2014	科技进步奖	三等奖	适宜观光采摘的优良草莓新品种石莓 7 号选育及应用	河北省农林科学院石家庄果树研究所
2014	科技进步奖	三等奖	燕山山区森林对位配置及经营关键技术	河北农业大学，北京林业大学
2014	科技进步奖	三等奖	长城天赋葡园系列干红葡萄酒酿造及综合防氧化技术集成与示范	中国长城葡萄酒有限公司
2014	科技进步奖	三等奖	植物源中药材中多环芳烃残留量检测方法的研究与应用	秦皇岛出入境检验检疫局检验检疫技术中心，河北出入境检验检疫局

附表 B-4　2008—2014 年山西省农业科技获奖成果

年　份	奖　项	等　级	项目名称	主要完成单位
2008	自然科学奖	三等奖	棉花［A、G、D］三染色体组异源四倍体合成的研究	山西农业大学
2008	自然科学奖	三等奖	盾壳霉对核盘菌的重寄生作用机理及生防应用前景研究	山西农业大学
2008	自然科学奖	三等奖	抗虫和抗病基因在大白菜子叶和原生质体中的遗传转化及植株再生	山西省农业科学院蔬菜研究所
2008	科技进步奖	一等奖	瘦肉型母本系“晋阳白猪”的培育	山西省农科院畜牧兽医研究所
2008	科技进步奖	一等奖	氨基酸螯合钙——硕红	山西省农业科学院棉花研究所
2008	科技进步奖	一等奖	绿色蔬菜安全生产标准化技术体系研究与推广	山西省农业综合开发办公室，山西省农业科学院蔬菜研究所，山西省农科院土壤肥料研究所，山西农业大学
2008	科技进步奖	二等奖	花卉营养特征研究与生长介质的研制	山西省现代农业研究中心，山西省农科院土壤肥料研究所
2008	科技进步奖	二等奖	高类黄酮网纹甜瓜新品种选育与设施有机栽培配套技术研究	山西省蔬菜技术开发中心
2008	科技进步奖	二等奖	牧草产品的开发与研制	山西农业大学
2008	科技进步奖	二等奖	山西省农田灌溉田间水利用系数及农田节水潜力研究	太原理工大学
2008	科技进步奖	二等奖	国审同薯 20 号马铃薯倍性选育技术与应用	山西省农科院高寒作物研究所
2008	科技进步奖	二等奖	玉米新品种潞玉 13 选育与推广	山西省农业科学院谷子研究所
2008	科技进步奖	二等奖	反刍动物“NPN”补充料研究与应用	山西省现代农业研究中心，山西省农业科学院土壤肥料研究所，山西省农业科学院畜牧兽医研究所
2008	科技进步奖	二等奖	早熟、优质、高产、耐密玉米杂交种忻黄单 78 的选育与推广	山西省农业科学院玉米研究所
2008	科技进步奖	二等奖	山西省熊蜂种质资源的调查及其筛选利用	山西省农业科学院园艺研究所，中国农业科学院蜜蜂研究所
2008	科技进步奖	二等奖	酿造专用高粱晋杂 101 选育与推广	山西省农业科学院高粱研究所
2008	科技进步奖	二等奖	矿业废弃地生态恢复材料与应用技术研究	山西德森荒漠化治理研究院，北京林业大学边坡绿化研究所，北京金元易生态工程技术中心，北京市林丰源生态环境规划设计院有限公司，山西省造林局，大同市水务局
2008	科技进步奖	二等奖	国审高产优质多抗广适水稻新品种晋稻 8 号	山西省农业科学院作物遗传研究所
2008	科技进步奖	三等奖	小麦异源优异种质资源的创育、鉴定、分析与应用	山西省农业科学院作物遗传研究所，中国农业科学院作物科学研究所，中国科学院遗传与发育生物研究所，西北农林科技大学农学院，山东农业大学农学院
2008	科技进步奖	三等奖	转基因抗虫棉晋棉 44 的培育与应用	山西省农业科学院棉花研究所，中国科学院遗传与发育生物学研究所

（续表）

年　份	奖　项	等　级	项目名称	主要完成单位
2008	科技进步奖	三等奖	优种羊胚胎移植技术研究	山西省农业科学院畜牧兽医研究所
2008	科技进步奖	三等奖	多种水源联合利用调度技术与地下水回灌补源技术研究	山西省水利水电科学研究院
2008	科技进步奖	三等奖	晋扁 2 号扁桃新品种的选育研究及示范推广	山西省农业科学院果树研究所
2008	科技进步奖	三等奖	高产优质玉米品种临高油 1 号选育与推广	山西省农业科学院小麦研究所
2008	科技进步奖	三等奖	国家新兽药头孢噻呋钠和注射用头孢噻呋钠的研制与开发	山西农业大学，山西农大恒远药业有限公司
2008	科技进步奖	三等奖	山西省果树品种大面积更新换代新技术推广	山西省果业工作总站
2008	科技进步奖	三等奖	枣树经济性状综合评价体系建立及大果、抗裂优良品种选育研究	山西省林业科学研究院
2008	科技进步奖	三等奖	山西省农田养分信息化管理研究及应用	山西省农业科学院土壤肥料研究所
2008	科技进步奖	三等奖	4YW-2 型玉米收获机研制	山西省长治市农业机械研究所
2008	科技进步奖	三等奖	旱作农业节水抗旱新技术推广	山西省农业科学院旱地农业研究中心
2008	科技进步奖	三等奖	植物蒸腾抑制剂的研制与开发应用	山西省林业科学研究院
2008	科技进步奖	三等奖	“生贵式”移动大棚青椒配套栽培技术	长子县生贵大棚技术推广有限公司，长治市蔬菜研究所，长子县蔬菜研究会
2008	科技进步奖	三等奖	山西小麦重大病虫害可持续控制技术研究	山西省农业科学院小麦研究所，中国农业科学院植物保护研究所
2008	科技进步奖	三等奖	山西省涉农企业资源配置数据库开发研究	山西省农业科学院农业资源综合考察研究所，山西龙田农业科技有限公司
2009	自然科学奖	二等奖	棉花农杆菌介导转化体系的优化与应用	山西省农业科学院棉花研究所
2009	自然科学奖	二等奖	土壤侵蚀定位土芯 Eu 示踪法及其应用研究	山西农业大学
2009	自然科学奖	三等奖	重要经济昆虫分子进化与分子毒理学研究	山西大学
2009	自然科学奖	三等奖	温室粉虱的发生规律及其持续控制技术的研究	山西农业大学
2009	科技进步奖	一等奖	山西白猪高产仔母系的培育	山西农业大学，大同市种猪场
2009	科技进步奖	一等奖	国审高产、高油大豆晋遗 30 号的选育及应用	山西省农业科学院作物遗传研究所
2009	科技进步奖	一等奖	高产优质谷子新品种晋谷 36 号选育及应用	山西省农业科学院作物遗传研究所
2009	科技进步奖	二等奖	抗旱优质小麦新品种临丰 3 号选育与应用	山西省农业科学院小麦研究所
2009	科技进步奖	二等奖	奶牛子宫内膜炎免疫防治技术研究	山西省农业科学院畜牧兽医研究所

（续表）

年　份	奖　项	等　级	项目名称	主要完成单位
2009	科技进步奖	二等奖	高效专用屯玉杂交玉米种子产业化技术研究与开发	山西屯玉种业科技股份有限公司
2009	科技进步奖	二等奖	晋尖椒 1、2、3 系列辣椒品种推广	山西省农科院蔬菜研究所
2009	科技进步奖	二等奖	规模化猪场母猪精确饲喂舍饲散养工艺及配套设备	山西省农业科学院畜牧兽医研究所
2009	科技进步奖	二等奖	晋富 2 号苹果新品种选育	山西省现代农业研究中心，山西省农科院果树研究所
2009	科技进步奖	二等奖	苹果新品种“绯霞”选育及推广应用	山西省农业科学院果树研究所
2009	科技进步奖	二等奖	高效中草药添加剂推广与应用	山西省现代农业研究中心，山西省科学技术情报研究所，山西省半月动物药业有限公司
2009	科技进步奖	二等奖	反刍动物多元复合活性饲料添加剂的研制与应用	山西省农科院土肥研究所
2009	科技进步奖	二等奖	西葫芦新品种早丰一代的选育及应用	山西省农业科学院蔬菜研究所
2009	科技进步奖	二等奖	晋香核桃新品种的选育研究	山西省林业科学研究院
2009	科技进步奖	二等奖	山西省农业植物有害生物疫情调查研究	山西省植物保护植物检疫总站，山西省大同市植物保护检疫站
2009	科技进步奖	二等奖	富含亚麻酸亚麻新品种示范推广及营养油产业化开发	大同开发区绿元科技有限责任公司，山西省农业科学院高寒区作物研究所
2009	科技进步奖	二等奖	人工产业化培育冬虫夏草	山西万海澳生物科技有限责任公司
2009	科技进步奖	二等奖	农药新产品斑蛾清微乳剂的推广应用	山西科锋农业科技有限公司，山西省植物保护植物检疫总站
2009	科技进步奖	二等奖	肉鸡规模安全养殖综合技术研究	山西省农业科学院畜牧兽医研究所
2009	科技进步奖	三等奖	高产、高淀粉玉米新品种晋阳 1 号的选育与应用	山西省农业科学院作物遗传研究所
2009	科技进步奖	三等奖	白蚁综合防治技术研究	山西省林业有害生物防治检疫局
2009	科技进步奖	三等奖	山西省无公害农药取代剧高毒农药研究	山西省植物保护植物检疫总站
2009	科技进步奖	三等奖	雁门关生态畜牧区奶牛群体高产高效技术体系研究	山西省农业科学院畜牧兽医研究所，大同市良种奶牛有限责任公司，朔州市奶牛医院
2009	科技进步奖	三等奖	山西省鸡致病性大肠杆菌的分离及综合防治技术研究	山西省农业科学院畜牧兽医研究所
2009	科技进步奖	三等奖	旱垣地高效集雨灌溉成套技术研究与集成	晋中市水利局
2009	科技进步奖	三等奖	工厂化蔬菜生产环境仿真与节约化软件技术	山西农业大学
2009	科技进步奖	三等奖	基层兽医人员指导丛书	山西省动物卫生监督所
2009	科技进步奖	三等奖	优质三用型高产芝麻新品种晋芝 4 号	山西省农业科学院经济作物研究所
2009	科技进步奖	三等奖	高产耐热玉米新品种晋单 56 号选育应用	山西省农业科学院棉花研究所

（续表）

年　份	奖　项	等　级	项目名称	主要完成单位
2009	科技进步奖	三等奖	低能耗冷冻干燥加工工艺研究	山西农业大学
2009	科技进步奖	三等奖	抗胞囊线虫减灾专用大豆品种晋豆 31 选育	山西省农业科学院经济作物研究所
2009	科技进步奖	三等奖	山西老陈醋同步发酵工艺研究及应用	山西紫林食品有限公司
2009	科技进步奖	三等奖	醋糟生产植酸酶	山西三盟实业发展有限公司
2009	科技进步奖	三等奖	山西省立地类型划分及造林模式研究	山西省林业厅，山西省林业科学研究院，山西省林业调查规划院
2009	科技进步奖	三等奖	新型酿酒专用高粱泸糯 3 号的推广	山西省农业科学院高粱研究所，四川省农业科学院水稻高粱研究所
2009	科技进步奖	三等奖	纳米化活性羟基 D3 饲料添加剂研发与应用	山西省饲料监察所，太原市潞威动物保健品有限公司
2010	自然科学奖	一等奖	复杂生物系统动力学性态研究	中北大学
2010	自然科学奖	三等奖	果菜内生菌分离鉴定与生防作用研究	山西农业大学
2010	自然科学奖	三等奖	蓄水坑入渗及土壤水分运动特性研究	太原理工大学
2010	科技进步奖	一等奖	高产适应性强玉米新品种强盛 1 号选育与应用	山西强盛种业有限公司
2010	科技进步奖	一等奖	高产优质多抗广适玉米新品种长单 46 号及育种技术创新	山西省农业科学院谷子研究所
2010	科技进步奖	二等奖	环保节能豆制品自动化生产线成套设备	山西瑞飞机械制造有限公司
2010	科技进步奖	二等奖	《食品中丙酸钠、丙酸钙的测定（高效液相色谱法）》国家标准	山西省食品质量监督检验中心
2010	科技进步奖	二等奖	中国羊驼地方类群培育及繁育体系建立	山西农业大学
2010	科技进步奖	二等奖	粮饲兼用高淀粉玉米新品种大丰 5 号选育与推广	山西大丰种业有限公司
2010	科技进步奖	二等奖	国审豆 2003006（晋大 70）高油大豆新品种选育与应用	山西农业大学
2010	科技进步奖	二等奖	山西旱作农业高产高效技术体系及配套机具研究与示范	山西省农业科学院旱地农业研究中心，山西省农业科学院小麦研究所，山西省农业科学院谷子研究所
2010	科技进步奖	二等奖	基于扑食天敌蜘蛛保护利用的有害生物绿色防控技术研究及应用	山西农业大学
2010	科技进步奖	二等奖	蜂窝容器壮苗培育及造林综合配套技术	山西省育苗容器研究中心，山西省林业科学研究院，山西省造林局
2010	科技进步奖	二等奖	国鉴优质高产多抗番茄晋番茄 4 号选育及应用	山西省农业科学院蔬菜研究所
2010	科技进步奖	二等奖	猪主要繁殖障碍性疾病检测诊断及防治技术研究	山西省农业科学院畜牧兽医研究所

（续表）

年 份	奖 项	等 级	项目名称	主要完成单位
2010	科技进步奖	二等奖	高产、优质高淀粉玉米新品种晋单 54 号的选育与应用	山西省农业科学院玉米研究所
2010	科技进步奖	二等奖	枣树优良品种繁育及丰产栽培技术研究与推广	山西省林业科学研究院
2010	科技进步奖	二等奖	四倍体刺槐饲料加工技术	山西省林业厅，北京林业大学
2010	科技进步奖	二等奖	优质高效谷子新品种长农 36 号选育及应用	山西省农业科学院谷子研究所
2010	科技进步奖	二等奖	山西杂谷螟虫分布区划及综合治理技术推广	山西省农业科学院植物保护研究所
2010	科技进步奖	二等奖	优质、高产春油菜新品种高油 9 号选育与应用	山西省农业科学院高寒区作物研究所
2010	科技进步奖	二等奖	流域生态安全评价及管理策略研究——以汾河上游为实证	太原师范学院
2010	科技进步奖	三等奖	森林防火监控系统	中国移动通信集团山西有限公司晋中分公司，中国移动通信集团山西有限公司
2010	科技进步奖	三等奖	利用麦草制浆造纸黑液生产固沙保土复合肥的研究	山西鸿昌农工贸科技有限公司
2010	科技进步奖	三等奖	早脆王枣的引选及推广应用	山西省农业科学院园艺研究所
2010	科技进步奖	三等奖	元宝枫芽变红叶新品种选育及秋叶变色机理研究	山西农业大学
2010	科技进步奖	三等奖	营养对猪肉品质影响及专用添加剂研究	山西省农科院农业科技情报所
2010	科技进步奖	三等奖	优质谷晋谷 40 号的选育及其应用	山西省农业科学院经济作物研究所
2010	科技进步奖	三等奖	北方森林重要害虫病原菌种与制剂及应用技术研究	山西大学
2010	科技进步奖	三等奖	中熟油桃新品种“艳霞”的选育研究及示范推广	山西省农业科学院果树研究所
2010	科技进步奖	三等奖	棉花杂交种杂 208 的选育及应用	山西省农业科学院棉花研究所
2010	科技进步奖	三等奖	保护地果菜蜜蜂授粉技术推广	山西省农业科学院园艺研究所
2010	科技进步奖	三等奖	抗旱、早熟玉米咏丰 1 号的选育及推广	山西省农业科学院高粱研究所
2010	科技进步奖	三等奖	高档盆花营养诊断指标及质量控制技术研究	山西省农业科学院园艺研究所
2010	科技进步奖	三等奖	高产优质抗病高粱品种晋杂 20 号的选育与推广	山西省农业科学院农作物品种资源研究所
2010	科技进步奖	三等奖	早熟优质抗逆晋棉 49 号选育与应用	山西省农业科学院棉花研究所
2010	科技进步奖	三等奖	半干旱风沙区抗逆树种优化造林模式研究	山西省林业科学研究院
2010	科技进步奖	三等奖	优质高产抗蚜虫小麦品种临选 2035 选育及推广应用	山西省农科院小麦研究所
2010	科技进步奖	三等奖	利用西改牛选育红白花奶牛研究	山西省农科院畜牧兽医研究所

（续表）

年　份	奖　项	等　级	项目名称	主要完成单位
2011	技术发明奖	二等奖	一种多功能生态地膜有机复合肥及其制备和使用方法	太原理工大学山西鸿昌农工贸科技有限公司
2011	科技进步奖	一等奖	晋岚绒山羊新品种培育	山西省牧草工作站，山西农业大学，岢岚县畜牧兽医局，山西省生态畜牧产业管理站，内蒙古农业大学，山西省畜禽繁育工作站
2011	科技进步奖	一等奖	玉米新品种大丰 26 号选育与推广	山西大丰种业有限公司
2011	科技进步奖	一等奖	山西省水生态系统保护与修复关键技术研究及示范	山西省水资源研究所中国水利水电科学研究院
2011	科技进步奖	二等奖	农丰 4 号西瓜新品种的选育与推广应用	山西省农业科学院生物技术研究中心，山西省农业科学院农业资源与经济研究所
2011	科技进步奖	二等奖	早熟优质西葫芦新品种晋园六号的选育及应用	山西省农业科学院园艺研究所
2011	科技进步奖	二等奖	谷子高异交结实不育系创制及抗除草剂杂交种长杂谷 2 号选育	山西省农业科学院谷子研究所，山西省农业科学院高粱研究所，山西省农业科学院经济作物研究所
2011	科技进步奖	二等奖	抗旱优质专用小麦系列新品种选育与应用	山西省农业科学院小麦研究所，中国科学院遗传与发育生物学研究所农业资源研究中心
2011	科技进步奖	二等奖	山西枣优良品种选育及栽培技术研究	山西省林业科学研究院
2011	科技进步奖	二等奖	山西省雁门关地区生态恢复与舍饲养殖技术研究	山西省科学技术厅，山西省畜牧兽医局，山西省农业科学院农业环境与资源研究所，右玉县人民政府，娄烦县人民政府，山西省科学技术情报研究所
2011	科技进步奖	二等奖	大樱桃新品种红玛瑙选育及推广应用	山西省农业科学院果树研究所
2011	科技进步奖	二等奖	国鉴优质抗病秋甘蓝早熟品种惠丰 4 号、惠丰 5 号的育成与应用	山西省农业科学院蔬菜研究所
2011	科技进步奖	二等奖	晋棉 45 号的选育及应用	山西省农业科学院棉花研究所
2011	科技进步奖	二等奖	山西特有香棒虫草的药用价值与保护性开发研究	山西省食品药品检验所
2011	科技进步奖	二等奖	山西道地药材——连翘规范化种植技术研究	山西省医药与生命科学研究院，山西省药物培植场
2011	科技进步奖	三等奖	山西省设施农业机械化工程技术集成与示范	山西省农业机械化技术推广总站，运城市农机推广站，太原市农机研究所，大同市农机推广站，朔州市农机推广站
2011	科技进步奖	三等奖	国审早熟高油大豆新品种汾豆 60 号的选育与应用	山西省农业科学院经济作物研究所
2011	科技进步奖	三等奖	油松良种选育与试验示范	山西省林业科学研究院
2011	科技进步奖	三等奖	核桃新品种金薄香 3 号选育及推广应用	山西省农业科学院果树研究所
2011	科技进步奖	三等奖	优质专用小麦品种临优 2018、临优 2069 选育及利用	山西省农业科学院小麦研究所
2011	科技进步奖	三等奖	中国西门塔尔牛太行类群选育提高与养殖配套技术研究	山西省农业科学院畜牧兽医研究所，山西省畜牧遗传育种中心和顺县畜牧局

（续表）

年　份	奖　项	等　级	项目名称	主要完成单位
2011	科技进步奖	三等奖	节水耐旱大花萱草的组培快繁技术研究	山西省农业科学院旱地农业研究中心
2011	科技进步奖	三等奖	半干旱风沙区杨树成、过熟林的人工促进更新演替技术研究	朔州市嘉禾林业技术有限公司
2011	科技进步奖	三等奖	山西名枣组培快繁技术体系研究	山西农业大学
2011	科技进步奖	三等奖	中华苦荬菜及其提取物的开发研究	山西中医学院
2012	自然科学奖	一等奖	小麦种质创新的细胞遗传学机制及外源抗病新基因分子鉴定	山西省农业科学院作物科学研究所，电子科技大学，四川农业大学
2012	自然科学奖	一等奖	羊驼形态结构与机能研究	山西农业大学
2012	自然科学奖	二等奖	山西高原生态系统碳循环研究	山西大学
2012	自然科学奖	三等奖	瘤胃微生物的多样性及其应用研究	山西农业大学
2012	技术发明奖	二等奖	硝酸磷肥生产节能减排关键技术开发与工业应用	中北大学
2012	技术发明奖	二等奖	F 型小麦雄性不育系及保持系的选育	运城市蓝红杂交小麦研究中心
2012	科技进步奖	一等奖	国审高产广适应大豆品种汾豆 56	山西省农业科学院经济作物研究所
2012	科技进步奖	一等奖	耕地综合生产能力提升技术集成与应用	山西省土壤肥料工作站
2012	科技进步奖	一等奖	山西省农村卫生适宜技术研究与应用	山西中医学院，山西省肿瘤医院，山西医科大学，山西省人民医院，山西省针灸研究所，山西省脑瘫康复医院，运城市小儿推拿学校
2012	科技进步奖	二等奖	万家寨引黄入晋工程南干线水源区水质保护综合技术研究	太原理工大学，山西省引黄入晋工程领导组办公室
2012	科技进步奖	二等奖	寒、旱、沙化黄土地区高速公路植被恢复新技术研究	大呼高速公路建设管理处，山西省交通环境保护中心站
2012	科技进步奖	二等奖	蔬菜生产全程质量控制与质量安全检测技术研究应用	山西省农产品质量安全检验监测中心
2012	科技进步奖	二等奖	优质抗倒密植型无叶豌豆品种品协豌 1 号的选育与推广	山西省农业科学院农作物品种资源研究所
2012	科技进步奖	二等奖	苹果新品种“晋霞”选育及推广应用	山西省农业科学院果树研究所
2012	科技进步奖	二等奖	獭兔集约化饲养关键技术研究与应用推广	山西科元动物胚胎工程中心
2012	科技进步奖	二等奖	4YZ-3 多功能自走式玉米收获机	山西中天石机械制造有限公司
2012	科技进步奖	二等奖	黄土丘陵区防护林营造综合配套技术研究	山西省林业科学研究院
2012	科技进步奖	二等奖	晋糯 8 号等优质甜糯玉米系列品种选育与应用	山西省农业科学院玉米研究所
2012	科技进步奖	二等奖	山西老陈醋净化技术	山西太谷通宝醋业有限公司

（续表）

年　份	奖　项	等　级	项目名称	主要完成单位
2012	科技进步奖	二等奖	双低甘蓝型冬油菜晋油9号选育与应用	山西省农业科学院棉花研究所
2012	科技进步奖	二等奖	抗旱广适性小麦新品种晋麦79号选育与推广	山西省农业科学院小麦研究所，中国科学院遗传与发育生物学研究所农业资源研究中心
2012	科技进步奖	二等奖	山西省农业功能区划研究	山西省农业科学院农业资源与经济研究所，山西省农业资源区划办公室
2012	科技进步奖	三等奖	食品中多种真菌毒素同时测定方法的研究与应用	山西出入境检验检疫局检验检疫技术中心，山西大学应用化学研究所，山西省分析科学研究院
2012	科技进步奖	三等奖	耐抽薹大白菜种质资源创新与新品种选育研究	山西省农业科学院蔬菜研究所
2012	科技进步奖	三等奖	优质高效谷子新品种长生07的选育及应用	山西省农业科学院谷子研究所
2012	科技进步奖	三等奖	秸秆育苗钵规模化生产关键技术研究及应用	山西省农业科学院棉花研究所，山西省农业科学院旱地农业研究中心
2012	科技进步奖	三等奖	二维码技术在农（畜）产品质量安全追溯信息平台开发应用项目	太原市农业行政综合执法支队，太原市思伟科技有限公司
2012	科技进步奖	三等奖	猪繁殖与呼吸综合征双抗原夹心化学发光检测技术研究	芮城县动物疫病预防控制中心，吉林大学畜牧兽医学院，大北农生物技术有限公司（北京大北农科技集团股份有限公司动物医学研究中心）
2012	科技进步奖	三等奖	优质高产黍子新品种雁黍8号选育与应用	山西省农业科学院高寒区作物研究所
2012	科技进步奖	三等奖	高产优质饲草高粱晋草2号、晋草3号选育与推广	山西省农业科学院高粱研究所
2012	科技进步奖	三等奖	基于3S技术的基本农田环境质量监测与评价的研究应用	山西省农业生态环境建设总站
2012	科技进步奖	三等奖	设施专用西瓜新品种晋早蜜一号的选育及应用	山西省农业科学院蔬菜研究所
2013	自然科学奖	一等奖	植物抗旱机理的新发现及相关重要基因发掘	山西省农业科学院旱地农业研究中心，中国农业大学
2013	自然科学奖	一等奖	反刍家畜重要经济性状分子遗传调控机制的研究	山西农业大学
2013	技术发明奖	二等奖	环保型多功能固沙保土有机肥与造纸联合生产技术开发	山西鸿昌农工贸科技有限公司，太原理工大学
2013	科技进步奖	一等奖	小麦产量品质同步提高抗逆栽培技术体系	山西省农业科学院小麦研究所，山西省农业技术推广总站
2013	科技进步奖	一等奖	奶牛健康养殖技术集成与示范	山西省农业科学院畜牧兽医研究所，山西省生态畜牧产业管理站，山西农业大学，大同市良种奶牛有限责任公司
2013	科技进步奖	二等奖	山西省气象灾害预报与对策研究	山西省气象台
2013	科技进步奖	二等奖	梨树液体授粉技术与专用调节剂的研究	山西省果业工作总站
2013	科技进步奖	二等奖	蔬菜安全高效工厂化育苗技术研究开发与示范推广	山西省蔬菜产业管理站，中国农业科学院蔬菜花卉研究所

（续表）

年份	奖项	等级	项目名称	主要完成单位
2013	科技进步奖	二等奖	优质丰产抗逆西葫芦新品种春葫一号、寒丽的选育与应用	山西省农业科学院蔬菜研究所
2013	科技进步奖	二等奖	国鉴优质高产谷子新品种晋谷42号选育与应用	山西省农业科学院作物科学研究所
2013	科技进步奖	二等奖	山西省生态环境恢复区鼠、兔成灾规律及综合调控技术研究	山西省农业科学院植物保护研究所
2013	科技进步奖	二等奖	抗旱、优质燕麦新品种品燕1号的选育及推广应用	山西省农业科学院农作物品种资源研究所
2013	科技进步奖	二等奖	基于土壤养分供应强度和配比的施肥理论方法的研究	山西省农业科学院农业资源与经济研究所
2013	科技进步奖	二等奖	生物农药与芦笋无公害生产技术研究	山西省农药重点实验室（山西省农业科学院农产品质量安全与检测研究所）
2013	科技进步奖	二等奖	国审黍子新品种晋黍8号选育与应用	山西省农业科学院高寒区作物研究所
2013	科技进步奖	二等奖	抗虫棉运棉3539选育及应用	山西省农业科学院棉花研究所
2013	科技进步奖	二等奖	高粱高淀粉杂交种扩繁与推广	山西红高粱种业有限公司
2013	科技进步奖	二等奖	甜糯玉米新品种迪糯278的选育与推广	山西省农业科学院高粱研究所
2013	科技进步奖	二等奖	农药水基化制剂新技术的研究创制及应用	山西科锋农业科技有限公司，山西省农业科学院植物保护研究所
2013	科技进步奖	二等奖	芦笋木蠹蛾绿色高效防控技术的创新与应用	山西省农业科学院棉花研究所，山西农业大学
2013	科技进步奖	二等奖	浮小麦活性成分及质量控制研究	山西中医学院香港科技大学中药研发中心
2013	科技进步奖	三等奖	山西省汾河主河道流域生态地理环境影像信息系统建设	山西省测绘工程院
2013	科技进步奖	三等奖	山西省土壤环境监管信息系统建设与应用	山西省环境科学研究院，太原市科佳信科技有限公司
2013	科技进步奖	三等奖	汾河下游及入黄口水环境模拟与污染物总量控制研究	山西省水资源研究所，西安理工大学，运城市汾河运城段河道管理站
2013	科技进步奖	三等奖	多用途条带少免耕播种机	临汾市农机发展中心，山西河东雄风农机有限公司
2013	科技进步奖	三等奖	山西省林业生态工程构建技术	山西省林业科学研究院
2013	科技进步奖	三等奖	设施土壤生态活性调理剂的研制与应用	山西省农业科学院农业环境与资源研究所
2013	科技进步奖	三等奖	核桃新品种金薄香6号选育及推广应用	山西省农业科学院果树研究所
2013	科技进步奖	三等奖	山西老陈醋“一液双固”酿造新工艺技术研究	山西紫林醋业股份有限公司
2013	科技进步奖	三等奖	基于3S技术的运城生态监测与服务系统研究	山西省运城市气象局山西省气候中心
2013	科技进步奖	三等奖	玉米抗旱、增产、节本精播栽培技术开发	山西腾达种业有限公司，山西省农业科学院作物科学研究所

（续表）

年　份	奖　项	等　级	项目名称	主要完成单位
2013	科技进步奖	三等奖	北方日光温室观赏凤梨开花调节及产业化关键技术研究	山西省农业科学院园艺研究所
2013	科技进步奖	三等奖	食用菌液体菌种制种工艺研究及应用	山西省农业科学院农业资源与经济研究所，广灵县甸顶山林牧有限公司
2013	科技进步奖	三等奖	高产奶牛营养调控与饲料配方优化技术研究	山西省畜牧遗传育种中心，山西农业大学山西省农产品质量安全中心
2013	科技进步奖	三等奖	山西省食品安全现状及监管措施研究	山西医科大学
2014	自然科学奖	二等奖	葡萄果实黄烷醇类多酚代谢及隐色花色素还原酶对非生物胁迫响应研究	山西农业大学
2014	科技进步奖	一等奖	旱地小麦蓄水保墒增产技术与配套农业机械的研发应用	山西农业大学
2014	科技进步奖	一等奖	国审金昌1号枣树新品种选育及示范推广	山西省农业科学院果树研究所，山西省农业科学院植物保护研究所
2014	科技进步奖	二等奖	抗旱节水高产稳产广适小麦新品种长6359、长4738选育与应用	山西省农业科学院谷子研究所
2014	科技进步奖	二等奖	国审节水高产小麦新品种临旱6号选育及应用	山西省农业科学院小麦研究所
2014	科技进步奖	二等奖	高产稳产优质强筋国审麦晋春15号选育及配套技术推广	山西省农业科学院作物科学研究所，山西省农业科学院高寒作物研究所
2014	科技进步奖	二等奖	高淀粉酿造高粱新品种晋杂102、晋杂103、晋杂104号的选育与推广	山西省农业科学院高粱研究所，四川省农业科学院水稻高粱研究所
2014	科技进步奖	二等奖	山西省黄瓜主要病害抗药性检测及其治理研究	山西省农业科学院植物保护研究所
2014	科技进步奖	二等奖	观赏植物种质资源利用及产业化发展关键技术研究	山西省农业科学院园艺研究所，山西农业大学
2014	科技进步奖	二等奖	抗豆象绿豆新品种晋绿豆3号、晋绿豆7号的选育与应用	山西省农业科学院作物科学研究所
2014	科技进步奖	二等奖	肉用型贵妃鸡的引进及种质特性研究	山西省畜禽繁育工作站，广东海洋大学，山西省养殖技术试验基地
2014	科技进步奖	二等奖	枣黑顶病病因及防控技术的研究	山西农业大学
2014	科技进步奖	二等奖	石洞仓生态储藏六至十年小麦品质和技术研究	山西省粮油科学研究所，山西绵山省粮食储备库
2014	科技进步奖	二等奖	晋甘薯9号选育及轻简化高产栽培技术应用	山西省农业科学院棉花研究所
2014	科技进步奖	二等奖	红富士苹果冰温贮藏保鲜新技术	山西省农业科学院农产品贮藏保鲜研究所
2014	科技进步奖	二等奖	黄土丘陵区基于生态需水理论的抗旱造林技术研究	山西省林业科学研究院，北京林业大学
2014	科技进步奖	三等奖	玉米新品种晋单55号选育与推广	山西省农业科学院现代农业研究中心，山西省农业科学院作物科学研究所
2014	科技进步奖	三等奖	沙棘鲜果渣油质及原花青素超临界CO_2连续萃取工艺研究	山西省育苗容器研究中心，山西省林业科学研究院

（续表）

年　份	奖　项	等　级	项目名称	主要完成单位
2014	科技进步奖	三等奖	国审高产抗病大豆品种汾豆 78	山西省农业科学院经济作物研究所
2014	科技进步奖	三等奖	冷凉沙化区芦笋防风固沙栽培技术	山西省农业科学院蔬菜研究所
2014	科技进步奖	三等奖	鸡沙门氏菌病综合预防技术研究	山西省农业科学院畜牧兽医研究所
2014	科技进步奖	三等奖	小杂粮田化学除草技术研究	山西农业大学
2014	科技进步奖	三等奖	山西河岸带植被恢复技术研究	山西省林业科学研究院
2014	科技进步奖	三等奖	雁门关地区柠条饲料林培育与生态恢复型舍饲养殖技术	山西省科学技术情报研究所，山西省对外科技合作交流项目办公室，山西省林业科学研究院，山西省农业科学院畜牧兽医研究所，山西省畜牧兽医局
2014	科技进步奖	三等奖	长距离高扬程供水工程设计及安全运行关键技术研究	晋中市水利勘测设计院，太原理工大学
2014	科技进步奖	三等奖	高产、优质高淀粉玉米新品种临玉 3 号的选育与应用	山西省农业科学院小麦研究所，山西省农业科学院隰县试验站
2014	科技进步奖	三等奖	山西省麦田杂草草项变化动态及防除技术研究	山西省植物保护植物检疫总站
2014	科技进步奖	三等奖	高产优质粮饲兼用玉米新品种强盛青贮 30 选育与应用	山西强盛种业有限公司
2014	科技进步奖	三等奖	萝卜周年栽培系列新品种及种植技术推广	山西省农业科学院蔬菜研究所
2014	科技进步奖	三等奖	山西老陈醋成分分析及陈酿过程中特征成分变化规律的研究	山西省生物研究所
2014	科技进步奖	三等奖	纸质食品包装和包装材料中有毒有害物质的分析方法及其向食品迁移规律的研究	山西出入境检验检疫局山西大学
2014	科技进步奖	三等奖	抗逆速生优良白杨杂交新品种选育	山西省桑干河杨树丰产林实验局，山西省林业科学研究院

附表 B-5　2008—2014 年辽宁省农业科技获奖成果

年　份	奖　项	等　级	项目名称	主要完成单位
2008	自然科学奖	一等奖	土壤重金属污染发生机理与修复原理	中国科学院沈阳应用生态研究所
2008	科技进步奖	一等奖	城市适宜树种选择、繁育及应用	中国科学院沈阳应用生态研究所
2008	科技进步奖	一等奖	除草剂环酯草醚的研究开发	沈阳化工研究院
2008	科技进步奖	一等奖	高粱雄性不育系 7050A 创造与应用	辽宁省农业科学院高粱研究所
2008	科技进步奖	一等奖	海带综合利用系列产品加工关键技术	大连水产学院等
2008	科技进步奖	一等奖	优质广适型超级稻新品种辽星 1 号选育与推广	辽宁省稻作研究所
2008	科技进步奖	一等奖	玉米主要病菌种群动态及防控关键技术研究	辽宁省农业科学院植物保护研究所
2008	科技进步奖	一等奖	早熟耐密优质多抗玉米自交系丹 988 选育研究	丹东农业科学院
2008	科技进步奖	一等奖	莫能菌素和鱼油调控共轭亚油酸在奶牛乳腺中的生物合成	大连工业大学
2008	科技进步奖	二等奖	高产优质高抗广适性玉米新品种郁青一号的选育与应用	铁岭郁青种业科技有限责任公司等
2008	科技进步奖	二等奖	辽宁林木主要虫害预警技术研究	辽宁省林业科学研究院等
2008	科技进步奖	二等奖	辽宁省农作物现代高效育种技术研究和优异种质创新	辽宁省农业科学院生命科学中心
2008	科技进步奖	二等奖	辽宁省重大农业气候灾害预测技术推广应用研究	中国气象局沈阳大气环境研究所等
2008	科技进步奖	二等奖	农畜食品中生物安全致病因子关键检测技术研究与应用	辽宁出入境检验检疫局
2008	科技进步奖	二等奖	蔬菜重大病害拮抗菌筛选、发酵条件与作用机制及田间应用研究	沈阳农业大学等
2008	科技进步奖	二等奖	日光温室节能关键技术研究与应用	沈阳农业大学
2008	科技进步奖	二等奖	水稻无纺布覆盖育苗技术研究与推广	辽宁省农业技术推广总站等
2008	科技进步奖	二等奖	优质高配合力玉米自交系辽 3180 选育及应用研究	辽宁省农业科学院玉米研究所
2008	科技进步奖	二等奖	玉米新品种铁单 12 号选育与应用	铁岭市农业科学院
2008	科技进步奖	二等奖	柞蚕绒茧蜂病控制技术研究	辽宁省蚕业科学研究所等
2008	科技进步奖	二等奖	美国硬壳蛤的引种、人工育苗及养殖	大连水产学院等
2008	科技进步奖	二等奖	辽西北风沙地区生态修复关键技术、模式及应用研究	辽宁省风沙地改良利用研究所
2008	科技进步奖	二等奖	皱纹盘鲍井盐水工厂化养殖技术研究与开	大连金州宏源水产育苗场等

（续表）

年份	奖项	等级	项目名称	主要完成单位
2008	科技进步奖	二等奖	沈阳市世行贷款节水灌溉新技术研究与推广	沈阳市利用世行贷款发展节水灌溉项目办公室等
2008	科技进步奖	三等奖	保护地节点式精量渗灌技术研究与应用	沈阳农业大学
2008	科技进步奖	三等奖	朝谷系列新品种选育及高产栽培技术推广	辽宁省水土保持研究所
2008	科技进步奖	三等奖	樗蚕蛹精巢细胞系的建立	辽宁省农业科学院大连生物技术研究所
2008	科技进步奖	三等奖	稻草的资源化利用	大连工业大学
2008	科技进步奖	三等奖	高产、多抗、优质玉米杂交新品种良玉2号	丹东登海良玉种业有限公司
2008	科技进步奖	三等奖	高产、多抗、优质中晚熟玉米新品种沈玉20号选育及应用	沈阳市农业科学院
2008	科技进步奖	三等奖	寒富苹果优质高产高效栽培技术	凤城市果树工作站
2008	科技进步奖	三等奖	褐蘑菇的工厂化生产技术	辽宁田园实业有限公司
2008	科技进步奖	三等奖	红松果材兼用林丰产技术推广	辽宁省林业技术推广站等
2008	科技进步奖	三等奖	抗寒大果杂交榛子新品种选育研究	辽宁省经济林研究所等
2008	科技进步奖	三等奖	梨新品种“金翠香”杂交选育与示范	辽宁省庄河市兴达街道干沟村
2008	科技进步奖	三等奖	辽宁省北方粳米技术标准的研究	辽宁省分析科学研究院等
2008	科技进步奖	三等奖	苹果新品种选育及无公害生产关键技术研究与推广	中国农业科学院果树研究所
2008	科技进步奖	三等奖	葡萄新品种引进筛选与配套优质栽培技术	沈阳农业大学
2008	科技进步奖	三等奖	人工接种复合乳酸菌剂发酵大白菜的研究及产业化开发	沈阳农业大学等
2008	科技进步奖	三等奖	日光温室甜瓜嫁接无公害高产优质栽培技术研究与示范	沈阳农业大学等
2008	科技进步奖	三等奖	特产果蔬贮藏保鲜关键技术的研究（柏山蜜桃，盖县大李，鲜嫩蒜）	沈阳农业大学等
2008	科技进步奖	三等奖	优质绿色南果梨标准化生产技术的研究	鞍山千山王绿色果品有限公司等
2008	科技进步奖	三等奖	中晚熟罐藏黄桃新品种“金露”	大连市农业科学研究院等
2008	科技进步奖	三等奖	盐水水体的轮虫资源及开发利用技术	大连水产学院
2008	科技进步奖	三等奖	漠斑牙鲆人工育苗及养殖技术研究	大连水产学院等
2008	科技进步奖	三等奖	绒山羊无动物源冻精稀释液及相关技术研究	辽宁省辽宁绒山羊育种中心等
2008	科技进步奖	三等奖	辽宁省农村防灾减灾乡镇天气预报技术方法研究	辽宁省气象台等

（续表）

年　份	奖　项	等　级	项目名称	主要完成单位
2009	自然科学奖	三等奖	三种外来杂草胜红蓟、马樱丹和三裂叶豚草的化感作用	中国科学院沈阳应用生态研究所
2009	技术发明奖	二等奖	刺参杂交育苗方法	大连水产学院
2009	技术发明奖	二等奖	农用杀菌剂烯肟菌胺创制及其产业化	沈阳化工研究院
2009	技术发明奖	三等奖	优质多抗高配合力玉米自交系A801培育及利用	辽宁东亚种业有限公司等
2009	科技进步奖	一等奖	北方农业节水理论与技术研究	辽宁省水文水资源勘测局等
2009	科技进步奖	一等奖	测土配方施肥工程关键技术研究与应用	辽宁省土壤肥料总站等
2009	科技进步奖	一等奖	农业综合开发科技增效示范工程	辽宁省农业科学院等
2009	科技进步奖	一等奖	优质专用高产高效粳稻新品种选育	沈阳农业大学
2009	科技进步奖	一等奖	贝类精深加工关键技术研究及产业化	大连工业大学等
2009	科技进步奖	二等奖	百合优良新品种选育技术研究与应用	沈阳农业大学等
2009	科技进步奖	二等奖	高产优质专用花生新品种选育及配套技术研究	辽宁省风沙地改良利用研究所
2009	科技进步奖	二等奖	高致病性禽流感综合防控新技术研究与示范推广	辽宁省畜牧科学研究院等
2009	科技进步奖	二等奖	果树生物有机肥研制及其施用效应研究	辽宁省果树科学研究所等
2009	科技进步奖	二等奖	农区鼠害综合防控技术研究与应用推广	辽宁省植物保护站等
2009	科技进步奖	二等奖	葡萄无公害安全优质生产关键技术集成研究与示范	辽宁省农业科学院植物保护研究所等
2009	科技进步奖	二等奖	绒山羊舍饲半舍饲（健康养殖）关键技术研究与示范	辽宁省辽宁绒山羊育种中心等
2009	科技进步奖	二等奖	森林资源数字化管理体系的建立及应用	中国科学院沈阳应用生态研究所
2009	科技进步奖	二等奖	优质抗逆瘦肉型猪种选育与开发	沈阳农业大学
2009	科技进步奖	二等奖	玉米高效吸钾及钾素循环利用研究	沈阳农业大学等
2009	科技进步奖	二等奖	玉米瑞德微群体创建与利用研究	辽宁省农业科学院玉米研究所
2009	科技进步奖	二等奖	玉米主要病害病原菌生理分化、抗性机理及防控技术研究	沈阳农业大学等
2009	科技进步奖	二等奖	美国白蛾周氏啮小蜂生物防治美国白蛾应用技术的研究	辽宁省林业科学研究院等
2009	科技进步奖	二等奖	树莓深加工关键技术研究与应用	沈阳农业大学等
2009	科技进步奖	三等奖	硬质短纤维生物质颗粒制造技术	辽宁省林产工业总公司等
2009	科技进步奖	三等奖	刺参池塘养殖的关键技术研究	大连水产学院等

（续表）

年 份	奖 项	等 级	项目名称	主要完成单位
2009	科技进步奖	三等奖	辽宁绒山羊高产系（多产系）选育及绒毛品质相关性状的研究	辽宁师范大学等
2009	科技进步奖	三等奖	西伯利亚花楸引种区域试验及配套栽培技术	辽宁省林业科学研究院等
2009	科技进步奖	三等奖	北方地区畜禽粪便资源化技术研究与工程示范	辽宁省环境科学研究院
2009	科技进步奖	三等奖	食品安全评价系统	辽宁省分析科学研究院
2009	科技进步奖	三等奖	辽宁省农用地分等定级与估价	辽宁省国土资源调查规划局
2009	科技进步奖	三等奖	彰武松亲本鉴定与繁育技术研究	辽宁省固沙造林研究所等
2009	科技进步奖	三等奖	草莓新品种森研 99 号选育和丰产栽培技术	辽宁省森林经营研究所
2009	科技进步奖	三等奖	多抗性、高光效优良玉米自交系沈 137 选育及应用	沈阳市农业科学院
2009	科技进步奖	三等奖	高产、多抗、优质、广适玉米单交种丹科 2151	丹东农业科学院等
2009	科技进步奖	三等奖	高产稳产优质大豆品种铁丰 31 号选育与应用	铁岭市农业科学院
2009	科技进步奖	三等奖	加工用桃贮藏保鲜技术研究集成及其示范推广	大连市金州区金科科技培训服务中心
2009	科技进步奖	三等奖	连农菜豆系列新品种选育及推广	大连市农业科学研究院
2009	科技进步奖	三等奖	辽五味高产配套栽培及烘干关键技术研究	本溪满族自治县大地农业技术综合开发有限公司等
2009	科技进步奖	三等奖	辽西地区大枣贮藏保鲜关键技术的研究	朝阳市林业技术推广站等
2009	科技进步奖	三等奖	马铃薯脱毒小薯雾培繁育基础理论与生产应用技术研究	沈阳农业大学
2009	科技进步奖	三等奖	玫瑰品种资源引进及应用技术研究	沈阳市农业科学院
2009	科技进步奖	三等奖	日光温室杏品种筛选及配套集成技术研究与应用	沈阳农业大学等
2009	科技进步奖	三等奖	香菇高效栽培关键技术研究及标准化模式推广	辽宁省农业科学院食用菌研究所等
2010	技术发明奖	二等奖	废弃菇渣高附加值转化技术及其应用	大连大学等
2010	技术发明奖	三等奖	养殖池塘水质净化方法	大连海洋大学
2010	科技进步奖	一等奖	辽宁省农村科技特派示范工程	辽宁省科学技术厅等
2010	科技进步奖	一等奖	辽宁系列日光温室研究与应用	沈阳农业大学
2010	科技进步奖	一等奖	玉米优异抗源的引进与创新利用	辽宁省农业科学院玉米研究所
2010	科技进步奖	一等奖	刺参良种培育、健康养殖理论与技术研究及应用	大连海洋大学等

（续表）

年　份	奖　项	等　级	项目名称	主要完成单位
2010	科技进步奖	二等奖	畜禽养殖废弃物无害化处理与资源化利用的关键技术研究开发	沈阳农业大学等
2010	科技进步奖	二等奖	东方百合种球快繁技术研究与应用	辽宁省农业科学院花卉研究所等
2010	科技进步奖	二等奖	高产玉米养分管理关键技术研究与示范	辽宁省农业科学院环境资源与农村能源研究所
2010	科技进步奖	二等奖	辽宁省数字林业核心平台	辽宁省林业厅信息中心等
2010	科技进步奖	二等奖	青梗菜高效育种技术研究及新品种选育	沈阳农业大学
2010	科技进步奖	二等奖	西瓜倒瓤病（CGMMV）防控技术研究与应用	辽宁省植物保护站
2010	科技进步奖	二等奖	优质、抗病、专用茄果类蔬菜新品种选育与推广	辽宁省农业科学院蔬菜研究所
2010	科技进步奖	二等奖	柞蚕种质资源保护与创新利用研究	辽宁省蚕业科学研究所
2010	科技进步奖	二等奖	丰产剂 2 号研制及应用	沈阳农业大学
2010	科技进步奖	二等奖	辽宁中部平原半湿润区杨树速生丰产林良种选择和营林技术研究	辽宁省林业科学研究院等
2010	科技进步奖	二等奖	优质瘦肉型猪高效养殖技术集成与示范	沈阳农业大学等
2010	科技进步奖	二等奖	辽西肉羊高效饲养繁育关键技术研究与推广	辽宁省风沙地改良利用研究所
2010	科技进步奖	二等奖	北方地区农村环境污染控制关键技术集成及工程示范研究	辽宁省环境科学研究院
2010	科技进步奖	二等奖	新型乳酸菌及其产业化生产关键技术	大连工业大学
2010	科技进步奖	二等奖	辽宁省粮食生产潜力与对策研究	辽宁省发展和改革委员会
2010	科技进步奖	二等奖	辽宁省防控高致病性禽流感等重大动物疫病长效机制建设研究	辽宁省动物卫生监测预警中心等
2010	科技进步奖	三等奖	白蛾周氏啮小蜂繁育关键技术研究及应用	沈阳农业大学
2010	科技进步奖	三等奖	滨海稻区水稻精确定量栽培体系研究与推广	辽宁省盐碱地利用研究所
2010	科技进步奖	三等奖	采煤废弃地水土保持生态修复关键技术及应用研究	辽宁工程技术大学等
2010	科技进步奖	三等奖	东北湿地遥感监测评价关键技术及业务系统建设	中国气象局沈阳大气环境研究所等
2010	科技进步奖	三等奖	高产优质大豆品种铁丰 33 号选育与应用	铁岭市农业科学院
2010	科技进步奖	三等奖	花生精深加工技术与产品	辽宁虹螺健康食品企业有限公司
2010	科技进步奖	三等奖	禽类重大疫病免疫监测技术研究及免疫效果评估	辽宁省畜牧科学研究院等

（续表）

年　份	奖　项	等　级	项目名称	主要完成单位
2010	科技进步奖	三等奖	日本、长白落叶松速生丰产大径级木林培育技术研究与应用	辽宁省实验林场等
2010	科技进步奖	三等奖	森林资源普查技术研究	辽宁省林业调查规划院
2010	科技进步奖	三等奖	沈椒系列辣椒雄性不育系研究及杂交种选育应用	沈阳市农业科学院
2010	科技进步奖	三等奖	沈玉系列玉米杂交种的选育及应用	沈阳市农业科学院
2010	科技进步奖	三等奖	腺肋花楸优良种质资源引进及栽培与利用技术研究	辽宁省干旱地区造林研究所
2010	科技进步奖	三等奖	蛹虫草高效栽培与加工	沈阳农业大学
2010	科技进步奖	三等奖	优质玉米新品种沈农1号选育与推广	沈阳农业大学
2010	科技进步奖	三等奖	食源微生物高通量检测新技术新标准的研究与试剂盒研制	辽宁出入境检验检疫局等
2010	科技进步奖	三等奖	香菇半熟料冷棚立体袋栽模式研究与开发	沈阳农业大学
2010	科技进步奖	三等奖	耕地资源管理信息系统建立及应用研究	沈阳农业大学等
2010	科技进步奖	三等奖	日光温室大棚蔬菜防灾减灾及气象调控技术研究推广	辽宁省喀左县气象局等
2010	科技进步奖	三等奖	栗树新品种选育及加工用日本栗中试与示范	辽宁省经济林研究所等
2010	科技进步奖	三等奖	应用新胚胎生物技术建立高档肉牛繁育体系的研究	大连雪龙产业集团有限公司
2010	科技进步奖	三等奖	仔猪水肿病灭活疫苗的研究	辽宁益康生物制品有限公司
2010	科技进步奖	三等奖	农村配电网资源管理与辅助分析地理信息系统建设与应用	沈阳农业大学等
2010	科技进步奖	三等奖	肥料增效剂DMPP合成工艺路线及生产装置的研究和开发	锦西天然气化工有限责任公司
2010	科技进步奖	三等奖	村镇生物质建材的研究	沈阳建筑大学
2010	科技进步奖	三等奖	中国应对高致病性禽流感基层防控网络及专业人员防控技能平台研究	中国医科大学公共卫生学院等
2011	技术发明奖	二等奖	发酵法生产生物饲料关键技术研究与转化	大连工业大学等
2011	技术发明奖	三等奖	冻尖把梨加工技术及制品	大连陈记果品有限公司
2011	科技进步奖	一等奖	北方粳稻穗型改良理论与技术研究及应用	沈阳农业大学
2011	科技进步奖	一等奖	蓝莓、树莓新品种高效栽培技术研究与应用	辽宁省农业科学院等
2011	科技进步奖	一等奖	辽宁玉米高产栽培关键技术研究及其集成与示范	辽宁省农业科学院等

（续表）

年　份	奖　项	等　级	项目名称	主要完成单位
2011	科技进步奖	一等奖	日光温室主要果菜节能高效栽培技术研究与应用	沈阳农业大学
2011	科技进步奖	一等奖	猪主要疫病防治研究及配套技术集成与应用	辽宁医学院等
2011	科技进步奖	一等奖	动物源食品多种兽药残留量检测和确证技术平台研究及检验标准制定	辽宁出入境检验检疫局技术中心等
2011	科技进步奖	二等奖	高产、优质、耐密、多抗玉米杂交种丹玉 86 号的选育和推广	丹东农业科学院等
2011	科技进步奖	二等奖	广适型玉米新品种沈玉 21 选育及应用研究	沈阳市农业科学院
2011	科技进步奖	二等奖	环境友好型植物抗病诱导剂的研制及应用	沈阳农业大学等
2011	科技进步奖	二等奖	辽葱系列大葱新品种选育及繁育技术研究与应用	辽宁省农业科学院蔬菜研究所
2011	科技进步奖	二等奖	辽宁省森林生态系统服务功能及其价值研究	辽宁省林业科学研究院等
2011	科技进步奖	二等奖	辽西生态经济林优化模式营建技术与综合示范研究	辽宁省干旱地区造林研究所等
2011	科技进步奖	二等奖	苹果树调冠改形增效关键技术研究与应用	辽宁省果树科学研究所
2011	科技进步奖	二等奖	球根花卉新品种引种繁育关键技术研究与应用	沈阳农业大学等
2011	科技进步奖	二等奖	生物质能源甜高粱品种选育技术创新与应用	辽宁省农业科学院高粱研究所
2011	科技进步奖	二等奖	辽宁省农村卫生适宜技术推广示范研究项目	辽宁省疾病预防控制中心等
2011	科技进步奖	二等奖	农村偏远地区远程医疗援助系统的开发研究	大连大学附属中山医院等
2011	科技进步奖	二等奖	村镇建筑垃圾在墙体材料中的应用	沈阳建筑大学
2011	科技进步奖	二等奖	莎稗磷原药工业化生产技术	沈阳化工研究院有限公司等
2011	科技进步奖	二等奖	辽东山区天然次生林保护及可持续经营技术研究	辽宁省森林经营研究所
2011	科技进步奖	二等奖	虾夷扇贝海区采苗技术研究及应用	辽宁省海洋水产科学研究院等
2011	科技进步奖	二等奖	反刍家畜粗饲料高效利用及标准化生产技术	辽宁省畜牧科学研究院等
2011	科技进步奖	二等奖	高效分解有机物料复合微生物菌群构建及应用关键技术研究	营口恒新生物技术开发有限公司
2011	科技进步奖	三等奖	保护地主要瓜类作物枯萎病灾变机理及控制技术研究	沈阳农业大学等
2011	科技进步奖	三等奖	超级玉米杂交种良玉 88 号	丹东登海良玉种业有限公司

（续表）

年　份	奖　项	等　级	项目名称	主要完成单位
2011	科技进步奖	三等奖	大扁杏良种选育及高效栽培配套技术的研究	辽宁省干旱地区造林研究所
2011	科技进步奖	三等奖	东北小麦白粉病的分子预警与遗传防控技术研究	沈阳农业大学
2011	科技进步奖	三等奖	嫁接防治茄子连作障碍机理与高产配套技术研究与应用	沈阳农业大学
2011	科技进步奖	三等奖	辽宁省高致病性猪蓝耳病疫病防控技术集成示范	辽宁省动物疫病预防控制中心（辽宁省动物医学研究院）
2011	科技进步奖	三等奖	辽宁省重大动物疫病强制免疫疫苗免疫效果跟踪评估与应用的研究	辽宁省重大动物疫病应急中心
2011	科技进步奖	三等奖	凌源花卉产业化关键技术创新与示范	辽宁省农业科学院花卉研究所等
2011	科技进步奖	三等奖	牧草种质资源的研究与利用	辽宁省农业科学院耕作栽培研究所
2011	科技进步奖	三等奖	苹果、梨食心虫生态行为与减量化防控技术集成研究	沈阳农业大学
2011	科技进步奖	三等奖	葡萄炭疽病灾变机理、防控关键技术研究及应用	辽宁省农业科学院植物保护研究所
2011	科技进步奖	三等奖	茄果类嫁接种苗工厂化繁育技术研究与开发	海城市三星生态农业有限公司等
2011	科技进步奖	三等奖	沙地樟子松人工林更新技术研究与示范	辽宁省固沙造林研究所
2011	科技进步奖	三等奖	盛单系列玉米新品种选育及推广应用	大连盛世种业有限公司等
2011	科技进步奖	三等奖	特色谷子品种辽谷 10 号选育推广	辽宁省经济作物研究所
2011	科技进步奖	三等奖	特色粮油作物新品种选育、有机生产与加工关键技术研究及应用	辽宁省农业科学院作物研究所等
2011	科技进步奖	三等奖	玉米田保护性耕作关键技术研究与应用	辽宁省农业机械化技术推广站
2011	科技进步奖	三等奖	沼渣沼液肥料化应用技术研究与示范	沈阳农业大学
2011	科技进步奖	三等奖	辽宁省退耕还林工程建设关键技术研究与应用技术	辽宁省退耕还林工程中心
2011	科技进步奖	三等奖	辽宁省土壤环境调查、总体集成与多目标管理平台	辽宁省环境监测实验中心等
2011	科技进步奖	三等奖	种植基地土壤农药、重金属复合污染的生物修复技术研究	沈阳出入境检验检疫局等
2011	科技进步奖	三等奖	鱼蛋白多肽生产关键技术研究与系列产品开发	鞍山嘉鲜农业发展有限公司等
2011	科技进步奖	三等奖	农村公路路面养护技术研究	辽宁省交通厅公路管理局等
2012	技术发明奖	二等奖	菇渣海洋微生物转化技术	大连大学等

（续表）

年　份	奖　项	等　级	项目名称	主要完成单位
2012	技术发明奖	三等奖	双齿围沙蚕人工繁养和资源恢复的技术集成与示范	大连海洋大学等
2012	科技进步奖	一等奖	稻蟹生态种养关键技术研究与应用	辽宁省农业科学院植物保护研究所等
2012	科技进步奖	一等奖	高致病性禽流感防控技术集成研究与健康养殖综合示范	辽宁省畜牧科学研究院等
2012	科技进步奖	一等奖	农业节水关键技术研究与应用	沈阳农业大学等
2012	科技进步奖	一等奖	特种玉米种质创新与利用研究	沈阳农业大学
2012	科技进步奖	一等奖	玉米综合群体创建、改良及应用	辽宁省农业科学院玉米研究所
2012	科技进步奖	一等奖	海胆深加工关键技术研究及产业化	大连工业大学等
2012	科技进步奖	二等奖	旱作农田水分高效利用技术研究与应用	辽宁省农业科学院
2012	科技进步奖	二等奖	辽河流域水资源承载能力研究与应用	沈阳农业大学等
2012	科技进步奖	二等奖	辽农Ⅱ型日光温室研制及蔬菜优质高效栽培技术集成与示范	辽宁省风沙地改良利用研究所等
2012	科技进步奖	二等奖	农林生物质废弃物能源化利用技术与装备	辽宁省能源研究所
2012	科技进步奖	二等奖	苹果高效育种技术体系创建与系列新品种选育及应用	辽宁省果树科学研究所
2012	科技进步奖	二等奖	瘦肉型猪绿色饲料添加剂研究与应用	沈阳农业大学等
2012	科技进步奖	二等奖	土壤坡面侵蚀机理与应用研究	沈阳农业大学
2012	科技进步奖	二等奖	优质多抗菊花新品种选育与应用	沈阳农业大学
2012	科技进步奖	二等奖	玉米、水稻重大病虫害监测预警系统建立及应用	沈阳农业大学等
2012	科技进步奖	二等奖	樟子松人工林衰退病生态控制技术研究	辽宁省固沙造林研究所等
2012	科技进步奖	二等奖	珍贵观赏树种花楸繁育技术研究与应用	辽宁省林业科学研究院等
2012	科技进步奖	二等奖	东北粮食生产格局的气候变化影响与适应	中国气象局沈阳大气环境研究所等
2012	科技进步奖	二等奖	动物源细菌耐药性与细菌耐药性监测控制关键技术研究	辽宁省畜产品质量安全研究所
2012	科技进步奖	二等奖	畜禽寄生虫流行区系及防控关键技术研究	辽宁省动物卫生监督所等
2012	科技进步奖	二等奖	推进社会主义新农村建设对策研究：辽宁农村土地流转行为研究	沈阳农业大学
2012	科技进步奖	三等奖	东北地区水稻适应气候变化关键技术研究与应用	沈阳农业大学
2012	科技进步奖	三等奖	高产优质多抗粳型水稻新品种锦丰 1 号选育与转化	盘锦北方农业技术开发有限公司

（续表）

年　份	奖　项	等　级	项目名称	主要完成单位
2012	科技进步奖	三等奖	构树新品种——黄色叶构树选育研究	大连金州新区林业管理服务中心等
2012	科技进步奖	三等奖	旱田土肥水跨季节调控关键装备研制与应用	沈阳农业大学
2012	科技进步奖	三等奖	花生土壤养分评价及高产高效栽培集成技术研究与应用	辽宁省农业科学院环境资源与农村能源研究所
2012	科技进步奖	三等奖	紧凑型玉米自交系D34选育与应用研究	丹东农业科学院等
2012	科技进步奖	三等奖	辽榛5号、辽榛6号杂交榛子新品种选育及丰产栽培技术研究	抚顺市林业科学研究所等
2012	科技进步奖	三等奖	农产品中有毒有害物高通量检测技术与标准研究	辽宁出入境检验检疫局等
2012	科技进步奖	三等奖	生物杀虫制剂的研制与应用	沈阳农业大学等
2012	科技进步奖	三等奖	树莓品种选育和高效栽培技术体系创新研究与应用	沈阳农业大学等
2012	科技进步奖	三等奖	新型压片式微喷带灌溉系统研发与应用	辽宁省水利水电科学研究院
2012	科技进步奖	三等奖	亚麻木酚素的高效提取和生物转化	大连工业大学等
2012	科技进步奖	三等奖	油松毛虫卵（块）、越冬幼虫、5龄幼虫和蛹种群空间格局及抽样技术研究	辽宁省干旱地区造林研究所等
2012	科技进步奖	三等奖	玉米早衰原因及防控技术研究	辽宁省农业科学院环境资源与农村能源研究所等
2012	科技进步奖	三等奖	封闭式工厂化养鱼及污水资源化利用	大连海洋大学等
2012	科技进步奖	三等奖	安全高效天然生物防腐剂的研究与应用	沈阳农业大学
2012	科技进步奖	三等奖	畜禽饲料营养源替代与高效利用技术研究及应用	沈阳农业大学等
2012	科技进步奖	三等奖	鸡新城疫、传染性支气管炎、减蛋综合征、禽流感（H9）四联灭活疫苗	辽宁益康生物股份有限公司
2012	科技进步奖	三等奖	农村畜禽粪便、污泥、生活垃圾联合厌氧消化关键技术研究	辽宁省环境科学研究院
2013	自然科学奖	三等奖	哺乳动物受精卵早期发育分子机理的研究	中国医科大学
2013	自然科学奖	三等奖	东北鸟类区系与分子进化研究	辽宁师范大学
2013	自然科学奖	三等奖	小麦抗逆分子遗传基础研究	沈阳农业大学
2013	技术发明奖	三等奖	绿色肉鸡高效养殖综合配套技术	辽宁医学院，辽宁金实集团有限公司
2013	科技进步奖	一等奖	农田氮素面源污染调控技术研究与应用	辽宁省农业科学院

（续表）

年　份	奖　项	等　级	项目名称	主要完成单位
2013	科技进步奖	一等奖	东北次生林生态系统经营基础、技术与应用	中国科学院沈阳应用生态研究所，沈阳农业大学
2013	科技进步奖	一等奖	口蹄疫防控技术集成研究与示范	辽宁省动物医学研究院
2013	科技进步奖	二等奖	北方粳稻品质育种技术研究及应用	辽宁省水稻研究所，沈阳农业大学
2013	科技进步奖	二等奖	东北粳稻生产关键技术研究与应用	沈阳农业大学
2013	科技进步奖	二等奖	多抗性玉米自交系丹 299 及其杂交种的选育与应用	丹东农业科学院，辽宁丹玉种业科技股份有限公司
2013	科技进步奖	二等奖	马铃薯新品种选育及高效复种技术研究与示范	辽宁省农业科学院
2013	科技进步奖	二等奖	超高活性植物内生菌代谢物的筛选及应用技术研究	辽宁省农业科学院
2013	科技进步奖	二等奖	优质香型葡萄新品种选育及配套栽培技术	辽宁省农业科学院
2013	科技进步奖	二等奖	优质高产大豆新品种选育及高效栽培技术创新与应用	辽宁省农业科学院，铁岭市农业科学院，沈阳农业大学，丹东农业科学院
2013	科技进步奖	二等奖	高产水稻盐丰 47 选育与示范推广	辽宁省盐碱地利用研究所
2013	科技进步奖	二等奖	辽薯系列甘薯新品种选育及高产栽培技术研究与应用	辽宁省农业科学院
2013	科技进步奖	二等奖	落叶松人工林多功能经营与调控关键技术研究	沈阳农业大学，清原满族自治县国营大边沟林场，清原满族自治县国营甘井子林场
2013	科技进步奖	二等奖	常年长绒型辽宁绒山羊新品系选育扩繁及产业化示范	辽宁省辽宁绒山羊育种中心，辽宁省辽宁绒山羊原种场有限公司，辽宁省动物医学研究院，辽宁省畜牧科学研究院，盖州市天顺祥绒山羊育种中心，吉林省亚亨农牧业科技发展有限公司，辽阳祺祥牧业有限公司
2013	科技进步奖	二等奖	海蜇资源可持续利用综合技术开发与灾害水母制约机理研究	辽宁省海洋水产科学研究院
2013	科技进步奖	二等奖	禽致病性大肠杆菌病防控技术集成与应用研究	辽宁省重大动物疫病应急中心，山东华宏生物工程有限公司
2013	科技进步奖	二等奖	吡蚜酮原药清洁生产技术	沈阳化工研究院有限公司，沈阳科创化学品有限公司
2013	科技进步奖	二等奖	燕麦 β-葡聚糖的高效提取及生物转化	大连工业大学，大连医诺生物有限公司
2013	科技进步奖	三等奖	密植型高产高效玉米杂交种良玉 88 号	丹东登海良玉种业有限公司
2013	科技进步奖	三等奖	水介质中合成蝇毒磷技术研究	辽宁省蚕业科学研究所，辽宁凤凰蚕药厂
2013	科技进步奖	三等奖	石柱参优质化生产综合配套技术研究	辽宁省中药研究所，沈阳农业大学，桓仁满族自治县二棚甸子镇人民政府，桓仁巨户沟森涛山参基地，辽宁丹东宽甸县振江乡石柱子村，桓仁县八里甸子镇韭菜园子村

（续表）

年 份	奖 项	等 级	项目名称	主要完成单位
2013	科技进步奖	三等奖	明玉系列玉米新品种选育与应用	葫芦岛市明玉种业有限责任公司，辽宁省农业科学院，葫芦岛市种子管理中心，葫芦岛市农业技术推广中心
2013	科技进步奖	三等奖	高产优质多抗粳型水稻新品种田丰202选育和应用	盘锦北方农业技术开发有限公司
2013	科技进步奖	三等奖	玉米主要叶斑病菌生理分化监测、致病机理与控制技术研究	沈阳农业大学，上海交通大学
2013	科技进步奖	三等奖	耐密植玉米新品种铁单20号选育与应用	铁岭市农业科学院
2013	科技进步奖	三等奖	辽宁农村储粮装备技术及绿色储粮示范	辽宁省粮食科学研究所
2013	科技进步奖	三等奖	灌区运行动态评价及用水量预测技术研究与应用	沈阳农业大学
2013	科技进步奖	三等奖	三聚氰胺检测技术研究与应用	辽宁省兽药饲料畜产品质量安全检测中心，北京望尔生物科技有限公司
2013	科技进步奖	三等奖	狂犬病灭活疫苗（Flury株）的研制	辽宁益康生物股份有限公司
2013	科技进步奖	三等奖	辽宁滩涂贝类养殖模式及资源恢复技术研究与示范	大连海洋大学，锦州市海洋与渔业科学研究所，营口市水产科学研究所，辽宁省海洋水产科学研究院
2013	科技进步奖	三等奖	裙带菜多倍体技术及其产业化应用	大连海洋大学，旅顺柏岚子养殖场，大连凌水水产有限公司
2013	科技进步奖	三等奖	原生质体融合技术应用于生物发酵饲料生产的研究	沈阳农业大学，辽宁禾丰牧业股份有限公司
2013	科技进步奖	三等奖	复合微生态菌剂“百立丰”系列产品研制与开发	沈阳科丰牧业科技有限公司，沈阳农业大学，辽宁省畜产品质量安全研究所
2013	科技进步奖	三等奖	水生动物疫病快速检测方法研究和试剂盒的研发及应用	辽宁出入境检验检疫局，山东出入境检验检疫局检验检疫技术中心，辽东学院
2013	科技进步奖	三等奖	村镇工程基础设施数据库与评价模拟系统研究	沈阳建筑大学
2013	科技进步奖	三等奖	辽河保护区生态治理与保护技术	辽宁省辽河保护区管理局，中国环境科学研究院，辽宁省水利水电勘测设计研究院，辽宁省辽河保护区发展促进中心
2014	自然科学奖	二等奖	中国木生真菌多样性研究	中国科学院沈阳应用生态研究所，北京林业大学
2014	技术发明奖	二等奖	基于游离小孢子培养的芸薹属作物双单倍体纯系的创制及利用	沈阳农业大学
2014	技术发明奖	二等奖	重金属超积累植物的系列发现及污染土壤修复关键新技术	中国科学院沈阳应用生态研究所，辽宁石油化工大学，沈阳大学，农业部环境保护科研监测所，山东省林业科学研究院
2014	技术发明奖	三等奖	海水养殖网笼水下自动清洗技术示范推广	大连敖龙水产技术推广有限公司，大连海洋大学，长海县水产技术推广站
2014	科技进步奖	一等奖	优质超级粳稻新品种沈农9816选育及应用	沈阳农业大学

（续表）

年 份	奖 项	等 级	项目名称	主要完成单位
2014	科技进步奖	一等奖	水稻高产高效养分管理关键技术研究与应用	辽宁省农业科学院
2014	科技进步奖	一等奖	设施蔬菜栽培土壤质量演变规律及其调控技术研究与应用	沈阳农业大学
2014	科技进步奖	一等奖	辽东山区水土流失规律及防控技术研究与应用	沈阳农业大学，辽宁省水土保持局
2014	科技进步奖	一等奖	辽东山区天然次生林生态系统定位研究及应用	辽宁省林业科学研究院
2014	科技进步奖	一等奖	刺参健康养殖综合技术研究及产业化应用	辽宁省海洋水产科学研究院，大连壹桥海洋苗业股份有限公司
2014	科技进步奖	一等奖	辽宁生猪生产风险监测关键技术研究及应用	辽宁省动物卫生监测预警中心
2014	科技进步奖	一等奖	海参加工新技术与配套装备的研究及产业化	大连工业大学，大连中通食品机械有限公司，大连上品堂海洋生物有限公司，大连海晏堂生物有限公司，獐子岛集团股份有限公司
2014	科技进步奖	二等奖	优异热带玉米种质资源创新及利用	辽宁省农业科学院
2014	科技进步奖	二等奖	秸秆生物降解技术改善农业生产环境研究与应用	辽宁省微生物科学研究院，辽宁宏阳生物有限公司
2014	科技进步奖	二等奖	花生系列新品种选育及其关键栽培技术研究与应用	沈阳农业大学，辽宁省农村经济委员会，辽宁省农业科学院，铁岭市农业科学院，锦州农业科学院
2014	科技进步奖	二等奖	柞蚕早熟、多抗新品种早418及其杂交种选育与应用	辽宁省蚕业科学研究所
2014	科技进步奖	二等奖	百合菊花新品种选育及生产技术集成研究与推广	辽宁省果蚕管理总站，辽宁省农科院花卉所
2014	科技进步奖	二等奖	糖链植物免疫诱导剂创制及应用	中国科学院大连化学物理研究所，海南正业中农高科股份有限公司，全国农业技术推广服务中心，大连中科格莱克生物科技有限公司，大连凯飞化学股份有限公司
2014	科技进步奖	二等奖	绿色农产品全程质量保障技术集成与应用	中国科学院沈阳应用生态研究所，辽宁省农产品质量安全中心
2014	科技进步奖	二等奖	风沙地花生防风蚀高产栽培技术集成研究与应用	辽宁省风沙地改良利用研究所
2014	科技进步奖	二等奖	气候变化对林业生物灾害影响及适应对策研究	国家林业局森林病虫害防治总站，国家气象中心，中国政法大学政治与公共管理学院，中科院沈阳应用生态研究所
2014	科技进步奖	二等奖	辽宁省外生菌根真菌多样性及其种质资源的繁殖保护研究	辽宁省林业科学研究院
2014	科技进步奖	二等奖	美国白蜡抗逆性良种选育及滨海盐碱地土壤改良技术	辽宁省林业科学研究院
2014	科技进步奖	二等奖	辽宁省核桃良种繁育及丰产栽培技术研究与推广	辽宁省林业技术推广站，辽宁省经济林研究所
2014	科技进步奖	二等奖	北方典型河口滩涂生物资源恢复与生境修复关键技术研究与示范	大连海洋大学，盘锦鑫龙湾水产有限公司

（续表）

年份	奖项	等级	项目名称	主要完成单位
2014	科技进步奖	二等奖	多种重大动物疫病检疫关键技术及系列标准化的研究与应用	辽宁出入境检验检疫局，南京农业大学动物医学院，上海出入境检验检疫局动植物与食品检验检疫技术中心，四川出入境检验检疫局检验检疫技术中心
2014	科技进步奖	二等奖	刺参疾病的发生机制及无公害防控技术研究与应用	大连海洋大学
2014	科技进步奖	二等奖	辽宁省污染土壤与生态破坏区生态修复标准体系与应用示范	辽宁省环境保护厅，中国科学院沈阳应用生态研究所，沈阳环境科学研究院
2014	科技进步奖	二等奖	农用杀菌剂氟吗啉清洁生产工艺和应用技术研究及产业化	沈阳化工研究院有限公司，沈阳科创化学品有限公司
2014	科技进步奖	三等奖	国审玉米杂交种丹玉 69 号选育和推广	丹东农业科学院
2014	科技进步奖	三等奖	农业环境智能监控管理系统研制与应用	辽宁省农业科学院
2014	科技进步奖	三等奖	沈杂系列高粱杂交种选育及应用	沈阳市农业科学院
2014	科技进步奖	三等奖	“葫新”玉米品种选育及机械化栽培技术集成应用	葫芦岛市农业新品种科技开发有限公司，辽宁省农业科学院玉米研究所，葫芦岛市农机技术推广中心
2014	科技进步奖	三等奖	沈阳市农业科技服务模式创新与特色农业产业技术推广	辽宁省农业科学院
2014	科技进步奖	三等奖	利用光温敏核不育系创造北方粳稻种质资源	辽宁省盐碱地利用研究所
2014	科技进步奖	三等奖	落地装配式全钢骨架结构日光温室研究与应用	沈阳农业大学，辽阳亚新农业设施加工有限公司
2014	科技进步奖	三等奖	设施蔬菜秸秆生物反应堆技术集成推广	辽宁省农业技术推广总站，朝阳市设施农业管理中心，铁岭依农科技责任有限公司
2014	科技进步奖	三等奖	菜豆种质资源创新研究及无筋系列菜豆新品种选育推广	大连市农业科学研究院
2014	科技进步奖	三等奖	利用锈菌对三裂叶豚草生物防治的研究与应用	大连民族学院，辽宁省农业环境保护监测站，沈阳农业大学
2014	科技进步奖	三等奖	基于流加复合发酵技术的树莓果醋关键工艺研发与应用	沈阳农业大学
2014	科技进步奖	三等奖	山洪灾害防御系统	辽宁省防汛抗旱指挥部办公室，辽宁省水利水电科学研究院，辽宁省水文局
2014	科技进步奖	三等奖	新型微润灌溉系统研发与应用	辽宁省水利水电科学研究院
2014	科技进步奖	三等奖	辽西半干旱地区枣树种质资源发掘及高效栽培技术研究	朝阳市林业技术推广站，沈阳农业大学，朝阳市林业调查规划院
2014	科技进步奖	三等奖	濒临灭绝荷包猪品种资源抢救性选育与开发利用	辽宁省畜牧科学研究院，辽宁医学院，辽宁省建昌县荷包猪保种场
2014	科技进步奖	三等奖	畜禽饲料专用酶制剂的利用技术研究及应用	沈阳农业大学，辽宁禾丰牧业股份有限公司
2014	科技进步奖	三等奖	豁眼鹅遗传资源评价与高效养殖技术研究	辽宁省农业科学院

（续表）

年　份	奖　项	等　级	项目名称	主要完成单位
2014	科技进步奖	三等奖	食品中超微量病原微生物快速检测关键技术与 POCT 产品研发	锦州出入境检验检疫局，辽宁出入境检验检疫局检验检疫技术中心，中国检验检疫科学研究院
2014	科技进步奖	三等奖	食品农产品及餐饮垃圾中有害生物无害化处理及分子分型溯源新技术	辽宁出入境检验检疫局，广东出入境检验检疫局
2014	科技进步奖	三等奖	村镇建筑洪水中破坏机理及抗洪加固关键技术研究	沈阳建筑大学
2014	科技进步奖	三等奖	国境口岸媒介生物系列化侦检技术的研究及应用	辽宁国际旅行卫生保健中心，大连医科大学附属第一医院，辽宁出入境检验检疫局检验检疫技术中心
2014	科技进步奖	三等奖	水稻工厂化育秧大棚改良与推广	新民市鹤湖水稻生产专业合作社

附表 B-6　2008—2014 年吉林省农业科技获奖成果

年　份	奖　项	等　级	项目名称	主要完成单位
2008	科学技术奖	一等奖	优质、高配合力玉米自交系吉853 的创制与应用	吉林省农业科学院，吉林吉农高新技术发展股份有限公司
2008	科学技术奖	一等奖	北方耐寒型彩色树种引种、选育与应用	吉林省林业科学研究院
2008	科学技术奖	一等奖	延边黄牛肉用新品系的选育与推广	延边朝鲜族自治州畜牧开发总公司，延边大学，吉林省农业科学院，吉林大学，延边朝鲜族自治州家畜繁育改良工作总站
2008	科学技术奖	一等奖	吉林省主要农业野生植物资源保护及多样性研究	吉林省农业环境保护与农村能源管理总站，吉林省农业科学院，吉林农业大学，长白县农业局
2008	科学技术奖	一等奖	低焦油烤烟型“长白山”（神韵）卷烟的研制与开发	吉林烟草工业有限责任公司，长白山科技服务有限公司，云南瑞升烟草技术（集团）有限公司，河南农业大学，郑州轻工业学院
2008	科学技术奖	一等奖	食用菌新品种选育、配套丰产技术研制及产业化创新体系建设	吉林农业大学，吉林省食用菌业高新技术园区，蛟河市黄松甸镇政府，敦化市明星特产科技开发有限责任公司，汪清丹华山珍科技开发公司
2008	科学技术奖	一等奖	新城疫病毒抗肿瘤机理的研究	中国人民解放军军事医学科学院军事兽医研究所
2008	科学技术奖	二等奖	玉米活性多糖及玉米瘦身洁肠膨润片的研制	吉林农业大学
2008	科学技术奖	二等奖	高产、优质、多抗水旱两用稻新品种天井 5 号选育与推广	吉林省农业科学院
2008	科学技术奖	二等奖	优质、高产、高淀粉玉米新品种吉东 28 号的选育与推广	吉林省吉东种业有限责任公司
2008	科学技术奖	二等奖	红松果材林种实高产经营技术	吉林省林业科学研究院
2008	科学技术奖	二等奖	载菌赤眼蜂的研制及其大面积推广应用	吉林农业大学
2008	科学技术奖	二等奖	柞蚕优质生物茧繁育及综合应用技术研究与示范	吉林省蚕业科学研究所，吉林农业大学，吉林东北虎制药有限公司，吉林吉农高新技术发展股份有限公司
2008	科学技术奖	二等奖	吉林省中西部特色高效农业配套生产技术研究与示范	吉林农业大学
2008	科学技术奖	二等奖	松辽黑猪品种扩繁及产业化开发	吉林省农业科学院，吉林大学，吉林农业大学，四平红嘴农业高新技术开发有限公司
2008	科学技术奖	二等奖	水稻新品种吉粳 105 选育与推广	吉林省农业科学院
2008	科学技术奖	二等奖	人参安全优质生产技术研究	吉林省参茸办公室，抚松县参王植保有限公司，吉林农业大学，沈阳农业大学
2008	科学技术奖	二等奖	淫羊藿等道地中药材资源保护及可持续开发利用研究与示范	吉林农业大学，吉林敖东洮南药业股份有限公司，吉林敖东延边药业股份有限公司
2008	科学技术奖	二等奖	高淀粉高粱恢复系南 133 的创制及在系列杂交种中的应用	吉林省农业科学院，吉林省乾安县种子公司，吉林省扶余县种子公司，吉林省松原市种子管理站，吉林省双辽双丰种子公司
2008	科学技术奖	二等奖	唐棣、酸樱桃优良品种引进及扩繁技术	北华大学，吉林市林业科学研究院

（续表）

年　份	奖　项	等　级	项目名称	主要完成单位
2008	科学技术奖	二等奖	牛结核病综合防制研究	吉林农业大学
2008	科学技术奖	二等奖	高产、多抗、优质水稻新品种通丰 8 号、通丰 9 号	通化市农业科学研究院
2008	科学技术奖	二等奖	长白山重要珍稀药用植物仿生栽培及保护研究	吉林省长白山资源开发保护研究理事会，长春市长河科技开发有限公司，吉林省利生源生物制品有限公司，吉林农业大学
2008	科学技术奖	二等奖	优质、抗病黄瓜新品种吉杂八号、吉杂九号选育与推广	吉林省蔬菜花卉科学研究所
2008	科学技术奖	二等奖	高产、优质、抗病玉米新品种宏育 319 的选育与推广	吉林市宏业种子有限公司，吉林省种子管理总站，吉林农业大学
2008	科学技术奖	三等奖	优质肉羊高效养殖技术的研究与示范	吉林省农业科学院，双辽市畜牧兽医局，吉林省光明现代农牧业发展有限公司，长岭县牧业管理局，长岭县种羊场
2008	科学技术奖	三等奖	优质、高产、多抗水稻新品种吉农大 19 号选育与推广	吉林农业大学
2008	科学技术奖	三等奖	高活性大豆膳食纤维生产技术研究	吉林省农业科学院
2008	科学技术奖	三等奖	吉林省现行 AI 疫苗免疫保护力调查研究	吉林省兽医科学研究所
2008	科学技术奖	三等奖	抗病高产优质大豆新品种选育与推广	吉林省农业科学院
2008	科学技术奖	三等奖	高产优质玉米新品种吉农大 201 选育与推广	吉林农业大学
2008	科学技术奖	三等奖	麦茬后复种极早熟大豆栽培技术的研究	吉林省农业科学院
2008	科学技术奖	三等奖	吉林省中西部平原区土壤动物多样性及其保护研究	吉林大学，中国科学院东北地理与农业生态研究所
2008	科学技术奖	三等奖	“吉新”牌复合生物肥系列产品的研制与高效利用技术	吉林省农业科学院
2008	科学技术奖	三等奖	玉米植株残体腐解特征及其培肥土壤机理研究	吉林农业大学
2008	科学技术奖	三等奖	酿酒山葡萄左优红和双红品种选育及大面积推广	中国农业科学院特产研究所，通化市特产技术推广总站，集安市特产技术推广总站，延吉市农牧局，内蒙古喀喇沁旗政府扶贫办公室
2008	科学技术奖	三等奖	猪伪狂犬病 gG/gE 双基因缺失株的构建及其免疫学特性的研究	吉林省兽医科学研究院
2008	科学技术奖	三等奖	长白山观赏植物资源调查研究	通化师范学院，长白山管委会科学研究院
2008	科学技术奖	三等奖	Tid 基因对水稻的转化及转基因植株的抗虫性研究	吉林省农业科学院
2008	科学技术奖	三等奖	肉用黄牛种质特性的研究	延边大学，吉林省农业科学院
2008	科学技术奖	三等奖	白城 5 号杨选育与推广	白城市林业科学研究院
2008	科学技术奖	三等奖	高油高产大豆新品种长农 16、长农 17 选育与应用	长春市农业科学院

（续表）

年 份	奖 项	等 级	项目名称	主要完成单位
2008	科学技术奖	三等奖	具有特定功能的低分子量玉米活性肽制备及产业化技术	吉林大学
2008	科学技术奖	三等奖	优质苜蓿高效生产技术研究与产业化开发	吉林省农业科学院
2008	科学技术奖	三等奖	利用现代农业生物技术集约化快速繁殖耐低温番茄棚用苗	吉林师范大学，通化师范学院
2008	科学技术奖	三等奖	穿龙薯蓣无公害规范化基地建设及配套栽培技术推广	吉林农业大学，吉林省中医药科学院
2009	科技进步奖	一等奖	延黄牛新品种的选育及其产业化	延边州畜牧开发总公司，延边大学，吉林省农业科学院，吉林大学，延边州畜牧总站
2009	科技进步奖	一等奖	人参、西洋参标准化及系列产品开发研究	中国科学院长春应用化学研究所，吉林农业大学，吉林大学，东北师范大学，长春中医药大学
2009	科技进步奖	一等奖	ω-6 多不饱和脂肪酸的提取及玉米 ω-6 软胶囊的研制	吉林农业大学
2009	科技进步奖	一等奖	大豆主要抗营养因子的抗营养机制及钝化机理的研究	吉林农业大学，中国农业大学
2009	科技进步奖	一等奖	优异大豆种质资源创新、新品种选育及应用	吉林省农业科学院
2009	科技进步奖	一等奖	毛皮动物（貂、狐、貉）生物制品产业化开发	中国农业科学院特产研究所，吉林中特生物技术有限责任公司
2009	科技进步奖	一等奖	4 种重要人兽共患病原细菌耐药机制及耐药性抑制剂的研究	吉林大学
2009	科技进步奖	二等奖	高产、耐密、脱水快中熟玉米新品种（吉单 505 和吉单 517）选育及推广	吉林省农业科学院
2009	科技进步奖	二等奖	专用玉米标准化生产技术	吉林省农业科学院，中国农业科学院作物科学研究所
2009	科技进步奖	二等奖	蜂胶高产良种蜜蜂选育研究	吉林省养蜂科学研究所
2009	科技进步奖	二等奖	长白山区珍稀木本观赏植物良种选育	吉林省林业科学研究院
2009	科技进步奖	二等奖	水稻优质丰产综合配套技术研究	吉林省农业科学院
2009	科技进步奖	二等奖	高产、优质、多抗水稻新品种通育 221 号	通化市农业科学研究院
2009	科技进步奖	二等奖	玉米淀粉发酵法生产赤藓糖醇的研究	吉林农业大学，常熟理工学院
2009	科技进步奖	二等奖	优质高产抗逆玉米新品种军单 8 号的选育及推广	吉林大学，吉林省军源种业科技有限公司
2009	科技进步奖	二等奖	高产、优质、多抗玉米新品种吉玉 106 选育与推广	吉林农业大学
2009	科技进步奖	二等奖	高产、优质、抗病大豆新品种吉农 17 号、吉农 18 号选育与示范推广	吉林农业大学

（续表）

年　份	奖　项	等　级	项目名称	主要完成单位
2009	科技进步奖	二等奖	北方三辣综合配套栽培技术的示范与推广	吉林省蔬菜花卉科学研究院，吉林省农安县哈拉海镇北方三辣储运加工厂
2009	科技进步奖	二等奖	高产、优质、耐盐碱水稻新品种长白 15 号选育及配套技术研究应用	吉林省农业科学院，中国农业科学院作物科学研究所
2009	科技进步奖	二等奖	我国贾第虫病毒的分离鉴定及其转染载体构建与应用	吉林大学
2009	科技进步奖	二等奖	抗寒、优质、特色梨新品种选育	吉林省农业科学院
2009	科技进步奖	二等奖	狐、貉健康养殖关键技术研究	中国农业科学院特产研究所
2009	科技进步奖	二等奖	长白楤木的引种栽培及综合开发利用	北华大学
2009	科技进步奖	二等奖	优质、高产、多抗、广适、耐密玉米新品种益丰 29 号选育与推广	吉林省王义种业有限责任公司，吉林农业大学，吉林省种子管理总站
2009	科技进步奖	二等奖	高油高产抗病大豆新品种吉育 73 选育与推广	吉林省农业科学院
2009	科技进步奖	二等奖	苏打盐碱地羊草移栽恢复技术体系及应用	中国科学院东北地理与农业生态研究所，长春宏日生态治理有限责任公司，白城市林业科学院
2009	科技进步奖	二等奖	耐盐碱、优质、高产水稻新品种白粳 1 号的选育与开发	吉林省白城市农业科学院
2009	科技进步奖	三等奖	高淀粉高粱杂交种吉杂 97 和吉杂 99 选育与推广	吉林省农业科学院
2009	科技进步奖	三等奖	吉林省耕地质量与补充耕地数量质量实行按等级折算技术研究	吉林农业大学，吉林省国土资源厅
2009	科技进步奖	三等奖	水稻新品种通粳 791、稻光一号（通粳 793）选育及推广	通化市农业科学研究院
2009	科技进步奖	三等奖	黄颡鱼人工繁育及池塘养殖技术的研究——黄颡鱼人工繁育技术研究	吉林省水产科学研究院
2009	科技进步奖	三等奖	高产优质蓖麻新品种的选育与推广	吉林省春莲园艺工程（集团）有限公司
2009	科技进步奖	三等奖	珍贵、濒危树种引进及培育技术研究—速繁濒危植物银杏	东北师范大学
2009	科技进步奖	三等奖	北方一熟制区保护性耕作技术集成与示范推广	吉林省农业技术推广总站，蛟河市农业技术推广站，磐石市农业技术推广中心，吉林省农业科学院，吉林省农机机械化推广总站
2009	科技进步奖	三等奖	吉林省森林资源信息处理技术的研究	吉林省林业调查规划院
2009	科技进步奖	三等奖	高产优质水稻新品种众禾一号选育与推广	公主岭市松辽农业科学研究所，通化市农业科学研究院，吉林省农业科学院水稻研究所
2009	科技进步奖	三等奖	黑木耳露生产技术研究与应用	吉林省农业科学院，吉林省夏兴有机生态生物高科集团有限公司
2009	科技进步奖	三等奖	蓝靛果忍冬科技示范园的建立与研究	延边林业科学研究院

（续表）

年份	奖项	等级	项目名称	主要完成单位
2009	科技进步奖	三等奖	景天科优良种类筛选及应用研究	长春市园林科学研究所，长春市长春公园
2009	科技进步奖	三等奖	长白山野狍驯化饲养配套技术的研究	吉林农业科技学院
2009	科技进步奖	三等奖	吉林省西部平原沙丘改良技术研究与示范	吉林省林业科学研究院，吉林省前郭县乌兰图嘎林场，前郭县韩家店林场，前郭县华宇林木技术研究所
2009	科技进步奖	三等奖	高产抗病高淀粉玉米杂交种九单64	吉林市农业科学院
2009	科技进步奖	三等奖	吉林省土石山区集雨造林工程技术研究	吉林省水土保持科学研究院
2009	科技进步奖	三等奖	吉林省短周期工业用材林定向综合培育技术的研究	吉林省林业科学研究院
2009	科技进步奖	三等奖	半干旱区玉米地膜覆盖高产栽培技术研究	吉林省农业科学院
2009	科技进步奖	三等奖	奶牛高效繁殖综合技术	吉林农业大学
2009	科技进步奖	三等奖	沼泽湿地关键生态过程与资源合理利用研究	中国科学院东北地理与农业生态研究所
2009	科技进步奖	三等奖	新型畜禽保健调控剂（糖肽酮萜素）的研究与开发	吉林省农业科学院
2009	科技进步奖	三等奖	小鹅瘟诊断与防制技术	吉林省兽医科学研究所
2009	科技进步奖	三等奖	东部边疆地区牛隐孢子虫病与牛瑟氏泰勒虫病的诊断与防治技术研究	延边大学
2009	科技进步奖	三等奖	吉林省中西部生态林生物保护技术研究	吉林省林业科学研究院
2009	科技进步奖	三等奖	鸭病毒性肝炎病原特性及综合防治技术研究	吉林省兽医科学研究所，吉林农业大学
2009	科技进步奖	三等奖	长白山林区可燃物特性、火灾成因及预防技术研究	北华大学
2009	科技进步奖	三等奖	碱茅草地合理利用技术的研究	吉林省农业科学院
2009	科技进步奖	三等奖	牛主要病毒病核酸探针和多重PCR系列诊断的研究	吉林农业大学
2010	科技进步奖	一等奖	超级稻生产技术集成与推广	吉林省农业科学院，吉林省农业技术推广总站
2010	科技进步奖	一等奖	高产稳产、多抗玉米新品种吉单35的选育与推广	吉林省农业科学院，吉林吉农高新技术发展股份有限公司
2010	科技进步奖	一等奖	奶牛酮病主要发病环节的分子机制及防治基础	吉林大学，黑龙江八一农垦大学，东北农业大学
2010	科技进步奖	一等奖	人参等中药材育种与规范化栽培关键技术研究与产品开发	吉林农业大学，中国农业科学院特产研究所，修正药业集团，吉林敖东药业集团股份有限公司，吉林省绿禾农业开发有限公司
2010	科技进步奖	一等奖	玉米高密度栽培及生物防治玉米螟技术研究	吉林农业大学，吉林大学，吉林省农业科学院

（续表）

年　份	奖　项	等　级	项目名称	主要完成单位
2010	科技进步奖	二等奖	草原红牛乳用品系群选育与产业化开发	吉林省农业科学院，通榆县三家子种牛繁育场
2010	科技进步奖	二等奖	测土配方施肥通用模型研究及推广应用	吉林省伊通满族自治县农业技术推广总站
2010	科技进步奖	二等奖	城市绿化优良苗木新品种引育及产业化技术研究	长春市林业科学研究院，吉林农业大学
2010	科技进步奖	二等奖	高产、高抗玉米新品种吉东20号的选育与推广	辽源市农业科学院
2010	科技进步奖	二等奖	高产、优质、多抗水稻新品种通育239号培育与推广	通化市农业科学研究院
2010	科技进步奖	二等奖	高产优质水旱两用稻新品种文育302选育推广	公主岭市松辽农业科学研究所，双辽市余粮水稻研究所
2010	科技进步奖	二等奖	高淀粉、高产、抗病玉米新品种通单37的推广应用	通化市农业科学研究院
2010	科技进步奖	二等奖	吉林省小浆果优良品种选育及综合利用研究	吉林农业大学
2010	科技进步奖	二等奖	精准农业（玉米）生产智能决策系统与装备的研制	吉林农业大学，吉林大学，吉林省农业机械研究院
2010	科技进步奖	二等奖	烤烟新品种吉烟九号（JY02）及配套栽培调制技术	延边朝鲜族自治州农业科学研究院
2010	科技进步奖	二等奖	森林抚育材、人工林速生材高值化利用技术研究与开发	北华大学
2010	科技进步奖	二等奖	食品级抗猪轮状病毒基因工程乳酸菌口服制剂研制关键技术研究	吉林农业大学
2010	科技进步奖	二等奖	新吉细毛羊品种扩繁与开发	吉林省农业科学院，吉林省前郭县查干花种畜场
2010	科技进步奖	二等奖	优质、高产、多抗、广适型水稻新品种吉粳803的选育与推广	吉林省农业科学院
2010	科技进步奖	二等奖	优质、高产、多抗型绿豆新品种选育及配套栽培技术研究与应用	吉林省农业科学院
2010	科技进步奖	二等奖	玉米安全生产土壤环境与施肥技术	吉林省农业科学院，梨树县农业技术推广总站，公主岭市农业技术推广总站，扶余县农业技术推广中心
2010	科技进步奖	二等奖	玉米螟优良寄生性天敌选育研究及应用	吉林省农业科学院
2010	科技进步奖	二等奖	北美针叶树种第一代良种选育技术研究	吉林市林业科学研究院，吉林市林业技术推广站
2010	科技进步奖	二等奖	高效养蜂综合配套技术研究与示范	吉林省养蜂科学研所
2010	科技进步奖	二等奖	食品污染物免疫学快速检测技术基础研究	吉林大学
2010	科技进步奖	二等奖	规模化健康养鹅技术研究与推广	吉林农业大学，白城市畜牧业管理局，长春市牧业管理局，梅河口市畜牧业管理局

（续表）

年　份	奖　项	等　级	项目名称	主要完成单位
2010	科技进步奖	三等奖	保护性耕作条件下杂草有效控制技术研究	吉林省农业科学院
2010	科技进步奖	三等奖	东北红豆杉优良种源选择与繁育	北华大学
2010	科技进步奖	三等奖	鹅重要传染病诊断与高效防制技术研究	吉林农业大学，吉林省畜牧兽医科学研究院
2010	科技进步奖	三等奖	高产、多抗、广适型中熟水稻九稻 58 号选育与应用	吉林市农业科学院
2010	科技进步奖	三等奖	高产、优质、多抗玉米新品种宏育 29 的选育与推广	吉林市宏业种子有限公司，吉林农业大学，吉林省种子管理总站
2010	科技进步奖	三等奖	高产、优质谷子新品种九谷 14 号的选育	吉林市农业科学院
2010	科技进步奖	三等奖	高产优质抗逆大豆新品种吉农 23 号、吉农 24 号选育与推广	吉林农业大学
2010	科技进步奖	三等奖	高油高产大豆新品种吉育 83、吉育 84 选育与推广	吉林省农业科学院
2010	科技进步奖	三等奖	吉林地方优良鸡品系选育	吉林省农业科学院
2010	科技进步奖	三等奖	吉林省粗饲料资源加工利用技术研究与产业化开发	吉林省农业科学院
2010	科技进步奖	三等奖	吉林省建设牧业大省战略研究	吉林农业大学，吉林省牧业管理局
2010	科技进步奖	三等奖	吉林省玉米主要病虫害发生发展气象条件预警预报业务系统	吉林省气象科学研究所，吉林省农业技术推广总站
2010	科技进步奖	三等奖	吉林省杂交粳稻育种材料的创新与新品种选育研究	吉林省农业科学院
2010	科技进步奖	三等奖	立辊式玉米收获机的研究与开发	吉林省农业机械研究院
2010	科技进步奖	三等奖	蔬菜和食用菌中农药残留系统方法技术平台研究	吉林出入境检验检疫局
2010	科技进步奖	三等奖	特异绿化树种“垂黄榆”优良类型选择	白城市林业科学研究院
2010	科技进步奖	三等奖	一挂鞭油豆选育与推广	吉林省蔬菜花卉科学研究院
2010	科技进步奖	三等奖	应用四翅滨藜改良重度盐渍荒漠化土地和植被恢复建设技术	吉林省林业科学研究院，吉林省林业技术推广站
2010	科技进步奖	三等奖	优质早熟水稻品种上育 397 应用与推广	延边农业科学研究院，中国农业科学研究院作物品种资源研究所，延边州种子管理站
2010	科技进步奖	三等奖	玉米全程机械化生产新技术研究与推广	吉林省农机化技术推广总站，长春市农机技术推广总站，榆树市农机技术推广站，九台市农机技术推广站，梨树县农机推广总站，公主岭市农机推广站，长岭县农机技术推广站，吉林市农机技术推广中心，敦化市农机技术推广站
2010	科技进步奖	三等奖	吉林省森林资源档案动态管理技术研究与应用	吉林省林业调查规划院
2010	科技进步奖	三等奖	美洲红点鲑生物学和实用养殖技术研究	吉林省水产科学研究院

（续表）

年　份	奖　项	等　级	项目名称	主要完成单位
2010	科技进步奖	三等奖	鸭疫里默氏杆菌病病原分离鉴定及防治技术研究	吉林省畜牧兽医科学研究院
2010	科技进步奖	三等奖	猪圆环病毒 PCV2 ORF2 原核表达及胶体金检测试剂盒的研究	吉林出入境检验检疫局
2010	科技进步奖	三等奖	北五味子组培苗生根技术及生产推广应用	通化师范学院
2010	科技进步奖	三等奖	中国林蛙生态学及种质稳定性研究	长春中医药大学
2010	科技进步奖	三等奖	c-kit 蛋白对蝗虫配子发生调控作用	吉林师范大学
2010	科技进步奖	三等奖	松嫩平原农业面源污染输出负荷与防治措施研究	中国科学院东北地理与农业生态研究所
2010	科技进步奖	三等奖	威灵仙等吉林道地药材引种驯化及配套栽培技术研究	中国农科院特产研究所
2010	科技进步奖	三等奖	大米、蔬菜、水果中氯氟吡氧乙酸残留量测定方法研究	吉林省疾病预防控制中心
2010	科技进步奖	三等奖	9 种兽药残留物免疫检测试剂制备及金标试纸条研制与应用	吉林出入境检验检疫局，中国检验检疫科学研究院
2010	科技进步奖	三等奖	新型肥料及控释肥料包膜材料的开发研究	吉林农业大学
2010	科技进步奖	三等奖	胚胎工程技术在肉用种羊快速扩繁中的应用与肉羊杂交改良体系推广	吉林省农业科学院，吉林省长岭县十四号种畜场
2011	技术发明奖	三等奖	松原罗布麻新品种选育及盐碱地栽培技术	东北师范大学
2011	科技进步奖	一等奖	鸡球虫宿主细胞侵入分子及其保护性免疫机制研究	吉林大学
2011	科技进步奖	一等奖	马铃薯延薯 4 号品种选育及种薯繁育技术研究与推广	延边朝鲜族自治州农业科学院
2011	科技进步奖	一等奖	松辽黑猪新品种选育	吉林省农业科学院，吉林红嘴种猪繁育有限公司
2011	科技进步奖	一等奖	玉米淀粉湿法加工新工艺研究与新产品开发	中粮生化能源（榆树）有限公司
2011	科技进步奖	一等奖	玉米垄作保护性耕作关键技术与成套装备研制与推广	吉林大学，吉林省农业机械研究院，吉林农业大学，吉林省农业机械化管理局，延吉插秧机制造有限公司
2011	科技进步奖	一等奖	口蹄疫病原分子背景、诊断及疫苗研究	中国人民解放军军事医学科学院军事兽医研究所
2011	科技进步奖	一等奖	以农林剩余物制造环境友好型人造板关键技术与应用	北华大学，吉林辰龙生物质材料有限责任公司
2011	科技进步奖	二等奖	吉杂迷你一号水果型黄瓜选育与推广	吉林省蔬菜花卉科学研究院
2011	科技进步奖	二等奖	矮秆早熟高粱杂交种选育及其高产栽培技术研究与应用	吉林省农业科学院

（续表）

年 份	奖 项	等 级	项目名称	主要完成单位
2011	科技进步奖	二等奖	不同营养遗传类型玉米营养特性及其高效施肥技术研究	吉林省农业科学院
2011	科技进步奖	二等奖	大豆优异种质的创制、高产高油新品种吉育87选育及推广	吉林省农业科学院
2011	科技进步奖	二等奖	高产、多抗、优质、广适水稻新品种吉大3、吉大6选育与推广	吉林大学
2011	科技进步奖	二等奖	高产、优质、多抗水稻新品种吉农大808选育与推广	吉林农业大学
2011	科技进步奖	二等奖	高产、优质玉米新品种吉玉301、吉农玉308的选育与推广	吉林农业大学，梨树县农业科技种业有限责任公司，吉林省亨达种业有限公司
2011	科技进步奖	二等奖	高产优质多抗水稻新品种吉农大31号的选育与推广	吉林农业大学，吉林省种子管理总站，吉林大农种业有限公司
2011	科技进步奖	二等奖	吉林省西部半干旱区玉米膜下滴灌节水高产高效栽培技术研究与示范	吉林省农业资源与农业区划研究所
2011	科技进步奖	二等奖	吉林省西部苏打盐碱土区林草植被恢复综合配套技术研究	白城市林业科学研究院
2011	科技进步奖	二等奖	良种细毛羊高效养殖关键技术研究	白城市畜牧科学研究院，大安市畜牧业管理局，洮南市畜牧牧业管理局
2011	科技进步奖	二等奖	绿豆主要病害综合防治研究及开发	白城市农业科学院
2011	科技进步奖	二等奖	蜜浆胶高产蜜蜂良种选育研究	吉林省养蜂科学研究所
2011	科技进步奖	二等奖	农田鼠害综合防控技术研究与应用	吉林省农业技术推广总站，全国农业技术推广服务中心，中国农业大学
2011	科技进步奖	二等奖	食用菌良种吉杂1号系列品种与推广应用	敦化市明星特产科技开发有限责任公司，图们市人民政府，敦化市特产局，汪清县特产局，绥化学院
2011	科技进步奖	二等奖	土壤有机质数量和质量调控与黑土区玉米深松蓄水耕作技术研究	吉林农业大学
2011	科技进步奖	二等奖	新型蛋白生物饲料生产关键技术研究与新产品的开发	吉林省农业科学院
2011	科技进步奖	二等奖	新型发酵肉制品加工技术与产品开发的研究	吉林农业大学
2011	科技进步奖	二等奖	优质、高产、多抗玉米新品种通育99的选育与推广应用	通化市农业科学研究院
2011	科技进步奖	二等奖	优质、高产小豆新品种吉红7号、吉红8号选育及配套技术研究与应用	吉林省农业科学院
2011	科技进步奖	二等奖	优质、早熟、多抗水稻新品种长白19号选育与推广	吉林省农业科学院
2011	科技进步奖	二等奖	柞蚕大型茧新品种创制及配套技术转化示范	吉林省蚕业科学研究院，吉林农业大学
2011	科技进步奖	二等奖	珍贵毛皮动物（貂、狐）高效养殖增值关键技术	中国农业科学院特产研究所

（续表）

年　份	奖　项	等　级	项目名称	主要完成单位
2011	科技进步奖	二等奖	水田灌区续建配套与节水改造综合技术示范研究	吉林省水利科学研究院
2011	科技进步奖	二等奖	长白山自然保护区昆虫生物多样性研究	北华大学
2011	科技进步奖	二等奖	系列除草剂绿色合成新工艺产业化技术开发	吉林大学
2011	科技进步奖	二等奖	北五味子果林优质高产经营技术	吉林龙湾国家级自然保护区管理局
2011	科技进步奖	二等奖	吉林省 5 种重要抗寒果树遗传多样性及其利用研究	吉林农业大学，吉林省农业科学院
2011	科技进步奖	三等奖	白杨透翅蛾无公害防治技术的研究	吉林省林业科学研究院
2011	科技进步奖	三等奖	草食家畜肉用性状的遗传标记研究	吉林省农业科学院
2011	科技进步奖	三等奖	豆科作物新型多功能根瘤菌肥料的研制与应用	吉林省农业科学院
2011	科技进步奖	三等奖	高产、多抗、优质水稻新品种通禾 820、通禾 832	通化市农业科学研究院
2011	科技进步奖	三等奖	高产、多抗高粱新品种九杂 10 号的选育及推广应用	吉林市农业科学院
2011	科技进步奖	三等奖	高产、高油、抗病大豆新品种长农 18 选育及应用	长春市农业科学院
2011	科技进步奖	三等奖	高产、优质、多抗水稻新品种吉粳 506 选育与推广	吉林省农业科学院
2011	科技进步奖	三等奖	高产优质玉米品种银河 33 选育与推广	吉林银河种业科技有限公司
2011	科技进步奖	三等奖	红松、杨树苗木配方施肥技术研究与应用	吉林省林业科学研究院
2011	科技进步奖	三等奖	坏死梭杆菌分离鉴定和白细胞毒素免疫原性研究	中国农业科学院特产研究所，吉林农业大学
2011	科技进步奖	三等奖	鸡球虫病防治关键技术研究	吉林省畜牧兽医科学研究院
2011	科技进步奖	三等奖	吉林省草地主要野生豆科牧草资源利用与特性比较研究	东北师范大学，中国科学院东北地理与农业生态研究所
2011	科技进步奖	三等奖	吉林省西部桑田病虫害综合治理技术研究	白城市林业科学研究院
2011	科技进步奖	三等奖	吉林省营造林信息管理技术的研究	吉林省林业调查规划院
2011	科技进步奖	三等奖	吉林省中西部旱作节水农业技术	吉林省农业科学院
2011	科技进步奖	三等奖	吉林省主要森林可燃物特性与林火控制技术研究	吉林省林业科学研究院
2011	科技进步奖	三等奖	桔梗种质资源遗传多样性分析及桔梗种质资源库建设	延边大学
2011	科技进步奖	三等奖	利用生物技术创制抗稻瘟病水稻新种质	吉林省农业科学院

（续表）

年 份	奖 项	等 级	项目名称	主要完成单位
2011	科技进步奖	三等奖	栗山天牛防控技术的研究	吉林省林业科学研究院
2011	科技进步奖	三等奖	林下人参、西洋参生产关键技术研究与示范	中国农业科学院特产研究所
2011	科技进步奖	三等奖	平贝母药林粮间套作栽培技术研究与生产示范基地建设	吉林省长白山宏瑞平贝母科技发展有限公司，通化师范学院
2011	科技进步奖	三等奖	晒红烟优质高产新品种延晒六号和延晒七号的选育及推广	延边朝鲜族自治州农业科学院
2011	科技进步奖	三等奖	松毛虫赤眼蜂防治林业害虫应用技术的研究	北方绿化中心
2011	科技进步奖	三等奖	优质矮秆系列谷子新品种选育与推广	吉林省农业科学院
2011	科技进步奖	三等奖	早熟玉米杂交种源玉3的选育与推广	敦化市新源种子有限责任公司，延边洲种子管理站
2011	科技进步奖	三等奖	长白山地区菌物多样性及其珍稀资源的保育与利用研究	吉林农业大学
2011	科技进步奖	三等奖	植物微生物复合系统改良土壤环境	长春师范学院
2011	科技进步奖	三等奖	延边特色烟叶形成机理及关键技术研究与应用	吉林烟草工业有限责任公司，国家烟草栽培生理生化研究基地，河南农业大学，延吉长白山科技服务有限公司，延边农业科学研究院
2011	科技进步奖	三等奖	吉林省森林火灾碳释放的研究	北华大学
2011	科技进步奖	三等奖	猪繁殖与呼吸综合征病毒快速检测技术体系的研究	吉林农业大学，吉林大学，长春市康发动物药品研究所
2011	科技进步奖	三等奖	底栖动物对水田生态系统的扰动效应研究	长春师范学院，吉林省科学技术信息研究所
2011	科技进步奖	三等奖	危害松科林木小蠹检疫鉴定方法、风险性评估及其预警的研究	吉林出入境检验检疫局，吉林农业大学
2011	科技进步奖	三等奖	电厂脱硫废渣改良白城市百万亩碱化土壤技术研究与推广示范	白城师范学院，白城市土壤肥料工作站，清华大学
2011	科技进步奖	三等奖	煤矿区受损生态环境综合研究及废弃地生态修复技术示范	吉林大学
2011	科技进步奖	三等奖	工厂化培养富硒双孢菇及其系列制品技术	蛟河市黑土白云食用菌有限公司，吉林农业大学
2011	科技进步奖	三等奖	驯化壁蜂生活力的提高及新老苹果梨园放蜂技术研究	延边大学
2011	科技进步奖	三等奖	向海保护区水位、水草、水鸟三者关系的研究	吉林省林业科学研究院，吉林向海国家级自然保护区管理局
2011	科技进步奖	三等奖	桦甸市肝肺吸虫病的防治与研究	桦甸市疾病预防控制中心
2011	科技进步奖	三等奖	生物制剂-光合细菌（PSB）在中小型水库、湖泊中生态作用的研究	吉林农业大学
2011	科技进步奖	三等奖	吉林省农村科技信息化综合服务体系建设	吉林省农业科学院，吉林省中财软件有限公司，吉林农业大学

（续表）

年　份	奖　项	等　级	项目名称	主要完成单位
2011	科技进步奖	三等奖	森林防火无人机预警系统	吉林工程技术师范学院
2011	科技进步奖	三等奖	畜禽粪便无害化处理及资源化利用技术与装备的研究	吉林省农业机械研究院，吉林省环境保护产品监督管理站，长春市佳辰环保设备有限公司
2011	科技进步奖	三等奖	吉林省财政支持农村金融创新政策体系研究	吉林财经大学
2012	技术发明奖	二等奖	玉米根系育种技术及应用	吉林师范大学
2012	技术发明奖	三等奖	畜禽血液高值化利用关键技术研究与产业化生产	辽源市麒鸣生物技术综合开发有限公司，中国农业大学
2012	科技进步奖	一等奖	黑土资源可持续利用技术体系	吉林省农业科学院
2012	科技进步奖	一等奖	鹿主要传染病诊断和综合防制技术体系的构建与应用	吉林农业大学，中国人民解放军军事医学科学院军事兽医研究所
2012	科技进步奖	一等奖	西洋参新品种选育、规范化栽培及系列产品开发	中国农业科学院特产研究所，集安市人参研究所，吉林农业大学，集安大地参业有限公司
2012	科技进步奖	一等奖	优质肉牛规范化生产技术体系研究与集成示范	吉林省农业科学院，吉林农业大学，吉林大学，中国农业科学院北京畜牧兽医研究所，中国人民解放军军事医学科学院军事兽医研究所，吉林省长春皓月清真肉业股份有限公司
2012	科技进步奖	一等奖	昆虫脑功能细胞信号物质共定位技术及色氨酸羟化酶 TPH 的发现	东北师范大学
2012	科技进步奖	一等奖	细小病毒性肠炎病原、诊断与防治研究	中国人民解放军军事医学科学院军事兽医研究所
2012	科技进步奖	二等奖	春绿 3 号、春绿 7 号黄瓜选育与推广	吉林省蔬菜花卉科学研究院
2012	科技进步奖	二等奖	城市绿化优良新树种引进、筛选及示范的研究	北华大学
2012	科技进步奖	二等奖	干旱半干旱湿地关键保护物种保护技术及生态补水技术示范	吉林省林业科学研究院，东北师范大学，吉林莫莫格国家级自然保护区管理局
2012	科技进步奖	二等奖	高产、高油、多抗、广适大豆新品种吉育 90 选育及推广	吉林省农业科学院，双辽市云生种业
2012	科技进步奖	二等奖	高产、优质、多抗、水稻新品种通系 929	通化市农业科学研究院
2012	科技进步奖	二等奖	高产、优质、多抗水稻新品种通育 217 号	通化市农业科学研究院
2012	科技进步奖	二等奖	高产、优质、抗旱玉米新品种吉农玉 885 的选育与推广	吉林农业大学
2012	科技进步奖	二等奖	高产高淀粉抗旱高粱杂交种四杂 31 号、四杂 40 号、吉杂 304 号选育与推广	吉林省农业科学院
2012	科技进步奖	二等奖	高产优质多抗水稻新品种吉农大 27 号的选育与推广	吉林农业大学，吉林省种子管理总站，吉林大农种业有限公司
2012	科技进步奖	二等奖	高抗、优质、紧凑型玉米自交系 D22 的选育与应用	辽源市农业科学院

（续表）

年　份	奖　项	等　级	项目名称	主要完成单位
2012	科技进步奖	二等奖	高粱杂交种凤杂 4 号选育及推广	公主岭国家农业科技园区高科作物育种研究所，吉林省壮亿种业有限公司
2012	科技进步奖	二等奖	高效多功能环保型肥料的研制及应用	吉林农业大学，吉林省农业科学院，吉林师范大学，吉林市世纪田王生物肥有限公司
2012	科技进步奖	二等奖	花生种质资源创新与利用研究	吉林省农业科学院
2012	科技进步奖	二等奖	吉林省棚膜蔬菜设施设计和关键生产技术研究与应用	吉林农业大学
2012	科技进步奖	二等奖	吉林省西部半干旱区玉米丰产高效栽培技术研究与示范	吉林大学，吉林农业大学，长春市土壤肥料工作站
2012	科技进步奖	二等奖	吉林省有机稻米综合生产技术研究	吉林省农业科学院
2012	科技进步奖	二等奖	吉林省玉米、大豆几种重要病虫害关键防控技术研究与应用	吉林省农业科学院，吉林省松原市利民种业有限公司
2012	科技进步奖	二等奖	吉林西部甘草中草药丰产栽培技术	白城市林业科学研究院
2012	科技进步奖	二等奖	可食用有机酸压热酸解与酶法联合制备慢消化淀粉的研究	吉林农业大学，吉林大学
2012	科技进步奖	二等奖	奶牛健康养殖与饲料资源配置关键技术及效率研究	吉林农业大学
2012	科技进步奖	二等奖	特种野猪系列全价饲料配方试验研究	白城市畜牧科学研究院
2012	科技进步奖	二等奖	新型药用植物饲料添加剂生产关键技术研究与开发	吉林省农业科学院
2012	科技进步奖	二等奖	优异高粱种质创制、应用及高效栽培技术研究	吉林省农业科学院
2012	科技进步奖	二等奖	优质、高产、多抗、适广水稻新品种松辽 6 号选育推广	公主岭市松辽农业科学研究所
2012	科技进步奖	二等奖	优质、高产、高淀粉玉米新品种长单 506 选育及推广	长春市农业科学院
2012	科技进步奖	二等奖	玉米淀粉生物转化关键技术研究和产品开发	吉林农业大学
2012	科技进步奖	二等奖	玉米立茬覆盖间隔深松保护性耕法及配套设备研制	吉林省农业科学院
2012	科技进步奖	二等奖	长白山植物资源信息采集及种质资源保存技术研究	通化师范学院
2012	科技进步奖	二等奖	滞育赤眼蜂工厂化生产技术研究及其大面积应用防治玉米螟	吉林农业大学
2012	科技进步奖	二等奖	转基因作物精准检测技术研究与应用	吉林省农业科学院
2012	科技进步奖	二等奖	新型超级稻通禾 836 的选育、栽培及生产集成技术的示范与推广	通化市农业科学研究院
2012	科技进步奖	二等奖	细菌“活的非可培养状态”检测技术研究	吉林农业大学

（续表）

年　份	奖　项	等　级	项目名称	主要完成单位
2012	科技进步奖	二等奖	禽流感 H5、H7 和 H9 亚型三联 PCR 诊断技术研究	吉林农业大学
2012	科技进步奖	二等奖	山地次生林鸟类生活史对策研究	东北师范大学，吉林农业大学
2012	科技进步奖	二等奖	高效缓释专用肥中试与应用	吉林师范大学，吉林省农业科学院，吉林邦农科技有限公司
2012	科技进步奖	二等奖	吉林省农村地区癫痫流行病学特征及规范化治疗	吉林大学
2012	科技进步奖	三等奖	畜禽粪便资源化利用过程产生恶臭气味的去除技术研究	吉林农业大学
2012	科技进步奖	三等奖	高产优质耐密玉米新品种九单 100 选育与推广	吉林市农业科学院
2012	科技进步奖	三等奖	高密度、高淀粉玉米新品种利民 622 的选育与推广	吉林省松原市利民种业有限责任公司
2012	科技进步奖	三等奖	高纬寒冷地区保护地农业规模化综合配套技术研究、开发与示范	白城市林业科学研究院
2012	科技进步奖	三等奖	高效养蜂科技示范	吉林省养蜂科学研究所
2012	科技进步奖	三等奖	功能性枯草芽孢杆菌 F3 的选育及在猪用微生态制剂中的应用	吉林省农业科学院
2012	科技进步奖	三等奖	规模化干法沼气发酵技术及装备的研究与示范	吉林省农业机械研究院，长春市佳辰环保设备有限公司
2012	科技进步奖	三等奖	花楸优良类型选择与扩繁	长春市林业科学研究院
2012	科技进步奖	三等奖	黄桦良种选育及高效栽培技术研究	吉林省林业科学研究院，吉林农业大学，吉林省蛟河林业实验区管理局
2012	科技进步奖	三等奖	吉祥红玉薄皮甜瓜选育与推广	吉林省蔬菜花卉科学研究院
2012	科技进步奖	三等奖	抗病、高产、优质水稻新品种吉粳 806 的选育与推广	吉林省农业科学院
2012	科技进步奖	三等奖	枯草芽孢杆菌生物菌剂生产工艺及应用技术	吉林省集安益盛药业股份有限公司，吉林农业大学
2012	科技进步奖	三等奖	蓝莓等小浆果系列标准	吉林省产品质量监督检验院
2012	科技进步奖	三等奖	鲤鱼重要传染病致病机理研究及检测应用	吉林农业大学，宁波出入境检验检疫局，吉林省卫生监测检验中心，天津市水生动物疾病预防控制中心
2012	科技进步奖	三等奖	马流感病毒斑点免疫金层析法（DIGFA）快速筛查的研究	吉林出入境检验检疫局检验检疫技术中心，吉林省动物疫病预防控制中心
2012	科技进步奖	三等奖	毛皮动物细小病毒分子流行病学调查、疫苗研制和推广	中国农业科学院特产研究所，吉林特研生物技术有限责任公司，吉林中特生物技术有限责任公司
2012	科技进步奖	三等奖	免耕播种技术研究与推广	吉林省农业机械化技术推广总站，吉林省康达农业机械有限公司
2012	科技进步奖	三等奖	乳猪糊化饲料配方及生产工艺研究	吉林工商学院，长春市明大饲料厂

（续表）

年　份	奖　项	等　级	项目名称	主要完成单位
2012	科技进步奖	三等奖	食源性致病菌快速检测技术研究与应用	吉林省疾病预防控制中心，东丰县疾病预防控制中心，长春市宽城区卫生局卫生监督所，沈阳市疾病预防控制中心，长春市疾病预防控制中心
2012	科技进步奖	三等奖	四季草莓新品种 3 公主、四季公主 2 号选育及配套栽培技术	吉林省农业科学院
2012	科技进步奖	三等奖	特种稻新品种黑糯一号选育与产品开发	吉林省农业科学院
2012	科技进步奖	三等奖	以玉米原料生产饲料用工程菌的开发	长春大合生物技术开发有限公司，吉林农业大学
2012	科技进步奖	三等奖	应用聚集信息素监测与防治云杉八齿小蠹技术转化与示范	吉林省林业科学研究院
2012	科技进步奖	三等奖	优质、多抗优异大豆种质资源创新	吉林省农业科学院
2012	科技进步奖	三等奖	优质、高产、多抗玉米新品种通育 112 的选育与推广应用	通化市农业科学研究院
2012	科技进步奖	三等奖	优质菜豆新品种九架豆 10 号、九架豆 11 号、九架豆 12 号选育与应用	吉林市农业科学院
2012	科技进步奖	三等奖	优质高产水稻新品种东稻 03-056 和东稻 3 号的选育与推广	中国科学院东北地理与农业生态研究所
2012	科技进步奖	三等奖	优质高蛋白系列玉米品种选育与推广（延单 19、延单 21、延单 23）	延边朝鲜族自治州农业科学院
2012	科技进步奖	三等奖	优质特用玉米新品种吉甜 9 号和吉糯 5 号的选育与推广	吉林农业大学
2012	科技进步奖	三等奖	玉米优异种质资源的发掘及创新利用	吉林省农业科学院
2012	科技进步奖	三等奖	早熟、高产、多抗大豆新品种长农 19、长农 20 选育及应用	长春市农业科学院
2012	科技进步奖	三等奖	早熟大豆品种的引育与推广	延边州种子管理站，吉林省雁鸣湖种业有限责任公司
2012	科技进步奖	三等奖	长白山耐寒常绿极地杜鹃驯化繁育及应用	吉林师范大学
2012	科技进步奖	三等奖	长白山野猪杂交配套系选育及杂种优势利用研究	吉林农业科技学院，吉林普康有机农业有限公司
2012	科技进步奖	三等奖	长白山珍稀冷水性鱼类—细鳞鱼苗种繁育技术研究	吉林省水产科学研究院
2012	科技进步奖	三等奖	智利小植绥螨 Phytoseiulus Persimilis 的利用研究	吉林省农业科学院
2012	科技进步奖	三等奖	吉林省农村饮水安全信息管理系统	吉林省水利科学研究院，吉林省农村饮水安全工作领导小组办公室，北京艾力泰尔信息技术有限公司
2012	科技进步奖	三等奖	吉林省农网生产数据实时查询与集中管理系统的研制和开发	吉林省电力有限公司

（续表）

年　份	奖　项	等　级	项目名称	主要完成单位
2012	科技进步奖	三等奖	气候变化情景下吉林省未来农业气候条件影响评估	吉林省气象科学研究所，国家气候中心
2012	科技进步奖	三等奖	吉林省水土流失监测预报系统研究	吉林省水土保持科学研究院，北京林业大学，吉林省水土保持局
2012	科技进步奖	三等奖	图们江下游地区湿地生态系统保护及恢复关键技术研究	延边大学
2012	科技进步奖	三等奖	薄木饰面模压树脂纤维板技术研究	吉林省林业科学研究院，桦甸市惠邦木业有限责任公司
2012	科技进步奖	三等奖	我国典型地区汞污染特征、环境过程及治理途径研究	中国科学院东北地理与农业生态研究所，东北师范大学，安徽师范大学，中国海洋大学
2012	科技进步奖	三等奖	四翅滨藜良种繁育与荒漠化治理示范	吉林省林业科学研究院
2012	科技进步奖	三等奖	药用植物高山红景天保质的离体保存与多倍体种质创新研究	吉林师范大学，四平市林业科学研究院
2012	科技进步奖	三等奖	长白山典型退化次生林自然生态恢复技术试验示范	长白山科学研究院
2012	科技进步奖	三等奖	小鹅瘟和雏鹅新型病毒性肠炎 PCR 检测试剂盒研究	吉林省畜牧兽医科学研究院
2013	自然科学奖	一等奖	中国沼泽湿地形成、发育与关键生态过程研究	中国科学院东北地理与农业生态研究所，东北师范大学
2013	自然科学奖	二等奖	鹅副黏病毒进化规律、跨种传播分子机制及新型弱毒候选株构建	吉林大学
2013	自然科学奖	二等奖	中国东北地区土地资源动态与生态环境变化	中国科学院东北地理与农业生态研究所，中国人民解放军空军航空大学，吉林大学
2013	自然科学奖	三等奖	基于猪生长激素的构象型抗原模拟表位技术体系及功能验证研究	吉林农业大学，吉林大学
2013	自然科学奖	三等奖	农用地污染土壤收益型作物修复机制及技术体系构建	吉林省农业科学院
2013	自然科学奖	三等奖	小—大麦 2H 重组材料创制及外源基因表达研究	吉林大学
2013	自然科学奖	三等奖	优良乳酸菌菌种选育及其抗氧化机制研究	吉林农业大学，吉林大学
2013	技术发明奖	三等奖	中蜂复脾立式野巢型盒蜜生产技术和设备应用	吉林省养蜂科学研究所
2013	科技进步奖	一等奖	大豆分子育种技术研究与种质资源创新和新品种选育	吉林农业大学，吉林省农业科学院
2013	科技进步奖	一等奖	核盘菌子实体形成机制及大豆菌核病综合防控技术的研究与应用	吉林大学，中储粮北方农业开发有限公司，黑龙江省农业科学院黑河分院
2013	科技进步奖	一等奖	吉林大豆丰产增效关键技术研究与应用	吉林省农业科学院
2013	科技进步奖	一等奖	人参主要有害生物安全防控关键技术研究	吉林农业大学，抚松县参王植保有限责任公司，吉林出入境检验检疫局，集安人参研究所
2013	科技进步奖	一等奖	人工种植人参进入新资源食品的基础与应用研究	长春中医药大学，吉林大学，吉林省疾病预防控制中心，吉林农业大学，吉林省卫生厅

（续表）

年 份	奖 项	等 级	项目名称	主要完成单位
2013	科技进步奖	一等奖	兽用狂犬病灭活疫苗及配套免疫监测技术研究与应用	中国人民解放军军事医学科学院军事兽医研究所，吉林大学农学部，吉林省五星动物保健药厂，中国疾病预防控制中心病毒病预防控制所
2013	科技进步奖	一等奖	玉米单倍体规模化育种技术研究与新品种选育	吉林省农业科学院
2013	科技进步奖	二等奖	北方森林生态系统固碳技术研究与示范	北华大学，吉林省林业科学研究院，中国科学院沈阳应用生态研究所，东北林业大学，东北师范大学
2013	科技进步奖	二等奖	高产优质玉米品种吉单 522 选育及推广	吉林省农业科学院，吉林吉农高新技术发展股份公司
2013	科技进步奖	二等奖	高产优质玉米品种银河 32 选育与推广	吉林银河种业科技有限公司
2013	科技进步奖	二等奖	高产优质柞蚕新品种及快速扩繁配套技术	吉林省蚕业科学研究院
2013	科技进步奖	二等奖	高粱新型恢复系吉 R105 和吉 R107 的创制与应用	吉林省农业科学院
2013	科技进步奖	二等奖	规模高效养猪标准化小区生产要素调控技术研究与示范	吉林省农业科学院，吉林省经济管理干部学院食品安全技术学院，公主岭市牧业管理局，公主岭市科学技术局
2013	科技进步奖	二等奖	黑土玉米农田生态系统环境经济施肥技术	吉林农业大学
2013	科技进步奖	二等奖	鸡球虫系列新型疫苗的开发研制及在健康养殖中的应用	吉林农业大学
2013	科技进步奖	二等奖	吉林省西部生态脆弱区土地治理综合配套技术研究与示范	吉林省林业科学研究院
2013	科技进步奖	二等奖	抗旱、抗倒、高产酿造高粱白杂 8 号选育及应用	吉林省白城市农业科学院
2013	科技进步奖	二等奖	林木生物质成型固化关键技术及配套设备研究与示范	北华大学，辉南宏日新能源有限责任公司
2013	科技进步奖	二等奖	柳树优良无性系引进及生物质原料林培育技术	北华大学
2013	科技进步奖	二等奖	裸露土坡的拟自然生态修复技术	吉林省水利科学研究院，上海嘉洁生态科技有限公司
2013	科技进步奖	二等奖	农田栽参新品种选育及丰产栽培技术研究与开发	集安大地参业有限公司，集安人参研究所，吉林农业大学，中国农业科学院特产研究所
2013	科技进步奖	二等奖	人兽共患隐孢子虫病诊断与免疫防治技术	吉林大学
2013	科技进步奖	二等奖	水稻节本增效关键生产技术研究与应用	吉林农业大学
2013	科技进步奖	二等奖	水貂繁殖成活关键技术研究	中国农业科学院特产研究所
2013	科技进步奖	二等奖	松辽黑猪新品系及其配套系选育的研究与示范	吉林省农业科学院
2013	科技进步奖	二等奖	松嫩平原瘠薄农田水土调控关键技术研究与示范	吉林省农业科学院，中国科学院东北地理与农业生态研究所，吉林大学，黑龙江八一农垦大学

（续表）

年　份	奖　项	等　级	项目名称	主要完成单位
2013	科技进步奖	二等奖	西部盐碱地沙枣、银莓良种选育、种植及饲料开发的研究	吉林省林业科学研究院，长春市宏达园林苗木绿化工程有限责任公司，吉林省农业科学院
2013	科技进步奖	二等奖	优质、高产、多抗水稻新品种通禾835的选育与推广应用	通化市农业科学研究院
2013	科技进步奖	二等奖	优质、高产绿豆新品种吉绿7号、吉绿8号选育与推广	吉林省农业科学院
2013	科技进步奖	二等奖	优质多抗高淀粉玉米新品种吉科玉12的选育与推广	吉林农业科技学院
2013	科技进步奖	二等奖	优质水稻新品种长选14的选育及推广	长春市农业科学院
2013	科技进步奖	二等奖	玉米膳食纤维低聚化及其应用	吉林农业大学
2013	科技进步奖	二等奖	玉米新品种华旗338选育与推广	吉林农业大学，吉林华旗农业科技有限公司
2013	科技进步奖	二等奖	早熟、耐密、多抗性玉米自交系S37的选育与应用	辽源市农业科学院
2013	科技进步奖	三等奖	赤峰文冠果种源引进、油提取和生物柴油制备技术研究	吉林省林业科学研究院
2013	科技进步奖	三等奖	稻瘟病菌生理小种监测、品种抗性评价和持久控制技术的研究与应用	吉林省农业科学院
2013	科技进步奖	三等奖	高产、多抗、适应性广水稻新品种通院513选育与推广	通化市农业科学研究院
2013	科技进步奖	三等奖	高产、高油、广适应性大豆新品种长农21号、长农23号选育及应用	长春市农业科学院
2013	科技进步奖	三等奖	高产、优质、多抗玉米新品种柳单301选育及推广应用	柳河县农业技术推广总站
2013	科技进步奖	三等奖	高产、优质、多抗玉米新品种通育98的选育与推广应用	通化市农业科学研究院
2013	科技进步奖	三等奖	高产抗食心虫大豆新品种吉育91选育与推广	吉林省农业科学院
2013	科技进步奖	三等奖	高档延边黄牛肉生产技术与肉质评价体系及应用	延边大学
2013	科技进步奖	三等奖	寒地棉花品种中棉42选育与推广	白城市种子管理站
2013	科技进步奖	三等奖	吉林省鱼类病害防治技术研究与推广	吉林省水产科学研究院，吉林农业大学
2013	科技进步奖	三等奖	吉茄5号茄子新品种选育与推广	吉林省蔬菜花卉科学研究院
2013	科技进步奖	三等奖	禁牧舍饲对母牛生产性能影响要素和关键技术研究	白城市畜牧科学研究院，吉林省经济管理干部学院食品安全技术学院
2013	科技进步奖	三等奖	抗虫、抗除草剂转基因玉米自交系培育方法的建立及其应用	吉林省农业科学院
2013	科技进步奖	三等奖	抗虫白榆优良无性系选择	白城市林业科学研究院

（续表）

年　份	奖　项	等　级	项目名称	主要完成单位
2013	科技进步奖	三等奖	农产品有害残留快速检测技术的研究与应用	吉林省农业科学院，吉林大学
2013	科技进步奖	三等奖	农业转基因生物科普知识传播技术研究与示范	吉林省农业科学院
2013	科技进步奖	三等奖	三北白桦速生丰产生态林推广应用	白山市林业科学研究院
2013	科技进步奖	三等奖	森林火险监测预警系统升级改造的研究	吉林省林业科学研究院，吉林省林业厅，长春天信气象仪器有限公司
2013	科技进步奖	三等奖	树木年轮水分输导模式理论及应用研究	北华大学
2013	科技进步奖	三等奖	水稻新品种通系 930	通化市农业科学研究院
2013	科技进步奖	三等奖	苏达盐碱地枸杞良种选育及栽培技术研究	白城市林业科学研究院
2013	科技进步奖	三等奖	乡土野生观果树种引种选育技术研究	长春市林业科学研究院
2013	科技进步奖	三等奖	小鹅瘟蜂胶灭活疫苗的产业化研究	吉林省畜牧兽医科学研究院，吉林正业生物制品责任有限公司
2013	科技进步奖	三等奖	鸭疫里默氏杆菌多价灭活的推广应用研究	吉林省畜牧兽医科学研究院
2013	科技进步奖	三等奖	优质、高产谷子新品种九谷 15 号的选育及应用	吉林市农业科学院
2013	科技进步奖	三等奖	优质、高产水稻新品种吉农大 838 选育与推广	吉林农业大学
2013	科技进步奖	三等奖	优质高产水稻新品种吉农大 603 的选育与推广	吉林农业大学，吉林省种子管理总站，吉林省大农种业有限公司
2013	科技进步奖	三等奖	优质谷子新品种公谷 75 号的选育与推广	吉林省农业科学院
2013	科技进步奖	三等奖	优质肉牛高效利用技术模式创建及应用	吉林省农业科学院，公主岭市畜牧总站，梨树县畜牧总站
2013	科技进步奖	三等奖	优质鲜食葡萄新品种选育及配套技术研究	白城市林业科学研究院
2013	科技进步奖	三等奖	优质早熟系列大豆品种选育及配套栽培技术研究与推广（延农 8 号、延农 11 号）	延边朝鲜族自治州农业科学院（延边特产研究所）
2013	科技进步奖	三等奖	玉米栽培信息化技术	吉林省农业科学院，北京农产品质量检测与农田环境检测技术研究中心，吉林农业大学，北京农业信息技术研究中心
2013	科技进步奖	三等奖	长白山野生、栽培越橘遗传多样性分析及有效成分药理作用研究	吉林医药学院
2013	科技进步奖	三等奖	植物生长调节剂促进红松提早结实技术研究与推广	靖宇县绿野林业科技开发服务有限公司
2013	科技进步奖	三等奖	转基因抗冷水稻新种质创制	吉林省农业科学院
2013	科技进步奖	三等奖	钻天柳优良个体繁育及经营技术的研究	吉林省林业科学研究院

（续表）

年　份	奖　项	等　级	项目名称	主要完成单位
2013	科技进步奖	三等奖	白城盐碱地治理技术与推广应用研究	白城师范学院，白城市德源碱地综合开发造地有限公司
2013	科技进步奖	三等奖	长效溶磷菌剂创制与推广应用	吉林省嘉博生物科技有限公司
2014	自然科学奖	一等奖	吉林西部燕麦种植模式、水肥生理及加工利用技术理论基础研究	吉林省白城农业科学院，中国农业大学，陕西师范大学，甘肃农业大学
2014	自然科学奖	一等奖	恶性疟原虫、日本血吸虫免疫逃避和致病的机理研究	吉林大学
2014	自然科学奖	一等奖	沼泽湿地碳循环及其对气候变化和人类活动的响应机理	中国科学院东北地理与农业生态研究所，吉林大学
2014	自然科学奖	二等奖	高粱、玉米自交系和杂交种的表观遗传变异及其与杂种优势关系研究	吉林农业大学，东北师范大学
2014	自然科学奖	二等奖	关于植物应对环境变化的生活史策略研究	长春师范大学
2014	自然科学奖	三等奖	土壤动物对受损生态系统的指示及修复作用研究	长春师范大学，东北师范大学
2014	自然科学奖	三等奖	植物适应碱化环境的生物学响应机制系列研究	吉林工商学院
2014	技术发明奖	一等奖	旋毛虫病早期诊断抗原基因及其独特表观遗传学调控机制的发现	吉林大学，中国疾病预防控制中心寄生虫病预防控制所，中国农业科学院兰州兽医研究所，南方医科大学，深圳华大基因
2014	技术发明奖	三等奖	大豆食心虫干扰驱避剂的研究与应用	吉林农业大学
2014	科技进步奖	一等奖	超高产耐盐碱水稻新品种东稻4的育成与推广	中国科学院东北地理与农业生态研究所
2014	科技进步奖	一等奖	吉林省粮食安全储藏体系结构分析及新型产地储藏装备的开发与应用	吉林大学，吉林省粮油科学设计研究院，长春吉大科学仪器设备有限公司
2014	科技进步奖	一等奖	玉米绿色供应链关键技术研究与产业化应用	吉林农业大学，吉林大学，吉林天景食品有限公司，吉林佳粮玉米食品有限公司
2014	科技进步奖	一等奖	水貂、蓝狐精准营养研究与饲料高效利用技术	中国农业科学院特产研究所，中国农业科学院饲料研究所，北华大学，石家庄市农林科学研究院
2014	科技进步奖	一等奖	植物重要基因资源挖掘与大豆特异种质创新及新品种选育	吉林农业大学
2014	科技进步奖	一等奖	赤眼蜂高效利用与生产关键技术研究及其大面积推广应用	吉林农业大学
2014	科技进步奖	一等奖	寒地果树优异资源收集保护及创新利用	吉林农业大学，吉林省农业科学院，中国农业科学院特产研究所
2014	科技进步奖	一等奖	吉林省西部土地整理及生产关键技术研究	吉林农业大学
2014	科技进步奖	二等奖	葡萄新品种着色香选育与推广	吉林省农业科学院
2014	科技进步奖	二等奖	毛皮动物（水貂、狐、貉）系列疫苗产业化与推广应用	吉林特研生物技术有限责任公司，中国农业科学院特产研究所，吉林中特生物技术有限责任公司

（续表）

年　份	奖　项	等　级	项目名称	主要完成单位
2014	科技进步奖	二等奖	高产、优质、多抗水稻新品种通育245号选育及推广应用	通化市农业科学研究院
2014	科技进步奖	二等奖	柞蚕新品种高新1号选育与示范推广	吉林省园艺特产管理站，永吉县高新柞蚕科学技术研究所
2014	科技进步奖	二等奖	苏打盐碱地水稻抗逆技术优化研究与示范	吉林省农业科学院
2014	科技进步奖	二等奖	高产优质水稻新品种松辽7号选育推广	公主岭市松辽农业科学研究所
2014	科技进步奖	二等奖	吉林省森林生态系统服务功能评估技术研究与应用	吉林省林业科学研究院，中国林业科学研究院森林生态环境与保护研究所，北京市农林科学院
2014	科技进步奖	二等奖	框镜鲤鱼暴发性疾病综合防治技术及北方地区鱼病流行病学调查研究	吉林出入境检验检疫局检验检疫技术中心，辽宁出入境检验检疫局检验检疫技术中心，吉林省水产科学研究院，吉林农业大学
2014	科技进步奖	二等奖	优质酿造专用型高粱糯早6号、吉杂355号的创制与应用	吉林省农业科学院
2014	科技进步奖	二等奖	濒危植物天女木兰保育生物学的研究	北华大学
2014	科技进步奖	二等奖	优质、高效、设施专用吉杂16黄瓜选育与推广	吉林省蔬菜花卉科学研究院
2014	科技进步奖	二等奖	高产、优质玉米新品种吉农玉309、长玉509的选育与推广	吉林农业大学
2014	科技进步奖	二等奖	长白山林区中幼龄天然林优化抚育经营技术研究	中国吉林森林工业集团有限责任公司
2014	科技进步奖	二等奖	梅花鹿产业化关键技术开发与应用	中国农业科学院特产研究所，长春中医药大学，吉林农业大学
2014	科技进步奖	二等奖	高产优质抗逆玉米新品种吉单535选育与推广	吉林省农业科学院，吉林吉农高新技术发展股份有限公司
2014	科技进步奖	二等奖	“东北红豆杉优良种源”选育技术研究	北华大学
2014	科技进步奖	二等奖	高产荞麦新品种培育及其系列产品研发	吉林农业大学
2014	科技进步奖	二等奖	花生高产增效安全综合栽培技术研究与示范	吉林省农业科学院
2014	科技进步奖	二等奖	大豆优异种质资源创制理论、技术与新品种选育及应用	吉林大学，呼伦贝尔市农业科学研究所，黑龙江省农科院大庆分院
2014	科技进步奖	二等奖	紫衫优良种质资源培育及保存技术研究与示范	北华大学
2014	科技进步奖	二等奖	利用吉林省主要大宗药材提高梅花鹿生产性能的研究	中国农业科学院特产研究所
2014	科技进步奖	二等奖	高产、优质大豆新品种吉育94和吉育201选育与推广	吉林省农业科学院
2014	科技进步奖	二等奖	黑土合理耕层构建与配套设备研究	吉林省农业科学院

（续表）

年　份	奖　项	等　级	项目名称	主要完成单位
2014	科技进步奖	二等奖	良种绒山羊高效养殖综合配套技术研究	白城市畜牧科学研究院
2014	科技进步奖	二等奖	“活的非可培养状态”病原菌国家阳性标准品的研制	吉林农业大学，中华人民共和国吉林出入境检验检疫局
2014	科技进步奖	二等奖	计算机技术在优化北五味子优质高产栽培中的研究与示范	吉林省计算中心，吉林省林业科学研究院
2014	科技进步奖	三等奖	吉林省农业有害生物诊治专家系统推广	吉林农业科技学院
2014	科技进步奖	三等奖	耐寒紫花苜蓿生产及示范研究	吉林师范大学
2014	科技进步奖	三等奖	资源基础型节水灌溉技术体系研究	吉林省水利科学研究院
2014	科技进步奖	三等奖	乡村网商电子商务公共服务平台	吉林省松原市大华乡村网商科技有限责任公司
2014	科技进步奖	三等奖	蜜蜂重要传染病检测体系研究及其菌毒株资源库的建立	吉林出入境检验检疫局检验检疫技术中心，辽宁医学院
2014	科技进步奖	三等奖	改进红参加工工艺技术的产业化开发应用	吉林加一土产有限公司
2014	科技进步奖	三等奖	长白山区玫瑰濒危机理、保育、栽培良种选育及丰产栽培技术的研究	吉林省林业科学研究院
2014	科技进步奖	三等奖	优质加工专用大豆新品种选育与推广应用	吉林省农业科学院
2014	科技进步奖	三等奖	高产优质杂交粳稻组合吉优1769选育与推广	吉林省农业科学院
2014	科技进步奖	三等奖	优质早熟高产大豆延农 12 的选育与应用	延边朝鲜族自治州农业科学院（延边特产研究所）
2014	科技进步奖	三等奖	优质中早熟菜豆新品种九架豆13 号、九架豆 14 号选育与应用	吉林市农业科学院
2014	科技进步奖	三等奖	多类型系列优良花生新品种选育与推广	吉林省农业科学院
2014	科技进步奖	三等奖	绿色新型饲料添加剂“重组鸡β-防御素”的研制	吉林医药学院，吉林农业科技学院
2014	科技进步奖	三等奖	水稻新品种通科 17 选育与推广应用	通化市农业科学研究院
2014	科技进步奖	三等奖	优质、高产谷子新品种九谷 16号的选育及推广应用	吉林市农业科学院
2014	科技进步奖	三等奖	第二松花江流域坡耕地水土流失治理技术集成与示范	吉林省水土保持科学研究院
2014	科技进步奖	三等奖	水稻钵苗移栽机械化技术研发与应用	吉林省农业机械化技术推广总站，延边福仁农机有限责任公司，长春市农机技术推广总站
2014	科技进步奖	三等奖	东北农牧交错带优质肉羊产业化生产模式的研究	松原市德美牧业生物技术有限公司，吉林农业大学，黑龙江省家畜繁育指导站，松原市畜牧工作总站，松原职业技术学院
2014	科技进步奖	三等奖	吉林省梅花鹿遗传改良及扩繁关键技术示范推广	中国农业科学院特产研究所

（续表）

年　份	奖　项	等　级	项目名称	主要完成单位
2014	科技进步奖	三等奖	吉林省西部榆树疏林生态系统恢复与重建技术研究及示范	吉林省林业科学研究院
2014	科技进步奖	三等奖	多功能水稻育苗营养基质的研制与应用	吉林市农业科学院
2014	科技进步奖	三等奖	农田栽参土壤改良关键技术研究	中国农业科学院特产研究所
2014	科技进步奖	三等奖	吉林省主要特色资源产业技术标准体系构建及应用	吉林省标准研究院
2014	科技进步奖	三等奖	食品安全风险监测中重要食源性致病菌快速检测技术研究及应用	吉林农业大学，吉林省产品质量监督检验院
2014	科技进步奖	三等奖	玉米秸秆燃气关键技术和设备	辽源市惠宇能源有限责任公司
2014	科技进步奖	三等奖	基于配方肥的玉米精准施肥技术与应用	吉林师范大学
2014	国际合作奖	—	梅花鹿精深加工研究	长春市科技局

附表 B-7　2008—2014 年黑龙江省农业科技获奖成果

年　份	奖　项	等　级	项目名称	主要完成单位
2008	自然科学奖	一等奖	中国蜜环菌生物种的研究	东北林业大学，国家林业局森林病虫害防治总站，绍兴文理学院，黑龙江省林业厅
2008	自然科学奖	二等奖	甜菜高同化氨途径的探讨和当年抽薹机理的研究	东北农业大学
2008	自然科学奖	二等奖	黄檗有效成分环境调控规律的研究	东北林业大学
2008	自然科学奖	二等奖	三江平原沼泽湿地生态承载力与水土资源可持续利用调控模式研究	东北农业大学，黑龙江大学
2008	自然科学奖	二等奖	猪带绦虫囊尾蚴（*Cysticercus Cellulosae*）的发育生物学研究	东北农业大学
2008	自然科学奖	二等奖	星星草耐盐基因克隆及分子机理研究	东北林业大学
2008	自然科学奖	三等奖	新基质水稻旱育苗研究	延寿县农业技术推广中心
2008	技术发明奖	一等奖	红豆杉中紫杉烷类活性成分高效诱导、分离纯化和多西紫杉醇半合成	东北林业大学
2008	科技进步奖	一等奖	超高产高油多抗广适应性大豆品种合丰 45 号的选育与推广	黑龙江省农业科学院佳木斯分院
2008	科技进步奖	一等奖	鸡传染性法氏囊病超强毒变异机制及防制技术研究与应用	中国农业科学院哈尔滨兽医研究所
2008	科技进步奖	一等奖	肉羊规模化生产配套技术研究与示范	东北农业大学，龙江县畜牧水产局，富锦市畜牧局，林口县畜牧局，牡丹江龙大股份有限公司
2008	科技进步奖	一等奖	早熟优质抗病超级稻龙粳 14 号的选育	黑龙江省农业科学院水稻研究所
2008	科技进步奖	一等奖	哲罗鱼规模化繁育技术研究	中国水产科学研究院黑龙江水产研究所
2008	科技进步奖	一等奖	H5N1 亚型禽流感重组禽痘病毒活载体疫苗研究与应用	中国农业科学院哈尔滨兽医研究所
2008	科技进步奖	二等奖	大兴安岭林区天然林可持续经营技术	黑龙江省林业设计研究院
2008	科技进步奖	二等奖	东北半干旱抗旱灌溉区节水农业综合技术体系集成与示范	东北农业大学，黑龙江省水利科学研究院
2008	科技进步奖	二等奖	高产、优质、抗病青贮玉米新品种东青 1 号选育与推广	东北农业大学
2008	科技进步奖	二等奖	高寒地区大水面渔业资源开发与可持续利用技术研究	东北林业大学
2008	科技进步奖	二等奖	寒地优质超级稻松粳 9 号选育与推广	黑龙江省农业科学院五常水稻研究所
2008	科技进步奖	二等奖	黑龙江省林业生态建设与治理模式	黑龙江省三北林业建设指导站，黑龙江省森林与环境科学研究院
2008	科技进步奖	二等奖	黑龙江省绿色畜牧业发展战略研究	东北农业大学

（续表）

年　份	奖　项	等　级	项目名称	主要完成单位
2008	科技进步奖	二等奖	黑木耳主导品种种质库研究与产业化	黑龙江省科学院微生物研究所
2008	科技进步奖	二等奖	抗寒杨树绿化新品种选育与推广	黑龙江省林业科学研究所
2008	科技进步奖	二等奖	龙园洋梨的选育与推广	黑龙江省农业科学院园艺分院，黑龙江省经济作物指导站
2008	科技进步奖	二等奖	人工林可持续经营技术与林木良种繁育基地建设技术研究	黑龙江省林业科学院，黑龙江省林业科学院江山娇实验林场，黑龙江省牡丹江林业科学院研究所，黑龙江省林口林业局
2008	科技进步奖	二等奖	森林重大灾害防治专家系统	东北林业大学
2008	科技进步奖	二等奖	森林资源监测与经营决策空间信息技术的研究	东北林业大学，伊春林业科学院
2008	科技进步奖	二等奖	特种经济动物产业化关键技术及主要传染病检测、诊断与监测研究	东北林业大学
2008	科技进步奖	二等奖	优质、高产、抗病水稻新品种绥粳 7 号选育与推广	黑龙江省农业科学院绥化农业科学研究所
2008	科技进步奖	二等奖	有机硅植物生长调节剂的应用研究	黑龙江省农业科学院土壤肥料研究所
2008	科技进步奖	二等奖	早熟高产抗病优质大豆新品种黑河 32 号	黑龙江省农业科学院黑河分院
2008	科技进步奖	二等奖	综合防治大豆及蔬菜根腐病的中试研究	黑龙江省科学院微生物研究所
2008	科技进步奖	二等奖	养殖场综合疫病防治技术的研究	黑龙江省兽医卫生防疫站
2008	科技进步奖	二等奖	黑龙江省农村党员干部现代远程教育综合应用系统	黑龙江省电子信息产品监督检验院
2008	科技进步奖	二等奖	黑龙江省地道中药材规范化基地建设——刺五加、柴胡、细辛、穿山龙	黑龙江中医药大学
2008	科技进步奖	三等奖	北方主要园林绿化树种病虫害综合防治技术及抗逆性研究	黑龙江省森林与环境科学研究院，黑龙江省齐齐哈尔林业学校，齐齐哈尔市富拉尔基区园林绿化管理处
2008	科技进步奖	三等奖	“龙杂号”高产、优质酿造高粱的选育与推广	黑龙江省农业科学院作物育种研究所
2008	科技进步奖	三等奖	大豆套种经济作物高产高效栽培技术推广	黑龙江省农业技术推广站
2008	科技进步奖	三等奖	大青杨航天育种研究与应用	黑龙江省朗乡林业局，黑龙江省林业科学研究所
2008	科技进步奖	三等奖	大庆市大鹅产业化关键技术研究	黑龙江八一农垦大学
2008	科技进步奖	三等奖	大型茧柞蚕新品种龙蚕 1 号的选育	黑龙江省蚕业研究所
2008	科技进步奖	三等奖	袋式秸秆青黄贮工艺及成套设备研究	黑龙江省畜牧机械化研究所
2008	科技进步奖	三等奖	东北中、北部树种生物多样性的系统研究	黑龙江省齐齐哈尔林业学校

（续表）

年　份	奖　项	等　级	项目名称	主要完成单位
2008	科技进步奖	三等奖	高产优质小麦新品种垦九 10 号的选育及推广	黑龙江省农垦总局九三科学研究所
2008	科技进步奖	三等奖	工厂化奶源基地建设与示范	东北农业大学，黑龙江省畜牧研究所
2008	科技进步奖	三等奖	寒地名优花卉优势季节规模化生产技术推广	黑龙江省经济作物技术指导站，哈尔滨市农业技术推广服务中心，黑龙江省园艺示范场，绥化市农业技术推广总站，省科学院自然资源研究所，大庆农业技术推广中心，牡丹江市农业技术推广总站，哈尔滨市农业科学院，黑龙江省农科院园艺分院
2008	科技进步奖	三等奖	寒区优质高产苜蓿和青贮玉米品种选育与筛选	黑龙江省畜牧研究所
2008	科技进步奖	三等奖	黑龙江省森林病虫鼠害管理系统	黑龙江省森林病虫防治检疫站
2008	科技进步奖	三等奖	黑龙江省野生桑树资源考察、搜集、研究及利用	黑龙江省蚕业研究所
2008	科技进步奖	三等奖	黑龙江省珍贵阔叶树种定向培育技术的研究	黑龙江省兴隆林业局，黑龙江省林业科学研究所
2008	科技进步奖	三等奖	鸡 ND、EDS、IB 疫苗新型佐剂的研究	黑龙江省兽医科学研究所
2008	科技进步奖	三等奖	建立黑龙江垦区农产品质量安全体系的对策研究	黑龙江省农垦绿色食品办公室，黑龙江省农垦经济研究所，黑龙江省农村经济发展研究所，黑龙江省农垦总局科技局，黑龙江省农垦总局农业局，黑龙江省农垦总局，畜牧水产局
2008	科技进步奖	三等奖	节能植物组培工厂化育苗关键技术研究	中国科学院东北地理与农业生态研究所
2008	科技进步奖	三等奖	松嫩平原退化草原改良及生态修复技术研究	黑龙江省农科院土壤肥料研究所，富裕县草原监理站
2008	科技进步奖	三等奖	退化地生态环境修复与植被建设技术研究	黑龙江省森林与环境科学研究院，大庆市林业局，杜尔伯特蒙古族自治县林业局
2008	科技进步奖	三等奖	优异亚麻种质资源引进和良繁体系建立	黑龙江省农业科学院经济作物研究所
2008	科技进步奖	三等奖	优质肉牛规模化生产综合技术研究与示范	黑龙江八一农垦大学
2008	科技进步奖	三等奖	优质瘦肉型猪繁育体系及高效生产工艺的研究	黑龙江八一农垦大学动物科技学院
2008	科技进步奖	三等奖	优质水稻新品种上育 397 引育及推广应用	黑龙江省农业科学院牡丹江农业科学研究所
2008	科技进步奖	三等奖	玉米密植通透栽培技术研究与推广	齐齐哈尔市农业技术推广中心
2008	科技进步奖	三等奖	珍贵树种黄菠萝、山槐、钻天柳、春榆营造技术的研究	伊春林业科学院，黑龙江省林业科学研究所
2008	科技进步奖	三等奖	中甜一号甜菜纸筒育苗苗床专用肥技术应用	黑龙江大学
2008	科技进步奖	三等奖	禽蛋深加工系列产品开发技术中试	东北农业大学，黑龙江省仁龙生物科技发展有限公司

（续表）

年　份	奖　项	等　级	项目名称	主要完成单位
2008	科技进步奖	三等奖	1GML-210/280型旋耕灭茬起垄机	黑龙江省农业机械工程科学研究院
2008	科技进步奖	三等奖	5%烯唑醇玉米微粉种衣剂的研制与应用	黑龙江省农业科学院农药应研究中心
2008	科技进步奖	三等奖	STG-210H3D3V4型灭茬旋耕联合整地机	黑龙江省勃农机械有限责任公司
2008	科技进步奖	三等奖	青杨天牛化学生态控制及无公害技术研究	黑龙江农垦林业职业技术学院，东北林业大学
2009	科学技术奖	一等奖	H5N1亚型禽流感病毒进化、跨宿主感染及致病力分子机制研究	中国农业科学院哈尔滨兽医研究所
2009	科学技术奖	一等奖	东北民猪体细胞核移植及绿色荧光蛋白转基因猪研究	东北农业大学
2009	科学技术奖	一等奖	寒地水稻前氮后移施肥新技术的研究与应用	东北农业大学
2009	科学技术奖	一等奖	优质高产早熟多抗水稻新品种垦稻12选育与推广	黑龙江省农垦科学院水稻研究所
2009	科学技术奖	一等奖	猪繁殖与呼吸综合征活疫苗（CH-1R株）的研制与应用	中国农业科学院哈尔滨兽医研究所
2009	科学技术奖	二等奖	3%高效氯氰菊酯微囊悬浮剂的开发与应用	黑龙江省平山林业制药厂
2009	科学技术奖	二等奖	大豆45cm平播垄管、少耕节能栽培技术体系研究与推广	黑龙江省农业技术推广站
2009	科学技术奖	二等奖	大豆分子标记育种技术研究及聚合育种	黑龙江省农业科学院大豆研究所
2009	科学技术奖	二等奖	大兴安岭林区数字林业应用技术研究与示范	东北林业大学
2009	科学技术奖	二等奖	东北大麦制麦产酶机制与其应用	黑龙江省轻工科学研究院
2009	科学技术奖	二等奖	高产、抗病、优质马铃薯新品种克新18号的选育与推广	黑龙江省农业科学院克山分院
2009	科学技术奖	二等奖	高产、稳产、优质、多抗、广适应玉米新品种庆单3号的选育及推广	大庆市庆发种业有限责任公司
2009	科学技术奖	二等奖	高油高产、早熟多抗、耐密植大豆新品种合丰42号的选育	黑龙江省农业科学院佳木斯分院
2009	科学技术奖	二等奖	工业用材林树种引选及培育技术的研究	黑龙江省林业科学研究所
2009	科学技术奖	二等奖	寒地果树标准化栽培技术研究与推广	黑龙江省经济作物技术指导站
2009	科学技术奖	二等奖	黑龙江省白鹅产业化核心技术整合	黑龙江省畜牧研究所
2009	科学技术奖	二等奖	黑龙江省森林沼泽区地球化学景观划分及化探异常查证方法研究	黑龙江省地质调查研究总院
2009	科学技术奖	二等奖	花楸、东北刺人参和风箱果有性繁殖机理与技术研究	东北林业大学

（续表）

年　份	奖　项	等　级	项目名称	主要完成单位
2009	科学技术奖	二等奖	几种主要蕨类植物人工繁育技术的研究	黑龙江省水土保持科学研究所
2009	科学技术奖	二等奖	计算机视觉排种试验台的研究	黑龙江省农业机械工程科学研究院
2009	科学技术奖	二等奖	加快我省农村经济发展研究	黑龙江省农业科学院
2009	科学技术奖	二等奖	抗寒优质耐贮李新品种牡丰李选育与推广	黑龙江省农业科学院牡丹江分院
2009	科学技术奖	二等奖	抗鸡新城疫病毒中药复方制剂的研制与应用	东北农业大学
2009	科学技术奖	二等奖	冷水性鱼类封闭循环式养殖技术	中国水产科学研究院黑龙江水产研究所
2009	科学技术奖	二等奖	马铃薯纺锤块茎类病毒核酸杂交检测试剂盒研制及应用	黑龙江省农业科学院植物脱毒苗木研究所
2009	科学技术奖	二等奖	奶牛瘤胃营养调控技术的研究与开发	东北农业大学
2009	科学技术奖	二等奖	农药生物增效剂、降解剂的研制和开发	东北农业大学
2009	科学技术奖	二等奖	葡萄新品种无核白鸡心及其栽培技术	黑龙江省农业科学院园艺分院
2009	科学技术奖	二等奖	青山杨良种区域化试验与示范	黑龙江省森林与环境科学研究院
2009	科学技术奖	二等奖	丘陵漫岗区农林复合生态系统构建技术研究	东北林业大学
2009	科学技术奖	二等奖	三江平原草地地植物多样性及其生态服务功能评估	黑龙江省科学院自然与生态研究所
2009	科学技术奖	二等奖	松嫩平原西部盐碱土综合治理及高效利用模式与技术研究	黑龙江省水利科学研究院
2009	科学技术奖	二等奖	退耕还林与我国粮食安全问题的研究	中共黑龙江省委党校
2009	科学技术奖	二等奖	优质高产抗病水稻新品种龙稻7号的选育与推广	黑龙江省农业科学院耕作栽培研究所
2009	科学技术奖	二等奖	优质高产抗病水稻新品种松粳10号	黑龙江省农业科学院五常水稻研究所
2009	科学技术奖	二等奖	预防及扑救重大森林火灾实用技术的研究	黑龙江省森林保护研究所
2009	科学技术奖	二等奖	早熟高产优质抗逆性强大豆新品种黑河39号	黑龙江省农业科学院黑河分院
2009	科学技术奖	二等奖	智能化农业信息处理核心技术研究	黑龙江八一农垦大学
2009	科学技术奖	二等奖	猪重要经济性状功能基因的系统研究	黑龙江省农业科学院
2009	科学技术奖	二等奖	籽用南瓜高效育种技术研究与系列新品种选育推广	东北农业大学
2009	科学技术奖	三等奖	K9苹果选育与推广	黑龙江省农业科学院牡丹江分院

（续表）

年　份	奖　项	等　级	项目名称	主要完成单位
2009	科学技术奖	三等奖	北方寒地农区牧草与饲料作物产业化配套技术的研究	东北农业大学
2009	科学技术奖	三等奖	超高产优质水稻新品种垦鉴稻10号的选育与推广应用	黑龙江八一农垦大学
2009	科学技术奖	三等奖	唇（鱼骨）人工繁育和驯化养殖研究	中国水产科学研究院黑龙江水产研究所
2009	科学技术奖	三等奖	东北地道药材玉竹、柴胡阔叶次生林林冠下栽培技术的研究	伊春林业科学院
2009	科学技术奖	三等奖	东北野生杜鹃引种及生物学特性研究	黑龙江省森林植物园
2009	科学技术奖	三等奖	高产优质多抗水稻新品种三江1号选育与推广	黑龙江省农垦总局建三江农业科学研究所
2009	科学技术奖	三等奖	黑龙江省农田鼠害防治技术研究与推广	黑龙江省植检植保站
2009	科学技术奖	三等奖	黑龙江省西部半干旱地区园林地被植物引种驯化及应用研究	黑龙江省齐齐哈尔林业学校
2009	科学技术奖	三等奖	黑木耳替代料筛选	伊春林业科学院
2009	科学技术奖	三等奖	黑土退化过程与耕地保育技术	中国科学院东北地理与农业生态研究所
2009	科学技术奖	三等奖	火场指挥通信移动式（应急）中继应用示范	黑龙江省森林保护研究所
2009	科学技术奖	三等奖	鸡毒支原体、传染性鼻炎（A型、C型）二联灭活疫苗研究	中国农业科学院哈尔滨兽医研究所
2009	科学技术奖	三等奖	姬松茸优良菌株引种栽培及产品加工技术研究	黑龙江省林副特产研究所
2009	科学技术奖	三等奖	卡拉白鱼的引进、人工繁殖及养殖技术研究	中国水产科学研究院黑龙江水产研究所
2009	科学技术奖	三等奖	快速扩繁优质高产奶牛核心群技术引进	黑龙江省畜牧研究所
2009	科学技术奖	三等奖	利用伊春林区有毒杀虫植物开发无公害植物性杀虫剂的研究	伊春林业科学院
2009	科学技术奖	三等奖	利用玉米黄粉提取叶黄素单体及其功能产品开发研究	黑龙江八一农垦大学
2009	科学技术奖	三等奖	绿化林带常见灾害远程专家咨询系统	东北林业大学
2009	科学技术奖	三等奖	木质纤维素快速分解复合菌系及畜禽粪便资源化处理技术	黑龙江八一农垦大学
2009	科学技术奖	三等奖	欧洲白桦区域化试验的研究	黑龙江省林业科学研究所
2009	科学技术奖	三等奖	欧洲花楸组织培养技术的研究	黑龙江省森林植物园
2009	科学技术奖	三等奖	圈养驼鹿饲养标准的研究	齐齐哈尔市龙沙公园
2009	科学技术奖	三等奖	茸鹿胚胎移植技术的应用开发研究	黑龙江省农垦科学院哈尔滨特产研究所
2009	科学技术奖	三等奖	绒毛白蜡引种及杂交育种技术研究	大庆市中林北方林业科学研究所

（续表）

年　份	奖　项	等　级	项目名称	主要完成单位
2009	科学技术奖	三等奖	食源性致病菌高通量检测技术研究与应用	黑龙江出入境检验检疫局检验检疫技术中心
2009	科学技术奖	三等奖	数控养蜂法技术	虎林市珍宝岛乡
2009	科学技术奖	三等奖	饲草、饲料种质资源利用的研究	黑龙江八一农垦大学
2009	科学技术奖	三等奖	甜菜质量标准体系的建立及应用	黑龙江大学
2009	科学技术奖	三等奖	微生态制剂防治鸡大肠杆菌病的研究	黑龙江省兽医科学研究所
2009	科学技术奖	三等奖	西瓜嫁接双扣复套种蔬菜综合栽培技术研究与应用	绥化市北林区农业技术推广中心
2009	科学技术奖	三等奖	优良菊科花卉品种选育及快繁技术的研究	黑龙江省科学院自然与生态研究所
2009	科学技术奖	三等奖	优质抗病晒烟雄性不育杂交种龙杂烟 1 号选育与推广	黑龙江省农业科学院牡丹江分院
2009	科学技术奖	三等奖	优质强筋小麦新品种克丰 10 号	黑龙江省农业科学院克山分院
2009	科学技术奖	三等奖	优质填充型烤烟叶片成熟度生理基础及配套技术研究	中国烟草总公司黑龙江省公司牡丹江烟草科学研究所
2009	科学技术奖	三等奖	有机肥料工厂化生产技术研究及生物肥配套设备研制	东北农业大学
2009	科学技术奖	三等奖	玉米大垄垄上行间覆膜高产高效栽培技术研究	黑龙江省农垦科学院作物开发研究所
2009	科学技术奖	三等奖	玉米机械化收获技术推广	黑龙江省农业机械化技术推广总站
2009	科学技术奖	三等奖	玉米生物活性肽的制备研究	齐齐哈尔大学
2009	科学技术奖	三等奖	增强黑龙江省绿色特色食品龙头企业核心竞争力的策略研究	东北林业大学
2010	自然科学奖	二等奖	不同栽培模式对黄瓜土传病害及土壤微生物多样性的影响	东北农业大学
2010	自然科学奖	二等奖	大豆根系—冠层建成与产量形成研究	中国科学院东北地理与农业生态所，东北农业大学
2010	自然科学奖	二等奖	大豆抗疫霉根腐病机制研究及资源利用	东北农业大学
2010	自然科学奖	二等奖	林木丛枝菌根生理生态研究	黑龙江大学，黑龙江省林业厅，黑龙江省森林植物园
2010	自然科学奖	二等奖	木材品质特性的环境因素影响机制研究	东北林业大学，黑龙江省大兴安岭地区行政公署
2010	自然科学奖	二等奖	转抗病虫基因杨树培育技术的研究	东北林业大学
2010	自然科学奖	三等奖	东北土壤动物功能及其环境研究	哈尔滨师范大学，中国科学院东北地理与农业生态研究所，丹东业成贸易有限公司
2010	技术发明奖	二等奖	马铃薯薯渣液态发酵生产单细胞蛋白的工艺方法	哈尔滨工业大学
2010	技术发明奖	三等奖	高活性大豆异黄酮制备技术研究与开发	东北农业大学

（续表）

年　份	奖　项	等　级	项目名称	主要完成单位
2010	科技进步奖	一等奖	大豆深加工关键技术与设备研究与开发	国家大豆工程技术研究中心，东北农业大学，黑龙江省轻工科学研究院，哈高科大豆食品有限责任公司，黑龙江双河松嫩大豆生物工程有限责任公司，大庆日月星有限公司
2010	科技进步奖	一等奖	大马力拖拉机配套现代机具研究与开发	黑龙江省农业机械工程科学研究院
2010	科技进步奖	一等奖	番茄优异种质资源创新与新品种选育	东北农业大学
2010	科技进步奖	一等奖	龙稻 5 号水稻品种的选育及推广	黑龙江省农业科学院耕作栽培研究所
2010	科技进步奖	一等奖	禽流感（H5+H9）二价灭活疫苗（H5N1 Re-1+H9N2 Re-2 株）	中国农业科学院哈尔滨兽医研究所
2010	科技进步奖	一等奖	优质牧草新品种选育及生产配套技术研究	黑龙江省畜牧研究所，东北农业大学，黑龙江省农业科学院草业研究所，黑龙江省农业科学院大豆研究所
2010	科技进步奖	二等奖	1.2%苦参碱·烟碱烟剂开发与应用	黑龙江省平山林业制药厂
2010	科技进步奖	二等奖	RR-4C/6C 手扶步进式水稻插秧机	黑龙江省桦联机械制造有限公司，黑龙江省农业机械工程科学研究院
2010	科技进步奖	二等奖	薄皮甜瓜种质资源创新及新品种选育	黑龙江省农科院大庆分院，齐齐哈尔市蔬菜研究所
2010	科技进步奖	二等奖	畜禽良种资源综合利用支撑技术的研究	黑龙江省家畜繁育指导站，东北农业大学，黑龙江八一农垦大学，黑龙江省畜牧研究所，黑龙江省农垦科学院畜牧兽医研究所
2010	科技进步奖	二等奖	动物疫病风险评估方法的建立及应用	黑龙江省动物卫生监督所
2010	科技进步奖	二等奖	高产、优质、抗逆玉米新品种龙育 4 号的选育及推广	黑龙江省农业科学院草业研究所
2010	科技进步奖	二等奖	高淀粉玉米新品种绿单一号的选育与推广	牡丹江市绿丰种业有限公司
2010	科技进步奖	二等奖	高寒地区青蒿引种栽培技术及药效物质分析方法研究	东北林业大学，哈尔滨工业大学
2010	科技进步奖	二等奖	高油高产、多抗、广适应性大豆品种合丰 47 的选育与推广	黑龙江省农业科学院佳木斯分院
2010	科技进步奖	二等奖	高油高产高抗大豆新品种垦农 22 的选育与推广	黑龙江八一农垦大学
2010	科技进步奖	二等奖	寒地水稻高产优质技术研究与示范	黑龙江省农业科学院水稻研究所，东北农业大学，黑龙江省农垦科学院水稻研究所，黑龙江省农业科学院耕作栽培研究所，黑龙江省农业科学院五常水稻研究所，黑龙江大学，黑龙江八一农垦大学，黑龙江省农业科学院牡丹江分院，黑龙江省农业科学院绥化分院，黑龙江省农业科学院农产品质量检验测试中心，黑龙江省农业科学院土壤肥料与资源环境研究所
2010	科技进步奖	二等奖	寒冷地区地被植物引种及栽培技术研究	黑龙江省森林植物园

（续表）

年　份	奖　项	等　级	项目名称	主要完成单位
2010	科技进步奖	二等奖	黑龙江省耕地及后备资源调查与潜力评价	东北农业大学
2010	科技进步奖	二等奖	黑龙江省农村节能住宅实用技术研究与应用	哈尔滨工业大学
2010	科技进步奖	二等奖	黑龙江省食用菌安全、优质生产技术研究与推广	黑龙江省经济作物技术指导站，牡丹江市农业技术推广总站，尚志市农业技术推广中心，伊春市农业技术研究推广中心，呼玛县农业技术推广中心
2010	科技进步奖	二等奖	黑龙江省引进和乡土树种模式育苗技术	黑龙江省林业技术推广站
2010	科技进步奖	二等奖	面向数字林业应用软件关键技术的研究	东北林业大学，大兴安岭塔河林业局
2010	科技进步奖	二等奖	奶牛高效生产技术集成应用与示范	黑龙江省畜牧局牧业现代化处，安达市畜牧局，黑龙江省畜牧研究所，安达市友谊牧场
2010	科技进步奖	二等奖	森林地被可燃物用火管理及生物防火技术的研究	东北林业大学，黑龙江省森林保护研究所，黑龙江科技学院
2010	科技进步奖	二等奖	食源性致病菌荧光 PCR 技术快速检测试剂盒的研制及标准体系的建立	黑龙江出入境检验检疫局检验检疫技术中心
2010	科技进步奖	二等奖	提高黑土综合生产能力关键技术研究与示范	黑龙江省农业科学院土壤肥料与环境资源研究所，中国科学院东北地理与农业生态研究所，东北农业大学
2010	科技进步奖	二等奖	小麦近缘野生种质遗传资源的发掘与利用研究	哈尔滨师范大学
2010	科技进步奖	二等奖	玉米增产综合技术研究与示范	黑龙江农业科学院玉米研究所，东北农业大学，黑龙江八一农垦大学
2010	科技进步奖	二等奖	猪重要传染病快速诊断方法的研究	中国农业科学院哈尔滨兽医研究所，黑龙江省科技成果推广转化中心，哈尔滨学院
2010	科技进步奖	三等奖	E0 级刨花板研制	黑龙江龙乡林业集团股份有限公司
2010	科技进步奖	三等奖	半矮秆广适应性大豆新品种黑河 36 号	黑龙江省农业科学院黑河分院
2010	科技进步奖	三等奖	北方寒地水稻两段式育苗超高产栽培技术研究	绥化市农业技术推广总站，黑龙江省农科院绥化分院
2010	科技进步奖	三等奖	超高产多抗春小麦品种克旱 16 号	黑龙江省农业科学院克山分院
2010	科技进步奖	三等奖	城市绿化彩化增加品种的研究	黑龙江省科学院自然与生态研究所
2010	科技进步奖	三等奖	大兴安岭森林功能定位的研究	东北林业大学，大兴安岭林业集团农业林业科学研究院，哈尔滨工业大学
2010	科技进步奖	三等奖	地下车库上生态庭院的园林景观规划营建模式研究	黑龙江电力建设监理有限公司
2010	科技进步奖	三等奖	东北农区奶牛高效饲养综合技术的研究	黑龙江八一农垦大学，黑龙江省农垦科学院畜牧兽医研究所，东北农业大学，黑龙江省畜牧研究所
2010	科技进步奖	三等奖	腐植酸生物液体肥的研制与应用	黑龙江省科学院生物肥料研究中心

（续表）

年 份	奖 项	等 级	项目名称	主要完成单位
2010	科技进步奖	三等奖	高产优质广适新品种北稻2号的选育与推广	黑龙江北方稻作研究所
2010	科技进步奖	三等奖	黑龙江省市县林区主要林分类型生长与收获模型	黑龙江省林业勘察设计院，东北林业大学
2010	科技进步奖	三等奖	黑龙江省速生用材树种生长评价与栽培区划的研究	黑龙江省林业厅，黑龙江省森林与环境科学研究院
2010	科技进步奖	三等奖	黑龙江省杨树工业原料林定向培育技术研究	黑龙江省森林与环境科学研究院，黑龙江省森林与环境科学研究院新江实验林场，齐齐哈尔绿源林业科技示范基地
2010	科技进步奖	三等奖	精密播种机	黑龙江省海轮王农机制造有限公司
2010	科技进步奖	三等奖	蓝莓优良品种引种及丰产栽培技术的研究	黑龙江省带岭林业科学研究所
2010	科技进步奖	三等奖	鹿体外受精与胚胎体外培养及绿色肉用马鹿育肥配套技术研究	东北林业大学，黑龙江省农垦科学院哈尔滨特产研究所
2010	科技进步奖	三等奖	马铃薯病毒检测技术的研究	黑龙江省农业科学院克山分院
2010	科技进步奖	三等奖	奶牛营养障碍性疾病防治工程研究与推广应用	东北农业大学，黑龙江省动物卫生监督所
2010	科技进步奖	三等奖	奶牛真菌病感染的致病机理及防治关键技术的研究	东北农业大学
2010	科技进步奖	三等奖	啤酒大麦新品种垦啤麦7号、垦啤麦8号及栽培技术推广	黑龙江省农垦总局红兴隆农业科学研究所
2010	科技进步奖	三等奖	平原杨树优质速生纤维用材林新品种选育及培育技术研究	黑龙江省林业科学研究所
2010	科技进步奖	三等奖	森林浆果资源高效栽培及深加工技术的研究	黑龙江省林业科学研究所
2010	科技进步奖	三等奖	森林消防人员应急自救安全防护技术中试	黑龙江省森林保护研究所
2010	科技进步奖	三等奖	沙棘果酒果醋菌种筛选及其酿造工艺研究	黑龙江八一农垦大学
2010	科技进步奖	三等奖	天敌昆虫大规模生产及应用技术研究	黑龙江省农业科学院齐齐哈尔分院
2010	科技进步奖	三等奖	万寿菊高产栽培体系的研究	黑龙江八一农垦大学
2010	科技进步奖	三等奖	新三江白猪选育	黑龙江八一农垦大学
2010	科技进步奖	三等奖	旋毛虫实时荧光PCR快速检测试剂盒的研究与开发	黑龙江出入境检验检疫局，东北农业大学
2010	科技进步奖	三等奖	烟草病虫害生物防治技术研究	中国烟草总公司黑龙江省公司牡丹江烟草科学研究所
2010	科技进步奖	三等奖	烟草配方产品智能分析与辅助设计系统	哈尔滨工程大学
2010	科技进步奖	三等奖	引进植物防治技术进行珍稀菌产业开发研究	黑龙江省牡丹江林业科学研究所
2010	科技进步奖	三等奖	优质高产大豆少免耕综合栽培技术体系研究与示范	黑龙江省农业科学院大豆研究所

（续表）

年　份	奖　项	等　级	项目名称	主要完成单位
2010	科技进步奖	三等奖	优质高产水稻新品种松粳7号	黑龙江省农科院五常水稻所
2010	科技进步奖	三等奖	优质高产玉米杂交种龙单25的选育与推广	黑龙江省农业科学院玉米研究所
2010	科技进步奖	三等奖	优质冷水性鱼类种质资源保存技术研究	中国水产科学研究院黑龙江水产研究所
2010	科技进步奖	三等奖	早香水梨的选育及推广	黑龙江省农业科学院牡丹江分院
2010	科技进步奖	三等奖	猪瘟、猪繁殖与呼吸综合征、猪伪狂犬病毒抗体三种金标快速检测试纸条等的研制及初步应用	中国农业科学院哈尔滨兽医研究所
2011	自然科学奖	二等奖	畜禽主要囊膜病毒感染细胞的机制研究	东北农业大学
2011	自然科学奖	二等奖	大豆疫霉菌遗传和侵染特性及分子检测和品种抗病机理研究	黑龙江八一农垦大学，西北农林科技大学
2011	自然科学奖	二等奖	东北盐碱植物抗旱、耐盐碱特异基因挖掘与抗逆机理研究	东北林业大学
2011	自然科学奖	二等奖	黑龙江省半干旱区水土资源时空分布规律及高效利用研究	东北农业大学
2011	自然科学奖	二等奖	黑龙江省农业水污染的生物治理技术研究	东北农业大学，哈尔滨市环境监测中心站，黑龙江省环境监测中心站
2011	自然科学奖	二等奖	木霉菌和毛壳菌的基因工程及生物防治分子机理的研究	哈尔滨工业大学
2011	自然科学奖	二等奖	森林真菌对树木健康调控及机理研究	东北林业大学，黑龙江大学，黑龙江省林业科学院
2011	自然科学奖	二等奖	甜菜氮素同化代谢关键酶基因的克隆、特性及调控途径	东北农业大学
2011	自然科学奖	二等奖	小型猪复合麻醉剂的研制及其麻醉机理的研究	东北农业大学
2011	自然科学奖	二等奖	应用木材腐朽菌——白腐真菌降解持久性有机污染物的基础研究	东北林业大学
2011	自然科学奖	二等奖	植物光合机构叶绿体发育的分子机制探索	东北林业大学，哈尔滨师范大学，中国科学院上海生命科学研究院植物生理生态研究所
2011	自然科学奖	三等奖	黑龙江省牛羊主要寄生虫病病原学、诊断技术及功能基因的研究	黑龙江八一农垦大学
2011	技术发明奖	一等奖	农用抗生素米尔贝霉素、米尔贝肟原料药研制及产业化	东北农业大学，浙江海正药业股份有限公司
2011	科技进步奖	一等奖	大豆优质、高产、多抗分子聚合育种的研究及新品种选育与推广	东北农业大学
2011	科技进步奖	一等奖	东北黑土及北方风沙盐碱土区沃土技术模式研究与示范	黑龙江农业科学院土壤肥料与环境资源研究所
2011	科技进步奖	一等奖	黑龙江寒地果草间作栽培模式研究	黑龙江省农业科学院草业研究所
2011	科技进步奖	一等奖	水稻植质钵育机械化栽培技术	黑龙江八一农垦大学

（续表）

年　份	奖　项	等　级	项目名称	主要完成单位
2011	科技进步奖	一等奖	松浦镜鲤新品种选育	中国水产科学研究院黑龙江水产研究所，黑龙江省水产技术推广总站，绥化市北林区水产局
2011	科技进步奖	一等奖	优质多抗高产玉米新品种龙单 32 的选育及推广	黑龙江省农业科学院玉米研究所
2011	科技进步奖	二等奖	2ZZ-6A 型水稻插秧机	黑龙江省农垦科学院农业工程研究所，黑龙江垦区北方农业工程有限公司
2011	科技进步奖	二等奖	北方春玉米高产高效生产技术研究与推广	东北农业大学，中国农业科学院作物科学研究所，内蒙古农业大学，辽宁省农业科学院，吉林省农业科学院
2011	科技进步奖	二等奖	大豆田复方微生物除草剂的开发	黑龙江八一农垦大学
2011	科技进步奖	二等奖	肥料复合缓控释剂的研究与开发	黑龙江金事达农业科技开发有限公司
2011	科技进步奖	二等奖	高产、抗病、优质玉米新品种龙单 38 的选育与推广	黑龙江省农业科学院玉米研究所
2011	科技进步奖	二等奖	高油高产多抗广适应性大豆品种合丰 50 号选育与推广	黑龙江省农业科学院佳木斯分院
2011	科技进步奖	二等奖	绿色稻米标准化生产技术体系研究与示范	黑龙江省农业科学院水稻研究所，黑龙江省农业科学院农产品质量检验中心，黑龙江省农业科学院五常水稻研究所，中国科学院东北地理与农业生态研究所，黑龙江省农业科学院牡丹江分院
2011	科技进步奖	二等奖	免疫技术制备马铃薯病毒检测试剂盒	黑龙江省农业科学院植物脱毒苗木研究所
2011	科技进步奖	二等奖	奶牛主要传染性疾病防治关键技术研究与产业化开发	东北农业大学
2011	科技进步奖	二等奖	乳酸菌快速发酵蔬菜关键技术及发酵液的综合利用研究	哈尔滨工业大学
2011	科技进步奖	二等奖	森林资源信息化测计关键技术研究	哈尔滨师范大学，北京林业大学，东北林业大学，黑龙江工程学院
2011	科技进步奖	二等奖	提高大豆生产水平的技术引进与创新研究	黑龙江省农业科学院哈尔滨国家大豆改良分中心，中国农业科学院作物科学研究所，全国农业技术推广服务中心，辽宁省农业科学院作物研究所，河北农林科学院粮油作物研究所
2011	科技进步奖	二等奖	亚麻高产优质技术装备的研究与开发	黑龙江省农业机械运用研究所
2011	科技进步奖	二等奖	优质高产抗病水稻新品种松粳 12 号选育与推广	黑龙江省农科院五常水稻所
2011	科技进步奖	二等奖	玉米高产高效栽培技术集成与典型示范及精深加工技术研究	黑龙江省农业科学院齐齐哈尔分院
2011	科技进步奖	二等奖	早熟优质丰产多抗水稻新品种龙粳 20 的选育	黑龙江省农业科学院水稻研究所
2011	科技进步奖	二等奖	长粒香型五优稻 4 号（稻花香 2 号）选育与推广	五常市利元种子有限公司，五常沃科收种业有限责任公司，黑龙江省农业技术推广站，黑龙江省农药管理检定站
2011	科技进步奖	二等奖	针阔叶林生物多样性及重要病虫害控制技术研究	东北林业大学

（续表）

年 份	奖 项	等 级	项目名称	主要完成单位
2011	科技进步奖	三等奖	中大一号高淀粉品种选育研究与应用	大兴安岭地区农业林业科学研究院
2011	科技进步奖	三等奖	35%多福克大豆超微粉体种衣剂的研制与应用	黑龙江省农业科学院农药应研究中心
2011	科技进步奖	三等奖	DB系列禽类骨肉分离机的研究与开发	黑龙江省农业机械工程科学研究院
2011	科技进步奖	三等奖	北方抗胞囊线虫大豆种质资源创新利用与新品种选育	黑龙江省农业科学院大庆分院
2011	科技进步奖	三等奖	北方养兔综合配套技术的研究与推广应用	黑龙江省畜牧业协会
2011	科技进步奖	三等奖	超早熟高产高油抗病大豆新品种黑河40号	黑龙江省农业科学院黑河分院
2011	科技进步奖	三等奖	畜禽粪便生物处理及生物有机肥关键技术研究	黑龙江八一农垦大学，东北农业大学，黑龙江省农业科学院土壤肥料与资源环境研究所，黑龙江农业机械工程科学研究院，黑龙江农垦科学院生物技术中心
2011	科技进步奖	三等奖	大豆田恶性杂草危害及防除技术的研究	东北农业大学
2011	科技进步奖	三等奖	大豆新品种绥农28	黑龙江省农业科学院绥化分院
2011	科技进步奖	三等奖	高油高异黄酮高蛋白质大豆开发利用	黑龙江八一农垦大学
2011	科技进步奖	三等奖	寒地水稻酿热物隔寒增温超早育苗超高产栽培技术集成研究	黑龙江省农业技术推广站，哈尔滨市农业技术推广服务中心，鸡西市农业技术推广中心
2011	科技进步奖	三等奖	黑龙江省动物疾病现状分析及防控对策	黑龙江省兽医卫生防疫站
2011	科技进步奖	三等奖	黑龙江省农垦系统各分局土地级别及基准地价更新测算研究	黑龙江省土地勘测利用技术中心
2011	科技进步奖	三等奖	黑龙江省秋季红叶植物应用技术研究	黑龙江省科学院自然与生态研究所
2011	科技进步奖	三等奖	黑龙江省森工林区省级空间数据库	黑龙江省第三森林调查规划设计院
2011	科技进步奖	三等奖	黑龙江省实验动物管理条例立法研究	哈尔滨维科生物技术开发公司，中国农业科学院哈尔滨兽医研究所
2011	科技进步奖	三等奖	黑土肥力提升关键技术与模式的研究	中国科学院东北地理与农业生态研究所，黑龙江省农业科学院土壤肥料与环境资源研究所，东北农业大学
2011	科技进步奖	三等奖	黄菠萝药用林营建及管理技术	黑龙江省牡丹江林业科学研究所，黑龙江省海林林业局
2011	科技进步奖	三等奖	基于循环经济构建黑龙江省国有林区经济体系研究	东北林业大学，哈尔滨工程大学
2011	科技进步奖	三等奖	坚果类食品中农药残留确证检测技术研究	黑龙江出入境检验检疫局检验检疫技术中心，山西出入境检验检疫局检验检疫技术中心
2011	科技进步奖	三等奖	锦带花引种及选育技术研究	黑龙江省森林植物园

（续表）

年 份	奖 项	等 级	项目名称	主要完成单位
2011	科技进步奖	三等奖	抗寒山地杨树杂交新品种选育及培育技术研究	黑龙江省林业科学研究所
2011	科技进步奖	三等奖	抗性苜蓿新品种选育及良种生产配套技术研究	黑龙江省畜牧研究所
2011	科技进步奖	三等奖	马铃薯综合丰产技术及种薯标准化生产技术试验与示范	黑龙江省农业科学院克山分院，东北农业大学，黑龙江省农业科学院植物脱毒苗木研究所
2011	科技进步奖	三等奖	坡耕地主要粮食作物蓄水保土增产技术模式研究与应用	东北农业大学
2011	科技进步奖	三等奖	森林消防避火罩的改进与研发	黑龙江省森林保护研究所，黑龙江省人民政府森林草原防火指挥部森林防火办公室
2011	科技进步奖	三等奖	食品中多种致病菌荧光PCR同时检测法研究	黑龙江出入境检验检疫局检验检疫技术中心
2011	科技进步奖	三等奖	水解法制备大豆异黄酮甙元	东北农业大学，哈尔滨商业大学，黑龙江省农业科学院
2011	科技进步奖	三等奖	松嫩平原湿地恢复与保护技术研究	黑龙江省森林与环境科学研究院
2011	科技进步奖	三等奖	我国H5N1亚型高致病性禽流感病毒抗原变异株的鉴定与防控研究	中国农业科学院哈尔滨兽医研究所
2011	科技进步奖	三等奖	五味子有效成分提取、鉴定及饲用功效研究	东北农业大学
2011	科技进步奖	三等奖	系列功能肉制品开发及关键技术研究	黑龙江八一农垦大学
2011	科技进步奖	三等奖	小兴安岭林区森林立地分类与功能区划研究	黑龙江省林业科学研究所
2011	科技进步奖	三等奖	小兴安岭山杨白桦次生林高效经营技术研究与示范	黑龙江省林业科学研究所
2011	科技进步奖	三等奖	野山参培育技术的研究	黑龙江省林副特产研究所
2011	科技进步奖	三等奖	益生双歧杆菌的筛选及其工业化技术与应用研究	东北农业大学
2011	科技进步奖	三等奖	优质、高产食用向日葵新品种龙食葵3号的选育与推广	黑龙江省农业科学院经济作物研究所
2011	科技进步奖	三等奖	优质纸浆用材树种良种选育及培育技术研究	黑龙江省林业科学研究所
2011	科技进步奖	三等奖	早熟高产稳产广适应性大豆新品种黑河38号	黑龙江省农业科学院黑河分院
2011	科技进步奖	三等奖	长白楤木、薇菜、蕨菜三种经济植物规模化栽培及加工技术示范	黑龙江省林副特产研究所
2011	科技进步奖	三等奖	中国国有林区林权制度改革研究	伊春林业管理局
2011	科技进步奖	三等奖	紫斑牡丹引种栽培研究	黑龙江省森林植物园
2012	自然科学奖	二等奖	落叶松人工林长期生产力维持的研究	东北林业大学

（续表）

年　份	奖　项	等　级	项目名称	主要完成单位
2012	自然科学奖	二等奖	森林有机凋落物分解机制研究	黑龙江大学，南京大学，东北林业大学，黑龙江省林业技术推广站
2012	自然科学奖	二等奖	甜菜 M14 品系抗逆机制研究及优质基因和蛋白质资源的挖掘	黑龙江大学
2012	自然科学奖	二等奖	甜瓜性别表达及抗白粉病基因定位的研究	东北农业大学
2012	自然科学奖	二等奖	紫杉醇产生菌现代分子生物学选育及发酵工艺的研究	黑龙江大学
2012	技术发明奖	一等奖	宽窄行插秧机关键技术研究和产品研制	东北农业大学，浙江理工大学，延吉插秧机制造有限公司，建三江农机局
2012	技术发明奖	二等奖	松嫩平原盐碱化刈牧草原生态恢复关键技术	黑龙江省科学院自然与生态研究所
2012	技术发明奖	二等奖	特质益生菌高效筛选及其高活性制品开发与应用关键技术	哈尔滨工业大学
2012	技术发明奖	三等奖	重度盐碱地营造杨树人工林	东北林业大学
2012	科技进步奖	一等奖	东北粮食主产区新农村建设技术集成与示范	黑龙江省农业科学院，东北农业大学，中国农业大学，中国科学院东北地理与农业生态研究所，国家大豆工程技术研究中心
2012	科技进步奖	一等奖	功能性饲料及粗饲料高效利用关键技术研究	东北农业大学，黑龙江省农业科学院，黑龙江省农垦科学院，黑龙江省农业机械工程科学研究院，黑龙江八一农垦大学，中国水产科学研究院黑龙江水产研究所，东北林业大学，哈尔滨青禾科技有限公司，哈尔滨远大牧业有限公司
2012	科技进步奖	一等奖	寒地精准机械化保护性耕作技术	黑龙江八一农垦大学，黑龙江省勃农兴达机械有限公司
2012	科技进步奖	一等奖	黑龙江省森林碳储量分布及动态研究	黑龙江省林业监测规划院，东北林业大学
2012	科技进步奖	一等奖	水稻生产加工全程安全控制关键技术	黑龙江八一农垦大学，黑龙江北大荒农垦集团总公司
2012	科技进步奖	一等奖	优质多抗超级稻龙粳 21 的选育	黑龙江省农业科学院佳木斯水稻研究所
2012	科技进步奖	一等奖	玉米新品种绥玉 10 选育与推广	黑龙江省农业科学院绥化分院
2012	科技进步奖	二等奖	2CMF 系列高效马铃薯种植机研究与推广	黑龙江省农业机械工程科学研究院，哈尔滨沃尔科技有限公司
2012	科技进步奖	二等奖	白斑红点鲑种质引进及规模化繁育技术	中国水产科学研究院黑龙江水产研究所
2012	科技进步奖	二等奖	北方寒区主要农业废弃资源综合高效利用技术研究与示范	黑龙江省农垦科学院
2012	科技进步奖	二等奖	肠溶性双歧杆菌微胶囊制备技术及其微生态制剂研制	东北林业大学，哈尔滨英瑞斯饲料有限责任公司
2012	科技进步奖	二等奖	大豆优良种质合交 87-943 创新与利用	黑龙江省农业科学院佳木斯分院
2012	科技进步奖	二等奖	大豆油脂酶法精炼关键技术的研究和应用	东北农业大学，国家大豆工程技术研究中，哈尔滨商业大学，哈尔滨工大高新技术产业开发股份有限公司中大植物蛋白分公司

（续表）

年　份	奖　项	等　级	项目名称	主要完成单位
2012	科技进步奖	二等奖	东宁五号梨（牡育 68-3）的选育与推广	黑龙江省农业科学院牡丹江分院
2012	科技进步奖	二等奖	国际先进马铃薯种薯质量检测体系及配套技术的引进与应用	黑龙江省农业科学院植物脱毒苗木研究所
2012	科技进步奖	二等奖	寒冷地区江河生态护岸技术研究	黑龙江省水利科学研究院
2012	科技进步奖	二等奖	寒区畜禽粪便生物处理与有机肥生产技术应用	东北农业大学
2012	科技进步奖	二等奖	黑龙江半干旱区粮食作物综合节水技术研究与示范	东北农业大学，黑龙江省水利科学研究院，中国科学院东北地理与农业生态研究所
2012	科技进步奖	二等奖	黑龙江省畜牧业统计监测预警系统的研发与推广应用	黑龙江省畜牧兽医信息中心
2012	科技进步奖	二等奖	利用绥粳 3 号核心种质选育“绥粳”系列水稻品种	黑龙江省农业科学院绥化分院
2012	科技进步奖	二等奖	龙园“LY-Ⅰ”型日光节能温室研究与示范	黑龙江省农科院园艺分院
2012	科技进步奖	二等奖	落叶松林病虫害高效安全持续控制技术研究	黑龙江省林科院
2012	科技进步奖	二等奖	奶牛乳房炎综合防治技术研究与应用	黑龙江八一农垦大学，杜尔伯特伊利饲料有限责任公司，黑龙江省绿色草原牧场
2012	科技进步奖	二等奖	三江平原水土资源利用与保护对策研究	水利部黑龙江水利水电勘测设计研究院，黑龙江省土肥管理站，黑龙江省农垦总局农业局，黑龙江省环境监测中心站，黑龙江省农垦总局水务局，黑龙江省农产品质量检验检测中心，黑龙江省水文地质工程地质勘察院
2012	科技进步奖	二等奖	西藏牧区高产优质饲草品种筛选及高效生产综合配套技术研究	东北农业大学
2012	科技进步奖	二等奖	沿兴凯湖地区农业面源污染源头控制及生态优化技术研究与示范	黑龙江省农业科学院土壤肥料与环境资源研究所，中国农业科学院农业环境与可持续发展研究所，东北农业大学，黑龙江省兴凯湖农场
2012	科技进步奖	二等奖	优质、高产、多抗大豆种质资源创新及新品种选育	黑龙江八一农垦大学
2012	科技进步奖	二等奖	玉米根茬起铺机研制	佳木斯大学
2012	科技进步奖	二等奖	玉米螟大区全程绿色防控技术模式研究与应用	黑龙江省植检植保站，全国农业技术推广服务中心，中国农业科学院植物保护研究所，北京丰茂植保机械有限公司
2012	科技进步奖	二等奖	玉米新品种东农 252 的选育与推广	东北农业大学
2012	科技进步奖	二等奖	早熟丰产优质多抗水稻新品种龙粳 26 的选育	黑龙江省农业科学院佳木斯水稻研究所
2012	科技进步奖	二等奖	早熟优质、高产稳产大豆新品种合丰 51 号选育与推广	黑龙江省农业科学院佳木斯分院
2012	科技进步奖	二等奖	中药材防风栽培生产关键问题研究	黑龙江中医药大学
2012	科技进步奖	三等奖	被毛功能形态学研究与毛皮生产及检验技术	东北林业大学，高泰牧业（哈尔滨）有限公司，哈尔滨华隆饲料开发有限公司

（续表）

年　份	奖　项	等　级	项目名称	主要完成单位
2012	科技进步奖	三等奖	超早熟高产稳产大豆新品种黑河 35	黑龙江省农业科学院黑河分院
2012	科技进步奖	三等奖	畜禽健康养殖技术研究	佳木斯大学
2012	科技进步奖	三等奖	大豆灰斑病灾变规律及可持续防控技术	黑龙江省农业科学院佳木斯分院，黑龙江农业职业技术学院
2012	科技进步奖	三等奖	高产多抗水稻新品种牡丹江 28 选育及推广应用	黑龙江省农业科学院牡丹江分院
2012	科技进步奖	三等奖	高寒地区蓝莓组培苗木微插快速繁育技术	伊春市九天生物科技有限公司
2012	科技进步奖	三等奖	耕地地力评价及应用技术研究	绥化市农业技术推广总站
2012	科技进步奖	三等奖	功能性天然色素加工关键技术及系列产品开发	东北林业大学，哈尔滨工业大学，黑龙江省龙园高科技农业发展有限责任公司
2012	科技进步奖	三等奖	寒地浆果资源收集保存与创新利用	黑龙江省农业科学院浆果研究所
2012	科技进步奖	三等奖	航天诱变选育系列小麦新品种龙辐麦 17、龙辐麦 18 及其应用研究	黑龙江省农业科学院作物育种研究所，中国农业科学院作物科学研究所
2012	科技进步奖	三等奖	黑龙江省粮食主产区融资担保体系创新	鸡西市国有资产经营管理有限公司
2012	科技进步奖	三等奖	黑龙江省农垦总局哈尔滨分局土地利用更新调查	黑龙江省国土资源厅驻农垦总局国土资源局哈尔滨分局，黑龙江源泉国土资源勘查设计有限公司
2012	科技进步奖	三等奖	黑龙江省水稻灌溉试验研究与分区灌溉评价	黑龙江省水利科学研究院，黑龙江省农田水利管理总站
2012	科技进步奖	三等奖	红松人工林复合经营技术推广	东北林业大学
2012	科技进步奖	三等奖	经济林优化经营技术研究与示范	黑龙江省带岭林业科学研究所
2012	科技进步奖	三等奖	柳树优良品种——青竹柳选育研究	黑龙江省森林与环境科学研究院，齐齐哈尔绿源林业科技示范基地
2012	科技进步奖	三等奖	奶牛乳房炎多价卵抗的研究与应用	黑龙江省兽医科学研究所
2012	科技进步奖	三等奖	农村集约化生产信息技术研究与开发	黑龙江省农垦科学院，东北林业大学
2012	科技进步奖	三等奖	丘陵黑土区水土保持林构建与流域综合治理技术研究	东北林业大学，黑龙江省森林与环境科学研究院，黑龙江省水土保持科学研究所
2012	科技进步奖	三等奖	山地退化森林生态系统恢复优化模式及配套技术	黑龙江省林业科学研究所，东北林业大学，中国科学院东北地理与农业生态研究所
2012	科技进步奖	三等奖	食用菌高产培育及深加工技术的研究	黑龙江省林副特产研究所，牡丹江林业科学研究所，伊春林科院
2012	科技进步奖	三等奖	松嫩平原干旱、半干旱区农业需水与节水农业综合技术	黑龙江省水利科学研究院，黑龙江省农田水利管理总站，大庆地区防洪工程管理处，黑龙江省北部引嫩管理处
2012	科技进步奖	三等奖	土壤肥力预警和施肥指导系统 3S 应用技术	中国科学院东北地理与农业生态研究所，双城市农业技术推广中心

（续表）

年 份	奖 项	等 级	项目名称	主要完成单位
2012	科技进步奖	三等奖	污染农田土壤的生物降解技术及提质增效生物有机肥的示范与推广	黑龙江八一农垦大学
2012	科技进步奖	三等奖	小兴安岭人工林天然化经营技术研究与示范	东北林业大学，黑龙江省林业科学研究所
2012	科技进步奖	三等奖	小兴安岭珍贵阔叶树种定向培育技术研究与示范	伊春林业科学院
2012	科技进步奖	三等奖	小兴安岭主要森林类型土壤微生物群落结构综合评价技术	黑龙江省森林工程与环境研究所
2012	科技进步奖	三等奖	新型高效微生物拌种剂的创新研究与环境友好应用技术	黑龙江省科学院微生物研究所
2012	科技进步奖	三等奖	新型肉羊瘤胃调控剂的研制及机制研究	中国科学院东北地理与农业生态研究所农业技术中心，黑龙江省农科院畜牧所
2012	科技进步奖	三等奖	蕈菌产业化关键技术的创新与推广	绥化学院，敦化市明星特产科技开发有限责任公司
2012	科技进步奖	三等奖	优质、高产亚麻新品种黑亚 16 号的选育及推广	黑龙江神农业科学院经济作物研究所
2012	科技进步奖	三等奖	优质多抗高产玉米新品种龙单 30、龙单 37 的选育及推广	黑龙江省农业科学院玉米研究所
2012	科技进步奖	三等奖	优质多抗玉米新品种嫩单 12 的选育及推广	黑龙江省农业科学院齐齐哈尔分院，黑龙江金粒农业科技开发有限公司
2012	科技进步奖	三等奖	玉米综合加工及关键技术研究	哈尔滨商业大学，黑龙江八一农垦大学，哈尔滨工业大学，东北林业大学，东北农业大学，黑龙江昊天食品生物工程研发中心
2012	科技进步奖	三等奖	杂交榛子良种选育	黑龙江省牡丹江林业科学研究所，黑龙江省东京城林业局，黑龙江省林口林业局
2012	科技进步奖	三等奖	早熟、优质、多抗玉米新品种克单 10 号的选育与推广	黑龙江省农业科学院克山分院
2012	科技进步奖	三等奖	扎龙自然保护区禽流感防控技术的研究	黑龙江省兽医科学研究所，黑龙江扎龙国家级自然保护区管理局，齐齐哈尔市兽医卫生防疫站
2012	科技进步奖	三等奖	中美山杨新品种选育及推广应用	黑龙江省林业科学研究所，黑龙江大学
2013	自然科学奖	一等奖	低脂肉鸡种质资源创制及脂肪生长发育分子遗传学研究	东北农业大学
2013	自然科学奖	二等奖	大豆导入系构建及有利隐蔽基因挖掘	东北农业大学
2013	自然科学奖	二等奖	可降解生物材料合成及其在兽用疫苗中的应用	黑龙江大学
2013	自然科学奖	二等奖	林木资源培育方式与木质资源综合利用的构效关系研究	东北林业大学
2013	自然科学奖	二等奖	水稻轴流脱粒与分离装置机理研究	黑龙江八一农垦大学
2013	自然科学奖	三等奖	春秋季节突发强降温气候对杨树抗冻性的影响机理	黑龙江省林业科学研究所

（续表）

年 份	奖 项	等 级	项目名称	主要完成单位
2013	自然科学奖	三等奖	复杂性视角下农业水资源系统分析方法及其应用	东北农业大学
2013	自然科学奖	三等奖	黑龙江省典型地区森林碳汇功能、组分特征及其对气候变化的响应	东北林业大学
2013	自然科学奖	三等奖	转基因白桦外源基因的整合及表达机制与遗传稳定性研究	东北林业大学
2013	技术发明奖	一等奖	植物油脂生物解离及精炼关键技术和设备创新与应用	东北农业大学，国家大豆工程技术研究中心，郑州四维粮油工程技术有限公司，哈尔滨工业大学
2013	技术发明奖	二等奖	高温豆粕发酵联产蛹虫草与纤溶酶关键技术	齐齐哈尔大学
2013	技术发明奖	二等奖	高致病性猪蓝耳病防控技术的研究及应用	中国农业科学院哈尔滨兽医研究所，中国农业科学院上海兽医研究所，哈尔滨维科生物技术开发公司
2013	技术发明奖	二等奖	猪链球菌耐药性研究及安全高效新兽药的研制	东北农业大学，中国农业科学院哈尔滨兽医研究所，佳木斯大学，鸡东县动物疫病预防与控制中心
2013	技术发明奖	三等奖	北方土壤制钵成型机的研制	黑龙江省畜牧机械化研究所
2013	科技进步奖	一等奖	东北平原北部（黑龙江）春玉米丰产高效技术集成研究与示范	黑龙江省农业科学院
2013	科技进步奖	一等奖	黑龙江省林业生态工程构建技术	东北林业大学，黑龙江省林业科学研究所，黑龙江省森林与环境科学研究院，黑龙江大学
2013	科技进步奖	一等奖	黑龙江省野猪遗传基础、应用技术的研究及产业化开发	黑龙江省农业科学院畜牧研究所，东北农业大学，中国科学院东北地理与农业生态研究所
2013	科技进步奖	一等奖	基于细胞壁反应细胞腔填充的木材单板改良功能化技术	东北林业大学，徐州盛和木业有限公司，天津七二九体育器材开发有限公司
2013	科技进步奖	一等奖	乳酸菌蛋白酶凝乳功能研究及低温喷雾干燥高效制备发酵剂关键技术	哈尔滨工业大学
2013	科技进步奖	一等奖	优质高产耐冷抗病水稻新品种龙粳 25 的选育	黑龙江省农业科学院佳木斯水稻研究所
2013	科技进步奖	二等奖	菜豆育种体系及良种繁育的构建	哈尔滨市农业科学院
2013	科技进步奖	二等奖	大豆抗灾与节本增效关键技术研究与示范	黑龙江省农业科学院大豆研究所，中国科学院油料作物所，南京农业大学，辽宁省农业科学院作物所，安徽省农业科学院作物所
2013	科技进步奖	二等奖	大豆新品种绥农 26	黑龙江省农业科学院绥化分院
2013	科技进步奖	二等奖	低质林结构与功能优化调控技术	东北林业大学，黑龙江省森林工程与环境研究所，黑龙江省林业科学研究所，黑龙江省铁力林业局，大兴安岭地区营林局，黑龙江省带岭林业实验局
2013	科技进步奖	二等奖	第三代高纯果糖高效生产关键技术	黑龙江八一农垦大学

（续表）

年　份	奖　项	等　级	项目名称	主要完成单位
2013	科技进步奖	二等奖	东北寒带湿地评价与恢复技术	东北林业大学，中国林业科学研究院湿地研究所，中国科学院东北地理与农业生态研究所，黑龙江中医药大学
2013	科技进步奖	二等奖	多功能山特产品真空灭菌包装自动加工生产线	黑龙江省包装食品机械公司
2013	科技进步奖	二等奖	高效降胆固醇植物乳杆菌系列功能产品开发及关键技术研究	黑龙江八一农垦大学
2013	科技进步奖	二等奖	高油高产多抗大豆新品种合丰52选育与推广	黑龙江省农业科学院佳木斯分院
2013	科技进步奖	二等奖	寒地耐盐碱苜蓿根瘤菌选育及生产技术产业化	黑龙江省科学院大庆分院，黑龙江省科学院生物肥料研究中心，黑龙江省远方草业有限责任公司
2013	科技进步奖	二等奖	寒地水稻智能化育秧技术研究及推广应用	黑龙江省农垦总局，黑龙江省农垦建三江管理局，黑龙江省农垦牡丹江管理局，黑龙江省农垦红兴隆管理局，黑龙江省农垦宝泉岭管理局，哈尔滨农富科技发展有限公司
2013	科技进步奖	二等奖	林木病虫害环境协调性农药开发与应用技术	东北林业大学，黑龙江省平山林业制药厂，哈尔滨市阿城区林业局，黑龙江省农垦职业技术学院
2013	科技进步奖	二等奖	农田林影地高产恢复关键技术装备	黑龙江省农业机械工程科学研究院
2013	科技进步奖	二等奖	棚室食用菌生产综合技术创新应用研究与推广	黑龙江省经济作物技术指导站，东北农业大学，牡丹江市农业技术推广总站，哈尔滨市农业技术推广服务中心，伊春市农业技术研究推广中心
2013	科技进步奖	二等奖	秋甜李选育与推广	黑龙江省农业科学院牡丹江分院
2013	科技进步奖	二等奖	现代奶业关键技术研究与产业化示范	黑龙江省完达山乳业股份有限公司，东北农业大学，黑龙江八一农垦大学，黑龙江省畜牧研究所，黑龙江省八五一一农场
2013	科技进步奖	二等奖	小麦优质高效栽培技术模式	黑龙江八一农垦大学
2013	科技进步奖	二等奖	优质、抗病龙甜四号甜瓜的选育与推广	黑龙江省农科院
2013	科技进步奖	二等奖	优质超级稻综合生产技术研究与示范	东北农业大学，黑龙江省农业科学院佳木斯水稻研究所，黑龙江省农垦科学院，吉林省农业科学院，黑龙江八一农垦大学
2013	科技进步奖	二等奖	玉米全程机械化高产耕作栽培技术集成与示范	黑龙江省农业科学院耕作栽培研究所
2013	科技进步奖	二等奖	玉米新品种东农 251 的选育与推广	东北农业大学
2013	科技进步奖	二等奖	杂种落叶松优良家系选育与扩繁技术	东北林业大学，黑龙江省林业科学研究所，林口县林业局，黑龙江省铁力林业局，吉林市林业科学研究院
2013	科技进步奖	三等奖	北方寒区紫花苜蓿优质高效综合生产配套技术研究与示范	东北农业大学
2013	科技进步奖	三等奖	超早熟丰产优质抗逆广适应性大豆新品种黑河 41 号	黑龙江省农业科学院黑河分院

（续表）

年　份	奖　项	等　级	项目名称	主要完成单位
2013	科技进步奖	三等奖	东北春小麦优质强筋种质创新与利用	黑龙江省农业科学院作物育种研究所
2013	科技进步奖	三等奖	东北黑土区埂带植物栽培利用技术及水土保持效益研究	黑龙江省水土保持科学研究所
2013	科技进步奖	三等奖	动物源内脏多肽及多糖高效提取纯化应用技术	黑龙江八一农垦大学，北大荒丰缘麦业集团有限公司，大庆金锣肉食品有限公司，大庆华宇北药科技开发有限公司
2013	科技进步奖	三等奖	高产、抗病炸条专用马铃薯品种克新 17 号的选育与推广	黑龙江省农业科学院克山分院
2013	科技进步奖	三等奖	高产抗病耐密大豆新品种垦丰 16 选育与推广	黑龙江省农垦科学院
2013	科技进步奖	三等奖	高效生防菌剂的示范应用与推广	黑龙江省科学院微生物研究所
2013	科技进步奖	三等奖	寒地水稻病害生物防治技术体系创建及应用	黑龙江省农垦科学院
2013	科技进步奖	三等奖	寒区肉猪规模化健康养殖技术集成与示范	黑龙江八一农垦大学，大庆绿野畜牧有限公司，大庆禾丰八一农大动物科技有限公司
2013	科技进步奖	三等奖	黑龙江省森林特产资源综合开发利用的研究	黑龙江省林业科学研究所，黑龙江省林副特产研究所
2013	科技进步奖	三等奖	黑龙江省水稻高效施肥技术研究	黑龙江省农业科学院土壤肥料与环境资源研究所
2013	科技进步奖	三等奖	红松林病虫害高效安全持续控制技术	东北林业大学
2013	科技进步奖	三等奖	壳聚糖及其衍生物的综合利用与开发	哈尔滨工业大学，中国农业科学院农业质量标准与检测技术研究所，东北农业大学
2013	科技进步奖	三等奖	垦区优质白鹅良种群选育及主要疫病防治技术	黑龙江八一农垦大学
2013	科技进步奖	三等奖	辽东楤木优良无性系繁育及产业化栽培技术示范与推广	中科院东北地理与农业生态研究所农业技术中心，黑龙江省林宝山农林特色资源研究院
2013	科技进步奖	三等奖	林火阻隔网络环境工程体系建设关键技术研究	黑龙江省森林工程与环境研究所
2013	科技进步奖	三等奖	马铃薯病害综合防治配套技术的研究	黑龙江省农业科学院植物脱毒苗木研究所
2013	科技进步奖	三等奖	木材高效利用与功能改良技术及设备研究	黑龙江省林业科学院
2013	科技进步奖	三等奖	耐密高产玉米新品种鑫鑫 1 号、鑫鑫 2 号选育及推广	黑龙江省鑫鑫种子有限公司
2013	科技进步奖	三等奖	胚胎移植技术在自主培育种公牛中的研究与应用	黑龙江省家畜繁育指导站
2013	科技进步奖	三等奖	生物质转化酶制剂产生菌的选育及应用推广	东北林业大学，黑龙江省家畜繁育指导站，黑龙江省轻工研究院
2013	科技进步奖	三等奖	食药用真菌种质资源调查收集保藏及开发利用	黑龙江省科学院微生物研究所
2013	科技进步奖	三等奖	适宜松嫩三江平原种植的优质苜蓿筛选及水毁草原恢复试验研究	黑龙江省畜牧研究所

（续表）

年　份	奖　项	等　级	项目名称	主要完成单位
2013	科技进步奖	三等奖	数字农业关键技术研究与应用	黑龙江八一农垦大学
2013	科技进步奖	三等奖	水稻高产、高效栽培技术研究集成及示范推广	黑龙江省农业科学院耕作栽培研究所，黑龙江八一农垦大学，黑龙江省农垦科学院水稻所，黑龙江省农业科学院佳木斯水稻研究所，黑龙江省农业科学院农产品质量安全研究所
2013	科技进步奖	三等奖	松浦红镜鲤新品种培育	中国水产科学研究院黑龙江水产研究所
2013	科技进步奖	三等奖	调亏型抗旱灌溉技术模式的研究与示范	黑龙江省水利科学研究院，黑龙江省防汛抗旱保障中心
2013	科技进步奖	三等奖	新型复合抑菌剂在玉米乙醇生产中抑菌效果的研究与应用技术	中粮生化能源（肇东）有限公司
2013	科技进步奖	三等奖	新型粮食漏斗车关键技术研究与应用	齐齐哈尔轨道交通装备有限责任公司
2013	科技进步奖	三等奖	优良景观树种选育技术研究	黑龙江省森林经营研究所
2013	科技进步奖	三等奖	优良食味米关键生产技术与产业化体系研究	黑龙江省农业科学院
2013	科技进步奖	三等奖	优质、高产亚麻新品种黑亚 19 号的选育及推广	黑龙江省农业科学院经济作物研究所
2013	科技进步奖	三等奖	优质高产抗病水稻新品种龙稻 11 号的选育与推广	黑龙江省农业科学院耕作栽培研究所
2013	科技进步奖	三等奖	早熟、高产、优质、抗逆玉米新品种龙育 5 号选育与推广	黑龙江省农业科学院草业研究所
2013	科技进步奖	三等奖	早熟高产优质多抗水稻新品种龙粳 29 的选育	黑龙江省农业科学院佳木斯水稻研究所
2013	科技进步奖	三等奖	早熟优质高产水稻新品种龙粳 27 的选育与推广	黑龙江省农业科学院佳木斯水稻研究所
2013	科技进步奖	三等奖	柞蚕多抗性品种龙蚕 2 号的选育	黑龙江省蚕业研究所
2013	科技进步奖	三等奖	种子园改建与升级技术研究	黑龙江省林业科学研究所，东北林业大学，林口县青山林场，省林木良种繁育中心
2014	自然科学奖	一等奖	东北黑土退化的时空变化、机理及定向培育	黑龙江省农业科学院土壤肥料与环境资源研究所
2014	自然科学奖	一等奖	二色补血草耐盐机制及抗性相关基因功能分析	东北林业大学
2014	自然科学奖	二等奖	甘露聚糖酶在果实软化及种子萌发中的角色与分子调控	东北农业大学
2014	自然科学奖	二等奖	功能森林化学成分高效分离理论与方法的创新研究	东北林业大学
2014	自然科学奖	二等奖	木质纤维素分解复合菌系与畜禽粪便微好氧堆肥化技术机理	黑龙江八一农垦大学
2014	自然科学奖	二等奖	农田土壤水热耦合迁移物理过程与空间变异机制研究	东北农业大学
2014	自然科学奖	二等奖	深施型液态施肥机构的基础理论与关键技术研究	东北农业大学

（续表）

年　份	奖　项	等　级	项目名称	主要完成单位
2014	自然科学奖	三等奖	黑龙江省主要农作物适应性评价及种植格局研究	黑龙江省气象科学研究所
2014	自然科学奖	三等奖	牛结核病病原生态学和流行病学研究	中国农业科学院哈尔滨兽医研究所
2014	自然科学奖	三等奖	乳酸菌作为疫苗抗原传递载体诱导机体黏膜免疫应答机制的研究	黑龙江出入境检验检疫局检验检疫技术中心
2014	自然科学奖	三等奖	苔藓植物抗旱基因的筛选与分离	齐齐哈尔大学
2014	技术发明奖	一等奖	北方传统肉灌制品现代化生产及安全控制关键技术	东北农业大学，哈尔滨市大众肉联食品有限责任公司，黑龙江大庄园农牧业联合科技有限公司，黑龙江宝迪肉类食品有限公司，辽宁希波食品有限公司
2014	技术发明奖	一等奖	高效筛选农用抗生素体系构建及产多拉菌素新菌株发现与产业化	东北农业大学，浙江海正药业股份有限公司
2014	技术发明奖	一等奖	乳及乳制品质量安全控制关键技术研究及开发	东北农业大学，天津商业大学，浙江大学，黑龙江完达山乳业股份有限公司
2014	技术发明奖	一等奖	新城疫苗生物降解微胶囊缓释剂和耐热冻干保护剂的研制及应用	黑龙江大学，哈药集团生物疫苗有限公司，哈尔滨动物生物制品国家工程研究中心有限公司
2014	科技进步奖	一等奖	高油高产、多抗、广适应性大豆品种合丰 55 选育与推广	黑龙江省农业科学院佳木斯分院
2014	科技进步奖	一等奖	寒地水稻控制灌溉技术模式研究与应用	黑龙江省农田水利管理总站，河海大学，黑龙江省水利科学研究院
2014	科技进步奖	一等奖	寒地早熟优质多抗超级稻龙粳 31 的选育	黑龙江省农业科学院佳木斯水稻研究所
2014	科技进步奖	二等奖	“牡字号”水稻高产、优质、多抗种质资源创新与推广应用	黑龙江省农业科学院牡丹江分院
2014	科技进步奖	二等奖	SODm（超氧化物歧化酶模拟物）新型肥料的研发与应用	大庆高新区华美科技有限公司，东北农业大学，黑龙江省农业科学院土壤肥料与环境资源研究所，黑龙江八一农垦大学，北京华美天意科技开发有限公司
2014	科技进步奖	二等奖	春玉米密植高产与水热高效的栽培理论与技术	黑龙江省农业科学院耕作栽培研究所，中国农业科学院作物科学研究所
2014	科技进步奖	二等奖	东生号大豆品种选育及节本增效关键技术推广	中国科学院东北地理与农业生态研究所
2014	科技进步奖	二等奖	俄罗斯等国特异马铃薯种质资源的引进与改良利用	黑龙江省农业科学院
2014	科技进步奖	二等奖	高寒区农田黑土地力衰减综合治理技术模式研究与示范	黑龙江省农业科学院土壤肥料与环境资源研究所
2014	科技进步奖	二等奖	寒地抗逆花卉种质资源创新及新品种选育	东北林业大学，黑龙江省农业科学院园艺分院
2014	科技进步奖	二等奖	黑龙江口岸新发蜱媒疾病预警检测与风险控制技术研究	黑龙江出入境检验检疫局，中国人民解放军军事医学科学院微生物流行病研究所
2014	科技进步奖	二等奖	马铃薯地上垄体栽培技术引进与示范推广	黑龙江省农业科学院佳木斯分院
2014	科技进步奖	二等奖	奶牛能量代谢障碍性疾病综合防治技术研究与示范	黑龙江八一农垦大学，大庆市兴牧科技有限公司

（续表）

年份	奖项	等级	项目名称	主要完成单位
2014	科技进步奖	二等奖	森林坚果资源定向培育与天然林分改良技术的研究	黑龙江省林业科学研究所，黑龙江省牡丹江林业科学研究所，伊春林业科学院，黑龙江省带岭林业科学研究所，黑龙江省林口林业局
2014	科技进步奖	二等奖	山女鳟（*O. Masou Masou*）引进驯化及规模化养殖技术	中国水产科学研究院黑龙江水产研究所
2014	科技进步奖	二等奖	生物及非生物因子对落叶松抗虫性调节及增强技术的研究	东北林业大学
2014	科技进步奖	二等奖	生鲜乳和乳制品中主要致病菌快速检测技术开发	黑龙江省乳品工业技术开发中心
2014	科技进步奖	二等奖	土层置换耕作技术及机械引进消化与示范	黑龙江省农业科学院土壤肥料与环境资源研究所
2014	科技进步奖	二等奖	杨树杂交新品种黑青杨选育与示范	黑龙江省森林与环境科学研究院
2014	科技进步奖	二等奖	优质、多抗绿剑旱黄瓜选育与推广	黑龙江省农业科学院园艺分院
2014	科技进步奖	二等奖	早熟、抗病、高产玉米新品种德美亚1号的推广	北大荒垦丰种业股份有限公司
2014	科技进步奖	三等奖	半矮秆大豆窄行密植高产栽培技术	黑龙江省农业科学院佳木斯分院
2014	科技进步奖	三等奖	北药黄芪生态培育与高效加工技术集成	东北林业大学
2014	科技进步奖	三等奖	城市园林景观生态功能及其优化配置技术研究与示范	黑龙江省科学院自然与生态研究所，东北林业大学
2014	科技进步奖	三等奖	高产、广适应大豆黑农50垄管密植栽培技术与示范	黑龙江省农业科学院大豆研究所
2014	科技进步奖	三等奖	高产高油高蛋白高抗大豆新品种垦农29和垦农30的中试及示范	黑龙江八一农垦大学
2014	科技进步奖	三等奖	光照因素对蛋鸡啄羽影响的研究	佳木斯大学
2014	科技进步奖	三等奖	国外耐寒树种引种驯化技术研究	黑龙江省森林经营研究所，东北林业大学
2014	科技进步奖	三等奖	寒地黑土区玉米膜下滴灌高产综合技术集成模式研究与示范	黑龙江省水利科学研究院
2014	科技进步奖	三等奖	寒地浆果新品种选育与配套技术推广	黑龙江省经济作物技术指导站，黑龙江省农业科学院浆果研究所，哈尔滨高泰食品有限责任公司
2014	科技进步奖	三等奖	黑龙江省北部林区大型草食性野生动物生境监测研究	黑龙江省林业监测规划院
2014	科技进步奖	三等奖	秸秆菌基生物转化应用技术研究	黑龙江省科学院微生物研究所，牡丹江市绿珠果蔬技术开发有限责任公司，黑龙江农垦科学院经济作物研究所
2014	科技进步奖	三等奖	抗寒黑穗醋栗新品种—晚丰选育与推广	黑龙江省农业科学院牡丹江分院
2014	科技进步奖	三等奖	绿色畜产品质量安全监测与控制技术的应用	黑龙江省动物卫生监督所

（续表）

年　份	奖　项	等　级	项目名称	主要完成单位
2014	科技进步奖	三等奖	面粉麸星检测及质量评价技术	黑龙江大学，农业部谷物及制品质量监督检验测试中心（哈尔滨）
2014	科技进步奖	三等奖	奶牛优质安全饲草供应模式的研究	黑龙江省畜牧研究所
2014	科技进步奖	三等奖	牛传染性胸膜肺炎的流行病学监测与国际认证	中国农业科学院哈尔滨兽医研究所，中国动物卫生与流行病学中心，哈尔滨动物生物制品国家工程研究中心有限公司
2014	科技进步奖	三等奖	平原防护林更新造林树种引选及扩繁技术的研究	黑龙江省森林与环境科学研究院
2014	科技进步奖	三等奖	肉羊舍饲育肥经济日粮配方和舍饲羊群保健技术的研究	黑龙江省畜牧研究所
2014	科技进步奖	三等奖	色木槭、紫椴、山槐和红皮云杉培育生物学与技术	东北林业大学
2014	科技进步奖	三等奖	山野菜高产培育及深加工技术的研究	黑龙江省林副特产研究所，黑龙江省带岭林业科学研究所
2014	科技进步奖	三等奖	水稻新品种绥粳 10	黑龙江省农业科学院绥化分院
2014	科技进步奖	三等奖	水稻植质钵育秧盘生物质能蒸汽干燥系统及工艺的研究	黑龙江八一农垦大学，大庆市源丰达机械制造有限公司
2014	科技进步奖	三等奖	特色西瓜甜瓜新品种选育筛选与推广	黑龙江省农业科学院园艺分院
2014	科技进步奖	三等奖	甜菜多倍体杂交种甜研 312 的遗传改良与推广	黑龙江大学，齐齐哈尔市鹤城种业有限公司
2014	科技进步奖	三等奖	应用液相基因芯片技术检测主要食源性人兽共患寄生虫病的研究	黑龙江出入境检验检疫局，东北农业大学
2014	科技进步奖	三等奖	优良景观树种高效扩繁技术	黑龙江省林业科学研究所，中国科学院东北地理与农业生态研究所，黑龙江奥德尔环境绿化工程有限公司，哈尔滨市第三苗圃
2014	科技进步奖	三等奖	优质、高产、抗病食用甜菜新品种工大食甜 1 号品种选育与应用	哈尔滨工业大学，黑龙江省轻工科学研究院
2014	科技进步奖	三等奖	优质木结构用材原料林良种选育及定向培育技术研究	黑龙江省林业科学研究所，东北林业大学
2014	科技进步奖	三等奖	优质饰面原料林良种选育及定向培育技术研究	黑龙江省林业科学研究所，东北林业大学
2014	科技进步奖	三等奖	优质香型水稻新品种松粳香 2 号选育与推广	黑龙江省农业科学院五常水稻研究所
2014	科技进步奖	三等奖	玉米微生物发酵法生产高分子聚合物 γ-PGA 的研究	哈尔滨商业大学
2014	科技进步奖	三等奖	远程地面红外林火自动探测系统	东北林业大学，黑龙江省朗乡林业局
2014	科技进步奖	三等奖	再生腐植酸制剂防治棚菜硝酸盐污染的推广应用	黑龙江省科学院自然与生态研究所，哈尔滨市东农科技有限公司

（续表）

年　份	奖　项	等　级	项目名称	主要完成单位
2014	科技进步奖	三等奖	早熟、高产、优质玉米新品种龙聚 1 号的选育与推广	黑龙江省农业科学院草业研究所
2014	科技进步奖	三等奖	珍稀食药用菌培育及现代木耳优质高效栽培新技术	东北林业大学，黑龙江省林业技术推广站
2014	科技进步奖	三等奖	智能化水稻芽种生产技术及成套设备	黑龙江省农业机械工程科学研究院

附表 B-8　2008—2014 年上海市农业科技获奖成果

年　份	奖　项	等　级	项目名称	主要完成单位
2008	自然科学奖	二等奖	家蚕微卫星标记遗传连锁图和基因表达谱的构建与应用	中国科学院上海生命科学研究院，国家人类基因组南方研究中心
2008	自然科学奖	二等奖	普通野生稻濒危机制及其野外保护策略	复旦大学，中国科学院武汉植物园
2008	技术发明奖	一等奖	植物和微生物分子育种新技术及应用	上海市农业科学院
2008	技术发明奖	二等奖	精准农业变量施肥装备关键技术及应用	上海交通大学，上海市农业机械研究所，国家农业信息化工程技术研究中心，中国科学院南京土壤研究所，上海精准信息技术有限公司，上海市农工商现代农业园区开发有限公司
2008	技术发明奖	二等奖	农产品冷藏链中关键技术研究与设备创新	上海海洋大学，上海宝丰机械制造有限公司
2008	科技进步奖	一等奖	淡水珍珠蚌新品种选育和养殖关键技术	上海海洋大学，金华市开发区威旺养殖新技术有限公司，浙江七大洲珠宝有限公司，诸暨市王家井珍珠养殖场
2008	科技进步奖	一等奖	工厂化育苗关键技术创新集成及产业化示范与推广	上海交通大学，上海种业（集团）有限公司，上海市农业科学院，中国科学院上海生命科学研究院
2008	科技进步奖	二等奖	大麦单倍体细胞水平的胁迫筛选及遗传改良上的应用	上海市农业科学院，浙江省嘉兴市农业科学研究院（所），上海市农业技术推广服务中心，上海市海丰农场，上海跃进农业管理总站，金山区朱泾镇永丰农场
2008	科技进步奖	二等奖	《多彩的昆虫世界》	上海科学普及出版社
2008	科技进步奖	二等奖	黄瓜分子标记与新品种选育	上海交通大学
2008	科技进步奖	二等奖	轻型屋顶绿化技术的研究与推广应用	上海市农业科学院，上海开源电器有限公司
2008	科技进步奖	二等奖	日本血吸虫疫苗候选抗原基因筛选及保护效果	中国农业科学院上海兽医研究所
2008	科技进步奖	二等奖	食用菌工业化生产关键技术与应用	上海市农业科学院，上海浦东天厨菇业有限公司
2008	科技进步奖	二等奖	显性核不育双低油菜杂交种核杂 7 号的选育	上海市农业科学院，安徽天禾农业科技股份有限公司
2008	科技进步奖	二等奖	重要滩涂贝类规模化育苗、养殖与净化关键技术的研究与应用	中国水产科学研究院东海水产研究所，江苏省海洋水产研究所，浙江省海洋水产养殖研究所，天津市水产研究所，通州市水产技术指导站，东台市渔业技术指导站
2008	科技进步奖	二等奖	猪种种质资源长期保存技术	上海市农业科学院，南京农业大学，上海市农业生物基因中心
2008	科技进步奖	三等奖	城市绿地有害生物预警信息系统构建及生态控制新技术	上海市园林科学研究所，上海市农业科学院
2008	科技进步奖	三等奖	城市生活污泥绿地消纳和土壤改良的关键技术	上海市园林科学研究所，上海市城市排水有限公司，上海市政工程设计研究总院，同济大学，复旦大学
2008	科技进步奖	三等奖	农村地区提高结核病卫生服务可及性生物及社会控制策略	复旦大学

（续表）

年　份	奖　项	等　级	项目名称	主要完成单位
2008	科技进步奖	三等奖	上海森林生态网络工程体系研究示范	上海市林业科技推广站，上海交通大学
2008	科技进步奖	三等奖	上海市农用地质量监测与评价体系关键技术	上海市地质调查研究院
2008	科技进步奖	三等奖	鲜食糯玉米自交系“申W22”的选育及利用	上海市农业科学院
2008	科技进步奖	三等奖	优质稻米高产保优栽培技术研究与示范开发	上海市农业技术推广服务中心
2008	科技进步奖	三等奖	园艺植物新品种DUS测试技术体系的研究、建立和应用	上海市农业生物基因中心，山东省农业科学院作物研究所，江苏省农业科学院，上海市农业科学院，农业部科技发展中心
2009	自然科学奖	一等奖	转基因水稻外源基因逃逸及其环境生物安全机理	复旦大学，中国科学院植物研究所
2009	技术发明奖	二等奖	功能性益生乳酸菌选育及应用关键技术	光明乳业股份有限公司，江南大学
2009	技术发明奖	三等奖	东方杉组培工厂化生产关键技术研究与示范	上海光兆植物速生技术有限公司
2009	技术发明奖	三等奖	灰树花和猴头菌功能性成分挖掘和制备技术	上海市农业科学院，上海永神生物科技有限公司，浙江方格药业有限公司，上海科立特（农科）集团有限公司
2009	科技进步奖	一等奖	植物新品种“培忠杉”（东方杉）的研究与开发应用	上海市林业总站，上海种业（集团）有限公司，上海市浦东新区川沙林场，上海市农业科学院，上海广林绿化苗木发展有限公司，上海市园艺学会
2009	科技进步奖	二等奖	城市特殊环境绿化的植物资源选育及应用技术	上海植物园管理处，上海市园林工程有限公司，上海上房园艺有限公司
2009	科技进步奖	二等奖	大洋金枪鱼渔场速预报关键技术研究及推广应用	中国水产科学研究院东海水产研究所，国家卫星海洋应用中心，中国科学院地理科学与资源研究所，上海开创远洋渔业有限公司
2009	科技进步奖	二等奖	富营养化水域生态修复与控藻工程技术研究与应用	上海海洋大学，上海市青浦水务局，中国水产科学研究院东海水产研究所，同济大学
2009	科技进步奖	二等奖	上海市农村综合信息服务平台工程研发及应用	上海农业信息有限公司，上海市农业委员会信息中心
2009	科技进步奖	二等奖	设施栽培优质蔬菜主要病虫害预报和绿色防治技术研究	上海市农业科学院，南京农业大学，上海市农业技术推广服务中心
2009	科技进步奖	二等奖	杂交粳稻申优系列组合的选育	上海市农业科学院，上海市农业技术推广服务中心
2009	科技进步奖	三等奖	城市绿地有害生物预警关键技术及应用	上海市园林科学研究所，扬州大学
2009	科技进步奖	三等奖	畜禽废弃物智能化生物发酵技术及其设备	上海三森生物工程技术有限公司，上海市农业科学院，华东师范大学，上海禾绿生物有机肥有限公司
2009	科技进步奖	三等奖	高整齐度耐贮运番茄新品种浦红968的选育	上海市农业科学院

（续表）

年　份	奖　项	等　级	项目名称	主要完成单位
2009	科技进步奖	三等奖	冷冻鱼糜加工技术及装备的研究	中国水产科学研究院渔业机械仪器研究所，中国海洋大学
2009	科技进步奖	三等奖	西伯利亚鲟引种与规模化多季节苗种繁育技术研究	中国水产科学研究院东海水产研究所，杭州千岛湖鲟龙科技开发有限公司，中国水产科学研究院鲟鱼繁育技术工程中心
2009	科技进步奖	三等奖	新型可控缓释肥料研发与应用	上海市农业科学院，华南农业大学，上海市农业技术推广服务中心，上海长征肥料科技有限公司
2009	科技进步奖	三等奖	优质、抗逆、功能保健系列南瓜新品种的选育与开发	上海市农业科学院，上海市农业技术推广服务中心，浙江勿忘农种业股份有限公司，江苏中江种业股份有限公司，上海松江现代农业园区五厍示范区农业科技服务中心
2009	科技进步奖	三等奖	优质黄鸡种质资源保存、新品种选育及推广应用	上海市农业科学院，国家家禽工程技术研究中心
2009	科技进步奖	三等奖	优质早熟甜油桃新品种沪油桃002的选育	上海市农业科学院，上海市小水果研究所
2009	科技进步奖	三等奖	中华绒螯蟹育苗和养殖关键技术的研究和推广	上海海洋大学，上海市水产研究所，江苏省淡水水产研究所，上海市崇明县水产技术推广站，上海市河蟹协会，南通巴大饲料有限公司
2009	科技进步奖	三等奖	猪肉安全生产过程控制的科学化体系的建立	上海市动物卫生监督所，上海农业信息有限公司，上海市动物疫病预防控制中心，上海市农业科学院
2010	自然科学奖	三等奖	亚热带植物遗传多样性及其保护研究	华东师范大学
2010	技术发明奖	一等奖	节水抗旱稻不育系、杂交组合选育和抗旱基因发掘技术	上海市农业生物基因中心，华中农业大学，复旦大学，上海旱优农业科技发展有限公司
2010	技术发明奖	三等奖	水稻种子直链淀粉含量低的水稻植株的筛选方法	中国科学院上海生命科学研究院，扬州大学，安徽省农业科学院水稻研究所
2010	技术发明奖	三等奖	提高母猪繁殖性能的“孕育康”微生物饲料添加剂	上海创博生态工程有限公司，上海交通大学，上海市农业科学院畜牧兽医研究所
2010	科技进步奖	一等奖	东海、黄海渔业资源可持续利用关键技术研究与应用	中国水产科学研究院东海水产研究所，农业部东海区渔政局，浙江省海洋水产研究所，江苏省海洋水产研究所，福建省水产研究所
2010	科技进步奖	一等奖	高产、高抗病隐性核不育双低油菜杂交种沪油杂1号的选育	上海市农业科学院，武汉庆发禾盛种业有限责任公司
2010	科技进步奖	一等奖	坛紫菜良种的选育与推广应用	上海海洋大学，集美大学，厦门大学，中国海洋大学，福建省大成水产良种繁育试验中心
2010	科技进步奖	二等奖	贸易绿色壁垒中有毒有害物质检测用系列标准物质的研制	上海市计量测试技术研究院，上海市农药研究所
2010	科技进步奖	二等奖	食用菌液体菌种工厂化生产技术研究及应用	上海浦东天厨菇业有限公司，上海雪国高榕生物技术有限公司
2010	科技进步奖	二等奖	水稻高产高新技术集成创新示范工程	光明食品（集团）有限公司，上海市农业技术推广服务中心，上海市农业科学院，上海市农业机械研究所
2010	科技进步奖	二等奖	猪流感、口蹄疫检测技术	上海市农业科学院

（续表）

年　份	奖　项	等　级	项目名称	主要完成单位
2010	科技进步奖	二等奖	主要特色叶菜优良基因的改良、利用及新品种选育	上海市农业科学院
2010	科技进步奖	三等奖	大洋性重要中上层渔业资源调查及高效捕捞技术	上海海洋大学，上海水产（集团）总公司，浙江省远洋渔业集团股份有限公司，广东广远渔业集团有限公司，大连远洋渔业金枪鱼钓有限公司
2010	科技进步奖	三等奖	动物血废弃资源再生利用技术平台的建立与产业化	上海杰隆生物制品股份有限公司
2010	科技进步奖	三等奖	红刺玫与月季杂交子代的选育及推广应用	上海市园林科学研究所
2010	科技进步奖	三等奖	灵芝的种质资源信息库建立及其加工关键技术的研究与利用	上海市农业科学院，江苏安惠生物科技有限公司，上海百信生物科技有限公司
2010	科技进步奖	三等奖	生物毒素检测技术	中华人民共和国上海出入境检验检疫局，中华人民共和国辽宁出入境检验检疫局，上海大学
2010	科技进步奖	三等奖	食品中过氧化氢等多种有害物质残留量检测方法及质量控制技术研究及标准化	上海市质量监督检验技术研究院
2010	科技进步奖	三等奖	我国口岸有害物质及植物性病毒检测技术标准	中华人民共和国上海出入境检验检疫局
2010	科技进步奖	三等奖	我国农村公共卫生项目成本核算及政府筹资策略	复旦大学
2010	科技进步奖	三等奖	长江中下游流域湿热环境条件下花灌木选育关键技术及其应用体系	上海植物园，复旦大学，北京林业大学，上海农业科学院，上海市园林工程有限公司
2010	科技进步奖	三等奖	长三角滨海城镇绿化耐盐植物筛选和生物材料改良盐渍土技术研究与应用	上海市园林科学研究所，上海大学，慈溪市农业科学研究所，上海城投绿化科技发展有限公司
2010	科技进步奖	三等奖	智能割草机器人的研制	上海大学，上海创绘机器人科技有限公司
2011	自然科学奖	一等奖	水稻产量性状调控的分子机理与育种应用研究	中国科学院上海生命科学研究院，浙江省农业科学院作物与核技术利用研究所
2011	自然科学奖	三等奖	长江河口滩涂湿地生物多样性演变及维持机制	复旦大学
2011	技术发明奖	三等奖	模拟自然生境规模化繁育松江鲈鱼的系列技术与应用	复旦大学，上海海洋大学，上海四腮鲈水产科技发展有限公司
2011	科技进步奖	一等奖	大麦小孢子育种技术与“花11”的选育及应用	上海市农业科学院，浙江省嘉兴市农业科学院（所），上海海丰大丰种业有限公司，上海跃进现代农业有限公司，江苏新金威麦芽集团有限公司，盐城市粮油作物技术指导站，上海市农业技术推广服务中心
2011	科技进步奖	一等奖	东南太平洋公海茎柔鱼资源开发与推广	上海海洋大学，国家卫星海洋应用中心，上海金优远洋渔业有限公司，浙江丰汇远洋渔业有限公司
2011	科技进步奖	一等奖	高品质乳制品质量安全控制及研究开发	光明乳业股份有限公司，浙江大学，天津商业大学，江南大学

（续表）

年　份	奖　项	等　级	项目名称	主要完成单位
2011	科技进步奖	一等奖	长江口及临近水域渔业资源保护和利用关键技术研究与应用	中国水产科学研究院东海水产研究所，中国水产科学研究院淡水渔业研究中心，上海海洋大学，上海市水产研究所，华东师范大学，上海市长江口中华鲟自然保护区管理处
2011	科技进步奖	二等奖	WSORZ 屋顶全开型温室	上海都市绿色工程有限公司
2011	科技进步奖	二等奖	菜田主要病虫监测预警及生态控害关键技术开发与应用	上海市农业科学院，鹤壁佳多科工贸有限责任公司，上海市农业技术推广服务中心，上海健绿花菜专业合作社
2011	科技进步奖	二等奖	动物源性食品中多类兽药残留系统检测和确证技术平台的开发及应用	上海出入境检验检疫局动植物与食品检验检疫技术中心，中国检验检疫科学研究院，重庆出入境检验检疫局检验检疫技术中心，浙江出入境检验检疫局检验检疫技术中心，深圳出入境检验检疫局食品检验检疫技术中心，辽宁出入境检验检疫局检验检疫技术中心
2011	科技进步奖	二等奖	重要食源性致病病原体及危害因子快速检测关键技术及在突发疫情处置中的应用	上海出入境检验检疫局
2011	科技进步奖	二等奖	猪体细胞克隆技术的建立和优化及主要生产性能观察测定	上海市农业科学院，上海交通大学，广西大学，南京农业大学
2011	科技进步奖	三等奖	超高产优质杂交粳稻的选育	上海市闵行区农业科学研究所
2011	科技进步奖	三等奖	低温型草菇菌株的选育及应用	上海市农业科学院
2011	科技进步奖	三等奖	高含油量油菜新品种沪油 19 的选育	上海市农业科学院
2011	科技进步奖	三等奖	上海世博会中国馆水稻活体展工艺流程	上海市农业科学院，中国水稻研究所，中国科学院南京土壤研究所，上海市农业生物基因中心
2011	科技进步奖	三等奖	上海世博园水体生态景观系统关键技术研究与应用	上海海洋大学，上海园林（集团）公司，上海园林绿化建设有限公司，北京大学，同济大学
2011	科技进步奖	三等奖	设施优质春番茄新品种选育	上海市农业科学院，上海富农种业有限公司
2011	科技进步奖	三等奖	饲料和畜产品安全关键检测技术标准的研制和推广应用	上海市动物疫病预防控制中心（上海市兽药饲料检测所）
2011	科技进步奖	三等奖	虾类产后增值关键技术与装备的研发与产业化	上海海洋大学，上海汉德食品有限公司，上海宝丰机械制造有限公司，江苏九寿堂生物制品有限公司，湖北省莱克水产食品股份有限公司
2012	自然科学奖	一等奖	日本血吸虫生物特征的系统生物学研究	上海人类基因组研究中心，中国疾病预防控制中心寄生虫病预防控制所
2012	技术发明奖	一等奖	猪肉产品质量安全供给关键技术与设备创新	上海海洋大学，上海生物电子标识有限公司，上海爱森肉食品有限公司
2012	技术发明奖	二等奖	耐高温饲用酶改造关键技术及应用	复旦大学，武汉新华扬生物股份有限公司
2012	技术发明奖	三等奖	十字花科蔬菜种子丸粒化及引发技术	上海市农业科学院，上海农业科技种子有限公司，上海科园种子有限公司，上海市农业技术推广服务中心
2012	科技进步奖	一等奖	优质、高效香菇新品种的选育及推广应用	上海市农业科学院，丽水市农业科学研究院，辽宁省农业科学院

（续表）

年 份	奖 项	等 级	项目名称	主要完成单位
2012	科技进步奖	一等奖	转基因产品检测方法研究及标准化	上海交通大学，上海出入境检验检疫局
2012	科技进步奖	二等奖	青菜优质抗逆种质创新与利用及安全生产技术	上海市农业科学院，上海交通大学，上海长征蔬菜种子公司，上海市农业技术推广服务中心
2012	科技进步奖	三等奖	城市入侵害虫悬铃木方翅网蝽防治基础理论及关键技术集成创新与推广	上海市园林科学研究所，复旦大学，武汉市园林科学研究所
2012	科技进步奖	三等奖	崇明生态岛建设指标体系构建与应用关键技术	华东师范大学，上海市环境科学研究院，同济大学，复旦大学，上海市水务规划设计研究院
2012	科技进步奖	三等奖	大肠杆菌 0157 和猪链球菌 2 型的快速监测和综合防控	上海交通大学，上海市动物疫病预防控制中心
2012	科技进步奖	三等奖	高品质特色奶酪及酸乳的产业化开发与关键技术	光明乳业股份有限公司，中国农业科学院农产品加工研究所，扬州大学，哈尔滨工业大学
2012	科技进步奖	三等奖	林地复合经营关键技术研究与集成应用	上海市农业科学院，上海市动物疫病预防控制中心
2012	科技进步奖	三等奖	水稻抗逆转录因子调控网络研究	上海市农业科学院
2012	科技进步奖	三等奖	长江特枯水情对上海淡水资源安全的影响	华东师范大学
2012	科技进步奖	二等奖	血吸虫病分子流行病学及防治技术	复旦大学
2013	自然科学奖	一等奖	蝙蝠的生态、进化及与病毒相互关系的研究	华东师范大学
2013	技术发明奖	二等奖	石蒜属、菊属及茶花种质资源的长期保存技术与种质创新	上海市农业生物基因中心，南京农业大学
2013	技术发明奖	二等奖	食用农产品安全现场速测效应分子创制技术及应用	上海市农业科学院，上海星辉蔬菜有限公司，上海出入境检验检疫局
2013	技术发明奖	三等奖	植物乳杆菌关键技术开发及改善肠屏障临床应用	上海交通大学附属第六人民医院，上海交大昂立股份有限公司
2013	科技进步奖	一等奖	农村生活污水生态处理技术体系与集成示范	同济大学，上海市政工程设计研究总院（集团）有限公司
2013	科技进步奖	二等奖	“沪油桃系列”优质早熟黄肉油桃新品种选育与应用	上海市农业科学院
2013	科技进步奖	二等奖	北太平洋柔鱼资源可持续开发关键技术及应用	上海海洋大学，中国水产科学研究院东海水产研究所，中国远洋渔业协会
2013	科技进步奖	二等奖	上海市农村合作医疗制度模式研究与应用	上海市浦东卫生发展研究院，上海市卫生和计划生育委员会，复旦大学
2013	科技进步奖	二等奖	食品安全有害因子快速检测关键技术及风险预警示范应用实践	上海出入境检验检疫局，厦门出入境检验检疫局检验检疫技术中心，广西出入境检验检疫局检验检疫技术中心，南京师范大学
2013	科技进步奖	二等奖	甜瓜新品种“哈密红”“红绿早脆”和“绿天使”的选育与应用	上海市农业科学院，上海交通大学，上海科园种子有限公司，上海市浦东新区农业技术推广中心，上海市奉贤区农业技术推广中心
2013	科技进步奖	二等奖	问题土壤修复及农田健康维护技术研究与应用	上海交通大学，上海创博生态工程有限公司

（续表）

年 份	奖 项	等 级	项目名称	主要完成单位
2013	科技进步奖	二等奖	重大动物传染病快速检测技术的开发及系列标准的制定和应用	上海出入境检验检疫局，珠海出入境检验检疫局检验检疫技术中心，深圳出入境检验检疫局动植物检验检疫技术中心，中国农业科学院哈尔滨兽医研究所
2013	科技进步奖	三等奖	华东重要资源植物迁地保育与生境营建关键技术研究及应用	上海辰山植物园，上海植物园，上海园林（集团）有限公司，上海建筑设计研究院有限公司，上海市园林工程有限公司
2013	科技进步奖	三等奖	三种工厂化生产食用菌采后保鲜与品质控制技术及应用	上海市农业科学院，上海丰科生物科技股份有限公司，上海光明森源生物科技有限公司，上海束能辐照技术有限公司
2014	自然科学奖	一等奖	蛋白质功能特征的生物信息学系统研究	上海生物信息技术研究中心，中国科学院上海生命科学研究院
2014	自然科学奖	二等奖	以多能干细胞为模型对细胞命运决定分子机制的研究	中国科学院上海生命科学研究院，上海交通大学医学院
2014	自然科学奖	三等奖	蛋白质组高效分析新技术新方法	复旦大学
2014	自然科学奖	三等奖	全球变暖对东海浮游生物影响机制的研究	中国水产科学研究院东海水产研究所，天津科技大学
2014	技术发明奖	二等奖	基因组工程构建多拉菌素工业生产菌及其产业化技术	中国科学院上海生命科学研究院，浙江海正药业股份有限公司
2014	技术发明奖	二等奖	青蒿代谢工程育种及综合利用技术集成	上海交通大学，泸溪县武陵阳光生物科技有限责任公司
2014	技术发明奖	二等奖	食品中多种农药残留生物识别及快速检测关键技术与应用	上海理工大学，上海农业信息有限公司
2014	科技进步奖	一等奖	益生乳酸菌选育、功能解析及应用关键技术	上海理工大学，光明乳业股份有限公司，江南大学
2014	科技进步奖	一等奖	优质强优势杂交粳稻花优 14 选育与应用	上海市农业科学院，上海市农业技术推广服务中心，上海农科种子种苗有限公司
2014	科技进步奖	二等奖	海水杂食性鱼类篮子鱼驯养繁育及生态养殖技术与应用	中国水产科学研究院东海水产研究所，海南省水产技术推广站
2014	科技进步奖	二等奖	进出口农产品中有毒有害植物的检测技术和防控实践	上海出入境检验检疫局，辽宁出入境检验检疫局，秦皇岛出入境检验检疫局，宁波出入境检验检疫局，上海大学
2014	科技进步奖	二等奖	优良茄子新品种“特旺达”“朗奇”和“士奇”的选育及推广	上海市农业科学院，上海交通大学，上海科园种子有限公司
2014	科技进步奖	二等奖	中国红鲤的种质创新与应用	上海海洋大学，浙江龙泉省级瓯江彩鲤良种场，浙江大学，贵州大学，江西省水产技术推广站，浙江省丽水市水利局
2014	科技进步奖	三等奖	标准化池塘养殖工程化构建关键技术	中国水产科学研究院渔业机械仪器研究所，上海市水产研究所，喃嵘水产（上海）有限公司，中国水产科学研究院珠江水产研究所
2014	科技进步奖	三等奖	多重荧光 PCR 快速检测 H7N9 等流感病毒的产品及应用	上海之江生物科技股份有限公司
2014	科技进步奖	三等奖	科普片《扬子鳄》	上海科技馆，真实传媒有限公司

（续表）

年　份	奖　项	等　级	项目名称	主要完成单位
2014	科技进步奖	三等奖	上海市农作物重大病虫害数字化监测预警技术研究与应用	上海市农业技术推广服务中心，全国农业技术推广服务中心，北京金禾天成科技有限公司，上海市浦东新区农业技术推广中心，上海市金山区农业技术推广中心
2014	科技进步奖	三等奖	食品有害残留现场定量检测芯片及相关标准物质	上海市计量测试技术研究院，中国科学院上海应用物理研究所
2014	科技进步奖	三等奖	饲料与乳品质量安全关键技术标准研制与创新	上海市农业科学院，上海市动物疫病预防控制中心
2014	科技进步奖	三等奖	无应激皮特兰猪新品系分子选育与杂交利用	上海市农业科学院，华南农业大学，上海祥欣畜禽有限公司，广东温氏食品集团股份有限公司
2014	科技进步奖	三等奖	饮用水藻类毒素污染特征及有害效应研究	复旦大学，上海城市水资源开发利用国家工程中心有限公司
2014	科技进步奖	三等奖	长江口海域赤潮机理和相关入侵藻类识别与风险评估技术研究	国家海洋局东海环境监测中心，中国水产科学研究院东海水产研究所，上海海洋大学，大连海事大学，国家海洋局第三海洋研究所

附表 B-9　2008—2014 年江苏省农业科技获奖成果

年　份	奖　项	等　级	项目名称	主要完成单位
2008	科技进步奖	一等奖	抗条纹叶枯病优质高产粳稻品种徐稻 3 号	江苏徐淮地区徐州农业科学研究所
2008	科技进步奖	一等奖	禾本科植物分类、系统演化与遗传多样性研究	江苏省中国科学院植物研究所
2008	科技进步奖	二等奖	国家级新品种扬州鹅培育与推广	扬州大学，扬州市农业局，扬州市润扬水特禽研究所有限公司，扬州市华鸿扬州鹅种鹅场有限公司，江苏畜牧兽医职业技术学院，中国农业科学院家禽研究所，扬州天歌鹅业发展有限公司
2008	科技进步奖	二等奖	太湖猪生长与肉质性状形成的规律及生理调控	南京农业大学
2008	科技进步奖	二等奖	杨树人工林定向培育技术体系的研究与应用	南京林业大学，江苏绿陵化工集团有限公司，江苏省林业技术推广总站
2008	科技进步奖	二等奖	优质弱筋抗病小麦新品种扬麦 13	江苏里下河地区农业科学研究所
2008	科技进步奖	二等奖	猪气喘病活疫苗（168 株）的研制与控制技术研究	江苏省农业科学院，南京天邦生物科技有限公司
2008	科技进步奖	三等奖	淀粉型甘薯品种苏渝 303 的选育及应用	江苏省农业科学院，西南大学
2008	科技进步奖	三等奖	防治蔬菜病虫害的新型生物农药蛇床子素创制及应用技术	江苏省农业科学院，武汉天惠生物工程有限公司，江苏省苏科农化有限责任公司，福州超大现代农业有限公司南京分公司，江苏省农药检定所
2008	科技进步奖	三等奖	红豆杉高效栽培及全株采提紫杉醇研发与产业化	江苏红豆杉生物科技有限公司
2008	科技进步奖	三等奖	拮抗酵母防治水果病害及作用机制研究	江苏大学
2008	科技进步奖	三等奖	抗条纹叶枯病中粳稻品种盐稻 8 号的选育与应用	江苏沿海地区农业科学研究所
2008	科技进步奖	三等奖	克氏原螯虾苗种繁育与养殖技术研究及推广	南京大学，盱眙县水产技术推广站，淮安市楚州区水产技术推广站，丹阳市润农渔业科技服务有限公司
2008	科技进步奖	三等奖	设施瓜类蔬菜优质高效生产技术集成和示范	南京农业大学，南京市江宁区横溪现代园艺科技示范园，南京市江宁区农业局，南京市种子站
2008	科技进步奖	三等奖	外来入侵杂草加拿大一枝黄花防控技术体系的建立与应用推广	南京农业大学，江苏省植物保护站
2008	科技进步奖	三等奖	杨树天牛灾变规律分子检测与生态可持续控制技术	江苏省林业科学研究院，江苏出入境检验检疫局，江苏省林业局，南京林业大学，淮安市森林病虫害防治检疫站
2008	科技进步奖	三等奖	应时鲜果新品种引进及配套技术集成示范推广	南京农业大学，江苏省园艺技术推广站，徐州市果树服务站，连云港市林业技术指导站，无锡市惠山区林桑技术推广站
2008	科技进步奖	三等奖	油菜抗菌核病种质创新与利用	江苏省农业科学院

（续表）

年　份	奖　项	等　级	项目名称	主要完成单位
2008	科技进步奖	三等奖	家蚕天然彩色茧丝加工技术研究及生产应用	鑫缘茧丝绸集团股份有限公司，苏州大学
2008	科技进步奖	三等奖	新型发酵剂及其发酵制品产业化关键技术研究与应用	南京师范大学，南京卫岗乳业有限公司，江苏恒顺醋业股份有限公司
2008	科技进步奖	三等奖	仿生农药杀螟丹、杀虫环产业化开发	江苏天容集团股份有限公司，江苏中意化学有限公司，江苏瑞禾化学有限公司
2009	科技进步奖	一等奖	果蔬食品的高品质干燥关键技术研究及应用	江南大学，中华全国供销总社南京野生综合利用研究院
2009	科技进步奖	二等奖	富含γ-氨基丁酸的稻米健康食品的研究与产业化	江南大学，南京农业大学
2009	科技进步奖	二等奖	江蔬系列辣椒新品种（1-7号）选育与应用	江苏省农业科学院
2009	科技进步奖	二等奖	抗病虫棉花种质的创制与应用	江苏省农业科学院
2009	科技进步奖	二等奖	生猪及其产品可追溯体系的研究	江苏省农业科学院，江苏省食品集团有限公司，中国农业科学院北京畜牧兽医研究所，中国农业大学，江苏省动物卫生监督所，常州祥康电子有限公司，南京天环食品（集团）有限公司
2009	科技进步奖	二等奖	晚粳不育系武运粳7号A与新组合常优1号的选育及应用	常熟市农业科学研究所，苏州市种子管理站，扬州大学
2009	科技进步奖	二等奖	优质抗条纹叶枯病粳稻新品种扬辐粳8号（扬辐粳4901）的选育与应用	江苏里下河地区农业科学研究所，江苏金土地种业有限公司
2009	科技进步奖	二等奖	油菜菌核病菌抗药性及其综合防治技术研究与开发	南京农业大学，江苏省农业科学院，江苏省植物保护站
2009	科技进步奖	二等奖	仔猪大肠杆菌病的毒力因子分析及其免疫防治研究	江苏畜牧兽医职业技术学院，扬州大学
2009	科技进步奖	二等奖	海水高效养殖工程及精准生产技术的产业化	江苏榆城集团有限公司，中国科学院海洋研究所
2009	科技进步奖	三等奖	草莓优异种质资源挖掘、创新与应用	江苏省农业科学院，东海县农业技术推广中心，镇江市草莓协会
2009	科技进步奖	三等奖	超市食品安全关键技术研究示范	江苏省农业科学院，苏果超市有限公司，扬州大学，南京农业大学，江南大学
2009	科技进步奖	三等奖	法国番鸭选育与利用	江苏畜牧兽医职业技术学院，国家级水禽基因库，江苏丰达鸭场
2009	科技进步奖	三等奖	高产抗倒啤酒大麦品种苏啤3号的选育与应用	江苏沿海地区农业科学研究所，盐城市种子管理站，盐城市种业有限公司
2009	科技进步奖	三等奖	高效低污染施药的关键技术研究及应用	江苏大学，苏州农业药械有限公司，现代农装科技股份有限公司
2009	科技进步奖	三等奖	高效宽幅远射程机动喷雾机	农业部南京农业机械化研究所，中国农业机械化科学研究院，中国农科院，苏州农业药械厂
2009	科技进步奖	三等奖	挤压技术及其在食品饲料中的应用	江南大学，江苏牧羊集团
2009	科技进步奖	三等奖	江苏省黄河故道地区苹果、梨果树新品种选育、引种及其配套技术研究与推广	徐州市果树研究所，徐州久新果业科技开发有限公司，徐州市果树服务站，盐城市果树技术指导站，连云港市林业技术指导站

（续表）

年　份	奖　项	等　级	项目名称	主要完成单位
2009	科技进步奖	三等奖	食用豆新品种选育及高产高效栽培技术与产业化	江苏省农业科学院，江苏沿江地区农业科学研究所，中国农业科学院，江苏徐淮地区淮阴农业科学研究所，江苏中宝食品有限公司
2009	科技进步奖	三等奖	荧光判性蚕品种选育及性别分离产业化技术装备开发应用	江苏民星茧丝绸股份有限公司，江苏苏豪国际集团股份有限公司，苏州大学，东台市蚕桑技术指导管理中心
2009	科技进步奖	三等奖	有机废弃物农业循环利用技术集成与示范应用	南京市土壤肥料站，河海大学，南京林业大学，南京市蔬菜科学研究所，南京宁粮生物肥料有限公司
2009	科技进步奖	三等奖	盐渍土壤的磁感式调查规划技术与应用	中国科学院南京土壤研究所，江苏省水利厅
2009	科技进步奖	三等奖	江苏沿海湿地濒危物种保护与栖息地恢复技术研究	南京林业大学，江苏省大丰麋鹿国家级自然保护区管理处，江苏盐城国家级珍禽自然保护区管理处
2009	科技进步奖	三等奖	防治奶牛乳腺炎重组质粒的研制与应用	扬州大学，南京天邦生物科技有限公司
2009	科技进步奖	三等奖	家蚕对核型多角体病毒的抗性和分子育种	江苏大学
2009	科技进步奖	三等奖	高活性杀虫剂氯氟醚菊酯的研发及其应用性研究	江苏扬农化工股份有限公司，江苏优士化学有限公司
2009	科技进步奖	三等奖	江苏省大型灌区节水改造关键技术研究与应用	江苏省水利厅，扬州大学
2010	科学技术奖	一等奖	克服土壤连作障碍的微生物有机肥产品研制与产业化开发	南京农业大学，江阴市联业生物科技有限公司，江苏新天地生物肥料工程中心有限公司，江苏省土壤肥料技术指导站
2010	科学技术奖	一等奖	绿色高效肥料的创制及其应用	中国科学院南京土壤研究所，南京市土壤肥料站，溧水县土壤肥料站，南京市浦口区农业技术推广中心，仪征多科特水性化学品有限责任公司
2010	科学技术奖	一等奖	水稻丰产精确定量栽培技术研究与应用	扬州大学，南京农业大学，江苏省农业科学院，江苏省作物栽培技术指导站，兴化市农业技术推广中心，常州市武进区作物栽培技术指导站，东海县农业技术推广中心，姜堰市农业技术推广中心，丹阳市农业技术推广中心
2010	科学技术奖	二等奖	发酵肉制品加工关键技术研究	扬州大学，江苏长寿集团有限公司，徐州汉戌堂食品有限公司，江苏畜牧兽医职业技术学院
2010	科学技术奖	二等奖	高性能半喂入和全喂入稻麦联合收割机的研制	江苏大学，江苏常发锋陵农业装备有限公司，江苏沃得农业机械有限公司
2010	科学技术奖	二等奖	枯草芽孢杆菌生物防治作用机理研究及其应用	江苏省农业科学院，江苏省苏科农化有限责任公司，江苏省植保植检站
2010	科学技术奖	二等奖	蓝藻无害处理资源化利用技术及工程化	江苏省农业科学院
2010	科学技术奖	二等奖	萝卜种质鉴定评价与优良品种创新利用	南京农业大学，江苏省园艺技术推广站
2010	科学技术奖	二等奖	生选系列抗小麦赤霉病品种选育技术与应用	江苏省农业科学院

（续表）

年 份	奖 项	等 级	项目名称	主要完成单位
2010	科学技术奖	二等奖	杂交粳稻9优418及其三系亲本的选育与应用	江苏徐淮地区徐州农科研究所，北方杂交粳稻工程中心
2010	科学技术奖	二等奖	长三角区域奶牛高效健康养殖关键技术研究、集成与应用	南京农业大学，南京卫岗乳业有限公司，江苏省农业科学院，南京市农业委员会
2010	科学技术奖	三等奖	春丰007、苏甘8号、春眠的选育与应用	江苏省农业科学院，江苏省江蔬苗科技有限公司，江苏中江种业股份有限公司
2010	科学技术奖	三等奖	低温肉制品褪色及腐败微生物控制技术研究	江苏雨润食品产业集团有限公司
2010	科学技术奖	三等奖	高产优质超高蛋白大豆泗阳288及其推广应用	江苏省农业科学院宿迁农科所，江苏省泗棉种业有限责任公司
2010	科学技术奖	三等奖	高效施药技术研发与示范	农业部南京农业机械化研究所，中国农业大学，中国农业机械化科学研究院，江苏大学，山东华盛农业药械股份有限公司，苏州农业药械有限公司
2010	科学技术奖	三等奖	国审优质杂交籼稻丰优559的选育与应用	江苏沿海地区农业科学研究所，广东省农业科学院，盐城明天种业科技有限公司
2010	科学技术奖	三等奖	黄颡鱼优质高效规模化繁养技术研究与示范推广	江苏省淡水水产研究所，南京大学，南京农业大学，常州市武进名优水产引繁推广中心，淮安市水产技术指导站
2010	科学技术奖	三等奖	江苏重要经济贝类种质、繁养及加工技术集成与应用	江苏省海洋水产研究所，如东县渔业技术推广站，海门市水产技术指导站
2010	科学技术奖	三等奖	咪鲜胺及其衍生物的研究及应用	江苏辉丰农化股份有限公司，盐城工学院
2010	科学技术奖	三等奖	薯类全粉加工技术与装备的开发	东台市食品机械厂有限公司，江南大学
2010	科学技术奖	三等奖	太子参的种质资源与品质评价	南京中医药大学，中国药科大学，贵州昌昊中药发展有限公司，盐城卫生职业技术学院
2010	科学技术奖	三等奖	新型杀虫剂吡蚜酮产业化研发与推广应用	江苏安邦电化有限公司，全国农业技术推广服务中心，江苏省植保植检站，淮安市植保植检站，江苏省农药检定所
2010	科学技术奖	三等奖	精χ唑禾草灵的制备新工艺及产业化开发	江苏天容集团股份有限公司，江苏绿利来股份有限公司，江苏中意化学有限公司，江苏瑞禾化学有限公司
2010	科学技术奖	三等奖	2型猪链球菌中国强毒株新发现毒力相关因子的基础研究	南京军区军事医学研究所
2011	科学技术奖	一等奖	超级粳稻新品种选育与应用	江苏省农业科学院，南京农业大学，江苏徐淮地区淮阴农业科学研究所，江苏里下河地区农业科学研究所，江苏（武进）水稻研究所，江苏省作物栽培技术指导站
2011	科学技术奖	一等奖	青虾良种的培育及规模化繁育与产业化示范推广	中国水产科学研究院淡水渔业研究中心，江苏省淡水水产研究所，南京市水产科学研究所，江苏省水产技术推广站，扬州市水产生产技术指导站
2011	科学技术奖	一等奖	服务三农的安全可靠电子交易关键技术研究和应用	东南大学，中国农业银行股份有限公司苏州分行，江苏东大集成电路系统工程技术有限公司

（续表）

年　份	奖　项	等　级	项目名称	主要完成单位
2011	科学技术奖	二等奖	鸡蛋安全控制关键技术研发、集成与应用	江苏省农业科学院，东南大学，扬州大学，江苏省畜产品质量检验测试中心，南京禄口禽业发展有限公司，南京源创禽业发展有限责任公司，苏果超市有限公司
2011	科学技术奖	二等奖	江苏省典型区域农用地土壤重金属时空变化与土地利用对策研究	南京大学，江苏省地产发展中心
2011	科学技术奖	二等奖	耐盐经济植物规模化栽培技术研究与应用	江苏省林业科学研究院，中国科学院海洋研究所，南京大学，南京农业大学，江苏绿宝林业发展有限公司，江苏紫荆花纺织科技股份有限公司
2011	科学技术奖	二等奖	农田水分高效利用关键技术及其应用	江苏省土壤肥料技术指导站，中国水利水电科学研究院，南京农业大学，江苏省农村水利科技发展中心，无锡市农业技术推广总站，江苏里下河地区农业科学研究所
2011	科学技术奖	二等奖	砂梨优质高效安全生产关键技术创新与集成应用	江苏省农业科学院，南京农业大学，徐州市果树研究所，海安县林果技术推广站
2011	科学技术奖	二等奖	益生菌及其发酵乳加工关键技术及产业化	扬州大学，南京师范大学，南京农业大学，南京卫岗乳业有限公司，维维乳业有限公司，扬州市扬大康源乳业有限公司
2011	科学技术奖	二等奖	优质杂交籼稻丰优香占及其亲本选育与应用	江苏里下河地区农业科学研究所，广东省农业科学院
2011	科学技术奖	二等奖	长江中下游地区农田杂草发生规律及其控制技术	南京农业大学，江苏省农业科学院，江苏省植物保护站，全国农业技术推广服务中心，浙江天一农化有限公司，苏州宝带农药责任有限公司，扬州市江都区植物保护站
2011	科学技术奖	二等奖	城市绿地规划设计的理论与实践	南京林业大学
2011	科学技术奖	三等奖	大型、高效复式隧道脱毛生猪屠宰线	江苏雨润食品产业集团有限公司，南京航空航天大学
2011	科学技术奖	三等奖	稻麦数字化测土配方施肥技术研究与应用	扬州市土壤肥料站，江苏省土壤肥料指导站，中国科学院南京土壤研究所
2011	科学技术奖	三等奖	蜂产品质量与安全关键技术研究	江苏省出入境检验检疫局
2011	科学技术奖	三等奖	海水蔬菜品种培育及配套技术研究与利用	江苏省农业科学院，盐城市绿苑海蓬子开发有限公司，江苏沿海地区农业科学研究所，江苏绿海有机食品发展有限公司
2011	科学技术奖	三等奖	绿茶机械化加工技术及配套设备	农业部南京农业机械化研究所，溧阳市龙潭林场，江苏鑫品茶业有限公司，江苏通州腾飞设备制造有限公司，南京凯乐电气微波设备有限公司
2011	科学技术奖	三等奖	禽肉制品加工关键技术研究与集成示范	江苏省农业科学院，南京桂花鸭（集团）有限公司，南京师范大学，江苏馋神集团有限公司，南京永青食品保鲜科技发展有限公司
2011	科学技术奖	三等奖	山羊生产性状的遗传特征研究	徐州师范大学，西北农林科技大学
2011	科学技术奖	三等奖	水产品药物残留监控技术研究与应用	江苏省淡水水产研究所，江苏省水产质量检测中心，农业部渔业产品质量监督检验测试中心（南京），南京农业大学

（续表）

年　份	奖　项	等　级	项目名称	主要完成单位
2011	科学技术奖	三等奖	饲料中镇静类违禁药物残留快速免疫检测技术与产品的研究	江南大学，盐城工学院，江苏出入境检验检疫局，江苏省江大绿康生物工程技术研究有限公司
2011	科学技术奖	三等奖	松萎蔫病致病新理论及应用	南京林业大学
2011	科学技术奖	三等奖	特色果蔬汁及其饮料加工品质调控关键技术及应用	江南大学，南京农业大学，浙江大学，江苏省农业科学研究院
2011	科学技术奖	三等奖	特种优质香粳糯稻品种大华香糯的选育与应用	江苏省大华种业集团有限公司
2011	科学技术奖	三等奖	续春蚕关键技术研发与推广	如东县蚕桑指导站，苏州大学，江苏省蚕种管理所
2011	科学技术奖	三等奖	优异丝瓜种质的发掘及杂交化品种的创制与应用	江苏省农业科学院，江苏种苗科技有限责任公司，南京市蔬菜花卉科学研究所
2011	科学技术奖	三等奖	银杏叶生物活性物高效制备关键技术及应用	中国林科院林产化学工业研究所，邳州鑫源生物制品有限公司
2011	科学技术奖	三等奖	安全高效新兽药硫酸头孢喹肟的研制与产业化	江苏倍康药业有限公司，江苏泰州动物药品工程技术研究中心，江苏畜牧兽医职业技术学院
2012	科学技术奖	一等奖	菊花优异基因资源发掘与创新利用	南京农业大学，昆明虹之华园艺有限公司，江苏三维园艺有限公司，江苏骏马农林科技股份有限公司，南京友邦菊花有限公司
2012	科学技术奖	二等奖	江苏省农业种质资源平台建设与研究利用	江苏省农业科学院，江苏省林业科学研究院，江苏省淡水水产研究所
2012	科学技术奖	二等奖	冷却肉质量安全保障关键技术及装备研究与应用	南京农业大学，江苏雨润肉类产业集团有限公司，江苏省食品集团有限公司，上海市动物疫病预防控制中心，常熟市屠宰成套设备厂有限公司
2012	科学技术奖	二等奖	农区肉羊舍饲规模化生产关键技术研究与应用	江苏省农业科学院，南京农业大学，江苏省畜牧总站
2012	科学技术奖	二等奖	农田土壤复合污染特征、风险评估与生物修复原理	中国科学院南京土壤研究所
2012	科学技术奖	二等奖	翘嘴红鲌优质高效养殖技术推广与示范	中国水产科学研究院淡水渔业研究中心，常州市武进区水产技术推广站，宜兴市水产指导站，溧阳市长荡湖水产良种科技有限公司
2012	科学技术奖	二等奖	动物源性食品产业链中重要致病微生物检控及溯源技术研究与应用	江苏出入境检验检疫局，南京市产品质量监督检验院，扬州市疾病预防控制中心，江苏雨润肉类产业集团有限公司，中国检验检疫科学研究院，天津出入境检验检疫局，深圳易瑞生物技术有限公司
2012	科学技术奖	二等奖	有机废弃物资源化安全农用技术研究与应用	中国科学院南京土壤研究所，南京宁粮生物工程有限公司，江苏省土壤肥料技术指导站，江苏绿陵化工集团有限公司，南京中科院跨克科技有限责任公司
2012	科学技术奖	二等奖	优质鸡选育方法研究及产业化应用	江苏省家禽科学研究所，江苏省畜牧总站，常州立华畜禽有限公司，如皋市畜牧兽医站，无锡市祖代鸡场有限公司，扬州翔龙禽业发展有限公司

（续表）

年　份	奖　项	等　级	项目名称	主要完成单位
2012	科学技术奖	二等奖	优质鲜食糯玉米种质创新与应用	江苏沿江地区农业科学研究所，扬州大学，宜兴市金丰农产品有限责任公司
2012	科学技术奖	三等奖	大型智能化饲料双螺杆挤压技术及其装备	江苏牧羊集团有限公司，江南大学，南京理工大学
2012	科学技术奖	三等奖	谷物重要真菌毒素检测与安全控制关键技术研究	江苏省农业科学院，南京农业大学，江苏省农产品质量检验测试中心
2012	科学技术奖	三等奖	奶牛乳腺炎病原学及其防治技术的研究与应用	江苏畜牧兽医职业技术学院，江苏倍康药业有限公司
2012	科学技术奖	三等奖	沙蚕毒素仿生农药清洁生产与资源利用成套技术产业化	江苏天容集团股份有限公司，江苏绿利来股份有限公司，淮海工学院，江苏中意化学有限公司，江苏瑞禾化学有限公司
2012	科学技术奖	三等奖	水稻生态安全的气象学机理及监测预警高技术研究	南京信息工程大学，南京农业大学
2012	科学技术奖	三等奖	饲料蛋白质在反刍动物瘤胃内周转规律和利用机制的研究	扬州大学，安徽农业大学
2012	科学技术奖	三等奖	松材线虫病持续控制新技术研究与应用	江苏省林业科学研究院，广东省林业科学研究院，江苏省林业有害生物检疫防治站
2012	科学技术奖	三等奖	鲜食玉米保鲜加工关键技术集成创新与应用	江苏省农业科学院农产品加工研究所，南京农业大学
2012	科学技术奖	三等奖	中国棉柔型风格白酒的研制与开发	江苏洋河酒厂股份有限公司，江南大学
2012	科学技术奖	三等奖	主要园艺作物工厂化育苗技术研究及应用	南京市蔬菜科学研究所，南京农业大学，南京市农林园艺技术推广站
2012	科学技术奖	三等奖	新一代公共卫生害虫防治产品的开发及应用	江苏扬农化工股份有限公司，江苏优士化学有限公司
2012	科学技术奖	三等奖	海洋生态安全监测预警关键技术集成研究及应用示范	江苏省海洋环境监测预报中心，江苏省海洋水产研究所，河海大学
2012	科学技术奖	三等奖	密实土壤水稻节水灌溉技术	江苏省水利科学研究院，水利部科技推广中心，江苏省水利厅农村水利处，睢宁县水利局，张家港市水利局
2012	科学技术奖	三等奖	池塘生态修复及循环水养殖技术研究与应用	江苏省淡水水产研究所，中国水产科学研究院淡水渔业研究中心，苏州大学，苏州市水产技术推广站，常州市水产技术指导站
2012	科学技术奖	三等奖	城镇退化生境生态修复技术研究与应用	南京林业大学，上海市园林科学研究所
2013	科学技术奖	一等奖	高产水稻飞虱的区域暴发机制与综合防控技术	江苏省农业科学院，南京农业大学，江苏省植物保护站，江苏丘陵地区镇江农业科学研究所
2013	科学技术奖	一等奖	虾蟹新型疫病——螺原体病的研究及防控关键技术	南京师范大学，宝应县水产动物疫病预防控制中心，江苏水仙实业有限公司，南京市水产科学研究所
2013	科学技术奖	一等奖	中国农田温室气体排放与减排增汇研究	南京农业大学，中国科学院大气物理研究所
2013	科学技术奖	一等奖	我国地方鸭种遗传资源的评价与创新利用	江苏省家禽科学研究所，江苏高邮鸭集团，江苏腾达源农牧有限公司，江苏省畜牧总站

（续表）

年　份	奖　项	等　级	项目名称	主要完成单位
2013	科学技术奖	二等奖	落羽杉属树木杂交新品种选育和推广	江苏省中国科学院植物研究所，靖江市园林苗圃，南京林业大学，常州天目中山杉培育中心，江苏省武进公路苗圃有限公司，江苏溯源农业科技发展有限公司，如东县海堤林业管理站，大丰市林场
2013	科学技术奖	二等奖	以苏 95-1 为核心种质的高产、多抗玉米品种创新与应用	江苏省农业科学院，江苏明天种业科技有限公司，江苏省作物栽培技术指导站，扬州大学
2013	科学技术奖	二等奖	家蚕二分浓核病毒和杆状病毒基因功能解析	江苏大学
2013	科学技术奖	二等奖	桃优异资源发掘与创新利用	江苏省农业科学院，中国农业科学院郑州果树研究所，徐州市果树服务站，无锡市惠山区阳山水蜜桃农协会
2013	科学技术奖	二等奖	自动导航无人机低空施药技术	农业部南京农业机械化研究所，中国人民解放军总参谋部第六十研究所，南京林业大学，珠海羽人飞行器有限公司
2013	科学技术奖	三等奖	菊酯中间体及其下游新农药品种的产业化	江苏优士化学有限公司，江苏扬农化工股份有限公司
2013	科学技术奖	三等奖	梅种质资源研究与创新利用	南京农业大学，中山陵园管理局，南京傅家边科技园集团有限公司，浙江广播电视大学，无锡市梅园公园，南京中山园林梅花研究中心有限公司
2013	科学技术奖	三等奖	中国牛科家畜遗传资源应用基础研究	扬州大学，盐城师范学院，徐州医学院
2013	科学技术奖	三等奖	高强力生丝家蚕新品种的育成及产业化应用	苏州大学，南通市新丝路蚕业有限公司，西南大学，江苏新丝路丝业有限公司，如皋市蚕桑技术指导站，湖州市农业科学研究院
2013	科学技术奖	三等奖	外来灾害性林木有害生物检疫关键技术的研究与应用	江苏出入境检验检疫局
2013	科学技术奖	三等奖	提高拮抗酵母对水果采后病害防治效力的途径及机制研究	江苏大学，浙江大学
2013	科学技术奖	三等奖	转基因精准检测关键技术及应用	江南大学，盐城师范学院，中国检验检疫科学研究院，淮安出入境检验检疫局
2013	科学技术奖	三等奖	江苏省现代农业信息服务全覆盖工程建设	江苏省农业信息中心，南京理工大学
2013	科学技术奖	三等奖	5S 智能化农作物生产力遥感监测系统研发及应用	南京大学，扬州大学，江苏省作物栽培技术指导站
2013	科学技术奖	三等奖	克氏原鳌虾养殖和深加工关键技术产业化研发	中国水产科学研究院淡水渔业研究中心，江苏宝龙集团有限公司，江南大学
2013	科学技术奖	三等奖	环糊精衍生物的酶法制备与应用基础研究	江南大学
2013	科学技术奖	三等奖	磷肥厂废渣磷石膏生产土壤改良剂与有机无机复混肥技术及其农业应用	南京信息工程大学，江苏省耕地质量保护站，南京宁粮生物工程有限公司，淮安柴米河农业科技发展有限公司
2014	科学技术奖	一等奖	镇江香醋酿造微生物群落功能优化关键技术及其产业应用	江南大学，江苏恒顺醋业股份有限公司

（续表）

年　份	奖　项	等　级	项目名称	主要完成单位
2014	科学技术奖	一等奖	稻麦生长指标无损监测与精确诊断技术	南京农业大学，江苏省作物栽培技术指导站，河南农业大学，江西省农业科学院
2014	科学技术奖	二等奖	鸡马立克氏病 CVI988 单价和二价活疫苗的研制及其规模化生产技术	扬州大学，乾元浩生物股份有限公司
2014	科学技术奖	二等奖	规模养殖场污染物减排与废弃物资源化	江苏省农业科学院，江苏省农业环境监测与保护站，海门市兴农畜牧机械制造有限公司，南京宁粮生物工程有限公司
2014	科学技术奖	二等奖	水产养殖物联网关键技术及装备	江苏中农物联网科技有限公司，中国农业大学，江苏大学，全国水产技术推广总站，宜兴市农林局
2014	科学技术奖	二等奖	我国南方山区两种重要地产药用植物产业化关键技术研究	江苏省中国科学院植物研究所，隆回县林业局，福建省明溪经济开发区管委会，隆回县科学技术局
2014	科学技术奖	二等奖	苏淮猪的选育与产业化开发	淮安市农业委员会，南京农业大学，淮安市淮阴种猪场，江苏省畜牧总站，淮安市淮阴区农业委员会，淮安市畜牧技术推广站，江苏华威农牧发展有限公司
2014	科学技术奖	二等奖	高产优质多抗小麦新品种扬麦 16	江苏里下河地区农业科学研究所
2014	科学技术奖	二等奖	国家一类新兽药重组溶葡萄球菌酶粉的技术开发与产业化	昆山博青生物科技有限公司，上海高科联合生物技术研发有限公司
2014	科学技术奖	二等奖	农产品辐照加工标准体系的建立与产业化	江苏省农业科学院，中国农业科学院农产品加工研究所，江苏瑞迪生科技有限公司，江苏海企长城股份有限公司
2014	科学技术奖	二等奖	濒危道地中药材茅苍术种质资源保护、创新及应用	江苏大学，皖西学院，安徽中医药大学，江苏茅山地道中药材种植有限公司，六安正元中药材科技有限公司
2014	科学技术奖	三等奖	长三角地区大气污染特征及农作物的逆境生理生态响应机制	南京信息工程大学，南京大学
2014	科学技术奖	三等奖	盐碱滩涂综合改造技术研究与应用	江苏顺通建设集团有限公司，江苏南通六建建设集团有限公司，南通宝华海产品养殖有限公司，西北农林科技大学，南京海培特农业科技有限公司
2014	科学技术奖	三等奖	抗番茄黄化曲叶病番茄育种技术、品种创新与应用	江苏省农业科学院，江苏省植物保护站，江苏省江蔬种苗科技有限公司，赣榆县蔬菜技术指导站，江苏徐淮地区徐州农业科学研究所
2014	科学技术奖	三等奖	江苏省特色果蔬加工贮运及品质控制关键技术开发与应用	南京农业大学，连云港市东海果汁有限公司，扬州福尔喜果蔬汁机械有限公司
2014	科学技术奖	三等奖	以废弃物为原料的设施园艺栽培基质开发及精细化应用技术	江苏大学，南京农业大学，南京林业大学，江苏恒顺集团有限公司
2014	科学技术奖	三等奖	稻米蔬菜中农药残留超标主导因子及风险控制关键技术	江苏省农业科学院，中国农业科学院农业质量标准与检测技术研究所，南京农业大学，溧阳中南化工有限公司
2014	科学技术奖	三等奖	高附着喷雾施药关键技术研发与应用	江苏大学，农业部南京农业机械化研究所

（续表）

年 份	奖 项	等 级	项目名称	主要完成单位
2014	科学技术奖	三等奖	团头鲂循环水清洁高效养殖关键技术示范与推广	中国水产科学研究院淡水渔业研究中心，通威股份有限公司，常州市武进区水产技术推广站，宜兴市水产畜牧站
2014	科学技术奖	三等奖	典型调理食品加工品质调控关键技术研究及应用	江南大学，中华全国供销合作总社南京野生植物综合利用研究院
2014	科学技术奖	三等奖	全架式大功率拖拉机关键技术及产业化	南京农业大学，徐州凯尔农业装备股份有限公司
2014	科学技术奖	三等奖	家禽质量安全控制关键技术研究与应用	江苏省家禽科学研究所，江苏立华牧业有限公司，扬州口缘食品有限公司

附表 B-10 2008—2014 年浙江省农业科技获奖成果

年 份	奖 项	等 级	项目名称	主要完成单位
2008	科学技术奖	一等奖	三疣梭子蟹人工育苗、养殖与加工技术研究	宁波大学
2008	科学技术奖	一等奖	水稻条纹叶枯病与介体灰飞虱发生规律、监测预警与持续控制技术	浙江省植物保护检疫局
2008	科学技术奖	一等奖	土壤养分定位快速测试分析仪器的开发	浙江大学
2008	科学技术奖	一等奖	优质香型不育系中浙 A 及超级稻中浙优 1 号的选育与产业化	中国水稻研究所
2008	科学技术奖	一等奖	浙江省森林生态体系快速构建技术研究与集成示范	浙江省林业科学研究院
2008	科学技术奖	一等奖	养殖废水高效脱氮除磷处理与资源化利用技术	浙江大学，浙江省沼气天阳能科学研究所
2008	科学技术奖	二等奖	金华市奶牛种质改良及乳质提升关键技术集成与示范	浙江李子园牛奶食品有限公司
2008	科学技术奖	二等奖	禽畜粪便化学快速处理及资源化利用新技术研究	浙江省农业科学院环境资源与土壤肥料研究所
2008	科学技术奖	二等奖	水果品质在线同步检测与智能化分级技术装备研究	浙江大学生物系统工程与食品科学学院
2008	科学技术奖	二等奖	松材线虫病 RNA 干扰研究及其关键防控技术研发与应用	浙江省农业科学院
2008	科学技术奖	二等奖	优质晚粳新品种嘉 991 的选育及推广	嘉兴市农业科学研究院
2008	科学技术奖	二等奖	油菜新品种浙双 758 的选育与推广	浙江省农业科学院作物与核技术利用研究所
2008	科学技术奖	二等奖	浙江省大型野生真菌资源及开发利用研究	浙江林学院
2008	科学技术奖	二等奖	浙江省主要水产养殖品种绿色生产关键技术研究及产业化	浙江万里学院
2008	科学技术奖	二等奖	浙江主要名优水果新品种选育及品质提升关键技术研究	浙江省农业科学院园艺研究所
2008	科学技术奖	二等奖	厚朴、肿节风、雷公藤三种木本药材种质资源评价与利用研究	浙江林学院，中国医学科学院药用植物研究所，丽水市林业科学研究所，浙江国镜药业有限公司，景宁畲族自治县科技开发服务部
2008	科学技术奖	二等奖	家禽新免疫细胞因子的发现与生物学功能研究	浙江大学
2008	科学技术奖	二等奖	断奶仔猪肠道营养调节肽的研究	浙江大学
2008	科学技术奖	二等奖	濒危药用植物八角莲的保护遗传学及可持续利用	浙江大学，杭州宁电新瑞生物技术有限公司，建德市国茂饲料有限公司
2008	科学技术奖	二等奖	长叶车前草花叶病毒侵染性克隆构建及外源基因表达研究	浙江省农业科学院病毒学与生物技术研究所
2008	科学技术奖	三等奖	白化茶种质资源系统研究与新品种产业化开发	宁波市林特科技推广中心

（续表）

年 份	奖 项	等 级	项目名称	主要完成单位
2008	科学技术奖	三等奖	大白菜品种黄芽 14 的选育与推广	浙江省农业科学院蔬菜研究所
2008	科学技术奖	三等奖	鹅肉与肥肝深加工关键技术研究与应用	浙江省农业科学院畜牧兽医研究所
2008	科学技术奖	三等奖	蜂王浆高产、优质、高效、安全生产技术研究与推广	浙江大学
2008	科学技术奖	三等奖	柑橘类全果饮品产业化关键技术研究与应用	浙江省农业科学院食品加工研究所
2008	科学技术奖	三等奖	柑橘流胶爆发原因、吉丁虫发生规律及关键治理技术研究	浙江大学农业与生物技术学院
2008	科学技术奖	三等奖	高产水稻土肥力演变规律及调控技术	浙江省农业科学院环境资源与土壤肥料研究所
2008	科学技术奖	三等奖	灌溉稻“麦作式”水稻湿种技术研究与示范	中国水稻研究所
2008	科学技术奖	三等奖	宽皮柑橘优质安全生产及加工关键技术研究与示范	浙江省柑桔研究所
2008	科学技术奖	三等奖	农作物种子品质性状的近红外光谱分析技术与遗传改良研究	浙江大学
2008	科学技术奖	三等奖	三七抗大鼠酒精性脂肪肝的作用及机制探讨	浙江省中医院
2008	科学技术奖	三等奖	设施瓠瓜新品种浙蒲 2 号的选育、配套技术研究与推广	浙江省农业科学院蔬菜研究所
2008	科学技术奖	三等奖	食用菌胶囊菌种工厂化繁育及应用技术	浙江省林业科学研究院
2008	科学技术奖	三等奖	食用菌生产质量控制体系研究及应用	浙江省农业科学院农产品质量标准研究所
2008	科学技术奖	三等奖	双生病毒种类鉴定、分子变异及致病机理研究	浙江大学农业与生物技术学院
2008	科学技术奖	三等奖	微生物发酵法辅酶 Q10 生产工艺技术研究与产业化开发	浙江医药股份有限公司新昌制药厂
2008	科学技术奖	三等奖	无核椪柑品种选育及栽培技术研究	丽水市农业科学研究所
2008	科学技术奖	三等奖	虾青素生物合成技术研究与应用	浙江皇冠科技有限公司
2008	科学技术奖	三等奖	鲜茶汁饮料关键加工技术及其产业化	中国农业科学院茶叶研究所
2008	科学技术奖	三等奖	新型农村公共财政体系构建的理论与实证研究	浙江省农业科学院农村发展与信息研究所
2008	科学技术奖	三等奖	新优花卉引选及产业化关键技术研究与应用	浙江省农业科学院园艺研究所
2008	科学技术奖	三等奖	优质高效多抗蔬菜新品种选育及产业化	杭州市农业科学研究院
2008	科学技术奖	三等奖	浙东白鹅选育及种质研究	浙江农业科学院畜牧兽医研究所

（续表）

年　份	奖　项	等　级	项目名称	主要完成单位
2008	科学技术奖	三等奖	定向培育高品质大型淡水有核珍珠技术	浙江省东方神州珍珠集团有限公司，浙江佳丽珍珠首饰有限公司，浙江大学，金华职业技术学院
2008	科学技术奖	三等奖	低值珍珠深加工关键技术研究及产品开发	浙江长生鸟药业有限公司，浙江长生鸟珍珠生物科技有限公司
2008	科学技术奖	三等奖	利用生物工程和现代分离等黄酒降度技术开发“稽山清”等低度黄酒	会稽山绍兴酒股份有限公司
2008	科学技术奖	三等奖	改性 HDPE 新材料的沙害治理与沙漠生态植被恢复技术研究及推广应用	嵊州市德利经编网业有限公司
2008	科学技术奖	三等奖	曼氏无针乌贼生殖调控与苗种繁育技术研究与示范	浙江海洋学院，浙江大海洋科技有限公司
2008	科学技术奖	三等奖	鳀鱼资源高值化开发利用的研究	舟山市人民医院，浙江兴业集团有限公司，浙江海洋学院
2008	科学技术奖	三等奖	大黄鱼主要弧菌病的免疫预防研究	浙江大学，宁波市海洋与渔业研究院
2008	科学技术奖	三等奖	浙江省农村饮用水工程财政扶持政策研究	浙江水利水电专科学校，浙江省农田水利总站
2008	科学技术奖	三等奖	易控节能型农村生活污水处理技术的研究与示范	浙江省沼气太阳能科学研究所，浙江大学，温州市农村能源办公室，义乌市农村能源办公室，诸暨市农村能源技术推广站
2008	科学技术奖	三等奖	动物附红细胞体病检疫技术研究及进口动物附红细胞体病流行病学调查	浙江出入境检验检疫局，浙江大学
2008	科学技术奖	三等奖	浙江省农业清洁生产的对策研究	浙江省管环境保护科学设计研究院，浙江大学
2008	科学技术奖	三等奖	中高档盆花产业化关键技术集成创新与示范	浙江省亚热带作物研究所
2008	科学技术奖	三等奖	空气氧化法制备草甘膦生产技术	捷马化工股份有限公司
2009	科学技术奖	一等奖	水稻重要遗传材料的创制及其应用	中国水稻研究所
2009	科学技术奖	一等奖	竹材深加工关键技术集成与创新	浙江省林业科学研究院
2009	科学技术奖	一等奖	取代高毒农药中间体 乙基氯化物的绿色合成技术研发与产业化	浙江工业大学，浙江新农化工股份有限公司，浙江大学
2009	科学技术奖	一等奖	外来入侵生物烟粉虱发生危害规律和综合治理研究	浙江大学农业与生物技术学院，浙江省植物保护检疫局，温州市农业科学研究院，慈溪市农业监测中心，临海市植物保护站，海宁市植保土肥技术服务站，宁波市农业技术推广总站，金华市植物保护站，杭州市植保土肥总站
2009	科学技术奖	一等奖	干坚果制品氧化裂变及品质控制技术研究	浙江省农业科学研究院食品加工研究所，杭州姚生记食品有限公司，杭州紫香食品集团有限公司
2009	科学技术奖	一等奖	中国饲养背景下的 SEW 养猪技术系统研究与示范	浙江省农业科学研究院畜牧兽医研究所，浙江省畜牧兽医局，浙江省畜产品质量安全检测中心，浙江绿嘉园牧业有限公司，宁波舜大股份有限公司

（续表）

年份	奖项	等级	项目名称	主要完成单位
2009	科学技术奖	一等奖	IBDV全基因组克隆、反向遗传系统的建立及基因缺失疫苗研究	浙江大学动物科学学院
2009	科学技术奖	二等奖	海水主要网箱养殖鱼类营养与饲料产业化开发	浙江省淡水水产研究所
2009	科学技术奖	二等奖	蘑菇淡季栽培品种选育及高效栽培模式研究	浙江省农业科学院园艺研究所
2009	科学技术奖	二等奖	农林用地产权制度创新与价格评估研究	浙江林学院
2009	科学技术奖	二等奖	设施蔬菜优异种质创新和专用新品种选育	浙江省农业科学院蔬菜研究所
2009	科学技术奖	二等奖	设施园艺育苗生产线的研制及其产业化	浙江大学生物系统工程与食品科学学院
2009	科学技术奖	二等奖	食用菌质量安全及标准化生产关键技术集成与示范	丽水市食用菌研究开发中心
2009	科学技术奖	二等奖	水产品质量安全重要技术标准研究及产业化示范	浙江省海洋水产研究所
2009	科学技术奖	二等奖	滩涂底栖贝类高效人工繁育及健康养殖技术体系建立与应用	浙江省海洋水产养殖研究所
2009	科学技术奖	二等奖	以甘蓝菜为主的蔬菜增值加工关键技术研究和应用	海通食品集团股份有限公司
2009	科学技术奖	二等奖	优质高效家蚕系列新品种的育成与应用	浙江省农业科学院蚕桑研究所
2009	科学技术奖	二等奖	鱿鱼和对虾制品全程质量安全控制关键技术研究及产业化	浙江兴业集团有限公司
2009	科学技术奖	二等奖	浙八味良种选育及规范化基地建设与示范	浙江省农业厅农作物管理局
2009	科学技术奖	二等奖	猪多病原混合感染的基因诊断与高通量快速检测技术研究	浙江省畜牧兽医局
2009	科学技术奖	二等奖	鲟鱼鱼籽酱产业链关键技术研究与应用	杭州千岛湖鲟龙科技开发有限公司，中国水产科学研究院东海水产研究所，中国水产科学研究院南海水产研究所
2009	科学技术奖	二等奖	农业资源信息系统研究与应用	浙江大学环境与资源学院，浙江省气象科学研究所
2009	科学技术奖	二等奖	农村污水处理实用技术研发与工程示范	浙江工商大学，浙江大学，杭州市环境保护有限公司
2009	科学技术奖	二等奖	茶资源高效高效加工与多功能利用技术及应用	中国农业科学院茶叶研究所，浙江大学，中华全国供销合作总社茶叶研究所，南京农业大学，浙江省余姚市德氏家茶场
2009	科学技术奖	二等奖	作物重金属耐性和积累基因型差异机理与调控研究	浙江大学农业与生物技术学院，浙江省嘉兴市农业科学研究院
2009	科学技术奖	二等奖	经济作物种质资源鉴定技术与标准研究及应用	中国农业科学院茶叶研究所，中国农业科学院质量标准与检测研究所，福建省农业科学院果树研究所，中国农业科学院郑州果树研究所，中国农业科学院果树研究所，中国农业科学院柑桔研究所

（续表）

年　份	奖　项	等　级	项目名称	主要完成单位
2009	科学技术奖	三等奖	深水网箱养殖大黄鱼主要病害防治技术研究	浙江省淡水水产研究所
2009	科学技术奖	三等奖	畜产品中违禁药物多残留检测技术研究	浙江省兽药监察所（畜产品质量安全检测中心）
2009	科学技术奖	三等奖	大黄鱼规模养殖新技术研究及产业化	浙江海洋学院
2009	科学技术奖	三等奖	蜂王浆产品中有害物质残留检测方法研究及安全性评估和应对措施研	浙江出入境检验检疫局技术中心
2009	科学技术奖	三等奖	柑橘新型饮品研发及其产业化	浙江省柑桔研究所
2009	科学技术奖	三等奖	苜蓿草产业化生产关键技术研究	浙江省农业科学院畜牧兽医研究所
2009	科学技术奖	三等奖	南方红豆杉和三尖杉药用种质选择及高效栽培	中国林业科学研究院亚热带林业研究所
2009	科学技术奖	三等奖	牛肝菌仿生栽培技术研究	浙江省丽水市林业科学研究院
2009	科学技术奖	三等奖	农业地理信息管理系统研究与应用	浙江省农业信息中心
2009	科学技术奖	三等奖	枇杷柑橘特早熟品种选育及优质促早关键技术研究与应用	浙江省农业科学院园艺研究所
2009	科学技术奖	三等奖	啤酒大麦优质育种关键技术研究与新品种选育	浙江省农业科学院作物与核技术利用研究所
2009	科学技术奖	三等奖	山地果树优新品种选育及产业化关键技术研究	浙江林学院
2009	科学技术奖	三等奖	数字农业信息采集关键技术研究与产品开发	浙江大学生物系统工程与食品科学学院
2009	科学技术奖	三等奖	梭子蟹主要疾病调查与防治研究	浙江省海洋水产研究所
2009	科学技术奖	三等奖	铁皮石斛新品种选育、快繁及产业化研究	浙江大学生命科学学院
2009	科学技术奖	三等奖	鲜食糯玉米新品种科糯986、科糯991的选育和推广	浙江省农业科学院作物与核技术利用研究所
2009	科学技术奖	三等奖	新型微生物果蔬保鲜技术的研究与开发	浙江大学生物系统工程与食品科学学院
2009	科学技术奖	三等奖	优质饲用蛋白无抗原豆粕的创制与产业化开发	浙江省农科院植物保护与微生物研究所
2009	科学技术奖	三等奖	猪弓形虫病快速检测与免疫防制技术研究	浙江大学动物科学学院
2009	科学技术奖	三等奖	车载式农机性能检测系统	湖州金博电子技术有限公司，浙江大学，湖州市农机管理站，湖州东方汽车有限公司，湖州市农机监理所
2009	科学技术奖	三等奖	丽水市农村科技信息化建设	丽水市科技信息中心，浙江省科技信息研究所，中国电信丽水分公司，中国农村技术开发中心，莲都区科技局
2009	科学技术奖	三等奖	茶叶中多环芳烃的来源、风险及控制	浙江大学环境与资源学院

（续表）

年 份	奖 项	等 级	项目名称	主要完成单位
2009	科学技术奖	三等奖	氟菌唑原药	浙江禾本农药化学有限公司
2009	科学技术奖	三等奖	浙南生态公益林建设关键技术研究与应用	浙江省亚热带作物研究所，浙江省林业科学研究院，龙湾区农林局，洞头县农林水利局，永嘉县林业局
2009	科学技术奖	三等奖	森林资源安全监管新模式及其信息系统研究与应用	浙江林学院，杭州感知软件科技有限公司，丽水市林业局，杭州市林水局，湖州市林业局
2009	科学技术奖	三等奖	名贵中药蝉花的人工培养及深加工研究	浙江省亚热带作物研究所
2009	科学技术奖	三等奖	浙东沿海观赏植物多样性的构建与生态应用研究	浙江万里学院，宁波市农业科学研究院，宁波市创绿园林建设有限公司，宁波城市职业技术学院，舟山市林业科学研究所
2009	科学技术奖	三等奖	大弹涂鱼生产性育苗技术研究与规范化养殖示范	温岭市水产技术推广站，宁波大学生命科学与生物工程学院，温岭市胜海水产养殖有限公司
2009	科学技术奖	三等奖	蝇类发育时间推断的基础研究	浙江大学农业与生物技术学院
2009	科学技术奖	三等奖	安全高效生物型饲料添加剂研制及产业化技术开发	浙江大飞龙动物保健品有限公司
2010	科技成果转化奖	二等奖	高致病性猪蓝耳病（猪繁殖与呼吸障碍综合征）灭活疫苗产业化	浙江易邦生物技术有限公司
2010	科技成果转化奖	二等奖	淡水热带观赏鱼——血鹦鹉苗	浙江亿达生物科技有限公司，湖州师范学院，浙江省淡水水产研究所
2010	科学技术奖	一等奖	甬粳 2 号 A 及所配籼粳杂交晚稻新组合选育及产业化	宁波市农业科学研究院，宁波市种子有限公司，中国水稻研究所，浙江省种子总站，温岭市种子管理站，温州市种子站，金华市种子管理站，浙江省农业科学院植物保护与微生物研究所
2010	科学技术奖	一等奖	新型兽药那西肽的研发及产业化	浙江汇能动物药品有限公司，杭州汇能生物技术有限公司，浙江大学动物科学学院，浙江科技学院，安吉县正新牧业有限公司，浙江省兽药监察所
2010	科学技术奖	一等奖	雄蚕新品种选育及种、茧、丝一体化开发	浙江省农业科学院蚕桑研究所，浙江省农业厅经济作物管理局，湖州市蚕业技术推广站，淳安县茧丝绸总公司，海盐县蚕业管理站，海宁市蚕桑技术服务站，杭州市种子总站
2010	科学技术奖	一等奖	特色果品采后贮运关键技术研创及其应用	浙江大学农学院，仙居林特开发中心，浙江省农业厅经作局，台州市农业局，台州环宇园艺技术公司，宁波林特科技推广中心
2010	科学技术奖	二等奖	加工芥菜优异种质创制和产业化	浙江省农业科学院蔬菜研究所，浙江大学蔬菜研究所，宁波市农业科学研究院，温州市农业科学研究院，嘉兴市农业科学研究院
2010	科学技术奖	二等奖	中华鳖良种选育及优质高效养殖模式的研究与示范	浙江省水产技术推广总站，浙江万里学院，杭州萧山天福生物科技有限公司，浙江清溪鳖业有限公司，绍兴市中亚水产养殖中心，杭州金达龚老汉特种水产有限公司
2010	科学技术奖	二等奖	红豆杉的中医药综合利用研究	浙江省中医药研究院，浙江大学，浙江中医药大学，宁波泰康红豆杉生物工程有限公司，杭州东方文化园旅业集团公司

（续表）

年　份	奖　项	等　级	项目名称	主要完成单位
2010	科学技术奖	二等奖	提升稻田综合生产能力的关键农艺技术集成与应用	浙江大学农业与生物技术学院，浙江省农业厅农作物管理局，浙江省农科院，中国水稻研究所
2010	科学技术奖	二等奖	植物生命信息快速无损获取技术与仪器开发	浙江大学，杭州市农业机械管理站，浙江省农业机械化技术开发推广总站，浙江工业大学，萧山区农业机械监督管理总站，义乌市农业机械管理站
2010	科学技术奖	二等奖	水稻播种机研发与应用	浙江大学生物系统工程与食品科学学院，湖州思达机械制造有限公司，杭州市农业机械管理站
2010	科学技术奖	二等奖	农村生物质废弃物低碳高值化处理利用技术研究	浙江工商大学，浙江省农业科学院，浙江大学，绍兴市蔬菜技术推广站，绍兴市越城区环境卫生管理处
2010	科学技术奖	二等奖	蔬菜质量安全监控与标准化技术研究及应用	浙江省农业科学院，浙江省农产品质量监督检验测试中心，浙江大学农药与环境毒理研究所
2010	科学技术奖	二等奖	无性繁殖作物种质资源收集、标准化整理、共享与利用	中国农业科学院茶叶研究所，中国农业科学院果树研究所，中国农业科学院柑桔研究所，中国农业科学院蚕业研究所，中国农业科学院麻类研究所，中国农业科学院郑州果树研究所
2010	科学技术奖	二等奖	无公害代料黑木耳集成配套技术研究与标准化生产示范	浙江省农业技术推广基金会丽水执行部，云和县农业局，丽水市林科院，龙泉市农业局，景宁县农业局，云和县山农黑木耳专业合作社
2010	科学技术奖	二等奖	外来入侵危险性生物福寿螺灾变规律、监测预警与综合治理技术研究	浙江省植物保护检疫局，浙江省农业科学院，中国计量学院生命科学院，浙江大学，温岭市植保站，宁波市农业技术推广总站
2010	科学技术奖	二等奖	人工三倍体桑品种丰田2号的育成与推广	浙江省农业科学院蚕桑研究所，安吉县超龙蚕业发展有限公司，浙江省农业厅经济作物管理局，嘉兴市农业经济局，湖州市经济作物技术推广站，杭州市农业局
2010	科学技术奖	二等奖	茭白高效安全生产技术研究与集成应用	浙江省农业科学院植物保护与微生物研究所，中国计量学院生命科学学院，余姚市农业科学研究所，桐乡农业技术推广服务中心，嘉兴市南湖区农业经济局，缙云县农业局
2010	科学技术奖	二等奖	杨桐优新品种选育及产业化示范	浙江林学院，杭州天禾园艺有限公司
2010	科学技术奖	二等奖	利用林副产品废弃物制造清洁炭的关键技术研究	浙江省林业科学研究院，杭州临安天目香山炭业有限公司，嘉兴市新角机械制造有限公司
2010	科学技术奖	二等奖	养殖鱼类精深加工技术研究与产业化	浙江工商大学，绍兴利康食品有限公司，绍兴外婆家食品有限公司，平阳县南麂岛开发有限公司，嘉兴市荷花水产养殖有限公司，台州海的梦水产有限公司
2010	科学技术奖	二等奖	家畜血吸虫病快速诊断与防制新技术研究	浙江省农业科学院畜牧兽医研究所，浙江省畜牧兽医局，湖北省畜牧兽医局，四川省畜牧食品局，浙江省金华市金东区畜牧兽医局，华中农业大学动物医学院
2010	科学技术奖	二等奖	国内外粮食信息集成与应用	中国水稻研究所
2010	科学技术奖	三等奖	农税GRP信息系统（房地产交易税收一体化征管系统）	浙江天正信息科技有限公司

（续表）

年　份	奖　项	等　级	项目名称	主要完成单位
2010	科学技术奖	三等奖	现代农村建设中生态环境与绿色能源应用综合技术研究	浙江省能源与核技术应用研究院，浙江科技学院，杭州市地源空调研究所有限公司
2010	科学技术奖	三等奖	乳酸发酵蔬菜生产关键技术集成创新研究	浙江万里学院，浙江大学，余姚市农业技术推广服务总站，余姚国泰实业有限公司，宁波三丰可味食品有限公司
2010	科学技术奖	三等奖	乳品中β-内酰胺类抗生素残留酶联免疫快速检测的建立及应用	浙江省质量技术监督检测研究院，杭州博日科技有限公司
2010	科学技术奖	三等奖	浙南特色柑橘营养调控与品质提升技术研究与集成推广	浙江省亚热带作物研究所，浙江省农科院环境资源与土壤肥料研究所，浙江省农业科学院园艺研究所，苍南县农业局特产站，永嘉县农友早香柚合作社
2010	科学技术奖	三等奖	竹林生物肥产业化与高效经营技术推广	中国林业科学研究院亚热带林业研究所，浙江富阳市林业局，浙江平阳县林业局，浙江金华市婺城区农林局，浙江龙游县林业局
2010	科学技术奖	三等奖	优质高产晚粳稻新品种秀水128的选育与推广	嘉兴市农业科学研究院，浙江省种子总站，嘉兴市种子管理站，秀洲区种子管理站，南湖区农作物管理站
2010	科学技术奖	三等奖	植物次生代谢物生物合成机理及高效提取制备的关键技术开发与应用	浙江大学宁波理工学院，中化宁波（集团）有限公司，宁波泰康红豆杉生物工程有限公司
2010	科学技术奖	三等奖	丽水市食用菌珍稀菇品种引进及产业化	丽水市农业科技开发公司，上海市农科院食用菌研究所
2010	科学技术奖	三等奖	浙西南森林野菜产业化关键技术研究推广	丽水市林业科学研究院，浙江省林业科学研究院，丽水职业技术学院，丽水市科学技术协会，遂昌县林业技术推广总站
2010	科学技术奖	三等奖	佛手转基因研究及矮化佛手培育	浙江师范大学，浙江锦林佛手有限公司
2010	科学技术奖	三等奖	栀子等中药材加工设备、饮片加工标准及产品研发与产业化	浙江省中药研究所有限公司
2010	科学技术奖	三等奖	高产优质金针菇新品种的选育与应用	浙江省农业厅农作物管理局，江山市农业科学研究所，常山县天乐食用菌研究所，开化县农业科学研究所，衢州市农作物技术推广站
2010	科学技术奖	三等奖	太湖水系源头林区面源污染监测预警与持续控制技术研究	浙江林学院，临安市农村能源办公室，临安市太湖源镇政府
2010	科学技术奖	三等奖	菜用豌豆新品种浙豌1号的选育与推广	浙江省农业科学院蔬菜研究所，永嘉县种子技术推广站，宁海县农业技术推广总站
2010	科学技术奖	三等奖	生物调节剂协同促进植物离体发育与高效再生及产量品质的研究	浙江大学，浙江省农业科学院蔬菜研究所
2010	科学技术奖	三等奖	优质食用稻米的RVA谱特征及其遗传基础与辅助应用	浙江大学
2010	科学技术奖	三等奖	超级早稻新品种中早22的选育与推广应用	中国水稻研究所
2010	科学技术奖	三等奖	柚类和枇杷种质创新与裂果防控技术集成示范推广	浙江省柑桔研究所，温州市农业局特产站，丽水市农业局农作物站，台州市路桥区林特总站，玉环县文旦研究所
2010	科学技术奖	三等奖	浙南沿海防护林树种选择、繁育关键技术研究及应用示范	浙江省亚热带作物研究所，乐清市林业局，龙湾区农林局，温岭市农林局

（续表）

年　份	奖　项	等　级	项目名称	主要完成单位
2010	科学技术奖	三等奖	食用菌产业信息化服务体系构建与应用	丽水市中菌网科技信息有限公司，丽水市科技信息中心，丽水市食用菌研究开发中心，丽水市富来森绿色产业集团有限公司，景宁县大自然食品有限公司
2010	科学技术奖	三等奖	太湖沙塘鳢苗种规模化繁育及健康养殖技术的研究	湖州浙北水产新品种繁育技术开发有限公司，浙江省淡水水产研究所，华东师范大学
2010	科学技术奖	三等奖	人畜共患重大疫病防控关键技术研究——水禽禽流感防控关键技术研究	浙江省畜牧兽医局，浙江大学，浙江省农业科学院，德清县乾元吴氏种禽场，湖州众旺种鸭场
2010	科学技术奖	三等奖	浙江近海野生经济鱼类的驯养及人工繁育技术开发	浙江省海洋水产研究所，浙江省舟山市水产研究所，象山港湾水产苗种有限公司
2010	科学技术奖	三等奖	饲用β-胡萝卜素高产菌株选育与生产工艺研究	浙江科技学院，杭州汇能生物技术有限公司，中国计量学院
2010	科学技术奖	三等奖	蜜蜂多王群的组建和管理技术及生物学特性的研究与应用	浙江大学，浙江省平湖市种蜂场
2010	科学技术奖	三等奖	蜂资源深度研究开发	浙江省中医药研究院
2010	科学技术奖	三等奖	浙江省森林资源可持续发展的应对策略研究	浙江林学院，临安市林业局，杭州万向职业技术学院，湖州师范学院，龙游县林业局
2010	科学技术奖	三等奖	农业龙头企业知识产权保护与发展对策研究	浙江省农业科学院，浙江省农业产业化办公室，浙江省林业产业联合会
2011	科学技术奖	一等奖	啤用大麦主要麦芽品质的遗传差异和环境调控研究	浙江大学
2011	科学技术奖	一等奖	叶黄素和玉米黄素的研发及产业化	浙江医药股份有限公司新昌制药厂
2011	科学技术奖	一等奖	鸭三大传染病病原特性及防治新技术研究与应用	浙江省农业科学院畜牧兽医研究所，浙江金大康动物保健品有限公司
2011	科学技术奖	一等奖	东海区重要渔业资源调查及名优水产增养殖的关键技术研究与示范	浙江海洋学院，浙江省海洋开发研究院，浙江省海洋水产研究所，浙江省海洋水产养殖研究所，中国水产科学研究院，东海水产研究所，中国海洋大学，宁波大学，浙江省水产技术推广站，宁波市海洋与渔业研究院
2011	科学技术奖	二等奖	扁形和针芽形名优绿茶品质提升关键加工技术与集成应用	中国农业科学院茶叶研究所，浙江恒峰科技开发有限公司，衢州绿峰机械有限公司，开化县名茶开发公司，浙江省诸暨绿剑茶业有限公司，宁海县望府茶业有限公司
2011	科学技术奖	二等奖	彩色树种的引选及产业化示范	浙江森禾种业股份有限公司，浙江农林大学农业与食品科学学院，湖州市林业局，慈溪市林特技术推广中心
2011	科学技术奖	二等奖	茶油加工关键技术与新产品研发	中国林业科学研究院亚热带林业研究所，建德市霞雾农业开发中心，常山县山神油茶开发有限公司，浙江茶之语科技开发有限公司，缙云石笕乡油茶加工厂，浙江腾鹤农特产品有限公司
2011	科学技术奖	二等奖	大豆优异种质发掘创新及利用	浙江省农业科学院作物与核技术利用研究所，杭州市萧山区农业技术推广中心，慈溪市农业技术推广中心，慈溪市蔬菜开发有限公司

（续表）

年 份	奖 项	等 级	项目名称	主要完成单位
2011	科学技术奖	二等奖	海产品源头品质保全关键技术研究及产业化	浙江省海洋开发研究院，浙江省海洋水产研究所，舟山市越洋食品有限公司，舟山可得喜海洋食品科技有限公司
2011	科学技术奖	二等奖	茭白、莲藕品种选育及其高效栽培技术集成示范	金华市农业科学研究院，浙江大学蔬菜研究所，丽水市农业科学研究院，衢州市农业科学研究所，磐安县蔬菜技术推广站，武义县粮油技术推广站
2011	科学技术奖	二等奖	农田养分减排综合技术研究与应用	浙江大学环境与资源学院，农业部肥料质量监督检验测试中心（杭州）
2011	科学技术奖	二等奖	山茶花新品种选育及产业化关键技术研究	中国林业科学研究院亚热带林业研究所，宁波大学，金华市国际山茶物种园，宁波市北仑佳禾园艺有限公司，温州市云峰山茶属植物研究所，金华市林业种苗管理站
2011	科学技术奖	二等奖	食用菌杂交育种亲本选择及杂交子分子鉴定技术研究	浙江省林业科学研究院，丽水市食用菌研究开发中心，浙江益圣菌物发展有限公司，庆元县食用菌科学技术研究中心
2011	科学技术奖	二等奖	蔬菜粉虱传双生病毒病的诊断技术、流行监测与综合防控	温州科技职业学院（温州市农业科学研究院），浙江大学昆虫科学研究所，浙江省植物保护检疫局，温州市植保站，苍南县农业站，杭州市萧山区农业局
2011	科学技术奖	二等奖	水旱轮作稻田氮素归趋及氮肥可持续利用技术	浙江省农业科学院环境资源与土壤肥料研究所，浙江省土肥站，金华市土壤肥料工作站，衢州市土肥与农村能源技术推广站，富阳市农业技术推广中心，义乌市种植业管理总站
2011	科学技术奖	二等奖	虾蟹种质选优及生态养殖技术研究	浙江省淡水水产研究所，华东师范大学，湖州师范学院，长兴县农业局，余姚市牟山湖鳜鱼河蟹研究中心
2011	科学技术奖	二等奖	植酸酶工业化发酵生产工艺的优化与新产品开发	温州大学，温州海螺挑战生物工程有限公司
2011	科学技术奖	二等奖	竹质高性能活性炭生产工艺与设备研究	国家林业局竹子研究开发中心，浙江富来森中竹科技股份有限公司，淮北市协力重型机器有限责任公司，长兴三山炭素有限公司，遂昌希顺炭业有限公司
2011	科学技术奖	二等奖	主要出口农产品质量安全标准及应对关键技术研究与应用	浙江省农业科学院农产品质量标准研究所，浙江省标准化研究院，中国农业科学院茶叶研究所
2011	科学技术奖	二等奖	新型饲用酶制剂创制关键技术研究及产业化	浙江大学生命科学学院，浙江省农业科学院，浙江湖州笑果生物科技有限公司，富阳市新发生物技术有限公司，浙江银冠兽药饲料有限公司，浙江欣欣饲料股份有限公司
2011	科学技术奖	二等奖	城市化进程中的农村医疗保障新模式与评价体系	温州医学院
2011	科学技术奖	二等奖	沿海平原抗逆植物材料选育研究及耐盐转基因平台构建	中国林业科学研究院亚热带林业研究所，慈溪市林业局，海盐县林果特产技术推广站，上虞市世纪阳光园林绿化工程有限公司，绍兴市汤浦水库管理局，富阳中亚苗业有限责任公司

（续表）

年　份	奖　项	等　级	项目名称	主要完成单位
2011	科学技术奖	三等奖	柑橘新品种引选及产业提升关键技术研究与应用	宁波市林特科技推广中心，象山县林特技术推广中心，宁海县林特技术推广总站，象山县柑桔研究所，宁海柑桔研究所
2011	科学技术奖	三等奖	高产优质高抗晚粳糯浙糯 5 号的育成与应用	浙江省农业科学院作物与核技术利用研究所
2011	科学技术奖	三等奖	高品质杨梅鲜汁加工关键技术研究与开发	浙江大学生物系统工程与食品科学学院，浙江聚仙庄饮品有限公司
2011	科学技术奖	三等奖	观赏凤梨引选及产业化关键技术研究与应用	浙江省农业科学院花卉研究开发中心，浙江传化大地生物有限公司，嘉兴碧云花园有限公司，杭州萧山锦科花卉园艺场
2011	科学技术奖	三等奖	光唇鱼苗种人工繁育与养殖技术研究	新昌县沃洲鱼类开发研究所，宁波大学
2011	科学技术奖	三等奖	嫁接西瓜“枯萎”成因及关键治理技术研究	浙江省农业科学院植物保护与微生物研究所，温岭市农业技术推广站，浙江省农业厅农作物管理局，宁波市农业技术推广总站，宁波市农业科学研究院
2011	科学技术奖	三等奖	名优珍稀食用菌新品种选育及其工厂化生产关键技术研创	浙江省农业科学院园艺研究所，浙江双益菇业有限公司，浙江龙泉市农业局经作站，浙江省农业厅农作物管理局，武义海兴菇业有限公司
2011	科学技术奖	三等奖	牛奶生物活性肽的提取及活性肽奶的研制	浙江省农业科学院食品科学研究所
2011	科学技术奖	三等奖	水稻高光谱遥感实验与机理研究	浙江大学环境与资源学院，浙江大学生物系统工程与食品科学学院，杭州师范大学
2011	科学技术奖	三等奖	提升冬季农田综合生产能力集成技术研究与示范	浙江省农业厅农作物管理局，浙江省农科院作核所，温州市农业站，台州市农科院，嘉兴市秀洲区粮油技术推广站
2011	科学技术奖	三等奖	鳀鱼、毛虾海上综合加工技术开发及装备选优	瑞安市华盛水产有限公司，温州市农业科学研究院，中国海洋大学，中国水产科学研究院渔业机械仪器研究所
2011	科学技术奖	三等奖	兔出血症病毒致病机理及诊断方法的研究	浙江省农业科学院病毒学与生物技术研究所，中国农业科学院上海兽医研究所，浙江省医学科学院
2011	科学技术奖	三等奖	无籽瓯柑产业化技术集成与示范	丽水市莲都区山水果树研究所，丽水市林业科学研究院，华中农业大学，丽水职业技术学院，浙江林学院
2011	科学技术奖	三等奖	鲜食大豆豆荚炭疽病发生原因及防治技术	浙江大学农业与生物技术学院，杭州市萧山区农技推广中心
2011	科学技术奖	三等奖	优质高产、籽粒镉铅砷低积累晚粳稻新品种秀水 09 的选育与推广	嘉兴市农业科学研究院，浙江省种子总站，中国科学院生态环境研究中心，嘉兴市种子管理站，嘉善县种子管理站
2011	科学技术奖	三等奖	榨菜泡菜新工艺及产业化关键技术研发	浙江省农业科学院食品科学研究所，重庆市涪陵辣妹子集团有限公司
2011	科学技术奖	三等奖	浙江省主要农产品产地土壤重金属污染调查评价及安全利用技术研究	浙江省农业科学院农产品质量标准研究所，浙江省农业厅环境保护管理站，浙江大学环境与资源学院

（续表）

年　份	奖　项	等　级	项目名称	主要完成单位
2011	科学技术奖	三等奖	浙江沿岸渔业资源增殖放流技术研究	浙江省海洋水产研究所，上海海洋大学（原上海水产大学），中国水产科学院东海水产研究所
2011	科学技术奖	三等奖	浙南绿竹新品种选育与高效栽培技术示范	浙江省亚热带作物研究所，浙江农林大学，苍南县林业技术推广站
2011	科学技术奖	三等奖	中国水稻生产能力与产业政策研究	中国水稻研究所
2011	科学技术奖	三等奖	粮谷、果蔬中农药多残留高通量检测技术平台的建立与应用	中国水稻研究所
2011	科学技术奖	三等奖	果类植物及废弃物中天然多酚活性物制备关键技术及产业化	浙江科技学院，浙江天草生物制品有限公司，杭州天草生物科技有限公司，浙江大学浙江工商大学
2011	科学技术奖	三等奖	三角帆蚌珍珠色泽改良技术	绍兴文理学院
2011	科学技术奖	三等奖	饮用水源地水体植物生态系统净化关键技术与应用	浙江大学环境与资源学院，杭州绿生生态环境工程有限公司，嘉兴市水利局
2011	科学技术奖	三等奖	棘胸蛙遗传多样性和杂交选育	浙江师范大学，兰溪山宝石蛙繁育场
2011	科学技术奖	三等奖	水（湿）生植物资源开发与生态应用	浙江万里学院，宁波合一农业科技开发有限公司，宁波天韵生态治理工程有限公司，宁波市创绿园林建设有限公司
2011	科学技术奖	三等奖	XAZ 全自动啤酒麦汁压滤机	杭州兴源过滤科技股份有限公司
2012	科学技术奖	一等奖	高产优质多抗晚粳稻新品种浙粳22 的选育与应用	浙江省农业科学院
2012	科学技术奖	一等奖	南方型高效设施园艺关键技术研发与生产模式创新及产业化	浙江大学，浙江省农业厅农作物管理局，温岭市农作物推广站，嘉善县农业技经济局，宁波市林特科技推中心，杭州市农业科学研究院，富阳市蔬菜技术推广中心，宁波市农业科学研究院，浙江省农业科学院
2012	科学技术奖	一等奖	设施栽培物联网智能监控与精准管理关键技术与装备	浙江大学，浙江托普仪器有限公司，浙江经济职业技术学院，杭州师范大学，海宁市农业机械管理站，萧山区农业信息中心
2012	科学技术奖	一等奖	栽植机械机构创新优化设计平台的建设及应用	浙江理工大学，东北农业大学，延吉插秧机有限公司，南通富来威农业装备有限公司，浙江丰德伟业铜材有限公司，莱恩农业装备有限公司
2012	科学技术奖	一等奖	浙系长毛兔新品种选育及产业化	嵊州市畜产品有限公司，宁波市巨高兔业发展有限公司，平阳县全盛兔业有限公司
2012	科学技术奖	一等奖	竹林生态系统碳过程、碳监测与增汇技术研究	浙江农林大学
2012	科学技术奖	二等奖	氨基酸络合微量元素饲料添加剂制备关键技术、生物学效应及产业化	浙江大学，浙江维丰生物科技有限公司
2012	科学技术奖	二等奖	薄壳山核桃良种选育与规模化扩繁技术研究	中国林业科学研究院亚热带林业研究所，建德市林业技术推广中心，余杭区长乐林场，金华市婺城区东方红林场，淳安县林业局
2012	科学技术奖	二等奖	大白菜优异种质与育种技术创新及新品种选育推广	浙江省农业科学院，杭州市种子总站，慈溪市农业技术推广中心

（续表）

年 份	奖 项	等 级	项目名称	主要完成单位
2012	科学技术奖	二等奖	稻瘟病不同抗病基因的聚合效应分析及广谱、持久抗病体系的构建	中国水稻研究所，浙江省农业科学院
2012	科学技术奖	二等奖	低值金枪鱼高值化加工与清洁生产关键技术研究与应用	浙江省海洋开发研究院，浙江海洋学院，浙江兴业集团有限公司，宁波丰盛食品有限公司，舟山市渔业检验检测中心，舟山出入境检验检疫局综合技术服务中心
2012	科学技术奖	二等奖	红豆树、木荷等6种珍贵用材树种品种选育和高效培植技术	中国林业科学研究院亚热带林业研究所，浙江省林业种苗管理总站，浙江省龙泉市林业科学研究所，浙江省淳安县新安江开发总公司姥山林场，浙江省建德市林木种苗站，浙江省开化县林场
2012	科学技术奖	二等奖	环境友好型畜禽规模养殖产业提升工程	浙江省畜牧兽医局，浙江省农业科学院，浙江省环境保护科学设计研究院，浙江大学
2012	科学技术奖	二等奖	酵法集成技术开发夏秋茶深加工制品及产业化	浙江大学，杭州英仕利生物科技有限公司，浙江茗皇天然食品开发有限公司
2012	科学技术奖	二等奖	联产高效除草剂乙氧氟草醚、三氟羧草醚和乳氟禾草灵清洁生产技术	浙江工业大学，上虞颖泰精细化工有限公司，中化化工科学技术研究总院
2012	科学技术奖	二等奖	灵芝新品种选育和生态高效栽培及精深加工关键技术与产业化	浙江寿仙谷生物科技有限公司，金华寿仙谷生物药业有限公司，丽水市农业科学研究院，武义寿仙谷中药饮片有限公司，浙江寿仙谷生物珍稀植物药有限公司，浙江省林业科学研究院
2012	科学技术奖	二等奖	山核桃生态经营机理与模式研究	浙江农林大学，浙江省林业技术推广总站，杭州市林业科学研究院，浙江农林大学天则山核桃科技开发有限公司，临安市林业局，淳安县林业局
2012	科学技术奖	二等奖	新型抗菌、益生饲料添加剂的关键技术研究与应用	浙江工商大学，浙江群大饲料有限公司
2012	科学技术奖	二等奖	优质、高产、多抗油菜浙油18的选育与推广	浙江省农业科学院
2012	科学技术奖	二等奖	杂交鳢杭鳢1号新品种培育及养殖技术研究与产业化	杭州市农业科学院，余杭区渔业渔政管理站，萧山区农业技术推广中心
2012	科学技术奖	二等奖	浙江省沿海防护林特色树种选育及技术集成研究	浙江省林业科学研究院，温州市林业局，瑞安市农林局，温岭市农业林业局，宁波市林业局，舟山市农林局
2012	科学技术奖	二等奖	植物生长调节剂乙烯利等系列产品清洁生产与关键共性技术开发	绍兴东湖生化有限公司，浙江农业大学
2012	科学技术奖	二等奖	猪圆环病毒病的流行病学与控制技术研发	浙江大学
2012	科学技术奖	二等奖	新时期浙江城乡一体化发展的战略思路与改革对策研究	浙江省农业科学院浙江大学
2012	科学技术奖	二等奖	农民工子女融合教育的社会学研究	温州大学浙江传媒学院
2012	科学技术奖	二等奖	珍珠粉真伪鉴别关键技术及其应用	浙江长生鸟珍珠生物科技有限公司，浙江大学，中国科学院苏州纳米技术与纳米仿生研究所

（续表）

年 份	奖 项	等 级	项目名称	主要完成单位
2012	科学技术奖	二等奖	毛衫产业优质高效低耗关键技术研发及产业化	嘉兴学院，浙江理工大学，东华大学，浙江新澳纺织股份有限公司，浙江兰宝毛纺集团有限公司，浙江凌龙纺织有限公司
2012	科学技术奖	二等奖	沼液精准利用与生物生态高效处理技术研究及示范	浙江农林大学，浙江省沼气太阳能科学研究所
2012	科学技术奖	三等奖	草莓有害生物控制和安全生产关键技术研究及示范应用	浙江省农业科学院，建德市农业技术推广中心，浙江大学
2012	科学技术奖	三等奖	城市化加速背景下的农业资源优化配置与农业转型升级战略研究	浙江省农业科学院
2012	科学技术奖	三等奖	东海沿海梨高效优质栽培技术研究与应用	浙江大学，温岭市特产技术推广站，上海市农业科学院林木果树研究所，浙江省柑橘研究所，温岭市明圣高橙研究所
2012	科学技术奖	三等奖	高含量草甘膦清洁生产关键技术及产业化	捷马化工股份有限公司
2012	科学技术奖	三等奖	鸡采食调控机制及抗热应激新技术研究与应用	浙江省农业科学院，浙江省饲料监察所，嘉兴星健禽业养殖有限公司
2012	科学技术奖	三等奖	金华火腿高值化深加工关键技术研究与产业化开发	浙江省农业科学院，金字火腿股份有限公司，中国农业大学食品科学与营养工程学院
2012	科学技术奖	三等奖	锯缘青蟹病害防治关键技术研究与示范	浙江省淡水水产研究所，宁波大学，浙江万里学院，三门县海洋与渔业局
2012	科学技术奖	三等奖	菌菇生产废弃物无害化处置及综合利用技术研究与示范	浙江省农业科学院，庆元荷地森宝农业开发有限公司，金华共和生物科技开发有限公司，嘉善县姚庄镇农技水利服务中心，庆元食用菌科研中心
2012	科学技术奖	三等奖	耐热、抗病番茄新品种选育和关键技术创新研究与应用	浙江省农业科学院，浙江省农种业有限公司
2012	科学技术奖	三等奖	农村金融发展绩效、风险防范与制度创新	浙江省委党校
2012	科学技术奖	三等奖	农作物安全生产数字化管理关键技术研究与应用	浙江省农业科学院，浙江省农业厅农作物管理局，金华市农业科学研究院，浙江工业大学
2012	科学技术奖	三等奖	乳仔猪诱食与肠道调理组合饲料添加剂的研制与应用	浙江农林大学，浙江国茂饲料有限公司
2012	科学技术奖	三等奖	三疣梭子蟹营养生理研究与配合饲料开发	浙江省水产技术推广总站，宁波天邦股份有限公司，浙江省微生物研究所
2012	科学技术奖	三等奖	杉木高世代育种群体建立和优质速生新品种选育	中国林业科学研究院亚热带林业研究所，浙江省林业种苗管理总站，浙江省龙泉市林业科学研究所，浙江省开化县林场，浙江省余杭区长乐林场
2012	科学技术奖	三等奖	食品（虾、藕等）品质、安全控制关键技术开发及产业化应用	中国计量学院，浙江北极品水产有限公司，杭州天迈生物科技有限公司
2012	科学技术奖	三等奖	水稻穗腐病研究及防控关键技术集成于应用	中国水稻研究所，浙江省农业厅植物保护检疫局，金华市植物保护站，嘉兴市种植技术推广总站，临安市农业局农技推广中心
2012	科学技术奖	三等奖	天然竹纤维制备关键技术研究及产业化开发	浙江农林大学，杭州立德竹制品有限公司，浙江绿卿竹业科技有限公司，四川长江造林局，江阴延利汽车饰件有限公司

（续表）

年　份	奖　项	等　级	项目名称	主要完成单位
2012	科学技术奖	三等奖	萧山鸡资源保护和品系选育及产业化开发	杭州萧山东海养殖有限公司，江苏省家禽科学研究所，浙江省农业科学院畜牧兽医研究所
2012	科学技术奖	三等奖	优良乡土树种资源生态利用技术研究与示范	宁波市农业科学研究院，宁波市林业局林特种苗繁育中心，华东师范大学
2012	科学技术奖	三等奖	优质鱼粉蛋白资源开发关键技术研究及产业化	浙江海洋学院，舟山市普陀大北农水产制品有限公司
2012	科学技术奖	三等奖	优质杂交水稻新组合丰优 54 的选育及应用	台州市农业科学研究院，临海市农业局粮油作物管理站
2012	科学技术奖	三等奖	鱼腥草产业化关键技术研发与应用	浙江省丽水市林业科学研究院，浙江农林大学，丽水职业技术学院，丽水市中心医院，浙江康恩贝中药有限公司
2012	科学技术奖	三等奖	浙江特色国兰种质创新与产业化关键技术研究	浙江省亚热带作物研究所，浙江农林大学，宁波市农业科学研究院，瑞安市花园绿化苗木专业合作社
2012	科学技术奖	三等奖	舟山渔场生态系统关键过程及修复技术研究	浙江海洋学院，国家海洋局第二海洋研究所，浙江海洋水产研究所
2012	科学技术奖	三等奖	主要畜产品药物残留多组分快速检测技术研究与应用	浙江省兽药监察所（畜产品质量安全检测中心），浙江省疾病预防控制中心
2012	科学技术奖	三等奖	金丽衢地区桃品种优选及产业提升关键技术研究与示范	金华市农业科学研究院，金华职业技术学院，丽水市农业科学研究院，金华市经济特产技术推广站
2013	科学技术奖	一等奖	甘薯优异种质创新及应用	浙江省农业科学院
2013	科学技术奖	一等奖	口岸高风险种苗病原分子检测和检疫处理技术研究及其体系构建应用	宁波检验检疫科学技术研究院，浙江森禾种业股份有限公司，宁波市北仑佳禾园艺有限公司，云南出入境检验检疫局检验检疫技术中心
2013	科学技术奖	一等奖	罗氏沼虾南太湖 2 号新品种培育与配套技术研究	浙江省淡水水产研究所，中国水产科学研究院黄海水产研究所，全国水产技术推广总站，浙江南太湖淡水水产种业有限公司
2013	科学技术奖	一等奖	奶牛耐热性改良与营养调控技术研究	浙江省农业科学院，浙江东兴实业有限责任公司伊康乳业分公司
2013	科学技术奖	一等奖	水稻种质资源评价与利用	中国水稻研究所
2013	科学技术奖	一等奖	香榧良种选育及高效栽培关键技术研究与推广	浙江农林大学，诸暨市林业局，嵊州市林业局，绍兴县林业局
2013	科学技术奖	二等奖	γ-氨基丁酸茶加工技术及系列产品	中国农业科学院茶叶研究所
2013	科学技术奖	二等奖	草甘膦创新生产工艺研究及开发	浙江新安化工集团股份有限公司
2013	科学技术奖	二等奖	柑橘皮渣和幼果高效转化关键技术研究与应用	浙江省农业科学院
2013	科学技术奖	二等奖	高性能种猪选育关键技术研发与应用	浙江省农科院，浙江大学动物科学学院，浙江省畜牧兽医局
2013	科学技术奖	二等奖	高性能竹层积材生产关键技术与应用	浙江农林大学，浙江大庄实业集团有限公司，国家木质资源综合利用工程技术研究中心，杭州和恩竹材有限公司
2013	科学技术奖	二等奖	海洋低值鱼类复合鱼糜制品加工关键技术研究及产业化	浙江工商大学，浙江多乐佳实业有限公司，浙江海之味水产有限公司

（续表）

年　份	奖　项	等　级	项目名称	主要完成单位
2013	科学技术奖	二等奖	杭州湾典型湿地资源监测与恢复技术研究	中国林业科学研究院亚热带林业研究所，浙江省慈溪市级林特技术推广中心，浙江省慈溪市农业科学研究院，浙江省上虞市农林水产局
2013	科学技术奖	二等奖	利用农业有机废弃物发酵进行大棚 CO_2 施肥技术	浙江大学，宁波市农业技术推广总站，浙江省农业技术推广中心，计划职业技术学院，建德市农技推广中心，惠多利农资有限公司
2013	科学技术奖	二等奖	曼氏无针乌贼全人工育苗与增值放流	宁波大学，浙江省海洋水产研究所，宁海县得水水产养殖有限公司
2013	科学技术奖	二等奖	乳酸菌及其发酵产品开发关键技术研究与应用	宁波大学，宁波市牛奶集团有限公司，杭州新希望双峰乳业有限公司，扬州大学，南京师范大学
2013	科学技术奖	二等奖	转型时期浙江农业农村改革发展研究与推广	浙江大学，浙江省农业科学院，浙江理工大学
2013	科学技术奖	二等奖	生态养殖中华鳖的精深加工关键技术研发与产业化	浙江大学，浙江中得农业集体有限公司，浙江省肿瘤医院，浙江省医学科学院
2013	科学技术奖	二等奖	水稻好氧栽培理论及应用	中国水稻研究所，浙江省农业厅农作物管理局，江西农业大学，湖南省粮油作物科技中心，安徽农业大学，江山市农业技术推广中心
2013	科学技术奖	二等奖	天目山植物多样性与珍稀濒危物种保育关键技术研究	浙江天目山国家级自然保护区管理局，浙江大学，浙江农林大学，浙江省林业有害生物防治检疫局，浙江省森林资源监测中心
2013	科学技术奖	二等奖	猪肉安全质量控制关键技术研究与示范	浙江大学，浙江青莲食品股份有限公司，浙江农林大学，杭州迪恩科技有限公司，浙江省检验检疫科学技术研究院
2013	科学技术奖	三等奖	茶多酚系列终端新产品开发技术及产业化	浙江大学
2013	科学技术奖	三等奖	春雨一号、春雨二号茶树新品种选育与推广	武义县经济特产技术推广站，浙江乡雨茶业有限公司，武义县嘉木茶叶良种场
2013	科学技术奖	三等奖	代料香菇重大病害——病毒病防控关键技术研究与应用	丽水市大山菇业研究开发有限公司，中国科学院武汉病毒研究所，丽水市林业科学研究院
2013	科学技术奖	三等奖	高产优质广适杂交水稻钱优 1 号的育成与推广	浙江省农业科学院，浙江农科种业有限公司，温州市种子站，金华市种子管理站
2013	科学技术奖	三等奖	国家二级保护植物夏蜡梅、七子花保护生物学研究	台州学院
2013	科学技术奖	三等奖	海产品添加剂的检测关键技术与安全性评估	舟山市疾病预防控制中心，中国科学院城市环境研究所，中国疾病预防控制中心
2013	科学技术奖	三等奖	海洋低值鱼类陆基加工新技术及设备开发	浙江兴业集团有限公司，中国海洋大学，中国水产科学研究院渔业机械仪器研究所
2013	科学技术奖	三等奖	浒苔的综合加工利用关键技术研究与应用	宁波大学，象山旭文海藻开发有限公司，福建海兴保健食品有限公司，宁波检验检疫科学技术研究院，中国农业机械科学研究院
2013	科学技术奖	三等奖	花椰菜雄性不育系的选育与利用研究	温州科技职业学院，浙江庆一种苗有限公司，温州市神鹿种业有限公司
2013	科学技术奖	三等奖	黄酒风险预警与品质鉴别技术集成研究与开发	绍兴市质量技术监督检测院

（续表）

年　份	奖　项	等　级	项目名称	主要完成单位
2013	科学技术奖	三等奖	基于纳米矿物材料的养殖水体修复关键技术研究与示范	浙江皇冠科技有限公司，杭州贝姿生物技术有限公司
2013	科学技术奖	三等奖	抗球虫药马度米星铵新制剂关键技术及产业化	浙江汇能动物药品有限公司
2013	科学技术奖	三等奖	蓝莓产业化关键技术研究与推广	浙江省农业科学院，新昌县西山果业有限公司，台州市君林蓝莓有限公司，浙江师范大学，浙江省种植业管理局
2013	科学技术奖	三等奖	林副产物中黄酮类活性物制备关键技术研究与应用	浙江科技学院，浙江康恩贝制药股份有限公司，浙江圣氏生物科技有限公司，浙江天草生物制品有限公司，浙江大学
2013	科学技术奖	三等奖	纳米复合生物保险技术在南方特色果蔬保鲜上的应用	浙江大学，杭州金菌克生物制品有限公司，杭州市余杭毛元岭桃果专业合作社
2013	科学技术奖	三等奖	宁波地区主要蔬菜害虫减农药综合控制技术开发与应用	宁波市农业科学研究院，浙江大学，宁波市农业技术推广总站
2013	科学技术奖	三等奖	农业现代化进程中资源持续高效利用与农业发展战略创新研究	浙江省农业科学院
2013	科学技术奖	三等奖	蔬菜育苗基质金色 3 号的研发与应用	浙江省种植业管理局，杭州锦海农业科技有限公司，浙江省农科院环境资源与土壤肥料研究所，浙江省农业技术推广中心，临海市农业局蔬菜办公室
2013	科学技术奖	三等奖	水稻病虫害远程智能诊断与防控信息系统	浙江省农业科学院，永康市农业技术推广中心，浙江省植物保护检疫局
2013	科学技术奖	三等奖	水稻品种 DNA 指纹鉴定平台的创建及其应用	中国水稻研究所，浙江省种子管理局
2013	科学技术奖	三等奖	西兰花安全高效生产关键技术研究与集成应用	台州科技职业学院，临海市植物保护站，浙江农林大学农业与食品科学学院，台州市农业科学研究院，临海市人民政府蔬菜办公室
2013	科学技术奖	三等奖	虾加工下脚料制备虾味香精关键技术研究及产业化	浙江海洋学院，舟山市越洋食品有限公司
2013	科学技术奖	三等奖	饮料专用绿茶加工关键技术及其产业化	中国农业科学院茶叶研究所，开化县名茶开发公司
2013	科学技术奖	三等奖	优质多抗黄瓜新品种选育及育种技术研究	浙江省农业科学院，浙江勿忘农种业股份有限公司，浙江浙农种业有限公司，杭州良峰蔬菜种子有限公司
2013	科学技术奖	三等奖	浙江大盘山野生中药材资源保护和可持续利用研究	浙江省大盘山国家级自然保护区管理局，浙江中医药大学，浙江省中医药研究院
2013	科学技术奖	三等奖	中国兰花新品种选育及产业化关键技术研究应用	浙江省农业科学院，浙江大学，浙江省林业科学研究院，浙江虹越花卉有限公司，中国林科院亚林所
2013	科学技术奖	三等奖	发达地区土壤污染防治的制度创新和技术集成研究	嘉兴学院嘉兴市环境保护局
2014	技术发明奖	二等奖	水稻钵形毯状秧苗机插技术研发与应用	中国水稻研究所，浙江理工大学
2014	技术发明奖	二等奖	铁皮石斛仿野生高效栽培关键技术及应用	浙江寿仙谷医药股份有限公司，金华寿仙谷药业有限公司，武义寿仙谷中药饮片有限公司

（续表）

年　份	奖　项	等　级	项目名称	主要完成单位
2014	科技进步奖	一等奖	生物催化技术重组并强化茶深加工制品的功能及其产业化	浙江大学，杭州英仕利生物科技有限公司，浙江茗皇天然食品开发有限公司
2014	科技进步奖	一等奖	浙江松林重大病虫害防控关键技术研究与应用	浙江农林大学，中国科学院动物研究所
2014	科技进步奖	一等奖	羊毛脂中甾醇同系物的高效分离及其副产物综合利用	浙江花园生物高科股份有限公司，浙江大学杭州下沙生物科技有限公司
2014	科技进步奖	二等奖	常山胡柚深度开发关键技术集成与产业化示范	浙江中医药大学，浙江柚都生物科技有限公司
2014	科技进步奖	二等奖	高产抗条纹叶枯病晚粳稻品种的选育与推广	浙江省嘉兴室农业科学研究院（所），中科院遗传所嘉兴农作物高新技术育种中心，嘉兴市种植技术推广总站，嘉兴市南湖区农作物管理站，秀洲区种子管理站，平湖市农业技术推广中心
2014	科技进步奖	二等奖	高性能淀粉衍生物粉体连续流态管道化新工艺制备技术与产业化	杭州纸友科技有限公司，杭州市化工研究院，国家造纸化学品工程技术研究中心
2014	科技进步奖	二等奖	鸽高效生产关键技术创新及应用	浙江省农业科学院，平阳县养鸽专业技术协会，浙江大学，平阳县星亮鸽业有限公司，平阳县敖峰鸽业有限公司
2014	科技进步奖	二等奖	国外松多世代育种体系构建与良种创制利用	中国林业科学研究院亚热带林业研究所，杭州市余杭区国营长乐林场，国营景德镇市枫树山林场，浙江省开化县林场
2014	科技进步奖	二等奖	基于产期调节的柑橘产业核心技术研发与集成应用	浙江省农业技术推广中心，浙江大学，浙江省柑橘研究所，浙江省农科院园艺所，浙江省种植业管理局，象山县林业特产技术推广中心
2014	科技进步奖	二等奖	家蚕种质资源评价、创新与多元化品种选育	浙江省农业科学院，浙江省农业技术推广中心，浙江大学，湖州市农业科学研究院，桐乡市蚕业有限公司，浙江省原蚕种场
2014	科技进步奖	二等奖	母乳微营养及婴幼儿配方奶粉母乳化共性关键技术研究与应用	贝因美婴童食品股份有限公司，浙江科技学院，杭州市质量技术监督检测院
2014	科技进步奖	二等奖	南方易腐果蔬微气调绿色贮运技术集成与产业化	宁波市农业科学研究院，浙江大学，国家农产品保鲜工程技术中心（天津），金华市农业科学研究院，宁波花果山果品有限公司，宁波市绿盛菜篮子商品配送有限公司
2014	科技进步奖	二等奖	农产食品中有害物质的免疫与分子快速检测技术研究与应用	中国计量学院，浙江大学，杭州迪恩科技有限公司，浙江省检验检疫科学技术研究院，浙江青莲食品股份有限公司，杭州天迈生物科技有限公司
2014	科技进步奖	二等奖	农村常见病防治卫生适宜技术转化体系构建与示范应用研究	浙江省医学科学院，浙江省医学科技教育发展中心，浙江大学，杭州师范大学，浙江省立同德医院，浙江医学高等专科学校
2014	科技进步奖	二等奖	水稻科学数据的基础与应用	中国水稻研究所
2014	科技进步奖	二等奖	晚粳稻特异种质的创制与功能鉴定	浙江省农业科学院，中国科学院上海生命科学研究院，浙江省嘉兴市农业科学研究院（所）
2014	科技进步奖	二等奖	银杏叶全产业链集成技术及产业化	浙江康恩贝制药股份有限公司，浙江现代中药与天然药物研究院有限公司，杭州康恩贝制药有限公司，云南希康生物科技有限公司

（续表）

年　份	奖　项	等　级	项目名称	主要完成单位
2014	科技进步奖	二等奖	优质鸡新配套系培育及健康养殖技术研究与示范	浙江光大种禽业有限公司，杭州市农业科学研究院，浙江大学
2014	科技进步奖	二等奖	玉米矮缩病流行规律、监测预警与持续控制关键技术研究及应用	浙江省农业科学院，浙江省东阳玉米研究所，临安市农业技术推广中心，浙江省农药检定管理所，全国农业技术推广服务中心，浙江农林大学
2014	科技进步奖	二等奖	浙江“数字土壤”基础与耕地地力评价技术研究及其应用	浙江省农业科学院，浙江省农业技术推广中心，宁波市种植业管理总站，衢州市土肥与农村能源技术推广站，金华市土壤肥料工作站
2014	科技进步奖	二等奖	智慧农业信息获取及云服务关键技术产业化推广应用	浙江大学，浙江省公众信息产业有限公司，浙江农林大学，中国电信股份有限公司浙江分公司，浙江农商大学
2014	科技进步奖	二等奖	基于云计算模式的农村新型金融服务终端及系统	浙江金大科技有限公司，浙江工商大学
2014	科技进步奖	三等奖	4LZ-4. 2Z型高功效低损失履带式全喂入谷物联合收割机的研制	湖州安格尔农业装备有限公司
2014	科技进步奖	三等奖	WS75农用多功能滑移装载机	浙江福威重工制造有限公司
2014	科技进步奖	三等奖	扁形名优绿茶连续化自动化加工技术与成套装备	中国农业科学院茶叶研究所，浙江上洋机械有限公司，杭州千岛湖丰凯实业公司
2014	科技进步奖	三等奖	东海虾蟹类资源调查研究及其在渔业管理中的应用	浙江海洋学院，浙江省海洋水产研究所
2014	科技进步奖	三等奖	瓜类砧木和甜瓜新品种选育与关键技术研究应用	宁波市农业科学研究院，浙江大学，新疆农业科学院哈密瓜研究中心，宁波农业技术开发公司
2014	科技进步奖	三等奖	海洋渔业船载保鲜加工新技术集成与应用	浙江工业大学，瑞安市华盛水产有限公司，台州兴旺水产有限公司，中国水产科学研究院南海水产研究所，中国水产科学研究院渔业机械仪器研究所
2014	科技进步奖	三等奖	厚朴野生种群遗传多样性及繁育关键技术	中国林业科学研究院亚热带林业研究所，磐安县园塘林场，安化县林业调查规划设计队，中国林业科学研究院亚热带林业实验中心
2014	科技进步奖	三等奖	基于现代生物学的家蚕微粒子病检测系列新技术研究和优化应用	浙江出入境检验检疫局检验检疫技术中心，浙江大学
2014	科技进步奖	三等奖	利用生物多样性修复土壤重金属污染的技术与农产品安全	台州市农业科学研究院，中国计量学院生命科学学院，浙江大学生命科学学院，温岭市种子管理站，台州市路桥区农技推广总站
2014	科技进步奖	三等奖	泥鳅规模化繁育技术的研究	浙江省淡水水产研究所，浙江大学湖州市南太湖现代农业科技推广中心，湖州市农业科学研究院
2014	科技进步奖	三等奖	蔬菜花卉航天育种技术研究及其新品种选育	杭州市农业科学研究院，浙江大学，杭州三叶蔬菜种苗公司，临安市农业技术推广中心，淳安县农业技术推广中心
2014	科技进步奖	三等奖	数字农业环境信息智能测控关键技术与云服务管理系统	嘉兴学院，嘉兴市宏联电子科技有限公司
2014	科技进步奖	三等奖	水稻自动化育秧播种生产线关键技术与产业化	浙江大学，台州市一鸣机械设备有限公司，嵊州室科灵机械有限公司

（续表）

年　份	奖　项	等　级	项目名称	主要完成单位
2014	科技进步奖	三等奖	松花菜小孢子培养高效育种技术创建及其应用	浙江省农业科学院，温州科技职业学院
2014	科技进步奖	三等奖	甜糯玉米育种技术创新及应用	浙江省农业科学院，浙江勿忘农种业股份有限公司
2014	科技进步奖	三等奖	新围滨海岩土综合治理及农业高效利用技术与示范	浙江省农业科学院，杭州锦海农业科技有限公司
2014	科技进步奖	三等奖	杨梅果实品质优化与枯枝病预防技术研究示范推广	浙江省柑桔研究所，临海市特产技术推广总站，乐清市农业局特产站，台州市林业技术推广总站，义乌市农业科教信息中心
2014	科技进步奖	三等奖	应对气候变化红树林移植及资源优化技术	浙江省海洋水产养殖研究所，厦门大学，中国科学院华南植物园
2014	科技进步奖	三等奖	诱杀茶树四大害虫的信息素色板技术与产品的研发及应用	中国计量学院，浙江省农业科学院
2014	科技进步奖	三等奖	长豇豆重要性状遗传基础和育种技术研究及品种选育	浙江省农业科学院，宁波市农业科学研究院，温州市神鹿种业有限公司，浙江浙农种业有限公司，温州市农业科学研究院
2014	科技进步奖	三等奖	浙江红树林营建关键技术研究与示范	浙江省亚热带作物研究所
2014	科技进步奖	三等奖	浙江特色林化产业培育关键技术研究与示范	浙江农林大学，浙江省林业科学研究院，杭州博达化工科技发展有限公司，安吉县竹宏竹胶板厂，德清家意炭业有限公司
2014	科技进步奖	三等奖	浙江特色植物增香持水提取物筛选制备及应用	浙江中烟工业有限责任公司，浙江工业大学
2014	科技进步奖	三等奖	猪主要病毒病快速诊断和猪α-干扰素防治新技术研究	浙江省农业科学院
2014	科技进步奖	三等奖	林权管理新模式及其信息服务平台研究与应用	浙江农林大学杭州感知科技有限公司
2014	科技进步奖	三等奖	蓝莓全产业链支撑技术开发利用	浙江蓝美农业有限公司，浙江省农业科学院，浙江神奇蓝宝农业科技有限公司，诸暨市经济特产站，浙江大学城市学院
2014	科技进步奖	三等奖	黄酒优质低耗酿造关键技术与安全控制体系研发及应用	中国绍兴黄酒集团有限公司，江南大学，中国食品发酵工业研究院，浙江古越龙山绍兴酒股份有限公司

附表 B-11 2008—2014 年安徽省农业科技获奖成果

年份	奖项	等级	项目名称	主要完成单位
2008	科学技术奖	一等奖	真菌杀虫剂产业化及森林害虫持续控制技术的研究	安徽农业大学，安徽省林业有害生物防治检疫局，中国科学院上海生命科学研究院植物生理生态研究所，宣州区森林病虫防治检疫站，安徽省皖东微生物制剂厂，安徽众邦生物工程有限公司，安徽省合肥农药厂，江西天人生态工业有限责任公司
2008	科学技术奖	二等奖	淮猪新品系选育技术及产业开发	安徽省农业科学院畜牧兽医研究所，安徽省畜牧兽医局，安徽省科鑫养猪育种有限公司，安徽科技学院，广德福丰银杏生态园有限公司，望江县科星生态种猪有限责任公司
2008	科学技术奖	二等奖	长江胭脂鱼人工驯养繁育及资源保护放流研究	安徽省长江水生动物保护研究中心，安徽农业大学，无为县小老海长江特种水产有限公司，巢湖市水产技术推广中心
2008	科学技术奖	二等奖	优质、丰产、抗病中籼稻新品种选育及应用	安徽省农业科学院水稻研究所，芜湖市农业技术推广中心，六安市裕安区农业科学研究所，安徽华安种业有限责任公司
2008	科学技术奖	二等奖	减灾避灾甘蓝系列新品种选育及标准化生产技术研究与示范	安徽农业大学园艺学院，淮南市农业科学研究所
2008	科学技术奖	二等奖	《安徽中药志》编著与安徽中药资源研究	安徽中医学院，安徽省科技厅，安徽医科大学，安徽省立医院，桐城市食品药品监督管理局
2008	科学技术奖	三等奖	“安生”系列西瓜品种选育及配套栽培技术研究与示范	安徽省安生种子有限责任公司，安徽省农业科学院绿色食品工程研究所
2008	科学技术奖	三等奖	高粱与苏丹草杂种优势的研究与利用	安徽科技学院，安徽省畜牧技术推广总站
2008	科学技术奖	三等奖	国审棉九杂四号的选育及推广应用	安徽省九成农业科学研究所，安徽省九成农丰种子有限责任公司，安徽省爱地农业科技有限责任公司
2008	科学技术奖	三等奖	河沟生态养殖技术模式研究与开发	当涂县贤进渔业发展有限公司
2008	科学技术奖	三等奖	家蚕系列新品种的育成及推广	安徽省农业科学院蚕桑研究所，安徽省蚕桑服务站
2008	科学技术奖	三等奖	经济林重大害虫猖獗危害及可持续控制技术研究	六安市裕安区森防检疫站，安徽天达生态园林工程有限责任公司，六安市林业有害生物防治检疫局，六安市金安区森防检疫站
2008	科学技术奖	三等奖	淠史杭灌区水稻节水灌溉技术研究与集成应用	安徽农业大学
2008	科学技术奖	三等奖	蔬菜安全及标准化生产技术体系研究与示范	安徽省农业科学院园艺研究所，安徽三山农副产品批发市场有限公司，安徽省农业科学院植物保护研究所
2008	科学技术奖	三等奖	双低油菜新品种皖油 29 选育及应用	六安市农业科学研究所
2008	科学技术奖	三等奖	优质安全鸡肉生产关键技术的研究与集成示范	安徽农业大学，安徽和威农业开发股份有限公司，安徽省动物疫病预防与控制中心，合肥华仁农牧集团
2008	科学技术奖	三等奖	优质高产鹅新品种富安白鹅配套系的培育及推广	合肥富安生物科技有限公司，安徽农业大学动物科技学院，无为县畜牧中心

（续表）

年 份	奖 项	等 级	项目名称	主要完成单位
2008	科学技术奖	三等奖	油菜菌核病综合治理标准化技术研究与大面积推广应用	巢湖市植保植检站，庐江县植保植检站，居巢区植物保护站，和县植保植检站
2008	科学技术奖	三等奖	杂交夏大豆的创制及其特性研究	安徽省农业科学院作物研究所，阜阳市农业科学研究所
2008	科学技术奖	三等奖	早熟大果形李新品种选育及丰产技术研究	安徽农业大学园艺学院，安徽省农科院园艺所
2008	科学技术奖	三等奖	营养调理型液体叶面复合肥料	合肥工业大学
2008	科学技术奖	三等奖	双甘膦氧气氧化法合成草甘膦技术及其工业化项目	安徽氯碱化工集团有限责任公司
2008	科学技术奖	三等奖	合肥大房郢水库水质污染控制集成配套技术的应用研究	安徽农业大学，合肥市董铺大房郢水库管理处
2008	科学技术奖	三等奖	小而香西瓜子标准化生产工艺的研究	安徽洽洽食品有限公司
2008	科学技术奖	三等奖	运用生物固定化增殖细胞技术提高大曲发酵力的研究及应用	安徽古井贡酒股份有限公司
2008	科学技术奖	三等奖	安徽利用世界银行贷款营造林技术研究与应用	安徽省速生丰产林项目办公室
2009	科学技术奖	一等奖	番茄系列品种选育与产业化研究	安徽省农业科学院园艺研究所
2009	科学技术奖	一等奖	绿茶现代化加工技术与装备的研究与推广	安徽农业大学，黄山谢裕大茶业股份有限公司，黄山市汪满田茶业有限公司，休宁县荣山茶厂
2009	科学技术奖	一等奖	安徽江淮区域小麦高产工程技术研究与应用	安徽农业大学
2009	科学技术奖	二等奖	优质、香型、超高产两系中籼新组合两优6326的选育与应用	宣城市农业科学研究所
2009	科学技术奖	二等奖	数字化智能茶叶色选机	合肥美亚光电技术有限责任公司，安徽农业大学
2009	科学技术奖	二等奖	吡虫啉原药工业化技术研究	安徽华星化工股份有限公司
2009	科学技术奖	二等奖	淮河流域闸坝对河流水环境及生态影响研究	水利部淮河水利委员会，中国科学院地理科学与资源研究所
2009	科学技术奖	三等奖	“矮败小麦”应用的研究	安徽省农业科学院作物研究所
2009	科学技术奖	三等奖	安徽大别山区不同土地利用类型植被恢复及其水文生态效应的研究	安徽省造林经营总站，南京林业大学，安徽省林业科学研究院，安徽省岳西县林业局
2009	科学技术奖	三等奖	安徽省水稻育插秧机械化技术示范推广	安徽省农业机械技术推广总站，天长市农业机械管理局，凤台县农业机械管理局，当涂县农业机械管理局
2009	科学技术奖	三等奖	安徽优质牧草高产技术集成研究与示范	安徽农业大学，安徽省畜牧技术推广总站
2009	科学技术奖	三等奖	板栗膏药病发生规律与无公害防治技术研究	安徽农业大学林学与园林学院，安徽省农科院植保所，舒城县森林病虫害防治检疫站，舒城德昌良种苗木有限公司，安徽省广德县林业局
2009	科学技术奖	三等奖	国审小麦新品种皖麦50的选育与应用	宿州市农业科学研究所

（续表）

年　份	奖　项	等　级	项目名称	主要完成单位
2009	科学技术奖	三等奖	果蔬脆片安全生产技术研究及产业化	安徽华汇果蔬产业有限公司，安徽省农科院农产品加工研究所
2009	科学技术奖	三等奖	河蟹分割加工保鲜关键技术及HACCP 体系研究	明光市永言水产（集团）有限公司，合肥工业大学
2009	科学技术奖	三等奖	黄桃罐藏专用型新品种皖 83 选育与配套技术研究推广	安徽农业大学，砀山县道正实业有限公司，安徽省农科院园艺研究所
2009	科学技术奖	三等奖	生瓜子安全贮运关键控制技术研究与示范	安徽小刘食品股份有限公司，安徽省农科院农产品加工研究所
2009	科学技术奖	三等奖	特种脱水蔬菜深加工产业化关键技术研究	合肥顶绿食品股份有限公司，合肥工业大学
2009	科学技术奖	三等奖	皖南黄鸡（配套系）的研究	安徽华大生态农业科技有限公司
2009	科学技术奖	三等奖	皖南主要落叶阔叶树种育苗与造林技术模式研究	黄山学院，安徽省速生丰产林项目办公室
2009	科学技术奖	三等奖	皖桑系列新品种的育成及示范推广	安徽省农业科学院蚕桑研究所
2009	科学技术奖	三等奖	沿江江南集约型生态农业技术集成与示范	池州市华丽农业科技开发有限公司，池州学院资源环境与旅游发展研究中心，安徽省农业科学院园艺研究所
2009	科学技术奖	三等奖	长江中下游地区水花生综合防治技术研究与应用	安徽省农业生态环境总站，中国农业科学院农业环境与可持续发展研究所，巢湖市居巢区农业委员会
2009	科学技术奖	三等奖	大肠杆菌内毒素诱发畜禽损伤机理及其拮抗因子研究	安徽农业大学，华南农业大学
2009	科学技术奖	三等奖	提高泥鳅、黄鳝繁殖力及健康高效养殖关键技术研究	安徽农业大学，怀远县渔业科技发展有限责任公司，怀远县水产技术推广中心，安徽霍邱县水门塘水产养殖场
2009	科学技术奖	三等奖	黄山市松材线虫病预防体系建设项目	黄山市林业局
2009	科学技术奖	三等奖	晶奇新型农村合作医疗管理信息系统	合肥晶奇电子科技有限公司
2009	科学技术奖	三等奖	NK 系列超高吸水性树脂	徽省农业科学院农业工程研究所
2009	科学技术奖	三等奖	高纯度 2,6-二氯喹喔啉产业化	安徽丰乐农化有限责任公司
2009	科学技术奖	三等奖	棉花专用配方缓控释肥	徽省司尔特肥业股份有限公司，安徽省农业科学院棉花研究所，合肥工业大学
2009	科学技术奖	三等奖	淮河流域水资源配置关键技术及应用	中水淮河规划设计研究有限公司，河海大学
2010	科学技术奖	一等奖	双低油菜籽低温压榨制油新技术及副产物综合利用	合肥工业大学，安徽大平工贸（集团）有限公司，国家粮食储备局西安油脂科学研究设计院，北京中农康元粮油技术发展有限公司
2010	科学技术奖	一等奖	早熟、超高产、节本高效杂交中籼皖稻 125 的选育与应用研究	安徽省农业科学院水稻研究所，四川省农业科学院水稻高粱研究所，宿州市种子公司
2010	科学技术奖	二等奖	安徽省农业综合节水技术研究	安徽省淮委水利科学研究院（安徽省水利水资源重点实验室），安徽省水利厅农村水利处，安徽省水利厅新马桥灌溉试验中心站

（续表）

年 份	奖 项	等 级	项目名称	主要完成单位
2010	科学技术奖	二等奖	畜产品安全与标准化生产技术研究与开发	安徽长风农牧科技有限公司，安徽农业大学，安徽省兽药饲料监察所，安徽安泰农业开发有限责任公司
2010	科学技术奖	二等奖	高产、优质、大铃型杂交棉新品种中棉所48的选育与推广	安徽中棉种业长江有限责任公司，中国农业科学院棉花研究所
2010	科学技术奖	二等奖	皖西白鹅高产蛋品系选育及推广应用	安徽农业大学，安徽省皖西白鹅原种场
2010	科学技术奖	二等奖	鲜食糯玉米品种创制及应用	安徽科技学院，江苏中江种业股份有限公司
2010	科学技术奖	三等奖	河蟹生态养殖保护湖泊资源关键技术开发	五河县水产技术推广站
2010	科学技术奖	三等奖	基于“3S”技术的耕地地力评价研究及应用	蒙城县农业技术推广中心，安徽农业大学，中盐安徽红四方股份有限公司
2010	科学技术奖	三等奖	江淮地区稻麦连作超高产栽培技术示范与推广	天长市农业科技推广中心
2010	科学技术奖	三等奖	栝楼新品种选育与产业化开发	安徽省农业科学院园艺研究所，潜山县野葫芦产业开发领导小组办公室，潜山县传文瓜子有限公司
2010	科学技术奖	三等奖	梨新品种选育与主要病害防控技术研究及示范推广	安徽农业大学园艺学院
2010	科学技术奖	三等奖	马尾松种源加密实生种子园营建技术的研究	安徽省林木种苗总站，安徽省林业科学研究院，国营全椒县瓦山林场
2010	科学技术奖	三等奖	弱筋小麦皖麦47选育、原种扩繁及推广应用	安徽省六安市农业科学研究所
2010	科学技术奖	三等奖	手剥山核桃自动化加工成套设备	安徽农业大学工学院，安徽省宁国市长乐林产品开发有限公司
2010	科学技术奖	三等奖	太平猴魁茶产业化关键技术集成应用研究	黄山区科技创业服务中心，黄山市黄山区茶业局，黄山六百里猴魁茶业有限公司，黄山市猴坑茶业有限公司
2010	科学技术奖	三等奖	西甜瓜工厂化嫁接育苗关键技术研究与示范	宿州种苗研究所，安徽宿州国家农业科技园
2010	科学技术奖	三等奖	香椿安全加工保鲜关键技术研究与示范	安徽省农业科学院农产品加工研究所，安徽省太和县酱菜厂
2010	科学技术奖	三等奖	小麦生产“两深一精”等机械化最佳效果的互适性因素技术研究	安徽省农业机械技术推广总站，安徽省农业机械管理局
2010	科学技术奖	三等奖	油茶良种大别山1-4号选育与应用研究	安徽农业大学，舒城德昌良种苗木有限公司
2010	科学技术奖	三等奖	杂交粳稻天协1号（9优418）及其不育系徐9201A的选育与应用	安徽省种子管理总站，江苏徐淮地区徐州农业科学研究所，安徽省天禾农业科技股份有限公司
2010	科学技术奖	三等奖	洪涝灾害对急性血吸虫病传播影响及其应对措施的研究	安徽省血吸虫病防治研究所
2010	科学技术奖	三等奖	安徽道地药材宿半夏脱毒培养及人工种子规模化生产应用和高效栽培	淮北师范大学，淮北市农业技术推广站，淮北市南湖开发区农业高科技示范中心

（续表）

年　份	奖　项	等　级	项目名称	主要完成单位
2010	科学技术奖	三等奖	功能型养分复合体颗粒肥研制与产业化开发	安徽新农村生态肥料有限公司，池州市农业技术推广中心，安徽省农业科学院土壤肥料研究所
2011	科学技术奖	一等奖	高产优质抗病辣椒系列新品种新技术的研究及产业化	安徽江淮园艺科技有限公司，合肥江淮园艺研究所
2011	科学技术奖	一等奖	褐色标记两系核不育系新安 S 及系列品种的选育与应用	安徽荃银高科种业股份有限公司
2011	科学技术奖	二等奖	耐旱、高效、广适性旱稻新品种绿旱 1 号选育与应用	安徽省农业科学院水稻研究所，安徽农技推广总站，安徽省科技学院，安徽省龙亢农场
2011	科学技术奖	二等奖	水稻稻曲病流行规律和控灾技术研究	安徽省农业科学院植物保护研究所，安徽农业大学植保学院
2011	科学技术奖	二等奖	特色蛋鸡新品种选育及养殖关键技术研发与应用	安徽农业大学，安徽荣达禽业开发有限公司
2011	科学技术奖	二等奖	抗旱复合肥料关键技术研究及其应用	安徽农业大学，中盐安徽红四方股份有限公司
2011	科学技术奖	二等奖	淮河流域水土保持生态修复机理和评价指标体系研究与示范	水利部淮河水利委员会水土保持处，山东农业大学，淮河水利委员会淮河流域水土保持监测中心站，河南农业大学
2011	科学技术奖	三等奖	堤坝白蚁种群治理与监测诱杀技术研发和应用	和县水务局，安徽农业大学，安徽省水利厅，安徽省巢湖市水务局
2011	科学技术奖	三等奖	豆粕饲用品质生物改良与应用研究	安徽农业大学，安徽天邦饲料科技有限公司，安徽天邦生物技术有限公司，安徽安泰农业开发有限责任公司
2011	科学技术奖	三等奖	淮北地区旱作茬小麦超高产关键技术研究与应用	安徽省农业科学院作物研究所，安徽农业大学，蒙城县农业技术推广中心，涡阳县农业技术推广中心
2011	科学技术奖	三等奖	牡丹皮活性物质的综合制备工艺及产业化	安徽大学，安徽益康生物科技有限公司
2011	科学技术奖	三等奖	杉木、马尾松、湿地松人工用材林可持续经营技术研究与示范推广	安徽省速生丰产林项目办公室，安徽农业大学，旌德县庙首林场，青阳县陵阳镇沙济林场
2011	科学技术奖	三等奖	食用菌茅仙香菇 1 号的选育及推广	安徽中祝农业发展有限公司，安徽大学
2011	科学技术奖	三等奖	小麦谷朊粉联产超中性酒精及 DDG 饲料研究应用	安徽瑞福祥食品有限公司，合肥工业大学
2011	科学技术奖	三等奖	隐性核不育三系杂交油菜皖油 27 号的选育及应用	滁州市农业科学研究所
2011	科学技术奖	三等奖	优势杂交棉皖棉 31 号的选育与推广应用	安徽银禾种业有限公司
2011	科学技术奖	三等奖	优质高繁殖力瘦肉型圩猪新品系培育及配套组装	安徽农业大学，安徽安泰农业集团，芜湖三利养殖场
2011	科学技术奖	三等奖	主要水果害虫、天敌消长规律及害虫防控技术研究与应用	安徽农业大学，安徽省植物保护总站，萧县植保站，砀山县植保植检服务中心

（续表）

年 份	奖 项	等 级	项目名称	主要完成单位
2011	科学技术奖	三等奖	作物秸秆还田农机农艺双适应关键技术研究与示范	安徽省农业科学院，安徽农业大学，安徽省农业机械技术推广总站，湖州星光农机制造有限公司
2011	科学技术奖	三等奖	社会主义新农村建设科普丛书	巢湖市科技局
2011	科学技术奖	三等奖	高酸值米糠油酯化脱酸新技术研究与应用	合肥工业大学，合肥市大海油脂有限公司
2011	科学技术奖	三等奖	山核桃主要有害生物发生规律与可持续控制技术	国市林业局，安徽农业大学，安徽省宁国市万家一品来山核桃专业合作社
2011	科学技术奖	三等奖	斑点叉尾鮰安徽核心群的建立与优良种苗扩繁及产业化示范	淮南市焦岗湖水产旅游开发有限公司，安徽农业大学，明光市永言水产（集团）有限公司
2011	科学技术奖	三等奖	高致病性猪蓝耳病综合防治技术	安徽省动物疫病预防与控制中心，安徽农业大学，安徽安泰农业开发有限公司
2011	科学技术奖	三等奖	霍山石斛（米斛）茎段组培及栽培技术应用研究	安徽省林业高科技开发中心，安徽康顺名贵中草药产业开发有限公司
2011	科学技术奖	三等奖	多功能复合生物菌剂的研究与开发	安徽金农生物技术有限公司
2012	科学技术奖	一等奖	水稻耐储藏种质发掘关键技术及应用	中国科学院合肥物质科学研究院，安徽省农业科学院水稻研究所，安徽荃银高科种业股份有限公司，安徽农业大学，安徽中谷国家粮食储备库
2012	科学技术奖	二等奖	设施专用型辣椒系列新品种选育及标准化生产技术研究与示范	淮南市农业科学研究所，安徽农业大学园艺学院
2012	科学技术奖	二等奖	水稻重大病虫害预警与安全防控技术体系研究	安徽省农业科学院植物保护研究所，安徽农业大学植物保护学院
2012	科学技术奖	二等奖	优质高产定远猪专门化品系选育及应用	安徽农业大学，定远县畜牧兽医局，安徽省畜牧技术推广总站，安徽省畜禽遗传资源保护中心
2012	科学技术奖	二等奖	农林剩余物热解气化技术开发与应用	合肥天焱绿色能源开发有限公司，中国林业科学研究院林产化学工业研究所
2012	科学技术奖	二等奖	烟嘧磺隆原药合成新工艺及其制剂产业化	合肥久易农业开发有限公司，合肥工业大学，安徽农业大学
2012	科学技术奖	二等奖	野生短尾猴定量观测技术体系的开发及应用	安徽大学，黄山风景区管委会园林局，安徽师范大学
2012	科学技术奖	二等奖	安徽重要进出口食品农产品检验检疫技术	安徽出入境检验检疫局检验检疫技术中心
2012	科学技术奖	三等奖	“环保型”鱼类——细鳞斜颌鲴规模化人工繁育及生态养殖技术	安徽省农业科学院水产研究所，芜湖县六郎镇渔种场，肥东县长临渔场
2012	科学技术奖	三等奖	安徽麦稻高产高效养分资源运筹技术及应用	安徽省农业科学院土壤肥料研究所，安徽思福农业科技有限公司
2012	科学技术奖	三等奖	超高产稳产小麦新品种煤生0308选育与应用	淮北师范大学，安徽皖垦种业股份有限公司
2012	科学技术奖	三等奖	大宗低值淡水产品深加工关键技术及副产物综合利用	明光市永言水产（集团）有限公司，合肥工业大学
2012	科学技术奖	三等奖	高产型杂交棉新品种中棉所53号的选育与推广	安徽中棉种业长江有限责任公司，中国农业科学院棉花研究所

（续表）

年　份	奖　项	等　级	项目名称	主要完成单位
2012	科学技术奖	三等奖	高产优质强筋小麦皖麦38-96选育与应用	亳州市农业科学研究所
2012	科学技术奖	三等奖	克氏原螯虾良种选育与高效养殖技术研究及产业化	凤台县丰华农业发展有限公司，安徽省农业科学院水产研究所，凤台县水产技术推广中心，明光市兴渔克氏原螯虾良种繁育中心
2012	科学技术奖	三等奖	酿造调味品发酵工艺及其品质改进关键技术	安徽工程大学，安徽味甲天食品酿造有限公司
2012	科学技术奖	三等奖	农业干旱定量监测预警和损失评估业务化技术	安徽省气象科学研究所
2012	科学技术奖	三等奖	燃料乙醇甘薯新品种阜徐薯20的选育及应用	阜阳市农业科学院
2012	科学技术奖	三等奖	食用菌速冻新技术研究及新产品开发	黄山山华（集团）有限公司，扬州大学，中华全国供销总社南京野生植物综合利用研究院，江南大学
2012	科学技术奖	三等奖	皖北地区农田水高效利用实验研究与综合应用	安徽农业大学，安徽省淮委水利科学研究院（省水利水资源重点实验室），河海大学
2012	科学技术奖	三等奖	应对气候变化农业适应性技术研究与应用	安徽农业大学，安徽省农科院畜牧所，明光市农业技术推广中心
2012	科学技术奖	三等奖	油桃新品种“满园红”选育及配套轻简化栽培技术集成与应用	安徽省农业科学院园艺研究所，砀山县高峰油桃专业合作社
2012	科学技术奖	三等奖	中低温型优质香菇品种“黄山徽菇”选育与推广应用	安徽农业大学，黄山山华集团，淮南市润莹农业开发有限责任公司，合肥市田野菌业有限责任公司
2012	科学技术奖	三等奖	猪圆环病毒病防治关键技术研究与示范	安徽农业大学，安徽联发畜牧科技有限公司，安徽安泰农业开发有限责任公司，安徽浩翔农牧有限公司
2012	科学技术奖	三等奖	霍山石斛产业化栽培关键技术与应用	皖西学院
2012	科学技术奖	三等奖	炭基缓释肥的研制及应用	安徽拜尔福生物科技有限公司，安徽省生物质炭基复合肥料工程技术研究中心，南京农业大学农业资源与生态环境研究所
2012	科学技术奖	三等奖	基于生物质气化为热源的农特产品干燥成套设备研制技术	安徽农业大学，安徽省宁国市长乐林产品开发有限公司
2013	科学技术奖	一等奖	双季稻北缘地区早籼稻新品种选育技术研究及应用	安徽省农业科学院水稻研究所，安徽省农业技术推广总站，安徽华安种业有限责任公司，芜湖市农业技术推广中心，池州市贵池区农业技术推广中心
2013	科学技术奖	一等奖	国审新品种皖系长毛兔选育及配套技术的研究与应用	安徽省农业科学院畜牧兽医研究所
2013	科学技术奖	二等奖	麦芽酚、乙基麦芽酚生产工艺及技术创新	安徽金禾实业股份有限公司
2013	科学技术奖	二等奖	辣椒系列专用型品种选育与应用	安徽省农业科学院园艺研究所
2013	科学技术奖	二等奖	六安瓜片茶产业化关键技术开发与应用	安徽农业大学，安徽省六安瓜片茶业股份有限公司

（续表）

年　份	奖　项	等　级	项目名称	主要完成单位
2013	科学技术奖	二等奖	高蛋白高产耐逆大豆皖豆28、皖豆24选育与应用	安徽省农业科学院作物研究所
2013	科学技术奖	二等奖	家蚕系列新品种育成与健康饲养关键技术应用及推广	安徽农业大学，安徽省农业科学院蚕桑研究所，安徽省蚕桑服务站
2013	科学技术奖	二等奖	优质专用玉米种质创建关键技术及应用	安徽农业大学，宿州市农业科学院，合肥丰乐种业股份有限公司瓜菜种子公司，安徽荃银欣隆种业有限公司，安徽雨田农业科技有限公司
2013	科学技术奖	三等奖	血吸虫病传染源控制策略优化组合模式及效果评估的研究	安徽省血吸虫病防治研究所，铜陵县血吸虫病防治站
2013	科学技术奖	三等奖	祁门红茶高效加工关键技术与自动化装备研究	安徽省农业科学院茶叶研究所，安徽省祁门红茶发展有限公司
2013	科学技术奖	三等奖	利用有机废弃物生产氨基酸有机无机复混肥技术及产业化	安徽科技学院，安徽莱姆佳肥业有限公司
2013	科学技术奖	三等奖	奶牛生物快繁技术研究、集成与应用	安徽农业大学，安徽省畜牧技术推广总站，现代牧业（集团）有限公司，蚌埠市和平乳业有限责任公司
2013	科学技术奖	三等奖	茶叶籽油低温压榨、精制技术研究	安徽省华银茶油有限公司
2013	科学技术奖	三等奖	水产动物抗病促生长中草药复方饲料添加剂的研制与应用	安徽安丰堂动物药业有限公司，安徽农业大学，安徽省农业科学院水产研究所
2013	科学技术奖	三等奖	安徽省林木种质资源整理整合与利用研究	安徽省林业科学研究院
2013	科学技术奖	三等奖	梨炭疽病发生规律、因素研究与防治方法探索	安徽省砀山果业技术研究所，砀山县科学技术局
2013	科学技术奖	三等奖	国审转基因抗虫杂交棉皖杂棉9号的选育与应用	安徽省农业科学院棉花研究所，中国农业科学院生物技术研究所
2013	科学技术奖	三等奖	新糖源植物甜叶菊自育品种选育推广应用	安徽大学，明光市江淮分水岭试验站
2013	科学技术奖	三等奖	转新型双价基因（*Cry1Ac+ApI*）棉花新品种产业化	合肥丰乐种业股份有限公司，河南科润生物技术有限责任公司，安徽省农业技术推广总站
2013	科学技术奖	三等奖	皖北黄牛乳肉兼用牛品系选育与应用	安徽农业大学，安徽天达饲料集团
2013	科学技术奖	三等奖	高性能浅色亚麻油酸绿色环保生产技术及产业化	安徽省瑞芬得油脂深加工有限公司，合肥工业大学
2013	科学技术奖	三等奖	杏鲍菇高产高效集成栽培技术研究与示范	芜湖野树林生物科技有限公司
2014	科学技术奖	一等奖	沿淮低洼地农作物减灾增效关键技术及产品研发与应用	安徽农业大学，安徽省农业科学院，阜南县农业科学研究所，霍邱县种植业发展局，怀远县农业技术推广中心，五河县农业技术推广中心，凤台县农业科学研究所
2014	科学技术奖	一等奖	国审黄羽肉鸡新品种（配套系）的培育及应用	安徽农业大学，中国农业科学院北京畜牧兽医研究所，安徽五星食品股份有限公司
2014	科学技术奖	一等奖	转基因作物风险防控技术研究与应用	安徽省农业科学院水稻研究所
2014	科学技术奖	二等奖	4LZ-8F自走式谷物联合收获机	奇瑞重工股份有限公司

（续表）

年　份	奖　项	等　级	项目名称	主要完成单位
2014	科学技术奖	二等奖	杂交中籼水稻机插平衡栽培技术研究与应用	安徽省农业科学院水稻研究所，安徽省农业机械技术推广总站，安徽农业大学，安徽省农业技术推广总站，安徽省农业科学院植物保护与农产品质量安全研究所
2014	科学技术奖	二等奖	乌塌菜种质资源创新及系列新品种选育示范推广	安徽农业大学，淮南市农业科学研究所
2014	科学技术奖	二等奖	茄子高效育种技术研究及系列品种选育与应用	安徽省农业科学院园艺研究所，中国农业科学院蔬菜花卉研究所，安徽科乐园艺科技有限公司，合肥市田田农业发展有限公司
2014	科学技术奖	二等奖	灭草松原药合成新技术开发及产业化	合肥星宇化学有限责任公司
2014	科学技术奖	二等奖	生态环保高分子复合滤材关键技术研发与应用	安徽建筑大学，安徽利特环保技术有限公司，合肥利阳环保科技有限公司
2014	科学技术奖	二等奖	动物线粒体基因组及相关类群的系统进化研究	安徽师范大学
2014	科学技术奖	三等奖	松潘地区震后中药资源保护与开发利用	安徽中医药大学
2014	科学技术奖	三等奖	安徽主要名优水产品标准化养殖技术研究及应用	安徽省农业科学院水产研究所，芜湖市渔业渔政管理中心，安徽惠民实业有限责任公司，安庆市皖宜季牛水产养殖有限责任公司
2014	科学技术奖	三等奖	国审、高产、广适杂交中籼新组合Ⅱ优 508 的选育与应用	宿州市种子公司
2014	科学技术奖	三等奖	水旱轮作制下秸秆养分资源高效利用关键技术模式研究及应用	安徽省农业科学院土壤肥料研究所，安徽省土壤肥料总站，全椒县农业技术推广中心，潜山县种植业管理局
2014	科学技术奖	三等奖	猪“高热病”病因诊断及防治关键技术研究	安徽农业大学，合肥市华杰畜禽养殖有限公司，安徽省动物疫病预防与控制中心
2014	科学技术奖	三等奖	高产国审大豆新品种阜豆 9 号的选育及推广应用	阜阳市农业科学院
2014	科学技术奖	三等奖	双低杂交油菜滁杂优 3 号选育及应用	滁州市农业科学研究所，湖北大路种业有限公司
2014	科学技术奖	三等奖	两系超级稻丰两优四号新品种选育及推广	合肥丰乐种业股份有限公司
2014	科学技术奖	三等奖	山核桃资源综合开发利用技术	安徽农业大学，安徽省林业外资项目办公室
2014	科学技术奖	三等奖	水稻专用型肥料生产关键技术的开发与应用	马鞍山科邦生态肥有限公司
2014	科学技术奖	三等奖	碎米深加工综合利用	安徽农业大学，中国科技大学分子油化学实验室，安徽乐健绿色食品有限公司，安徽省联河米业有限公司
2014	科学技术奖	三等奖	农田土壤农药污染防治关键技术研究与应用	安徽农业大学，安徽省优质农产品基地管理站，繁昌县农业技术推广中心
2014	科学技术奖	三等奖	优质和牛引进、快繁与改良技术集成与示范	亳州市天和牧业有限公司，安徽农业大学
2014	科学技术奖	三等奖	石斛产业化关键技术研发与集成示范	安徽农业大学，安徽新津铁皮石斛开发有限公司

（续表）

年　份	奖　项	等　级	项目名称	主要完成单位
2014	科学技术奖	三等奖	皖北平原地下水开发利用与保护综合研究与应用	安徽省淮委水利科学研究院（省水利水资源重点实验室），安徽省水文局，安徽农业大学
2014	科学技术奖	三等奖	园林彩叶与芳香植物的研究及示范推广	安徽省农业科学院农业工程研究所，安徽舒城金桥农林科技有限公司
2014	科学技术奖	三等奖	优质皖芝系列新品种选育与高产增效栽培技术推广应用	安徽省农业科学院作物研究所
2014	科学技术奖	三等奖	大田作物农情监测物联网系统集成关键技术与应用服务平台	安徽朗坤物联网有限公司
2014	科学技术奖	三等奖	浓香型大曲酒生态酒窖建造方法的研究及应用	安徽古井贡酒股份有限公司
2014	科学技术奖	三等奖	生物质连续热解技术与工艺应用及成套设备制造	芜湖市恒久再生能源有限公司
2014	科学技术奖	三等奖	高产 1,3-二羟基丙酮重组基因工程菌的构建及推广应用	安徽瑞赛生化科技有限公司，中国医学科学院医药生物技术研究所，中国矿业大学

附表 B-12 2008—2014 年福建省农业科技获奖成果

年 份	奖 项	等 级	项目名称	主要完成单位
2008	科学技术奖	一等奖	杀虫防病微生物农药新资源及产业化新技术新工艺研究	福建农林大学，福建省农业科学院作物研究所，福建浦城绿安生物农药有限公司
2008	科学技术奖	一等奖	杉木人工林碳吸存与碳计量技术	福建师范大学，福建农林大学
2008	科学技术奖	二等奖	水稻 *eui* 基因的新发现，长穗颈不育系选育和高秆隐性杂交稻育种技术体系建立	福建农林大学
2008	科学技术奖	二等奖	无公害优质稻米高产高效关键技术研究与应用	福建农林大学
2008	科学技术奖	二等奖	茶叶质量安全控制关键技术研究与示范	福建农林大学
2008	科学技术奖	二等奖	农作物青枯病生防菌 ANTI-8098A 的研究与应用	福建省农业科学院
2008	科学技术奖	二等奖	烟粉虱综合防治技术及其应用研究	福建农林大学，福建省农业科学院植物保护研究所
2008	科学技术奖	二等奖	蔬菜降污专用肥及其规范化生产技术与示范推广	福建省农业科学院土壤肥料研究所，福建省绿色食品发展中心
2008	科学技术奖	二等奖	豆类蔬菜农药残留监测及安全使用技术研究	漳州市农业检验监测中心
2008	科学技术奖	二等奖	集约化白羽肉鸡场重大疫病的预防与控制技术研究	福建森宝食品集团股份有限公司，龙岩学院
2008	科学技术奖	二等奖	优质鸡半放养药物残留控制关键技术研究	福建农林大学
2008	科学技术奖	二等奖	森林害虫白僵菌、绿僵菌资源库构建及专化性菌剂的研究与应用	福建省林业科学研究院，福建省森林病虫害防治检疫总站，漳州市森林植物防治检疫站，武夷山市林业局
2008	科学技术奖	二等奖	刨花楠优良种植材料选育与造林技术研究	福建师范大学，江西农业大学，福建省南平市林业局种苗站，福建省南平市延平区太平试验林场
2008	科学技术奖	二等奖	工业原料林智能化造林技术设计关键技术研究及应用	福建农林大学
2008	科学技术奖	二等奖	圆齿野鸦椿生物学特性及苗木繁育技术研究	福建农林大学，邵武市锦溪天成苗木有限公司
2008	科学技术奖	二等奖	耐盐碱保水剂的研制和在农林业上的综合应用	福建省亚热带植物研究所，福建省林业科学研究院
2008	科学技术奖	二等奖	养殖鳗鲡孔雀石绿残留背景调查及其降解技术	福建省淡水水产研究所，福建农林大学，福建省农业科学院畜牧兽医研究所
2008	科学技术奖	二等奖	杂色鲍的遗传改良及中试示范	厦门大学，集美大学，福建省东山县海田实业发展有限公司
2008	科学技术奖	二等奖	高强度天然食品添加剂卡拉胶、琼脂及共线加工技术	福建农林大学，石狮市新明食品科技开发有限公司
2008	科学技术奖	二等奖	基于微生物筛选技术的抗生素残留检测试剂盒及方法	福建出入境检验检疫局检验检疫技术中心，福州美斯特生物技术有限公司
2008	科学技术奖	二等奖	虾青素发酵法生产技术研究	集美大学

（续表）

年 份	奖 项	等 级	项目名称	主要完成单位
2008	科学技术奖	二等奖	可环境消纳聚烯烃塑料专用树脂研制及中试生产技术	福建师范大学
2008	科学技术奖	二等奖	竹材硫酸盐浆低污染 ECF 漂白技术	邵武中竹纸业有限责任公司，福建农林大学
2008	科学技术奖	二等奖	九龙江流域农业非点源污染机理与控制研究	厦门大学，福建省水土保持委员会办公室，福建省环境监测中心站
2008	科学技术奖	二等奖	福建省主要海湾数模与环境研究	福建省海洋环境与渔业资源监测中心，国家海洋局海洋发展战略研究所，福建海洋研究所，中国海洋大学，厦门大学，国家海洋局第三海洋研究所
2008	科学技术奖	二等奖	水生低等动物及其病原菌的蛋白质组学研究	厦门大学，中山大学
2008	科学技术奖	三等奖	甘薯新品种龙薯 9 号选育	福建省龙岩市农业科学研究所
2008	科学技术奖	三等奖	高蛋白大豆新品种福豆 310 的选育及应用	福建省农业科学院作物研究所，福建省种子总站
2008	科学技术奖	三等奖	莲子新品种选育	福建省建宁县莲子科学研究所
2008	科学技术奖	三等奖	天宝香蕉标准化生产与产业化技术模式应用推广	福建省农垦与南亚热带作物经济技术中心
2008	科学技术奖	三等奖	西藏果业资源调查与开发利用的研究	福建省种植业技术推广总站
2008	科学技术奖	三等奖	枇杷绿色食品标准研究及示范基地建设	福建省农业科学院果树研究所
2008	科学技术奖	三等奖	沼液在蔬菜无土栽培上的应用研究	福建农林大学，福州市仓山区建新蔬菜科研场
2008	科学技术奖	三等奖	福建有机竹笋产地环境评价及生产体系研究	福建省环境监测中心站，建瓯市天添食品有限公司，建瓯市柏物产食品有限公司
2008	科学技术奖	三等奖	花生空秕原因与防治研究	福建省农业科学院土壤肥料研究所
2008	科学技术奖	三等奖	菠菜新品种绿秋的选育	福州市蔬菜科学研究所
2008	科学技术奖	三等奖	德化黑鸡保种与选育利用	德化县畜牧兽医站，福建省泉州市农业科学研究所，德化黑鸡原种场
2008	科学技术奖	三等奖	槐猪的保种与选育研究	上杭县绿琦槐猪育种场，福建省畜牧总站，龙岩家畜育种站
2008	科学技术奖	三等奖	南江黄羊产业化关键技术研究与应用	福建省农业科学院畜牧兽医研究所，福建省农业科学院农业生态研究所，顺昌县畜牧兽医技术服务中心
2008	科学技术奖	三等奖	蛤类高汤制取新工艺研究	福建农林大学，漳浦县丰盛食品有限公司
2008	科学技术奖	三等奖	荔枝果汁加工技术研究	福建农林大学，福建省农副产品保鲜技术开发基地
2008	科学技术奖	三等奖	无公害食用菌加工系列产品开发	福建省闽中有机食品有限公司，福建农林大学
2008	科学技术奖	三等奖	应用生物保鲜及远红外干燥技术开发生产低硫低糖松软薯脯	龙岩学院闽西食品研究所，连城健尔聪食品有限公司
2008	科学技术奖	三等奖	龙眼、荔枝生殖生理及分子机制研究	福建农林大学

（续表）

年　份	奖　项	等　级	项目名称	主要完成单位
2008	科学技术奖	三等奖	琯溪蜜柚按照欧盟农残标准（TESOUIHROP）的生产技术	漳州市庄怡农业发展有限公司
2008	科学技术奖	三等奖	外来杂草快速鉴定技术研究与应用	福建出入境检验检疫局检验检疫技术中心
2008	科学技术奖	三等奖	对虾环保型抗病添加剂的研制	集美大学，厦门嘉康饲料有限公司
2008	科学技术奖	三等奖	沙门氏菌快速检测体系的建立与应用	厦门出入境检验检疫局，厦门市农产品质量安全检验测试中心
2008	科学技术奖	三等奖	福建省森林生态旅游资源区划与经营技术研究	福建林业职业技术学院，福建省林业规划院，福建省森林病虫害防治检疫总站，福建省国有林场管理局
2008	科学技术奖	三等奖	两种相思光自养微繁殖技术的研究	福建农林大学
2008	科学技术奖	三等奖	绿竹优良地理种源中试推广与综合利用	福建省林业科学研究院，福安市林业局
2008	科学技术奖	三等奖	毛竹林生态系统结构与功能研究及其应用	福建农林大学
2008	科学技术奖	三等奖	绿竹配方施肥技术研究及其应用	福建农林大学
2008	科学技术奖	三等奖	三尖杉育种繁殖造林机理和技术研究	福建农林大学
2008	科学技术奖	三等奖	城市垃圾填埋场重金属污染的植物修复技术研究	福建农林大学
2008	科学技术奖	三等奖	柳杉人工林产量及货币收获预估技术与应用的研究	福建省宁德市林业科技推广中心，福建农林大学，霞浦杨梅岭国有林场
2008	科学技术奖	三等奖	用材林林地资产动态评估的研究	福建农林大学
2008	科学技术奖	三等奖	菲律宾蛤仔大水面人工育苗关键技术研究	莆田市海源实业有限公司
2008	科学技术奖	三等奖	斜带石斑鱼规模化育苗技术研究与示范	福建省水产研究所，厦门大学，集美大学，诏安大华水产有限公司
2008	科学技术奖	三等奖	鳗鲡豚鼠气单胞菌病的免疫检测技术	福建省淡水水产研究所
2008	科学技术奖	三等奖	柘荣太子参 GAP 研究及标准化基地建设	柘荣县农业技术推广中心
2008	科学技术奖	三等奖	3S 技术在沙化监测中的应用研究	福建省林业调查规划院
2008	科学技术奖	三等奖	基于 3S 技术的闽江流域森林资源开发利用适宜性研究	福建农林大学
2009	科学技术奖	一等奖	早熟、抗稻瘟、耐高温的杂交稻恢复系明恢 82 的选育与应用	福建省三明市农业科学研究所
2009	科学技术奖	一等奖	超高产优质光钝感红麻新品种的选育推广与良种繁育基地建设	福建农林大学
2009	科学技术奖	一等奖	枇杷种质资源保存与应用	福建省农业科学院果树研究所
2009	科学技术奖	二等奖	猪肉及其制品安全生产的质量控制技术研究	福州大学，厦门银祥集团有限公司

（续表）

年　份	奖　项	等　级	项目名称	主要完成单位
2009	科学技术奖	二等奖	福建山地草业优化生产关键技术与示范	福建省农业科学院农业生态研究所
2009	科学技术奖	二等奖	福建主要粮油作物施肥模型和技术研究及其应用	福建省农业科学院土壤肥料研究所，福建省农田建设与土壤肥料技术总站
2009	科学技术奖	二等奖	杂交稻 D 奇宝优 527	福建省尤溪县良种生化研究所，福建省种子总站
2009	科学技术奖	二等奖	杂交水稻新组合Ⅱ优辐 819 选育及应用	福建省南平市农业科学研究所
2009	科学技术奖	二等奖	游离小孢子培养技术在大白菜育种上的应用	福州市蔬菜科学研究所
2009	科学技术奖	二等奖	樟树种质资源收集；保存与选择利用的研究	福建农林大学，福建省永安林业（集团）股份有限公司种苗中心，厦门牡丹香化实业有限公司，福建省国有南平市郊教学林场，福建省鑫闽种业有限公司，建瓯市林业技术推广中心
2009	科学技术奖	二等奖	南方红豆杉和三尖杉优良药用种质选择及短周期高效栽培	福建省三明市林业技术推广中心，中国林业科学研究院亚热带林业研究所，福建省明溪县城关绿色生态研究所
2009	科学技术奖	二等奖	蝴蝶兰品种引进选育及产业化关键技术研究与示范	龙岩市农业科学研究所，新中（龙岩）园林有限公司
2009	科学技术奖	二等奖	南方红豆杉繁育及栽培配套技术研究	福建农林大学
2009	科学技术奖	二等奖	福建红树林昆虫群落及主要害虫综合治理技术研究	福建省林业科学研究院，漳江口红树林国家级自然保护区管理局
2009	科学技术奖	二等奖	水稻广谱防御基因的克隆与功能分析	福建农林大学
2009	科学技术奖	二等奖	谷物杂粮营养饮品产业化技术	惠尔康集团有限公司，厦门惠尔康食品有限公司，惠尔康东方（厦门）食品有限公司，武汉惠尔康食品有限公司
2009	科学技术奖	二等奖	水产品中痕量及超痕量有害残留物的高通量分离分析新技术研究	福建出入境检验检疫局检验检疫技术中心
2009	科学技术奖	二等奖	中兽药超微粉碎技术应用研究	福建农林大学
2009	科学技术奖	二等奖	鲍多倍体育种技术的研究	集美大学，福建海洋研究所，厦门大学
2009	科学技术奖	二等奖	水产生物太空搭载与诱变育种研究	福建省水产研究所
2009	科学技术奖	三等奖	福建省输日鳗鱼茶叶与蔬菜中农用化学品残留快速检测技术研究	福建出入境检验检疫局检验检疫技术中心
2009	科学技术奖	三等奖	山茶油、茶皂素和山茶籽饼综合利用新技术	福州大学，福建省天福油脂有限公司
2009	科学技术奖	三等奖	定向培养多色调高产色素红曲米生产新技术	福州隆利信生物制品有限公司，福建省农业科学院农业工程技术研究所
2009	科学技术奖	三等奖	福建老酒大罐发酵工艺优化及独特风味研究	福建师范大学，福建老酒酒业有限公司
2009	科学技术奖	三等奖	杂交水稻新组合特优 627 选育与应用	宁德市农业科学研究所

（续表）

年　份	奖　项	等　级	项目名称	主要完成单位
2009	科学技术奖	三等奖	西瓜砧木新品种丰砧的选育与应用	福州市农业科学研究所，福建省农业科学院农业生物资源研究所
2009	科学技术奖	三等奖	金福菇等珍稀食用菌新品种引进、筛选、标准化栽培及保鲜加工技术开发	福建省食用菌技术推广总站，福建省三明市真菌研究所，福建嘉田农业开发有限公司，古田县食用菌产业管理局，德化县食用菌开发办公室
2009	科学技术奖	三等奖	武夷岩茶有机栽培及标准化加工新技术研究与示范	武夷星茶业有限公司，福建农林大学
2009	科学技术奖	三等奖	针螺茶的开发与推广	三明市茶叶技术推广站，尤溪县经济作物技术推广站，清流县经济作物技术站，大田县茶叶技术推广站，永安市经济作物推广站，沙县经济作物站，泰宁县经济作物技术推广站，宁化县经济作物技术站
2009	科学技术奖	三等奖	杭晚蜜柚品种选育与优质高产栽培技术研究	上杭县园艺科技示范场
2009	科学技术奖	三等奖	南方葡萄测土配方施肥技术研究与示范推广	福安市农业局
2009	科学技术奖	三等奖	柑橘黄龙病发生规律及其防控技术研究与应用	福建省种植业技术推广总站，长泰县岩溪镇青年果场
2009	科学技术奖	三等奖	锥栗种质资源与优质丰产栽培关键技术研究	福建农林大学
2009	科学技术奖	三等奖	西藏林芝地区果树新品种引进开发及产业化	福建省农业科学院果树研究所，西藏林芝地区米林农场（县处级部门）
2009	科学技术奖	三等奖	新型高效系列专用复混肥产业技术研究开发	福建省农业科学院土壤肥料研究所
2009	科学技术奖	三等奖	大豆疫病疫情监测及控制关键技术研究与应用	福建省农业科学院植物保护研究所，福建省植保植检站，南京农业大学
2009	科学技术奖	三等奖	山麻鸭配套系选育	岩市山麻鸭原种场，福建省畜牧总站
2009	科学技术奖	三等奖	优良耐寒丛生竹种选育及其组培快繁技术	福建省永安市大湖竹种园有限公司，中国林业科学研究院亚热带林业研究所，福建省永安林业股份有限公司种苗中心
2009	科学技术奖	三等奖	柳杉多层次遗传改良研究与应用	福建省林业科学研究院，福建省国有林场管理局，福建省林木种苗总站，福建省宁德市国有林场管理处，福建省霞浦杨梅岭国有林场
2009	科学技术奖	三等奖	马尾松二代种子园无性系选育及营建技术研究	南平市林业局种苗站，中国林科院亚热带林业科学研究所，福建省邵武卫闽国有林场，福建省林业科学研究院
2009	科学技术奖	三等奖	速生耐寒桉树良种选育及产业化开发技术研究	龙岩市林业科学研究所，福建省林木种苗总站，福建省林业科学研究院，福建农林大学林学院
2009	科学技术奖	三等奖	优良纸浆竹种快繁与丰产栽培技术	福建省速生丰产用材林基地办公室，福建省林业科学研究院
2009	科学技术奖	三等奖	沿海沙地引种优良观赏竹种及配套栽培技术研究	福建农林大学
2009	科学技术奖	三等奖	全球气候变化对杉木生长影响规律的研究	福建农林大学

（续表）

年　份	奖　项	等　级	项目名称	主要完成单位
2009	科学技术奖	三等奖	切花用向日葵品种选育与推广	福建省农业科学院作物研究所
2009	科学技术奖	三等奖	赫蕉切花新品种引（育）种与种苗繁育	漳州市金銮园艺有限公司，福建省热带作物科学研究所
2009	科学技术奖	三等奖	环境友好型木材物流系统研究	福建农林大学，福建省漳平五一国有林场，永安市林业（集团）股份有限公司，建瓯市林业局
2009	科学技术奖	三等奖	武夷山景区松林昆虫多样性及危险性害虫防控技术	福建农林大学，武夷山风景名胜区管委会，武夷山市森林病虫防治检疫站，南平市森林病虫害防治检疫站
2009	科学技术奖	三等奖	海藻中无机砷超标问题研究	福建省水产研究所
2009	科学技术奖	三等奖	石斑鱼配合饲料的研究	福建省淡水水产研究所
2009	科学技术奖	三等奖	鱼虾类水产食品主要过敏原的免疫检测与加工脱敏技术开发	集美大学
2009	科学技术奖	三等奖	室内循环水鳗鱼高密度苗种培育技术	集美大学
2009	科学技术奖	三等奖	多酚氧化酶抑制剂用于新型生物农药的创制	厦门大学
2009	科学技术奖	三等奖	竹材改良碱性过氧化氢机械浆研究	福建农林大学
2009	科学技术奖	三等奖	福建山地水利与特色经济作物优质高产的灌溉技术研究	福建农林大学，福建省水利建设中心
2009	科学技术奖	三等奖	新型实用畜禽污水处理工程关键技术的研究与应用	福州北环环保技术开发有限公司
2009	科学技术奖	三等奖	两种主要兰花病毒快速检测技术及其DIBA检测试剂盒的开发与应用	厦门华侨亚热带植物引种园
2009	科学技术奖	三等奖	冬虫夏草、天麻、肉桂、地黄药材质量控制研究及应用	福建省药品检验所
2010	自然科学奖	二等奖	基于新型基因工程单链抗体的真菌毒素及病原微生物检测	福建农林大学，福州亚信科技有限公司，厦门泰京生物技术有限公司
2010	自然科学奖	三等奖	栽培爱玉与共生小蜂传粉系统的构建及其应用	宁德师范学院
2010	自然科学奖	三等奖	鱼类肌肉蛋白酶及其内源性抑制剂的研究	集美大学
2010	技术发明奖	二等奖	进境大豆上菜豆荚斑驳病毒的快速检测技术	福建出入境检验检疫局检验检疫技术中心
2010	技术发明奖	三等奖	锥栗加工产业化关键技术	福建农林大学，福建省农副产品保鲜技术开发基地，建瓯市青然食品有限公司
2010	技术发明奖	三等奖	“世纪之村”农村信息化服务平台	南安市新农民培训学校
2010	科技进步奖	一等奖	大黄鱼人工养殖技术研究与产业化	宁德市水产技术推广站，集美大学，宁德市水产技术推广站试验场，宁德市海洋与渔业环境监测站，宁德市大黄鱼协会，宁德市蕉城区水产技术推广站

（续表）

年　份	奖　项	等　级	项目名称	主要完成单位
2010	科技进步奖	一等奖	优质、抗稻瘟病杂交水稻恢复系明恢70的选育与应用	福建省三明市农业科学研究所
2010	科技进步奖	一等奖	东南丘陵山地杉木人工林生态栽培关键技术研究	福建农林大学，福建杉木研究中心
2010	科技进步奖	一等奖	新型微波真空干燥设备的研制及在福建特色农产品干制加工中的应用	福建农林大学
2010	科技进步奖	二等奖	无害化养猪微生物发酵床工程化技术研究与应用	福建省农业科学院农业生物资源研究所，中国农业科学院农业环境与可持续发展研究所，开创阳光环保科技发展（北京）有限公司，宁德市农业科学研究所，厦门集芯科技有限公司
2010	科技进步奖	二等奖	优异茶树种质快繁与产业化关键技术研究及示范	福建农林大学，武夷星茶业有限公司
2010	科技进步奖	二等奖	奶牛抗热应激营养调控剂研究与应用	福建农林大学
2010	科技进步奖	二等奖	园林绿化（花卉）引种选育与栽培及应用评价研究	福州植物园，福建省榕树王园林规划设计院
2010	科技进步奖	二等奖	杉木高世代遗传改良和良种繁育技术研究	福建省林业科学研究院，南京林业大学，福建省洋口国有林场，福建省林木种苗总站，福建省沙县官庄国有林场
2010	科技进步奖	二等奖	脐橙52选育及配套栽培技术研究与推广	福州市农业科学研究所，福州市经济作物技术站，福建省闽侯县经济作物站，福州市晋安区经济作物技术推广站
2010	科技进步奖	二等奖	水稻细胞质雄性不育系谷丰A	福建省农业科学院水稻研究所
2010	科技进步奖	二等奖	正红菇保护地菌根多样性增产技术	福建省农业科学院中心实验室，莆田市农业科学研究所，涵江区大洋乡农业技术推广站，福建省农业科学院农业工程技术研究所
2010	科技进步奖	二等奖	福建省四种主要农作物新品种抗病性评价体系建立及应用研究	福建省农业科学院植物保护研究所，福建省种子总站
2010	科技进步奖	二等奖	福建特产柚子加工及综合利用技术的研究	福建农林大学
2010	科技进步奖	二等奖	枇杷、青梅醋固定化酿造与催陈除菌新技术及其果醋饮料研发	福建省农业科学院农业工程技术研究所
2010	科技进步奖	二等奖	景观型南方红豆杉良种繁育及园林应用研究	福建农林大学
2010	科技进步奖	二等奖	西施舌规模化人工育苗技术	福建师范大学，长乐市漳港海蚌场，中国水产科学研究院黄海水产研究所，集美大学
2010	科技进步奖	二等奖	进境粮谷中检疫性杂草的适生性预测与定性定量风险分析	福建出入境检验检疫局检验检疫技术中心，中国检验检疫科学研究院，上海出入境检验检疫局，厦门出入境检验检疫局
2010	科技进步奖	二等奖	清洁化复式萎凋白茶	福建省银龙茶叶科技有限公司
2010	科技进步奖	二等奖	规模化养猪场物质循环及菌渣堆肥发酵生产的工艺控制技术及应用	福清市星源农牧开发有限公司

（续表）

年 份	奖 项	等 级	项目名称	主要完成单位
2010	科技进步奖	三等奖	基于3S技术工业原料林林地优化经营技术应用研究	福建农林大学，永安林业（集团）股份有限公司
2010	科技进步奖	三等奖	奶制品质量安全快速检测技术与仪器研究	福州大学，福建省测试技术研究所，厦门斯坦道生物科技有限公司，厦门斯巴克科技仪器有限公司
2010	科技进步奖	三等奖	荷叶的深加工与综合利用开发	福州大学，福建文鑫莲业食品有限公司
2010	科技进步奖	三等奖	小菜蛾抗药性季节性变化机理及抗性治理对策研究	福建农林大学，福建省厦门市同安区植保植检站
2010	科技进步奖	三等奖	中亚热带常绿阔叶林植物多样性与生态学过程研究	福建师范大学
2010	科技进步奖	三等奖	中国南方森林可持续经营研究及其高保护价值森林的判定	福建农林大学，福建永安林业（集团）股份有限公司
2010	科技进步奖	三等奖	麻竹绿竹笋用林可持续经营技术研究	福建农林大学
2010	科技进步奖	三等奖	中南亚热带风景游憩林构建理论与技术研究	福建农林大学，福州旗山国家森林公园
2010	科技进步奖	三等奖	森林生态管理中的空间异质性研究	福建农林大学
2010	科技进步奖	三等奖	滨海滩涂互花米草治理及其红树林恢复技术研究	福建省林业科学研究院，泉州市林业局
2010	科技进步奖	三等奖	福建省主要油料能源树种区划及乌桕培育技术研究	福建林业职业技术学院
2010	科技进步奖	三等奖	毛竹笋新害虫——浙江双栉蝠蛾的发生规律及其防治研究	福建省邵武市森林病虫害防治检疫站，福建农林大学
2010	科技进步奖	三等奖	龙眼果实无核化技术研究	福建省林业科学研究院，福建农林大学，莆田市农业科学研究所
2010	科技进步奖	三等奖	倒刺鲃属经济种类种质库的建立与苗种规模化生产	福建省淡水水产研究所，泉州昌盛渔业有限公司
2010	科技进步奖	三等奖	香蕉保鲜和变温气调催熟技术研究与应用	漳州市庄怡农业发展有限公司，福建省热带作物科学研究所
2010	科技进步奖	三等奖	木本切花植物——龙船花的品种筛选与栽培技术研究	福建省热带作物科学研究所，漳州市金銮园艺有限公司
2010	科技进步奖	三等奖	枇杷有机栽培技术研究与示范	莆田市农业科学研究所，仙游县泰禾果业有限公司
2010	科技进步奖	三等奖	苏云金芽孢杆菌蛋白饲料技术开发研究	莆田市金日兴生物科技开发有限公司，福建农业职业技术学院，上海利普饲料有限公司，福清市文华实业有限公司
2010	科技进步奖	三等奖	新型组培快繁配套技术在红叶石楠育苗中的应用	莆田市林业科技试验中心，福建省林业科学研究院
2010	科技进步奖	三等奖	动物福利型种猪健康养殖系统模式研究与产业化示范	福建光华百斯特生态农牧发展有限公司
2010	科技进步奖	三等奖	马尾松优良种质材料收集及定向选育研究	三明学院，漳平五一国有林场，龙岩市林业局，福建农林大学

（续表）

年　份	奖　项	等　级	项目名称	主要完成单位
2010	科技进步奖	三等奖	漳平水仙茶标准化技术研究与示范	漳平市农业技术推广中心，漳平市科技开发中心
2010	科技进步奖	三等奖	优质水稻新品种泉珍 10 号的选育与应用	泉州市农业科学研究所
2010	科技进步奖	三等奖	中国台湾西甜瓜品种的引进应用与种质资源创新研究	福建省农科院农业生物资源研究所
2010	科技进步奖	三等奖	利用麸酸废水生产有机无机复混肥及其应用	福建省农业科学院土壤肥料研究所，福建省三联化工股份有限公司
2010	科技进步奖	三等奖	优质红肉番木瓜品种筛选及配套栽培技术	福建省农业科学院果树研究所，福建省南武夷农业科技开发有限公司
2010	科技进步奖	三等奖	甾醇有机污染物高效降解工程菌的研究与应用	福建农林大学，福州爱特生物工程技术有限公司
2010	科技进步奖	三等奖	浅色聚合松香及其酯类产品生产技术研究与开发	福建省林业科学研究院，福建师范大学
2010	科技进步奖	三等奖	山美灌区水资源优化调配支持系统	泉州市山美灌区管理处，福州四创软件开发有限公司
2010	科技进步奖	三等奖	福建省村级饮水安全工程新技术与实施体系研究	福建省水利水电科学研究院
2010	科技进步奖	三等奖	利用海藻生产天然作物生长促进剂	集美大学
2011	自然科学奖	三等奖	中亚热带侵蚀退化地植被恢复与碳吸存	福建师范大学
2011	技术发明奖	一等奖	利用三聚磷酸钠提高氧脱木素的脱除率及白度和黏度的方法	福建农林大学
2011	技术发明奖	二等奖	蘑菇菌种工厂化制种关键技术研究及示范	福建省农业科学院食用菌研究所，福州百菇生物技术有限公司
2011	技术发明奖	三等奖	含呋喃唑酮代谢物 AOZ 的鳗鲡肌肉冻干粉基体标准物质的研制	福建出入境检验检疫局技术中心
2011	技术发明奖	三等奖	从荷叶中同步分离制备荷叶碱和荷叶黄酮新技术	福州大学
2011	技术发明奖	三等奖	速溶茶的加工技术	大闽食品（漳州）有限公司
2011	科技进步奖	一等奖	航天育种技术创新杂交水稻优异种质及其应用	福建省农业科学院水稻研究所
2011	科技进步奖	一等奖	马尾松优良育种资源长期保存；评价和第二代利用研究	福建省林业科学研究院，福建省邵武卫闽国有林场，福建省仙游溪口国有林场
2011	科技进步奖	二等奖	优良果酒酿造菌株选育与双效发酵生物降酸新技术研究及应用	福建省农业科学院农业工程技术研究所
2011	科技进步奖	二等奖	龙眼褐变致腐机理及微生物保鲜关键技术的研究与应用	福建省农业科学院农业生物资源研究所，厦门大学生命科学学院
2011	科技进步奖	二等奖	魔芋葡甘聚糖生物复合高分子质构化关键技术的研究与应用	福建农林大学

（续表）

年 份	奖 项	等 级	项目名称	主要完成单位
2011	科技进步奖	二等奖	南方丘陵区农田秸秆—菌业开发耦合体系构建与循环利用关键技术	福建省农业科学院农业生态研究所，福建省农业科学院食用菌研究所，福建省农业科学院土壤肥料研究所，中国农业科学院农业资源与农业区划研究所，福建省农业科学院农业工程研究所，福建省农业科学院农业生物资源研究所
2011	科技进步奖	二等奖	叶菜用甘薯新品种福薯 7-6 选育	福建省农业科学院作物研究所，福建省种子总站
2011	科技进步奖	二等奖	高产优质专用花生新品种及控黄曲霉技术体系的创制与应用	福建农林大学，泉州市农业科学研究所
2011	科技进步奖	二等奖	高温高湿地区奶牛热应激综合控制技术体系研究与应用	福建农林大学
2011	科技进步奖	二等奖	南方库区生态公益林的改造技术研究	福建农林大学，福建省林业科学研究院
2011	科技进步奖	二等奖	日本鳗鲡腐皮病病原生物学及防治技术	福建省淡水水产研究所
2011	科技进步奖	二等奖	水稻优质早籼光温敏核不育系奥龙 1S 选育与利用	福建省龙岩市农业科学研究所，湖南省怀化奥谱隆作物育种工程研究所
2011	科技进步奖	二等奖	龙眼铝毒害及其矫治研究	福建省林业科学研究院，福建农林大学，宁德市林业局
2011	科技进步奖	二等奖	福建省主要树种收获表研制新技术及应用	福建林业职业技术学院，福建农林大学林学院
2011	科技进步奖	二等奖	晚熟优质柑桔良种与品质提升技术的研究应用	福建省农业科学院农业工程技术研究所
2011	科技进步奖	二等奖	菲律宾蛤仔养殖、净化保活关键技术及产业化应用	福建省水产研究所，莆田市海源实业有限公司，厦门市浯江水产有限公司，莆田市秀屿区水产技术推广站
2011	科技进步奖	二等奖	仙草资源收集利用与规范化栽培	福建省农业科学院农业生物资源研究所，福建省种植业技术推广总站，福建宝草堂生物科技有限公司，武平盛达农业发展有限责任公司
2011	科技进步奖	二等奖	大型白羽半番鸭亲本专门化品系的选育研究	福建省农业科学院畜牧兽医研究所，龙岩市红龙禽业有限公司，福建农林大学动物科学学院
2011	科技进步奖	二等奖	马尾松高世代种子园建园材料联合选择及果园式技术	福建省漳平五一国有林场
2011	科技进步奖	二等奖	高效利用土壤磷杉木基因型的筛选研究	福建农林大学，福建省林业科学研究院
2011	科技进步奖	二等奖	基于生态系统的鲍健康养殖技术集成创新与应用	集美大学，莆田市秀屿区水产技术推广站
2011	科技进步奖	三等奖	杨梅种质资源收集及良种选育	福建省农业科学院果树研究所，龙海市浮宫镇农业技术推广站，龙海市聚鑫果蔬专业合作社
2011	科技进步奖	三等奖	龙眼主要害虫灾变机理及生态控制关键技术研究	福建省农业科学院植物保护研究所，福建农林大学
2011	科技进步奖	三等奖	中亚热带天然次生林择伐后生态恢复动态与作业系统研究	福建农林大学
2011	科技进步奖	三等奖	经济鲀类养殖产业化关键技术集成与应用研究	福建省水产研究所，福建省淡水水产研究所

（续表）

年　份	奖　项	等　级	项目名称	主要完成单位
2011	科技进步奖	三等奖	竹类植物在观赏园艺上的应用研究	厦门市园林植物园
2011	科技进步奖	三等奖	灵芝活性多糖的低温提取技术研究	安发（福建）生物科技有限公司，宁德市生物医药研究开发中心，新西兰天然药物研究所
2011	科技进步奖	三等奖	香蕉枯萎病快速检测和可持续治理技术体系的研究与应用	福建农林大学
2011	科技进步奖	三等奖	红腹柄天牛生物学特性及综合防治研究	福建戴云山国家级自然保护区管理局，福建农林大学
2011	科技进步奖	三等奖	杉木林套种经济作物模式及对生态系统影响研究	福建农林大学
2011	科技进步奖	三等奖	福建省生态环保型养猪模式研究与应用	福建农林大学，福建省动物疫病预防控制中心，福建省农业科学院畜牧兽医研究所，福建省宁德市农科所
2011	科技进步奖	三等奖	中亚热带森林林隙动态响应及驱动研究	福建农林大学
2011	科技进步奖	三等奖	福建省、海南省野牡丹科植物种质资源保护与利用	福建农林大学
2011	科技进步奖	三等奖	球根花卉（荷兰鸢尾、亚洲百合）种质利用与配套栽培技术研究	福建省农业科学院作物研究所，福建省农业科学院生物技术研究所
2011	科技进步奖	三等奖	福建省非豆科共生固氮菌 *Frankia* 菌株多样性及应用研究	福建省林业科学研究院，福建农林大学，福建省惠安赤湖国有林场，福建省长汀县林业局
2011	科技进步奖	三等奖	萧氏松茎象监测与综合防治技术研究	福建省森林病虫害防治检疫总站，福建农林大学，福建省三明市森林病虫害防治检疫站
2011	科技进步奖	三等奖	铁观音优质高效栽培关键技术研究	福建省农业科学院茶叶研究所，安溪县茶叶科学研究所，福建省安溪县元昌茶厂
2011	科技进步奖	三等奖	白芦笋新品种引进筛选及利用	福建省热带作物科学研究所
2011	科技进步奖	三等奖	甘薯新品种龙薯 10 号选育	福建省龙岩市农业科学研究所
2011	科技进步奖	三等奖	武夷山脉森林景观资源区划与对台旅游合作	福建林业职业技术学院
2011	科技进步奖	三等奖	巴西蘑菇盘菌病综合防治技术研究	三明市食用菌技术推广站，三明市真菌研究所
2011	科技进步奖	三等奖	杂交水稻新品种特优 103	漳州市农业科学研究所
2011	科技进步奖	三等奖	多菌种共混液态酿造与微滤除菌加工荔枝、龙眼果醋技术	福建农林大学
2011	科技进步奖	三等奖	海鲜粥系列产品开发	集美大学，厦门宝林泰海味品有限公司
2011	科技进步奖	三等奖	咸蛋快速腌制关键技术研究及应用	福州大学，福建鸭嫂食品有限公司，福建大老古食品有限公司
2011	科技进步奖	三等奖	藻类等海产品食物中砷的形态分析方法研究与应用	福建省产品质量检验研究院，福州大学
2011	科技进步奖	三等奖	福建环保型（无泥炭土型）烤烟育苗基质开发与应用	福建省烟草公司龙岩市公司

（续表）

年　份	奖　项	等　级	项目名称	主要完成单位
2011	科技进步奖	三等奖	环保高密度竹重组材及系列产品开发	福建省永林竹业有限公司
2011	科技进步奖	三等奖	PCV2 和 PRRSV 病原学及诊断技术研究	福建省农业科学院畜牧兽医研究所
2012	技术发明奖	二等奖	农兽药残留检测中质量控制关键技术	福建出入境检验检疫局检验检疫技术中心
2012	技术发明奖	二等奖	竹塑复合材料制备关键技术及其工程应用	福建农林大学，福建省林业科学研究院，福州聚德塑料有限公司
2012	科技进步奖	一等奖	橄榄种质资源征集鉴定与品种选育利用	福州市经济作物技术站，福建农林大学园艺学院，福州市果树良种场
2012	科技进步奖	一等奖	高配合力、抗稻瘟病、早熟杂交稻恢复系明恢 2155 选育与应用	福建省三明市农业科学研究所
2012	科技进步奖	一等奖	水稻高产优质安全栽培的分子机理与关键技术	福建农林大学
2012	科技进步奖	二等奖	福建柏优良种源和家系选择及培育技术研究	福建省林业科学研究院，福建省南靖国有林场，福建省仙游溪口国有林场，福建省永春碧卿国有林场，福建省安溪白濑国有林场
2012	科技进步奖	二等奖	木质原料热解气化联产活性炭关键技术与装备开发	福建元力活性炭股份有限公司，中国林业科学研究院林产化学工业研究所，福建农林大学
2012	科技进步奖	二等奖	福建省现代茶产业技术体系科技创新研究与应用	福建省种植业技术推广总站，福建农林大学园艺学院，福建省农业科学院茶叶研究所，福建省农业科学院土壤肥料研究所，武夷山市茶业局，福鼎市茶业管理局
2012	科技进步奖	二等奖	福建主要蔬菜氮磷钾营养特性及其施肥指标体系研究与应用	福建省农业科学院土壤肥料研究所
2012	科技进步奖	二等奖	N^+离子束选育高产低镉巴西蘑菇新品种及规范栽培技术	福建省农业科学院土壤肥料研究所
2012	科技进步奖	二等奖	枇杷果实有机酸代谢调控及降酸关键技术研究与应用	福建农林大学
2012	科技进步奖	二等奖	两岸联合开展台湾海峡主要渔业资源利用与养护	福建省水产研究所，厦门大学，福建海洋研究所
2012	科技进步奖	二等奖	植物油替代二甲苯的农药生产技术	福建省农业科学院植物保护研究所，福建省农药检定所，福建省泉州德盛农药有限公司，农业部农药检定所
2012	科技进步奖	二等奖	狼尾草新品种选育及其肉牛高效饲用关键技术	福建省农业科学院农业生态研究所，福建省农业科学院畜牧兽医研究所
2012	科技进步奖	二等奖	裸体方格星虫人工繁育技术研究及应用	福建省水产研究所
2012	科技进步奖	二等奖	福建中亚热带阔叶林生态安全的研究及其应用	福建农林大学
2012	科技进步奖	二等奖	莲子科学与工程	福建农林大学，绿田（福建）食品有限公司，福建成启食品有限公司
2012	科技进步奖	二等奖	三层共挤抗菌保鲜聚烯烃包装材料的研究开发	福建师范大学，晋江市塘塑合成材料有限公司

（续表）

年份	奖项	等级	项目名称	主要完成单位
2012	科技进步奖	二等奖	食品接触材料中三聚氰胺的检测、迁移和风险评估及工艺控制	福建出入境检验检疫局检验检疫技术中心，福建农林大学
2012	科技进步奖	二等奖	突脉青冈天然林林分结构及可持续经营关键技术	宁德市林业科技推广中心，福建农林大学林学院，福建省周宁腊洋国有林场
2012	科技进步奖	二等奖	番鸭呼肠孤病毒病分子流行病学及诊断技术研究	福建省农业科学院畜牧兽医研究所
2012	科技进步奖	三等奖	罗汉果鲜果品质评价方法及其深加工开发研究	大闽食品（漳州）有限公司
2012	科技进步奖	三等奖	有机红曲黄酒研制及产业化示范	福建师范大学，福建惠泽龙酒业有限公司
2012	科技进步奖	三等奖	活性多糖加工工艺优化与质量控制技术	福建农林大学，福建润兴生物科技有限公司
2012	科技进步奖	三等奖	鳗鱼药残控制技术与环保高效配合饲料技术	集美大学，福建省淡水水产研究所，厦门大学，福建省农业科学院生物技术研究所
2012	科技进步奖	三等奖	马尾松多层次种质资源保存、创新和快繁利用的研究	福建省漳平五一国有林场
2012	科技进步奖	三等奖	紫菜产业化配套关键技术研究开发	福建申石蓝食品有限公司，宁德市水产研究开发中心，福建省闽东水产研究所
2012	科技进步奖	三等奖	紫芝和硬孔灵芝的栽培与深加工新技术及示范	福建省农业科学院食用菌研究所，福建省农业科学院植物保护研究所
2012	科技进步奖	三等奖	高蛋白大豆新品种福豆234的选育及应用	福建省农业科学院作物研究所，福建省种子总站
2012	科技进步奖	三等奖	水产品加工副产物的高值化开发与应用技术研究	福建省水产研究所，厦门洋江食品有限公司，晋江市阿一波食品工贸有限公司
2012	科技进步奖	三等奖	降香黄檀种质资源收集及良种繁育技术研究	漳州市速生丰产林基地管理中心，中国林业科学研究院热带林业研究所，福建省龙海九龙岭国有林场
2012	科技进步奖	三等奖	金针菇遗传机制研究及工厂化栽培专用新品种选育与应用	福建农林大学，福建省食用菌技术推广总站，福州市食用菌工作办公室
2012	科技进步奖	三等奖	西花蓟马、烟粉虱天敌——斯氏钝绥螨的研究与开发	福建省农业科学院植物保护研究所，福建艳璇生物防治技术有限公司
2012	科技进步奖	三等奖	草珊瑚优良种质资源筛选及快繁技术研究	三明学院，三明市三元区林业局，三明市三元区吉口林业采育场
2012	科技进步奖	三等奖	养殖鳗鲡常用渔药代谢动力学与安全用药	福建省淡水水产研究所，集美大学水产学院，福建农林大学动物科学学院，福建省海洋环境与渔业资源监测中心
2012	科技进步奖	三等奖	福建省野牡丹科和金粟兰科野生植物资源收集评价与应用研究	福建省热带作物科学研究所
2012	科技进步奖	三等奖	珍贵树种闽楠遗传多样性及培育技术研究	三明市岩前林业工作站，中国林业科学研究院亚热带林业研究所，三明市林科所花卉苗木试验场
2012	科技进步奖	三等奖	穆阳水蜜品种选育和配套栽培技术	福安市经济作物站，宁德市农业科学研究所
2012	科技进步奖	三等奖	猪肉及制品中兽药和违禁添加剂等有害污染物检测技术研究	福州大学，厦门银祥集团有限公司，厦门斯坦道科学仪器股份有限公司

（续表）

年　份	奖　项	等　级	项目名称	主要完成单位
2012	科技进步奖	三等奖	中国南方刺参养殖产业化关键技术集成与示范	福建省水产研究所
2012	科技进步奖	三等奖	福安大红李优良单株选育及配套栽培技术研究	宁德市农业科学研究所
2012	科技进步奖	三等奖	甘薯淀粉型新品种泉薯 84 的选育与推广	泉州市农业科学研究所
2012	科技进步奖	三等奖	食品农产品安全突发事件应对关键技术研究及应用	厦门出入境检验检疫局检验检疫技术中心，上海出入境检验检疫局动植物与食品检验检疫技术中心，福建省产品质量检验研究院，福建出入境检验检疫局检验检疫技术中心
2012	科技进步奖	三等奖	毛竹商品林高效可持续经营技术与推广	沙县竹业发展中心，中国林业科学研究院亚热带林业研究所
2012	科技进步奖	三等奖	鸡球虫病防控及生物防治技术开发研究	福建农业职业技术学院，华侨大学，福清市文华实业有限公司，莆田市金日兴生物科技开发有限公司
2012	科技进步奖	三等奖	福建黄兔专门化品系选育与开发利用研究	福建省农业科学院畜牧兽医研究所，福建省连江玉华山自然生态农业试验场
2012	科技进步奖	三等奖	竹集成材家具开发与应用的研究	福建农林大学
2012	科技进步奖	三等奖	安全高效环保型水产配合饲料技术创新工程	福建天马饲料有限公司
2012	科技进步奖	三等奖	现代营林耕作技术研究	福建兴华农林高新技术研究所
2012	科技进步奖	三等奖	生物杀虫剂座壳孢菌新资源及其创新研究与应用	福建农林大学，福建省林业科学研究院，泉州市森林病虫防治检疫站
2012	科技进步奖	三等奖	花卉新品种火红鸟选育与应用推广	漳州师范学院，漳州市金銮园艺有限公司
2012	科技进步奖	三等奖	雷公藤离体培养与高频植株再生体系的构建及其应用	福建农林大学
2012	科技进步奖	三等奖	铁观音茶树调亏灌溉及其控制系统的研发与示范	福建农林大学
2013	自然科学奖	二等奖	豆科植物种子中系列生物防御蛋白的研究	福州大学
2013	自然科学奖	三等奖	圆叶决明抗逆机理与营养调控	福建省农业科学院农业生态研究所
2013	技术发明奖	一等奖	乳仔猪肠道健康的营养和免疫调控技术研究与应用	漳州大北农农牧科技有限公司，福建农林大学，北京大北农科技集团股份有限公司
2013	技术发明奖	三等奖	菌草技术及其应用	福建农林大学
2013	技术发明奖	三等奖	麻竹笋增值深加工关键技术	福建农林大学，南安市乐峰印山林场
2013	科技进步奖	一等奖	提高鱼糜制品品质关键及综合技术的研究与应用	福建农林大学
2013	科技进步奖	一等奖	重要植物有害生物快速检测技术及试剂盒的研发与应用	福建省农业科学院植物保护研究所，福建省农业科学院作物研究所，福建省农业科学院果树研究所，厦门泰京生物技术有限公司，厦门出入境检验检疫局检验检疫技术中心
2013	科技进步奖	一等奖	乌龙茶清洁化自动化精加工关键技术及产业化	福建农林大学，福建安溪先锋茶叶机械有限公司，福建省建瓯市龙兴茶叶有限公司

（续表）

年　份	奖　项	等　级	项目名称	主要完成单位
2013	科技进步奖	二等奖	即食食品质量安全控制技术及产业化	福建省晋江福源食品有限公司，中国农业大学，浙江大学，天津科技大学，北京农业信息技术研究中心，吉林大学
2013	科技进步奖	二等奖	雷公藤良种繁育和 GAP 关键技术研究	福建农林大学，福建林业职业技术学院，福建省汉堂生物制药股份有限公司
2013	科技进步奖	二等奖	柑橘叶脉开裂症病因诊断与矫治	福建省种植业技术推广总站
2013	科技进步奖	二等奖	优质、抗稻瘟病水稻雄性不育系全丰 A 的选育	福建省农业科学院水稻研究所
2013	科技进步奖	二等奖	油茶遗传改良与良种推广应用	福建省林业科学研究院，中国林业科学研究院亚热带林业研究所，福建省闽侯桐口国有林场，福建省林木种苗总站，福建省沙县水南国有林场
2013	科技进步奖	二等奖	杂交水稻新组合Ⅱ优 125 的选育与应用	福建省南平市农业科学研究所
2013	科技进步奖	二等奖	鱼类黏膜免疫关键技术研究与应用	福建省农业科学院生物技术研究所，福建省农业科学院畜牧兽医研究所
2013	科技进步奖	二等奖	福建牛、羊、兔地方品种种质资源创新与利用	福建农林大学，宁德市畜牧站，宁德市农业科学研究所，福安市畜牧站
2013	科技进步奖	二等奖	柑橘新品种岩溪晚芦选育与应用推广	长泰县农业局经济作物站，长泰县岩溪镇青年果场
2013	科技进步奖	二等奖	菜用型马铃薯新品种闵薯 1 号选育	福建省龙岩市农业科学研究所，福建省农业科学院作物研究所
2013	科技进步奖	二等奖	大球盖菇高值化加工及综合利用关键技术研究与应用	福建省农业科学院农业工程技术研究所
2013	科技进步奖	二等奖	泉州湾河口湿地保护与修复技术	惠安县林业科技推广站，江苏大学，福建农林大学，中国科学院地球化学研究所，福建省林业科学研究院
2013	科技进步奖	二等奖	褐毛鲿人工繁育技术与产业化应用	福建省水产研究所
2013	科技进步奖	二等奖	新品种浦城丹桂产业化栽培关键技术	福建省浦城县林业科技推广中心，福建省林业科学研究院，南京林业大学桂花研究中心
2013	科技进步奖	二等奖	珍贵用材红豆树优良种质选择与无性繁殖技术研究	福建省林业科学研究院
2013	科技进步奖	二等奖	南方集约化养猪场粪污高效分离与循环利用集成技术	福建省农业科学院农业工程技术研究所，龙岩市顺添环保科技有限公司
2013	科技进步奖	二等奖	大坝远程监控与健康诊断系统研究	福建棉花滩水电开发有限公司，河海大学，国电南京自动化股份有限公司
2013	科技进步奖	三等奖	福建红曲醋酿造新工艺研究	福建师范大学，福建永春顺德堂食品有限公司，永春县永春老醋有限责任公司，福建省永春县岵山津源酱醋厂有限公司
2013	科技进步奖	三等奖	三超技术在紫芝子实体与灵芝孢子粉有效成分提取中的研究与应用	福建省农业科学院食用菌研究所，福州元生泰医科科技有限公司，福建省农业科学院植物保护研究所，福建中医药大学

（续表）

年份	奖项	等级	项目名称	主要完成单位
2013	科技进步奖	三等奖	桉树焦枯病的研究	三明市森林病虫害防治检疫站，福建农林大学，永安市森林病虫害防治检疫站，福建省森林病虫害防治检疫总站
2013	科技进步奖	三等奖	闽西北松竹主要害虫成灾机理及无公害防治关键技术	福建农林大学，武夷山市森林病虫防治检疫站，沙县森林病虫害防治检疫站，龙岩市新罗区森林病虫害防治检疫站
2013	科技进步奖	三等奖	籼粳交偏籼型杂交稻恢复系明恢1259选育与应用	福建省三明市农业科学研究所，福建六三种业有限责任公司
2013	科技进步奖	三等奖	重要入侵害虫刺桐姬小蜂的防控技术及应用	福建农林大学，福建省热带作物科学研究所
2013	科技进步奖	三等奖	球根花卉小苍兰新品种选育及配套技术研究	福建省农业科学院作物研究所，福建省农业科学院生物技术研究所
2013	科技进步奖	三等奖	观赏型南方红豆杉培育及重塑关键技术研究与应用	明溪县林业科技推广中心，福建农林大学园林学院
2013	科技进步奖	三等奖	外来有害生物检测与防范技术体系研究	福建出入境检验检疫局检验检疫技术中心，福建省农业科学院植物保护研究所，福建省植保植检站
2013	科技进步奖	三等奖	新型鸭呼肠孤病毒病病原学及防治技术研究	福建省农业科学院畜牧兽医研究所
2013	科技进步奖	三等奖	产蛋异常种（蛋）禽H9亚型禽流感研究与应用	福建省农业科学院畜牧兽医研究所，厦门大学生命科学学院
2013	科技进步奖	三等奖	杉木第2代种质资源持续选择及良种生产力评价	福建省沙县官庄国有林场，福建省林业科学研究院，福建省三明市郊国有林场
2013	科技进步奖	三等奖	杉木马尾松人工林近自然林业经营技术的应用	福建师范大学，福建省林业科学研究院，福建省沙县水南国有林场，福建省仙游溪口国有林场
2013	科技进步奖	三等奖	鳗鲡爱德华氏菌病免疫学检测与防治技术研究及应用	福建省水产技术推广总站，福建省淡水水产研究所
2013	科技进步奖	三等奖	早熟红柿品种“早红”选育及其关键配套技术	福建省农业科学院果树研究所，永定县经济作物技术推广站
2013	科技进步奖	三等奖	闽威花鲈新品系健康养殖模式示范与技术推	集美大学，福建闽威实业有限公司
2013	科技进步奖	三等奖	杂交糯稻育种技术体系建立及超级杂交糯稻选育与应用	福建农林大学
2013	科技进步奖	三等奖	大豆新品种泉豆7号的选育与应用	福建省泉州市农业科学研究所
2013	科技进步奖	三等奖	厚朴高效培育与收获预测技术研究	福建省光泽县林业科学技术推广中心
2013	科技进步奖	三等奖	福州市古树名木保护与管理集成技术	福州市园林科学研究院，福建农林大学园林学院
2013	科技进步奖	三等奖	绣球菌工厂化栽培工艺	福建省农业科学院食用菌研究所，福建省农业科学院植物保护研究所
2013	科技进步奖	三等奖	食品及食品接触材料中邻苯二甲酸酯检测技术研究及应用	厦门出入境检验检疫局检验检疫技术中心，中国检验检疫科学研究院

（续表）

年　份	奖　项	等　级	项目名称	主要完成单位
2013	科技进步奖	三等奖	优化遮荫改善夏暑乌龙茶品质的机理及关键调控技术	福建省农业科学院茶叶研究所，安溪县茶叶科学研究所，福建省春辉茶业有限公司
2013	科技进步奖	三等奖	特早熟温州蜜柑技术体系及标准综合体	龙岩市农情科教管理站，龙岩市新罗区经济作物技术推广站
2013	科技进步奖	三等奖	南方丘陵区土地利用多尺度监测、评价与规划的关键技术及其应用	福州大学，福建省地质测绘院
2013	科技进步奖	三等奖	受控密闭舱内闭合循环技术研究	福建省农业科学院农业生态研究所
2013	科技进步奖	三等奖	加快抽水蓄能电站上水库初期蓄水技术研究	福建省水利水电勘测设计研究院
2014	自然科学奖	一等奖	微型生物在海洋碳储库及气候变化中的作用	厦门大学
2014	自然科学奖	三等奖	柑橘叶光合对铝硼锰胁迫的响应及苹果果实光合研究	福建农林大学，福建省医学科学研究院
2014	自然科学奖	三等奖	水产食品过敏原的基础研究	集美大学
2014	技术发明奖	二等奖	菌草栽培灵芝及其有效成分的应用	福建农林大学，福州绿谷生物药业技术研究所
2014	技术发明奖	二等奖	主要生物毒素的系列检测方法及其检测试剂盒	福建农林大学，福州大学，济南大学
2014	技术发明奖	三等奖	水仙病毒快速检疫鉴定技术及应用	福建出入境检验检疫局检验检疫技术中心，福建农林大学植物保护学院
2014	技术发明奖	三等奖	利用高浓度有机废水生产液态有机碳肥的方法及应用	福建省诏安县绿洲生化有限公司，中国农业科学院农业环境与可持续发展研究所
2014	科技进步奖	一等奖	重大入侵害虫红火蚁监测与控制关键技术研究	福建农林大学，福建省植保植检总站，福建省农业科学院植物保护研究所，龙岩市新罗区植保植检站，厦门市植保植检站，华南农业大学，合肥福瑞德生物化工厂，惠州市南天生物科技有限公司
2014	科技进步奖	一等奖	优质香型超级稻宜优 673 选育与应用	福建省农业科学院水稻研究所
2014	科技进步奖	一等奖	红豆树种质资源保育与栽培经营技术系列研究	福建农林大学
2014	科技进步奖	二等奖	黄/红麻种质创新与光钝感强优势杂交红麻选育及多用途研究和应用	福建农林大学，江苏紫荆花纺织科技股份有限公司，安徽省种子协会，中国农业科学院麻类研究所，福建省农业科学院赶着研究所，信阳市农业科学院
2014	科技进步奖	二等奖	龙眼种质资源搜集鉴定评价与创新利用	福建省农业科学院果树研究所，莆田市农业科学院研究所，莆田市荔城区农业技术推广站
2014	科技进步奖	二等奖	大杯覃周年栽培及产品深加工技术示范与推广	福建省农业科学院农业工程技术研究所
2014	科技进步奖	二等奖	枫香用材和观赏优良品系选育与应用	福建省洋口国有林场，南京林业大学，福建省林业开心研究院，福建省三明市郊国有林场

（续表）

年 份	奖 项	等 级	项目名称	主要完成单位
2014	科技进步奖	二等奖	现代循环农业科技集成创新应用与知识传播工程	福建省农业科学院农业生态研究院，福建省农业科学院食用菌研究所，福建省农业科学院土壤肥料研究所，福建省农业科学院农业工程技术研究所
2014	科技进步奖	二等奖	连城白鸭肉用新品系的选育研究	福建省农业科学院畜牧兽医研究所，和昌（福建）食品有限公司
2014	科技进步奖	二等奖	石斑鱼种业创新与产业化工程建设	福建省水产研究所，福建省海水鱼类苗种繁育科研中试基地，厦门大学，福建省淡水水产研究所
2014	科技进步奖	二等奖	柚苷酶的发酵生产及蜜柚整果综合深加工技术	集美大学，福建省国农农业发展有限公司，厦门汇盛生物有限公司
2014	科技进步奖	二等奖	松突圆蚧—花角蚜小蜂的生境适应性和松突圆蚧生态调控技术及应用	福建农业大学，福建省森林病虫害防治检疫总站，泉州市森林病虫防治检疫站
2014	科技进步奖	二等奖	高密度培养裂殖壶菌发酵生产二十二碳六烯酸（*DHA*）	厦门大学，福建师范大学，厦门汇盛生物有限公司
2014	科技进步奖	二等奖	芳樟优良无性系工厂化育苗与产业化关键技术	福建农林大学，福建省林业科学研究院，厦门馨利农农林科技有限公司，厦门牡丹香化有限公司，福建省永安林业股份有限公司种苗中心，福建省林业试验中心
2014	科技进步奖	二等奖	刨花楠速生机理与高效培育技术研究	福建师范大学，顺昌县林业科学技术中心，江西农业大学林学院，福建省安溪白濑国有林场
2014	科技进步奖	二等奖	菜稻轮作氮磷钾高效利用机理及其配套施肥技术	福建省农业科学院土壤肥料研究所，三明市农田建设与土壤肥料技术推广站
2014	科技进步奖	二等奖	中低温固化型重组竹技术及产业化	福建农林大学，福建省永林竹叶有限公司，福建省林业科学研究院
2014	科技进步奖	二等奖	甘薯新品种龙薯 14 号选育	龙岩市农业科学研究所
2014	科技进步奖	二等奖	提升茶叶品质的加工技术研究与集成应用	福建农林大学
2014	科技进步奖	二等奖	低重金属姬松茸品种选育及高产优质栽培技术的集成应用	福建省农业科学院土壤肥料研究所，福建农业大学生命科学学院，福建省食用菌技术推广总站
2014	科技进步奖	二等奖	橄榄种质资源保护与创新利用研究	福建省农业科学院果树研究所
2014	科技进步奖	三等奖	系列白羽鸡肉产品的产业化关键技术与应用	福州大学，福建圣农食品有限公司
2014	科技进步奖	三等奖	高性能低密度纤维板工业化生产技术的研发	福建省永安林业（集团）股份有限公司
2014	科技进步奖	三等奖	清爽型红曲黄酒系列的酿造关键技术创新集成与应用	福建师范大学，龙岩沉缸就业有限公司，福建惠泽龙酒业有限公司，福建建瓯黄华山酿酒有限公司
2014	科技进步奖	三等奖	枇杷深加工技术创新及产业化	福建省闽中有机食品有限公司，莆田市农业科学研究所
2014	科技进步奖	三等奖	南方肉用型鸭健康养殖技术集成与应用	福建林业大学，福建省农业科学院畜牧兽医研究所，莆田广东温氏家禽有限公司，福建省华融禽业有限公司

（续表）

年　份	奖　项	等　级	项目名称	主要完成单位
2014	科技进步奖	三等奖	观赏向日葵闽葵系列新品种选育与应用	福建省农业科学院作物研究所
2014	科技进步奖	三等奖	全果汁乳酸发酵关键技术研究与应用	福建省农业科学院农业工程技术研究所
2014	科技进步奖	三等奖	福建油茶主要害虫综合控制技术研究	福建省林业科学研究院，福州植物园，尤溪县森林病虫害防治检疫站，泉州市森林病虫害防治检疫站
2014	科技进步奖	三等奖	真姬菇育种新技术研究及新品种闽真2号推广应用	福建农业大学，福建省龙岩市农业局，福建省食用菌技术推广总站
2014	科技进步奖	三等奖	马尾松工业原料林红心装饰材新品种选育研究	三明学院，漳平五一国有林场
2014	科技进步奖	三等奖	闽西马尾松优良家系选择及稳产高产技术研究	福建省上杭白沙砂国有林场，南京林业大学，福建省龙岩市林业种苗站
2014	科技进步奖	三等奖	污染零排放受控生态模式研究	福建省农业科学院农业生态研究所，福建省农业科学院科技干部培训中心
2014	科技进步奖	三等奖	农业副产物高效饲喂肉牛及其废弃物多级循环利用技术	福建省农业科学院农业生态研究所，福建省农业科学院畜牧兽医研究所
2014	科技进步奖	三等奖	马尾松毛虫快速检测预警技术及应用研究	三明学院，福建农林大学
2014	科技进步奖	三等奖	重要植物有害生物快速侦测、监测及鉴定新技术的研发与应用	福建出入境检验检疫局检验检疫技术中心，深圳出入境检验检疫局检验检疫技术中心
2014	科技进步奖	三等奖	引种中国台湾芒果的主要病虫害发生与防控技术	福建省农业科学院植物保护研究所，福建农林大学，厦门出入境检验检疫局检验检疫技术中心，福建省泉州德盛农药有限公司
2014	科技进步奖	三等奖	连城地瓜干标准化加工及综合利用关键技术的研究与应用	龙岩学院闽西食品研究所，连城县红心地瓜干协会
2014	科技进步奖	三等奖	稻曲病发生侵染机制与防控关键技术研究	福建省农业科学院植物保护研究所，浙江大学，溧阳中南化工有限公司
2014	科技进步奖	三等奖	模拟氮硫复合沉降（施氮硫肥）对森林生态系统影响的研究	福建农林大学
2014	科技进步奖	三等奖	武夷岩茶品质提升关键技术研究与应用	武夷学院，福建农林大学，武夷星茶业有限公司，福州海存量数据科技有限公司
2014	科技进步奖	三等奖	米曲霉优良菌株选育及其在高品质酿造酱油生产中的应用	福建林业大学，福建省潘氏食品有限公司
2014	科技进步奖	三等奖	基于PRC和芯片生物分析的鱼类物种鉴定新技术研究与应用	厦门出入境检验检疫局检验检疫技术中心，上海出入境检验检疫局检验检疫技术中心
2014	科技进步奖	三等奖	紫芝新品种武芝2号选育及栽培新技术示范	武平县食用菌技术推广服务站
2014	科技进步奖	三等奖	红肉蜜柚新品种选育及产业化推广应用研究	福建省农业科学院果树研究所，平和县经济作物站，平和县小溪镇农业技术推广中心，平和县红肉蜜柚培育中心
2014	科技进步奖	三等奖	福建山樱花绿化苗木定向培育关键技术	三明市三元区岩前林业工作站，三明市林科所花卉苗木试验场
2014	科技进步奖	三等奖	鲍鱼精深加工及综合利用技术研究与应用	福建农林大学，诏安海联食品有限公司，连江信洋水产有限公司

（续表）

年　份	奖　项	等　级	项目名称	主要完成单位
2014	科技进步奖	三等奖	黄官 1 号食用海带新品种的培育及养殖推广	福建省连江县官坞海洋开发有限公司，中国水产科学研究院黄海水产研究所
2014	科技进步奖	三等奖	南方袋栽黑木耳新品种选育	福建省南平市农业科学研究所
2014	科技进步奖	三等奖	水产品身份追溯系统	福州大学，福建中检华日食品安全监测有限公司，厦门臻旭软件有限公司
2014	科技进步奖	三等奖	优选单瓣茉莉花及其在花茶窨制中的应用	福建农林大学，闵榕茶业有限公司
2014	科技进步奖	三等奖	复合微生物菌肥开发及在苗木移植上的应用	福建农林大学，福建大用生态农业综合发展有限公司
2014	科技进步奖	三等奖	“福佑”佛手瓜选育与应用	龙溪县农业科学研究所，尤溪县良种繁育场
2014	科技进步奖	三等奖	台湾海峡重要渔业资源渔场形成机制及可持续利用关键技术与示范	福建省水产研究所，国家海洋局第三海洋研究生，厦门大学，集美大学

附表 B-13　2008—2014 年江西省农业科技获奖成果

年　份	奖　项	等　级	项目名称	主要完成单位
2008	自然科学奖	二等奖	禽蛋、水果和种子品质无损检测机理及应用研究	江西农业大学，浙江大学
2008	科技进步奖	一等奖	江西双季稻丰产高效技术集成与示范	江西省农业科学院，江西农业大学
2008	科技进步奖	二等奖	e 型杂交水稻不育系 K17eA 及其系列组合选育与应用	赣州市农业科学研究所
2008	科技进步奖	二等奖	低丘红壤区节水农业综合技术体系集成与示范	中国科学院红壤生态实验站，江西省农业科学院，南京农业大学，河海大学
2008	科技进步奖	二等奖	丘陵地区规模养种生态能源系统工程研究与应用	南昌大学，萍乡市泰华牧业科技有限公司
2008	科技进步奖	二等奖	新丰 A 系列杂交水稻高产优质新品种的选育及其应用	江西省种子管理站，奉新县农技推广中心
2008	科技进步奖	三等奖	斑点叉尾鮰产业技术开发研究	江西省水产技术推广站，鄱阳湖农业综合开发有限公司，江西科技师范学院
2008	科技进步奖	三等奖	出口双孢蘑菇罐头生产新工艺研究	江西柏林实业有限公司，江西农业大学
2008	科技进步奖	三等奖	大白猪抗应激高产仔综合性能评估与选育技术研究	江西农业大学，江西省养猪育种中心有限公司，江西红星种猪有限公司，江西省科学院微生物研究所
2008	科技进步奖	三等奖	甘蔗新品种赣蔗 18 号的选育及应用研究	江西省甘蔗研究所，赣州市甘蔗研究所，农业部甘蔗生理生态与遗传改良重点实验室
2008	科技进步奖	三等奖	高亚油酸含量油茶优良无性系选育研究与示范	江西省林业科学院
2008	科技进步奖	三等奖	毛竹增产剂与竹腔施肥技术	江西省林业科学院，江西省林业科技推广总站
2008	科技进步奖	三等奖	南方肉牛规模育肥技术集成与示范	吉安市畜牧兽医局
2008	科技进步奖	三等奖	水稻测土配方施肥技术体系研究与推广应用	江西省土壤肥料技术推广站，兴国县土壤肥料工作站，贵溪市土壤肥料工作站，万年县土壤肥料工作站
2008	科技进步奖	三等奖	香两优 98049 的选育与应用	吉安市农业科学研究所
2008	科技进步奖	三等奖	兴国甜橙 3-5 选育研究	江西省农业科学院，兴国县园艺场
2008	科技进步奖	三等奖	江西省农用地分等	江西省国土资源勘测规划院，江西省农业科学院土壤肥料与资源环境研究所，江西农业大学国土资源与环境学院，江西师范大学地理与环境学院
2008	科技进步奖	三等奖	刨花楠木工业原料林培育技术研究	江西农业大学，福建师范大学，江西省永新县七溪岭林场，江西省安福县谷源山林场
2008	科技进步奖	三等奖	显齿蛇葡萄（藤茶）中黄酮萃取分离新工艺及其产品开发	江西省科学院应用化学研究所，江西东南野生植物开发有限公司
2009	自然科学奖	一等奖	家猪数量性状的遗传解析	江西农业大学

（续表）

年　份	奖　项	等　级	项目名称	主要完成单位
2009	科技进步奖	一等奖	稻米营养方便食品及其加工副产品深加工关键技术和产业化	食品科学与技术国家重点实验室，中粮（江西）米业有限公司，湖南金健米业股份有限公司，江苏牧羊集团有限公司，国家粮食储备局武汉科学研究设计院，国家粮食储备局无锡科学研究设计院，上海良友（集团）有限公司
2009	科技进步奖	二等奖	安湘S系列两系杂交稻新组合的选育与应用	江西农业大学，江西现代种业有限责任公司，宁都县良种推广站
2009	科技进步奖	二等奖	池蝶蚌引进、繁育及产业化技术研究与推广	抚州市洪门水库开发公司，南昌大学，江西省水产技术推广站
2009	科技进步奖	二等奖	高产高品质油茶新品种选育及推广	赣州市林业科学研究所
2009	科技进步奖	二等奖	江西家禽种质资源测定、评价与创新利用	江西省农业科学院，中国农业科学院，江西省种畜种禽管理站
2009	科技进步奖	二等奖	苦参碱的提取分离及其植物源农药中的开发	南昌大学，高安金龙生物科技有限公司，江西师范大学
2009	科技进步奖	二等奖	杂交油菜青海异地制种技术研究及应用与赣两优二号的选育	宜春市农业科学研究所，江西农业大学，青海省农林科学院
2009	科技进步奖	二等奖	早恢R458的创制及其超级杂交早稻新组合的选育与应用	江西省农业科学院
2009	科技进步奖	二等奖	雷米普利的产业化生产	江西迪瑞合成化工有限公司，南昌大学
2009	科技进步奖	二等奖	江西省消灭丝虫病技术措施的研究	江西省疾病预防控制中心
2009	科技进步奖	二等奖	龙虎山和龟峰自然遗产价值评价和保护研究	江西省世界自然遗产和风景名胜区管理中心，江西省地质调查研究院，江西省城乡规划设计研究院
2009	科技进步奖	三等奖	“多用一斤种　增收百斤粮”技术集成示范与推广	江西省农业技术推广总站，泰和县农业技术推广中心，抚州市临川区农业局农业技术推广站，上高县农业局粮油站
2009	科技进步奖	三等奖	百喜草在坡地农业、生态恢复中的应用研究与示范推广	江西农业大学，江西省红壤研究所，江西省山江湖开发治理委员会办公室
2009	科技进步奖	三等奖	斑点叉尾鮰网箱健康养殖技术研究	峡江县水产局
2009	科技进步奖	三等奖	吉安市秸秆生物气化技术示范	吉安市农村能源管理站
2009	科技进步奖	三等奖	年产5 000吨苎麻生物脱胶精干麻	江西恩达家纺有限公司，武汉大学
2009	科技进步奖	三等奖	萍乡红鲫选育及产业化技术研究	江西省水产科学研究所，南昌大学，萍乡市水产科学研究所
2009	科技进步奖	三等奖	噻虫啉微胶囊剂防治松材线虫（松褐天牛）新技术	江西天人生态工业有限责任公司，中国农业大学
2009	科技进步奖	三等奖	优质大豆新品种赣豆5号的选育	江西省农业科学院
2009	科技进步奖	三等奖	优质高产杂交棉新品种赣棉杂1号选育与产业化示范	江西省棉花研究所
2009	科技进步奖	三等奖	江西省庐山自然保护区科学考察与生物多样性研究	江西省庐山自然保护区管理处，南昌大学，中国科学院庐山植物园

（续表）

年　份	奖　项	等　级	项目名称	主要完成单位
2009	科技进步奖	三等奖	得雨红豆杉紫杉醇初提物	江西德宇集团
2009	科技进步奖	三等奖	赤霉酸 A4、A7 原药	江西核工业瑞丰生化有限责任公司，江西新瑞丰生化有限公司
2010	技术发明奖	一等奖	仔猪断奶前腹泻抗病基因育种技术的创建及应用	江西科技师范学院，江西农业大学
2010	技术发明奖	二等奖	果品品质光电子智能探测技术与分选装备	华东交通大学，江西农业大学
2010	科技进步奖	二等奖	江西省超级稻示范推广	江西省农业科学院水稻研究所，江西农业大学
2010	科技进步奖	二等奖	南方湿热地区主要农业废弃资源利用技术研究与示范	江西省农业科学院
2010	科技进步奖	二等奖	水稻两用核不育系田丰 S-2 的创制与应用	赣州市农业科学研究所
2010	科技进步奖	二等奖	油茶平衡施肥关键技术及效应研究	江西农业大学，鹰潭市林业局，新余市渝水区林业局，景德镇市林业科学研究所，宜春市袁州区油茶局
2010	科技进步奖	二等奖	重组草鱼干扰素对草鱼的免疫保护作用	南昌大学
2010	科技进步奖	三等奖	草鱼疫苗免疫技术示范与推广应用研究	江西省水产技术推广站，泰和县水产技术推广站，金溪县水产技术推广站，贵溪市水产技术推广站
2010	科技进步奖	三等奖	东野胞质不育系东 B11A 及杂交晚稻先农 40 号（东优 13）选育与应用	宜春市农业科学研究所
2010	科技进步奖	三等奖	赣中南地区生态养猪循环经济模式研究	江西省农业科学院畜牧兽医研究所，江西省农业科学院土壤肥料与资源环境研究所，赣州市畜牧兽医局
2010	科技进步奖	三等奖	机械化双季杂交稻育插秧配套技术研究与示范	江西省农业科学院农业工程研究所，南昌市农机化管理站
2010	科技进步奖	三等奖	江西棉花除草剂安全使用技术研究	江西省棉花研究所
2010	科技进步奖	三等奖	克氏原螯虾繁育及养殖技术研究	南昌市农业科学院，江西省水产技术推广站，南昌市民盛农业发展有限公司，南昌市水产技术推广站
2010	科技进步奖	三等奖	毛竹新品种——厚壁毛竹繁育与推广	江西农业大学，宜丰县林业局，国际竹藤网络中心
2010	科技进步奖	三等奖	全国主要农作物病虫害发生发展气象预报研究与应用	江西省气象台，中国气象科学研究院，河南省气象科学研究所，中国气象局沈阳大气环境研究所
2010	科技进步奖	三等奖	双季水稻免耕抛秧高产栽培技术体系研究与应用	江西农业大学
2010	科技进步奖	三等奖	乌鳢产业化技术开发与研究	南昌大学，江西省水产技术推广站，江西益人生态农业发展有限公司
2010	科技进步奖	三等奖	杂交有色稻“天丰优紫红”（武功紫红米 0801）	芦溪县农业科学研究所，芦溪县一村食品有限责任公司

（续表）

年　份	奖　项	等　级	项目名称	主要完成单位
2010	科技进步奖	三等奖	从野漆树籽中分离提取野漆树蜡的研究	江西宁都宇林生物科技开发有限公司
2010	科技进步奖	三等奖	一体化农电生产管理系统	江西省电力公司信息通信中心，泰豪软件股份有限公司
2011	自然科学奖	三等奖	绿色萜类农药的合成、筛选、活性规律及构效关系研究	江西农业大学，南京军区军事医学研究所，中国林业科学研究院林产化学工业研究所
2011	自然科学奖	三等奖	酸沉降对亚热带森林生态系统的影响机理研究	南昌工程学院，福建农林大学
2011	科技进步奖	一等奖	超级杂交晚稻淦鑫 688 等新组合的选育与应用	江西农业大学，江西现代种业有限责任公司
2011	科技进步奖	二等奖	江西省耕地保育与持续高效现代农业技术研究与示范	中国科学院红壤生态实验站，江西农业大学，江西省农业科学院，南京农业大学，南昌师范高等专科学校
2011	科技进步奖	二等奖	江西水稻优异种质资源发掘、创制研究与应用	江西省农业科学院水稻研究所，中国农业科学院作物科学研究所，江西省邓家埠水稻原种场农科所
2011	科技进步奖	二等奖	蜜蜂高效养殖及其产品研究与应用	江西农业大学，南京九蜂堂蜂产品有限公司，靖安县中蜂种王养殖繁育场
2011	科技进步奖	二等奖	鄱阳湖区生态气象监测评估研究及应用	江西省气象科学研究所，江西师范大学
2011	科技进步奖	二等奖	果蔬多源信息融合超大型分选设备的技术研究与应用	江西信丰绿萌农业发展有限公司，中国科学院微电子研究所
2011	科技进步奖	二等奖	湖沼型疫区血吸虫病综合防治模式研究及示范应用	江西省寄生虫病防治研究所，进贤县血吸虫病防治站，中国疾病预防控制中心寄生虫病预防控制所
2011	科技进步奖	三等奖	规模化养猪场水污染防治与资源利用关键技术研究与应用	江西省科学院能源研究所，南昌大学，江西御景生态农业有限公司，江西润阳环保科技有限公司
2011	科技进步奖	三等奖	江西省水生动物防疫体系建设与监控技术研究	江西省水产技术推广站，全国水产技术推广总站，峡江县水产局
2011	科技进步奖	三等奖	江西特色资源的开发研究——黄栀子深度产品开发	江西省科学院应用化学研究所，江西天顺生态农业有限公司，江西省科院天工科技有限公司
2011	科技进步奖	三等奖	金针菇航天诱变育种研究	江西省农业科学院农业应用微生物研究所，中国南方航天育种技术研究中心
2011	科技进步奖	三等奖	利用天然落地松脂和残渣废液回收红松香	吉安市青原区东固林产化工厂，江西农业大学
2011	科技进步奖	三等奖	绿色植保技术研究和集成推广应用	吉安市植保植检局，吉安市吉州区植保植检站，吉安市青原区植保植检站，峡江县植保植检站
2011	科技进步奖	三等奖	亩产千斤子棉生产技术集成研究与应用	江西省棉花研究所
2011	科技进步奖	三等奖	南方红壤丘陵区绿色农业发展模式研究与示范	江西省农业科学院，江西省绿色食品（有机产品）协会
2011	科技进步奖	三等奖	翘嘴红鲌规模化育苗关键技术研究开发	江西省水产科学研究所，南昌市水产科学研究所，德安县水产技术推广站

（续表）

年　份	奖　项	等　级	项目名称	主要完成单位
2011	科技进步奖	三等奖	生化遗传标记在灰鹅育种中的应用研究	江西省农业科学院畜牧兽医研究所，江西省兴国灰鹅原种场
2011	科技进步奖	三等奖	石砌岸排水孔藤本植物栽培技术与应用	萍乡市河岸堤防管理处，萍乡市林业科学研究所，萍乡市千叶园林有限公司，萍乡市供水公司
2011	科技进步奖	三等奖	甜菊新品种菊隆 5 号高产栽培技术推广应用	赣州菊隆高科技实业有限公司
2011	科技进步奖	三等奖	珍稀濒危新物种——华木莲繁育与保护	江西农业大学，宜春市林业科学研究所
2011	科技进步奖	三等奖	转基因抗虫棉病虫害综合防治技术研究与示范	江西省棉花研究所，安徽中棉种业长江有限责任公司，江西省永修县植保植检站，江西省彭泽县植保植检站
2011	科技进步奖	三等奖	江西省不同地域条件土地开发整理工程模式及应用	江西省土地开发整理中心，江西农业大学，苏州大学
2011	科技进步奖	三等奖	鄱阳湖流域生态系统监测与评估关键技术研发及应用	江西省山江湖开发治理委员会办公室，中国科学院地理科学与资源研究所
2012	自然科学奖	三等奖	蛋鸡脂肪肝出血综合征发病机制及其防控研究	江西农业大学
2012	科技进步奖	一等奖	赣南脐橙高效安全生产关键技术研究与推广应用	江西省脐橙工程技术研究中心，华中农业大学，中国农业科学院柑桔研究所，江西农业大学，江西省农业科学院园艺研究所，赣州市果业局，赣州市柑桔科学研究所
2012	科技进步奖	一等奖	双季超级稻早蘖壮秆强源高产栽培技术研究与应用	江西农业大学，江西省农业科学院
2012	科技进步奖	二等奖	茶饮料专用茶叶精加工新工艺和装备技术的研究与应用	婺源县聚芳永茶业有限公司，深圳市深宝华城科技有限公司，深圳市深宝实业股份有限公司
2012	科技进步奖	二等奖	国际珍稀濒危动物——白颈长尾雉就地保护关键技术与应用	江西省林业科学院，江西农业大学
2012	科技进步奖	二等奖	江 4A 和超级稻春光 1 号等四个江四优系列短生育期杂交组合的选育	江西省农业科学院水稻研究所
2012	科技进步奖	二等奖	鄱阳湖流域水资源适应性调配关键技术及应用	江西省水利科学研究院，河海大学
2012	科技进步奖	二等奖	湿地生态修复、重建技术集成研究与示范	江西省山江湖开发治理委员会办公室，南昌大学，江西师范大学，江西省红壤研究所，南昌工程学院
2012	科技进步奖	三等奖	刺鲃健康养殖技术模式研究与应用	赣州市水产研究所
2012	科技进步奖	三等奖	赣南水土保持生态建设关键技术系统集成与创新应用	江西省水土保持科学研究所
2012	科技进步奖	三等奖	红壤区新型肥料研发及沃土技术研究与应用	江西省农业科学院土壤肥料与资源环境研究所
2012	科技进步奖	三等奖	鸡免疫调节功能性饲料添加剂配方技术研究与开发	江西省农业科学院畜牧兽医研究所

（续表）

年 份	奖 项	等 级	项目名称	主要完成单位
2012	科技进步奖	三等奖	江西省稻瘟病菌的致病性分化及水稻品种抗瘟性评价技术研究与应用	江西省农业科学院植物保护研究所，江西省植保植检局
2012	科技进步奖	三等奖	辣椒杂交新组合萍辣9901的选育	萍乡市蔬菜科学研究所
2012	科技进步奖	三等奖	木本生物质能源树种选择、繁殖与油脂转化技术研究	江西农业大学，江西丰林投资开发有限公司
2012	科技进步奖	三等奖	鄱阳湖生态经济区农业地质资源环境调查评价及成果应用示范	江西省地质调查研究院
2012	科技进步奖	三等奖	特早熟高产优质辣椒品种辛香二号选育与应用	江西农望高科技有限公司
2012	科技进步奖	三等奖	籼型杂交早稻金优9059（先农13号）	江西省宜春市农业科学研究所
2012	科技进步奖	三等奖	长江中下游江西省农田保护性耕作关键技术及集成示范	江西农业大学，中国水稻研究所，江西省农学会，江西省农业技术推广总站
2012	科技进步奖	三等奖	油茶实用技术图解丛书	江西省林业科技培训中心
2012	科技进步奖	三等奖	江西省农村地区浅部真菌病现场调查及致病菌研究	江西省皮肤病专科医院
2013	自然科学奖	二等奖	水旱对比环境下水稻抗旱性状相关基因的定位研究	江西农业大学，上海市农业生物基因中心
2013	自然科学奖	三等奖	植物功能成分分离鉴定及降脂减肥作用的研究	江西农业大学
2013	技术发明奖	二等奖	高浑浊海水养殖水域游弋式水下视频监控系统	江西海豹高科技有限公司
2013	技术发明奖	二等奖	苦瓜强雌系优异种质创制与赣苦瓜1号、2号、3号、4号品种选育及应用	江西省农业科学院蔬菜花卉研究所
2013	技术发明奖	二等奖	双季稻分蘖调控关键技术及其高产优质栽培研究与应用	江西省农业科学院，江西农业大学，南昌市农业科学院
2013	科技进步奖	二等奖	鄱阳湖克氏原鳌虾资源持续利用、遗传多样性及增养殖技术	南昌大学，江西省水产技术推广站，江西省水产科学研究所，九江市水产科学与技术，南昌市农业科学院
2013	科技进步奖	二等奖	萧氏松茎象系统控制技术研究与推广	江西省林业有害生物防治检疫局，江西农业大学，信丰县森林病虫害防治检疫站，江西天人生态股份有限公司
2013	科技进步奖	二等奖	40年农村地区低成本子宫颈癌筛查技术应用研究与效果评价	江西省妇幼保健院，江西省靖安县宫颈癌防治研究所
2013	科技进步奖	三等奖	茶树菇新品种赣茶AS-1选育及产业化关键技术集成创新	江西省农业科学院农业应用微生物研究所，黎川县利康绿色农业有限公司
2013	科技进步奖	三等奖	江西米粉专业稻金优L2的选育与产业化	赣州广根农作物种子股份有限公司，江西省农业科学院水稻研究所
2013	科技进步奖	三等奖	双季超级稻新品种产业化	江西现代种业股份有限公司，南昌市农业科学院，江西农业大学

（续表）

年　份	奖　项	等　级	项目名称	主要完成单位
2013	科技进步奖	三等奖	江西省棉花高产技术集成创新与应用推广	江西省经济作物技术推广总站，九江市经济作物生产技术指导站，彭泽县农业局经济作物生产技术推广站，九江县经作局
2013	科技进步奖	三等奖	粮食安全下的稻田轮作系统研究	江西农业大学，江西省农业技术推广总站
2013	科技进步奖	三等奖	江西省双低油菜免耕节本高效栽培技术研究与应用	江西省农业科学院作物研究所，江西省农业技术推广总站
2013	科技进步奖	三等奖	东乡花猪保护、开发与利用技术	东乡县欣荣农牧发展有限公司，江西省农业科学院畜牧兽医研究所
2013	科技进步奖	三等奖	双胞胎乳猪奶粉乳猪配合饲料	双胞胎（集团）股份有限公司
2013	科技进步奖	三等奖	桑蚕种茧育防微与省力化技术研究与应用	江西省蚕桑茶叶研究所
2013	科技进步奖	三等奖	双热源智能温湿控制系统及阳光房在工厂化蛇类养殖中的应用研究	萍乡衍龙生态王蛇科技有限公司，沈阳师范大学
2013	科技进步奖	三等奖	虫生广布拟盘多毛孢的开发和应用	江西天人生态股份有限公司，广西大学，广西壮族自治区森林病虫害防治站
2013	科技进步奖	三等奖	农用天气预报业务系统研究及成果应用	江西省气象台
2013	科技进步奖	三等奖	特香型酒窖泥的培养与应用	四特酒有限责任公司
2013	科技进步奖	三等奖	无线传感网络关键技术与生态农业环境监测可视化服务平台	江西师范大学，江西赛柏科技有限公司
2013	科技进步奖	三等奖	中部山区新农村信息化关键技术研究与应用	江西省计算技术研究所，江西省农业科学院农业信息研究所，江苏科学技术情报研究所，安徽农业大学
2013	科技进步奖	三等奖	红壤小流域径流泥沙的水土保持调控与数据自动监测技术	江西省水土保持科学研究院
2014	自然科学奖	三等奖	森林土壤关键生态过程调控及其与叶功能性状的关联性	江西农业大学，南昌大学，中国科学院沈阳应用生态研究所
2014	自然科学奖	三等奖	中国人源性蛔虫和猪源性蛔虫的分子比较研究	江西省医学科学研究院，南昌大学
2014	科技进步奖	一等奖	广适性双季杂交稻五丰优T025等新品种选育与应用	江西农业大学，江西现代种业股份有限公司
2014	科技进步奖	二等奖	辣椒优异种质资源发掘、创新及新品种选育	江西省农业科学院蔬菜花卉研究所
2014	科技进步奖	二等奖	转基因抗虫杂交棉新品种赣棉杂109选育与产业化示范	江西省棉花研究所，九江鑫田农作物良种研究所
2014	科技进步奖	二等奖	江西省南方水稻黑条矮缩病的发生及防控关键技术研究与示范推广	江西省农业科学院植物保护研究所，江西省植保植检局，江苏省农业科学院
2014	科技进步奖	二等奖	安义瓦灰鸡的发现、调查、保护与选育利用	江西省农业科学院畜牧兽医研究所，南昌福安种畜禽有限公司，安义县畜牧水产局
2014	科技进步奖	二等奖	鄱阳湖区生态渔业关键技术研究与示范	江西省水产科学研究所，景德镇市水产技术推广站，江西省农产品质量安全中心，新余市水产站

（续表）

年　份	奖　项	等　级	项目名称	主要完成单位
2014	科技进步奖	二等奖	油茶良种创新与应用	江西省林业科学院，江西省林业科技推广总站，中国林科院亚热带林业实验中心，江西省农业科学院原子能应用研究所
2014	科技进步奖	二等奖	江西林木害虫天敌姬蜂资源调查	国家林业局森林病虫害防治总站，江西省林业有害生物防治检疫局
2014	科技进步奖	二等奖	红壤坡地水土流失综合治理工程关键支撑技术集成与应用	江西省水土保持科学研究院，中国科学院水利部水土保持研究所，江西省红壤研究所
2014	科技进步奖	二等奖	西杂牛奶的加工关键技术与应用	江西牛牛乳业有限责任公司，南昌大学
2014	科技进步奖	二等奖	物联网绿色安全储粮监控系统研发与应用示范	江西省粮油科学技术研究所，清华大学，江西金佳谷物股份有限公司，普适微芯科技（北京）有限公司
2014	科技进步奖	三等奖	茶园土壤修复与生态优化关键技术研究应用	江西省蚕桑茶叶研究所
2014	科技进步奖	三等奖	高产优质多抗黑芝麻新品种赣芝9号的选育与应用	江西省农业科学院作物研究所
2014	科技进步奖	三等奖	水稻东野胞质不育系“中青 A”选育与利用	江西省宜春市农业科学研究所，江西省高安市新农村作物研究所
2014	科技进步奖	三等奖	鄱阳湖地区土壤质量评价与应用	江西农业大学，南昌师范高等专科学校，江西省土壤肥料技术推广站，九江市土壤肥料站
2014	科技进步奖	三等奖	猪粪资源化利用技术集成与推广应用	赣州市畜牧研究所，南康市畜牧兽医站，信丰县畜牧兽医局，章贡区畜牧水产技术服务中心
2014	科技进步奖	三等奖	斑点叉尾鮰养殖群体遗传多样性及其分子检测	南昌大学，江西省水产技术推广站
2014	科技进步奖	三等奖	深农配套系猪产业化养殖技术研究与示范推广	井冈山市畜牧兽医局，井冈山市新盛农产品开发有限公司，井冈山市华富畜牧有限责任公司
2014	科技进步奖	三等奖	南酸枣果用林丰产栽培关键技术研究与示范	江西农业大学，江西省崇义县林业技术推广站，江西省林业科学院
2014	科技进步奖	三等奖	紫花含笑优良观赏品系筛选及高效无性繁殖技术研究	江西省林业科学院，龙南县东江荣华苗甫

附表 B-14　2008—2014 年山东省农业科技获奖成果

年　份	奖　项	等　级	项目名称	主要完成单位
2008	自然科学奖	一等奖	植物耐盐生物学研究	山东师范大学
2008	自然科学奖	三等奖	中国暗色砖格分生孢子真菌及蠕形分生孢子真菌物种多样性研究	山东农业大学，北京林业大学，河南农业大学，西北农林科技大学
2008	技术发明奖	二等奖	新型含氟农药、医药中间体无隔膜电化学清洁生产技术集成	山东师范大学，山东中氟化工科技有限公司
2008	技术发明奖	二等奖	利用基因工程和细胞工程技术创造早熟禾、黑麦草、高羊茅等抗逆新品系（种）	山东大学，山东省医学高等专科学校
2008	技术发明奖	三等奖	新型槐糖脂的生产和应用研究	山东大学，山东轻工业学院
2008	技术发明奖	三等奖	海带种质保存及分子鉴定技术的研究和应用	烟台大学，山东东方海洋科技股份有限公司
2008	科技进步奖	一等奖	新型作物控释肥研制及产业化开发应用	山东农业大学，山东金正大生态工程股份有限公司
2008	科技进步奖	一等奖	猪蓝耳病病原分子遗传变异与诊断和系统防治技术	山东省农业科学院畜牧兽医研究所，青岛农业大学
2008	科技进步奖	一等奖	栉孔扇贝与虾夷扇贝杂交育种技术研究及应用	中国水产科学研究院黄海水产研究所，青岛圣格尔经贸有限公司胶南分公司，中国水产科学研究院长岛增殖试验站
2008	科技进步奖	一等奖	耐旱耐瘠薄树种选育与评价利用研究	山东省林业科学研究院，山东农业大学，泰安市泰山林业科学研究院
2008	科技进步奖	一等奖	高产、优质、多抗、广适玉米杂交种鲁单 981	山东省农业科学院玉米研究所
2008	科技进步奖	二等奖	农田养分资源合理配置及调控模式研究与应用	招远市农业技术推广中心
2008	科技进步奖	二等奖	利用葡萄糖废糖蜜生产高活性面包干酵母的研究	山东轻工业学院，山东西王酵母有限公司
2008	科技进步奖	二等奖	联合重组抗原诊断隐孢子虫病的研究	山东省寄生虫病防治研究所
2008	科技进步奖	二等奖	澳洲宝石鲈的人工繁育及养殖技术研究	山东省淡水水产研究所
2008	科技进步奖	二等奖	条斑星鲽全人工繁育技术研究	山东省海水养殖研究所，烟台百佳水产有限公司
2008	科技进步奖	二等奖	豁眼鹅快长系选育及配套技术	青岛农业大学
2008	科技进步奖	二等奖	家蚕膨化颗粒饲料与多效添食剂的研究	山东农业大学，泰安市振华蚕业用品研究所，山东泰安丝绸集团有限公司
2008	科技进步奖	二等奖	发酵法生产赤藓糖醇技术的研究与推广	山东省食品发酵工业研究设计院，青岛琅琊台集团股份有限公司，滨州三元生物科技有限公司
2008	科技进步奖	二等奖	无毒二氧化氯果蔬保鲜工艺研究	山东农业大学
2008	科技进步奖	二等奖	有机肽乳研制	山东银香伟业集团有限公司，中山大学
2008	科技进步奖	二等奖	十种重大植物检疫性及外来有害生物风险分析研究与应用	山东省植物保护总站

（续表）

年 份	奖 项	等 级	项目名称	主要完成单位
2008	科技进步奖	二等奖	山东省高速公路绿化模式调查及其生态效应评价研究	山东省林业科学研究院，中国林业科学研究院亚热带林业研究所
2008	科技进步奖	二等奖	崂山生态及保护研究	山东省环境保护科学研究设计院，青岛崂山风景区管理,
2008	科技进步奖	二等奖	青岛沿海地区资源环境调查及应用	国家海洋局第一海洋研究所，中国科学院海洋研究所
2008	科技进步奖	二等奖	有机蔬菜标准化生产技术集成与产业化示范	临沂市蔬菜办公室，临沂同德农业科技开发有限公司
2008	科技进步奖	二等奖	日光温室蔬菜有机基质型无土栽培技术的研究	山东农业大学，山东省农业科学院蔬菜研究所，寿光市蔬菜高科技示范园管理处
2008	科技进步奖	二等奖	春、夏、秋大白菜系列品种的选育与推广	山东省农业科学院蔬菜研究所
2008	科技进步奖	二等奖	甜樱桃良种良砧良法配套技术研究与推广	山东农业大学
2008	科技进步奖	二等奖	耐盐碱光兆1号杨的选育研究	上海光兆林业发展有限公司山东分公司，山东省林业科学研究院
2008	科技进步奖	二等奖	农林复合杨树速生丰产林高效栽培模式研究	泰安市泰山林业科学研究院，山东农业大学
2008	科技进步奖	二等奖	利用生物技术创造花生抗逆新种质的研究	山东省农业科学院高新技术研究中心
2008	科技进步奖	二等奖	小麦新品种潍麦8号选育与推广	山东省潍坊市农业科学院
2008	科技进步奖	三等奖	生物有机肥产业化技术开发与应用	青岛市土壤肥料工作站，青岛地恩地生物科技有限公司
2008	科技进步奖	三等奖	生物杀菌剂与PGPR系列产品研究与开发	山东省科学院中日友好生物技术研究中心，山东省科学院生物研究所
2008	科技进步奖	三等奖	猪传染性胸膜肺炎病原分子流行病学研究	山东立鼎生物技术研究所，山东农业大学
2008	科技进步奖	三等奖	猪附红细胞体生物学特性和诊断技术的研究	青岛农业大学，中国动物卫生与流行病学中心
2008	科技进步奖	三等奖	水生生物主要病原快速检测技术的建立与应用	山东出入境检验检疫局检验检疫技术中心
2008	科技进步奖	三等奖	山东生态农业周年动态、定量信息服务系统研究	山东省气候中心
2008	科技进步奖	三等奖	肉用绵羊胚胎移植技术的开发利用	山东省农垦畜禽良种繁育推广中心
2008	科技进步奖	三等奖	黄河口半滑舌鳎池塘及工厂化养殖技术研究	东营丰泽生物科技有限公司，利津县渔业技术推广站
2008	科技进步奖	三等奖	太平洋牡蛎四倍体及全三倍体培育技术	中国海洋大学
2008	科技进步奖	三等奖	高纯度柠檬酸关键技术研究及产品开发	山东柠檬生化有限公司
2008	科技进步奖	三等奖	低耗水高效粉丝生产新工艺及其污水治理	山东大学，烟台大学，招远市水处理工程有限公司，烟台市珍珠龙口粉丝有限公司，招远市现代食品有限公司

（续表）

年　份	奖　项	等　级	项目名称	主要完成单位
2008	科技进步奖	三等奖	牛奶包装膜专用白色母料的研制与开发	山东春潮色母料有限公司
2008	科技进步奖	三等奖	甲壳质酶法生产工艺及其深加工产品的开发	山东信得科技股份有限公司
2008	科技进步奖	三等奖	海鞘油脂提取工艺研究	烟台大学，烟台海皇生物科技有限公司
2008	科技进步奖	三等奖	麸皮生物炼制高纯度水溶性膳食纤维的产业化研究	保龄宝生物股份有限公司，山东省食品发酵工业研究设计院
2008	科技进步奖	三等奖	海参深加工技术研究	山东省科学院生物研究所，好当家集团有限公司
2008	科技进步奖	三等奖	运用现代生物技术对玉米精深加工及循环综合利用项目的研究	山东省鲁洲食品集团有限公司
2008	科技进步奖	三等奖	TYM-A酶法生产蚕丝营养素和蚕丝多肽的研究与开发	泰安市泰银制丝有限责任公司，山东大学
2008	科技进步奖	三等奖	食用油黄曲霉毒素去除技术和装备的研究与应用	山东鲁花集团有限公司
2008	科技进步奖	三等奖	张裕·卡斯特酒庄高档葡萄酒系列产品开发与工艺研究	烟台张裕集团有限公司
2008	科技进步奖	三等奖	50t/d大豆低温粕醇法制备浓缩蛋白工艺及成套设备	济宁市机械设计研究院
2008	科技进步奖	三等奖	山东农田杂草分类鉴别与治理	滨州市植物保护站，山东省植物保护总站
2008	科技进步奖	三等奖	生物遗传工程技术防治害虫的研究	山东省专利保护技术鉴定中心
2008	科技进步奖	三等奖	中原二季作区马铃薯有害生物可持续治理（SPM）技术研究与示范推广	山东省滕州市植物保护站
2008	科技进步奖	三等奖	山东省主要林业有害生物调查及防治对策的研究	山东省野生动植物保护站
2008	科技进步奖	三等奖	杨树新病害——肿干溃疡病研究	临沂师范学院，临沂市森林保护与植物检疫中心站，江苏农林职业技术学院
2008	科技进步奖	三等奖	固态农药微乳化技术及应用	山东华阳科技股份有限公司，山东农业大学
2008	科技进步奖	三等奖	“3S”技术支持下的山东茶树适生环境评价与区划研究	山东省茶业生产加工技术研究推广中心，山东建筑大学，日照市茶叶科学研究所
2008	科技进步奖	三等奖	济青高速公路路域植被建植及其环境功能研究	山东高速公路股份有限公司，南京林业大学，山东高速股份有限公司济青淄博管理处
2008	科技进步奖	三等奖	泰山树种资源网络管理系统研制与开发	山东农业大学
2008	科技进步奖	三等奖	主要蔬菜及粮油作物种质资源保护与利用研究	青岛市种子站，青岛北方种业有限公司
2008	科技进步奖	三等奖	优质黄瓜新品种选育	青岛市农业科学研究院
2008	科技进步奖	三等奖	芦笋雄性两性株的应用研究与开发	山东省潍坊市农业科学院
2008	科技进步奖	三等奖	有机活性高硒大蒜的培植及生物制品的研究开发	山东星发农业科技股份有限公司

（续表）

年　份	奖　项	等　级	项目名称	主要完成单位
2008	科技进步奖	三等奖	国内外大樱桃鲜食优良品种选育及配套栽培技术研究	山东省烟台市农业科学研究院
2008	科技进步奖	三等奖	金手指葡萄选育研究及产业化开发	山东省果茶技术指导站，山东省鲜食葡萄研究所，平度市果树技术推广站
2008	科技进步奖	三等奖	日韩梨早期优质丰产栽培技术	山东省农垦科技发展中心
2008	科技进步奖	三等奖	设施专用桃育种与利用研究	青岛市农业科学研究院
2008	科技进步奖	三等奖	优质黄桃新品种“黄金冠”的选育和推广应用研究	聊城大学
2008	科技进步奖	三等奖	抗寒茶树罗汉 1 号新品种选育及配套技术研究	泰安市泰山林业科学研究院
2008	科技进步奖	三等奖	桃、枣和茶良种选育及无公害栽培技术支撑体系研究	山东省林业科学研究院，山东省林业引用外资项目办公室
2008	科技进步奖	三等奖	优质蝴蝶兰新品种引进、选育及产业化技术研究	山东省烟台市农业科学研究院
2008	科技进步奖	三等奖	农业技术推广主体多元化研究	山东省农业可持续发展研究所
2008	科技进步奖	三等奖	关于构建新型县域农业科技创新体系的研究	日照市科学技术局，莒县科学技术局
2008	科技进步奖	三等奖	21 世纪中国海洋强国战略理论研究	山东省渔业协会
2008	科技进步奖	三等奖	关于对山东省社会主义新农村建设加强分类指导实证研究	中共山东省委政策研究室
2008	科技进步奖	三等奖	高产、优质、粮饲兼用型玉米新品种聊玉 19 号选育与开发	山东省聊城市农业科学研究院
2008	科技进步奖	三等奖	利用生物技术进行小麦种质资源鉴定、筛选及创新	山东省农业科学院作物研究所
2008	科技进步奖	三等奖	转基因抗虫棉新品种鲁棉研 18 号、鲁棉研 20 号、鲁棉研 25 号选育	山东棉花研究中心，中国农业科学院生物技术研究所，山东金秋种业有限公司
2008	科技进步奖	三等奖	黄河三角洲绿色农产品质量控制技术研究与示范	东营市农产品质量监督检测中心
2008	科技进步奖	三等奖	农产品国际标准化技术研究与应用	山东省农业科学院中心实验室，农业部食品质量监督检验测试中心（济南），青岛市农业技术推广站，烟台市土壤肥料工作站
2009	自然科学奖	三等奖	我国主要海洋红藻资源及其应用基础研究	中国科学院海洋研究所
2009	技术发明奖	一等奖	环境友好型肥料的创制与应用	山东省农业科学院土壤肥料研究所，山东谷丰源肥业有限公司
2009	科技进步奖	一等奖	鲁农Ⅰ号猪配套系、鲁烟白猪新品种培育与应用	山东省农业科学院畜牧兽医研究所，莱芜市畜牧办公室，莱州市畜牧兽医站
2009	科技进步奖	一等奖	南四湖藻类种群构成特征及其水华预防控制技术	山东大学
2009	科技进步奖	一等奖	华东北部半湿润偏旱井渠结合灌区节水农业综合技术体系集成与示范	山东省水利科学研究院，威海市环翠区人民政府，中国农科院农田灌溉研究所，青岛农业大学（原莱阳农学院），河海大学

（续表）

年　份	奖　项	等　级	项目名称	主要完成单位
2009	科技进步奖	一等奖	金太阳杏等系列品种创新与产业化开发	山东省果树研究所
2009	科技进步奖	一等奖	高产优质多抗“丰花”系列花生新品种培育与推广应用	山东农业大学，中国农业科学院油料作物研究所
2009	科技进步奖	一等奖	转基因抗虫棉 GK-12 优异种质的创造与利用	山东省种子管理总站，中国农业科学院生物技术研究所，梁山县后孙庄良种繁育场
2009	科技进步奖	一等奖	花生产业标准化技术体系建立与应用	山东省农业科学院
2009	科技进步奖	二等奖	新型经济林木缓释肥的研制与开发	山东省林业科学研究院
2009	科技进步奖	二等奖	适宜周年栽培珍稀食用菌新品种选育与产业化开发	山东省农业科学院土壤肥料研究所，山东省农业科学院植物保护研究所
2009	科技进步奖	二等奖	畜禽主要传染病诊断和防控技术研究与应用	山东农业大学
2009	科技进步奖	二等奖	H9 亚型禽流感病毒遗传进化与 LaSota-H9 重组病毒活载体的构建	山东省农业科学院畜牧兽医研究所
2009	科技进步奖	二等奖	抗生素替代产品——中草药制剂用于海水鱼病害防治的研究	山东省海水养殖研究所
2009	科技进步奖	二等奖	村镇供水系统遥测遥控及监视无线传输技术应用研究	山东农业大学，日照市东港区水利局
2009	科技进步奖	二等奖	海水鲆鲽鱼类基因资源发掘与应用	中国水产科学研究院黄海水产研究所，莱州明波水产有限公司，海阳市黄海水产有限公司
2009	科技进步奖	二等奖	星斑川鲽优质苗种繁育及养殖技术开发	日照市海洋水产资源增殖站，日照职业技术学院，国家海洋局第一海洋研究所
2009	科技进步奖	二等奖	三疣梭子蟹种质资源评价与快速生长新品系选育	中国水产科学研究院黄海水产研究所，昌邑市海丰水产养殖有限责任公司
2009	科技进步奖	二等奖	枣疯病综合防治技术试验研究	泰安市泰山林业科学研究院
2009	科技进步奖	二等奖	番茄茄子砧木资源鉴定评价与创新利用	山东农业大学
2009	科技进步奖	二等奖	萝卜种质创新与新品种选育及应用	山东省潍坊市农业科学院
2009	科技进步奖	二等奖	高灌蓝莓新品种组培快繁研究及产业化	山东省果树研究所
2009	科技进步奖	二等奖	玫瑰（*Rosarugosa*）种质资源收集、研究与创新利用	山东农业大学
2009	科技进步奖	二等奖	新型银杏茶的研制与开发	日照市寿王春茶业有限公司，山东省医学科学院药物研究所
2009	科技进步奖	二等奖	高产、稳产、多抗玉米新品种聊玉 18 号选育与开发（国审品种）	聊城市农业科学研究院
2009	科技进步奖	二等奖	小麦、玉米垄作与保护性耕作技术及其配套机具的研制	山东省农业科学院作物研究所，山东省农业机械技术推广站，青岛万农达花生机械有限公司

（续表）

年　份	奖　项	等　级	项目名称	主要完成单位
2009	科技进步奖	二等奖	转*Bt*基因抗虫棉新品种鲁棉研21号选育与应用	山东棉花研究中心，中国农业科学院生物技术研究所
2009	科技进步奖	二等奖	淀粉型甘薯新品种选育与产量调控机理研究	山东省农业科学院作物研究所
2009	科技进步奖	三等奖	生物有机肥的研制	山东省科学院生物研究所
2009	科技进步奖	三等奖	果树氮调控与肥料袋控缓释技术的研究	山东农业大学
2009	科技进步奖	三等奖	复混（复合）肥料中缩二脲含量测定方法研究	济宁市质量技术监督局，山东省化工研究院
2009	科技进步奖	三等奖	利用有机酸发酵行业产生的菌丝体等废弃物生产有机—无机复混肥料的工艺研究	青岛科海生物有限公司
2009	科技进步奖	三等奖	注射用头孢噻呋钠的研制应用	齐鲁动物保健品有限公司
2009	科技进步奖	三等奖	禽流感等重大动物疫病快速检测试剂	中国动物卫生与流行病学中心，青岛易邦生物工程有限公司
2009	科技进步奖	三等奖	鸭主要疫病病原分析及防控技术研究	山东省农业科学院家禽研究所
2009	科技进步奖	三等奖	家禽重大疫病病原分子进化和诊断及其浓缩疫苗研制	山东省农业科学院家禽研究所
2009	科技进步奖	三等奖	微小隐孢子虫重组BCG-CP15/60-23疫苗的构建及其保护性研究	山东省寄生虫病防治研究所
2009	科技进步奖	三等奖	春用桑蚕新品种“973×974”的育成与推广应用	山东农业大学
2009	科技进步奖	三等奖	奶牛胚胎移植技术产业化开发与示范	山东六和集团有限公司，中国动物卫生与流行病学中心，青岛市畜牧兽医研究所，莱西市奶牛良种繁育推广中心，胶南市家畜改良站
2009	科技进步奖	三等奖	小尾寒羊新品系培育及健康高效养殖技术研究	山东嘉祥县鲁宁畜禽良种推广中心，山东农业大学
2009	科技进步奖	三等奖	全三倍体牡蛎培育及养殖技术研究	山东省海洋水产研究所，中国海洋大学
2009	科技进步奖	三等奖	无甲醛啤酒酿造工艺的研究	山东商业职业技术学院
2009	科技进步奖	三等奖	从田间到餐桌有机循环乳业产业链关键技术集成创新研究	山东银香伟业集团有限公司
2009	科技进步奖	三等奖	大樱桃冷链保鲜关键技术研究	烟台格润新农业发展有限公司，苏州森瑞保鲜设备有限公司
2009	科技进步奖	三等奖	茶多酚定向转化及其产物的生物学活性研究	青岛农业大学，日照凯越生物科技有限公司
2009	科技进步奖	三等奖	啤酒污染菌快速检测鉴定技术的开发与应用	青岛啤酒股份有限公司
2009	科技进步奖	三等奖	肉鸡标准化生产技术研究与示范	诸城外贸有限责任公司，山东农业大学
2009	科技进步奖	三等奖	牡丹根结线虫病疫情监测防控与出口检疫处理技术研究	山东省植物保护总站

（续表）

年　份	奖　项	等　级	项目名称	主要完成单位
2009	科技进步奖	三等奖	桃园节肢动物群落与害虫可持续治理技术体系研究和应用	山东农业大学，山东省农业科学院植物保护研究所，济南市农业综合开发办公室，蒙阴县果业局果树科学研究所，肥城市农业局
2009	科技进步奖	三等奖	大白菜干烧心病小黑点病的分子生理基础与防控关键技术研究	青岛市农业科学研究院
2009	科技进步奖	三等奖	蔬菜根部病虫害发生规律及无公害控制技术研究	济宁市植保站
2009	科技进步奖	三等奖	济南城市主要绿化树种抗污染研究	山东省林业科学研究院
2009	科技进步奖	三等奖	泰山森林主要害虫生物防治技术研究及应用	泰山风景名胜区管理委员会，山东农业大学，中国林业科学研究院
2009	科技进步奖	三等奖	玉米、小麦兼收型多功能自走式联合收获机	山东金亿机械制造有限公司
2009	科技进步奖	三等奖	超细粉碎技术在天然植物资源开发中的应用研究	山东省农业管理干部学院，济南大学
2009	科技进步奖	三等奖	远红外蔬菜脱水机关键技术研发与应用	山东理工大学
2009	科技进步奖	三等奖	黄河故道沙地林业生态综合治理技术研究	山东省林业科学研究院
2009	科技进步奖	三等奖	泰山蛹虫草人工栽培技术与推广	泰安市农业科学研究院
2009	科技进步奖	三等奖	金乡县 40 万亩蒜套棉裸苗移栽高产技术开发	金乡县农业局
2009	科技进步奖	三等奖	适于出口的番茄、西葫芦新品种选育	山东省烟台市农业科学研究院
2009	科技进步奖	三等奖	大葱引种与周年标准化栽培技术研究	山东省农业科学院蔬菜研究所，安丘市蔬菜站，章丘市蔬菜局
2009	科技进步奖	三等奖	番茄新品种“莎龙”的选育研究与推广	青岛市农业科学研究院
2009	科技进步奖	三等奖	胶州大白菜标准化生产技术研究与开发	胶州市大白菜协会
2009	科技进步奖	三等奖	南瓜种质创新及瓜类砧木产业化开发研究	淄博市农业科学研究院，淄博市周村区农业技术推广中心，山东省莱阳市种子管理站，淄博市农业行政执法支队
2009	科技进步奖	三等奖	大樱桃矮化栽培与组培快繁技术应用研究	青岛市农业科学研究院
2009	科技进步奖	三等奖	加工专用型苹果新品种研究	青岛农业大学
2009	科技进步奖	三等奖	黄河三角洲城镇绿化树种的引种选育及产业化开发	胜利油田胜大集团总公司
2009	科技进步奖	三等奖	珙桐迁地保护与栽培技术研究	山东昆嵛山省级自然保护区管理局，北京林业大学资源与环境学院，四川省雷波县西宁工委
2009	科技进步奖	三等奖	国槐新品种聊红槐选育	聊城大学，山东聊大园林有限公司
2009	科技进步奖	三等奖	白肉甜油桃系列品种的引进、评价与选育研究	山东省果树研究所

（续表）

年　份	奖　项	等　级	项目名称	主要完成单位
2009	科技进步奖	三等奖	“短枝红”石榴新品种选育与产业化开发	枣庄市林业工作站，枣庄市农技推广中心
2009	科技进步奖	三等奖	优质高产强抗逆蚕、桑新品种选育	山东省蚕业研究所
2009	科技进步奖	三等奖	毛白杨种质资源遗传评价及优良无性系选育研究	山东省国营冠县苗圃，山东省林木种苗站，北京林业大学
2009	科技进步奖	三等奖	利用生物偶联协酵技术对中国大樱桃产业化技术研究及综合开发	山东省科技实业总公司，山东轻工业学院，莱州樱红酒业有限公司
2009	科技进步奖	三等奖	黄河三角洲地区盐碱地高产植棉技术的开发利用	山东省棉花原原种场，山东省农垦科技发展中心
2009	科技进步奖	三等奖	优良玉米自交系鲁原92的选育与应用	山东省农业科学院原子能农业应用研究所
2009	科技进步奖	三等奖	中药材质控标准和中药标准物质制备技术研究	山东省分析测试中心
2009	科技进步奖	三等奖	棉杆皮浆粕的研制开发	山东海龙股份有限公司
2010	技术发明奖	一等奖	“光生态”新型棚膜的研制及其在农作物种植中的应用	山东师范大学，山东三塑集团有限公司
2010	技术发明奖	二等奖	啤酒辅料低温挤压加工设备、加工方法和糖化方法研究	山东理工大学，燕京啤酒（山东无名）股份有限公司，青岛啤酒股份有限公司，青岛啤酒（潍坊）有限公司
2010	科技进步奖	一等奖	禽白血病流行病学及防控技术	山东农业大学，扬州大学，山东益生种畜禽股份有限公司
2010	科技进步奖	一等奖	“啤酒小麦”酿造啤酒的关键技术研究与产业化开发	山东农业大学，山东泰山啤酒有限公司
2010	科技进步奖	一等奖	即食海珍品加工关键技术及产业化	山东省科学院生物研究所，好当家集团有限公司
2010	科技进步奖	一等奖	杨树胶合板材纸浆材新品种鲁林1号、鲁林2号、鲁林3号杨的选育与应用	山东省林业科学研究院
2010	科技进步奖	一等奖	高产稳产多抗棉花新品种鲁棉研28号	山东棉花研究中心，中国农业科学院生物技术研究所
2010	科技进步奖	一等奖	出口农产品GAP技术标准体系研究与应用	山东省植物保护总站，农业部食品质量监督检验测试中心（济南），山东省农药检定所，滨州市植物保护站，潍坊市植物保护站
2010	科技进步奖	一等奖	山东耕地质量评价与地力提升技术研究	山东省土壤肥料总站
2010	科技进步奖	一等奖	黄河下游山东引黄灌区沉沙池覆淤还耕技术研究与示范	山东省水利厅，山东省水利科学研究院，聊城市位山灌区管理处，德州市潘庄灌区管理处，山东农业大学
2010	科技进步奖	一等奖	缓控释肥科技创新平台（企业科技创新）	山东金正大生态工程股份有限公司
2010	科技进步奖	一等奖	玉米育种与高产栽培技术科技创新平台（企业科技创新）	山东登海种业股份有限公司

（续表）

年　份	奖　项	等　级	项目名称	主要完成单位
2010	科技进步奖	二等奖	功能性发酵乳的研制与产业化开发	山东省农业科学院畜牧兽医研究所，山东省农业科学院高新技术中心，山东兴牛乳业有限公司
2010	科技进步奖	二等奖	兽医微生物种质资源鉴定与应用	青岛农业大学，青岛易邦生物工程有限公司，山东信得科技股份有限公司
2010	科技进步奖	二等奖	星火科技 12396 信息服务平台研发与应用	山东省农业科学院科技信息工程技术研究中心，山东省星火计划办公室，中国电信集团山东省分公司，威海市科学技术情报研究所，烟台市科学技术情报研究所，泰安市科技信息协会，济南市农业信息中心
2010	科技进步奖	二等奖	自然养猪法创新研究与示范推广	山东省畜牧总站，山东省农业科学院畜牧兽医研究所，山东农业大学，山东明发兽药股份有限公司
2010	科技进步奖	二等奖	工厂化海水高密度循环水养殖系统研究与开发	莱州明波水产有限公司
2010	科技进步奖	二等奖	罗非鱼、淡水鲨鱼、斑鳜的选繁育及示范养殖	山东省淡水水产研究所
2010	科技进步奖	二等奖	葡萄原料对干红葡萄酒品质的影响研究	烟台市产品质量监督检验所
2010	科技进步奖	二等奖	松柏蛀干类害虫植物源引诱剂及其林间应用技术	泰安市泰山林业科学研究院
2010	科技进步奖	二等奖	优质小麦无公害标准化生产关键技术研究与示范推广	山东农业大学
2010	科技进步奖	二等奖	淮河流域沂蒙山区植被动态与生态修复对策研究	山东农业大学
2010	科技进步奖	二等奖	设施专用西瓜新品种选育和优质高效栽培技术研究	山东省农业科学院蔬菜研究所
2010	科技进步奖	二等奖	优质水果萝卜种质创新与系列新品种选育	山东省农业科学院蔬菜研究所
2010	科技进步奖	二等奖	果树最佳养分管理技术研究与应用	山东农业大学
2010	科技进步奖	二等奖	甜樱桃新品种选育和高效标准化生产技术	山东省果树研究所
2010	科技进步奖	二等奖	烟富 1、烟富 3 苹果新品种选育与高效生产配套技术	烟台市果树工作站
2010	科技进步奖	二等奖	石榴种质资源与新品种选育研究	山东省果树研究所，枣庄市农业科学院
2010	科技进步奖	二等奖	农村公路养护管理评价体系研究与应用	枣庄市交通局，山东省交通科学研究所，
2010	科技进步奖	二等奖	高产、高油酸/亚油酸比值花生新品种花育 19 号培育与应用	山东省花生研究所，河北省农业技术推广总站
2010	科技进步奖	二等奖	山东省农业功能区划研究	山东省农业可持续发展研究所，山东省农业资源区划办公室
2010	科技进步奖	二等奖	黄河三角洲地区米草的生态调查与防治关键技术研究	滨州学院，南京大学

（续表）

年　份	奖　项	等　级	项目名称	主要完成单位
2010	科技进步奖	二等奖	山东进境检疫性杂草截获发生危害规律及控制技术研究	济南出入境检验检疫局，山东省植物保护总站，山东出入境检验检疫局检验检疫技术中心
2010	科技进步奖	二等奖	刺参选育种及养殖技术产业化开发	山东省海水养殖研究所，烟台大学
2010	科技进步奖	二等奖	东方 3 号杂交海带培育与产业化应用	山东东方海洋科技股份有限公司
2010	科技进步奖	三等奖	同步型缓释水稻专用肥生产工艺研究	史丹利化肥股份有限公司，山东华丰化肥有限公司
2010	科技进步奖	三等奖	异粒变速控释肥料制造技术与产业化项目	施可丰化工股份有限公司
2010	科技进步奖	三等奖	山东开发建设项目水土保持综合技术研究	山东省水利科学研究院
2010	科技进步奖	三等奖	沂蒙山区名贵食用菌商品化生产及菌糠再利用技术研究	临沂市现代农业研究所，费县食用菌开发办公室
2010	科技进步奖	三等奖	双孢蘑菇绿色安全贮藏保鲜技术及其应用	山东理工大学，淄博市临淄区农业技术推广中心
2010	科技进步奖	三等奖	鸭副粘病毒病病原分子生物学特性与防制研究	山东农业大学
2010	科技进步奖	三等奖	鲁西南小尾寒羊高效配套生产技术开发与示范	山东嘉祥县鲁宁畜禽良种推广中心，山东省动物疫病预防与控制中心
2010	科技进步奖	三等奖	商品（生长）肉兔营养需要及标准化生产技术的研究与应用	山东农业大学，山东省农业科学院家禽研究所
2010	科技进步奖	三等奖	黄河口大闸蟹大规格生态养殖技术研究与示范	东营市水产品质量监督管理站，东营市黄河口大闸蟹协会，垦利县水稻示范农场，垦利县渔业技术推广站，东营市黄河口生态旅游公司
2010	科技进步奖	三等奖	复合酶法工业化生产啤酒大麦糖浆新技术	烟台大学，烟台新世生物技术研究所
2010	科技进步奖	三等奖	纯生啤酒稳定性技术的研究与应用	青岛啤酒股份有限公司
2010	科技进步奖	三等奖	杨树枝干 3 种新病害病原鉴定及防治技术研究	山东省林业科学研究院
2010	科技进步奖	三等奖	灌溉水资源利用管理研究	山东农业大学，山东经济学院
2010	科技进步奖	三等奖	山东省林木种质资源库建设研究	山东省林木种苗繁育中心，山东省林业局林木种苗站
2010	科技进步奖	三等奖	芦笋分子标记辅助育种技术研究与应用	山东省潍坊市农业科学院
2010	科技进步奖	三等奖	温室配套设备及蔬菜集约化育苗技术研究与应用	山东省农业科学院
2010	科技进步奖	三等奖	加工型白皮洋葱新品种选育与产业化开发	泰安市泰丰农经作物研究所，山东农业大学，泰安市复发中记食品有限公司
2010	科技进步奖	三等奖	甜樱桃品种的引种选优与产业化开发	青岛市农业科学研究院
2010	科技进步奖	三等奖	鲜食加工兼用黄桃新品种——钻石金蜜的选育与示范	临沭县生产力促进中心

（续表）

年 份	奖 项	等 级	项目名称	主要完成单位
2010	科技进步奖	三等奖	大粒无核优质葡萄新品种选育	山东省潍坊市农业科学院
2010	科技进步奖	三等奖	泰山板栗种质资源保存评价于特异品种选育	泰安市泰山林业科学研究院
2010	科技进步奖	三等奖	曹州国槐新品种选育及配套繁殖技术研究	山东省菏泽市林业科技推广站，定陶县林业局种苗站
2010	科技进步奖	三等奖	超高产高白度小麦新品种泰山23号选育及优质高产栽培技术推广	泰安市农业科学研究院
2010	科技进步奖	三等奖	早熟、高产小麦烟农22号的选育和推广应用	山东省烟台市农业科学研究院
2010	科技进步奖	三等奖	蓖麻高产高油新品种选育及产业化技术研究	淄博市农业科学研究院
2010	科技进步奖	三等奖	超级小麦聊麦系列品种的选育及产业化技术研究	聊城市农业科学研究院
2010	科技进步奖	三等奖	抗条纹叶枯病高产优质水稻新品种选育及应用	山东省水稻研究所，临沂市水稻研究所，郯城县种子公司，沂南县水稻研究所
2010	科技进步奖	三等奖	适合炸片加工型优质马铃薯新品种垦加3号选育与应用	山东仁泽农林科技发展有限公司
2010	科技进步奖	三等奖	半夏种质资源保存、优良品种选育及产业化开发	潍坊职业学院
2010	科技进步奖	三等奖	整合生物技术对鲜海带进行精深提取	荣成世昌海洋生物工程有限公司
2010	科技进步奖	三等奖	果蔬加工废弃物综合利用关键技术研究及产业化开发	中华全国供销合作总社济南果品研究院
2010	科技进步奖	三等奖	蒜薹精细贮藏保鲜技术研发、集成及产业化应用	山东农业大学，山东营养源食品科技有限公司
2010	科技进步奖	三等奖	印楝新制剂的创制及推广应用	山东省农业科学院植物保护研究所
2010	科技进步奖	三等奖	标准系列新生牛血清产业化开发	山东省医学科学院基础医学研究所，济南佳宝乳业有限公司，山东省动物疫病预防与控制中心，济南劲牛生物材料有限公司
2010	科技进步奖	三等奖	凝乳酵基因的克隆表达及酶学性质研究	山东省农业科学院家禽研究所
2010	科技进步奖	三等奖	化学合成无水甜菜碱研制	潍坊祥维斯化学品有限公司
2010	科技进步奖	三等奖	4HQL-2型挖拔组合式全喂入花生联合收获机的研制与应用	青岛农业大学，青岛万农达花生机械有限公司，山东省农业机械技术推广站，山东省莱阳市农业机械技术服务中心
2010	科技进步奖	三等奖	山东地区石楠属植物抗寒品种选育研究	山东省林木种苗站
2010	科技进步奖	三等奖	锈色粒肩天牛生物控制技术	泰安市泰山林业科学研究院，山东农业大学，泰安市泰山区林业局
2010	科技进步奖	三等奖	黄河滩地防护林生态系统服务功能的计量研究及其价值评估	山东农业大学，山东省林业科学研究院
2010	科技进步奖	三等奖	基于斑马鱼模型的药物发现技术体系的建立与应用	山东省科学院生物研究所

（续表）

年 份	奖 项	等 级	项目名称	主要完成单位
2010	科技进步奖	三等奖	基于农副产品安全追溯的电子交易平台	济南恒大视讯科技有限公司
2010	科技进步奖	三等奖	石榴资源高效利用关键技术与综合开发	山东豪利生物工程科技有限公司，山东轻工业学院
2011	自然科学奖	二等奖	重要水产养殖无脊椎动物免疫防御的分子机制	中国科学院海洋研究所
2011	自然科学奖	二等奖	真核藻类基因工程原理	中国科学院海洋研究所
2011	技术发明奖	一等奖	典型海湾生境修复与生态增养殖设施	中国科学院海洋研究所
2011	技术发明奖	二等奖	远红外、热风组合加热蔬菜脱水机关键技术及其应用	山东理工大学
2011	科技进步奖	一等奖	奶牛精细养殖技术体系研究与应用	山东农业大学
2011	科技进步奖	一等奖	海水重要养殖动物池塘养殖结构优化	中国海洋大学，淮海工学院，大连海洋大学，好当家集团有限公司
2011	科技进步奖	一等奖	黄海渔业资源长期变化与评价技术	中国水产科学研究院黄海水产研究所
2011	科技进步奖	一等奖	设施蔬菜节能高效栽培工程关键技术研究与集成示范	山东农业大学，中国农业科学院蔬菜花卉研究所，寿光市新世纪种苗有限公司，中国农业大学，山东省潍坊市农业科学院，山东省农业科学院蔬菜研究所
2011	科技进步奖	一等奖	黄淮东部小麦玉米两熟丰产高效技术集成研究与应用	山东省农业科学院，山东农业大学，青岛农业大学，山东省种子管理总站，烟台市农业科学研究院
2011	科技进步奖	一等奖	超高产稳产多抗广适小麦新品种济麦 22 的选育与应用	山东省农业科学院作物研究所，中国农业科学院作物科学研究所
2011	科技进步奖	一等奖	利用基因工程育种技术选育紫花苜蓿耐盐新品种	山东省林业科学研究院
2011	科技进步奖	二等奖	农田水肥高效利用技术研究与应用	山东省土壤肥料总站，山东农业大学，莱州市土壤肥料工作站，全国农业技术推广服务中心，北京富特森农业科技有限公司，烟台市土壤肥料工作站
2011	科技进步奖	二等奖	大宗菇类新品种选育与产业化开发	山东省农业科学院农业资源与环境研究所，山东省农业技术推广总站
2011	科技进步奖	二等奖	山东省消除班氏丝虫病的研究	山东省寄生虫病防治研究所
2011	科技进步奖	二等奖	淡色库蚊抗药性相关基因的克隆与鉴定及用基因沉默消除蚊抗药	山东省寄生虫病防治研究所
2011	科技进步奖	二等奖	鸡新城疫系列灭活疫苗研究及产业化	青岛易邦生物工程有限公司
2011	科技进步奖	二等奖	基于模型的花生和甘薯管理决策支持系统的构建与应用	山东省农业科学院科技信息工程技术研究中心，泰安市农业科学研究院，聊城大学
2011	科技进步奖	二等奖	可食性全降解食品包装材料工业化制造	山东农业大学，华南理工大学，山东九发生物降解工程有限公司，诸城兴贸玉米开发有限公司

（续表）

年 份	奖 项	等 级	项目名称	主要完成单位
2011	科技进步奖	二等奖	水产品中雌激素测定技术研究及应用	山东省海洋水产研究所
2011	科技进步奖	二等奖	生鲜农产品储藏与流通冷链工程成套技术开发与工程应用	山东省商业集团有限公司（国家农产品现代物流工程技术研究中心），山东神舟制冷设备有限公司，山东商业职业技术学院（山东省农产品贮运保鲜技术重点实验室），山东冰轮工程有限公司
2011	科技进步奖	二等奖	国外引种风险分析及疫情防控体系研究	山东省植物保护总站
2011	科技进步奖	二等奖	主要蔬菜有害生物绿色控制技术研究与应用	山东省农业科学院植物保护研究所
2011	科技进步奖	二等奖	特大型集中式鸡粪沼气发电工程技术集成与示范	山东民和牧业股份有限公司，杭州能源环境工程有限公司，山东民和生物科技有限公司
2011	科技进步奖	二等奖	北方沼气池冬季产气技术研究与应用	山东省农业科学院农业资源与环境研究所，山东金茂农业生物技术研究中心
2011	科技进步奖	二等奖	现代农业气象保障服务系统研究	山东省气候中心
2011	科技进步奖	二等奖	石油污染土壤生物修复关键技术及其应用	山东省科学院生物研究所
2011	科技进步奖	二等奖	自花结实甜樱桃优良品种筛选及栽培技术集成示范	山东省烟台市农业科学研究院
2011	科技进步奖	二等奖	苹果（套袋）品质提升机理研究及关键技术集成与应用	山东省果茶技术指导站，山东省种子管理总站，沈阳农业大学
2011	科技进步奖	二等奖	名优花卉新品种选育、关键栽培技术集成与产业化	山东省烟台市农业科学研究院
2011	科技进步奖	二等奖	北方观赏树种资源汇集、新品种选育与创新利用	泰安市泰山林业科学研究院，泰安时代园林科技开发有限公司
2011	科技进步奖	二等奖	优良园林绿化彩叶树种引进与选育研究	山东省果树研究所
2011	科技进步奖	二等奖	黄河三角洲刺槐林生产力衰退机理及林分更新恢复技术	山东农业大学，济南军区黄河三角洲生产基地，中国科学院烟台海岸带研究所，山东省林业监测规划院，东营市林业局
2011	科技进步奖	二等奖	白蜡良种选育	山东省林业科学研究院
2011	科技进步奖	二等奖	高产稳产小麦新品种烟农24号（原代号烟475）的选育与应用	山东省烟台市农业科学研究院
2011	科技进步奖	二等奖	农产品中农药残留安全评价技术体系建立与应用	山东省农业科学院农业质量标准与检测技术研究所（山东省农业科学院中心实验室），中国农业大学，安徽农业大学
2011	科技进步奖	二等奖	猪鸡健康养殖环境评价及氨气减排技术研究与应用	山东省饲料质量检验所，山东农业大学，北京市劳动保护科学研究所
2011	科技进步奖	二等奖	棉、麻生物前处理关键技术研究与示范推广	青岛康地恩生物科技有限公司，华纺股份有限公司
2011	科技进步奖	二等奖	海洋植物药用空心胶囊的研制	中国科学院海洋研究所
2011	科技进步奖	二等奖	刺参快速生长新品系的选育及应用	烟台市芝罘区渔业技术推广站，山东省海洋水产研究所，烟台市崆峒岛实业有限公司，鲁东大学

（续表）

年份	奖项	等级	项目名称	主要完成单位
2011	科技进步奖	三等奖	日光温室黄瓜连作土壤障害机理及修复改良技术	山东农业大学
2011	科技进步奖	三等奖	腐殖酸包膜缓控释肥的研究与开发	山东金正大生态工程股份有限公司，菏泽金正大生态工程有限公司
2011	科技进步奖	三等奖	集约化蔬菜生产水肥调控关键技术研究与应用	青岛农业大学，中国农业大学，寿光市土壤肥料工作站
2011	科技进步奖	三等奖	泰山主要药用真菌资源利用及加工技术研发	泰安市农业科学研究院，中国人民解放军济南军区总医院，泰山医学院
2011	科技进步奖	三等奖	高致病性禽流感防制技术措施经济学评价	中国动物卫生与流行病学中心
2011	科技进步奖	三等奖	国际动物疫情电子信息自动检索智能识别系统	中国动物卫生与流行病学中心
2011	科技进步奖	三等奖	基于PLC技术的农林虫情自动监测预防系统的研制与应用	济南祥辰科技有限公司，山东省森林病虫害防治检疫站，青岛市林业局，枣庄市林业局
2011	科技进步奖	三等奖	农作物病虫害监测预警技术体系研发与推广应用	山东省植物保护总站，滨州市植物保护站，鹤壁佳多科工贸有限责任公司
2011	科技进步奖	三等奖	文登奶山羊新品种选育及配套技术研究	文登市畜牧兽医技术服务中心，山东农业大学
2011	科技进步奖	三等奖	鲁莱黑猪专门化品系的培育	莱芜市畜牧技术推广中心
2011	科技进步奖	三等奖	鲁西黑头肉羊多胎品系培育	山东省农业科学院畜牧兽医研究所
2011	科技进步奖	三等奖	鲟鱼规模化适养品种筛选及产业化开发	泗水县虹鳟鱼良种场
2011	科技进步奖	三等奖	大西洋鲑引种繁育及海淡水养殖技术产业化开发	山东省海水养殖研究所
2011	科技进步奖	三等奖	大蒜精深加工关键技术研究及产业化	中华全国供销合作总社济南果品研究院，山东省巨野晨农天然产物有限公司
2011	科技进步奖	三等奖	花生油脂加工关键新技术产业化开发及标准化安全生产	山东鲁花集团有限公司，江南大学
2011	科技进步奖	三等奖	生物酶解、脱色脱酸及无菌贮存技术集成在浓缩苹果汁加工中应用研究开发	烟台北方安德利果汁股份有限公司，中国农业大学
2011	科技进步奖	三等奖	大豆低聚糖生产技术研究开发	临沂山松生物制品有限公司
2011	科技进步奖	三等奖	芝麻香兼浓香型白酒的研制	山东扳倒井股份有限公司，山东省食品工业总公司
2011	科技进步奖	三等奖	山东省花生田杂草群落分布及综合治理技术研究与应用	山东省农业科学院植物保护研究所
2011	科技进步奖	三等奖	盐碱类湿地生态修复技术与示范	滨州学院，山东海韵生态纸业有限公司
2011	科技进步奖	三等奖	破坏山体造林绿化及植被恢复研究与示范	山东农业大学，烟台市林业局，蒙阴县科学技术局
2011	科技进步奖	三等奖	山东省山地直播造林技术研究与应用	山东省林业科学研究院
2011	科技进步奖	三等奖	城郊破损山体植被恢复与景观营造技术	山东省林业监测规划院

（续表）

年 份	奖 项	等 级	项目名称	主要完成单位
2011	科技进步奖	三等奖	东平湖渔业生态修复及资源增殖技术研究	山东省淡水水产研究所
2011	科技进步奖	三等奖	春秋大白菜新品种选育与应用	山东省潍坊市农业科学院
2011	科技进步奖	三等奖	大葱、洋葱新品种选育与育种技术研究	山东省农业科学院蔬菜研究所
2011	科技进步奖	三等奖	极早熟大果优质毛桃新品种选育	山东省潍坊市农业科学院
2011	科技进步奖	三等奖	丰香草莓品种引进与配套栽培技术研究及推广	青岛农业大学
2011	科技进步奖	三等奖	软籽石榴选育及开发	枣庄市市中区林业局，枣庄市果树科学研究所
2011	科技进步奖	三等奖	牡丹春节催花技术体系及其机理	青岛农业大学
2011	科技进步奖	三等奖	优质耐贮浓红型早中熟桃新品种选育与开发	山东省果树研究所
2011	科技进步奖	三等奖	材用银杏优良无性系的选育	山东农业大学，郯城县林业局，莱州市小草沟园艺场
2011	科技进步奖	三等奖	农村智能配电网建设与管理模式	商河县供电公司
2011	科技进步奖	三等奖	高淀粉甘薯新品种烟薯 22 选育及高产栽培模式研究与应用	山东省烟台市农业科学研究院
2011	科技进步奖	三等奖	胶东春玉米新品种丹玉 86 号选育和栽培技术研究与开发	烟台市种子管理站，丹东农业科学院
2011	科技进步奖	三等奖	小麦亩产 700 千克超高产栽培技术研究与开发	兖州市农业科学研究所，济宁市农业技术推广站，菏泽市农业技术推广站
2011	科技进步奖	三等奖	黄河下游小麦玉米两熟保护性耕作旱地增效技术集成及应用	山东省农业科学院作物研究所
2011	科技进步奖	三等奖	优质牧草品种选育及产业化开发	山东省畜牧总站
2011	科技进步奖	三等奖	马山镇丹参规范化种植技术及质量研究	山东省药品检验所，山东医药技师学院
2011	科技进步奖	三等奖	脉冲电场对大豆组分的影响研究与应用	山东轻工业学院
2011	科技进步奖	三等奖	中国花生品质区划研究	山东省农业可持续发展研究所
2011	科技进步奖	三等奖	葡萄与葡萄酒质量安全综合检测平台建设及控制技术研究与应用	烟台张裕集团有限公司
2011	科技进步奖	三等奖	无链式玉米收获秸秆还田装置研究与应用	山东理工大学，福田雷沃国际重工股份有限公司，山东庆云颐元农机制造有限公司
2011	科技进步奖	三等奖	SZY-60 型树干电动注液器的研制与开发	泰安市泰山林业科学研究院，山东农业大学
2011	科技进步奖	三等奖	农村饮水安全集成技术研究与示范	济南市水利局，山东省水利科学研究院
2011	科技进步奖	三等奖	生物法生产长链二元酸技术开发与产业化	山东瀚霖生物技术有限公司，中国科学院微生物研究所
2012	自然科学奖	一等奖	植物生殖器官的发育与激素调节	山东农业大学
2012	自然科学奖	二等奖	对虾抗逆、生长等形状的分子生物学基础及其应用研究	中国科学院海洋研究所，浙江大学

（续表）

年 份	奖 项	等 级	项目名称	主要完成单位
2012	技术发明奖	二等奖	鲆鲽类亲鱼培育及种苗生产关键技术的建立于应用	中国科学院海洋研究所，山东省海水养殖研究所
2012	技术发明奖	二等奖	大泷六线鱼苗种大规模人工繁育技术	山东省海水养殖研究所
2012	技术发明奖	二等奖	花生加工副产品高值化利用技术	山东省花生研究所，沂水县农业技术推广中心
2012	技术发明奖	二等奖	花生育种新技术及其应用	山东省花生研究所，广东省农业科学院作物研究所，青岛农业大学，江苏徐淮地区徐州农业科学研究所
2012	科技进步奖	一等奖	H9N2 亚型禽流感病毒遗传进化和防控技术研究与应用	山东省动物疫病预防与控制中心，中国农业大学，青岛农业大学，青岛澳兰百特生物工程有限公司
2012	科技进步奖	一等奖	大菱鲆“丹法鲆”新品种培育与养殖技术	中国水产科学研究院黄海水产研究所，海阳市黄海水产有限公司
2012	科技进步奖	一等奖	山东半湿润区现代节水农业技术研究与集成	山东省水利科学研究院，桓台县水务局
2012	科技进步奖	一等奖	优质、抗逆设施黄瓜种质创新及新品种选育	山东省农业科学院蔬菜研究所，青岛市农业科学研究院，中国农业大学，天津德瑞特种业有限公司，山东农业大学，山东鲁蔬种业有限责任公司
2012	科技进步奖	一等奖	杏和李等核果类果树种质资源挖掘、创制与利用	山东农业大学，新疆农业大学
2012	科技进步奖	一等奖	枣系列新品种选育及育种技术创新	山东省果树研究所
2012	科技进步奖	一等奖	中国滨海盐碱地棉花栽培技术体系的建立与应用	山东棉花研究中心，山东农业大学，中国农业大学
2012	科技进步奖	一等奖	平衡根系轻基质容器育苗关键技术	山东省林业科学研究院
2012	科技进步奖	二等奖	山东省水资源高效利用与生态环境保护关键技术研究	山东省水利科学研究院
2012	科技进步奖	二等奖	猪瘟耐热冻干保护剂活疫苗与标准化防治技术产品的产业化生产	山东绿都生物科技有限公司，山东省滨州畜牧兽医研究院，中国兽医药品监察所，山东绿都安特动物药业有限公司
2012	科技进步奖	二等奖	肉鸡应激机理及综合防制技术	山东农业大学，山东六和集团有限公司，山东天普阳光生物科技有限公司
2012	科技进步奖	二等奖	金乌贼苗种规模化繁育与增养殖技术	中国水产科学研究院黄海水产研究所，山东省日照市水产研究所，青岛金沙滩水产开发有限公司
2012	科技进步奖	二等奖	耐高温刺参品系选育、特色健康苗种培育与生态增养殖技术	中国科学院海洋研究所，山东东方海洋科技股份有限公司，马山集团有限公司，青岛龙盘海洋生态养殖有限公司，日照市岚山区前三岛水产开发有限公司
2012	科技进步奖	二等奖	鹅源草酸青霉果胶酶工艺及应用技术	青岛农业大学，青岛蔚蓝生物集团有限公司，泰安宝来利来工业微生物有限公司，潍坊中科嘉亿生物饲料科技有限公司
2012	科技进步奖	二等奖	新型生物农药武夷菌素的研究与应用	潍坊万胜生物农药有限公司，中国农业科学院植物保护研究所，山东省林业科学研究院

（续表）

年　份	奖　项	等　级	项目名称	主要完成单位
2012	科技进步奖	二等奖	危险性害虫西花蓟马在山东省的入侵适应机制及防控技术	山东省农业科学院植物保护研究所，青岛农业大学，山东农业大学
2012	科技进步奖	二等奖	沂蒙山区生态退化机制与生态修复技术模式研究	山东农业大学，淮河水利委员会淮河流域水土保持监测中心站
2012	科技进步奖	二等奖	苹果采后增值关键技术及产业化	中华全国供销合作总社济南果品研究院，烟台泉源食品有限公司，正宁县金牛实业有限责任公司
2012	科技进步奖	二等奖	优质、抗病、特色大白菜种质创新与新品种选育	山东省农业科学院蔬菜研究所
2012	科技进步奖	二等奖	苹果无融合生殖砧木新品系育种	山东省青岛市农业科学研究院，山东农业大学
2012	科技进步奖	二等奖	杏良种选育及优质高效设施栽培技术与应用	泰安市泰山林业科学研究院，北京市农林科学院林业果树研究所，中国科学院遗传与发育生物学研究所，山东科技大学，山东泰欧酒业有限公司
2012	科技进步奖	二等奖	核桃新品种“元林”“青林”“绿香”“日丽”选育与应用	山东省林业科学研究院
2012	科技进步奖	二等奖	抗旱、节水、高产、优质小麦新品种烟农 21 号的选育与应用	山东省烟台市农业科学研究院
2012	科技进步奖	二等奖	丹参种质资源鉴定评价及创新利用研究	山东省农业科学院原子能农业应用研究所
2012	科技进步奖	二等奖	新型农用高光效涂覆型消雾无滴膜研制与应用	山东农业大学，山东天鹤塑胶股份有限公司
2012	科技进步奖	三等奖	脲醛缓释复合肥料研究与开发	山东金正大生态工程股份有限公司，菏泽金正大生态工程有限公司
2012	科技进步奖	三等奖	非常规饲料资源利用和氮磷减排技术研究与推广	山东龙盛农牧集团有限公司，山东农业大学
2012	科技进步奖	三等奖	作物重茬病防治及促生微生物肥料——枯草芽孢杆菌新产品研制	山东泰丰源生物科技有限公司，山东省林业科学院
2012	科技进步奖	三等奖	芝麻香型白酒细菌曲的生产与应用	山东景芝酒业股份有限公司，山东轻工业学院
2012	科技进步奖	三等奖	弓形虫核酸疫苗的系列研究	山东省寄生虫病防治研究所
2012	科技进步奖	三等奖	空间分析技术在农村农业信息建模中的应用	山东省农业科学院科技信息工程技术研究中心，山东农业大学，青岛科技大学，陵县农业局，东营职业学院
2012	科技进步奖	三等奖	狐狸高效繁殖技术体系的研究与应用	曲阜师范大学，中国农业大学
2012	科技进步奖	三等奖	高产奶牛产奶代谢蛋白的调控技术	山东省农业科学院畜牧兽医研究所
2012	科技进步奖	三等奖	肉仔鸡动态营养需要规律及其模型的研究	山东省农业科学院家禽研究所
2012	科技进步奖	三等奖	绿鳍马面鲀生殖调控与苗种规模化生产	烟台百佳水产有限公司，山东省海水养殖研究所，中国海洋大学
2012	科技进步奖	三等奖	淡水池塘节水生态高效养殖关键技术研究	山东省淡水水产研究所，济宁市渔业技术推广站，山东浩洋生态科技有限公司

（续表）

年 份	奖 项	等 级	项目名称	主要完成单位
2012	科技进步奖	三等奖	高麦香醇厚型啤酒技术的开发与应用	青岛啤酒股份有限公司
2012	科技进步奖	三等奖	生猪屠宰加工自动生产线	青岛建华食品机械制造有限公司，中国农业大学
2012	科技进步奖	三等奖	蛇龙珠葡萄特征香气成分的确定及对高档葡萄酒风味的影响研究与应用	烟台张裕集团有限公司，江南大学
2012	科技进步奖	三等奖	高毒农药替代与农药残留控制技术体系	山东省植物保护总站，山东省农药检定所，海利尔药业集团股份有限公司，临沂三禾永佳动力有限公司，潍坊市农产品质量检测中心
2012	科技进步奖	三等奖	重要植物检疫性病毒检测新技术研究与应用	山东省植物保护总站，中国检验检疫科学研究院
2012	科技进步奖	三等奖	冬枣、棉花绿盲蝽生物生态学特性及综合防治技术研究	山东省林业科学研究院
2012	科技进步奖	三等奖	4YZ 系列自走式玉米联合收获机的研制与开发	山东宁联机械制造有限公司
2012	科技进步奖	三等奖	高标准农田林网建设技术研究与示范	山东省林业科学研究院
2012	科技进步奖	三等奖	农用汽车关键承载部件结构优化设计	聊城大学，山东时风（集团）有限责任公司
2012	科技进步奖	三等奖	荒山生态林营造及植被恢复技术	山东省林业科学研究院
2012	科技进步奖	三等奖	优质耐贮设施栽培番茄新品种选育与推广	青岛市农业科学研究院，中国科学院遗传与发育生物学研究所，上海种都种业科技有限公司
2012	科技进步奖	三等奖	高产优质抗病大白菜“胶研”新品种选育	青岛胶研种苗研究所
2012	科技进步奖	三等奖	蔬菜穴盘育苗技术集成创新与示范	山东省寿光蔬菜产业集团有限公司
2012	科技进步奖	三等奖	生姜规范化生产技术体系研究与应用	山东省莱芜市植物保护站
2012	科技进步奖	三等奖	设施甜樱桃高效栽培关键技术研究与示范	山东省果树研究所，山东农业大学
2012	科技进步奖	三等奖	优异山楂种质创新及其系列新品种选育	聊城大学
2012	科技进步奖	三等奖	苹果高效标准生产技术集成与示范	山东省果树研究所
2012	科技进步奖	三等奖	樱桃观光园特色品种与技术的创新及其产业化	青岛市农业科学研究院
2012	科技进步奖	三等奖	韩国风兰引种快繁及栽培开发技术研究	山东省潍坊市农业科学院
2012	科技进步奖	三等奖	野蔷薇青岛百合等十种山东野生花卉引种驯化与新品种培育	青岛农业大学
2012	科技进步奖	三等奖	木瓜种质库创建与新品种选育及产业化开发	山东省分析测试中心，山东亚特生态技术有限公司
2012	科技进步奖	三等奖	黑杨良种选育与示范利用研究	宁阳县国有高桥林场，宁阳县林业局

（续表）

年 份	奖 项	等 级	项目名称	主要完成单位
2012	科技进步奖	三等奖	杞柳良种选育与高效栽培利用	莒南县林业局
2012	科技进步奖	三等奖	蓖麻杂交育种及加工利用	淄博市农业科学研究院，山东理工大学生命科学学院，山东天兴生物科技有限公司，邹平县裕宏油脂有限公司
2012	科技进步奖	三等奖	高产优质多抗广适花生新品种潍花8号的选育与推广	山东省潍坊市农业科学院
2012	科技进步奖	三等奖	高产、稳产、多抗玉米新品种聊玉20选育与开发（高淀粉）	聊城市农业科学研究院，聊城禾丰种业有限公司
2012	科技进步奖	三等奖	菟丝子种质资源质量评价体系及规范化种植模式构建	山东省中医药研究院，山东大学，山东师范大学，山东中医药大学附属医院
2012	科技进步奖	三等奖	山东省威海市农业生态地球化学调查评价与应用	山东省地质调查院，山东科技大学
2012	科技进步奖	三等奖	含脂溶性维生素的稳定水溶液制剂研制及产业化开发	烟台绿叶动物保健品有限公司，烟台市兽药新制剂工程技术研究中心，山东省动物用生物制剂工程技术研究中心
2012	科技进步奖	三等奖	高产卡拉胶海藻规模栽培、高值加工与近海环境治理	中国科学院海洋研究所，国家海洋局第一海洋研究所，上海北连生物科技有限公司（原上海北连食品有限公司），海南陵水豪天实业有限公司
2012	科技进步奖	三等奖	木薯生物炼制乙醛关键技术及产业化	临沂市金沂蒙生物科技有限公司，金沂蒙集团有限公司，山东省生物炼制催化工程技术研究中心
2012	科技进步奖	三等奖	结晶葡萄糖节能环保生产新工艺	诸城东晓生物科技有限公司
2013	自然科学奖	三等奖	三疣梭子蟹抗病选育的分子遗传学基础及其育种应用	中国科学院海洋研究所，中国水产科学研究院黄海水产研究所，香港中文大学
2013	自然科学奖	三等奖	浒苔繁殖途径、机制及其与绿藻门其它代表物种的比较分析	中国科学院海洋研究所，苏州大学
2013	技术发明奖	三等奖	鼠尾藻苗种规模化繁育关键技术的研究与应用	山东省海水养殖研究所
2013	科技进步奖	一等奖	尿基复混肥塔式造粒关键技术与产业化示范	史丹利化肥股份有限公司，上海化工研究院，国家杂交水稻工程技术研究中心，宝鸡秦东流体设备制造有限公司
2013	科技进步奖	一等奖	奶牛现代育种关键技术研究与核心种质创新应用	山东省农业科学院奶牛研究中心，山东省畜牧总站，山东奥克斯生物技术有限公司
2013	科技进步奖	一等奖	海参功效成分研究及精深加工关键技术开发	中国海洋大学，中国水产科学研究院渔业机械仪器研究所，獐子岛集团股份有限公司，山东东方海洋科技股份有限公司
2013	科技进步奖	一等奖	海洋生物酯酶及生物拆分手性化合物的研究与开发	中国水产科学研究院黄海水产研究所，山东华辰生物化学有限公司
2013	科技进步奖	一等奖	苹果主要品质形成机理及优质高效栽培技术研究与应用	青岛农业大学，山东省果茶技术指导站，山东省农业科学院农业资源与环境研究所，烟台市果树工作站，青岛市果茶花卉工作站，烟台市农业技术推广中心
2013	科技进步奖	一等奖	花生种质资源鉴定评价与创新利用	山东省花生研究所，仲恺农业工程学院，广西壮族自治区农业科学院经济作物研究所

（续表）

年　份	奖　项	等　级	项目名称	主要完成单位
2013	科技进步奖	二等奖	花生根瘤菌生物学特性与高效施氮技术	青岛农业大学，山东省花生研究所，四川农业大学，山东坤基沃业生物科技股份有限公司，施可丰化工股份有限公司
2013	科技进步奖	二等奖	新城疫流行病学与防控技术研究与应用	中国动物卫生与流行病学中心，青岛宝依特生物制药有限公司
2013	科技进步奖	二等奖	猪禽流感疫苗大规模生产及诊断关键技术	青岛农业大学，青岛易邦生物工程有限公司，山东信得科技股份有限公司，山东省出入境检验检疫局
2013	科技进步奖	二等奖	胎盘免疫系统异常在弓形虫感染致不良妊娠结局中的作用	滨州医学院
2013	科技进步奖	二等奖	莱芜猪的保种选育与遗传资源创新利用	莱芜市畜牧技术推广中心，山东农业大学，山东省农业科学院畜牧兽医研究所，莱芜市莱芜猪原种场，莱芜市种猪繁育场
2013	科技进步奖	二等奖	牙鲆快速生长良种培育技术的建立与应用	中国水产科学研究院黄海水产研究所，海阳市黄海水产有限公司
2013	科技进步奖	二等奖	黄河三角洲海参池塘生态养殖模式的构建及配套技术	山东省海洋水产研究所，烟台大学，东营市渔业技术推广站
2013	科技进步奖	二等奖	丽蝇蛹集金小蜂大规模繁育方法及其对蝇类控制作用研究	泰山医学院，泰安市疾病预防控制中心，泰安市中心医院
2013	科技进步奖	二等奖	低 POV 花生制品、活性花生蛋白、花生功能成分生产关键技术创新	青岛农业大学，青岛东生集团股份有限公司，青岛长寿食品有限公司，青岛宝泉花生制品有限公司，青岛清光食品有限公司，山东金胜粮油集团有限公司
2013	科技进步奖	二等奖	冷榨花生蛋白粉生产及高值化利用技术	山东省花生研究所，山东省农业科学院
2013	科技进步奖	二等奖	山东省盲蝽区域性灾变规律与治理技术	山东省农业科学院植物保护研究所，河北省农林科学院植物保护研究所，青岛农业大学，德州市农业科学院
2013	科技进步奖	二等奖	新型滴灌系统关键技术研究与应用	鲁东大学，莱芜市春雨滴灌技术有限公司
2013	科技进步奖	二等奖	低空低量遥控无人施药机	山东卫士植保机械有限公司，中国农业大学，临沂风云航空科技有限公司
2013	科技进步奖	二等奖	黄河三角洲湿地生态价值与保护研究	山东师范大学
2013	科技进步奖	二等奖	黄河三角洲湿地生态系统综合整治技术、模式与示范	滨州学院，中国海洋大学，山东黄河三角洲国家级自然保护区管理局，中国科学院生态环境研究中心，东营市黄河三角洲保护与发展研究中心，中国矿业大学（北京），山东海韵生态纸业有限公司
2013	科技进步奖	二等奖	苹果良砧良种选育及脱毒技术研究与应用	山东省烟台市农业科学研究院
2013	科技进步奖	二等奖	梨优质高效关键技术研究与应用	山东省果树研究所，莱阳市农业局
2013	科技进步奖	二等奖	茶树抗寒品种选育及其配套栽培技术	青岛农业大学，泰安市泰山林业科学研究院，青岛瑞草园茶业科技有限公司
2013	科技进步奖	二等奖	山东桑树种质资源收集鉴定与创新利用	山东省蚕业研究所

（续表）

年　份	奖　项	等　级	项目名称	主要完成单位
2013	科技进步奖	二等奖	核桃种质资源评价与新品种选育	山东省果树研究所，泰安市林业局
2013	科技进步奖	二等奖	山东 5 个主要造林树种种质资源收集评价及良种选育	山东省林木种苗和花卉站，山东农业大学，金乡县国有白洼林场，宁阳县国有高桥林场，国有冠县苗圃，费县国有大青山林场，乳山市国有垛山林场
2013	科技进步奖	二等奖	金银花良种选育与生产集成关键技术建立与推广应用	山东亚特生态技术有限公司，山东省科学院中药过程控制研究中心
2013	科技进步奖	二等奖	桔梗品种选育及规范化高效生产技术研究	山东省农业科学院农产品研究所
2013	科技进步奖	二等奖	山东省现代种业发展对策研究与应用	山东省农业科学院，山东登海种业股份有限公司，山东鲁研农业良种有限公司
2013	科技进步奖	二等奖	山东省农村民居建筑地震安全服务技术研究与示范工程建设	山东省工程地震研究中心
2013	科技进步奖	二等奖	作物抗逆增效产品研发与作用机理	山东省农业科学院农业资源与环境研究所，山东天达生物股份有限公司
2013	科技进步奖	二等奖	高产优质广适转基因抗虫棉新品种瑞杂 816 和银瑞 361 及其产业化	济南鑫瑞种业科技有限公司，山东省棉花生产技术指导站，中国农业科学院生物技术研究所
2013	科技进步奖	二等奖	大豆优异基因资源挖掘与系列品种选育	山东省农业科学院作物研究所
2013	科技进步奖	二等奖	蒙山九州虫草的基础研究与开发应用	山东大学，山东省农业科学院农业资源与环境研究所
2013	科技进步奖	二等奖	转基因作物检测技术体系研究及应用	山东省农业科学院植物保护研究所，农业部环境保护科研监测所（天津）
2013	科技进步奖	二等奖	主要设施蔬菜连作障碍防控关键技术研究与开发	山东省农业科学院蔬菜研究所，山东省农业科学院植物保护研究所，山东农业大学，寿光市农业局，临沂市蔬菜办公室
2013	科技进步奖	二等奖	海带种质资源及开发与利用	中国科学院海洋研究所，山东海之宝海洋科技有限公司，山东高绿水产有限公司
2013	科技进步奖	三等奖	棉花专用控释肥研制与应用示范	菏泽金正大生态工程有限公司，山东金正大生态工程股份有限公司
2013	科技进步奖	三等奖	高效生防菌筛选及新产品开发与应用	山东泰诺药业有限公司，山东省林业科学研究院，潍坊信得生物科技有限公司
2013	科技进步奖	三等奖	食用菌农作物秸秆资源高效转化技术研究与体系建立	中国农业大学烟台研究院，山东久发食用菌股份有限公司
2013	科技进步奖	三等奖	多功能微生物发酵海藻制剂研究与应用	日照益康有机农业科技发展有限公司，日照海韵环保生物科技发展有限公司，河海大学
2013	科技进步奖	三等奖	高产四甲基吡嗪菌株在景芝芝麻香及浓香型白酒生产中的应用	山东景芝酒业股份有限公司，中国科学院成都生物研究所
2013	科技进步奖	三等奖	重大动物疫病快速检测技术平台的研究与应用	山东出入境检验检疫局检验检疫技术中心
2013	科技进步奖	三等奖	猪链球菌病流行病学调查和防治技术体系的建立与应用	山东省健牧生物药业有限公司，中国动物卫生与流行病学中心，山东省动物疫病预防与控制中心，山东省农业科学院

（续表）

年　份	奖　项	等　级	项目名称	主要完成单位
2013	科技进步奖	三等奖	海水养殖、加工过程中致病菌防控新技术的开发及应用	威海出入境检验检疫局检验检疫技术中心，北京出入境检验检疫局检验检疫技术中心，山东大学（威海）
2013	科技进步奖	三等奖	北方深水网箱优质、高效、环境友好型养殖模式综合技术研究及产业化示范	威海正明海洋科技开发有限公司，中国水产科学院黄海水产研究所
2013	科技进步奖	三等奖	苹果轮纹病病原确证及节本增效防控技术集成	山东省烟台市农业科学研究院，中国农业大学
2013	科技进步奖	三等奖	农林有害生物监测预警关键技术集成与研究	济南祥辰科技有限公司，山东省森林病虫害防治检疫站，东营市林业局
2013	科技进步奖	三等奖	黄河三角洲地区土壤典型 POPs 污染状况及石油污染原位修复	滨州学院，中华人民共和国济南出入境检验检疫局
2013	科技进步奖	三等奖	鲁中南山地丘陵区水土流失的非点源污染效应及其控制	临沂大学
2013	科技进步奖	三等奖	蔬菜种质资源引进及创新利用研究	山东省烟台市农业科学研究院
2013	科技进步奖	三等奖	日光温室茄子循环整枝方式创新与高产关键技术集成应用	山东省寿光蔬菜产业集团有限公司，寿光蔬菜产业控股集团有限公司，山东省蔬菜工程技术研究中心
2013	科技进步奖	三等奖	设施茄子新品种选育及高效栽培技术集成与应用	山东省潍坊市农业科学院
2013	科技进步奖	三等奖	高产优质抗病芦笋新品种选育及组培快繁技术研究与开发	山东省潍坊市农业科学院
2013	科技进步奖	三等奖	设施桃休眠诱导机制及无休眠栽培技术体系创建与推广	山东农业大学，泰安市林业局
2013	科技进步奖	三等奖	园林植物引种、评价及应用	山东建筑大学，济南市园林科学研究所
2013	科技进步奖	三等奖	冬枣生长与品质优化调控技术	山东省林业科学研究院
2013	科技进步奖	三等奖	中国农村金融生态优化机制研究（以山东为例）	山东财经大学
2013	科技进步奖	三等奖	再生水灌溉条件下粮食安全保障技术	山东省水利科学研究院
2013	科技进步奖	三等奖	高产稳产小麦新品种临麦 2 号、临麦 4 号的选育与应用	山东省临沂市农业科学院
2013	科技进步奖	三等奖	菏豆系列大豆品种选育与应用	菏泽市农业科学院
2013	科技进步奖	三等奖	二季作马铃薯高产高效育种技术研究及新品种选育	山东省农业科学院蔬菜研究所
2013	科技进步奖	三等奖	新资源虫草栽培技术、产品研发及产业化	中国海洋大学，康大食品有限公司
2013	科技进步奖	三等奖	中成药及保健品违禁添加药物快速检测平台研究与应用	青岛市药品检验所
2013	科技进步奖	三等奖	功能型微生态制剂的技术研究	山东宝来利生物工程股份有限公司
2013	科技进步奖	三等奖	海洋生物活素除菌剂的研发与应用	青岛海芬海洋生物科技有限公司

（续表）

年　份	奖　项	等　级	项目名称	主要完成单位
2014	自然科学奖	二等奖	中医证候物质基础与中药功效分子网络靶点生物系统学解析	石河子大学，西北农林科技大学，滨州医学院
2014	自然科学奖	三等奖	植物环境应答过程中气孔运动的调控机制	青岛农业大学，中国农业大学，山东农业大学
2014	技术发明奖	一等奖	果蔬采后品质控制关键技术及新产品研发与应用	山东农业大学，山东营养源食品科技有限公司，蒙阴县果业局
2014	技术发明奖	二等奖	水产养殖信息化关键技术与智能装备	中国农业大学，中国水产科学研究院黄海水产研究所，来周明波水产有限公司，山东省农业科学院科技信息研究所
2014	技术发明奖	二等奖	防草、抑菌、调温功能性农用地膜的研制与应用	山东农业大学，山东三塑集团有限公司
2014	科技进步奖	一等奖	果蔬节能冷链与深加工关键技术和装备创新	中华全国供销合作总社济南果品研究院，天津科技大学，国投中鲁果汁股份有限公司，金乡县成功果蔬制品有限公司
2014	科技进步奖	一等奖	山东半岛典型海湾生境修复和重要生物资源养护技术创新与应用	中国科学院海洋研究所，中国海洋大学，山东省海洋生物研究院，山东省海洋资源与环境研究院，国家海洋局第一海洋研究所，马山集团有限公司，山东蓝色海洋科技股份有限公司，山东东方海洋科技股份有限公司，日照市岚山区前三岛水产开发有限公司
2014	科技进步奖	一等奖	高产优质多抗棉花种质创新与新品种选育	山东棉花研究中心，山东鲁壹棉业科技有限公司
2014	科技进步奖	一等奖	山东省主要类型农田土壤碳氮调控技术研究与应用	山东省农业科学院农业资源与环境研究所，山东亿安生物工程有限公司，山东沃地丰生物肥料有限公司
2014	科技进步奖	一等奖	花生机械化播种与收获关键技术及装备	青岛农业大学，山东五征集团有限公司，青岛万农达花生机械有限公司，临沭县东泰机械有限公司，青岛弘盛汽车配件有限公司，河南豪丰机械制造有限公司
2014	科技进步奖	一等奖	山东省地方羊品种资源挖掘、保护与利用	山东农业大学，山东省畜牧总站
2014	科技进步奖	一等奖	畜禽水产品持久性有机污染物和兽药残留快速检测技术研究与应用	山东省农业科学院农业质量标准与检测技术研究所，南开大学，北京勤邦生物技术有限公司，北京望尔生物技术有限公司
2014	科技进步奖	二等奖	经济林新型生物肥料关键技术创新与应用	山东省林业科学研究院，山东农业大学，德州创迪微生物资源有限责任公司
2014	科技进步奖	二等奖	高品质玉米油全程品质控制及清洁生产工业化技术开发应用	山东三星玉米产业科技有限公司，河南工业大学
2014	科技进步奖	二等奖	纤维素物质的固态发酵法清洁生物炼制技术	山东海瑞特生物工程有限公司，齐鲁工业大学，山东大学
2014	科技进步奖	二等奖	淀粉糖高效分离与绿色制造关键技术及产业化	西王集团有限公司，西王药业有限公司
2014	科技进步奖	二等奖	发酵生产过程生物传感器分析系统与优化控制	山东省科学院生物研究所，菱花集团有限公司，山东富欣生物科技股份有限公司
2014	科技进步奖	二等奖	功能与寿命同步型高光效农业设施覆盖材料	聊城华塑工业有限公司，北京华腾新材料股份有限公司，聊城大学

（续表）

年　份	奖　项	等　级	项目名称	主要完成单位
2014	科技进步奖	二等奖	山东省现代农业节水工程技术集成研究	山东省水利科学研究院
2014	科技进步奖	二等奖	三疣梭子蟹黄选1号新品种选育及生态养殖示范	中国水产科学研究院黄海水产研究所，昌邑市海丰水产养殖有限责任公司
2014	科技进步奖	二等奖	中国海洋药用生物资源调查、挖掘与开发应用	中国海洋大学，山东中医药大学，中山大学，中国人民解放军第二军医大学
2014	科技进步奖	二等奖	优良玉米自交系聊85-308的选育与应用	聊城市农业科学研究院
2014	科技进步奖	二等奖	高产多抗广适小麦新品种山农20的培育与应用	山东农业大学，山东圣丰种业科技有限公司
2014	科技进步奖	二等奖	花生重要基因资源和分子标记的发掘与应用	山东省农业科学院生物技术研究中心，开封市农林科学研究院，山东鲁花集团有限公司
2014	科技进步奖	二等奖	利用生物技术创制水稻新种质的研究与应用	山东省农业科学院生物技术研究中心，江苏（武进）水稻研究所，山东省水稻研究所，徐州市农业科学院
2014	科技进步奖	二等奖	生姜种质资源创制利用与高产高效栽培技术	山东农业大学，莱芜市农业科学研究院
2014	科技进步奖	二等奖	十字花科主要蔬菜春夏品种选育及关键栽培技术研究	山东省农业科学院蔬菜花卉研究所，山东省潍坊市农业科学院，青岛市农业科学研究院，德州市德高蔬菜种苗研究所，山东鲁蔬种业有限责任公司
2014	科技进步奖	二等奖	苹果芽变选种体系创新及新品种选育	山东省果树研究所，沈阳农业大学
2014	科技进步奖	二等奖	小麦玉米简化高效施肥技术研究与应用	泰安市农业科学研究院，北京市农林科学院
2014	科技进步奖	二等奖	新型水溶性醇酸树脂—硫复合包膜控释肥研制与应用	金正大生态工程集团股份有限公司，菏泽金正大生态工程有限公司，贵州金正大生态工程有限公司
2014	科技进步奖	二等奖	玉米重大病虫害发生机制及防控关键技术研究与示范	山东农业大学，菏泽市农业科学院，临沂市农业科学院
2014	科技进步奖	二等奖	小麦玉米重大病虫鉴定及综合防控技术研究与应用	山东省农业科学院植物保护研究所
2014	科技进步奖	二等奖	鹅肥肝生产与质量调控关键技术	青岛农业大学，潍坊巨瑞特食品有限公司，高密市雁王食品有限公司，高密市忠旺畜禽养殖厂，安徽省中安畜禽有限公司，江苏兴云集团，重庆金万农业发展有限公司
2014	科技进步奖	二等奖	高效安全肉鸡饲料配套技术研究与应用	山东农业大学，山东和美华集团有限公司，北京科为博生物科技有限公司
2014	科技进步奖	二等奖	禽肿瘤性疾病发病机制及防控技术	山东农业大学，北京市华都峪口禽业有限责任公司，青岛市畜牧兽医研究所
2014	科技进步奖	二等奖	牛主要病毒病防控技术研究与应用	山东省农业科学院奶牛研究中心，山东奥克斯生物技术有限公司，山东师范大学
2014	科技进步奖	二等奖	抗生素发酵废渣资源化利用技术及系列产品研发	山东省科学院中日友好生物技术研究中心，山东省科学院生物研究所，济南澳利新型肥料有限公司，山东亿丰源生物科技股份有限公司，潍坊市信得生物科技有限公司

（续表）

年　份	奖　项	等　级	项目名称	主要完成单位
2014	科技进步奖	二等奖	人感染高致病性禽流感、甲型H1N1流感等早期诊断及综合防控	山东省疾病预防控制中心
2014	科技进步奖	二等奖	媒介蚊虫杀虫剂抗性基因的研究与应用	山东省寄生虫病防治研究所，南京医科大学
2014	科技进步奖	三等奖	酶切法生产低分子量及寡聚透明质酸	华熙福瑞达生物医药有限公司
2014	科技进步奖	三等奖	异种脱细胞胶原蛋白基质材料的研发与应用	烟台正海生物技术有限公司
2014	科技进步奖	三等奖	棉花新品种鑫秋1号、鑫秋2号选育与推广	山东鑫秋农业科技股份有限公司，中国农业科学院生物技术研究院
2014	科技进步奖	三等奖	辣椒红色素、辣椒精加工及推广应用	中椒英潮辣业发展有限公司
2014	科技进步奖	三等奖	循环农业系统中废弃物综合利用关键技术集成及应用	山东省科学院能源研究所，日照红叶环保工程有限公司，博兴县国丰高效生态循环农业开发有限公司，广饶武圣府实业发展有限公司
2014	科技进步奖	三等奖	冷等离子体种子播前处理技术及装备	山东省种子有限责任公司，中国农业大学，常州中科常泰等离子体科技有限公司
2014	科技进步奖	三等奖	优质牧草种质资源收集、创新与利用	山东省农业可持续发展研究所
2014	科技进步奖	三等奖	盐酸沃尼妙林原料合成与制剂研制应用	齐鲁动物保健品有限公司，齐鲁晟华制药有限公司

附表 B-15　2008—2014 年河南省农业科技获奖成果

年　份	奖　项	等　级	项目名称	主要完成单位
2008	科技进步奖	一等奖	HS-LPME/毛细管 GC-TOF-MS 快速分析烟草复杂体系中挥发酸和挥发碱	中国烟草总公司郑州烟草研究院
2008	科技进步奖	一等奖	大型现代粮仓基本理论及关键技术研究与应用	河南工业大学，郑州粮油食品工程建筑设计院
2008	科技进步奖	一等奖	高产优质早熟短季杂交棉花新品种——百棉 3 号	河南科技学院
2008	科技进步奖	一等奖	河南小麦夏玉米两熟丰产高效技术集成研究与示范	河南农业大学，河南省农业科学院，河南省农业厅，洛阳市农业科学院，河南省农村科技开发中心
2008	科技进步奖	一等奖	弱筋高产型国审小麦新品种郑麦 004 的选育及其产业化	河南省农业科学院小麦研究中心（原小麦研究所）
2008	科技进步奖	一等奖	猪旋毛虫病快速诊断试纸条的研究	河南省动物免疫学重点实验室（原河南省农科院生物技术研究所），河南百奥生物工程有限公司
2008	科技进步奖	二等奖	超高产稳产广适小麦新品种开麦 18 的选育与应用研究	开封市农林科学研究院，开封市种子管理站，河南省种子管理站，浚县丰黎种业有限公司
2008	科技进步奖	二等奖	大果出口和油脂兼用花生新品种 GS 开农 30 选育和栽培技术研究	开封市农林科学研究院，河南省种子管理站，开封市种子管理站，河南省经济作物推广站，郑州市农林科学研究所
2008	科技进步奖	二等奖	大花蕙兰组织培养及工厂化栽培技术研究	郑州市农林科学研究所
2008	科技进步奖	二等奖	丰产、抗病、超大果型博杂 1 号——巨圆茄的培育与示范	河南省农业科学院园艺研究所
2008	科技进步奖	二等奖	复叶槭新品种选育及栽培技术研究	河南省林业技术推广站，河南农业大学林学园艺学院，河南农大风景园林规划设计院，河南省平顶山市林业技术推广站，河南省友谊苗圃有限公司，许昌市东城区市政管理中心，河南吉恒园林工程有限公司
2008	科技进步奖	二等奖	高产、优质、多抗新品种中农红灯笼柿选育与应用	中国农业科学院郑州果树研究所
2008	科技进步奖	二等奖	高产高淀粉多抗短蔓型甘薯新品种 GS 豫薯 13 号	河南省农业科学院粮食作物研究所，河南省种子管理总站
2008	科技进步奖	二等奖	高产高淀粉优质专用玉米新品种豫玉 34 的选育与推广	河南农业大学，河南省种子管理站，焦作农业科学研究所，郑州市农林科学研究所，河南农大种业有限公司
2008	科技进步奖	二等奖	河南省夏玉米综合生产能力提升关键技术研究与应用	河南省农业技术推广总站，河南省农学会，河南农业大学
2008	科技进步奖	二等奖	河南省优质烤烟营养条件与烟叶品质相互关系研究	河南农业大学，河南省农业科学院植物营养与资源环境研究所，中国烟草总公司河南省公司，河南省烟草公司漯河市公司，河南省烟草公司许昌市公司，河南省烟草公司平顶山市公司，郑州牧业工程高等专科学校
2008	科技进步奖	二等奖	华北石质山地水分生态特征及旱地造林技术研究	河南省林业科学研究院，中国林科院林业研究所，郑州市林业局
2008	科技进步奖	二等奖	混菌发酵生产饲用复合酶制剂	商丘师范学院

（续表）

年 份	奖 项	等 级	项目名称	主要完成单位
2008	科技进步奖	二等奖	佳多重大农林害虫频振诱控技术研究与应用	鹤壁佳多科工贸有限责任公司，全国农业技术推广服务中心，新疆维吾尔自治区农业厅，广西壮族自治区植保总站，贵州省植保植检站，福建省植保植检站，北京市林业保护站
2008	科技进步奖	二等奖	金粉早冠和粉达番茄的选育及应用研究	郑州市蔬菜研究所，河南省种子管理站，郑州大学，洛阳农业科学研究院，河南省农科院植物保护研究所
2008	科技进步奖	二等奖	巨紫荆新品系选育及快繁技术研究	河南四季春园林艺术工程有限公司，郑州市国绿珍稀植物研究所
2008	科技进步奖	二等奖	洛阳牡丹花期控制技术研究及产业化开发	河南科技大学，洛阳市花木公司，洛阳市牡丹研究所，洛阳市王城公园，洛阳市园林科学研究所，洛阳市中心苗圃，洛阳市科学技术局
2008	科技进步奖	二等奖	麦田杂草防治技术集成研究与示范	河南省农业科学院植物保护研究所，河南省植物保护植物检疫站，河南省新乡市农科院植保所，河南省农药检定所，郑州绿业元农业科技有限公司，郑州锦绣化工科技有限公司，河南省南阳市植保站
2008	科技进步奖	二等奖	木通属植物种质资源收集、类型划分与果胶提取技术研究	河南省林业科学研究院，河南省伏牛山太行山国家级自然保护区管理总站，河南省林木种质资源保护与良种选育重点实验室，河南科技大学林业职业学院，汝阳县林业科学研究所，桐柏县林业局，淅川县林业工作站
2008	科技进步奖	二等奖	农田灌溉用水权有偿转让机制与农民受益研究	华北水利水电学院
2008	科技进步奖	二等奖	全小麦啤酒酵母菌株商啤 3 号的诱变育种及应用研究	河南府泉酒业有限责任公司，郑州轻工业学院
2008	科技进步奖	二等奖	肉牛优质高效产业化关键技术研究与推广	河南省畜禽改良站，河南农业大学，河南省漯河市双汇实业集团有限责任公司，河南省农业科学院畜牧兽医研究所，南阳黄牛科技中心，许昌市畜牧技术推广站
2008	科技进步奖	二等奖	水溶性苜蓿多糖的提取及其在畜牧业生产中的应用	河南科技学院，鹤壁市畜牧局
2008	科技进步奖	二等奖	小果型西瓜种质创新及新品种金玉玲珑的选育	中国农业科学院郑州果树研究所
2008	科技进步奖	二等奖	小麦高蛋白、高氨基酸选择新技术	河南科技学院，河南省新乡市农业科学院，河南联丰种业有限公司
2008	科技进步奖	二等奖	信阳杨树产业发展及病虫害可持续控制技术研究	信阳农业高等专科学校，信阳市植保植检站，息县植保公司病虫草害防治中心，信阳市森林病虫害防治检疫站，信阳市平桥区植物保护检疫站
2008	科技进步奖	二等奖	应用胚胎生物技术快速扩繁良种奶牛及规模化健康养殖试验示范	河南省农业科学院畜牧兽医研究所，河南三鹿花花牛乳业有限公司，科迪食品集团有限公司，河南省鹤壁市淇县百瑞牧业有限公司
2008	科技进步奖	二等奖	优质富硒高产谷子新品种豫谷 11 选育及应用	安阳市农业科学研究所

（续表）

年 份	奖 项	等 级	项目名称	主要完成单位
2008	科技进步奖	二等奖	优质高产多抗广适大豆新品种郑92116 选育和应用	河南省农业科学院经济作物研究所，河南省种子管理站，安徽省种子管理总站，贵州省毕节市种子管理站，安阳市农业科学研究所，河南豫研种子科技有限公司，通许县农业科学研究所
2008	科技进步奖	二等奖	优质高产多抗芝麻杂交种郑杂芝 H03	河南省农作物新品种重点实验室（原河南农科院棉花油料作物研究所），南阳市种子管理站，驻马店市种子管理站，周口市农业局，许昌市农业局
2008	科技进步奖	二等奖	优质高产水稻新品种特优 2035 选育及产业化开发	信阳市农业科学研究所
2008	科技进步奖	二等奖	优质稳产高效杂交棉新品种——银山 2 号	河南省农业科学院经济作物研究所，河南省经济作物推广站，驻马店市种子管理站
2008	科技进步奖	二等奖	玉米新品种洛玉 1 号	洛阳市农业科学研究院
2008	科技进步奖	二等奖	植物病毒移动蛋白基因介导的抗病性研究	河南省农业科学院植物保护研究所，中国农业大学农业生物技术国家重点实验室，河南省农作物新品种重点实验室
2008	科技进步奖	二等奖	中国棉花生产预警监测技术研究与应用	中国农业科学院棉花研究所，河南省农业科学院植物保护研究所，山东棉花研究中心，湖北省农业科学院经济作物所，江苏省农业科学院经济作物所，河北省农林科学院棉花研究所，安徽省农业科学院棉花研究所
2008	科技进步奖	二等奖	中央储备粮粮情测控开发式软件平台研究开发	河南工业大学
2008	科技进步奖	二等奖	猪附红细胞体的体外培养及 PCR 诊断方法的建立与应用	河南省动物疫病预防控制中心
2008	科技进步奖	二等奖	猪瘟监测模型的研究与应用	驻马店市动物疫病预防控制中心，驻马店市科技成果转化中心，驻马店市兽药饲料（动物产品）质量检验监测中心，开封市动物疫病预防控制中心，河南省动物疫病预防控制中心，信阳市动物疫病预防控制中心，上蔡县动物疫病预防控制中心
2008	科技进步奖	二等奖	紫花苜蓿高效生产与利用关键技术研究与示范	河南农业大学，郑州牧业工程高等专科学校，河南省饲草饲料站，河南财经学院，洛阳市农业科学研究院，河南科技学院
2008	科技进步奖	三等奖	ABA 和光周期处理对毛泡桐幼苗顶芽越冬枯死影响的研究	河南农业大学，河南省林业科学研究院，许昌市农业技术推广站，禹州市林业技术推广中心
2008	科技进步奖	三等奖	大蒜标准化生产技术研究与推广	河南农业职业学院，中牟县农业局，临颍县农业局，杞县农业局，中牟县质量技术监督局
2008	科技进步奖	三等奖	动物体内 SAL 残留检测技术研究	河南省食品质量安全控制工程技术研究中心，河南省商业科学研究所有限责任公司
2008	科技进步奖	三等奖	高产、抗病玉米杂交种豫玉 24 号选育及应用	安阳市农业科学研究所，河南省种子管理站，河南省农业科学院，安阳市农业局，林州市农业科学研究所
2008	科技进步奖	三等奖	高产多抗小麦新品种郑农 17 的选育与应用	郑州市农林科学研究所

（续表）

年　份	奖　项	等　级	项目名称	主要完成单位
2008	科技进步奖	三等奖	高产抗病中熟西瓜新品种菊城黑皮、菊城黑冠	开封市农林科学研究院，开封市种子管理站，开封县农业局
2008	科技进步奖	三等奖	高产优质抗病玉米杂交种新单 23	河南省新乡市农业科学院
2008	科技进步奖	三等奖	高产优质早熟多抗玉米杂交种国审濮单 3 号的选育及产业化开发研究	河南省濮阳农业科学研究所
2008	科技进步奖	三等奖	高寒山区马铃薯高效栽培技术研究	洛阳市农业科学研究院，栾川县农业技术推广中心
2008	科技进步奖	三等奖	高浓度系列平衡肥的研制及应用	河南省科学院生物研究所有限责任公司，郑州田丰生物技术有限公司
2008	科技进步奖	三等奖	规模化猪场规范化饲养管理关键技术研究	河南广安生物科技股份有限公司
2008	科技进步奖	三等奖	河南大尾寒羊种质特性研究及保护利用	河南科技大学，郑州铁路职业技术学院，平顶山市畜牧局，平顶山市畜牧技术推广站，濮阳县动物检疫站
2008	科技进步奖	三等奖	河南省新农村建设保障体系研究	河南农业大学，河南省科学技术厅，河南省科学技术情报研究所
2008	科技进步奖	三等奖	胡萝卜杂交一代“红参”选育及示范	河南农业大学，河南农大富民种业有限公司，临颍县农业技术推广中心
2008	科技进步奖	三等奖	鸡传染性支气管炎 H120 细胞弱毒疫苗的研究与开发	河南省农业科学院畜牧兽医研究所，河南省家禽育种中心，河南省畜牧局动物检疫站，河南省当代生物技术有限公司
2008	科技进步奖	三等奖	集约化畜禽养殖场粪污生物学利用研究	河南省农村能源环境保护总站
2008	科技进步奖	三等奖	卷烟分组加工技术研究及应用	河南中烟工业公司许昌卷烟厂
2008	科技进步奖	三等奖	抗病虫早熟大白菜新早 56 的选育与推广	河南省新乡市农业科学院，河南省新乡市牧野区科技开发中心，河南省新乡市牧野区蔬菜工作站，河南省优质农产品开发服务中心，河南省濮阳县农业局
2008	科技进步奖	三等奖	兰考矮早八小麦新品种选育与配套栽培技术研究	河南天民种业有限公司
2008	科技进步奖	三等奖	梨果早熟增大生物源制剂“梨果早优宝”的研制及高效应用	中国农业科学院郑州果树研究所
2008	科技进步奖	三等奖	麦套花生简化规范高效栽培技术研究与应用	商丘市农林科学研究所，延津县农业局，杞县农业技术推广中心，新乡市经济作物站，济源市农业局
2008	科技进步奖	三等奖	棉花新品种宛 801-8 选育与示范推广	南阳市农业科学研究所，南阳市人民政府棉花生产办公室，周口市农业科学院，荆州市农业科学院
2008	科技进步奖	三等奖	南湾湖鳜鱼寄生虫及寄生虫病研究	信阳农业高等专科学校，洛阳师范学院，南湾水库管理局水产站，息县第一职业高中
2008	科技进步奖	三等奖	农业畜禽粪便资源化处理新型厌氧反应器技术研究	河南省科学院能源研究所有限公司，河南省生物质能源重点实验室

（续表）

年　份	奖　项	等　级	项目名称	主要完成单位
2008	科技进步奖	三等奖	区域林业工程发展创新模式研究与应用	濮阳市林业局，濮阳市林业技术推广站，濮阳市濮上生态园区管理局，濮阳市森林病虫害防治检疫站，濮阳市林业调查规划队
2008	科技进步奖	三等奖	人工雾森系统条件下不同基质规模化育苗新技术研究	河南省濮阳林业科学研究所
2008	科技进步奖	三等奖	山羊胚胎移植技术研究与应用	洛阳市农业科学研究院
2008	科技进步奖	三等奖	水资源联合调控与保护技术研究	中国农业科学院农田灌溉研究所
2008	科技进步奖	三等奖	斯达油脂酵母产酸性多糖发酵工艺及土壤改良效果的研究	南阳理工学院
2008	科技进步奖	三等奖	特早熟一次性收获国审绿豆新品种豫绿4号	河南省农业科学院粮食作物研究所
2008	科技进步奖	三等奖	甜樱桃矮化、密植、早丰产栽培技术	中国农业科学院郑州果树研究所
2008	科技进步奖	三等奖	温棚葡萄无公害栽培综合配套技术研究	河南农业职业学院
2008	科技进步奖	三等奖	无公害小麦重金属污染控制关键技术研究	河南师范大学，河南省农业科学院植保所，河南省农村科技开发中心，河南省环境污染控制重点实验室，新乡市农业技术推广站
2008	科技进步奖	三等奖	系列下排湿烤房及烟叶烘烤配套技术研究	河南省农业科学院烟草研究中心（原河南省农业科学院烟草研究所），河南省烟草公司烟叶分公司
2008	科技进步奖	三等奖	鲜切苹果和莲藕保鲜技术研究	漯河市食品工业学校，郑州轻工业学院，河南科技学院
2008	科技进步奖	三等奖	小麦新品种平安6号（南阳996）的选育及应用	南阳市农业科学研究所，河南平安种业有限公司，河南省农科院小麦研究中心，信阳市农业科学研究所
2008	科技进步奖	三等奖	新型高效食品速冻机的开发研制	郑州牧业工程高等专科学校，郑州亨利制冷设备有限公司，郑州轻工业学院
2008	科技进步奖	三等奖	应用胚胎工程技术扩繁良种肉羊研究与产业化开发	郑州牧业工程高等专科学校，河南省动物胚胎移植中心，河南花花牛实业总公司，河南省鼎元种牛育种有限公司，确山县动物检疫站
2008	科技进步奖	三等奖	鱼用抗应激饲料添加剂的研制与开发	河南省水产科学研究院，河南大德饲料科技开发有限公司
2008	科技进步奖	三等奖	玉米新品种漯单9号的选育与示范推广	漯河市农业科学院
2008	科技进步奖	三等奖	玉屏风免疫增强剂在动物临床上的应用研究	商丘职业技术学院，河南省农业职业学院，商丘市畜禽防治站
2008	科技进步奖	三等奖	中国韭菜种质资源研究、创新与利用	平顶山市农业科学院
2009	科技进步奖	一等奖	爆裂玉米种质研创及豫爆2号杂交种选育和产业化应用	河南农业大学，河南省农业厅，河南省种子管理站，甘肃省敦煌种业股份有限公司，上海科研食品合作公司，河南省农业科学技术展览馆，河南省农业科学院粮食作物研究所，中国农业科学院作物科学研究所，河南省农作物新品种重点实验室，河南农业职业学院植物科学系

（续表）

年　份	奖　项	等　级	项目名称	主要完成单位
2009	科技进步奖	一等奖	国审强筋小麦新品种新麦 18 号	河南省新乡市农业科学院
2009	科技进步奖	一等奖	泡桐丛枝病发生机理及防治研究	河南农业大学，河南省林业科学研究院，郑州市环境保护科学研究所，许昌市林业技术推广站，河南省森林病虫害防治检疫站，河南省经济林和林木种苗工作站，河南省林业技术推广站
2009	科技进步奖	一等奖	禽流感 H9 亚型三联、四联灭活疫苗的研制及应用	洛阳普莱柯生物工程有限公司，河南省兽药工程技术研究中心
2009	科技进步奖	一等奖	小麦加工及转化新技术研究与应用	河南工业大学，郑州智信实业有限公司，河南中鹤纯净粉业有限公司，郑州海嘉食品有限公司，开封市天丰面业有限责任公司，郑州天地人面粉实业有限公司
2009	科技进步奖	一等奖	优质高产多抗矮杆花生新品种远杂 9102	河南省农业科学院经济作物研究所，河南省种子管理站，河南省经济作物推广站，河南省农作物重点实验室，中国农科院油料作物研究所，铁岭市农业科学院
2009	科技进步奖	二等奖	“泌阳模式” 花菇生产新技术研究与应用	郑州轻工业学院，河南科技学院，河南省泌阳县真菌研究所，封丘县农村科技研究开发推广中心
2009	科技进步奖	二等奖	2BMDF-10 型粉碎起埂免耕施肥播种机	河南豪丰机械制造有限公司
2009	科技进步奖	二等奖	白肋烟香味成分的鉴定及关键农艺调控技术研究	河南农业大学，中国烟草白肋烟试验站
2009	科技进步奖	二等奖	保护地杏、油桃促成栽培合理化模式研究	商丘职业技术学院，商丘中等专业学校，商丘市农产品质量安全中心
2009	科技进步奖	二等奖	不同温度下高压处理对肉类及其产品品质影响研究	河南科技学院，南京农业大学
2009	科技进步奖	二等奖	大白菜新品种郑早 60、郑早 55 的选育及应用研究	郑州市蔬菜研究所，河南省农业科学院，信阳市农业科学研究所，武陟县土壤肥料工作站，郑州市植保植检站
2009	科技进步奖	二等奖	负压低温喷雾造粒生产 L-乳酸钙新技术	河南金丹乳酸科技有限公司
2009	科技进步奖	二等奖	复合酶高产菌株的选育及开发应用研究	河南省科学院生物研究所有限责任公司，河南省微生物工程重点实验室，河南省瑞特利生物技术有限公司
2009	科技进步奖	二等奖	复合酶解法制备酵母抽提物及其在高辅料比啤酒酿造中的应用研究	河南府泉酒业有限责任公司，商丘职业技术学院
2009	科技进步奖	二等奖	高产、抗病、优质棉花新品种——银山 4 号	河南省农业科学院经济作物研究所，河南省经济作物推广站，驻马店市种子公司，郑州市种子管理站，安阳市棉花油料办公室
2009	科技进步奖	二等奖	高产、优质、多抗棉花新品种秋乐 5 号	商丘市农林科学研究所
2009	科技进步奖	二等奖	高产广适型国审驻豆 9715 选育与栽培技术研究及应用	驻马店市农业科学研究所，河南省农业技术推广总站，河南省农业科学院植物保护研究所，河南驻研种业有限公司，驻马店市种子管理站，驻马店市农业技术推广站，郑州市种子管理站

（续表）

年 份	奖 项	等 级	项目名称	主要完成单位
2009	科技进步奖	二等奖	高效微胶囊化微生态制剂的研制及应用研究	河南农业大学，郑州牧业工程高等专科学校，南阳市动物疫病预防控制中心，安阳市畜牧局，郑州市金元科技饲料有限公司，郑州市惠济区古荥镇农办
2009	科技进步奖	二等奖	河南耕地质量与粮食生产能力研究与应用	河南省土壤肥料站
2009	科技进步奖	二等奖	河南省主要经济作物地下害虫可持续控制技术研究与示范	河南农业大学，河南省植物保护植物检疫站，洛阳市农业科学研究院，开封市农林科学研究院，开封市植物保护植物检疫站，商丘市植保植检站，郑州市植保植检站
2009	科技进步奖	二等奖	河南银杏种质资源调查与优良品种选育	河南农业大学，信阳市林业科学研究所，南阳市林业科学研究所，新县林业局，河南科技大学，许昌市森林病虫害防治检疫站
2009	科技进步奖	二等奖	怀地黄脱毒快繁及产业化技术研究	河南师范大学，武陟县百疗绿色怀药保健品有限公司，河南省温县农业科学研究所，河南省生物工程重点实验室，河南省生物工程研究应用中心
2009	科技进步奖	二等奖	黄淮海玉米高产高效生产理论及技术体系研究与应用	河南省农学会，中国农业科学院作物科学研究所，西北农林科技大学，河北农业大学，山东省农业技术推广总站
2009	科技进步奖	二等奖	磺胺药多残留试纸检测技术研究	河南省动物免疫学重点实验室，河南科技学院，河南百奥生物工程有限公司
2009	科技进步奖	二等奖	减蛋综合征病毒分子生物学特性与基因免疫的研究	河南科技大学，河南省动物疫病预防控制中心
2009	科技进步奖	二等奖	雷公藤总生物碱杀虫作用研究与应用	河南农业大学，信阳农业高等专科学校，河南省农业科学院，河南科技学院，郑州市蔬菜研究所，濮阳职业技术学院，平顶山市植保植检站
2009	科技进步奖	二等奖	两系法超高产多抗杂交粳稻国审两优培粳的选育与推广应用	信阳市农业科学研究所，信阳农业高等专科学校，信阳市种子管理站，南阳市种子管理站，驻马店市种子管理站
2009	科技进步奖	二等奖	硫氧还蛋白调控机理及优质啤酒大麦新种质创育	河南农业大学
2009	科技进步奖	二等奖	萝卜过氧化物酶研究及其在改善苹果品质上的应用	河南师范大学，河南省灵宝市科技局，河南省生物工程重点实验室
2009	科技进步奖	二等奖	农业产业化龙头企业技术创新能力评价研究——以河南省为例	信阳农业高等专科学校，河南工业大学，河南省农业科学院
2009	科技进步奖	二等奖	苹果早熟系列品种华美、早红、华玉的选育与推广应用	中国农业科学院郑州果树研究所
2009	科技进步奖	二等奖	日光温室蔬菜创新增效和无公害生产调控技术研究与示范	河南科技学院，潍坊职业学院，濮阳市农业局，新绛县农牧局
2009	科技进步奖	二等奖	山茱萸种质资源的分子生物学研究	河南中医学院，河南省中医院
2009	科技进步奖	二等奖	商薯 19 优质高产标准化栽培技术研究与应用	商丘市农林科学研究所，商丘职业技术学院，洛阳市农科院，河南省农科院，商丘市农产品质量安全中心，商丘市蚕业工作站，河南省农业广播电视学校郑州市分校

（续表）

年　份	奖　项	等　级	项目名称	主要完成单位
2009	科技进步奖	二等奖	食品（农产品）质量安全监管智能管理系统	河南省农业科学院农业经济与信息研究中心，鹤壁市京豫科技有限公司，北京信诺方舟信息技术有限公司，鹤壁市科技开发培训服务中心，鹤壁市农业局
2009	科技进步奖	二等奖	食用菌保鲜与加工中的非硫护色技术研究	河南科技学院
2009	科技进步奖	二等奖	水稻品种豫粳 6 号选育及应用	河南省新乡市农业科学院
2009	科技进步奖	二等奖	甜樱桃品种引进筛选及绿色果品生产技术研究	郑州市农林科学研究所
2009	科技进步奖	二等奖	小麦大田用种原种化理论与技术的应用研究	河南科技学院，新乡市种子管理站，河南百农种业有限公司，安阳市种子管理站，新郑市农业局，郸城县农业局
2009	科技进步奖	二等奖	小麦黑胚病及其防治技术研究	河南省农业科学院植物保护研究所，河南省农药检定所，洛阳市农业科学研究院，驻马店市农业科学研究所，温县农业局，临颍县植保植检站
2009	科技进步奖	二等奖	小麦花药培养高效育种技术体系的构建及其应用	河南省农作物新品种重点实验室
2009	科技进步奖	二等奖	小麦胚芽综合利用技术	河南省农科院农副产品加工研究所，郑州精深粮食工程器械有限公司，安阳漫天雪食品制造有限公司
2009	科技进步奖	二等奖	新三王 4YW-3 型互换割台式玉米联合收获机	郑州三中收获实业有限公司
2009	科技进步奖	二等奖	新型 *Maillard* 烟用香料的规模化合成研究	中国烟草总公司郑州烟草研究院
2009	科技进步奖	二等奖	新优彩叶植物引种、快繁及培育技术体系研究	河南省农业科学院园艺研究所，遂平县玉山镇名品花木园艺场
2009	科技进步奖	二等奖	烟草 DREB 类转录因子功能及其转基因植株的抗逆性分析	河南农业大学
2009	科技进步奖	二等奖	优质高产大粒型大豆新品种 GS 濮豆 6018 选育与应用	河南省濮阳农业科学研究所
2009	科技进步奖	二等奖	优质强筋高产小麦新品种 GS 郑农 16 选育与应用	郑州市农林科学研究所
2009	科技进步奖	二等奖	玉米田杂草治理体系研究与应用	河南省农业科学院植物保护研究所，河南省农药检定所，河南省绿保科技发展有限公司，郑州市植保植检站，滑县农业技术推广中心，延津县植保植检站
2009	科技进步奖	二等奖	早熟优质高产西瓜新品种海田 9565 的培育及推广	河南省中牟县海田西瓜研究所，河南农业职业学院，中牟县农业局，登封市园林局
2009	科技进步奖	二等奖	猪繁殖障碍性疾病 PCR 诊断方法建立及标准制定	河南农业大学，河南省动物性食品安全重点实验室，河南省动物疫病预防控制中心，河南省野生动物救护中心，河南省动物卫生监督所，河南省畜产品质量监测检验中心，郑州牧业工程高等专科学校

（续表）

年　份	奖　项	等　级	项目名称	主要完成单位
2009	科技进步奖	二等奖	猪圆环病毒 2 型多重 PCR 及 Cap 蛋白间接 ELISA 诊断方法的建立与应用	河南省动物疫病预防控制中心
2009	科技进步奖	二等奖	转基因高产抗虫杂交棉秋乐杂 9 号选育与推广应用	开封市农林科学研究院，河南省农业科学院植物保护研究所，河南农科院种业有限公司，河南省种子管理站，许昌市农业科学研究所，郑州市农林科学研究所
2009	科技进步奖	三等奖	STSI 农村劳动力补贴性培训及就业服务信息管理系统	郑州四通系统集成有限公司，郑州市劳动和社会保障数据管理中心
2009	科技进步奖	三等奖	侧柏遗传变异与改良研究	河南省经济林和林木种苗工作站，北京林业大学，平顶山市林木种苗工作站，河南省林业调查规划院
2009	科技进步奖	三等奖	超高产国审小麦新品种濮麦 9 号选育与推广	河南省濮阳农业科学研究所
2009	科技进步奖	三等奖	城市森林建设规划理论与实践研究	河南省林业科学研究院，河南省林业调查规划院，河南省林业厅，南阳市城乡规划测绘院，郑州市绿文广场管理处
2009	科技进步奖	三等奖	川滇木莲北引高效快繁技术研究	鄢陵北方花卉有限公司
2009	科技进步奖	三等奖	春秋两用型胡萝卜新品种安红 2 号的选育与示范	安阳县园艺站，北京市农林科学院蔬菜研究中心，洛阳市蔬菜办公室，漯河市菜篮子工作办公室
2009	科技进步奖	三等奖	高（超高）产冬小麦营养理论及关键施肥技术研究与应用	河南农业大学，河南省土壤肥料站，驻马店市农业科学研究所，新郑市土壤肥料工作站，安阳县科学技术局
2009	科技进步奖	三等奖	高产多抗小麦新品种驻麦 4 号选育与示范推广	驻马店市农业科学研究所，驻马店市农业技术推广站，河南科技学院，周口市农业局，驻马店市农产品质量安全检测中心
2009	科技进步奖	三等奖	高产优质多抗棉花新品种宛棉 9 号的选育与应用	南阳市农业科学研究所
2009	科技进步奖	三等奖	高产优质耐湿多抗广适小麦新品种丰抗 38 的选育与应用	信阳市农业科学研究所，潢川县农业科学研究所，南阳市农业科学研究所，息县农业科学研究所，信阳市农业气象试验站
2009	科技进步奖	三等奖	高产优质杂交油菜 GS 丰油 9 号的选育和高效简化栽培技术研究	河南省农业科学院经济作物研究所，河南省种子管理站，河南省经济作物推广站，河南省农业科学院植物保护研究所
2009	科技进步奖	三等奖	高油酸优质保健型花生新品种濮科花 3 号	河南省濮阳农业科学研究所
2009	科技进步奖	三等奖	国审高产抗旱耐盐广适旱稻新品种郑旱 2 号	河南省农业科学院粮食作物研究所
2009	科技进步奖	三等奖	河南农村劳动力现状的分类调查和优化配置研究	郑州职业技术学院，河南省生物工程技术研究中心
2009	科技进步奖	三等奖	河南省锈色粒肩天牛灾变规律及综合治理技术研究	河南省林业学校，河南省林业科学研究院，河南省野生动物救护中心
2009	科技进步奖	三等奖	颗粒高温稳定双亲性糯玉米淀粉产业化技术研究	河南工业大学，河南惠丰生物科技有限公司，河南巨龙淀粉实业有限公司，河南省玉米淀粉加工工程技术研究中心

（续表）

年份	奖项	等级	项目名称	主要完成单位
2009	科技进步奖	三等奖	克氏原螯虾人工繁育技术研究	信阳市水产科学研究所，信阳市水产局，信阳师范学院，信阳农业高等专科学校，信阳市水产技术推广站
2009	科技进步奖	三等奖	龙飞大三元新型系列高效有机无机生物肥研制与应用	三门峡龙飞生物工程有限公司，河南省农业微生物工程技术研究中心，三门峡二仙坡绿色果业有限公司
2009	科技进步奖	三等奖	绿色食品西甜瓜、芝麻及其制品农业行业标准的研究与应用	河南省农业科学院农业质量标准与检测技术研究中心，河南省农业科学院园艺研究所
2009	科技进步奖	三等奖	苜蓿提取物功能预混料的研制与应用技术研究	河南广安生物科技股份有限公司
2009	科技进步奖	三等奖	农村成人教育培训模式研究	濮阳市职业与成人教育教研室
2009	科技进步奖	三等奖	强筋优质高产小麦新品种豫麦68号的选育与推广	河南农业大学，浚县原种场，郑州市管城回族区农业技术推广站
2009	科技进步奖	三等奖	山茱萸杂交繁育研究	西峡县山茱萸研究所，西峡县林业局
2009	科技进步奖	三等奖	商丘市水资源对农村饮水安全项目的影响研究	河南省商丘水文水资源勘测局
2009	科技进步奖	三等奖	微生物发酵生产大豆肽工艺的研究	河南省南街村（集团）有限公司，三峡大学
2009	科技进步奖	三等奖	西瓜、大枣质量安全现状评价及控制技术	中国农业科学院郑州果树研究所
2009	科技进步奖	三等奖	夏南牛新品种培育	河南省畜禽改良站，泌阳县畜牧局，河南农业大学，泌阳县家畜改良站，驻马店市畜禽改良站
2009	科技进步奖	三等奖	新时期农业增产增效技术途径集成与示范	河南农业大学，河南省农业厅
2009	科技进步奖	三等奖	信阳水牛良种选育及产业化开发	商城县科技开发中心，信阳师范学院，广西大学，商城县畜牧局，信阳市畜牧局
2009	科技进步奖	三等奖	异色瓢虫和东亚小花蝽繁殖与释放技术研究	河南省林业科学研究院，郑州市蔬菜研究所，临颍县林业园艺局，郑州市森林公园，河南省粮油饲料产品质量监督检验站
2009	科技进步奖	三等奖	引种肉羊纯繁技术体系的研究和应用	河南科技大学，河南省畜产品质量检验检测中心，洛阳市农业科学研究院，三门峡市湖滨区畜牧局，三门峡市渑池县畜牧局
2009	科技进步奖	三等奖	优质丰产抗病大白菜新品种豫新60、豫新6号的选育及应用	河南省农业科学院园艺研究所
2009	科技进步奖	三等奖	优质高产广适芝麻新品种驻芝15号选育与应用	驻马店市农业科学研究所
2009	科技进步奖	三等奖	优质高效奶牛专业村养殖关键技术研究与推广	河南省畜禽改良站，河南农业大学，西北农林科技大学，河南省郑州种畜场，郑州市畜牧技术推广站
2009	科技进步奖	三等奖	优质小麦淀粉合成及调控技术研究	郑州牧业工程高等专科学校，河南省科学技术厅，河南省农业对外经济合作中心，商水县农业局，周口市川汇区蔬菜研究所
2009	科技进步奖	三等奖	优质专用肥料与优良种子配套技术研究及应用	河南精准农业发展有限公司，河南省土壤肥料站

（续表）

年　份	奖　项	等　级	项目名称	主要完成单位
2009	科技进步奖	三等奖	豫南杉木主伐年龄研究	信阳市林业科学研究所，信阳师范学院，信阳市林业技术推广站，信阳市南湾实验林场，信阳市科学技术信息中心
2009	科技进步奖	三等奖	源育三号小麦新品种选育	河南省金囤种业有限公司
2009	科技进步奖	三等奖	早熟优质辣椒新品种郑椒11号的选育	郑州市蔬菜研究所，郑州市农业技术推广中心，郑州市植保植检站，郑州市农业局，郑州市农产品质量检测流通中心
2009	科技进步奖	三等奖	早熟优质无籽西瓜新品种华玉一号培育及关键栽培技术研究和示范	洛阳市农发农业科技有限公司，洛阳市农产品安全检测中心，洛阳市精品水果研究所，洛阳市瓜类工程技术研究中心，孟津县西瓜科技开发协会
2009	科技进步奖	三等奖	植物源环保型杀虫剂苦皮藤素系列新剂型的研制与推广应用	河南科技学院，新乡市东风化工有限责任公司，河南省新乡市农业科学院，辉县市植保植检站，辉县市农业局
2009	科技进步奖	三等奖	转基因双价抗虫棉 s*GK*958 棉花新品种的选育与研究	新乡市锦科棉花研究所
2010	科技进步奖	一等奖	L-乳酸产业化关键技术研究与应用	河南金丹乳酸科技有限公司，哈尔滨工业大学（威海）
2010	科技进步奖	一等奖	高产、多抗、广适小麦新品种百农AK58（矮抗58）及配套生产技术	河南科技学院，河南省农业科学院小麦研究中心，河南联丰种业有限公司，河南滑丰种业科技有限公司，新乡市金蕾种苗有限公司
2010	科技进步奖	一等奖	黄河多沙粗沙区分布式土壤流失模型及工程应用研究	黄河水利委员会黄河水利科学研究院，河海大学，河南大学
2010	科技进步奖	一等奖	南阳牛品种选育改良及其产业化配套技术	河南省畜禽改良站，河南农业大学，河南省农业科学院畜牧兽医研究所，河南省漯河市双汇实业集团有限责任公司，南阳黄牛科技中心
2010	科技进步奖	一等奖	农业废弃物能源化预处理技术研究与示范	河南省科学院能源研究所有限公司，河南省生物质能源重点实验室，中国科学院广州能源研究所，河南农业大学，大连理工大学
2010	科技进步奖	一等奖	特早熟大果高油高产花生新品种豫花9327选育与应用	河南省农业科学院经济作物研究所，河南省油料作物遗传改良重点实验室，河南省经济作物推广站，驻马店市农业科学研究所，郑州航空工业管理学院，郑州市管城回族区农业农村工作委员会
2010	科技进步奖	一等奖	小麦种质资源研究、创新与利用	河南省农业科学院小麦研究中心
2010	科技进步奖	一等奖	玉米单交种浚单20选育及配套技术研究与应用	浚县农业科学研究所，河南农业大学，河南省农业科学院，北京市农林科学院
2010	科技进步奖	二等奖	4FMJB-180（3）型秸秆粉碎玉米免耕精播机	河南豪丰机械制造有限公司
2010	科技进步奖	二等奖	宝天曼国家级自然保护区森林生物多样性保育关键技术研究	河南宝天曼国家级自然保护区管理局，河南农业大学，中国林业科学研究院森林生态环境与保护研究所
2010	科技进步奖	二等奖	超级粳稻新品种新稻18号	河南省新乡市农业科学院，河南敦煌种业新科种子有限公司
2010	科技进步奖	二等奖	高产抗病优质面条小麦新品种豫农201的选育与利用研究	河南农业大学

（续表）

年　份	奖　项	等　级	项目名称	主要完成单位
2010	科技进步奖	二等奖	高产优质多抗粮饲兼用型玉米杂交种国审濮单4号的选育及产业化开发研究	河南省濮阳农业科学研究所
2010	科技进步奖	二等奖	高产优质国审糯玉米郑白糯918选育与推广	河南省农业科学院粮食作物研究所
2010	科技进步奖	二等奖	高效降解农药残留多功能生物肥料的研制生产与应用	河南远东生物工程有限公司，河南工业大学
2010	科技进步奖	二等奖	高效无抗肉鸡饲料添加剂制备与应用技术	河南农业大学，郑州牧业工程高等专科学校，河南金鹭特种养殖股份有限公司
2010	科技进步奖	二等奖	河南省烟草重大病虫害预测预报技术研究与应用	河南省农业科学院烟草研究中心，河南省烟草公司，河南农业大学植保学院，河南省烟草公司漯河市公司，河南省烟草公司平顶山市公司，河南省烟草公司三门峡市公司，河南省烟草公司许昌市公司
2010	科技进步奖	二等奖	河南省珍稀树种引种与栽培技术试验研究	河南省科学院地理研究所，济源古轵生态苑沁园春花艺有限公司
2010	科技进步奖	二等奖	河南小麦“两高一节”耕作技术体系研究与应用	河南科技大学，洛阳市农业科学研究院，平顶山市农业技术推广站，南阳市农业技术推广站，河南城建学院，汝州市农林局，杞县农业技术推广中心
2010	科技进步奖	二等奖	河南小麦面积多尺度遥感监测方法及应用	河南省农业科学院农业经济与信息研究中心
2010	科技进步奖	二等奖	核桃新品种绿苑1号选育及示范	郑州绿苑园林绿化工程有限公司，禹州市园林绿化管理局，平顶山市城市绿化管理队，河南省许昌林业科学研究所，鹤壁市淇滨区园林处
2010	科技进步奖	二等奖	红外光谱技术对“四大怀药”的质量评价研究	河南中医学院，郑州大学
2010	科技进步奖	二等奖	黄瓜的耐盐中国南瓜砧木筛选及其耐盐生理特性研究	河南科技学院，信阳农业高等专科学校
2010	科技进步奖	二等奖	黄淮麦区小麦抗霜品种筛选及栽培技术研究和应用	商丘市农林科学研究所，商丘市农业技术推广站，商丘市气象局观测站，周口市农业技术推广站，开封市农业技术推广站，新乡市农业技术推广站，驻马店市农业技术推广站
2010	科技进步奖	二等奖	基于WebGIS的农产品品质安全监控与预警系统	河南科技大学
2010	科技进步奖	二等奖	节水抗旱高产小麦新品种洛旱3号选育及应用	洛阳市农业科学研究院
2010	科技进步奖	二等奖	卷烟叶组配方焦油、烟气烟碱量预测模型的研究	郑州轻工业学院，河南中烟工业有限责任公司
2010	科技进步奖	二等奖	抗硫杨树无性系选育及抗性机理研究	河南省濮阳林业科学研究所，中国林业科学研究院林业新技术研究所，濮阳市环境保护科学研究所
2010	科技进步奖	二等奖	冷却肉汁液损失形成机理及控制措施研究	河南农业大学
2010	科技进步奖	二等奖	利用抗性诱导预防和控制作物枯黄萎病研究与应用	河南省濮阳农业科学研究所，濮阳市农科农化有限公司

（续表）

年 份	奖 项	等 级	项目名称	主要完成单位
2010	科技进步奖	二等奖	麦玉两熟秸秆还田高产高效氮肥施用技术研究与示范	河南农业大学
2010	科技进步奖	二等奖	农村饮水安全工程地下水源污染防治及可持续利用研究	华北水利水电学院，河南省水利厅，河南省水文水资源局，许昌学院，河南省农田水利水土保持技术推广站
2010	科技进步奖	二等奖	农业有机废弃物资源化利用研究及应用	河南省土壤肥料站，河南省土壤肥料集团有限公司，农业部肥料质量监督检验测试中心（郑州），河南农业职业学院，河南省豫农土肥技术服务有限公司
2010	科技进步奖	二等奖	暖冬气候条件下栽培措施对小麦生长发育的影响及小麦高产应变技术	河南科技学院，漯河市农业局，安阳市植保植检站，新乡学院
2010	科技进步奖	二等奖	葡萄极早熟品种“夏至红”的选育与推广应用	中国农业科学院郑州果树研究所
2010	科技进步奖	二等奖	禽IL-2靶向融合蛋白的表达及生物学特性研究	河南科技大学
2010	科技进步奖	二等奖	区域水资源系统供水短缺风险分析及经济损失评估研究	华北水利水电学院
2010	科技进步奖	二等奖	山洪灾害预报预警系统工程	河南省防汛抗旱指挥部办公室，河南省水文水资源局，中国矿业大学，北京天智祥信息科技有限公司
2010	科技进步奖	二等奖	设施桃适宜品种选育、关键栽培技术研究与推广	中国农业科学院郑州果树研究所，漯河天翼生物工程有限公司
2010	科技进步奖	二等奖	设施小果型西瓜栽培关键技术研究与推广	中国农业科学院郑州果树研究所
2010	科技进步奖	二等奖	太空6号等航天诱变系列小麦新品种选育及其产业化	河南省农业科学院小麦研究中心
2010	科技进步奖	二等奖	稳定性 ClO_2—益康＼百毒克＼孵宝的研制及在养殖生产中的应用	河南科技学院，新乡市动物疫病预防控制中心，新乡市康大消毒剂有限公司
2010	科技进步奖	二等奖	污水资源化与土壤重金属污染防治技术研究	华北水利水电学院，豫东水利工程管理局惠北水利科学试验站，河南工业大学
2010	科技进步奖	二等奖	无公害朝天椒标准化生产技术研究与应用	商丘职业技术学院，商丘市农业局，柘城县农业局，柘城县科学技术局，柘城县邵园乡农技服务中心
2010	科技进步奖	二等奖	小麦加工与流通过程食品安全关键技术研究与示范	河南工业大学
2010	科技进步奖	二等奖	小麦品种抗旱性鉴定评价技术体系的研究与应用	洛阳市农业科学研究院，中国农业科学院作物科学研究所
2010	科技进步奖	二等奖	杏鲍菇工厂化生产核心技术研究与示范	洛阳福达美农业生产有限公司，河南科技大学
2010	科技进步奖	二等奖	烟草香味成分特征评价研究及应用	中国烟草总公司郑州烟草研究院

（续表）

年 份	奖 项	等 级	项目名称	主要完成单位
2010	科技进步奖	二等奖	杨树黄叶病害病因及可持续控制技术研究	河南省林业科学研究院，河南省林业厅，河南省森林病虫害防治检疫站，济源市森林病虫害防治检疫站，焦作市森林病虫害防治检疫站，河南省林产品质量监督检验站
2010	科技进步奖	二等奖	优质、抗虫、丰产天然彩色棉种质创新与利用	中国农业科学院棉花研究所，中国农业科学院生物技术研究所，唐山市丰南区鹏程棉业有限公司
2010	科技进步奖	二等奖	优质高产花生新品种郑农花 7 号	郑州市农林科学研究所
2010	科技进步奖	二等奖	优质高产抗逆杂交油菜 GS 杂双 2 号的选育和应用	河南省农业科学院经济作物研究所，河南省经济作物推广站，信阳市农业经济管理指导站
2010	科技进步奖	二等奖	优质抗病高产系列西瓜新品种的选育与应用推广	河南农业大学，河南豫艺种业科技发展有限公司
2010	科技进步奖	二等奖	玉米秸发酵基质制备技术及成型工艺研究与应用	河南农业大学
2010	科技进步奖	二等奖	早熟高产高出仁率花生新品种开农 41 选育与应用	开封市农林科学研究院，河南省种子管理站，开封市农业技术推广站，开封市种子管理站
2010	科技进步奖	二等奖	早熟优质高效西瓜新品种开抗早梦龙	开封市农林科学研究院
2010	科技进步奖	二等奖	中德合作河南农户造林项目综合技术应用研究与示范	河南省林业厅项目办公室，河南省林业调查规划院，河南农业大学，嵩县林业局，卢氏县林业局，河南省南召县林业局，鲁山县林业局
2010	科技进步奖	二等奖	中国农民教育可持续发展战略研究	濮阳市教育局
2010	科技进步奖	二等奖	重组猪圆环病毒 2 型/白介素 2 嵌合表达质粒构建及活性研究与应用	河南省动物疫病预防控制中心，河南省宝树牧业科技有限公司，许昌市动物疫病预防控制中心，平顶山市动物疫病预防控制中心，周口市动物疫病预防控制中心，濮阳市动物疫病预防控制中心
2010	科技进步奖	三等奖	3S 集成技术在河南森林资源与生态状况监测中的应用研究	河南省林业调查规划院，河南省林业厅，河南农业大学林学院，河南省林业学校，登封市林业局
2010	科技进步奖	三等奖	板栗优良品种丰产特性及机理研究	河南省林业科学研究院，信阳市平桥区林业技术推广站，平顶山市林业技术推广站，河南科技大学林业职业学院，辉县市林业局
2010	科技进步奖	三等奖	草履蚧综合控制技术组装配套研究	河南省森林病虫害防治检疫站，中国农业科学院郑州果树研究所，漯河市森林病虫害防治检疫站，许昌市森林病虫害防治检疫站，焦作市森林病虫害防治检疫站
2010	科技进步奖	三等奖	大蒜保鲜新技术及贮藏过程中品质变化的研究	河南农业大学
2010	科技进步奖	三等奖	高产、优质西瓜新品种“天骄”和“凯旋”	河南省农业科学院园艺研究所
2010	科技进步奖	三等奖	高产多抗优质玉米新品种郑韩 358 选育	河南郑韩种业科技有限公司
2010	科技进步奖	三等奖	高产优质广适棉花新品种郑农棉 4 号选育与应用	郑州市农林科学研究所

（续表）

年 份	奖 项	等 级	项目名称	主要完成单位
2010	科技进步奖	三等奖	河南桔梗野生与栽培品种的品质评价	河南中医学院
2010	科技进步奖	三等奖	红色梨新品种美人酥、满天红和红酥脆的选育及配套技术研究与应用	中国农业科学院郑州果树研究所
2010	科技进步奖	三等奖	红薯亩产万斤高产栽培技术研究及推广应用	河南芭中现代农业有限公司，安阳市农业技术推广站，汤阴县易源蔬菜专业合作社
2010	科技进步奖	三等奖	花生田杂草防治技术研究与应用	河南省农业科学院植物保护研究所，河南省植物保护植物检疫站，河南省农药检定所，河南省鹿邑县农业技术推广站，许昌市魏都区植保站
2010	科技进步奖	三等奖	鸡肉豆腐	河南大用实业有限公司
2010	科技进步奖	三等奖	金银花病虫害无公害防治技术研究与应用	河南省农业科学院植物保护研究所，中国中医科学院中药研究所
2010	科技进步奖	三等奖	绿色食品葡萄简约栽培技术集成及应用	郑州市农林科学研究所
2010	科技进步奖	三等奖	美国优良杂果新品种引选研究	河南省濮阳林业科学研究所
2010	科技进步奖	三等奖	耐密高产玉米新品种郑单 17	河南省农业科学院粮食作物研究所
2010	科技进步奖	三等奖	嫩小麦粒保鲜加工工艺及配套技术研究	河南省科学院同位素研究所有限责任公司，河南省科学院核农学重点实验室
2010	科技进步奖	三等奖	农村水环境现状与安全饮水问题研究	河南省周口水文水资源勘测局，郑州水文水资源勘测局，商水县环境保护局
2010	科技进步奖	三等奖	农村新型科技服务体系建设	濮阳市科技信息协会，濮阳市科学技术情报研究所，濮阳市科学技术服务中心，濮阳市电子计算机技术开发中心
2010	科技进步奖	三等奖	农业科技进步贡献率的测算研究	河南农业大学
2010	科技进步奖	三等奖	平菇菌种脱毒技术研究与应用	河南农业大学，河南省科学院生物研究所有限责任公司
2010	科技进步奖	三等奖	肉鸡高效饲养技术及标记辅助选择的研究与应用	河南农业大学，河南省家禽种质资源创新工程研究中心，郑州牧业工程高等专科学校，郑州市惠济区农村经济委员会
2010	科技进步奖	三等奖	双孢菇日光温室玉米秸秆高效栽培模式研究与应用	河南省新乡市农业科学院
2010	科技进步奖	三等奖	速生林下食用菌栽培技术研究	濮阳市兴建食用菌生产力促进中心有限公司，清丰县食用菌办公室，濮阳市兴建菌业有限公司
2010	科技进步奖	三等奖	脱毒马铃薯种薯工厂化生产技术研究及应用	郑州市蔬菜研究所
2010	科技进步奖	三等奖	温棚越夏及秋延迟番茄无公害优质高产栽培技术研究	济源市园艺工作站
2010	科技进步奖	三等奖	小麦新品种漯优 7 号的选育与应用	漯河市农业科学院
2010	科技进步奖	三等奖	新疆无核白葡萄的引种评价及示范栽培	新乡市百泉特色种植科普示范基地，河南科技学院，辉县市农业局，辉县市科技局，辉县市林业局

（续表）

年份	奖项	等级	项目名称	主要完成单位
2010	科技进步奖	三等奖	新型无公害猪饲料添加剂的研究与开发	河南海润实业总公司，郑州牧业工程高等专科学校，浙江大学饲料科学研究所
2010	科技进步奖	三等奖	养殖水体脱氮微生态制剂的研发	河南省水产科学研究院，河南大德饲料科技开发有限公司
2010	科技进步奖	三等奖	以氮高效管理为中心的小麦玉米轮作田施肥培肥技术研究与应用	河南省农业科学院植物营养与资源环境研究所
2010	科技进步奖	三等奖	优质高产干鲜两用辣椒新品种安椒12的选育与应用研究	安阳市蔬菜科学研究所
2010	科技进步奖	三等奖	优质烤烟生产的土壤环境调控关键技术研究	河南省农业科学院植物营养与资源环境研究所，中国烟草总公司河南省公司烟叶分公司，漯河市烟草公司临颍县分公司，三门峡市烟草公司卢氏县分公司
2010	科技进步奖	三等奖	豫马铃薯二号选育及产业化应用研究	郑州市蔬菜研究所
2010	科技进步奖	三等奖	豫南瓜后粳稻高效种植模式及高产栽培技术研究与应用	信阳市农业科学研究所，罗山县农业科学研究所，潢川县农业科学研究所
2010	科技进步奖	三等奖	长期定位施肥对潮土区作物—土壤系统的综合效应研究	河南省农业科学院植物营养与资源环境研究所，中国农业科学院农业资源与农业区划研究所
2010	科技进步奖	三等奖	植烟土壤生态修复技术研究与应用	河南省烟草公司南阳市公司，南阳市烟叶生产办公室，河南沃野土壤生态科技开发有限公司
2010	科技进步奖	三等奖	治疗药物监测与新药临床药动学研究关键技术平台构建及其应用	河南省人民医院，中国人民解放军总医院
2010	科技进步奖	三等奖	中药饮片加工与炮制规范化研究	禹州市金地中药饮片有限公司，河南中医学院，河南省食品药品检验所
2010	科技进步奖	三等奖	驻马店烤烟综合标准体系研究建立与推广	河南省烟草公司驻马店市公司，驻马店市烟草公司泌阳县分公司，驻马店市烟草公司确山县分公司，驻马店市烟草公司遂平县分公司，驻马店市烟草公司西平县分公司
2011	科技进步奖	一等奖	杜仲高产胶良种选育及果园化高效集约栽培技术	国家林业局泡桐研究开发中心，中南林业科技大学，三门峡市林业工作总站，河南经贸职业学院，商丘市梁园区林业局，国有中牟县林场，洛阳市林业科学研究所
2011	科技进步奖	一等奖	禽用高效浓缩多联疫苗的研制和应用	河南农业大学
2011	科技进步奖	一等奖	四倍体泡桐创制及推广应用	河南农业大学，河南省林业科学研究院，河南农业职业学院，郑州市环境保护科学研究所，许昌市林业技术推广站
2011	科技进步奖	一等奖	优质高产强筋小麦新品种郑麦366的选育及其产业化	河南省农业科学院
2011	科技进步奖	一等奖	转基因抗虫杂交棉品种GS豫杂35、豫杂37的选育及其应用	河南省农业科学院经济作物研究所，中国农业科学院生物技术研究所，河南农业大学
2011	科技进步奖	二等奖	丰抗王二号西瓜嫁接砧木新品种选育及推广	河南省西瓜育种工程技术研究中心，洛阳市农发农业科技有限公司，洛阳市瓜类工程技术研究中心，孟津县西瓜科技开发协会
2011	科技进步奖	二等奖	超高产、多抗、广适小麦品种国审周麦16号选育及应用	周口市农业科学院，河南天存种业科技有限公司，周口师范学院

（续表）

年 份	奖 项	等 级	项目名称	主要完成单位
2011	科技进步奖	二等奖	动物性食品中糖皮质激素类药物残留危害控制关键技术	河南省兽药监察所
2011	科技进步奖	二等奖	高产、抗病、高抗逆玉米新品种驻玉 309 的选育与推广应用	驻马店市农业科学院
2011	科技进步奖	二等奖	国审高油高产大豆新品种周豆 12 号选育与生产关键技术研究	周口市农业科学院，河南省种子管理站，河南科技学院，河南师范大学
2011	科技进步奖	二等奖	河南省林业生态效益动态变化研究	河南省林业科学研究院，河南省林业厅，中国林业科学研究院森林生态环境与保护研究所，河南省林业调查规划院，三门峡市天鹅湖国家城市湿地公园管理处，河南省气象科学研究所，信阳市林业科学研究所
2011	科技进步奖	二等奖	河南省中南部小麦大面积中产变高产关键栽培技术集成创新与应用	河南省农业科学院小麦研究中心
2011	科技进步奖	二等奖	黄淮旱区保护性耕作技术作用机理研究与应用	洛阳市农业科学研究院，中国农科院洛阳旱农试验基地
2011	科技进步奖	二等奖	精原干细胞介导的组织型纤溶酶原激活剂（t-PA）转基因鸡的研究	河南科技大学，河南省农业科学院畜牧兽医研究所
2011	科技进步奖	二等奖	粮经饲兼用型玉米新品种郑黑糯 1 号选育及产业化	河南省农业科学院粮食作物研究所
2011	科技进步奖	二等奖	硫氧还蛋白（Trx-h）基因调控机理及抗穗发芽小麦的创育	河南农业大学
2011	科技进步奖	二等奖	绿色奶业产业化关键技术的研究与应用	河南科技大学，洛阳市畜牧局，洛阳巨尔乳业有限公司，偃师市畜牧局，洛阳阿新奶业有限公司，孟津犇犇犇奶牛养殖专业合作社，洛阳生生乳业有限公司
2011	科技进步奖	二等奖	棉田高毒农药替代品种筛选及实用技术研究与应用	中国农业科学院棉花研究所
2011	科技进步奖	二等奖	农产品冷藏物流过程品质动态监测与跟踪系统	郑州轻工业学院
2011	科技进步奖	二等奖	禽肉质量安全分析评价关键技术	河南省动物免疫学重点实验室，河南科技学院，河南农业职业学院
2011	科技进步奖	二等奖	肉牛绿色健康养殖关键技术	河南省肉牛工程技术研究中心，南乐县洪发肉牛繁育场
2011	科技进步奖	二等奖	蔬菜铅、镉富集特征与控制技术研究	河南农业大学，河南省林业调查规划院，洛阳市辐射环境监督管理站，中铁工程设计咨询集团有限公司，洛阳理工学院，安阳工学院，河南农业职业学院
2011	科技进步奖	二等奖	丝瓜籽油的提取与成分分析及丝瓜籽蛋白的提取与功能特性	河南工业大学，河南工程学院
2011	科技进步奖	二等奖	土—草—饲—畜系统微量元素增益效应及关键技术研究与应用	郑州牧业工程高等专科学校，河南农业大学，河南省高校动物营养与饲料工程技术研究中心，河南省饲草饲料站，郑州市季丰农化有限公司
2011	科技进步奖	二等奖	小麦质量监控关键技术研究与示范	河南农业大学，河南国家粮食储备库

（续表）

年　份	奖　项	等　级	项目名称	主要完成单位
2011	科技进步奖	二等奖	烟草中贮藏害虫的辐射防控技术研究	河南省科学院同位素研究所有限责任公司，天昌国际烟草有限公司
2011	科技进步奖	二等奖	沿黄稻区条纹叶枯病及传毒灰飞虱防控关键技术研究与应用	河南省农业科学院植物保护研究所，中国农业科学院植物保护研究所，郑州大学，河南省原阳县农科所
2011	科技进步奖	二等奖	优质、广适油桃新品种中油桃 4 号、中油桃 5 号的育成与应用	中国农业科学院郑州果树研究所
2011	科技进步奖	二等奖	优质强筋高产多抗高效小麦新品种新麦 19 号	河南省新乡市农业科学院
2011	科技进步奖	二等奖	豫南黑猪新品种培育及应用	河南省畜禽改良站，河南农业大学，固始县淮南猪原种场，信阳农业高等专科学校，信阳市畜牧工作站，固始县畜牧工作站
2011	科技进步奖	二等奖	豫南园林花木病虫害与可持续防控技术研究	信阳农业高等专科学校，信阳市农产品质量安全检测中心，信阳市平桥区农业局，息县植保公司病虫草害防治中心
2011	科技进步奖	二等奖	自走式烟草收获机研制	河南农业大学，国家烟草栽培生理生化研究基地，许昌远方工贸有限公司
2011	科技进步奖	二等奖	作物种子萌发和生长调控物质的开发应用研究	河南科技学院，延津县植保植检站，安阳市种子管理站
2011	科技进步奖	三等奖	传统禽肉制品综合保鲜技术研究	河南科技大学
2011	科技进步奖	三等奖	醇洗大豆浓缩蛋白及改性工业化生产技术开发应用	河南工业大学，郑州四维粮油工程技术有限公司
2011	科技进步奖	三等奖	多类型水质健康养殖技术集成示范推广	河南省水产技术推广站，郑州市水产技术推广站，新乡市水产技术推广站，开封市水产技术推广站
2011	科技进步奖	三等奖	伏牛山红豆杉保护技术研究	西峡县林业局
2011	科技进步奖	三等奖	高产稳产广适抗虫棉郑杂棉 3 号选育与应用	郑州市农林科学研究所
2011	科技进步奖	三等奖	高产优质大豆新品种濮豆 129 选育与应用	濮阳市农业科学院
2011	科技进步奖	三等奖	高效酪酸芽孢杆菌微生态饲料添加剂的研制	河南工业大学，郑州金百合生物工程有限公司
2011	科技进步奖	三等奖	国外沙梨适生品种筛选及生态化栽培技术研究	许昌职业技术学院，许昌林业科学研究所
2011	科技进步奖	三等奖	过热蒸汽节能干燥技术及其在酒精糟饲料生产中的应用	郑州大学，河南天冠企业集团有限公司
2011	科技进步奖	三等奖	河南省绿色农业发展战略规划研究	鹤壁职业技术学院
2011	科技进步奖	三等奖	河南省土壤水分自动监测仪研制及标定技术研究	河南省气象科学研究所，中国电子科技集团公司第二十七研究所
2011	科技进步奖	三等奖	淮河流域平原河道污染对地下水质影响研究	河南省水文水资源局，河南省商丘水文水资源勘测局
2011	科技进步奖	三等奖	鸡新城疫监测模型的研究与应用	郑州市动物疫病预防控制中心，巩义市动物疫病预防控制中心，荥阳市动物疫病预防控制中心，登封市动物疫病预防控制中心

（续表）

年　份	奖　项	等　级	项目名称	主要完成单位
2011	科技进步奖	三等奖	基于模型的冬小麦夏玉米数字化种植设计系统	河南省农业科学院农业经济与信息研究中心
2011	科技进步奖	三等奖	家兔品种引进筛选及高效养殖新技术研究	郑州市农林科学研究所
2011	科技进步奖	三等奖	锦科杂1号棉花新品种的选育与研究	新乡市锦科棉花研究所，河南科技学院
2011	科技进步奖	三等奖	芦荟有效成分的积累、分离和应用	河南师范大学
2011	科技进步奖	三等奖	欧洲榛子优良品种选育及配套技术研究	河南省林业科学研究院，河南省生态林业工程技术研究中心，郑州市林业工作总站，中南林业科技大学经济林育种与栽培国家林业局重点实验室，河南天绿林果科技有限公司
2011	科技进步奖	三等奖	商薯6号的选育与应用	商丘市农林科学院，洛阳市农业科学院，商丘职业技术学院，商丘市农产品质量安全中心，商丘市农村经济管理站
2011	科技进步奖	三等奖	实验动物与动物实验方法学	河南省科学技术厅，郑州大学
2011	科技进步奖	三等奖	酸性纤维素酶菌株YS-7157的诱变选育及液体发酵生产工艺技术研究	河南仰韶生化工程有限公司，河南科技大学
2011	科技进步奖	三等奖	提高嵋山烟叶质量关键技术研究与示范	河南省烟草公司洛阳市公司，河南中烟工业有限责任公司
2011	科技进步奖	三等奖	甜菜夜蛾防控关键技术研究与应用	洛阳市农业科学研究院
2011	科技进步奖	三等奖	小麦—玉米养分资源综合技术及其平衡肥研发	河南省农业科学院植物营养与资源环境研究所，中国农业大学，周口市农业科学院，驻马店市土肥利用管理站
2011	科技进步奖	三等奖	新疆马奶子葡萄的引种评价及示范栽培	新乡市百泉特色种植科普示范基地，河南科技学院，辉县市农业局，辉县市科学技术局，辉县市林业局
2011	科技进步奖	三等奖	新农村建设中河南农村人力资源开发	河南农业职业学院，河南省农业厅，郑州市农业科技教育中心
2011	科技进步奖	三等奖	信阳红茶创制加工工艺技术研究	信阳市浉河区茶叶办公室
2011	科技进步奖	三等奖	优质高产多抗玉米新品种郑农7278选育与应用	郑州市农林科学研究所
2011	科技进步奖	三等奖	优质高产多抗杂交油菜新品种信优2405的选育及应用	信阳市农业科学研究所，信阳市种子管理站，固始县种子技术推广服务站，南阳市农业科学研究所，遂平县农业科学试验站
2011	科技进步奖	三等奖	优质高产中熟棉新品种英华1号选育及应用	郑州英华优质棉研究所，中国科学院遗传与发育生物学研究所
2011	科技进步奖	三等奖	圆春甘蓝的选育及应用研究	郑州市蔬菜研究所，郑州市农林科学研究所，许昌市农业科学研究所，信阳市农业科学研究所，洛阳市农业科学研究院
2011	科技进步奖	三等奖	月季新品种快速繁殖技术	鄢陵北方花卉有限公司，中国农业大学
2012	科技进步奖	一等奖	冬小麦抗旱育种技术创新及洛旱系列新品种选育	洛阳农林科学院，中国农业科学院作物科学研究所

（续表）

年　份	奖　项	等　级	项目名称	主要完成单位
2012	科技进步奖	一等奖	高产稳产多抗广适国审小麦新品种周麦 18 号选育及应用	周口市农业科学院，河南天存种业科技有限公司
2012	科技进步奖	一等奖	南阳牛种质创新及夏南牛新品种培育	河南省畜禽改良站，河南农业大学，南阳市黄牛良种繁育场，泌阳县家畜改良站，河南省动物卫生监督所，河南省农业科学院畜牧兽医研究所，河南省纯种肉牛繁育中心
2012	科技进步奖	二等奖	刺槐 X9、X5 等优良无性系选育研究	河南省林业科学研究院，河南省林木种质良种选育重点实验室，辽宁省林业科学研究院，开封县农林局，辽宁盘锦鼎翔农工建有限公司
2012	科技进步奖	二等奖	低聚木糖（益菌素）产品研发及应用研究	河南省科学院生物研究所有限责任公司，河南省瑞特利生物技术有限公司，河南省微生物工程重点实验室
2012	科技进步奖	二等奖	高产、优质、多抗棉花新品种宛棉 10 号的选育与应用	南阳市农业科学院，河南省农业科学院
2012	科技进步奖	二等奖	高产、优质、多抗杂交棉花新品种汴棉 5 号	开封市农林科学研究院，河南农业职业学院，河南省种子管理站
2012	科技进步奖	二等奖	高产高油多抗花生新品种开农 36 选育及应用	开封市农林科学研究院，开封市种子管理站，开封市土壤肥料工作站，开封市农业技术推广站
2012	科技进步奖	二等奖	高产广适型驻豆 6 号品种选育与应用	驻马店市农业科学院，河南省农业技术推广总站，驻马店市种子管理站，驻马店市农业技术推广站，河南驻研种业有限公司，南阳市农业技术推广站，商丘市种子管理站
2012	科技进步奖	二等奖	高产优质多抗大麦新品种驻大麦 3 号	驻马店市农业科学院
2012	科技进步奖	二等奖	高蛋白高产广适大豆新品种 GS 豫豆 29 号选育与应用	河南省农业科学院经济作物研究所，河南省农业科学院植物保护研究所，河南省种子管理站，河南省农科院农业经济与信息研究中心，永城市农业技术推广中心
2012	科技进步奖	二等奖	高番茄红素番茄新品种樱红 1 号、樱红 2 号培育与示范	河南省农业科学院园艺研究所
2012	科技进步奖	二等奖	高光籽国审棉新研 96-48 的选育与推广	新乡市锦科棉花研究所，河南科技学院
2012	科技进步奖	二等奖	国鉴耐热抗病早熟大白菜新早 58 的选育与推广	河南省新乡市农业科学院，河南敦煌种业新科种子有限公司
2012	科技进步奖	二等奖	河南省农业灾害遥感动态监测研究与应用	河南省农科院农业经济与信息研究中心
2012	科技进步奖	二等奖	河南省生态旅游资源环境压力与生态调控研究	河南农业大学，河南省林业调查规划院
2012	科技进步奖	二等奖	河南省县域农业产业化发展模式研究	漯河职业技术学院
2012	科技进步奖	二等奖	河南太行山野生花卉资源的园林应用	河南科技学院，新乡市绿之源农林有限公司

（续表）

年　份	奖　项	等　级	项目名称	主要完成单位
2012	科技进步奖	二等奖	缓控释肥料高效施用技术研究与应用	河南省农业科学院植物营养与资源环境研究所，山东金正大生态工程股份有限公司，河南省土壤肥料站，河南农业科学院粮食作物研究所，河南省农业科学院小麦研究中心
2012	科技进步奖	二等奖	黄淮平原农业干旱遥感监测与引黄灌溉需水量估算系统	河南省气象科学研究所，郑州市气象局，新乡市气象局，鹤壁市气象局
2012	科技进步奖	二等奖	鸡鸭白细胞介素-18基因的克隆、表达及在免疫调节中初步应用	河南农业大学，河南省动物疫病预防控制中心，河南省动物性食品安全重点实验室，郑州牧业工程高等专科学校，河南赫福莱生物制药有限公司
2012	科技进步奖	二等奖	牡丹盆栽的生理营养基础及其关键技术研究	河南科技大学，中国洛阳国家牡丹基因库，河南农业大学，洛阳天盛盆养牡丹园艺有限公司，洛阳市神州牡丹园艺有限公司，商丘学院
2012	科技进步奖	二等奖	牛羊蛋白质营养新体系应用技术研究	郑州牧业工程高等专科学校，河南省饲草饲料站，河南农业大学牧医工程学院，河南鼎元种牛育种有限公司，河南花花牛实业总公司
2012	科技进步奖	二等奖	生物质成型燃料技术工程化研究	河南农业大学，北京奥科瑞丰机电技术有限公司，山东多乐采暖设备有限责任公司
2012	科技进步奖	二等奖	石榴品种筛选快繁及标准化栽培技术研究	郑州市农林科学研究所，河南农业大学
2012	科技进步奖	二等奖	水稻机械化育插秧技术体系研究与应用	河南省农业机械技术推广站
2012	科技进步奖	二等奖	四倍体泡桐特性及栽培技术研究	河南农业大学，河南省林业科学研究院，河南省林业调查规划院，河南省林业技术推广站
2012	科技进步奖	二等奖	无味栀子黄色素生产技术开发与应用	河南中大生物工程有限公司
2012	科技进步奖	二等奖	五种中兽药超微粉的研究开发	河南省康星药业有限公司
2012	科技进步奖	二等奖	夏玉米高产高效施肥关键技术研究与应用	河南农业大学，河南省农业技术推广总站，鹤壁市农业科学院，驻马店市农业科学院，滑县农业技术推广中心
2012	科技进步奖	二等奖	新型秸秆粉碎与破茬联合作业机	河南科技大学
2012	科技进步奖	二等奖	优质抗病西瓜新品种翠丽的选育及应用	中国农业科学院郑州果树研究所
2012	科技进步奖	二等奖	原生态优质烟叶生产技术研究与应用	河南科技大学，洛阳市烟草公司洛宁县分公司，洛阳市烟草公司汝阳县分公司
2012	科技进步奖	二等奖	早熟苹果新品种华硕的培育与示范推广	中国农业科学院郑州果树研究所
2012	科技进步奖	二等奖	郑农系列蝴蝶兰新品种选育及关键生产技术研究	郑州市农林科学研究所
2012	科技进步奖	二等奖	芝麻枯萎病和茎点枯病抗病机理及防控技术研究	河南省芝麻研究中心，河南省农业科学院植物保护研究所
2012	科技进步奖	二等奖	植棉去钵轻简化技术的发明及应用研究	河南省农业科学院经济作物研究所
2012	科技进步奖	二等奖	猪用三种重要疫苗毒培养关键技术研究及疫苗开发	普莱柯生物工程股份有限公司，国家兽用药品工程技术研究中心

（续表）

年　份	奖　项	等　级	项目名称	主要完成单位
2012	科技进步奖	三等奖	白色金针菇袋栽工艺工厂化生产技术体系研究	河南农科院植物营养与资源环境研究所，河南和缘食用菌有限公司
2012	科技进步奖	三等奖	冲击式小麦硬度快速检测仪的研制	河南工业大学
2012	科技进步奖	三等奖	动物及动物产品药物残留监测关键技术研究与应用	河南省兽药监察所，中国兽医药品监察所，北京维德维康生物技术有限公司，杭州迪恩科技有限公司
2012	科技进步奖	三等奖	高产稳产抗逆性强驻麦 6 号新品种选育与示范推广	驻马店市农业科学院，平舆县农业科学试验站，驻马店市农业技术推广站
2012	科技进步奖	三等奖	高产优质多抗大果花生新品种商研 9658	商丘市农林科学院，商丘市农业局，安阳市农业科学院
2012	科技进步奖	三等奖	高产优质多抗玉米新品种新单 29 的选育与推广	河南省新乡市农业科学院
2012	科技进步奖	三等奖	规模化养猪自动饲喂系统的应用与研究	牧原食品股份有限公司
2012	科技进步奖	三等奖	核桃高效栽培优化技术体系研究	河南省林业科学研究院，中国林业科学研究院林业研究所，济源市林业局，林州市林业局，洛阳农林科学院
2012	科技进步奖	三等奖	胡萝卜新品种郑参丰收红选育及应用	郑州市蔬菜研究所
2012	科技进步奖	三等奖	华北平原小麦产区农户储粮减损技术集成与示范	河南工业大学
2012	科技进步奖	三等奖	基于 GIS 技术的农田防护林空间配置研究	华北水利水电学院
2012	科技进步奖	三等奖	兼用型甘薯新品种洛薯 9816-1 的选育及应用	洛阳农林科学院
2012	科技进步奖	三等奖	焦作市建成区园林植物资源调查与应用	焦作市园林绿化管理局，河南省林业科学研究院，焦作市晓尚园林有限公司，焦作市绿化队，焦作市人民公园
2012	科技进步奖	三等奖	利用基因工程技术开发新型功能性甜味剂的研究	河南农业大学
2012	科技进步奖	三等奖	粮食综合业务管理系统	河南工业大学，郑州贝博电子股份有限公司
2012	科技进步奖	三等奖	漯河市沙澧河市区段生态环境保护和植物营造技术研究	漯河市园林管理处
2012	科技进步奖	三等奖	膨化血粉在肉鹅日粮中最适添加量筛选及其应用的研究	原阳县大兴饲料设备有限公司，河南科技学院
2012	科技进步奖	三等奖	淇河鲫种质资源保护与开发利用	河南师范大学
2012	科技进步奖	三等奖	陶香型白酒生产工艺技术研究及产品研制	河南仰韶酒业有限公司
2012	科技进步奖	三等奖	优质多抗茄子新品种安茄 2 号的选育及示范	安阳市农业科学院，郑州市蔬菜研究所
2012	科技进步奖	三等奖	优质高产花生新品种郑农花 9 号	郑州市农林科学研究所，河南天存种业科技有限公司，河南农业职业学院，延津县农业局

（续表）

年 份	奖 项	等 级	项目名称	主要完成单位
2012	科技进步奖	三等奖	优质专用高淀粉玉米新品种郑单 21	河南省农业科学院粮食作物研究所
2012	科技进步奖	三等奖	早熟、高产、优质杂交油菜新品种穗源 988 的选育	遂平县农业科学试验站
2012	科技进步奖	三等奖	早熟优质辣椒新品种濮椒 1 号选育与应用	濮阳市农业科学院
2012	科技进步奖	三等奖	紫云英新品种信紫 1 号选育及应用	河南省农业科学院植物营养与资源环境研究所，信阳市农业科学研究所，中国农业科学院农业资源与农业区划研究所，信阳农科种业有限公司
2013	科技进步奖	一等奖	花生优质高产种间杂交衍生品种远杂 9307 选育与应用	河南省农业科学院经济作物研究所，农业部黄淮海油料作物重点实验室，国家油料作物改良中心河南花生分中心，河南省油料作物遗传改良重点实验室，花生遗传改良国家地方联合工程实验室，河南省种子管理站
2013	科技进步奖	一等奖	玉米豫综 5 号等群体的创建、改良及应用	河南农业大学，新疆农业科学院粮食作物研究所，四川农业大学，濮阳市农业科学院，漯河市农业科学院，河南金赛种子有限公司
2013	科技进步奖	二等奖	畜禽安全生产营养调控关键技术研究与应用	河南省动物疫病预防控制中心，郑州牧业工程高等专科学校，郑州市金元科技饲料有限公司，雏鹰农牧集团股份有限公司，郑州海润中慧饲料有限公司
2013	科技进步奖	二等奖	甘蓝型油菜游离小孢子培养技术创新及其应用	河南省农业科学院经济作物研究所，信阳市农业科学院，南阳市群英农作物科学研究所
2013	科技进步奖	二等奖	高产多抗早熟小麦新品种 04 中 36 选育与应用	中国农业科学院棉花研究所，安阳市农业科学院
2013	科技进步奖	二等奖	高产广适多抗小麦新品种洛麦 22 选育及应用	洛阳农林科学院
2013	科技进步奖	二等奖	高产抗病优质紧凑型玉米新品种郑单 136	河南省农业科学院粮食作物研究所
2013	科技进步奖	二等奖	高油高产多抗广适大豆新品种 GS 周豆 11 号选育及应用	周口市农业科学院，北京工商大学
2013	科技进步奖	二等奖	国审超高产抗病优质食用型甘薯新品种郑薯 20 选育与应用	河南省农业科学院粮食作物研究所
2013	科技进步奖	二等奖	国审玉米新品种农乐 988 的选育及应用	新乡市种子管理站
2013	科技进步奖	二等奖	河南半干旱区粮食作物综合节水关键技术及应用	华北水利水电大学，中国农业科学院农田灌溉研究所，洛阳农林科学院
2013	科技进步奖	二等奖	河南连翘化学成分组的研究与资源开发	河南省生物技术开发中心，河南省科高植物天然产物开发工程技术有限公司，中国科学院昆明植物研究所，洛阳君山制药有限公司，河南中亚神鹏动物药业有限公司
2013	科技进步奖	二等奖	河南省林业发展空间布局研究	河南省林业厅，河南省林业调查规划院，河南省林业技术推广站，河南省林业科学研究院，河南省退耕还林和天然林保护工程管理中心，南阳市林业调查规划管理站

（续表）

年　份	奖　项	等　级	项目名称	主要完成单位
2013	科技进步奖	二等奖	河南省农田土壤供肥能力及小麦科学施肥技术研究与应用	河南省土壤肥料站，农业部肥料质量监督检验测试中心（郑州），河南省农业广播电视学校，河南省化工研究所有限责任公司，开封市土壤肥料工作站，许昌市土壤肥料站
2013	科技进步奖	二等奖	棉花新品种银山6号选育及应用	河南省农业科学院经济作物研究所
2013	科技进步奖	二等奖	农产（食）品亚临界流体萃取新技术	安阳漫天雪食品制造有限公司，江苏大学
2013	科技进步奖	二等奖	农业秸秆综合利用技术集成创新及应用	商丘三利新能源有限公司，河南省化工研究所有限责任公司，南京农业大学
2013	科技进步奖	二等奖	禽流感病毒突变株（H9亚型）HN106株多联疫苗的研制与开发	河南农业大学
2013	科技进步奖	二等奖	兽药饲料安全风险分析与质量控制关键技术研究及应用	河南省兽药监察所
2013	科技进步奖	二等奖	特色林产食品资源高效加工关键技术及产业化	郑州轻工业学院
2013	科技进步奖	二等奖	无公害农产品数字化认证平台	河南农业大学
2013	科技进步奖	二等奖	优质高产多抗特用玉米新品种选育及产业化	河南省农业科学院粮食作物研究所，河南众品食业股份有限公司
2013	科技进步奖	二等奖	玉兰属植物资源分类及新品种选育研究	国家林业局泡桐研究开发中心，河南工业大学，河南农业大学，河南省林业科学研究院，新郑市林业局，潢川县林业局，河南正昊风景园林工程有限公司
2013	科技进步奖	二等奖	玉米热带种质研究利用与国审濮单6号选育及开发	濮阳市农业科学院
2013	科技进步奖	二等奖	早熟、耐贮、全红型桃新品种春蜜、春美的培育与推广应用	中国农业科学院郑州果树研究所
2013	科技进步奖	二等奖	猪鸡高效低排放饲料产业化关键技术研究与示范	河南广安生物科技股份有限公司
2013	科技进步奖	二等奖	转基因抗虫棉环境安全评价技术与标准研制及应用	中国农业科学院棉花研究所
2013	科技进步奖	三等奖	4YZ-3型自走式玉米收获机	河南豪丰机械制造有限公司
2013	科技进步奖	三等奖	大豆加工特性及其综合利用关键技术研究	河南农业大学
2013	科技进步奖	三等奖	大果多抗高产茄子新品种郑茄2号的选育	郑州市蔬菜研究所
2013	科技进步奖	三等奖	冬小麦干旱动态评估技术研究与应用	河南省气象科学研究所，河南省气象局，河南省气候中心
2013	科技进步奖	三等奖	多功能粮情测控系统	中国储备粮管理总公司河南分公司，河南省电子规划研究院有限责任公司，郑州鑫胜电子科技有限公司
2013	科技进步奖	三等奖	多抗高产优质汴杂九号西瓜品种的选育及应用	开封市蔬菜科学研究所
2013	科技进步奖	三等奖	甘薯精深加工技术研究	河南科技学院，郑州市福源生物科技有限公司

（续表）

年　份	奖　项	等　级	项目名称	主要完成单位
2013	科技进步奖	三等奖	高产多抗小麦新品种鹤麦 1 号的选育及应用	鹤壁市农业科学院
2013	科技进步奖	三等奖	高产高油广适耐荫大豆新品种开豆 41 选育及应用	开封市农林科学研究院
2013	科技进步奖	三等奖	高产优质多抗杂交玉米品种喜玉 12	河南省喜盈门种业有限公司
2013	科技进步奖	三等奖	国鉴甘蓝新品种商甘蓝一号的选育与应用	商丘市农林科学院，商丘市农场管理站，商丘市农业技术推广站，商丘市梁园区种子管理站，虞城县农业局植保植检站
2013	科技进步奖	三等奖	国鉴高淀粉甘薯新品种洛薯 10 号的选育及应用	洛阳农林科学院
2013	科技进步奖	三等奖	含羞草开发应用的基础研究	河南教育学院，浙江农林大学，河南中医学院
2013	科技进步奖	三等奖	河南强中筋小麦调优栽培信息化技术研究与应用	河南农业大学，北京农业信息技术研究中心，河南省种子管理站，延津县农业技术推广站，许昌县农业技术推广中心
2013	科技进步奖	三等奖	河南省地方山羊和绵羊品种的分子遗传特性研究与应用	河南科技大学，洛宁农本畜牧科技开发有限公司
2013	科技进步奖	三等奖	河南省烤烟生产综合标准体系研制与应用	中国烟草总公司河南省公司，河南省农业科学院烟草研究所，河南省烟草公司南阳市公司，河南省烟草公司洛阳市公司，河南省烟草公司平顶山市公司
2013	科技进步奖	三等奖	河南省林业技术支持体系和社会化服务体系现状调查及发展对策研究	河南省林业产业发展中心，河南省林业科学研究院，河南农业大学
2013	科技进步奖	三等奖	河南省中黑盲蝽区域性灾变规律与治理技术	河南省农业科学院植物保护研究所，河南省农药检定所，南阳市农业科学院，河南科林种业有限公司，周口市植物保护植物检疫站
2013	科技进步奖	三等奖	黄连木无性系快繁与丰产栽培配套技术研究与推广	河南省林业科学研究院，国家林业局泡桐研究开发中心，郑州市世纪游乐园，漯河市园林管理处，国有济源市苗圃场
2013	科技进步奖	三等奖	韭菜种质资源遗传多样性分析与新种质创制	平顶山市农业科学院
2013	科技进步奖	三等奖	控害生物基因的功能研究与开发利用	河南农业大学
2013	科技进步奖	三等奖	洛番 9 号番茄的选育及应用研究	洛阳农林科学院
2013	科技进步奖	三等奖	葎草生物活性物质提取技术及在动物生产中的应用研究	郑州牧业工程高等专科学校，河南省动物疫病预防控制中心，河南中医学院，河南花花牛实业总公司，河南省高校动物营养与饲料工程技术研究中心
2013	科技进步奖	三等奖	牡丹种质资源评价及新品种选育	河南科技大学，洛阳市牡丹研究院，中国洛阳国家牡丹基因库
2013	科技进步奖	三等奖	耐高温木聚糖酶菌株选育、稳定性研究及其在鱼类饲料中的应用	河南师范大学，新乡医学院，河南省生物工程研究应用中心，河南科技学院，许昌职业技术学院
2013	科技进步奖	三等奖	设施桃病害安全控制与温室结构改良新技术研究	濮阳市林业科学院，中国农业科学院郑州果树研究所

（续表）

年　份	奖　项	等　级	项目名称	主要完成单位
2013	科技进步奖	三等奖	蔬菜无土栽培技术在中原地区观光农业中的应用	郑州市蔬菜研究所
2013	科技进步奖	三等奖	酸性蛋白酶高产菌株选育及应用研究	河南省科学院生物研究所有限责任公司，河南省微生物工程重点实验室，河南省瑞特利生物技术有限公司，河南省工业酶工程技术研究中心
2013	科技进步奖	三等奖	兔脑炎原虫病的发病机制与防治	河南科技学院，新乡市动物疫病预防控制中心，河南科技大学
2013	科技进步奖	三等奖	无公害鸡腿菇栽培管理智能决策支持系统研究	濮阳市农业科学院，濮阳博士通科技有限责任公司
2013	科技进步奖	三等奖	夏芝麻高产稳产轻简化生产关键技术研究与应用	河南省农业科学院芝麻研究中心，河南省经济作物推广站，漯河市农业科学院，周口市农业科学院
2013	科技进步奖	三等奖	小麦航天与辐射育种关键技术研究与应用	河南省科学院同位素研究所有限责任公司，河南省核农学重点实验室，河南金苑种业有限公司，河南省黄泛区农场，辽宁东亚种业有限公司郑州分公司
2013	科技进步奖	三等奖	信阳茶树种质资源普查评价及应用推广	信阳农林学院，信阳市茶叶试验站
2013	科技进步奖	三等奖	血粉膨化工艺优化及膨化血粉在鹅日粮中应用的关键技术	河南科技学院，原阳县大兴饲料设备有限公司，新乡市畜牧技术推广站
2013	科技进步奖	三等奖	烟丝弹性在线检测装置的研制及应用	河南中烟工业有限责任公司安阳卷烟厂，秦皇岛烟草机械有限责任公司，北京邦瑞达测控设备有限责任公司
2013	科技进步奖	三等奖	引黄灌区灌溉需水量与水资源合理配置研究	华北水利水电大学
2013	科技进步奖	三等奖	郑州地区几种主要蔬菜病虫害综合防治技术研究与示范	郑州市蔬菜研究所，河南农业大学园艺学院
2013	科技进步奖	三等奖	重组鸡 α 干扰素/白介素 2 融合表达及抗病毒活性研究与应用	河南省动物疫病预防控制中心，河南省宝树生物科技有限公司，焦作市畜产品质量安全监测中心，太康县畜禽改良站，宜阳县动物疫病预防控制中心
2014	科技进步奖	一等奖	高产早熟多抗广适小麦新品种国审偃展 4110 选育及应用	河南省才智种子开发有限公司
2014	科技进步奖	一等奖	棉花枯、黄萎病抗性鉴定技术创新与应用	中国农业科学院棉花研究所，中国农业科学院植物保护研究所，全国农业技术推广服务中心，西北农林科技大学
2014	科技进步奖	一等奖	四倍体泡桐新品种培育及其优良特性的分子机理	河南农业大学，河南省林业科学研究院，商丘市农林科学院，河南农业职业学院，阜阳市林业科学技术推广站，江西省林业科技推广总站，泰安市泰山林业科学研究院
2014	科技进步奖	二等奖	半合成头孢类动物专用抗生素原料药及新型制剂的研究应用	洛阳惠中兽药有限公司，国家兽用药品工程技术研究中心
2014	科技进步奖	二等奖	大数据多尺度的河南省耕地地力与作物生产潜力评价研究应用	河南省土壤肥料站，郑州大学，河南农业大学，南阳市土壤肥料站，郑州市土壤肥料工作站

（续表）

年　份	奖　项	等　级	项目名称	主要完成单位
2014	科技进步奖	二等奖	蛋用黑羽鹌鹑突变体的分离、纯化及新品系培育研究	河南科技大学，河南武陟即可达食品有限责任公司，河南省畜牧总站，郑州铁路职业技术学院，汝阳县动物疫病预防控制中心，洛阳市鲲鹏饲料有限公司
2014	科技进步奖	二等奖	高产、优质、多抗、广适玉米品种浚单22选育与应用	鹤壁市农业科学院
2014	科技进步奖	二等奖	高产高抗高淀粉玉米新品种新科19	河南省新乡市农业科学院，河南敦煌种业新科种子有限公司
2014	科技进步奖	二等奖	高产稳产广适小麦新品种周麦23号选育及应用	周口市农业科学院，河南天存种业科技有限公司
2014	科技进步奖	二等奖	高油双低油菜品种双油8号的选育及应用	河南省农业科学院经济作物研究所
2014	科技进步奖	二等奖	高致病性猪蓝耳病综合防控技术研究与应用	河南省动物疫病预防控制中心，南阳市动物疫病预防控制中心，河南省郑州种畜场，河南省宝树生物科技有限公司
2014	科技进步奖	二等奖	灌溉水资源高效利用关键技术与在线实时综合管理系统研究及应用	华北水利水电大学
2014	科技进步奖	二等奖	河南省畜产品质量安全监测关键技术研究及应用	河南省兽药监察所，河南科技学院
2014	科技进步奖	二等奖	河南县域农田地力提升与大面积均衡增产技术及其应用	河南省农业科学院植物营养与资源环境研究所，中国科学院南京土壤研究所，河南省农学会，河南省农业经济学会，河南省土壤肥料站，河南农业大学，河南省农业广播电视学校
2014	科技进步奖	二等奖	红枣加工关键技术创新与产业化	好想你枣业股份有限公司，郑州轻工业学院，河南农业大学
2014	科技进步奖	二等奖	利用生物技术把农作物秸秆转化为畜禽饲料资源	河南农业大学，河南普爱饲料股份有限公司
2014	科技进步奖	二等奖	南水北调河南水源区水土流失规律及治理模式与效益评价研究	华北水利水电大学，河南省水利厅
2014	科技进步奖	二等奖	南水北调中线水源区香根草、百喜草生态治理示范与综合开发应用	河南坤元生态环保科技有限责任公司，南阳师范学院，南阳市乾景中药材开发有限公司，河南神久实业有限公司，南阳国家农业科技园区，河南农业大学，南阳市绿野循环农业研究所
2014	科技进步奖	二等奖	生猪微生态活性饲料关键技术研究与示范	河南聚丰饲料科技有限公司，河南省农业科学院畜牧兽医研究所，河南省农业科学院动物免疫学重点实验室，河南省农业科学院农业质量标准与检测技术研究所
2014	科技进步奖	二等奖	适应机械化栽培的高产大豆新品种郑196选育及应用	河南省农业科学院经济作物研究所，河南省种子管理站，安阳市农业科学院
2014	科技进步奖	二等奖	小麦硬度声学测定技术	河南工业大学，郑州贝博电子股份有限公司
2014	科技进步奖	二等奖	小麦质量安全监测与评价关键技术研究与应用	河南省农业科学院农业质量标准与检测技术研究所
2014	科技进步奖	二等奖	豫西易旱区小麦—玉米周年均衡增产关键技术研究与应用	洛阳农林科学院，河南农业大学

（续表）

年　份	奖　项	等　级	项目名称	主要完成单位
2014	科技进步奖	二等奖	早熟保护地西瓜新品种国豫 2 号、豫星 3 号的选育及推广	河南农业大学，河南豫艺种业科技发展有限公司
2014	科技进步奖	二等奖	主要农作物有害生物发生规律与防控技术研究和示范推广	河南省农业科学院植物保护研究所，河南省植物保护植物检疫站，淮阳县农业局，郸城县农业局，三门峡市人民公园管理处，长兴光电材料工业（昆山）有限公司
2014	科技进步奖	二等奖	作物对刺吸式害虫抗性评价技术及应用	河南农业大学，中国农业科学院植物保护研究所
2014	科技进步奖	三等奖	洛阳 1 号日本落叶松新品种选育及栽培研究	洛阳农林科学院，中国林业科学研究院林业研究所
2014	科技进步奖	三等奖	“信阳红”高香红茶研发及产业化	信阳市文新茶叶有限责任公司，河南省茶叶工程技术研究中心，信阳市文新茶叶研究院
2014	科技进步奖	三等奖	大棚和露地兼用黄瓜新品种东方明珠的选育及应用	郑州市蔬菜研究所
2014	科技进步奖	三等奖	动物卫生监督和畜牧兽医执法信息平台研究与应用	河南省动物卫生监督所，北京农信通科技有限责任公司
2014	科技进步奖	三等奖	多抗葡萄砧木新品种抗砧 3 号、抗砧 5 号的选育与推广应用	中国农业科学院郑州果树研究所
2014	科技进步奖	三等奖	甘薯淀粉加工中蛋白提取技术	河南工业大学，郑州精华实业有限公司
2014	科技进步奖	三等奖	高产广适多抗小麦新品种漯麦 9 号的选育与应用	漯河市农业科学院
2014	科技进步奖	三等奖	高产耐密玉米新品种洛单 248 的选育与应用	洛阳农林科学院
2014	科技进步奖	三等奖	高产优质韭菜新品种平丰 9 号的选育与示范	平顶山市农业科学院，平顶山市平丰种业有限责任公司
2014	科技进步奖	三等奖	高效率、高举升、折腰、整体机架系列农用抓草机	临颍县颍机机械制造有限公司
2014	科技进步奖	三等奖	规模猪场动态条件下健康生产关键技术研究与应用	河南省农业科学院畜牧兽医研究所，河南省动物免疫学重点实验室
2014	科技进步奖	三等奖	国鉴高淀粉抗病甘薯新品种漯徐薯 8 号的选育与应用	漯河市农业科学院，江苏徐州甘薯研究中心
2014	科技进步奖	三等奖	河南省连翘基因资源收集、评价、良种引进与快繁技术	河南省林业科学研究院
2014	科技进步奖	三等奖	河南省农机跨区作业远程智能调度信息服务及管理平台	河南安通科技发展有限公司
2014	科技进步奖	三等奖	河南省夏玉米高产简化减灾关键栽培技术研究与集成示范	河南省农业科学院粮食作物研究所
2014	科技进步奖	三等奖	黄淮海平原三大类型棉田优化施肥技术研究与应用	中国农业科学院棉花研究所，河北省农林科学院棉花研究所，河南科技学院
2014	科技进步奖	三等奖	金银花资源评价及其指标体系建立和种质创新研究	河南师范大学，新乡佐今明制药股份有限公司，封丘县科技和工业信息化局，封丘县贾庄金银花种植专业合作社，新乡市豫昌生态农业科技有限公司
2014	科技进步奖	三等奖	南瓜生物活性物质提取、抗氧化活性及加工技术	河南城建学院，河南大用实业有限公司

（续表）

年 份	奖 项	等 级	项目名称	主要完成单位
2014	科技进步奖	三等奖	农业景观格局对果树害虫的发生影响及预警策略研究	黄淮学院
2014	科技进步奖	三等奖	浓香型特色烤烟杂交种的选育	河南省农业科学院烟草研究所，河南省烟草公司南阳市公司，河南省烟草公司许昌市公司，河南省烟草公司平顶山市公司，河南省烟草公司漯河市公司
2014	科技进步奖	三等奖	日本栗高效生产关键技术	河南省林业产业发展中心，河南省林业科学研究院，罗山县林业科学研究所，桐柏县林业局
2014	科技进步奖	三等奖	肉鸡及其制品主要污染物残留免疫快速检测技术	河南科技学院
2014	科技进步奖	三等奖	三系水稻新品种Ⅱ优 1511 的杂种优势创建与应用	信阳市农业科学院
2014	科技进步奖	三等奖	土地综合整治技术集成研究与示范	河南农业大学
2014	科技进步奖	三等奖	小麦优质节水高效灌溉指标与非充分灌溉模式	中国农业科学院农田灌溉研究所
2014	科技进步奖	三等奖	杨树主要病虫害安全控制新技术研究与应用	濮阳市林业科学院
2014	科技进步奖	三等奖	优良玉米杂交种安玉 12 选育及应用	安阳市农业科学院，辽宁东亚种业有限公司郑州分公司
2014	科技进步奖	三等奖	优质高产广适谷子新品种豫谷 14、豫谷 15 选育及应用	安阳市农业科学院
2014	科技进步奖	三等奖	由脱脂大豆粕及酵母抽提物制备非肉源肉香粉	河南京华食品科技开发有限公司
2014	科技进步奖	三等奖	早熟高产抗病新品种洛马铃薯 8 号选育及应用	洛阳农林科学院
2014	科技进步奖	三等奖	转基因抗虫棉郑杂棉 2 号选育及应用	郑州市农林科学研究所

附表 B-16　2008—2014 年湖北省农业科技获奖成果

年　份	奖　项	等　级	项目名称	主要完成单位
2008	自然科学奖	一等奖	野生稻资源研究与重要基因的发掘和利用	武汉大学，中南民族大学
2008	自然科学奖	二等奖	芸苔属栽培种与诸葛菜属间杂种的新细胞学行为及新材料创建	华中农业大学
2008	自然科学奖	三等奖	湖北西部病媒昆虫 27 新种 1 新属及蚤类区系的垂直分布研究	湖北省预防医学科学院，军事医学科学院微生物流行病研究所（北京），五峰土家族自治县疾病预防控制中心
2008	技术发明奖	一等奖	天然蒽醌化合物对植物病原真菌生物活性的发现及其应用	湖北农业科学院植保土肥研究所
2008	技术发明奖	二等奖	棉花分子育种技术体系建立与应用	华中农业大学
2008	科技进步奖	一等奖	国标一级优质超级杂交早稻两优 287 的选育与应用	湖北大学，湖北省种子集团有限公司
2008	科技进步奖	一等奖	杨树需肥规律及养分资源信息化管理技术研究	湖北省林业科学研究院，中国科学院武汉植物园，华中农业大学，湖北省林业勘察设计院
2008	科技进步奖	一等奖	长江江豚迁地保护	中国科学院水生生物研究所，湖北长江天鹅洲白鱀豚国家级自然保护区管理处
2008	科技进步奖	一等奖	猪细小病毒病诊断技术、新型疫苗及综合防制措施研究	华中农业大学，中牧实业股份有限公司，武汉科前动物生物制品有限责任公司
2008	科技进步奖	二等奖	畜禽肉质改进技术的研究与产品开发	武汉工业学院
2008	科技进步奖	二等奖	淡水池塘养殖生态工程技术研究	中国水产科学研究院长江水产研究所，中国水产科学研究院渔业机械仪器研究所
2008	科技进步奖	二等奖	淀粉型甘薯品种高效栽培技术研究与应用	湖北省农业科学院粮食作物研究所，中国农业科学院甘薯研究所，湖北省农业技术推广站
2008	科技进步奖	二等奖	动物可食性组织中兽药残留分析方法研究	华中农业大学
2008	科技进步奖	二等奖	多酶分步法小麦麸膳食纤维食品生产技术与关键设备研究	武汉工业学院，湖北建元农业发展有限公司，丹阳市江南面粉有限公司，武汉市大丰食品科技有限责任公司，温州骏泰轻工制造有限公司，安徽淮北天宏集团实业有限公司，长沙凯雪粮油食品有限公司
2008	科技进步奖	二等奖	鄂产人参属植物的应用研究与开发利用	三峡大学，湖北民族学院
2008	科技进步奖	二等奖	鄂西地区四个针叶树种优良种源选择研究	宜昌市林业科学研究所，中国林业科学研究院林业研究所，宜昌市国营大老岭林场，中日合作湖北省林木育种科技中心，五峰土家族自治县林业局
2008	科技进步奖	二等奖	湖北省测土配方施肥技术研究与应用	湖北省土壤肥料工作站，湖北省土壤调查测试中心，华中农业大学，湖北省农科院植保土肥所
2008	科技进步奖	二等奖	绞股蓝新品种恩五叶蜜、恩七叶甜的选育及繁种栽培与加工技术研究	湖北民族学院，湖北咸丰县武陵生物科技有限责任公司
2008	科技进步奖	二等奖	抗虫杂交棉新品种鄂杂棉 24 号	荆州农业科学院

（续表）

年 份	奖 项	等 级	项目名称	主要完成单位
2008	科技进步奖	二等奖	南方水稻生产的干旱风险及农户的处理策略	华中农业大学，中南财经政法大学，中国人民大学
2008	科技进步奖	二等奖	双低早熟高产广适性杂交油菜中油杂4号的选育与应用	中国农业科学院油料作物研究所，湖北中香米业有限责任公司
2008	科技进步奖	二等奖	烟草种子渗透调节技术、机理及推广应用研究	湖北省烟草科研所站)，湖北省烟叶公司，湖北省烟草公司恩施州公司，湖北省烟草公司宜昌市公司，湖北省烟草公司襄樊市公司，湖北省烟草公司十堰市公司
2008	科技进步奖	二等奖	有机茶成套技术研究与示范	湖北省农业科学院果树茶叶研究所，华中科技大学，湖北省果品办公室
2008	科技进步奖	二等奖	玉米新品种鄂玉23的选育	恩施土家族苗族自治州农业科学院
2008	科技进步奖	二等奖	《小麦粉中溴酸盐的测定——离子色谱法》等16项国家标准的制定	湖北出入境检验检疫局技术中心
2008	科技进步奖	二等奖	农村贫困地区乡镇卫生院卫生服务质量改进策略研究	华中科技大学同济医学院
2008	科技进步奖	三等奖	鄂西瓜13号的选育与推广	荆州农业科学院
2008	科技进步奖	三等奖	发酵法消除豆粕中抗营养因子及其产品应用的研究	华中农业大学
2008	科技进步奖	三等奖	富硒酵母产品研究与开发	安琪酵母股份有限公司
2008	科技进步奖	三等奖	鳡鱼苗种培育及驯食技术研究	华中农业大学，丹江口市汉江鲌鱼原种繁育有限公司
2008	科技进步奖	三等奖	湖北森林生态资源价值计量及补偿机制的研究	湖北省林业科学研究院
2008	科技进步奖	三等奖	湖北省高山无公害蔬菜系列标准	长阳土家族自治县质量技术监督局，湖北省农科院经济作物研究所蔬菜科技中心，宜昌市农产品质量安全监督检测站，长阳土家族自治县农业局
2008	科技进步奖	三等奖	湖北省杉木遗传改良及人工林培育技术研究	省林业局林木种苗管理总站，省林业科学研究院，中日技术合作湖北省林木育种中心，阳新县七峰山林场，恩施市铜盆水林场，华中农业大学园艺林学学院，咸宁市林科所
2008	科技进步奖	三等奖	基因工程技术表达faeG-fedF融合蛋白生产特异性卵黄抗体添加剂研究	华中农业大学
2008	科技进步奖	三等奖	克氏原螯虾加工技术及综合利用	潜江市莱克水产食品有限公司，湖北省水产科学研究所
2008	科技进步奖	三等奖	麻城黑山羊选育研究	湖北省麻城市麻城黑山羊种羊场，湖北省畜牧兽医研究所，湖北省麻城市畜牧局
2008	科技进步奖	三等奖	马头山羊品种资源保护利用新技术中试与示范研究	十堰市畜牧兽医技术服务中心，十堰市畜牧兽医局，华中农业大学动物科技学院，郧西县畜牧局，竹山县畜牧局，十堰市畜牧技术推广站，十堰市动物疫病预防控制中心
2008	科技进步奖	三等奖	魔芋软腐病综合防治技术研究	华中农业大学，恩施土家族苗族自治州农业科学院，宜昌市农业科学研究所，长江大学，湖北省农业科学院经济作物研究所

（续表）

年　份	奖　项	等　级	项目名称	主要完成单位
2008	科技进步奖	三等奖	膨化双低菜籽配制高能猪饲料及专用预混料研究	湖北省农业科学院畜牧兽医研究所
2008	科技进步奖	三等奖	砂梨无公害标准化栽培技术研究与示范	湖北省农业科学院果树茶叶研究所，湖北省农业厅经济作物站
2008	科技进步奖	三等奖	砂梨种质资源收集、评价与利用研究	湖北省农业科学院果树茶叶研究所
2008	科技进步奖	三等奖	松褐天牛生物学特性及扩散规律研究	湖北省林业科学研究院，中国科学院动物研究所，湖北省森林病虫害防治检疫总站
2008	科技进步奖	三等奖	新型复合生物肥料的研制与应用	湖北正佳微生物工程股份有限公司
2008	科技进步奖	三等奖	异源血缘鄂抗棉 12 的选育与应用	湖北省农科院经济作物研究所，湖北省种子集团有限公司
2008	科技进步奖	三等奖	长江流域油菜模拟优化栽培管理决策系统（Rape-CSODS）的研制和应用	中国农业科学院油料作物研究所，江苏省农业科学院资源与环境研究所
2008	科技进步奖	三等奖	武汉烟草（集团）公司烟叶原料质量体系研究和应用	湖北中烟有限责任公司
2008	科技进步奖	三等奖	植物活性多糖的制备与应用基础研究与开发	华中农业大学，天门华成生物科技有限公司，武汉三多生物工程技术有限公司
2008	科技进步奖	三等奖	清江花魔芋试管苗（芋）二年速成良种繁育技术	恩施土家族苗族自治州农业科学院
2008	科技进步奖	三等奖	火棘特色资源深加工技术与应用研究	武汉工业学院
2008	科技进步奖	三等奖	小麦条锈病综合治理技术推广应用	襄樊市植物保护站
2008	科技进步奖	三等奖	优质红菜薹新品种鄂红一号、鄂红二号的推广应用	湖北省农业科学院经济作物研究所
2008	科技进步奖	三等奖	湖北省薄壳核桃优株评价及繁育技术研究示范与推广	长江大学，建始县林业局，兴山县林业科学研究所，十堰市林业技术推广中心
2008	科技进步奖	三等奖	水稻病虫害机防体系的建立与推广	湖北省植物保护总站，孝感市植物保护站，孝南区植物保护站，荆州市植物保护站
2008	科技进步奖	三等奖	湖北鱼经济的发展障碍与对策研究	湖北经济学院、湖北省社会科学院、湖北省水产科学研究所
2009	技术发明奖	一等奖	创制除草剂氯酰草膦（HW02）的研究与开发	华中师范大学
2009	技术发明奖	一等奖	甘蓝型油菜生态型细胞质雄性不育两系的发现、研究与利用	华中农业大学
2009	技术发明奖	二等奖	鸡传染性法氏囊病基因工程亚单位疫苗的开发研究	长江大学，青岛易邦生物工程有限公司
2009	技术发明奖	二等奖	莲藕产业关键技术创新及其应用	武汉大学，湖北省农业科学院农产品加工与核农技术研究所，武汉大全高科技开发有限公司，湖北省汉川市庆华藕业有限公司，湖北省潜江市华山水产食品有限公司
2009	科技进步奖	一等奖	板栗加工、综合利用技术及系列产品研究开发	武汉工业学院

（续表）

年　份	奖　项	等　级	项目名称	主要完成单位
2009	科技进步奖	一等奖	淡水名优水产健康高效养殖技术及产业化示范	中国科学院水生生物研究所，华中农业大学，长江大学，湖北省水产科学研究所，国家淡水渔业工程技术研究中心（武汉）
2009	科技进步奖	一等奖	高含油广适性油菜中油杂11的分子辅助选育和利用	中国农业科学院油料作物研究所
2009	科技进步奖	一等奖	三峡库区柑橘品种更新和高效生态栽培关键技术研究、集成与示范推广	华中农业大学，秭归县柑橘良种繁育示范场，宜昌市夷陵区特产技术推广中心，兴山县特产局，巴东县农业局
2009	科技进步奖	一等奖	中北亚热带高山区日本落叶松多水平遗传评价与高世代育种研究	湖北省林业科学研究院，中国林业科学研究院林业研究所，湖北省林业局林木种苗管理总站，建始县林业局，宜昌市林业局
2009	科技进步奖	一等奖	食品包装材料中有毒有害物质检测技术研究及18项国家标准制定	湖北出入境检验检疫局技术中心
2009	科技进步奖	二等奖	功能性饲料蛋白资源的生产技术研究与产品开发	武汉工业学院
2009	科技进步奖	二等奖	花生重要抗病优质基因源发掘与创新利用	中国农业科学院油料作物研究所
2009	科技进步奖	二等奖	麻城黑山羊品种标准研制	湖北省麻城市麻城黑山羊种羊场，湖北省农业科学院畜牧兽医研究所，麻城市畜牧局
2009	科技进步奖	二等奖	南方红豆杉生殖生态及繁育技术研究与示范	长江大学，黄冈师范学院
2009	科技进步奖	二等奖	浓香型白酒酿造微生物及其发酵技术的研究与应用	湖北枝江酒业股份有限公司，湖北工业大学
2009	科技进步奖	二等奖	水生蔬菜种质资源保护、发掘与利用研究	武汉市蔬菜科学研究所
2009	科技进步奖	二等奖	藤茶品种选育及开发利用	湖北民族学院
2009	科技进步奖	二等奖	优质高产抗病油菜新品种华双5号的选育和应用	华中农业大学
2009	科技进步奖	二等奖	油菜田灾害性杂草高效防控技术研究	湖北省农业科学院植保土肥研究所，中国农业科学院植物保护研究所，农业部农药检定所，湖北省植物保护总站，湖北生物科技职业学院
2009	科技进步奖	二等奖	紫苏资源综合高效利用新技术	武汉工业学院，湖北李时珍保健油有限责任公司，天津东方雷格工贸有限公司
2009	科技进步奖	二等奖	神农架金丝猴行为学研究及人工补食技术	湖北神农架国家级自然保护区管理局
2009	科技进步奖	二等奖	高山蔬菜品种及茬口多样化技术研究	湖北省农业科学院经济作物研究所，湖北省蔬菜办公室，湖北省农业科学院农产品加工与核农技术研究所，长阳土家族自治县高山蔬菜研究所，恩施土家族苗族自治州蔬菜办公室
2009	科技进步奖	三等奖	斑点叉尾鮰消化道内益生菌的筛选与应用研究	湖北大明水产科技有限公司，华中农业大学水产学院
2009	科技进步奖	三等奖	淡水小龙虾仁生产控制与保鲜技术	湖北省潜江市华山水产食品有限公司

（续表）

年　份	奖　项	等　级	项目名称	主要完成单位
2009	科技进步奖	三等奖	冻干草莓（等水果）加工关键技术研究与应用	湖北新美香食品有限公司，华中农业大学
2009	科技进步奖	三等奖	奶牛胚胎工程技术的创新及应用	湖北省农业科学院畜牧兽医研究所
2009	科技进步奖	三等奖	日本构树引种快繁及速生丰产栽培技术研究	湖北省林业科学研究院，湖北省龙感湖林业局
2009	科技进步奖	三等奖	神农架林区 2004 年绿色财富核算试点项目	神农架林区环境保护局
2009	科技进步奖	三等奖	生猪生态循环养殖与废弃物资源化利用模式研究与示范	湖北省农业科学院畜牧兽医研究所，宜昌市夷陵区畜牧兽医局，兴山县畜牧局
2009	科技进步奖	三等奖	水产动物组织中 19 种有机氯农药残留检测技术的研究及其应用	中国水产科学研究院长江水产研究所
2009	科技进步奖	三等奖	武汉都市农业规划发展研究及其应用示范	华中师范大学，广东商学院，华中农业大学，武汉科技学院
2009	科技进步奖	三等奖	优质杂交水稻新品种 D 优 33 的选育	湖北荆楚种业股份有限公司
2009	科技进步奖	三等奖	玉米优异种质 Y8G61 的鉴定及其在育种上的利用	华中农业大学，十堰市农业科学院，恩施土家族苗族自治州农业科学院，宜昌市农业科学院，湖北省清江种业有限责任公司
2009	科技进步奖	三等奖	杂交棉新品种鄂杂棉 17 号	荆州农业科学院，湖北省种子管理站
2009	科技进步奖	三等奖	长江三峡水库坝区重点人畜共患病监测与控制措施研究	湖北省疾病预防控制中心
2009	科技进步奖	三等奖	化学分类法快速鉴定肠道致病菌的研究	武汉市疾病预防控制中心，华中农业大学
2009	科技进步奖	三等奖	克氏原螯虾生物学及其养殖技术研究	华中农业大学
2009	科技进步奖	三等奖	洁蛋加工成套装备的研制与应用	华中农业大学，深圳市振野蛋品机械设备有限公司
2009	科技进步奖	三等奖	秭归空心李嫁接苗快速繁育技术研究与应用	秭归县林业科学技术推广站
2009	科技成果推广奖	二等奖	高产多抗中筋小麦鄂麦 18 及栽培技术的推广应用	湖北省农业科学院粮食作物研究所，湖北省农业技术推广总站，湖北省种子管理站，湖北鄂科华泰种业有限公司，襄樊市农业局，长江大学
2009	科技成果推广奖	二等奖	鄂茶 1 号无公害生产示范与推广	湖北省农业科学院果树茶叶研究所
2009	科技成果推广奖	三等奖	系列甘薯新品种栽培技术的研究与推广应用	湖北省农业科学院粮食作物研究所
2009	科技成果推广奖	三等奖	国审转基因杂交棉（鄂杂棉 10 号）转化技术集成和推广应用	湖北惠民农业科技有限公司
2009	科技成果推广奖	三等奖	鄂西山地上干流生态经济型防护林体系建设技术推广应用	湖北省林业科技推广中心，湖北省林业科学研究院，宜昌市夷陵区林业局，宜昌市秭归县林业局
2010	技术发明奖	一等奖	蔬菜单倍体育种技术研究与应用	湖北省农业科学院经济作物研究所，湖北鄂蔬农业科技有限公司

（续表）

年　份	奖　项	等　级	项目名称	主要完成单位
2010	技术发明奖	二等奖	人和动物结核病新型特异诊断试剂的研究	华中农业大学，武汉市医疗救治中心，武汉市结核病防治所
2010	技术发明奖	三等奖	一种促进动物生长的重组 DNA 免疫技术	华中农业大学，南京农业大学
2010	科技进步奖	一等奖	高产抗逆双低油菜新品种中双 10 号的选育机遇与模式创新	中国农业科学院油料作物研究所，湖北省油菜办公室
2010	科技进步奖	一等奖	农业副产物生物转化食（药）用菌及其精深加工与产品开发	湖北省农业科学院农产品加工与核农技术研究所，湖北省神农生态食品股份有限公司，武汉奎章科技有限公司
2010	科技进步奖	一等奖	免疫速测技术在禽病诊断与食品安全检测中的应用	华中农业大学
2010	科技进步奖	一等奖	稻米深加工、增值转化关键技术研究及产业化	武汉工业学院，江南大学，福娃集团有限公司，湖北省农业科学院农产品加工与核农技术研究所，湖北国宝桥米有限公司
2010	科技进步奖	一等奖	高活性干酵母干燥设备及工艺的研制及应用	华中科技大学，安琪酵母股份有限公司
2010	科技进步奖	一等奖	酵母产业化关键技术创新平台建设	安琪酵母股份有限公司
2010	科技进步奖	二等奖	超级杂交中稻培两优 3076 选育及与应用	湖北省农业科学院粮食作物研究所
2010	科技进步奖	二等奖	国审抗虫杂交棉鄂杂棉 28 号的选育与应用	荆州农业科学院，湖南金健种业有限责任公司，江苏省农业科学院经济作物研究所，长江大学
2010	科技进步奖	二等奖	优质强筋小麦新品种鄂麦 23 的选育与应用	湖北省农业科学院粮食作物研究所，湖北省种子管理站，枣阳市农业技术技术推广奖中心，枣阳市楚丰种业有限公司
2010	科技进步奖	二等奖	主要瓜类作物工厂化嫁接育苗研究与示范	华中农业大学，武汉洪北种苗有限公司，武汉维尔福种苗有限公司，武汉市东西湖农维种苗有限公司
2010	科技进步奖	二等奖	水稻稻曲病发生危害及综合防治技术研究与应用	湖北省植物保护总站，华中农业大学，湖北省农科院植保土肥研究所，荆州市植保站，孝感市植保站，宜昌市植保站
2010	科技进步奖	二等奖	油菜硼高效利用机制与硼肥优化施用技术研究应用	华中农业大学，湖北省土壤肥料工作站
2010	科技进步奖	二等奖	金优 38 选育与应用	黄冈市农业科学院
2010	科技进步奖	二等奖	优质猪生态健康养殖与产业化示范	华中农业大学，湖北省畜牧局
2010	科技进步奖	二等奖	马头山羊品种资源的保护与利用	十堰市畜牧兽医技术服务中心，华中农业大学，郧西县畜牧兽医局，湖北省农业科学院畜牧兽医研究所，十堰市畜牧兽医局，竹山县畜牧兽医局
2010	科技进步奖	二等奖	淡水鱼精深加工关键技术研究及产业化示范	华中农业大学，德炎水产食品股份有限公司，武汉康祥科技发展有限公司，鄂州武昌鱼食品工贸有限公司，武汉梁子湖水产品加工有限公司，湖北土老憨生态农业开发有限公司

（续表）

年　份	奖　项	等　级	项目名称	主要完成单位
2010	科技进步奖	二等奖	湖北省土家族重要植物药资源、鉴定分析方法及开发利用研究	中南民族大学，湖北中医药大学，华中科技大学，湖北省食品药品监督检验研究院，郧阳医学院附属太和医院，武汉市食品药品监督检验所
2010	科技进步奖	二等奖	武当山地区中草药资源的品种鉴定与开发利用研究	郧阳医学院附属太和医院
2010	科技进步奖	二等奖	南水北调中线工程水源区生态林体系建设技术研究	湖北省林业科学研究院，华中农业大学，丹江口市林业局
2010	科技进步奖	二等奖	清江流域优质特色烟叶开发与工业利用研究	湖北中烟工业有限责任公司，河南农业大学，湖北中烟工业有限责任公司，河南农业大学，湖北省农业科学院，湖北省烟草公司恩施州公司
2010	科技进步奖	三等奖	抗虫杂交棉高产机理和栽培技术集成研究与应用	湖北省农业科学院经济作物研究所
2010	科技进步奖	三等奖	烟区土壤肥力评价及烟草营养调控技术研究与应用	湖北省农业科学院植保土肥研究所，湖北省烟叶公司，湖北省烟草科研所，湖北省烟草公司恩施州公司，湖北省烟草公司襄樊市公司
2010	科技进步奖	三等奖	杂交中稻新组合华两优 1206 的选育及应用	华中农业大学
2010	科技进步奖	三等奖	优质红菜薹新品种华红 5 号的选育与技术推广奖	华中农业大学，湖北省种子管理站
2010	科技进步奖	三等奖	新型生物农药蛇床子素创制及其控制储粮、蔬菜病虫害应用	武汉工业学院，江苏省农业科学院，武汉天惠生物工程有限公司，华中农业大学，江苏省苏科农化有限责任公司
2010	科技进步奖	三等奖	优质高产草莓新品种“晶瑶”的选育及无公害栽培技术研究与应用	湖北省农业科学院经济作物研究所，湖北省武汉市农业技术技术推广奖站，湖北省荆州市农业技术技术推广奖中心，湖北省鄂州市蔬菜办公室
2010	科技进步奖	三等奖	鄂芝 4 号的选育及应用	襄樊金色田野种业科技有限公司，襄樊市农业科学院
2010	科技进步奖	三等奖	鄂青蒿 1 号新品种选育与应用	恩施清江生物工程有限公司，恩施州农科院药物园艺研究所
2010	科技进步奖	三等奖	测土配方施肥智能终端配肥系统研究与应用	湖北省比富得农资科技有限公司，荆州市土壤肥料工作站，监利县土壤肥料工作站，荆州区土壤肥料工作站，松滋市土壤肥料工作站
2010	科技进步奖	三等奖	桑树新品种鄂桑 1 号、鄂桑 2 号选育与应用	湖北省农业科学院经济作物研究所
2010	科技进步奖	三等奖	高效生态经济林结构组合与可持续经营技术试验示范	湖北省林业科学研究院，秭归县林业局，鹤峰药材研究所
2010	科技进步奖	三等奖	武当道有机箭茶生产工艺研究及应用	湖北龙王垭茶业有限公司
2010	科技进步奖	三等奖	克氏原螯虾苗种规模化繁育关键技术研究与示范	湖北省水产科学研究所，潜江莱克食品有限公司，孝感怡盛生态农业科技综合开发有限公司，浠水县水产技术技术推广奖站，监利县周域垸渔场

（续表）

年　份	奖　项	等　级	项目名称	主要完成单位
2010	科技进步奖	三等奖	100万倍细胞毒猪瘟活疫苗关键技术研究	武汉中博生物股份有限公司
2010	科技进步奖	三等奖	胭脂鱼营养与饲料配方及其养殖模式与技术研究	华中农业大学，武汉农业集团有限公司，湖北省水产良种实验站，中国长江三峡集团公司中华鲟研究所
2010	科技进步奖	三等奖	澳洲矮牛胚胎工程与扩繁技术开发	麻城市黑山羊种羊场，湖北省农科院畜牧兽医研究所，麻城市畜牧兽医局，乘马岗镇畜牧兽医技术服务中心，木子店镇畜牧兽医技术服务中心
2010	科技进步奖	三等奖	利用农副产物固态发酵生产增色饲料添加剂	湖北工业大学，湖北农腾饲料有限责任公司
2010	科技进步奖	三等奖	稻花香白酒生产管理自动控制系统	湖北稻花香酒业股份有限公司，宜昌纵横科技有限责任公司
2010	科技进步奖	三等奖	中国农村地区艾滋病防治“随州模式”的建立	随州市疾病预防控制中心，湖北省疾病预防控制中心
2010	科技进步奖	三等奖	湖北省现代农业若干政策问题研究	湖北省农业财务研究会
2010	科技成果推广奖	一等奖	高档优质中籼新品种鄂中5号推广应用及产业化开发	湖北省农业科学院粮食作物研究所，湖北省农业技术技术推广奖总站，湖北省种子管理站，荆门市农业局，湖北国宝桥米有限公司，福娃集团有限公司，湖北华泰种业有限公司，京山县农业局，浠水县农业局
2010	科技成果推广奖	二等奖	十堰山地有机农业综合技术研究与应用	十堰市农业局，湖北省绿色食品管理办公室，竹山县农业局，十堰市绿色食品管理办公室，竹溪县农业局，房县农业局，丹江口市农业局
2010	科技成果推广奖	二等奖	标准化养猪“150”模式研究与示范推广	湖北省畜牧兽医局，武汉正大有限公司，湖北省农业科学院畜牧兽医研究所，湖北省养猪行业协会，襄樊市畜牧兽医局，黄冈市畜牧局，孝感市畜牧兽医局
2010	科技成果推广奖	二等奖	不同硒源利用与作物富硒技术成果推广	长江大学，恩施自治州硒产品开发利用研究所，恩施自治州土壤肥料工作站，湖北圣峰药业有限公司，湖北长友现代农业股份有限公司
2010	科技成果推广奖	三等奖	系列西瓜新品种及高产高效栽培技术的推广应用	湖北省农业科学院经济作物研究所
2010	科技成果推广奖	三等奖	生物生态抑螺技术成果推广应用	湖北省农业科学院，湖北省林科造林绿化工程监理公司，黄冈市黄州区李家洲林场
2010	科技成果推广奖	三等奖	毛竹、雷竹平衡施肥技术的推广应用	湖北省林业科学研究院，中国科学武汉植物园，咸宁市林业科学研究所，黄冈市林业科学研究所
2010	科技成果推广奖	三等奖	克氏原螯虾稻田规模化养殖技术示范与推广	中国水产科学研究院长江水产研究所，湖北省水产科学研究所，湖北省荆门市鲸源渔业有限公司，湖北省潜江市水产技术技术推广奖中心，湖北省荆州市水产局
2010	科技成果推广奖	三等奖	果蔬中有机磷及氨基甲酸酯类农药残留快速检测	湖北省农科院农业质量标准与检测技术研究所，同泰生物工程有限责任公司，华中农业大学
2011	自然科学奖	一等奖	水稻产量和品质的遗传基础剖析及两个数量性状位点克隆	华中农业大学

（续表）

年　份	奖　项	等　级	项目名称	主要完成单位
2011	自然科学奖	二等奖	食用菌液体发酵	湖北工业大学
2011	自然科学奖	三等奖	生防菌盾壳霉生态学及其与油菜菌核病菌分子互作研究	华中农业大学
2011	自然科学奖	三等奖	环境微生物功能酶降解机理与新型农残检测技术研究	华中师范大学
2011	技术发明奖	三等奖	新型农药——3% 阿菊新型水分散颗粒剂的研制与应用	华中农业大学
2011	科技进步奖	一等奖	高耐湿高抗病高产广适应性芝麻新品种中芝 13 的选育与应用	中国农业科学院油料作物研究所，湖北中农种业有限责任公司
2011	科技进步奖	一等奖	淡水鱼虾加工及产品安全控制关键技术研发	湖北省农业科学院，荆州市中科农业有限公司，湖北省潜江市华山水产食品有限公司
2011	科技进步奖	一等奖	功能酵母及其衍生产品生产关键技术	安琪酵母股份有限公司，湖北工业大学
2011	科技进步奖	一等奖	异育银鲫中科 3 号的培育和推广应用	中国科学院水生生物研究所，黄石市富尔水产苗种有限公司，湖北省水产良种试验站，黄冈市水产科学研究所
2011	科技进步奖	一等奖	青藏高原一年生野生大麦特异种质的发掘与利用	华中农业大学，四川农业大学，浙江大学，武汉大学
2011	科技进步奖	一等奖	高产优质抗逆杂交油菜新品种华油杂 9 号的选育和推广应用	华中农业大学
2011	科技进步奖	一等奖	仔猪生理机能营养调控与饲料产业化关键技术	武汉工业学院，深圳市金新农饲料股份有限公司，上海新农饲料有限公司，武汉泛华生物技术有限公司
2011	科技进步奖	二等奖	白肋烟系列新品种选育与应用	湖北省烟草科研所（中国烟草白肋烟试验站），安徽中烟工业有限责任公司，华中农业大学，湖北省烟草公司宜昌市公司，湖北中烟工业有限责任公司
2011	科技进步奖	二等奖	板栗新品种鄂栗 2 号选育与应用	长江大学，松滋市林业局，麻城市林业局
2011	科技进步奖	二等奖	鄂东地区新农村建设量化指标体系的构建与实践	黄冈师范学院，黄冈市农村工作办公室
2011	科技进步奖	二等奖	湖北竹类资源区划与主要竹种培育技术	湖北省林业科学研究院，咸宁市林业科学研究所，湖北省国有赤壁市官塘驿林场，咸宁市林业局，咸安区林业局，通山县林业局，湖北省国有通山县大幕山林场
2011	科技进步奖	二等奖	豇豆新品种选育	江汉大学
2011	科技进步奖	二等奖	克隆和多倍体技术结合选育泡桐新品种	湖北大学
2011	科技进步奖	二等奖	三峡生态渔业开发技术研究	中国水产科学研究院长江水产研究所，中国长江三峡集团公司，中国水产科学研究院淡水渔业研究中心，水利部中科院水工程生态研究所，西南大学，中国科学院水生生物研究所，湖北省水产科学研究所
2011	科技进步奖	二等奖	双季稻“早直晚抛”大面积高产集成技术研究与示范	湖北省农科院粮食作物研究所，湖北农技推广总站，华中农业大学

（续表）

年 份	奖 项	等 级	项目名称	主要完成单位
2011	科技进步奖	二等奖	小麦大面积增产关键技术研究与应用	湖北省农业科学院粮食作物研究所，湖北省农业技术推广总站，枣阳市农业技术推广中心
2011	科技进步奖	二等奖	小麦玉米高效施肥调控技术研究与应用	湖北省农业科学院植保土肥研究所，襄阳市农业委员会，襄阳市襄州区农业局，枣阳市农业局，恩施市农业局，秭归县农业局
2011	科技进步奖	二等奖	优质健康猪肉生产的关键技术集成与产业化示范	华中农业大学，武汉中粮肉食品有限公司
2011	科技进步奖	二等奖	油菜精量联合直播技术与装备	华中农业大学
2011	科技进步奖	三等奖	生物产香技术制备特色香原料的研究与应用	湖北中烟工业有限责任公司，华中农业大学，华中科技大学
2011	科技进步奖	三等奖	小曲清香型白酒关键风味物质及质量评价方法研究	劲牌有限公司，江南大学生物工程学院
2011	科技进步奖	三等奖	浓酱兼香型白云边酒发酵生产关键技术的研究及应用	湖北白云边酒业股份有限公司，湖北工业大学，武汉工业学院
2011	科技进步奖	三等奖	重组动物防御素研发及其兽用生物制品应用	武汉市畜牧兽医科学研究所，武汉中博生物股份有限公司
2011	科技进步奖	三等奖	桦三节叶蜂生物学特性及防治技术研究	湖北省森林病虫害防治检疫总站，华中农业大学，湖北省林业科学研究院，神农架国家级自然保护区管理局
2011	科技进步奖	三等奖	L-异亮氨酸发酵关键工艺创新	宜昌三峡制药有限公司，三峡大学
2011	科技进步奖	三等奖	斑鳜良种选育及其规模繁育技术研究	武汉市水产科学研究所，武汉市佳恒水产有限公司
2011	科技进步奖	三等奖	鄂杂棉 12F1 选育及栽培技术集成创新和应用	黄冈市农业科学院，湖北江汉平原农业高科技发展研究中心
2011	科技进步奖	三等奖	高产、优质抗虫杂交棉新品种荆杂棉 166F1 的选育与应用	荆州农业科学院，创世纪转基因技术有限公司
2011	科技进步奖	三等奖	高山无公害蔬菜栽培及加工技术研究	长阳土家族自治县高山蔬菜研究所，湖北省农科院经济作物研究所，宜昌市农产品质量安全监督检测站，中绿（湖北）食品开发有限公司
2011	科技进步奖	三等奖	高致病性猪蓝耳病诊断与防治技术研究	湖北省农业科学院畜牧兽医研究所
2011	科技进步奖	三等奖	湖北稻飞虱灾变成因及防控技术体系研究与应用	湖北省农业科学院植保土肥研究所，湖北省植保总站，华中农业大学植物科技学院，孝感市农业技术推广中心，荆州市植保站
2011	科技进步奖	三等奖	湖北省葡萄优质安全生产技术研究集成与创新	湖北省农业科学科院果树茶叶研究所
2011	科技进步奖	三等奖	绿色农业基本理论研究	中南财经政法大学，湖北省绿色食品管理办公室
2011	科技进步奖	三等奖	神农架林区生态补偿研究	神农架林区环境保护局
2011	科技进步奖	三等奖	水稻褐飞虱环境友好防控技术及其集成研究与应用	华中农业大学，浙江省农业科学院，广西壮族自治区农业科学院，湖南省农业科学院，广东省农业科学院
2011	科技进步奖	三等奖	松苗猝倒病生物防治研究	湖北省林业科学研究院，湖北省荆门市彭场林场，湖北省松滋市森林保护站

（续表）

年　份	奖　项	等　级	项目名称	主要完成单位
2011	科技进步奖	三等奖	新型饲用植物源功能肽发酵工艺技术及其产品应用的研究	湖北邦之德牧业科技有限公司，武汉邦之德牧业科技有限公司
2011	科技进步奖	三等奖	优质高产多抗广适芝麻新品种鄂芝 5 号、鄂芝 6 号的选育及应用	襄阳市农业科学院
2011	科技进步奖	三等奖	优质高抗鄂马铃薯 5 号的选育	湖北恩施中国南方马铃薯研究中心，湖北省农业创新中心鄂西综合试验站
2011	科技进步奖	三等奖	优质牧草资源及种草养畜技术开发	湖北省农科院畜牧兽医研究所，麻城市黑山羊种羊场，麻城市畜牧兽医学会，麻城市畜牧兽医局，麻城市黑山羊养殖协会
2011	科技进步奖	三等奖	油茶籽脱壳冷榨生产纯天然油茶籽油的研究与应用	武汉工业学院，湖北黄袍山绿色产品有限公司，武汉粮农机械设备制造有限公司
2011	科技进步奖	三等奖	油稻固定厢沟免耕栽培技术研究与应用	华中农业大学，湖北省农业技术推广总站，湖北省农科院粮食作物研究所
2011	科技进步奖	三等奖	油桐新品种——金丝油桐选育和推广及所产金丝桐油开发利用	生物资源保护与利用湖北省重点实验室（湖北民族学院），湖北省农业科学院农业质量标准与检测技术研究所，华中农业大学，来凤县四海贸易有限责任公司
2011	科技进步奖	三等奖	玉米新品种 GS 鄂玉 25 选育及应用	十堰市农业科学院
2011	科技进步奖	三等奖	杂交鲇（南方鲇♀×怀头鲇♂）高效健康养殖技术研究与应用	湖北秀水江南生物科技有限公司，湖北省荆州市德源水产专业合作社
2011	科技成果推广奖	二等奖	国标一级优质超级杂交早稻新品种两优 287 的推广与应用	湖北省种子集团有限公司，湖北大学
2011	科技成果推广奖	二等奖	马铃薯高产高效技术集成与推广	湖北省农业技术推广总站，华中农业大学，恩施州农技推广中心，宜昌市农技推广中心，恩施市农技推广中心，蕲春县农技推广中心，随县农技推广站
2011	科技成果推广奖	三等奖	鄂西山地及长江三峡地区退耕还林关键技术的推广应用	湖北省林业科学研究院，恩施州林业科学研究所，秭归县林业局，宜昌市林业科学研究所
2011	科技成果推广奖	三等奖	家蚕新品种鄂蚕 3 号、鄂蚕 4 号推广应用	湖北省农业科学院经济作物研究所，湖北省农业厅经济作物站，英山县茧丝绸总公司，罗田县三宝蚕种有限公司，宜昌金桑蚕业有限责任公司
2011	科技成果推广奖	三等奖	年产 5 000 吨食用菌优质代料菌种产业化开发	宜昌森源食用菌有限责任公司
2011	科技成果推广奖	三等奖	三峡库区林草间作和肉羊高效养殖技术集成示范	湖北省农业科学院畜牧兽医研究所
2011	科技成果推广奖	三等奖	杨树平衡施肥及养分资源信息化管理技术推广应用	湖北省林业科学研究院，中国科学院武汉植物园，湖北省林科院石首杨树研究所，荆州市林业科学研究所
2011	科技成果推广奖	三等奖	优质（极）早熟梨新品种鄂梨 1 号、鄂梨 2 号产业化应用	湖北省农业科学院果树茶叶研究所
2011	科技进步奖—企业技术创新	一等奖	高效环保化肥系统创新工程建设与产业化实践	湖北宜化集团有限责任公司
2012	自然科学奖	二等奖	魔芋葡甘聚糖及其分子组装体精细结构的实验与理论研究	华中农业大学，福建农林大学

（续表）

年　份	奖　项	等　级	项目名称	主要完成单位
2012	技术发明奖	一等奖	水稻胚乳细胞生物反应器及其应用	武汉大学，武汉禾元生物科技有限公司
2012	技术发明奖	一等奖	甘蓝型油菜自交不亲和两系杂种选育方法及其关键技术的研究	华中农业大学
2012	技术发明奖	二等奖	无栽培基质的混凝土植被生态护坡技术	中国科学院武汉植物园，中国长江三峡集团公司
2012	技术发明奖	二等奖	兽药残留快速检测技术及产品发明与应用	华中农业大学，武汉飞远科技有限公司
2012	技术发明奖	三等奖	传统米制品的现代生产技术	华中农业大学，洪湖浪米业责任有限公司，黄冈东坡粮油集团有限公司
2012	科技进步奖	一等奖	强优势多抗杂交棉新品种华杂棉H318的选育与应用	华中农业大学，河间市国欣农村技术服务总会
2012	科技进步奖	一等奖	功能脂质特色资源高值化利用关键技术的研究与应用	中国农业科学院油料作物研究所，武汉工业学院，湖南大三湘油茶科技有限公司
2012	科技进步奖	一等奖	棉花阶梯式复交育种及强优势杂交种EK288、C111的选育与应用	湖北省农业科学院经济作物研究所，湖北省农业技术推广总站
2012	科技进步奖	一等奖	湖北省水稻区域丰产高效关键技术创新与集成应用	华中农业大学，湖北省农业技术推广总站，湖北省农科院粮食作物研究所，长江大学
2012	科技进步奖	一等奖	柑橘提质增效栽培技术研发与示范	华中农业大学，湖北省果品办公室，当阳市特产技术推广中心，宜昌市夷陵区特产技术推广中心，宜都市特产技术推广中心
2012	科技进步奖	一等奖	新城疫弱毒耐热毒株的选育及疫苗研究与应用	湖北省农业科学院畜牧兽医研究所，湖北省动物疫病预防控制中心
2012	科技进步奖	二等奖	鄂马铃薯4号、鄂马铃薯6号、鄂马铃薯7号新品种选育与应用	湖北恩施中国南方马铃薯研究中心，长江大学
2012	科技进步奖	二等奖	茶尺蠖核型多角体病毒研究及其应用	湖北省农业科学院果树茶叶研究所
2012	科技进步奖	二等奖	两湖平原超级杂交稻均衡高产栽培关键技术研究与示范	长江大学，国家杂交水稻工程技术研究中心
2012	科技进步奖	二等奖	辣椒种质资源创新及系列新品种选育与应用	湖北省农业科学院经济作物研究所
2012	科技进步奖	二等奖	家禽消化道生理机能的调控技术研究与产品开发	武汉工业学院
2012	科技进步奖	二等奖	草鱼营养需要量研究与高效环保饲料开发	中国水产科学研究院长江水产研究所，西南大学，上海海洋大学，武汉工业学院
2012	科技进步奖	二等奖	冻干关键技术及配套节能保质工艺在特色农产品加工中的应用	湖北省农业科学院农产品加工与核农技术研究所，湖北新美香食品有限公司，湖北新桥生物科技有限责任公司，宜昌嘉禾绿色产业有限公司
2012	科技进步奖	二等奖	湖北省基层农业科技推广机构人才队伍现状及吸纳补充大学生的需求成果与推广应用	长江大学，湖北省农村经济发展研究会

（续表）

年　份	奖　项	等　级	项目名称	主要完成单位
2012	科技进步奖	二等奖	马尾松毛虫性信息素应用技术	湖北省森林病虫害防治检疫总站，孝感市野生动物和森林植物保护站，国家林业局森林病虫害防治总站，大悟县森林病虫害防治检疫站，安陆市野生动物和森林植物保护站，孝昌县森林病虫害防治检疫站，应城市森林病虫害防治检疫站
2012	科技进步奖	二等奖	鄂薯 6 号的选育及配套栽培技术研究与应用	湖北省农业科学院粮食作物研究所
2012	科技进步奖	二等奖	油茶新品种选育与集约化栽培技术研究	湖北省林业科学研究院，麻城市林业局，武汉市新洲区林木种苗管理站，武汉市黄陂区林木种苗管理站，阳新县林业局，麻城市五脑山林场
2012	科技进步奖	二等奖	肉鸭高效健康养殖与安全饲料生产的关键技术研究	华中农业大学，湖北省动物疫病预防控制中心，湖北神丹健康食品有限公司
2012	科技进步奖	二等奖	利用秸秆多菌种耦合发酵工业化生产沼气关键技术研究	湖北工业大学，湖北健康集团股份有限公司，武汉银河生态农业有限公司
2012	科技进步奖	二等奖	现代生物技术在食品安全快速检测技术中的应用及其相关仪器设备的研制	华中农业大学，湖北省农科院，湖北同泰生物工程有限公司
2012	科技进步奖	二等奖	鄂西南山区特色中药资源保护与开发	恩施济源药业科技开发有限公司，湖北省农业科学院中药材研究所，湖北省农业科学院农产品加工与核农技术研究所
2012	科技进步奖	三等奖	抗病、高产和广适应芝麻新品种中芝 12 的选育及应用	中国农业科学院油料作物研究所
2012	科技进步奖	三等奖	利用分子技术发掘、创新番茄种质和新品种选育	华中农业大学，西安金鹏种苗有限公司，武汉市蔬菜科学研究所，湖北省农业科学院经济作物研究所
2012	科技进步奖	三等奖	湖北稻区螟虫综合防控技术体系的集成及试验示范	华中农业大学，湖北省植物保护总站，湖北省鄂州市植物保护站，湖北省大冶市植保站，湖北省当阳市植物保护站
2012	科技进步奖	三等奖	房陵 1 号核桃良种选育及丰产栽培技术	十堰市林业科学研究所，湖北省林业科学研究院，房县国营付家湾苗圃，丹江口市茅腊坪林业苗圃场，郧县林业科学研究所
2012	科技进步奖	三等奖	加工型板栗新品种金栗王的选育及应用	湖北省农业科学院果树茶叶研究所，湖北省林业科学研究院，罗田县林业局，罗田县科技局
2012	科技进步奖	三等奖	湖北黑头羊选育与利用	湖北省农业科学院畜牧兽医研究所，麻城市黑山羊种羊场，麻城市畜牧兽医学会，麻城市畜牧兽医局，麻城市黑山羊养殖协会
2012	科技进步奖	三等奖	苏云金杆菌 LX-7 高含量悬浮剂的研制与推广应用	湖北省生物农药工程研究中心，湖北康欣农用药业有限公司
2012	科技进步奖	三等奖	高产稳产型玉米新品种宜单 629	宜昌市农业科学研究院
2012	科技进步奖	三等奖	优质高产杂交水稻新品种荆两优 10 号的选育与应用	湖北荆楚种业股份有限公司
2012	科技进步奖	三等奖	江汉平原绿色农业发展模式研发与推广	湖北省农业科学院粮食作物研究所，湖北省绿色食品管理办公室，华中农业大学水产学院，中南财经政法大学农业发展研究所

（续表）

年　份	奖　项	等　级	项目名称	主要完成单位
2012	科技进步奖	三等奖	湖北古树名木鉴定与资源保护研究	湖北省林业科学研究院，郧县林业局，罗田县林业局
2012	科技进步奖	三等奖	鄂西地区核桃栽培技术	湖北三峡职业技术学院，秭归县林业局，秭归县科学技术局
2012	科技进步奖	三等奖	地方鹅与朗德鹅杂交提高肥肝鹅繁殖性能的研究	江汉大学，华中农业大学，武汉瑞国鹅业科技公司
2012	科技进步奖	三等奖	抗虫杂交棉新品种铜杂411的选育与应用	湖北省种子集团有限公司，铜山县华茂棉花研究所，湖北省种子管理局
2012	科技进步奖	三等奖	湖北省外来有害生物发生现状及主要入侵生物防控技术	湖北省农业科学院植保土肥研究所，湖北省植物保护总站
2012	科技进步奖	三等奖	高山无公害蔬菜栽培技术规程	神农架林区质量技术监督局
2012	科技进步奖	三等奖	花生低温预榨、浸出、低温脱溶制备花生蛋白粉工艺研究	武汉工业学院，宜城市天鑫油脂有限公司，鄂州市华天设备工程有限公司，安陆市天星粮油机械设备有限公司
2012	科技进步奖	三等奖	干酪乳杆菌发酵乳制品研究与开发	武汉光明乳品有限公司，华中农业大学，光明乳业股份有限公司
2012	科技进步奖	三等奖	景阳鸡地方标准	建始县畜牧兽医局，建始县质量技术监督局，建始县青龙食品有限责任公司
2012	科技进步奖	三等奖	基于内生菌的魔芋软腐病防控技术研究与应用	长江大学
2012	科技进步奖	三等奖	农业秸秆类生物质材料替代木材的技术研究与开发	华中农业大学，湖北三木木塑科技有限公司
2012	科技进步奖	三等奖	长江中游低山丘陵生态退化区植被恢复技术研究	湖北省林业科学研究院，浠水县林业局
2012	科技进步奖	三等奖	斑点叉尾鮰肾脏细胞系建立及其呼肠孤病毒分离鉴定	中国水产科学研究院长江水产研究所
2012	科技进步奖	三等奖	杨树菌材与传统菌材栽培天麻的比较研究	北省林业科学研究院，中南民族大学，湖北省宜昌市夷陵区林业局
2012	科技进步奖	三等奖	李氏禾（*Leersiahexandra*）的水分逆境生理生态适应机制研究及其在水土保持中的应用	长江大学
2012	科技进步奖	三等奖	隐性白羽矮脚欣华鸡专门化父本品系培育及其配套利用	湖北欣华生态畜禽开发有限公司，华中农业大学动物科技学院
2012	科技进步奖	三等奖	鱼下脚料发酵法耦合膜技术制备鱼低聚肽创新工艺	湖北工业大学，武汉凯丽金生物科技有限公司，武汉普赛特膜技术循环利用有限公司
2012	科技进步奖	三等奖	传统面制品工业化生产关键技术	安琪酵母股份有限公司，武汉工业学院
2012	科技进步奖	三等奖	甲壳生物废弃物综合利用关键技术研究及产业化	武汉理工大学，湖北工业大学
2012	科技进步奖	三等奖	强通风快喷式复合肥造粒高塔关键技术及应用	武汉理工大学，宝鸡秦东流体设备制造有限公司
2012	科技进步奖	三等奖	农村富营养化水体资源化利用关键技术及应用	长江水利委员会长江科学院，湖北大学
2012	科技进步奖	三等奖	定量化、多目标耕地资源调查评价关键技术及应用	华中师范大学，湖北大学，华中农业大学

（续表）

年　份	奖　项	等　级	项目名称	主要完成单位
2012	科技进步奖	三等奖	中药材玄参规范化生产技术和质量管理体系的建立	恩施硒都科技园有限公司，湖北省农科院中药材研究所，武汉生物工程学院，华中农业大学药用植物研究所
2012	科技进步奖	三等奖	中国农村贫困地区医疗机构卫生人力开发研究	华中科技大学
2012	科技成果推广奖	一等奖	黑尾近红鲌高效养殖技术集成与推广	武汉先锋水产科技有限公司，武汉市水产科学研究所，湖北省水产技术推广中心，武汉市水产科技推广培训中心
2012	科技成果推广奖	二等奖	油菜机械直播技术示范推广与应用	湖北省农机局，华中农业大学，湖北省农业机械化技术推广总站，荆州市农机化技术推广站，荆门市农机局，潜江市农机局，孝感市农机管理局
2012	科技成果推广奖	二等奖	高山蔬菜品种与茬口多样化技术示范与推广	湖北省农业科学院经济作物研究所，湖北省蔬菜办公室
2012	科技成果推广奖	二等奖	优质、高产、多抗常规早稻品种鄂早 18 推广与应用	黄冈市农业科学院，湖北省种子集团有限公司，湖北省种子管理局
2012	科技成果推广奖	三等奖	鄂西退耕还林植被恢复优化模式的推广应用	湖北省林业科学研究院，湖北省林业科技推广中心
2012	科技成果推广奖	三等奖	湿地松良种繁育与丰产栽培技术推广应用	湖北省林业科学研究院，湖北省速生丰产林工程技术研究中心，荆门市国有彭场林场，荆州市林业科学研究所
2012	科技成果推广奖	三等奖	水体新型降氮微生物制剂的研发与应用	中国水产科学研究院长江水产研究所
2012	科技成果推广奖	三等奖	双低油菜“一菜两用”产业化技术推广	湖北省油菜办公室，武汉市新洲区农业局粮油站，武穴市农业技术推广中心，天门市农业技术推广中心
2012	科技成果推广奖	三等奖	测土配方施肥技术集成与推广应用	湖北省土壤肥料工作站，湖北省土壤调查测试中心，华中农业大学资环学院，湖北省农科院植保土肥所，荆州市土肥站
2012	科技成果推广奖	三等奖	湖北“东桑西移”关键技术集成与应用	湖北省农业科学院经济作物研究所，湖北省果品办公室，湖北省茧丝绸协会，湖北梦丝家绿色保健制品有限公司，湖北怡莲阳光丝绸纺织有限公司，英山县茧丝绸总公司，郧县商务局
2012	科技成果推广奖	三等奖	猪细小病毒病灭活疫苗的产业化开发与推广应用	武汉中博生物股份有限公司
2012	科技成果推广奖	三等奖	水稻机械化育插秧农机农艺融合关键技术示范与推广	湖北省农机局，湖北省农机工程研究设计院，湖北省农机化技术推广总站，京山县农机科教推广中心，黄冈市农机化技术推广站
2013	自然科学奖	一等奖	水稻抗旱基因鉴定和功能分析	华中农业大学
2013	自然科学奖	三等奖	棉花纤维及花粉等细胞发育的分子调控研究	华中师范大学
2013	自然科学奖	三等奖	农村典型污水处理方法与机理研究	武汉大学，中国科学院测量与地球物理研究所
2013	自然科学奖	三等奖	草鱼呼肠孤病毒基因组及蛋白结构与功能研究	中国科学院武汉病毒研究所，中国科学院水生生物研究所

（续表）

年　份	奖　项	等　级	项目名称	主要完成单位
2013	技术发明奖	一等奖	油菜高含油量聚合育种技术及应用	中国农业科学院油料作物研究所
2013	技术发明奖	二等奖	快长优质猪相关性状的基因发掘及多标记分子育种应用	华中农业大学
2013	技术发明奖	三等奖	高分子辐射改性技术及应用	湖北省农业科学院农产品加工与核农技术研究所
2013	技术发明奖	三等奖	一种中性植酸酶 PHYMJ11 及其基因和应用	武汉新华扬生物股份有限公司
2013	科技进步奖	特等奖	红莲型新不育系珞红 3A 与超级稻珞优 8 号的选育和利用	武汉大学，武汉国英种业有限责任公司，湖北省种子管理局
2013	科技进步奖	一等奖	昆虫趋光机理及灯光诱杀关键技术研究与应用	华中农业大学，鹤壁佳多科工贸有限责任公司，湖北省植物保护总站
2013	科技进步奖	一等奖	重要草花种质创新及新品种培育与应用	华中农业大学，北京市园林科学研究所，浙江虹越花卉有限公司，武汉市花木公司，武汉市农业科学研究所
2013	科技进步奖	一等奖	猪链球菌病防控关键技术研究与应用	华中农业大学，武汉科前动物生物制品有限责任公司
2013	科技进步奖	一等奖	柑橘深加工及综合利用技术开发与集成	华中农业大学，秭归县屈姑视频有限公司，湖北工业大学，湖北奕鲜农业科技有限公司，宜昌海通食品有限公司，湖北望春花果汁有限公司，湖北土老憨生态农业开发有限公司，武汉新辰食品有限公司，荆州市新力大风车食品有限公司
2013	科技进步奖	一等奖	兽药残留检测方法标准研究制订	华中农业大学
2013	科技进步奖	一等奖	优质猪育种技术创新及其新品系选育利用	湖北省农业科学院畜牧兽医研究所，华中农业大学
2013	科技进步奖	一等奖	苎麻生物脱胶清洁生产高品质精干麻及废水治理循环利用	华中科技大学，湖北精华纺织集团有限公司
2013	科技进步奖	二等奖	高产优质广适应杂交油菜新品种华油杂 13 号的选育和推广应用	华中农业大学
2013	科技进步奖	二等奖	直播油菜控密增角高产高效栽培技术与应用	华中农业大学，襄阳市农业科学院，湖北省油菜办公室
2013	科技进步奖	二等奖	柑橘大实蝇预警与绿色防控技术研究与应用	华中农业大学，湖北省植物保护总站
2013	科技进步奖	二等奖	基于育苗基质的棉花黄萎病生物防治技术	长江大学，荆州市农科院
2013	科技进步奖	二等奖	较重涝渍胁迫对集中旱地作物生长的影响与恢复技术	长江大学，湖北省荆州农业气象试验站，荆州市四湖工程管理局排灌试验站，潜江市气象局
2013	科技进步奖	二等奖	黄鳝苗种规模化繁育及健康养殖技术应用与示范	长江大学，监利县黄鳝科学养殖协会
2013	科技进步奖	二等奖	转型时期山区贫困农户的食物保障	中南财经政法大学，云南省农业科学院

（续表）

年　份	奖　项	等　级	项目名称	主要完成单位
2013	科技进步奖	二等奖	湖北省莲藕营养特征及优化施肥技术研究与应用	湖北省农业科学院植保土肥研究所，中国科学院武汉植物园，湖北省土壤肥料工作站，农业部全国农业技术推广服务中心，武汉大学，云梦县农业局，汉川市农业局
2013	科技进步奖	二等奖	早熟黄肉无毛猕猴桃新品种金农、金阳选育及应用	湖北省农业科学院果树茶叶研究所
2013	科技进步奖	二等奖	湖北省中药材及饮片的品种整理及质量标准建立	湖北省食品药品监督检查研究院，湖北中医药大学，武汉市食品药品监督检验所，华中科技大学同济医学院，中南民族大学，中国科学院武汉植物园，三峡大学
2013	科技进步奖	二等奖	“清江花魔芋”品种选育及产业化关键技术的研究与应用	恩施土家族苗族自治州农业科学院，恩施土家族苗族自治州蔬菜办公室，建始农泰产业有限责任公司
2013	科技进步奖	二等奖	蔬菜重大病虫害可持续控制技术	武汉市蔬菜科学研究所，武汉科诺生物科技股份有限公司
2013	科技进步奖	二等奖	黄颡鱼全雄 1 号的培育、工厂化育苗与推广应用	水利部中国科学院水工程生态研究所，中国科学院水生生物研究所，武汉百瑞生物技术有限公司
2013	科技进步奖	三等奖	高产优质多抗大麦新品种华大麦 6 号、华大麦 7 号的选育与应用	华中农业大学
2013	科技进步奖	三等奖	棉花迟播增密、节本增效栽培技术研究与应用	华中农业大学，湖北省黄梅县农业局，湖北省天门市农业局，湖北省国营人民大垸农场
2013	科技进步奖	三等奖	新型茶树植物源防虫剂的研究与开发	湖北大学，湖北川玉茶业有限公司，湖北省农业科学院果树茶叶研究所，湖北信风作物保护有限公司
2013	科技进步奖	三等奖	水土保持植物选择及在生态护坡中的应用	长江大学
2013	科技进步奖	三等奖	菊花耐热种质创新与应用	江汉大学，长江大学，北京林业大学，武汉市黄陂区农业技术推广中心，武汉十里香农业科技开发有限公司
2013	科技进步奖	三等奖	林间白蚁诱杀新技术	湖北生态工程职业技术学院，红安县森林植物野生动物保护站，国营荆门市彭场林场
2013	科技进步奖	三等奖	城乡统筹环境系统整治与生态修复关键技术及装备	武汉大学，中国环境科学研究院，中国科学院水生生物研究所，湖北省环境科学研究院，武汉市环境保护科学研究院
2013	科技进步奖	三等奖	森林防火智能监测与预警系统	武汉大学，武汉因科科技发展有限公司
2013	科技进步奖	三等奖	高产优质抗稻瘟病杂交中稻品种骏优 522 的选育与推广	中南民族大学，恩施市佰鑫农业科技发展有限公司
2013	科技进步奖	三等奖	典型光敏核不育系 N5088S 提纯复壮及直播繁殖技术研究与应用	湖北省农科院粮食作物研究所，华中农业大学，湖北省种子管理局，武汉区域气候中心
2013	科技进步奖	三等奖	高产多抗中筋小麦鄂麦 352、鄂麦 596 的选育与应用	湖北省农业科学院粮食作物育种研究所，湖北农垦现代农业集团有限公司，湖北鄂科华泰种业股份有限公司
2013	科技进步奖	三等奖	麦后移栽棉种植模式及配套技术的创新与应用	湖北省农业科学院经济作物研究所，襄阳市农业科学院

（续表）

年　份	奖　项	等　级	项目名称	主要完成单位
2013	科技进步奖	三等奖	鄂西北麦区小麦枯死病害病原探明与防治技术研究	湖北省农业科学院植保土肥研究所，湖北省植物保护总站，襄阳市植物保护站
2013	科技进步奖	三等奖	湖北茶园土壤信息系统	湖北省农业科学院果树茶叶研究所，湖北省农业厅经济作物站，宜昌萧氏茶叶集团有限公司，湖北龙王垭茶叶有限公司，湖北金果茶业有限公司
2013	科技进步奖	三等奖	湖北省杨树可持续育种体系构建与新品种选育	湖北省林业科学院研究员，经济林木种质改良与资源综合利用湖北省重点实验室，中国科学院武汉病毒研究院，湖北省林科院石首杨树研究所，黄冈市黄州区李家洲林场
2013	科技进步奖	三等奖	“八月红”板栗新品种选育与栽培配套技术	湖北省林业科学研究院，湖北省农业科学院果树茶叶研究所，罗田县林业局
2013	科技进步奖	三等奖	生物质能源树种乌桕品种筛选和繁育技术	湖北省林业科学研究院
2013	科技进步奖	三等奖	湖北武陵山区典型天然林生态恢复研究与示范	湖北省林业科学研究院，湖北民族学院，湖北木林子省级自然保护区，恩施土家族苗族自治州林业科学研究所，湖北七姊妹山国家自然保护区管理局
2013	科技进步奖	三等奖	复合细胞固定化多层多菌新型生物滤塔除臭技术与示范	湖北省农业科学院植保土肥研究所，湖北省植物保护总站
2013	科技进步奖	三等奖	中华鲟淡水环境下规模化全人工繁育技术研究	中国长江三峡集团公司中华鲟研究所，水利部中国科学院水工程生态研究所
2013	科技进步奖	三等奖	浓酱兼香型白酒发酵调控新技术的研究及应用	湖北白云边酒业股份有限公司，武汉工业学院
2013	科技进步奖	三等奖	生态技术生产浓香型白酒工艺的研究	湖北黄山头酒业有限公司
2013	科技进步奖	三等奖	四氯吡啶为原料水相法合成毒死蜱	湖北犇星农化有限责任公司
2013	科技进步奖	三等奖	鬼臼类中药品种整理与质量评价	湖北医药学院附属太和医院
2013	科技进步奖	三等奖	猪蓝耳病疫苗产业化开发	武汉中博生物股份有限公司
2013	科技进步奖	三等奖	多功能无人驾驶植保机械飞行器	襄阳市东方绿园植保器械有限公司，湖北文理学院
2013	科技进步奖	三等奖	酵母蛋白胨生产关键技术	安琪酵母股份有限公司
2013	科技进步奖	三等奖	稻谷减损增效智能加工装备与关键技术	武汉工业学院，湖北永祥粮食机械股份有限公司，湖北天和机械有限公司，湖南郴州粮油机械有限公司
2013	科技进步奖	三等奖	湖北省规模化养鸭场主要疫病防控技术与应用	湖北省农业科学院畜牧兽医研究所，湖北省动物疫病预防控制中心
2013	科技成果推广奖	一等奖	鄂马铃薯系列新品种大面积推广与应用	湖北恩施中国南方马铃薯研究中心，湖北省农业厅农业技术推广总站
2013	科技成果推广奖	二等奖	蛋鸡 153 标准化养殖模式研究与示范推广	湖北省畜牧兽医局，湖北省畜牧技术推广总站，湖北省怒科学院畜牧兽医研究所，浠水县畜牧兽医局，鄂州市畜牧兽医局，京山县畜牧技术推广站，谷城县畜牧技术推广站

（续表）

年　份	奖　项	等　级	项目名称	主要完成单位
2013	科技成果推广奖	二等奖	砂梨良好农业规范及加工关键技术集成与产业化应用	湖北省农业科学院果树茶叶研究所，湖北省果品办公室，老河口市果品办公室，钟祥市农业局，湖北仙仙果品有限公司，崇阳县水果产业化办公室，应城市林业局
2013	科技成果推广奖	二等奖	油菜高产高效全程机械化生产技术推广	湖北省农机局，湖北省农业机械化技术推广总站，华中农业大学，武汉黄鹤拖拉机制造有限公司，湖北省油菜办公室，荆州市农机化技术推广站，黄冈市农机化技术推广站
2013	科技成果推广奖	三等奖	鄂南毛竹工业原料林关键技术集成与示范	湖北省林业科学研究院，湖北省咸宁市林业科学研究所，湖北省国有赤壁市官塘驿林场，湖北省赤壁市林业局，湖北省咸安区林业局
2013	科技成果推广奖	三等奖	麻城黑山羊选育研究与推广应用	麻城市畜牧兽医学会，湖北省农业科学院畜牧兽医研究所，麻城市黑山羊种羊场，麻城市黑山羊养殖协会，罗田县锦绣林牧专业合作社
2013	科技成果推广奖	三等奖	优质高产杂交水稻品种荆两优10号的推广与应用	湖北荆楚种业股份有限公司，湖北省种子管理局，长江大学
2013	科技成果推广奖	三等奖	武当有机道茶产业化开发与示范	十堰市经济作物研究所，湖北省武当道茶产业协会，湖北省农业科学院果树茶叶研究所
2013	科技成果推广奖	三等奖	植物源系列渔药的推广应用	武汉中博水产生物技术有限公司，武汉市水产科学研究所，湖北省水产技术推广中心，武汉市水产科技推广培训中心
2013	科技成果推广奖	三等奖	魔芋抗病丰产高效关键技术集成及推广应用	宜昌市农业科学研究院
2013	科技成果推广奖	三等奖	蔬菜新品种鄂豇豆 9 号示范与推广	武汉市蔬菜科学研究所，湖北省蔬菜办公室，武汉顶峰种业有限公司，黄梅县新开农业发展服务有限公司
2013	科技成果推广奖	三等奖	秸秆腐熟还田技术研究及其应用	湖北省土壤肥料工作站，华中农业大学，钟祥市土壤肥料工作站，荆州区土壤肥料工作站，沙洋县土壤肥料工作站
2013	科技成果推广奖	三等奖	家蚕病毒病防治新药“脓病清”的推广应用	湖北省农业科学院经济作物研究所，湖北省果品办公室，湖北农科生物化学有限公司，宜昌金桑蚕业有限责任公司
2014	自然科学奖	二等奖	水稻大型突变体库的创制及其在功能基因组中的应用	华中农业大学
2014	自然科学奖	二等奖	富营养化水体修复机制与水生物被重建生态学研究	中国科学院水生生物研究所
2014	技术发明奖	一等奖	聚 γ-谷氨酸发酵生产关键技术及农业应用	华中农业大学，湖北省烟草科学研究院，湖北省农业技术推广总站，湖北新洋丰肥业股份有限公司，绿康生化股份有限公司
2014	技术发明奖	一等奖	农产品黄曲霉毒素靶向抗体创制与高灵敏检测技术	中国农业科学院油料作物研究所，北京华夏科创仪器技术有限公司，上海优你生物科技股份有限公司
2014	技术发明奖	二等奖	解烃菌和缓释营养剂的研究与应用	长江大学，中国石油大学（北京），中国地质大学（北京）
2014	技术发明奖	三等奖	一种兽用复方氟苯尼考注射液及其制备方法	湖北武当动物药业有限责任公司

（续表）

年　份	奖　项	等　级	项目名称	主要完成单位
2014	技术发明奖	三等奖	木瓜精深加工关键技术集成研究	湖北耀荣木瓜生物科技发展有限公司
2014	科技进步奖	一等奖	国优高产杂交早稻两优 42 的选育与应用	湖北大学，湖北省种子集团有限公司，湖北省种子管理局
2014	科技进步奖	一等奖	高产高效优质油菜中油杂 12 的选育与应用	中国农业科学院油料作物研究所
2014	科技进步奖	一等奖	长江中下游水旱轮作区主要作物高产高效施肥技术体系构建与应用	华中农业大学，湖北省土壤肥料工作站，全国农业技术推广服务中心，湖北省农业科学院植保土肥研究所，安徽省农业科学院土壤肥料研究所，湖南省土壤肥料研究所，江西省农业科学院土壤肥料与资源环境研究所，浙江省农业科学院
2014	科技进步奖	一等奖	砂梨种质创新及特色新品种选育与应用	湖北省农业科学院果树茶叶研究所，湖北仙仙果品有限公司
2014	科技进步奖	一等奖	猪传染性胸膜肺炎防控关键技术研究与应用	华中农业大学，武汉科前动物生物制品有限责任公司
2014	科技进步奖	一等奖	传统蛋制品现代加工技术与装备研发及产业提升示范	华中农业大学，湖北神丹健康食品有限公司，福建光阳蛋业股份有限公司，湖北宇祥畜禽有限公司，深圳市振野蛋品智能设备股份有限公司，福州闽台机械有限公司，湖北双港畜禽养殖加工有限公司，湖北荆江蛋业有限公司
2014	科技进步奖	二等奖	抗逆稳产小麦新品种襄麦 55 的选育与应用	襄阳市农业科学院，湖北省种业集团有限公司
2014	科技进步奖	二等奖	强优势多抗杂交棉新品种荆杂棉 142 的选育与应用	荆州农业科学院，湖北惠农农业科技有限公司
2014	科技进步奖	二等奖	油菜轻简化直播技术与装备及应用	华中农业大学
2014	科技进步奖	二等奖	超级杂交稻抗逆稳产节氮高效综合配套技术研究与示范	长江大学，湖南杂交水稻研究中心，武汉大学，湖北移栽灵农业科技股份有限公司，金正大生态工程集团股份有限公司
2014	科技进步奖	二等奖	高山蔬菜植物资源挖掘与利用	湖北省农业科学院经济作物研究所，恩施土家族苗族自治州农业科学院，湖北长友现代农业股份有限公司，利川市现代农业有限公司，神农架百草園生态科技有限公司，湖北南漳水镜山野菜有限责任公司，湖北山友特色农业有限责任公司
2014	科技进步奖	二等奖	主要栽培食用菌种质资源评价和品种选育及生产应用	华中农业大学，湖北森源生态科技股份有限公司，随州大海菌业有限公司，湖北裕国菇业股份有限公司，宜昌市科力生实业有限公司，驻马店市农业科学院，武汉天添食用菌科技有限公司
2014	科技进步奖	二等奖	番茄种质创新和优质多抗品种选育与推广	华中农业大学，西安金鹏种苗有限公司
2014	科技进步奖	二等奖	茶树种质资源创新及产业化关键技术集成与应用	恩施土家族苗族自治州农业科学院，湖北省农业科学院果树茶叶研究所，恩施州茶叶工程技术研究中心，恩施清江茶叶有限责任公司
2014	科技进步奖	二等奖	神农架地区植物物种编目及空间分布与森林碳汇计量	湖北神农架国家级自然保护区管理局

（续表）

年 份	奖 项	等 级	项目名称	主要完成单位
2014	科技进步奖	二等奖	斑点叉尾鮰安全生产关键技术	中国水产科学研究院长江水产研究所，四川农业大学，华中农业大学，中国水产科学研究院
2014	科技进步奖	二等奖	米制食品的加工技术创新与应用	华中农业大学，福娃集团有限公司，黄冈东坡粮油集团有限公司，湖北畅响万圣贡莲股份有限公司
2014	科技进步奖	二等奖	柴胡品种整理与产业化关键技术推广应用	十堰太和医院（湖北医药学院附属医院），湖北中医药大学，湖北神农本草中药饮片有限公司
2014	科技进步奖	三等奖	转基因抗虫杂交棉 KB02 的选育与应用	湖北省农业科学院经济作物研究所，湖北农科高新种业有限公司
2014	科技进步奖	三等奖	特早熟优质中筋小麦新品种华麦 2152 的选育与应用	华中农业大学
2014	科技进步奖	三等奖	突破性食饲兼用米大麦鄂大麦 507 的选育与应用	湖北省农业科学院粮食作物研究所，中国农业科学院作物科学研究所，湖北农垦现代农业集团有限公司
2014	科技进步奖	三等奖	康农玉 901、康农玉 108 玉米新品种选育与推广	湖北康农种业有限公司，长阳土家族自治县农业局
2014	科技进步奖	三等奖	名优茶加工技术升级与配套装备的研究与应用	华中农业大学，浙江绿峰机械有限公司，湖北采花茶业有限公司，恩施州硒茶研究所
2014	科技进步奖	三等奖	小菜蛾抗药性监测及防控技术集成与示范	华中农业大学，广东省农业科学院植物保护研究所，湖北省植物保护总站
2014	科技进步奖	三等奖	湖北省市县耕地质量调查评价和资源管理信息系统开发应用	湖北省土壤调查测试中心，华中农业大学，湖北省土壤肥料工作站，枝江市土壤肥料工作站，安陆市土壤肥料站
2014	科技进步奖	三等奖	低丘红壤高产茶园病虫无害化防治技术体系研究及应用	咸宁市农业科学院，咸宁市植物保护站，湖北省农业科学院植保土肥研究所，华中农业大学
2014	科技进步奖	三等奖	湖北省中稻施肥技术集成与化肥污染控制研究	湖北省农业科学院，湖北省植物保护总站
2014	科技进步奖	三等奖	经济林木炭疽病生防菌剂关键技术与应用	湖北省林业科学研究院，华中农业大学，武汉市林业科技推广站，湖北省阳新县林业局
2014	科技进步奖	三等奖	空间信息技术在农情与农田环境监测中的应用	三峡大学，北京农业信息技术研究中心，北京农业质量标准与检测技术研究中心
2014	科技进步奖	三等奖	湖北脐橙产区柑橘大实蝇羽化监测与防治技术	秭归县植保植检站，秭归县农业局
2014	科技进步奖	三等奖	武汉市蔬菜清洁生产技术研究及集成示范	武汉市蔬菜技术服务总站，华中农业大学
2014	科技进步奖	三等奖	瓜菜健康种苗集约化高效育苗技术集成创新与产业化	武汉市农业科学研究所，武汉维尔福生物科技股份有限公司，湖北省蔬菜办公室，武汉市东西湖维农种苗有限公司，武汉市东西湖区农科所
2014	科技进步奖	三等奖	杨树主要害虫综合防治技术	湖北省林业科学研究院
2014	科技进步奖	三等奖	油桐良种选育与优质丰产栽培技术	湖北省林业科学研究院，湖北省林业科技推广中心，来凤县林业局，武汉凯迪工程研究总院有限公司，十堰市林业科学研究所
2014	科技进步奖	三等奖	亚美马褂木优良无性系选育与繁殖技术	湖北省林业厅林木种苗管理总站，咸宁市咸安区贺胜林业科学研究所，京山县林业局

（续表）

年　份	奖　项	等　级	项目名称	主要完成单位
2014	科技进步奖	三等奖	鄂西北主要珍稀树种种质资源保存及栽培技术	襄阳市林业科学研究所，湖北省林业科学研究院
2014	科技进步奖	三等奖	大型猪场废弃物综合利用技术集成创新与示范	湖北省农业科学院畜牧兽医研究所，湖北大学，湖北健康（集团）股份有限公司，华中农业大学，湖北健丰牧业有限公司
2014	科技进步奖	三等奖	全网箱黄鳝性逆转调控与苗种繁养技术研究	华中农业大学
2014	科技进步奖	三等奖	氨氮废水同时厌氧好氧生物脱氮技术及其在化肥废水处理中的应用	湖北宜化集团有限责任公司，华南理工大学
2014	科技进步奖	三等奖	酵母生产废水治理及资源化关键技术	安琪酵母股份有限公司
2014	科技进步奖	三等奖	复合池塘养殖典型模式构建与应用	中国水产科学研究院长江水产研究所，长江大学，湖南省水产科学研究所，重庆市水产技术推广站，山东省淡水渔业研究所
2014	科技进步奖	三等奖	应用生物反应器工业化生产猪用疫苗关键技术研究与应用	武汉中博生物股份有限公司
2014	科技进步奖	三等奖	华中地区草种质资源收集、评价及创新利用	湖北省农业科学院畜牧兽医研究所，湖北省畜牧兽医局，湖北省畜牧技术推广总站
2014	科技进步奖	三等奖	可用于流感疫苗生产的细胞筛选及其悬浮培育技术研究	武汉市畜牧兽医科学研究所
2014	科技进步奖	三等奖	农产品质量安全监测技术研发及研究集成	湖北省农科院农业质量标准与检测技术研究所，湖北泰杨生物科技有限公司，海维（武汉）生物电子有限公司，湖北同泰生物工程有限公司，湖北众康生物科技有限公司
2014	科技进步奖	三等奖	绿色高效肥料造粒助剂	湖北富邦科技股份有限公司
2014	科技进步奖	三等奖	湖北恩施药用植物志	湖北省农科院中药材研究所
2014	科技成果推广奖	一等奖	油料全程低温制油关键技术集成与推广应用	中国农业科学院油料作物研究所，武汉轻工大学，国家粮食储备局武汉科学研究设计院
2014	科技成果推广奖	二等奖	玉米新品种鄂玉 23、鄂玉 26、鄂玉 28 大面积推广	恩施州农业科学院，湖北清江种业有限公司
2014	科技成果推广奖	二等奖	蔬菜单倍体育种技术利用及新品种示范推广	湖北省农业科学院经济作物研究所，湖北蔬菜办公室
2014	科技成果推广奖	二等奖	有机茶无公害茶标准化生产技术集成与产业化应用	湖北省果品办公室，湖北省农业科学院果树茶叶研究所，宜昌市夷陵区特产技术推广中心，鹤峰县茶叶局，五峰土家族自治县茶叶局，宜恩县特产技术推广服务中心，英山县茶叶产业化办公室
2014	科技成果推广奖	三等奖	抗虫杂交棉轻简高效集成技术示范推广	湖北省农业科学院经济作物研究所，湖北省农业技术推广总站
2014	科技成果推广奖	三等奖	湖北省高标准农田建设技术集成推广应用	湖北省土壤肥料工作站，黄冈市土壤肥料工作站，宜昌市土壤肥料工作站，荆门市土壤肥料工作站，随州市土壤肥料工作站

（续表）

年　份	奖　项	等　级	项目名称	主要完成单位
2014	科技成果推广奖	三等奖	葡萄优质安全标准生产技术推广应用	湖北省农业科学院果树茶叶研究所，湖北省果品办公室，公安县农业局，湖北省金秋农业高新技术有限公司
2014	科技成果推广奖	三等奖	副猪嗜血杆菌病灭活疫苗的推广应用	武汉科前动物生物制品有限责任公司，华中农业大学
2014	科技成果推广奖	三等奖	虾稻生态种养技术集成与示范	湖北省水产技术推广中心，鄂州市渔业技术推广中心，潜江市水产技术推广中心，武汉市水产科技推广培训中心，荆州市水产技术推广中心

附表 B-17　2008—2014 年湖南省农业科技获奖成果

年　份	奖　项	等　级	项目名称	主要完成单位
2008	科技进步奖	一等奖	城市主要绿化树种——樟树及其生态系统结构和功能研究	中南林业科技大学
2008	科技进步奖	一等奖	洞庭湖流域生态功能优化与水土资源利用关键技术研究及应用	中国科学院亚热带农业生态研究所，湖南省农业资源与环境保护管理站，湖南师范大学资源与环境科学学院，中国科学院测量与地球物理研究所，中国农业科学院环发所
2008	科技进步奖	一等奖	南方蔬菜无公害化生产关键技术研究与产业化示范	湖南省农业科学院，中国农业科学院蔬菜花卉研究所，中国农业科学院植物保护研究所，湖南插旗菜业开发有限责任公司，广州乾农农业科技发展有限公司，长沙艾格里生物肥料技术开发有限公司
2008	科技进步奖	一等奖	新型和改良多倍体鱼研究	湖南师范大学
2008	科技进步奖	一等奖	油茶雄性不育系选育与杂交育种研究	湖南省林业科学院，浏阳市林业局，浏阳市沙市镇林业管理服务站
2008	科技进步奖	二等奖	CS 高次团粒混合纤维法在脆弱生态区域的快速植被恢复技术	湖南双胜生态环保有限公司，中南林业科技大学，湖南省常吉高速公路建设开发有限公司
2008	科技进步奖	二等奖	稻米生物工程技术制取高纯度 γ-氨基丁酸和红曲色素	中南林业科技大学，湖南农业大学，长沙青出蓝科技有限公司，湖南省新世纪生物科技有限公司，湖南金健米业股份有限公司
2008	科技进步奖	二等奖	稻水象甲生物学特性及综合控防技术研究与应用	湖南省植保植检站，湖南农业大学生物安全科技学院，株州市植保植检站，长沙市植保植检站，岳阳市植保植检站
2008	科技进步奖	二等奖	黄瓜性别决定基因遗传规律的研究及新品种选育	湖南省蔬菜研究所，湖南农业大学
2008	科技进步奖	二等奖	宁乡猪种质特性研究与应用	湖南省畜牧兽医研究所，长沙市沙龙畜牧有限公司
2008	科技进步奖	二等奖	牲畜口蹄疫流行与监测预警关键技术的研究	湖南省兽医总站，中国农业科学院兰州兽医研究所
2008	科技进步奖	二等奖	双季稻多熟制保护性耕作关键技术研究与应用	湖南省土壤肥料研究所，中国农业大学农学与生物技术学院，湖南省宁乡县农业局，湖南省资阳区农业局，湖南省醴陵市农业局
2008	科技进步奖	二等奖	提高湘西椪柑品质和效益的核心技术研究与示范推广	湖南省农科院科技情报研究所，湘西自治州农业局经作站，泸溪县农业局柑桔技术推广站，吉首市农业局经果站
2008	科技进步奖	二等奖	优质广适红籼米品种湘晚籼 12 号的选育及应用	湖南省水稻研究所
2008	科技进步奖	二等奖	优质瘦肉型猪选育及杂优猪配套技术研究	湖南农业大学，湖南正虹股份有限公司正虹原种猪场，湖南省益阳市农业科学研究所
2008	科技进步奖	二等奖	杂交水稻技术出口战略研究	湖南省农业科学院
2008	科技进步奖	三等奖	WA 水性异氰酸酯胶粘剂及竹结构层积材、竹定向刨花板关键技术集成研究	湖南省林业科学院
2008	科技进步奖	三等奖	ZBJ20 沙漠植被建造机研制	湖南江麓机械集团有限公司，广东金沙纬地生态技术有限公司

（续表）

年 份	奖 项	等 级	项目名称	主要完成单位
2008	科技进步奖	三等奖	洞庭湖区河网水系水位实时自动监测与远程洪水辅助调度系统	湖南省洞庭湖水利工程管理局，湖南大学，湖南省洞庭湖可持续发展研究会
2008	科技进步奖	三等奖	洞庭青鲫选育技术研究及推广应用	湖南洞庭水殖股份有限公司，湖南省水产工程技术研究中心
2008	科技进步奖	三等奖	高致病性猪蓝耳病综合防治技术研究与应用	邵阳市家畜疫病防检站，北京农学院，武冈市畜牧水产局
2008	科技进步奖	三等奖	固体发酵生产香菇菌丝体及其应用	中国科学院亚热带农业生态研究所，宜章县科学技术局，湖南省土壤肥料研究所，湖南省原子能研究所，宜章县上田农村经济开发有限公司
2008	科技进步奖	三等奖	灌区渠道整治新技术研究与应用	湖南省水利水电科学研究所，湖南省双牌水库管理局
2008	科技进步奖	三等奖	湖南省雷电监测预警综合业务平台	湖南省防雷中心，湖南省气象台，国防科学技术大学
2008	科技进步奖	三等奖	湖南省林业基础地理数据库系统	湖南省林业调查规划设计院
2008	科技进步奖	三等奖	湖南省中小尺度灾害天气自动气象监测站网建设与应用	湖南省气象台，湖南省气象技术装备中心
2008	科技进步奖	三等奖	湖南重大农业气象灾害监测评估预警技术及服务系统研究	湖南省气象科学研究所，湖南省气候中心
2008	科技进步奖	三等奖	浸种型水稻种衣剂	湖南农业大学，湖南宏力农业科技开发有限公司
2008	科技进步奖	三等奖	牛粪生物饲料研究	湖南省畜牧兽医研究所，湖南光大牧业科技有限公司，湖南省兽药饲料监察所
2008	科技进步奖	三等奖	农业干旱风险管理及干旱预警模式研究	湖南省水利水电科学研究所，南京水利科学研究院
2008	科技进步奖	三等奖	日本血吸虫新基因发现及分子生物学特性研究	南华大学
2008	科技进步奖	三等奖	肉品专用发酵剂及发酵肉制品的研究与开发	湖南农业大学
2008	科技进步奖	三等奖	山区高速公路高陡边坡稳固及生态再造综合技术研究	长沙理工大学，河南岭南高速公路有限公司，中南大学
2008	科技进步奖	三等奖	十字花科杂种间杂交营养优势的利用基础理论及应用研究	湖南农业大学
2008	科技进步奖	三等奖	水稻标810S淡黄叶突变体的发现与研究	怀化职业技术学院
2008	科技进步奖	三等奖	无公害茶叶产业化技术研究及应用	湖南省农业资源与环境保护管理站，中国科学院亚热带农业生态研究所，湖南省经济作物发展中心，湖南省农业科技教育服务中心
2008	科技进步奖	三等奖	优良乡土树种观光木引种栽培与选育技术研究	湖南省森林植物园
2008	科技进步奖	三等奖	优质、高产大豆新品种湘春豆21号、湘春豆22号的选育与推广	湖南省作物研究所
2008	科技进步奖	三等奖	鱼胆草的组织培养与栽培研究	吉首大学师范学院

（续表）

年　份	奖　项	等　级	项目名称	主要完成单位
2008	科技进步奖	三等奖	岳阳城市森林建设研究	湖南省林业科学院，湖南大学环境科学与工程学院，岳阳市林业科学研究所，岳阳市君山区林业局
2008	科技进步奖	三等奖	再生稻高产机理及节本高效栽培技术研究	湖南农业大学
2009	自然科学奖	二等奖	湖南耕地土壤对铵的矿物固定与固定态铵的释放规律	湖南农业大学
2009	自然科学奖	二等奖	作物耐旱基因克隆鉴定与分子机理研究	湖南农业大学
2009	自然科学奖	三等奖	稻田节肢动物群落结构功能与水稻害虫的综合治理	湖南科技大学，福建农林大学
2009	自然科学奖	三等奖	土壤环境中表面活性剂的化学行为、生态毒性与微生物修复的研究	湖南农业大学
2009	技术发明奖	一等奖	水稻两用核不育系 C815S 的选育及应用基础研究	湖南农业大学
2009	技术发明奖	二等奖	棉花水浮育苗技术及其物化产品的开发与应用	湖南农业大学
2009	技术发明奖	三等奖	高效节能清洁型苎麻生物脱胶技术	中国农业科学院麻类研究所
2009	科技进步奖	一等奖	柑橘优异种质创新及特色品种的选育与推广	湖南农业大学，湖南省经济作物发展中心，麻阳苗族自治县柑橘产业化办公室，新宁县农业技术推广中心，湖南省柑橘无病毒良种繁育中心
2009	科技进步奖	一等奖	水稻丰产高效技术集成研究与示范	湖南农业大学，国家杂交水稻工程技术研究中心，湖南省水稻研究所，湖南省植物保护研究所，浏阳市农业局，赫山区农业局
2009	科技进步奖	一等奖	水稻温敏核不育系株 1S 的选育与应用	株洲市农业科学研究所，湖南亚华种业科学研究院，湖南亚华种子有限公司，株洲亚邦种业有限公司
2009	科技进步奖	一等奖	仔猪肠道健康及功能性饲料研究与应用	中国科学院亚热带农业生态研究所，武汉工业学院，唐人神集团有限公司，湖南正虹科技发展股份有限公司，南昌大学，湖南广安生物技术股份有限公司，湖南农业大学
2009	科技进步奖	二等奖	超级杂交水稻主要病虫发生特点及防控关键技术研究	湖南省植物保护研究所，湖南省水稻研究所
2009	科技进步奖	二等奖	富含亚麻酸功能性植物油脂提取关键技术研究及应用	吉首大学，湖南老爹农业科技开发股份有限公司，湘西自治州和益生物科技有限公司
2009	科技进步奖	二等奖	光皮树良种选育及其果实油脂资源利用技术	湖南省林业科学院，湖南省生物柴油工程技术研究中心，中南林业科技大学，湘西自治州龙山县林业局
2009	科技进步奖	二等奖	国家级茶树良种槠叶齐的选育与推广应用	湖南省茶叶研究所
2009	科技进步奖	二等奖	基地专用型辣椒新品种的选育及推广	湖南省蔬菜研究所，湖南湘研种业有限公司，农业部作物杂种优势利用重点开发实验室

（续表）

年　份	奖　项	等　级	项目名称	主要完成单位
2009	科技进步奖	二等奖	名优观赏树木组培及无土化栽培技术引进	湖南省林业科学院
2009	科技进步奖	二等奖	魔芋葡甘聚糖酶法降解技术研究与开发	湖南农业大学
2009	科技进步奖	二等奖	耐寒桉树良种及丰产技术推广	湖南省林业科技推广总站，湖南省森林植物园，郴州市林业科学研究所，湖南省永州市林业科学研究所
2009	科技进步奖	二等奖	双低油菜新型核不育系 15NA 及 6 个强优势杂种的选育和推广	湖南农业大学
2009	科技进步奖	二等奖	鲜食玉米品种科湘甜玉 1 号和科湘糯玉 1 号选育与推广	中国科学院亚热带农业生态研究所
2009	科技进步奖	二等奖	雪峰蜜黄无籽西瓜新品种选育及示范推广	湖南省瓜类研究所，湖南农业大学
2009	科技进步奖	二等奖	优异籼型恢复系先恢 207 的创建与应用研究	湖南杂交水稻研究中心，湖南隆平种业有限公司
2009	科技进步奖	二等奖	优质、高异交率三系不育系 T98A 的选育与应用研究	湖南杂交水稻研究中心，湖南隆平种业有限公司
2009	科技进步奖	二等奖	优质杂交晚籼水稻新组合岳优 360 选育与应用	湖南岳阳市农业科学研究所，湖南洞庭种业有限公司
2009	科技进步奖	二等奖	中华鳖规模生态养殖技术	汉寿县特种水产研究所，湖南师大生命科学院
2009	科技进步奖	二等奖	苎麻产业技术研究及高档产品产业化	湖南华升洞庭麻业有限公司，湖南农业大学麻科所，长沙策源科技开发有限公司
2009	科技进步奖	二等奖	紫色土山丘治理对位配置技术研究	湖南省经济地理研究所，衡阳市农业局，衡南县林业局，长沙理工大学交通运输工程学院，贵州省山地资源研究所
2009	科技进步奖	三等奖	β-受体激动剂多残留检验法研究与应用	湖南省兽药饲料监察所，长沙安迪生物科技有限公司，长沙拜特生物科技研究所
2009	科技进步奖	三等奖	超大型无核珍珠养殖技术研究与推广示范	湖南文理学院，湖南省水产工程技术研究中心，湖南洞庭水殖股份有限公司，常德市畜牧水产局
2009	科技进步奖	三等奖	从斑点叉尾鮰鱼片下脚料中提炼精制鱼油技术	湘西自治州金凤凰农业生物科技有限公司
2009	科技进步奖	三等奖	多功能生物活性垫料养猪零排放及其配套技术	浏阳市朝阳生物科技有限公司，湖南农业大学
2009	科技进步奖	三等奖	防治水稻稻曲病和纹枯病的拮抗细菌制剂的研制	湖南省微生物研究所
2009	科技进步奖	三等奖	豪猪规模养殖关键技术研究与应用	湖南省野生动物救护繁殖中心，湖南农业大学
2009	科技进步奖	三等奖	衡杂 2 号、湘早优 1 号杂交苦瓜新品种选育及开发利用	衡阳市蔬菜研究所
2009	科技进步奖	三等奖	湖南省大型水库调度会商决策系统研究	湖南省防汛抗旱指挥部办公室
2009	科技进步奖	三等奖	九疑山兔的品种选育与推广	宁远县畜牧水产局

（续表）

年 份	奖 项	等 级	项目名称	主要完成单位
2009	科技进步奖	三等奖	腊八豆系列产品的产业化关键技术研究与开发	湖南农业大学，湖南派派食品有限公司
2009	科技进步奖	三等奖	木霉菌对农作物防病促长作用机制及其产业化关键技术	湖南省植物保护研究所，中国农业科学院植物保护研究所，湖南农业大学
2009	科技进步奖	三等奖	南方冬季亚麻产业化关键技术	湖南农业大学，中国农业科学院衡阳红壤试验站，湖南省农业技术推广总站，湖南省祁阳县农业局
2009	科技进步奖	三等奖	南方冬枣新品种选育及丰产优质栽培技术	湖南农业大学，衡阳市玉泉生态农业发展有限公司
2009	科技进步奖	三等奖	肉制品反射红外线烘烤加工技术研究	株洲市好棒美食品有限公司，湖南农业大学
2009	科技进步奖	三等奖	三个特优无籽西瓜新品种选育与推广	湖南省园艺研究所
2009	科技进步奖	三等奖	杉木高效利用关键技术研究与应用	中南林业科技大学
2009	科技进步奖	三等奖	商品肉牛生产综合配套技术研究	湖南省畜牧兽医研究所，湖南农业大学，新晃侗族自治县畜牧水产局，永兴县畜牧水产局，沅江市畜牧局
2009	科技进步奖	三等奖	食品中添加违禁化学品马吲哚、西布曲明、酚酞等检测方法的研究	湖南省疾病预防控制中心
2009	科技进步奖	三等奖	台湾桤木无性系采穗圃建立与苗木快繁技术	湖南省林业科学院，湖南省林业科技推广总站，湖南省汨罗市林业局，湖南省汨罗市白水苗圃
2009	科技进步奖	三等奖	萧氏松茎象发生与生态因子的关系和防控技术	湖南省森林病虫害防治检疫总站，永州市林业局，衡阳市林业局，南岳区农林局
2009	科技进步奖	三等奖	杏鲍菇工厂化生产技术体系创新研究	湘南学院，郴州市三湘菌业科技有限责任公司
2009	科技进步奖	三等奖	优质食用稻米配方优化综合技术研究与应用	湖南省水稻研究所，长沙大禾科技开发中心
2009	科技进步奖	三等奖	优质水稻示范与推广	常德市农业局，鼎城区农业局
2009	科技进步奖	三等奖	油茶籽油精炼深加工技术研究及产业开发	湖南科技学院
2009	科技进步奖	三等奖	长浏二号烤烟密集烤房研制与应用	湖南中烟工业有限责任公司
2009	科技进步奖	三等奖	猪群疫病流行与综合防控技术的研究	湖南省动物疫病预防控制中心，湖南省兽医局，中国动物卫生与流行病学中心，湖南省动物卫生监督所
2010	自然科学奖	一等奖	中国梨自交不亲和性研究	中南林业科技大学，中国农业科学院郑州果树研究所，中国农业科学院果树研究所
2010	自然科学奖	二等奖	RNA干扰技术及组蛋白甲基化修饰对油菜发育、抗性和品质的影响	湖南农业大学
2010	自然科学奖	二等奖	茶油品质形成机理及油茶副产物利用化学基础研究	中南林业科技大学

（续表）

年　份	奖　项	等　级	项目名称	主要完成单位
2010	自然科学奖	三等奖	猪重要经济性状优异基因资源、分子标记的发掘和鉴定	湖南农业大学
2010	技术发明奖	一等奖	野生稻高产基因（*yld*1.1，*yld*2.1）分子育种技术体系及其应用研究	湖南杂交水稻研究中心，中国科学院遗传与发育生物学研究所
2010	技术发明奖	二等奖	保健养猪技术及其应用	湖南农业大学，长沙绿叶生物科技有限公司，长沙树人牧业科技有限公司
2010	技术发明奖	二等奖	马铃薯安全食品加工新技术研究	湖南农业大学
2010	技术发明奖	三等奖	环保型麻地膜及其制造技术	中国农业科学院麻类研究所
2010	技术发明奖	三等奖	环保型松木脱脂保色技术及应用	中南林业科技大学
2010	科技进步奖	一等奖	超级杂交稻“三定”栽培技术研究与应用	湖南农业大学，湖南省水稻研究所
2010	科技进步奖	一等奖	稻米深加工高效转化与副产物综合利用	中南林业科技大学，万福生科（湖南）农业开发股份有限公司，南昌大学，湖南金健米业股份有限公司，长沙理工大学，湖南农业大学，华南理工大学
2010	科技进步奖	一等奖	南方早籼稻垩白改良关键技术的研究与应用	湖南农业大学
2010	科技进步奖	一等奖	食品、化学品中危害因子高通量表征与识别关键技术的研究及应用	湖南出入境检验检疫局检验检疫技术中心，江南大学
2010	科技进步奖	二等奖	稻曲病综合治理技术研究及应用	湖南省植保植检站，湖南农业大学生物安全科学技术学院，湖南省植物保护研究所，长沙市植保植检工作站，宁乡县农业技术推广中心植保植检站
2010	科技进步奖	二等奖	稻田减氮控磷综合技术体系研究与集成	湖南省土壤肥料研究所，中国农业科学院农业资源与农业区划研究所，湖南省农业资源与环境保护管理站，湖南农业大学
2010	科技进步奖	二等奖	高产优质北虫草子实体生产技术研究与应用	湖南农业大学，吉首大学，湖南省益康生物高科技有限公司，湖南炎帝生物工程有限公司，湖南天国力生物工程有限公司
2010	科技进步奖	二等奖	高产专用早籼稻创丰 1 号的选育与应用	湖南省水稻研究所
2010	科技进步奖	二等奖	高效降解有机磷和菊酯类农药残留物的光合细菌研究与应用	湖南省植物保护研究所，湖南省蔬菜研究所，长沙艾格里生物肥料技术开发有限公司
2010	科技进步奖	二等奖	红菜薹资源研究及种质创新与杂种优势利用	湖南省蔬菜研究所，湖南湘研种业有限公司
2010	科技进步奖	二等奖	湖南省退耕还林可持续经营技术与效益计量评价	湖南省林业科学院，湖南省退耕还林工作领导小组办公室
2010	科技进步奖	二等奖	湖南西部地区农业经济发展和农民增收问题研究	吉首大学
2010	科技进步奖	二等奖	两系法广适型早籼超级稻株两优 30 的选育与推广	湘潭市农业科学研究所，株洲市农业科学研究所
2010	科技进步奖	二等奖	杉木人工林土壤质量退化过程、机理及调控技术	中国科学院会同森林生态实验站，湖南农业大学

（续表）

年份	奖项	等级	项目名称	主要完成单位
2010	科技进步奖	二等奖	油菜免耕直播联合播种机的开发与推广	湖南农业大学，现代农装株洲联合收割机有限公司
2010	科技进步奖	二等奖	油茶优良新品种规模化繁育技术体系研究与示范	湖南省林业科学院，湖南省林木种苗管理站，广西壮族自治区林业科学研究院，江西省林业科学院，湖南省中林油茶科技有限责任公司
2010	科技进步奖	二等奖	早生优质绿茶新品种玉绿、玉笋选育与推广应用	湖南省茶叶研究所
2010	科技进步奖	三等奖	《实用人畜共患传染病学》	长沙市第一医院（长沙市传染病医院）
2010	科技进步奖	三等奖	茶叶增值加工技术研究与产品开发	湖南省茶叶研究所，湖南省三利进出口有限公司
2010	科技进步奖	三等奖	常德市超级杂交水稻丰产技术研究与推广应用	常德市农业局，汉寿县农业局，桃源县农业局
2010	科技进步奖	三等奖	超微细猕猴桃籽油产业化关键技术研究与应用	吉首大学，湖南老爹农业科技开发股份有限公司
2010	科技进步奖	三等奖	低剂量农药对稻田蜘蛛控虫能力的影响及其作用机理研究与应用	湖南农业大学，湖南文理学院，湖南师范大学
2010	科技进步奖	三等奖	多用途高档优质稻爱华 5 号的选育及应用	湖南省水稻研究所
2010	科技进步奖	三等奖	茯苓新品种选育与袋料高效栽培技术研究	靖州苗族侗族自治县茯苓专业协会，靖州苗族侗族自治县科技推广中心，靖州苗族侗族自治县农业技术推广中心
2010	科技进步奖	三等奖	高产优质早籼湘辐 994 的选育与应用	湖南省原子能农业应用研究所
2010	科技进步奖	三等奖	高蛋白杂交玉米新品种湘永单 3 号选育与推广	湖南省永顺县旱粮研究所
2010	科技进步奖	三等奖	珙桐、红花檵木等林区稀有特有花卉品种资源开发利用研究	湖南省森林植物园
2010	科技进步奖	三等奖	湖南山地风景名胜区生态安全问题分析及理性化建设研究	湖南农业大学，长沙理工大学
2010	科技进步奖	三等奖	湖南省家蚕微粒子病综合防治技术研究与应用	湖南省蚕桑科学研究所，华南农业大学
2010	科技进步奖	三等奖	湖南省农产品加工业发展战略研究	湖南省农业科学院科技情报研究所
2010	科技进步奖	三等奖	湖南省主要农作物节水灌溉制度与灌溉定额等值线图研究	湖南省水利水电科学研究所，湖南省水利工程管理局
2010	科技进步奖	三等奖	湖南省主要栽培植物应用 GGR 配套技术的示范推广	湖南省林业科技推广总站，湘西土家族苗族自治州林业局，怀化市林业科技推广站，郴州市林业科技推广中心，永州市林业科技推广站
2010	科技进步奖	三等奖	湖南亚热带天然林可持续发展研究	湖南省林业科学院，湖南省林学会
2010	科技进步奖	三等奖	基于食品安全的天然活性蜂产品深加工技术及产业化	长沙理工大学，湖南省明园蜂业有限公司，湖南省原子能农业应用研究所
2010	科技进步奖	三等奖	辣度标准化技术研究及应用	湖南农业大学，长沙坛坛香调料食品有限公司，辣妹子食品股份有限公司

（续表）

年　份	奖　项	等　级	项目名称	主要完成单位
2010	科技进步奖	三等奖	两系优质高产杂交稻奥两优 28 选育与应用	湖南怀化奥谱隆作物育种工程研究所，怀化市种子管理站
2010	科技进步奖	三等奖	南方生猪养殖小区疫病防治技术	邵阳市畜牧科学研究所
2010	科技进步奖	三等奖	肉牛品改技术体系中发情控制与计算机管理系统的研究与应用	湖南省畜牧兽医研究所，湖南光大牧业科技有限公司，娄底市草科所涟源市天隆农村科技合作社，长沙新起点生物科技有限公司
2010	科技进步奖	三等奖	无盐香醋加工关键技术研究及应用	吉首大学，湘西自治州边城醋业科技有限责任公司
2010	科技进步奖	三等奖	眼镜蛇的规模化人工养殖技术	永州市异蛇科技实业有限公司
2010	科技进步奖	三等奖	优质高产三系杂交晚稻 T 优 259 的选育与应用	湖南农业大学
2010	科技进步奖	三等奖	张家界大鲵资源与栖息生态环境研究	吉首大学，张家界市畜牧水产局
2010	科技进步奖	三等奖	珍珠副产品无害化处理及循环利用技术	湖南省水产科学研究所
2010	科技进步奖	三等奖	中国亚热带中部藤本植物区系、多样性、生态特性和应用研究	湖南省森林植物园
2010	科技进步奖	三等奖	竹材利用关键技术研究与应用	中南林业科技大学，江西师范大学
2011	自然科学奖	二等奖	水稻广谱抗稻瘟病基因的克隆与抗病信号途径解析	湖南农业大学
2011	自然科学奖	二等奖	土壤微生物生物量测定方法及其应用	中国科学院亚热带农业生态研究所，中国农业大学，华中农业大学
2011	自然科学奖	三等奖	基于环境影响评价的水稻清洁生产研究	湖南农业大学
2011	自然科学奖	三等奖	南方主要经济树种加工剩余物高品位资源化利用基础研究	中南林业科技大学
2011	自然科学奖	三等奖	长期不同施肥下红壤性水稻土肥力质量的演变规律	湖南省土壤肥料研究所
2011	技术发明奖	一等奖	柑橘酶法脱囊衣和去皮技术研究	湖南省农产品加工研究所
2011	技术发明奖	一等奖	酰胺类水田除草剂的植物性安全剂研究与应用	湖南农业大学，湖南人文科技学院
2011	技术发明奖	二等奖	挂面生产工艺中系列关键装置的改进与创新	克明面业股份有限公司，长沙理工大学
2011	技术发明奖	二等奖	环境友好型松木中性脱脂关键技术与应用	湖南工程学院，中南林业科技大学
2011	技术发明奖	三等奖	新型酵母细胞微胶囊壁材的制备与应用	湖南农业大学
2011	技术发明奖	三等奖	圆竹加工关键技术与应用	中南林业科技大学
2011	科技进步奖	一等奖	矿山重金属污染的生态修复关键技术及应用	湖南科技大学，中核二七二铀业有限责任公司
2011	科技进步奖	一等奖	南方蓖麻新品种选育及其油脂利用技术	湖南省林业科学院，广西壮族自治区林业科学研究院，永州职业技术学院，湖南省生物柴油工程技术研究中心

（续表）

年份	奖项	等级	项目名称	主要完成单位
2011	科技进步奖	一等奖	葡萄新品种选育及产业化技术研究与推广	湖南农业大学，湖南神州庄园葡萄酒业有限公司，澧县优质葡萄产业办公室，长沙市中崛果业有限公司
2011	科技进步奖	一等奖	生物方剂分析药理研究策略的应用	中南大学湘雅医院
2011	科技进步奖	一等奖	生猪安全生产生物调控关键技术研究与应用	湖南农业大学，湖南正虹科技发展股份有限公司，中国科学院亚热带农业生态研究所，伟鸿食品有限公司，株洲市神农动物药业有限公司，湖南中业科技发展有限公司，湖南奥益生物科技有限公司
2011	科技进步奖	一等奖	蔬菜均衡生产关键技术研究与示范推广	湖南省蔬菜研究所，衡阳市蔬菜研究所，湖南农业大学，常德市蔬菜科学研究所，益阳市蔬菜科学研究所，湘潭市雨湖区蔬菜技术推广站，湖南第一师范学院
2011	科技进步奖	一等奖	资源节约型无人工甲醛释放人造板制造关键技术	中南林业科技大学，广东省宜华木业股份有限公司，湖南天健纤维板有限公司，古丈县卓良木业有限责任公司，成都新红鹰家具有限公司，广州市鸿海板业科技有限公司
2011	科技进步奖	一等奖	组合人工湿地污水处理技术开发与产业化应用	中南林业科技大学
2011	科技进步奖	二等奖	保健食品中违禁药物广谱筛查关键技术	湖南师范大学
2011	科技进步奖	二等奖	柑橘小实蝇生物学特性及控防技术研究	湖南省植保植检站，湖南农业大学，湖南省植物保护研究所，岳阳市植保植检站，南岳区植保植检站
2011	科技进步奖	二等奖	高产、广适、多用早籼品种99早677的选育与应用	湖南省水稻研究所
2011	科技进步奖	二等奖	高档苎麻产品关键技术研究及产业化推广项目	湖南华升株洲雪松有限公司，东华大学
2011	科技进步奖	二等奖	湖南农业季节性干旱适应性防控技术研究与应用	湖南省土壤肥料研究所，中国农业科学院农业环境与可持续发展研究所，湖南省气象科学研究所，中国农业大学，湖南省华容县农业局
2011	科技进步奖	二等奖	两用核不育水稻育性鉴定技术体系的研究与应用	湖南师范大学
2011	科技进步奖	二等奖	泡桐大径材速生丰产林养分效应与专用肥研究与示范	中南林业科技大学，国家林业局泡桐研究开发中心，湖南省林业科学院
2011	科技进步奖	二等奖	肉鸭高效健康养殖关键技术研究与应用	中国科学院亚热带农业生态研究所，湖南农业大学，湖南省畜牧兽医研究所，湘潭市畜牧水产局，攸县畜牧水产局
2011	科技进步奖	二等奖	籼型三系强优恢复系常恢117的选育与应用研究	湖南金健种业有限责任公司，常德市农业科学研究所
2011	科技进步奖	二等奖	湘西农产品市场建设与经济发展研究	吉首大学，怀化学院
2011	科技进步奖	二等奖	湘杂棉高支纱系列品种的选育与推广应用	湖南省棉花科学研究所

（续表）

年 份	奖 项	等 级	项目名称	主要完成单位
2011	科技进步奖	二等奖	优质高产抗逆杂交稻新组合金优217的选育与推广	湘西土家族苗族自治州农业科学研究所
2011	科技进步奖	二等奖	优质杂交油菜丰油701品种选育与应用	湖南省作物研究所
2011	科技进步奖	二等奖	猪血多肽的制备工艺及其开发应用	湖南农业大学，湖南正虹科技发展股份有限公司，长沙兴嘉生物工程股份有限公司，中国科学院亚热带农业生态研究所
2011	科技进步奖	三等奖	公路路域生态健康系统管理技术	长沙理工大学，湖南省宁道高速公路建设开发有限公司
2011	科技进步奖	三等奖	广适型恢复系华恢272系列杂交水稻品种的选育与应用	袁隆平农业高科技股份有限公司，湖南杂交水稻研究中心，湖南亚华种业科学研究院，湖南亚华种子有限公司
2011	科技进步奖	三等奖	国家水产新品种——芙蓉鲤鲫的选育及应用	湖南省水产科学研究所
2011	科技进步奖	三等奖	红薯淀粉高效分离技术研究与开发	湖南天圣有机农业有限公司
2011	科技进步奖	三等奖	即食型兔肉工业化生产关键技术开发与应用	湖南农业大学，平江志成实业有限公司
2011	科技进步奖	三等奖	几种重大动物疫病新型快速检测技术研究及应用	湖南出入境检验检疫局检验检疫技术中心，中国检验检疫科学研究院
2011	科技进步奖	三等奖	榉树微繁及造林技术	中南林业科技大学，益阳市林业局
2011	科技进步奖	三等奖	苦瓜种质资源创新与杂种优势利用及产业化技术开发	长沙市蔬菜科学研究所，长沙市蔬菜科技开发公司
2011	科技进步奖	三等奖	连续程控复分解食品级小苏打清洁生产新工艺的研究	衡阳市海联盐卤化工有限公司
2011	科技进步奖	三等奖	米胚制油新技术研发及应用	湖南华龙粮油集团有限公司，江南大学
2011	科技进步奖	三等奖	奶牛植物源性生理与营养调控及优质奶制品开发	湖南农业大学，中南林业科技大学，中国科学院亚热带农业生态研究所，湖南亚华乳业有限公司
2011	科技进步奖	三等奖	谱效育种方法与湘白鱼腥草选育及规范化栽培规程研制与应用	怀化学院，中南大学，湖南大学，湖南正清制药集团股份有限公司，怀化市兴隆农业开发有限公司
2011	科技进步奖	三等奖	人工三倍体桑树新品种湘桑6号的选育与推广	湖南省蚕桑科学研究所，湖南省蚕种工作站，广东省农科院蚕业与农产品加工研究所
2011	科技进步奖	三等奖	特色甜糯玉米新品种的选育与推广	湖南农业大学
2011	科技进步奖	三等奖	铁皮石斛种苗组培快繁与生态高效综合栽培技术	湖南龙石山铁皮石斛基地有限公司，邵阳市龙石山铁皮石斛生态种植有限公司
2011	科技进步奖	三等奖	微生物发酵床健康养猪技术研究与应用	湖南省微生物研究所，湖南省畜牧水产局，湖南润邦生物工程有限公司
2011	科技进步奖	三等奖	湘林-90等5个美洲黑杨杂交新无性系选育	湖南省林业科学院，中国林业科学研究院林业研究所，岳阳市君山区林业局，汉寿县林业局，沅江市林业局
2011	科技进步奖	三等奖	烟草专用复合微生物肥料的研发及产业化	长沙浩博生物科技有限公司

（续表）

年 份	奖 项	等 级	项目名称	主要完成单位
2011	科技进步奖	三等奖	优质高产交水稻组合T优207的选育与应用	湖南杂交水稻研究中心，湖南隆平种业有限公司
2011	科技进步奖	三等奖	优质抗虫棉品种海杂棉1号的选育与应用	湖南省岳阳市农业科学研究所，湖南洞庭高科种业股份有限公司，湖南省农业科学院
2011	科技进步奖	三等奖	优质瘦肉型猪爱平亲本系选育与推广	湖南省畜牧兽医研究所，衡东县爱平养殖有限公司
2011	科技进步奖	三等奖	油菜优质高产栽培技术研究与推广	常德市农业局，鼎城区农业局，安乡县农业局，桃源县农业局
2011	科技进步奖	三等奖	油茶德字1号无性系选育	平江县林业局
2011	科技进步奖	三等奖	油茶采穗圃穗果兼营综合技术研究	永州市林业科学研究所，湖南省森林植物园，永州市浯峰茶业有限公司，金洞管理区科技局
2011	科技进步奖	三等奖	珍稀优良园林树种鹿角杜鹃新品种选育及其繁育栽培关键技术	湖南省森林植物园
2011	科技进步奖	三等奖	重大害虫马尾松毛虫新资源深加工利用技术	中南林业科技大学，湖南王中华生物技术有限公司，长沙青出蓝科技有限公司
2011	科技进步奖	三等奖	紫苏香素提取新工艺研究	湖南城市学院，益阳市民生农业资源科技开发有限公司
2012	自然科学奖	一等奖	茉莉素信号传导的分子机理研究	湖南农业大学，清华大学
2012	自然科学奖	一等奖	食品安全与检验检疫危害因子检测新原理新方法	湖南出入境检验检疫局检验检疫技术中心，江南大学，天津大学
2012	自然科学奖	二等奖	影响大米及其制品矿物质营养的研究	常德市壹德壹食品有限公司，中国农业大学，常德市武陵区卫生监督所
2012	自然科学奖	二等奖	爪哇稻及其亚种间杂种优势的研究	中国科学院亚热带农业生态研究所，国家杂交水稻工程技术研究中心
2012	自然科学奖	三等奖	洞庭湖水系名贵鱼类微卫星标记筛选及其在种质资源保护中的应用	长沙学院
2012	自然科学奖	三等奖	西藏红拉雪山黑白仰鼻猴保护生物学研究	中南林业科技大学，中国科学院昆明动物研究所，中国科学院动物研究所
2012	自然科学奖	三等奖	运用EDTA修复重金属污染土壤的研究	湖南农业大学，中南林业科技大学
2012	科技进步奖	一等奖	高油分、高抗逆、高产量“三高”优质油菜新品种选育和推广	湖南农业大学
2012	科技进步奖	一等奖	黑茶保健功能发掘与产业化关键技术创新	湖南农业大学，湖南省茶业有限公司，益阳茶厂有限公司，湖南省白沙溪茶厂有限责任公司，湖南省茶叶研究所，国家植物功能成分利用工程技术研究中心
2012	科技进步奖	二等奖	超级杂交晚稻组合丰源优299的选育与应用	湖南杂交水稻研究中心
2012	科技进步奖	二等奖	稻类资源抗瘟性评价体系建立与应用	湖南省植物保护研究所，湖南农业大学生物安全科学技术学院，湖南省水稻研究所，湖南省农业信息与工程研究所
2012	科技进步奖	二等奖	国审转基因抗虫棉湘杂棉8号和湘杂棉11号的选育与产业化	湖南省棉花科学研究所，湖南隆平高科亚华棉油种业有限公司

（续表）

年　份	奖　项	等　级	项目名称	主要完成单位
2012	科技进步奖	二等奖	湖南重点外来入侵物种调查及高危物种综合防控技术研究与应用	湖南省农业资源与环境保护管理站，湖南农业大学，中国科学院亚热带农业生态研究所
2012	科技进步奖	二等奖	农村饮用水水质处理技术研究	湖南省水利水电科学研究所
2012	科技进步奖	二等奖	松材线虫病重大疫情控制技术研究	湖南省森林病虫害防治检疫总站，湖南省森林植物园，湖南省林业科学院
2012	科技进步奖	二等奖	微红梢斑螟和松实小卷蛾生物学特性及防治技术	湖南省林业科学院，湖南省森林病虫害防治检疫总站，靖州苗族侗族自治县林业局，湘乡市林业局
2012	科技进步奖	二等奖	籼粳亚种间强优恢复系R640的创制与应用	湖南杂交水稻研究中心
2012	科技进步奖	二等奖	血吸虫病防制关键技术研究	中南大学
2012	科技进步奖	二等奖	叶类蔬菜害虫防控关键技术及其系列杀虫剂的研发与应用	湖南农业大学，湖南大方农化有限公司，国家植物功能成分利用工程技术研究中心，湖南省植物保护研究所，中国烟草中南农业试验站
2012	科技进步奖	二等奖	重金属超标土壤的农业安全利用关键技术研究与应用	中国科学院亚热带农业生态研究所，湖南省农业资源与环境保护管理站，株洲市环境保护研究院，湖南省土壤肥料研究所，中国农业科学院农业环境与可持续发展研究所
2012	科技进步奖	二等奖	资源节约型环保竹材复合重组加工关键技术与生态产品设计	中南林业科技大学，湖南省林业产业协会，浏阳市中南竹业有限公司，洪江市华宇竹业有限公司
2012	科技进步奖	三等奖	2BFYQQ-6型油菜浅耕直播机	现代农装株洲联合收割机有限公司，湖南农业大学
2012	科技进步奖	三等奖	畜禽饲料有效磷评价方法与低磷日粮配制技术研究	湖南农业大学，湖南百宜饲料科技有限公司
2012	科技进步奖	三等奖	畜禽细菌性疫病防治兽药制剂新技术研究与应用	湖南农业大学，湖南农大动物药业有限公司，株洲市神农动物药业有限公司，湖南五指峰生化有限公司，湖南泰谷生物科技有限责任公司
2012	科技进步奖	三等奖	春秋兼用斑纹全限性桑蚕品种南·岳×星·辰的选育与推广	湖南省蚕桑科学研究所
2012	科技进步奖	三等奖	富硒农产品生产关键技术研究与应用	湖南农业大学，长沙隆农农业科技开发有限公司，常德市农业局，湖南省瑞纳福实业有限公司，湖南亲硒元超市有限公司
2012	科技进步奖	三等奖	柑橘幼林高效立体栽培模式研究	永州市林业科学研究所，湖南省森林植物园，湖南省林产品质量检验检测中心
2012	科技进步奖	三等奖	湖南省O139霍乱传染特性及其流行状况快速评估方法研究	湖南省疾病预防控制中心
2012	科技进步奖	三等奖	湖南主要养殖水体健康养殖模式及关键配套技术研究与应用	湖南农业大学，大通湖天泓渔业股份有限公司，常德市畜牧兽医水产局，湖南省水产科学研究所，湖南东江湖渔业股份有限公司
2012	科技进步奖	三等奖	环洞庭湖防护林体系建设技术	湖南省林业外资项目管理办公室，湖南省林业科学院
2012	科技进步奖	三等奖	黄羽肉鸡饲料营养调控技术研究与应用	湖南省畜牧兽医研究所，湖南尤特尔生化有限公司，湖南光大牧业科技有限公司

（续表）

年份	奖项	等级	项目名称	主要完成单位
2012	科技进步奖	三等奖	降低油茶籽油中苯并（a）芘含量关键加工技术研究	湖南省食品质量监督检测所，常德市产商品质量监督检验所，郴州永兴泰宇茶油有限公司
2012	科技进步奖	三等奖	三个高产优质特色花生新品种的选育与推广	湖南农业大学
2012	科技进步奖	三等奖	生鲜湿面制品工业化生产工艺技术及产业化	中南林业科技大学，长沙南泥湾食品厂
2012	科技进步奖	三等奖	锑矿区废弃地植被恢复技术及应用研究	湖南省林业科学院，湖南环境生物职业技术学院，湖南农业大学，湖南省冷水江市林业局
2012	科技进步奖	三等奖	土地合理利用及其综合评价	湖南省国土资源规划院
2012	科技进步奖	三等奖	优质光温敏核不育系奥龙 1S 选育与应用	湖南怀化奥谱隆作物育种工程研究所，湖南奥谱隆种业科技有限公司
2012	科技进步奖	三等奖	珍稀药用真菌资源化利用关键技术及产业化	湖南农业大学，长沙桑霖生物科技有限公司
2012	科技进步奖	三等奖	植物育苗自动化	湖南省湘晖农业技术开发有限公司
2012	科技进步奖	三等奖	中国农药发展战略研究	湖南化工研究院
2013	自然科学奖	一等奖	猪氨基酸营养功能的基础研究	中国科学院亚热带农业生态研究所
2013	自然科学奖	二等奖	基于隐花素介导的植物开花及光形态建成的分子机制研究	湖南大学
2013	自然科学奖	三等奖	扁桃产业发展趋势与桃胶加工利用的力学与化学基础研究	中南林业科技大学
2013	自然科学奖	三等奖	谷蛾科昆虫系统进化及其检疫性害虫庶扁蛾的快速鉴定方法研究	湖南农业大学，华南农业大学，中华人民共和国珠海出入境检验检疫局
2013	自然科学奖	三等奖	南方林业特色植物抽提物全资源利用基础	中南林业科技大学
2013	自然科学奖	三等奖	酸雨与重金属对土壤—农作物系统的复合污染及影响因素	中南林业科技大学，湖南农业大学
2013	技术发明奖	二等奖	基于全方位视觉传感信息的精准农业新技术研发与应用	湖南农业大学
2013	技术发明奖	三等奖	发酵辣椒加工新技术及应用	湖南农业大学，长沙坛坛香调料食品有限公司
2013	科技进步奖	一等奖	大米主食生产关键技术创新与应用	中南林业科技大学，华中农业大学，长沙理工大学，西华大学，四川得益绿色食品集团有限公司，湖南润涛生物科技有限公司，湖南金健米业股份有限公司
2013	科技进步奖	一等奖	反刍动物营养调控与饲料高效利用技术研究与应用	中国科学院亚热带农业生态研究所，浙江大学，内蒙古自治区农牧业科学院，中南林业科技大学，湖南农业大学，新希望集团有限公司
2013	科技进步奖	一等奖	广适性优质超级杂交水稻 Y 两优 1 号的选育与应用	湖南杂交水稻研究中心
2013	科技进步奖	一等奖	特色植物功能成分高效利用关键技术创新产业化	湖南农业大学，中南大学，花垣恒远植物生化有限责任公司，张家界奥威科技有限公司，国家植物功能成分利用工程技术研究中心

（续表）

年　份	奖　项	等　级	项目名称	主要完成单位
2013	科技进步奖	一等奖	苎麻饲料化与多用途研究与应用	中国农业科学院麻类研究所，湖南天华实业有限公司，达州市农业科学研究所，湖北省咸宁市农业科学院，湖南省张家界市农业科学研究所
2013	科技进步奖	二等奖	紫科 1 号红豆杉品种选育、快繁及丰产栽培技术	湖南省森林植物园，洪江市科学技术局，洪江市红豆紫杉有限责任公司，洪江市林业局
2013	科技进步奖	二等奖	凹叶厚朴优良无性系选育及无公害栽培技术研究	湖南省林业科学院，中南林业科技大学，湖南中医药大学，湖南敬和堂制药有限公司
2013	科技进步奖	二等奖	超级杂交水稻节氮抗倒高产高效栽培技术研究与示范	湖南杂交水稻研究中心，湖南农业大学，湖北移栽灵农业科技股份有限公司，湖南省土壤肥料研究所，长江大学
2013	科技进步奖	二等奖	炒青绿茶全自动加工技术及成套设备的研究与应用	长沙湘丰茶叶机械股份有限公司，中南大学，湖南省茶叶研究机构，湖南湘丰茶业有限公司，中国科学院亚热带农业生态研究所
2013	科技进步奖	二等奖	高产一季杂交水稻新品种选育及高效配套技术研制与应用	湖南省水稻研究所
2013	科技进步奖	二等奖	高产优质早稻品种湘早籼 45 号选育与推广应用	益阳市农业科学研究所，湖南益阳粒粒晶粮食购销有限公司
2013	科技进步奖	二等奖	高强高韧聚乙烯节能耐磨渔网集成技术与产业化	湖南鑫海网业有限公司，中国水产科学研究院东海水产研究所，湖南城市学院
2013	科技进步奖	二等奖	光合细菌菌剂在农田土壤污染和治理中的研究及产业化应用	湖南省植物保护研究所，山西大学，中国农业科学院农业资源与农业区划研究所，长沙艾格里生物肥料技术开发有限公司，中北大学
2013	科技进步奖	二等奖	湖南澧水流域水土流失与生态环境研究	湖南省水利水电勘测设计研究总院
2013	科技进步奖	二等奖	临武鸭标准化养殖技术应用	湖南临武舜华鸭业发展有限责任公司
2013	科技进步奖	二等奖	南方水稻生产机械化作业装备研发与产业化应用	湖南省农友精细集团有限公司，湖南农业大学，湖南大学
2013	科技进步奖	二等奖	农业气候精细区划关键技术与应用	湖南省气候中心，湖南大学，湖南省气象科学研究所
2013	科技进步奖	二等奖	蕲蛇（尖吻蝮）幼蛇在自然捕食下的人工饲养技术	永州市异蛇科技实业有限公司，中南林业科技大学野生动植物保护研究所
2013	科技进步奖	二等奖	薯类酒精生产新技术及副产物综合利用	湖南农业大学，湖南龙山县金山实业有限责任公司，湖南正虹科技发展股份有限公司
2013	科技进步奖	二等奖	油菜优质高产高效生产管理智能决策系统研制与应用	湖南农业大学
2013	科技进步奖	三等奖	SDB1 号超早断奶仔猪配合饲料研制和开发	湖南九鼎科技有限公司
2013	科技进步奖	三等奖	带标记性状的湘杂棉系列强优势配置的选育与应用	湖南省棉花科学研究所
2013	科技进步奖	三等奖	稻米绿色储藏和深加工利用新技术及应用	长沙理工大学，湖南金健米业股份有限公司，湖南长沙霞凝国家粮食储备库，湖南省粮油科学研究设计院
2013	科技进步奖	三等奖	高产优质杂交棉湘农杂棉 68 等品种的选育与推广应用	湖南农业大学

（续表）

年　份	奖　项	等　级	项目名称	主要完成单位
2013	科技进步奖	三等奖	谷物挤压加工新食品开发及高性能装备研制	湖南农业大学，湖南富马科食品工程技术有限公司，国家粮食局科学研究院，湖南省农产品加工研究所
2013	科技进步奖	三等奖	湖南省狂犬病毒分子流行病学特征研究	湖南省疾病预防控制中心
2013	科技进步奖	三等奖	环保型高性能橱柜用材制造关键技术与智能产品设计	中南林业科技大学，湖南欧比诺家俱有限公司
2013	科技进步奖	三等奖	黄常山、杜茎山和赤车的扦插繁殖与栽培技术研究	湖南省森林植物园
2013	科技进步奖	三等奖	两系杂交水稻安全高产制种技术创新与应用	湖南农业大学，湖南杂交水稻研究中心，湖南隆平种业有限公司，湖南亚华种业科学研究院
2013	科技进步奖	三等奖	蒙古鲌与翘嘴鲌野生种群驯化利用关键技术研究	大湖水殖股份有限公司，湖南文理学院，湖南省水产工程技术研究中心，湖南洞庭鱼类良种场（国家级）
2013	科技进步奖	三等奖	猕猴桃鲜果自动取籽与切片装置的研究与应用	吉首大学，湖南老爹农业科技开发股份有限公司
2013	科技进步奖	三等奖	南方红豆杉苗木培训与经营技术研究	永州市林业科学研究所，湖南省质量检验检测中心，湖南省农业科学院
2013	科技进步奖	三等奖	丘岗地柑橘抗旱提质增效关键技术研究与应用	湖南农业大学，资兴市东江库区管理局，湘西土家苗族自治州经济作物站，湖南喜力隆农林产业有限公司
2013	科技进步奖	三等奖	沙子岭猪遗传资源及种质特性研究与应用	湘潭市家畜育种站，湖南省畜牧兽医研究所，中南大学湘雅三医院，湘潭飞龙牧业有限公司，湖南农业大学
2013	科技进步奖	三等奖	湘西自治州脱毒马铃薯良种繁育技术研究与应用	湘西自治州粮油作物技术服务站，龙山县农业技术推广中心，永顺县粮油作物技术服务站，湘西自治州农科院
2013	科技进步奖	三等奖	小型农田水利工程建设规范化、生态化研究	湖南省水利水电科学研究所，湖南省水利工程管理局
2013	科技进步奖	三等奖	优质杂交晚籼水稻新组合岳优712选育与应用	湖南岳阳市农业科学研究所，湖南洞庭高科种业股份有限公司
2013	科技进步奖	三等奖	油茶良种繁育新技术	中南林业科技大学，湖南省林业种苗中心，湖南省林业科学院，湖南江山生态农林发展有限公司，湖南永丰农林科技有限公司
2013	科技进步奖	三等奖	源分离无水生态卫生系统的关键技术研究与示范	中南林业科技大学，湖南海尚环境生物科技有限公司
2013	科技进步奖	三等奖	战略性新兴产业评价选择、发展模式创新和共性技术研究与应用	中南林业科技大学，长沙理工大学
2014	自然科学奖	三等奖	农业生产措施对土壤微生态系统的影响	湖南农业大学，湖南中医药大学
2014	技术发明奖	一等奖	镉铅污染农田原位钝化修复与安全生产技术体系创建及应用	中国科学院亚热带农业生态研究所，湖南省土壤肥料研究所（湖南省农业环境研究中心）
2014	技术发明奖	二等奖	肉品生物调控保鲜及骨骼高效利用新技术	湖南农业大学，湖南恒惠食品有限公司

（续表）

年 份	奖 项	等 级	项目名称	主要完成单位
2014	技术发明奖	二等奖	污染稻田土壤—水稻系统镉迁移积累的多靶向定量控制技术	湖南省农业科学院，长沙三元农业科技有限公司
2014	技术发明奖	三等奖	常见猪流感病毒快速检测技术	湖南出入境检验检疫局检验检疫技术中心，中南大学
2014	技术发明奖	三等奖	桑叶、罗汉果生物活性成分的综合开发利用	湖南农业大学，长沙湘资生物科技有限公司
2014	技术发明奖	三等奖	松节油制备香料、医药中间体新技术及其开发应用	中南林业科技大学，湖南松源化工有限公司
2014	科技进步奖	一等奖	超级杂交稻“种三产四”丰产技术研究与应用	湖南杂交水稻研究中心，湖南农业大学，湖南省水稻研究所，袁隆平农业高科技股份有限公司，醴陵市农业局，永州市零陵区农业局
2014	科技进步奖	一等奖	淡水鱼深加工关键技术研究与示范	长沙理工大学，益阳益华水产品有限公司，湖南农业大学，大湖水殖股份有限公司，资兴市山水天然食品有限公司
2014	科技进步奖	一等奖	国家二类新兽药博落回提取物与博落回散创制及应用	湖南农业大学，湖南美可达生物资源有限公司，中国农业大学，湖南省中药提取工程研究中心有限公司，长沙世唯科技有限公司
2014	科技进步奖	一等奖	羟基嘧啶类化合物及下游产品清洁生产关键共性技术开发与应用	湖南海利化工股份有限公司，湖南化工研究院，湖南海利常德农药化工有限公司
2014	科技进步奖	一等奖	水稻主要害虫绿色防控技术研究与应用	湖南省农业科学院，湖南省水稻研究所，湖南省植物保护研究所，湖南农丰种业有限公司，湖南粮食集团有限责任公司
2014	科技进步奖	二等奖	畜禽养殖废弃物资源化综合利用处理技术	中南林业科技大学，湖南海尚环境生物科技有限公司
2014	科技进步奖	二等奖	非食用复合原料油清洁转化油脂基能源产品新技术与示范	湖南省林业科学院，湖南省生物柴油工程技术研究中心，中国科学院广州能源研究所，江苏大学
2014	科技进步奖	二等奖	湖南武陵山区特色农业产业发展战略	湖南省农业科学院
2014	科技进步奖	二等奖	湖南油茶良种组合区划和标准化栽培	湖南省林业科学院，南京林业大学，湖南林之神生物科技有限公司，岳阳市林业科学院研究所，湖南省湘潭市林业科学研究所（湘潭市金鸡岭林场）
2014	科技进步奖	二等奖	环洞庭湖区水产高效生产的营养与水质调控关键技术	湖南农业大学，湖南正园饲料有限公司，益阳益华水产品有限公司，大通湖天泓渔业股份有限公司，长沙学院
2014	科技进步奖	二等奖	金银花新品种“花瑶晚熟”选育及组培快繁技术	湖南省林业科学院，隆回县特色产业开发办公室，湖南未名创林生物能源有限公司
2014	科技进步奖	二等奖	桤木人工林生态系统结构功能及高效培育关键技术研究与应用	中南林业科技大学，湖南省林业科学院
2014	科技进步奖	二等奖	强优势转基因品种湘杂棉7号、湘杂棉17号的选育与推广应用	湖南省棉花科学研究所
2014	科技进步奖	二等奖	生态酿酒综合酿酒的研发及产业化	湖南湘窖酒业有限公司，邵阳学院
2014	科技进步奖	二等奖	湘村黑猪新品选育及推广	湘村高科农业股份有限公司，湖南省畜牧兽医研究所（湖南家畜育种工作站）

（续表）

年份	奖项	等级	项目名称	主要完成单位
2014	科技进步奖	二等奖	油菜联合收获技术及装备开发与推广	湖南农业大学，现代农装株洲联合收割机有限公司
2014	科技进步奖	二等奖	有机废弃物育苗营养基质的研究与应用	湖南省农业科学院，长沙浩博生物技术有限公司，益阳市赫山区宏兴蔬菜种植专业合作社
2014	科技进步奖	二等奖	杂交油菜沣油 5103 等品种选育及配套技术研究与应用	湖南省农业科学院，湖南隆平高科亚华棉油种业有限公司
2014	科技进步奖	二等奖	植物营养剂的研制与应用	长沙学院
2014	科技进步奖	三等奖	动物源食品安全控制技术体系	长沙市食品质量安全监督检测中心
2014	科技进步奖	三等奖	黑马王子西瓜新品种选育与开发	湖南省瓜类研究所，湖南农业大学，湖南雪峰种业有限责任公司
2014	科技进步奖	三等奖	湖南省创意休闲农业发展战略	湖南省农业科学院
2014	科技进步奖	三等奖	湖南省油茶害虫危险性等级及其主要害虫防控技术	湖南省林业科学院
2014	科技进步奖	三等奖	檵木属种质资源的创新与利用	湖南农业大学
2014	科技进步奖	三等奖	两系杂交早稻株两优 15 的选育与产业化	湖南省贺家山原种场
2014	科技进步奖	三等奖	南方马铃薯病毒病及脱毒种薯繁育技术研究与应用	湖南农业大学
2014	科技进步奖	三等奖	籼型三系不育系丰源 A 的选育与应用	湖南杂交水稻研究中心
2014	科技进步奖	三等奖	湘银花、湘百合、湘玉竹种质评价和 GAP 种植关键技术研究及应用	湖南中医药大学
2014	科技进步奖	三等奖	雪峰蜜柑高品质栽培技术研究与推广应用	邵阳市柑桔研究所（邵阳市柑桔产业化建设领导小组办公室）
2014	科技进步奖	三等奖	优质高油高产油菜新品种选育及丰产技术研究与应用	常德职业技术学院，湖南湘穗种业有限责任公司，常德市农业技术推广中心站
2014	科技进步奖	三等奖	油茶低产林产量提升技术	中南林业科技大学，湖南省林业科学院，浏阳市林业技术推广站，湖南雪峰山茶油专业合作社
2014	科技进步奖	三等奖	珍贵资源江华苦茶创新利用研究及新品种潇湘红 21-3 选育与推广	湖南省农业科学院，湖南天牌茶业有限公司
2014	科技进步奖	三等奖	苎麻剥麻机的研制与应用	中国农业科学院麻类研究所，长沙桑铼特农业机械设备有限公司

附表 B-18　2008—2014 年广东省农业科技获奖成果

年　份	奖　项	等　级	项目名称	主要完成单位
2008	科学技术奖	一等奖	水稻空间诱变育种技术研究与新品种选育应用	华南农业大学，广东省农业科学院植物保护研究所，广东省种子总站
2008	科学技术奖	一等奖	中国华南及邻区森林大型真菌多样性研究及其应用	广东省微生物研究所
2008	科学技术奖	一等奖	南海区域海洋生物种群多样性与生产机制	中国科学院南海海洋研究所
2008	科学技术奖	一等奖	园艺产品采后品质的调控机制	中国科学院华南植物园
2008	科学技术奖	一等奖	脊椎动物免疫系统的起源与进化研究	中山大学
2008	科学技术奖	一等奖	新城疫预防与控制的研究	华南农业大学
2008	科学技术奖	二等奖	高脂马尾松良种选育研究	广东省林业科学研究院
2008	科学技术奖	二等奖	海水养殖鱼类新型高效无公害饲料的研究与开发	广东粤海饲料集团有限公司
2008	科学技术奖	二等奖	褐塘鳢全人工繁殖、苗种产业化及养殖技术研究	中国水产科学研究院珠江水产研究所
2008	科学技术奖	二等奖	红莲型优质籼稻不育系粤泰 A 的选育、研究与应用	广东省农业科学院水稻研究所
2008	科学技术奖	二等奖	华南蔬菜种质资源收集保存鉴定评价与利用研究	广东省农业科学院蔬菜研究所
2008	科学技术奖	二等奖	吉奥罗非鱼的亲本选育与规模化制种技术研究	茂名市伟业全雄性奥尼鱼繁育场
2008	科学技术奖	二等奖	家蚕资源营养评价及高效利用	广东省农业科学院蚕业与农产品加工研究所
2008	科学技术奖	二等奖	林业主要杀虫微生物高效利用技术研究	茂名市林业科学研究所
2008	科学技术奖	二等奖	甜玉米种质资源创新及其正甜系列品种选育与应用	广东省农业科学院作物研究所
2008	科学技术奖	二等奖	我国无公害蔬菜标准的研究、制定与应用	广东省农业科学院蔬菜研究所
2008	科学技术奖	二等奖	无籽沙糖桔新品种选育与产业化应用	华南农业大学
2008	科学技术奖	二等奖	新兴麻鸡 4 号配套系	广东温氏南方家禽育种有限公司
2008	科学技术奖	二等奖	鱼藤酮资源植物与鱼藤酮生物农药的研究应用	华南农业大学
2008	科学技术奖	二等奖	广东省渔业船舶管理系统	广东省海洋与渔业局
2008	科学技术奖	二等奖	现代农业发展理论及其在区域农业规划中的应用	华南农业大学
2008	科学技术奖	三等奖	高产、优质、抗病花生新品种湛油 62 的选育与应用	湛江市农业科学研究所
2008	科学技术奖	三等奖	广东岭头单枞茶加工工艺优化的关键性技术的研究与应用	华南师范大学
2008	科学技术奖	三等奖	广东区域土壤水分问题与节水农业技术研究	广东省生态环境与土壤研究所

（续表）

年　份	奖　项	等　级	项目名称	主要完成单位
2008	科学技术奖	三等奖	广东省四江流域生态公益林树种选择和营建技术研究与推广应用	广东省林业科学研究院
2008	科学技术奖	三等奖	华南地区栽培设施技术集成创新及推广应用	广东省农业机械研究所
2008	科学技术奖	三等奖	绿色食品（农产品）专用有机肥研制与应用	广东省农业科学院土壤肥料研究所
2008	科学技术奖	三等奖	农业科技服务知识体系的研究与系统构建	广东海洋大学
2008	科学技术奖	三等奖	山区优质农产品生产规程示范推广应用	广东科学技术职业学院
2008	科学技术奖	三等奖	提高鸭肉品质的综合技术及深加工的研究	佛山科学技术学院
2008	科学技术奖	三等奖	天然植物制剂（猪用饲料增效剂）的研究与应用	佛山市高明举世农业开发有限公司
2008	科学技术奖	三等奖	微生物及植物多糖对水产动物生理机能的调控及应用研究	广东省微生物研究所
2008	科学技术奖	三等奖	无核黄皮高效安全栽培关键技术研究与应用	广东省农业科学院植物保护研究所
2008	科学技术奖	三等奖	优质果大抗裂迟熟荔枝新品种红绣球的选育与应用	广东省农业科学院果树研究所
2008	科学技术奖	三等奖	早熟优质丰产型苦瓜新品种“早绿”的选育与应用	广东省农业科学院蔬菜研究所
2008	科学技术奖	三等奖	珍禽禽流感综合防制技术的研究与应用	广东省家禽科学研究所
2008	科学技术奖	三等奖	利用性诱杀防治桔小实蝇的研究	汕头出入境检验检疫局检验检疫技术中心
2008	科学技术奖	三等奖	橄榄资源调查、收集保护与优良品系选育研究	广东省林业科学研究院
2008	科学技术奖	三等奖	保得微生态制剂的研制与应用	东莞市保得生物工程有限公司
2008	科学技术奖	三等奖	鸡新城疫、禽流感（H9亚型）二联灭活疫苗的研究与产业化	广东大华农动物保健品有限公司
2008	科学技术奖	三等奖	水禽常发病病原菌主要特性与防治关键技术研究	佛山科学技术学院
2008	科学技术奖	三等奖	Beagle检疫犬推广应用	广州市医药工业研究所
2008	科学技术奖	三等奖	狗舌草提取物对L1210细胞的作用及其毒性研究	广东海洋大学
2008	科学技术奖	三等奖	汕头海藻资源调查及开发	汕头市水产研究所
2008	科学技术奖	三等奖	典型水域浮游生物群落分析与养殖环境生态调控	暨南大学
2008	科学技术奖	三等奖	琼胶绿色生产工艺研究及应用	广东海洋大学
2008	科学技术奖	三等奖	天然植物精油萃取技术的研究及应用	广东铭康香精香料有限公司
2008	科学技术奖	三等奖	广东农业科技竞争力比较研究	广东省技术经济研究发展中心

（续表）

年　份	奖　项	等　级	项目名称	主要完成单位
2008	科学技术奖	三等奖	广东社会主义新农村建设百村调查	广东科贸职业学院
2009	科学技术奖	一等奖	蝴蝶兰新品种选育及产业化关键技术研究与开发	广东省农业科学院花卉研究所
2009	科学技术奖	一等奖	罗非鱼良种选育与产业化关键技术	中山大学
2009	科学技术奖	一等奖	农产品中有机磷农药及克伦特罗等残留快速检测技术与应用	华南农业大学
2009	科学技术奖	一等奖	食品微生物安全快速检测与控制技术研究	广东省微生物研究所
2009	科学技术奖	一等奖	棕榈科植物的引种驯化、评价与应用技术研究	广东棕榈园林股份有限公司
2009	科学技术奖	一等奖	广东省典型区域土壤环境质量及农产品安全研究	广东省生态环境与土壤研究所
2009	科学技术奖	二等奖	鲷科鱼类种质资源与利用	中国水产科学研究院南海水产研究所
2009	科学技术奖	二等奖	辣椒杂种优势机理和育种方法研究与应用	广东省农业科学院蔬菜研究所
2009	科学技术奖	二等奖	岭南特色水果原汁及其系列饮料加工关键技术研究及产业化	广东省农业科学院蚕业与农产品加工研究所
2009	科学技术奖	二等奖	美国甘蔗栽培品种CP72-1210的引进、研究与创新利用	广州甘蔗糖业研究所
2009	科学技术奖	二等奖	热带亚热带花卉生理研究及其应用	华南师范大学
2009	科学技术奖	二等奖	蔬菜安全生产技术体系研究与产业化	华南农业大学，广州顺民丰隆农产有限公司
2009	科学技术奖	二等奖	饲用类胡萝卜素国产化开发与应用	广州智特奇生物科技有限公司
2009	科学技术奖	二等奖	虾头综合利用技术	广东海洋大学
2009	科学技术奖	二等奖	影响粮食安全的主要检疫性真菌关键检测技术研究及其应用	中华人民共和国深圳出入境检验检疫局
2009	科学技术奖	二等奖	珠海现代农业科技园区技术体系研究与应用	珠海市农业科学研究中心
2009	科学技术奖	三等奖	菠萝蜜资源调查、引种及开发利用	广东海洋大学
2009	科学技术奖	三等奖	对虾育苗水质处理和水质调控技术的研究	广东海洋大学
2009	科学技术奖	三等奖	甘蔗新品种粤糖00-236	广州甘蔗糖业研究所湛江甘蔗研究中心
2009	科学技术奖	三等奖	高产多抗花生新品种粤油14的选育及安全高效配套栽培技术的研究	广东省农业科学院作物研究所
2009	科学技术奖	三等奖	高产抗病杂交稻特优721的选育与应用	汕头市农业科学研究所

（续表）

年　份	奖　项	等　级	项目名称	主要完成单位
2009	科学技术奖	三等奖	果蔬保鲜分级包装技术装备的研究开发	广东省农业机械研究所
2009	科学技术奖	三等奖	红笛鲷弧菌病综合防控技术	广东海洋大学
2009	科学技术奖	三等奖	基于Web的南方花卉信息平台构建研究	仲恺农业工程学院
2009	科学技术奖	三等奖	节瓜主侧蔓坐果株型材料创制及超高产、耐热新品种夏冠一号的选育	广东省农业科学院蔬菜研究所
2009	科学技术奖	三等奖	矿山植被生态恢复技术及植被生态稳定性跟踪评估研究	仲恺农业工程学院
2009	科学技术奖	三等奖	利用水葫芦发酵液制备氨基酸叶面肥的技术研究	广东福尔康化工科技股份有限公司
2009	科学技术奖	三等奖	荔枝蒂蛀虫植物源驱避剂的研制	深圳职业技术学院
2009	科学技术奖	三等奖	岭南健康水果基地建设及示范研究	广州市果树科学研究所
2009	科学技术奖	三等奖	耐热优质丰产丝瓜、苦瓜新品种选育	广州市农业科学研究所
2009	科学技术奖	三等奖	农畜产品重金属快速检测技术研究	广东出入境检验检疫局检验检疫技术中心
2009	科学技术奖	三等奖	农村科技远程培训系统建设与应用	广东省农业科学院科技情报研究所
2009	科学技术奖	三等奖	糯米糍荔枝稳产高效及无公害生产技术的研究与应用	东莞市农业科学研究中心
2009	科学技术奖	三等奖	汕头市引种红树植物无瓣海桑、海桑研究与示范	汕头市林业科学研究所
2009	科学技术奖	三等奖	水产品致病菌多重荧光PCR检测方法的建立与应用研究	汕头出入境检验检疫局
2009	科学技术奖	三等奖	水禽禽流感的免疫防控关键技术研究	佛山科学技术学院
2009	科学技术奖	三等奖	无公害水产养殖环境综合调控技术研究	中国水产科学研究院南海水产研究所
2009	科学技术奖	三等奖	新兴竹丝鸡3号配套系	广东温氏南方家禽育种有限公司
2009	科学技术奖	三等奖	蛹虫草菌种及子实体的优质、高效生产技术研究	东莞市生物技术研究所
2009	科学技术奖	三等奖	珍禽贵妃鸡商用配套系的选育及推广	广东海洋大学
2009	科学技术奖	三等奖	主要名优花卉品种标准化生产技术研究及推广应用	广州花卉研究中心
2009	科学技术奖	三等奖	孑遗植物桫椤和黑桫椤的种群遗传结构和分子系统发育地理研究	中山大学
2009	科学技术奖	三等奖	环保与生态安全木质包装检疫除害处理关键技术	广东出入境检验检疫局
2009	科学技术奖	三等奖	木质废料中密度纤维板工艺技术	广东省林业调查规划院

（续表）

年份	奖项	等级	项目名称	主要完成单位
2009	科学技术奖	三等奖	实验猴 SIV/STLV-1 ELISA 检测试剂盒的研制	广东省昆虫研究所
2009	科学技术奖	三等奖	国家粮食储备库粮温无线电子检测系统	广东省粮食科学研究所
2009	科学技术奖	三等奖	生物发酵法生产 L-苏氨酸关键技术及其产业化	广东肇庆星湖生物科技股份有限公司
2009	科学技术奖	三等奖	新会围垦湿地综合开发与生态保护关键技术研究	江门市新会区联垦农业经营有限公司
2009	科学技术奖	三等奖	出入境检疫中常见病毒快速检测基因芯片研究	广东出入境检验检疫局检验检疫技术中心
2009	科学技术奖	三等奖	非文献型网络农业科技信息资源组织模式研究与应用	广东省技术市场协会
2009	科学技术奖	三等奖	面向农村的现代远程教育技术集成与应用推广	广东科学技术职业学院
2010	科学技术奖	一等奖	广式凉果的加工工艺提升与安全控制技术研究及产业化	广东省农业科学院蚕业与农产品加工研究所，广东宝桑园健康食品研究发展中心，广东佳宝集团有限公司
2010	科学技术奖	一等奖	国家和区域性种猪遗传评估系统关键技术研发与应用	中山大学，华南农业大学，中国农业大学，全国畜牧总站
2010	科学技术奖	一等奖	惠阳胡须鸡种质资源保护、评价与创新利用	广东省农业科学院畜牧研究所，广东智威农业科技股份有限公司，开平金鸡王禽业有限公司，广东智成食品股份有限公司
2010	科学技术奖	一等奖	四元杂交的种猪新品系选育与产业化应用	华南农业大学，广东华农温氏畜牧股份有限公司
2010	科学技术奖	一等奖	优质超级杂交稻天优998的选育与示范推广	广东省农业科学院水稻研究所，广东省金稻种业有限公司
2010	科学技术奖	一等奖	重大入侵害虫红火蚁种群控制基础理论及关键技术创新与应用	华南农业大学，广东省植物保护总站，广东省昆虫研究所，广东省农业科学院植物保护研究所，广东出入境检验检疫局检验检疫技术中心
2010	科学技术奖	二等奖	陈香茶加工技术研究及产品开发	广东省农业科学院茶叶研究所
2010	科学技术奖	二等奖	大穗型优质、高产甜玉米系列品种选育及分子基础研究	广东省农业科学院作物研究所，广东省农作物技术推广总站
2010	科学技术奖	二等奖	大田蔬菜养分综合高效管理技术研究与应用	广东省农业科学院蔬菜研究所，深圳市芭田生态工程股份有限公司，广东省土壤肥料总站，广州东升农场有限公司，江门市农业科学研究所，华南农业大学
2010	科学技术奖	二等奖	淡水龟养殖产业化关键技术的研究与应用	中国水产科学研究院珠江水产研究所，广东绿卡实业有限公司，广东省龟鳖养殖行业协会，茂名海洋科技创新中心
2010	科学技术奖	二等奖	高温加工食品（油炸薯片）中丙烯酰胺的控制技术	暨南大学，广东汇香源生物科技股份有限公司
2010	科学技术奖	二等奖	广东省猪伪狂犬病流行病学和净化技术研究及应用	广东省农业科学院兽医研究所，广东省动物防疫监督总所，广东省农业科学院畜牧研究所，南京农业大学，东进农牧（惠东）有限公司

（续表）

年　份	奖　项	等　级	项目名称	主要完成单位
2010	科学技术奖	二等奖	果香型全发酵荔枝酒生产关键技术研究	广州市从化顺昌源绿色食品有限公司，华南农业大学
2010	科学技术奖	二等奖	酶法复合含 N-木薯淀粉糖浆产品的开发生产	广州双桥股份有限公司，华南理工大学
2010	科学技术奖	二等奖	食品、农产品中主要化学有害物监控与检测技术研究和应用	广东出入境检验检疫局检验检疫技术中心
2010	科学技术奖	二等奖	水稻白叶枯病菌遗传多样性、致病性分化和品种抗性的研究与应用	广东省农业科学院植物保护研究所，广东省农业科学院水稻研究所，华南农业大学，广州市番禺区农业科学研究所
2010	科学技术奖	二等奖	相思抗逆新品系选择及再生和转基因技术研究	广东省林业科学研究院，北京林业大学，中国林科院热带林业研究所
2010	科学技术奖	二等奖	新型节水保/控肥复合基质的研制与应用示范	仲恺农业工程学院，华南农业大学，广州市园科绿化有限公司园林基质厂，广州市番禺区农业科学研究所，东莞市科达农业科技开发有限公司
2010	科学技术奖	二等奖	新型农用抗生素研制与应用研究	广东省农业科学院植物保护研究所，中国水产科学研究院珠江水产研究所，华南农业大学
2010	科学技术奖	二等奖	重要人畜共患病与动物传染病荧光 PCR 快速检测方法与试剂盒研制	广东出入境检验检疫局检验检疫技术中心，北京盈九思科技发展有限公司
2010	科学技术奖	三等奖	9ZC-170 智能型种猪测定系统	广东省农业机械研究所
2010	科学技术奖	三等奖	安全农产品产供销信息化服务平台研究与应用	广东省农业科学院科技情报研究所
2010	科学技术奖	三等奖	板栗加工关键技术与装备的研究及产业化应用	广东省农业机械研究所，东源县板栗发展有限公司
2010	科学技术奖	三等奖	低盐度养殖凡纳对虾环保型饲料的研制与产业化	广东粤海饲料集团有限公司
2010	科学技术奖	三等奖	对虾深加工产品——奶酪虾饼的开发和生产	湛江国联水产开发股份有限公司
2010	科学技术奖	三等奖	广东省珠江流域生态公益林培育技术研究和推广	华南农业大学，广东省生态公益林管理中心
2010	科学技术奖	三等奖	基于 3S 的森林资源与生态状况年度监测技术研究	广东省林业调查规划院，广东省森林资源管理总站
2010	科学技术奖	三等奖	金针菇保鲜及深加工技术研究	广东星河生物科技股份有限公司，广东省农业科学院蚕业与农产品加工研究所
2010	科学技术奖	三等奖	卡特兰品种资源收集、性状评价及利用研究	广东省农业科学院花卉研究所
2010	科学技术奖	三等奖	梅花引种、筛选及栽培技术的研究、应用	梅州农业学校，梅州市园林管理处
2010	科学技术奖	三等奖	猕猴桃新品种选育与推广应用	仲恺农业工程学院，和平县水果研究所
2010	科学技术奖	三等奖	南海蔬菜测土施肥配方研究与应用	佛山市南海区农业局，广东省生态环境与土壤研究所，佛山市南海区农林技术推广中心
2010	科学技术奖	三等奖	蔬菜种质资源收集、创新与应用	广州市农业科学研究院
2010	科学技术奖	三等奖	水稻抗逆生理研究	华南农业大学

（续表）

年　份	奖　项	等　级	项目名称	主要完成单位
2010	科学技术奖	三等奖	太空螺旋藻优质高产藻种的选育及推广应用	深圳市农科集团公司，中国科学院遗传与发育生物学研究所，深圳市绿得宝保健食品有限公司
2010	科学技术奖	三等奖	消除黄杏果胚中二氧化硫残留的技术研究与应用	潮州市庵埠食品工业卫生检验所
2010	科学技术奖	三等奖	优质高产肉鹅新品种的引进、杂交利用和健康养殖示范	广东海洋大学，湛江市麻章区壮大畜牧发展有限公司，湛江市晋盛牧业科技有限公司
2010	科学技术奖	三等奖	优质高产桑蚕新品种粤枫三号的选育与推广	广东省蚕业技术推广中心，华南农业大学，茂名市蚕业技术推广中心，广东省罗定市蚕种场，阳山县兴达蚕业有限公司
2010	科学技术奖	三等奖	猪繁殖与呼吸综合征、圆环病毒病和伪狂犬病免疫组织化学诊断体系的构建	佛山科学技术学院，佛山市农林技术推广中心
2010	科学技术奖	三等奖	中国蛭类动物分类学、生态学和防治研究	中山大学
2010	科学技术奖	三等奖	高密度酒精发酵装备技术研究与开发	湛江粤海机器有限公司
2010	科学技术奖	三等奖	广东特色香辛料的高效提取工艺及设备的研究	广州大学，广东汇香源生物科技股份有限公司，广东美的微波炉制造有限公司
2010	科学技术奖	三等奖	珠江水系广东段主要产卵场生态及濒危动物状况调查与保护应用	中国水产科学研究院珠江水产研究所
2011	科学技术奖	一等奖	附壳造型珍珠和优质海水珍珠养殖及加工技术的研究与应用	广东海洋大学，广东绍河珍珠有限公司，三亚海润珠宝有限公司，湛江龙之珍珠有限公司，广东岸华集团有限公司
2011	科学技术奖	一等奖	高品质酱油啤酒苏氨酸高效发酵与代谢调控关键技术	华南理工大学，佛山市海天调味食品股份有限公司，广州珠江啤酒股份有限公司，广东肇庆星湖生物科技股份有限公司，广东珠江桥生物科技股份有限公司，广东美味鲜调味食品有限公司
2011	科学技术奖	一等奖	控释肥料产业化关键技术创新、集成及应用	华南农业大学，施可丰化工股份有限公司，三原圃乐特控释肥料有限公司，全国农业技术推广服务中心
2011	科学技术奖	一等奖	禽流感动物模型、免疫机理及疫苗研制与推广应用	肇庆大华农生物药品有限公司，广东省实验动物监测所，广东大华农动物保健品股份有限公司
2011	科学技术奖	一等奖	热带海洋软体动物功能蛋白肽的关键利用技术及其产业化	中国科学院南海海洋研究所，广东海大集团股份有限公司，广东兴亿海洋生物工程有限公司，广州市祺福珍珠加工有限公司，佛山市安安美容保健品有限公司
2011	科学技术奖	一等奖	深水抗风浪网箱装备研制与应用	中国水产科学研究院南海水产研究所，中山大学，广东省水产技术推广总站，深圳华油实业发展有限公司
2011	科学技术奖	一等奖	猪健康养殖关键营养技术研究与应用	广东省农业科学院畜牧研究所，中国农业大学，广东温氏食品集团有限公司，深圳市农牧实业有限公司，湖南农业大学，广东新南都饲料科技有限公司，广东科邦饲料科技有限公司

（续表）

年份	奖项	等级	项目名称	主要完成单位
2011	科学技术奖	一等奖	污染物在土壤中的环境化学行为与修复机理研究	华南理工大学，仲恺农业工程学院，中国科学院地球化学研究所，广东省生态环境与土壤研究所
2011	科学技术奖	一等奖	杂交稻育性控制的分子遗传机理研究	华南农业大学
2011	科学技术奖	二等奖	淡水鱼类种质分子鉴定研究与应用	中国水产科学研究院珠江水产研究所
2011	科学技术奖	二等奖	观赏植物水培技术创新与产业化应用	广东省农业科学院花卉研究所，东莞市农业科学研究中心，华南农业大学，东莞市生物技术研究所
2011	科学技术奖	二等奖	广东森林生态系统定位观测网络及服务功能评估	广东省林业科学研究院，中国林业科学研究院森林生态环境与保护研究所
2011	科学技术奖	二等奖	节瓜、冬瓜抗枯萎病种质创新及新品种选育研究	广东省农业科学院蔬菜研究所，华南农业大学，华南师范大学，暨南大学
2011	科学技术奖	二等奖	粮食干燥水分在线检测技术及自适应控制系统研究与应用	华南农业大学
2011	科学技术奖	二等奖	特色茶资源食品加工技术研究与创新产品开发	广东省农业科学院茶叶研究所，北京市食品工业研究所，华南师范大学
2011	科学技术奖	二等奖	甜、糯玉米系列新品种选育及产业化配套技术研究与应用	广东省农业科学院作物研究所，广州市农业科学研究院，广东省农业科学院土壤肥料研究所，广东省农业科学院植物保护研究所，华南农业大学，广东省农业科学院蚕业与农产品加工研究所，广东省农作物技术推广总站
2011	科学技术奖	二等奖	应用友恩蚜小蜂和黄蚜小蜂控制松突圆蚧技术研究	广东省森林病虫害防治与检疫总站，广东省林业科学研究院，信宜市林业局，罗定市林业局，惠东县林业局，高州市林业局，电白县林业局
2011	科学技术奖	二等奖	优质纯生啤酒关键控制技术体系的建立与应用	广州珠江啤酒股份有限公司，中国食品发酵工业研究院
2011	科学技术奖	二等奖	优质鸡分子改良方法建立及其在新品种培育中的应用	华南农业大学，广东温氏南方家禽育种有限公司，广州市权诚生物科技有限公司，鹤山市墟岗黄畜牧有限公司，广州宏基种禽有限公司，佛山市南海种禽有限公司，佛山市高明区新广农牧有限公司
2011	科学技术奖	二等奖	丛枝菌根真菌生态生理及提高植物抗逆性研究	广东省微生物研究所，中国科学院环境生态研究中心，华南农业大学
2011	科学技术奖	二等奖	园林废弃物与生活污泥资源化关键技术研究与应用	广州市园林科学研究所，华南农业大学，广州市园科绿化有限公司园林基质厂，广州市绿化公司白云苗圃
2011	科学技术奖	二等奖	微胶囊化晶体氨基酸的开发及其在水产饲料中应用	广东省农业科学院畜牧研究所，广州飞禧特水产科技有限公司，广东智威农业科技股份有限公司
2011	科学技术奖	二等奖	进出口食品安全技术保障措施研究及应用	广东出入境检验检疫局检验检疫技术中心
2011	科学技术奖	二等奖	柞蚕抗菌肽抗菌抗肿瘤生物活性及其在医药和动物饲料领域的研究和应用	中国人民解放军第四二一医院，华南农业大学，暨南大学医药生物技术研究开发中心，南方医科大学

（续表）

年　份	奖　项	等　级	项目名称	主要完成单位
2011	科学技术奖	三等奖	“雄银白果”银杏新品种的选育、推广与银杏资源开发	仲恺农业工程学院，南雄市农业局
2011	科学技术奖	三等奖	宝石鲈苗种繁育及养殖技术研究与应用	中国水产科学研究院珠江水产研究所，广东省佛山市南海区农林技术推广中心，广州市一帆水产科技有限公司
2011	科学技术奖	三等奖	潮州柑新品种（汕优蕉柑）及标准化栽培技术集成推广	汕头市果树研究中心，广东省农业科学院果树研究所
2011	科学技术奖	三等奖	杜鹃红山茶种质资源保存、良种选育及园林推广应用	阳江市林业科学研究所
2011	科学技术奖	三等奖	对虾健康养殖与绿色加工技术研究	阳江市谊林海达速冻水产有限公司，华南农业大学，广东省农业科学院科技情报研究所
2011	科学技术奖	三等奖	富硒益生菌促进动物生长及免疫研究与应用	广东省农业科学院兽医研究所，南京农业大学，广东省农业科学院植物保护研究所，广东省前沿动物保健有限公司
2011	科学技术奖	三等奖	鸽禽Ⅰ型副黏病毒病防制技术研究及其应用	广东省家禽科学研究所，广东科贸职业学院，广州市良田鸽业有限公司
2011	科学技术奖	三等奖	广东温氏动物防疫产学研结合示范基地	广东温氏食品集团有限公司，华南农业大学，中山大学
2011	科学技术奖	三等奖	环保型硼防腐剂与防腐技术的研究	广东省林业科学研究院，华南农业大学
2011	科学技术奖	三等奖	集约化养殖禽畜粪农用安全性研究	广东省农业科学院土壤肥料研究所，华南理工大学
2011	科学技术奖	三等奖	岭南水果的蜜饯加工副产物高值化综合利用关键技术	广东康辉集团有限公司，华南理工大学，中国康辉国际集团有限公司（香港）
2011	科学技术奖	三等奖	木麻黄抗逆境良种选育研究	广东省林业科学研究院，汕头市林业科学研究所，湛江市林业科学研究所
2011	科学技术奖	三等奖	农产品质量安全监测管理信息系统	广东省农业机械研究所，广州市健坤网络科技发展有限公司，广东省兽药与饲料监察总所
2011	科学技术奖	三等奖	茄子新品种的选育及无公害栽培技术的研究	惠州市惠城区人民政府菜篮子工程办公室
2011	科学技术奖	三等奖	沙糖桔生理调控与安全丰产栽培技术研究与示范推广	广东省郁南县林业科学研究所，广东省农业科学院植物保护研究所，郁南县科学技术局
2011	科学技术奖	三等奖	生物发酵生产 L-脯氨酸的研究及产业化应用	广东肇庆星湖生物科技股份有限公司
2011	科学技术奖	三等奖	五种重大动物疫病关键检测技术及应用	深圳市检验检疫科学研究院
2011	科学技术奖	三等奖	优质常规稻野籼占 8 号的选育及推广应用	惠州市农业科学研究所
2011	科学技术奖	三等奖	鱼类及其养殖水体传带禽流感病毒的研究	珠海出入境检验检疫局，华南农业大学
2011	科学技术奖	三等奖	珠江三角洲地区切花百合高效栽培新技术研究	东莞市农业种子研究所，仲恺农业工程学院，惠州芊卉种苗有限公司广州分公司
2011	科学技术奖	三等奖	广东省农村合作医疗信息管理系统	中山市锐旗软件科技有限公司

（续表）

年 份	奖 项	等 级	项目名称	主要完成单位
2011	科学技术奖	三等奖	东莞市土壤污染状况探查及其控制对策研究	东莞市环境保护监测站，广东省生态环境与土壤研究所
2012	科学技术奖	一等奖	凡纳滨对虾良种选育关键技术及产业化应用	中国科学院南海海洋研究所，广东粤海饲料集团有限公司，湛江市东海岛东方实业有限公司，湛江海茂水产生物科技有限公司，广东海兴农集团有限公司，广东广垦水产发展有限公司，茂名市金阳热带海珍养殖有限公司，雷州市海威水产养殖有限公司，中山市阜沙镇永健水产养殖场，电白县新科养殖有限公司
2012	科学技术奖	一等奖	高值化糖品绿色加工关键技术及应用	华南理工大学，广东广垦糖业集团有限公司，新疆绿翔糖业有限责任公司
2012	科学技术奖	一等奖	荔枝高效安全生产理论与关键技术体系研究及产业化应用	华南农业大学，深圳市南山区西丽果场
2012	科学技术奖	一等奖	南海主要经济海藻精深加工关键技术的研究与应用	中国水产科学研究院南海水产研究所，汕头市澄海区琼胶厂，汕尾市维明生物科技有限公司
2012	科学技术奖	一等奖	桑树资源功能物质研究与食药用开发	广东省农业科学院蚕业与农产品加工研究所，广州采芝林药业有限公司，广东宝桑园健康食品研究发展中心
2012	科学技术奖	一等奖	食药用菌工厂化生产与精深加工关键技术	广东省微生物研究所，广东粤微食用菌技术有限公司，广东环凯微生物科技有限公司，梅州市微生物研究所，广东汇香源生物科技股份有限公司，无限极（中国）有限公司，惠州市天蕈生物食品有限公司，广东侨微生物科技有限公司
2012	科学技术奖	一等奖	水稻三控施肥技术体系的建立与应用	广东省农业科学院水稻研究所，广东省农作物技术推广总站
2012	科学技术奖	一等奖	国际马术比赛进出境参赛马检疫政策与技术研究	广东出入境检验检疫局
2012	科学技术奖	一等奖	华南珍稀濒危植物的野外回归研究与应用	中国科学院华南植物园
2012	科学技术奖	二等奖	高产高油花生品种培育、配套栽培技术及花生油精加工技术研究	广东省农业科学院作物研究所，华南理工大学，汕头市农业科学研究所，湛江市农业科学研究所，广东省农业科学院植物保护研究所，广东省农业科学院土壤肥料研究所，广东工业大学
2012	科学技术奖	二等奖	供港食品安全预警与产地全程溯源的质量控制	深圳市检验检疫科学研究院，深圳出入境检验检疫局动植物检验检疫技术中心，深圳鼎识科技有限公司，深圳市光明畜牧有限公司，江南大学
2012	科学技术奖	二等奖	基于 B/S 体系的观赏植物网络平台建设与应用	广东省农业科学院花卉研究所，广州市玄武资讯科技有限公司
2012	科学技术奖	二等奖	南海北部近海渔业资源及其生态系统水平管理策略	中国水产科学研究院南海水产研究所
2012	科学技术奖	二等奖	农业生物灾害监测与防控平台	华南农业大学，广东省植物保护总站，广东友元国土信息工程有限公司
2012	科学技术奖	二等奖	茄子耐热机理研究及抗青枯病耐热新品种选育	广东省农业科学院蔬菜研究所，华南农业大学

（续表）

年　份	奖　项	等　级	项目名称	主要完成单位
2012	科学技术奖	二等奖	杉木系统改良与无性系选择	广东省林业科学研究院，广东省林木种苗管理总站，乐昌市龙山林场，肇庆市国有林业总场大坑山林场，韶关市曲江区国营小坑林场
2012	科学技术奖	二等奖	水稻生产中农药高效低风险理论研究及技术体系的建立	广东省农业科学院植物保护研究所，中国农业科学院植物保护研究所，广东中迅农科股份有限公司，广东省植物保护总站
2012	科学技术奖	二等奖	松材线虫病持续控制技术研究与集成示范	广东省林业科学研究院，江苏省林业科学研究院，广东省林业有害生物防治检疫管理办公室，江苏省林业有害生物检疫防治站，华南农业大学，广州市森林病虫防治检疫站
2012	科学技术奖	二等奖	粤式传统腊味肉制品现代化加工与安全控制关键技术及产业化	华南理工大学，中山市黄圃镇工业开发有限公司，广东省食品工业研究所，广东真美食品集团有限公司，中国科学院华南植物园
2012	科学技术奖	二等奖	珠江三角洲 Pb、Cd 污染农田的综合修复技术研究与应用	广东省农业科学院土壤肥料研究所，华南农业大学
2012	科学技术奖	二等奖	红树林湿地生态系统安全响应机制研究	广东内伶仃福田国家级自然保护区管理局，香港城市大学，深圳大学，中山大学
2012	科学技术奖	二等奖	市场活禽可携带和传播禽流感病毒的相关研究	广州市疾病预防控制中心，香港大学微生物学部，广东省公共卫生研究院
2012	科学技术奖	二等奖	动物烈性传染病关键检测技术研发与应用	珠海出入境检验检疫局，深圳出入境检验检疫局动植物检验检疫技术中心
2012	科学技术奖	二等奖	农林用风送式系列喷雾机及控制装置的研究与应用	华南农业大学，广东风华环保设备有限公司
2012	科学技术奖	三等奖	防治夜蛾类害虫微生物制剂的研制与应用	广州市生物防治站，广东省农业科学院植物保护研究所，中山大学，广东省植物保护总站，广州市中达生物工程有限公司
2012	科学技术奖	三等奖	甘蔗健康种苗体系研究及其产业化应用	广州甘蔗糖业研究所，广东省丰收糖业发展有限公司，广东省湛江农垦科学研究所
2012	科学技术奖	三等奖	观赏植物重要入侵害虫防控关键技术与应用	深圳出入境检验检疫局动植物检验检疫技术中心
2012	科学技术奖	三等奖	广东蚕桑高效安全生产技术应用	华南农业大学，广东省蚕业技术推广中心，广东凯利生物科技有限公司，广东省伦教蚕种场，雷州国宝源实业有限公司
2012	科学技术奖	三等奖	红火蚁疫情监测跟踪及应急防控关键技术研究与应用	惠州市农业技术推广中心，博罗县农业技术推广中心，惠城区农业技术推广中心，惠州市惠阳区植物保护站，惠东县农业技术推广中心
2012	科学技术奖	三等奖	黎蒴良种选育与高效栽培技术研究	广东省林业科学研究院，广东省林业科技推广总站，广东省龙眼洞林场，广东省林木种苗管理总站，广东省梅州市林业科学研究所
2012	科学技术奖	三等奖	荔枝延长保鲜期优质高产微生态调控技术	云浮市绿兴复合肥（西江）有限公司，广东省绿兴农业科学技术创新中心，广东省土壤肥料总站，华南农业大学，云浮市云城区腰古东盛农业发展有限公司
2012	科学技术奖	三等奖	密斯特黄彩鲶的引进与人工繁育研究	华南农业大学，清远市清城区源潭黄沙渔业基地，清远市北江水产科学研究所

（续表）

年 份	奖 项	等 级	项目名称	主要完成单位
2012	科学技术奖	三等奖	木兰科植物种质创新和利用	深圳市仙湖植物园管理处，棕榈园林股份有限公司
2012	科学技术奖	三等奖	南方地区多宝鱼无公害工厂化控温养殖技术研究	惠东县水产技术推广站，惠东县海洋与渔业局，惠州市水产技术推广站，惠东县禾晖海产养殖有限公司
2012	科学技术奖	三等奖	南海黄麻鸡 1 号选育及推广	佛山市南海种禽有限公司，佛山市科学技术学院，佛山市南海区农林技术推广中心
2012	科学技术奖	三等奖	农业病虫害防治知识服务系统开发与应用	广东省农业科学院科技情报研究所
2012	科学技术奖	三等奖	三种植物遗传转化体系的建立及应用	湛江师范学院
2012	科学技术奖	三等奖	生物活性饲料添加剂在凡纳滨对虾健康养殖中的研究与应用	广东省农业科学院畜牧研究所，珠海市农业科学研究中心，广州飞禧特水产科技有限公司，珠海经济特区永源实业公司
2012	科学技术奖	三等奖	西芹黄萎病综合防治技术研究	珠海市农业科学研究中心
2012	科学技术奖	三等奖	增强幼虾抗逆性和抗病能力的生物调控虾苗培育技术	茂名市金阳热带海珍养殖有限公司，广东海洋大学
2012	科学技术奖	三等奖	珍稀新品种真姬菇产业化关键技术研究与应用	广东菇木真生物科技股份有限公司，韶关市星河生物科技有限公司，广东省微生物研究所
2012	科学技术奖	三等奖	应用 LUX 新型实时核酸扩增技术建立多种动物疫病快速检测方法	广东出入境检验检疫局检验检疫技术中心，中国检验检疫科学研究院，华南农业大学，汕头出入境检验检疫局检验检疫技术中心
2012	科学技术奖	三等奖	酱油渣高值化全利用关键技术及装备研究与产业化	广东美味鲜调味食品有限公司，华南理工大学，中山市装备制造业科技研究中心
2012	科学技术奖	三等奖	肉与肉制品质量安全检测技术研究与标准化	广州市质量监督检测研究院
2012	科学技术奖	三等奖	大豆活性物质——功能性大豆肽和大豆膳食纤维的制备与应用技术	黑牛食品股份有限公司，江南大学
2012	科学技术奖	三等奖	食源性病原菌多色荧光 PCR 检测及溯源技术研究	广东出入境检验检疫局检验检疫技术中心，中山大学，达安基因股份有限公司
2012	科学技术奖	三等奖	环保型农药新功能助剂的开发及产业化	广东省石油化工研究院
2012	科学技术奖	三等奖	国境口岸新发和烈性传染病检测技术研发和应用	广东出入境检验检疫局检验检疫技术中心
2013	科学技术奖	一等奖	小菜蛾成灾机制研究及抗药性治理技术体系构建与应用	广东省农业科学院植物保护研究所，华南农业大学，中国农业科学院蔬菜花卉研究所，南京农业大学，华中农业大学，湖南省植物保护研究所，海南省农业科学院农业环境与植物保护研究所，浙江省农业科学院，云南省农业科学院农业环境资源研究所，福建农林大学
2013	科学技术奖	一等奖	地下和蛀干害虫病原线虫的系统研发和应用	广东省昆虫研究所，中山大学，河北省农林科学院植物保护研究所，华南农业大学，华南理工大学，中国科学院华南植物园
2013	科学技术奖	一等奖	高产抗逆大豆新品种选育及配套栽培技术应用	华南农业大学，广西壮族自治区农业科学院，广东省农业技术推广总站

（续表）

年　份	奖　项	等　级	项目名称	主要完成单位
2013	科学技术奖	一等奖	乡土植物在生态园林中应用的关键技术研究与产业化	中国科学院华南植物园，广州普邦园林股份有限公司，棕榈园林股份有限公司，广东中科琪林园林股份有限公司
2013	科学技术奖	一等奖	黄羽肉鸡营养需要与肉质改良营养技术研究	广东省农业科学院动物科学研究所，广东温氏食品集团股份有限公司，广东新南都饲料科技有限公司，广东智威农业科技股份有限公司
2013	科学技术奖	一等奖	人工鱼礁关键技术研究与示范	中国水产科学研究院南海水产研究所，广东省海洋与渔业环境监测中心，深圳市海洋与渔业服务中心
2013	科学技术奖	一等奖	南方谷物方便食品专用配料制备及品质改良关键技术研发	广东省农业科学院蚕业与农产品加工研究所，华南理工大学，深圳职业技术学院，广州酒家集团利口福食品有限公司，黑牛食品股份有限公司，广西黑五类食品集团有限责任公司，广东霸王花食品有限公司，广东汇香源生物科技股份有限公司，广东趣园食品有限公司，广州力衡临床营养品有限公司
2013	科学技术奖	二等奖	动物源病原菌的喹诺酮类药物耐药机制研究	华南农业大学
2013	科学技术奖	二等奖	植物精油杀虫剂的研究与应用	华南农业大学，深圳诺普信农化股份有限公司，广西钦州谷虫净总厂，河北昊阳化工有限公司，佛山市南海奥帝精细化工有限公司
2013	科学技术奖	二等奖	瓜类蔬菜高效安全生产关键技术研发与集成示范	广东省农业科学院蔬菜研究所，广东省农业科学院植物保护研究所，华南农业大学，广州市农业科学研究院，广东省农业科学院农业资源与环境研究所，广东省农业科学院农产品公共监测中心，广东蓝天果蔬农业科技开发有限公司
2013	科学技术奖	二等奖	特菜种质资源和食用研究及产业化	广州市农业科学研究院，华南农业大学
2013	科学技术奖	二等奖	森林冰雪灾害损失评估、减灾及次生灾害防控技术研究	华南农业大学，广东省林业科学研究院
2013	科学技术奖	二等奖	华南主要景观树种抗逆性评价及其培育技术	广东省林业科学研究院，广东国森林业有限公司
2013	科学技术奖	二等奖	重要动物虫媒病快速检测试剂盒研制与应用	深圳出入境检验检疫局动植物检验检疫技术中心
2013	科学技术奖	二等奖	奶牛重大疫病检测技术创新与应用	华南农业大学，广东出入境检验检疫局检验检疫技术中心
2013	科学技术奖	二等奖	动物流感病毒蚀斑克隆株生物学特性比较及快速检测方法研究	中华人民共和国珠海出入境检验检疫局，华南农业大学
2013	科学技术奖	二等奖	智能型母猪群养管理系统（设备）	广东省现代农业装备研究所
2013	科学技术奖	二等奖	南海主要海水养殖鱼类免疫机制及其在免疫防治中的应用	中国水产科学研究院南海水产研究所
2013	科学技术奖	二等奖	刺激隐核虫生物学及综合防控技术研究	中山大学，广东省水生动物疫病预防控制中心，华南农业大学，广东省大亚湾水产试验中心

（续表）

年 份	奖 项	等 级	项目名称	主要完成单位
2013	科学技术奖	二等奖	柑橘类香精油及香精生产关键技术研究与应用	仲恺农业工程学院，广州市名花香料有限公司，广州百花香料股份有限公司，广东铭康香精香料有限公司
2013	科学技术奖	二等奖	土地数据挖掘方法与应用	华南农业大学，中山大学，广东省土地开发储备局，广东友元国土信息工程有限公司
2013	科学技术奖	二等奖	结核菌感染免疫的特征和调节机制及其在临床诊断中的应用	深圳市第三人民医院，广东省实验动物监测所
2013	科学技术奖	三等奖	以地沟油、植物油制备包膜材料及其在包膜控释肥上的应用	华南农业大学
2013	科学技术奖	三等奖	重大入侵蚧虫检疫防控关键技术体系的创建与应用	广东出入境检验检疫局检验检疫技术中心，华南农业大学，江苏出入境检验检疫局动植物与食品检测中心
2013	科学技术奖	三等奖	蔬菜功能性增效复配型有机营养液肥的研制与应用	广东省农业科学院农业资源与环境研究所，广州市先益农农业科技有限公司
2013	科学技术奖	三等奖	水稻温敏核不育系“农 1S”的选育及应用	广东华茂高科种业有限公司，仲恺农业工程学院
2013	科学技术奖	三等奖	板栗灾发害虫安全防控关键技术研究与应用	广东省农业科学院植物保护研究所，东源县船塘镇板栗协会，华南农业大学，封开县果树研究所，广东大丰植保科技有限公司
2013	科学技术奖	三等奖	桔小实蝇食物诱剂的研制与配套技术的应用	东莞市农业科学研究中心，中国热带农业科学院南亚热带作物研究所，东莞市盛唐化工有限公司，华南农业大学
2013	科学技术奖	三等奖	特种稻米新品种的选育及应用	广东省农业科学院水稻研究所
2013	科学技术奖	三等奖	优质蚕种繁育与随时孵化技术创新及产业应用	茂名市蚕业技术推广中心，华南农业大学
2013	科学技术奖	三等奖	广东贡柑保鲜贮运加工技术研究与应用	仲恺农业工程学院，德庆县农业局，德庆县仙罗果业有限公司，广东工业大学
2013	科学技术奖	三等奖	无籽沙糖桔低成本高效益新技术研究、集成与示范推广	华南农业大学，云安县南盛镇农业发展有限公司
2013	科学技术奖	三等奖	环保多效木材保护技术研究与应用	广东省林业科学研究院
2013	科学技术奖	三等奖	基于平板电脑的森林资源清查数据采集关键技术研究及应用	广东省林业调查规划院，广州市绘天信息科技有限公司，广州灵图计算机科技有限公司，广东省岭南综合勘察设计院
2013	科学技术奖	三等奖	棕榈科植物主要病虫害综合防控技术研究	茂名市林业科学研究所，海南大学，茂名市园林管理局，茂名市森林植物保护学会
2013	科学技术奖	三等奖	几种蛋白质资源高值化利用的发酵技术研究与应用	广东省农业科学院蚕业与农产品加工研究所，广东粤海饲料集团有限公司，广东海洋大学
2013	科学技术奖	三等奖	猪呼吸道疫病重要病原快速诊断技术建立与推广	韶关学院
2013	科学技术奖	三等奖	“金种麻黄鸡”配套系	惠州市金种家禽发展有限公司
2013	科学技术奖	三等奖	清远麻鸡安全、优质、生态养殖集成技术研究与示范	清远市凤翔麻鸡发展有限公司，华南农业大学
2013	科学技术奖	三等奖	活鱼规模化高密度远程运输技术及装备的研究与开发	广东何氏水产有限公司

（续表）

年　份	奖　项	等　级	项目名称	主要完成单位
2013	科学技术奖	三等奖	生物调控虾池水质环境的对虾生态养殖技术	广东海洋大学，茂名市金阳热带海珍养殖有限公司，广东粤海饲料集团有限公司
2013	科学技术奖	三等奖	菊酯类农药对渔业危害的研究	中国水产科学研究院珠江水产研究所
2013	科学技术奖	三等奖	冷冻对虾无磷保水技术	阳江市康威水产有限公司，华南农业大学
2013	科学技术奖	三等奖	菠萝叶纤维精细化纺织加工关键技术研发与产业化	中国热带农业科学院农业机械研究所
2013	科学技术奖	三等奖	乳与乳制品安全风险监测技术研究与应用	广州市质量监督检测研究院，中山大学达安基因股份有限公司，广东工业大学
2013	科学技术奖	三等奖	高品质核苷产品链产业化关键技术集成	广东肇庆星湖生物科技股份有限公司，华南理工大学
2013	科学技术奖	三等奖	广东省农村水利基础数据库及综合管理平台建设	广东省水利水电科学研究院，广东江河水利水电工程咨询有限公司，广东华南水电高新技术开发有限公司
2013	科学技术奖	三等奖	南方典型河口生境演化特征与污染防控技术及应用	环境保护部华南环境科学研究所，中国科学院南海海洋研究所，广东省水利水电科学研究院，广东省生态环境与土壤研究所
2013	科学技术奖	三等奖	科技进步促进广东现代农业发展的作用测度和应用研究	广东省农业科学院农业经济与农村发展研究所
2014	科学技术奖	一等奖	胞质雄性不育技术在辣椒品种创新中的研究与应用	广州市农业科学研究院，广东省农业科学院植物保护研究所，广州乾农农业科技发展有限公司
2014	科学技术奖	一等奖	防控东盟农业有害生物入侵的技术体系构建与应用	广东省农业科学院植物保护研究所，广东出入境检验检疫局检验检疫技术中心，中国热带农业科学院环境与植物保护研究所，云南省农业科学院农业环境资源研究所，广西壮族自治区农业科学院植物保护研究所
2014	科学技术奖	一等奖	热带亚热带微生物资源的发掘、保护和共享利用	广东省微生物研究所，华南农业大学
2014	科学技术奖	一等奖	红树林快速恢复与重建技术研究	中国林业科学研究院热带林业研究所，广东省林业科学研究院，广东珠海淇澳—担杆岛省级自然保护区管理处，电白县红树林保护区管理总站，广西壮族自治区林业科学研究院，海南东寨港国家级自然保护区管理局，海南省林业科学研究所
2014	科学技术奖	一等奖	兽用原料药物和制剂的研制与应用	华南农业大学，上海高科联合生物技术研发有限公司，广东大华农动物保健品股份有限公司，中牧实业股份有限公司
2014	科学技术奖	一等奖	河蚌有核珍珠高效培育技术研究与应用	广东绍河珍珠有限公司，广东海洋大学
2014	科学技术奖	一等奖	果汁果酒与水果提取物绿色加工技术与装备	华南理工大学，广州达桥食品设备有限公司，株洲千金药业股份有限公司，广东祯州集团有限公司，云南茅粮酒业集团有限公司，广州云星科学仪器有限公司
2014	科学技术奖	二等奖	香蕉细胞工程育种关键技术研究与应用	广东省农业科学院果树研究所，中山大学

（续表）

年 份	奖 项	等 级	项目名称	主要完成单位
2014	科学技术奖	二等奖	利用中低品位磷矿研发促释型磷肥及其应用	华南农业大学，阳春市春磷化工有限公司
2014	科学技术奖	二等奖	提高茶叶品质的综合技术研究与应用	华南农业大学，广东飞天马实业有限公司
2014	科学技术奖	二等奖	水稻新品种粤晶丝苗 2 号的选育应用与特性研究	广东省农业科学院水稻研究所，华南农业大学
2014	科学技术奖	二等奖	樟树良种选育及其种苗产业化快繁技术	广东省林业科学研究院，广东省林业科技推广中心，梅州市林业科学研究所
2014	科学技术奖	二等奖	畜禽部分重要疾病疫苗生产关键技术创新与产业化	肇庆大华农生物药品有限公司，广东大华农动物保健品股份有限公司，华南农业大学
2014	科学技术奖	二等奖	水产养殖环境的生物脱毒关键技术及其应用	广东省微生物研究所，暨南大学，广东碧德生物科技有限公司，华南农业大学，福州开发区高龙饲料有限公司
2014	科学技术奖	二等奖	草鱼出血病新病原株确证及综合防控技术研究与示范	中国水产科学研究院珠江水产研究所，广东省水生动物疫病预防控制中心
2014	科学技术奖	二等奖	中式肉制品加工新技术研发及应用	华南农业大学，南京农业大学，南京雨润食品有限公司，惠州东进农牧股份有限公司，广州皇上皇集团有限公司肉食制品厂
2014	科学技术奖	二等奖	广东柑橘加工品质评价与高值化利用技术研究及产业化	关东升农业科学院蚕业与农产品加工研究所，广东宝桑园健康食品有限公司，华中农业大学，华南农业大学，江门市新会陈皮村市场有限公司，广东佳宝集团有限公司
2014	科学技术奖	二等奖	珠江三角洲经济区农业地质与生态地球化学调查研究	广东省地质调查院，中国地质科学院地球物理地球化学勘察研究所，广东省佛山地质局，广东省生态环境与土壤研究所，中国科学院广州地球化学研究所，中山大学
2014	科学技术奖	三等奖	甘蔗高产高糖品种轻简低耗栽培关键技术研发与应用	广州甘蔗糖业研究所
2014	科学技术奖	三等奖	优质高产抗病丝瓜新品种粤优、粤优 2 号的选育与应用	广东省农业科学院蔬菜研究所
2014	科学技术奖	三等奖	珍稀食用菌白玉菇工厂化生产技术集成创新与示范	韶关市星河生物科技有限公司，广东省微生物研究所，中国科学院微生物研究所，广东星河生物科技股份有限公司，华南理工大学
2014	科学技术奖	三等奖	橡胶工厂化育苗技术	广东农垦热带作物科学研究所
2014	科学技术奖	三等奖	红掌主要病害防控关键技术研究与应用	广州花卉研究中心，华南农业大学，仲恺农业工程学院，南京农业大学
2014	科学技术奖	三等奖	高优多抗鲜食加工兼用型甜玉米新品种繁育高技术产业化示范工程	广东鲜美种苗发展有限公司，广东省农业良种示范推广中心，开平裕茂农业开发有限公司，江门市农产品质量监督检验测试中心
2014	科学技术奖	三等奖	太空蝴蝶兰新品种选育及产业化生产	深圳市农科植物克隆种苗有限公司
2014	科学技术奖	三等奖	蔬菜水肥同步调控高效栽培技术创新研究	广东省农业科学院蔬菜研究所，广东省耕地肥料总站，广州东升农场有限公司，深圳市芭田生态工程股份有限公司，中山市农业科技推广中心

（续表）

年 份	奖 项	等 级	项目名称	主要完成单位
2014	科学技术奖	三等奖	高抗性桉树优良无性系选育与生态栽培技术	华南农业大学，国营雷州林业局
2014	科学技术奖	三等奖	绿僵菌种质资源创新及高效防治林业主要害虫体系构建与应用	广东省林业科学研究院，安徽农业大学
2014	科学技术奖	三等奖	森林消防立体灭火技术研究与应用	广东省林业科学研究院，华南农业大学，深圳市安云科技有限公司，广州达华有限公司，广州市安邦消防设备有限公司
2014	科学技术奖	三等奖	常绿耐热匍匐翦股颖草坪草新品种选育与应用	仲恺农业工程学院，广州市园林科学研究所，中山大学，广州伟胜园林工程有限公司
2014	科学技术奖	三等奖	广东油茶养分高效管理技术	广东省林业科学研究院，广东山马农林发展有限公司，广东达一农林生态科技股份有限公司
2014	科学技术奖	三等奖	重要动物疫病监测及诊疗信息化技术创新与应用	广东省农业科学院动物卫生研究所，广东省动物疫病预防控制中心，华南农业大学，佛山科学技术学院，广东村村通科技有限公司
2014	科学技术奖	三等奖	节能高效的鲜茧生产与缫丝技术的集成创新利用	华南农业大学，遂溪县丝丽茧丝有限公司，广东丝源集团有限公司
2014	科学技术奖	三等奖	人兽共患重大动物病毒性传染病诊断检测方法与应用	广东出入境检验检疫局检验检疫技术中心，华南农业大学，北京出入境检验检疫局检验检疫技术中心
2014	科学技术奖	三等奖	笼养鸡舍内鸡粪降解床关键技术研究与应用	广东温氏食品集团股份有限公司，华南农业大学，广东南牧机械设备有限公司，广东润田肥业有限公司
2014	科学技术奖	三等奖	重大动物疫病快检测方法的建立与应用	广东出入境检验检疫局检验检疫技术中心，中山大学，中华人民共和国南海出入境检验检疫局，华南农业大学
2014	科学技术奖	三等奖	十一种重要鱼病快速检测体系建立及应用	深圳出入境检验检疫局动植物检验检疫技术中心
2014	科学技术奖	三等奖	生态规划的理论、方法及其在新农村建设和生态产业发展中的应用	华南农业大学

附表 B-19　2008—2014 年广西壮族自治区农业科技获奖成果

年　份	奖　项	等　级	项目名称	主要完成单位
2008	科技进步奖	一等奖	银杏叶等 29 种广西特色中草药深度开发的基础研究	广西中医学院
2008	科技进步奖	二等奖	桂淮 2 号等淮山系列新品种选育及定向结薯栽培综合技术研究	广西壮族自治区农业科学院经济作物研究所
2008	科技进步奖	二等奖	晚籼食用型优质稻创新品种玉晚占的选育与应用	玉林市农业科学研究所
2008	科技进步奖	二等奖	冬季马铃薯免耕栽培技术体系研究与应用	广西壮族自治区农业技术推广总站
2008	科技进步奖	二等奖	利用有益环境的动物繁殖系统进行岩溶地区休养再生研究与示范	广西壮族自治区畜牧研究所，桂林矿产地质研究院，桂林市科学技术局
2008	科技进步奖	二等奖	瘦肉型猪无公害标准化生产技术研究与示范	广西农垦永新畜牧集团有限公司良圻原种猪场，广西大学，广西农垦永新畜牧集团有限公司，广西农垦永新畜牧集团新兴有限公司，广西农垦永新畜牧集团金光有限公司，广西农垦永新畜牧集团西江有限公司，广西贵港市格林饲料有限公司
2008	科技进步奖	二等奖	广西家畜布鲁氏菌病综合防治研究及应用	广西壮族自治区兽医研究所，南宁市畜牧兽医工作站，柳州市动物疫病预防控制中心，桂林市动物疫病预防控制中心，贵港市畜牧兽医站，贺州市渔牧兽医局，崇左市动物疫病预防控制中心等
2008	科技进步奖	二等奖	南美白对虾高产抗病新品系的选育与养殖示范	广西壮族自治区水产研究所
2008	科技进步奖	二等奖	茶籽色拉油、化妆品油研究	广西壮族自治区林业科学研究院
2008	科技进步奖	二等奖	广西生态农业“152 示范工程”	广西壮族自治区农村能源办公室
2008	科技进步奖	二等奖	漓泉纯生啤酒的研制	燕京啤酒（桂林漓泉）股份有限公司
2008	科技进步奖	二等奖	“三农”科技服务网建设	广西科技信息网络中心，广西智能多媒体网络实验室，南宁市科学技术局，柳州市科学技术局，桂林市科学技术局
2008	科技进步奖	二等奖	基于 3S 技术的广西特色农业气候区划细化研究	广西壮族自治区气象减灾研究所，广西壮族自治区农业区划委员会办公室
2008	科技进步奖	二等奖	广西林化资源蒜头果、八角、肉桂、松节油深加工应用基础研究	广西大学
2008	科技进步奖	二等奖	芒果苷国家标准品及芒果叶提取物质量控制技术的研究	广西中医学院
2008	科技进步奖	三等奖	“广西绿乌龙”茶产品研究与开发	广西农垦茶业集团有限公司，广西职业技术学院
2008	科技进步奖	三等奖	茶树新品种桂热 1 号、桂热 2 号选育及应用	广西亚热带作物研究所试验站，广西职业技术学院
2008	科技进步奖	三等奖	大宗低值海产品蛋白提取工艺改进及系列产品的研发	北海味莱鲜海洋生物科技有限公司
2008	科技进步奖	三等奖	广西烟仓主要有害生物的生物学特性及防治研究	广西壮族自治区烟草专卖局，广西壮族自治区农业科学院植物保护研究所，广西中烟工业公司

（续表）

年　份	奖　项	等　级	项目名称	主要完成单位
2008	科技进步奖	三等奖	广西种猪场饲料原料主要霉菌毒素调查和防控研究	广西壮族自治区饲料监测所，广西农垦永新畜牧集团有限公司
2008	科技进步奖	三等奖	后备母水牛能量、蛋白质营养需要量及其代谢规律的研究	广西壮族自治区水牛研究所
2008	科技进步奖	三等奖	靖西大麻鸭选育及生态规模养殖技术研究	广西壮族自治区畜牧研究所，靖西县水产畜牧兽医局
2008	科技进步奖	三等奖	抗旱耐瘠玉米新品种迪卡 007 的引进与产业化开发	广西壮族自治区种子公司
2008	科技进步奖	三等奖	抗小鹅瘟及鸭瘟的双价高免血清的研制	广西大学，南宁市种畜场
2008	科技进步奖	三等奖	罗汉果组织培养（微扦插）技术及其在生产上的应用	广西大学
2008	科技进步奖	三等奖	木薯品种桂热 3 号、GR891 的选育和推广应用	广西壮族自治区亚热带作物研究所
2008	科技进步奖	三等奖	山羊的圈养技术研究与规模化养殖技术示范	广西壮族自治区畜牧研究所，广西大学
2008	科技进步奖	三等奖	微量养分锌、硒和维生素 E 对种猪生长繁殖性能影响的研究	广西大学，广西壮族自治区水牛研究所
2008	科技进步奖	三等奖	文蛤生物净化与出口产品深加工技术研究与示范	广西正五海洋产业股份有限公司
2008	科技进步奖	三等奖	香蕉种植区的土壤养分资源管理及施肥技术研究	广西壮族自治区农业科学院土壤肥料研究所
2008	科技进步奖	三等奖	亚热带特色农业共性关键技术研究	广西壮族自治区农业科学院蔬菜研究中心，广西大学，广西壮族自治区农业科学院园艺研究所，广西壮族自治区亚热带作物研究所，广西壮族自治区优质农产品开发服务中心等
2008	科技进步奖	三等奖	优质稻新品种“桂华占”选育及应用	广西壮族自治区农业科学院水稻研究所
2008	科技进步奖	三等奖	玉米优质、早熟、耐旱南 6047 自交系选育及其应用	广西农业职业技术学院
2008	科技进步奖	三等奖	杉木连栽迹地更新树种——秃杉引种栽培技术研究	国营南丹县山口林场，广西大学，广西壮族自治区林业科学研究院
2008	科技进步奖	三等奖	《广西植物志》（第二卷）	广西壮族自治区中国科学院广西植物研究所
2008	科技进步奖	三等奖	柳窿桉优良无性系选育与区域试验	广西壮族自治区林业科学研究院
2008	科技进步奖	三等奖	广西喀斯特石漠化过程、监测预警与生态治理研究	广西师范学院，广西壮族自治区林业勘测设计院
2008	科技进步奖	三等奖	香蕉采后处理加工设备研究开发	广西大学，南宁市大热门香蕉种植有限责任公司
2008	科技进步奖	三等奖	复合木薯变性淀粉研制开发	广西武鸣县安宁淀粉有限责任公司，广西大学
2008	科技进步奖	三等奖	西式低温胶原蛋白肠衣	梧州神冠蛋白肠衣有限公司
2008	科技进步奖	三等奖	基于 POS 定位定向技术的新农村航测数字化成图应用研究	南宁市勘测院

（续表）

年　份	奖　项	等　级	项目名称	主要完成单位
2008	科技进步奖	三等奖	广西实验动物规范化管理服务体系研究	广西医科大学，广西壮族自治区科学技术厅
2009	科技进步奖	一等奖	年产 20 万吨木薯燃料乙醇示范工程	天津大学，广西中粮生物质能源有限公司
2009	科技进步奖	一等奖	优质杂交稻秋优 1025 选育和产业化开发	广西壮族自治区农业科学院水稻研究所
2009	科技进步奖	二等奖	岑软 2 号、岑软 3 号油茶无性系繁育与示范推广	广西壮族自治区林业科学研究院，广西岑溪市软枝油茶种子园，三江侗族自治县人民政府林业局，广西金木林业科技有限公司
2009	科技进步奖	二等奖	茶树优良品种扦插繁育产业化开发研究	广西壮族自治区桂林茶叶科学研究所，昭平县科学技术局，三江侗族自治县人民政府农业局
2009	科技进步奖	二等奖	方格星虫规模化育苗技术研究	广西壮族自治区海洋研究所
2009	科技进步奖	二等奖	高毒农药替代技术试验示范及推广应用	广西壮族自治区植保总站
2009	科技进步奖	二等奖	抗旱耐瘠优质高产玉米新品种正大 619 的引进与推广	广西壮族自治区种子管理总站
2009	科技进步奖	二等奖	罗非鱼良种选育及规模化健康养殖关键技术研究与示范	广西壮族自治区水产研究所，合浦县水产畜牧兽医局，合浦县科学技术局，合浦福大实业有限公司
2009	科技进步奖	二等奖	优良柑桔品种无病毒繁育及示范	广西壮族自治区柑桔研究所
2009	科技进步奖	二等奖	长臀鮠引进驯养与繁育技术研究	广西壮族自治区水产研究所
2009	科技进步奖	二等奖	猪细小病毒 N 株的生物学和免疫学特性研究	广西壮族自治区兽医研究所
2009	科技进步奖	二等奖	广西食蟹猴实验动物服务体系的研究	广西玮美生物科技有限公司，广西出入境检验检疫局检验检疫技术中心，广西大学，广西维沃生物技术有限责任公司
2009	科技进步奖	二等奖	大型湿法磷酸工艺技术及含磷淤渣开发磷酸一铵新产品的研究	广西鹿寨化肥有限责任公司，四川大学
2009	科技进步奖	二等奖	广西中药信息资源网络化集成开发	广西壮族自治区科学技术厅，广西壮族自治区计算中心，广西壮族自治区中医药研究院，广西壮族自治区药用植物园，广西中医学院，广西民族医药研究所
2009	科技进步奖	三等奖	木薯品种桂热引 1 号的选育和推广应用	广西壮族自治区亚热带作物研究所
2009	科技进步奖	三等奖	蔬菜全程无害化生产及快速检测技术集成配套及示范应用	广西大学，广西壮族自治区农业科学院蔬菜研究中心，桂林市坤达农业科技有限公司，南宁市植保植检站，田阳县科技开发中心
2009	科技进步奖	三等奖	晚籼杂交水稻博Ⅱ优 270 的选育与应用	玉林市农业科学研究所
2009	科技进步奖	三等奖	水果套袋技术提高果实外观和品质试验及推广应用	广西壮族自治区优质农产品开发服务中心
2009	科技进步奖	三等奖	加工兼鲜食型新品种桂热芒 82 号、桂热芒 120 号选育与推广应用	广西壮族自治区亚热带作物研究所

（续表）

年　份	奖　项	等　级	项目名称	主要完成单位
2009	科技进步奖	三等奖	高蛋白质、高产、高配、多抗玉米自交系 Hi 的选育及其利用	广西壮族自治区玉米研究所
2009	科技进步奖	三等奖	广西农产品产地安全区域划分研究	广西壮族自治区农业环境监测管理站
2009	科技进步奖	三等奖	玉米免耕栽培技术研究与示范推广	广西壮族自治区农业技术推广总站，河池市农业技术推广站，百色市粮食作物栽培技术推广站，南宁市农业技术推广站，崇左市农业技术推广站等
2009	科技进步奖	三等奖	广西山区农业可持续发展模式及其匹配技术推广应用	广西农业外资项目管理中心，隆安县农业局，天等县农业局，德保县农业局，那坡县农业局等
2009	科技进步奖	三等奖	凉亭鸡（配套系）选育	广西凉亭禽业集团有限公司
2009	科技进步奖	三等奖	桂科猪配套系选育	广西壮族自治区畜牧研究所
2009	科技进步奖	三等奖	巴马小型猪实验动物化及质量控制地方标准的研究	广西大学
2009	科技进步奖	三等奖	饲料中添加高铜在猪组织中的残留及对猪组织器官损坏的研究	广西壮族自治区饲料监测所，广西大学，广西壮族自治区饲料工业办公室，广西壮族自治区水牛研究所
2009	科技进步奖	三等奖	奶水牛体内胚胎生产技术的研究与示范	广西大学，南宁培元基因科技有限公司，广西农垦金光乳业有限公司，广西东园生态农业科技有限公司，南宁康平明和生物科技工程有限公司
2009	科技进步奖	三等奖	牧草品种选育与引进示范	广西壮族自治区畜牧研究所
2009	科技进步奖	三等奖	广西禽畜、水产养殖产品质量监测与控制研究	广西壮族自治区分析测试研究中心，广西壮族自治区畜牧总站
2009	科技进步奖	三等奖	养猪企业标准体系研究与应用	广西农垦永新畜牧集团有限公司，广西农垦永新畜牧集团有限公司良圻原种猪场，农业部饲料质量监督检验测试中心（南宁），广西贵港市格林饲料有限公司
2009	科技进步奖	三等奖	两面针组培快繁技术研究	钦州市林业科学研究所，钦州市中医院
2009	科技进步奖	三等奖	相思树人工林综合技术研究	广西壮族自治区国营高峰林场，广西大学
2009	科技进步奖	三等奖	中国切叶蚁亚科系统分类研究	广西师范大学
2009	科技进步奖	三等奖	茴油高效单离新技术研究	广西壮族自治区林业科学研究院，广西大学，广西万山香料有限责任公司，广西金木林业科技有限公司
2009	科技进步奖	三等奖	罗非鱼高值化加工关键技术研究及产业化	南宁中诺生物工程有限责任公司，广东海洋大学，广西大学，广西南宁百洋食品有限公司，北海钦国冷冻食品有限公司等
2009	科技进步奖	三等奖	提高广西桑蚕茧缫丝加工产品质量关键技术研究	横县桂华茧丝绸有限责任公司，广西大学
2009	科技进步奖	三等奖	松香—松节油深度开发的基础研究	广西民族大学
2009	科技进步奖	三等奖	复方三叶香茶菜片新的质量标准及三叶香茶菜野生变家种的研究与示范	广西中医学院，广西壮族自治区药用植物园，金秀瑶族自治县扶贫开发领导小组办公室，广西金秀圣堂药业有限责任公司

（续表）

年份	奖项	等级	项目名称	主要完成单位
2009	特别贡献奖	—	感光型杂交稻不育系及组合研究与中熟晚籼新组合博优64的选育	广西壮族自治区博白县农业科学研究所
2010	自然科学奖	三等奖	广西瘿螨总科系统分类研究	广西大学，广西壮族自治区林业科学研究院，广西农业职业技术学院
2010	自然科学奖	三等奖	广西桂中地区动物戊型肝炎病毒分离与致病性研究	柳州医学高等专科学校
2010	技术发明奖	三等奖	竹汁采集技术及竹汁饮料产品研制与开发	贵港市龙腾竹汁饮料厂
2010	科技进步奖	一等奖	广西葡萄一年两收栽培技术研究与示范推广	广西壮族自治区农业科学院
2010	科技进步奖	二等奖	"复配—酯化"新工艺在木薯变性淀粉产业化的应用	广西武鸣县安宁淀粉有限责任公司，广西大学
2010	科技进步奖	二等奖	桉树无性快繁技术产业化	广西壮族自治区林业科学研究院，钦州市林业科学研究所，广西壮族自治区国营东门林场，广西壮族自治区国营博白林场，广西林木种苗示范基地筹建办公室，广西生态工程职业技术学院
2010	科技进步奖	二等奖	稻褐飞虱新抗性基因的挖掘鉴定和有效利用	广西作物遗传改良生物技术重点开放实验室，广西壮族自治区农业科学院水稻研究所，广西壮族自治区农业科学院植物保护研究所
2010	科技进步奖	二等奖	基于3S的森林资源调查与监测关键技术研究	广西壮族自治区林业勘测设计院，广西壮族自治区国营高峰林场
2010	科技进步奖	二等奖	进出口浓缩果汁中噻菌灵、多菌灵残留量检测方法研究与开发应用	广西出入境检验检疫局检验检疫技术中心
2010	科技进步奖	二等奖	罗汉果遗传育种研究	中国医学科学院药用植物研究所广西分所
2010	科技进步奖	二等奖	木薯新品种新选048选育与应用	广西大学
2010	科技进步奖	二等奖	亚热带桑树优良品种选育与产业化开发应用	广西壮族自治区蚕业技术推广总站
2010	科技进步奖	二等奖	猪伪狂犬病快速诊断及综合防制技术的研究	广西壮族自治区兽医研究所
2010	科技进步奖	二等奖	红花、蒲黄、黄芩等4种药材中有害染料的检测标准研究	广西壮族自治区桂林食品药品检验所，中国药品生物制品检定所
2010	科技进步奖	三等奖	10.8%滴酸·草甘膦水剂	广西壮族自治区化工研究院
2010	科技进步奖	三等奖	5.1%虫酰肼·甲维盐可湿性粉剂的研制开发	广西田园生化股份有限公司
2010	科技进步奖	三等奖	桉树白蚁预防技术研究	广西壮族自治区林业科学研究院
2010	科技进步奖	三等奖	澳大利亚杂交松在广西引种试验研究	广西壮族自治区林业种苗管理总站，广西林学会，广西生态工程职业技术学院
2010	科技进步奖	三等奖	大型集约化种猪场伪狂犬病净化技术研究与应用	广西农垦永新畜牧集团有限公司，广西农垦永新畜牧集团有限公司良圻原种猪场
2010	科技进步奖	三等奖	改良牛的高效养殖技术集成应用示范及服务平台建设	广西壮族自治区畜牧总站，广西壮族自治区畜禽品种改良站，广西壮族自治区水牛研究所，广西大学，广西壮族自治区畜牧研究所

（续表）

年　份	奖　项	等　级	项目名称	主要完成单位
2010	科技进步奖	三等奖	甘蔗化学催熟增糖增产技术研究及应用	广西作物遗传改良生物技术重点开放实验室，广西大学，中国农业科学院甘蔗研究中心，广西壮族自治区甘蔗研究所
2010	科技进步奖	三等奖	高产、优质、多抗、高配合力玉米自交系“南 99”的选育与应用	广西农业职业技术学院
2010	科技进步奖	三等奖	广西畜禽遗传资源调查	广西壮族自治区畜牧总站
2010	科技进步奖	三等奖	广西红火蚁疫情普查和防控技术研究与应用	广西壮族自治区植保总站
2010	科技进步奖	三等奖	广西热带亚热带牧草 RDC 系统的研究及应用	广西壮族自治区畜牧研究所
2010	科技进步奖	三等奖	广西优势海藻多糖提取及其水产养殖免疫增强剂的应用研究	广西壮族自治区兽医研究所
2010	科技进步奖	三等奖	槐树优良品种选育及其在产业化生产中的应用	广西壮族自治区中国科学院广西植物研究所
2010	科技进步奖	三等奖	金萱茶树品种开发多茶类研究	广西农垦茶业集团有限公司，广西职业技术学院
2010	科技进步奖	三等奖	漓泉冰爽啤酒的研制	燕京啤酒（桂林漓泉）股份有限公司
2010	科技进步奖	三等奖	名优农产品质量安全标准化体系建设——荔浦芋、罗汉果质量安全标准化建设	广西壮族自治区优质农产品开发服务中心，荔浦县农业局，永福县农业局
2010	科技进步奖	三等奖	南宁市百万亩超级杂交水稻示范推广	南宁市农业技术推广站
2010	科技进步奖	三等奖	松突圆蚧生防菌的筛选和应用研究	广西大学，广西壮族自治区森林病虫害防治站，梧州市森林病虫害防治检疫站，玉林市森林病虫防治检疫站，广西壮族自治区国营博白林场
2010	科技进步奖	三等奖	鲜食加工兼用型柑桔良种研究与示范	广西壮族自治区柑桔研究所，荔浦县科学技术情报研究所，全州县科学技术情报研究所，平乐县科学技术情报研究所，兴安县生产力促进中心
2010	科技进步奖	三等奖	以控制木虱为重点的柑橘黄龙病综合防治技术研究	广西壮族自治区柑桔研究所
2010	科技进步奖	三等奖	应用胚胎移植等技术进行本地牛改良及产业化示范	广西壮族自治区畜牧研究所，广西大学，广西贺州市金犊种畜繁育有限责任公司，贺州市八步区渔牧兽医局，北海市畜牧站
2010	科技进步奖	三等奖	优质黎村黄鸡的选育及标准化生产示范	容县祝氏农牧有限责任公司
2010	科技进步奖	三等奖	优质肉鸡新品种金陵黄鸡选育繁育及示范推广	广西金陵养殖有限公司
2010	科技进步奖	三等奖	有棱丝瓜新品种——皇冠 1 号选育及应用推广	广西壮族自治区农业科学院蔬菜研究所
2010	科技进步奖	三等奖	早籼杂交水稻特优 233 的选育与应用	玉林市农业科学研究所

（续表）

年　份	奖　项	等　级	项目名称	主要完成单位
2010	科技进步奖	三等奖	珍稀濒危植物金花茶种苗繁殖技术与规范化种植研究	中国科学院广西植物研究所，广西桂人堂金花茶产业集团股份有限公司，防城港市百喜金花茶科技开发有限公司
2010	科技进步奖	三等奖	相思树种根瘤菌的生物学特性及应用研究	广西大学，广西壮族自治区国营钦廉林场
2010	科技进步奖	三等奖	桑蚕高效优质种养及茧丝加工数字化技术研发与集成应用	柳州市自动化科学研究所
2010	科技进步奖	三等奖	淀粉基复合型低温肉制品添加剂MYS-261的研制开发与应用	广西明阳生化科技股份有限公司
2010	科技进步奖	三等奖	中国—东盟农产品市场准入数据库及检索系统开发与示范	广西壮族自治区标准技术研究院
2010	科技进步奖	三等奖	千斤拔种质资源评价及繁育技术研究与示范	广西南方天然药物科技有限公司，钟山县科学技术试验所
2010	特别贡献奖	—	广西三号、广西五号无籽西瓜品种选育及应用推广	广西壮族自治区农业科学院园艺研究所
2011	技术发明奖	二等奖	水稻直播田除草药肥0.2%苄嘧·丙草胺颗粒剂的研制与应用	广西乐土生物科技有限公司，广西大学，中国农业大学
2011	科技进步奖	一等奖	海水无核珍珠产业化养殖关键技术与应用	广西中医学院，北海市宝珠林海洋科技有限公司，北海宝珠林珍珠保健品有限公司
2011	科技进步奖	一等奖	水牛XY精子分离性别控制技术研究及应用	广西大学，广西壮族自治区畜禽品种改良站，广西壮族自治区水牛研究所
2011	科技进步奖	一等奖	重大农业害虫性诱监控技术研发与集成应用	广西壮族自治区植保总站，全国农业技术推广服务中心，宁波纽康生物技术有限公司，柳州市双虹塑料工业有限公司，玉林市植保站，贺州市植保植检站，桂林市植物保护站，南宁市植保植检站，百色市植保植检站，柳州市植保植检站
2011	科技进步奖	二等奖	苍梧县珠江高效生态经济型防护林体系综合配套技术研究与示范	广西壮族自治区林业科学研究院，广西大学，广西壮族自治区林业勘测设计院，广西壮族自治区苍梧县林业科学研究所
2011	科技进步奖	二等奖	测土配方施肥技术研究与示范推广	广西壮族自治区土壤肥料工作站，桂林市土壤肥料工作站，河池市土壤肥料工作站，南宁市土壤肥料工作站，梧州市土肥站，百色市土壤肥料工作站，防城港市土壤肥料工作站
2011	科技进步奖	二等奖	甘蔗糖蜜酒精高产专用酵母的选育构建	广西科学院
2011	科技进步奖	二等奖	高产、优质、多抗桂花系列花生新品种的创制与应用	广西壮族自治区农业科学院经济作物研究所
2011	科技进步奖	二等奖	广西红树林害虫综合防治技术及其应用研究	广西红树林研究中心，广西壮族自治区山口红树林生态自然保护区管理处，广西北仑河口国家级自然保护区管理处
2011	科技进步奖	二等奖	广西土壤环境污染、风险评估与生态修复研究	广西壮族自治区环境监测中心站，广西大学，广西壮族自治区分析测试研究中心，广西壮族自治区地质矿产测试研究中心，中国环境科学研究院，南宁市环境保护监测站，桂林市环境监测中心站

（续表）

年　份	奖　项	等　级	项目名称	主要完成单位
2011	科技进步奖	二等奖	广西猪链球菌 2 型流行病学与防治技术研究	广西壮族自治区动物疫病预防控制中心
2011	科技进步奖	二等奖	亚热带主要农作物抗寒害冻害关键技术研究与应用	广西壮族自治区农业科学院，广西壮族自治区气象减灾研究所，中国农业科学院甘蔗研究中心，广西大学，广西壮族自治区甘蔗研究所，广西壮族自治区亚热带作物研究所，广西壮族自治区农业科学院生物技术研究所
2011	科技进步奖	二等奖	亚热带主要水产养殖品种抗寒关键技术研究	广西壮族自治区水产研究所，广东海洋大学，广西大学，广东罗非鱼良种场，北海海水养殖综合实验场，茂名市茂南三高渔业发展有限公司，广西钦州农垦钦江农场
2011	科技进步奖	三等奖	方格星虫池塘高密度养殖技术的研究	广西壮族自治区海洋研究所
2011	科技进步奖	三等奖	福云 6 号茶树品种新产品研制与开发	广西职业技术学院，广西乐业县顾式茶有限公司
2011	科技进步奖	三等奖	甘蔗茎尖脱毒健康种苗技术研究与示范	广西壮族自治区甘蔗研究所，中国农业科学院甘蔗研究中心，广西大学，广西作物遗传改良生物技术重点开放实验室
2011	科技进步奖	三等奖	高产、高糖、抗逆性强甘蔗新品种引进筛选	中国农业科学院甘蔗研究中心，云南省农业科学院甘蔗研究所，农业部甘蔗遗传改良重点开放实验室，广州甘蔗糖业研究所，广西大学
2011	科技进步奖	三等奖	高产高效甘蔗良种繁育及栽培技术研究与示范	广西壮族自治区甘蔗研究所，广西大学，广西农垦集团有限责任公司
2011	科技进步奖	三等奖	广西桉树人工林配方施肥技术研究与示范推广	广西壮族自治区林业科学研究院
2011	科技进步奖	三等奖	桂春 6 号、桂夏二号等大豆新品种选育及应用	广西壮族自治区玉米研究所
2011	科技进步奖	三等奖	节瓜新品种——桂优 2 号选育及示范推广	广西壮族自治区农业科学院蔬菜研究所
2011	科技进步奖	三等奖	罗非鱼脂肪肝病综合防治技术研究与应用	广西壮族自治区水产研究所，广西大学，柳州市渔业技术推广站，广西水产畜牧学校，南宁海宝路水产饲料有限公司
2011	科技进步奖	三等奖	马氏珠母贝健康养殖技术集成与示范	广西壮族自治区水产研究所，广东海洋大学，中国水产科学研究院南海水产研究所热带水产研究开发中心，广西壮族自治区海洋研究所，北海市营盘珍珠实业公司
2011	科技进步奖	三等奖	木薯综合配套节本高效栽培技术集成研究与示范	广西壮族自治区农业科学院经济作物研究所，广西壮族自治区亚热带作物研究所，广西大学，广西壮族自治区粮油科学研究所，中海油新能源投资有限责任公司
2011	科技进步奖	三等奖	农产品质量安全流动监测体系创建及蔬菜产业开发应用	广西壮族自治区农业技术推广总站，资源县农业技术推广站，灵山县农业技术推广站，贺州市八步区经济作物技术推广站，柳江县蔬菜生产技术推广站
2011	科技进步奖	三等奖	蔬菜高效栽培模式示范推广	宾阳县黎塘镇农业服务中心
2011	科技进步奖	三等奖	西南桦人工林丰产技术研究与示范	广西生态工程职业技术学院，百色市林业科技教育工作站

（续表）

年　份	奖　项	等　级	项目名称	主要完成单位
2011	科技进步奖	三等奖	香蕉新品种引进繁育推广和无公害标准化生产示范	玉林市水果局，玉林市谷山农业科技文化俱乐部
2011	科技进步奖	三等奖	瑶族濒危天然金黄色茧桑蚕品种的抢救与选育	广西壮族自治区蚕业技术推广总站
2011	科技进步奖	三等奖	药用野生稻对褐飞虱免疫抗性新基因的鉴定及创新利用	广西壮族自治区农业科学院水稻研究所，广西壮族自治区农业科学院植物保护研究所
2011	科技进步奖	三等奖	优质肉鸡新品种金陵麻鸡选育繁育及示范推广	广西金陵农牧集团有限公司
2011	科技进步奖	三等奖	早熟高糖高产甘蔗新品种桂糖30 的选育	广西壮族自治区甘蔗研究所
2011	科技进步奖	三等奖	早晚熟优质脐橙新品种引进筛选与示范	广西壮族自治区柑桔研究所
2011	科技进步奖	三等奖	早籼二系杂交水稻培杂 279 的选育与应用	玉林市农业科学研究所
2011	科技进步奖	三等奖	淀粉基复配型 ASA 配套乳化剂 ACS-188 的研制开发	广西农垦明阳生化集团股份有限公司
2011	科技进步奖	三等奖	9%虫酰·氯氰乳油的研制开发	广西田园生化股份有限公司
2011	科技进步奖	三等奖	出口桑蚕丝质量监测平台及服务体系建设示范研究	广西出入境检验检疫局检验检疫技术中心
2011	科技进步奖	三等奖	防腐剂类食品添加剂检验规程的研制及关键技术的集成	广西出入境检验检疫局检验检疫技术中心
2011	科技进步奖	三等奖	黄花蒿（青蒿）种质资源评价、良种选育及高产技术开发	广西壮族自治区中国科学院广西植物研究所，广西壮族自治区药用植物园，桂林南药股份有限公司
2011	科技进步奖	三等奖	猫豆产业链支撑技术研究及应用	广西医科大学，广西新东源生命科技发展有限公司，广西那坡制药有限公司
2012	自然科学奖	二等奖	典型重金属的植物修复机理与环境行为	中国科学院地理科学与资源研究所，桂林理工大学
2012	自然科学奖	三等奖	华南苦苣苔科植物研究	中国科学院广西植物研究所
2012	自然科学奖	三等奖	全局协调的甘蔗收割机多学科智能优化	广西工学院，钦州学院，广西大学
2012	技术发明奖	三等奖	红茶发酵适度检测方法的研究	广西壮族自治区桂林茶叶科学研究所，桂林市漓江茶叶加工厂
2012	技术发明奖	三等奖	DGT-A 型、DGT-B 型多功能干果脱壳机的研制开发	广西壮族自治区亚热带作物研究所
2012	科技进步奖	一等奖	香蕉新品种桂蕉 6 号的选育与产业化	广西植物组培苗有限公司，广西壮族自治区农业科学院生物技术研究所，广西美泉新农业科技有限公司，广西壮族自治区农业科学院，海南省农业科学院
2012	科技进步奖	二等奖	桉树中大径材良种与高产栽培模式研究	广西壮族自治区林业科学研究院，广西壮族自治区国有东门林场，玉林市林业科学研究所
2012	科技进步奖	二等奖	稻田福寿螺灾变规律及防控关键技术研究与集成应用	广西大学，广西壮族自治区植保总站，广西乐土生物科技有限公司

（续表）

年　份	奖　项	等　级	项目名称	主要完成单位
2012	科技进步奖	二等奖	柑橘新品种桂橙一号选育及优质高效栽培关键技术研究与示范	广西壮族自治区柑桔研究所，鹿寨县生产力促进中心，华中农业大学，鹿寨县水果生产技术指导站
2012	科技进步奖	二等奖	广西柑橘黄龙病疫情普查、防控技术研究与推广	广西壮族自治区植保总站，广西壮族自治区水果生产技术指导总站，广西壮族自治区柑桔研究所
2012	科技进步奖	二等奖	特色杂粮城市早餐系列食品深加工技术研究与产品开发	广西轻工业科学技术研究院，广西壮族自治区亚热带作物研究所，南宁市万宇食品有限公司
2012	科技进步奖	二等奖	4LBZ-100 型半喂入履带自走式水稻联合收割机研究与开发	广西开元机器制造有限责任公司
2012	科技进步奖	二等奖	两系超级稻新品种的选育、引进及示范推广	南宁市沃德农作物研究所，湖南隆平种业有限公司广西分公司
2012	科技进步奖	二等奖	马尾松工业用材林良种选育及高产栽培关键技术研究与示范	广西壮族自治区林业科学研究院，南宁市林业科学研究所，中国林业科学研究院热带林业实验中心
2012	科技进步奖	三等奖	淀粉专用型马蹄（荸荠）新品种桂粉蹄 1 号选育	广西壮族自治区农业科学院生物技术研究所
2012	科技进步奖	三等奖	甘蔗糖蜜酒精废液资源化利用技术研究及应用	桂林理工大学，广西贵糖（集团）股份有限公司
2012	科技进步奖	三等奖	高异交结实率两系不育系的选育研究	广西绿田种业有限公司，贺州市农业科学研究所
2012	科技进步奖	三等奖	广西粗饲料分级指数测定及科学搭配的组合效应研究	广西壮族自治区畜牧研究所
2012	科技进步奖	三等奖	广西水产品质量安全监控技术研究与应用示范	广西壮族自治区水产研究所
2012	科技进步奖	三等奖	桂西北岩溶山区泡核桃早实丰产关键技术与应用	广西凤山县农林生产专业合作社，广西大学，广西壮族自治区林业科学研究院
2012	科技进步奖	三等奖	金柑避雨避寒高效优质栽培技术示范推广	广西壮族自治区柑桔研究所，阳朔县科学技术情报研究所
2012	科技进步奖	三等奖	木薯品种桂热 4 号、桂热 5 号选育	广西壮族自治区亚热带作物研究所
2012	科技进步奖	三等奖	农村沼气新技术研究与示范	广西壮族自治区林业科学研究院，广西大学，南宁泰源能源有限公司
2012	科技进步奖	三等奖	热带亚热带优势果蔬品种扩繁关键技术研究	广西壮族自治区农业科学院蔬菜研究所，广东省农业科学院蔬菜研究所
2012	科技进步奖	三等奖	热带亚热带优势农作物品种资源收集与鉴定评价	广西壮族自治区农业科学院水稻研究所
2012	科技进步奖	三等奖	晚籼杂交水稻博优 423 的选育与应用	玉林市农业科学研究所
2012	科技进步奖	三等奖	鸭疫里氏杆菌病防治技术的研究	广西壮族自治区兽医研究所
2012	科技进步奖	三等奖	亚热带果汁加工关键技术研究与产业化应用	广西大学，合浦果香园食品有限公司，北海市果香园果汁有限公司
2012	科技进步奖	三等奖	杨梅共生固氮与丰产栽培技术研究	广西大学，广西壮族自治区水果生产技术指导总站，浙江大学，桂林市水果生产办公室

（续表）

年　份	奖　项	等　级	项目名称	主要完成单位
2012	科技进步奖	三等奖	优质豆科牧草山毛豆的遴选及综合配套技术研究利用	广西壮族自治区畜牧研究所
2012	科技进步奖	三等奖	油茶高油酸优良品系选育	广西壮族自治区林业科学研究院
2012	科技进步奖	三等奖	种桑养蚕和蚕茧加工的生态优质标准化生产示范	广西嘉联丝绸有限公司，广西壮族自治区标准技术研究院
2012	科技进步奖	三等奖	猪脑心肌炎病毒病原学及诊断方法的研究	广西壮族自治区动物疫病预防控制中心
2012	科技进步奖	三等奖	花茶封闭式内循环花茶分离窨制技术研究	广西职业技术学院，横县南方茶厂
2012	科技进步奖	三等奖	水果及罐头中杀菌保鲜剂（二溴乙烷）残留量的多种测定方法及降解规律研究	广西出入境检验检疫局检验检疫技术中心
2012	科技进步奖	三等奖	名贵道地药材桑寄生种质资源异地保护及质量控制关键技术研究与推广应用	钦州市中医医院，钦州市中医药研究所，钦州市华年堂生物科技有限责任公司
2012	科技进步奖	三等奖	猪瘟抗体快速检测方法研究及综合防控技术应用示范	广西壮族自治区兽医研究所，中国人民解放军军事医学科学院野战输血研究所，南宁市珂嘉水产畜牧科技开发有限公司
2013	自然科学奖	二等奖	鱼类及水产养殖与水环境因子的关系研究	桂林理工大学，南昌大学，同济大学
2013	自然科学奖	三等奖	广西特有植物种质资源收集保存繁育研究	中国科学院广西植物研究所
2013	自然科学奖	三等奖	广西蚱总科昆虫系统分类研究	河池学院，陕西师范大学
2013	自然科学奖	三等奖	*Toll* 样受体（*Toll-likereceptors*）作为抗感染中药筛选靶标分子的研究	广西壮族自治区药用植物园，中国农业科学院上海兽医研究所
2013	自然科学奖	三等奖	广西道地药材铁皮石斛 HPLC 指纹图谱及多糖成分研究	广西壮族自治区农业科学院蔬菜研究所，广西壮族自治区农业科学院生物技术研究所，广西壮族自治区农业科学院微生物研究所
2013	技术发明奖	二等奖	方格星虫健康养殖技术研究与开发	广西壮族自治区海洋研究所
2013	技术发明奖	二等奖	草甘膦水剂清洁生产工艺技术	广西壮族自治区化工研究院，广西三晶化工科技有限公司
2013	科技进步奖	一等奖	广西油茶良种繁育产业化关键技术研究与应用	广西壮族自治区林业科学研究院，广西壮族自治区林业种苗管理总站，广西大学，广西国营三门江林场
2013	科技进步奖	二等奖	南方酿酒葡萄新品种“凌丰”选育及配套技术研究应用与产业化	广西壮族自治区农业科学院园艺研究所，西北农林科技大学，广西都安密洛陀野生葡萄酒有限公司
2013	科技进步奖	二等奖	香蕉防寒及其产期调节技术研究与应用	广西植物组培苗有限公司，广西壮族自治区农业科学院生物技术研究所，南宁市西乡塘区生产力促进中心
2013	科技进步奖	二等奖	热带亚热带优势农作物品种标准化生产技术产业化示范	广西现代农业科技示范园，广西大学，海南省农业科学院蔬菜研究所，广西壮族自治区农业科学院园艺研究所，广西壮族自治区农业科学院水稻研究所

（续表）

年　份	奖　项	等　级	项目名称	主要完成单位
2013	科技进步奖	二等奖	百万亩番茄优质高产生产技术集成研究与推广	百色市农业技术推广中心，百色市经济作物栽培技术推广站
2013	科技进步奖	二等奖	蚕病防控技术研究与疫病防控	广西壮族自治区蚕业技术推广总站
2013	科技进步奖	二等奖	我国水稻“两迁”害虫迁飞、爆发与越南虫源的关系及可持续防控策略	广西壮族自治区农业科学院
2013	科技进步奖	二等奖	松树外来有害生物松突圆蚧天敌及其繁殖技术研究	广西壮族自治区林业科学研究院，玉林市森林病虫防治检疫站，陆川县森林病虫害防治检疫站，容县森林病虫害防治检疫站，北流市森林病虫害防治检疫站
2013	科技进步奖	二等奖	优质耐旱高产大豆新品种桂春 8 号的选育及推广应用	广西壮族自治区农业科学院经济作物研究所，广西壮族自治区农业科学院玉米研究所
2013	科技进步奖	二等奖	农作物主要病虫测报标准化的研究与集成应用	广西壮族自治区植保总站
2013	科技进步奖	二等奖	我国罗非鱼链球菌病分子流行病学与免疫防控技术研究	广西壮族自治区水产研究所，广西大学
2013	科技进步奖	二等奖	龙宝 1 号猪配套系培育关键技术研究与推广应用	广西扬翔股份有限公司，中山大学，广西扬翔猪基因科技有限公司，广西扬翔农牧有限责任公司
2013	科技进步奖	二等奖	食品安全管理体系在罗非鱼养殖和加工中的应用研究与示范	广西出入境检验检疫局检验检疫技术中心，广西西河食品有限公司
2013	科技进步奖	二等奖	养殖贝类主要原虫病流行病学调查及其快速检测技术的研究与应用	广西壮族自治区兽医研究所
2013	科技进步奖	二等奖	罗非鱼综合加工关键技术的研究与应用	百洋水产集团股份有限公司，中国水产科学研究院南海水产研究所
2013	科技进步奖	二等奖	瘦肉型猪联合育种项目	广西壮族自治区畜牧研究所，广西柯新源原种猪有限责任公司，广西桂牧可原种猪有限责任公司，广西柯莉莱原种猪有限责任公司，广西高真泰农牧有限责任公司，广西金德农牧有限责任公司
2013	科技进步奖	二等奖	广西统茧生产高品位生丝的关键技术研究与应用	广西华佳丝绸有限公司，广西出入境检验检疫局检验检疫技术中心
2013	科技进步奖	二等奖	广西岩溶区石漠化控制与治理技术集成	中国地质科学院岩溶地质研究所，广西壮族自治区中国科学院广西植物研究所，中国科学院亚热带农业生态研究所，广西山区综合技术开发中心，广西师范学院
2013	科技进步奖	二等奖	基于“3S”的广西主要农业气象灾害监测预警技术研究与开发	广西壮族自治区气象减灾研究所，贵港市气象局，来宾市气象局
2013	科技进步奖	二等奖	广西岩溶特有珍稀药用植物生物多样性保育及可持续利用研究	广西壮族自治区中国科学院广西植物研究所
2013	科技进步奖	三等奖	澳洲坚果系列品种选育及示范推广	广西壮族自治区亚热带作物研究所，广西合山市玉东澳洲坚果种养有限公司
2013	科技进步奖	三等奖	芒果优质、高产规范化生产技术研究与推广应用	广西壮族自治区亚热带作物研究所，广西农垦国有阳圩农场，百色市右江区果菜生产管理办公室

（续表）

年　份	奖　项	等　级	项目名称	主要完成单位
2013	科技进步奖	三等奖	姜黄品种选育与有效成分的分离纯化及产业化	广西壮族自治区亚热带作物研究所，南宁新技术创业者中心，广西金秀瑶族自治县连诚农产品贸易有限公司，灵山县农业局
2013	科技进步奖	三等奖	大叶栎优良种质选择、繁殖技术研究及区域试验	广西壮族自治区林业科学研究院，广西壮族自治区国营派阳山林场，广西壮族自治区国营黄冕林场，苍梧县林业技术推广站
2013	科技进步奖	三等奖	菠萝抗寒种质资源筛选利用与避寒栽培技术研究应用	广西壮族自治区农业科学院园艺研究所，广西壮族自治区农业科学院植物保护研究所，广西壮族自治区农业科学院农产品加工研究所
2013	科技进步奖	三等奖	茄果类、瓜类蔬菜集约化育苗技术集成创新与示范推广	柳州市蔬菜技术推广站，柳州市种子管理站
2013	科技进步奖	三等奖	甘薯新品种选育及繁育技术研究与示范——“红姑娘”红薯种质改良	防城港市农业技术推广服务中心，广西壮族自治区农业科学院经济作物研究所，东兴市种子管理站，东兴市农业技术推广中心，东兴市万丰实业有限公司
2013	科技进步奖	三等奖	农产品质量可溯源信息体系的建立与示范	广西职业技术学院，广西农垦国有立新农场，广西农垦茶业集团有限公司，广西农垦永新畜牧集团有限公司，广西农垦国有源头农场
2013	科技进步奖	三等奖	食用菌新品种金福菇栽培技术研究与示范	广西壮族自治区农业科学院微生物研究所，广西壮族自治区农业科学院生物技术研究所，南宁市青秀区刘圩镇农业服务中心
2013	科技进步奖	三等奖	香料用樟树良种选育与定向栽培技术	广西壮族自治区林业科学研究院
2013	科技进步奖	三等奖	山区茶园生态系统优化管理集成技术研究与示范	中国科学院亚热带农业生态研究所，广西山区综合技术开发中心
2013	科技进步奖	三等奖	中国—布隆迪玉米良种联合鉴评与栽培技术示范	广西壮族自治区农业科学院玉米研究所，广西壮族自治区农业科学院旱粮作物研究所，广西壮族自治区农业科学院农业资源与环境研究所
2013	科技进步奖	三等奖	广西双季稻氮素高效利用及综合配套技术研究与应用	广西壮族自治区农业科学院水稻研究所，广西大学，广西壮族自治区农业科学院桂东南分院，广西壮族自治区农业科学院植物保护研究所
2013	科技进步奖	三等奖	优质高产早熟糯玉米品种玉美头601的选育与应用	广西壮族自治区农业科学院玉米研究所
2013	科技进步奖	三等奖	应对“中国—东盟自由贸易区”重要入侵害虫预警技术研究	广西出入境检验检疫局检验检疫技术中心，中国热带农业科学院环境与植物保护研究所
2013	科技进步奖	三等奖	管角螺规模化人工繁育、养殖技术研究与示范	广西大学，北海市水产技术推广站，钦州市水产技术推广站，防城港市渔业技术推广站，北海欣海海洋生物科技有限公司
2013	科技进步奖	三等奖	水牛常用饲料营养价值评定和能量与蛋白质需要研究及其应用	广西壮族自治区水牛研究所，广西大学
2013	科技进步奖	三等奖	山羊品种改良及其集约化养殖技术	广西壮族自治区畜牧研究所
2013	科技进步奖	三等奖	种鸡高效繁育及肉鸡产业化关键技术研究与集成示范	隆安凤鸣农牧有限公司，广西壮族自治区畜牧研究所，广西南宁市富凤农牧有限公司，南宁市广东温氏畜禽有限公司，南宁正大畜牧有限公司

（续表）

年　份	奖　项	等　级	项目名称	主要完成单位
2013	科技进步奖	三等奖	瘦肉型猪健康养殖关键技术研究与应用	广西农垦永新畜牧集团有限公司良圻原种猪场，广西农垦永新畜牧集团有限公司，广西农垦永新畜牧集团格林饲料有限公司
2013	科技进步奖	三等奖	进出口动物源性食品链中违禁药物残留安全检测关键技术研究与应用	广西出入境检验检疫局检验检疫技术中心，华中农业大学
2013	科技进步奖	三等奖	高致病性猪蓝耳病防控关键技术的研究及应用	广西壮族自治区动物疫病预防控制中心
2013	科技进步奖	三等奖	规模养畜场高效生态循环生产技术研究与示范	广西大学，广西山区综合技术开发中心，南宁培元基因科技有限公司，广西东园生态农业科技有限公司，广西百色壮牛牧业有限公司
2013	科技进步奖	三等奖	凌云白毫茶树品种不同茶类新产品研制与开发	广西职业技术学院，广西凌云浪伏茶业有限公司
2013	科技进步奖	三等奖	速生桉化机浆生产技术研究开发	南宁金浪浆业有限公司
2013	科技进步奖	三等奖	从米糠油加工的废弃物中分离提取 98% 天然阿魏酸的新工艺	桂林甙元生物科技有限公司
2013	科技进步奖	三等奖	广西农村生活污染源核算体系研究与综合治理技术集成开发	广西壮族自治区环境保护科学研究院，广西大学
2013	科技进步奖	三等奖	农村饮水卫生监测与干预技术集成体系	广西壮族自治区疾病预防控制中心
2014	自然科学奖	二等奖	松脂深加工及其过程强化技术理论基础	广西大学
2014	自然科学奖	三等奖	转录组水平上的玉米抗缺水胁迫、盐胁迫、铝毒胁迫的分子机制	广西大学
2014	技术发明奖	二等奖	长效的增效氮肥研制及应用	广西壮族自治区农业科学院，广西新方向化学工业有限公司，广西壮族自治区农业科学院农业资源与环境研究所，广西大学，广西壮族自治区农业科学院甘蔗研究所
2014	技术发明奖	二等奖	生态木塑新材料关键技术的开发及其产业化	桂林理工大学，桂林舒康建材有限公司
2014	技术发明奖	三等奖	紧压钮扣形金花茶叶茶的研制与开发	广西国茗金花茶科技有限公司，广西职业技术学院
2014	科技进步奖	一等奖	淮山种质资源收集利用及高效栽培技术综合研究与应用	广西壮族自治区农业科学院经济作物研究所，广西大学，广西壮族自治区农业科学院植物保护研究所
2014	科技进步奖	二等奖	旱地甘蔗高效节本栽培技术集成研究与示范	广西壮族自治区农业科学院，广西大学，中国农业科学院甘蔗研究中心，广西农垦集团有限责任公司
2014	科技进步奖	二等奖	桂特一号大叶韭等系列野生蔬菜新品种选育与示范推广	广西壮族自治区农业科学院蔬菜研究所，南宁市蔬菜研究所，广西壮族自治区农业科学院微生物研究所，广西壮族自治区农业科学院农业资源与环境研究所
2014	科技进步奖	二等奖	广西野生稻全面调查收集与保存技术研究及应用	广西壮族自治区农业科学院水稻研究所，中国农业科学院作物科学研究所，广西壮族自治区农业生态与资源保护总站

（续表）

年 份	奖 项	等 级	项目名称	主要完成单位
2014	科技进步奖	二等奖	红锥遗传改良与高效培育研究及应用	广西壮族自治区林业科学研究院，中国林业科学研究院热带林业实验中心，广西大学，广西壮族自治区国有博白林场，广西壮族自治区国有三门江林场，玉林市林业科学研究所，广西壮族自治区苍梧县林业科学研究所，广西壮族自治区国有派阳山林场
2014	科技进步奖	二等奖	广西野生毛葡萄种质创新研究及石漠化地区应用	广西壮族自治区农业科学院生物技术研究所，广西植物组培苗有限公司
2014	科技进步奖	二等奖	优质高产广适糯玉米新品种桂糯518 的创制与应用	广西壮族自治区农业科学院玉米研究所，广西壮邦种业有限公司
2014	科技进步奖	二等奖	茄果类、瓜类蔬菜集约化高效育苗关键技术研究与示范	广西壮族自治区农业科学院蔬菜研究所，南宁市尚农农业科技有限公司
2014	科技进步奖	二等奖	间作型花生品种桂花 771 选育及配套栽培技术研究与应用	广西壮族自治区农业科学院经济作物研究所
2014	科技进步奖	二等奖	水稻抗稻瘟病优质不育系青 A 选育及应用	广西壮族自治区农业科学院水稻研究所
2014	科技进步奖	二等奖	广西农作物水肥一体化技术研究与推广	广西壮族自治区土壤肥料工作站，广西捷佳润农业科技有限公司
2014	科技进步奖	二等奖	广西水稻病毒病及持续控制技术的研究应用	广西壮族自治区植保总站，广西大学，广西田园生化股份有限公司，桂林市植物保护站
2014	科技进步奖	二等奖	桂闽引象草的选育与生产利用关键技术集成推广	广西壮族自治区畜牧研究所，福建省畜牧总站
2014	科技进步奖	二等奖	南方高温高湿环境下规模化猪场母猪系统营养技术集成与应用示范	广西商大科技有限公司，四川农业大学
2014	科技进步奖	二等奖	智能化活蛹单茧缫丝蚕品种丝质优选装置研发及应用	柳州市自动化科学研究所
2014	科技进步奖	二等奖	桑椹深加工关键技术的研究及产业化应用示范	广西壮族自治区农业科学院农产品加工研究所，广西石埠乳业有限责任公司
2014	科技进步奖	二等奖	木薯淀粉行业污染控制新技术研发与示范工程	广西壮族自治区环境保护科学研究院，广西农垦明阳生化集团股份有限公司，广西大学
2014	科技进步奖	三等奖	北部湾红树林主要害虫控制技术研究与示范	广西壮族自治区林业科学研究院，广西壮族自治区林业有害生物防治检疫站，钦州市森林病虫害防治检疫站
2014	科技进步奖	三等奖	全国有机农业示范基地有机产品综合生产技术研究与推广	广西壮族自治区绿色食品办公室，乐业县有机农业示范基地办公室，广西乐业县昌伦茶业有限责任公司，乐业县茶叶生产管理办公室
2014	科技进步奖	三等奖	甘蔗—马铃薯间套种模式高效栽培技术研究与应用	广西壮族自治区农业科学院农业资源与环境研究所，来宾市兴宾区经济作物推广站，隆安县农业技术推广站
2014	科技进步奖	三等奖	双孢蘑菇无公害栽培技术成果集成与应用	桂林健成生物科技开发有限公司
2014	科技进步奖	三等奖	野生兰科植物种质资源鉴定评价、保存与良种繁育	广西壮族自治区农业科学院花卉研究所，广西壮族自治区农业科学院生物技术研究所，广西壮族自治区乐业县科学技术情报研究所

（续表）

年　份	奖　项	等　级	项目名称	主要完成单位
2014	科技进步奖	三等奖	适宜人工饲料培育的亚热带实用性家蚕基础品种的选育	广西壮族自治区蚕业技术推广总站
2014	科技进步奖	三等奖	基于 GIS 的水稻低温冷害监测预警及防控技术研究与应用	广西壮族自治区气象减灾研究所，广西壮族自治区农业技术推广总站
2014	科技进步奖	三等奖	水产及农产品加工下脚料发酵生产新型生物有机肥产业化示范	北海市福林绿色生物肥有限公司
2014	科技进步奖	三等奖	柑橘主要病害快速检测技术研究与应用	广西特色作物研究院
2014	科技进步奖	三等奖	蔗根土天牛综合防治技术研究及应用示范	广西壮族自治区农业科学院植物保护研究所，广西农垦北部湾总场
2014	科技进步奖	三等奖	晚籼优质常规稻新品种家福香 1 号的选育与应用	玉林市农业科学院
2014	科技进步奖	三等奖	日本温敏型核质雄性不育系番茄的引进、转育及应用	广西大学
2014	科技进步奖	三等奖	光倒刺鲃人工繁育与标准化健康养殖关键技术示范应用	广西壮族自治区水产引育种中心，南宁市珂嘉水产畜牧科技开发有限公司，贺州市水产技术推广站，昭平县水产技术推广站
2014	科技进步奖	三等奖	牛隐孢子虫病检测技术创新及综合防控技术应用	广西壮族自治区兽医研究所
2014	科技进步奖	三等奖	禽畜规模养殖粪污处理技术研究示范与应用	广西壮族自治区畜牧总站
2014	科技进步奖	三等奖	热带水果特色果干原味无硫加工技术研发及产业化	广西壮族自治区亚热带作物研究所，广西亚热带作物研究所饮料厂，南宁华侨投资区森景园食品有限公司，广西南宁人人想食品有限公司
2014	科技进步奖	三等奖	淀粉基复配型面制品添加剂的研制开发及工业化应用	广西农垦明阳生化集团股份有限公司
2014	科技进步奖	三等奖	茶树优良品种桂热 1 号名优茶开发与节能减排加工工艺的应用研究	广西南亚热带农业科学研究所
2014	科技进步奖	三等奖	低容量高功效农药制剂产品及配套药械研发与产业化	广西田园生化股份有限公司
2014	科技进步奖	三等奖	六堡茶发酵工艺自动控制技术研究	梧州市生产力促进中心，广西壮族自治区梧州茶厂
2014	科技进步奖	三等奖	大叶种绿茶连续化、规模化加工关键技术研究与开发	广西职业技术学院，柳城县国营伏虎华侨农场茶厂
2014	科技进步奖	三等奖	天然牛磺酸产品鉴别方法及高纯度天然牛磺酸提取工艺研究与应用	广西壮族自治区分析测试研究中心，北海市源龙珍珠有限公司
2014	科技进步奖	三等奖	食蟹猴检测技术创新集成与推广应用	广西出入境检验检疫局检验检疫技术中心

附表 B-20　2008—2014 年海南省农业科技获奖成果

年　份	奖　项	等　级	项目名称	主要完成单位
2008	科技进步奖	一等奖	海南南药种质资源引种与保存研究	中国医学科学院药用植物研究所海南分所
2008	科技进步奖	一等奖	海南香蕉病虫害发生与综合防治技术研究	海南省农业科学院农业环境与植物保护研究所
2008	科技进步奖	一等奖	石斑鱼遗传多样性及其种质评价技术的研究	海南大学，热带海洋与陆生生物资源研究及利用海南大学省部共建教育部重点实验室
2008	科技进步奖	一等奖	特色热带香料作物加工关键技术及产品研发	中国热带农业科学院香料饮料研究所，国家重要热带作物工程技术研究中心
2008	科技进步奖	二等奖	海南·三亚统筹城乡全面建设小康社会发展战略研究	海南省三亚市人民政府，中国农业科学院农业经济与发展研究所
2008	科技进步奖	二等奖	海南岛叶螨种类及重要热带果树害螨防治技术研究	中国热带农业科学院环境与植物保护研究所
2008	科技进步奖	二等奖	绿色环保型农药——16%氟硅唑水乳剂与10.5%阿维·哒微乳剂的研制及应用	海南大学，海南力智生物工程有限责任公司，热带海洋与陆生生物资源研究及利用海南大学省部共建教育部重点实验室，海南省人民政府招商办公室
2008	科技进步奖	二等奖	中国棉叶螨各近似种的研究	海南大学
2008	科技进步奖	三等奖	高产抗旱抗病热引 18 号柱花草选育及推广利用	中国热带农业科学院热带作物品种资源研究所
2008	科技进步奖	三等奖	海南陆域国家级森林生态系统自然保护区森林植被研究	海南大学，热带海洋与陆生生物资源研究及利用海南大学省部共建教育部重点实验室
2008	科技进步奖	三等奖	海南省耕地地力调查与质量评价	海南省土壤肥料站，中国热带农业科学院热带作物品种资源研究所
2008	科技进步奖	三等奖	海南五指山地区杂交水稻高产制种技术研究	海南省农业科学院粮食作物研究所
2008	科技进步奖	三等奖	荔枝安全高效生产技术的研究与推广	中国热带农业科学院南亚热带作物研究所，华南农业大学园艺学院，海南省农业科学院热带果树研究所，农业部食品质量监督检验测试中心（湛江）
2008	科技进步奖	三等奖	腰果无性系高产优质栽培技术研究	中国热带农业科学院热带作物品种资源研究所，海南省腰果研究中心
2008	科技进步奖	三等奖	椰园种养高效模式研究	中国热带农业科学院椰子研究所
2008	科技进步奖	三等奖	真菌发酵提高沉香油产量的研究	中国热带农业科学院热带生物技术研究所
2008	科技进步奖	三等奖	转基因水稻南繁的环境与安全性评估	三亚市南繁科学技术研究院，海南大学，中国农业科学院生物技术研究所，广东省农业科学院水稻研究所
2008	科技成果转化奖	一等奖	测土灌溉施肥技术在热带果树上的推广应用	海南省农业科学院农作物遗传育种重点实验室，乐东黎族自治县农业技术推广服务中心，澄迈县科学技术与信息产业局，东方市农业服务中心，琼海市农业技术推广服务中心
2008	科技成果转化奖	一等奖	科研、开发、旅游三位一体植物园的建设与示范	中国热带农业科学院香料饮料研究所

（续表）

年 份	奖 项	等 级	项目名称	主要完成单位
2008	科技成果转化奖	一等奖	水稻抛秧技术示范与推广	海南省农业技术推广站，海南省农业科学院粮食作物研究所，儋州市农业技术推广服务中心，文昌市农业技术推广服务中心，万宁市农业技术推广中心，定安县农业技术推广中心，澄迈县农业技术推广中心，琼海市农业技术推广服务中心，屯昌县农业技术推广服务中心，临高县农业技术推广服务中心，三亚市农业技术推广服务中心，白沙黎族自治县科学信息和农业技术局，陵水黎族自治县农业技术推广服务中心，乐东黎族自治县农业技术推广服务中心，五指山市农业技术推广服务中心
2008	科技成果转化奖	一等奖	优质“定安黑猪”标准生产技术体系的研究与示范推广	海南大学，定安县畜牧兽医局，定安旭日畜牧有限公司，海南青牧原实业有限公司
2008	科技成果转化奖	二等奖	瓜菜覆膜滴灌技术试验与示范推广	海南省农业科学院蔬菜研究所，文昌市农业局，乐东黎族自治县农业技术推广服务中心，东方市农业服务中心
2008	科技成果转化奖	二等奖	马来亚黄、红矮椰子种植示范推广	中国热带农业科学院椰子研究所，文昌市科技开发中心，万宁市科学技术与信息产业局，琼海市热带作物服务中心，三亚市农业技术推广服务中心，陵水黎族自治县农业局
2008	科技成果转化奖	二等奖	甜瓜新品种金蜜六号选育与示范推广	三亚市南繁科学技术研究院，新疆宝丰种业有限公司，三亚腾农科技发展有限公司，三亚市农业局，陵水黎族自治县农业局
2008	科技成果转化奖	二等奖	珍珠番石榴高产栽培技术推广	海南省农业科学院热带果树研究所，琼海市塔洋镇农业服务中心，琼海市农业技术推广服务中心，澄迈县热带作物服务中心，海南省定安县科学技术协会
2008	科技成果转化奖	三等奖	无特定病原体实验食蟹猴繁育技术研究及生产	海南金港实验动物科技有限公司
2009	科技进步奖	一等奖	斑节对虾全人工繁育技术研究	中国水产科学研究院南海水产研究所热带水产研究开发中心，中山大学，中国水产科学研究院黄海水产研究所
2009	科技进步奖	一等奖	菠萝叶纤维提取与加工及叶渣利用技术研究	中国热带农业科学院农业机械研究所，国家重要热带作物工程技术研究中心
2009	科技进步奖	一等奖	海南热带药用植物及其共附生微生物资源研究	中国热带农业科学院热带生物技术研究所，农业部热带作物生物技术重点开放实验室
2009	科技进步奖	一等奖	海南省土地利用系统评估与优化决策技术	海南省土地储备整理交易中心，中国科学院地理科学与资源研究所
2009	科技进步奖	一等奖	热带作物种质资源安全保存体系的构建	中国热带农业科学院热带作物品种资源研究所，中国热带农业科学院香料饮料研究所，农业部热带作物种质资源利用重点开放实验室
2009	科技进步奖	一等奖	香蕉功能基因挖掘与应用技术研究	中国热带农业科学院热带生物技术研究所，农业部热带作物生物技术重点开放实验室，中国热带农业科学院海口实验站
2009	科技进步奖	二等奖	超级稻光温敏核不育系 P88S 选育及应用研究	海南省农业科学院粮食作物研究所，湖南杂交水稻研究中心

（续表）

年　份	奖　项	等　级	项目名称	主要完成单位
2009	科技进步奖	二等奖	甘蔗健康种苗技术体系的研究与应用	中国热带农业科学院热带生物技术研究所，海南华南热带农业科技园区开发有限公司，农业部热带作物生物技术重点开放实验室
2009	科技进步奖	二等奖	海巴戟（NONI）规范化种植和精深加工技术及应用	海南大学，海南万维生物制药技术有限公司，万宁市热带作物技术开发中心
2009	科技进步奖	二等奖	几种鱼鳔的成分分布规律及鱼鳔寡肽的制备技术研究	海南大学，海南大学热带生物资源教育部重点实验室
2009	科技进步奖	二等奖	卡瓦胡椒繁殖技术研究	中国热带农业科学院热带生物技术研究所，农业部热带作物生物技术重点开放实验室，海南省农业科学院热带果树研究所
2009	科技进步奖	二等奖	苦瓜种质资源收集；评价鉴定及其新品种——热研一号；二号油绿苦瓜的选育与推广	中国热带农业科学院热带作物品种资源研究所，中国热带农业科学院分析测试中心，海南大学
2009	科技进步奖	二等奖	树木营养器官氮素贮藏机制的研究	中国热带农业科学院橡胶研究所，海南省热带作物栽培生理学重点实验室省部共建国家重点实验室培育基地，农业部橡胶树生物学重点开放实验室
2009	科技进步奖	二等奖	橡胶树炭疽病；白粉病化学防治综合技术的研究与应用	海南省农垦总公司，海南天然橡胶产业集团股份有限公司乌石分公司，海南省国营东升农场，海南天然橡胶产业集团股份有限公司长征分公司，海南天然橡胶产业集团股份有限公司中坤分公司
2009	科技进步奖	三等奖	21项主要北运蔬菜生产技术规程的研究制订	海南省农业科学院蔬菜研究所，海南省农业技术推广站，文昌市农业局，儋州市农业局
2009	科技进步奖	三等奖	EAN·UCC系统在海南水产品质量安全跟踪和追溯的应用研究	海南省质量技术监督标准与信息所
2009	科技进步奖	三等奖	超级稻抗病性鉴定及其病虫害防治技术研究	海南省农业科学院农业环境与植物保护研究所
2009	科技进步奖	三等奖	番木瓜施硒效应及硒素积累特性研究	海南大学，中国热带农业科学院热带作物品种资源研究所
2009	科技进步奖	三等奖	海南产业发展环境容量研究	海南省环境科学研究院
2009	科技进步奖	三等奖	海南野生兰花远缘杂交及其杂交种子离体培养的研究	海南大学
2009	科技进步奖	三等奖	九孔鲍优质苗种大规模培育关键技术	海南大学，海南大学热带生物资源教育部重点实验室，三亚珍珠养殖场
2009	科技进步奖	三等奖	荔枝三角新小卷蛾生物学、生态学及防治技术研究	中国热带农业科学院环境与植物保护研究所，海南省农业科学院热带果树研究所，农业部热带农林有害生物入侵监测与控制重点开放实验室
2009	科技进步奖	三等奖	籼型三系不育系丰海A的选育	海南省农业科学院粮食作物研究所
2009	科技进步奖	三等奖	椰子花序汁液的采集与利用研究	中国热带农业科学院椰子研究所，国家重要热带作物工程技术研究中心
2009	科技进步奖	三等奖	鹰海新型农村合作医疗信息系统	海南鹰海网络技术有限公司，海南省医学会医学信息专业委员会

（续表）

年份	奖项	等级	项目名称	主要完成单位
2009	科技成果转化奖	特等奖	香蕉优质高产技术集成与推广	中国热带农业科学院热带作物品种资源研究所，中国热带农业科学院环境与植物保护研究所，海南大学农学院，海南省农业科学院热带果树研究所，儋州市农业技术推广服务中心，三亚市农业技术推广服务中心，乐东黎族自治县农业技术推广服务中心，临高县农业技术推广服务中心，昌江黎族自治县农业局，白沙黎族自治县科学技术协会，澄迈县热带作物服务中心，文昌市热带作物技术服务中心，琼海市热带作物服务中心，海南省定安县科学技术协会，海南东方元合实业有限公司
2009	科技成果转化奖	特等奖	橡胶树热研7-33-97推广应用	中国热带农业科学院橡胶研究所，琼海市热带作物服务中心，儋州市热带作物技术服务中心，白沙黎族自治县农业局，澄迈县热带作物服务中心，屯昌县热带作物技术推广服务中心，五指山市农业局，琼中县农业技术推广服务中心，定安县科学技术局，临高县热带水果技术服务中心，农业部橡胶树生物学重点开放实验室，海南省热带作物栽培生理学重点实验室省部共建国家重点实验室培育基地，国家重要热带作物工程技术研究中心
2009	科技成果转化奖	一等奖	甘蔗新品种新台糖22号、粤糖93/159引种、试验及推广	儋州市甘蔗科学研究所，儋州市农业技术推广服务中心，临高县农业技术推广服务中心，昌江黎族自治县农业技术推广服务中心，白沙黎族自治县科学信息和农业技术局，澄迈县农业技术推广服务中心，定安县农业局，定安县农业技术推广服务中心
2009	科技成果转化奖	一等奖	海南深水抗风浪网箱养鱼技术推广与示范	临高县海洋与渔业局，海南省水产研究所，海南中油深海养殖科技开发有限公司，陵水黎族自治县海洋与渔业局，三亚市海洋与渔业局，海南省水产技术推广站
2009	科技成果转化奖	一等奖	日本囊对虾和斑节对虾地膜覆沙池健康养殖技术研究及示范推广	海南省昌江南疆生物技术有限公司，广东海洋大学
2009	科技成果转化奖	二等奖	热带地区瘦肉型猪能量和蛋白质需要量及饲料配方研究与应用	海口农工贸（罗牛山）股份有限公司博士后科研工作站，海南罗牛山种猪育种有限公司
2009	科技成果转化奖	三等奖	菊花新品种引进、示范及推广	东方市科技服务中心，东方光华现代农业开发有限公司
2010	科技进步奖	特等奖	利用寄生蜂防治重大入侵害虫椰心叶甲的研究与应用	中国热带农业科学院环境与植物保护研究所，海南省森林病虫害防治检疫站，中国热带农业科学院椰子研究所，中华人民共和国海南出入境检验检疫局，海南大学环境与植物保护学院，海南省林业科学研究所，农业部热带农林有害生物入侵监测与控制重点开放实验室，海南省热带农业有害生物监测与控制重点实验室，海南省热带作物病虫害生物防治工程技术研究中心
2010	科技进步奖	一等奖	流动沙丘的固定和绿化用新材料、新结构及其野外实践效果研究	海南大学，清华大学，青海大学，青海省畜牧兽医科学院草原研究所，青海省水利水电科学研究所，萍乡市新安工业有限责任公司
2010	科技进步奖	一等奖	罗非鱼零废弃加工与质量控制技术	中国水产科学研究院南海水产研究所热带水产研究开发中心

（续表）

年　份	奖　项	等　级	项目名称	主要完成单位
2010	科技进步奖	一等奖	南繁棉花的生育规律和关键技术研究	三亚中棉科技服务有限公司，中国农业科学院棉花研究所
2010	科技进步奖	一等奖	热带作物种质资源共享体系的构建与应用	中国热带农业科学院热带作物品种资源研究所，海南大学，农业部热带作物种质资源利用重点开放实验室
2010	科技进步奖	一等奖	三亚湾及其临近海区生态环境与生物资源研究	中国科学院海南热带海洋生物实验站，中国科学院南海海洋研究所
2010	科技进步奖	一等奖	橡胶树精准施肥技术研究及在海南的应用	中国热带农业科学院橡胶研究所，海南天然橡胶产业集团股份有限公司生产技术部，海南天然橡胶产业集团股份有限公司龙江分公司，海南天然橡胶产业集团股份有限公司阳江分公司，海南天然橡胶产业集团股份有限公司新中分公司，国家重要热带作物工程技术研究中心
2010	科技进步奖	一等奖	椰子种质资源的收集、保存、评价与创新利用研究	中国热带农业科学院椰子研究所，海南省棕榈植物重点实验室，国家重要热带作物工程技术研究中心
2010	科技进步奖	一等奖	中国龟鳖动物的生态生物学及保护管理研究	海南师范大学，广东省昆虫研究所
2010	科技进步奖	二等奖	海南城市与农村生态环境理论研究与应用	海南大学，海南大学热带作物种质资源保护与开发利用教育部重点实验室
2010	科技进步奖	二等奖	海南岛热带雨林主要经济立木彩色图谱研究	海南省林业局，中国热带农业科学院热带生物技术研究所，海南新绿神热带生物工程有限责任公司，海口市东山中学，海口市林业科学研究所
2010	科技进步奖	二等奖	海南黑山羊种质特性评价及创新利用	中国热带农业科学院热带作物品种资源研究所
2010	科技进步奖	二等奖	鹤蕉种质资源收集保存评价及利用研究	中国热带农业科学院热带作物品种资源研究所，海南省热带作物资源遗传改良与创新重点实验室，农业部热带作物种质资源利用重点开放实验室
2010	科技进步奖	二等奖	胡椒种苗快繁与规范化种植和新产品开发与深加工技术及应用	海南师范大学，江苏大学，海南绿田园高新技术发展有限公司，海南岛屿胡椒产业有限公司，海南省胡椒协会
2010	科技进步奖	二等奖	两步发酵法生产细菌纤维素技术的开发及应用	海南椰国食品有限公司
2010	科技进步奖	二等奖	马氏珠母贝育种和养殖新技术	海南大学，海南大学热带生物资源教育部重点实验室
2010	科技进步奖	二等奖	热带地区消除丝虫病策略和措施的研究	海南省疾病预防控制中心
2010	科技进步奖	二等奖	热带柚优质品种选育及丰产栽培技术研究	海南省农业科学院热带果树研究所，琼海市热带作物服务中心，澄迈县农业局，海口市农民技术学校，海口市琼山区云龙镇农业服务中心
2010	科技进步奖	二等奖	香蕉枯萎病快速检测与监测应用	中国热带农业科学院环境与植物保护研究所，华南农业大学，福建省农业科学院植物保护研究所，海南省植保植检站，海南省热带农业有害生物监测与控制重点实验室

（续表）

年　份	奖　项	等　级	项目名称	主要完成单位
2010	科技进步奖	二等奖	杂交稻强优新组合选育及配套技术研究	海南省农业科学院粮食作物研究所，海南绿金丰种子有限公司
2010	科技进步奖	三等奖	12 种重要热带植物组培快繁技术研究及应用	海南大学，海南大学热带作物种质资源保护与开发利用教育部重点实验室
2010	科技进步奖	三等奖	稻瘟菌致病相关基因的克隆	中国热带农业科学院环境与植物保护研究所，海南大学环境与植物保护学院，海南省热带农业有害生物监测与控制重点实验室，农业部热带农林有害生物入侵监测与控制重点开放实验室
2010	科技进步奖	三等奖	高产优质小型无籽西瓜引进试验示范	海南省农业科学院蔬菜研究所
2010	科技进步奖	三等奖	瓜螟绒茧蜂发生、存活特性及其对瓜螟控制作用评价	中国热带农业科学院环境与植物保护研究所，农业部热带农林有害生物入侵监测与控制重点开放实验室，海南省热带农业有害生物监测与控制重点实验室
2010	科技进步奖	三等奖	海南槟榔黄化病病原鉴定及分子检测技术研究	中国热带农业科学院环境与植物保护研究所，海南大学环境与植物保护学院，海南省热带农业有害生物监测与控制重点实验室
2010	科技进步奖	三等奖	海南鹅品系选育与杂交利用研究	海南省农业科学院畜牧兽医研究所
2010	科技进步奖	三等奖	几种重要经济虾蟹人工繁育技术及斑节对虾多倍体诱导研究	海南大学，海南大学热带生物资源教育部重点实验室
2010	科技进步奖	三等奖	利用混农模式维持桉树人工林长期生产力技术研究	中国热带农业科学院环境与植物保护研究所，中国林业科学研究院热带林业研究所，海南大学环境与植物保护学院，国营雷州林业局
2010	科技进步奖	三等奖	能源植物麻疯树引种示范	海南省农业科学院热带果树研究所，海南中海新能源产业开发有限公司，海南世傲新能源投资发展有限公司
2010	科技进步奖	三等奖	热带广适性三系杂交稻研究及产业化	海南省农业科学院粮食作物研究所，福建省农业科学院水稻研究所
2010	科技进步奖	三等奖	热带露地栽培玫瑰花品种引种试验与示范	三亚兰德种业有限公司，三亚市南繁科学技术研究院，海南千叶源实业有限公司，三亚圣兰德花卉文化产业有限公司
2010	科技进步奖	三等奖	笋壳鱼规模化人工繁育技术及应用	海南断山渔业有限公司，海南大学，三亚市南繁科学技术研究院，南京师范大学
2010	科技进步奖	三等奖	特种食用猪的培育与开发利用	海南省农业科学院畜牧兽医研究所
2010	科技进步奖	三等奖	香蕉冠腐病菌生防细菌的筛选、鉴定及防病试验的研究	海南大学，海南大学热带作物种质资源保护与开发利用教育部重点实验室
2010	科技进步奖	三等奖	香蕉黑星病发生规律与防治技术研究	中国热带农业科学院环境与植物保护研究所，中国热带农业科学院热带作物品种资源研究所，国家重要热带作物工程技术研究中心，海南省热带农业有害生物监测与控制重点实验室
2010	科技进步奖	三等奖	橡胶炭疽病综合防治技术研究	中国热带农业科学院环境与植物保护研究所，海南大学环境与植物保护学院，海南省热带农业有害生物监测与控制重点实验室，农业部热带农林有害生物入侵监测与控制重点开放实验室

（续表）

年　份	奖　项	等　级	项目名称	主要完成单位
2010	科技进步奖	三等奖	植物耐盐基因的挖掘及耐盐机理研究	海南大学，海南大学热带作物种质资源保护与开发利用教育部重点实验室，海南大学热带生物资源教育部重点实验室
2010	科技成果转化奖	一等奖	高产杂交水稻特优128引进示范与推广	海南省农业科学院粮食作物研究所，海南绿金丰种子有限公司
2010	科技成果转化奖	一等奖	蟒蛇人工养殖技术及综合利用	海南东盛弘蟒业科技股份有限公司，海南大学
2010	科技成果转化奖	一等奖	压缩椰果生产技术开发及转化	海南椰国食品有限公司
2010	科技成果转化奖	二等奖	胡椒脱叶催花技术研究及示范推广	海南省农垦科学院文昌试验站
2010	科技成果转化奖	二等奖	香蕉病毒病多重PCR检测技术推广应用	中国热带农业科学院环境与植物保护研究所，热作两院种苗组培中心，海南大学农学院，海南出入境检验检疫局热带植物隔离检疫中心，三亚市南繁科学技术研究院，乐东万钟种苗组培有限公司，海南省农垦橡胶研究所组培中心，海南天香生物工程有限公司，湛江市农发生物技术推广中心，农业部热带农林有害生物入侵监测与控制重点开放实验室
2011	科技进步奖	特等奖	薄叶红厚壳等25种海南热带药用植物化学成分及药理活性研究	海南师范大学
2011	科技进步奖	一等奖	海南禾草资源收集、评价及创新利用	中国热带农业科学院热带作物品种资源研究所，海南省热带生物资源可持续利用重点实验室，云南省草地动物科学研究院，海南省热带草业工程技术研究中心
2011	科技进步奖	一等奖	利用木薯为原料生产葡萄糖酸钙工艺的研发	中国热带农业科学院热带生物技术研究所，农业部热带作物生物技术重点开放实验室
2011	科技进步奖	一等奖	热带水产养殖动物微生物性疾病检测及其安全高效控制技术研究	海南大学，海南大学热带生物资源教育部重点实验室
2011	科技进步奖	一等奖	橡胶重要害虫橡副珠蜡蚧和六点始叶螨的防控基础及关键技术研究	中国热带农业科学院环境与植物保护研究所，海南大学环境与植物保护学院，海南天然橡胶产业集团股份有限公司，农业部热带农林有害生物入侵监测与控制重点开放实验室，海南省热带农业有害生物监测与控制重点实验室
2011	科技进步奖	二等奖	海绵共附生微生物的分离、保存、活性评价与抗稻瘟病生物农药的研制	中国热带农业科学院热带生物技术研究所
2011	科技进步奖	二等奖	海南岛南药植物根结线虫病及综合防治技术研究	海南省农业科学院农业环境与植物保护研究所，海南省植物病虫害防控重点实验室，海南大学环境与植物保护学院
2011	科技进步奖	二等奖	海南绿橙贮藏保鲜技术研究	海南省农业科学院农产品加工设计研究所
2011	科技进步奖	二等奖	剑麻斑马纹病病原生物学、遗传多态性及防治技术研究	中国热带农业科学院南亚热带作物研究所，中国热带农业科学院热带生物技术研究所，中国热带农业科学院环境与植物保护研究所，农业部热带农林有害生物入侵监测与控制重点开放实验室，海南省热带农业有害生物监测与控制重点实验室

（续表）

年　份	奖　项	等　级	项目名称	主要完成单位
2011	科技进步奖	二等奖	芒果种质资源收集、评价与创新利用研究	中国热带农业科学院南亚热带作物研究所，中国热带农业科学院热带作物品种资源研究所，中国热带农业科学院环境与植物保护研究院所
2011	科技进步奖	二等奖	天然橡胶/纳米碳管复合材料高性能化研究	中国热带农业科学院农产品加工研究所
2011	科技进步奖	二等奖	文昌鸡新品系选育技术创新及利用	海南（潭牛）文昌鸡股份有限公司，中国农业科学院家禽研究所，海南省农业科学院畜牧兽医研究所
2011	科技进步奖	二等奖	早熟抗病丰产酱用型辣椒新品种热辣2号的选育与示范推广	中国热带农业科学院热带作物品种资源研究所，海南省热带作物资源遗传改良与创新重点实验室
2011	科技进步奖	二等奖	植物硫代葡糖苷酶基因家族的研究及应用	中国热带农业科学院热带生物技术研究所，农业部热带作物生物技术重点开放实验室
2011	科技进步奖	三等奖	3个优质高产抗病水稻新品种的选育及应用	海南省农业科学院粮食作物研究所
2011	科技进步奖	三等奖	高产优质热研20号圭亚那柱花草育成及推广利用	中国热带农业科学院热带作物品种资源研究所
2011	科技进步奖	三等奖	海南巢蕨规模化繁育及配套栽培技术研究	海南省农业科学院园林花卉研究所
2011	科技进步奖	三等奖	海南坡鹿HSF1等重要功能基因的研究	海南大学，海南大田国家级自然保护区管理局
2011	科技进步奖	三等奖	海南省热带农产品质量安全追溯系统研究	中国热带农业科学院科技信息研究所
2011	科技进步奖	三等奖	海南土壤资源信息库建设与测土施肥专家系统研发	中国热带农业科学院热带作物品种资源研究所
2011	科技进步奖	三等奖	海洋贝类DNA分子标记的开发与应用	海南大学，海南大学热带生物资源教育部重点实验室
2011	科技进步奖	三等奖	胡椒果皮高效脱胶菌的研究	海南省农业科学院农产品加工设计研究所，海南大学，琼海市热带作物服务中心，海南省国营东平农场食品厂
2011	科技进步奖	三等奖	橘小实蝇安全高效防控关键技术研究与应用	中国热带农业科学院南亚热带作物研究所，海南省农业科学院热带果树研究所，海南省国营南田农场，东莞市盛唐化工有限公司
2011	科技进步奖	三等奖	聚天冬氨酸同源多肽系列产品在热带作物上的应用	海南绿丰源科技有限公司，中国热带农业科学院热带作物品种资源研究所，儋州市农业委员会，海南省土壤肥料站台
2011	科技进步奖	三等奖	抗蚜辣椒品种的挖掘及其创新利用与示范	中国热带农业科学院环境与植物保护研究所，中国热带农业科学院热带生物技术研究所，农业部热带农林有害生物入侵监测与控制重点开放实验室，海南省热带农业有害生物监测与控制重点实验室
2011	科技进步奖	三等奖	芒果采后病害及保鲜技术研究	中国热带农业科学院环境与植物保护研究所，海南大学环境与植物保护学院，中国热带农业科学院热带作物品种资源研究所，农业部热带农林有害生物入侵监测与控制重点开放实验室

（续表）

年　份	奖　项	等　级	项目名称	主要完成单位
2011	科技进步奖	三等奖	芒果横线尾夜蛾寄主植物引诱剂研究	中国热带农业科学院环境与植物保护研究所，农业部热带农林有害生物入侵监测与控制重点开放实验室，海南省热带农业有害生物监测与控制重点实验室
2011	科技进步奖	三等奖	蜜瓜嫁接技术研究及产业化示范	海南省农业科学院蔬菜研究所
2011	科技进步奖	三等奖	棉铃虫对阿维菌素的抗性研究及防控技术示范	中国热带农业科学院环境与植物保护研究所，农业部热带农林有害生物入侵监测与控制重点开放实验室，海南省热带农业有害生物监测与控制重点实验室
2011	科技进步奖	三等奖	木麻黄海防林改造更新技术研究	海口市林业科学研究所，海南省林业科学研究所
2011	科技进步奖	三等奖	糯米香茶引种试种及开发利用研究	中国热带农业科学院香料饮料研究所
2011	科技进步奖	三等奖	文心兰切花设施生产关键技术研究与示范	海南出入境检验检疫局热带植物隔离检疫中心，海南文昌动植物检疫隔离农场有限公司
2011	科技进步奖	三等奖	橡胶籽蛋白活性肽产品的开发与应用	海南大学
2011	科技进步奖	三等奖	中国天然橡胶安全及其指标体系研究	海南大学，琼州学院
2011	科技成果转化奖	一等奖	冬季蔬菜根结线虫综合防控技术集成与示范推广	海南省农业科学院农业环境与植物保护研究所，海南省植物病虫害防控重点实验室
2011	科技成果转化奖	一等奖	莲雾、番木瓜等热带果树新品种引种与示范推广	海南省农业科学院热带果树研究所，琼海市热带作物服务中心，澄迈县农业局，乐东黎族自治县农业技术推广服务中心，白沙黎族自治县科学技术协会，屯昌县农业局，海口市琼山区科学技术协会，定安县科学技术协会
2011	科技成果转化奖	一等奖	石斑鱼规模化人工繁育与无公害健康养殖技术示范与推广	海南省水产研究所，海南定大养殖有限公司，海南大学，文昌市海洋与渔业局，琼海市海洋与渔业局，万宁业兴水产养殖有限公司，陵水黎族自治县海洋与渔业局
2011	科技成果转化奖	一等奖	橡胶树割胶技术集成与大面积推广应用	中国热带农业科学院橡胶研究所，海南天然橡胶产业集团股份有限公司，海南省热带作物开发中心，海南省热带作物栽培生理学重点实验室——省部共建国家重点实验室培育基地，农业部橡胶树生物学重点开放实验室
2011	科技成果转化奖	一等奖	长丰 2 号紫长茄引进、试验与示范推广	海南大学，三亚市农业技术推广服务中心，琼海市农业技术推广服务中心，陵水黎族自治区县种子公司，乐东黎族自治区县农业科学研究所，三亚市丰茂同和农业开发有限公司
2011	科技成果转化奖	二等奖	苦丁茶系列产品研发与示范	中国热带农业科学院香料饮料研究所，兴隆热带植物园，定安黄竹绿翠茶行，天等县普利茶厂
2011	科技成果转化奖	二等奖	文昌鸡绿色饲养技术研发与示范推广	海南省农业科学院畜牧兽医研究所
2011	科技成果转化奖	二等奖	湘椒 49 号（福湘秀丽）辣椒新品种引进示范及大面积推广	琼海市塔洋镇农业服务中心，海南省农业科学院蔬菜研究所，琼海市农业技术推广服务中心，文昌市农业局，万宁市农业技术推广服务中心，定安县农业技术推广服务中心

（续表）

年　份	奖　项	等　级	项目名称	主要完成单位
2011	科技成果转化奖	二等奖	椰园种养生态模式构建研究、示范和推广应用	中国热带农业科学院椰子研究所，文昌市工业和科技信息化局，万宁市工业和科技信息产业局，琼海市热带作物服务中心，陵水黎族自治县农业委员会，三亚市农业技术推广服务中心，三亚市热带作物技术推广服务中心
2012	科技进步奖	一等奖	濒危植物海南龙血树保护生物学研究	海南省农业科学院农作物遗传育种重点实验室，中国热带农业科学院热带生物技术研究所，中国热带农业科学院分析测试中心，海南省农业科学院园林花卉研究所
2012	科技进步奖	一等奖	南海水产种质资源库构建与共享利用	中国水产科学研究院南海水产研究所热带水产研究开发中心
2012	科技进步奖	一等奖	南药种质资源收集保存、鉴定评价与栽培利用研究	中国热带农业科学院热带作物品种资源研究所
2012	科技进步奖	一等奖	橡胶树乳管分化研究及乳管分化能力早期预测方法	中国热带农业科学院橡胶研究所，海南省热带作物栽培生理学重点实验室—省部共建国家重点实验室培育基地，农业部橡胶树生物学与遗传资源利用重点实验室，海南省农业科学院
2012	科技进步奖	一等奖	橡胶树重要叶部病害检测、监测与控制技术研究	中国热带农业科学院环境与植物保护研究所，海南大学，云南省热带作物科学研究所，海南省天然橡胶产业集团股份有限公司，云南省农垦总局，广东省茂名农垦局
2012	科技进步奖	一等奖	重要入侵害虫螺旋粉虱监测与控制的基础和关键技术研究及应用	中国热带农业科学院环境与植物保护研究所，华南农业大学，广东省农业科学院植物保护研究所，北京市农林科学院植物保护环境保护研究所，广东省昆虫研究所，海南省植保植检站
2012	科技进步奖	一等奖	主要北运蔬菜新品种选育及高效栽培新技术研究集成与产业化示范	海南省农业科学院蔬菜研究所，中国农业科学院蔬菜花卉研究所，广东省农业科学院蔬菜研究所，湖南省蔬菜研究所，广西壮族自治区农业科学院蔬菜研究所
2012	科技进步奖	二等奖	槟榔红脉穗螟天敌——扁股小蜂人工繁殖与利用	中国医学科学院药用植物研究所海南分所，海南省南药资源保护与开发重点实验室，万宁科健热带南药园
2012	科技进步奖	二等奖	蛋白质组学关键技术的优化改进及其在热带作物研究中的应用	中国热带农业科学院热带生物技术研究所，农业部热带作物生物学与遗传资源利用重点实验室
2012	科技进步奖	二等奖	海南龙血树组培快繁及诱导血竭的研究	中国热带农业科学院热带生物技术研究所，农业部热带作物生物学与遗传资源利用重点实验室
2012	科技进步奖	二等奖	红树林利福霉素小单孢菌新种的发现及其抗 MRSA 活性新化合物的研究	中国热带农业科学院热带生物技术研究所，农业部热带作物生物学与遗传资源利用重点实验室
2012	科技进步奖	二等奖	木薯、瓜菜地下害虫绿色防控关键技术研究与示范	中国热带农业科学院环境与植物保护研究所，中国热带农业科学院热带作物品种资源研究所，海南省农业科学院农业环境与植物保护研究所，三亚市南繁科学技术研究院，合浦县农业科学研究所

（续表）

年　份	奖　项	等　级	项目名称	主要完成单位
2012	科技进步奖	二等奖	热带作物几种重要病虫害绿色生防化防技术研究与应用	中国热带农业科学院环境与植物保护研究所，海南博士威农用化学有限公司，海南正业中农高科股份有限公司，海南利蒙特生物农药有限公司，中国热带农业科学院南亚热带作物研究所
2012	科技进步奖	二等奖	橡胶树次生体胚发生技术体系的建立及其在自根幼态无性系繁殖中的应用	中国热带农业科学院橡胶研究所，农业部橡胶树生物学与遗传资源利用重点实验室，国家重要热带作物工程技术研究中心
2012	科技进步奖	二等奖	橡胶树割面营养增产素产业化生产关键技术研发	中国热带农业科学院橡胶研究所，海南天然橡胶产业集团股份有限公司，国家重要热带作物工程技术研究中心，海南热农橡胶科技服务中心，农业部橡胶树生物学与遗传资源利用重点实验室
2012	科技进步奖	二等奖	转基因水稻颖花突变体形态学鉴定、遗传学分析和基因克隆	海南大学，清华大学
2012	科技进步奖	三等奖	槟榔深加工关键技术研究及产业化开发	海南大学，中南林业科技大学
2012	科技进步奖	三等奖	妃子笑荔枝高效疏蕾及关键栽培技术研究	海南省农业科学院热带果树研究所，海口市农民技术学校
2012	科技进步奖	三等奖	高档礼品西瓜新品种“美月”和“琼丽”的选育与示范推广	中国热带农业科学院热带作物品种资源研究所，海南华南热带农业科技园区开发有限公司，海南省热带作物资源遗传改良与创新重点实验室
2012	科技进步奖	三等奖	海南地方优质肉猪杂交组合研究与示范推广	海南省农业科学院畜牧兽医研究所，屯昌县畜牧兽医局，海南昌牧屯昌猪繁育有限公司
2012	科技进步奖	三等奖	海南甘蔗病毒病原鉴定与检测技术体系建立及应用	中国热带农业科学院热带生物技术研究所，农业部热带作物生物学与遗传资源利用重点实验室
2012	科技进步奖	三等奖	海南省中部山区生态系统服务功能研究——以水源涵养与土壤保持为例	海南省环境科学研究院，海南师范大学
2012	科技进步奖	三等奖	海南外来入侵杂草病原微生物资源调查及生防评估	海南大学，中国热带农业科学院环境与植物保护研究所
2012	科技进步奖	三等奖	海南主要野菜资源调查及利用价值研究	中国热带农业科学院分析测试中心
2012	科技进步奖	三等奖	合浦珠母贝贝肉、贝壳高值化综合利用新技术的研究	三亚海润珠宝有限公司，中国水产科学研究院南海水产研究所热带水产研究开发中心，海南省珍珠工程技术研究中心
2012	科技进步奖	三等奖	红毛丹 BR-7 号的选育与丰产栽培技术的研究、示范、推广	海南省农垦科学院，海南省保亭热带作物研究所
2012	科技进步奖	三等奖	剑麻新菠萝灰粉蚧生物学、生态学及防治技术研究	中国热带农业科学院环境与植物保护研究所，农业部热带作物有害生物综合治理重点实验室，海南省热带农业有害生物监测与控制重点实验室，农业部儋州农业环境科学观测实验站
2012	科技进步奖	三等奖	企鹅珍珠贝附壳珍珠产业化培育技术研究	海南省海钰珍珠研究院，海南大学，儋州海钰珍珠养殖有限公司
2012	科技进步奖	三等奖	热带果酒品质提升关键技术研究与产业化示范	海南大学，中国热带农业科学院

（续表）

年　份	奖　项	等　级	项目名称	主要完成单位
2012	科技进步奖	三等奖	热带农业的农药毒性与安全使用方法研究	中国热带农业科学院环境与植物保护研究所，海南师范大学信息科学技术学院，中国热带农业科学院分析测试中心，农业部热带作物有害生物综合治理重点实验室
2012	科技进步奖	三等奖	台农16号菠萝产期调节及配套栽培技术研究	海南省农业科学院热带果树研究所，中国热带农业科学院环境与植物保护研究所
2012	科技进步奖	三等奖	香蕉枯萎病病程可视化研究	中国热带农业科学院海口实验站，中国热带农业科学院环境与植物保护研究所，中国热带农业科学院热带生物技术研究所
2012	科技进步奖	三等奖	椰子生产全程质量控制技术研究与应用	中国热带农业科学院椰子研究所，椰子产业技术创新战略联盟，中华人民共和国海南出入境检验检疫局，海南省产品质量监督检验所
2012	科技进步奖	三等奖	优质食用木薯华南9号的育成及利用推广	中国热带农业科学院热带作物品种资源研究所，中国热带农业科学院后勤服务中心，白沙黎族自治县科学信息和农业技术局，琼中黎族苗族自治县农业科学研究所
2012	科技进步奖	三等奖	中粒种咖啡标准化栽培技术研究与示范	中国热带农业科学院香料饮料研究所，海南省万宁市热带作物技术开发中心，澄迈县热带作物服务中心，农业部香辛饮料作物遗传资源利用重点实验室
2012	科技进步奖	三等奖	主要热带农业信息基础数据收集、整理与应用	中国热带农业科学院科技信息研究所
2012	科技进步奖	三等奖	柱花草抗炭疽病的分子生物学研究	中国热带农业科学院热带作物品种资源研究所，中国热带农业科学院分析测试中心，海南省热带作物栽培生理学重点实验室—省部共建国家重点实验室培育基地，中国热带农业科学院热带生物技术研究所
2012	科技成果转化奖	一等奖	海南主要作物专用BB肥的配方设计、生产与推广应用	海南富岛复合肥有限公司，海南省农业科学院农作物遗传育种重点实验室
2012	科技成果转化奖	一等奖	优质杂交稻Ⅱ优629选育和两优389、两优0293的引进及示范推广	海南省农业科学院粮食作物研究所，中国种子集团有限公司三亚分公司，中国种子集团有限公司，肇庆学院，乐东黎族自治县农业科学研究所
2012	科技成果转化奖	二等奖	槟榔标准化生产技术示范及推广	琼海市热带作物服务中心，海南省农业科学院热带果树研究所
2012	科技成果转化奖	二等奖	高产早结鲜食椰子新品种文椰2号的培育与推广利用	中国热带农业科学院椰子研究所，文昌市热带作物技术服务中心，万宁市热带作物开发中心，琼海市热带作物服务中心，三亚市热带作物技术推广服务中心
2012	科技成果转化奖	二等奖	海南鹅杂交利用技术示范推广	海南省农业科学院畜牧兽医研究所，澄迈县老城新华达白莲鹅种鹅场
2012	科技成果转化奖	二等奖	含PEP型表面活性剂绿色农药新制剂的产业化及应用推广	海南大学，海南省植保植检站，海南师范大学，海南力智生物工程有限责任公司，海南省农业科学院农业环境与植物保护研究所

（续表）

年　份	奖　项	等　级	项目名称	主要完成单位
2012	科技成果转化奖	二等奖	橡胶树炭疽病、白粉病化学防治综合技术的推广应用	海南天然橡胶产业集团股份有限公司，海南天然橡胶产业集团股份有限公司长征分公司，海南天然橡胶产业集团股份有限公司红华分公司，海南天然橡胶产业集团股份有限公司金江分公司，海南天然橡胶产业集团股份有限公司乌石分公司，海南天然橡胶产业集团股份有限公司中坤分公司，海南天然橡胶产业集团股份有限公司阳江分公司，海南天然橡胶产业集团股份有限公司龙江分公司
2012	科技成果转化奖	三等奖	海南乡土滨海园林观赏植物资源调查及种苗繁育技术研究与应用	海南省农业科学院园林花卉研究所
2012	科技成果转化奖	三等奖	抗冻型高纤椰果的技术应用及产业化	海南椰国食品有限公司
2013	科技进步奖	特等奖	白木香防御反应诱导沉香形成机制及通体结香技术研究	中国医学科学院药用植物研究所海南分所，中国医学科学院药用植物研究所，海南香树资源发展有限公司，中山市国林沉香科学研究所
2013	科技进步奖	一等奖	菠萝叶纤维酶法脱胶技术	中国热带农业科学院热带生物技术研究所，中国热带农业科学院农业机械研究所，农业部热带作物生物学与遗传资源利用重点实验室
2013	科技进步奖	一等奖	海南岛瘿螨区系的研究	琼台师范高等专科学校，南京农业大学，海南省林业科学研究所
2013	科技进步奖	一等奖	橡胶树种质资源收集保存评价和利用	中国热带农业科学院橡胶研究所，农业部橡胶树生物学与遗传资源利用重点实验室
2013	科技进步奖	一等奖	重要入侵害虫红棕象甲防控基础与关键技术研究及应用	中国热带农业科学院椰子研究所，漳州市英格尔农业科技有限公司，中国热带农业科学院环境与植物保护研究所，三亚市南繁科学技术研究院，农业部热带作物有害生物监测与控制重点实验室
2013	科技进步奖	二等奖	艾纳香加工工艺优化及产品研发	中国热带农业科学院热带作物品种资源研究所，海南大学，海南香岛黎家生物科技有限公司，贵州艾源生态药业开发有限公司
2013	科技进步奖	二等奖	博优 225 等 3 个优质弱感光型杂交水稻新组合选育及应用	海南省农业科学院粮食作物研究所
2013	科技进步奖	二等奖	东亚特有濒危植物五唇兰保育生物学研究	海南大学，海南大学热带作物种质资源保护与开发利用教育部重点实验室，中国热带农业科学院热带作物品种资源研究所，海南省珠峰林业生态研究所，海南博大兰花科技有限公司
2013	科技进步奖	二等奖	合浦珠母贝基因挖掘与遗传改良技术研究	中国水产科学研究院南海水产研究所，热带水产研究开发中心
2013	科技进步奖	二等奖	红掌新品种选育及配套关键技术研究	中国热带农业科学院热带作物品种资源研究所，云南省热带作物科学研究所，农业部华南作物基因资源与种质创制重点实验室，三亚新大生物科技有限公司
2013	科技进步奖	二等奖	木薯转基因育种技术研究及基因资源挖掘	中国热带农业科学院热带生物技术研究所，海南大学，中国热带农业科学院热带作物品种资源研究所，农业部热带作物生物学与遗传资源利用重点实验室

（续表）

年　份	奖　项	等　级	项目名称	主要完成单位
2013	科技进步奖	二等奖	能源微藻油脂代谢基础研究及高油藻株选育	中国热带农业科学院热带生物技术研究所
2013	科技进步奖	二等奖	香蕉枯萎病生防内生菌资源的收集、评价与利用研究	中国热带农业科学院环境与植物保护研究所，热作两院种苗组培中心，中国热带农业科学院热带生物技术研究所，农业部热带作物有害生物综合治理重点实验室，海南省热带农业有害生物监测与控制重点实验室
2013	科技进步奖	二等奖	香蕉种苗培育新技术的研究与示范	中国热带农业科学院海口实验站，中国热带农业科学院热带生物技术研究所，热作两院种苗组培中心
2013	科技进步奖	三等奖	沉香的综合利用与产品开发研究	海南香树资源发展有限公司，中国医学科学院药用植物研究所海南分所
2013	科技进步奖	三等奖	海南岛粉虱种类调查和集中入侵害虫的分子检测技术研究	中国热带农业科学院环境与植物保护研究所，海南出入境检验检疫局热带植物隔离检疫中心，安徽师范大学，农业部热带作物有害生物综合治理重点实验室，海南省热带农业有害生物监测与控制重点实验室
2013	科技进步奖	三等奖	海南岛外来植物入侵现状及其风险评估	海南省农垦科学院
2013	科技进步奖	三等奖	海南岛橡胶风害实时评估技术集成与应用	海南省气候中心
2013	科技进步奖	三等奖	海南甜菜夜蛾种群消长规律与综合防控技术研究	海南省农业科学院农业环境与植物保护研究所，海南省植物病虫害防控重点实验室（筹）
2013	科技进步奖	三等奖	海南重要入侵杂草防控基础及防控技术	中国热带农业科学院环境与植物保护研究所，海南省森林资源监测中心，临高县森林病虫害防治检疫站，琼海市森林植物检疫站，澄迈县森林植物检疫站
2013	科技进步奖	三等奖	净化养殖废水的芽孢杆菌热带菌种的筛选与应用	海南大学，海南省热带生物资源可持续利用重点实验室
2013	科技进步奖	三等奖	热带农业信息模式研究与应用	中国热带农业科学院科技信息研究所
2013	科技进步奖	三等奖	香草兰主要病虫害综合防治技术研究	中国热带农业科学院香料饮料研究所
2013	科技进步奖	三等奖	橡胶林下鹿角灵芝栽培技术研究	海南省农垦科学院
2013	科技进步奖	三等奖	橡胶园化肥养分损失过程及调控技术研究	中国热带农业科学院橡胶研究所，海南省热带作物栽培生理学重点实验室省部共建国家重点实验室培育基地，农业部橡胶树生物学与遗传利用重点实验室
2013	科技成果转化奖	一等奖	海南省测土配方施肥技术研究与推广应用	海南省农业技术推广服务中心，海南省土壤肥料站，万宁市农业技术推广中心，文昌市农业技术推广服务中心，三亚市农业技术推广服务中心，海口市农业技术推广中心，澄迈县农业技术推广中心，定安县农业技术推广中心
2013	科技成果转化奖	一等奖	优良柱花草新品种推广及利用	中国热带农业科学院热带作物品种资源研究所，海南大学

（续表）

年 份	奖 项	等 级	项目名称	主要完成单位
2013	科技成果转化奖	一等奖	优质杂交稻中种稻 288 选育及产业化	中国种子集团有限公司三亚分公司，中国种子集团有限公司，肇庆学院，三亚市农业技术推广服务中心，昌江黎族自治县农业技术推广服务中心
2013	科技成果转化奖	二等奖	常规稻海秀占 9 号、秀丰占 5 号、海丰糯 1 号新品种的选育及示范推广	海南省农业科学院粮食作物研究所
2013	科技成果转化奖	二等奖	海南龙眼反季节生产技术规程的推广与应用	保亭黎族苗族自治县农业局，海南省农业科学院，三亚市热带作物技术推广服务中心，儋州市农业技术推广服务中心，陵水黎族自治县热作管理局，万宁市热带作物开发中心，保亭黎族苗族自治县热带作物发展服务中心
2013	科技成果转化奖	二等奖	海南绿橙贮藏保鲜技术示范与推广	海南省农业科学院农产品加工设计研究所，琼中黎族苗族自治县农业局，琼中县琼中绿橙协会
2013	科技成果转化奖	二等奖	金船密本南瓜新品种引进与示范推广	海南大学，海南省种子站，东方市农业服务中心，海南省南繁植物检疫站，海口龙华潮汕种子店，定安县种子公司
2013	科技成果转化奖	二等奖	琼枝麒麟菜高产养殖技术示范与推广	中国热带农业科学院热带生物技术研究所，昌江大唐海水养殖有限公司，农业部热带作物生物学与遗传资源利用重点实验室
2013	科技成果转化奖	二等奖	热研一号、二号油绿苦瓜新品种的选育与推广利用	中国热带农业科学院热带作物品种资源研究所，海南华南热带农业科技园区开发有限公司，保亭中海高科农业开发有限公司，三亚市农业技术推广服务中心，屯昌枫绿果蔬产销专业合作社
2013	科技成果转化奖	二等奖	三水黑皮冬瓜引种试验及示范推广	海南省农业科学院蔬菜研究所，琼海市农业技术推广服务中心，儋州市农业技术推广服务中心，文昌市农业局
2013	科技成果转化奖	二等奖	椰衣栽培介质产品开发及推广利用	中国热带农业科学院椰子研究所，海南大学，海南万钟实业有限公司乐东种苗组培分公司，三亚柏盈热带兰花产业有限公司，乐东英海大鑫甜瓜种植专业合作社，文昌市热带作物技术服务中心，琼海市热带作物服务中心，万宁市热带作物开发中心
2013	科技成果转化奖	二等奖	异形及彩色椰纤果生产技术和转化	海南椰国食品有限公司
2014	科技进步奖	一等奖	海南番木瓜环斑畸形花叶病病原鉴定及检测技术的研究	中国热带农业科学院热带生物技术研究所，农业部热带作物生物学与遗传资源利用重点实验室，中国热带农业科学院分析测试中心
2014	科技进步奖	一等奖	南海区新型网箱研制及无公害健康养殖技术集成与示范	海南省海洋与渔业科学院，中国水产科学研究院南海水产研究所，临高海丰养殖发展有限公司
2014	科技进步奖	一等奖	农业重大气象灾害监测预警评估与防御技术	海南省气象科学研究所，中国气象科学研究院，广东省气候中心
2014	科技进步奖	一等奖	香蕉雄花、茎秆和残次果等废弃物高值化综合利用技术研究与示范	中国热带农业科学院海口实验站

（续表）

年　份	奖　项	等　级	项目名称	主要完成单位
2014	科技进步奖	二等奖	槟郎贮藏加工特性研究与产业化应用	中国热带农业科学院椰子研究所，海南省农业科学院农产品加工设计研究所，海南口味王科技发展有限公司，海南大学，万宁市槟榔产业局
2014	科技进步奖	二等奖	菠萝蜜种质资源收集评价与创新利用	海南省农业科学院热带果树研究所
2014	科技进步奖	二等奖	大果榕等海南热带药用植物化学成分及药理活性研究	海南师范大学
2014	科技进步奖	二等奖	高良姜产业化关键技术研究与示范	中国热带农业科学院热带生物技术研究所，中国热带农业科学院农产品加工研究所，海南霖丰园实业有限公司，广东丰硒良姜有限公司，农业部热带作物生物学与遗传资源利用重点实验室
2014	科技进步奖	二等奖	广藿香种质资源评价及主要活性成分形成的遗传机制研究	海南大学，南京农业大学，中国热带农业科学院特作物品种资源研究所，琼海市热带作物服务中心
2014	科技进步奖	二等奖	海南岛珍惜水果病害调查、病原鉴定及防治技术研究与应用	中国热带农业科学院环境与植物保护研究所，海南省农业科学院热带果树研究所，海南大学环境与植物保护学院，农业部热带作物优化生物综合治理重点实验室，海南省热带农业有害生物监测与控制重点实验室
2014	科技进步奖	二等奖	海南野生稻遗传多样性保护及种质创新研究	海南省农业科学院粮食作物研究所，中国农业科学院植物科学研究所，海南大学热带生物资源教育部重点实验室，海南省农村环保能源站
2014	科技进步奖	二等奖	胡椒种质资源收集保存、鉴定评价与利用	中国热带农业科学院香料饮料研究所，农业部香辛饮料作物遗传资源利用重点实验室
2014	科技进步奖	二等奖	壳寡糖植物免疫诱抗剂创制与应用	海南正业中农高科股份有限公司，中国科学院大连化学物理研究所，全国农业技术推广服务中心，华东理工大学，海南省植保植检站
2014	科技进步奖	二等奖	壳聚糖及其衍生物绿色制备技术及应用	中国热带农业科学院农产品加工研究所，广东海洋大学
2014	科技进步奖	二等奖	五指山猪实验动物化研究	中国热带农业科学院热带作物品种资源研究所，中国农业科学院北京畜牧兽医研究所，北京博辉瑞进生物科技有限公司
2014	科技进步奖	二等奖	橡胶树生产技术移动信息服务系统研发与应用	中国热带农业科学院橡胶研究所，海南大学，海南晓晨科技有限公司，海南省壹壹零农业科技服务有限公司
2014	科技进步奖	二等奖	橡胶树主要叶部病虫害高扬程化学防治技术研究与应用	海南大学，海南天然橡胶产业集团股份有限公司，云南省景洪市植保植检站，云南省红河热带农业科学研究所，中国热带农业科学院环境与植物保护研究所
2014	科技进步奖	二等奖	新型节能干燥技术在海南特色水果上的研究与应用	海南省农业科学院农产品加工设计研究所，中国农业科学院农产品加工研究所，海南来发农业综合发展有限公司
2014	科技进步奖	三等奖	艾纳香药用成分地理变异的基因和环境机制研究	中国热带农业科学院热带作物品种资源研究所，海南大学

（续表）

年　份	奖　项	等　级	项目名称	主要完成单位
2014	科技进步奖	三等奖	海南蝗虫发生监测及综合防控研究与示范	中国热带农业科学院环境与植物保护研究所，农业部热带作物有害生物综合治理重点实验室，海南省热带农业有害生物监测与控制重点实验室
2014	科技进步奖	三等奖	海南垦区橡胶园地力评价技术研究与应用	海南省农垦科学院，中国热带农业科学院橡胶研究所
2014	科技进步奖	三等奖	海南热带猪支原体肺炎的防治研究	海南省农业科学院畜牧兽医研究所
2014	科技进步奖	三等奖	海南三种林业外来有害生物防控技术研究	海南省林业科学研究所，海南省森林资源监测中心，儋州市森林植物检疫站，东方市森林病虫害防治检疫站
2014	科技进步奖	三等奖	海南省蠓科昆虫重要种群及其种群动态研究	海南国际旅行卫生保健中心
2014	科技进步奖	三等奖	海南养殖对虾病毒病快速检测与综合防控技术集成示范	海南省海洋与渔业科学院，深圳出入境检验检疫局动植物检验检疫技术中心，海南省昌江南疆生物技术有限公司
2014	科技进步奖	三等奖	红树林共生拟盘多毛孢菌天然产物研究	海南大学，海南师范大学
2014	科技进步奖	三等奖	利用蚯蚓处理几种主要热带农业固体废弃物关键技术研究与应用	中国热带农业科学院环境与植物保护研究所，农业部儋州农业环境科学观测实验站
2014	科技进步奖	三等奖	荔枝蝽发生规律及以信息化合物为主的控制技术研究	中国热带农业科学院环境与植物保护研究所，农业部热带作物有害生物综合治理重点实验室，海南省热带农业有害生物监测与控制重点实验室，海南省热带作物病虫害生物防治工程技术研究中心
2014	科技进步奖	三等奖	罗非鱼片真空微冻加工关键技术研究	海南大学，海南中渔水产有限公司
2014	科技进步奖	三等奖	热带半封闭港湾赤潮及其生物综合防控研究	中国热带农业科学院热带生物技术研究所，海南南海热带海洋生物及病害研究所，国家海洋局海口海洋环境监测中心站，农业部热带作物生物学与遗传资源利用重点实验室
2014	科技进步奖	三等奖	热区柱花草生产中的土壤酸化问题及其修复研究	中国热带农业科学院热带作物品种资源研究所，澳大利联邦科学与工业研究组织
2014	科技进步奖	三等奖	暹罗斗鱼人工繁育与工厂化养殖技术	三亚市南繁科学技术研究院，琼州学院
2014	科技进步奖	三等奖	橡胶林下竹荪栽培技术研究	海南省农垦科学院
2014	科技进步奖	三等奖	小丑鱼全人工规模化繁殖技术	中国水产科学研究院南海水产研究所热带水产研究开发中心
2014	科技进步奖	三等奖	药用植物活性天然小分子的挖掘及仿生合成	海南大学，海南省林业科学研究所
2014	科技进步奖	三等奖	优质咖啡豆检测关键技术研究与应用	中国热带农业科学院分析测试中心，中国热带农业科学院香料饮料研究所
2014	科技进步奖	三等奖	优质切花文心兰关键技术集成与产业化示范推广	海南出入境检验检疫局热带植物隔离检疫中心，海南文昌动植物检疫隔离农场有限公司
2014	科技进步奖	三等奖	油棕体胚发生技术研究	中国热带农业科学院橡胶研究所

（续表）

年　份	奖　项	等　级	项目名称	主要完成单位
2014	科技成果转化奖	一等奖	丰产优质抗病黄瓜新品种海大2098中试、示范与推广	海南大学，三亚市农业技术推广服务中心，东方市农业服务中心，琼海市农业技术推广服务中心
2014	科技成果转化奖	一等奖	广适型优质杂交水稻博优225选育与示范推广	海南省农业科学院粮食作物研究所
2014	科技成果转化奖	一等奖	芒果优良品种及配套技术集成与示范	中国热带农业科学院热带作物品种资源研究所，海南省农业科学院热带果树研究所，海南大学园艺园林学院，中国热带农业科学院环境与植物保护研究所，三亚市热带作物技术推广服务中心，陵水黎族自治县热作管理局，乐东黎族自治县热作办公室，东方市热带作物服务中心，昌江黎族自治县农业技术推广服务中心
2014	科技成果转化奖	一等奖	热带地区特色果树产期调节高效栽培技术研究与示范	海南大学，海南省农业科学院热带果树研究所，海南省农垦科学院，海口市农业技术推广中心，琼海市热带作物服务中心，儋州市农业技术推广服务中心，乐东黎族自治县农业技术推广服务中心，海南蓝氏农业开发有限公司，澄迈丰利隆果业有限公司
2014	科技成果转化奖	二等奖	妃子笑荔枝高效疏蕾及关键栽培技术集成与推广应用	海南省农业科学院热带果树研究所，海南省农业技术推广服务中心，琼海市热带作物服务中心，定安县农业技术推广中心，万宁市热带作物开发中心，海南省澄迈县农业局，海口市琼山区农林服务中心
2014	科技成果转化奖	二等奖	甘蔗健康种苗规模化繁育与应用	中国热带农业科学院热带生物技术研究所，中国热带农业科学院甘蔗研究中心，农业部热带作物生物学与遗传资源利用重点实验室，国家重要热带作物工程技术研究中心
2014	科技成果转化奖	二等奖	海南土壤镁素状况与镁肥高效施用技术推广应用	海南省农业科学院农作物遗传育种重点实验室，中化化肥有限公司海南分公司
2014	科技成果转化奖	二等奖	甜瓜主要病虫害绿色防控技术集成与示范推广	海南省农业科学院农业环境与植物保护研究所，三亚市南繁科学技术研究院，海南省植物病虫害防控重点实验室，三亚市农业技术推广服务中心，乐东县农业技术推广服务中心
2014	科技成果转化奖	二等奖	以“全根苗技术”为核心的椰子种苗繁殖技术体系研究与推广利用	中国热带农业科学院椰子研究所，万宁市热带作物开发中心，文昌市热带作物技术服务中心，琼海市热带作物服务中心
2014	科技成果转化奖	二等奖	优良番薯脱毒苗示范推广与产业化	海南省农业科学院粮食作物研究所，海南旺禾农种业有限公司
2014	科技成果转化奖	三等奖	苦瓜嫁接育苗技术研究与高产栽培示范	海南省农业科学院蔬菜研究所，屯昌县农业局，中国热带农业科学院热带作物品种资源研究所

附表 B-21　2008—2014年重庆市农业科技获奖成果

年　份	奖　项	等　级	项目名称	主要完成单位
2008	自然科学奖	三等奖	苹果属植物小金海棠的发现及其利用的生物学基础研究	西南大学
2008	自然科学奖	三等奖	水稻重要性状的遗传分析及基因分子定位研究	西南大学
2008	自然科学奖	三等奖	朱砂叶螨适应酸雨和杀螨剂胁迫的机理及适合度评估	西南大学
2008	科技进步奖	一等奖	渝荣I号猪配套系的培育及产业化开发	重庆市畜牧科学院
2008	科技进步奖	二等奖	纯白高淀粉玉米新品种万单14选育与应用	重庆三峡农业科学研究所
2008	科技进步奖	二等奖	高产优质杂交水稻Q优1号选育与应用	重庆中一种业有限公司，重庆市农业科学院
2008	科技进步奖	二等奖	三峡库区生态环境安全及生态经济系统重建关键技术研究与示范	西南大学，重庆大学，中国农科院柑桔研究所，重庆市中药研究院，重庆市地质环境监测总站
2008	科技进步奖	二等奖	高等级实验动物生产技术研究及基地建设	重庆医科大学，中国人民解放军第三军医大学，重庆市中药研究院
2008	科技进步奖	三等奖	1Z-135型丘陵山区小型耕作机械	重庆合盛工业有限公司，重庆市农业机械鉴定站
2008	科技进步奖	三等奖	茶园生态环境安全及调控关键技术研究与示范	重庆市农科院，西南大学，四川农业大学
2008	科技进步奖	三等奖	库周绿化带优质花卉引种培育试验示范	重庆市林业科学研究院
2008	科技进步奖	三等奖	三峡库区生态经济型树种引进筛选	重庆林业科学研究院，长寿区林业局
2008	科技进步奖	三等奖	西部地区猪用安全饲料关键技术研究与集成示范	重庆市畜牧科学院
2008	科技进步奖	三等奖	西豆系列大豆新品选育及推广应用	西南大学
2008	科技进步奖	三等奖	西南季节性干旱区柑橘非充分灌溉综合技术研究与大面积应用	重庆市经济作物技术推广站，西南大学，全国农业技术推广服务中心
2008	科技进步奖	三等奖	优质高产杂交水稻D优3232选育和产业化	重庆三峡农业科学研究所，重庆市农业科学院，重庆三峡职业学院
2008	科技进步奖	三等奖	优质抗病杂交水稻新品种宜香9303选育及应用	重庆市涪陵区农业科学研究所，四川省宜宾市农业科学院
2008	科技进步奖	三等奖	重庆速丰桉引种选育及克隆育苗研究	重庆文理学院
2008	科技进步奖	三等奖	牡丹GAP规范化生产技术研究及示范基地建设	重庆市药物种植研究所，重庆市中药研究院，重庆市药品检验所
2008	科技进步奖	三等奖	酉阳白术GAP规范化生产技术研究及基地建设	重庆市药物种植研究所，重庆市中药研究院，重庆市药品检验所
2009	自然科学奖	一等奖	家蚕突变基因研究	西南大学
2009	自然科学奖	二等奖	水田自然免耕的理论研究	西南大学

（续表）

年 份	奖 项	等 级	项目名称	主要完成单位
2009	自然科学奖	三等奖	天然三倍体无核枇杷选育及生物学基础研究	西南大学
2009	技术发明奖	一等奖	杀虫真菌农药共性关键技术研究与产品研制	重庆大学，重庆重大生物技术发展有限公司，农业部全国农业技术推广服务中心
2009	技术发明奖	三等奖	提高甘薯对猪的饲用价值及其产业化技术研究	重庆市畜牧科学院
2009	科技进步奖	一等奖	竹材加工综合技术与产业化开发	重庆星星套装门有限责任公司
2009	科技进步奖	二等奖	冬虫夏草繁育研究	重庆市中药研究院
2009	科技进步奖	二等奖	薯类淀粉精深再加工关键技术研究与工业化开发	西南大学，重庆科技学院，重庆泰威生物工程股份有限公司，四川光友薯业有限公司，重庆市汇东食品有限公司，重庆市巫溪县美多绿色食品有限公司
2009	科技进步奖	二等奖	蒸青针形名茶造型与焙香关键工艺研究	重庆市农业科学院
2009	科技进步奖	二等奖	重庆市重要畜禽遗传资源的发掘及高效冷冻保存技术研究	重庆市畜牧科学院，重庆市畜牧技术推广总站，西南大学
2009	科技进步奖	三等奖	高产、抗锈小麦新品种渝麦 10 号的选育应用	重庆市农业科学院
2009	科技进步奖	三等奖	高产优质家蚕新品种渝蚕 1 号的推广与示范	重庆市西里蚕种场，西南大学，铜梁县蚕业发展局
2009	科技进步奖	三等奖	高效纤维素酶基因克隆表达及在沼气工程中的应用	重庆理工大学，重庆力华环保工程有限公司
2009	科技进步奖	三等奖	马铃薯雾培结薯机理研究与优化快繁技术的应用	西南大学
2009	科技进步奖	三等奖	马尾松优良无性系引种及繁育技术研究与示范	西南大学
2009	科技进步奖	三等奖	灭虫弹防治森林病虫害新技术研究	重庆市森林病虫防治检疫站，国家林业局森林病虫害防治总站，山西省林业有害生物防治检疫局，广西森林病虫害防治站
2009	科技进步奖	三等奖	禽流感快速诊断技术研究	重庆理工大学
2009	科技进步奖	三等奖	优质、高产杂交水稻品种 K 优 88 选育与应用	重庆三峡农业科学院，四川省农业科学院水稻高梁研究所，袁隆平农业高科技股份有限公司重庆分公司，重庆大学
2009	科技进步奖	三等奖	重庆市三峡库区土地开发整理移土培肥工程专项规划	重庆市土地勘测规划院，重庆欣荣土地房屋勘测技术研究所
2009	科技进步奖	三等奖	猪用中草药多功能新型饲料添加剂的研究及产业化技术开发与应用	重庆市畜牧科学院，重庆方通动物药业有限公司
2009	科技进步奖	三等奖	基于技术进步条件下的重庆农村公共产品供给优化模型研究	重庆工商大学
2009	科技进步奖	三等奖	重庆失地农民社会保障制度研究	重庆科技学院
2010	自然科学奖	一等奖	鱼类发育的形态学和分子机制研究	西南大学

（续表）

年　份	奖　项	等　级	项目名称	主要完成单位
2010	自然科学奖	二等奖	甘蓝自交不亲和性的遗传基础研究	西南大学
2010	自然科学奖	三等奖	苹果属植物优良种质资源变叶海棠的起源和遗传多样性研究	西南大学，中国热带农业科学院南亚热带作物研究所，重庆文理学院
2010	技术发明奖	三等奖	缓/控释多养分肥料生产关键技术研究	西南大学，重庆市中药研究院
2010	科技进步奖	一等奖	大足黑山羊遗传资源保护与利用	西南大学，重庆市大足县畜牧兽医局
2010	科技进步奖	一等奖	广适超级杂交水稻 Q 优 6 号选育与应用	重庆中一种业有限公司，重庆市农业科学院
2010	科技进步奖	二等奖	奉节晚橙新品种选育及推广	奉节县脐橙研究所，华中农业大学，西南大学
2010	科技进步奖	二等奖	集约化养猪场粪污无害化处理关键技术研究与示范	西南大学，重庆市农业技术推广总站，重庆市梁平县农能环保土肥站
2010	科技进步奖	二等奖	抗逆高产优质杂交水稻为天 9 号选育及产业化	重庆市为天农业有限责任公司，重庆市农业技术推广总站，重庆三峡农业科学院，重庆市农业科学院
2010	科技进步奖	二等奖	南方丘陵山区微耕机系列产品及专用节能发动机研究	重庆市农业机械鉴定站，重庆合盛工业有限公司
2010	科技进步奖	二等奖	三峡库区柑橘产业经济发展研究	重庆市经济作物技术推广站，重庆市柑橘产业发展领导小组办公室，西南大学，重庆社会科学院
2010	科技进步奖	三等奖	1Z — 105 犁旋一体耕整机	重庆市农业科学院
2010	科技进步奖	三等奖	3S 技术在重庆林业中的应用	重庆市林业科学研究院，重庆市退耕还林管理中心
2010	科技进步奖	三等奖	高产广适杂交水稻 B 优 811 选育与应用	重庆市涪陵区农业科学研究所，西南科技大学，重庆市种子管理站
2010	科技进步奖	三等奖	嘉陵江几种名优鱼产业化养殖技术集成及产业体系建设	西南大学，重庆市北碚区科学技术委员会
2010	科技进步奖	三等奖	耐高温优质高产渝优 1 号选育与应用	重庆市农业科学院水稻所，重庆金穗种业有限责任公司
2010	科技进步奖	三等奖	桑椹酒发酵稳定化技术	西南大学
2010	科技进步奖	三等奖	重庆市出口猪肉生产安全卫生控制关键技术研究及示范	重庆出入境检验检疫局，重庆市农业委员会，重庆理工大学，重庆市畜牧科学院，重庆市动物疫病预防控制中心
2010	科技进步奖	三等奖	重庆三峡库区药用植物资源调查及名录编写	重庆市药物种植研究所
2010	科技进步奖	三等奖	重庆市国民经济与社会发展前瞻性问题研究——重庆市农业危机预测与预防战略研究	重庆社会科学院
2010	科技进步奖	三等奖	重庆市柑橘产业数字化精准管理系统研究与示范	重庆市农业技术推广总站，西南大学，中国农业科学院柑桔研究所
2011	技术发明奖	三等奖	重庆温光敏两用系 C49S 创制两系杂种小麦关键技术	重庆市农业科学院
2011	科技进步奖	一等奖	荣昌猪种资源开发关键技术研究与产业化示范	重庆市畜牧科学院，中国农业大学，四川大学，西南大学

（续表）

年　份	奖　项	等　级	项目名称	主要完成单位
2011	科技进步奖	一等奖	农村卫生适宜技术推广示范模式和长效机制	重庆医科大学，重庆市卫生局，璧山县人民医院，荣昌县中医院
2011	科技进步奖	二等奖	高淀粉甘薯标准化栽培技术集成与示范	重庆市薯类脱毒种苗快繁中心，重庆市渝北区农业科学研究所，西南大学农业与生物科技学院
2011	科技进步奖	二等奖	西南地区高抗氟性家蚕新品种选育研究与推广	西南大学，重庆市蚕业科学技术研究院
2011	科技进步奖	二等奖	优质抗病恢复系渝恢 1351 的选育与应用研究	重庆市农业科学院，重庆市农业科学院水稻研究所
2011	科技进步奖	二等奖	长江三峡库区森林植物群落水土保持功能及其营建技术	重庆市林业局，北京林业大学
2011	科技进步奖	二等奖	烟草有机—无机专用肥料研制及产业化关键技术研究	西南大学，中国烟草总公司重庆市公司
2011	科技进步奖	三等奖	桉树新品种工厂化育苗技术转化与示范	重庆文理学院，荣昌县林业科学技术推广站，重庆市天沛农业科技有限公司
2011	科技进步奖	三等奖	蜜蜂高效利用技术集成研究与示范推广	重庆市畜牧科学院，重庆市畜牧技术推广总站，重庆市南川区畜牧兽医局
2011	科技进步奖	三等奖	三农信息商品聚合交易平台建设	长江师范学院，重庆市普石科技有限公司
2011	科技进步奖	三等奖	三峡库区多批次滚动养蚕关键技术研究与应用	重庆市蚕业科学技术指导站，垫江县蚕桑站
2011	科技进步奖	三等奖	石漠化地区植被恢复技术研究	重庆市林业科学研究院
2011	科技进步奖	三等奖	优质高产杂交水稻品种万香优 1 号选育与应用	重庆市三峡农业科学院，梁平农业技术推广中心，开县农业技术推广中心
2011	科技进步奖	三等奖	优质肉鹅健康养殖技术研究及示范推广	重庆市畜牧科学院
2011	科技进步奖	三等奖	油菜宽行免耕直播高产新技术研究与示范	重庆市南川区富民科技推广中心，西南大学，重庆市南川区生产力促进中心，重庆市南川区土肥料技术推广站
2011	科技进步奖	三等奖	早熟甜橙新品种——渝早橙	重庆市农业科学院
2011	科技进步奖	三等奖	早熟皱皮丝瓜新品种春帅的选育与应用	重庆市农业科学院
2011	科技进步奖	三等奖	中小茶厂绿茶连续机械化加工关键设备及工艺研究	重庆市农业科学院
2011	科技进步奖	三等奖	重庆市发酵床零排放养猪关键技术研究与示范	重庆市畜牧技术推广总站，重庆市畜牧科学院，綦江县畜牧发展技术和服务中心，重庆富博生物技术有限公司
2011	科技进步奖	三等奖	村级土地利用规划关键技术研究与示范	重庆市土地勘测规划院
2011	科技进步奖	三等奖	南方（三峡库区）种草养畜技术丛书	西南大学，重庆市畜牧科学院
2011	科技进步奖	三等奖	重庆市土壤污染状况调查报告	重庆市环境科学研究院，西南大学，重庆市环境保护信息中心
2011	科技进步奖	三等奖	三聚氰胺/化肥装置联动优化运行节能减排研究	重庆建峰工业集团有限公司

（续表）

年 份	奖 项	等 级	项目名称	主要完成单位
2012	自然科学奖	二等奖	柑橘属（*Citrus* L.）植物分类与系统进化研究	西南大学，泸州市农业局，中国农业科学院郑州果树研究所
2012	自然科学奖	二等奖	鱼类的功率配置模式及其可塑性	重庆师范大学，西南大学
2012	科技进步奖	一等奖	高产广适杂交稻富优 1 号的选育及应用	西南大学，重庆市种子管理站
2012	科技进步奖	一等奖	特用玉米优良自交系 *S*181 创制与应用	重庆市农业科学院，重庆科光种苗有限公司，重庆市种子管理站
2012	科技进步奖	一等奖	重庆地区高致病性猪蓝耳病病原变异及免疫防控技术研究	重庆市动物疫病预防控制中心，重庆市南川区动物疫病预防控制中心，重庆市巴南区动物疫病预防控制中心，中国动物疫病预防控制中心
2012	科技进步奖	二等奖	秸秆沙质土壤改良材料研制与推广示范	西南大学，重庆市培陵区农业科学研究所，宜宾自然免耕研究所
2012	科技进步奖	二等奖	柠檬综合利用集成技术研究	重庆长龙实业集团有限公司，重庆加多宝饮料有限公司，四川大学
2012	科技进步奖	二等奖	三峡库区气候资源地理信息综合平台及其应用研究	重庆市气象科学研究所，西南大学，中国农业科学院农业环境与可持续发展研究所，重庆市农业技术推广总站，中国科学院地理科学与资源研究所，重庆市师范大学
2012	科技进步奖	二等奖	食品中罗丹明 B 等违法添加物系列检测技术标准制定及在应对食品安全突发事件中的应用	重庆市出入境检验检疫局检验技术中心，中国检验检疫科学研究所，上海出入境检验检疫局主动植物与食品检验检疫技术中心
2012	科技进步奖	二等奖	燕白黄瓜新品种选育	重庆市农业科学院
2012	科技进步奖	二等奖	重庆市集中型沼气新技术工程模式研究与示范	重庆市农业科学院，西南大学，重庆市农业环境监测站
2012	科技进步奖	二等奖	饲料级 DL —蛋氨酸	重庆紫光天化蛋氨酸有限责任公司
2012	科技进步奖	二等奖	超级稻标准化栽培技术研究与示范推广	重庆市农业技术推广总站，重庆市南川区农业技术推广站，重庆市江津区农业技术推广中心，重庆市永川区粮油作物技术推广站，重庆市开县农业技术推广中心
2012	科技进步奖	二等奖	动物源性食品中磺胺增效剂等兽药残留系列检测技术标准研制及其在食品安全中的应用	重庆出入境检验检疫局检验检疫技术中心，中国检验检疫科学研究院，江苏出入境检验检疫局动植食检测中心，重庆生产力促进中心
2012	科技进步奖	二等奖	基于“双十百千”的重庆新型农村科技服务体系与长效机制构建	重庆生产力促进中心
2012	科技进步奖	三等奖	畜禽微生物饲料添加剂的研究	重庆市畜牧科学院
2012	科技进步奖	三等奖	盾叶薯蓣的选种及规范化栽培技术研究	重庆市药物种植研究所，重庆市城口县科学技术委员会
2012	科技进步奖	三等奖	红翠 2 号晚熟脐橙选育	重庆市夔门红翠脐橙合作社有限公司，中国农业科学院柑桔研究所
2012	科技进步奖	三等奖	花卉作物生境调控关键技术及其应用	重庆理工大学，重庆浩瀚园林绿化有限公司，重庆秀各科技有限公司
2012	科技进步奖	三等奖	几种重要大动物疫病标准化检测技术研究及应用	重庆市出入境检验检疫局检验技术中心

（续表）

年　份	奖　项	等　级	项目名称	主要完成单位
2012	科技进步奖	三等奖	金银花烘干工艺研究与设备开发	重庆市农业科学院，重庆茂旭科技有限责任公司
2012	科技进步奖	三等奖	均匀设计优化多粮小曲白酒生产工艺	重庆理工大学，重庆市江津酒厂（集团）有限公司
2012	科技进步奖	三等奖	三峡库区林业产业化组织模式创新研究与示范	重庆三峡学院，重庆市万州区科技顾问团，重庆市万州区农业委员会，重庆市万州区林业局，重庆市万州区瀼渡镇人民政府
2012	科技进步奖	三等奖	生猪高效繁殖新技术集成与示范推广	重庆市梁平县畜牧技术推广站
2012	科技进步奖	三等奖	食源性致病菌的基因芯片检测方法及食品安全检测领域应用	重庆出入境检验检疫局检验检疫技术中心
2012	科技进步奖	三等奖	匙吻鲟亲鱼培育及人工化繁殖技术研究	重庆市万州区水产研究所
2012	科技进步奖	三等奖	天然产物高质转化的生物酶破壁植物提关键技术及其应用	重庆工商大学
2012	科技进步奖	三等奖	武陵山区部分玉米地种质资源的收集与利用	长江师范学院
2012	科技进步奖	三等奖	西部地区生猪福利化养殖关键技术研究与示范	重庆市畜牧科学院
2012	科技进步奖	三等奖	优质肉兔良种繁育健康养殖及加工关键技术研究与示范	重庆市畜牧技术推广总站，重庆市畜牧科学院，西南大学，重庆迪康肉兔有限公司，开县畜牧兽医局
2012	科技进步奖	三等奖	重庆市药用植物多样性研究	重庆市药物种植研究所，重庆市中药研究院
2012	科技进步奖	三等奖	测土配方施肥智能系统	重庆师范大学，重庆市璧山县农业技术推广中心，重庆市铜梁县农业委员会，重庆市沙坪坝区农业技术推广管理站，重庆市大足区农业委员会
2012	科技进步奖	三等奖	动物骨骼表面人工痕迹的三维数字模型及正投影等值线分析	重庆师范大学
2013	自然科学奖	二等奖	油菜及其亲本种种质资源评价与利用	西南大学
2013	自然科学奖	二等奖	重庆市昆虫区系调查及编目	重庆师范大学
2013	自然科学奖	三等奖	蜡梅花器官发育及其抗寒性形成的分子基础研究	西南大学，上海市农业科学院
2013	自然科学奖	三等奖	长江泥沙型水体中水湿生植被的生长恢复研究	重庆文理学院，南京师范大学
2013	技术发明奖	三等奖	新城疫免疫胶体金快速检测技术研究	重庆理工大学，重庆市动物疫病预防控制中心
2013	技术发明奖	三等奖	猪肉质性状遗传改良新技术研究及育种实践	重庆市畜牧科学院
2013	科技进步奖	二等奖	金佛山药用动物资源调查研究	重庆市药物种植研究所
2013	科技进步奖	二等奖	九叶青花椒产业化开发关键技术研发应用	重庆市农业科学院，重庆骄王花椒股份有限公司，重庆市江津区林业科技推广站，西南大学，重庆市涪陵区小溪花椒专业合作社，重庆市江津区经济作物站，潼南县特色经济发展站

（续表）

年　份	奖　项	等　级	项目名称	主要完成单位
2013	科技进步奖	二等奖	林业生态安全物联网监测与预警关键技术开发及其示范应用	重庆工商大学，重庆英卡电子有限公司，重庆市科学技术研究院，重庆市发展和改革委员会
2013	科技进步奖	二等奖	欧洲玉米资源BC8241Ht选系及其衍生系的创制改良与应用	重庆三峡农业科学院，重庆市种子管理站
2013	科技进步奖	二等奖	加工专用型辣椒新品种选育与应用	重庆市农业科学院
2013	科技进步奖	二等奖	肉及肉制品中促生长抗生素和非甾体抗炎药残留检测技术研究及其应用	重庆出入境检验检疫局检验检疫技术中心，中国检验检疫科学研究院
2013	科技进步奖	二等奖	蔬菜嫁接栽培技术体系构建及推广应用	重庆市农业科学院
2013	科技进步奖	二等奖	特色苗木良种选育及现代设施繁育技术体系创建与应用	重庆文理学院，荣昌县林业局，重庆市林业科学研究院，重庆市天沛农业科技有限公司
2013	科技进步奖	二等奖	甜橙高效生产技术体系集成创新与产业化应用	西南大学，重庆三峡建设集团有限公司，忠县果业局，永州利添生物科技发展有限公司，重庆市农业技术推广总站，重庆锦程实业有限公司，重庆市恒河果业有限公司
2013	科技进步奖	二等奖	重庆市农业产业技术路线图研究	西南大学，重庆市科学技术委员会，重庆市畜牧科学院，重庆市农业科学院
2013	科技进步奖	二等奖	基于城乡统筹的土地利用规划编制技术与应用实践	重庆市国土资源和房屋勘测规划院，西南大学，重庆欣荣土地房屋勘测技术研究所，重庆市平正房地产测量事务所
2013	科技进步奖	三等奖	《重庆农村科技》专题教材创制与应用	重庆市农业科学院
2013	科技进步奖	三等奖	规模化猪场四种疫病诊断方法建立及其应用	重庆市畜牧科学院
2013	科技进步奖	三等奖	金沙杏新品种选育、优质丰产关键技术研究及示范推广	重庆市沙坪坝区多经水产管理站，重庆市渝北区经济作物技术推广站
2013	科技进步奖	三等奖	麻竹废弃物循环利用关键技术集成与示范	荣昌县林业科学技术推广站，重庆市林业科学研究院，重庆市包黑子食品有限公司，重庆市能威食用菌开发有限公司，荣昌县林业局
2013	科技进步奖	三等奖	天麻杂种优势利用研究与应用示范	重庆市药物种植研究所
2013	科技进步奖	三等奖	乌皮樱桃良种培育与良法配套技术创新	重庆市巴南区果树站，重庆市农业技术推广总站
2013	科技进步奖	三等奖	西南山丘区规模化猪场肥水灌溉技术模式研究	重庆凯锐农业发展有限责任公司，重庆市农业科学院
2013	科技进步奖	三等奖	现代实用养猪技术集成与推广	重庆市畜牧科学院
2013	科技进步奖	三等奖	优良珍贵乡土树种筛选及繁育技术	重庆市林业科学研究院，重庆林木种苗开发公司，重庆市佳禾园林科技发展有限公司
2013	科技进步奖	三等奖	优质、高产药用栀子选种及应用	重庆市药物种植研究所
2013	科技进步奖	三等奖	重庆两翼区域优质土鸡繁育及生态养殖配套技术集成与示范	重庆市畜牧技术推广总站，重庆市万州区畜牧站，秀山土家族苗族自治县畜牧技术服务中心，巫溪县畜禽品种改良站，城口县畜牧技术推广站

（续表）

年 份	奖 项	等 级	项目名称	主要完成单位
2013	科技进步奖	三等奖	重庆市主产中药材 VA 菌根资源调查研究	重庆市药物种植研究所
2013	科技进步奖	三等奖	川党参规范化种植技术研究与应用示范	重庆市药物种植研究所
2013	科技进步奖	三等奖	重庆主要作物除草剂安全使用及药害预警系统开发	西南大学，重庆市璧山县植保植检站，重庆市潼南县植保植检站
2013	科技进步奖	三等奖	山地城乡规划标准体系研究与应用	重庆市规划局
2013	科技进步奖	三等奖	统筹城乡背景下的小城镇差异化发展模式	中共重庆市委党校
2014	自然科学奖	一等奖	植物激素生物合成相关基因在棉花纤维发育中的功能及应用	西南大学
2014	技术发明奖	二等奖	柑橘产区循环农业关键技术创新与应用	重庆和超科技发展有限公司，农业部农业生态与资源保护总站，重庆市瑞宝农业产业集团有限公司
2014	技术发明奖	三等奖	微贮牧草技术研发推广	重庆理工大学
2014	科技进步奖	一等奖	三峡库区高陡边坡危岩体爆破安全解除与生态防护关键技术	重庆城建控股（集团）有限责任公司，山东大学，中国水电顾问集团成都勘测设计研究院，中国科学院武汉岩土力学研究所，华侨大学，山东浩珂矿业工程有限公司，马克菲尔（长沙）新型支档科技开发有限公司，重庆建工集团股份有限公司，重庆市爆破工程建设有限责任公司
2014	科技进步奖	一等奖	优质高产高效油菜新品种创制和应用	西南大学，重庆三峡农业科学院，重庆市农业技术推广总站
2014	科技进步奖	二等奖	抗逆高产高配合力玉米自交系渝 8954 创制及应用	重庆市农业科学院，重庆科光种苗有限公司
2014	科技进步奖	二等奖	柑橘营养失衡机制及矫治技术创新与应用	西南大学，重庆市农业技术推广总站
2014	科技进步奖	二等奖	重庆国家现代畜牧业示范区战略研究	重庆市畜牧科学院，重庆市畜牧技术推广总站
2014	科技进步奖	三等奖	重庆市肉牛杂交改良及安全优质生产配套技术研究集成与产业化示范	西南大学，丰都县畜牧兽医局，重庆恒都农业集团有限公司，云阳县畜牧兽医局
2014	科技进步奖	三等奖	食品中多类安全风险化学物质的色谱检测技术研究与应用	重庆出入境检验检疫局检验检疫技术中心，北京中检维康生物技术有限公司
2014	科技进步奖	三等奖	高产抗病杂交稻杰优 8 号的选育及应用推广	重庆师范大学，重庆三峡农业科学院，重庆市农业技术推广总站，重庆市瑞丰种业有限责任公司
2014	科技进步奖	三等奖	三峡库区肉兔健康养殖关键技术集成与示范	重庆市畜牧技术推广总站，西南大学，重庆阿兴记食品有限公司
2014	科技进步奖	三等奖	农村信息化体系构建研究及重庆地区应用实践	重庆邮电大学，中国移动通信集团重庆有限公司，重庆大学，重庆市经济和信息化委员会
2014	科技进步奖	三等奖	广适高产优质泰优 99 选育及推广	重庆大学，四川省农业科学院水稻高粱研究所，四川农业大学

（续表）

年　份	奖　项	等　级	项目名称	主要完成单位
2014	科技进步奖	三等奖	花椒籽资源化综合利用	重庆工商大学
2014	科技进步奖	三等奖	优质食用甘薯新品种万薯 7 号选育与应用	重庆三峡农业科学院
2014	科技进步奖	三等奖	重庆市自然保护区空间核查与管理信息系统研究	重庆师范大学，重庆市环境保护局，西南大学
2014	科技进步奖	三等奖	畜禽疫病防控技术丛书	重庆市畜牧科学院
2014	科技进步奖	三等奖	基于国产卫星遥感的城乡规划与管理监测评价高技术产业化示范工程	重庆市地理信息中心
2014	科技进步奖	三等奖	山地城市建设用地节约集约利用评价技术体系与应用实践	重庆市国土资源和房屋勘测规划院，西南大学，重庆欣荣土地房屋勘测技术研究所，重庆市平正房地产测量事务所
2014	科技进步奖	三等奖	区域调控高效施肥技术集成研究与应用	重庆市农业技术推广总站，西南大学，重庆市土壤肥料测试中心
2014	科技进步奖	三等奖	抗赤斑病蚕豆新品种选育及配套技术研究与应用	重庆市农业科学院
2014	科技进步奖	三等奖	生态优质茶生产综合技术集成研究与示范	重庆市农业科学院，四川农业大学
2014	科技进步奖	三等奖	中药材白术系统育种及根腐病防治技术研究	重庆市药物种植研究所
2014	科技进步奖	三等奖	民间抗癌药物胡豆莲野生变家种及繁殖研究	重庆市药物种植研究所

附表 B-22　2008—2014 年四川省农业科技获奖成果

年　份	奖　项	等　级	项目名称	主要完成单位
2008	科技进步奖	一等奖	四川省“农业科技 110”示范工程	四川农业大学，四川省农业信息工程技术研究中心，四川省农业科学院农业信息与农村经济研究所，四川省科技信息研究所，四川省电信公司，雅安市科技局，双流县农村发展局，双流县科学技术局
2008	科技进步奖	一等奖	高配合力优质多抗耐密玉米自交系 698-3 选育与应用	四川省农业科学院作物研究所，四川省农业科学院
2008	科技进步奖	一等奖	猕猴桃资源收集、保存、育种和产业化技术研究	四川省自然资源科学研究院，都江堰市科学技术局，苍溪县猕猴桃研究所，什邡市科学技术局，都江堰市金色阳光农业科技发展有限责任公司，苍溪县猕猴桃产业化专业办公室，成都君威实业有限责任公司
2008	科技进步奖	一等奖	优良牧草种质资源挖掘、新品种选育及应用	四川农业大学，四川省阳平种牛场，贵州省草业研究所
2008	科技进步奖	一等奖	重穗型杂交稻骨干恢复系蜀恢 527 的选育与应用研究	四川农业大学
2008	科技进步奖	一等奖	四川巨桉短周期工业原料林定向培育技术及示范推广	四川省林业科学研究院，四川农业大学，乐山市林业局，成都市林业和园林管理局，眉山市林业局，富顺县林业局，乐山市林业科学研究所
2008	科技进步奖	二等奖	川东南杂交中稻再生稻高产栽培技术集成与应用	四川省农业科学院水稻高粱研究所，四川省农业技术推广总站，四川省农业科学院
2008	科技进步奖	二等奖	高产抗病优质小麦新品种内麦 8 号	四川省内江市农业科学研究所
2008	科技进步奖	二等奖	高效生物酶制剂饲料配制新技术的研究与应用	四川省畜牧科学研究院，四川省畜科饲料有限公司
2008	科技进步奖	二等奖	四川省耕地和水资源紧缺性评价及可持续利用研究	四川省农业科学院土壤肥料研究所，四川农业大学资源环境学院，成都土壤肥料测试中心，四川省政协人口资源环境专业委员会，四川大学水利水电学院，四川省农业科学院
2008	科技进步奖	二等奖	优质高产桑蚕新品种选育及配套技术研究	四川省农业科学院蚕业研究所，四川省蚕业管理总站，四川省农业科学院
2008	科技进步奖	二等奖	优质獭兔高效养殖技术集成及产业化示范	南充市科学技术顾问团办公室，四川省草原科学研究院，仪陇县科技局，南充市畜牧局，仪陇县畜牧局，四川仪陇县哈哥兔业有限公司，仪陇县绿原兔业有限公司
2008	科技进步奖	二等奖	“高强度竹型材”制造关键技术与装备	四川林合益竹业有限公司
2008	科技进步奖	二等奖	国家名酒高效低耗固态发酵工程的研究与应用	泸州老窖股份有限公司
2008	科技进步奖	二等奖	秸秆还田关键技术及对土壤质量影响的研究与应用	四川省农业科学院土壤肥料研究所，四川省农业厅土壤肥料与生态建设站，成都市农林科学院，四川省农业科学院作物研究所，四川省农业科学院植保研究所
2008	科技进步奖	三等奖	成都平原土壤质量演变与持续利用	四川农业大学，成都市农业技术推广总站，郫县农村发展局

（续表）

年 份	奖 项	等 级	项目名称	主要完成单位
2008	科技进步奖	三等奖	川黄柏品种选育及可持续经营技术研究与示范	四川农业大学，四川荥经鸿龙天然植物生化有限公司
2008	科技进步奖	三等奖	柑橘留树保鲜提质增效优化集成技术研究与推广	四川省农业科学院园艺研究所，金堂县果树站，青神县农业局多经站，四川省农业科学院，江安县农业局
2008	科技进步奖	三等奖	高干多抗高产马铃薯新品种及优质高效保种繁育技术研究与应用	四川省农业科学院作物研究所，四川省农业厅农技推广总站
2008	科技进步奖	三等奖	净菜深加工关键技术研发与应用	四川省食品发酵工业研究设计院
2008	科技进步奖	三等奖	牛抗小鹅瘟血清工业化生产技术研究及推广应用	中牧实业股份有限公司成都药械厂
2008	科技进步奖	三等奖	浓香型白酒贮存过程中质量变化的研究及应用	四川沱牌曲酒股份有限公司
2008	科技进步奖	三等奖	四川白鹅反季节繁殖技术研究与示范	四川省畜禽繁育改良总站，四川农业大学，双流县农村发展局，南溪县畜牧兽医局，广汉市畜牧食品局
2008	科技进步奖	三等奖	四川野生荞麦资源研究	西昌学院
2008	科技进步奖	三等奖	四川省几种重要果树无公害、标准化生产关键技术研究及产业化示范	四川农业大学，广元市农业局，四川蒲江杂柑合作社，成都市双流县农村发展局
2008	科技进步奖	三等奖	四川社区林业研究与示范	四川省林业厅，四川省社区科学院，四川省扶贫开发办公室
2008	科技进步奖	三等奖	家畜寄生虫病监测防制新技术推广	四川省畜牧科学研究院，眉山市畜牧局，凉山州畜牧局，成都农业科技职业学院，绵阳师范学院动物应用技术研究所
2008	科技进步奖	三等奖	浓香型经典国窖 1573 微生态研究	泸州老窖股份有限公司，四川大学食品与发酵工程研究所，四川省农科院水稻高粱研究所，泸州医学院药学院
2008	科技进步奖	三等奖	三江流域生态环境功能区建设关键技术开发与示范	中国科学院·水利部成都山地灾害与环境研究所，四川省林业科学院，云南省林业科学院，西藏农牧学院
2008	科技进步奖	三等奖	川中丘陵区农村饮水安全技术集成研究与应用	四川省水利科学研究院，四川大学水利水电学院，遂宁市船山区水利局，海南立升净水科技实业有限公司成都分公司
2008	科技进步奖	三等奖	基于地理信息技术的四川省生态安全研究	四川师范大学
2008	科技进步奖	三等奖	水稻抗旱性及其节水高效灌溉技术的研究与应用	四川农业大学，四川省农技推广总站
2008	科技进步奖	三等奖	突破性高产优质大豆新品种南豆 5 号的选育与应用研究	四川省南充市农业科学研究所
2008	科技进步奖	三等奖	突破性优质玉米新品种南玉四号、农华 7 号和隆单 9 号选育及应用	南充市农业科学研究所，四川省农业技术推广总站
2008	科技进步奖	三等奖	退耕还林工程区干旱河谷造林技术研究与示范	四川省林业科学研究院

（续表）

年　份	奖　项	等　级	项目名称	主要完成单位
2008	科技进步奖	三等奖	烯效唑调控水稻的机理与应用	四川农业大学，四川省农业技术推广总站，双流县农村发展局
2008	科技进步奖	三等奖	成都麻羊的种质特性与应用研究	西南民族大学，四川省畜禽繁育改良总站，成都市动物防疫监督总站
2008	科技进步奖	三等奖	岩原鲤的全人工繁育与成鱼养殖技术研究	四川省农科院水产研究所，四川省农业科学院
2008	科技进步奖	三等奖	优质冬草莓标准化生产技术应用与推广	双流县科技发展促进中心，双流县草莓推进办公室，双流县气象局，双流县植保植检站
2009	科技进步奖	一等奖	人工合成小麦优异基因发掘与川麦 42 选育推广	四川省农业科学院作物研究所，四川省农业技术推广总站，四川大学生命科学学院，四川省农业科学院，复旦大学生命科学学院，西华师范大学生命科学学院，中国农业科学院作物科学研究所，广汉市农业局
2009	科技进步奖	一等奖	高配合力优质新质源水稻不育系 803A 的创制及应用	西南科技大学，四川省农业科学院水稻高粱研究所，四川农业大学
2009	科技进步奖	一等奖	四川省森林生态资源监测体系及应用研究	四川省森林资源和荒漠化监测中心，四川省林业调查规划院，四川省林业勘察设计研究院，四川省森林资源管理总站，凉山州林业科学研究所
2009	科技进步奖	一等奖	母猪系统营养技术研究与应用	四川农业大学
2009	科技进步奖	一等奖	川西北高原牧草种质资源收集评价、新品种选育及产业化示范	四川省草原科学研究院，四川农业大学，四川大学，四川红原兴牧科技开发有限责任公司
2009	科技进步奖	一等奖	畜禽粪污沼气化处理模式及技术体系研究与应用	农业部沼气科学研究所
2009	科技进步奖	一等奖	中国白酒功能微生物研究选育及产业化应用	四川省农业科学院水稻高粱研究所，四川省泸州市酿酒科学研究所，泸州老窖股份有限公司，四川省古蔺郎酒厂有限公司，四川省农业科学院
2009	科技进步奖	一等奖	四川杂交中稻丰产高效技术集成研究与示范推广	四川省农业科学院，四川农业大学，四川省农业技术推广总站，西南科技大学，四川省农业科学院作物所（南方丘区节水农业研究四川省重点实验室），广汉市科技局，东坡区科技局，郫县科技局，泸县科技局
2009	科技进步奖	一等奖	四川主要丛生竹定向培育关键技术集成与产业化示范推广	四川农业大学，四川省林业科学研究院，四川省林产工业协会，西南科技大学，西南林学院，宜宾市林业科学研究院，泸州市林业科学研究所
2009	科技进步奖	二等奖	甘蓝型油菜新材料绵 7MB-1 与核三系育种方法的创制及应用	绵阳市农业科学研究所，四川省农业科学院作物研究所
2009	科技进步奖	二等奖	早熟优质南瓜杂交品种甜栗的选育与应用	四川省农业科学院园艺研究所，四川省农业科学院，四川大学
2009	科技进步奖	二等奖	植物内生菌的生物多样性与应用研究	四川农业大学，四川省农业科学院
2009	科技进步奖	二等奖	农作物主要病虫数字化监测与灾变预警技术的研究与应用	四川省农业厅植物保护站

（续表）

年 份	奖 项	等 级	项目名称	主要完成单位
2009	科技进步奖	二等奖	四川油橄榄引种适生区域、品种及丰产栽培技术研究	四川省林业调查规划院，四川省林业科学研究院，四川省林业厅，四川省气象局，广元市林业和园林管理局，西昌市林业局
2009	科技进步奖	二等奖	川西高山林草交错带退化植被恢复及草地可持续利用	中国科学院成都生物研究所，松潘县畜牧兽医局
2009	科技进步奖	二等奖	川产地道中药材附子良种选育及规范化种植技术研究与产业化	雅安三九中药材科技产业化有限公司，四川农业大学
2009	科技进步奖	二等奖	桑蚕茧质量智能测试新技术及设备	四川省丝绸科学研究院
2009	科技进步奖	二等奖	优质安全冷却保鲜肉加工及储运技术研究与应用示范	成都大学，四川高金食品股份有限公司，成都太丰农业开发有限公司，四川美宁食品有限公司，四川五友农牧有限公司，四川省哈哥兔业有限公司
2009	科技进步奖	二等奖	农村土地产权制度创新中的农民经济权益保障研究	四川师范大学
2009	科技进步奖	二等奖	茶叶保绿增香加工技术研究及应用	四川省叙府茶业有限公司，四川省农业科学院茶叶研究所
2009	科技进步奖	二等奖	主要粮经作物新型种衣剂研究开发与推广应用	四川红种子高新农业有限责任公司，四川农业大学，四川隆生集团有限公司
2009	科技进步奖	二等奖	中熟高产杂交水稻辐优838的选育与推广	四川省原子能研究院，成都南方杂交水稻研究所，四川省种子站
2009	科技进步奖	三等奖	气候模式产品在西南区域的解释应用研究	四川省气候中心
2009	科技进步奖	三等奖	丰产、优质、高光效生态型新桑品种川桑98-1的选育与应用研究	四川省三台蚕种场，四川省农业科学院蚕业研究所
2009	科技进步奖	三等奖	碧秀苦瓜嫁接及稀植强化栽培技术研究与示范推广	双流县蔬菜技术推广站，四川省农业科学院园艺研究所
2009	科技进步奖	三等奖	攀西地区主要蔬菜、水果及产地重金属污染研究与安全评价研究	四川省农业科学院分析测试中心，四川省农业科学院
2009	科技进步奖	三等奖	大穗型丰产优质白皮大粒小麦新品种选育及应用	绵阳市农业科学研究所
2009	科技进步奖	三等奖	多熟制下粮饲兼用型玉米高产优质栽培及青贮技术研究与应用	四川农业大学，资阳市农业局，四川省农业技术推广总站
2009	科技进步奖	三等奖	天府花生食用加工专用型新品种的培育与应用	南充市农业科学研究所
2009	科技进步奖	三等奖	石棉县林业信息化及其应用研究	四川师范大学，四川省石棉县林业局
2009	科技进步奖	三等奖	汶川特大地震灾害四川林业损失应急评估与生态影响研究	四川省林业调查规划院，四川省森林资源管理总站
2009	科技进步奖	三等奖	四川人工林抚育间伐技术研究	四川省林业勘察设计研究院
2009	科技进步奖	三等奖	四川省清洁发展机制造林再造林项目方法及应用研究	四川省森林资源与荒漠化监测中心，中国林科院，四川省林业厅

（续表）

年　份	奖　项	等　级	项目名称	主要完成单位
2009	科技进步奖	三等奖	岷江上游退化天然林恢复重建技术研究与示范	四川省林业科学研究院，中国林业科学研究院森林生态环境与保护研究所，理县林业局，阿坝州川西林业局，国家林业局卧龙自然保护区管理局
2009	科技进步奖	三等奖	多花黑麦草研究与应用	四川省草原工作总站，四川省金种燎原种业科技有限责任公司，四川省长江草业研究中心，达州市饲草饲料站，广元市饲料管理站
2009	科技进步奖	三等奖	简阳大耳羊品种选育及产业化关键技术集成与示范	四川省简阳大哥大牧业有限公司，简阳市畜牧食品局，四川农业大学，成都大学，简阳市科学技术创业中心
2009	科技进步奖	三等奖	规模猪场健康养殖和清洁生产关键技术集成与应用	乐山市畜牧站，四川农业大学动物科技学院，乐山嘉兴环境工程有限公司，乐山市市中区畜牧食品局，乐山市沙湾区畜牧局
2009	科技进步奖	三等奖	双黄败毒颗粒的研制及应用	成都恩威投资（集团）有限公司，西南民族大学，四川省兽药监察所
2009	科技进步奖	三等奖	四川省农村居住建筑抗震技术研究	四川省建筑科学研究院
2009	科技进步奖	三等奖	高效生物质燃气化利用技术及设备	四川省农业机械研究设计院，双流县科技发展促进中心
2009	科技进步奖	三等奖	四川省新型农村合作医疗信息系统公用平台建设研究	四川省医学情报研究所
2009	科技进步奖	三等奖	酒库智能化信息化自动控制系统的开发与应用	泸州老窖股份有限公司
2009	科技进步奖	三等奖	畜禽副产物精深加工关键技术集成研究与应用	四川省中医药科学院
2009	科技进步奖	三等奖	蒸馏白酒中甜蜜素检测方法研究	四川省产品质量监督检验检测院
2009	科技进步奖	三等奖	雪山高原大花红景天产业化开发	四川省草原科学研究院
2009	科技进步奖	三等奖	食用菌生产技术彩色图解系列图书	四川省农业科学院土壤肥料研究所，四川省农业科学院
2010	科技进步奖	一等奖	直投式功能菌发酵泡菜关键技术集成与产业化应用	四川省食品发酵工业研究设计院，四川省吉香居食品有限公司，成都新繁食品有限公司
2010	科技进步奖	一等奖	高异交性优质香稻不育系川香29A的选育及应用	四川省农业科学院作物研究所，四川省农业科学院，四川华丰种业有限责任公司，四川省农业科学院植物保护研究所，四川省种子站，四川天宇种业有限责任公司，四川科瑞种业有限公司
2010	科技进步奖	一等奖	温—热带种质玉米自交系YA3237和YA3729选育与应用	四川雅玉科技开发有限公司，四川省雅安市农业科学研究所
2010	科技进步奖	一等奖	禽流感、新城疫等重大禽病防治关键技术研究及产业化	西南民族大学，青岛易邦生物工程有限公司，北京生泰尔生物科技有限公司，中国动物卫生与流行病学中心
2010	科技进步奖	一等奖	主要作物种用化控抗逆壮苗栽培技术体系的研究与应用	四川农业大学，浙江大学，中国水稻研究所，中国农业大学，全国农业技术推广服务中心，江苏七洲绿色化工股份有限公司
2010	科技进步奖	二等奖	生物技术在低醉酒度优质浓香型白酒生产中的应用	四川省绵阳市丰谷酒业有限责任公司，四川大学华西公共卫生学院

（续表）

年 份	奖 项	等 级	项目名称	主要完成单位
2010	科技进步奖	二等奖	剑南春年份白酒鉴别技术研究——挥发系数鉴别年份酒的新方法	四川绵竹剑南春酒厂有限公司
2010	科技进步奖	二等奖	甘薯分子标记育种体系创建与高淀粉品种川薯 34 选育及应用	四川省农业科学院生物技术核技术研究所，四川省农业科学院作物研究所，四川省农业科学院，四川省农业技术推广总站
2010	科技进步奖	二等奖	四川省小麦条锈病菌源区综合治理技术研究与应用	四川省农业科学院植物保护研究所，四川省农业厅植物保护站，四川省农业科学院，凉山州植保植检站，绵阳市植保植检站，阿坝州植保植检站，甘孜州植保植检站
2010	科技进步奖	二等奖	四川主要农区面源污染控制与污染土壤生态修复技术及示范	四川农业大学，四川省农业科学研究院
2010	科技进步奖	二等奖	农药增效助剂倍创的研制与开发研究	四川蜀峰化工有限公司
2010	科技进步奖	二等奖	地基 GPS 水汽监测技术及气象业务化应用系统的研究	成都信息工程学院，成都市气象局，四川省气象科技服务中心，西南交通大学，石家庄市气象台
2010	科技进步奖	二等奖	四川核桃种质资源及高效培育技术研究	四川省林业科学研究院，中国林业科学研究院林业研究所，四川省林业科学技术推广总站，凉山彝族自治州林业局，南江县林业局，冕宁县林业局，甘洛县林业局
2010	科技进步奖	二等奖	西南亚高山人工云杉林的更新机制及其对全球气候变化的响应	中国科学院成都生物研究所
2010	科技进步奖	二等奖	四川林业效益综合评价	四川省林业科学研究院，四川省林业调查规划院，四川省林业科技推广总站
2010	科技进步奖	二等奖	四川省畜产品安全保障模式及关键技术研究与应用	四川省畜产品安全检测中心，四川省饲料工作总站，四川农业大学
2010	科技进步奖	二等奖	猪 DNA 免疫调节分子新技术研究	四川大学，四川省畜牧科学研究院，四川省动物疫病预防控制中心
2010	科技进步奖	二等奖	肉鸭的营养需要与饲料高效利用研究	四川农业大学，四川铁骑力士实业有限公司
2010	科技进步奖	二等奖	区域现代农业规划理论与方法研究	四川省农业科学院农业信息与农村经济研究所，四川省农业科学院
2010	科技进步奖	二等奖	中国两栖动物系统进化与保护	中国科学院成都生物研究所
2010	科技进步奖	二等奖	西南玉米丰产高效生产理论及技术体系研究与推广	四川省农业科学院作物研究所，中国农业科学院作物科学研究所，云南省农业科学院，贵州省农业科学院，四川省农业技术推广总站，四川省农业科学院
2010	科技进步奖	三等奖	农村一体化净水技术及装置研究与应用	四川省水利科学研究院，成都市昊麟科技发展有限责任公司
2010	科技进步奖	三等奖	优质牛肉加工及综合利用研究与产业化示范	四川省美宁实业集团食品有限公司，成都大学肉类加工四川省重点实验室，四川农业大学
2010	科技进步奖	三等奖	采用生物技术工业化生产特殊白酒调味酒（液）	四川银帆生物科技有限公司
2010	科技进步奖	三等奖	白酒酒体指纹图谱与身份证参数体系研究	泸州老窖股份有限公司

（续表）

年　份	奖　项	等　级	项目名称	主要完成单位
2010	科技进步奖	三等奖	高色度食品废水与锅炉烟尘烟气耦合治理新技术	四川恒泰企业投资有限公司
2010	科技进步奖	三等奖	山椒凤爪的辐照加工工艺和质量安全控制研究	四川省原子能研究院，重庆辣媳妇志昌食品有限公司
2010	科技进步奖	三等奖	四川烟草主要病虫害的流行、预警及防控体系研究	四川省农业科学院植物保护研究所，中国烟草总公司四川省公司，四川省农业科学院
2010	科技进步奖	三等奖	小麦育种核心亲本SW3243的创制及育种应用	四川省农业科学院作物研究所，四川省种子站，四川省农业科学院
2010	科技进步奖	三等奖	四川省雷电监测预警预报方法研究及业务系统开发	四川省防雷中心，中国气象局成都高原气象研究所，成都市气象台，成都市防雷中心
2010	科技进步奖	三等奖	进境马铃薯标准化病毒检测技术研究及种薯质量控制体系建设	四川出入境检验检疫局技术中心，四川省农业厅植物检疫站，四川农业大学农学院
2010	科技进步奖	三等奖	桑树辐射诱变育种的研究与应用	四川省农业科学院蚕业研究所，四川省农业科学院，四川省三台蚕种场
2010	科技进步奖	三等奖	玉米热带种质创新与西南山区高产优质广适新品种的选育应用	绵阳市农业科学研究所，四川农业大学，凉山州西昌农业科学研究所
2010	科技进步奖	三等奖	攀西地区石榴主要病虫害发生规律及综合防治技术研究	西昌学院，凉山州西昌农科所
2010	科技进步奖	三等奖	野生低质低产核桃高位换种技术应用研究	盐源县核桃产业化技术协会
2010	科技进步奖	三等奖	四川林业生态保护与产业发展格局构建及其应用研究	四川省森林资源和荒漠化监测中心，四川省林业厅森林资源管理总站，四川省林业厅野生动物保护处，四川省凉山州林业科学研究所
2010	科技进步奖	三等奖	麻疯树柄细蛾生物、生态学及灾害控制技术研究	四川省林业科学研究院，四川农业大学
2010	科技进步奖	三等奖	四川省巨桉配方施肥技术研究	四川省林业科学研究院
2010	科技进步奖	三等奖	杂交竹梢枯病及综合防治技术研究	四川农业大学，天全县林业局，雅安市林业局
2010	科技进步奖	三等奖	电化水制备、作用机理及其在水产品加工中的应用研究	通威股份有限公司，四川农业大学
2010	科技进步奖	三等奖	家兔皮肤真菌病防控技术研究	西南民族大学，四川省畜牧科学研究院，四川省草原科学研究院
2010	科技进步奖	三等奖	非常规蛋白饲料高效利用技术研究	四川国凤生物科技有限公司，四川农业大学，眉山市东坡区国凤饲料厂
2010	科技进步奖	三等奖	生猪标准化养殖技术创新集成与示范	四川省畜牧科学研究院，泸县畜牧局，简阳市畜牧食品局，什邡市畜牧食品局，蓬溪县畜牧食品局
2010	科技进步奖	三等奖	大鲵人工繁殖技术	什邡市穗丰水产良种繁育场
2010	科技进步奖	三等奖	血吸虫循环抗原测定试剂盒	四川迈克生物科技股份有限公司
2010	科技进步奖	三等奖	安全科学使用农药技术推广模式构建、评价与优化	四川农业大学，四川省农业厅植保站，四川省农村发展研究中心
2010	科技进步奖	三等奖	统筹城乡改革试验区建设中的农村土地制度创新研究	四川师范大学

（续表）

年　份	奖　项	等　级	项目名称	主要完成单位
2010	科技进步奖	三等奖	主要粮油作物重大病虫害预警与综防措施研究和应用	南充市植保植检站，营山县植保植检站，南部县植保植检站，蓬安县植保植检站，南充市高坪区植保植检站
2010	科技进步奖	三等奖	枇杷品种选育及产业化开发关键技术研究与应用	四川省农业科学院园艺研究所，成都市龙泉驿区农村发展局，双流县农村发展局，四川宗富果业有限公司，四川省农业科学院
2010	科技进步奖	三等奖	西部茶叶优质原料安全生产的关键技术及示范应用	四川省农业科学院茶叶研究所，中国农业科学院茶叶研究所，四川省园艺技术推广总站，四川省农业科学院
2011	科技进步奖	一等奖	畜禽养殖废弃物处理与资源化利用	四川农业大学，四川省农业科学院土壤肥料研究所，四川金地菌类有限责任公司
2011	科技进步奖	一等奖	甘蓝型油菜 *JA* 系列不育系的创制与应用	四川省农业科学院作物研究所，四川省农业科学院土壤肥料研究所，四川省农业科学院植物保护研究所，四川省农业科学院
2011	科技进步奖	一等奖	小麦重要育种目标性状基因的鉴定与利用	四川农业大学
2011	科技进步奖	一等奖	马铃薯多熟高效种植模式及关键技术研究与推广	四川省农业科学院，四川省农业技术推广总站，四川省农业科学院作物研究所，四川农业大学，四川省农业科学院植物保护研究所，凉山州马铃薯良种繁育推广中心，凉山州西昌农业科学研究所
2011	科技进步奖	一等奖	建鲤健康养殖的系统营养技术研究及其在淡水鱼上的应用	四川农业大学，四川省畜牧科学研究院，四川省畜科饲料有限公司，通威股份有限公司
2011	科技进步奖	二等奖	现代肉类加工关键技术研究与应用	成都大学
2011	科技进步奖	二等奖	川西北地区土地沙化科学考察与治理对策研究	四川省林业科学研究院，四川省林业调查规划院
2011	科技进步奖	二等奖	蛋鸡产业化技术研究与示范	四川圣迪乐村生态食品有限公司，四川铁骑力士实业有限公司，西南科技大学
2011	科技进步奖	二等奖	川贝母人工栽培技术	四川新荷花中药饮片股份有限公司，四川大学
2011	科技进步奖	二等奖	川茶核心竞争力分析与可持续发展战略研究及应用	四川省农业科学院茶叶研究所，四川省农业科学院农业信息与农村经济研究所，四川省园艺技术推广总站，四川省农业科学院
2011	科技进步奖	二等奖	大熊猫轮状病毒病的诊断及防治研究	成都大熊猫繁育研究基地，四川农业大学
2011	科技进步奖	二等奖	太空诱变创制玉米强优势组合亲本及新型雄性不育系	四川农业大学
2011	科技进步奖	二等奖	主要粮经作物高效施肥技术研究及转化应用	四川省农业科学院土壤肥料研究所，四川台沃农业科技股份有限公司，成都玖源复合肥有限公司，四川正同生物有限公司，四川省农业科学院
2011	科技进步奖	二等奖	苎麻雄性不育“两系”杂交种选育与应用研究	达州市农业科学研究所，农业厅信息中心，达州市经济作物技术推广站
2011	科技进步奖	二等奖	直燃高效蒸馏新技术在白酒生产中的研究与应用	四川剑南春集团有限责任公司

（续表）

年　份	奖　项	等　级	项目名称	主要完成单位
2011	科技进步奖	三等奖	高毒农药替代及安全用药技术研究与应用	四川省农业厅植物保护站，四川省农业科学院植物保护研究所
2011	科技进步奖	三等奖	高栗香型条形炒青绿茶加工新工艺新技术集成研究与应用	四川省农业科学院茶叶研究所，宜宾市屏山县茶叶技术推广站，四川省农业科学院
2011	科技进步奖	三等奖	环保节能自动循环热风烘茧机研制	四川省农业科学院蚕业研究所，四川省南充蚕具研究有限公司，四川省农业科学院
2011	科技进步奖	三等奖	芒果系列品种选育与区域化栽培关键技术研究应用	四川省农业科学院园艺研究所，攀枝花市农林科学研究院，凉山彝族自治州亚热带作物研究所，四川省农业科学院，四川大学
2011	科技进步奖	三等奖	水稻稻曲病发生流行与防控技术研究	四川省农业科学院植物保护研究所，四川省农业厅植物保护站，四川省农业科学院
2011	科技进步奖	三等奖	糖蜜酒精絮凝酵母自循环、无酸化、双罐连续发酵新工艺	四川亚连科技有限责任公司
2011	科技进步奖	三等奖	微生物技术提升上层糟优质酒比率的研究与开发	四川省农业科学院水稻高粱研究所，泸州老窖股份有限公司，泸州泸瑞酒业有限公司，四川省泸州市酿酒科学研究所
2011	科技进步奖	三等奖	农药三唑酮中间体检验方法、标准研究	国家危险化学品质量监督检验中心
2011	科技进步奖	三等奖	食品用金属制品有害金属溶出物检测方法研究	四川省产品质量监督检验检测院
2011	科技进步奖	三等奖	长江上游防护林体系空间配置与结构优化技术研究	四川省林业科学研究院
2011	科技进步奖	三等奖	山地森林—干旱河谷交错带植被恢复与重建技术及示范	四川省林业科学研究院，四川农业大学，阿坝州理县林业局
2011	科技进步奖	三等奖	麻竹无公害高产经营技术研究与示范	四川省林业科学研究院，隆昌县林业局，富顺县林业局
2011	科技进步奖	三等奖	甘孜州①高等植物种类及分布调查研究	甘孜州林业科学研究所，甘孜州药检所，甘孜州草原站，甘孜州林业局，甘孜州农科所
2011	科技进步奖	三等奖	斑点叉尾鮰重大细菌性疾病病原学、致病机理与防治研究	四川农业大学，通威股份有限公司
2011	科技进步奖	三等奖	四川不同区域牧草品种选育与丰产栽培技术研究和应用	四川省草原工作总站，达州市饲草饲料站，四川省金种燎原种业科技有限责任公司，广元市饲料管理站，阿坝州②草原工作站，凉山州③畜牧兽医科学研究所，甘孜州草原工作站
2011	科技进步奖	三等奖	牛羊高效生产及肉品精深加工关键技术研究与示范	西南民族大学，四川省畜牧科学研究院，成都伍田食品有限公司，四川红原遛遛牛食品有限公司，四川键宇生物技术有限公司
2011	科技进步奖	三等奖	奶牛、牦牛病毒性腹泻/黏膜病防治研究	西南民族大学，西昌市畜牧局，四川农业大学，甘孜藏族自治州畜牧业科学技术研究所
2011	科技进步奖	三等奖	农业科技成果推广新模式研究	四川大学

① 甘孜藏族自治州，全书简称甘孜州；

② 阿坝藏族羌族自治州，全书简称阿坝州；

③ 凉山彝族自治州，全书简称凉山州

（续表）

年 份	奖 项	等 级	项目名称	主要完成单位
2011	科技进步奖	三等奖	中兽药产业化技术研究与示范	四川省畜牧科学研究院，四川鼎尖动物药业有限责任公司
2011	科技进步奖	三等奖	天彭牡丹新品种选育与产业化配套技术推广	四川农业大学，金彭牡丹基地，丹景山风景区管理处
2011	科技进步奖	三等奖	甜樱桃安全优质丰产集成技术研究与应用示范	四川农业大学，四川省农科院，汉源农业局，阿坝藏族羌族自治州林业局，茂县农业局
2012	科技进步奖	一等奖	新型高效络合系列微肥的开发应用	四川通丰科技有限公司，四川大学，四川省农业科学院土壤肥料研究所
2012	科技进步奖	一等奖	水稻高品质高配合力骨干不育系宜香 1A 的创制与应用	宜宾市农业科学院，四川省农业科学院水稻高粱研究所，四川农业大学，四川省宜宾市宜字头种业有限责任公司，仲衍种业股份有限公司
2012	科技进步奖	一等奖	西南小麦产业提升关键技术研究与应用	四川省农业科学院作物研究所，四川农业大学，四川省农业技术推广总站，四川省农业科学院，四川米老头食品工业集团有限公司，德阳市金兴农机制造有限责任公司，中江县泽丰小型农机制造有限公司，广汉市农业局
2012	科技进步奖	一等奖	薯类原料高效乙醇转化技术	中国科学院成都生物研究所，四川大学，资中县银山鸿展工业有限责任公司，内江永丰农业科技有限公司
2012	科技进步奖	一等奖	主要鹅种遗传资源的评价与创新利用	四川农业大学，四川省畜牧总站，江苏省家禽科学研究所，德阳景程禽业有限责任公司，江苏腾达源农牧有限公司
2012	科技进步奖	一等奖	蜀宣花牛新品种培育及配套技术研究与应用	四川省畜牧科学研究院，宣汉县畜牧食品局，宣汉县云蒙山合作示范牧场，成都汇丰动物育种有限公司，四川省天友西塔乳业有限公司，四川省畜牧总站
2012	科技进步奖	一等奖	芒苞草科的研究	中国科学院成都生物研究所，甘孜藏族自治州林业科学研究所
2012	科技进步奖	二等奖	四川坡耕地水土养分流失及防治技术研究与应用	四川省农业科学院土壤肥料研究所，成都土壤肥料测试中心，四川省农业科学院，巴中市土壤肥料工作站，宜宾市土壤肥料站，南充市土壤肥料站，绵阳市农业技术推广中心，资阳市土壤肥料站，成都市农业技术推广总站
2012	科技进步奖	二等奖	太谷核不育小麦的遗传改良与种质创新及育种利用	四川省农业科学院作物研究所，凉山州西昌农业科学院研究所，四川省农业科学院，四川华龙种业有限责任公司
2012	科技进步奖	二等奖	边远山区烟叶生产收购装备及质量追溯系统关键技术研究与应用	四川省烟草公司凉山州公司，成都慧能信息技术有限公司，西华大学
2012	科技进步奖	二等奖	中国白酒（浓香型）酯化酶功能曲研究开发与产业化示范	四川省食品发酵工业研究设计院，宜宾五粮液股份有限公司，泸州老窖股份有限公司，中国科学院成都生物研究所
2012	科技进步奖	二等奖	川渝烟叶原料质量评价体系构建及工业可用性研究	川渝中烟工业有限责任公司，河南农业大学
2012	科技进步奖	二等奖	桃品种优化及栽培技术升级研究与示范	四川省农业科学院园艺研究所，成都市龙泉驿区农村发展局，双流县农村发展局，简阳市农业局，四川省农业科学院

（续表）

年　份	奖　项	等　级	项目名称	主要完成单位
2012	科技进步奖	二等奖	蓬溪青花椒良种选育及产业化开发	四川省蓬溪县建兴青花椒开发有限公司，四川省林业科学研究院，遂宁市林业局，蓬溪县林业局
2012	科技进步奖	二等奖	丘陵区核桃高接换优改造技术及推广应用研究	南充市林业科学研究所
2012	科技进步奖	二等奖	猪区域优势饲料资源高效利用技术研究与应用	四川省畜牧科学研究院，四川省畜科饲料有限公司，四川省旺达饲料有限公司
2012	科技进步奖	二等奖	湿热应激条件下奶牛高效健康养殖技术研究与应用	四川农业大学，新希望乳业控股有限公司
2012	科技进步奖	二等奖	农作物育种战略研究与信息服务体系建设	四川省农业科学院农业信息与农村经济研究所，四川省农业科学院
2012	科技进步奖	二等奖	四川省耕地保护激励约束机制的构建与完善	四川师范大学
2012	科技进步奖	二等奖	四川主要粮油作物测土配方施肥技术研究与应用	四川省土壤肥料与生态建设站，成都土壤肥料测试中心，四川省农业科学院土壤肥料研究所，四川农业大学，德阳市土肥站，阆中市土壤肥料站
2012	科技进步奖	二等奖	沼气发酵功能微生物强化技术研究与集成示范	农业部沼气科学研究所
2012	科技进步奖	二等奖	西南山区玉米骨干品种川单 14 的应用推广	四川农业大学，四川川单种业有限责任公司
2012	科技进步奖	二等奖	猪鸡饲料净能评定及需要量研究与产业化应用	四川农业大学，四川铁骑力士实业有限公司
2012	科技进步奖	三等奖	金针菇新品种选育研究与应用	四川省农业科学院土壤肥料研究所，福建农林大学，四川金地菌类有限责任公司，四川省农业科学院
2012	科技进步奖	三等奖	奶牛粪便无害化处理技术及成套设备	四川省农业机械研究设计院
2012	科技进步奖	三等奖	羌族地区特色生物资源红毛五加野生抚育及产业化示范	茂县羌寨农副土特产品开发有限责任公司，成都中医药大学，成都医学院，茂县生产力促进中心，阿坝州农产品质量安全中心
2012	科技进步奖	三等奖	清甜香型烤烟优质、高效、节能生产技术研究与应用	攀枝花市农林科学研究院，四川省烟草公司攀枝花市公司
2012	科技进步奖	三等奖	热带玉米种质改良创新与育种利用	南充市农业科学院
2012	科技进步奖	三等奖	适应产业化的苦荞新品种西荞 2 号和西荞 3 号选育与推广应用	西昌学院，陕西省延安市农业科学研究所
2012	科技进步奖	三等奖	杏鲍菇菌糠废弃物的生态链式利用关键技术研究	成都榕珍菌业有限公司，西华大学
2012	科技进步奖	三等奖	血橙新品种选育及提质增效关键技术研究集成与推广	四川省农业科学院园艺研究所，四川省园艺作物技术推广总站，资中县林业局，富顺县农牧业局，四川省农业科学院
2012	科技进步奖	三等奖	亚热带专用果蔗育种技术体系的创建与甜城 18 号的育成	四川省内江市农业科学院

（续表）

年　份	奖　项	等　级	项目名称	主要完成单位
2012	科技进步奖	三等奖	云杉天然林遗传资源综合评价和种质利用研究	四川省林业科学研究院，中国科学院成都生物研究所
2012	科技进步奖	三等奖	西南地区城市森林建设技术试验示范	四川省林业科学研究院，中国林业科学研究院林业研究所，成都市林业和园林管理局，攀枝花市林业局，江苏师范大学
2012	科技进步奖	三等奖	干旱河谷生态恢复与持续管理研究	中国科学院成都生物研究所
2012	科技进步奖	三等奖	优质肉鸡养殖技术研究与推广	四川省畜牧科学研究院，广元市畜牧食品局，泸州市畜牧局，内江市畜牧食品局，四川三联家禽有限责任公司，四川大恒家禽育种有限公司
2012	科技进步奖	三等奖	齐口裂腹鱼全人工养殖技术研究及应用	四川农业大学，芦山宝剑渔业有限公司
2012	科技进步奖	三等奖	突破性牧草新品种阿坝垂穗披碱草选育及利用	四川省草原科学研究院
2012	科技进步奖	三等奖	四川省家畜血吸虫病传播控制研究与应用推广	四川省动物疫病预防控制中心，浙江省农业科学院畜牧兽医研究所，凉山州动物疫病预防控制中心，雅安市动物疫病预防控制中心，眉山市动物疫病预防控制中心，德阳市动物疫病预防控制中心，成都市动物疫病预防控制中心，乐山市动物疫病预防控制中心，绵阳市动物疫病预防控制中心，攀枝花市动物疫病预防控制中心
2012	科技进步奖	三等奖	南江黄羊快长系选育及产业化示范	南江县南江黄羊科学研究所，四川省畜牧科学研究院，四川农业大学，南江县畜牧食品局，四川北牧南江黄羊集团有限公司，四川南江黄羊原种场，南江县元顶子牧场
2012	科技进步奖	三等奖	九龙牦牛利用关键技术研究与集成示范	甘孜藏族自治州畜牧站，九龙县农牧和科技局，道孚县农牧和科技局，雅江县农牧和科技局
2012	科技进步奖	三等奖	若尔盖退化草地治理与湿地植被恢复关键技术及示范	四川大学，四川省草原科学研究院，四川农业大学，四川省林业科学研究院，四川省励耘生态材料有限公司，四川若尔盖湿地国家级自然保护区管理局，若尔盖县畜牧兽医局，成都正光生态科技有限公司
2012	科技进步奖	三等奖	四川省生物多样性保护战略与行动计划研究	四川省环境保护科学研究院，四川省野生动物资源调查保护管理站
2012	科技进步奖	三等奖	共生环境中农业科技企业技术创新管理模式研究	四川大学
2012	科技进步奖	三等奖	四川耕地镉污染土壤作物安全生产技术研究与应用	四川省农业科学院土壤肥料研究所，四川省农业科学院
2012	科技进步奖	三等奖	印楝的生物活性及其生物防治技术研究与应用	四川农业大学，四川省畜牧科学研究院，四川大学，四川省甘孜州畜牧业科学研究所，四川鼎尖动物药业有限责任公司
2012	科技进步奖	三等奖	重大自然灾害动物疫病应急防控技术集成与应用	四川省动物疫病预防控制中心，四川省动物卫生监督所，四川省动物疫病监测诊断中心，阿坝州动物疫病预防控制中心，成都市动物疫病预防控制中心，德阳市动物疫病预防控制中心，绵阳市动物疫病预防控制中心

（续表）

年　份	奖　项	等　级	项目名称	主要完成单位
2012	科技进步奖	三等奖	扁形名优绿茶加工成套设备	四川省登尧机械设备有限公司，四川省农业机械研究设计院
2012	科技进步奖	三等奖	草除灵新工艺工业化开发	四川省化学工业研究设计院
2012	科技进步奖	三等奖	四川省农用地综合生产能力调查与评价	四川师范大学
2012	科技进步奖	三等奖	活性优质窖泥关键技术的研究与应用	四川省绵阳市丰谷酒业有限责任公司，四川理工学院，西南科技大学
2012	科技进步奖	三等奖	传统固态法浓香型优质白酒生产工艺的研究与传承	四川省宜宾五粮液集团有限公司
2012	科技进步奖	三等奖	水葫芦快速治理新技术及资源化利用	四川鑫穗生物科技有限公司，四川省自然资源科学研究院
2012	科技进步奖	三等奖	农业与生态气象灾害卫星遥感监测评估系统	四川省农业气象中心
2012	科技进步奖	三等奖	郫县豆瓣现代化改造关键技术研究与产业化示范	西华大学，四川省丹丹调味品有限公司
2012	科技进步奖	三等奖	固态法白酒蒸馏过程机械化与智能化控制研究	泸州老窖股份有限公司，四川大学
2012	科技进步奖	三等奖	茶叶追溯要求	四川省标准化研究院
2012	科技进步奖	三等奖	多酚类植物基因组 DNA 提取纯化及测试方法	中国测试技术研究院
2012	科技进步奖	三等奖	优质抗病籼型水稻新材料绵 5A、棉 5B 的创制与应用	绵阳市农业科学研究院
2013	科技进步奖	一等奖	简州大耳羊新品种培育及配套技术研究与推广应用	西南民族大学，四川省简阳大哥大牧业有限公司，四川省畜牧科学研究院，简阳市畜牧食品局，四川省畜牧总站
2013	科技进步奖	一等奖	马铃薯脱毒种薯生产关键技术创新与应用	四川省农业科学院作物研究所，四川省农业技术推广总站，四川农业大学，国际马铃薯中心北京联络处，四川省农业科学院，四川省农业厅植物检疫站，凉山州西昌农业科学院研究所，成都阳光田园城市投资有限公司，成都久森农业科技有限公司
2013	科技进步奖	一等奖	农业废弃物资源循环利用技术研究与应用	四川农业大学，四川省农业科学院土壤肥料研究所，西南科技大学，成都德弘农业发展有限公司
2013	科技进步奖	一等奖	浓香型白酒窖泥培养关键技术研究及产业化应用	泸州老窖股份有限公司，四川省农业学科学院水稻高粱研究所，四川理工学院，四川省泸州市酿酒科学研究所，泸州品创科技有限公司，四川省农业科学院
2013	科技进步奖	一等奖	区域林业碳汇（源）计量体系开发及应用研究	四川省林业调查规划院，中国科学院地理科学院与资源研究所，大自然保护协会，四川省林业科学研究院，中国科学院成都生物研究所
2013	科技进步奖	一等奖	猪抗病营养理论与技术	四川农业大学，浙江大学，四川铁骑力士实业有限公司，新希望集团有限公司，重庆优宝生物技术有限公司，杭州唐天科技有限公司
2013	科技进步奖	二等奖	彩色马蹄莲等四种重要商品花卉培育关键技术及产业化研究	四川农业大学，西昌天喜园艺有限责任公司，四川喜玛高科农业生物工程有限公司

（续表）

年　份	奖　项	等　级	项目名称	主要完成单位
2013	科技进步奖	二等奖	川早系列核桃杂交良种选育及配套技术应用推广	四川农业大学，雅安市林业局，石棉县林业局，汉源县林业局，马边金凉山农业开发有限公司，广元市朝天区林业和园林局，绵竹市林业局
2013	科技进步奖	二等奖	低木素、高纤维竹资源挖掘与关键酶基因克隆和高附加值产品开发	西南科技大学，四川农业大学，泸州市林业科学研究所
2013	科技进步奖	二等奖	耕地资源协同调控与保护关键技术研究及应用	四川农业大学
2013	科技进步奖	二等奖	辣椒资源收集、评价及新品种选育与应用	四川省农业科学院园艺研究所，四川省农业科学院
2013	科技进步奖	二等奖	毛木耳优异种质发掘和新品种选育及精准化栽培技术研究及应用	四川省农业科学院土壤肥料研究所，四川金地菌类有限责任公司，成都榕珍菌业有限公司，四川果洲绿宝生物科技有限公司，四川省农业科学院
2013	科技进步奖	二等奖	特色食用菌新品种及高效栽培技术研究与推广	四川省农业科学院土壤肥料研究所，四川金地菌类有限责任公司，四川省农业科学院
2013	科技进步奖	二等奖	我国西南地区奶牛疾病综合防控关键技术研究与应用	四川省畜牧科学研究院，新希望乳业控股有限公司，眉山市畜牧局
2013	科技进步奖	二等奖	小麦族 Ns 染色体组植物的分类、系统发育与资源创新	四川农业大学
2013	科技进步奖	二等奖	优质獭兔健康养殖及皮产品精深加工技术研究集成与示范	四川省草原科学研究院，四川大学，中国农业大学，四川德华皮革制造有限公司，四川金富现代农业股份有限公司，四川绿原兔业有限公司，四川省天元兔业科技有限责任公司
2013	科技进步奖	二等奖	杂交中稻超高产强化栽培技术体系及其应用	四川省农业科学院水稻高粱研究所，四川农业大学，四川省农业技术推广总站，四川省农业科学院作物研究所，四川省农业科学院土壤肥料研究所，四川省农业科学院
2013	科技进步奖	二等奖	中国兰种质资源收集与创新利用及名贵品种高效繁殖技术研究	四川省农业科学院园艺研究所，云南农业大学花卉研究所，四川省农业科学院
2013	科技进步奖	二等奖	酱香型郎酒生产工艺技术创新研究	四川郎酒集团有限责任公司，四川理工学院
2013	科技进步奖	三等奖	9RZF 系列饲草切搓机研制及产业化开发	南江县卓创农用机械科技有限公司，南江县生产力促进中心
2013	科技进步奖	三等奖	宜宾芽菜发酵技术研究与应用	四川理工学院，宜宾市富康食品有限公司
2013	科技进步奖	三等奖	甘薯全粉加工新技术研究与应用	四川省农业科学院农产品加工研究所，四川省农业科学院作物研究所，西华大学，四川紫金都市农业有限公司，成都市金堂县绿山农业发展有限公司
2013	科技进步奖	三等奖	浓香型白酒生产关键技术研究	四川理工学院，四川旭水酒业有限公司
2013	科技进步奖	三等奖	基于介电特性的食品品质无损快速检测技术的研究与示范	四川农业大学
2013	科技进步奖	三等奖	浓香型白酒发酵温度调控技术开发应用	成都师范学院，泸州老窖股份有限公司，宜宾学院

（续表）

年　份	奖　项	等　级	项目名称	主要完成单位
2013	科技进步奖	三等奖	高附加值蚕桑副产物综合开发关键技术研究及其产业化	四川省农业科学院蚕业研究所，四川省蚕业科技开发总公司，南充市千年绸都第一坊酒业有限公司，四川省农业科学院农业信息与农村经济研究所，四川省农业科学院
2013	科技进步奖	三等奖	家蚕多元化品种选育及高新配套技术研发与应用	四川省农业科学院蚕业研究所，四川省蚕业管理总站，四川省农业科学院
2013	科技进步奖	三等奖	赶黄草品种选育研究及产业化应用	四川省农业科学院经济作物育种栽培研究所，四川古蔺肝苏药业有限公司，四川新荷花中药饮片股份有限公司，电子科技大学生命科学与技术学院，四川省农业科学院
2013	科技进步奖	三等奖	油菜重大病害发生流行与防控技术研究	四川省农业科学院植物保护研究所，四川省农业厅植物保护站，成都市植物检疫站，四川省农业科学院
2013	科技进步奖	三等奖	高配合力优质甘蓝型油菜细胞质雄性不育系南A7选育与应用	南充市农业科学院
2013	科技进步奖	三等奖	甜糯玉米产业提升关键技术研究与应用	四川省农业科学院作物研究所，四川省农业科学院水稻高粱研究所，四川省农业科学院植物保护研究所，四川省农业技术推广总站，成都市农业技术推广总站
2013	科技进步奖	三等奖	四川小麦白粉病发生流行规律和防控技术研究与应用	四川农业大学，四川省农业厅植物保护站
2013	科技进步奖	三等奖	四川蔬菜农药残留检测技术创新及标准体系建立与应用	四川省农产品质量安全中心，四川省农业科学院分析测试中心
2013	科技进步奖	三等奖	基于集团杂交基因聚合的紫色甘薯选育与应用	南充市农业科学院，四川省农业科学院，成都市绿山科技发展有限公司
2013	科技进步奖	三等奖	马铃薯抗病优质高产凉薯系列新品种选育与应用	凉山州西昌农业科学研究所
2013	科技进步奖	三等奖	攀西早春蔬菜产业关键技术研究与应用	攀枝花市农林科学研究院，攀枝花市经济作物技术推广站，米易县农牧局，盐边县农牧局，攀枝花市仁和区农牧局
2013	科技进步奖	三等奖	辣椒新品种川椒系列选育及推广应用	四川理工学院，四川省川椒种业科技有限责任公司
2013	科技进步奖	三等奖	林业危险性害虫长足大竹象生态诱捕防控技术研究与应用	乐山师范学院，沐川县林业技术推广服务中心，四川农业大学，眉山市林业科技推广中心
2013	科技进步奖	三等奖	林木轻型基质工厂化育苗技术研究与应用	四川省林业科学研究院，国家林业局桉树研究开发中心
2013	科技进步奖	三等奖	四川省缓解气候变化的措施及对生物多样性影响评估	四川省林业科学研究院
2013	科技进步奖	三等奖	核桃良种培育技术研究与推广应用	冕宁县林业局，凉山彝族自治州林业局，冕宁县源森林食品有限责任公司
2013	科技进步奖	三等奖	广元油橄榄良种选育及大枝扦插培育技术研究	广元市油橄榄研究所
2013	科技进步奖	三等奖	四川建设项目对自然保护区的生态影响评价技术体系及应用研究	四川省林业勘察设计研究院，四川省野生动物资源调查保护管理站
2013	科技进步奖	三等奖	香樟高效繁育技术体系研究	四川省林业科学研究院

（续表）

年　份	奖　项	等　级	项目名称	主要完成单位
2013	科技进步奖	三等奖	林木白蚁防治环涂法新技术研究及土木栖性白蚁诱杀装置应用	自贡市白蚁防治科学研究所
2013	科技进步奖	三等奖	肉鸭安全生产监测与养殖技术体系构建与示范	四川农业大学，四川省畜牧总站，西昌华宁农牧科技有限公司
2013	科技进步奖	三等奖	西南地区肉兔标准化养殖关键技术研究与应用	四川省畜牧科学研究院
2013	科技进步奖	三等奖	麦洼牦牛种质资源保护与利用	四川省龙日种畜场，四川省草原科学研究院，西南民族大学，阿坝州畜牧工作站
2013	科技进步奖	三等奖	高酶活基因重组木聚糖酶的开发与应用	四川农业大学，四川禾本生物工程有限公司，四川伯乐福生物科技有限公司
2013	科技进步奖	三等奖	川东北地区生猪高效健康养殖技术集成与创新	巴中市惠昌食品有限公司，四川农业大学，巴中市巴州区科技信息研究所，巴中市巴州区畜牧食品局
2013	科技进步奖	三等奖	治沙牧草新品种阿坝硬杆仲彬草选育及配套技术研究	四川省草原科学研究院，若尔盖县畜牧兽医局，红原县农牧局
2013	科技进步奖	三等奖	副猪嗜血杆菌病病原生物学特性及防控技术应用研究	西南民族大学
2013	科技进步奖	三等奖	牦牛与犏牛胚胎体外生产技术体系的创建及应用基础研究	西南民族大学，阿坝藏族羌族自治州科学技术研究院，甘孜藏族自治州畜牧业科学研究所，九龙县农牧和科技局
2013	科技进步奖	三等奖	投饵网箱鱼体排泄物回收系统及效能研究	通威股份有限公司
2013	科技进步奖	三等奖	川西南山地马铃薯气候生态及优质高效配套技术研究	中国气象局成都高原气象研究所，凉山州农业局，凉山州气象局
2013	科技进步奖	三等奖	有机高效循环白酒固态酿造技术创新工程	泸州老窖股份有限公司
2013	科技进步奖	三等奖	四川现代农业技术集成机制创新与应用研究	四川农业大学
2014	科技进步奖	一等奖	大熊猫繁殖生物学与变化遗传学研究与应用	成都大熊猫繁育研究基地
2014	科技进步奖	一等奖	裸露边坡土壤修复关键技术及成土特性	四川大学，深圳市铁汉生态环境股份有限公司，中国科学院水利部成都山地灾害与环境研究所，青岛冠中生态股份有限公司，四川省农业气象中心，成都科祥园艺有限公司
2014	科技进步奖	一等奖	食药用菌产业提升关键技术创新与应用	四川省农业科学院，四川省中医药科学院，成都市农林科学院，成都榕珍菌业有限公司，四川川野食品有限公司，四川仙鹤生物科技有限公司，四川省南充绿宝菌业科技有限公司，四川省农业科学院土壤肥料研究所，四川省农业科学院生物技术核技术研究所
2014	科技进步奖	一等奖	四川省种猪遗传改良体系建立和配套系选育研究与应用	四川农业大学，四川铁骑力士牧业科技有限公司，四川省畜牧总站，四川省乐山牧源种畜科技有限公司，四川省天兆畜牧科技有限公司，江油信息网海泊尔种猪育种有限公司，内江市种猪场，绵阳明兴农业科技开发有限公司，成都巨星农牧科技有限公司

（续表）

年　份	奖　项	等　级	项目名称	主要完成单位
2014	科技进步奖	一等奖	四川省自然保护区的生物多样性及保护技术研究	四川省林业科学研究院，四川省野生动物资源调查保护管理站，四川省自然资源科学研究院
2014	科技进步奖	一等奖	西南玉米育种重要目标性状的分子鉴定与利用	四川农业大学
2014	科技进步奖	二等奖	川南丘陵区乡土油茶良种选育及产业化研究与示范	四川省林业科学研究院，荣县林业科技推广中心，四川弘鑫农业有限公司
2014	科技进步奖	二等奖	川油系列新胞质三系杂交种选育及推广	四川省农业科学院植物研究所，四川省农业科学院土壤肥料研究所，四川大学，四川省农业技术推广总站，四川省农业科学院植物保护研究所，成都润普油菜工程技术有限责任公司，四川省农业科学院
2014	科技进步奖	二等奖	大凉山花椒种质资源及优质丰产栽培技术研究	冕宁县林业局，四川省林业科学研究院，凉山彝族自治州林业局，冕宁县农村产业技术服务中心，冕宁县源森林食品有限责任公司，越西县林业局
2014	科技进步奖	二等奖	高淀粉高配合力糯质高粱不育系45A 的创制与应用	四川省农业科学院水稻高粱研究所，四川省农业技术推广总站，山西省农业科学院高粱研究所，四川省农业科学院
2014	科技进步奖	二等奖	高配合力高生物产量杂交稻骨干恢复系乐恢 188 的选育和应用	乐山市农业科学研究院，德农正成重要有限公司，四川省农业科学院水稻高粱研究所，西南科技大学
2014	科技进步奖	二等奖	花椒品种选育及产业化研究与示范	四川农业大学，四川洪雅县幺麻子食品有限公司，金阳县林业局，越西县林业局，冕宁县林业局，四川省林业科学研究院
2014	科技进步奖	二等奖	家兔 SNP 标记辅助选择育种新方法构建与示范	四川农业大学，中国农业大学，四川省草原科学研究院，青岛康大兔业发展有限公司，金陵种兔场，重庆迪康肉兔有限公司
2014	科技进步奖	二等奖	毛叶木姜子良种选育及产业开发技术研究	四川省林业科学研究院，邻水县明月山林产品科技开发有限公司
2014	科技进步奖	二等奖	岷江流域生态补偿机制与配套政策研究	四川农业大学
2014	科技进步奖	二等奖	耐荫高产高蛋白套作大豆新品种的选育及配套技术研究与应用	南充市农业科学院，四川农业大学，四川省农业技术推广总站
2014	科技进步奖	二等奖	四川丘陵区沼气工程链接型现代循环农业技术研究集成与应用	四川农业大学，中国科学院成都生物研究所，射洪县超强现代农牧业发展有限公司，射洪县峻原农业有限责任公司，射洪县生产力促进中心
2014	科技进步奖	二等奖	饲用有机微量元素新产品、新技术研究与产业化	四川省畜牧科学研究院，四川省畜科饲料有限公司，全国畜牧总站，四川农业大学，四川特驱投资集团有限公司，四川科创饲料产业技术研究院
2014	科技进步奖	二等奖	特色水果酿酒发酵技术研究与应用	四川理工学院，四川国友果业有限公司
2014	科技进步奖	二等奖	优质丰产甘蓝型三系杂交油菜蓉油系列新品种选育与应用	成都市农林科学院
2014	科技进步奖	二等奖	优质鸡选育方法与配套技术的研究与应用	四川农业大学，雅安隆生农牧有限公司，四川邦禾农业科技有限公司

（续表）

年　份	奖　项	等　级	项目名称	主要完成单位
2014	科技进步奖	二等奖	雨雪冰冻灾害后四川主要经济竹林恢复重建关键技术研究与示范	四川农业大学，四川农大大风景园林设计研究有限责任公司
2014	科技进步奖	二等奖	长薄鳅种质资源保护技术与应用	四川省农业科学院水产研究所
2014	科技进步奖	二等奖	安全高效核心饲料技术创新工程	四川省畜科饲料有限公司
2014	科技进步奖	二等奖	植物中必需营养元素和游离氨基酸的关键标准方法研究	中国测试技术研究院
2014	科技进步奖	三等奖	“将军”菊苣新品种培育及配套技术研究与推广应用	四川省畜牧科学研究院，百绿（天津）国际草业有限公司，凉山州畜牧兽医科学研究所，四川农业大学
2014	科技进步奖	三等奖	《安哥拉兔（长毛兔）兔毛》及《兔毛纤维试验方法》国家标准研究	四川省纤维检验局，浙江省纤维检验局，江苏省出入境检验检疫局
2014	科技进步奖	三等奖	澳洲白萨福克羊在川西北牧区的引种及杂交利用研究	四川省草原科学研究院
2014	科技进步奖	三等奖	濒危植物云南梧桐繁育生态学研究	四川攀枝花苏铁国家级自然保护区管理局，四川省林业科学研究院
2014	科技进步奖	三等奖	茶树新品种特早213选育及配套关键技术研究与应用	四川省农业科学院茶叶研究所，雅安市名山区茶叶发展局，四川省优质农产品开发服务中心，四川省农业科学院
2014	科技进步奖	三等奖	朝天区核桃品种选育及芽接技术研究与推广应用	广元市朝天区林业和园林局，广元市朝天区林果科研所
2014	科技进步奖	三等奖	川北地区优质橄榄油生产关键技术研究与示范	广元市荣生源食品有限公司，西华大学
2014	科技进步奖	三等奖	川产道地中药材附子、郁金优良品种选育及应用	四川省中医药科学院
2014	科技进步奖	三等奖	川西北动物包虫病病原及防控关键技术研究与应用	甘孜藏族自治州畜牧业科学研究所，四川农业大学
2014	科技进步奖	三等奖	副猪嗜血杆菌病灭活疫苗生产工艺研究及推广应用	中牧实业股份有限公司成都药械厂，四川省动物疫病预防控制中心
2014	科技进步奖	三等奖	柑橘主要害虫绿色防控技术研究与应用	四川省农业科学院，植物保护研究所，四川省农业厅植物保护站，四川农业大学，四川省农业科学院
2014	科技进步奖	三等奖	高产、抗病、广适大麦新品种川农饲麦1号的选育及推广应用	四川农业大学，西昌学院，冕宁县农业技术推广中心
2014	科技进步奖	三等奖	高效省力智能养蚕设备研制	四川省农业科学院蚕业研究所，四川省南充蚕具研究有限公司，四川南充首创科技开发有限公司，四川省刹那也管理总站，四川省农业科学院
2014	科技进步奖	三等奖	狗牙根种质资源评价、新品种选育与利用	四川农业大学，成都时代创绿园艺有限公司，温江区天府草坪园艺场，巴南区绿冠草种经营部
2014	科技进步奖	三等奖	规模化蚯蚓养殖处理污泥技术	四川省环境保护科学研究院，四川绿山生物科技有限公司
2014	科技进步奖	三等奖	华山松大小蠹无公害防治技术研究	四川农业大学，四川省森林病虫防治检疫总站，巴中市森林病虫防治检疫站，南江县林业局

（续表）

年　份	奖　项	等　级	项目名称	主要完成单位
2014	科技进步奖	三等奖	酵母硒饲料添加剂的开发与应用	四川农业大学，四川伯乐福生物科技有限公司
2014	科技进步奖	三等奖	金针菇加工关键技术研究与开发	西华大学，成都金大洲实业发展有限公司
2014	科技进步奖	三等奖	绿色生态食品——野生薇菜开发利用与人工培育技术研究	四川省林业科学研究院，冕宁县林业局产业科教站，冕宁县源森林食品有限责任公司，冕宁县农村产业技术服务中心
2014	科技进步奖	三等奖	曼地亚红豆杉枝叶制备紫杉醇关键技术集成	四川祥光农业科技开发有限公司
2014	科技进步奖	三等奖	丘陵区金丝枣落果、裂果防治技术研究	四川农业大学，德阳市造林种苗工作站，德阳市林业科学技术推广站，旌阳区林业科学技术推广站
2014	科技进步奖	三等奖	三种木本油料加工关键工艺优化研究	四川省林业科学研究院
2014	科技进步奖	三等奖	四川林业计量数表编制技术研究	四川省林业调查规划院
2014	科技进步奖	三等奖	四川省极小种群野生植物拯救保护研究	四川省林业科学研究院，四川省野生动物资源调查保护管理站
2014	科技进步奖	三等奖	四川省森林承载力研究与应用	四川省林业调查规划院，四川省森林资源和荒漠化监测中心
2014	科技进步奖	三等奖	四川主要果蔬类蔬菜新品种选育及高效生产关键技术研究与推广应用	成都市农林科学院，成都科峰种业有限责任公司
2014	科技进步奖	三等奖	饲用酸化剂新技术新产品的研发与应用	四川省畜科饲料有限公司，四川省畜牧科学研究院，四川科创饲料产业技术研究院
2014	科技进步奖	三等奖	遂宁市森林防火地理信息系统开发与应用研究	四川师范大学，遂宁市林业局
2014	科技进步奖	三等奖	西南糯玉米种质资源的评价研究与甜糯玉米新品种的选育和利用	四川农业大学
2014	科技进步奖	三等奖	丫杈猪种质特性研究与杂交利用	四川省畜牧科学研究院，泸州市古蔺观文丫叉种猪场
2014	科技进步奖	三等奖	营养调控母猪胚胎存活与发育的机理及应用	四川农业大学，通威股份有限公司，广西商大科技有限公司
2014	科技进步奖	三等奖	优质专用型绵薯系列甘薯品种的选育与应用	绵阳市农业科学研究院，绵阳市植保植检站
2014	科技进步奖	三等奖	油菜花粉中提取天然芸苔素内酯综合利用绿色新工艺	成都新朝阳作物科学有限公司
2014	科技进步奖	三等奖	杂交大花蕙兰芳香品种规模化繁育技术研究与示范	四川省林业科学研究院
2014	科技进步奖	三等奖	杂交稻跟蘖优化及定抛栽培技术研究与应用	四川农业大学，四川省农业技术推广总站
2014	科技进步奖	三等奖	竹林生态经营及环保型竹产业链建设技术研究与示范	四川省林业科学研究院，四川省林业科学技术推广总站，中国农业科学研究院林业研究所，中国林业科学研究院亚热带林业研究所，宜宾市长宁县林业局

附表 B-23　2008—2014 年贵州省农业科技获奖成果

年　份	奖　项	等　级	项目名称	主要完成单位
2008	科学技术奖	一等奖	黔产荭草品质评价及开发应用研究	贵阳医学院，贵州益佰制药股份有限公司
2008	科学技术奖	一等奖	抗植物病毒活性新农药创制与应用	贵州大学，广西北海国发海洋生物产业股份有限公司
2008	科学技术奖	二等奖	贵州蕨类植物研究	贵州省生物研究所，贵州科学院，贵州大学，贵州省植物园，上海师范大学
2008	科学技术奖	二等奖	高油分高蛋白系列优质杂交油菜品种选育及相应技术研究与应用	贵州省油菜研究所
2008	科学技术奖	二等奖	中国拟青霉属真菌资源调查、分类及其应用价值研究	贵州大学
2008	科学技术奖	二等奖	贵州省山羊痘的诊断与防制研究	贵州大学，贵州省动物疫病预防控制中心，贵州省畜牧兽医局
2008	科学技术奖	三等奖	贵阳市表层土壤重金属的基线研究及污染分析	贵州师范大学，中国科学院地球化学研究所，中国农业科学院农业环境与可持续发展研究所
2008	科学技术奖	三等奖	中国桑科植物分类研究	贵州省生物研究所，中国科学院植物研究所，贵州科学院
2008	科学技术奖	三等奖	贵州省县域农业生态资源环境 GIS 设计与应用研究	贵州师范大学中国南方喀斯特研究院，贵州省农业资源区划研究中心，黔南州农业资源区划办公室
2008	科学技术奖	三等奖	基因工程和细胞工程技术在马铃薯、油菜、向日葵遗传育种中的应用研究	贵州省农业生物技术重点实验室，贵州省生物技术研究所
2008	科学技术奖	三等奖	动物胚胎移植及良繁体系建设	贵州省畜牧技术推广站，安顺市畜禽品种改良站，中国农业大学
2008	科学技术奖	三等奖	贵州十六种药用观赏植物资源保护研究与利用	贵州省植物园，贵阳药用植物园，贵州科学院
2008	科学技术奖	三等奖	固氮甘蔗新品种 RB72-454 引种试验示范研究	贵州省亚热带作物研究所
2008	科学技术奖	三等奖	黔白 1 号、黔白 2 号、黔白 3 号大白菜新品种的选育及推广	贵州省园艺研究所
2008	科学技术奖	三等奖	小麦品种黔麦 15 的选育与应用	贵州省旱粮研究所
2008	科学技术奖	三等奖	贵州主要地方优良草种选育及配套利用技术研究与推广	贵州省草业研究所，贵州牧草种籽繁殖场
2008	科学技术奖	三等奖	毕节地区华山松害虫种类调查及主要害虫防治技术研究	贵州省毕节地区森林病虫防治检疫站
2008	科学技术奖	三等奖	黔渝湘鄂交界地区苔藓植物物种多样性研究	贵州大学
2008	科学技术奖	三等奖	喀斯特山地退耕还林工程技术研究	贵州省林业科学研究院，贵州省退耕还林工程管理中心
2008	科学技术奖	三等奖	贵州省稻瘟病菌遗传变异与品种抗病性研究	贵州省植物保护研究所，贵州省植保植检站，湄潭县农业局植保植检站
2008	科学技术奖	三等奖	贵州喀斯特山区高效生产优质牛奶、牛肉配套技术研究与产业化示范	贵州喀斯特山乡牛业有限公司，贵州大学，浙江大学

（续表）

年　份	奖　项	等　级	项目名称	主要完成单位
2008	科学技术奖	三等奖	稻茬油菜免耕栽培技术研究与应用	贵州省农业技术推广总站，贵州大学，遵义市农业技术推广站
2008	科学技术奖	三等奖	贵州省苗药重点品种质量标准研究	贵州省药品检验所
2008	科学技术奖	三等奖	烤烟新品种K326LF引进选育研究	贵州省烟草科学研究所，贵州省烟叶生产购销公司
2009	科技进步奖	一等奖	贵州中草药资源研究	贵阳中医学院
2009	科技进步奖	一等奖	抗旱耐瘠玉米自交系及新品种选育研究与应用	贵州省旱粮研究所，贵州大学
2009	科技进步奖	二等奖	刺梨种质资源的分子评价、离体培养及抗病性遗传机制	贵州大学，华中农业大学
2009	科技进步奖	二等奖	黔北丹霞桫椤景观昆虫资源及其区系演化研究	贵州大学，贵州省习水自然保护区管理局
2009	科技进步奖	二等奖	优质高效油菜品种黔油17号的选育及配套技术研究与应用	贵州省油料研究所
2009	科技进步奖	二等奖	贵州省密集烤房及烘烤工艺的研究与应用	中国烟草总公司贵州省公司，贵州省烟草科学研究所，贵州省烟草公司遵义市公司，贵州省烟草公司毕节地区公司，贵州省烟草公司安顺市公司
2009	科技进步奖	三等奖	20种澳大利亚特优观赏植物的引种栽培研究	贵州省植物园，贵阳市园林绿化科研所
2009	科技进步奖	三等奖	贵州水稻和玉米连片超高产技术研究与示范项目	贵州省农业技术推广总站，平塘县农业技术推广站，毕节地区农业技术推广站
2009	科技进步奖	三等奖	紫花苕绿肥饲料产品开发与优质肉牛、肉猪生产技术配套研究与推广	贵州大学，织金县科技局
2009	科技进步奖	三等奖	双肌臀瘦肉型优质高效养殖技术集成与产业化	贵州省万山特区龙辉养殖有限公司
2009	科技进步奖	三等奖	贵州主要生物质能源树种评价与筛选	贵州林业科学研究院，贵州省林业种苗站
2009	科技进步奖	三等奖	贵州木本观赏植物主要病虫害研究	贵州省林业科学研究院
2009	科技进步奖	三等奖	贵阳市猪萎缩性鼻炎的调查与综合防治	贵阳市动物疫病预防控制中心，贵州大学动物疫病研究所
2009	科技进步奖	三等奖	中药材储藏期害虫气调毒理与无残留防控技术	贵州大学，贵阳学院
2009	科技进步奖	三等奖	高产优质杂交水稻新品种金优T36的选育与推广应用	贵州省铜仁地区农业科学研究所
2009	科技进步奖	三等奖	连作烟地土壤障碍因子的发生机理及改良技术研究	贵州省烟草科学研究所，贵州省烟草公司遵义市公司，贵州省烟草公司毕节地区公司
2009	科技进步奖	三等奖	贵州省烟草主要病虫害监测体系建设与防控技术应用	贵州省烟草科学研究所，贵州省烟草公司毕节地区公司
2009	科技进步奖	三等奖	贵州喀斯特地区植物生物多样性综合研究	贵州大学

（续表）

年 份	奖 项	等 级	项目名称	主要完成单位
2009	科技进步奖	三等奖	贵州省山羊伪结核病的病原学诊断与治疗试验研究	贵州省畜牧兽医研究所，贵州师范大学生命科学学院，贵州省畜牧局
2009	科技进步奖	三等奖	黔茄 1 号、黔茄 2 号、黔茄 3 号茄子新品种选育及示范推广	贵州省园艺研究所，贵州省罗甸县人民政府蔬菜开发办公室
2009	科技进步奖	三等奖	贵州省猪附红细胞体病的调查和综合防治技术研究	贵州省畜牧兽医研究所
2009	科技进步奖	三等奖	桑蚕天然绿茧、黄茧品种选育与应用研究	贵州省蚕业研究所，西南大学
2009	科技进步奖	三等奖	优质高产甘薯脱毒试管苗工厂化生产技术研究与示范	贵州省马铃薯工程技术研究中心
2009	科技进步奖	三等奖	提高母猪繁殖力关键技术研究与推广	贵州省畜牧技术推广站，黔南州畜禽品种改良站
2009	科技进步奖	三等奖	优质牧草新品种引进、选育与示范推广	贵州省草业研究所，贵州饲草饲料工作站
2009	科技进步奖	三等奖	烤烟棒孢霉叶斑病生物学特性及综合防治研究	贵州省烟草科学研究所
2009	成果转化奖	一等奖	贵州农村综合经济信息网创建与推广应用	贵州省农村综合经济信息中心，贵阳市气象局，黔西南州①气象局，遵义市气象局农村综合经济信息分中心，贵州省黔东南州②农村综合经济信息中心，毕节地区农村综合经济信息中心，六盘水市农村综合信息中心，安顺市农村综合经济信息中心，黔南州③农村综合经济信息分中心，贵州省铜仁地区农村综合经济信息中心
2009	成果转化奖	二等奖	果蔗新品种黔糖 3 号及配套栽培技术推广应用	贵州省亚热带作物研究所，关岭县农业局，贞丰县农业局，德江县农业局
2009	成果转化奖	二等奖	农田鼠害综合防治配套技术应用推广	贵州省植保植检站，余庆县植保植检站，兴义市植保植检站，遵义市植保植检站，三都县植保植检站，六盘水市植保植检站，贵阳市植保植检站，铜仁地区植保植检站
2009	成果转化奖	二等奖	黔引普那菊苣高效种植及配套利用技术推广	贵州省草业研究所
2009	成果转化奖	二等奖	牛冷冻精液人工授精技术应用推广	贵州省畜牧技术推广站，毕节地区畜牧技术推广站，黔东南州畜牧技术推广站，遵义市畜牧技术推广站，安顺市畜牧技术推广站，六盘水市畜牧技术推广站
2009	成果转化奖	二等奖	贵州省百万亩优质油菜产业化示范工程	贵州省农业技术推广总站，遵义市农业技术推广站，毕节地区农业技术推广站，铜仁地区农业技术推广站，黔南州农业技术推广站，黔东南州农业技术推广站，安顺市农业技术推广站，贵阳市农业技术推广站

① 黔西南布依族苗族自治州，全书简称黔西南州；
② 黔东南苗族侗族自治州，全书简称黔东南州；
③ 黔南布依族苗族自治州，全书简称黔南州

（续表）

年 份	奖 项	等 级	项目名称	主要完成单位
2009	成果转化奖	二等奖	贵州省粮食（水稻、玉米）综合增产技术成果转化	贵州省农业技术推广总站，遵义市农业技术推广站，铜仁地区农业技术推广站，黔南州农业技术推广站，黔东南州农业技术推广站，毕节地区种子站，黔西南州农业技术推广站，贵阳市农业技术推广站
2010	科技进步奖	一等奖	马铃薯新品种选育及产业化技术研究与应用	贵州省马铃薯研究所
2010	科技进步奖	二等奖	火龙果新品种选育暨产业化关键技术研究与应用示范	贵州省果树科学研究所，贵州省果树蔬菜工作站
2010	科技进步奖	二等奖	贵州农业信息技术研发与应用	贵州省农业科学院，贵州省农业科技信息研究所，贵州省土壤肥料研究所，贵州省毕节地区土肥站
2010	科技进步奖	二等奖	贵州地方猪种生长繁殖关键基因分离鉴定及其应用	贵州大学
2010	科技进步奖	三等奖	贵州主要大型真菌驯化栽培技术研究与应用	贵州省生物研究所，贵州科学院，贵州省山地资源研究所
2010	科技进步奖	三等奖	高糖甘蔗新品种（系）鉴选与应用	贵州省亚热带作物研究所，贞丰县糖厂
2010	科技进步奖	三等奖	马铃薯免耕覆盖高效栽培技术研究与应用	贵州省农业技术推广总站，黔东南州农业技术推广站，黔南州农业技术推广站
2010	科技进步奖	三等奖	贵州半夏等 12 种地道中药材主要病虫害种类调查及综合防治研究	贵州省植物保护研究所，贵州省现代农业发展研究所
2010	科技进步奖	三等奖	贵州资源节约增效型农业技术体系研究与示范	贵州大学，贵州省农业技术推广总站
2010	科技进步奖	三等奖	优质蓝浆果品种资源搜集和种苗繁育技术研究	贵州省植物园，贵州瑞蓝果业科技发展有限责任公司
2010	科技进步奖	三等奖	高产优质杂交油菜黔油 14 号选育及配套技术研究与应用	贵州省油料研究所，贵州大学油料作物科学研究所
2010	科技进步奖	三等奖	苦荞系列良种选育及持续高产关键技术研究	威宁彝族回族苗族自治县农业科学研究所，毕节地区农业科学研究所
2010	科技进步奖	三等奖	我国西部地区牛带绦虫的分子鉴定和生物行为研究	贵阳医学院
2010	科技进步奖	三等奖	黔产天麻等 10 种地道、常用药材生产加工技术及质量控制	贵阳中医学院
2010	科技进步奖	三等奖	仔猪水肿病的研究与防治及生物制剂的研究	贵州省畜牧兽医研究所
2010	科技进步奖	三等奖	昆明裂腹鱼生物学及人工驯养繁殖技术研究	毕节地区水产技术推广站，毕节学院
2010	科技进步奖	三等奖	农产品产地安全数字化预警系统	贵州省理化测试分析研究中心
2010	科技进步奖	三等奖	贵州省马尾松速生丰产用材林经营可视化研究	贵州省林业调查规划院
2010	科技进步奖	三等奖	少数民族山区优质瘦肉型猪标准化生产体系创建、配套技术研究与示范	凯里市畜牧兽医局畜牧技术推广站

（续表）

年 份	奖 项	等 级	项目名称	主要完成单位
2010	科技进步奖	三等奖	黔北烤烟保水栽培技术模式的开发与应用	贵州省烟草公司遵义市公司，湖北省农业科学院植保土肥研究所，湖北中烟工业有限责任公司
2010	科技进步奖	三等奖	贵州省生猪主要疫病诊断与防控新技术研究及应用	贵州大学
2010	科技进步奖	三等奖	贵州烤烟需水特征及抗旱决策系统研发	贵州省烟草科学研究所，贵州省山地环境气候研究所，河海大学
2010	成果转化奖	二等奖	主要农作物测土配方施肥技术集成与转化应用	贵州省土壤肥料工作总站，贵州省农业科技信息研究所，贵州大学
2010	成果转化奖	二等奖	贵州省鲟鱼养殖技术推广与产业化示范	贵州省水产研究所，贵州省水产技术推广站，贵州大学动物科学学院，贵州省特种水产工程技术中心，遵义市水产站，贵阳市水产站，安顺市水产站，贵州省铜仁农业科技园区
2010	成果转化奖	二等奖	几种优良牧草与配套栽培技术的应用与转化	贵州省草业研究所，贵州大学动物科学学院，贵州省畜牧兽医研究所
2011	科技进步奖	一等奖	仔猪水肿病志贺样毒素作用机制及其防制关键技术研究	贵州大学
2011	科技进步奖	二等奖	贵州6种珍稀中药材种子种苗生产技术研究及应用	贵州大学
2011	科技进步奖	二等奖	贵州杂交水稻超高产精确栽培技术体系研究与应用	贵州省水稻研究所
2011	科技进步奖	二等奖	百合远缘杂交、2n配子育种技术研究及特色品种的培育	贵州省园艺研究所
2011	科技进步奖	三等奖	耐逆甘蔗新品种黔糖4号选育与应用	贵州省亚热带作物（生物质能源）研究所
2011	科技进步奖	三等奖	贵州优质油茶品种筛选和丰产栽培技术研究	贵州省植物园
2011	科技进步奖	三等奖	灵芝产业化技术研究与示范	贵州省生物研究所
2011	科技进步奖	三等奖	贵州省农用地质量评价与应用	贵州省国土资源勘测规划院
2011	科技进步奖	三等奖	贵州蔬菜斑潜蝇天敌种类及优效天敌生物学生态学研究	贵州大学
2011	科技进步奖	三等奖	肉猪优质高效工程技术集成与产业化示范	贵州大学
2011	科技进步奖	三等奖	贵州省猪传染性胸膜肺炎病的研究与防制	贵州省畜牧兽医研究所
2011	科技进步奖	三等奖	高产耐寒杂交水稻组合益农1号的选育与应用	遵义市农业科学研究所
2011	科技进步奖	三等奖	贵州省植烟土壤氮素矿化特征与供氮潜力研究	贵州省烟草科学研究所
2011	科技进步奖	三等奖	贵州主要植烟土壤环境质量特征与关键利用技术研究	贵州省烟草科学研究所
2011	科技进步奖	三等奖	仔猪抗腹泻功能性系列饲料研制	遵义市金鼎农业科技有限公司
2011	成果转化奖	一等奖	贵州夏秋反季节无公害蔬菜产业化技术集成应用	贵州省园艺研究所

（续表）

年　份	奖　项	等　级	项目名称	主要完成单位
2011	成果转化奖	二等奖	岩溶山区种草养羊技术集成应用推广	贵州省草业研究所
2011	成果转化奖	二等奖	“梵净山”稻米产业化开发	铜仁地区农业产业化发展办公室
2011	成果转化奖	二等奖	贵州省中低产旱地粮食平衡丰产技术集成应用	贵州省旱粮研究所
2012	科技进步奖	二等奖	具有贵州特色资源的药材及其相关制剂品质评价研究	贵州师范大学，贵州省中国科学院天然产物化学重点实验室
2012	科技进步奖	二等奖	贵州“早果菜—水稻—秋冬果菜”高效栽培技术研究及应用	贵州省园艺研究所，黔南州蔬菜果树中心，贵州省罗甸县人民政府蔬菜开发办公室，三都水族自治县果蔬开发办公室
2012	科技进步奖	二等奖	喀斯特地区草地畜牧业发展配套技术研究与应用	贵州省草业研究所，贵州省畜牧兽医研究所，四川农业大学，贵州牧草种籽繁殖场，贵州省农业科学院
2012	科技进步奖	二等奖	贵农系列小麦抗病种质的创制和应用	贵州大学，贵州省旱粮研究所，绵阳市农业科学研究院，甘肃省农业科学院院植物保护研究所，四川省农业科学院作物研究所
2012	科技进步奖	二等奖	中国虫草物种多样性及应用价值研究	贵州大学，贵州省农业科学院
2012	成果转化奖	一等奖	高产优质抗寒耐冻油菜品种黔油 18 号配套技术集成与转化	贵州省油料研究所，贵州省农业技术推广总站
2012	成果转化奖	二等奖	专用马铃薯优质高效生产技术转化与应用	贵州省生物技术研究所
2012	成果转化奖	二等奖	贵州小叶苦丁茶生产与加工技术集成应用推广	贵州省茶叶研究所，余庆县农牧局，黔西南州经济作物管理站，贵州省铜仁市生态茶产业发展办公室，毕节市农业技术推广站
2012	科学技术奖	三等奖	贵州省新型农村合作医疗信息管理平台	中国移动通信集团贵州有限公司
2012	科学技术奖	三等奖	发展反季节蔬菜生产的地域气候研究及其信息系统开发	贵州省山地环境气候研究所
2012	科学技术奖	三等奖	环草石斛产业化关键技术研究与示范	贵州省农业科学院，贵州省兴义市吉仁堂药业公司，贵州省现代中药材研究所
2012	科学技术奖	三等奖	优质耐瘠杂交玉米良种安单 3 号选育与大面积应用研究	安顺市农业科学研究所
2012	科学技术奖	三等奖	兽用消导、止泻中草药制剂的研制	贵州省畜牧兽医研究所，贵州奔驰动物药业有限责任公司
2012	科学技术奖	三等奖	猪繁殖与呼吸综合征流行病学的研究	贵州大学
2012	科学技术奖	三等奖	黔中喀斯特地区 4 种森林土壤呼吸与碳平衡研究	贵州省林业科学研究院
2012	科学技术奖	三等奖	10 种贵州珍稀特色植物种苗繁育技术研究与应用	贵州省植物园，清镇市林业绿化局，贵州科学院
2012	科学技术奖	三等奖	贵州植烟土壤及烟叶中有害物积累规律与治理技术研究	贵州省烟草科学研究所，贵州大学
2012	科学技术奖	三等奖	优良牧草威宁球茎草芦选育及配套利用技术研究与示范	贵州省草业研究所，贵州牧草种籽繁殖场

（续表）

年　份	奖　项	等　级	项目名称	主要完成单位
2012	科学技术奖	三等奖	脱毒红薯良种鉴选繁育及高产配套栽培技术研究与应用	遵义市土肥站
2012	科学技术奖	三等奖	毕节地方名优辣椒良种选育及配套技术研究应用	毕节市经济作物工作站，大方县农业科学研究所，毕节市七星关区果蔬技术推广站
2012	科学技术奖	三等奖	贵州野生草本花卉研究	贵州省林业科学研究院
2012	科学技术奖	三等奖	贵州马铃薯、水稻、辣椒专用肥的研究与应用	贵州省土壤肥料研究所
2012	科学技术奖	三等奖	贵州长顺绿壳蛋鸡选育及推广应用	贵州省畜牧技术推广站，贵州大学动物科学学院，黔南州畜禽品种改良站
2012	科学技术奖	三等奖	贵州省新城疫不同分离株毒力鉴定与分子流行病学研究	贵州大学
2012	科学技术奖	三等奖	斑蝥素资源综合研究及其开发利用关键技术	贵州大学，遵义医学院
2012	科学技术奖	三等奖	烤烟新品种南江3号选育及推广应用	贵州省烟草公司贵阳市公司
2012	科学技术奖	三等奖	喀斯特山区道地中药材半夏种植技术示范与推广	毕节市农业科学研究所，四川省中医药科学院，毕节市药品检验所
2012	科学技术奖	三等奖	基于“3S”技术的贵州干旱、秋风监测评估系统	贵州省山地环境气候研究所，贵州省山地气候与资源重点实验室
2012	科学技术奖	三等奖	贵州省190余种中药民族药质量标准技术提升研究	贵州省食品药品检验所
2013	科技进步奖	二等奖	玉米高赖氨酸奥帕克种质创制及分子遗传研究	贵州省旱粮研究所，华中农业大学，贵州大学，贵州省种子管理站，西南大学
2013	科技进步奖	二等奖	喀斯特石漠化生态系统植物适应性与群落配置及恢复技术	贵州大学
2013	科技进步奖	三等奖	百喜草在种草养畜及植被恢复中的配套技术研究与应用	贵州省草业研究所，贵州省畜牧兽医研究所
2013	科技进步奖	三等奖	西南山区甘薯抗旱种质系统评价及应用	贵州大学，西南大学，贵州省农业科学院
2013	科技进步奖	三等奖	高山生态型小麦品种选育研究及示范应用	毕节市农业科学研究所
2013	科技进步奖	三等奖	贵州及其周边地区野生鱼类新物种及部分类群的分支分析与*DNA*多态性研究	遵义医学院
2013	科技进步奖	三等奖	辣椒新品种（黔椒4号、黔椒5号、黔椒6号、黔椒7号、黔椒8号）选育及示范推广	贵州省园艺研究所
2013	科技进步奖	三等奖	贵州鸟王茶树品种环境特征研究及种植示范	贵州科学院，贵州省分析测试研究院，贵州省生物研究所
2013	科技进步奖	三等奖	酱香型白酒茅台酒风味物质剖析技术体系建设	贵州茅台酒股份有限公司
2013	科技进步奖	三等奖	高淀粉马铃薯新品种毕薯3号选育及示范应用	毕节市农业科学研究所，毕节市泰丰科技实业有限公司，贵州恒丰科技开发有限公司

（续表）

年 份	奖 项	等 级	项目名称	主要完成单位
2013	科技进步奖	三等奖	毕节“玛瑙红”樱桃选育暨优质高效栽培示范	毕节市经济作物工作站，纳雍县农牧局经作站，七星关区果蔬技术推广站
2013	科技进步奖	三等奖	黔东南小香鸡“香炉山鸡”系种选与产业化技术研究、集成与推广	凯里市凤凰苑畜禽养殖公司，凯里市畜牧兽医管理办公室，贵州大学
2013	科技进步奖	三等奖	贵州梨种质资源鉴选、优良品种引进研究与应用	贵州大学
2013	科技进步奖	三等奖	贵州省猪繁殖与呼吸综合征防控研究与应用	贵州大学
2013	科技进步奖	三等奖	烟草丛枝菌根真菌筛选及应用	贵州省烟草科学研究院，贵州大学
2013	科技进步奖	三等奖	贵州苏铁种质资源保育与培育	贵州省林业科学研究院
2013	科技进步奖	三等奖	贵州维管束植物资源研究及信息系统构建	贵州省林业科学研究院
2013	科技进步奖	三等奖	贵阳市种子植物种质资源多样性研究	贵州省林业学校，贵阳市林业科技推广（种苗）站
2013	科技进步奖	三等奖	贵州主要地方畜禽遗传资源评价与利用研究	贵州大学
2013	科技进步奖	三等奖	贵州林业低温雨雪冰冻灾害危害及防治技术	贵州省林业调查规划院
2013	科技进步奖	三等奖	贵州省主要乔木树种（组）系列模型构建及数表研制	贵州省森林资源管理站，贵阳市森林资源管理站
2013	科技进步奖	三等奖	生物质能替代煤炭烘烤烟叶系统集成研制	中国烟草总公司贵州省公司，贵州省烟草公司毕节市公司，贵州省烟草公司遵义市公司
2013	成果转化奖	一等奖	贵州超级稻高产高效关键栽培技术集成与应用	贵州省农作物技术推广总站，遵义市农业技术推广站，余庆县农业技术推广站，遵义县农业技术推广站，平塘县农业技术推广站，黔南州农业技术推广站，黔东南州农业技术推广站
2013	成果转化奖	二等奖	贵州漂浮育苗技术推广应用	中国烟草总公司贵州省公司，贵州省烟草科学研究院，贵州省果树蔬菜工作站，贵州省烟草公司遵义市公司，贵州省烟草公司黔南州公司，贵州省烟草公司黔东南州公司，贵州省烟草公司铜仁市公司，贵州省烟草公司黔西南州公司
2014	科技进步奖	二等奖	贵州烟草现代农业关键技术研究与应用	中国烟草总公司贵州省公司，贵州省烟草科学研究院，贵州省烟草公司遵义市公司，贵州省烟草公司毕节市公司，贵州省烟草公司铜仁市公司
2014	科技进步奖	二等奖	贵州茶产业关键技术研究与产业化示范	贵州省茶叶研究所，浙江大学，贵州大学，贵州省山地农业机械研究所，贵州湄潭兰馨茶叶有限公司
2014	科技进步奖	三等奖	中国热带大型真菌资源调查及其利用	贵州科学院，北京林业大学，广东省微生物研究所
2014	科技进步奖	三等奖	贵州香猪遗传资源保护与利用	凯里市畜牧兽医管理办公室，贵州大学香猪研究所
2014	科技进步奖	三等奖	贵州省猪瘟流行病学及防控技术的研究	贵州大学，贵州省动物疫病预防控制中心
2014	科技进步奖	三等奖	蔬菜天然保鲜剂的研发与应用	贵州大学，贵阳市果品冷冻厂

（续表）

年　份	奖　项	等　级	项目名称	主要完成单位
2014	科技进步奖	三等奖	贵州乡土树种猴樟栽培生理生态与培育技术研究	贵州大学，都匀市林业局
2014	科技进步奖	三等奖	规模养猪场环境健康监测与控制研究	贵州大学
2014	科技进步奖	三等奖	基于农业产业结构调整的贵州气候资源信息系统	贵州省山地环境气候研究所
2014	科技进步奖	三等奖	马铃薯原原种高产高效扩繁关键技术研究与应用	贵州省农作物技术推广总站，云南师范大学薯类作物研究所
2014	科技进步奖	三等奖	优质高油分杂交油菜品种选育及配套保优栽培技术研究与应用	贵州油菜研究所，贵州禾睦福种子有限公司
2014	科技进步奖	三等奖	肥料级湿法磷酸直接生产工业磷酸一铵关键技术研究及产业化	贵阳中化开磷化肥有限公司
2014	科技进步奖	三等奖	超高产耐冷杂交水稻品种黔优88的选育与应用	贵州省水稻研究所
2014	科技进步奖	三等奖	紫茎泽兰用于生物质燃料的研发与应用	安顺惠烽节能炉具有限责任公司
2014	科技进步奖	三等奖	优质冬春牧草黔南扁穗雀麦的选育及配套技术研究与应用	贵州省草业研究所，贵州阳光草业科技有限责任公司
2014	科技进步奖	三等奖	重大外来有害生物松材线虫病有效控制技术研究	遵义市林业科学研究所，中国林业科学院生态环境与保护研究所，遵义县林业局
2014	科技进步奖	三等奖	福瑞鲤选育、扩繁与高效养殖示范	贵州省水产研究所，中国水产科学研究院淡水渔业研究中心，黔东南州农业科学院
2014	科技进步奖	三等奖	糯玉米新品种选育应用与特色食品研发	贵州省旱粮研究所，遵义仁和农业科技有限责任公司
2014	科技进步奖	三等奖	加工型青菜新品种的选育及应用	贵州省园艺研究所，贵州大学生命科学学院
2014	科技进步奖	三等奖	观赏月季品种优选及高效栽培技术研究与示范	贵州省植物园，贵州科学院，贵阳园林规划设计院
2014	成果转化奖	一等奖	贵州优质柑橘产业化技术集成与转化	贵州大学，贵州省果树工程技术研究中心，贵州省果树蔬菜工作站
2014	成果转化奖	二等奖	小麦高产抗病品种黔麦15号、黔麦16号、黔麦17号的转化应用	贵州省旱粮研究所
2014	成果转化奖	二等奖	提高母猪繁殖力关健技术集成推广与应用	贵州省畜禽遗传资源管理站，黔南州畜禽品种改良站，遵义市畜牧站，凯里市畜牧兽医管理办公室，铜仁市畜牧技术推广站，遵义县畜禽品种改良站
2014	成果转化奖	二等奖	高产优质油菜品种黔油20号及配套技术集成应用	贵州省油料研究所，贵州省农作物技术推广总站
2014	成果转化奖	二等奖	兴黄单系列杂交玉米品种大面积转化应用	黔西南州农业科学研究所
2014	成果转化奖	二等奖	贵州红薯产业化技术集成与推广	铜仁市农业技术推广站，铜仁市种子管理站，铜仁市植保植检站，铜仁市农业科学研究所，贵州华力农化工程有限公司，思南华丰果蔬专业合作社，遵义市种子管理站，黔南州农业技术推广站

附表 B-24　2008—2014 年云南省农业科技获奖成果

年　份	奖　项	等　级	项目名称	主要完成单位
2008	自然科学奖	一等奖	乌骨绵羊的发现及其种质特征	云南农业大学，兰坪白族普米族自治县畜牧兽医局
2008	自然科学奖	一等奖	我国竹亚科重要类群的系统学和生物地理学研究	中国科学院昆明植物研究所
2008	自然科学奖	一等奖	两栖动物活性多肽的结构与功能研究	中国科学院昆明动物研究所
2008	自然科学奖	二等奖	提高商品猪胴体品质分子免疫技术	云南农业大学
2008	自然科学奖	二等奖	云南稻种矿质元素和抗逆特性及其系统地理学研究	云南省农业科学院生物技术与种质资源研究所，云南省农业科学院质量标准与检测技术研究所，中国农业大学
2008	自然科学奖	二等奖	云南干热、湿热和水生生态环境中丛枝菌根研究	云南大学
2008	自然科学奖	二等奖	中国蕨类植物若干重要类群系统分类学研究	云南大学
2008	自然科学奖	二等奖	灵长类核移植与干细胞的研究	中国科学院昆明动物研究所
2008	自然科学奖	三等奖	烟草种质创新与遗传多样性研究	云南省烟草科学研究所，中国烟草育种研究（南方）中心，玉溪市烟草公司红塔区分公司，云南省烟草公司楚雄州公司，云南省烟草公司大理州公司
2008	自然科学奖	三等奖	云南稻种资源生态地理分布研究	云南省农业科学院粮食作物研究所，中国农业科学院作物科学研究所
2008	自然科学奖	三等奖	云南马铃薯地方品种资源的收集、研究与利用	云南农业大学
2008	自然科学奖	三等奖	作物根结线虫主要种类及其致病性	云南农业大学
2008	自然科学奖	三等奖	怒江州竹亚科种质资源及竹类多样性保护研究	西南林学院，云南环球竹藤产业研究发展中心
2008	自然科学奖	三等奖	木材/无机质复合材料形成机理与模拟的研究	西南林学院
2008	自然科学奖	三等奖	基于植物与生态环境的空间数据仓库和空间数据挖掘研究	云南大学
2008	技术发明奖	二等奖	主要粮经作物病毒 TAS-ELISA 检测试剂盒研制和规模化应用	云南省农业科学院生物技术与种质资源研究所，浙江大学生物技术研究所，云南省烟草公司大理州公司，红河烟草（集团）有限责任公司
2008	技术发明奖	三等奖	切花月季“云粉”等七个新品种选育	云南省农业科学院花卉研究所，云南丽都花卉发展有限公司，云南省农业科学院质量标准与检测技术研究所
2008	技术发明奖	三等奖	东方百合种球国产化生产关键技术研究	云南格桑花卉有限责任公司
2008	科技进步奖	一等奖	安全优质猪肉及制品产业化开发关键技术研究	云南农业大学，昆明高上高香肠厂

（续表）

年　份	奖　项	等　级	项目名称	主要完成单位
2008	科技进步奖	一等奖	云南茶树优质良种选育、有机茶生产及名优茶创新研究	云南省农业科学院茶叶研究所，临沧市政府茶叶办公室，昌宁县农业局茶叶技术推广站，潞西市茶叶技术推广站，景洪市经济作物工作站，保山市茶树良种场，云南省普洱茶树良种场
2008	科技进步奖	二等奖	反刍动物饲料加工技术与工艺研究及新产品研发推广	云南农业大学，中国农业大学动物科技学院，云南省地质科学研究所
2008	科技进步奖	二等奖	烟草质量评价方法的研究及应用	云南烟草科学研究院，云南大学
2008	科技进步奖	二等奖	羊胚胎移植高效扩繁技术研究与规模化推广应用	云南省畜牧兽医科学院，云南省种羊场昆明市畜牧兽医站，楚雄市畜牧兽医局
2008	科技进步奖	二等奖	云南松纵坑切梢小蠹监测和综合防治技术试验示范	云南省林业科学院，云南省林业有害生物防治检疫局，西南林学院，云南省农业气象与卫星遥感应用中心，云南大学生命科学学院，沾益县林业局
2008	科技进步奖	二等奖	提高烤烟包衣种子发芽率相关技术研究	云南省烟草科学研究所，中国烟草育种研究（南方）中心
2008	科技进步奖	二等奖	云南省禽流感监测预警体系的构建及分子流行病学研究	云南省动物疫病预防控制中心，成都军区疾病预防控制中心，军事医学研究所
2008	科技进步奖	三等奖	云香巴斯玛1号品种选育及推广应用	中国烟草育种研究（南方）中心，云南烟草保山香料烟有限责任公司
2008	科技进步奖	三等奖	桉树优良无性系引种及丰产栽培集成技术研究	云南云景林业开发有限公司
2008	科技进步奖	三等奖	德宏逸生狼尾草特性及栽培技术研究	云南省肉牛和牧草研究中心
2008	科技进步奖	三等奖	冬季马铃薯新品种选育及产业化开发示范	云南省农业科学院经济作物研究所，会泽县优质农产品开发有限责任公司，昆明市农业技术推广站，德宏州农业技术推广中心，砚山县农业局蔬菜研究所
2008	科技进步奖	三等奖	甘蔗种质资源数据标准化研究和共享平台建设	云南省农业科学院甘蔗研究所
2008	科技进步奖	三等奖	高产优质奶山羊良种高效繁育示范	昆明市畜牧兽医站，昆明易兴恒畜牧科技有限责任公司
2008	科技进步奖	三等奖	红嘴鸥生态生物学及保护管理研究	昆明鸟类协会
2008	科技进步奖	三等奖	会泽县优质马铃薯生产关键技术研发	云南省会泽县优质农产品开发有限责任公司，会泽县科学技术局，会泽县农业技术推广中心
2008	科技进步奖	三等奖	咖啡栽培技术规程	云南省热带作物学会，云南省德宏热带农业科学研究所
2008	科技进步奖	三等奖	粮饲兼用型优质青贮玉米云优78的选育	云南省农业科学院粮食作物研究所
2008	科技进步奖	三等奖	日本甜柿规范化栽培及采后商品化处理技术示范	石林绿汀甜柿产品开发有限公司，石林彝族自治县科学技术局，云南农业大学食品科技学院，石林彝族自治县农牧局
2008	科技进步奖	三等奖	特早熟高糖甘蔗品种德蔗93-94的选育	云南省德宏傣族景颇族自治州甘蔗科学研究所，云南省农业科学院甘蔗研究所

（续表）

年　份	奖　项	等　级	项目名称	主要完成单位
2008	科技进步奖	三等奖	推进社会主义新农村建设中耕地保护研究	云南省农业科学院农业经济与信息研究所，云南省发展和改革委员会农经处，昆明市委政策研究室
2008	科技进步奖	三等奖	无公害蔬菜生产信息咨询远程网络系统研究	云南农业大学，建水县农业技术推广所，红河州和源商贸有限公司
2008	科技进步奖	三等奖	香石竹品种资源引进利用及新品种选育研究	云南省农业科学院花卉研究所，农业部花卉产品质量监督检验测试中心（昆明）
2008	科技进步奖	三等奖	岫粳11号选育与示范推广	保山市农业科学研究所
2008	科技进步奖	三等奖	优质大豆新品种滇86-5的选育及应用	云南省农业科学院粮食作物研究所
2008	科技进步奖	三等奖	优质高蛋白玉米红单3号的选育及利用	红河哈尼族彝族自治州农业科学研究所，弥勒县农业技术推广中心，开远市种子管理站，泸西县农业技术推广中心，蒙自县种子管理站
2008	科技进步奖	三等奖	优质水稻品种昌粳8号、昌粳9号选育与应用	昌宁县农业科学技术推广所
2008	科技进步奖	三等奖	优质专用小麦新品种临麦6号选育与推广	临沧市农业科学研究所，双江县农业技术推广中心
2008	科技进步奖	三等奖	玉溪市“数字乡村”工程试点建设及推广应用	玉溪市农业信息中心
2008	科技进步奖	三等奖	云南狗尾草和臂形草种子生产关键技术及产业化开发	云南省草山饲料工作站，普洱市翠云区畜牧局，永德县畜牧局，广南县畜牧兽医局
2008	科技进步奖	三等奖	云南省天然草原恢复与建设技术集成及推广应用	云南省草山饲料工作站，会泽县畜牧局，澄江县畜牧局，澜沧县畜牧兽医局昭阳区畜牧兽医技术推广中心，宁蒗县畜牧局
2008	科技进步奖	三等奖	云南省无公害生猪养殖综合标准	云南神农农业产业集团有限公司
2008	科技进步奖	三等奖	云南优质烤烟质量标准体系及快速检测技术研究	云南省烟草科学研究所
2008	科技进步奖	三等奖	早熟柑橘集成技术推广应用	华宁县华溪镇柑桔产业协会，华宁县华溪镇人民政府，玉溪市柑桔研究所
2008	科技进步奖	三等奖	深化云南农村综合改革研究	云南省人民政府发展研究中心
2008	科技进步奖	三等奖	西双版纳傣药资源调查	西双版纳州民族医药研究所，中国医学科学院药用植物资，源研究所云南分所，西双版纳国家自然保护局
2008	科技进步奖	三等奖	昭通烟叶资源精细化气候差异性分类应用研究	云南省气象科学研究所，红河烟草（集团）有限责任公司
2008	科技进步奖	三等奖	金沙江流域退耕还林（竹）综合配套技术试验示范	中国林业科学研究院资源昆虫研究所，云南省林业科学院，鹤庆县林业局，彝良县林业局
2008	科技进步奖	三等奖	昆明卷烟厂原料基地生态环境与烟叶品质的研究	红云烟草（集团）有限责任公司，云南省农业科学院，云南农业大学烟草学院
2008	科技进步奖	三等奖	饼肥与烤烟产质量关系的研究	云南省烟草玉溪市公司烟科所，云南省农业科学院农业环境资源研究所
2008	科技进步奖	三等奖	蔗区土壤养分研究与测土配方施肥技术推广应用	云南省农业科学院甘蔗研究所，云南农垦陇川农场，云南省昌宁恒盛糖业有限责任公司，孟连昌裕糖业有限责任公司，云南省凤庆糖业集团有限责任公司

（续表）

年 份	奖 项	等 级	项目名称	主要完成单位
2009	自然科学奖	一等奖	杀线虫微生物侵染宿主的分子机理	云南大学
2009	自然科学奖	一等奖	高山植物多样性的研究	中国科学院昆明植物研究所，云南师范大
2009	自然科学奖	二等奖	滇东南及其临近地区种子植物多样性调查、研究和保护	中国科学院昆明植物研究所，云南大学，云南省林业科学院
2009	自然科学奖	二等奖	集约化农业区非点源污染成因与防控体系研究	云南农业大学，中国科学院南京土壤研究所
2009	自然科学奖	二等奖	吸血蜱与其宿主相互作用的分子机制研究	中国科学院昆明动物研究所，南京农业大学
2009	自然科学奖	二等奖	中国短柄泥蜂亚科和方头泥蜂亚科分类及系统发育的研究	云南农业大学
2009	自然科学奖	三等奖	环腺苷酸制剂对猪营养代谢调控	云南农业大学
2009	自然科学奖	三等奖	云南野生食用菌的振动光谱鉴别分类研究	云南师范大学，中国科学院植物研究所
2009	自然科学奖	三等奖	喹乙醇致 mtDNA 突变检测方法的建立及中毒病理学研究	云南农业大学
2009	自然科学奖	三等奖	烟草野火病病原特性、快速检测及防治药剂筛选的研究	云南农业大学
2009	技术发明奖	一等奖	抗灰斑病优质蛋白玉米云瑞 1 号的选育	云南省农业科学院粮食作物研究所，德宏傣族景颇族自治州农业科学研究所，临沧市农业科学研究所
2009	技术发明奖	三等奖	新型土壤调理剂（根宝丰）防治蔬菜根肿病的开发与应用	云南省农业科学院农业环境资源研究所，云南植保科技服务公司
2009	科技进步奖	一等奖	高产优质抗病滇型杂交粳稻选育制种技术研究及示范推广	云南农业大学，大理市种子管理站，隆阳区农业技术推广所，保山市农业科学研究所
2009	科技进步奖	一等奖	石榴主要病虫害研究与防治	云南省植物病理重点实验室，红河哈尼族彝族自治州植保检站，蒙自县植检植保站，建水县植保植检站，弥勒县植保植检站
2009	科技进步奖	一等奖	主要鲜切花标准及病虫害高效检测技术研究与应用	云南省农业科学院质量标准与检测技术研究所，云南省农业科学院花卉研究所，农业部花卉产品质量监督检验测试中心（昆明），云南出入境检验检疫局检验检疫技术中心
2009	科技进步奖	二等奖	澳洲坚果良种筛选及配套栽培技术试验示范	云南省热带作物科学研究所，云南省德宏热带农业科学研究所，云南省耿马县国营孟定农场，云南省勐腊县勐捧农场，云南省沧源县生物资源创新办
2009	科技进步奖	二等奖	淀粉加工专用型马铃薯新品种云薯 201 选育及应用	云南省农业科学院经济作物研究所，内蒙古呼伦贝尔市农业科学研究所，迪庆藏族自治州农业科学研究所，宣威市农业技术推广中心
2009	科技进步奖	二等奖	卷烟特色加工工艺生化研究	红塔烟草（集团）有限责任公司，云南烟草科学研究院，南开大学
2009	科技进步奖	二等奖	现代化中药原料加工工艺及成套设备	云南昆船设计研究院

（续表）

年　份	奖　项	等　级	项目名称	主要完成单位
2009	科技进步奖	二等奖	云南红梨产业化关键技术开发与应用	云南省农业科学院园艺作物研究所，云南红梨科技开发有限公司，安宁市茶桑果站，泸西县果树站
2009	科技进步奖	二等奖	中国山区生态友好型土地利用研究——以云南省为例	云南财经大学，中国科学院地理科学与资源研究所
2009	科技进步奖	二等奖	黄花蒿优良种源选育及优质高效栽培关键技术研究与示范	云南省农业科学院药用植物研究所，曲靖市三木种植有限公司，文山州三七研究院，昆明华曦牧业集团有限公司，云南省农业科学院瑞丽农业试验推广站
2009	科技进步奖	二等奖	优质牛奶配套生产技术	云南农业大学，昆明雪兰牛奶有限责任公司，晋宁县农业局，宜良县畜牧局
2009	科技进步奖	三等奖	滇西南甘蔗测土配方施肥及专用肥开发应用	云南农业大学，云南农化科技有限公司
2009	科技进步奖	三等奖	甘蓝型油菜云花油早熟1号选育与应用	云南省农业科学院经济作物研究所，云南省玉溪市农业科学研究所
2009	科技进步奖	三等奖	甘蔗原料高效管理系统研发与推广	云南省农业科学院甘蔗研究所，云南桂通科技有限公司，云南省昌宁恒盛糖业有限责任公司，云南省保山市保升龙糖业有限责任公司，云南省建水东糖糖业有限责任公司
2009	科技进步奖	三等奖	高产优质水稻新品种楚恢7号选育	楚雄彝族自治州农业科学研究推广所
2009	科技进步奖	三等奖	广适型、高产、优质、抗病粳稻新品种云恢188的选育及应用	云南省农业科学院粮食作物研究所，弥勒县农业技术推广中心
2009	科技进步奖	三等奖	旱地小麦新品种云麦50的选育及应用	云南省农业科学院粮食作物研究所
2009	科技进步奖	三等奖	核桃地方良种选育与丰产栽培技术研究示范	保山市林业技术推广总站，中国科学院昆明植物研究所，昌宁县林业局，隆阳区林业局，腾冲县林业局
2009	科技进步奖	三等奖	基于GIS的云南省烟草种植规划与管理信息系统	云南省烟草农业科学研究院，云南省基础地理信息中心，中国烟草总公司云南省公司烟叶管理处，云南省气候中心
2009	科技进步奖	三等奖	降碱增香微生物的研究与应用	云南省烟草农业科学研究院，中国科学院微生物研究所
2009	科技进步奖	三等奖	抗逆、优质玉米新品种云试5号的选育及应用	云南省农业科学院粮食作物研究所，昆明市种子管理站，昆明市西山区种子站，曲靖市农业科学研究所
2009	科技进步奖	三等奖	毛叶枣主要有害生物发生规律及防治技术研究	云南农业大学，玉溪市农业局，元江哈尼族彝族傣族自治县农业局，玉溪市农业科学研究所
2009	科技进步奖	三等奖	魔芋膳食纤维及葡甘低聚糖胶囊产业技术开发	云南富源金田原农产品开发有限责任公司，云南农业大学食品科学技术学院
2009	科技进步奖	三等奖	普洱茶植物基原、物质基础、质量评价体系和后发酵技术研究	中国科学院昆明植物研究所，云南省产品质量监督检验研究院
2009	科技进步奖	三等奖	曲靖市无公害农产品生产技术规程研究与产业应用	曲靖市农业环境保护监测站
2009	科技进步奖	三等奖	肉用土杂鸡饲料的研发及配套养殖技术推广	玉溪快大多畜牧科技有限公司

（续表）

年 份	奖 项	等 级	项目名称	主要完成单位
2009	科技进步奖	三等奖	三七产业发展关键技术开发及集成示范	文山三七研究院，云南省农业科学院药用植物研究所，中国科学院昆明植物研究所，文山州三七特产局，文山三七科技创新中心有限公司
2009	科技进步奖	三等奖	山地丛生竹种群生长特性、培育技术和生态效益研究与应用	西南林学院
2009	科技进步奖	三等奖	十万亩国家级马铃薯脱毒种薯标准化示范区建设	会泽县农业技术推广中心
2009	科技进步奖	三等奖	水稻新品种楚粳30号的选育	楚雄彝族自治州农业科学研究推广所
2009	科技进步奖	三等奖	甜角良种繁育及栽培技术	中国林业科学研究院资源昆虫研究所，西南林学院，景洪市林业局，云南省农业科学院热区生态农业研究所，红河哈尼族彝族自治州林业局
2009	科技进步奖	三等奖	香型高产抗病糯稻新品种文糯1号选育	文山州农业科学研究所，西双版纳州农业科学研究所，临沧市农业科学研究所
2009	科技进步奖	三等奖	优良一年生牧草引种与产业化开发关键技术研究	云南省草地动物科学研究院，中国农科院草原研究所
2009	科技进步奖	三等奖	优质大粒高蛋白蚕豆新良种凤豆十号（9829）选育及应用	大理白族自治州农业科学研究所
2009	科技进步奖	三等奖	优质梨“云岭早香”品种选育及示范	云南省林业科学院广南研究站
2009	科技进步奖	三等奖	云南草业可持续发展战略研究	云南省草山饲料站
2009	科技进步奖	三等奖	云南蛮耗甘蔗细茎野生种种质创新研究及其应用	云南省农业科学院甘蔗研究所
2009	科技进步奖	三等奖	云南牛干巴产业化加工技术的研究与推广	云南农业大学
2009	科技进步奖	三等奖	云南热区西南桦速生丰产林培育配套技术研究	云南省林业科学院
2009	科技进步奖	三等奖	昆明市村级动物防疫体系建设示范及应用	昆明市动物疫病预防控制中心
2009	科技进步奖	三等奖	山区农村公路安保措施多样化技术及应用示范研究	西山区交通局，重庆交通大学
2009	科技进步奖	三等奖	云南山茶标准化商品盆花生产技术研究与示范	大理白族自治州园艺工作站
2009	科技进步奖	三等奖	云南省健康养猪生产工艺模式研究应用及产业化示范	云南神农农业产业集团有限公司，中国农业大学
2009	科技进步奖	三等奖	云南省烟草产业专利战略研究	云南省知识产权局，云南省科技发展研究院，云南省知识产权研究会
2009	科技进步奖	三等奖	云南省猪繁殖与呼吸综合征病原监测及综合防控技术研究	云南省动物疫病预防控制中心，成都军区疾病预防控制中心军事医学研究所
2009	科技进步奖	三等奖	云南特有果树资源调查收集、鉴定评价及数据库建设	云南省农业科学院园艺作物研究所
2009	科技进步奖	三等奖	杂交稻新品种抗优98选育及示范	云南省农业科学院粮食作物研究所，南京农业大学，保山市隆阳区农业技术推广所，西双版纳州农业科学研究所，文山州农业科学研究所

（续表）

年　份	奖　项	等　级	项目名称	主要完成单位
2009	科技进步奖	三等奖	中国小反刍兽疫诊断监测方法的建立及应用	云南省畜牧兽医科学院
2010	自然科学奖	二等奖	云南粉虱传双生病毒的种类、分布及其分子变异特征	云南省农业科学院生物技术与种质资源所，浙江大学生物技术研究所
2010	自然科学奖	三等奖	中国三种野生稻的群体遗传学和保护遗传学	中国科学院昆明植物研究所，中科院植物研究所，中国科学院作物科学研究所
2010	技术发明奖	二等奖	引进水稻新株型材料进行育种创新与示范应用研究	云南省农科院粮食作物研究所
2010	技术发明奖	三等奖	热带高淀粉玉米云瑞 4 号的选育	云南省农科院粮食作物研究所
2010	科技进步奖	一等奖	云南优势及新型花卉原种繁育技术创新与应用	云南省农业科学院花卉研究所，农业部花卉产品质量监督检验测试中心（昆明）
2010	科技进步奖	二等奖	烟草三种主要病害抗药性研究及应用	云南省烟草农业科学研究院，云南大学，云南省烟草公司文山州公司，云南省烟草公司昆明市公司，云南省烟草公司曲靖市公司，云南省烟草公司楚雄州公司，云南省烟草公司大理州公司
2010	科技进步奖	二等奖	优质弱筋小麦新品种云麦 47、云麦 51 选育及应用	云南省农业科学院粮食作物研究所，玉溪市红塔区农业技术推广站，文山苗族壮族自治州农业科学研究所，昆明市农业科学研究院，弥勒县农业技术推广中心
2010	科技进步奖	二等奖	云南矿区污染土地植物修复与植物采矿技术示范	中国科学院地理科学与资源研究所，云南锡业集团有限责任公司，云南省环境科学研究院
2010	科技进步奖	二等奖	六种重要动物外来病早期快速检测试剂盒研发	云南出入境检验检疫局检验检疫技术中心，深圳出入境检验检疫局动植物检验检疫技术中心，珠海出入境检验检疫局动植物检验检疫技术中心
2010	科技进步奖	二等奖	云南高品质奶牛性控胚胎生产及种公牛胚胎克隆技术研发	云南省中科胚胎工程生物技术有限公司，美国康涅狄格大学再生生物研究中心
2010	科技进步奖	二等奖	云夏等 4 个板栗新品种选育	云南省林业科学院
2010	科技进步奖	三等奖	保山市 168 万亩保玉系列玉米新品种选育及示范推广	保山市农业科学研究所
2010	科技进步奖	三等奖	濒危药材胡黄连、雪上一枝蒿优良种源筛选及种植技术研究与应用	云南省农业科学院高山经济植物研究所，昆明中药厂有限公司，会泽县科学技术局，昆明生宇斯药业有限责任公司
2010	科技进步奖	三等奖	冰葡萄酒研制开发	德钦县梅里酒业有限公司，山东省酿酒葡萄科学研究所
2010	科技进步奖	三等奖	烤烟砂培漂浮育苗技术研究	云南省烟草公司楚雄州公司
2010	科技进步奖	三等奖	滇西北亚高山退化林地植被恢复与重建技术研究与示范	云南省林业科学院，迪庆州林业科学研究所
2010	科技进步奖	三等奖	德宏州牲畜 W 病综合防控技术措施的应用推广	德宏傣族景颇族自治州动物疫病预防控制中心，芒市动物疫病预防控制中心，盈江县动物疫病预防控制中心，陇川县动物疫病预防控制中心，梁河县动物疫病预防控制中心
2010	科技进步奖	三等奖	云南省 Q 病病原分布和变异研究及防控技术建立与应用	云南省动物疫病预防控制中心，云南省热带亚热带动物病毒病重点实验室，成都军区疾病预防控制中心，云南农业大学动物科学技术学院

（续表）

年　份	奖　项	等　级	项目名称	主要完成单位
2010	科技进步奖	三等奖	云南省基于森林碳汇的应对气候变化制度建设	西南林业大学
2010	科技进步奖	三等奖	迪庆藏族自治州冬作马铃薯高产高效栽培集成技术示范	迪庆藏族自治州土肥站，香格里拉县尼西乡农科站
2010	科技进步奖	三等奖	多用途工业大麻品种云麻 1 号选育及配套栽培技术应用	云南省农业科学院经济作物研究所，云南省公安厅禁毒局禁种禁吸处，云南工业大麻股份有限公司
2010	科技进步奖	三等奖	昆明地区乡土树种营造景观林试验示范	昆明市林业科学研究所，西南林业大学
2010	科技进步奖	三等奖	纳罗克非洲狗尾草种子生产关键技术研究	云南省草山饲料工作站
2010	科技进步奖	三等奖	生物多样性防控魔芋软腐病	云南省农科院富源魔芋研究所，云南农业大学
2010	科技进步奖	三等奖	薯蓣优质种源筛选与高效栽培技术	云南农业大学，云南永胜映华植物化工（集团）有限公司，华坪县农业局
2010	科技进步奖	三等奖	水稻新品种楚粳 29 号的选育	楚雄彝族自治州农业科学研究推广所
2010	科技进步奖	三等奖	糖能兼用甘蔗新品种云蔗 94-375 的选育	云南省农业科学院甘蔗研究所
2010	科技进步奖	三等奖	土著丝尾鳠池塘养殖技术研究与推广	云南省渔业科学研究院，西双版纳傣族自治州景洪市水产研究所
2010	科技进步奖	三等奖	无公害饲料生产与配套技术推广	玉溪快大多畜牧科技有限公司，玉溪市红塔区畜牧兽医局
2010	科技进步奖	三等奖	橡胶介壳虫综合防治技术研究及示范	云南省热带作物科学研究所，西双版纳傣族自治州植保植检站
2010	科技进步奖	三等奖	药用石斛繁育及栽培技术引进	中国林业科学研究院资源昆虫研究所，龙陵县林业局
2010	科技进步奖	三等奖	云南大叶茶良种长叶白毫选育与应用	云南省农业科学院茶叶研究所，德宏州茶叶技术推广站，临沧市茶叶科学研究所
2010	科技进步奖	三等奖	云南干热河谷旱坡地生态农业模式建设技术及示范	云南省农业科学院热区生态农业研究所，中国科学院水利部成都山地灾害与环境研究所，元谋县农业综合开发办公室，云南省元谋万星生物产业开发有限公司
2010	科技进步奖	三等奖	早熟、高产油量杂交油菜新品种云油杂 2 号、云油杂 3 号选育与应用	云南省农业科学院经济作物研究所，临沧市农业科学研究所，贵阳市农业试验中心，保山市隆阳区农业技术推广所，丽江市玉龙县农机推广中心
2010	科技进步奖	三等奖	优质粳稻新品种云粳 25 号选育及应用	云南省农业科学院粮食作物研究所，大理市农业技术推广中心
2011	自然科学奖	二等奖	云南热带森林植被与植物区系研究	中国科学院西双版纳热带植物园
2011	自然科学奖	二等奖	云南民族植物学研究	中国科学院昆明植物研究所
2011	自然科学奖	三等奖	红壤区人工放牧地土壤磷素有效性特征与施肥模型的构建	云南农业大学
2011	自然科学奖	三等奖	云南本土植物吸收积累土壤重金属的特征、机理及营养调控研究	云南农业大学资源与环境学院

（续表）

年　份	奖　项	等　级	项目名称	主要完成单位
2011	自然科学奖	三等奖	云南设施农业土壤质量演变机理研究	云南农业大学
2011	自然科学奖	三等奖	云南省植原体病害种类调查与分子鉴定	云南农业大学
2011	自然科学奖	三等奖	云南晚疫病菌有性生殖及遗传多样性研究	云省农科院农业环境资源研究所
2011	自然科学奖	三等奖	中国西部地区野生中蜂形态学、系统发生学和资源学	云南农业大学
2011	技术发明奖	一等奖	系列化汉麻鲜茎皮秆分离设备研制与应用	总后勤部军需装备研究所，云南省西双版纳傣族自治州农科所，云南省西双版纳州农机所，云南昆华工贸总公司
2011	技术发明奖	二等奖	广适抗病软米两系杂交稻云光17 号的选育	云南省农业科学院粮食作物研究所
2011	科技进步奖	一等奖	抗穗粒腐病热带高油玉米云瑞 8 号的选育	云南省农业科学院粮食作物研究所，云南田瑞种业有限公司，陆良县种子公司，云县种子管理站，建水县种子管理站，弥勒县农业技术推广中心，云南省德宏傣族景颇族自治州农业科学研究所，文山壮族苗族自治州农业科学研究所，大理白族自治州种子管理站
2011	科技进步奖	一等奖	云南高端卷烟原料差异化的研发与应用	云南中烟工业有限责任公司，红云红河烟草（集团）有限责任公司，红塔烟草（集团）有限责任公司，云南省农业科学院农业环境资源研究所，云南省农产品质量安全检验测试综合中心，昆明金沙烟草数据设备有限公司
2011	科技进步奖	一等奖	热带亚热带高产优质抗病杂交玉米新品种选育和推广	云南农业大学，昆明耕源玉米育种有限责任公司，昆明金耕种子有限公司
2011	科技进步奖	一等奖	云南特色杜鹃花种质资源利用及产业化关键技术与应用	中国科学院昆明植物研究所，云南远益园林工程有限公司
2011	科技进步奖	二等奖	滇重楼优势种源繁育及三段栽培法研究与应用示范	云南省农业科学院药用植物研究所，丽江云鑫绿色生物开发有限公司，云南省农业科学院高山经济植物研究所
2011	科技进步奖	二等奖	高产广适系列大麦品种的选育与应用	云南省农业科学院粮食作物研究所，保山市农业科学研究所，楚雄彝族自治州农业科学研究推广所，大理白族自治州农业科学研究所
2011	科技进步奖	二等奖	粮饲兼用白粒玉米云单 14 号选育及应用	云南省农业科学院粮食作物研究所，云南金瑞种业有限公司，云南珍禾丰种业有限公司
2011	科技进步奖	二等奖	猪口蹄疫 O 型灭活疫苗免疫效果评估与生产工艺改进	云南省畜牧兽医科学院，云南省保山疫苗厂，云南省动物疫病防制控制中心
2011	科技进步奖	二等奖	云南重要自然保护区综合科学考察成果集成及应用	西南林业大学
2011	科技进步奖	二等奖	云南烤烟土、水、肥综合调控技术研究与应用	云南省烟草农业科学研究院，云南省烟草公司玉溪市公司，云南省烟草公司楚雄州公司，云南省烟草公司大理州公司，云南省烟草公司文山州公司，云南省烟草公司丽江市公司，云南省烟草公司红河州公司

（续表）

年　份	奖　项	等　级	项目名称	主要完成单位
2011	科技进步奖	二等奖	云南省水稻高产节本增效精确定量栽培技术研究与示范	云南省农业科学院粮食作物研究所，南京农业大学农学院，云南省农业技术推广总站，永胜县农业局，保山市隆阳区农业技术推广所，昆明市植保植检站，西双版纳州农业科学研究所
2011	科技进步奖	三等奖	彩色马蹄莲优质种球周年繁育关键技术研究	元江县臧健花卉科技开发有限公司
2011	科技进步奖	三等奖	蚕豆高产新良种凤豆十一号选育及推广应用	大理白族自治州农业科学研究所
2011	科技进步奖	三等奖	出口型洋蓟高端食品深加工及产业化开发	昆明王国食品集团有限公司
2011	科技进步奖	三等奖	滇撒猪配套系特色养猪产业化生产	云南农业大学，楚雄彝族自治州动物疫病预防控制中心，楚雄州种猪种鸡场
2011	科技进步奖	三等奖	甘蔗地下害虫综合防治技术研究与应用	云南省农业科学院甘蔗研究所，德宏州甘蔗科学研究所，云南德宏英茂糖业有限公司
2011	科技进步奖	三等奖	烤烟“黑秆症”致病原及综合防治技术研究与应用	云南省烟草公司保山市公司
2011	科技进步奖	三等奖	马铃薯贮藏技术研究及应用	云南省农业科学院生物技术与种质资源研究所，云南省农业科学院农业环境资源研究所，宣威市农业技术推广中心，昆明市农业技术推广站，寻甸县农业局农业技术推广工作站
2011	科技进步奖	三等奖	利用微生物提高云南普洱茶品质	云南农业大学，昆明云普茶厂
2011	科技进步奖	三等奖	特色烟叶原料工业验证与应用研究	红云红河烟草（集团）有限责任公司，云南省烟草公司昆明市公司，云南烟草科学研究院
2011	科技进步奖	三等奖	云南省森林火灾监测预报及应急处置管理集成应用平台	西南林业大学
2011	科技进步奖	三等奖	西双版纳地区橡胶树胶乳的生理诊断	云南省热带作物科学研究所，云南省天然橡胶产业股份有限公司橄榄坝橡胶分公司，云南省天然橡胶产业股份有限公司东风橡胶分公司，云南省天然橡胶产业股份有限公司景洪橡胶分公司，云南省天然橡胶产业股份有限公司勐醒橡胶分公司
2011	科技进步奖	三等奖	优质环保复合预混合饲料研制开发及产业化	云南邦格农业集团有限公司
2011	科技进步奖	三等奖	云南农村省级广播电视节目无线覆盖工程	云南省广播电视局事业技术管理中心
2011	科技进步奖	三等奖	云南农业新型经济组织的模式选择及发展研究	云南省科学技术发展研究院
2011	科技进步奖	三等奖	《小康农村科技文库》	昆明市技术合同认定登记站，昆明市生产力促进中心
2011	科技进步奖	三等奖	云南省农村公路建设投资控制及造价管理体系研究	云南省交通运输厅工程造价管理局，交通运输部规划研究院，云南省交通运输厅基本建设管理处，曲靖市交通局
2011	科技进步奖	三等奖	滇池金线鲃的人工驯养繁殖研究	中国科学院昆明动物研究所
2011	科技进步奖	三等奖	热带优良竹浆（材）竹种的筛选与繁殖关键技术研究	云南勐象竹业有限公司，中国科学院西双版纳热带植物园，景洪市林业局

（续表）

年　份	奖　项	等　级	项目名称	主要完成单位
2011	科技进步奖	三等奖	优质软米品种双多 6 号选育及示范推广	德宏州农业科学研究所
2011	科技进步奖	三等奖	油菜高效生产技术集成创新与应用	云南省农业科学院经济作物研究所，罗平县种子管理站，德宏州农业技术推广中心，保山市隆阳区农业技术推广所，文山壮族苗族自治州农业科学研究所
2011	科技进步奖	三等奖	云南甘蔗新良种产业化繁育与推广	云南省农业科学院甘蔗研究所，云南云蔗科技开发有限公司
2011	科技进步奖	三等奖	云南省玉米主要叶斑病监测及控制技术研究	云南农业大学，保山市植保植检工作站，大理州植保植检站，楚雄州植保植检站，红河州植检植保站
2011	科技进步奖	三等奖	云南烟草主要病虫害综合治理技术集成应用研究	云南省烟草农业科学研究院，云南省烟草公司楚雄州公司，云南省烟草公司文山州公司，云南省烟草公司普洱市公司，云南省烟草公司曲靖市公司
2011	科技进步奖	三等奖	云南野生兰花遗传资源研究及利用	云南农业大学
2011	科技进步奖	三等奖	云南野生鸭茅诱导同源四倍体杂交利用研究	云南省草地动物科学研究院
2011	科技进步奖	三等奖	云南主栽鲜切花新品种选育及高效生产技术集成应用	云南锦苑花卉产业股份有限公司，国家地方联合（花卉）工程研究中心，云南省农业科学院花卉研究所
2011	科技进步奖	三等奖	云油茶 3 号等 5 个油茶品种的选育	云南省林业科学院广南研究站，广南县林业局，富宁县林业局，云南云岭山茶油有限公司
2011	科技进步奖	三等奖	杂交玉米新品种金峰一号选育	玉溪市种子管理站
2012	自然科学奖	二等奖	氮分配的进化假说——解释外来植物入侵机制的新理论	中国科学院西双版纳热带植物园
2012	自然科学奖	三等奖	云南退化草地生态系统恢复机制的研究	云南农业大学
2012	自然科学奖	三等奖	中外猪种肌肉组织差异表达基因的分离、鉴定、组织表达及功能研究	云南农业大学
2012	自然科学奖	三等奖	被子植物花器官发育相关基因的研究	云南农业大学，中国科学院昆明植物研究所
2012	自然科学奖	三等奖	不同细胞质滇型粳稻不育系及育性恢复的研究	云南农业大学
2012	自然科学奖	三等奖	滇西北高原湿地湖滨演化及其关键生态过程	西南林业大学国家高原湿地研究中心，西南林业大学环境科学与工程学院
2012	自然科学奖	三等奖	中国南方喀斯特 1 新属 61 个珍稀鱼种基础研究	石林县黑龙潭水库工程管理处
2012	自然科学奖	三等奖	中国半野生大额牛（Bosfrontalis）的性行为研究	云南省草地动物科学研究院

（续表）

年 份	奖 项	等 级	项目名称	主要完成单位
2012	技术发明奖	二等奖	甘蔗种苗温水脱毒处理设备和技术的研究示范	云南省农业科学院甘蔗研究所，云南省农业科学院，云南省国防科工局研究设计院，云南省农业科学院甘蔗研究所，云南省农业科学院甘蔗研究所，云南省国防科工局研究设计院，云南省农业科学院甘蔗研究所
2012	技术发明奖	三等奖	乳饼标准化生产关键工艺及设备的研发与推广	云南农业大学，云南省畜牧兽医科学院，诸城市技工学校，德国元素分析系统公司，大理州农业局
2012	技术发明奖	三等奖	一种滇池金线鲃的繁育技术	云南省水产技术推广站
2012	技术发明奖	三等奖	油菜育种生物技术创新与应用	云南省农业科学院经济作物研究所，云南省农业科学院经济作物研究所，云南省农业科学院经济作物研究所，云南农业职业技术学院，云南省农业科学院经济作物研究所
2012	科技进步奖	特等奖	物种多样性控制病虫害技术体系构建及应用	云南农业大学，中国农业科学院植物保护研究所，中国农业大学，复旦大学，华南农业大学，福建农林大学
2012	科技进步奖	一等奖	早熟高效蚕豆鲜销型品种云豆早7选育与应用	云南省农业科学院粮食作物研究所，宜良县农业局
2012	科技进步奖	一等奖	中国野生生物种质资源保藏体系与关键技术创新	中国科学院昆明植物研究所，中国科学院西双版纳热带植物园，中国科学院植物研究所，兰州大学，塔里木大学，湖南师范大学，云南大学
2012	科技进步奖	一等奖	树鼩饲养繁殖种群建立及其在HCV动物模型中的应用	中国医学科学院医学生物学研究所，昆明理工大学
2012	科技进步奖	一等奖	主要鲜切花种质创新与新品种培育	云南省农业科学院花卉研究所，昆明虹之华园艺有限公司，云南云科花卉有限公司，云南锦苑花卉产业股份有限公司，云南英茂花卉产业有限公司，玉溪明珠花卉股份有限公司，云南丽都花卉发展有限公司，云南格桑花卉有限责任公司，云南省花卉育种重点实验室
2012	科技进步奖	一等奖	紫胶资源高效培育与精加工技术体系创新集成	中国林业科学研究院资源昆虫研究所，昆明西莱克生物科技有限公司
2012	科技进步奖	二等奖	甘蔗糖业循环经济产业化关键技术研究与开发应用	云南省农业科学院甘蔗研究所，云南省轻工业科学研究院，云南省草地动物科学研究院，云南永德糖业集团有限公司，云南英茂糖业有限公司
2012	科技进步奖	二等奖	高产稳产玉米杂交种云瑞6号的选育	云南省农业科学院粮食作物研究所，云南田瑞种业有限公司，弥勒县农业技术推广中心，建水县种子管理站，会泽县农业技术推广中心，文山壮族苗族自治州农业科学院，曲靖市农业技术推广中心
2012	科技进步奖	二等奖	红云红河集团绿色烟叶生产技术研究及示范	红云红河烟草（集团）有限责任公司，云南省农业科学院农业环境资源研究所
2012	科技进步奖	二等奖	云南森林火灾扑救辅助指挥信息系统的创新与应用	西南林业大学
2012	科技进步奖	二等奖	云南省动物狂犬病病原监测及分子流行病学研究与应用	云南省动物疫病预防控制中心，成都军区疾病预防控制中心

（续表）

年　份	奖　项	等　级	项目名称	主要完成单位
2012	科技进步奖	二等奖	新农村气象信息服务体系建设研究及推广应用	玉溪市气象学会，玉溪市气象局，昆明市气象局，云南省元江哈尼族彝族傣族自治县气象局，云南省峨山彝族自治县气象局，玉溪惠人信息电子科技有限公司
2012	科技进步奖	二等奖	云南干热河谷优良牧草筛选、栽培和利用技术集成与示范	云南省农业科学院热区生态农业研究所，云南省农业科学院热带亚热带经济作物研究所
2012	科技进步奖	二等奖	危险性病害松树萎蔫病的监测、预防和除治技术	云南农业大学，德宏州林业有害生物防治检疫局，西南林业大学，云南大学，云南出入境检验检疫局
2012	科技进步奖	二等奖	云南外销蔬菜可持续发展关键技术集成创新与应用	云南省农业科学院园艺作物研究所，云南省农业科学院农业环境资源研究所，云南省农业科学院质量标准与检测技术研究所，云南省农业技术推广总站，云南思农蔬菜种业发展有限责任公司，昆明晨农绿色产品有限公司，通海县经济作物工作站
2012	科技进步奖	三等奖	高产优质抗病杂交玉米滇超甜 1 号（金穗 6 号）的选育及应用	云南农业大学
2012	科技进步奖	三等奖	规范化陆稻新品种与玉米间作技术研究与示范	云南省农业科学院粮食作物研究所，普洱市农业科学研究所，文山州农业科学院
2012	科技进步奖	三等奖	国优一级香型软米杂交水稻新品种文富 7 号选育与应用	文山州农业科学院，四川隆平高科种业有限公司
2012	科技进步奖	三等奖	农作物病虫害专家系统的研究与构建	云南农业大学，云南省植保植检站，昆明市植保植检站，保山市植保植检工作站，德宏州植保植检站
2012	科技进步奖	三等奖	饲料生产与品控新技术研究	玉溪快大多畜牧科技有限公司
2012	科技进步奖	三等奖	香料烟农药残留控制技术的研究与应用	云南烟草保山香料烟有限责任公司，云南省烟草农业科学研究院，云南省农科院农业环境资源研究所
2012	科技进步奖	三等奖	岫系粳稻新品种选育应用与技术创新	保山市农业科学研究所
2012	科技进步奖	三等奖	宜良年产 300 万只绿色肉鸭产品产业化开发示范	昆明宜良李烧鸭食品有限责任公司，云南省畜牧兽医科学院
2012	科技进步奖	三等奖	优质高产高海拔粳稻新品种凤稻 19 号的选育	大理白族自治州农业科学研究所
2012	科技进步奖	三等奖	优质粳稻新品种云粳 12 号、云粳 15 号选育及应用	云南省农业科学院粮食作物研究所，保山市隆阳区农业技术推广所，曲靖市农业技术推广中心，曲靖市麒麟区农业技术推广中心，大理白族自治州农业科学研究所
2012	科技进步奖	三等奖	优质强筋抗病小麦新品种云麦 57 选育及应用	云南省农业科学院粮食作物研究所
2012	科技进步奖	三等奖	优质杂交超甜玉米德超甜 2 号选育及示范	云南省德宏傣族景颇族自治州农业科学研究所
2012	科技进步奖	三等奖	云南两系杂交稻安全高效制种技术研究与应用	云南省农业科学院粮食作物研究所，云南金瑞种业有限公司，云南省水富县种子管理站

（续表）

年　份	奖　项	等　级	项目名称	主要完成单位
2012	科技进步奖	三等奖	云南啤酒大麦新品种选育及生产技术研究与产业化	云南省农业科学院生物技术与种质资源研究所，中国农业科学院作物科学研究所，云南省弥渡县种子管理站，大理白族自治州农业科学研究所，曲靖市农业科学院
2012	科技进步奖	三等奖	云南省农业标准化生产信息服务平台的研究与应用	云南农业大学，云南省农业科学院，红河州和源商贸有限公司
2012	科技进步奖	三等奖	云南省农用地分等及应用	云南农业大学，云南省国土资源厅国土规划整理中心
2012	科技进步奖	三等奖	云南省生物多样性保护工程规划研究	云南省林业调查规划院
2012	科技进步奖	三等奖	云南省主要针叶林种实害虫生态学特性及种实害虫防治技术	西南林业大学，楚雄彝族自治州林业有害生物防治检疫局，玉龙纳西族自治县林业局，楚雄市林业局
2012	科技进步奖	三等奖	云南烟草种质资源的妥善保存技术研究与有效利用	云南省烟草农业科学研究院
2012	科技进步奖	三等奖	洱海流域农业污染控源减排技术集成与生态补偿模式研究与示范	农业部环境保护科研监测所，大理州农业环境保护监测站，农业部规划设计研究院
2012	科技进步奖	三等奖	罗平小黄姜技术标准研制与示范	罗平县生姜技术推广站，罗平县质量技术监督局
2012	科技进步奖	三等奖	生化技术在构建中式卷烟中的应用——烟叶醇化提质和废弃烟叶再利用	红云红河烟草（集团）有限责任公司，云南大学
2012	科技进步奖	三等奖	云南境外毒品替代作物病虫害控制技术研究与应用	云南出入境检验检疫局技术中心
2012	科技进步奖	三等奖	橡胶树气刺微割采胶新技术试验示范	云南省热带作物科学研究所，云南省天然橡胶产业股份有限公司勐满橡胶分公司，云南省天然橡胶产业股份有限公司东风橡胶分公司
2012	科技进步奖	三等奖	云南倒刺鲃人工驯养繁殖技术研究	玉溪市水产工作站，江川县水产技术推广站
2012	科技进步奖	三等奖	箱式储叶工艺技术应用研究	红云红河烟草（集团）有限责任公司
2012	科技进步奖	三等奖	自动化卷烟仓储及条烟分拣配送系统的研制开发	昆明船舶设备集团有限公司
2012	科技进步奖	三等奖	云南三农通信息服务平台	新华通讯社云南分社，云南省农业科学院，中国移动通信集团云南有限公司，昆明翔天科技有限公司
2012	科技进步奖	三等奖	云南农业土著知识保护利用技术体系的创立及其应用	云南省农业科学院生物技术与种质资源研究所，云南省农业科学院农业经济与信息研究所，意大利国际植物遗传资源研究所北京办事处
2012	科技进步奖	三等奖	云南省粮食安全新策略及其政策框架研究	云南农业大学，浙江省社会科学院
2012	科技进步奖	三等奖	云南高原山区农村公路建设综合技术研究	云南省交通规划设计研究院，长安大学，昆明理工大学，西山区交通运输局
2013	自然科学奖	一等奖	动物适应性进化的分子机制	中国科学院昆明动物研究所，云南大学
2013	自然科学奖	一等奖	植物化学防御物质与新农药先导物的研究	中国科学院昆明植物研究所

（续表）

年 份	奖 项	等 级	项目名称	主要完成单位
2013	自然科学奖	二等奖	*WRKY* 基因调控植物抗逆境性状建成的分子机制研究	中国科学院西双版纳热带植物园
2013	自然科学奖	二等奖	中国西南榕树与榕小蜂协同进化研究	中国科学院西双版纳热带植物园
2013	自然科学奖	二等奖	西南山地生物多样性对全球变化的响应和适应	中国科学院昆明植物研究所
2013	自然科学奖	三等奖	植物和微生物来源的若干天然产物及其生物合成	中国科学院昆明植物研究所
2013	技术发明奖	三等奖	高效、卫生、优质普洱茶加工工艺	云南省农业科学院茶叶研究所，云南省农业科学院茶生物技术与种质资源研究所，云南省农业科学院茶叶研究所，云南省农业科学院茶叶研究所，云南省农业科学院茶叶研究所
2013	技术发明奖	三等奖	粳型香软米品种云粳 20 号选育	云南省农业科学院粮食作物研究所，云南省农业科学院粮食作物研究所，云南省农业科学院粮食作物研究所，云南省农业科学院粮食作物研究所，云南省农业科学院生物技术与种质资源研究所
2013	技术发明奖	三等奖	威提特东非狼尾草开花结实特性及种子脱粒技术的研究	云南省草地动物科学研究院，云南农业大学动物科技学院
2013	技术发明奖	三等奖	雨生红球藻虾青素新产品研制及应用	中国科学院海洋研究所，云南爱尔发生物技术有限公司
2013	科技进步奖	一等奖	甘蔗抗旱新品种选育及应用	云南省农业科学院甘蔗研究所，云南云蔗科技开发有限公司，广州甘蔗糖业研究所，广西壮族自治区农业科学院甘蔗研究所，福建省农业科学院甘蔗研究所
2013	科技进步奖	一等奖	优质超级稻新品种楚粳 28 号的选育及应用	楚雄彝族自治州农业科学研究推广所
2013	科技进步奖	二等奖	典型农区农业面源污染防控关键技术研究与示范	云南省农业科学院农业环境资源研究所，中国科学院南京土壤研究所，云南威鑫农业科技股份有限公司，昆明市环境科学研究院，晋宁县蔬菜花卉办公室，昆明农药有限公司，中国科学院大学
2013	科技进步奖	二等奖	吉贝木棉良种选育及干热河谷人工林根瘤化技术应用	西南林业大学
2013	科技进步奖	二等奖	抗 TMV 烤烟系列品种的选育及应用	云南省烟草农业科学研究院，云南省烟草公司曲靖市公司，云南省烟草公司楚雄州公司，云南省烟草公司大理州公司，云南省烟草公司昭通市公司，云南省烟草公司玉溪市公司
2013	科技进步奖	二等奖	云南红豆杉药用原料林高效培育技术体系	云南省林业科学院，中国林业科学研究院资源昆虫研究所
2013	科技进步奖	二等奖	云南七种特色花卉种质资源创新及产业化关键技术研究	云南省农业科学院花卉研究所，大理白族自治州园艺工作站，云南云科花卉有限公司，云南格桑花卉有限责任公司，云南省花卉育种重点实验室，云南省花卉工程技术研究中心，大理州花卉协会

（续表）

年　份	奖　项	等　级	项目名称	主要完成单位
2013	科技进步奖	二等奖	云南省玉米主要叶斑病监测及控制技术研究与应用	云南农业大学，保山市植保植检工作站，大理州植保植检站，楚雄州植保植检站，红河州植检植保站，玉溪市农业科学院，临沧市农业技术推广站
2013	科技进步奖	二等奖	早熟、广适油菜品种花油 8 号的选育与应用	云南省农业科学院经济作物研究所，云南农业职业技术学院，玉溪市农业科学院，保山市农业科学研究所，罗平县种子管理站
2013	科技进步奖	三等奖	30 种高原特色植物新品种 DUS 评价技术的研究与应用	云南省农业科学院质量标准与检测技术研究所，云南省农业科学院药用植物研究所，云南省农业科学院花卉研究所，昆明虹之华园艺有限公司
2013	科技进步奖	三等奖	3S 技术在烤烟生产中的综合应用	云南省烟草公司红河州公司，中国科学院遥感与数字地球研究所
2013	科技进步奖	三等奖	6 种云南道地中药材病虫害防控技术研究与示范	云南省农业科学院药用植物研究所，云南省农业科学院农业环境资源研究所，云南省农业科学院生物技术与种质资源研究所，云南施普瑞生物工程有限公司，丽江云鑫绿色生物开发有限公司
2013	科技进步奖	三等奖	保山特色优质烟叶质量安全控制技术研究与应用	云南省烟草公司保山市公司
2013	科技进步奖	三等奖	保育猪生物发酵床环保养殖技术研究与示范	玉溪市畜禽改良站，山东省农业科学院畜牧兽医研究所，江川县畜禽改良站
2013	科技进步奖	三等奖	大理特色优质烟叶气候生态区划	大理白族自治州气象局，云南省烟草公司大理州公司
2013	科技进步奖	三等奖	高产优质广适苦荞麦品种云荞 1 号选育与应用	云南省农业科学院生物技术与种质资源研究所
2013	科技进步奖	三等奖	高黎贡山猪的发掘及利用	云南农业大学，泸水县农业和科学技术局，怒江傈僳族自治州农业局
2013	科技进步奖	三等奖	广适、优质蚕豆品种云豆 690 选育	云南省农业科学院粮食作物研究所，曲靖市农业科学院
2013	科技进步奖	三等奖	红球藻产业化工艺创新及产品标准制定	云南绿 A 生物工程有限公司，中国科学院武汉植物园
2013	科技进步奖	三等奖	红塔集团烟叶核心原料模块加工技术的研究和应用	红塔烟草（集团）有限责任公司
2013	科技进步奖	三等奖	红塔山品牌减害降焦技术体系研究及应用	红塔烟草（集团）有限责任公司
2013	科技进步奖	三等奖	红云红河集团烟叶原料区域特色剖析与应用研究	红云红河烟草（集团）有限责任公司，云南瑞升烟草技术（集团）有限公司，云南农业科学院农业环境资源研究所
2013	科技进步奖	三等奖	红云红河集团重点骨干品牌技术支撑体系研究	红云红河烟草（集团）有限责任公司，云南烟草科学研究院，中国科学技术大学，中国科学院化学研究所，华宝食用香精香料（上海）有限公司
2013	科技进步奖	三等奖	环境友好系列肥料的研制与应用	云南农业大学，云南云叶化肥股份有限公司，昆明农家乐复合肥有限责任公司

（续表）

年　份	奖　项	等　级	项目名称	主要完成单位
2013	科技进步奖	三等奖	抗旱小麦新品种云麦 54、云麦 56 的选育及应用	云南省农业科学院粮食作物研究所，楚雄彝族自治州农业科学研究推广所，文山州农业科学院
2013	科技进步奖	三等奖	冷冻动物园——野生动物细胞库的创建及其应用	中国科学院昆明动物研究所
2013	科技进步奖	三等奖	丽江照水梅系列产品精深加工及环境友好技术综合开发应用与产业化示范	丽江得一食品有限责任公司，上海交通大学农业与生物学院
2013	科技进步奖	三等奖	耐寒粳稻新品种丽粳 11 号的选育及应用	丽江市农业科学研究所
2013	科技进步奖	三等奖	柠檬良种选育及产业化关键技术集成与应用	云南省农业科学院热带亚热带经济作物研究所，云南省农业科学院园艺作物研究所，云南省农业科学院农业环境资源研究所，云南省农业科学院生物技术与种质资源研究所，云南红瑞柠檬开发有限公司
2013	科技进步奖	三等奖	普洱茶加工工艺技术创新与新产品研发	云南农业大学
2013	科技进步奖	三等奖	薯片加工专用型马铃薯新品种云薯 301 选育及应用	云南省农业科学院经济作物研究所，昆明云薯农业科技有限公司，迪庆州农业科学研究所，砚山县蔬菜研究所，建水县种子管理站
2013	科技进步奖	三等奖	提高料液浸润性能技术研究及应用	红云红河烟草（集团）有限责任公司
2013	科技进步奖	三等奖	文山丘北辣椒优质高产新品种选育及栽培技术研究与示范	云南农业大学，丘北县农业和科学技术局，砚山县农业和科学技术局
2013	科技进步奖	三等奖	香料烟 GAP 体系构建与示范推广	云南烟草保山香料烟有限责任公司
2013	科技进步奖	三等奖	香软型杂交粳稻滇优 34、滇优 35 新品种选育及示范推广	云南农业大学，昆明市种子管理站，嵩明县种子管理站，大理市种子管理站
2013	科技进步奖	三等奖	小桐子生物燃油产业化关键技术研发与应用	云南神宇新能源有限公司，中国石油天然气股份有限公司石油化工研究院，云南省农业科学院，云南省林业科学院，云南大学
2013	科技进步奖	三等奖	亚热带高原采矿迹地生态恢复关键技术与示范工程	昆明市海口林场，中国地质大学（北京），西南林业大学，北京工业大学，昆明理工大学
2013	科技进步奖	三等奖	羊肚菌仿生栽培关键技术研究及产业化示范	云南省农业科学院高山经济植物研究所，丽江中源绿色食品有限公司
2013	科技进步奖	三等奖	优质高效云南松林培育及优良无性系早期选育技术研究	云南省林业科学院，西南林业大学，宜良县国有禄丰村林场，石屏县林业技术推广站
2013	科技进步奖	三等奖	云南高秋眠级紫花苜蓿品种筛选与栽培利用配套技术集成与推广	云南省草山饲料工作站，洱源县草山饲料工作站，红河哈尼族彝族自治州畜牧技术推广站，会泽县草原监理站，泸西县畜牧技术推广站
2013	科技进步奖	三等奖	云南咖啡产业提升关键技术研发集成与应用	云南省德宏热带农业科学研究所，云南省热带作物学会
2013	科技进步奖	三等奖	云南省薇甘菊防治与预警监测	云南省农业环境保护监测站，云南省农业科学院农业环境资源研究所，云南省林业科学院，德宏州农业环境保护监测工作站，保山市农业环境保护监测站

（续表）

年 份	奖 项	等 级	项目名称	主要完成单位
2013	科技进步奖	三等奖	云南刈牧型人工草地优质牧草品种选育与推广应用	云南农业大学，迪庆州动物卫生监督所，开远市畜牧技术推广站，建水县畜牧技术推广站，南涧县畜牧兽医局
2013	科技进步奖	三等奖	云南主要农作物间套作高产高效养分优化管理技术	云南农业大学，曲靖市土壤肥料工作站，丽江市土壤肥料工作站
2013	科技进步奖	三等奖	云南主要农作物养分管理技术研究与示范	云南省农业科学院农业环境资源研究所，中国农业科学院农业资源与农业区划研究所，中国农业大学资源与环境学院，大理州大维肥业有限责任公司
2013	科技进步奖	三等奖	长江中上游干热河谷退化生态系统恢复与重建技术及示范	云南省农业科学院热区生态农业研究所，中国科学院水利部成都山地灾害与环境研究所，云南昌润生态农业科技开发有限责任公司
2013	科技进步奖	三等奖	中国竹类资源调查及《中国竹类图志》的编撰	中国林业科学研究院资源昆虫研究所，四川农业大学
2014	自然科学奖	二等奖	水稻穗部性状发育的分子机制	云南农业大学，中国科学院遗传与发育生物学研究所
2014	自然科学奖	二等奖	季风气候下热带北缘木本植物水力学特征与生理功能的研究	中国科学院西双版纳热带植物园
2014	自然科学奖	二等奖	版纳微型猪近交系选育与研究	云南农业大学，四川大学华西医院
2014	自然科学奖	三等奖	植物叶面上农药雾滴蒸发与扩展及其影响因素	云南农业大学
2014	自然科学奖	三等奖	中国西南块菌（松露）多样性及其保护生物学	中国科学院昆明植物研究所
2014	自然科学奖	三等奖	鱼类群落结构和功能过程	云南大学，云南农业大学
2014	自然科学奖	三等奖	云南横断山区小型哺乳动物冷适应模式及生态适应特征的研究	云南师范大学生命科学学院
2014	自然科学奖	三等奖	O_3 衰减导致的 UV-B 复试增强对植物的生理生态影响及分子机理	云南农业大学
2014	技术发明奖	二等奖	帝泊洱即溶普洱茶珍开发	云南天士力帝泊洱生物茶集团有限公司，天津天士力现代中药资源有限公司
2014	技术发明奖	三等奖	具有降糖功能的高抗性淀粉稻米新产品开发	云南省农业科学院生物技术与种质资源研究所，昆明田康科技有限公司
2014	技术发明奖	三等奖	茶酒制作工艺	云县家盟茶叶酒业有限责任公司
2014	科技进步奖	一等奖	主要球根花卉种质创新与产业化关键技术集成示范	云南省农业科学院花卉研究所，玉溪明珠花卉股份有限公司，云南省花卉产业联合会，元江县藏健花卉科技开发有限公司，大理润森花卉开发有限公司，国家观赏园艺工程技术研究中心，农业部花卉产品质量监督检验测试中心(昆明)，昆明丹辉马蹄莲花卉有限公司，云南格桑花卉有限责任公司
2014	科技进步奖	一等奖	云南肉羊肉牛产业化关键技术创建与集成示范	云南农业大学，云南省草地动物科学研究院，云南省畜牧兽医科学院，龙陵县畜牧兽医局，巍山彝族回族自治县畜牧兽医局，云南泰华食品有限公司，永胜县畜牧兽医局，腾冲县畜牧兽医局，马龙县畜牧兽医局

（续表）

年 份	奖 项	等 级	项目名称	主要完成单位
2014	科技进步奖	二等奖	野生食用菌出口贸易壁垒应对技术研究与应用	云南出入境检验检局检验检疫技术中心，云南省农业科学院质量标准与检测技术研究所，云南省农业科学院生物技术与种质资源研究所
2014	科技进步奖	二等奖	云南少数民族农业生物资源调查与共享平台建设	云南省农业科学院生物技术与种质资源研究所，中国农业科学院作物科学研究所，云南省农业科学院园艺作物研究所，云南省农业科学院茶叶研究所，云南省农业科学院粮食作物研究所，云南省农业科学院热带亚热带经济作物研究所，云南省农业科学院甘蔗研究所
2014	科技进步奖	二等奖	大理特色优质烟叶开发	云南省烟草公司大理州公司，湖南农业大学
2014	科技进步奖	二等奖	特色野生食用菌资源高效利用技术体系构建及应用	中华全国供销合作总社昆明食用菌研究所，吉林农业大学，云南大学，云南出入境检验检疫局检验检疫技术中心，中国科学院微生物研究所，北京理工大学，楚雄宏桂绿色食品有限公司
2014	科技进步奖	二等奖	云南省规模化养猪场主要动物疫病防控关键技术研究与应用	云南省畜牧兽医科学院，云南省动物疫病预防控制中心，中牧实业股份有限公司保山生物药厂
2014	科技进步奖	二等奖	烟草中的重要无机元素分析研究及应用	云南烟草科学研究院，云南省烟草农业科学研究院
2014	科技进步奖	二等奖	云烟（大重九）系列产品的开发及应用推广	云南中烟工业有限责任公司
2014	科技进步奖	三等奖	稳产玉米品种楚单7号选育及推广	楚雄彝族自治州农业科学研究推广所
2014	科技进步奖	三等奖	高海拔粳稻新品种凤稻21号、凤稻23号的选育与应用	大理白族自治州农业科学推广研究院粮食作物研究所
2014	科技进步奖	三等奖	红塔品牌导向玉溪特色烟叶原料保障体系研究	云南省烟草公司玉溪市公司
2014	科技进步奖	三等奖	蚕豆优质大理高蛋白高产新品种凤豆13号选育及推广应用	大理白族自治州农业科学推广研究院粮食作物研究所
2014	科技进步奖	三等奖	迪庆藏区高产优质苦荞品种迪苦1号选育与应用	云南省迪庆藏族自治州农业科学研究所
2014	科技进步奖	三等奖	云南茶树种质资源收集鉴定评价及创新利用	云南省农业科学院茶叶研究所
2014	科技进步奖	三等奖	高产、广适、新株型粳稻新品种云玉粳8号选育及应用	云南省农业科学院粮食作物研究所，玉溪市农业科学院
2014	科技进步奖	三等奖	小菜蛾优势天敌半闭弯尾姬蜂扩繁关键技术与应用	云南省农业科学院农业环境资源研究所，昆明市植保植检站，玉溪市植保植检站
2014	科技进步奖	三等奖	油食兼用红皮小粒花生新品种云花生3号的选育与应用	云南省农业科学院经济作物研究所，砚山县经济作物工作站，德宏傣族景颇族自治州农业技术推广中心，盐津县农业技术推广中心，临沧市农业技术推广站
2014	科技进步奖	三等奖	优质多抗广适粳稻新品种云粳19号选育及应用	云南省农业科学院粮食作物研究所

（续表）

年　份	奖　项	等　级	项目名称	主要完成单位
2014	科技进步奖	三等奖	蚕桑新品种云蚕 9 号、云蚕 10 号、云桑 3 号选育及配套技术应用	云南省农业科学院蚕桑蜜蜂研究所，云南美誉蚕业科技发展有限公司，祥云县茶桑工作站，陆良县蚕桑站，鹤庆县茶桑果药站
2014	科技进步奖	三等奖	云南甘蔗糖料基地高产高糖技术研究与应用	云南省农业科学院甘蔗研究所，临沧市甘蔗技术推广站，云南省德宏傣族景颇族自治州甘蔗科学研究所，云南云蔗科技开发有限公司，保山市甘蔗科学研究所
2014	科技进步奖	三等奖	蓖麻新品种滇蓖 2 号选育及其推广应用	云南省农业科学院经济作物研究所，云南省农业科学院质量标准与检测技术研究所
2014	科技进步奖	三等奖	云南广适超高产杂交籼稻两优 2161 等新品种选育及应用	云南省农业科学院粮食作物研究所，福建省农业科学院水稻研究所，云南田瑞种业有限公司，福建旺穗种业有限公司，保山市隆阳区农业技术推广所
2014	科技进步奖	三等奖	烤烟新品种 NC102、NC297 引种选育及配套技术研制与应用	云南中烟工业有限责任公司，红云红河烟草（集团）有限责任公司，红塔烟草（集团）有限责任公司
2014	科技进步奖	三等奖	云南省新烟区烟叶与津巴布韦烟叶比较研究	云南省烟草农业科学研究院，云南省烟草公司文山州公司，云南省烟草公司保山市公司，云南省烟草公司普洱市公司，云南省烟草公司临沧市公司
2014	科技进步奖	三等奖	中式卷烟大品牌云南优质烟叶原料生产技术研发与应用	云南省烟草农业科学研究院，云南省烟草公司曲靖市公司，云南省烟草公司玉溪市公司，云南省烟草公司昆明市公司，云南省烟草公司普洱市公司
2014	科技进步奖	三等奖	云南高海拔地区蓝莓优良品种筛选及栽培技术集成与应用	云南省农业科学院高山经济植物研究所，云南佳品蓝莓种植有限公司
2014	科技进步奖	三等奖	红河州特色名优茶的开发及配套技术研究与示范	华中农业大学，元阳县牛角寨乡良心寨茶场，屏边县绿宝茶业有限责任公司，绿春县大水沟生态茶叶有限公司，金平九宝茶业有限责任公司
2014	科技进步奖	三等奖	云南山地油茶良种选育及丰产栽培技术集成与应用	云南省林业技术推广总站，红河哈尼族彝族自治州林业科技推广站，德宏州林业局营林站，易门县林业局，建水县浩野农林产业有限公司
2014	科技进步奖	三等奖	八角专用型良种选育及山地高效栽培关键技术研究与示范	云南省林业科学院，富宁县八角研究所，屏边苗族自治县林业科学研究所
2014	科技进步奖	三等奖	中国植物物种信息数据库研建与应用	中国科学院昆明植物研究所
2014	科技进步奖	三等奖	云南高原苹果优质高效栽培技术体系建立与应用	西南林业大学，云南省农业科学院园艺作物研究所，昭通市水果技术推广站，昆明市西山区茶桑果站，丽江市园艺站
2014	科技进步奖	三等奖	抚仙四须鲃人工驯养繁殖技术研究	玉溪市水产工作站，江川县水产技术推广站，玉溪市古生态抗浪鱼科研保护中心
2014	科技进步奖	三等奖	我国恒河猴犬瘟热病毒感染综合症研究	中国人民解放军成都军区疾病预防控制中心
2014	科技进步奖	三等奖	云南亚热带牧草新品种选育及产业化示范	云南省草地动物科学研究院

（续表）

年　份	奖　项	等　级	项目名称	主要完成单位
2014	科技进步奖	三等奖	生猪三种疫苗两点同步（321）免疫新技术研究与推广应用	云南省动物疫病预防控制中心，保山市动物疫病预防控制中心，中牧实业股份有限公司保山生物药厂，文山州动物疫病预防控制中心
2014	科技进步奖	三等奖	喀斯特地质生态系统退化景观恢复机理与应用研究	云南师范大学，中国科学院西双版纳热带植物园，石林地质公园管理局
2014	科技进步奖	三等奖	科技人员服务边疆民族地区农业的模式和机制	云南农业大学
2014	科技进步奖	三等奖	云南省面向东南亚、南亚国家农业科技合作与技术转移服务平台建设及应用	云南省农村科技服务中心
2014	科技进步奖	三等奖	云南省集体林地林木流转研究	云南省林业厅，云南省林业调查规划生态分院
2014	科技进步奖	三等奖	农村环境保护知识读本	云南农业大学

附表 B-25　2008—2014 年陕西省农业科技获奖成果

年　份	奖　项	等　级	项目名称	主要完成单位
2008	科学技术奖	一等奖	小麦赤霉病防治基础与应用研究	西北农林科技大学
2008	科学技术奖	一等奖	我国葡萄酒技术体系研究与产业化开发	西北农林科技大学
2008	科学技术奖	二等奖	橙色大白菜新品种金冠 1 号、金冠 2 号选育及应用	西北农林科技大学
2008	科学技术奖	二等奖	发酵法凤兼复合型白酒生产工艺研究	陕西省太白酒业有限责任公司
2008	科学技术奖	二等奖	红碱淖遗鸥种群动态监测与湿地保护技术研究	陕西省动物研究所，陕西省自然保护区和野生动物管理站，榆林市林业工作站
2008	科学技术奖	二等奖	泡桐丛枝病研究	西北农林科技大学，陕西省森林病虫害防治检疫总站，杨陵区森林病虫防治检疫站
2008	科学技术奖	二等奖	陕北黄土丘陵区仁用杏良种选择与栽培技术	西北农林科技大学，榆林市榆阳区林业局，吴旗县仁用杏开发公司
2008	科学技术奖	二等奖	设施蔬菜病虫害与标准化管理研究	陕西省动物研究所
2008	科学技术奖	二等奖	线辣椒无公害标准化生产关键技术研究与示范	西北农林科技大学
2008	科学技术奖	二等奖	优质丰产旱作小麦长旱 58 新品种选育与推广	长武县农业技术推广中心，西北农林科技大学
2008	科学技术奖	二等奖	水环境工程数值实验的研究与应用	西安理工大学
2008	科学技术奖	二等奖	黄土高原主要小杂粮降水生产潜力研究及开发	榆林学院
2008	科学技术奖	二等奖	1-甲基环丙烯果蔬保鲜剂的研制	礼泉县化工有限实业公司，西安交通大学，中国农业科学院果树研究所
2008	科学技术奖	二等奖	黄土丘陵沟壑区小流域坝系相对稳定及水土资源开发利用研究	黄河水利委员会黄河上中游管理局，黄河水利委员会绥德水土保持科学试验站，陕西省水土保持勘测规划研究所，山西省水土保持科学研究所
2008	科学技术奖	三等奖	富硒食用菌优质高产栽培新技术	宝鸡华晨食用菌开发有限公司
2008	科学技术奖	三等奖	规模鸡场高致病性禽流感高效免疫技术研究及推广应用项目	宝鸡市畜牧兽医中心，渭滨区畜牧兽医工作站，扶风县畜牧兽医中心
2008	科学技术奖	三等奖	陕西主要野生动物繁育及种质资源保存技术研究	陕西省动物研究所，陕西省珍稀野生动物抢救饲养研究中，陕西省野生动植物保护协会
2008	科学技术奖	三等奖	石榴浓缩果汁生产技术研究及应用	陕西赛德高科生物股份有限公司，陕西益诚有机食品科技有限公司
2008	科学技术奖	三等奖	渭北旱作农田高留茬秸秆全程覆盖耕作技术	西北农林科技大学，陕西省户县兴农机械厂
2008	科学技术奖	三等奖	小麦低分子量麦谷蛋白基因的克隆与功能验证	西北农林科技大学
2008	科学技术奖	三等奖	优质牧草丰产栽培与产业化技术推广	吴起县草业技术服务中心
2008	科学技术奖	三等奖	优质专用彩色甘薯新品种选育	宝鸡市农业科学研究所，西北农林科技大学

（续表）

年　份	奖　项	等　级	项目名称	主要完成单位
2008	科学技术奖	三等奖	玉米新品种四号黄选育与推广	镇坪县农业科学研究所，镇坪县农技推广中心
2008	科学技术奖	三等奖	玉米新品种三北六号引进推广	延安市种子管理站
2008	科学技术奖	三等奖	兰州鲇肌肉生化成分分析、消化生理研究及饲料蛋白源评价	中国水产科学研究院黄河水产研究所，西北农林科技大学
2008	科学技术奖	三等奖	洛南县古城林场油松良种选育研究	洛南县古城林场，西北农林科技大学
2008	科学技术奖	三等奖	漆树标准综合体研究	安康市林业技术推广中心，平利县科技局，岚皋县林业技术推广站
2008	科学技术奖	三等奖	秦岭大熊猫野外产仔育幼洞穴分布及生态学特征研究	陕西佛坪国家级自然保护区管理局
2008	科学技术奖	三等奖	中国大鲵仿生态人工驯养繁殖模式试验研究	南郑县秦岭大鲵养殖有限责任公司，陕西师范大学，汉中市水产工作站
2009	科学技术奖	二等奖	保护地专用番茄品种金棚一号的选育与推广	西安皇冠蔬菜研究所，西安金鹏种苗有限公司，西安市临潼区种子管理站
2009	科学技术奖	二等奖	蛋鸡高效杂交组合及保健功能蛋关键技术研究	西北农林科技大学
2009	科学技术奖	二等奖	高产抗病玉米新品种榆玉4号选育与推广	陕西大地种业有限公司
2009	科学技术奖	二等奖	黄土区农业生态系统中水分与养分迁移及其环境效应	中国科学院水利部水土保持研究所，西北农林科技大学水土保持研究所，西安理工大学
2009	科学技术奖	二等奖	魔芋健身高产栽培技术研究	秦巴魔芋研究开发中心，安康学院，安康市植保植检站
2009	科学技术奖	二等奖	水电站工程滑坡及特殊边坡研究	中国水电顾问集团西北勘测设计研究院，成都理工大学
2009	科学技术奖	二等奖	药用植物的结构、发育及其与主要药用成分积累关系的研究	西北大学
2009	科学技术奖	二等奖	陕西省野生兰科植物种类与分布的研究	西北农林科技大学，陕西省自然保护区和野生动物管理站
2009	科学技术奖	二等奖	陕西省干旱监测预警评估技术研究	陕西省农业遥感信息中心，陕西省气象科学研究所，延安市气象局
2009	科学技术奖	三等奖	9GX-0.9型旋转割草机的研制与推广	榆林市生财农业机械科技有限责任公司
2009	科学技术奖	三等奖	残、次、落枣综合开发利用技术研究与推广	陕西师范大学
2009	科学技术奖	三等奖	创汇型苹果GAP-HACCP质量控制体系研究与示范	西北农林科技大学，陕西省农业厅农产品质量安全办公室，陕西省旬邑县果业局，咸阳北山果业有限公司
2009	科学技术奖	三等奖	关中东部农田盐渍化土壤改良培肥技术研究与示范推广	陕西省土壤肥料工作站，渭南市土壤肥料工作站，西北农林科技大学
2009	科学技术奖	三等奖	鸡卵黄特性抗体分离纯化及鸡蛋综合利用	陕西科技大学
2009	科学技术奖	三等奖	家畜炭疽杆菌病防治技术推广	延安市动物疫病预防控制中心

（续表）

年　份	奖　项	等　级	项目名称	主要完成单位
2009	科学技术奖	三等奖	抗逆抗病型远缘杂交小麦新品种——小偃 15	西北农林科技大学，陕西省科学院
2009	科学技术奖	三等奖	糜子新品种榆糜 3 号选育	榆林市农业科学研究所
2009	科学技术奖	三等奖	桑树高效繁育技术研究与应用	安康学院，安康市蚕桑技术推广工作站，安康市蚕桑研究所，汉滨区蚕茶果技术推广站
2009	科学技术奖	三等奖	山地烤烟综合栽培技术研究与推广	陕西省烟草公司安康市公司
2009	科学技术奖	三等奖	小麦谷蛋白品质评价及应用研究	西北农林科技大学，河南工业大学
2009	科学技术奖	三等奖	农村户用沼气“一池三改”技术研究	榆林市榆阳区园艺蚕桑工作站
2009	科学技术奖	三等奖	陕西省省级烟叶标准化示范基地建设与综合技术推广	陕西省烟草公司商洛市公司
2009	科学技术奖	三等奖	陕西省天气要素精细化预报方法与业务系统研究	陕西省气象台
2009	科学技术奖	三等奖	现代奶业生产技术集成示范与推广模式创新	宝鸡市畜牧兽医中心，岐山县畜牧兽医工作站，千阳县畜牧兽医工作站，凤翔县畜牧兽医工作站，陇县畜牧工作站
2009	科学技术奖	三等奖	秦岭鸟类物种多样性的研究	陕西省动物研究所，陕西师范大学，陕西佛坪国家级自然保护区管理局
2010	科学技术奖	一等奖	黄土丘陵区红枣生态经济林建设关键技术研究与应用	西北农林科技大学，中国科学院水利部水土保持研究所
2010	科学技术奖	一等奖	黄土区植被对坡面水蚀过程调控的生态学机理	中国科学院水利部水利保持研究所，西北农林科技大学水土保持研究所，陕西师范大学，北京师范大学
2010	科学技术奖	一等奖	苹果及果汁中主要危害物识别与控制	西北农林科技大学
2010	科学技术奖	一等奖	条锈病菌与小麦相互作用的分子基础	西北农林科技大学
2010	科学技术奖	一等奖	优质高产多抗广适小麦新品种西农 979 选育	西北农林科技大学
2010	科学技术奖	二等奖	高产优质大豆秦豆 8 号选育与推广	陕西省杂交油菜研究中心
2010	科学技术奖	二等奖	花椒良种选育与丰产栽培技术研究	山西省林业技术推广总站，韩城市花椒研究所，富平县林业工作站，澄城县林业技术推广站
2010	科学技术奖	二等奖	棚室蔬菜水分效应与调控	中国科学院水利部水利保持研究所，西北农林科技大学水土保持研究所
2010	科学技术奖	二等奖	秦巴山区猪苓资源保护及开发利用研究	陕西理工学院，陕西天美绿色产业有限公司
2010	科学技术奖	二等奖	桑树新品种农桑 14 号引繁与推广	安康市桑蚕技术推广工作站，安康市桑蚕试验场，汉滨区桑茶果技术推广站
2010	科学技术奖	二等奖	UV-B 辐射的生态学与植物生物学效应及激光防护与修复机制	西北大学
2010	科学技术奖	二等奖	陕西农村废弃宅基地综合整治集成技术与二十年实践	陕西省地产开发服务总公司，西安理工大学

（续表）

年　份	奖　项	等　级	项目名称	主要完成单位
2010	科学技术奖	二等奖	蝗虫的分子系统学和分类鉴定专家系统研究	陕西师范大学
2010	科学技术奖	二等奖	陕西省生态环境遥感动态监测研究	陕西省农业遥感信息中心
2010	科学技术奖	二等奖	渭南市早中熟苹果新品种引进示范与推广	陕西渭南果树研究所，渭南市园艺桑蚕工作站，富平县果业局，大荔县果业局
2010	科学技术奖	二等奖	陕西省病媒蠓虫研究	中国人民解放军第三医院，兰州军区疾病预防控制中心
2010	科学技术奖	二等奖	资源植物对环境的生理生态响应及机理的研究	中国科学院地球环境研究所，陕西师范大学，西北大学
2010	科学技术奖	三等奖	矮化苹果栽培技术研究与应用	凤翔县蚕桑园艺工作站，宝鸡市桑蚕园艺工作站
2010	科学技术奖	三等奖	汉江上游大鲵产业化人工高效繁育配套技术研究与示范	陕西汗水大鲵开发有限公司
2010	科学技术奖	三等奖	1QFYM-100A1型烟草四位一体机改进研发和推广应用	咸阳市烟草专卖局
2010	科学技术奖	三等奖	“三沼”利用技术研究与集成示范	靖边县农村能源办公室
2010	科学技术奖	三等奖	绞股蓝四倍体新品系选育与应用	平利县绞股蓝研究所
2010	科学技术奖	三等奖	绿色鸡蛋生产关键技术研究示范及低胆固醇鸡蛋产品开发	西北农林科技大学
2010	科学技术奖	三等奖	马铃薯新品种秦芋31号选育	安康市农业科学研究院
2010	科学技术奖	三等奖	中国食蚜蝇科昆虫物种多样性研究	陕西理工学院，河北大学
2010	科学技术奖	三等奖	农电电能计量智能管理系统	西安供电局，陕西银兴电力电子科技有限公司
2010	科学技术奖	三等奖	蔬果清洗剂的开发与应用	西安开米股份有限公司
2010	科学技术奖	三等奖	天然活性成分的微生物转化研究	西北大学
2010	科学技术奖	三等奖	仿生态西洋参保鲜技术及应用研究	陕西理工学院，留坝县佳仕森中药综合开发公司，汉中植物研究所
2010	科学技术奖	三等奖	陕西省农用地分等及试点县定级与估价研究	陕西省国土资源资产利用研究中心，长安大学，陕西省国土资源信息中心
2010	科学技术奖	三等奖	猪瘟活疫苗（兔源）、猪O型口蹄疫疫苗、猪蓝耳病疫苗有效免疫试验研究	商洛市动物疫病预防控制中心，陕西省动物疫病预防控制中心，陕西省动物卫生监督所
2010	科学技术奖	三等奖	渭河流域万年尺度环境变化与土壤发育演变规律	陕西师范大学
2010	科学技术奖	三等奖	密林熊蜂人工高效繁育与设施农业授粉应用研究	榆林市北方授粉昆虫研究中心，榆林市种蜂场，绥德绿色陕北蜂蜜园
2010	科学技术奖	三等奖	木瓜功能成分分析提取及果酒果醋果脯加工技术研究	西北农林科技大学，白河县科学技术局
2010	科学技术奖	三等奖	糯玉米自交系Y89、Y90及其陕西糯11杂交种选育	西北农林科技大学

（续表）

年　份	奖　项	等　级	项目名称	主要完成单位
2010	科学技术奖	三等奖	秦岭山区大鲵规模化高效人工繁育关键技术研究	宁陕县龙泉大鲵繁育场，陕西省动物研究所，陕西省渔业局
2010	科学技术奖	三等奖	陕西苹果花期冻害风险评估及预测技术研究	山西省经济作物气象服务台
2011	科学技术奖	一等奖	高产双低杂交油菜新品种秦优8号选育	咸阳市农业科学研究所，三原县种子管理站
2011	科学技术奖	一等奖	红枣良种选育及优质高效栽培技术研究	西北农林科技大学，大荔县红枣局，清涧县红枣技术推广站，佳县红枣工作站，延川县红枣技术推广站
2011	科学技术奖	一等奖	户太葡萄品种选育及产业化技术研究	西安市葡萄研究所
2011	科学技术奖	一等奖	苹果矮砧集约栽培模式及产业关键技术研究与示范	西北农林科技大学
2011	科学技术奖	一等奖	秦川肉牛新品种选育及杂交改良关键技术研究与产业化示范	西北农林科技大学，陕西秦宝牧业股份有限公司
2011	科学技术奖	二等奖	4月龄肥羔羊生产技术研究与肉羊产业化开发	神木县畜牧兽医技术推广站
2011	科学技术奖	二等奖	氮钾甜菜碱提高玉米抗旱性的机理研究和抗旱型叶面肥开发与示范	西北农林科技大学，中国科学院教育部署图保持与生态环境研究中心，杨凌绿毒生物科技有限公司
2011	科学技术奖	二等奖	盾叶薯蓣良种基地建设与规范化栽培技术研究	陕西师范大学，旬阳县黄姜研究所，西部植物化学国家工程研究中心
2011	科学技术奖	二等奖	高产多抗粮饲兼用玉米品种陕单8806选育与推广	西北农林科技大学
2011	科学技术奖	二等奖	木本植物木质部栓塞恢复与限流耐旱机理研究	西北农林科技大学
2011	科学技术奖	二等奖	“自然—人工”耦合作用下流域水土流失环境演变与调控	西安理工大学，中国科学院水利部水土保持研究所，黄河上中游管理局
2011	科学技术奖	二等奖	农用防冰雹网	陕西省纺织科学研究所，陕西元丰纺织技术研究有限公司，洛川县苹果产业管理局
2011	科学技术奖	二等奖	中国北方树轮气候学研究	中国科学院地球环境研究所
2011	科学技术奖	二等奖	区域土地利用变化效应与生态安全评价研究	陕西师范大学
2011	科学技术奖	二等奖	三门峡库区（华阴段）土地整治与现代高效农业快速发展模式研究与实践	陕西省地产开发服务总公司，陕西师范大学，陕西省农垦集团有限责任公司
2011	科学技术奖	二等奖	西北五省区重要地方畜禽遗传资源研究	西北农林科技大学
2011	科学技术奖	二等奖	早熟高产优质高效厚皮甜瓜新品种西蜜3号选育与示范	西安市农业技术推广中心
2011	科学技术奖	三等奖	4YZB-2100型自走式全幅不对行玉米联合收获机研究与应用	陕西渭恒农业机械制造有限公司
2011	科学技术奖	三等奖	陡坡土崖绿化树种选择与胶东卫矛引种及栽培技术研究	宝鸡市林业局，宝鸡市林业工作中心站，宝鸡市北坡绿化建设管理委员会

（续表）

年 份	奖 项	等 级	项目名称	主要完成单位
2011	科学技术奖	三等奖	旱地小麦品种铜麦 5 号	铜川市印台区农业技术推广中心
2011	科学技术奖	三等奖	简易式集约化养蚕技术体系研究与应用	安康学院，石泉县蚕桑发展局，西北农林科技大学
2011	科学技术奖	三等奖	水土保持优良植物新品种繁育及利用技术研究	黄河水利委员会西峰水土保持科学试验站，西安市水利水土保持工作总站，黄河水利委员会绥德水土保持科学试验站
2011	科学技术奖	三等奖	国家级烟叶标准化示范区建设及综合技术推广	陕西省烟草公司宝鸡市公司，宝鸡市烟草公司陇县分公司
2011	科学技术奖	三等奖	旋动式太阳能沼气系统关键技术集成研究与示范	西北农林科技大学
2011	科学技术奖	三等奖	朱鹮迁移扩散规律及繁殖、游荡保护技术的研究与应用	陕西汉中朱鹮国家级自然保护区管理局，中国科学院动物研究所，陕西省林业厅野生动物管理站
2011	科学技术奖	三等奖	天然卷烟制品改良剂的研制与应用新技术	陕西旭泰科技实业有限公司，汉中第一粘合剂有限公司，陕西理工学院
2011	科学技术奖	三等奖	化香树果序药用活性成分分离纯化中间试验及应用研究	西北大学，陕西香菊药业集团有限公司
2011	科学技术奖	三等奖	文冠果栽培技术	陕西省富县林业站
2011	科学技术奖	三等奖	优质高产小麦新品种商麦 9722 选育研究	陕西省商洛市农业科学研究所
2011	科学技术奖	三等奖	玉米新品种康农 1 号选育	安康市神农农业科技有限责任公司
2012	科学技术奖	一等奖	甘蓝型油菜无微粉类细胞质雄性不育系研究及其杂交种选育	西北农林科技大学
2012	科学技术奖	一等奖	林木鼠（兔）害综合控制关键技术与示范	西北农林科技大学，国家林业局森林病虫害防治总站，陕西省森林病虫害防治检疫总站
2012	科学技术奖	二等奖	大樱桃以果蝇为主的病虫生态控制技术研究与示范	铜川市园艺工作站
2012	科学技术奖	二等奖	甘蓝抗源筛选利用与抗病优质秦甘 60 品种的选育	西北农林科技大学
2012	科学技术奖	二等奖	汉中市茶树优良新品种引进繁育及标准化生产技术研究与推广	汉中市茶产业办公室
2012	科学技术奖	二等奖	核桃优质丰产栽培配套技术研究	西北农林科技大学，陕西省防护林工作站，陕西省核桃工程研究中心，陕西渭北核桃研究开发中心
2012	科学技术奖	二等奖	黄土高原农牧交错带生态恢复机理和关键技术研究	中国水利电科学研究院，吴起县人民政府，西北农林科技大学，北京林业大学
2012	科学技术奖	二等奖	陕西生态经济型防护林树种评价体系与利用技术研究	西北农林科技大学，北京林业大学
2012	科学技术奖	二等奖	设施蔬菜重大害虫灾变机理及控制技术研究与示范	陕西省动物研究所，渭南市植保植检站
2012	科学技术奖	二等奖	小麦籽粒质量分析及利用技术研究	西北农林科技大学，中国农业科学农产品加工研究院
2012	科学技术奖	二等奖	延胡索规范化栽培技术研究及示范基地建设	陕西省西安植物园，陕西省白云制药有限公司，陕西省植物资源保护与利用工程技术研究中心

（续表）

年 份	奖 项	等 级	项目名称	主要完成单位
2012	科学技术奖	二等奖	玉米新品种榆单9号选育与示范推广	陕西大地种业有限公司
2012	科学技术奖	二等奖	猪、牛配子与胚胎高效利用技术研究与示范	西北农林科技大学，杨凌职业技术学院
2012	科学技术奖	二等奖	系统生物学新理论、模型及研究方法	西北农林科技大学
2012	科学技术奖	二等奖	黄河流域（陕西段）环境容量与污水综合排放标准研究	陕西省环境科学研究院
2012	科学技术奖	二等奖	西安市自然保护区农户生计行为与环境保护	西安交通大学
2012	科学技术奖	三等奖	宝鸡市小麦主产区测土配方施肥及效益研究	宝鸡市农业技术推广服务中心
2012	科学技术奖	三等奖	濒危植物华山新麦草的保护生物学研究	西北大学
2012	科学技术奖	三等奖	汉麦五号、“9503”选育及配套高产技术推广应用	汉中市农业科学研究所
2012	科学技术奖	三等奖	黄河壶口—三门峡段经济鱼类水域环境监测和资源保护	陕西省水产研究所
2012	科学技术奖	三等奖	秦岭部分珍稀药用植物内生菌资源的保护与利用研究	陕西理工学院
2012	科学技术奖	三等奖	佛坪自然保护区大熊猫种群动态及保护对策研究	陕西佛坪国家级自然保护区管理局，中国科学院动物研究所
2012	科学技术奖	三等奖	用豆科植物和根际菌协同作用对原油污染土壤的修复技术研究及示范	延安市微生物研究所，延安大学，延长油田股份有限公司
2012	科学技术奖	三等奖	马铃薯脱毒技术应用研究与推广	商洛市农业科学研究所，商州区农业技术推广中心，商南县农业技术推广中心，柞水县农业技术推广中心
2012	科学技术奖	三等奖	陕西富士系苹果气象服务关键技术研究及应用	陕西省经济作物气象服务台
2012	科学技术奖	三等奖	陕西省农业科技110信息服务平台	陕西省科技培训中心，中国电信股份有限公司陕西分公司
2012	科学技术奖	三等奖	太阳能—石灰氮高温闷棚防治蔬菜根结线虫及土传病害的研究与推广	甘泉县蔬菜局
2012	科学技术奖	三等奖	无公害富硒绿壳蛋鸡交繁育与生态养殖技术研究与应用	旬阳县兴农种鸡场，旬阳县畜牧兽医服务中心
2012	科学技术奖	三等奖	引进种猪的选育提高与产业化推广	安康市汉滨区杨晨牧业科技有限公司，安康学院
2012	科学技术奖	三等奖	樱桃李属坏死环斑病毒综合控制技术研究	西安市农业技术推广中心
2012	科学技术奖	三等奖	优质、高产、抗逆小麦新品种商麦5226选育研究	商洛学院
2012	科学技术奖	三等奖	玉米新品种康白508选育	安康市神农农业科技有限责任公司，陕西省农业广播电视学校汉滨区分校

（续表）

年 份	奖 项	等 级	项目名称	主要完成单位
2013	科学技术奖	一等奖	番茄抗病抗逆育种技术研究与应用	西北农林科技大学
2013	科学技术奖	一等奖	菌根真菌对黄土高原植被恢复和生态系统重建的作用机制	西北农林科技大学
2013	科学技术奖	一等奖	牛羊良种繁育关键技术研究与应用	西北农林科技大学，杨凌科元克隆股份有限公司
2013	科学技术奖	一等奖	农科大系列西瓜新品种的选育	西北农林科技大学
2013	科学技术奖	一等奖	苹果树腐烂病等重大病害的防治基础和应用研究	西北农林科技大学，陕西省农林植物保护总站，陕西省蒲城县植保植检站
2013	科学技术奖	一等奖	农村智能配电网营配调管理模式优化关键技术研究与示范工程建设	陕西省电力公司，中国电力科学研究院，渭南供电局，陕西电力科学研究院
2013	科学技术奖	二等奖	茶叶籽油质量安全性控制关键技术研究及应用	陕西理工学院，陕西华丰农林科技有限公司
2013	科学技术奖	二等奖	功能性乳品和益生菌冻干菌粉生产关键技术研究及应用	陕西科技大学，陕西省科学院工程研究所，西安东方乳业有限公司
2013	科学技术奖	二等奖	汉中盆地水稻土养分供给能力研究与应用	汉中市农业技术推广中心，陕西理工学院，城固县农业技术推广中心，洋县农业技术推广中心
2013	科学技术奖	二等奖	黄土高原中蜂养殖关键技术研究与示范	榆林市种蜂场，榆林北方授粉昆虫研究中心，绥德绿色陕北蜜蜂园有限责任公司
2013	科学技术奖	二等奖	基于GIS的陕西省精细化农业气候资源与区别	陕西省经济作物气象服务台，陕西省气象科学研究所，陕西省农业遥感信息中心，陕西省气候中心
2013	科学技术奖	二等奖	基于生态文明的渭洛河夹槽地带沙地整治及农业综合利用模式研究	陕西省地产开发服务总公司，西安理工大学，大荔县土地开发整理收购储备中心
2013	科学技术奖	二等奖	解淀粉芽孢杆菌生物菌剂的研究及应用	杨凌绿都科技有限公司，西北农林科技大学
2013	科学技术奖	二等奖	梨小食心虫发生规律和防控技术研究与应用	西北农林科技大学，陕西省农药管理检定所，陕西省植物保护总站，宝鸡市农业技术推广服务中心
2013	科学技术奖	二等奖	毛乌素沙地长根苗造林技术体系研究	西北农林科技大学，陕西省林业工作站，榆林市林业工作站，宁夏盐池县林业技术推广服务中心
2013	科学技术奖	二等奖	农田集雨保水关键技术研究与应用	西北农林科技大学
2013	科学技术奖	二等奖	苹果园土壤养分综合管理技术研究与应用	西北农林科技大学
2013	科学技术奖	二等奖	天然彩色茧桑蚕品种选育与应用	安康学院
2013	科学技术奖	二等奖	小麦新品种陕农78的选育	西北农林科技大学，中国农业科学院作物科学研究
2013	科学技术奖	二等奖	羊奶产品深加工关键技术研究	陕西师范大学

（续表）

年 份	奖 项	等 级	项目名称	主要完成单位
2013	科学技术奖	二等奖	榆林春玉米高产增效栽培技术研究与应用	榆林市农业工作站，榆阳区农业技术推广中心，定边县农业技术推广中心，靖边县农业技术推广中心
2013	科学技术奖	二等奖	枣树的无公害栽培管理技术研究	延安大学
2013	科学技术奖	二等奖	土壤热力学研究	西北农林科技大学
2013	科学技术奖	二等奖	丛枝菌根在西部煤矿区土地复垦理论与应用研究	中国矿业大学（北京），神华神东煤炭集团有限责任公司
2013	科学技术奖	三等奖	城镇污水处理厂污泥蚯蚓资源化处理技术	陕西君龙生态科技有限公司
2013	科学技术奖	三等奖	蔬菜设施栽培技术试验示范推广	商洛市农业科学研究所
2013	科学技术奖	三等奖	贫困地区农村中学生辍学问题探索及政策建议	西北大学，中国科学院农业政策研究中心
2013	科学技术奖	三等奖	陕西省生物多样性评价	陕西省动物研究所
2013	科学技术奖	三等奖	抗旱耐寒花椒种质资源筛选机快繁技术研究与示范	西北农业科技大学
2013	科学技术奖	三等奖	安康山地重茬烤烟提质增效关键技术研究与推广	陕西省烟草公司安康市公司，安康市植保植检站，旬阳县农技中心
2013	科学技术奖	三等奖	安康市稻水象甲发生规律和防控技术研究与应用	安康市植保植检站，宁陕县农业技术推广中心，石泉县农业技术推广中心
2013	科学技术奖	三等奖	匙吻鲟高效养殖技术研究与示范	西北农林科技大学，安康市水产工作站
2013	科学技术奖	三等奖	优质高产高抗谷子新品种岩谷 13 号的选育与推广	延安市农业科学研究
2013	科学技术奖	三等奖	延安地区环境污染的生物毒性效应及生态保护研究	延安大学，陕西师范大学
2013	科学技术奖	三等奖	优质高效小麦新品种选育及繁育技术研究	宝鸡市农业科学研究所，宝鸡市农科农业科技有限公司
2013	科学技术奖	三等奖	果园秸秆覆盖技术研究与推广	铜川市印台区园艺工作站，铜川市果业管理局
2013	科学技术奖	三等奖	小粒农作物及牧草精密播种技术产品研发与示范	宝鸡市农业科学研究所，西北农林科技大学，西安大洋农林科技有限公司
2013	科学技术奖	三等奖	苹果“双矮”优质高效生产配套技术研究与推广	凤翔县绿宝果业有限责任公司
2013	科学技术奖	三等奖	汉中柑橘密植园改良技术集成研究与应用	城固县果业技术指导站，汉中市农业技术推广中心
2013	科学技术奖	三等奖	秦巴山区花魔芋高产高效综合配套技术研究与应用	镇巴县农业技术推广站
2013	科学技术奖	三等奖	蛋鸡高效绿色饲料生产关键技术研发与推广	西北农业科技大学，陕西华泰农牧科技有限公司，陕西石羊集团饲料发展有限公司
2014	科学技术奖	一等奖	日光温室主动采光蓄热机理与应用技术研究	西北农林科技大学
2014	科学技术奖	一等奖	优质强筋小麦新品种陕 627、陕 715 选育与推广	西北农林科技大学
2014	科学技术奖	一等奖	中国黄牛经济性状重要基因发掘、分子标记开发及其育种应用	西北农林科技大学，江苏师范大学

（续表）

年 份	奖 项	等 级	项目名称	主要完成单位
2014	科学技术奖	一等奖	黄土区沟壑整治工程优化配置与建造技术	中国科学院水利部水土保持研究所，中国水利水电科学研究院，北京林业大学，黄河上中游管理局，西安理工大学
2014	科学技术奖	二等奖	PBS基可生物降解农用塑料的功能化设计、应用及环境综合评价	陕西科技大学，陕西农产品加工技术研究院，西安新秦塑料有限责任公司
2014	科学技术奖	二等奖	超亲双价转基因抗虫棉新品种的创制	西北农林科技大学
2014	科学技术奖	二等奖	大粒高产多抗中强筋小麦品种陕512选育	西北农林科技大学
2014	科学技术奖	二等奖	柑橘丰产栽培技术示范推广	安康市林业技术推广中心
2014	科学技术奖	二等奖	关中东部小麦吸浆虫综合防控技术研究与示范推广	富平县植保植检站
2014	科学技术奖	二等奖	黄土高原主要农作物高产高效施肥技术研究与集成	榆林市土壤肥料工作站，铜川市农业科学研究所，延安市土壤肥料工作站，盐池县农业技术推广服务中心
2014	科学技术奖	二等奖	林麝规范化养殖关键技术推广与应用	陕西省动物研究所，宝鸡秦峰野生动植物开发有限责任公司
2014	科学技术奖	二等奖	硝酸盐污染控制及氮素高效利用技术研究与示范	西北农林科技大学
2014	科学技术奖	二等奖	奶山羊良种繁育及产业化关键技术研究与示范	西北农林科技大学，陕西示范大学
2014	科学技术奖	二等奖	农业废弃物肥料化林业关键技术研究与应用	西北农林科技大学
2014	科学技术奖	二等奖	山茱萸果酒及其制备方法	丹凤县商山红葡萄酒有限公司
2014	科学技术奖	二等奖	陕南蚕桑资源综合开发利用技术集成与示范推广	安康市蚕桑产业发展中心，西北农林科技大学，陕西省蚕桑工程技术研究中心，石泉县蚕桑发展服务中心
2014	科学技术奖	二等奖	陕西柑橘资源与产业化开发	陕西理工学院，西北农林科技大学，陕西省城固酒业有限公司，汉中泛亚绿色食品有限公司
2014	科学技术奖	二等奖	富硒绞股蓝系列产品研究与应用	平利县百草堂生物科技有限公司
2014	科学技术奖	二等奖	陕西牛背梁国家级自然保护区生物多样性研究	陕西牛背梁国家级自然保护区管理局，西北农林科技大学
2014	科学技术奖	二等奖	西洋参果发酵酒关键技术及其产业化	陕西理工学院，汉中市红上红生物科技有限公司
2014	科学技术奖	三等奖	富硒魔芋高效种植技术研究与产品开发	紫阳县富硒食品有限公司，秦巴魔芋研究开发中心，紫阳县富邦实业有限公司
2014	科学技术奖	三等奖	柑橘大实蝇综合防控技术研究与应用	汉中市农业技术推广中心，陕西理工学院
2014	科学技术奖	三等奖	毛乌素沙区专用马铃薯优质高效生产技术研究与应用	榆林市农业科学研究院
2014	科学技术奖	三等奖	南水北调中线主要水源涵养区农业面源污染研究与控制	汉中市农业技术推广中心，西北农林科技大学，陕西理工学院
2014	科学技术奖	三等奖	农林废弃资源循环利用栽培食用菌技术集成研究与应用	商洛市农业科学研究所，商洛市商州区特色产业发展中心

（续表）

年 份	奖 项	等 级	项目名称	主要完成单位
2014	科学技术奖	三等奖	苹果树腐烂病综合防治技术研究与推广	富县质保质监站，洛川县质保质监站，黄陵县植保植检站
2014	科学技术奖	三等奖	肉鸡健康养殖技术集成与产业化发展模式研究	宝鸡华龙牧业集团有限公司，中国农业科学院北京畜牧兽医研究所，宝鸡市畜牧兽医中心
2014	科学技术奖	三等奖	肉鸡微生物活菌发酵浓缩饲料及其水产方法	陕西大秦汉集团有限公司
2014	科学技术奖	三等奖	陕西省甘薯生产关键技术研究集成与应用	宝鸡市农林科学研究所，宝鸡市农科农业科技有限公司，汉中市农业技术推广中心
2014	科学技术奖	三等奖	分布区最北缘大熊猫生存威胁因素的研究	陕西太白山国家级自然保护区管理局，西北大学，西北农林科技大学
2014	科学技术奖	三等奖	黄姜加工废水工业化综合利用技术研究与应用	白河县永宏化工有限责任公司
2014	科学技术奖	三等奖	生猪规模化养殖综合技术研究与推广	延安职业技术学院，延安市畜牧技术推广站，延安市种蓄场
2014	科学技术奖	三等奖	渭北旱塬红富士苹果双矮高细长纺锤形早丰产栽培技术研究及示范	乾县果树技术服务站，乾县果业局，西安果友协会
2014	科学技术奖	三等奖	延安市 12316“三农”热线构建与应用	延安市农业信息中心

附表 B-26　2008—2014 年甘肃省农业科技获奖成果

年　份	奖　项	等　级	项目名称	主要完成单位
2008	自然科学奖	一等奖	干旱沙区生物土壤结皮生态与水文功能的研究	中国科学院兰州分院
2008	自然科学奖	二等奖	植物对环境胁迫的响应机理研究	兰州大学
2008	自然科学奖	三等奖	珍稀濒危鸟类和兽类生态研究	兰州大学
2008	技术发明奖	三等奖	枣树繁殖方法	甘肃省张掖市临泽县科技开发中心
2008	科技进步奖	一等奖	马铃薯新品种陇薯 6 号选育及推广应用	甘肃省农业科学院马铃薯研究所
2008	科技进步奖	一等奖	口蹄疫亚洲 I 型和 O 型亚洲 I 型二价灭活疫苗的研制和应用	中国农业科学院兰州兽医研究所
2008	科技进步奖	一等奖	旱地全膜双垄沟播降水高效利用技术研究与示范	甘肃省农业技术推广总站，甘肃省农业节水与土壤肥料管理总站，兰州大学，榆中县农业技术推广中心，通渭县农业技术推广中心，安定区农业技术推广中心，庄浪县农业技术推广中心
2008	科技进步奖	二等奖	优质梨新品种选育及绿色标准化生产示范基地建设	甘肃省农科院林果花卉研究所，甘肃条山农工商（集团）有限责任公司，天水市果树研究所，平凉市园艺试验场
2008	科技进步奖	二等奖	优质高产多抗苜蓿新品种育种和筛选研究	甘肃农业大学，内蒙古农业大学，青海畜牧兽医科学院，兰州大学草地农业科技学院
2008	科技进步奖	二等奖	优质早熟耐运输西瓜新杂交种欣大	甘肃绿星农业科技有限责任公司
2008	科技进步奖	二等奖	精准测树与森林防火关键技术研究	甘肃林业职业技术学院
2008	科技进步奖	二等奖	丰产广适优质春小麦新品种陇春 23 号	甘肃省农业科学院作物研究所，中国农业科学院作物科学研究所
2008	科技进步奖	二等奖	丰产、大果辣椒杂交种平椒 5 号选育	平凉市农业科学研究所
2008	科技进步奖	二等奖	肉羊三元杂交繁育及产业化配套技术研究与示范	甘肃省畜牧技术推广总站，景泰县畜牧兽医工作站，靖远县畜牧兽医技术服务中心，会宁县畜牧服务中心
2008	科技进步奖	二等奖	抗旱耐低温糖化加工型马铃薯育种材料创新和品种选育	甘肃农业大学，定西市旱作农业科研推广中心
2008	科技进步奖	二等奖	天水市农村沼气与生态农业技术研究示范推广	天水市农村能源技术推广中心
2008	科技进步奖	二等奖	旱地冬小麦品种兰天 16 号	兰州商学院，甘肃农业职业技术学院，庆阳市种子管理站，平凉市种子管理站
2008	科技进步奖	二等奖	祁连山北坡东端主要造林树种有害生物控制措施技术研究	甘肃民勤连古城国家级自然保护区管理局，天祝藏族自治县林业局，甘肃祁连山国家自然保护区乌鞘岭自然保护站，天祝藏族自治县古城林场，甘肃省林业厅三北防护林建设局
2008	科技进步奖	二等奖	优质肉羊产业化生产配套技术研究与应用	世界银行贷款甘肃牧业发展项目管理办公室，安定区世行贷款甘肃牧业发展项目管理办公室，凉州区世行贷款甘肃牧业发展项目管理办公室，景泰县世行贷款甘肃牧业发展项目管理办公室，永昌县世行贷款甘肃牧业发展项目管理办公室

（续表）

年　份	奖　项	等　级	项目名称	主要完成单位
2008	科技进步奖	二等奖	秦王川移民区高效耐盐碱节水作物引选及配套生产模式研究	甘肃省农业科学院
2008	科技进步奖	二等奖	农村小城镇建设中的地质灾害评估体系及其生态地质环境建设研究	甘肃省科学院地质自然灾害防治研究所，西安科技大学
2008	科技进步奖	二等奖	前悬挂割草压扁机的研制	甘肃农业大学工学院
2008	科技进步奖	二等奖	河西走廊制种基地环境优化和主要病虫害控制技术研究	甘肃省农业科学院植物保护研究所，甘肃省农业科学院土壤肥料与节水农业研究所，甘肃农业大学草业学院，甘肃省酒泉市肃州区种子管理站，甘肃省武威市植保植检站
2008	科技进步奖	二等奖	甘肃金鳟选育技术研究及示范推广	甘肃省渔业技术推广总站，甘肃省祁连雪冷水鱼良种繁育中心，永昌金鳟鱼培育繁殖中心，永昌县三鑫渔场
2008	科技进步奖	二等奖	甜瓜新品种选育与推广	甘肃农业大学
2008	科技进步奖	二等奖	优质肉用绵羊产业化高新高效技术的研究与应用	中国农科院兰州畜牧与兽药研究所，甘肃省红光园艺场，永昌县农牧局，白银市畜牧兽医局，临夏回族自治州畜牧技术推广站
2008	科技进步奖	二等奖	紫花苜蓿营养生长与生殖生长的调控技术研究及应用	甘肃农业大学
2008	科技进步奖	二等奖	旱地莜麦新品种定莜5号选育	定西市旱作农业科研推广中心
2008	科技进步奖	二等奖	甘肃省农业机械质量调查及评价指标体系研究	甘肃省农业机械鉴定站
2008	科技进步奖	三等奖	双抗棉花新品种陇棉1号及综合丰产栽培技术推广应用	甘肃省农科院作物所
2008	科技进步奖	三等奖	鸽新城疫疫苗研究	甘肃省畜牧兽医研究所
2008	科技进步奖	三等奖	油橄榄优良品种选择及优质高产栽培技术研究	甘肃省林业科学研究院，陇南市武都区油橄榄研究所
2008	科技进步奖	三等奖	辽宁绒山羊、内蒙古绒山羊与藏山羊杂交试验研究	甘南州畜牧科学研究所
2008	科技进步奖	三等奖	加工番茄主要病虫害及其综合治理技术研究与示范推广	甘肃农业大学，张掖市植保植检站
2008	科技进步奖	三等奖	酪朊酸钙［钠］和黄油粉系列乳制品深加工关键技术研究及产业化应用	临夏州华夏乳品有限责任公司，甘肃农业大学，和政县华龙乳制品有限公司，甘肃华羚生物技术研究中心
2008	科技进步奖	三等奖	甘肃草原鼠害防控技术集成研究与示范推广	甘肃省草原技术推广总站，甘南州草原站，天祝县草原站，夏河县草原站
2008	科技进步奖	三等奖	陇东绒山羊新品种培育及推广应用	甘肃省畜牧兽医研究所，环县畜禽改良站，华池县畜牧兽医站，庆城县畜牧技术推广站
2008	科技进步奖	三等奖	旱作区农作物膜侧栽培技术示范	白银市农业技术服务中心，会宁县农业技术推广中心
2008	科技进步奖	三等奖	小陇山林区珍稀濒危树种保护与繁育技术研究	甘肃省小陇山林业实验局林业科学研究所
2008	科技进步奖	三等奖	奶牛乳房炎主要病原菌免疫生物学特性的研究	中国农业科学院兰州畜牧与兽药研究所

（续表）

年　份	奖　项	等　级	项目名称	主要完成单位
2008	科技进步奖	三等奖	适宜救灾的早熟丰产糜子新品种陇糜 8 号	甘肃省农业科学院作物研究所
2008	科技进步奖	三等奖	高产优质多抗专用小麦品种分子标记辅助育种	甘肃农业大学
2008	科技进步奖	三等奖	甘肃棉区棉铃虫灾变机理及治理对策研究	甘肃省农科院植物保护研究所，敦煌市农业技术推广中心
2008	科技进步奖	三等奖	奶牛“五配套、十规范”高产养殖技术研究与示范	肃州区奶产业技术服务协会，肃州区畜牧兽医技术服务中心
2008	科技进步奖	三等奖	河西灌区秸秆覆盖还田储水灌溉技术研究	武威市凉州区水务局，甘肃农业大学
2008	科技进步奖	三等奖	日光温室茄子有机生态型无土栽培技术研究与推广	酒泉市肃州区蔬菜技术服务中心
2008	科技进步奖	三等奖	航天蔬菜新品种选育	天水绿鹏农业科技有限公司，中国科学院遗传与发育生物学研究所，中国空间技术研究院
2008	科技进步奖	三等奖	张掖市主要农作物标准化生产技术体系研究及大面积示范推广	张掖市农业技术推广站，张掖市经济作物技术推广站，张掖市种子管理稽查站，临泽县农业技术推广中心，山丹县农业技术推广中心
2008	科技进步奖	三等奖	西部七省区生态建设与草业开发专家系统	兰州大学，兰州高博计算机信息系统工程有限公司
2008	科技进步奖	三等奖	口蹄疫诊断检疫新技术及试剂盒研制	中国农业科学院兰州兽医研究所
2008	科技进步奖	三等奖	高赖氨玉米单交种 218 选育	定西市特种玉米研究开发中心
2008	科技进步奖	三等奖	草地无脊椎动物群落结构和种群数量动态的研究	甘肃农业大学
2008	科技进步奖	三等奖	五种甘肃产道地药材的商品规格与质量的相关性研究	甘肃省药品检验所
2008	科技进步奖	三等奖	杂粮（玉米）系列主食产品的开发	兰州工业研究院
2008	科技进步奖	三等奖	彩色马蹄莲组培快繁与成球繁育技术研究	兰州市农业科学研究所，甘肃农业大学草业学院，甘肃临洮顺美林木工程有限公司
2009	自然科学奖	二等奖	动物梨形虫种类厘定及流行要素	中国农业科学院兰州兽医研究所
2009	自然科学奖	二等奖	干旱生态系统退化与恢复机理及水资源利用的基础研究	中国科学院兰州分院
2009	科技进步奖	一等奖	动物用狂犬抗原的高效表达及免疫研究	中国农业科学院兰州兽医研究所，中国农业科学院生物技术研究所
2009	科技进步奖	一等奖	优质高产啤酒大麦新品种甘啤 4 号	甘肃省农业科学院啤酒原料研究所
2009	科技进步奖	一等奖	西部地区主要牛羊肉、乳营养特性及品质育肥技术体系研究	甘肃农业大学
2009	科技进步奖	一等奖	荒漠绿洲水热过程与生态恢复技术	中国科学院寒区旱区环境与工程研究所
2009	科技进步奖	一等奖	甘肃省疏勒河灌区信息化系统研究及应用	甘肃省疏勒河流域水资源管理局

（续表）

年　份	奖　项	等　级	项目名称	主要完成单位
2009	科技进步奖	二等奖	兰州市郊黄土丘陵雨养生态系统建植技术与模式	中国科学院寒区旱区环境与工程研究所，兰州市南北两山环境绿化工程指挥部
2009	科技进步奖	二等奖	甘肃祁连山水源林生态系统定位研究	甘肃省祁连山水源涵养林研究院
2009	科技进步奖	二等奖	提高甘肃黄土高原西部雨养农业系统生产力及其可持续性的研究	甘肃农业大学，甘肃省定西市安定区农业技术推广服务中心
2009	科技进步奖	二等奖	优质核桃新品种选育及优质丰产关键技术研究与示范	甘肃省农科院林果花卉研究所，成县林木种苗管理站，文县花椒核桃产业开发服务中心，康县林果技术服务中心
2009	科技进步奖	二等奖	铅笔柏种苗繁育及造林技术创新与示范	甘肃省林业科学研究院，甘肃省天水麦积区三阳苗圃，甘肃省天水秦州林业局
2009	科技进步奖	二等奖	牛胚胎移植关键技术研究与应用	甘肃省畜牧兽医研究所，甘肃农业大学动物医学院，宁县兴旺牧业集团兴旺牧业有限责任公司，平凉市崆峒区畜牧技术服务中心，平凉市灵台县畜牧兽医局
2009	科技进步奖	二等奖	天水市优质菜豆种植技术试验研究与示范	天水市蔬菜产业开发办公室
2009	科技进步奖	二等奖	黄河首曲玛曲县退化草地改良模式与综合生产力提高途径研究	甘肃农业大学，甘肃省林业科学研究院，甘肃省玛曲县草原站，酒泉职业技术学院
2009	科技进步奖	二等奖	甘肃省退牧还草效益遥感监测研究	中国气象局兰州干旱气象研究所，甘肃省草原技术推广总站，甘肃省气候变化与减灾重点实验室，中国气象局干旱气候变化与减灾重点实验室
2009	科技进步奖	二等奖	甘肃省马铃薯产业发展配套高产栽培技术研究与示范	甘肃省农业技术推广总站，安定区农业技术推广服务中心，榆中县农业技术推广中心，古浪县农业技术推广中心，武都区农业技术推广中心
2009	科技进步奖	二等奖	引黄灌区豌豆新品种银豌1号选育推广	白银市农业科学研究所
2009	科技进步奖	二等奖	西北地区及吉尔吉斯斯坦甘草品质评价及资源研究	甘肃中医学院
2009	科技进步奖	二等奖	甘肃中东部地区生态型能源农业经济模式试验示范	甘肃省生态学会，定西市农村能源站，甘肃农业职业技术学院，平凉市农村能源办公室，庆阳市农村能源办公室
2009	科技进步奖	二等奖	北种南运蔬菜引种试验研究与示范	兰州市农业科学研究所
2009	科技进步奖	二等奖	牦牛、肉羊及马鹿肉风味评价与产品加工技术示范	甘肃农业大学
2009	科技进步奖	二等奖	甘肃当地主要牧草生产技术研究及示范推广	甘肃省草原技术推广总站，兰州市红古区畜牧兽医站，甘肃省甘州区畜牧局，岷县草原站，玉门市畜牧兽医服务中心
2009	科技进步奖	二等奖	肉羊引进及杂交改良技术研究与应用	甘肃省畜牧管理总站，酒泉市畜牧站，定西市畜牧站，武威市畜牧站，庆阳市畜牧站

（续表）

年 份	奖 项	等 级	项目名称	主要完成单位
2009	科技进步奖	二等奖	微波—压差脱水膨化苹果脆片工艺技术研究与应用开发	甘肃省农业科学院农产品贮藏加工研究所，甘肃省润源农产品开发公司，庆阳宝源果蔬食品有限公司，甘肃长河食品饮料有限责任公司，正宁县金牛实业有限责任公司
2009	科技进步奖	二等奖	甘肃省广通河流域生态保护与恢复对策研究及应用	甘肃省外资项目管理办公室，甘肃农业大学，甘肃省农业技术推广总站，和政县农业局，广河县农业局
2009	科技进步奖	二等奖	抗锈、抗旱、丰产冬小麦新品种陇鉴294	甘肃省农业科学院旱地农业研究所
2009	科技进步奖	二等奖	稳产抗病广适玉米新品种陇单3号	甘肃省农业科学院作物研究所
2009	科技进步奖	二等奖	沙区综合治理试验示范	甘肃省治沙研究所
2009	科技进步奖	二等奖	高效节能日光温室关键技术研究与设备开发	甘肃省农业科学院蔬菜研究所
2009	科技进步奖	二等奖	天祝白牦牛种质资源保护与产品开发利用	西北民族大学，甘肃省天祝白牦牛育种实验场，中国农业科学院兰州畜牧与兽药研究所
2009	科技进步奖	二等奖	青藏高原草地生态畜牧业可持续发展技术研究与示范	中国农业科学院兰州畜牧与兽药研究所，青海省畜牧兽医科学院，甘肃农业大学，青海省海北藏族自治州畜牧局，青海省海西州畜牧兽医科学研究所
2009	科技进步奖	二等奖	机修梯田规范化建设技术	甘肃省水土保持科学研究所，甘肃省水利厅水土保持局
2009	科技进步奖	三等奖	黄土丘陵区（庄浪）梯田高效利用关键技术及区域生态经济研究	甘肃省农业科学院旱地农业研究所，庄浪县农业技术推广中心
2009	科技进步奖	三等奖	干旱半干旱区菊芋资源引进及无公害栽培集成技术研究	定西市鑫地农业新技术示范开发中心，定西市旱作农业科研推广中心
2009	科技进步奖	三等奖	高效低毒新农药的筛选．试验示范及大面积推广	甘肃省农业科学院植物保护研究所，甘肃省武威市植保植检站，甘肃省植保植检站
2009	科技进步奖	三等奖	三倍体虹鳟网箱养殖及初加工关键技术研究开发	甘肃省水产科学研究所
2009	科技进步奖	三等奖	干旱半干旱地区舍饲牛羊多发病综合防治技术示范	定西市动物防疫站
2009	科技进步奖	三等奖	优质丰产油葵杂交种法A18（LG9023R）引育及推广应用	甘肃省农科院作物研究所，甘肃省飞天种业公司特作中心
2009	科技进步奖	三等奖	丰产早熟抗病胡麻新品种天亚8号选育及应用	甘肃农业职业技术学院
2009	科技进步奖	三等奖	泾河川蔬菜新品种引进及高效栽培技术研究示范	平凉市农业科学研究所
2009	科技进步奖	三等奖	野生暗腹雪鸡种群生态研究	兰州大学
2009	科技进步奖	三等奖	欧洲云杉工厂化扦插繁育配套技术研究	甘肃省小陇山林业实验局林业科学研究所，中国林科院林业研究所
2009	科技进步奖	三等奖	甘肃省叶甲科昆虫研究	甘肃白水江国家级自然保护区管理局
2009	科技进步奖	三等奖	动物福利在养猪业中的应用研究	甘肃省畜牧管理总站

（续表）

年 份	奖 项	等 级	项目名称	主要完成单位
2009	科技进步奖	三等奖	南德温肉牛杂交改良甘南本地黄牛试验及综合饲养管理技术推广	甘南州畜牧科学研究所
2009	科技进步奖	三等奖	动物纤维显微结构与毛、皮质量评价技术体系研究	中国农业科学院兰州畜牧与兽药研究所，农业部动物毛皮及制品质量监督检验测试中心
2009	科技进步奖	三等奖	畜禽无公害饲料标准化生产技术试验示范	白银市畜牧兽医局（原市畜牧中心），白银区畜牧水产技术推广服务中心，白银市农业技术服务中心
2009	科技进步奖	三等奖	河西灌区地面灌溉技术与田间管闸自动控制系统研究	甘肃农业大学
2009	科技进步奖	三等奖	DY地下滴灌系统关键技术产品研究与开发	甘肃大禹节水股份有限公司
2009	科技进步奖	三等奖	玉米顶腐病研究及防治技术大面积应用	张掖市玉源种业有限责任公司，河西学院，北京德农种业有限公司张掖分公司，甘肃省金源种业开发有限公司，北京奥瑞金种业股份有限公司临泽分公司
2009	科技进步奖	三等奖	农产品质量近红外快速检测技术研究	甘肃省农业科学院畜草与绿色农业研究所
2009	科技进步奖	三等奖	引大灌区专用马铃薯生产技术试验与示范推广	兰州市农业科学研究所
2009	科技进步奖	三等奖	日光温室反季节瓜菜生产技术示范推广	甘肃省经济作物技术推广站，古浪县园艺技术工作站，甘州区经济作物技术推广站，凉州区蔬菜产业办公室，合水县蔬菜开发办公室
2009	科技进步奖	三等奖	玉米新品种及自交系选育	甘肃省金源种业开发有限公司
2009	科技进步奖	三等奖	酿饲兼用高粱杂交种平杂8号选育	甘肃省平凉市农业科学研究所
2009	科技进步奖	三等奖	半夏组织培养技术优化及种茎工厂化生产体系研究	甘肃省农业科学院啤酒原料研究所
2009	科技进步奖	三等奖	珍稀濒危植物桃儿七细胞培养和固定化技术生产鬼臼毒素的研究	甘肃省科学院生物研究所
2009	科技进步奖	三等奖	祁连山东端林区中华鼢鼠综合防治试验研究	天祝县林业局，天祝县华隆林场，天祝县哈溪林场，天祝县古城林场，天祝县乌鞘岭林场
2009	科技进步奖	三等奖	张掖市无公害畜产品生产技术研究与示范推广	张掖市畜牧兽医研究所，山丹县动物疫病预防控制中心，民乐县动物卫生监督所，肃南县动物疫病预防控制中心，高台县动物检疫站
2009	科技进步奖	三等奖	甘肃省通渭县家储小麦寄生螨引发皮炎的调查与防制研究	通渭县疾病预防控制中心
2009	科技进步奖	三等奖	甘肃省都市农业与区域经济发展战略研究	甘肃省农业科学院农业经济与信息研究所
2009	科技进步奖	三等奖	天水市马铃薯重大病害无公害防治技术研究示范	天水市植物保护植物检疫站，清水县农业技术推广站，秦安县农业技术推广中心，武山县植物保护植物检疫站
2010	自然科学奖	三等奖	西北特色植物资源化学成分与分析方法研究	中国科学院兰州化学物理研究所
2010	技术发明奖	三等奖	重离子束辐照研制新化合物“喹羟酮”	中国农业科学院兰州畜牧与兽药研究所

（续表）

年 份	奖 项	等 级	项目名称	主要完成单位
2010	科技进步奖	一等奖	高产稳产优质胡麻新品种陇亚10号选育及大面积推广应用	甘肃省农业科学院作物研究所
2010	科技进步奖	一等奖	黄土高原牧草种质资源收集保存与新品种创制研究	甘肃农业大学，甘南州草原站，肃南县草原站，宁夏回族自治区草原总站，西北农林科技大学
2010	科技进步奖	一等奖	特色植物及其废弃物资源化高效利用	西北师范大学，天水维康生物工程有限公司，陇南田园橄榄油科技开发有限公司，陇南核桃开发中心，天水师范学院，天水市秦州区食用菌研究所
2010	科技进步奖	一等奖	农业高效节水地下滴灌系统开发及关键技术研究	甘肃大禹节水股份有限公司，中国水利水电科学研究院，水利部科技推广中心
2010	科技进步奖	二等奖	辣椒优良杂交种陇椒3号	甘肃省农业科学院蔬菜研究所
2010	科技进步奖	二等奖	Yr26在小麦育种中的利用及兰天17号和兰天24号的选育	甘肃省农业科学院小麦研究所，兰州商学院，天水农业学校
2010	科技进步奖	二等奖	小麦条锈病菌源区综合治理技术研究与推广应用	甘肃省植保植检站，甘肃省农科院植保所，麦积区植保植检站，甘谷县植保植检站，武都区农业技术推广中心
2010	科技进步奖	二等奖	设施园艺无公害生产关键技术研究与示范	甘肃农业大学，甘肃省农业科学院蔬菜研究所，靖远县农业技术推广中心
2010	科技进步奖	二等奖	甘肃典型旱生灌木种质资源保护与利用研究	甘肃农业大学，兰州市林木种苗繁育中心所
2010	科技进步奖	二等奖	甘肃高寒牧区人工草地建植技术研究与示范	甘肃省草原技术推广总站，夏河县草原工作站，合作市工作站草原站，肃南裕固族自治县草原工作站，甘南藏族自治州工作草原站
2010	科技进步奖	二等奖	羊支原体性肺炎病原、诊断和免疫研究	中国农业科学院兰州兽医研究所
2010	科技进步奖	二等奖	提高甘南欧拉型藏羊产肉性能及杂交利用研究	甘南藏族自治州畜牧科学研究所
2010	科技进步奖	二等奖	早熟玉米新品种金顿302选育与复播推广	酒泉市博世秾农作物新品种研究所
2010	科技进步奖	二等奖	西部内陆湖库亚冷水性鱼类规模化繁育和养殖技术研究与示范	酒泉市海东鲟鱼开发有限责任公司，酒泉市万聚渔业开发有限责任公司，中国水产科学研究院东海水产研究所，甘肃省渔业技术推广总站，兰州大学生命科学学院
2010	科技进步奖	二等奖	绿洲农林复合系统水分高效利用研究与示范	中国科学院寒区旱区环境与工程研究所，甘肃省临泽县科学技术开发中心
2010	科技进步奖	二等奖	奶牛重大疾病防控新技术的研究与应用	中国农业科学院兰州畜牧与兽药研究所，华中农业大学，中国农业科学院特产研究所，四川省畜牧科学院，江苏农林职业技术学院
2010	科技进步奖	二等奖	西北农作物对气候变化的响应及其评价方法	中国气象局兰州干旱气象研究所，甘肃省干旱气候变化与减灾重点实验室，中国气象局干旱气候变化与减灾重点开放实验，宁夏大学，乌鲁木齐气象卫星地面站
2010	科技进步奖	二等奖	甘肃省农作物、果树、昆虫资源收集保存评价与利用	甘肃省农业科学院，甘肃省农业科学院林果与花卉研究所，甘肃省农业科学院作物研究所，甘肃省农业科学院植物保护研究所，甘肃省农业科学院农业经济与信息研究所

（续表）

年　份	奖　项	等　级	项目名称	主要完成单位
2010	科技进步奖	二等奖	甘肃中东部地区退化果园土壤修复及优质丰产栽培技术研究与示范	甘肃省农业科学院土壤肥料与节水农业研究所，甘肃省农业科学院旱地农业研究所
2010	科技进步奖	二等奖	厚皮甜瓜新品种甘蜜宝选育及应用	兰州蜜源种苗有限责任公司
2010	科技进步奖	二等奖	全膜双垄沟系列起垄全铺膜联合作业机研制与应用	甘肃省农业机械化技术推广总站，兰州农源农机有限公司
2010	科技进步奖	二等奖	荒漠区优质樟子松苗木培育及农防林营造技术研究与示范	甘肃省治沙研究所，甘肃省民勤治沙综合试验站，景泰治沙站，武威市林业科学研究所，张掖市林业科学研究院
2010	科技进步奖	二等奖	祁连山北麓东端丹巴腮扁叶蜂生物学特性及控制技术措施研究	天祝藏族自治县林业局，天祝县林木病虫防治检疫站，天祝县乌鞘岭林场
2010	科技进步奖	二等奖	甘肃省测土配方施肥技术研究与应用	甘肃省农业节水与土壤肥料管理总站，甘州区农业技术推广中心，麦积区农业技术推广中心，庄浪县农业技术推广中心，秦州区农业局
2010	科技进步奖	二等奖	桃优良新品种选育及优质安全关键技术研究与示范推广	甘肃省农科院林果花卉研究所，天水市秦安县果业管理局，皋兰县林业技术推广站，兰州市七里河林业局，天水市秦州区果业管理局
2010	科技进步奖	二等奖	河西地区肉杂鸡繁育体系研究及优质高效生产技术示范	甘肃畜牧工程职业技术学院
2010	科技进步奖	二等奖	牡丹优良品种引种及新品种培育研究	甘肃省林业科学技术推广总站，兰州诺克牡丹园艺有限公司
2010	科技进步奖	二等奖	旱作区全膜双垄沟播玉米一膜两年用技术研究与示范推广	甘肃省农业技术推广总站，榆中县农业技术推广中心，通渭县农业技术推广中心，甘肃省会宁县农业技术推广中心，环县农业技术推广中心
2010	科技进步奖	三等奖	旱地高产优质冬小麦新品种陇中 1 号选育	定西市旱作农业科研推广中心
2010	科技进步奖	三等奖	马铃薯变性淀粉系列产品工艺研究及其中试	甘肃圣大方舟马铃薯变性淀粉有限公司
2010	科技进步奖	三等奖	糯玉米单交种临糯 4 号选育	定西市特种玉米研究开发中心
2010	科技进步奖	三等奖	优质高产糜子新品种陇糜 7 号选育及应用	甘肃省农业科学院作物研究所
2010	科技进步奖	三等奖	党参新品种渭党 2 号选育及推广	定西市旱作农业科研推广中心
2010	科技进步奖	三等奖	河西灌区扩种冬小麦节水、防沙尘综合技术体系研究	甘肃农业大学，兰州商学院，甘肃省农业科学院
2010	科技进步奖	三等奖	针叶豌豆新品种陇豌 2 号及高产高效栽培技术研究与示范	甘肃省农业科学院土壤肥料与节水农业研究所，康乐县科学技术局，张掖市农业科学研究院，武威市农业技术推广中心，靖远县农业技术推广中心
2010	科技进步奖	三等奖	泾河川农业高效栽培模式研究与示范	平凉市农业科学研究所
2010	科技进步奖	三等奖	辣椒新杂交组合民欣早椒（97-50）选育与示范推广	兰州市种子管理局，甘肃中医学院

（续表）

年 份	奖 项	等 级	项目名称	主要完成单位
2010	科技进步奖	三等奖	板桥白黄瓜优质高效栽培模式与产业开发研究	合水县蔬菜开发办公室
2010	科技进步奖	三等奖	盐碱、砂石地日光温室蔬菜生产集成技术研究与示范推广	肃州区蔬菜技术服务中心
2010	科技进步奖	三等奖	甘肃河西走廊食用菌生产关键技术创新应用及技术体系建设	河西学院食用菌研究所，酒泉市肃州区农业技术推广中心，张掖市农业信息中心，凉州区农业技术推广中心
2010	科技进步奖	三等奖	枸杞表面除蜡及干燥关键技术开发	兰州理工大学，景泰玉杰农贸公司
2010	科技进步奖	三等奖	祁连山土壤呼吸沿环境梯度变化规律的研究	甘肃省祁连山水源涵养林研究院
2010	科技进步奖	三等奖	旱砂地枣树栽培技术研究与示范	甘肃风景园林有限公司
2010	科技进步奖	三等奖	甘肃省退耕还林工程效益监测	甘肃省林业科学研究院，天水市秦州区林业局，定西市安定区林业局，山丹县林业技术工作站，民勤县林业局
2010	科技进步奖	三等奖	兰州南北两山动物资源调查及器官生物学研究	西北师范大学，甘肃政法学院
2010	科技进步奖	三等奖	牛羊专用中草药保健型饲料添加剂的开发利用	甘肃省动物营养研究所，甘肃安邦牧业有限公司，安定区畜牧兽医站
2010	科技进步奖	三等奖	标准化养殖小区建设技术研究与示范	甘肃省畜牧管理总站，肃州区畜牧技术服务中心，金塔县畜牧技术服务中心，甘州区畜牧管理站，民乐县畜牧工作站
2010	科技进步奖	三等奖	寒生旱生苜蓿产业化生产技术研究与推广	甘肃农大生态农业科技发展有限公司，甘肃省草原技术推广总站，甘肃农业大学工学院
2010	科技进步奖	三等奖	苜蓿主要害虫发生规律及防治技术研究与示范	甘肃农业大学，平凉市植保植检站，庆阳市农业技术推广中心
2010	科技进步奖	三等奖	骆驼O型口蹄疫综合防治技术研究与应用	酒泉市畜牧服务中心，瓜州县畜牧兽医工作站，肃北蒙古族自治县畜牧兽医工作站，敦煌市畜牧兽医技术服务中心，肃州区畜牧兽医技术服务中心
2010	科技进步奖	三等奖	优质肉牛基地建设与产业化关键技术研究及应用	世界银行贷款甘肃牧业发展项目管理办公室，张川县世行贷款畜牧综合发展项目办公室，灵台县世行贷款甘肃牧业发展项目管理办公室，临夏州畜牧技术推广站，平凉市牛产业开发办公室
2010	科技进步奖	三等奖	马铃薯主要病虫害综合防治技术研究与示范推广	甘肃省农业科学院植物保护研究所，甘肃省榆中县农业技术推广中心，甘肃省定西市植保植检站
2010	科技进步奖	三等奖	几种卫矛科植物中昆虫拒食活性化学成分的应用基础研究	甘肃省分析测试中心，兰州大学
2010	科技进步奖	三等奖	花椒籽在百万只蛋鸡日粮中的示范推广应用	陇南市畜牧兽医局
2010	科技进步奖	三等奖	陇东雨养农业区奶牛高效生态养殖综合技术示范	甘肃省外资项目管理办公室，庆阳市兽医局，合水县畜牧站
2011	自然科学奖	一等奖	荒漠草原典型盐生植物适应逆境的机理研究	兰州大学

（续表）

年　份	奖　项	等　级	项目名称	主要完成单位
2011	科技进步奖	一等奖	马铃薯优质高效配套生产技术研究与示范	甘肃农业大学，贵州省农业科学院，四川省农业科学院作物所，定西市旱作农业科研推广中心，内蒙古铃田生物技术有限责任公司
2011	科技进步奖	一等奖	超强抗寒冬油菜新品种陇油 6 号选育及推广应用	甘肃农业大学，西北师范大学
2011	科技进步奖	一等奖	河西万亩设施葡萄产业带建设及延后集成技术应用与标准化生产	甘肃农业大学，甘肃银先立达商贸有限公司，张掖市林业科技推广站，天柱藏族自治县林业工作站，永登县西正开农业科技有限公司，武威市林业科学研究所，敦煌市林业技术推广中心
2011	科技进步奖	一等奖	黄土高原粮草畜耦合、资源高效可持续利用研究与示范	兰州大学，庆阳市农牧局，定西市畜牧局
2011	科技进步奖	一等奖	微生物凝乳酶与乳酸菌发酵剂制备关键技术及其应用研究	甘肃农业大学，中国农业大学，北京三元食品股份有限公司，甘肃华羚生物科技有限公司，兰州庄园乳业有限责任公司，北京超凡食品有限公司
2011	科技进步奖	二等奖	豌豆新品种陇豌 1 号选育及高产栽培技术示范推广	甘肃省农业科学院作物所，定西市旱作农业科研推广中心
2011	科技进步奖	二等奖	中兽药复方新药“金石翁芍散”的研制及产业化	中国农业科学院兰州畜牧与兽药研究所，四川鼎尖动物药业有限责任公司
2011	科技进步奖	二等奖	西北旱塬集雨覆盖高效用水关键技术研究与应用	甘肃省农业科学院，甘肃农业大学，镇原县农牧局
2011	科技进步奖	二等奖	苹果采后处理与精深加工及专用原料生产技术集成示范	甘肃省农业科学院农产品贮藏加工研究所，天水市果业产业化办公室，甘肃农业大学，庆阳市经济林木工作管理站，天水市果树研究所
2011	科技进步奖	二等奖	猪圆环病毒 2 型分子免疫基础及防治技术研究	中国农业科学院兰州兽医研究所
2011	科技进步奖	二等奖	利用基因激活技术提高瓜类作物抗病性的研究	甘肃农业大学
2011	科技进步奖	二等奖	中药提取物治疗仔猪黄白痢的试验研究	甘肃省畜牧兽医研究所
2011	科技进步奖	二等奖	河西绿洲灌区主要作物垄作沟灌节水栽培技术研究与示范	甘肃省农业科学院土壤肥料与节水农业研究所，凉州区农业技术推广中心，民勤县农业技术推广中心，甘州区农业技术推广中心，酒泉市农业技术推广服务中心
2011	科技进步奖	二等奖	优质燕麦新品种引进选育及示范推广	白银市农业技术服务中心，白银市农业科学研究所
2011	科技进步奖	二等奖	高产、优质、抗锈、广适冬小麦品种兰天 15 号	甘肃省农科院小麦研究所，甘肃农业职业技术学院，天水农业学校，兰州商学院，青海省农林科学院
2011	科技进步奖	二等奖	黄土高原丘陵沟壑区保护性耕作技术集成研究与示范	甘肃农业大学，西北农林科技大学，甘肃省农业科学院
2011	科技进步奖	二等奖	油橄榄叶中提取橄榄苦甙工艺技术研究	甘肃省林业科学研究院
2011	科技进步奖	二等奖	全膜双垄集雨沟播技术增产机理研究及技术集成应用	兰州大学，甘肃省农业节水与土壤肥料管理总站

（续表）

年　份	奖　项	等　级	项目名称	主要完成单位
2011	科技进步奖	二等奖	陇中黄土高原生态安全格局分析与评价研究	甘肃农业大学，甘肃省林业厅，定西市水土保持科学研究所
2011	科技进步奖	二等奖	石羊河下游荒漠植被天然更新与封育技术研究	武威市石羊河林业总场，甘肃民勤荒漠草地生态系统国家野外科研站
2011	科技进步奖	二等奖	甘南藏绵羊冷季补饲育肥试验及配套技术研究	甘南藏族自治州畜牧科学研究所
2011	科技进步奖	二等奖	动物细胞培养用胎牛血清系列产品开发及标准化的试验研究	西北民族大学，兰州民海生物工程有限公司
2011	科技进步奖	二等奖	石羊河下游白刺资源调查与繁育技术研究	甘肃民勤连古城国家级自然保护区管理局
2011	科技进步奖	二等奖	基于综合生态管理理论的草原资源保护和可持续利用研究与示范	世界银行贷款甘肃牧业发展项目管理办公室，中国农业科学院兰州畜牧与兽药研究所，兰州大学，甘肃农业大学，安定区世行贷款畜牧综合项目管理办公室
2011	科技进步奖	二等奖	高淀粉专用马铃薯陇薯6号、陇薯3号繁种技术体系研究及产业化示范	甘肃省农业科学院马铃薯研究所
2011	科技进步奖	二等奖	奶牛乳房炎功能基因组学及蛋白质组学研究及其综合防治体系的建立	甘肃农业大学
2011	科技进步奖	二等奖	民勤生态—经济型绿洲技术集成试验示范	甘肃省水利科学研究院
2011	科技进步奖	二等奖	人参果脱毒种苗快繁技术研究与标准化生产示范	武威市农业技术推广中心，甘肃省分析测试中心，天祝县农业技术推广中心，凉州区农业技术推广中心
2011	科技进步奖	二等奖	引河滴灌成套设备研发与产业化推广	甘肃瑞盛·亚美特高科技农业有限公司，兰州理工大学
2011	科技进步奖	二等奖	甘肃苹果创新型栽培技术体系研究与示范	甘肃省经济作物技术推广站，泾川县果业局，静宁县果业局，甘谷县果业局，庄浪县果业局
2011	科技进步奖	三等奖	大粒鲜食葡萄新品种选育及优质高效栽培关键技术研究与示范	甘肃省农科院林果花卉研究所，敦煌市林业技术推广中心，天水麦积区果品产业局，武威市石羊河林业总场
2011	科技进步奖	三等奖	耐高盐产酯酵母菌株的选育及其细胞固定化技术研究	甘肃省科学院生物研究所，兰州凯奇生物工程有限责任公司
2011	科技进步奖	三等奖	紫苏无公害标准化生产技术研究	正宁县蔬菜生产工作站
2011	科技进步奖	三等奖	特种药材种子丸化及地膜穴播栽培技术研究与应用	甘肃省农垦农业研究院，甘肃黄羊河农工商（集团）有限责任公司
2011	科技进步奖	三等奖	当归提质增产栽培关键技术研究与示范	甘肃省经济作物技术推广站，甘肃农业大学，渭源县园艺站，漳县园艺技术推广站，岷县中药材生产技术指导站
2011	科技进步奖	三等奖	甘肃河西退化草原综合治理及其养殖关键技术研究	甘肃省草原技术推广总站，肃北蒙古族自治县草原站，肃南裕固族自治县草原工作站，景泰县世界银行畜牧综合发展项目管理办公室，肃州区世界银行贷款项目管理办公室

（续表）

年　份	奖　项	等　级	项目名称	主要完成单位
2011	科技进步奖	三等奖	应用分子育种技术选育舍饲型肉毛兼用绵羊新类群的研究	甘肃农业大学，临洮县华加牧业科技有限责任公司，兰州奉特动物科技有限公司
2011	科技进步奖	三等奖	旱地马铃薯新品种定薯 1 号选育	定西市旱作农业科研推广中心，甘肃农业大学
2011	科技进步奖	三等奖	肉牛标准化生产体系及产业化开发关键技术应用研究	甘肃省畜牧管理总站，甘州区畜牧兽医工作站，凉州区畜牧兽医局，临泽县畜牧技术推广站，康乐县畜牧技术推广站
2011	科技进步奖	三等奖	甘肃省农作物病虫害测报技术规范的研究与应用	甘肃省植保植检站
2011	科技进步奖	三等奖	应用分子生物学技术创制作物新种质的研究	甘肃省农业科学院生物技术研究所
2011	科技进步奖	三等奖	丰产、优质白菜型冬油菜新品种天油 7 号（原代号 9852-1-1）选育	天水市农业科学研究所
2011	科技进步奖	三等奖	张掖市蔬菜水肥耦合效应研究与应用	张掖市经济作物技术推广站，河西学院，甘州区经济作物技术推广站，高台县经济作物技术推广站，山丹县经济作物指导中心
2011	科技进步奖	三等奖	靖远小口大枣丰产栽培技术研究示范	甘肃省林业科学技术推广总站，靖远县林业局
2011	科技进步奖	三等奖	甘肃金鳟人工繁育体系构建优化与产业化开发	甘肃省水产科学研究所
2011	科技进步奖	三等奖	甘肃省镰刀菌及其植物病害研究	甘肃省农业科学院，甘肃农业大学，甘肃省作物遗传改良与种植创新重点实验室，河西学院，天水师范学院
2011	科技进步奖	三等奖	葵花蛋白方便食品的研究与开发	兰州理工大学，甘肃敬业农业科技有限公司，甘肃省商业科技研究所，甘肃省产品质量监督检验中心
2011	科技进步奖	三等奖	西北寒旱区不供暖连栋温室研建及苗木快繁技术集成	武威市林业综合服务中心
2011	科技进步奖	三等奖	西北地区草坪延长绿期的措施及机理研究	甘肃农业大学
2011	科技进步奖	三等奖	节水型缀花地被植物引种及应用技术研究	兰州市园林科学研究所
2011	科技进步奖	三等奖	渭河流域气候变化和土地利用对水资源的影响研究	甘肃省水文水资源局
2011	科技进步奖	三等奖	甜、糯玉米新品种高效栽培技术试验示范及产业化开发	平凉市佳禾农产品加工有限责任公司
2011	科技进步奖	三等奖	兰州大尾羊资源保护与种质特性及产业化关键技术研究	西北民族大学，兰州市农委（农牧局），兰州市畜牧兽医研究所，永登明鑫种羊场，临洮华加牧业公司
2011	科技进步奖	三等奖	保护地水果黄瓜新品种绿秀 1 号	甘肃省农业科学院蔬菜研究所
2011	科技进步奖	三等奖	花椒特色产业开发技术试验示范	陇南市经济林研究院油橄榄研究所，陇南市农业科学研究所，陇南市经济林研究院花椒研究所

（续表）

年　份	奖　项	等　级	项目名称	主要完成单位
2011	科技进步奖	三等奖	甘肃省猪流感调查及综合防治技术研究与应用	甘肃省动物疫病预防控制中心
2011	科技进步奖	三等奖	张掖市肉牛母牛核心群建设技术研究与示范	张掖市畜牧管理站，甘州区畜牧管理站，临泽县畜牧技术推广站，高台县畜牧技术推广站，张掖农场养殖场
2011	科技进步奖	三等奖	黑河流域湿地（张掖段）植物资源调查与保护技术研究	张掖市林业科学研究院
2011	科技进步奖	三等奖	苦参质量标准和规范化栽培研究	甘肃农业职业技术学院，甘肃农业大学，兰州大得利生物化学制药有限公司
2011	科技进步奖	三等奖	甘肃产秦艽遗传多样性与化学成分相关性的研究	甘肃中医学院
2011	科技进步奖	三等奖	观赏百合种球国产化关键技术研究	兰州市农业科技研究推广中心，甘肃农业大学
2012	技术发明奖	三等奖	PCR-mtDNA 技术鉴别检测肉食品和饲料中畜禽源性成分	甘肃农业大学
2012	科技进步奖	一等奖	马铃薯新品种庄薯 3 号选育与示范推广	庄浪县农业技术推广中心，甘肃省农业技术推广总站
2012	科技进步奖	一等奖	甘肃肉牛主产区玉米秸秆饲料化及品质育肥技术体系研究与应用	甘肃农业大学，平凉红牛集团，张掖市畜牧兽医局，甘州区平山湖蒙古族乡畜牧兽医站，张掖市畜牧管理站，中国人民解放军兰州军区司令部直属工作部，平凉市牛产业开发办公室
2012	科技进步奖	二等奖	河西走廊荒漠区日光温室蔬菜生产关键技术集成与示范推广	甘肃农业大学，肃州区蔬菜技术服务中心，张掖市农业技术推广站，武威市农牧局
2012	科技进步奖	二等奖	旱地春小麦新品种定西 40 号选育研究及示范应用	定西市旱作农业科研推广中心
2012	科技进步奖	二等奖	抗旱节水高产小麦新品种选育及高产田创建关键技术研究	甘肃省农业科学院，张掖市农业科学院，临夏回族自治州农业科学院，天水市农业科学研究所，平凉市农业科学研究所
2012	科技进步奖	二等奖	绿洲和沿黄灌区循环农业模式及支撑技术体系研究与示范	甘肃省农业科学院，中国农业大学，甘肃省绿色食品办公室，甘肃省农业科学院土壤肥料与节水农业研究所，甘肃省农业科学院畜草与绿色农业研究所
2012	科技进步奖	二等奖	植物杀虫活性研究与新型安全、高效植物源生物农药的研制及应用	甘肃省农业科学院植物保护研究所，甘肃省农业科学院畜草与绿色农业研究所，甘肃省武威市农产品质量安全监督管理站，甘肃省小陇山林业实验局森林病虫害防治检疫，榆中县农业技术推广中心
2012	科技进步奖	二等奖	肉羊规模化养殖关键技术研究与示范	甘肃农业大学，甘肃省永昌肉用种羊场，民勤陇原中天生物工程有限公司
2012	科技进步奖	二等奖	甘肃省旱生牧草种质资源整理整合及利用研究	中国农业科学院兰州畜牧与兽药研究所
2012	科技进步奖	二等奖	陇东绒山羊快繁技术的研究与示范	甘肃省畜牧兽医研究所
2012	科技进步奖	二等奖	苹果优质安全生产关键技术研究及示范推广与出口基地建设	甘肃省农业科学院林果花卉研究所，平凉金果有限责任公司，静宁县果业局，麦积区果业局，泾川县果业局

（续表）

年　份	奖　项	等　级	项目名称	主要完成单位
2012	科技进步奖	二等奖	牛羊屠宰加工业副产物资源化综合利用技术研究及应用	甘肃农业大学，甘肃康美现代农牧产业集团有限公司，临夏市清河源清真食品有限公司，甘肃天玛生态食品科技股份有限公司
2012	科技进步奖	二等奖	高产广适春小麦新品种陇春 26 号选育及应用	甘肃省农业科学院小麦研究所
2012	科技进步奖	二等奖	西北内陆灌区农田循环生产技术集成研究与示范	甘肃农业大学，甘肃省农业科学院，武威市农技推广中心，张掖市农技推广站
2012	科技进步奖	二等奖	甘肃省猪一类疫病分布和免疫程序研究应用	甘肃省动物疫病预防控制中心
2012	科技进步奖	二等奖	榛子优良品种引进及野生资源改造利用的研究	甘肃省林业科学研究院，徽县林业局，甘肃省小陇山林业实验局林业科学研究所
2012	科技进步奖	二等奖	河西走廊东端荒漠植被的快速恢复研究	甘肃省治沙研究所，古浪县林业技术服务中心
2012	科技进步奖	二等奖	河西走廊有机葡萄及其酿酒关键技术开发与应用	甘肃紫轩酒业有限公司，甘肃省农业科学院林果花卉研究所
2012	科技进步奖	二等奖	甘肃河西内陆灌区百万亩产业化玉米制种关键技术集成研究示范推广	甘肃省敦煌种业股份有限公司，河西学院，中国农业大学
2012	科技进步奖	二等奖	甘肃省马铃薯主要病害监测和晚疫病综合防治技术研究示范	甘肃省植保植检站，甘肃农业大学，庄浪县农业技术推广中心，甘肃临夏植保植检站，陇南市农技总站
2012	科技进步奖	三等奖	高原夏菜高效安全生产及保鲜加工关键技术研究与示范	甘肃省农业科学院蔬菜研究所，甘肃省农业科学院农产品贮藏与加工研究所，甘肃民圣农业科技有限责任公司
2012	科技进步奖	三等奖	甘肃省棉花高产关键技术研究集成与示范	甘肃省经济作物技术推广站，酒泉市农业技术推广服务中心，敦煌市农业技术推广服务中心，金塔县农业技术推广服务中心，瓜州县农业技术推广服务中心
2012	科技进步奖	三等奖	河西灌区农田节水机械化技术集成	甘肃省农业机械化技术推广总站，凉州区农业机械化技术推广站，永昌县农业机械化技术推广服务中心，山丹县农机局，永昌恒源农机制造有限公司
2012	科技进步奖	三等奖	优良苹果脱毒技术研究与示范	甘肃省经济作物技术推广站，甘肃省农业科学院林果花卉研究所，平凉市果业开发办公室，天水市果业产业化办公室，西峰区果品产业管理局
2012	科技进步奖	三等奖	枸杞有效成分的提取与枸杞咖啡的研制	兰州理工大学，瓜州亿得生物科技有限公司
2012	科技进步奖	三等奖	特种药材百号专用品种的选育与鉴定	甘肃省农垦农业研究院
2012	科技进步奖	三等奖	抗旱、高蛋白、耐根腐病豌豆新品种定豌 6 号选育和示范推广	定西市旱作农业科研推广中心，甘肃省农业科学院作物所
2012	科技进步奖	三等奖	秦王川灌区次生盐渍化土壤的生物改良技术与应用研究	兰州市农业科技研究推广中心，甘肃黄土地扁桃科技有限公司，兰州大学生命科学院，兰州市动物卫生监督所，中国农业科学院兰州畜牧与兽药研究所

（续表）

年　份	奖　项	等　级	项目名称	主要完成单位
2012	科技进步奖	三等奖	高产优质抗病厚皮甜瓜新品种银冠的选育及应用	兰州市农业科技研究推广中心
2012	科技进步奖	三等奖	甘蓝新品种中甘 21 引进试验示范	兰州市种子管理局，兰州市农业科技研究推广中心
2012	科技进步奖	三等奖	2BFM-5 型山地免耕播种机的研制	甘肃农业大学
2012	科技进步奖	三等奖	祁连山东段水源涵养林流域单元生态特征与定向恢复技术试验研究	天祝县林业局，天祝县林业勘察设计队，天祝县林业工作站
2012	科技进步奖	三等奖	合作猪种质资源保护及利用研究	甘南藏族自治州畜牧科学研究所，甘肃农业大学
2012	科技进步奖	三等奖	基于雨水利用的农村安全饮水技术研究及装置开发	甘肃省水利科学研究院
2012	科技进步奖	三等奖	旱地全膜覆土穴播技术研究与示范	甘肃省农业技术推广总站，甘肃省农业科学院旱地农业研究所，甘谷县农业技术推广站，甘肃省农业科学院小麦研究所，静宁县农业技术推广中心
2012	科技进步奖	三等奖	甘肃陆生贝类物种调查及区系研究	甘肃省林业科学技术推广总站
2012	科技进步奖	三等奖	甘肃天祝高原马鹿杂交育种及鹿产品研发产业化	甘肃天祝华藏养鹿场，甘肃创兴生物工程有限责任公司，甘肃农业大学食品科学与工程学院，甘肃农业大学动物科学技术学院
2012	科技进步奖	三等奖	花卉苗木新优品种引进筛选及本土化繁殖技术研究与示范	甘肃省农科院林果花卉研究所
2012	科技进步奖	三等奖	兰州都市圈水土流失防治模式结构与功能研究	甘肃省水土保持科学研究所
2012	科技进步奖	三等奖	豌豆对水分胁迫的响应及复水补偿效应研究与应用	甘肃农业大学
2012	科技进步奖	三等奖	专用型蚕豆选育及产业技术开发研究	临夏州农业科学院
2012	科技进步奖	三等奖	大型高原水域鳟鱼养殖技术集成研究与示范	甘肃省渔业技术推广总站
2012	科技进步奖	三等奖	干旱半干旱区生物发酵床养猪育肥技术研究与示范	甘肃省外资项目管理办公室，定西市安定区畜牧兽医局，定西市安定区畜牧技术推广站，定西市安定区动物疫病控制中心
2012	科技进步奖	三等奖	百万头肉牛基地工程生物安全体系的研究与示范	张掖市动物疫病预防控制中心，甘州区动物疫病预防控制中心，临泽县动物疫病预防控制中心，高台县动物疫病预防控制中心，山丹县动物疫病预防控制中心
2012	科技进步奖	三等奖	甘肃省动物主要疫病流行规律及防控对策研究	甘肃省畜牧兽医学会
2013	自然科学奖	三等奖	甘肃叶蜂种类调查及分类研究	天水市秦州区森林病虫害防治检疫站
2013	技术发明奖	一等奖	农业有机固体废弃物资源化产品开发技术研究与应用	河西学院

（续表）

年 份	奖 项	等 级	项目名称	主要完成单位
2013	技术发明奖	三等奖	地下滴灌防根系入侵滴头生产工艺与农用废塑料再生技术	甘肃大禹节水股份有限公司
2013	科技进步奖	一等奖	农牧区动物寄生虫病药物防控技术研究与应用	中国农业科学院兰州畜牧与兽药研究所，甘肃省动物疫病预防控制中心，浙江海正药业股份有限公司，永靖县动物疫病预防控制中心，甘南藏族自治州畜科学研究所
2013	科技进步奖	一等奖	甘肃省杂交玉米种子生产及质量控制关键技术研究与示范	甘肃省种子管理局，甘肃农业大学，张掖市玉米原种场
2013	科技进步奖	一等奖	油橄榄叶的基础与应用研究和产业化	陇南田园油橄榄科技开发有限公司，中国科学院兰州化学物理研究所，兰州大学
2013	科技进步奖	二等奖	节水型高产优质春小麦新品种甘春 24 号的选育及应用	甘肃农业大学，甘肃省干旱生境作物学重点实验室，甘肃省富农科技有限公司
2013	科技进步奖	二等奖	甘肃南部云、冷杉外生菌根真菌种类多样性研究	甘肃省白龙江林业管理局林业科学研究所
2013	科技进步奖	二等奖	抗除草剂谷子新品种陇谷 11 号	甘肃省农业科学院作物研究所，中国农业科学院作物科学研究所
2013	科技进步奖	二等奖	苹果蠹蛾综合防控技术研究与应用	甘肃省植保植检站，中国科学院动物研究所，甘肃省农业科学院植物保护研究所
2013	科技进步奖	二等奖	花椰菜温敏型雄性不育系研究及新品种选育	甘肃省农业科学院蔬菜研究所
2013	科技进步奖	二等奖	防沙治沙新材料和新技术的研究与应用	甘肃省治沙研究所，民勤县林业技术推广站，甘肃金海阻沙固沙新材料有限公司，金塔县治沙研究试验站，临泽县小泉子治沙站
2013	科技进步奖	二等奖	基于现代药学的五种甘肃地产中药应用于畜禽生产的关键技术研究	甘肃农业大学，武威红牛农牧科技有限公司
2013	科技进步奖	二等奖	动物防疫整村推进模式研究与示范	永靖县动物疫病预防控制中心，甘肃省动物疫病预防控制中心，永靖县玉丰养殖有限责任公司
2013	科技进步奖	二等奖	秦艽、羌活人工驯化栽培技术集成研究与示范推广	甘肃农业大学，临潭县农业技术推广站，陇西中天药业有限责任公司
2013	科技进步奖	二等奖	玉米新杂交种武科 2 号选育及示范推广	武威市农业科学研究院，武威甘鑫种业有限公司，武威市武科种业科技有限责任公司
2013	科技进步奖	二等奖	旱作农机具转化与关键技术集成研究应用	甘肃省农业机械化技术推广总站，兰州农源农机有限公司，定西市三牛农机制造有限公司，敦煌市祥农农业机械有限责任公司，甘肃昌泰农业机械制造有限公司
2013	科技进步奖	二等奖	猪用新型分子免疫佐剂的创制于应用	中国农业科学院兰州兽医研究所，中农威特生物科技股份有限公司，中国动物疫病预防控制中心
2013	科技进步奖	二等奖	5GDZ1500 大型高效节能果蔬绿色干燥装备	甘肃省机械科学研究院
2013	科技进步奖	二等奖	岷山红三叶异黄酮生产及其对动物钙磷代谢的作用和机理研究	甘肃省草原技术推广总站，甘肃省岷县草原站，甘肃省定西市饲草饲料站

（续表）

年　份	奖　项	等　级	项目名称	主要完成单位
2013	科技进步奖	二等奖	民勤沙漠化防治与生态修复技术集成试验示范研究	中国科学院寒区旱区环境与工程研究所，中国林业科学院研究所林业研究所，甘肃省治沙研究所
2013	科技进步奖	二等奖	甘肃省河西走廊高产农田水肥资源高效调控技术研究与示范	甘肃省农业科学院土壤与节水农业研究所，甘州区农牧局，凉州区农牧局，高台县农业技术推广中心，临泽县农业委员会
2013	科技进步奖	二等奖	籽瓜风味西瓜甜籽1号品种的选育与推广	甘肃农业大学，甘肃农业职业技术学院
2013	科技进步奖	二等奖	甘肃干旱内陆区特色经济作物节水综合技术研究与示范	甘肃农业大学，武威市农业技术推广中心，甘肃省农垦农业研究院
2013	科技进步奖	二等奖	燕麦种质资源收集评价与新品种创制应用	甘肃农业大学，甘南藏族自治州草原工作站，定西市畜牧兽医局，山丹县祁连山牧草专业合作社，天祝藏族自治县畜牧兽医局
2013	科技进步奖	二等奖	西北灌区绿肥高效农作体系及地力提升技术创新	甘肃省农业科学院土壤肥料与节水农业研究所，中国农业科学院农业资源与农业区划研究所，西北农林科技大学，青海省农林科学院土壤肥料研究所，新疆农业科学院土壤肥料与农业节水研究所
2013	科技进步奖	三等奖	抗旱丰产胡麻新品种陇亚11号选育及配套技术示范推广	甘肃省农业科学院作物研究所
2013	科技进步奖	三等奖	种子质量追溯系统与综合服务平台研究	甘肃省农业科学院农业经济与信息研究所，廊坊市思科农业技术有限公司
2013	科技进步奖	三等奖	优质高产杂交谷子新品种引进及配套栽培技术研究与示范推广	甘肃省农业技术推广总站，会宁县农业技术推广中心，榆中县农业技术推广中心，环县农业技术推广中心，通渭县农业技术推广中心
2013	科技进步奖	三等奖	蔬菜根结线虫病综合防控技术研究及应用	甘肃省农业科学院植物保护研究所，白银市农业技术服务中心，靖远县农业技术推广中心，武威市农业技术推广中心
2013	科技进步奖	三等奖	高海拔干旱冷凉地区优质鲜食杏产业化技术研究与示范	兰州市农业科技研究推广中心，甘肃农业大学，兰州市城关区农业技术推广服务中心，永登惠民大接杏专业合作社
2013	科技进步奖	三等奖	固相微萃取技术在检验检疫食品农兽药残留分析中的标准化研究	甘肃出入境检验检疫局检验检疫综合技术中心
2013	科技进步奖	三等奖	黄河首曲荒漠化草地恢复与重建	甘肃省林业科学研究院，玛曲县草原站
2013	科技进步奖	三等奖	鸽新城疫*F*基因的真核表达及其生物活性的研究	甘肃省畜牧兽医研究所
2013	科技进步奖	三等奖	猪链球菌（2型）病防治新技术研究与应用	中国农业科学院兰州兽医研究所，中农威特生物科技股份有限公司
2013	科技进步奖	三等奖	有机蜂蜜、有机蜂王浆标准化生产技术体系的研究	天水西联蜂业有限责任公司
2013	科技进步奖	三等奖	茭白品种引进筛选及示范项目	甘肃省经济作物技术推广站，靖远县农业技术推广中心，白银成泰农科开发有限公司，甘州区经济作物技术推广站

（续表）

年　份	奖　项	等　级	项目名称	主要完成单位
2013	科技进步奖	三等奖	小麦全膜覆盖土穴播系列农机具研制与示范推广	甘肃省农业技术推广总站，甘肃省农业机械化技术推广总站，酒泉市铸陇机械制造有限责任公司，定西市三牛农机制造有限公司，甘肃洮河拖拉机制造有限公司
2013	科技进步奖	三等奖	花椰菜废弃茎叶的综合利用研究与产品开发	兰州市农业科技研究推广中心，甘肃华羚生物技术研究中心，兰州大学
2013	科技进步奖	三等奖	优质苜蓿品种引选示范及产业化开发研究	陇东学院，甘肃省庆阳绿鑫草畜产业客服有限责任公司，宁县畜牧兽医局，庆阳市前进机械制造有限公司，环县草原工作站
2013	科技进步奖	三等奖	平凉市蔬菜及产地污染对人体健康和生态风险评估研究	平凉市农业技术推广站
2013	科技进步奖	三等奖	甘肃抗旱乡土树种种质林业技术开发	甘肃农业大学，兰州市林木种苗繁育中心
2013	科技进步奖	三等奖	甘肃主要农业环境问题分析、评价和生态保护技术研究与应用	甘肃省农业科学院土壤肥料与节水农业研究所
2013	科技进步奖	三等奖	优质黄芪新品种陇芪 2 号选育及推广	定西市农业科学研究院，甘肃中医学院，中国科学院近代物理研究所
2013	科技进步奖	三等奖	非解乳糖链球菌发酵黄芪转化多糖的研究与应用	中国农业科学院兰州畜牧与兽药研究所
2013	科技进步奖	三等奖	多抗高产广适冬小麦新品种陇育 1 号、陇育 2 号选育与应用	陇东学院，甘肃镇原县天地源种业有限公司
2013	科技进步奖	三等奖	马铃薯主要病虫害研究与综合防治技术示范推广	定西市植保植检站
2014	自然科学奖	二等奖	青藏高原高山植物的进化历史研究	兰州大学
2014	技术发明奖	三等奖	家畜布鲁氏菌病快速检测技术的建立与应用	中国农业科学院兰州兽医研究所
2014	科技进步奖	一等奖	口蹄疫 O 型缅甸 98（MYA98）疫苗的研制及应用	中国农业科学院兰州兽医研究所，中农威特生物科技股份有限公司
2014	科技进步奖	一等奖	黄河重要水源补给区（玛曲）生态修复及保护技术集成研究与示范	兰州大学，中国气象局兰州干旱气象研究所，甘肃省林业科学研究院
2014	科技进步奖	一等奖	优质高产广适玉米新杂交种吉祥 1 号选育	武威市农业科学研究院，武威甘鑫物种有限公司，武威市武科种业科技有限责任公司
2014	科技进步奖	二等奖	辣椒优良杂交种陇椒 5 号选育及示范推广	甘肃省农业科学院蔬菜研究所
2014	科技进步奖	二等奖	高产优质多抗玉米新品种金凯 3 号选育及大面积推广应用	甘肃金源种业股份有限公司，张掖市农业科学研究院
2014	科技进步奖	二等奖	早熟马铃薯品种 LK99 选育及示范推广	甘肃省农业科学院马铃薯研究所，甘肃一航薯业科技发展有限责任公司
2014	科技进步奖	二等奖	甘肃省麦类作物孢囊线虫病控制技术研究	甘肃农业大学，中国农业科学院植物保护研究所，甘肃省农业科学院植物保护研究所，青海省农林科学院植物保护研究所，河北省农林科学院植物保护研究所

（续表）

年　份	奖　项	等　级	项目名称	主要完成单位
2014	科技进步奖	二等奖	石羊河流域日光温室蔬菜工厂化育苗及节水高效栽培技术示范推广	甘肃农业大学，民勤县养马湖瓜菜产销专业合作社
2014	科技进步奖	二等奖	马铃薯贮藏库改造、温湿度自动控制系统研发及保鲜技术的集成推广	甘肃农业大学，兰州工业研究院，甘肃陇兴农产品有限公司
2014	科技进步奖	二等奖	濒危植物沙冬青种群保护及人工林建立技术研究与示范	甘肃省治沙研究所
2014	科技进步奖	二等奖	牦牛选育改良及提质增效关键技术研究与示范	中国农业科学院兰州畜牧与兽药研究所，甘南藏族自治州畜牧科学研究所，西北民族大学，玛曲县阿孜畜牧科技示范园区，合作市畜牧工作站
2014	科技进步奖	二等奖	河西走廊牛巴氏杆菌病综合防控技术研究与推广	甘肃省动物疫病预防控制中心，中国农业科学院兰州畜牧与兽药研究所，张掖市动物疫病预防控制中心
2014	科技进步奖	二等奖	草原虫害发生规律研究与防控技术集成示范	甘肃省草原技术推广总站，甘肃农业大学，肃南裕固族自治县草原站，天祝县草原工作站，永昌县草原站
2014	科技进步奖	二等奖	黄河上游濒危鱼类极边扁咽齿鱼人工驯养及人工繁殖技术研究	甘肃省水产研究所
2014	科技进步奖	二等奖	丰产抗诱紧凑型春小麦新品种陇春 28 号选育及应用	甘肃省农业科学院作物研究所，甘肃省农业科学院小麦研究所
2014	科技进步奖	二等奖	旱作区全膜双垄沟播玉米后茬免耕栽培技术研究与示范推广	甘肃省农业技术推广总站，榆中县农业技术推广中心，陇西县技术推广中心，通渭县农业技术推广中心，环县农业技术推广中心
2014	科技进步奖	二等奖	小麦条锈病高致病性小种检测及品种抗锈性分析与利用	甘肃省农业科学院植物保护研究所，西北农林科技大学，天水市农业科学研究所
2014	科技进步奖	二等奖	黄土丘陵沟壑区生态综合整治技术开发	甘肃省林业科学研究院，中国科学院生态环境研究中心，定西市水土保持科学研究所，甘肃林研科技工程公司
2014	科技进步奖	二等奖	液态奶中三聚氰胺配位化学法快速检测方法	兰州大学，甘肃欣庆环保科技有限责任公司
2014	科技进步奖	二等奖	西北地区旱作农业对气候变暖的响应规律及其对应技术研究	中国气象局兰州干旱气象研究所，甘肃省干旱气候变化与减灾重点实验室，中国气象局干旱气候变化与减灾重点开放实验室，宁夏大学，西北区域气候中心
2014	科技进步奖	二等奖	兰州高原夏菜优质高效旱作栽培技术研究与示范	兰州市农业科技研究推广中心，兰州介实农产品有限公司，永登县农业技术推广中心，榆中县农业技术推广中心
2014	科技进步奖	二等奖	滚筒式地膜捡拾机研制与应用	甘肃省农业机械化技术推广总站，庆阳市前进机械制造有限公司
2014	科技进步奖	二等奖	马铃薯贮藏设施及保鲜技术研究与集成示范	甘肃省农业科学院农产品贮藏加工研究所，兰州交通大学，吉林省蔬菜花卉科学研究院，甘肃蓝天马铃薯产业发展有限公司
2014	科技进步奖	二等奖	甘肃旱区主要农业废弃物资源化利用关键技术研究与应用	甘肃省农业科学院土壤肥料与节水农业研究所，张掖市农业技术推广站，武威市凉州区农村能源建设办公室，定西市农村能源站

（续表）

年　份	奖　项	等　级	项目名称	主要完成单位
2014	科技进步奖	三等奖	优质丰产甘蓝型春油菜杂交种陇油 10 号选育	甘肃省农业科学院作物研究所
2014	科技进步奖	三等奖	高抗逆性（抗旱、抗病）马铃薯优良新品种选育及示范推广	甘肃农业大学，天水市农业科学研究所
2014	科技进步奖	三等奖	啤酒大麦专用肥研制与示范	甘肃省农科院经济作物与啤酒原料研究所
2014	科技进步奖	三等奖	当归熟地育苗与早期抽薹控制技术研究	甘肃省经济作物技术推广站，岷县中药材生产技术指导站，漳县园艺站，渭源县园艺站
2014	科技进步奖	三等奖	保墒缓释肥料在苜蓿高产蛋白细胞生长及生产中的应用研究	西北民族大学
2014	科技进步奖	三等奖	果树胚培养（胚挽救）技术及种质创新研究与应用	甘肃省农业科学院林果花卉研究所，天水市秦安县果业管理局，武威市石羊河林业总场
2014	科技进步奖	三等奖	葡萄埋藤机研制与应用	敦煌市祥农农业机械有限责任公司
2014	科技进步奖	三等奖	甘肃陇南油橄榄产业开发技术研究	陇南市经济林研究院油橄榄研究所，陇南世博林油橄榄有限公司
2014	科技进步奖	三等奖	甘肃珍稀土著鱼类保护及人工繁育养殖集成技术研究与应用	甘肃省渔业技术推广总站，临泽县祁连雪水渔业有限公司，张家川马鹿秦岭细鳞鲑驯养繁殖场，天水市渔业工作站，文县水产工作指导站
2014	科技进步奖	三等奖	甘肃省生态养猪关键技术研究与应用	甘肃省农业科学院畜草与绿色农业研究所，甘肃省农业科学院植物保护研究所，定西市安定区畜牧兽医局，临洮县鸿福科技发展有限责任公司
2014	科技进步奖	三等奖	牛羊微量元素精准调控技术研究与应用	中国农业科学院兰州畜牧与兽药研究所，宁夏大学，江苏农牧科技职业学院动物科技学院，中国农业科学院中兽医研究所药厂
2014	科技进步奖	三等奖	甘肃省坡耕地资源调查及整治途经研究	甘肃省水土保持科学研究所，甘肃省水利厅水土保持局
2014	科技进步奖	三等奖	高产优质抗病黄芪新品种陇芪 3 号选育及推广	定西市农业科学研究院
2014	科技进步奖	三等奖	甘肃省森林生态系统服务功能价值评估技术研究	甘肃省生态环境监测监督管理局，甘肃省祁连山水源涵养林研究院
2014	科技进步奖	三等奖	陇东优质高产绒山羊选育及推广应用	甘肃省畜牧兽医研究所，华池县畜牧兽医工作站，环县畜禽改良站
2014	科技进步奖	三等奖	庆阳驴遗传资源保护和产业化开发利用途径的研究	甘肃省畜牧兽医研究所，环县畜牧改良站，宁县畜牧兽医局，镇原县畜牧兽医局
2014	科技进步奖	三等奖	抗锈、抗旱、丰产冬小麦新品种陇鉴 386 选育与应用	甘肃省农业科学院旱地农业研究所
2014	科技进步奖	三等奖	甘肃酿酒葡萄抗冻节水高效栽培技术研究集成与推广应用	甘肃农业大学，嘉峪关紫轩葡萄酒业有限责任公司，甘肃莫高实业发展股份有限公司生态农业园区，甘肃张掖国风葡萄酒业有限责任公司
2014	科技进步奖	三等奖	甘南藏系绵羊生产性能分子标记技术及应用	甘肃农业大学，甘南州畜牧科学研究所
2014	科技进步奖	三等奖	景泰盐碱地枸杞可持续发展技术研究	甘肃省林业科学技术推广总站
2014	科技进步奖	三等奖	河西制种基地玉米杂交种种子质量提升关键技术研究及应用	甘肃省敦煌种业股份有限公司，甘肃省农业科学院旱地农业研究所，河西学院

附表 B-27　2008—2014 年青海省农业科技获奖成果

年　份	奖　项	等　级	项目名称	主要完成单位
2008	科技进步奖	二等奖	青海道地药材冬虫夏草指纹图谱研究	青海省药品检验所，中国药品生物制品检定所
2008	科技进步奖	二等奖	青藏高原乡土难繁树种祁连圆柏快繁及产业化	青海省农林科学院
2008	科技进步奖	二等奖	沙棘天然维生素 *P* 的研究开发与产业化	青海清华博众生物技术有限公司
2009	科技进步奖	一等奖	特早熟双低甘蓝型油菜杂交种青杂 3 号的选育与推广	青海省农林科学院
2009	科技进步奖	一等奖	高寒草甸生态系统与全球变化	中国科学院西北高原生物研究所
2009	科技进步奖	二等奖	粮菜兼用型蚕豆新品种青海 11 号选育、试验示范与推广	青海省农林科学院
2009	科技进步奖	三等奖	青海省牦牛皮蝇流行病学及防控措施的建立	青海省畜牧兽医科学院
2009	科技进步奖	三等奖	青海省生态功能区划研究	青海省环境科学研究设计院
2009	科技进步奖	三等奖	江河源区生态环境演变与质量评价体系研究	西北农林科技大学，中国科学院地理科学与资源研究所，青海省农林科学院林业研究所
2010	科技进步奖	二等奖	柴达木盆地农田与草地退化植被恢复技术及示范（都兰）	青海省水利水电科学研究所
2010	科技进步奖	二等奖	高产优质抗病春小麦新品种青春 38 的选育及推广	青海省农林科学院
2010	科技进步奖	二等奖	中国虫草（冬虫夏草）生物学与现代药学研究	中国科学院西北高原生物研究所，青海省药品检验所
2010	科技进步奖	二等奖	高产优质抗病马铃薯品种青薯 3 号选育与推广	青海省农林科学院
2010	科技进步奖	三等奖	国外良种肉牛改良青海牛综合配套技术示范	青海省畜牧兽医科学院
2010	科技进步奖	三等奖	湟源县奶牛性控繁育技术试验示范	湟源县畜牧兽医站
2010	科技进步奖	三等奖	无公害蔬菜生产示范基地建设	青海省农业技术推广总站
2010	科技进步奖	三等奖	青海湖流域生态环境保护与综合治理规划	青海省工程咨询中心
2011	科技进步奖	一等奖	三江源区退化草地生态系统恢复治理与生态畜牧业技术及应用	中国科学院西北高原生物研究所，青海省畜牧兽医科学院
2011	科技进步奖	二等奖	欧拉型藏羊繁育及生产技术推广	青海省畜牧兽医科学院
2011	科技进步奖	二等奖	三江源湿地变化与修复技术研究与示范	青海省气象科学研究所，中国气象科学研究院，中国科学院西北高原生物研究所
2011	科技进步奖	三等奖	白鲑鱼类引种繁育及产业化养殖技术研究	青海省渔业环境监测站
2011	科技进步奖	三等奖	高 β-葡聚糖青稞品种昆仑 12 号选育与推广	青海省农林学院
2011	科技进步奖	三等奖	青海毛肉兼用细毛羊良种繁育与推广	青海三角城种羊场

（续表）

年 份	奖 项	等 级	项目名称	主要完成单位
2012	科技进步奖	一等奖	青海生态经济林浆果资源开发技术集成及产业化	中国科学院西北高原生物研究所，青海清华博众生物技术有限公司，青海康普生物科技股份有限公司，青海省农林科学院
2012	科技进步奖	一等奖	青海三江源区表生环境变化与生态恢复治理模式研究及应用	中国科学院成都山地灾害与环境研究所，中国科学院西北高原生物研究所，中国科学院寒区旱区环境与工程研究所
2012	科技进步奖	一等奖	中国西部及其重点生态工程区生态系统综合监测评估技术与应用	中国科学院地理科学与资源研究所，青海省环境监测中心站，内蒙古草原勘测设计院，青海省草原总站
2012	科技进步奖	二等奖	高产优质广适甘蓝型春油菜杂交种青杂 5 号的选育与推广	青海省农林科学院，全国农业技术推广服务中心，青海互丰农业科技集团有限公司
2012	科技进步奖	二等奖	藏羚羊高原适应生物学机制的研究	青海大学医学院，深圳华大基因研究院，格尔木市人民医院
2012	科技进步奖	三等奖	大通牦牛新品种推广	青海省大通种牛场
2012	科技进步奖	三等奖	青海花卉种球种苗工厂化繁育技术研究及应用	青海大学
2012	科技进步奖	三等奖	青海省春油菜重大虫害监测与绿色防控技术推广	青海省农业技术推广总站互助土族自治县农业技术推广中心，西宁市农业技术推广站大通回族土族自治县农业技术推广中心
2012	科技进步奖	三等奖	青稞新品种柴青 1 号选育与示范推广	海省海西州种子站，青海省种子管理站，青海利农农牧科技有限公司
2012	科技进步奖	三等奖	油菜田草害治理综合配套新技术示范	青海省农林科学院
2013	科技进步奖	一等奖	三江源区黑土滩综合治理技术集成与示范推广	青海省畜牧兽医科学院，青海省三江源办公室，青海省退牧还草领导小组办公室，青海省基础地理信息中心，果洛藏族自治州草原工作站
2013	科技进步奖	二等奖	青海湖裸鲤物种保护技术研究	青海湖裸鲤救护中心，中国水产科学院长江水产研究所，中国水产科学院黄海水产研究所，青海大学，中国水产科学院东海水产研究所
2013	科技进步奖	二等奖	青藏高原生态农牧区新农村建设关键技术集成与示范	农业部规划设计研究院，青海省农林科学院，中国农科院兰州畜牧与兽药研究所
2013	科技进步奖	二等奖	广适大粒蚕豆新品种青海 12 号选育与推广应用	青海省农林科学院
2013	科技进步奖	二等奖	青海湖周沙漠化综合防治研究与试验示范	青海省农林科学院，北京师范大学，海晏县林业站，青海湖国家级自然保护区管理局，青海省治沙试验站
2013	科技进步奖	三等奖	基于北斗系统的农牧区电量数据远程传输技术研究与应用	青海省电力公司信息通信公司
2013	科技进步奖	三等奖	三江源区有机养畜技术推广及产业化示范	青海省畜牧兽医科学院
2013	科技进步奖	三等奖	柴达木盆地白刺害虫的发生规律及控制方法研究与示范	青海大学，海西州草原站，德令哈市草原站，都兰县草原站，乌兰县草原站
2013	科技进步奖	三等奖	青海省畜禽遗传资源调查项目	青海省畜牧总站，青海省畜牧兽医科学院

（续表）

年　份	奖　项	等　级	项目名称	主要完成单位
2014	科技进步奖	一等奖	青藏铁路沙害形成机理及防治技术研究	青藏铁路公司，中铁西北科学研究院有限公司，中国科学院寒区旱区环境与工程研究所，嵊州市德利经编网业有限公司
2014	科技进步奖	二等奖	青海野生植物新种发掘和地道药材驯化技术	青海省野生动植物保护协会，中科院西北高原生物研究所，青海省林业工程咨询中心，青海省大通县宝库林场，青海高原生态科技服务有限公司
2014	科技进步奖	三等奖	青海高原放牧牛羊寄生虫病防治技术推广	青海省动物疫病预防控制中心，祁连县动物疫病预防控制中心，海晏县动物疫病预防控制中心，贵南县动物疫病预防控制中心，共和县动物疫病预防控制中心
2014	科技进步奖	三等奖	DNA 条形码技术在青海鼠疫疫源地小型兽类和蚤类分类鉴定及鼠疫防治领域中的应用研究	青海省地方病预防控制所
2014	科技进步奖	三等奖	青海省第二次草地资源调查与研究	青海省草原总站
2014	科技进步奖	三等奖	青海蚕豆系列食品加工技术研究及产业化	青海鑫农科技有限公司，青海省农林科学院，青海宁食（集团）有限公司，青海高原羚食品有限公司

附表 B-28　2008—2012 年宁夏回族自治区农业科技获奖成果

年　份	奖　项	等　级	项目名称	主要完成单位
2008	科学技术进步奖	一等奖	黄河鲶繁殖生物学和药物毒理与抗毒育种基因功能及良种规模化繁育研究与应用	宁夏水产研究所，中国农业大学，宁夏大学，银川市水产技术推广服务中心，石嘴山市水产技术推广服务中心，青铜峡市水产技术推广服务中心，宁夏国营前进农场水产公司
2008	科学技术进步奖	一等奖	宁夏盐池城西滩扶贫扬黄新灌区生态农业建设技术研究与示范	宁夏农林科学院荒漠化治理研究所，宁夏盐池县农业局，宁夏农林科学院种质资源研究所，宁夏盐池县环境保护与林业局，宁夏盐池县科学技术局
2008	科学技术进步奖	二等奖	宁夏测土配方施肥技术研究与示范推广	宁夏农业技术推广总站，永宁县，灵武市，平罗县，中宁县，吴忠市，贺兰县，中卫市，原州区，西吉县，隆德县，农垦，青铜峡市
2008	科学技术进步奖	二等奖	高产多抗优质冬小麦新品种宁冬 7 号、宁冬 8 号的选育及推广应用	固原市种子管理站，原州区种子管理站
2008	科学技术进步奖	二等奖	宁夏发展菌草产业关键技术的研究与应用	福建农林大学菌草研究所，宁夏回族自治区扶贫办社会扶贫处
2008	科学技术进步奖	二等奖	宁夏六盘山区道地中药材资源修复、再生与可持续发展关键技术研究与示范	宁夏大学，中国医学科学院药用植物研究所，宁夏隆德县农牧局，宁夏隆德县科学技术局
2008	科学技术进步奖	二等奖	基于 GIS 苜蓿病虫害区域化预测预报技术研究与应用	宁夏农林科学院植物保护研究所，宁夏回族自治区草原工作站，宁夏固原市草原工作站，宁夏农林科学院科技信息研究所，固原市原州区草原工作站，彭阳县草原工作站，西吉县草原工作站
2008	科学技术进步奖	二等奖	六盘山野生木本观赏植物筛选与繁育技术研究	固原市六盘山林业局，宁夏林业局，宁夏林业研究所（有限公司）
2008	科学技术进步奖	二等奖	宁夏宜林地立地类型划分及造林适宜性评价	宁夏农林科学院荒漠化治理研究所，宁夏林业局，宁夏林业调查规划院，彭阳县林业局，中卫市林业技术推广服务中心
2008	科学技术进步奖	二等奖	枸杞产业化关键技术研究与示范	宁夏枸杞工程技术研究中心，宁夏农林科学院植物保护研究所，宁夏农林科学院农业资源与环境研究所
2008	科学技术进步奖	二等奖	白蜡良种繁育技术体系研究与示范	宁夏林木种苗管理总站，平罗县林场，银川市城市苗圃，惠农区治沙林场，平罗县林业局，惠农区林业局，贺兰县林业局
2008	科学技术进步奖	二等奖	宁夏优势农业产业智能化系统开发与应用	宁夏农林科学院
2008	科学技术进步奖	三等奖	马铃薯新品种宁薯 13 号选育	宁夏马铃薯工程技术研究中心，固原市农业科学研究所
2008	科学技术进步奖	三等奖	优质稻宁粳 38 号选育及应用	宁夏农林科学院农作物研究所，中国农业科学院作物科学研究所
2008	科学技术进步奖	三等奖	应用性控冻精快繁高产奶牛技术研究与示范	宁夏农林科学院种质资源研究所，银川市科学技术局，银川市生产力促进中心，宁夏贺清奶牛股份有限公司，宁夏平吉堡奶牛场畜牧公司
2008	科学技术进步奖	三等奖	宁夏设施农业土壤与环境调控技术研究和示范	宁夏农林科学院农业资源与环境研究所，宁夏农业技术推广总站，宁夏银川市金凤区农林技术推广服务中心

（续表）

年　份	奖　项	等　级	项目名称	主要完成单位
2008	科学技术进步奖	三等奖	旱地春小麦优良新品种宁春 36 号、宁春 45 号选育及大面积推广应用	宁夏固原市农业科学研究所
2008	科学技术进步奖	三等奖	宁夏春小麦品质及 HMW-GS 遗传效应在育种中的应用研究	宁夏农林科学院农作物研究所
2008	科学技术进步奖	三等奖	禁牧政策的生态效益补偿与草地资源可持续利用	宁夏大学
2008	科学技术进步奖	三等奖	基于遥感参数反演技术的农业气象灾害监测与评估	宁夏气象科学研究所，北京大学地球与空间科学学院
2008	科学技术进步奖	三等奖	贺兰山东麓优质酿酒葡萄的气候形成机理及小气候调控	宁夏气象科学研究所，宁夏农林科学院农业资源与环境研究所，宁夏经济林技术推广服务中心
2008	科学技术进步奖	三等奖	黄河水土保持生态工程茹河流域固原一期项目建设实践与创新	固原市水务局水土保持工作站，彭阳县水土保持工作站，原州区水土保持工作站
2008	科学技术进步奖	三等奖	宁夏引黄灌区森林生态网络体系建设研究	宁夏林业研究所，宁夏林业局，北京林业大学，中国林科院林研所，石嘴山市园林局
2008	科学技术进步奖	三等奖	宁夏枸杞有机生产技术研究与示范	宁夏农林科学院枸杞研究所（有限公司），宁夏老科学技术工作者协会，宁夏亚乐农业科技有限公司
2008	科学技术进步奖	三等奖	宁夏榆木蠹蛾生态特性及综合防控技术研究与示范	石嘴山市林业技术推广服务中心，平罗县林业局，宁夏森林病虫防治检疫总站，盐池县林业局
2008	科学技术进步奖	三等奖	沙地日光温室桃李一干双砧木倾斜式栽培技术研究	宁夏征沙农业综合开发有限公司，永宁县科技局，永宁县林业局，永宁县现代农业发展中心
2008	科学技术进步奖	三等奖	黄河河套生态经济区建设研究	宁夏回族自治区政协人口资源环境委员会
2008	科学技术进步奖	三等奖	科技对宁夏农民收入增长的作用与贡献研究	宁夏调查总队
2008	科学技术进步奖	三等奖	我区优质农产品品牌创新战略及关键技术选择	宁夏农林科学院农业科技信息研究所
2009	科学技术进步奖	一等奖	宁夏设施栽培土壤质量时空变化研究	宁夏大学，中粮屯河惠农高新农业开发有限公司，宁夏中农金合农业生产资料有限公司，银川市西夏区农牧水务局
2009	科学技术进步奖	一等奖	有机枸杞生产树体保健和病虫可持续调控研究与示范	宁夏农林科学院种质资源研究所，宁夏农林科学院植物保护研究所，银川市西夏区科学技术局，中宁县科学技术局，宁夏森林病虫防治检疫总站，宁夏早康枸杞有限公司，宁夏杞乡生物食品工程有限公司，中宁县双赢中小企业科技服务中心，中宁县大红枸杞科技开发有限公司，宁夏西夏贡清真饮品有限公司
2009	科学技术进步奖	二等奖	蔬菜产业化发展关键技术研究与集成示范	宁夏农林科学院种质资源研究所，中国农业大学农学与生物技术学院，石嘴山市惠农区科技局，吴忠国家农业科技园区管理委员会，石嘴山市惠农区农牧局，石嘴山市惠农区农业技术推广中心，平罗县宏宝蔬菜脱水有限公司，宁夏中南工贸有限公司

（续表）

年　份	奖　项	等　级	项目名称	主要完成单位
2009	科学技术进步奖	二等奖	优质专用型马铃薯新品种宁薯 12 号的选育及青薯 2 号、陇薯 6 号的引进推广	固原市农业科学研究所，固原市种子管理站
2009	科学技术进步奖	二等奖	宁夏引黄灌区冬麦北移技术研究与示范推广	宁夏农业技术推广总站，宁夏农业科学院作物所，吴忠市农业技术推广中心，宁夏农垦事业管理局，贺兰县农业科技推广中心，灵武市农业技术推广中心，永宁县农业技术推广中心，青铜峡市农业技术推广中心
2009	科学技术进步奖	二等奖	枸杞和甘草害虫生物控制与安全防治技术体系的建立	宁夏农林科学院植物保护研究所，中国医学科学院药用植物研究所，宁夏农林科学院枸杞研究所（有限公司），浙江大学农药与环境毒理研究所，盐池县科学技术局
2009	科学技术进步奖	二等奖	主养草鱼综合技术试验示范推广	宁夏水产技术推广站，宁夏灵汉渔业联合社，贺兰县畜牧水产技术推广服务中心，平罗县水产技术推广服务中心，青铜峡市水产技术推广服务中心，石嘴山市水产技术推广服务中心，中宁县水产科技推广服务中心，中卫市水产技术推广服务中心，永宁县畜牧水产技术推广服务中心，灵武市水产技术推广服务中心，吴忠市水产技术推广服务中心，金凤区畜牧水产技术推广服务中心，兴庆区畜牧水产技术推广服务中心
2009	科学技术进步奖	二等奖	艾依河水体富营养化防治技术	宁夏艾依河管理局，宁夏大学
2009	科学技术进步奖	二等奖	宁夏森林资源信息获取及管理系统研建	宁夏林业局，宁夏林业调查规划院，国家林业局西北林业调查规划设计院
2009	科学技术进步奖	二等奖	宁夏维管植物资源及其系统分类研究	宁夏大学
2009	科学技术进步奖	二等奖	宁夏真菌资源研究	宁夏农林科学院植物保护研究所，中国科学院微生物研究所，西北农林科技大学植物保护研究所
2009	科学技术进步奖	三等奖	4ZGB-30 型便携式枸杞采摘机的研制	宁夏枸杞工程技术研究中心，宁夏吴忠绿园科技有限公司
2009	科学技术进步奖	三等奖	马铃薯淀粉加工废水农田灌溉试验示范	固原市农业技术推广服务中心，固原市环境保护局
2009	科学技术进步奖	三等奖	秋覆膜抗旱节水保墒技术研究与示范推广	宁夏农业科技推广总站，同心县农业技术推广中心，彭阳县农业技术推广中心，原州区农业技术推广中心，盐池县农业技术推广中心，西吉县农业技术推广中心，海原县农业技术推广中心，隆德县农业技术推广中心
2009	科学技术进步奖	三等奖	生物全降解农地膜降解时间控制研究	固原源通环保技术有限公司，固原市农业畜牧局
2009	科学技术进步奖	三等奖	宁南山区土壤团粒分形特征及其对植被恢复的响应	宁夏农林科学院农业资源与环境研究所，西北农林科技大学水土保持研究所，中国科学院水利部水土保持研究所
2009	科学技术进步奖	三等奖	应用碳同位素分辨率鉴定技术选育小麦节水新品种的研究	宁夏农业生物技术重点实验室，宁夏大学西北退化生态系统恢复与重建省部共建教育部重点实验室，固原市农业科学研究所

（续表）

年　份	奖　项	等　级	项目名称	主要完成单位
2009	科学技术进步奖	三等奖	宁夏贺兰山东麓葡萄酒产业关键技术体系研究与示范	宁夏大学，宁夏葡萄产业协会
2009	科学技术进步奖	三等奖	设施果树优质高效综合配套栽培技术研究与应用	宁夏农林科学院种质资源研究所，银川市天天鲜蔬菜果品有限责任公司，银川市小任果业有限责任公司，银川市德远设施示范场
2009	科学技术进步奖	三等奖	枸杞种质资源规范化描述评价及种质鉴定技术研究	宁夏枸杞工程技术研究中心
2009	科学技术进步奖	三等奖	宁南山区枸杞南移配套栽培技术研究与示范	固原市农业科学研究所
2009	科学技术进步奖	三等奖	牛心朴子生物碱高效提取技术与无公害生物农药研制	宁夏枸杞工程技术研究中心
2009	科学技术进步奖	三等奖	宁夏三角帆蚌繁育、珍珠培育及蚌鱼混养技术研究	宁夏广勤养殖实业有限公司，宁夏水产研究所
2009	科学技术进步奖	三等奖	宁夏沙生中药材种质资源利用和规范化种植技术研究与示范	宁夏农林科学院荒漠化治理研究所，盐池县科学技术局，宁夏农林科学院植物保护研究所
2009	科学技术进步奖	三等奖	设施鲜切花关键生产技术集成研究与示范	宁夏大学，宁夏周景世荣进出口有限公司，银川市兴庆区农牧局
2009	科学技术进步奖	三等奖	宁夏贺兰山国家级自然保护区艳阳保护生物学专项研究	宁夏贺兰山国家级自然保护区管理局，东北林业大学
2009	科学技术进步奖	三等奖	中卫山羊不同生理阶段的营养需要	中卫山羊选育场，宁夏大学
2009	科学技术进步奖	三等奖	生猪屠宰快速检疫检验技术集成研究与应用	宁夏动物疾病预防控制中心，西北农林科技大学动物医学院，宁夏动物卫生监督所，银川市动物卫生监督所，石嘴山市动物卫生监督所
2009	科学技术进步奖	三等奖	美国优质牧草引种及在宁夏中部干旱带生态适应性研究	宁夏农林科学院，宁夏益科农业科技有限公司，盐池县农牧科学研究所
2010	科学技术进步奖	一等奖	设施蔬菜现代节水高效优新技术研究与集成示范	宁夏大学
2010	科学技术进步奖	一等奖	优质高产冬小麦新品种宁冬 10 号、宁冬 11 号选育及推广	宁夏农林科学院农作物研究所
2010	科学技术进步奖	二等奖	六盘山优质肉牛高效养殖技术开发与示范	宁夏畜牧工作站，泾源县科学技术局，宁夏农林科学院草畜工程技术研究中心，西北农林科技大学，固原市畜牧技术推广服务中心
2010	科学技术进步奖	二等奖	马铃薯专用品种选育与配套栽培及贮藏技术研究示范	宁夏大学，宁夏马铃薯工程技术研究中心，西吉县农业机械化技术推广中心，西吉县农业技术推广中心
2010	科学技术进步奖	二等奖	旱作补水高效农业技术集成与示范	宁夏农林科学院荒漠化治理研究所，同心县农牧局，宁夏农林科学院种质资源研究所，同心县科学技术局
2010	科学技术进步奖	二等奖	宁夏扶贫扬黄灌溉工程水土保持监测与土壤侵蚀治理关键技术研究及应用	宁夏农业勘察设计院
2010	科学技术进步奖	二等奖	设施果树、花卉节水高效生产关键技术研究示范及日光温室配套装备研发应用	宁夏大学，宁夏林业研究所股份有限公司，中国农业大学，银川小任果业有限责任公司，永宁县现代农业发展中心，永宁县科学技术局，银川顶上盛夏农业技术有限公司

（续表）

年　份	奖　项	等　级	项目名称	主要完成单位
2010	科学技术进步奖	二等奖	濒危药材肉苁蓉种质资源评价、保护和利用	中国医学科学院药用植物研究所，永年县本草苁蓉种植基地
2010	科学技术进步奖	二等奖	宁夏出口鲜食葡萄优质丰产栽培及贮运保鲜关键技术合作研究与示范	国家经济林木种苗快繁工程技术研究中心，宁夏林业研究所股份有限公司，宁夏金沙林场，宁夏科冕实业有限公司，宁夏玉泉营农场
2010	科学技术进步奖	二等奖	六盘山无脊椎动物资源考察	宁夏六盘山国家级自然保护区刮泥局，河北大学
2010	科学技术进步奖	二等奖	村镇数字化技术研究与应用	宁县农林科学院，宁夏大学，北方民族大学，宁夏农牧厅信息中心，宁夏科技发展战略和信息研究所
2010	科学技术进步奖	三等奖	玉米新品种宁单 11 号选育与示范推广	宁夏农林科学院农作物研究所
2010	科学技术进步奖	三等奖	新垦农田作物病害自然防治系统建立技术	宁夏农林科学院植物保护研究所，美国普渡大学，石嘴山市惠农区农业科技推广服务中心，平罗县农业技术推广服务中心，美国孟山都公司
2010	科学技术进步奖	三等奖	西部沙樱等灌木资源引进及开发应用	宁夏林业研究所股份有限公司，种苗生物工程国家重点实验室
2010	科学技术进步奖	三等奖	设施园艺病虫害远程诊断和早期预警系统构建与应用	中国农业大学，宁夏大学，永宁县现代农业发展中心，永宁设施园艺研究所，银川市小任果业有限责任公司
2010	科学技术进步奖	三等奖	宁夏农村地区高血压综合防治关键技术	宁夏医科大学
2010	科学技术进步奖	三等奖	宁夏栽培中药材质量评价与大宗优势品种有效成分动态变化规律的研究	宁夏药品检验所，固原市药品检验所，宁夏职业技术学院，宁夏医科大学药学院，宁夏农林科学院农业生物技术研究中心
2011	科学技术进步奖	一等奖	西部民族地区电子农务平台关键技术研究应用	宁夏农林科学院，北京农业信息技术研究中心，北方民族大学，宁夏农牧厅信息中心，宁夏大学，宁夏科技发展战略和信息研究所，宁夏农村科技发展中心，宁夏师范学院
2011	科学技术进步奖	一等奖	宁夏风沙区生态环境综合治理模式研究与技术集成示范	宁夏回族自治区农业综合开发办公室，宁夏政府外债管理办公室，宁夏大学，南京林业大学，宁夏农林科学院，宁夏农垦农业综合开发办公室，中国科学院地理科学与资源研究所，盐池县农业综合开发办公室，贺兰县农业综合开发办公室
2011	科学技术进步奖	二等奖	牛羊三种重要传染病基因工程疫苗及免疫学特性研究	宁夏大学
2011	科学技术进步奖	二等奖	滩羊种质资源保护开发利用和本品种选育	宁夏农林科学院草畜工程技术研究中心，宁夏农林科学院畜牧兽医研究所（有限公司），盐池县滩羊肉产品质量监检验站，宁夏畜牧工作站，宁夏职业技术学院，宁夏大学
2011	科学技术进步奖	二等奖	宁夏中部干旱风沙区农田覆被固土保水耕作技术体系研究与示范	宁夏大学，吴忠市红寺堡区科学技术和农牧局，中宁县科学技术局
2011	科学技术进步奖	二等奖	黄河河套地区盐碱地改良及脱硫废弃物资源化利用关键技术研究与示范	宁夏大学，清华大学，宁夏农林科学院，宁夏农垦企业集团，内蒙古农业大学，中国农业大学，宁夏农业综合开发办公室

（续表）

年　份	奖　项	等　级	项目名称	主要完成单位
2011	科学技术进步奖	二等奖	干旱风沙区设施结构优化及蔬菜关键技术体系研发与示范基地建设	宁夏农林科学院种质资源研究所，北京农业智能装备技术研究中心，盐池县科学技术局，中国农业大学农学与生物技术学院，宁夏农林科学院植物保护研究所，盐池县农牧局，宁夏农业科技推广总站
2011	科学技术进步奖	三等奖	农作物与经济植物分子育种	宁夏农业生物技术重点实验室，宁夏农林科学院农作物研究所
2011	科学技术进步奖	三等奖	宁夏猪流感流行情况及防治措施研究	宁夏动物疾病预防控制中心
2011	科学技术进步奖	三等奖	稻蟹生态种养新技术研究与示范推广	宁夏回族自治区水产研究所，宁夏回族自治区水产技术推广站，宁夏回族自治区农牧渔业局，宁夏大学，宁夏农林科学院农作物所
2011	科学技术进步奖	三等奖	精准农业养分管理技术应用研究	宁夏农林科学院农业资源与环境研究所，兰州大学资源环境学院，宁夏吴忠国家农业科技园区管理委员会，灵武市良种示范繁殖农场
2011	科学技术进步奖	三等奖	荷兰马铃薯病虫害防治体系的引进和示范	宁夏农林科学院植物保护研究所，荷兰瓦赫宁根大学，宁夏职业技术学院，宁夏西吉县农业技术推广服务中心，宁夏石嘴山市惠农区农业技术推广服务中心
2011	科学技术进步奖	三等奖	压砂地病虫害监测预报及综合防控技术研究与示范	宁夏农林科学院植物保护研究所，中卫市科学技术局，中宁县科学技术局
2011	科学技术进步奖	三等奖	气候变化背景下宁夏干旱监测预警系统研究	宁夏回族自治区气象科学研究所，宁夏农林科学院农业资源与环境研究所，国家卫星气象中心，南京信息工程大学
2011	科学技术进步奖	三等奖	北方寒冷地区支斗农渠衬砌结构优化定型研究	宁夏水利科学研究所，宁夏水利厅，银川市水电勘测设计院
2011	科学技术进步奖	三等奖	宁夏半干旱区现代节水农业技术研究与集成	宁夏水利科学研究所，中国科学院水土保持研究所，固原市农业科学研究所，中国矿业大学
2011	科学技术进步奖	三等奖	宁夏引黄灌区灌溉面积及作物种植结构遥感调查	宁夏水利厅灌溉管理局，宁夏遥感测绘勘察院
2011	科学技术进步奖	三等奖	宁夏引黄灌区日光温室主要果蔬膜下滴灌制度研究	宁夏水利科学研究所，宁夏水利厅，中卫市水务局，永宁县水务局
2011	科学技术进步奖	三等奖	宁夏干旱区设施蔬菜综合节水技术研究与示范	宁夏农林科学院农业生物技术研究中心，宁夏大学，宁夏水利科学研究所，原州区科学技术局，盐池县科学技术局
2011	科学技术重大创新团队奖	—	枸杞种质创新与遗传改良研究	宁夏农牧科学院
2012	科学技术进步奖	一等奖	宁夏马铃薯脱毒种薯三级繁育体系研究与推广	宁夏农牧厅，宁夏农业综合开发办公室，中国农科院蔬菜花卉研究所，宁夏农业技术推广总站，宁夏大学，固原市农科所，西吉县马铃薯工程技术研究中心，原州区农业技术推广服务中心，海原县农业技术推广服务中心，泾源县农业技术推广服务中心
2012	科学技术进步奖	一等奖	半干旱黄土丘陵区退化生态系统恢复技术研究	宁夏农林科学院，中国科学院水土保持研究所，宁夏彭阳县林业与生态经济局，彭阳县农牧局

（续表）

年　份	奖　项	等　级	项目名称	主要完成单位
2012	科学技术进步奖	二等奖	优质食味米宁粳43号选育及产业应用	宁夏农林科学院农作物研究所，宁夏农业技术推广总站，青铜峡市农业技术推广服务中心，宁夏中航郑飞塞外香清真食品有限公司
2012	科学技术进步奖	二等奖	红枣计算机图像处理快速无损检测自动分级机	宁夏大学，宁夏灵武果业开发有限公司
2012	科学技术进步奖	二等奖	西吉芹菜覆膜穴播压沙标准化栽培技术示范与推广	西吉县农业技术推广服务中心
2012	科学技术进步奖	二等奖	冬麦后茬复种玉米品种筛选与高效栽培技术研究与示范	宁夏农林科学院，中国农业大学国家玉米改良中心
2012	科学技术进步奖	二等奖	固原鸡抗旱性状QTL的定位研究	宁夏大学，西北农林科技大学
2012	科学技术进步奖	二等奖	宁夏适应气候变化的开发技术集成研究与示范	宁夏农业综合开发办公室，宁夏大学，宁夏气象科学研究所
2012	科学技术进步奖	二等奖	落叶松叶蜂天敌调查及六盘山翠金小蜂生物学研究	固原市林木病虫害检疫站，六盘山林业局森林植物检疫站，原州区林木检疫站，宁夏森林病虫防治检疫总站
2012	科学技术进步奖	三等奖	多功能覆膜机开发与示范应用	宁夏农业机械化技术推广站，宁夏新大众机械有限公司，彭阳县农业机械化技术推广服务中心，原州区农业机械化技术推广服务中心，同心县农业机械化推广服务中心
2012	科学技术进步奖	三等奖	胡麻新品种及丰产栽培综合配套技术研究与示范推广	固原市农业科学研究院
2012	科学技术进步奖	三等奖	优质饲草及非常规饲料资源开发利用技术研究与产业化示范	宁夏畜牧工作站，宁夏大学，固原市畜牧技术推广服务中心，固原市原州区畜牧技术推广服务中心，盐池县畜牧技术推广服务中心
2012	科学技术进步奖	三等奖	牛奶中抗生素降解剂快速检测试剂盒研制	宁夏兽药饲料监察所，宁夏大学
2012	科学技术进步奖	三等奖	肉羊杂交改良及新品种培育	宁夏农林科学院草畜工程技术研究中心，平罗县畜牧技术推广服务中心，宁夏宇泊科技有限公司
2012	科学技术进步奖	三等奖	奶牛隐性乳房病原微生物分离鉴定和防治技术的研究与示范	宁夏农林科学院草畜工程技术研究中心
2012	科学技术进步奖	三等奖	日光温室蔬菜滴灌施肥技术研究与滴灌专用复合肥研制	宁夏农林科学院农业资源与环境研究所，银川市农业技术推广服务中心，宁夏农产品质量标准与检测技术研究所
2012	科学技术进步奖	三等奖	南部山区扬水补灌旱作高效节水农业配套技术集成示范	固原市农业科学研究所，海原县科技局
2012	科学技术进步奖	三等奖	农林废弃物生物质转化及综合开发利用关键技术研究与应用	种苗生物工程国家重点实验室，南京林业大学
2012	科学技术进步奖	三等奖	重大检疫性害虫苹果蠹蛾综合防控技术研究	宁夏森林病虫防治检疫总站，宁夏农林科学院植物保护研究所，宁夏农林科学院种质资源研究所，中卫市林木检疫站，青铜峡市林木检疫站

（续表）

年　份	奖　项	等　级	项目名称	主要完成单位
2012	科学技术进步奖	三等奖	宁夏蚧虫及其天敌昆虫资源调查与研究	宁夏农林科学院，中国林业科学研究院森林生态环境与保护研究所，银川市园林局，银川市银西生态防护林管理处，宁夏森林病虫防治检疫总站
2012	科学技术进步奖	三等奖	宁夏罗山植物，昆虫及植被恢复研究	宁夏大学，宁夏罗山国家级自然保护区管理局
2012	科学技术进步奖	三等奖	酿酒葡萄材料覆盖防寒及配套省工栽培技术研究	宁夏大学，宁夏葡萄产业协会
2012	科学技术进步奖	三等奖	枸杞活性成分提取工艺研究及精深产品开发	宁夏枸杞工程技术研究中心
2012	科学技术进步奖	三等奖	金莲花种植技术研究与示范	宁夏启元国药有限公司，宁夏明德中药饮片有限公司

附表 B-29　2008—2014 年新疆维吾尔自治区农业科技获奖成果

年　份	奖　项	等　级	项目名称	主要完成单位
2008—2009	科技进步奖	一等奖	典型温带荒漠区原生植被对环境变化的响应与适应研究	中国科学院新疆生态与地理研究所
2008—2009	科技进步奖	一等奖	新疆特色干果精加工技术及关键设备研发	新疆农业科学院农业机械化研究所，新疆果业集团有限公司
2008—2009	科技进步奖	二等奖	辊轮式棉花精量点播机研发与应用	新疆利农机械制造有限公司，阿克苏市农机局
2008—2009	科技进步奖	二等奖	荒漠河岸林植被对环境胁迫的生理响应与适应策略	中国科学院新疆生态与地理研究所
2008—2009	科技进步奖	二等奖	抗旱耐盐碱种衣剂的研制及应用推广	新疆农业科学院核技术生物技术研究所，新疆绿洲科技开发公司，喀什地区科技局
2008—2009	科技进步奖	二等奖	口蹄疫 O 型、Asia I 型二价灭活疫苗的研制与应用	新疆畜牧科学院兽医研究所，新疆天康畜牧生物技术股份有限公司，新疆维吾尔自治区动物卫生监督所
2008—2009	科技进步奖	二等奖	棉花新品种中棉所 43 选育及推广应用	中国农业科学院棉花研究所，新疆维吾尔自治区种子管理站
2008—2009	科技进步奖	二等奖	新疆孜然产业化关键技术	新疆农业科学院粮食作物研究所，喀什地区农业技术推广中心，吐鲁番地区农业局，焉耆回族自治县农业局，和田地区农业技术推广中心
2008—2009	科技进步奖	二等奖	盐生肉苁蓉栽培品的有效成分及质量控制研究	新疆医科大学
2008—2009	科技进步奖	三等奖	阿克陶县 1.2 万亩保护性耕作技术示范推广	克孜勒苏柯尔克孜自治州农牧机械技术推广站，阿克陶县农机局
2008—2009	科技进步奖	三等奖	番茄果皮前处理和果皮干粉及番茄红素油树脂的制备技术	新疆红帆生物科技有限公司
2008—2009	科技进步奖	三等奖	哈密瓜膜下滴灌生产技术集成配套研究与示范	新疆农业科学院植物保护研究所，哈密地区农业技术推广中心，哈密市农业技术推广中心，哈密地区伊吾县淖毛湖镇，哈密市南湖乡
2008—2009	科技进步奖	三等奖	绿洲农业高效用水技术集成与示范	新疆农业科学院，新疆水利水电科学研究院，新疆农业大学，中国科学院新疆生态与地理研究所
2008—2009	科技进步奖	三等奖	三工河流域农业可持续发展关键技术研究示范	新疆农业科学院植物保护研究所，新疆农业科学院园艺作物研究所，新疆农业科学院土壤肥料与农业节水研究所，新疆农业大学，阜康市科学技术局
2008—2009	科技进步奖	三等奖	新疆高致病性禽流感（H5N1 亚型）防控技术研究与应用	新疆畜牧科学院兽医研究所，新疆维吾尔自治区动物卫生监督所
2008—2009	科技进步奖	三等奖	新疆肉牛现代化生产技术体系研究建立与示范推广	新疆畜牧科学院畜牧科学研究所，新疆农业大学
2008—2009	科技进步奖	三等奖	新疆香梨，葡萄树营养诊断及平衡施肥技术研究	新疆农业科学院土壤肥料与农业节水研究所
2008—2009	科技进步奖	三等奖	新型益生菌发酵乳的研究与应用	克拉玛依市农牧业科学技术研究所，克拉玛依绿成农业开发有限责任公司
2008—2009	科技进步奖	三等奖	野生樱桃李优良品种选育及丰产栽培技术研究	伊犁州林业科学研究所，霍城县果树技术工作站，新疆农科院园艺作物研究所

（续表）

年　份	奖　项	等　级	项目名称	主要完成单位
2008—2009	科技进步奖	三等奖	自动化商品蛋鸡生产技术及工艺的应用	阜康市天阜生态科技有限公司，新疆畜牧科学院
2010	科技进步奖	一等奖	新疆设施农业标准化技术研究与集成示范	新疆农业科学院，喀什地区科学技术局，阿克苏地区园艺管理工作站，吐鲁番地区农业技术推广中心，塔城地区农业局，昌吉州科学技术局，和田地区农业技术推广中心
2010	科技进步奖	一等奖	年产 3 万吨干酵母关键生产设备的研制及应用	安琪酵母（伊犁）有限公司，华中科技大学，安琪酵母股份有限公司
2010	科技进步奖	一等奖	新疆棉田“净土工程”耕前地表残膜回收机械化关键技术及装备研究与示范	新疆农业科学院农业机械化研究所，新疆农业大学，新疆大学，新疆农业科学院农业工程公司
2010	科技进步奖	二等奖	棉花新品种新陆中 36 号的选育及推广应用	国家棉花工程技术研究中心，巴州一品种业有限公司（新疆石大科技有限公司），新疆巴音郭楞蒙古自治州农业科学研究所
2010	科技进步奖	二等奖	法瓦维特、甘啤 3 号等啤酒大麦新品种的引进和推广	新疆农业科学院奇台麦类试验站，新疆农业科学院粮食作物研究所
2010	科技进步奖	二等奖	环塔里木盆地特色果树主要病虫害防控技术集成与示范	新疆林业科学院，新疆农业科学院植物保护研究所，新疆林业科学院森林生态研究所，新疆林业有害生物防治检疫总站
2010	科技进步奖	二等奖	新型饲料微生物添加剂的研制与应用	新疆农业科学院微生物应用研究所，新疆维吾尔自治区畜牧厅，新疆特殊环境微生物工程技术研究中心
2010	科技进步奖	二等奖	新疆特色果品气调贮藏保鲜应用技术	新疆拓普农产品有限公司，北京亿事达都尼制冷设备有限公司
2010	科技进步奖	二等奖	农村远程教育及文化共享工程 Linux 支撑平台研究与应用	新疆教育学院，新疆大学，新疆农业大学
2010	科技进步奖	二等奖	沙漠环境高矿化度水灌溉条件下人工防护林稳定性研究	中国科学院新疆生态与地理研究所，国家荒漠-绿洲生态建设工程技术研究中心
2010	科技进步奖	二等奖	新疆农田土壤空间变异特征与数字制图方法研究	新疆农业大学
2010	科技进步奖	二等奖	禽流感-新城疫重组二联活疫苗（rL-H5 株）应用效果及经济禽类禽流感免疫技术研究	新疆畜牧科学院兽医研究所，乌鲁木齐市动物疾病控制与诊断中心
2010	科技进步奖	二等奖	番茄酱中微生物检测、种类及分布研究	新疆出入境检验检疫局技术中心
2010	科技进步奖	三等奖	优质肉羊高效生产综合技术配套示范	昌吉州动物疾病预防控制中心，玛纳斯县动物疾病预防控制中心，奇台县动物疾病预防控制中心，新疆新澳肉羊纯繁有限公司
2010	科技进步奖	三等奖	白斑狗鱼人工繁殖及苗种培育技术研究	新疆维吾尔自治区水产科学研究所
2010	科技进步奖	三等奖	新疆棉花、玉米主要害虫生态调控技术集成示范	新疆农业科学院植物保护研究所，自治区农业厅植保站，莎车县农技中心，新疆麦盖提县农业技术推广中心，疏勒县农业技术推广中心
2010	科技进步奖	三等奖	新疆棉花“三简一促”配套技术示范与推广	玛纳斯县科技局，玛纳斯县农业技术推广中心，玛纳斯县生产力促进中心

（续表）

年　份	奖　项	等　级	项目名称	主要完成单位
2010	科技进步奖	三等奖	胡杨杂交育种研究与新品种推广示范	新疆林业科学院，吉木萨尔县林木良种站，新疆维吾尔自治区种苗种站
2010	科技进步奖	三等奖	新物种——沼泽小叶桦特性研究与繁育应用	新疆阿勒泰地区林业科学研究所，新疆林业科学院
2010	科技进步奖	三等奖	新疆保护性耕作技术示范与应用	自治区农牧业机械化技术推广总站
2010	科技进步奖	三等奖	新疆棉花重大害虫数字化监测预警关键技术研发与应用	中国科学院新疆生态与地理研究所，中国农业大学，新疆生产建设兵团农业技术推广总站
2010	科技进步奖	三等奖	腐熟剂的研究与开发应用	新疆山川秀丽生物有限公司，乌鲁木齐市农牧局（畜牧局），新疆建设兵团农六师新湖农场，呼图壁县农业局，新疆吉木萨尔农业局，巴州且末县林业局，新疆金牛菌肥生物有限公司
2010	科技进步奖	三等奖	新疆紫草毛状根诱导、培养技术体系的研究	新疆农业大学
2010	科技进步奖	三等奖	裕红一号新品种选育与推广	裕民县种子管理站，塔城丰源农业科技有限公司
2010	科技进步奖	三等奖	新疆盐碱环境放线菌物种与功能多样性研究	新疆农业科学院微生物应用研究所，云南大学微生物研究所，新疆大学
2010	科技进步奖	三等奖	库尔勒香梨橄榄片盾蚧生物学特性及天敌的研究	新疆巴音郭楞蒙古自治州农业科学研究所
2011	科技进步奖	一等奖	棉花纤维细胞壁成分对品质形成分子机理和分子改良的研究	新疆农业科学院核技术生物技术研究所，北京大学蛋白质与植物基因研究国家重点实验室，新疆农业科学院经济作物研究所
2011	科技进步奖	一等奖	新型多功能自走式玉米/青（黄）贮联合收获机研制及产业化	新疆机械研究院股份有限公司
2011	科技进步奖	一等奖	新疆特色林果高效节水综合技术研究与应用	新疆农业大学，新疆水利水电科学研究院，新疆农业科学院，新疆农业节水工程技术研究中心，中国农业大学，西安理工大学，国家节水灌溉杨凌工程技术研究中心
2011	科技进步奖	二等奖	新疆棉花、玉米、加工番茄高效施肥关键技术研究与集成示范	新疆农业科学院土壤肥料与农业节水研究所，中国农业科学院农业资源与农业区划研究所，新疆维吾尔自治区土壤肥料工作站，中国农业大学资源环境学院，阿瓦提县农业技术推广站
2011	科技进步奖	二等奖	新疆长绒棉技术体系构建及产业化	新疆农业科学院经济作物研究所，阿瓦提县科学技术局，新疆雅戈尔棉纺织有限公司，阿瓦提县农业局，新疆天丰种业有限责任公司，新疆维吾尔自治区阿瓦提县种子管理站，阿瓦提县农科院丰元科技有限责任公司
2011	科技进步奖	二等奖	伊犁绿色食品和有机产品生产与保鲜关键技术开发与示范	中国农业大学，伊犁州农业技术推广总站
2011	科技进步奖	二等奖	新疆巴旦木良种选育与高效栽培技术集成示范	新疆林业科学院
2011	科技进步奖	二等奖	干旱区高效固碳树种筛选、育苗造林与固碳量测算技术研究	新疆林业科学院，中国石油新疆油田分公司
2011	科技进步奖	二等奖	高效奶牛养殖及乳产品深加工产业化示范	新疆瑞源乳业有限公司，库尔勒市科技局，巴州畜牧工作站，巴州草原工作站

（续表）

年　份	奖　项	等　级	项目名称	主要完成单位
2011	科技进步奖	二等奖	红枣机械化直播及采后加工关键技术与装备的研究与应用	新疆农业科学院农业机械化研究所，阿克苏市农牧业机械管理局，阿克苏精准农机制造有限责任公司，阿克苏市慧通植保机械厂，阿克苏市新胜达机械制造有限公司
2011	科技进步奖	二等奖	新疆杏子主栽品种品质数据库建立和贮运加工技术开发与示范	中国农业科学院农产品加工研究所，新疆农业大学，新疆农业科学院，新疆大学
2011	科技进步奖	二等奖	深根植物根系生态学研究	中国科学院新疆生态与地理研究所，国家荒漠—绿洲生态建设工程技术研究中心，策勒县人民政府林业局，新疆维吾尔自治区和田地区科学技术局，新疆维吾尔自治区和田地区林业局
2011	科技进步奖	二等奖	新疆干旱区典型荒漠生态系统综合整治技术研发与示范	中国科学院新疆生态与地理研究所，新疆农业大学，新疆维吾尔自治区塔里木河流域管理局
2011	科技进步奖	三等奖	棉花新品种（系）选育与示范项目	新疆富全新科种业有限责任公司，尉犁县富源种业有限公司，尉犁县中良棉业有限责任公司，巴州农业技术推广中心，巴州种子管理站
2011	科技进步奖	三等奖	博州小麦玉米优质高产栽培技术推广应用	博州农业科技开发中心
2011	科技进步奖	三等奖	新疆葡萄重大病虫害绿色防控技术集成与示范	新疆农业大学，新疆农业科学院植物保护研究所，吐鲁番地区农业技术推广中心，哈密地区农业技术推广中心，伊犁职业技术学院
2011	科技进步奖	三等奖	伊犁河谷苹果小吉丁虫和苹果绵蚜发生规律及控制技术研究与示范	伊犁职业技术学院，新疆农业大学，新疆林业科学院，伊犁州林业科学院，伊犁州森林病虫害防治检疫站
2011	科技进步奖	三等奖	阿克苏红枣 150 万亩酸枣直播高密度建园丰产技术集成与示范推广	阿克苏地区林业局，阿克苏地区林科所，阿克苏地区中心林管站
2011	科技进步奖	三等奖	利用美国褐牛提高新疆褐牛综合品质的研究和应用	新疆塔城地区种牛场
2011	科技进步奖	三等奖	温泉县呼和托哈种畜场放牧细毛羊驱虫新法研究	博州动物疾病控制与诊断中心，温泉县呼和托哈种畜场畜牧兽医站，自治区畜牧科学院，温泉县安格里格乡畜牧兽医站，温泉县扎勒木特乡畜牧兽医站
2011	科技进步奖	三等奖	肉用种羊胚胎移植技术集成与示范	玛纳斯新澳畜牧有限责任公司，玛纳斯县动物疾病预防控制中心
2011	科技进步奖	三等奖	塔里木裂腹鱼资源调查及人工繁殖技术研究	新疆维吾尔自治区水产科学研究所
2011	科技进步奖	三等奖	中国阿尔泰山及其南部荒漠有蹄类多样性现状与保护研究	新疆阿勒泰地区野生动植物保护办公室
2011	科技进步奖	三等奖	阿克苏地区林果业机械化试验示范	新疆阿克苏地区农牧业机械化技术推广站
2011	科技进步奖	三等奖	新疆黄斑星天牛综合防控技术研究	新疆林业科学院造林治沙研究所
2011	科技进步奖	三等奖	基因工程表达的新疆家蚕抗菌肽作用机理及其开发利用	新疆大学

（续表）

年　份	奖　项	等　级	项目名称	主要完成单位
2011	科技进步奖	三等奖	玉米秸秆揉丝、打捆、袋装加工机械化关键技术及装备的研究与示范	新疆农业科学院农业机械化研究所
2011	科技进步奖	三等奖	罐藏黄瓜品种引进、生产及产业化技术集成	新疆中亚食品研发中心（有限公司）
2011	科技进步奖	三等奖	天然辣椒颗粒规模化生产集成创新技术	新疆晨曦椒业有限公司
2011	科技进步奖	三等奖	绿洲农田水盐动态及排水工程设计计算方法研究	新疆农业大学
2011	科技进步奖	三等奖	石榴皮多酚泡腾片的研制	中科院新疆理化技术研究所，新疆莎菲雅生物科技有限公司
2012	科技进步奖	一等奖	百万亩核桃矮密早丰技术研发与集成应用	新疆阿克苏地区林业局，新疆温宿县木本粮油林场，温宿县林业工作管理站
2012	科技进步奖	一等奖	抗逆基因的发掘与分子育种在棉花遗传改良中的应用	新疆农业科学院经济作物研究所，石河子大学生命科学学院，中国农业大学农学与生物技术学院
2012	科技进步奖	一等奖	塔里木河流域适应气候变化的水热调节技术研究与示范	中国科学院新疆生态与地理研究所，新疆维吾尔自治区水文水资源局，新疆农业大学
2012	科技进步奖	二等奖	巴州若羌红枣示范园建设	巴州林业科学技术推广中心，若羌县枣树研究所，河南新郑枣树研究所，若羌县科技局
2012	科技进步奖	二等奖	复配细黄链霉菌生物肥料的技术研发与推广	新疆山川秀丽生物有限公司
2012	科技进步奖	二等奖	干旱区绿洲果树与粮棉间作关键技术研发与示范	新疆农业大学
2012	科技进步奖	二等奖	干旱区土地退化监测预警与防治示范	新疆农业大学，新疆林业科学院，西北农林科技大学，新疆农业科学院
2012	科技进步奖	二等奖	果蔬类起垄铺膜播种机研制与推广应用	莎车县农牧业机械局，莎车县农机化技术推广站
2012	科技进步奖	二等奖	河谷新垦灌区水资源可持续利用技术研究集成与示范	新疆农业科学院土壤肥料与农业节水研究所，中国农业科学院农田灌溉研究所，新疆大学，新疆伊犁哈萨克自治州水利局
2012	科技进步奖	二等奖	马铃薯甲虫持续防控技术研究与示范	新疆农业科学院植物保护研究所，新疆维吾尔自治区植保站，中国农业科学院植物保护研究所，南京农业大学，中国农业科学院农业环境与可持续发展研究所
2012	科技进步奖	二等奖	棉花大面积超高产技术示范与推广	玛纳斯县农业技术推广中心，玛纳斯县农业局
2012	科技进步奖	二等奖	年产 5 000 万株优质种苗示范基地建设	吐鲁番现代农业科技开发中心
2012	科技进步奖	二等奖	新疆农业功能区划研究	新疆农业科学院农业经济与科技信息研究所，新疆维吾尔自治区农业资源区划办公室
2012	科技进步奖	二等奖	伊犁河流域杨树基因库建立与不同用途主栽品种选育研究及应用	新疆林业科学院，伊犁林木良种繁育试验中心
2012	科技进步奖	二等奖	优质、高效加工番茄新品种选育及种植标准化	新疆农业科学院园艺作物研究所，中粮屯河种业有限公司

（续表）

年 份	奖 项	等 级	项目名称	主要完成单位
2012	科技进步奖	三等奖	布鲁氏菌致病基因的研究与快速诊断试剂盒的开发应用	新疆维吾尔自治区畜牧科学院兽医研究所
2012	科技进步奖	三等奖	测土配方施肥计算器产品研发与推广应用	新疆维吾尔自治区土壤肥料工作站，石河子大学，新疆和丰和农业科技发展有限公司，新疆农业科学院土壤肥料与农业节水研究所，阿克苏地区农业技术推广中心
2012	科技进步奖	三等奖	高产抗病棉花新品种选育及大面积推广	新疆农业科学院经济作物研究所，新疆库尔勒市种子公司
2012	科技进步奖	三等奖	罗布麻大规模种植技术推广及产业化开发	新疆阿勒泰戈宝麻有限公司，戈宝绿业（深圳）有限公司，新疆维吾尔自治区中药民族药研究所，南京野生植物综合利用研究院
2012	科技进步奖	三等奖	玛纳斯河流域生态经济功能区划及生态损益补偿研究	中国科学院新疆生态与地理研究所，石河子大学，新疆师范大学
2012	科技进步奖	三等奖	绵羊胚胎干细胞培养技术与分子标记的研究和开发	新疆畜牧科学院中国—澳大利亚绵羊育种研究
2012	科技进步奖	三等奖	甜瓜、西瓜和燕麦新品种测试技术体系研制与应用	新疆农业科学院农作物品种资源研究所
2012	科技进步奖	三等奖	尉犁县测土配方施肥技术推广与应用	尉犁县农业技术推广中心
2012	科技进步奖	三等奖	乌鲁木齐典型水源涵养林生态水文功能及结构优化调控技术研究与示范	新疆林业科学院
2012	科技进步奖	三等奖	新孢子虫病rELISA抗体检测试剂盒的研制和应用	新疆农业大学
2012	科技进步奖	三等奖	新疆多语种农村科技信息服务平台建设	昌吉生产力促进中心，新疆昌明宏创科技实业有限公司
2012	科技进步奖	三等奖	新疆林业有害生物综合防控战略研究	新疆维吾尔自治区林业有害生物防治检疫局
2012	科技进步奖	三等奖	新疆药用植物资源库及鉴定技术平台的建设	新疆维吾尔自治区药物研究所
2012	科技进步奖	三等奖	杏鲍菇品种引进及工厂化栽培技术集成与示范	新疆永华生物科技开发有限公司，新疆昌吉国家农业科技园区高新农业局，新疆农业科学院植物保护研究所
2012	科技进步奖	三等奖	羊驱虫新法与动物粪便虫卵、幼虫诊断盒的研制和应用	新疆维吾尔自治区畜牧科学院兽医研究所
2012	科技进步奖	三等奖	优质超细毛羊和绒山羊新品种（系）选育与产业化开发	新疆维吾尔自治区畜牧科学院，内蒙古自治区农牧业科学院，吉林省农业科院，中国农业科学院兰州畜牧与兽药研究所，甘肃农业大学
2012	科技进步奖	三等奖	早中熟陆地棉新品种中棉所49的选育及推广技术应用	中国农业科学院棉花研究所，新疆维吾尔自治区种子管理总站
2013	科技进步奖	一等奖	干旱区绿洲枣高效栽培关键技术研发与集成应用	新疆农业大学，新疆林业科学院，河北农业大学
2013	科技进步奖	一等奖	口蹄疫O型、A型和AsiaI三价灭活疫苗研制与产业化应用	新疆维吾尔自治区畜牧科学院兽医研究所，新疆天康畜牧生物技术股份有限公司，新疆农业大学

（续表）

年 份	奖 项	等 级	项目名称	主要完成单位
2013	科技进步奖	一等奖	新疆棉花持续高产高效生产技术体系研究与推广应用	国家棉花工程技术研究中心，新疆农业科学院，新疆石河子大学，新疆农业大学，新疆农垦科学院
2013	科技进步奖	一等奖	新疆向日葵两种检疫性新病害发病规律与防控技术研究及应用	伊犁职业技术学院，博州农业技术推广中心，阿勒泰地区农业推广中心，新疆农业大学，新源县农业技术推广站，伊犁师范学院，伊犁出入境检验检疫局
2013	科技进步奖	二等奖	番茄皮籽渣脱水干燥及干法分离加工番茄籽油的新工艺研发与应用	新疆托美托番茄科技开发有限公司
2013	科技进步奖	二等奖	甘草资源综合利用及系列产品的产业化	新疆维吾尔自治区中药民族药研究所，新疆天山制药工艺有限公司，新疆阿拉尔新农甘草产业有限责任公司
2013	科技进步奖	二等奖	干旱区反季节城市绿地规模化建设关键技术集成与应用	乌鲁木齐市林业局（乌鲁木齐市园林管理局）
2013	科技进步奖	二等奖	干旱区砾石戈壁集水保墒造林技术研究与示范	塔城地区林业科学研究所，塔城市林业局，额敏县林业局
2013	科技进步奖	二等奖	干旱区微灌标准体系研究与应用	新疆产品质量监督检验研究院，新疆天业（集团）有限公司，新疆农业科学院土壤肥料与农业节水研究所，新疆维吾尔自治区水利厅
2013	科技进步奖	二等奖	干旱区西甜瓜双断根嫁接工厂化育苗技术研究应用	吐鲁番地区现代农业科技示范园区（新疆吐鲁番地区农业技术推广中心）
2013	科技进步奖	二等奖	荒漠肉苁蓉高产稳产规模化种植技术研发与示范	中国科学院新疆生态与地理研究所，中国石油天然气股份有限公司塔里木油田分公司，国家荒漠—绿洲生态建设工程技术研究中心
2013	科技进步奖	二等奖	奶产业技术开发与集成示范	新疆农业大学，新疆维吾尔自治区畜牧科学院，新疆呼图壁种牛场有限公司，新疆天山畜牧生物技术股份有限公司，新疆维吾尔自治区奶业办公室
2013	科技进步奖	二等奖	南疆架子瓜优质高效栽培技术研究与示范推广	新疆农业科学院哈密瓜研究中心，喀什地区农业技术推广中心，伽师县农业技术推广中心，岳普湖县农业技术推广中心，疏勒县农业技术推广中心
2013	科技进步奖	二等奖	农牧区医疗卫生技术需求的调查和高血压防治技术的设计、推广和应用	新疆维吾尔自治区人民医院
2013	科技进步奖	二等奖	暖温带干旱区主要果树抗寒栽培技术研究与示范推广	新疆维吾尔自治区林业厅，新疆农业大学，新疆林业科学院，新疆农业科学院
2013	科技进步奖	二等奖	塔克拉玛干沙漠南缘主要优势植物的逆境适应策略与可持续管理途径	中国科学院新疆生态与地理研究所，和田地区林业局，策勒县林业局，策勒县科技局，墨玉县林业局
2013	科技进步奖	二等奖	西北高纬度寒冷区温室集群建设与综合技术应用	新疆昌吉国家农业科技园区管理委员会，上海孙桥农业技术有限公司，新疆农业科学院，北京派得伟业科技发展有限公司
2013	科技进步奖	二等奖	新疆测土配方施肥技术研发与应用	新疆维吾尔自治区土壤肥料工作站，新疆山川秀丽生物有限公司，新疆农业大学，新疆农业科学院土壤肥料与农业节水研究所

（续表）

年 份	奖 项	等 级	项目名称	主要完成单位
2013	科技进步奖	二等奖	新疆地区恙虫病自然疫源地的确定及病原学研究	新疆军区疾病预防控制中心
2013	科技进步奖	二等奖	新疆南疆绒山羊良种的推广及其主要经济性状相关性的研究	阿克苏地区山羊研究中心，阿克苏地区畜禽改良站
2013	科技进步奖	二等奖	新疆农业抗旱减灾关键技术研究	新疆水利水电科学研究院，中山大学，新疆农业大学，新疆维吾尔自治区防汛抗旱总指挥部办公室
2013	科技进步奖	二等奖	一枝蒿等九种新疆特色药用资源成药性研究及维吾尔药的开发与产业化	新疆维吾尔自治区药物研究所，新疆维吾尔药业有限责任公司，新疆银朵兰维药股份有限公司，新疆奇康哈博维药有限公司，新疆西部加斯特药业有限公司
2013	科技进步奖	二等奖	鹰嘴豆功能因子研究与开发	中国科学院新疆理化技术研究所，中国科学院植物研究所，新疆天山奇豆生物科技有限责任公司
2013	科技进步奖	二等奖	玉米抗旱基因资源的发掘、评价与创新利用研究	新疆农业科学院粮食作物研究所，中国农业科学院作物科学研究所
2013	科技进步奖	二等奖	籽用瓜收获机械化关键装备研究及应用	新疆农业科学院农业机械化研究所，新疆维吾尔自治区农牧业机械化技术推广总站，新疆维吾尔自治区塔城地区农牧机械技术推广站，新疆阿勒泰地区农牧机械化技术推广总站，新疆农业科学院农业工程公司
2013	科技进步奖	三等奖	“慧尔”长效滴灌肥开发及产业化	新疆慧尔农业科技股份有限公司，新疆农业科学院土壤肥料与农业节水研究所
2013	科技进步奖	三等奖	20 万亩绿色高效农产品生产技术集成及示范	阜康市教育和科学技术局，新疆农科院植保所，阜康市农业技术推广中心
2013	科技进步奖	三等奖	阿勒泰羊品种资源保护和选育提高项目	阿勒泰市散德克库木种畜场
2013	科技进步奖	三等奖	百万亩优质小麦技术集成及产业水平提升	奇台县科技局，新疆农业大学，奇台县农业技术推广中心，新疆农业科学院奇台麦类试验站，新疆金天山农业科技有限责任公司
2013	科技进步奖	三等奖	发酵果蔬制品 EVOH 软包装技术研究及其应用	新疆中亚食品研发中心（有限公司），新疆轻工国际投资有限公司
2013	科技进步奖	三等奖	库尔勒香梨优质高效栽培关键技术研发与示范	新疆农业大学，新疆库尔勒市香梨研究中心，巴州沙依东园艺场，巴州农业技术推广中心，新疆拓普农产品有限公司
2013	科技进步奖	三等奖	辣椒高密度高产栽培技术集成与推广	沙湾县农业技术推广中心
2013	科技进步奖	三等奖	良种马的快繁技术研究与应用	新疆维吾尔自治区畜牧科学院畜牧科学研究所
2013	科技进步奖	三等奖	陆地棉资源优质纤维稳定性与分子标记的研究及应用	新疆巴音郭楞蒙古自治州农业科学研究所，新疆农科院农作物品种资源研究所
2013	科技进步奖	三等奖	农产品质量安全监测体系研究与应用	乌鲁木齐市农产品质量安全检测中心，农业部食品质量监督检验测试中心（石河子）
2013	科技进步奖	三等奖	葡萄原花青素提取与纯化技术的研究与应用	乌鲁木齐市疆域绿色营养源研究院（有限公司）
2013	科技进步奖	三等奖	青贮玉米新品种新饲玉 12 号、新饲玉 13 号选育与推广应用	新疆沃特生物工程有限责任公司

（续表）

年　份	奖　项	等　级	项目名称	主要完成单位
2013	科技进步奖	三等奖	新冬 20 号小麦高产栽培技术集成示范推广	喀什地区农业技术推广中心，莎车县农业技术推广中心，泽普县农业技术推广中心，疏附县农业技术推广中心
2013	科技进步奖	三等奖	新疆多胎绵羊主效基因的研究与应用	新疆畜牧科学院中国—澳大利亚绵羊育种研究中心
2013	科技进步奖	三等奖	新疆中药民族药资源信息管理与分析系统	新疆维吾尔自治区中药民族药研究所，中国测绘科学研究院中测国检（北京）测绘仪器检测中心
2013	科技进步奖	三等奖	杏仁综合利用关键技术开发与示范	新疆农业大学，中国农业科学院农产品加工研究所
2013	科技进步奖	三等奖	银黑狐野化训练与放野控制草原鼠害研究	阿勒泰地区治蝗灭鼠指挥部办公室（阿勒泰地区蝗虫鼠害测报防治站）
2014	科技进步奖	一等奖	高产优质抗逆玉米新玉 29、新玉 41 号等新品种选育及应用	新疆农业科学院粮食作物研究所，新疆九禾种业有限责任公司，中国农业科学院作物科学研究所，喀什地区种子管理站，疏勒县农业技术推广中心
2014	科技进步奖	一等奖	绵羊高效转基因技术研究	新疆畜牧科学院生物技术研究中心，中国科学院遗传与发育生物学研究所
2014	科技进步奖	一等奖	塔里木盆地西南缘绿洲粮棉果高效种植技术研究与示范	新疆农业科学院，新疆农业大学，中国农业科学院作物科学研究所，喀什地区农业局，和田地区农业局，克孜勒苏柯尔克孜自治州农业局
2014	科技进步奖	二等奖	巴州测土配方施肥技术体系研究与推广应用	巴州农业技术推广中心，尉犁县农业技术推广中心，库尔勒市农业技术推广中心，和静县农业技术推广站，若羌县农业技术推广中心
2014	科技进步奖	二等奖	博陆早 2 号、新陆早 54 号棉花品种选育与推广	新疆金宏祥高科农业股份有限公司
2014	科技进步奖	二等奖	奶啤新产品的研究与开发	新疆天润生物科技股份有限公司
2014	科技进步奖	二等奖	神九搭载硅链霉菌生物肥料的研发与应用	新疆山川秀丽生物有限公司，中国科学院微生物研究所
2014	科技进步奖	二等奖	细毛羊、绒山羊新品系选育与关键技术研究及示范	新疆维吾尔自治区畜牧科学院，新疆农业大学，新疆巩乃斯种羊场，新疆阿克苏山羊研究中心，新疆科创畜牧繁育中心
2014	科技进步奖	二等奖	新疆草原蝗虫灾变规律及监测预警体系建立与应用	新疆师范大学，新疆维吾尔自治区蝗虫鼠害预测预报防治中心
2014	科技进步奖	二等奖	新疆地方山羊品种产绒量和绒品质的分子选育研究及创新应用	新疆农业大学，阿克苏地区山羊研究中心
2014	科技进步奖	二等奖	新疆核桃品种创新和规模化发展关键技术研发与集成应用	新疆林业科学院
2014	科技进步奖	二等奖	新疆农林害虫主要寄生蜂资源研究与应用	新疆农业科学院植物保护研究所，新疆大学，北京市农林科学院，东北林业大学林学院，塔里木大学
2014	科技进步奖	二等奖	新疆特色马产业发展研究	新疆维吾尔自治区政府发展研究中心，新疆农业科学院生物质能源研究所，新疆农业大学
2014	科技进步奖	二等奖	新疆小麦地方品种遗传多样性研究及开发利用	新疆农业科学院农作物品种资源研究所，喀什地区种子管理站，阿克苏地区种子管理中心站，新疆农业科学院综合试验场

（续表）

年 份	奖 项	等 级	项目名称	主要完成单位
2014	科技进步奖	二等奖	新疆杏产业发展关键技术研发与示范推广	新疆农业大学，新疆农业科学院，石河子大学，伊犁州林业科学研究院，新疆轮台杏子研究中心
2014	科技进步奖	二等奖	枣树重大检疫性有害生物（枣实蝇）生物生态学特性及综合防控技术研究	新疆农业大学，新疆维吾尔自治区林业有害生物防治检疫局，北京林业大学
2014	科技进步奖	三等奖	番茄红素粉生产技术的研究及应用	乌鲁木齐市疆域绿色营养源研究院（有限公司），新疆农业大学
2014	科技进步奖	三等奖	鲤鱼饲料新原料应用及制备工艺开发推广	新疆泰昆集团股份有限公司，新疆大学，昌吉回族自治州产品质量检验所
2014	科技进步奖	三等奖	农田废旧地膜污染综合治理技术示范与推广应用	尉犁县农业技术推广中心
2014	科技进步奖	三等奖	新孢子虫和弓形虫五种检测试剂盒研制与应用	新疆出入境检验检疫局检验检疫技术中心
2014	科技进步奖	三等奖	新疆濒危药用阿魏属植物研究及其应用	新疆维吾尔自治区中药民族药研究所，中国医学科学院药用植物研究所，新疆维吾尔自治区维吾尔医药研究所
2014	科技进步奖	三等奖	新疆灌区滴灌农田水盐演化规律及调控技术研究	新疆农业大学
2014	科技进步奖	三等奖	新疆农业用水定额技术指标研究与应用	新疆维吾尔自治区水利管理总站，新疆水利水电科学研究院
2014	科技进步奖	三等奖	新疆土著经济鱼类病害调查及防治关键技术研究	新疆农业大学
2014	科技进步奖	三等奖	新疆植物种质资源整合共享及重要植物类群生物学特性研究	新疆农业科学院农作物品种资源研究所，新疆农业大学，中国科学院新疆生态与地理研究所，新疆维吾尔自治区中药民族药研究所，新疆农业科学院农业经济与科技信息研究所
2014	科技进步奖	三等奖	新疆主要特色果树营养特性及高效施肥技术研究与应用	新疆农业科学院土壤肥料与农业节水研究所
2014	科技进步奖	三等奖	一年多熟高效种植模式研究与推广	和田地区农业技术推广中心
2014	科技进步奖	三等奖	伊犁河流域新垦土壤快速改良培肥与土地高效利用技术研究应用	新疆农业科学院土壤肥料与农业节水研究所，中国科学院地理科学与资源研究所